Springer-Lehrbuch

Horst Börner

Pflanzenkrankheiten und Pflanzenschutz

8., neu bearbeitete und aktualisierte Auflage

Unter Mitarbeit von Klaus Schlüter und Jens Aumann

 Springer

Prof. em. Dr. Horst Börner
Universität Kiel
Institut für Phytopathologie
Hermann-Rodewald-Straße 9
24118 Kiel
Deutschland

Prof. Dr. Klaus Schlüter
Fachhochschule Kiel
Fachbereich Agrarwirtschaft
Am Kamp 11
24783 Osterrönfeld
Deutschland

Privatdozent Dr. Jens Aumann
Universität Kiel
Institut für Phytopathologie
24118 Kiel
Deutschland

1.–7. Auflage erschienen beim Verlag Eugen Ulmer Stuttgart

Springer-Lehrbuch ISSN 0937-7433
ISBN 978-3-540-49067-8   e-ISBN 978-3-540-49068-5
DOI 10.1007/978-3-540-49068-5
Springer Dordrecht Heidelberg London New York

Die Deutsche Nationalbibliothek verzeichnet diese Publikation in der Deutschen Nationalbibliografie; detaillierte bibliografische Daten sind im Internet über http://dnb.d-nb.de abrufbar.

Einbandgestaltung: WMX Design GmbH, Heidelberg
Einbandabbildung: Mit freundlicher Genehmigung von ⓒ Klaus Schlüter
Herstellung und Satz: le-tex publishing services oHG, Leipzig

Gedruckt auf säurefreiem Papier

Springer ist Teil der Fachverlagsgruppe Springer Science+Business Media (www.springer.de)

Vorwort

Die vorliegende 8. Auflage wurde überarbeitet, aktualisiert sowie in einigen Teilen ergänzt und erweitert. Dabei wurde jedoch die bisher bewährte Darstellung beibehalten.

Danach gliedert sich das Gesamtwerk in folgende Hauptteile: abiotische und biotische Schadursachen in systematischer Anordnung, Wechselbeziehungen zwischen Kulturpflanzen und Schaderregern, Erhalt der Pflanzengesundheit (Pflanzenschutzverfahren). Den Abschluss bildet eine Zusammenfassung von Krankheitserregern und Schädlingen, die häufig in den Acker-, Gemüse- und Obstkulturen Mitteleuropas auftreten.

Wesentliche Veränderungen ergaben sich aufgrund neuer, mithilfe der Molekularbiologie gewonnener Erkenntnisse bei der Systematik einzelner Erregergruppen, insbesondere bei den pflanzenpathogenen Pilzen.

Um der zunehmenden praktischen Bedeutung der Resistenz von Schaderregern gegenüber Fungiziden und Insektiziden gerecht zu werden, wurde die bisher übliche Einteilung der Wirkstoffe nach ihrer chemischen Konstitution aufgegegeben und als übergeordnetes Klassifizierungskriterium der Wirkmechanismus bzw. der Wirkort in den Vordergrund gestellt.

Bei der Abfassung des Textes haben mich Prof. Dr. Klaus Schlüter und Privatdozent Dr. Jens Aumann mit Vorschlägen und Beiträgen sowie meine Frau bei den Korrekturarbeiten unterstützt. Ihnen gilt mein besonderer Dank.

Mein Dank gilt auch dem Springer Verlag und Frau Stefanie Wolf für die reibungslose Zusammenarbeit, die maßgeblich zum Gelingen des Buches beigetragen hat.

Die 8. Auflage enthält zahlreiche neue Abbildungen, die, wenn nicht anders vermerkt, von Herrn Schlüter zur Verfügung gestellt wurden.

Das Buch ist als Grundriss für die Studierenden der Agrar- und Naturwissenschaften und alle an der Phytomedizin Interessierten gedacht, die sich einen schnellen Überblick über die wichtigsten Fakten verschaffen wollen.

Kiel, März 2009   *Horst Börner*

Inhaltsverzeichnis

1 Einführung

Pflanzen werden seit Jahrtausenden weltweit in nahezu allen Klimazonen vom Menschen als Nahrungsmittel und Tierfutter angebaut. In den Kulturen der Landwirtschaft, des Gartenbaus und der Forstwirtschaft gibt es jedoch eine Vielzahl von **Schadorganismen**, die sich in den Beständen vermehren und zu **Ertrags- und Qualitätseinbußen** führen. Solche Verluste gilt es zu vermeiden, um die Rentabilität des Kulturpflanzenanbaus zu erhalten und die weltweite Nahrungsversorgung zu sichern. Darüber hinaus wird es immer wichtiger, die Belastung der Nahrungs- und Futtermittel mit toxischen Stoffwechselprodukten von Schadorganismen zu verringern, da diese bei Mensch und Tier zu erheblichen gesundheitlichen Beeinträchtigungen führen können.

Im Pflanzenschutz dominiert der **Einsatz chemisch-synthetischer Wirkstoffe** mit bekannten Wirkungsmechanismen und gut untersuchten toxikologischen Eigenschaften. Moderne Pflanzenschutzmittel sind im Rahmen der Anbautechnik planbar einzusetzen, dezimieren aufgrund ihrer Wirkungssicherheit die Schadorganismen und belasten andere Organismen in den Naturhaushalten wenig oder gar nicht. Damit ist durchaus eine gewisse Vergleichbarkeit mit den pharmakologischen Wirkstoffen der Human- oder Tiermedizin gegeben.

Dennoch hat sich in den zurückliegenden Jahren gerade in der europäischen Öffentlichkeit eine kritische Einschätzung des gesamten Pflanzenschutzes entwickelt. Weit verbreitet ist die Ansicht, dass chemische Pflanzenschutzmittel grundsätzlich giftig seien und kaum vorhersehbare Wirkungen auf die Umwelt haben.

In Deutschland kamen im Jahr 2005 insgesamt 94 383 t gebrauchsfertige Pflanzenschutzmittel mit einer Wirkstoffmenge von 35 494 t zur Anwendung, die auf 17,035 Mio. ha LN (landwirtschaftlich genutzte Fläche) aus-

H. Börner, *Pflanzenkrankheiten und Pflanzenschutz*,
© Springer 2009

gebracht wurden. Auf einen Hektar entfielen damit im Durchschnitt 2,08 kg reine Wirkstoffe. Diese Zahlen rufen bei vielen Menschen die Sorge vor potentieller Vergiftung über die Nahrung hervor. Aus dieser Angst heraus fordert die öffentliche Meinung die verstärkte **Nutzung biologischer Pflanzenschutzverfahren**. Diese konzentrieren sich aber nach wie vor auf Gewächshaus- und Spezialkulturen, weil für eine erfolgreiche Durchführung in der Regel stabile mikroklimatische Bedingungen herrschen müssen. Politische Entscheidungen, die beispielsweise in Dänemark schon vor etlichen Jahren eine drastische Verringerung der ausgebrachten Menge chemischer Pflanzenschutzmittel forderten, sind wieder aktuell. In Deutschland wurde deshalb 2004 das „Reduktionsprogramm Chemischer Pflanzenschutz" verabschiedet, welches eine Verminderung der ausgebrachten Menge zum Ziel hat.

Die überaus kritische Beurteilung des chemischen Pflanzenschutzes in den Medien, der Öffentlichkeit sowie der Politik wirft natürlich die Frage auf, **warum Kulturpflanzen überhaupt in diesem Umfang unter Schadorganismen zu leiden haben**. Sehr schnell wird von Laien die Vermutung geäußert, die Pflanzen seien alle „überzüchtet" und deshalb so anfällig. Man hat selbst als Landwirt, Gärtner, Winzer oder Obstbauer den Eindruck, als sei die kranke Pflanze der Normalzustand, obwohl dieses bei Wildpflanzen eigentlich die Ausnahme ist. Um diese Zusammenhänge nachzuvollziehen, ist ein Blick auf die Nutzung der Pflanzen durch den Menschen in der Vergangenheit aufschlussreich.

Herkunft der Nutzpflanzen

Die Ausgangsbasis für die Selektion durch den Menschen in der Zeit des Jägers und Sammlers war die große Formenvielfalt zahlreicher Wildpflanzenarten in bestimmten Regionen unseres Planeten. Hierzu stellte der russische Genetiker Vavilov 1928 eine Hypothese auf, wonach diejenige geografische Region, in der eine Pflanzenart die größte Formenvielfalt zeigt, das Zentrum ihrer Entstehung sein muss. Solche Gebiete bezeichnete er als Genzentren (Abb. 1.1). In diesen Regionen fand aber nicht nur die Evolution der Pflanzen, sondern auch die Koevolution der Schadorganismen statt. Daraus resultiert auf der Seite der Wildpflanzen ein breites Spektrum an Resistenzgenen, denn nur widerstandsfähige Pflanzen hatten in der Natur die Chance, Angriffe durch Schadorganismen zu überstehen. Die Nutzung dieser Resistenzgene spielt in der Pflanzenzüchtung eine wichtige Rolle und ihre Bedeutung in modernen Systemen des Integrierten Pflanzenschutzes nimmt laufend zu.

Abb. 1.1 Genzentren nach Vavilov (1929)

Nach der letzten Eiszeit herrschten in verschiedenen Regionen unseres Planeten besonders günstige Klimaverhältnisse, da der Rückzug der Eismassen und die zunehmende Erwärmung in bestimmten Jahreszeiten verstärkt zu Niederschlägen führten. Diese Phasen wechselten sich dann mit trockenen Zeiten ab. Die damit ausgelöste Jahresrhythmik bot Pflanzen beste Entwicklungsmöglichkeiten, und in einigen Regionen entwickelte sich eine große genetische Vielfalt. Die Domestikation der Nutzpflanzen begann nach neuesten Erkenntnissen bereits vor etwa 19000 Jahren im Bereich des so genannten „Fruchtbaren Halbmonds" (Abb. 1.2). Hier begünstigten klimatische Faktoren nicht nur das Wachstum der Pflanzen, sondern vor allem auch die Evolution als Folge der natürlichen Selektion aus einem großen Genpool. Damit hatten unsere Vorfahren die Möglichkeit zur Auslese besonders brauchbarer Pflanzen, die man sowohl sammeln, als auch gezielt anbauen konnte. Der Übergang vom Jäger und Sammler zum Bauern war möglich geworden.

Durch die bewusste Auswahl bestimmter Wildformen mit vorteilhaften Eigenschaften war es dem Menschen möglich, besonders anbauwürdige Pflanzen weiter zu selektieren, zu kultivieren und fortgesetzt auszulesen. Damit praktizierte er bereits eine gezielte Pflanzenzüchtung und schuf die Grundlagen des Ackerbaus, der ihm die Möglichkeit bot, sesshaft zu werden, Siedlungen zu begründen und eine arbeitsteilige Wirtschaft zu entwickeln. Auf diese Weise entstanden die ersten Hochkulturen zur Zeit der Sumerer (um 3000 v. Chr.) in Mesopotamien, danach in Ägypten. Aus der Mittelmeerregion gelangten die Kenntnisse des Ackerbaus nach Nordchina und einige tausend Jahre später auch nach Nord- und Südamerika.

Bezüglich des heute weltweit dominierenden Getreideanbaus spielten der nahe Osten und das äthiopische Hochland als Genzentren eine herausragende Rolle. So wurden die ersten vom Menschen genutzten Formen des

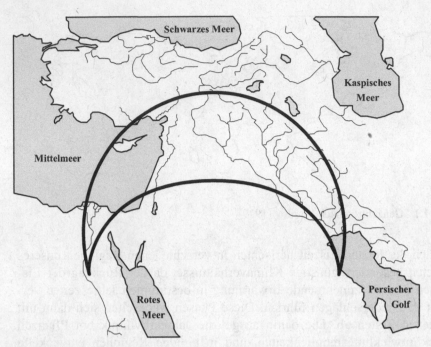

Abb. 1.2 Im Bereich des „Fruchtbaren Halbmondes" entstanden die ersten Formen des Ackerbaus

Einkorn (*Triticum monococcum*), Emmer (*Triticum turgidum*) und Wildgerste (*Hordeum spontaneum*) im historischen Mesopotamien angebaut. In der Ausgrabungsstätte von Ali Kosh (heute Iran) fand man Überreste dieser Kulturpflanzen aus der Zeit um 7 000 v. Chr.

Auslese verringerte die genetische Vielfalt

Von den gut **250 000** bekannten **Arten** höherer Pflanzen könnten etwa 20 000 einer Nutzung zugeführt werden. Tatsächlich sind aber nur 4 800 als Nutzpflanzen erfasst. Davon wiederum werden etwa 660 feldmäßig angebaut und **nur 160 Arten** kommen im größeren Umfang zum **Anbau**. Etwa 20 Arten spielen als Welthandelspflanzen eine Rolle und einige wenige erlangen dabei besonders große Bedeutung. Von diesen stehen wiederum drei als Hauptnahrungs- und Futterpflanzen bei Anbaufläche und Erntemenge an der Spitze, Weizen, Reis und Mais.

Der verstärkte Anbau selektierter Formen hatte zwar viele praktische Vorteile, er führte aber auch dazu, dass auf den Ackerflächen eine allmähliche Verringerung der genetischen Vielfalt einsetzte – ein Prozess, der bis heute anhält und dessen Geschwindigkeit ständig angestiegen ist. Zuerst führte die natürliche Auslese über viele Jahrhunderte zur Entwicklung sogenannter Landsorten. Diese wurden noch vor gut hundert Jahren auch in Deutschland in großer Zahl angebaut. In jeder Region kultivierten Landwirte über Generationen die regional typischen und bewährten Pflanzen und bauten das Saatgut immer wieder nach. Auf diese Weise entstanden Populationen, die besonders gut an lokale Besonderheiten angepasst waren, aber immer noch eine ausreichende genetische Variabilität aufwiesen.

Doch im vergangenen Jahrhundert setzte ein folgenreicher Wandel ein: Vor allem in Europa galt das größte Augenmerk in der Zeit nach den zwei Weltkriegen der Sicherstellung der Ernährung. In der Pflanzenzüchtung dominierte vor allem die Ertragsleistung als Zuchtziel. Die gewaltigen Fortschritte in der züchterischen Arbeit, die zunehmende Perfektionierung der Produktionstechnik und der Einsatz bedarfsorientierter Düngesysteme führten in bis dahin ungekanntem Ausmaß bei diesen **Neuzüchtungen** zu einem Anstieg der Erntemengen.

Aus diesem Grund wurden bewährte, aber wenig ertragreiche **Landsorten verdrängt,** und sowohl in den „Großen Kulturen", wie Weich- und Hartweizen, Reis und Mais, aber auch bei Soja, Baumwolle, Äpfeln, Kaffee, Bananen und anderen etablierten sich die ertragreichen Neuzüchtungen schnell. Diese Entwicklung hatte zwangsläufig zur Folge, dass eine immer kleinere Anzahl von Sorten großflächig zum Anbau gelangte. Damit **reduzierte** sich automatisch der auf den Ackerflächen weltweit verfügbare **Genpool**. Die Notwendigkeit zur Steigerung der ökonomischen Effizienz und die Nachfrage des Marktes nach möglichst einheitlichen Erntepartien sorgen dafür, dass der Trend zum **Anbau** der modernen **Hochertragssorten** unverändert anhält.

Steigender Befallsdruck

Mit der züchterischen Entwicklung ging eine dramatische Veränderung in der Gesundheitssituation der Kulturpflanzen einher. Das lässt sich an der Bedeutung des Echten Mehltaus im Getreide aufzeigen: Wenn beispielsweise in einem 100 ha großen Weizenfeld alle Pflanzen genetisch nahezu gleich sind, kann der Pilz innerhalb kürzester Zeit Krankheitsepidemien auslösen. Würden sich die Pflanzen innerhalb des Bestandes genetisch stärker unterscheiden, so wäre nur einem geringen Anteil der vorhandenen Pathotypen die Vermehrung möglich. Der Anbau von Sortenmischungen, die sich in ihren Resistenzgenen unterscheiden, ist zwar möglich, wird aber nicht praktiziert, weil der Markt für Backweizen absolute Sortenreinheit für die Herstellung der gewünschten, hochwertigen Mehle fordert. Immer wieder werden Weizensorten mit einer ausgeprägten Mehltauresistenz auf den Markt gebracht. Wenn diese Resistenz allerdings eine rassenspezifische ist, dann kann schnell eine Selektion derjenigen Mehltaurasse erfolgen, die aufgrund ihrer Virulenz die vorhandene Resistenz zu brechen vermag. Von der landwirtschaftlichen Praxis wird diese Entwicklung fälschlicherweise oft als „Abbau" der Sorte interpretiert, die ihre Krankheitsresistenz verloren hat. Vergleichbare Entwicklungen gibt es bei nahezu allen Nutzpflanzen.

In vielen Anbaugebieten der Welt nimmt die Anzahl der Kulturarten weiter ab, weil die Rationalisierung große Anbauflächen und einheitliche Kulturen voraussetzt. So verdrängt Winterweizen in Europa Gerste und Roggen immer stärker auch von leistungsschwachen Standorten, und Mais ist inzwischen nicht nur die tragende Säule des Futterpflanzenanbaus, sondern auch zahlreicher Biogasanlagen.

Weltweit greifen insbesondere Pilzkrankheiten um sich, die flugfähige Sporen hervorbringen. Dazu gehören neben den Echten Mehltaupilzen auch viele andere Ascomyceten und Basidiomyceten, wie Rost- und Brandkrankheiten, deren Verbreitung über den Wind erfolgt. Winterraps ist in den kühl-gemäßigten Anbaugebieten Europas die wichtigste Ölfrucht, deren Anbaufläche ständig wächst. Eine Zunahme des Befalls mit Fruchtfolgekrankheiten wie Kohlhernie und *Verticillium*-Rapswelke ist die Folge. In europäischen Obstanbaugebieten dominieren Apfelplantagen, die vielen Schadorganismen gute Vermehrungsmöglichkeiten bieten. Gleiches gilt für den regional hoch verdichteten Weinanbau.

Geschichte der Phytomedizin

Bei der Domestikation der ersten Wildpflanzen machten unsere Vorfahren schon vor Jahrtausenden die Bekanntschaft mit der Formenvielfalt der Schadorganismen. Die vermutlich älteste, schriftliche Dokumentation über das Auftreten tierischer Schädlinge stammt von den Assyrern und wurde um 1750 v. Chr. verfasst Um das Jahr 1300 v. Chr. entstand die erste bildliche Darstellung eines tierischen Schädlings in Form einer Heuschrecke. Diese Tiere waren im Altertum sehr gefürchtet und Berichte über die von ihnen verursachten Schäden finden wir sogar im Alten Testament. Aus der Zeit des römischen Reiches gibt es Berichte von Plinius dem Älteren (23–79 n. Chr.), der das mechanische Absammeln tierischer Schädlinge von Kulturpflanzen als Mittel zur Kontrolle dieser – für das menschliche Auge gut sichtbaren – Schadorganismen empfahl. Krankheitserreger wie Pilze,

Bakterien oder gar Viren entzogen sich jedoch dem Vorstellungsvermögen. Dennoch gab es schon Vermutungen, dass bestimmte Krankheiten (Brande des Getreides) mit dem Saatgut übertragen werden. Und so versuchte man, durch den Einsatz von Holzasche, Schwefel und anderen Substanzen dieser Übertragung entgegenzuwirken.

Die Wirren des Mittelalters waren dafür verantwortlich, dass es in Europa erst mit der Gründung von Klöstern durch den Benediktinerorden zur Wiederentdeckung des Wissens griechischer und römischer Gelehrter kam und der Anbau von Kulturpflanzen intensiver erforscht wurde. Es sollte aber noch lange dauern, bis die wissenschaftliche Bearbeitung der Schadorganismen im 17. und 18. Jahrhundert Fortschritte machte. Bis dahin wurden Missernten und Vergiftungen durch pilzbelastete Nahrung als göttliche Strafe interpretiert.

In den Gebieten nördlich der Alpen war Roggen in Form von Brot und Brei ein Hauptnahrungsmittel, vor allem für die arme ländliche Bevölkerung. Der **Mutterkornpilz** (*Claviceps purpurea*) befällt bevorzugt die Ähren des Roggens und bildet dort neurotoxische Alkaloide (Ergotamine) aus. Da dieses Getreides ohne vorherige mechanische Reinigung verarbeitet wurde, gelangten die Giftstoffe in die Nahrung, was unzählige Todesfälle zur Folge hatte. Die Menschen starben qualvoll an den Nervenschäden (Antoniusfeuer; Kribbelkrankheit). In den trockenen Regionen südlich der Alpen war Roggen so gut wie unbekannt und somit kannte man auch diese Erkrankung nicht, was den Verdacht göttlicher Strafen für die germanischen Völker immer wieder aufleben ließ.

Die Hilflosigkeit der Menschen im Mittelalter kommt unter anderem dadurch zum Ausdruck, dass man Schädlinge mit dem Kirchenbann belegte oder ihnen sogar den Prozess machte, wie zum Beispiel 1320 in Avignon den Maikäfern und 1550 in Arles den Heuschrecken. Erst im Laufe des 18. Jahrhunderts wurden die Grundlagen des modernen Pflanzenschutzes gelegt. So erkannte Mathieu **Tillet** um 1750 den **Weizensteinbrand** als Krankheit der Pflanze, die ihren Ausgang bei infiziertem Saatgut nimmt. 1853 klärte Anton **de Bary** die Biologie der **Rostpilze** erstmals auf, 1861 folgten seine bahnbrechenden Arbeiten über die Kraut- und Knollenfäule der Kartoffel. 1865/66 veröffentlichte de Bary seine Erkenntnisse über den Lebenszyklus der Rostpilze. Für die deutsche Landwirtschaft ist die Herausgabe des Werkes „Die Krankheiten der Kulturgewächse, ihre Ursachen und ihre Verhütung" (1858) durch **Julius Kühn**, Professor für Landwirtschaft an der Universität Halle, die Geburtsstunde der Phytopathologie. Seit dieser Zeit wird eine wissenschaftliche Aufklärung von Schadursachen betrieben, um Pflanzen durch gezielte Maßnahmen gesund zu erhalten und eine hohe Qualität des Erntegutes sicherzustellen.

Gravierende Ertragsverluste durch den aus Nordamerika nach Europa eingeschleppten **Echten Mehltau der Weinrebe** (*Uncinula necator*) beispielsweise führten zu den ersten erfolgreichen Anwendungen von Schwefelverbindungen, die als Staub auf die Pflanzen appliziert wurden. Der **Falsche Mehltau der Weinrebe** (*Peronospora viticola*) verursachte im 19. Jahrhundert im französischen Anbaugebiet Bordeaux fast den Zusammenbruch des Weinanbaus. Hier erzielte man ab 1882 gute Erfolge mit dem Einsatz einer wässrigen Suspension von Kupferverbindungen, die als „Bordeaux-Brühe" den Beginn des modernen chemischen Pflanzenschutzes in Europa kennzeichnet.

Ein großes Pflanzenschutzproblem entstand 1845/46 in Irland mit dem Auftreten der **Kraut- und Knollenfäule an Kartoffelstauden** (*Phytophthora infestans*). Die leicht zu praktizierende vegetative Vermehrung der Kartoffel sorgte für eine enorme Verbreitung einiger weniger Sorten und die genetische Verarmung der Pflanzenbestände. Damit bestanden für den Krankheitserreger beste Voraussetzungen für eine epidemieartige Ausbreitung. Da die Kartoffel von der armen ländlichen Bevölkerung als Hauptnahrungsmittel genutzt wurde, führte der Ernteausfall zu Hungersnöten, die den Tod von einer Million Menschen zur Folge hatten. Eine weitere Million Iren suchten deshalb eine bessere Zukunft und wanderten in die Vereinigten Staaten von Amerika aus. Von dort wiederum wurde der **„Colorado Beetle"** (*Leptinotarsa decemlineata*) durch den internationalen Warenverkehr bald auf alle Kontinente verbreitet und erlangte bei uns den Namen **„Kartoffelkäfer"**.

Im Jahre 1868 führte der **Kaffeerost** (*Hemileia vastatrix*) zu einer völligen Vernichtung der englischen Kaffeeplantagen auf Ceylon. Als Alternative wurde mit großem Erfolg der Teestrauch angepflanzt, worauf sich dann in Großbritannien die Kultur des Teetrinkens entwickelte.

Mit der Ausdehnung des Maisanbaues in den USA gab es 1969/70 erhebliche Missernten nach epidemischem Auftreten einer aggressiven pilzlichen Blattkrankheit (*Helminthosporium maydis*), da die angebaute texanische Sorte außerordentlich anfällig reagierte. Etwa ab 1975 machte sich zuerst in Nordamerika, später auch in Europa zunehmend die artenreiche Pilzgattung *Fusarium* bemerkbar. Diese Schadpilze besitzen nicht nur ein breites Wirtspflanzenspektrum, sondern sie vermögen an Pflanzenresten zu überdauern und flugfähige Sporen zu bilden oder durch langlebige Dauersporen den Boden zu verseuchen. Der Anbau empfindlicher Kulturen und Sorten führte neben Mais vor allem im Hart- und Weichweizen, aber auch in Gerste und Triticale zunehmend zum Befall der Ähren („Partielle Taubährigkeit"), wobei der Erreger das Erntegut nachhaltig mit Toxinen belasten kann. Gefördert wurde diese Entwicklung in Europa durch den langjährigen Anbau hochanfälliger Weizensorten (Kurzstrohtypen) und immer frühere Aussaattermine, wodurch Befall und Vorwinterentwicklung der Schadorganismen Vorschub geleistet wurde. Das unbefriedigende Krankheitsmanagement durch Fungizideinsatz führte zu massiven Anstrengungen der Pflanzenzüchter, mit der Einkreuzung resistenter, chinesischer Wildformen die Anfälligkeit der Kultursorten zu verringern.

Ende der 1960er Jahre gelangte der „Feuerbrand der Obstgehölze" (*Erwinia amylovora*) von Nordamerika nach Europa. Diese bakterielle Krankheit verursacht auch heute noch erhebliche Schäden im Erwerbsobstanbau. Aus der gleichen Region erreichte auch der Ulmensplintkäfer (*Scolytus scolytus*) Europa, der über seine Flugaktivität die Sporen des Pilzes verbreitet und der Urheber für das so genannte Ulmensterben (*Ceratocystis ulmi*) ist.

Ende der 1980er Jahre wurde das erste Auftreten des „Nördlichen Maiswurzelbohrers" (*Diabrotica virgifera virgifera*) auf dem Balkan registriert. Dieser problematische Schadkäfer hat sich inzwischen mit großer Geschwindigkeit in weiten Teilen Osteuropas ausgebreitet und wandert immer weiter nach Westen. Zusammen mit dem sich ebenfalls ausbreitenden Maiszünsler (*Ostrinia nubilalis*), dessen Larven die Stängel der Maispflanzen zerstören, baut sich in Europa ein völlig neuartiges Schadpotential auf.

Die Geschichte der Phytomedizin zeigt, dass in der Vergangenheit große Hungersnöte durch Krankheiten und Schädlinge ausgelöst wurden. Erst die Entwicklung moderner, umweltgerechter und toxikologisch unbedenklicher Pflanzenschutzmittel auf der Basis synthetisch hergestellter Wirkstoffe hat erheblich dazu beigetragen, die Ernten sicherer zu machen.

Zukünftige Herausforderungen

Der moderne Pflanzenschutz stellt Wissenschaft und Praxis ständig vor neue Aufgaben. So kommt es in bestimmten Kulturen durch das Fehlen einer ausreichenden Anzahl verschiedenartiger Wirkstoffe mit unterschiedlichen biochemischen Wirkprinzipien immer häufiger zu Wirkungsverlusten. Die Bedeutung dieser in der Praxis als „Wirkstoffresistenz" der Schadorganismen bezeichnete Eigenschaft (s. Kap. 21.3) nimmt weltweit laufend zu.

In Zukunft wird es wichtiger denn je, Kulturpflanzensorten mit stabilen Resistenzen gegen Schadorganismen mit chemischen Pflanzenschutzmaßnahmen zu begleiten und gleichzeitig die derzeit noch immer praktizierte Häufigkeit der Anwendungen zu verringern. Nur so ist das politische Ziel zur Verminderung der ausgebrachten Mengen chemischer Pflanzenschutzmittel zu erreichen und ein kostengünstiger, effektiver „Integrierter Pflanzenschutz" möglich.

Die **Nutzung biologischer Verfahren** wird sich auch zukünftig nicht beliebig ausdehnen lassen, da für deren erfolgreiche Anwendung in der Regel stabile mikroklimatische Voraussetzungen nötig sind. Ihre Schwerpunkte liegen im Bereich der Gewächshauskulturen, in denen sich Räuber und Parasiten gezielt gegen zahlreiche Schädlinge einsetzen lassen (Kap. 19).

Auch im Ackerboden ist das Mikroklima relativ stabil, so dass zum Beispiel der Einsatz insektenparasitärer Nematodenarten gegen Bodenschädlinge und zukünftig vielleicht die Nutzung von Rhizosphärenbakterien dem biologischen Pflanzenschutz neue Einsatzbereiche verschaffen. Gegen die weltweit epidemisch auftretenden pilzlichen Blattkrankheiten sind allerdings zur Zeit keine hinreichend sicheren biologischen Verfahren in Sicht.

Interessante Perspektiven bietet der zukünftige **Einsatz transgener Pflanzen**, bei denen konventionell gezüchtete Sorten durch die gezielte Übertragung artfremder Gene zu einer ausgeprägten Krankheits- oder Schädlingsresistenz gebracht werden. Die Nutzung dieser Pflanzen ist international inzwischen von großer Bedeutung, stößt aber in Europa derzeit auf eine ablehnende Haltung in der Öffentlichkeit. Die restriktive Gesetzgebung in Deutschland macht einen Anbau transgener Pflanzen grundsätzlich möglich. Da jedoch die Haftung für alle Risiken, die aus dem Anbau derartiger Kulturen resultieren könnten, auf den anbauenden Betrieb verlagert wurde, ist mit einer intensiven Nutzung mittelfristig nicht zu rechnen.

Literatur

Braun H (1965) Geschichte der Phytomedizin. In: Sorauer P, Handbuch der Pflanzenkrankheiten, Bd. 1. Parey, Berlin
Cramer H-H (2007) Ernten machen Geschichte. AgroConzept GmbH, Bonn
Franke W (1997) Nutzpflanzenkunde. 6. Aufl. Thieme, Stuttgart
Haug G, Schumann G, Fischbeck G (1992) Pflanzenproduktion im Wandel. VCH, Weinheim New York Basel Cambridge
Mayer K (1959) 4500 Jahre Pflanzenschutz. Ulmer, Stuttgart
Strange RN, Scott PR (2005) Plant disease: A threat to global food security. Annu Rev Phytopathol 43: 83–116
Vavilov NJ (1928) Geographische Genzentren unserer Kulturpflanzen. J Abst und Vererbungsl Suppl 1:342–369

Teil I
Schadursachen an Pflanzen

2 Abiotische Schadursachen

Sowohl die Kulturen des Ackerbaus als auch des Obst-, Wein- und Gemüsebaus müssen qualitativ hochwertige Produkte hervorbringen, die den Ansprüchen des Marktes gerecht werden. Zierpflanzen sollen das arttypische gesunde Erscheinungsbild aufweisen, einen dekorativen Blattapparat aufbauen und einen reichen Blütenansatz bilden. Dazu benötigen alle Pflanzenarten **optimale Wachstumsbedingungen**. Sind diese nicht gegeben, ist bereits mit einer erhöhten Disposition (Anfälligkeit) gegenüber Krankheitserregern zu rechnen.

Wenn an Pflanzen Schadsymptome sichtbar sind, kommen neben Krankheitserregern und Schädlingen auch zahlreiche abiotische Ursachen in Betracht (Abb. 2.1).

2.1 Temperatur

Kulturpflanzenarten unterscheiden sich – in Abhängigkeit von ihrer Herkunft – ganz besonders in ihrer **Temperaturempfindlichkeit**. Man unterscheidet dabei drei Formen der Temperatureinwirkung: **Kälteschäden** bei Temperaturen unter 0°C; **Kühleschäden** oberhalb des Gefrierpunktes und **Hitzeschäden**.

Kälteschäden

Eine Temperaturabsenkung unter den Gefrierpunkt des Wassers hat in den Zellen und Geweben der Pflanzen erhebliche Folgen, weil es zur **Zellzerstörung durch** die **Bildung von Eiskristallen** kommt. Diese setzt **zuerst**

H. Börner, *Pflanzenkrankheiten und Pflanzenschutz,*
© Springer 2009

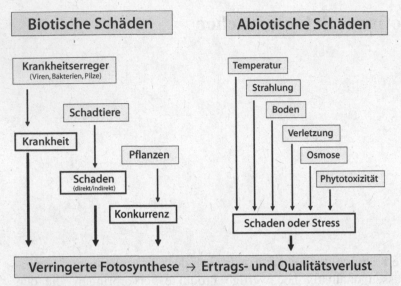

Abb. 2.1 Schadursachen an Kulturpflanzen

in den Interzellularen ein; hier ist der Gefrierpunkt höher als im Zytoplasma, welches die stärkere Salzkonzentration aufweist. Durch die Eisbildung verändert sich das Wasserpotential und Wasser tritt aus dem Zytoplasma aus. Der Zelltod wird meist durch eine Zerstörung der Membranen ausgelöst, die sowohl vom starken Wasserverlust des Plasmas als auch durch die mechanische Belastung über die Eisnadelkristalle hervorgerufen werden kann.

Damit Pflanzen aus den gemäßigten Zonen ihre **Winterhärte** erreichen, muss eine **Konditionierung** erfolgen (engl. *cold acclimation*). Bei Wintergetreide, Raps und Obst- und Ziergehölzen wird dieser Vorgang durch die abnehmende Tageslänge vom Spätsommer bis in den Herbst bei gleichzeitig fallenden Tagestemperaturen ausgelöst. Es wird heute davon ausgegangen, dass entsprechende Gene unter diesen Voraussetzungen aktiviert werden und neue Enzymproteine entstehen. Dadurch treten Veränderungen im Stoffwechsel ein, die beispielsweise durch die Anreicherung von Saccharose und anderen Einfachzuckern eine Absenkung des Gefrierpunktes auslösen und so zum Schutz der Membranen beitragen. Bei frosttoleranten Pflanzenarten haben folglich Temperaturen unter 0°C nach einer Phase der Abhärtung keine Schäden zur Folge.

Aber auch winterharte Pflanzen können **nach dem Austrieb** im Frühjahr unter Frost leiden, weil ihr Stoffwechsel zu diesem Zeitpunkt auf Zellvermehrung, -streckung und -differenzierung angelegt ist. Eine schnelle Abkühlung der wachsenden Pflanzenorgane (z. B. durch Strahlungsfrost) hat unweigerlich Schäden zur Folge, die an Ziergehölzen häufig zum **Absterben der Jungtriebe** führen. Vor allem Nadelgehölze zeigen eine hohe Empfindlichkeit gegenüber Spätfrösten. Der junge Austrieb („Maitrieb") stirbt ab und verbräunt. Bei nur leichter Schädigung des jungen Triebes folgt daraus eine **erhöhte Anfälligkeit für Schwächeparasiten** wie Grauschimmel, der dann das junge Gewebe völlig zerstört. Insbesondere in Weihnachtsbaumkulturen (Nordmanntannen, *Abies nordmanniana)* können derartige Schäden immens sein, wenn ein ganzer Nadeljahrgang ausfällt und der Zierwert der Bäume erheblich beeinträchtigt wird.

Obstgehölze besitzen äußerst frostempfindliche Blüten. Bei nächtlichem Strahlungsfrost ist es durch Einsatz einer Frostschutzberegnung möglich, Schäden an den Blüten zu verhindern, weil die bei der Eisbildung freigesetzte Wärmeenergie für die Einhaltung verträglicher Temperaturen sorgt, so dass es nicht zum Absterben der Blüten kommt.

In Ackerbaukulturen hat das Durchfrieren des Bodens einen positiven Effekt auf die Bodenstruktur und bewirkt die **Frostgare**. Wechseln sich Frost und Tauwetter jedoch ständig ab, so führt das Heben und Senken der durchwurzelten Bodenzone zum **Abreißen der Wurzeln** und zum „Auffrieren" der Pflanzen, die später vertrocknen.

Kühleschäden

Bei Pflanzen aus subtropischen oder tropischen Klimazonen (z. B. Mais) können Temperaturen auch **oberhalb des Gefrierpunktes** Entwicklungsstörungen auslösen. Für das optimale Wachstum dieser Kulturen liegt die Temperatur bei 20°C oder sogar noch darüber. Fällt die Temperatur unter einen kritischen Wert und kommen während oder kurz nach einer solchen Witterungsphase noch weitere belastende Faktoren dazu (z. B. Einsatz von Herbiziden im Nachauflaufverfahren), dann ist eine nachhaltige Beeinträchtigung der Pflanzenentwicklung möglich.

Auch bei kühle- und kältetoleranten Pflanzen bewirken niedrige Temperaturen während des starken Wachstums im Frühjahr **violette bis rot-violette Verfärbungen** an den Blättern durch die Anreicherung von Anthocyanen. Häufig treten auch **Deformationen** auf.

Die **Blüte** kann unter Kälteeinwirkung erheblich leiden, noch bevor sie sich vollständig entwickelt hat. Ein typisches Schadbild im Getreide ist die „Laternenblütigkeit". Sie tritt besonders häufig in Wintergerste auf. Die Auslösung erfolgt, wenn in der Schossphase die Differenzierung der Ähre abgeschlossen ist und sich die Blütenorgane ausbilden. Kommt es in diesem Zeitraum durch Strahlungsfrost zur Abkühlung des Gewebes auf

Temperaturen knapp über dem Gefrierpunkt, wird die Meiose bei der Pollenentwicklung gestört. Es tritt eine Polleninfertilität auf und die Befruchtung der Blüten sowie die Kornausbildung unterbleiben. Im Gegenlicht erscheinen die „tauben" Ährchen dann hell durchscheinend und setzen sich deutlich von den befruchteten ab.

Hitzeschäden

Selbst bei starker Sonneneinstrahlung und hoher Lufttemperatur ergibt sich aufgrund der Transpiration bei vitalen Pflanzen ein ausreichender Kühlungseffekt an den Blättern, so dass in gemäßigten Breiten Hitzeschäden eher selten auftreten. Kommt es jedoch zum akuten **Wassermangel**, dann ist mit einer **Überhitzung** des Gewebes und Zelltod zu rechnen. Bereits Temperaturen oberhalb von 40°C führen zur **Protein-Denaturierung** und irreversiblen Schäden durch Enzymzerstörung. Aus diesem Grund sind Pflanzenschäden als Folge einer lang anhaltenden Trockenheit meist auf Überhitzung zurückzuführen.

Wenn erntefeuchtes Getreide mit Warmluft getrocknet wird, kann es bei ungleichmäßiger Luftverteilung ebenfalls zu Überhitzungen kommen. Die Folge ist eine Verringerung der Keimfähigkeit und Triebkraft bei Saatgetreide, da die Embryonen im Korn Schaden genommen haben. Zu hohe Temperaturen bei der Heißwasserbeizung haben den gleichen Effekt.

2.2 Strahlung

Sonnenlicht vermag empfindliche Kulturen zu schädigen. So kennt man braune bis braun-schwarze Blattflecken an der **Wintergerste,** die vor allem nach dem Schossen bei strahlungsreicher Witterung an solchen Blättern auftreten, die dem Sonnenlicht besonders stark ausgesetzt sind. Es lassen sich in solchen Fällen weder biotische Ursachen in Form von Krankheitserregern noch Resistenzreaktionen nachweisen, wie sie bei manchen Gerstensorten in Form der hypersensitiven Reaktion gegen den Echten Mehltau bekannt sind.

Stattdessen spielen hier Umweltfaktoren eine wichtige Rolle, wobei **intensive Sonneneinstrahlung** nach Phasen kühler Witterung, Temperaturschwankungen und möglicherweise auch erhöhte Ozonkonzentrationen der Luft die größte Bedeutung erlangen. Diese **nicht-parasitären Blattflecken** werden international als **PLS** (*physiological leaf spots*) bezeichnet. In der Praxis des Getreidebaus hat sich der Begriff „Sonnenbrand" eingebürgert.

Es handelt sich dabei um Zellen des Blattgewebes, die als Folge exogener und endogener Faktoren – je nach Sorte – als kleine bis mittelgroße Nekrosen auffällig werden. Bei Wintergerste kann mehr als die Hälfte der fotosynthetisch aktiven Blattfläche betroffen sein.

Pflanzen bauen aggressive Verbindungen (z. B. H_2O_2) zu unschädlichen Substanzen ab. Es gibt inzwischen zahlreiche Hinweise darauf, dass Wetter- und Umweltschäden das **antioxidative System** des Getreides in Phasen intensiven Wachstums überlasten und es zu einer **Anreicherung reaktiver Sauerstoffspezies** (*reactive oxygen species*: **ROS) und freier Radikale** im Blattparenchym kommen kann. Eine Zerstörung der Pigmente (Chlorophyll u. andere) sowie der Membranen ist die Folge.

Bei **Winterweizen** sind physiologisch bedingte Blattflecken ebenfalls bekannt, die sich meist nur in Form punktförmiger Aufhellungen, aber auch durch hell- bis dunkelbraune Nekrosen bemerkbar machen. Diese Symptome treten besonders häufig nach Phasen kühler, feuchter Witterung mit anschließendem, strahlungsreichem Hochdruckwetter auf. Ähnlich wie bei Gerste ergeben sich Unterschiede in der Symptomausprägung zwischen den Sorten. Ältere Weizensorten zeigen sogar flächig ausgedehnte Marmorierungen. Diese sind denen bestimmter Viruskrankheiten ähnlich, so dass Verwechslungen leicht möglich sind. Seit längerer Zeit ist bekannt, dass Fungizide (z. B. Chlorthalonil, Azole, Strobilurine) PLS teilweise oder sogar vollständig unterdrücken können, wenn deren **Applikation vor** der Strahleneinwirkung stattfand.

2.3 Boden

Böden bilden die natürlichen Substrate, in denen sich Kulturpflanzen verankern, Haarwurzeln ausbilden und große Mengen von Wasser und gelösten Nährstoffen aufnehmen. Aber nicht jeder Boden befindet sich dabei zu jeder Zeit im Idealzustand, so dass abiotische Schäden häufig ihre Ursache in den Bodeneigenschaften haben.

Verdichtung/Staunässe

Bodenverdichtungen – insbesondere im Untergrund – haben Staunässe und Sauerstoffmangel zur Folge, wodurch Wachstumsschäden ausgelöst werden. An den oberirdischen Pflanzenteilen macht sich das als rot-violette Verfärbung durch verstärkte Bildung von Anthocyanen bemerkbar. Eine Abgrenzung der Ursache ist nicht immer einfach, da auch Phosphormangel und Frost zu einer solchen Farbstoffanreicherung führen. Daneben sind gelbliche Verfärbungen und ein Verdorren der Blattränder zu beobachten. Derartige Symptome werden häufig unzutreffend auf den Befall mit Schadorganismen zurückgeführt.

Mangel an Nährelementen

Nährstoffmangelsymptome werden oft falsch interpretiert und auf Schadorganismen zurückgeführt. Die Unterscheidung in einem Pflanzenbestand ist jedoch vielfach schon anhand der Verteilung des Schadbildes möglich: **Nährstoffmangelsymptome** sind daran zu erkennen, dass sie meist **flächendeckend** im Bestand auftreten, während **biotische Schäden** der Wurzeln überwiegend **nesterweise** vorliegen und häufig eine scharfe Abgrenzung aufweisen.

In den zurückliegenden Jahren hat es sich vor allem im Ackerbau eingebürgert, bei der Mineraldüngung relativ reine Nährstoffe mit Betonung der Makronährelemente (N, P, K, Mg, S) einzusetzen. Viele der heute üblichen Grunddünger enthalten meist überhaupt keine Mikronährelemente mehr. Insbesondere im Ackerbau und Feldgemüsebau kann auf Hochertragsstandorten deshalb immer häufiger ein **latenter Mangel an Mangan, Kupfer, Zink, Bor oder Molybdän** festgestellt werden. Die dadurch in der Pflanze ausgelösten Stoffwechselstörungen erhöhen ihre Disposition für pilzliche und tierische Schadorganismen.

Ein Mangel an mineralischen Nährelementen kann allerdings trotz positiver Bodenanalyse gelegentlich auch auf ansonsten gut versorgten Standorten vorkommen. Ein typisches Beispiel ist der während der Hauptwachstumsphase auftretende **Manganmangel** in vielen Kulturen, wenn durch fortschreitende **Austrocknung** der Böden die Pflanzenverfügbarkeit dieses Nährelementes als Folge der Oxidation stark abnimmt und die erscheinenden Blattsymptome für Pilzkrankheiten gehalten werden. So wird zum Beispiel Manganmangel in Wintergerste oft als Befall mit *Rhynchosporium secalis* (*Rynchosporium*-Blattfleckenkrankheit) interpretiert.

An Hafer führt Manganmangel zur **Dörrfleckenkrankheit**, deren Symptome leicht mit einer pilzlichen Erkrankung zu verwechseln sind. Kupfermangel verursacht weiße Trieb- und Blattspitzen an Getreide und ist auch als „**Heidemoor- oder Urbarmachungskrankheit**" bekannt. Dieses Schadbild tritt vor allem dann auf, wenn durch hohe Humusgehalte eine ausgeprägte Festlegung von Kupfer erfolgt und/oder durch eine Anhebung des pH-Wertes durch Kalkung ein erheblicher Mangel induziert wird. Problematisch ist die knappe Versorgung mit Kupfer und Zink auch auf Hochertragsstandorten, da ein latenter Nährstoffmangel den Befall mit Krankheitserregern fördern kann.

In verschiedenen **Gemüsekulturen** (Fruchtgemüse, Kohlgemüse, Salate) und im Kernobst (v. a. Apfel) ist häufig eine **mangelhafte Einlagerung von Calcium** in die Früchte nachweisbar. Dieses Nährelement ist in Pflanzen wenig mobil, wird jedoch in Phasen starken Streckungswachstums vermehrt bei der Ausbildung der Mittellamellen benötigt. Kommt es zum Mangel, dann erfolgt keine hinreichende Stabilisierung der Zellwandstruktur und das Gewebe kollabiert. Eine hohe Versorgung mit Stickstoff, Kalium und/oder Magnesium kann die Kalziumversorgung beeinträchtigen. Auch Phasen starken vegetativen Wachstums führen zu einer unausgewogenen Nährstoffversorgung. Da die Verdunstung bei Früchten weitaus geringer ist als die bei Blättern, wird weniger Kalzium mit dem Transpirationsstrom in die Früchte verlagert. Deshalb tritt Kalziummangel an Blättern seltener auf.

Seit langem bekannt ist dieses Problem bei **Äpfeln**; hier kommt es bei Ca-Defiziten zur **Fleischbräune** (Stippigkeit). Es können auch ausgedehnte Bereiche des Fruchtfleisches oder ganze Kerngehäuse betroffen sein. Bei Eisbergsalat und anderem Salatgemüse, bei Chinakohl und Kopfkohl führt Calciummangel zu Gewebenekrosen, die einer viralen oder bakteriellen Infektion ähnlich sehen. Gelegentlich kommt es aufgrund der Gewebeschäden zu einer Sekundärinfektion durch bakterielle Fäulniserreger.

Vor allem an **Tomaten** und Paprika führt Calciummangel zur **Blüten-Endfäule**. Dabei stirbt das Gewebe um den Blütenansatz ab und verfärbt sich mittel- bis dunkelbraun, was den Eindruck einer Fäule hervorruft. Auch das Auftreten von **Schadorganismen an der Wurzel** kann indirekt Einfluss auf die Nährstoffversorgung haben. Das gilt beispielsweise für den Befall mit pflanzenparasitären Nematoden. Bei **Wintergerste** löst dieser eine Minderversorgung mit Mangan aus, die sich vor allem in Phasen warmer, trockener Herbstwitterung bemerkbar macht.

pH-Wert

Eine weitere Schadursache ist ein suboptimaler pH-Wert des Bodens. Auf vielen Standorten – insbesondere im Ackerbau – wird einer bedarfsgerechten Kalkversorgung des Bodens häufig nicht entsprochen, so dass die tatsächlichen Werte um 0,5–1,0 pH zu niedrig liegen. Dadurch reduzieren sich Verfügbarkeit und Aufnahme von Haupt- und Spurenelementen. Säureempfindliche Kulturen wie Gerste, Zuckerrüben, Gemüse- und Obstarten werden darüber hinaus in ihrer Wurzelentwicklung beeinträchtigt. Als Folge des reduzierten Wachstums ist meist auch eine höhere Krankheits- und Schädlingsanfälligkeit zu beobachten, die Wachstumsleistung der Pflanzen lässt zu wünschen übrig und der Zierwert ist oft deutlich gemindert.

2.4 Verletzungen

Pflanzenorgane im Streckungswachstum sind häufig anfällig für mechanische Einwirkungen, die unter anderem durch das Aufeinanderschlagen von Blattspitzen unter Windeinfluss auftreten. Dabei kommt es schnell zur **Beschädigung der Epidermis**, so dass aus dem darunter liegenden Parenchym viel Wasser verdunsten kann und Gewebenekrosen entstehen.

Defekte der pflanzlichen Epidermis bilden **Eintrittspforten für mechanisch übertragbare Viruskrankheiten**, was vor allem in Kartoffelbeständen vorkommt. Befindet sich in einer Pflanzreihe eine Pflanze, deren Mutterknolle mit einem Virus infiziert war, so haben sich diese Viren während des Wachstums in der gesamten Pflanze verbreitet. Beim Durchfahren des Bestandes mit Ackergeräten treten geringfügige Verletzungen an den Blättern auf und mit Viruspartikeln kontaminierter Zellsaft tritt heraus. Dieser gelangt auf Schlepperreifen oder Ackergeräte. Durch Kontakt mit gesunden Pflanzen werden auch diese geringfügig verletzt und die Viren können an oder in den geschädigten Gewebebereich gelangen. Als Verletzung reicht das Abknicken von Blatthärchen bereits aus.

In vielen Regionen kommt es im Laufe des Sommers zu erheblichem **Hagelschlag**. Durch mechanischen Aufprall der Hagelkörner treten dann Verletzungen an allen oberirdischen Pflanzenorganen auf, was zu einer Zerstörung der Pflanzen und im ungünstigsten Fall zu einer völligen Vernichtung des Ernteguts führen kann. Bereits leichter Hagelschlag verursacht Beschädigungen der Epidermis, die zu Eintrittspforten für Krankheitserreger und Schädlinge werden.

2.5 Osmose

Osmotische Schäden kommen häufig durch **Blattdüngung**, **Meereseinfluss** oder **Bodenversalzung** zustande:

- Die Anwendung von Salzen auf grüne Pflanzenteile erfolgt fast ausschließlich in Form von Flüssigdüngung mit Konzentrationen, die unschädlich sind. Bei zu hoher Dosierung entsteht dagegen eine unzulässig hohe Salzkonzentration auf dem Blatt, wodurch dem Gewebe durch Osmose Wasser entzogen wird. Bei extremen Konzentrationsunterschieden kann der Wasserverlust zur Schädigung der Biomembranen in den Zellen führen, die dann absterben und punktförmige oder zusammenfließende Nekrosen hinterlassen.

- In Meeresnähe finden im Frühsommer bei extrem stürmischer Witterung gelegentlich hohe Salzeinträge statt und lösen an Obst-, Feld- und Ziergehölzen großflächige Blattnekrosen aus, deren Ursache meist im parasitären Bereich vermutet wird.
- Unter ariden Bedingungen setzt eine Versalzung der obersten Bodenschicht durch die erhöhte Verdunstung von kapillar aufsteigendem Bodenwasser ein, weil die gelösten Salze an der Oberfläche auskristallisieren. Im Freiland wird dieser Effekt hauptsächlich in südlichen Regionen beobachtet, in den gemäßigten Breiten eher selten.
- Im Ackerbau führt eine falsch platzierte Unterfußdüngung (z. B. bei Mais oder Zuckerrüben) in trockenen Jahren häufig zu einer erhöhten Salzkonzentration in der Wurzelzone, so dass Haarwurzeln absterben und die Pflanzen Wasser- und Nährstoffmangel erleiden. Folgt auf eine solche Phase dann kaltes, nasses Wetter, so können verschiedene bodenbürtige Krankheitserreger (*Fusarium*-Arten, *Pythium*-Arten und andere) die geschwächten Pflanzen leicht infizieren und zerstören.

2.6 Phytotoxizität

Zahlreiche Substanzen verursachen unter ungünstigen Bedingungen bei Kulturpflanzen erhebliche Schäden. Besondere Bedeutung kommt hierbei den Agrochemikalien, wie z. B. Pflanzenschutzmitteln und Immissionen zu.

Agrochemikalien

Pflanzenschutzmittel und ihre Wirkstoffe werden im Rahmen der Zulassung auf ihre potentiell schädigende Wirkung auf Pflanzen (Phytotoxizität) geprüft. Schäden treten in der Praxis immer dann auf, wenn Grundprinzipien der sachgerechten Ausbringung missachtet werden. So kann der Einsatz von Fungiziden in wüchsigen Pflanzenbeständen während der warmen und strahlungsreichen Stunden des frühen Nachmittags zu Chlorosen der Blätter oder gar Nekrosen führen, die auf Früchten (Birnen, Äpfel) Berostungen auslösen. Deshalb sollte sich die Ausbringung von Pflanzenschutzmitteln auf die Zeit am frühen Morgen oder Abend beschränken.

Vor allem im Ackerbau – aber auch in Spezialkulturen – kommen „Cocktails" zum Einsatz. Dabei werden Spritzbrühen aus unterschiedlichen Komponenten (Pflanzenschutzmittel + Blattdünger + Wachstumsregler + Herbizide) gemischt, um die Anzahl der Applikationen möglichst gering zu halten. Auch wenn diese Vorgehensweise eine Rationalisierung bedeutet, werden Kulturpflanzen mit derartigen Mischungen extrem belastet. Pflanzen, die sich in der Hauptwachstumsphase befinden und eine starke Zellstreckung aufweisen, reagieren auf solche „Cocktails" oft mit Chlorosen und nachfolgender Nekrose der Blattspitzen und Blattränder. Diese Reaktion ist auf die **Verlagerung der Wirkstoffe** mit dem Transpirationsstrom und die starke Anreicherung in den genannten Bereichen zurückzuführen.

Immissionen

In früheren Zeiten gab es häufig in der Nähe von Industrieanlagen staubförmige Emissionen, die in der näheren Umgebung als Immissionen (direkte Staubablagerung) oder mit dem Regenwasser niedergeschlagen wurden. Durch Maßnahmen der Abgasreinigung sind solche Schäden seltener geworden.

Viele gasförmige Bestandteile der Luft werden unter Lichteinfluss zu chemischen Reaktionen angeregt, so dass neue Verbindungen entstehen. Dazu gehören PAN (Peroxiacetylnitrat), Ozon (O_3), Wasserstoffperoxid (H_2O_2), Stickoxide und viele andere Verbindungen. Das verstärkte Auftreten von bodennahem Ozon wird in diesem Zusammenhang oft für Blattnekrosen verantwortlich gemacht, denn es führt aufgrund seiner zelltoxischen Wirkung zu starken Schäden, wenn es mit Pflanzengewebe in unmittelbaren Kontakt kommt.

Literatur

Berge H (1963) Phytotoxische Immissionen. Parey, Berlin Hamburg
Bergmann W (1993) Ernährungsstörungen bei Kulturpflanzen. Entstehung, visuelle und analytische Diagnose. Spektrum, Heidelberg
Datnoff LE, Elmer WH, Huber DM (2007) Mineral nutrition and plant disease. APS Press, St. Paul, USA
Marschner H (1995) Mineral nutrition of higher plants. 2nd ed. Academic Press, London
Thomashow MF (1999) Plant cold acclimation. Annu Rev Plant Physiol Plant Mol Biol 50, 571–599
Zorn W, Heß H, Marks G (2006) Handbuch zur visuellen Diagnose von Ernährungsstörungen bei Kulturpflanzen. Spektrum, Heidelberg

3 Viren

Viren sind Krankheitserreger von submikroskopischer Größe **ohne Kern, Zellwand und eigenen Stoffwechsel** und stellen somit keine Lebewesen dar. Sie sind daher auf die Syntheseprodukte des lebenden Wirts angewiesen. Es handelt sich um obligat biotrophe Parasiten, deren Vermehrung nur in der lebenden Zelle möglich ist. Eine Besonderheit ist ferner, dass sie **nur einen Typ von Nukleinsäuren** enthalten, entweder DNA oder RNA.

Es sind etwa 1 000 verschiedene Pflanzenviren bekannt, die weltweit in fast allen Kulturen erhebliche wirtschaftliche Schäden verursachen können. Je nach Infektionsstärke und Symptomausbildung entstehen Ernteverluste bis zu 100%.

Struktur und Morphologie

Hauptvirusbestandteile sind Nukleinsäuren, die von einem Proteinmantel (Capsid) umgeben sind.

Nukleinsäuren bestehen aus vier Basen – Adenin, Guanin, Cytosin und Thymin bei DNA bzw. Uracil bei RNA sowie Phosphat und Pentosen (Zucker), Desoxyribose bei DNA bzw. Ribose bei RNA. Die Verbindung aus Ribose, einem Phosphatrest und einer Base bezeichnet man als Nukleotid. Zahlreiche aneinandergereihte Nukleotide ergeben die Nukleinsäure. Die Proteine sind aus etwa 20 verschiedenen Aminosäuren zusammengesetzt, die über Peptidbindungen zu Polypeptiden mit verschiedenen Aminosäurensequenzen zusammengefügt sind (Abb. 3.1).

Die Virus-Nucleoproteine sind Makromoleküle mit hohem Molekulargewicht. Der Proteinanteil überwiegt bei weitem; der Anteil der RNS beträgt nur wenige Prozent. Beispiel Tabakmosaik-Virus: Molekulargewicht

Abb. 3.1 Bestandteile der
Virus-Nukleinsäuren und
Proteine

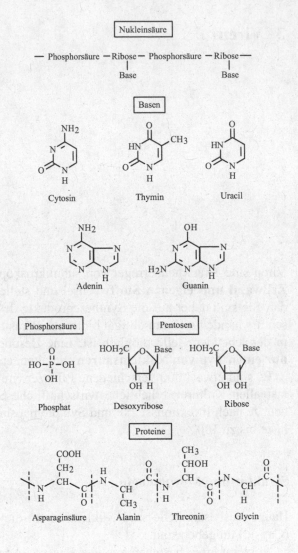

4×10^7; RNS 5,7%; Protein 94,3%; Anzahl der Nucleotide 6 400. Größe: TMV 300×18 nm; Nekrotisches Rübenvergilbungs-Virus $1\,250 \times 10$ nm; Gurkenmosaik-Virus 30×40 nm; zum Vergleich: lichtmikroskopisch sichtbarer Bereich 1 μm.

Zu unterscheiden sind aufgrund morphologischer Eigenheiten vier Gruppen: stäbchen-, faden- und bazillenförmige sowie sphärische Viren mit einzel- oder doppelsträngiger RNA bzw. DNA (Abb. 3.2).

Bei den phytopathogenen Formen überwiegen die stäbchenförmigen und die sphärischen (isometrischen) Viren. Als Beispiel für ein stäbchen-

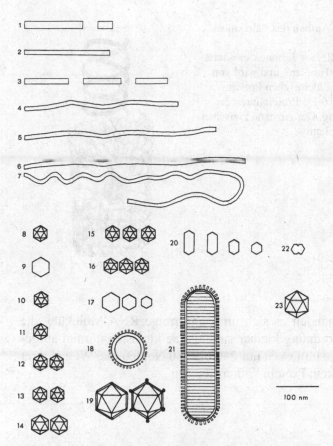

Abb. 3.2 Morphologie der pflanzenpathogenen Viren (nach Nienhaus 1985). 1 = Tobra-, 2 = Tobamo-, 3 = Hordei-, 4 = Potex-, 5 = Carla-, 6 = Poty-, 7 = Clostero-, 8 = Tymo-, 9 = Tombus-, 10 = Sobemo-Virusgruppe und Tobacco necrosis virus, 11 = Luteo-, 12 = Como-, 13 = Nepo-Virusgruppe und Pea enation mosaic virus, 14 = Diantho-, 15 = Cucumo-, 16 = Bromo-, 17 = Ilar-Virusgruppe, 18 = Tomato spotted wilt virus, 19 = Reo-Virusgruppe (WTV, Fiji-Virus), 20 = Alfalfa mosaic virus, 21 = Rhabdo-, 22 = Gemini-, 23 = Caulimo-Virusgruppe

förmiges Virus ist in Abb. 3.3 der schematische Aufbau des Tabakmosaik-Virus (TMV) dargestellt.

Das TMV-Teilchen setzt sich zusammen aus einem RNA-Faden, der von einer spiralig angeordneten, aus Proteinuntereinheiten (Capsomeren) bestehenden Proteinhülle in charakteristischer Weise umgeben ist. Die Proteinuntereinheiten enthalten 158 Aminosäuren mit einheitlicher Sequenz.

Die RNA ist der infektionsfähige Teil des Viruspartikels. Die Proteinhülle (Capsid) besitzt im Wesentlichen Schutzfunktionen. Infektionstüchtige Nukleinsäuren ohne Proteinmantel werden als **Viroide** bezeichnet.

Abb. 3.3 Schematischer Aufbau des Tabakmosaik-Virus (TMV).
Pr = Proteinuntereinheit. RNS = Ribonukleinsäure.
Ein Virus-Stäbchen ist 300 nm lang und wird von
2 130 helikal angeordneten identischen Protein-untereinheiten umgeben. 16 1/3 Proteinunterein-heiten bilden eine Windung. Der Abstand zwischen
den Windungen beträgt 2,3 nm

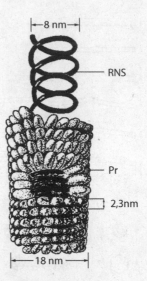

   Bei den Viroiden handelt es sich um ringförmige RNA-Moleküle, die
etwa um eine Größenordnung kleiner sind als die kleinsten normal aufge-bauten RNA-Viren. Sie umfassen nur 240 bis 380 Nukleotide. Wegen ihrer
geringen Größe kann kein Protein kodiert werden.

Vermehrung

Für die Vermehrung der Viren sind zwei getrennt ablaufende Syntheseschrit-te erforderlich:

- Replikation (Vervielfältigung) der Nukleinsäuren als Träger der geneti-schen Information (Genom)
- Transkription des Genoms zu mRNA und Translation der Information in
  virusspezifisches Protein.

   Bei doppelsträngigen Nukleinsäuren erfolgt zunächst eine Zerlegung in
Einzelstränge. Nur ein Strang wird als Templat (Muster) benutzt. Bei Viren
mit einsträngiger (*single-stranded*) RNA (ssRNA) liegt die Nukleinsäure
bereits als mRNA vor. Nach allgemeiner Übereinkunft wird diese RNA als
Plus-Strang (+)ssRNA bezeichnet. Diese RNA synthetisiert einen komple-mentären (–)ssRNA-Strang, der als Muster zur Bildung weiterer (+)ssRNA
dient (Abb. 3.4).

   Bestehen die Viren aus (–)ssRNA, muss diese zuerst in (+)ssRNA
transkribiert (umgeschrieben) werden. Die hierfür notwendigen Enzyme
(Transkriptasen) sind im Virus vorhanden.

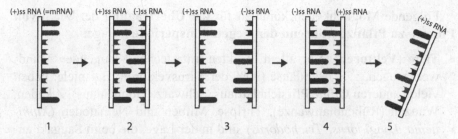

Abb. 3.4 Schematische Darstellung der Replikation von (+)ssRNA-Viren (aus Hallmann et al. 2007). 1 = Virus-RNA, 2 = Synthese komplementärer (–)ssRNA, 3 = Trennung der RNA-Stränge, 4 = Synthese neuer (+)ssRNA, 5 = Abspaltung der (+)ssRNA als neue Virus-RNA

Die Vermehrung der DNA-Viren ist wesentlich komplizierter. Diese müssen zunächst einen komplementären Strang synthetisieren, der als Muster für die mRNA dient. Einzelheiten zum Replikationsmechanismus der DNA-Viren s. angefügte Literatur.

Die bereits vorliegende oder synthetisierte (+)ssRNA vollzieht dann den zweiten Syntheseschritt und induziert in der Wirtszelle an den Ribosomen die Bildung von virus-spezifischen Proteinen, die sich mit den neugebildeten Nukleinsäuren zu einem neuen, nunmehr kompletten Virusmolekül zusammenlagern. Die Zeitdauer für die Virussynthese ist bei den einzelnen Viren bzw. Wirten unterschiedlich und hängt wesentlich von den Umweltbedingungen ab (beim Tabakmosaik-Virus 10–30 Stunden).

Übertragung und Ausbreitung in der Pflanze

Viren sind wegen des fehlenden eigenen Stoffwechsels nicht zum selbständigen aktiven Eindringen in die Pflanzenzelle befähigt und somit auf Wunden als Eintrittspforten angewiesen. Häufig gelangen sie über pflanzliche und tierische Vektoren (Überträger) in die Wirtspflanze.

Die **Ausbreitung** in der Wirtspflanze erfolgt **von Zelle zu Zelle** über die Plasmodesmen. Gelangen sie in das Gefäßsystem, so kann die weitere Wanderung sowohl im Phloem (basipetal) als auch im Xylem (akropetal) verlaufen. Verteilen sie sich auf die gesamte Pflanze, dann liegt eine systemische Infektion vor; nur das Embryonalgewebe in der Sprossspitze und in den Blattknospen bleibt weitgehend virusfrei. Die Konzentration (Virus-Titer) kann in den einzelnen Pflanzenteilen unterschiedlich hoch sein. Eine Lokalisation der Krankheitserreger auf bestimmte Organe des Wirts ist ebenfalls möglich.

Folgende Möglichkeiten kommen für die **Übertragung** der Viren **von Pflanze zu Pflanze während der Vegetationsperiode** infrage:

- Tiere (**Vektoren**). Vor allem Insekten mit stechend-saugenden Mundwerkzeugen, z. B, Blattläuse (90% der Virusvektoren; Beispiele: neben vielen anderen Grüne Pfirsichblattlaus, Schwarze Bohnenlaus), Zikaden, Wanzen (Rübenblattwanze), Thripse, Milben und Nematoden (*Xiphinema, Longidorus, Trichodorus*) sind in der Lage, die beim Saugakt zusammen mit dem Pflanzensaft aufgenommenen Viren auf gesunde Pflanzen zu übertragen; je nach Dauer der Übertragungsfähigkeit werden **persistente** Viren (der Krankheitserreger bleibt im Vektor zeitlebens erhalten und kann beliebig oft übertragen werden) und **nicht-persistente** Viren (der Krankheitserreger bleibt im Vektor nur kurze Zeit infektiös) unterschieden. Auch eine Vermehrung der Viren im Vektor wurde in einigen Fällen nachgewiesen
- Bearbeitungsgeräte, Geizmesser und windbedingte Kontakte von Pflanzenteilen bei Viren, die ihre Infektiosität vorübergehend auch außerhalb der Wirtszelle behalten (z. B. Tabakmosaik-Virus, Kartoffel X-Virus)
- Pfropfung und andere Veredlung (Reis oder Unterlage können viruskrank sein)
- Parasitische höhere Pflanzen (z. B. *Cuscuta*)
- Pilze (z. B. Gelbmosaikviren der Gerste und das Nekrotische Adernvergilbungs-Virus an Beta-Rübe über die Dauersporen bzw. die Zoosporen von *Polymyxa*-Arten)
- Pollen (z. B. Nekrotisches Ringflecken-Virus an Sauerkirsche, Salatmosaik-Virus)
- Boden (z. B. Tabakmosaik-Virus, Rattle-Virus an Kartoffel und Tabak).

Die **Übertragung** der pflanzenpathogenen Viren **von einer Vegetationsperiode zur anderen** erfolgt durch:

- Dauersporen parasitischer Pilze (Boden), z. B. *Polymyxa graminis, P. betae*
- Samen (z. B. Gewöhnliches Bohnenmosaik-Virus an Gartenbohne, Grünscheckungsmosaik-Virus an Gurke)
- Vegetativ vermehrte Pflanzenteile, insbesondere Knollen und Zwiebeln (z. B. Blattroll-Virus, A-, Y- und X-Virus über die Knollen der Kartoffel)
- Ausdauernde Unkräuter und Holzgewächse
- Überwinternde Vektoren (nur bei persistenten Viren), wie z. B. die Rübenblattwanze oder die Große Getreideblattlaus.

Am Beispiel des Blattroll-Virus der Kartoffel (*potato leafroll virus*) wird der Entwicklungskreislauf eines pflanzenpathogenen Virus in Abb. 3.5 exemplarisch dargestellt.

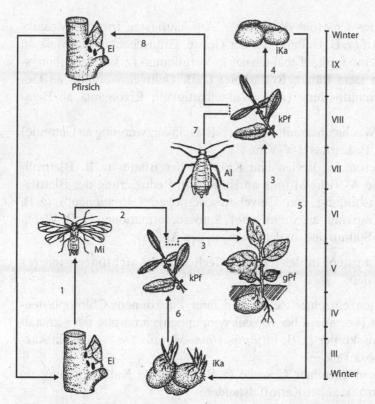

Abb. 3.5 Kartoffelblattroll-Virus, *potato leafroll virus* (Kartoffelblattrollkrankheit) Entwicklungskreislauf mit der Grünen Pfirsichblattlaus (*Myzus persicae*) als Vektor

1: Aus den überwinterten Eiern der Pfirsichblattlaus schlüpfen virusfreie Läuse
2: Flug der Läuse auf den Kartoffelbestand und Aufnahme der Blattrollviren
3: Entstehung viruskranker Kartoffelpflanzen
4: Wanderung der Viren in die Kartoffelknolle
5: Überwinterung der Viren in der Kartoffelknolle
6: Aus den infizierten Knollen wachsen viruskranke Kartoffelpflanzen auf
7: Virusbeladene Blattläuse übertragen die Viren auf weitere Pflanzen
8: Ablage der schwarzen Blattlauseier am Pfirsichbaum; die Eier sind virusfrei

Al = Alienicola; iKa = infizierte Kartoffelknolle; gPf = gesunde Pflanze; kPf = viruskranke Pflanze mit kahnförmig nach oben eingerollten Blättern; Mi = Migrans

Krankheitssymptome

Folgende **äußerlich sichtbare** Symptome sind nach Virusinfektionen anzutreffen:

- Anomalien des Chlorophyllapparates: Am häufigsten tritt die Mosaikscheckung auf (z. B. Gelbmosaik der Gerste, Grünscheckungsmosaik an
  Gurke, Rübenmosaik, Tabakmosaik), Vergilbung (z. B. Vergilbungskrankheit an Beta-Rübe), Rotfärbung (z. B. Gelbverzwergung an Getreide), Adernaufhellung (z. B. Wurzelbärtigkeit, Rizomania an Beta
  Rübe)
- Allgemeine Wachstumshemmungen (z. B. Gelbverzwergung an Getreide)
- Nekrosen (z. B. Kartoffel-Y-Virus)
- Formveränderungen: Rollen und Kräuseln der Blätter (z. B. Blattrollkrankheit und A-Virus-Mosaik an Kartoffel). Reduzierung der Blattfläche und Ausbildung von Gewebewucherungen („Enationen") (z. B.
  Pfeffinger Krankheit an Süßkirsche). Sprossdeformationen (z. B. Flachästigkeit am Stamm und an den Zweigen des Apfels).

Zu den wichtigsten, in der Regel **äußerlich nicht sichtbaren** inneren
Symptomen zählen:

- Veränderungen einzelner Zellen und ihrer Funktionen: Chloroplastendegeneration (vor allem bei Mosaiksymptomen); amorphe oder kristalline Einschlusskörper (z. B. im *Epiphyllum*-Mosaik am Weihnachtskaktus; Tabakmosaik)
- Veränderungen einzelner Gewebe (z. B. verstärkte Kallosebildung im
  Phloem blattrollkranker Kartoffelstauden)
- Veränderungen bei der Bildung sekundärer Pflanzeninhaltsstoffe (z. B.
  Scopoletinanreicherung in Tabakpflanzen nach einer Kartoffel-X-Virusinfektion).

Während eine einzelne Virusart (z. B. das Kartoffel-X-Virus) oft gut
von der Pflanze toleriert wird, kann eine **Mischinfektion** zu verstärkten
Schädigungen führen (z. B. Kartoffel-X-Virus + Kartoffelblattroll-Virus) .
Die Krankheitssymptome werden häufig durch besondere Umwelteinflüsse ganz oder vorübergehend verdeckt (maskiert). Vor allem bei guter
Kultur und optimaler Düngung treten sie weniger heftig in Erscheinung
(z. B. bei Kartoffelvirosen). Das gleiche gilt in einigen Fällen auch für
höhere Temperaturen. Schlechte Kultur- und Umweltbedingungen verstärken im allgemeinen die schädlichen Auswirkungen einer Virusinfektion.
Bei einer Reihe von Wirtspflanzen zeigen bestimmte Sorten trotz einer
Infektion keine Symptome. Die latenten, nicht in Erscheinung tretenden

Viren stellen vor allem im Obstbau eine ernste Gefahr dar, wenn entsprechend verseuchtes Material als Unterlage verwendet wird.

Nachweisverfahren

Der Nachweis pflanzenpathogener Viren kann anhand äußerer Symptome erfolgen. Diese sind jedoch häufig nicht eindeutig, so dass zusätzlich spezifische Verfahren erforderlich sind. Dazu gehören:

Nukleinsäurebasierte Verfahren

Ein bevorzugtes Verfahren besteht darin, die Virus-Nukleinsäure (Genom) zu bestimmen. Hierbei bedient man sich zweier Methoden:

- Die **Polymerasekettenreaktion** (PCR, *polymerase chain reaction*). Bei der PCR werden die Virus-Nukleinsäuren oder bestimmte Abschnitte hiervon zunächst amplifiziert (vervielfältigt), dann auf Agarosegel getrennt und mit einem Farbstoff unter UV-Licht sichtbar gemacht; die PCR ist ein äußerst empfindliches, hochspezifisches Verfahren, das den Nachweis geringster Virusmengen möglich macht und heute routinemäßig zum Virusnachweis – aber auch zur Detektion anderer Pathogene – eingesetzt wird
- Die **Hybridisierung**. Sie wird für diagnostische Zwecke insbesondere zum Nachweis von Viroiden angewendet.

Bioteste

- Testpflanzenverfahren. Übertragung der Viren auf eine Pflanze, die auf diese Infektion mit einer charakteristischen und eindeutigen Symptomausbildung reagiert. Testpflanzen sind z. B. für das Kartoffel-X-Virus *Gomphrena globosa*, für das Kartoffel-Y-Virus die Hybride A 6 (*Solanum demissum* x „Aquila"), für das Tabakmosaik-Virus *Nicotiana glutinosa*
- Augenstecklingstest zum Nachweis von Kartoffel-Viren (heute kaum noch angewendet)
- Igel-Lange-Test. Nachweis einer verstärkten Kallosebildung im Phloem von Knollen und Stängeln der Kartoffel im Gefolge einer Blattroll-Virusinfektion. Die Kallose wird im Pflanzengewebe durch Resorcinblau angefärbt.

Serologische Verfahren

Voraussetzung ist die Gewinnung eines Antiserums. Nachweis durch Präzipitationstest, Immunogeldiffusionstest und ELISA-Test (*enzyme linked immunosorbent assay*). Der ELISA-Test erlaubt auch eine quantitative Auswertung.

Elektronenmikroskopie

Die Elektronenmikroskopie ist ein wichtiges Hilfsmittel zum Nachweis pflanzenpathogener Viren. Das Verfahren erfordert einen hohen technischen Aufwand und eignet sich daher vor allem für Forschungsaufgaben.

Bekämpfungsmaßnahmen

Eine direkte **chemische Bekämpfung** der **pflanzenpathogenen Viren** ist **nicht möglich**. Gegenmaßnahmen konzentrieren sich daher in erster Linie auf eine Verhütung der Infektion. Hierzu gehören:

- Verwendung von gesundem Pflanz- und Saatgut (Kap. 16.2)
- Sofern verfügbar Anbau virustoleranter bzw. -resistenter Sorten (Wintergerste, Zuckerrübe)
- Geeignete Pflanz- und Aussaattermine, z. B. beim Salatanbau im Frühjahr bzw. späte Aussaat von Wintergetreide (nach dem 20. September), da zu diesem Zeitpunkt die Wahrscheinlichkeit einer Virusübertragung durch Vektoren geringer ist
- Im Pflanzkartoffelanbau vorzeitige Krautabtötung mit einem Totalherbizid, um die Abwanderung der Viren in die Knollen zu unterbinden
- Verwendung von gesundem Pfropf- und Unterlagenmaterial im Obstbau. Wirkungsvolle Maßnahme, weil die meisten Obstvirosen durch Pfropfung verbreitet werden
- Geeignete Kultur- und Pflegemaßnahmen. Von Bedeutung bei allen mechanisch übertragbaren Viren (z. B. Kartoffel-X-Virus; Verringerung der Übertragungsgefahr durch reduzierte Bodenbearbeitung)
- Vektorenbekämpfung. Anwendung von Insektiziden nach Befallsbeginn bzw. Warndienstaufruf (Kap. 23) oder Saatgutbeizung
- Unkrautbekämpfung zur Ausschaltung ausdauernder Nebenwirte (wirksam gegen Viren mit großem Wirtspflanzenkreis, z. B. Gurkenmosaik-Virus mit mehr als 300 verschiedenen Wirten)
- Entfernung von Überhälterpflanzen, von denen die Blattläuse (Vektoren) die Viren aufnehmen können (z. B. Beseitigung von Ausfallgetreide)

- Meristemkultur. Hierbei wird viruskranken Pflanzen das virusfreie Apikalmeristem entnommen und weiterkultiviert zu einer gesunden Pflanze (wirtschaftlich lohnend nur bei Spezialkulturen, wie z. B. im Zierpflanzenbau für Basiszüchtung).

Eine **direkte Bekämpfung** der pflanzenpathogenen Viren ist nur in begrenztem Umfang mit folgenden Maßnahmen möglich:

- Wärmebehandlung, z. B. zur Ausschaltung des Blattroll-Virus in der Kartoffelknolle (nur bei wertvollem Zuchtmaterial wirtschaftlich vertretbar)
- Chemotherapie durch Anwendung von Antimetaboliten (strukturverwandte Virusbausteine). Bisher wenig erfolgreich wegen fehlender Selektivität.

Um die Verbreitung und Einfuhr von virusinfiziertem Pflanzenmaterial zu verhindern, sind in Deutschland eine Reihe von Verordnungen erlassen worden, die insbesondere den Obstbau und Kartoffelanbau betreffen, wie z. B. die „Verordnung zur Bekämpfung von Viruskrankheiten im Obstbau" oder die „Pflanzkartoffelverordnung".

Nomenklatur und Klassifizierung

Zahlreiche Pflanzenviren werden nach der Hauptwirtspflanze und den sichtbaren Symptomen benannt und dem deutschen Namen in Klammern der international verwendete englische Name beigefügt. So wird zum Beispiel das an Tabak Mosaiksymptome verursachende Virus als Tabakmosaik-Virus (*tobacco mosaic virus*), die Krankheit selbst als Tabakmosaik bezeichnet.

Zur Klassifizierung der Viren dienen folgende Merkmale:

- Die vorliegende Nukleinsäure; danach unterscheidet man RNA- bzw. DNA-Viren
- Viren mit einsträngiger (*single-stranded*) RNA (ssRNA) und doppelsträngiger (*double-stranded*) RNA (dsRNA)
- Die Form der Replikation; liegt die RNA als mRNA vor, handelt es sich um einen plus-Strang, ist dies nicht der Fall, um einen Minus-Strang [(+)ssRNA bzw. (−)ssRNA]
- Morphologische Unterschiede (Partikelstruktur) (Abb. 3.2): Stäbchenförmige, fadenförmige, bazillenförmige und sphärische Viren.

Tabelle 3.1 Klassifizierung pflanzenpathogener Viren

Genom	Morphologie	Virusgruppen[1] Familie	Gattung
Viren mit RNA (Beispiele)			
(+)ssRNA	**stäbchenförmig**	nicht benannt	*Benyvirus*[1]
		nicht benannt	*Tabamovirus*[1]
		nicht benannt	*Tobravirus*[1]
	fadenförmig	Potyviridae[1]	–
		Closteroviridae[1]	–
		nicht benannt	*Potexvirus*[1]
	sphärisch	Luteoviridae[1]	–
		Bromoviridae[1]	–
		nicht benannt	*Nepovirus*[1]
(-)ssRNA	**bazillenförmig**	Rhabdoviridae[1]	–
dsRNA	**sphärisch**	Partitiviridae	–
Viren mit DNA (Beispiele)			
(+)ssDNA	**sphärisch**	Geminiviridae	–
dsDNA	**sphärisch**	Caulimoviridae	–

[1] im Text genannte Virusgruppen

Auf der Grundlage dieser Kennzeichen ergibt sich die in Tabelle 3.1 dargestellte Klassifizierung. Das *„International Committee of Taxonomy of Viruses"* (ICTV) veröffentlicht seit 1971 regelmäßig neue Ergebnisse über die Taxonomie der nahezu 1 000 bisher bekannten Pflanzenviren.

Nach den oben genannten Kriterien lassen sich 5 Gruppen unterscheiden (Tabelle 3.1). Die weitere Einteilung erfolgt nach Familien und Gattungen mit den dazu gehörenden Arten. Viele Spezies, vor allem unter den (+)ssRNA- und (–)ssRNA-Viren, können noch keiner Familie zugeordnet werden. Die pflanzenpathogenen Formen zählen überwiegend zu den (+)ssRNA-Viren. Mit Ausnahme des Rübenblattkräusel-Virus (*beet leaf curl virus*) gehören alle anderen nachstehend aufgeführten Erreger zu dieser Gruppe.

Wichtige, zu den Viren gehörende Krankheitserreger an Acker-, Gemüse- und Obstkulturen

Ackerbau

Gelbverzwergung (Gelbverzwergungs-Virus, *barley yellow dwarf virus*) an Gerste, Weizen Hafer, Roggen, Mais und zahlreichen Gräsern.

Hauptsymptome: Streifige Aufhellungen entlang der Blattadern; danach Vergilben der Blattspitzen und -ränder mit nachfolgender Rotfärbung; Ausbildung steriler Ährchen in den Ähren, die später verkümmern. Herbstinfektion an Wintergetreide verursacht eine Verzwergung der Pflanzen mit starker Bestockung. Bei Spätinfektion im Frühjahr zeigt das Fahnenblatt nach dem Ährenschieben Verfärbungen (Gerste: gelb; Weizen u. Hafer: rot bis violett).

Biologie: Der Befall kommt oft aus Virusreservoiren in der Kulturlandschaft (z. B. Gräser im Dauergrünland, an Weg- und Feldrändern) oder Ausfallgetreide, Mais und Hirsen. Die Übertragung erfolgt durch Getreideblattläuse. Vom Gelbverzwergungs-Virus sind in Europa fünf Rassen bekannt, von denen drei in Deutschland auftreten. Sie unterscheiden sich im Wesentlichen durch ihre Vektorspezifität.

Bekämpfung: Befallsminderung durch spätere Saat; Saatgutbehandlung mit Insektiziden (Chloronicotinyle); Einsatz von Insektiziden gegen Vektoren nur bei Befallsflug im Herbst.

Bemerkungen: Erstmals 1978 in größerem Umfang in Deutschland nachgewiesen. Virusgruppe: *Luteoviridae*; Genom: (+)ssRNA; Form: sphärisch.

Gelbmosaik (Gelbmosaik-Viren, *barley yellow mosaic virus*, und *barley mild mosaic virus*) vor allem an Wintergerste.

Hauptsymptome: Im Frühjahr zu Vegetationsbeginn nesterweise Vergilbung der Bestände; mosaikartig verteilte, hellgrüne Striche auf den jüngsten Blättern parallel zu den Adern, später fortschreitend von der Blattspitze zur Basis; Absterben befallener Blätter. Als Folge reagiert die Pflanze mit reduziertem Wachstum, verringerter Bestockung und verkürzten Halmen ohne Ähren oder stark verkleinerten Ähren. Bei schwachem Befall, der noch keine Nekrosen ausgelöst hat, können die Mosaiksymptome mit stärkerem Wachstum wieder vollständig verschwinden.

Biologie: Das *barley yellow mosaic virus* hat in Deutschland die größte Bedeutung. Das Virus überdauert über 10 Jahre standorttreu in Dauersporen des Bodenpilzes *Polymyxa graminis*. Infektion bei der Besiedlung der Gerste durch diesen Wurzelpilz. Verbreitung durch Verschleppung der Dauersporen mit Ackererde, durch Maschinen, Tiere, Menschen und durch Winderosion.

Bekämpfung: Anbau resistenter Sorten.

Bemerkungen: Die Beteiligung des *barly mild mosaic virus* am Symptombild des Gelbmosaiks der Gerste wurde bislang unterschätzt, denn dieser Virustyp kann immer häufiger nachgewiesen werden. Seine Verbreitung erfolgt rein mechanisch und die von ihm ausgelösten Schäden sind weitaus größer als die vom *barley yellow mosaic virus*. Sorten mit ausreichender Resistenz sind in der Entwicklung, aber noch nicht praxisreif. Virusgruppe: Potyviridae, Genom: (+)ssRNA; Form: fadenförmig.

Kartoffelblattrollkrankheit (Kartoffelblattroll-Virus, *potato leafroll virus*) an Kartoffel.

Hauptsymptome: Blätter nach oben eingerollt, steif und spröde; Blattstiele aufwärts gerichtet; Phloemnekrosen.

Biologie: Übertragung durch Vektoren, insbesondere die Grüne Pfirsichblattlaus, aber auch andere Blattlausarten. Viren im Vektor persistent. Überwinterung in der Knolle (Abb. 3.5).

Bekämpfung: Verwendung von gesundem Pflanzgut (Basis- oder zertifiziertes Pflanzgut). Anbau resistenter oder widerstandsfähiger Sorten. Selektion infizierter Stauden.

Vorzeitiges Roden bzw. Abtöten des Krauts, um eine Abwanderung der Viren in die Knollen zu verhindern. Vektorenbekämpfung mit Insektiziden (Kap. 23).
Bemerkungen: Häufig auftretende, wirtschaftlich wichtige Kartoffelvirose. Virusgruppe: *Luteoviridae*; Genom: (+)ssRNA; Form: sphärisch.

Kartoffel-X-Virus-Mosaik (Kartoffel-X-Virus, *potato virus X*) an Kartoffel.
Hauptsymptome: Leichte Mosaikscheckung der Blätter.
Biologie: Übertragung erfolgt mechanisch durch Kontakt von Pflanzenteilen. Überwinterung in der Knolle.
Bekämpfung: Reduzierung der Bodenbearbeitung, um die Verletzungsgefahr und damit eine mögliche mechanische Übertragung zu vermindern. Verwendung von gesundem Pflanzgut (Basis- und zertifiziertes Pflanzgut). Anbau resistenter Sorten.
Bemerkungen: Viele Wirtspflanzen. Nur bei Mischinfektionen stärkere Ertragsminderungen. Virusgruppe: Potexvirus; Genom: (+)ssRNA; Form: fadenförmig.

Kartoffel-A-Virus-Mosaik (Kartoffel-A-Virus, *potato virus A*) an Kartoffel.
Hauptsymptome: Reaktion je nach Sorte sehr unterschiedlich; sie reicht von völliger Symptomlosigkeit bis zu einer leichten Mosaikscheckung mit starker Kräuselung der Blattränder.
Biologie: Übertragung mechanisch und durch Vektoren, insbesondere die Grüne Pfirsichblattlaus. Virus im Vektor nicht persistent. Überwinterung in der Knolle.
Bekämpfung: Verwendung von gesundem Pflanzgut. Anbau resistenter Sorten. Bekämpfung der Vektoren mit Insektiziden (Kap. 23).
Bemerkungen: Weltweit verbreitet. Gefährlich bei Mischinfektion mit X-Virus. Virusgruppe: *Potyviridae*; Genom: (+)ssRNA; Form: fadenförmig.

Kartoffel-Y-Virus-Mosaik, Strichelkrankeit (Kartoffelvirus Y, *potato virus Y*) an Kartoffel.
Hauptsymptome: Blätter gekräuselt; dunkle Striche (Nekrosen) auf Blattnerven und Blattstielen; Mosaiksymptome. Erkrankte Pflanzen zeigen eine unterschiedlich stark ausgeprägte Wachstumshemmung.
Biologie: Übertragung durch Kontakt von Pflanzenteilen möglich. Wichtige Vektoren sind Blattläuse, insbesondere die Grüne Pfirsichblattlaus und Kreuzdornlaus. Virus im Vektor nicht persistent.
Bekämpfung: Anbau resistenter Sorten. Reduzierung der Bodenbearbeitung, um Verletzungen zu vermeiden. Verwendung von gesundem Pflanzgut. Chemische Bekämpfung der Vektoren mit Insektiziden.
Bemerkungen: Viele Wirtspflanzen. Neben der Blattrollkrankheit die wichtigste Kartoffelvirose. Ertragsausfälle bis 90% sind möglich. Virusgruppe: *Potyviridae*; Genom: (+)ssRNA; Form: fadenförmig.

Pfropfenbildung oder Stängelbunt (Rattle-Virus, *tobacco rattle virus*) an Kartoffel und Tabak.
Hauptsymptome: Blätter einzelner Triebe von Kartoffelpflanzen mit ringförmigen Flecken; Triebe gestaucht. Auf der Knollenschale eingesunkene Flecken; im Knollengewebe bogenförmige Nekrosen oder „Eisenflecken". Auf Tabakblättern Nekrosen und Deformationen, Wachstumshemmungen.
Biologie: Übertragung durch freilebende Nematoden, wie z. B. *Trichodorus*-Arten. Überwinterung im Vektor, im Boden oder in der Kartoffelknolle. Großer Wirtspflan-

zenkreis, darunter mehrere häufig vorkommende Ackerunkräuter, wie Vogelmiere, Franzosenkraut, Ackerstiefmütterchen u. a., die als Überhälterpflanzen dienen können.
Bekämpfung: Anbau resistenter Sorten. Unkrautbekämpfung. Beseitigung der Pflanzenrückstände. Sterilisation der Anzuchterde (Tabak).
Bemerkungen: Virusgruppe: *Tobravirus*; Genom: (+)ssRNA; Form: stäbchenförmig.

Tabakmosaik (Tabakmosaik-Virus, *tobacco mosaic virus*) an Tabak.
Hauptsymptome: Mosaikscheckung und schwache Kräuselung der Blätter; Wachstumshemmungen.
Biologie: Sehr leicht mechanisch übertragbar durch Pressaft oder Berührung von Pflanzenteilen. Das TMV bleibt auch in Pflanzenrückständen infektiös. Großer Wirtspflanzenkreis.
Bekämpfung: Beseitigung der Pflanzenrückstände. Entfernen erkrankter Pflanzen aus dem Bestand. Sterilisation der Anzuchterde.
Bemerkungen: Wurde 1885/86 als erstes phytophages Virus entdeckt. Virusgruppe: *Tabamovirus*; Genom: (+)ssRNA; Form: stäbchenförmig.

Viröse Vergilbung (Erregerkomplex: *beet mild yellowing virus* [BMYV]; *beet yellows virus* [BYV]; *beet western yellows virus* [BWYV]) an Beta-Rübe, Mangold, Melde.
Hauptsymptome: Vergilbung und spätere Nekrosen der Blätter, die sich verdicken und spröde werden.
Biologie: Verbreitung nur durch Vektoren (v. a. Grüne Pfirsichblattlaus). Unterschiede in der Persistenz, Häufigkeit und Schwere der Schäden. BMYV: persistent, BYV: semi-persistent in Aphiden; BWYV: persistent. Bisher hatte BMYV die größte Bedeutung und ist aufgrund des extrem breiten Wirtspflanzenkreises stärker verbreitet als früher angenommen (auch im Winterraps); in welchem Ausmaß Schäden verursacht werden, ist noch nicht einzuschätzen.
Bekämpfung: Systemische Insektizide (Chloronicotinyle) zur Saatgutpillierung mit lang anhaltender Dauerwirkung verhindern Blattlausbefall und Virusübertragung.
Bemerkungen: Seit Einführung der Neonicotinyle (1991) ist die viröse Rübenvergilbung in Nordwesteuropa selten geworden. Virusgruppe: *Closteroviridae*; Genom: (+)ssRNA; Form: fadenförmig (BYV). Virusgrupppe: *Luteoviridae*; Genom: (+)ssRNA; Form: sphärisch (BWYV).

Rübenwurzelbärtigkeit, Rizomania (Nekrotisches Adernvergilbungs-Virus, *beet necrotic yellow vein virus*) an Zuckerrübe.
Hauptsymptome: Während der Vegetationsperiode Blattaufhellungen; Pflanzen bleiben im Wachstum zurück; Welkeerscheinungen bei trockener Witterung. Die auffälligsten Symptome sind im Wurzelbereich sichtbar. Die Hauptwurzel ist abgestorben, starke Bildung von Seitenwurzeln (= Bärtigkeit); Größe des Rübenkörpers reduziert. Ein Längsschnitt durch den Rübenkörper zeigt zunächst eine Gelb-, später eine Dunkelfärbung des Gefäßbündels.
Biologie: Übertragung durch den im Boden lebenden Pilz *Polymyxa betae* (Protista, Plasmodiophoromycota). Der Erreger ist in den Dauersporen des Pilzes längere Zeit lebensfähig.
Bekämpfung: Nicht zu enge Fruchtfolgen. Vermeidung stauender Nässe. Chemische Bekämpfung des Vektors im Boden bisher nicht möglich. Einsatz resistenter oder toleranter Sorten. Verschleppung auf befallsfreie Standorte verhindern.

Bemerkungen: Erstmals um die Mitte der 1970er Jahre in Süd- und Südwestdeutschland festgestellt. Bei stärkerer Infektion Verringerung des Rübengewichtes bis zu 50% und des Zuckergehaltes um 20%. Virusgruppe: *Benyvirus*; Genom: (+)ssRNA; Form: stäbchenförmig.

Rübenkräuselkrankheit (Rübenblattkräusel-Virus, *beet leaf curl virus*) an Futter- und Zuckerrübe, Rote Rübe und Mangold.
Hauptsymptome: Blätter stark gekräuselt; gestauchter Wuchs (Salatkopfbildung). Durch Wanzen verursachte Saugstellen.
Biologie: Übertragung durch die Rübenblattwanze (*Piesma quadratum*); Virus im Vektor persistent. Überwinterung und Vermehrung im Vektor. Als Virusreservoire kommen Samenrüben, Winterspinat und von den Unkräutern *Chenopodium*- und *Atriplex*-Arten infrage.
Bekämpfung: Nach Einwanderung der Rübenblattwanze Behandlung der Randstreifen mit Insektiziden.
Bemerkungen: Vorkommen des Vektors hauptsächlich auf leichten Böden. Virose tritt nur noch selten auf. Virusgruppe: *Rhabdoviridae*; Genom: (−)ssRNA; Form: bazillenförmig.

Gemüsebau

Erbsenenationenmosaik, Scharfes Adernmosaik (Erbsenenationenmosaik-Virus, *pea enation mosaic virus*) an Erbse, Bohne, Lupine, Zottel- und Saatwicke, Luzerne (latenter Virusträger).
Hauptsymptome: Auf den Blättern Adernaufhellungen und durchscheinende Flecken; auf der Unterseite Gewebewucherungen (Enationen). Buschiges Aussehen. Hülsen verkrüppelt.
Biologie: Übertragung im Bestand durch Vektoren, insbesondere die Erbsenlaus (*Acyrthosiphon pisum*), Grünstreifige Kartoffellaus (*Macrosiphum euphorbiae*) und andere Blattlausarten. Virus im Vektor persistent. Überwinterung in Inkarnatklee und Luzerne, latenter Virusträger.
Bekämpfung: Kein Anbau von Erbsen neben Luzerne. Frühe Aussaat. Anbau resistenter Sorten. Bekämpfung der Blattläuse (Vektoren) mit Insektiziden.
Bemerkungen: Bei starkem Auftreten Totalverlust. Wichtigste Virose der Erbse. Virusgruppe: *Luteoviridae*; Genom: (+)ssRNA; Form: sphärisch.

Gewöhnliches Bohnenmosaik (Gewöhnliches Bohnenmosaik-Virus, *bean common mosaic virus*) an Gartenbohne.
Hauptsymptome: Blätter zeigen Mosaikscheckung und sind häufig deformiert. Symptome sind variabel und nicht selten maskiert bei Temperaturen unterhalb 20°C und oberhalb 28°C.
Biologie: Mit Presssaft experimentell leicht übertragbar, ebenso im Bestand auf mechanische Weise und durch Vektoren, insbesondere durch Erbsenlaus, Grüne Pfirsichblattlaus und Schwarze Bohnenlaus. Virus im Vektor nicht persistent. Überwinterung im Samen, dort mehrere Jahre lebensfähig.
Bekämpfung: Anbau resistenter oder toleranter Bohnensorten. Verwendung von gesundem Saatgut. Vektorenbekämpfung mit Insektiziden.
Bemerkungen: Virusgruppe: *Potyviridae*; Genom: (+)ssRNA; Form: fadenförmig.

Salatmosaik (Salatmosaik-Virus, *lettuce mosaic virus*) an Salat und Endivie.
Hauptsymptome: Hell-dunkelgrüne Mosaikscheckung der Blätter. Mangelhafte Kopfbildung.
Biologie: Übertragung mit Samen (bis zu 10%), durch Pollen und Vektoren, insbesondere die Grüne Pfirsichblattlaus. Das Salatmosaik-Virus gehört zu den nicht persistenten Viren. Überwinterung im Samen.
Bekämpfung: Verwendung von gesundem Saatgut. Anbau resistenter oder toleranter Sorten. Früher oder später Anbau von Salat, da dann der Hauptflug der Blattläuse noch nicht eingesetzt hat bzw. vorüber ist. Bekämpfung der Blattläuse (Vektoren) mit Insektiziden.
Bemerkungen: Virusgruppe: *Potyviridae*; Genom: (+)ssRNA; Form: fadenförmig.

Gelbstreifigkeit (Porreegelbstreifen-Virus, *leek yellow stripe virus*) an Zwiebel, Lauch (Narzissen und anderen zu den Liliaceen gehörenden Pflanzen).
Hauptsymptome: Blätter (Schlotten) gelb gestreift, gewellt und schlaff herunterhängend. Pflanzen bleiben im Wuchs zurück. Samenertrag stark vermindert.
Biologie: Übertragung durch Vektoren (zahlreiche Blattlausarten). Viren im Vektor nicht persistent. Überwinterung erfolgt in Samenträgern und Lauch.
Bekämpfung: Selektion kranker Pflanzen. Beseitigung aller Lauchrückstände, die den Winter überdauert haben. Vektorenbekämpfung nur in Ausnahmefällen erforderlich.
Bemerkungen: Virusgruppe: *Potyviridae*; Genom: (+)ssRNA; Form: fadenförmig.

Obstbau

Flachästigkeit, Stammfurchung, Gravensteiner-Krankheit (Stammfurchungs-Virus, *apple stem grooving virus*) an Apfel.
Hauptsymptome: An älteren Ästen Rillen und Furchen; Zweigverdrehungen; mangelhafte Laubbildung; Nachlassen der Fruchtbarkeit.
Biologie: Übertragung von infizierten Unterlagen auf gesunde Reiser. Virus bleibt im Wirt während der gesamten Lebensdauer des Baumes aktiv.
Bekämpfung: Verwendung gesunder Unterlagen. Prüfung der Unterlagen mit Hilfe geeigneter Testpflanzen (als Indikatorpflanze gilt die Sorte „Gravensteiner"). Erkrankte Bäume aus den Anlagen entfernen.
Bemerkungen: Die Flachästigkeit ist auf bestimmte Sorten begrenzt. Ertragsausfälle bis zu 50%. Virusgruppe: *Capillovirus*; Genom: (+)ssRNA; Form: fadenförmig.

Apfelmosaik (Apfelmosaik-Virus, *apple mosaic virus*) an Apfel.
Hauptsymptome: Leuchtend gelbe, band- oder fleckenförmige Verfärbungen auf den Blättern.
Biologie: Übertragung von infizierten Reisern und Unterlagen beim Veredeln. Virus bleibt im Wirt während der gesamten Lebensdauer des Baumes aktiv.
Bekämpfung: Erkrankte Bäume aus den Anlagen entfernen. Verwendung von gesundem Vermehrungsmaterial. Reiser dürfen nur von gesunden, ständig überwachten und auf Virusfreiheit getesteten Mutterbäumen geschnitten werden. Auch die Unterlagen müssen, da sie symptomlose Träger von Viren sein können, mit Hilfe geeigneter Testpflanzen geprüft werden. Infrage kommen die Apfelsorten „Jonathan" und „Lord Lambourne".

Gelbmosaik der Gartenbohne (Bohnengelbmosaik-Virus, *bean yellow mosaic virus*) an Garten- und Ackerbohne, Erbse, Luzerne, Klee und anderen Leguminosen.
Hauptsymptome: Leuchtend gelbe Mosaikscheckung der Blätter.
Biologie: Mit Presssaft experimentell leicht übertragbar, ebenso im Bestand durch Blattläuse, insbesondere die Grüne Pfirsichblattlaus. Virus im Vektor nicht persistent. Keine Übertragung mit Samen bei der Gartenbohne, in geringem Umfang aber bei anderen Wirten nachgewiesen. Überwinterung in ausdauernden Nebenwirten (z. B. Klee, Gladiolen).
Bekämpfung: Kein Anbau in unmittelbarer Nähe der Winterwirte. Anbau resistenter Sorten. Gesundes Saatgut. Blattlausbekämpfung mit Insektiziden.
Bemerkungen: Virusgruppe: *Potyviridae*; Genom: (+)ssRNA, Form: fadenförmig.

Gurkenmosaik (Gurkenmosaik-Virus, *cucumber mosaic virus*) an Gurke, Kürbis, Melone.
Hauptsymptome: Hell-dunkelgrüne Scheckung der Blätter (Mosaiksymptom). Pflanzen gestaucht. Früchte mit warzenartigen Aufwölbungen und gelbgrüner Scheckung.
Biologie: Unter natürlichen Bedingungen Übertragung durch zahlreiche Blattlausarten; Virus im Vektor nicht persistent. Überwinterung in ausdauernden Nebenwirten, insbesondere Unkräutern.
Bekämpfung: Anbau resistenter oder toleranter Sorten. Unkräuter und sonstige Mosaiksymptome zeigende Pflanzen aus den Gurkenkulturen entfernen. Anwendung von Insektiziden mit einer Wirkung gegen Blattläuse.
Bemerkungen: Gefährlichste Gurkenvirose unter Glas. Großer Wirtspflanzenkreis (mehr als 200 Arten), darunter zahlreiche Zierpflanzen und Unkräuter. Virusgruppe: *Bromoviridae*; Genom: (+)ssRNA: Form: sphärisch.

Grünscheckungsmosaik der Gurke (Grünscheckungsmosaik-Virus, *cucumber green mottle mosaic virus*) an Gurke und anderen zur Familie der Kürbisgewächse (Cucurbitaceae) gehörenden Pflanzen.
Hauptsymptome: Auf den klein bleibenden und unregelmäßig ausgebildeten Blättern werden dunkelgrüne Stellen sichtbar. Verringerter Fruchtansatz. Symptomausbildung sehr unterschiedlich.
Biologie: Übertragung mechanisch und durch Samen. Überwinterung in Rückständen im Boden; von dort aus Infektion der Pflanzen. Virus kann in trockenen Pflanzenteilen jahrelang infektionsfähig bleiben. Keine Übertragung durch Vektoren.
Bekämpfung: Verwendung von gesundem Saatgut. Entseuchung des Bodens und der Anzuchterde. Beseitigung der Pflanzenrückstände. Desinfektion der Erntewerkzeuge.
Bemerkungen: Zunehmende Bedeutung bei Gurkenkulturen im Gewächshaus. Virusgruppe: *Tobamovirus*; Genom: (+)ssRNA; Form: stäbchenförmig.

Kohlschwarzringfleckigkeit, Wasserrübenmosaik (Wasserrübenmosaik-Virus, *turnip mosaic virus*) an Kohl und anderen Pflanzen aus der Familie der Kreuzblütler.
Hauptsymptome: Kleine helle Blattflecken von einem deutlichen, schwarzen Ring umgeben („Schwarzringflecken"), oft latent (Raps).
Biologie: Übertragung mechanisch und durch Vektoren. Häufigste Überträger sind die Grüne Pfirsichblattlaus und die Mehlige Kohllaus. Virus im Vektor nicht persistent. Überwinterung in Ernterückständen, Samenträgern und Unkräutern.
Bekämpfung: Beseitigung der Ernterückstände und Unkräuter (insbesondere der Kreuzblütler). Bekämpfung der Blattläuse (Vektoren) mit Insektiziden.
Bemerkungen: Virusgruppe: *Potyviridae*; Genom: (+)ssRNA; Form: fadenförmig.

Bemerkungen: Ertragsverluste bis zu 50%. Zahlreiche Arten aus den Gattungen *Sorbus, Amelanchier, Cotoneaster, Prunus* und andere sind ebenfalls Wirtspflanzen des Apfelmosaik-Virus. Virusgruppe: *Bromoviridae*; Genom: (+)ssRNA; Form: sphärisch.

Pfeffinger Krankheit (Himbeerringflecken-Virus, *raspberry ringspot virus*) an Süßkirsche (Himbeere, Johannisbeere, Brombeere, Erdbeere).
Hauptsymptome: Olivgrüne „Ölflecke" auf den Blättern; als Sekundärsymptome treten doppelt gezähnte Blattränder, Blattdeformationen und auf der Blattunterseite polsterartige Zellwucherungen (Enationen) längs der Mittelrippe auf. Nachlassen des Triebwachstums. Einzelne Äste können absterben.
Biologie: Übertragung durch infizierte Reiser, Samen und Nematoden (*Longidorus macrosama, L.elongatus*).
Bekämpfung: Verwendung gesunder Reiser. Entfernung erkrankter Bäume aus den Beständen.
Bemerkungen: Virusgruppe: *Nepovirus*; Genom: (+)ssRNA; Form: sphärisch.

Stecklenberger Krankheit (Nekrotisches Ringflecken-Virus, *prunus necrotic ringspot virus*) an Sauerkirsche (Schattenmorelle).
Hauptsymptome: Blätter mit gelbgrünen bis rotbraunen Flecken, deren Gewebe später herausbricht (Schrotschusseffekt). Nachlassen des Triebwachstums. Verkahlung der Bäume. Verkümmerung der Blattknospen.
Biologie: Übertragung durch Pollen, Samen und infizierte Reiser.
Bekämpfung: Verwendung gesunder Reiser. Entfernung erkrankter Bäume aus den Beständen. Sortenunterschiede beachten.
Bemerkungen: Virusgruppe: *Bromoviridae*; Genom: (+)ssRNA; Form: sphärisch.

Scharkakrankheit (Scharka-Virus, *plum pox virus*) an Zwetsche, Pflaume, Pfirsich, Aprikose.
Hauptsymptome: Verwaschene olivgrüne, weniger häufig auch violette Flecken, Ringe oder Bänder auf den Blättern. Pockenartige Einsenkungen an den Früchten; Fruchtfleisch gummiartig; Früchte reifen vorzeitig und fallen ab.
Biologie: Übertragung durch Vektoren (Pflaumenlaus, Hopfenblattlaus, Grüne Zwergzikade).
Bekämpfung: Befallene Bäume müssen gerodet und verbrannt werden („Verordnung zur Bekämpfung der Scharkakrankheit"). Anbau von scharkafreiem Pflanzmaterial aus kontrollierten Beständen.
Bemerkungen: Meldepflichtige Krankheit. Quarantäneschaderreger. Bedeutendste Virose an Pflaumen. Virusgruppe: *Potyviridae*; Genom: (+)ssRNA; Form: fadenförmig.

Reisigkrankheit (Virus der Reisigkrankheit, *grapevine fanleaf virus*) an Weinrebe.
Hauptsymptome: Stark variierende Mosaiksymptome; schärfere Blattzähnung; verkürzte Internodien, Blattgallen, verkürzte Lebensdauer der Rebstöcke.
Biologie: Übertragung mechanisch durch Pfropfung und Nematoden (*Xiphinema*).
Bekämpfung: Wärmebehandlung, Meristemkultur; gesundes Pflanzgut; Rodung infizierter Bestände.
Bemerkungen: Wichtigste Viruserkrankung der Weinrebe. Weltweite Verbreitung. Virusgruppe: Nepovirus; Genom: (+)ssRNA; Form: sphärisch.

Literatur

Astier S, Maury Y, Robaglia C, Lecoq H (eds) (2007) Principles of plant virology: genome, pathogenicity, virus ecology. Science Publishers, Enfield

Drews G, Adam G, Heinze C (2004) Molekulare Pflanzenvirologie. Springer, Berlin Heidelberg New York

Hallmann J, Quadt-Hallmann A, v Tiedemann A (2007) Phytomedizin. UTB Ulmer, Stuttgart

Khan A, Dijkstra J (2006) Handbook of plant virology. Haworth Press, New York London Oxford

Matthews REF (1992) Fundamentals of plant virology. Academic Press, London

Mayo MA, Maniloff J, Desselberger U et al. (2005) Virus taxonomy: classification and nomenclature of viruses. Academic Press, San Diego

Meyer-Kahsnitz S (1993) Angewandte Pflanzenvirologie. Thalacker, Braunschweig

Nienhaus F (1985) Viren, Mycoplasmen und Rickettsien. UTB Ulmer, Stuttgart

4 Phytoplasmen und Spiroplasmen

Im Jahre 1967 stellten Doi und Mitarbeiter in Japan in den Siebröhren und gelegentlich auch in den Phloemparenchymzellen infizierter Pflanzen eine neue Gruppe von Krankheitserregern fest, die sowohl Eigenschaften von Viren als auch von Bakterien besitzen und charakteristisch sind für Mykoplasmen, die bereits als Krankheitserreger bei Menschen und Tieren bekannt waren.

Später zeigte sich jedoch, dass es sich bei den Pflanzenkrankheiten nicht um Mykoplasmen handelt, sondern nach neuen Erkenntnissen die phytopathogenen Formen den Phytoplasmen und Spiroplasmen zugeordnet werden müssen.

Sie gehören zusammen mit den Bakterien zum Reich der Prokaryoten, die sich dadurch auszeichnen, dass sie keinen Zellkern besitzen. Im Gegensatz zu den Viren haben sie jedoch zelluläre Strukturen, einen eigenen Stoffwechsel, sind im Lichtmikroskop nachweisbar und verfügen über Desoxyribonukleinsäure (DNA) *und* Ribonukleinsäure (RNA) (Tabelle 4.1).

Innerhalb der Prokaryonten unterscheiden sich die Phyto- und Spiroplasmen von Bakterien vor allem dadurch, dass sie keine Zellwand besitzen, sondern eine dreischichtige Membran, die diesen Organismen plastische Eigenschaften und eine pleomorphe (variable) Gestalt verleiht. Sie haben eine sphärische bis kugelige, Spiroplasmen häufig eine spiralartige Form (Name!). Das bei Bakterien als wesentlicher Bestandteil der Zellwand nachweisbare Peptidoglykan Murein (Abb. 5.1) wird nicht gebildet.

Vermehrung, Übertragung und Ausbreitung

Die Vermehrung findet, wie bei den Prokaryoten üblich, durch Teilung statt (s. Bakterien). Die Übertragung der Krankheitserreger erfolgt durch

Tabelle 4.1 Charakteristische Unterschiede zwischen Viren, Phytoplasmen, Spiroplasmen und Bakterien

Merkmale	Viren	Prokaryonten		
		Phytoplasmen	Spiroplasmen	Bakterien
Zellkern	fehlt	fehlt	fehlt	fehlt
Zellwand	fehlt	fehlt	fehlt	vorhanden
sichtbar im Lichtmikroskop	nein	ja	ja	ja
Nukleinsäuren	DNA *oder* RNA	DNA *und* RNA	DNA *und* RNA	DNA *und* RNA
Wachstum auf künstlichen Nährmedien	nicht möglich	nicht möglich	möglich	möglich
Antibiotika-Empfindlichkeit	unempfindlich	ja (insbes. Tetracycline)	ja (Ausnahme Penicilline)	ja

infiziertes Pfropfmaterial und innerhalb der Bestände auch durch saugende Insekten, insbesondere Zikaden und Blattflöhe. Vor der Weitergabe findet eine Vermehrung in den Vektoren statt. In der Regel sind die Nymphen (geflügelte Larvenstadien bei hemimetabolen Insekten) für eine Übertragung besser geeignet als Adulte.

Die Krankheitserreger gelangen nicht in die Eier der Überträger. Die nachfolgenden Generationen sind daher frei von Pathogenen. Diese müssen vom Vektor stets aus infizierten Pflanzen aufgenommen werden.

Krankheitssymptome und Nachweisverfahren

Typische Symptome infizierter Pflanzen sind Verzweigungen, Verkürzungen der Internodien, intensive Entwicklung von Achseltrieben und Reduzierung der Blattlamina sowie Wachstumsdepressionen. Die Blätter sind häufig gelb oder rötlich gefärbt.

Die Krankheitserreger befinden sich überwiegend im Phloem der Wirtspflanzen und sind im Lichtmikroskop sichtbar (Größe im μm-Bereich).

Die Spiroplasmen wachsen auf Nährmedien und sind daher leicht nachweisbar. Eine künstliche Infektion von Testpflanzen ist möglich. Im Gegensatz dazu ist die Kultur von Phytoplasmen bisher nicht gelungen. Sie können jedoch aus Wirtspflanzen und Vektoren extrahiert und mit den bei den Viren beschriebenen serologischen und nukleinsäurebasierenden Verfahren nachgewiesen und identifiziert werden.

Bekämpfungsmaßnahmen

Eine direkte Beseitigung der im Obstbau vorkommenden Krankheitserreger ist derzeit nicht möglich. Antibiotika, insbesondere Tetracycline, sind zwar wirksam, haben aber keine Anwendungszulassung. Es kommen daher **nur vorbeugende Maßnahmen** infrage. Dazu gehören:

- Anpflanzung gesunder Bäume
- Beseitigung von infiziertem Pflanzenmaterial
- Chemische Bekämpfung vorkommender Vektoren mit Insektiziden
- Anbau resistenter oder toleranter Sorten
- Gewinnung von erregerfreien Mutterpflanzen, Unterlagen, Reisern, durch Wärmebehandlung (30 bis 37°C). Grundsätzlich ist wichtig, nur getestetes und zertifiziertes Pflanzenmaterial zu verwenden.

Nomenklatur und Klassifizierung

Die Phytoplasmen und Spiroplasmen werden, wie bei den Viren, nach der Wirtspflanze, meist aber nach dem sichtbaren Symptom benannt und dem deutschen Namen in Klammern die international verwendete englische Bezeichnung beigefügt (z. B. Besenwuchs, Triebsucht an Apfel, *apple proliferation phytoplasma*).

Schäden entstehen überwiegend in Obstkulturen. Betroffen ist vor allem das Kernobst. Wichtige durch Phytoplasmen hervorgerufene Erkrankungen an Kulturpflanzen sind Apfeltriebsucht (Besenwuchs), Gummiholzkrankheit und Birnenverfall, von den Spiroplasmen die Mais-Stauche (*Spiroplasma kunkelii*) und vor allem die in den Mittelmeerländern vorkommende Citrus-Stauche (*Spiroplasma citri*).

Eine allgemein gültige Klassifizierung der Krankheitserreger liegt noch nicht vor. Sie werden überwiegend den Bakterien zugeordnet und wegen ihrer besonderen Eigenschaften (s. Tabelle 4.1) in einer separaten Klasse **Mollicutes** (lat,: *mollis* = geschmeidig, *cutis* = Haut) mit der Familie Spiroplasmataceae und der Gattung *Spiroplasma* sowie einer noch nicht benannten Familie (oder Familien) mit der Gattung *Phytoplasma* zusammengefasst. Weitere Angaben zu den wichtigsten durch Phytoplasmen und Spiroplasmen im Obstbau verursachten Krankheiten sind dem nachfolgenden Kapitel zu entnehmen.

Wichtige, zu den Phytoplasmen und Spiroplasmen gehörende Krankheitserreger an Obstkulturen

Obstbau

Besenwuchs (Triebsucht) (*apple proliferation phytoplasma*) an Apfel.
Hauptsymptome: Typisch ist der „besenartige" Austrieb an Langtrieben, stark vergrößerte, scharf gezähnte Nebenblätter, kleine Früchte, Blattchlorosen und Wuchshemmungen.
Biologie: Die Verbreitung der Krankheit erfolgt durch vegetative Vermehrung, innerhalb des Bestandes durch Vektoren (Zikaden).
Bekämpfung: Gesunde Unterlagen und Edelreiser. Beseitigung infizierter Bäume. Vektorenbekämpfung mit Insektiziden.
Bemerkungen: In den letzten Jahren verstärktes Auftreten in Deutschland. Starke Ertragsverluste bei anfälligen Sorten (z. B. Boskop, Golden Delicious). Quarantäneschaderreger.

Gummiholzkrankheit (*apple rubbery wood phytoplasma*) an Apfel.
Hauptsymptome: Ungenügende Lignineinlagerung, dadurch Triebe, Äste und Stämme extrem biegsam; Zweige hängen herab und brechen bei Fruchtbehang ab. Erhöhte Frostgefährdung und Anfälligkeit gegenüber pilzlichen Krankheitserregern. Symptomausbildung stark sortenabhängig.
Biologie: Die Übertragung und Verbreitung des Krankheitserregers erfolgt durch vegetative Vermehrung (Veredlung).
Bekämpfung: Gesunde Edelreiser und Unterlagen. Nur zertifiziertes Pflanzenmaterial verwenden.
Bemerkungen: Erreger bisher noch nicht eindeutig bestimmt. Ertragsausfälle sortenabhängig stark schwankend (34–78%).

Birnenverfall (*pear decline phytoplasma*) an Birne.
Hauptsymptome: Hemmung oder Ausbleiben des Triebwachstums. Im Laufe des Sommers welken, vertrocknen oder verfärben sich die Blätter. Bei akutem Krankheitsverlauf können diese Symptome innerhalb weniger Tage auftreten und zum Absterben des Baumes führen; bei chronischem Krankheitsverlauf kommt es zu einer kontinuierlich zunehmenden Schwächung.
Biologie: Verbreitung durch vegetative Vermehrung, innerhalb des Bestandes durch Birnenblattsauger (*Psylla piricola, P.piri* und *P.pirisuga*).
Bekämpfung: Gesunde Unterlagen und Edelreiser. Nur zertifiziertes Pflanzenmaterial verwenden. Beseitigung infizierter Bäume. Chemische Bekämpfung der Vektoren mit Insektiziden.
Bemerkungen: Erhebliche Qualitäts- und Ernteverluste. Quarantäneschaderreger. Der Erreger kommt auch auf wildwachsenden *Pyrus*-Arten vor.

Citrus-Stauche (*Spiroplasma citri*) an Orangen und Grapefruit.
Hauptsymptome: Erkrankte Bäume produzieren weniger und meist nicht vermarktbare Früchte. Befallene Zweige sterben ab. Die Bäume zeigen einen gestauchten Wuchs; die Blätter sind klein, häufig gesprenkelt und chlorotisch.
Biologie: Verbreitung durch Pfropfung, innerhalb der Anlage durch Zikaden (Vektor).

Bekämpfung: Frühzeitige Entfernung infizierter Bäume; Verwendung spiroplasma-freier Unterlagen.

Bemerkungen: Zählt in den Mittelmeerländern zu den wichtigen Schaderregern im Orangen- und Grapefruitanbau.

Literatur

Agrios GN (2005) Plant pathology. Elsevier, Academic Press, Amsterdam Boston Heidelberg

Davis RE, Sinclair WA (1998) Phytoplasma identity and disease etiology. Phytopathology 88:1372–1376

Doi Y, Teranaka M, Yorak K, Asujama H (1967) Mycoplasma – or PLT group – like microorganisms found in the phloem elements of plants infected with mulberry dwarf „potato witches" – broom, aster yellows, or „Paulownia witches" – broom. Ann Phytopath Soc Japan 33:259–266

Lee I-M, Davis RE, Gundersen-Rindal DE (2000) Phytoplasma: Phytopathogenic Mollicutes. Annu Rev Microbiol 54:221–255

Maramorosch K, Raychaudhuri SP (eds) (1988) Mycoplasma diseases of crops. Springer, New York

Marzachi C (2004) Molecular diagnosis of phytoplasmas. Phytopathol Medit 43:228–231

Nienhaus F (1985) Viren, Mykoplasmen und Rickettsien. UTB Ulmer, Stuttgart

5 Bakterien

Bakterien sind einzellige Mikroorganismen. Die Zellen bestehen aus Cyto-plasma mit DNA und kleinen (70S) Ribosomen. Sie gehören zusammen mit den Phytoplasmen und Spiroplasmen (Mollicutes) zum Reich der Pro-karyonten, besitzen jedoch im Gegensatz zu diesen Krankheitserregern eine zelluläre Struktur mit einer Zellwand (s. Tabelle 4.1).

Im Vergleich zu den pflanzenpathogenen Viren, Pilzen und Schädlingen spielen die Bakterien als Krankheitserreger an Pflanzen in Mitteleuropa nur eine untergeordnete Rolle; in Einzelfällen können jedoch beträchtliche Schäden sowohl auf dem Feld als auch im Lager auftreten (z. B. Feuer-brand, Knollennassfäule der Kartoffel).

Struktur und Morphologie

Als abgeschlossene einzellige Lebenseinheit besitzen die Bakterien einen typischen chemischen Aufbau. Die elastische Zellwand besteht aus einer weitgehend einheitlichen polymeren Verbindung, dem Peptidoglykan Murein.

Die Hauptbestandteile dieses Makromoleküls sind Acetylglucosamin, Acetylmuramin-säure und ein Peptidrest, die nur bei den Bakterien vorkommende Diaminopimelinsäu-re sowie neben L-Alanin die seltenen Aminosäuren D-Glutaminsäure und D-Alanin (Abb. 5.1). Das Stützskelett der Zellwand besteht aus Ketten, in denen N-Acetylgluco-samin und N-Acetylmuraminsäure in alternierender Folge β-1,4 glykosidisch mitein-ander verknüpft sind. Der Anteil des Mureins beträgt bei den Gram-positiven Bakteri-en etwa 50%, bei den Gram-negativen etwa 10% der Trockenmasse der Zellwand.

Als Speicher- oder Reservestoffe werden Polysaccharide, und hier ins-besondere Glykogen, Fette und Polyphosphate gebildet. Zahlreiche Bakte-

H. Börner, *Pflanzenkrankheiten und Pflanzenschutz*,
© Springer 2009

Abb. 5.1 Chemische Struktur des
Peptidoglycans Murein; wesentlicher Bestandteil des Stützskeletts
der Bakterienzellwand

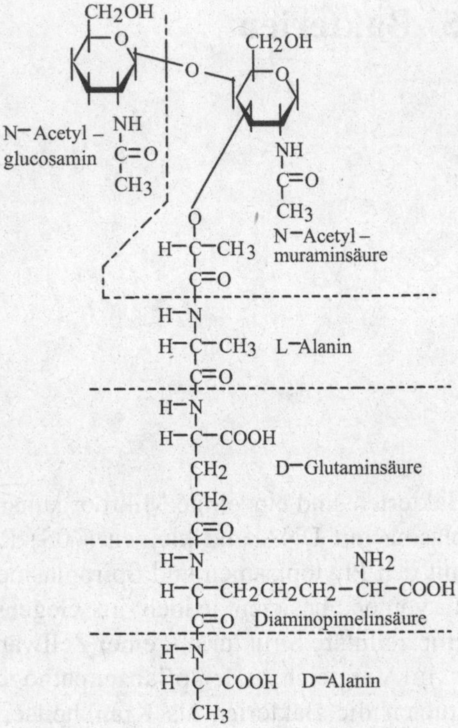

CH_2OH

CH_2OH

N−Acetyl −
glucosamin

NH

$C=O$

CH_3

NH

$C=O$

CH_3

$H−C−CH_3$ N−Acetyl −
             muraminsäure

$C=O$

$H−N$

$H−C−CH_3$ L−Alanin

$C=O$

$H−N$

$H−C−COOH$

CH_2 D−Glutaminsäure

CH_2

$C=O$

$H−N$ NH_2

$H−C−CH_2CH_2CH_2−CH−COOH$

$C=O$ Diaminopimelinsäure

$H−N$

$H−C−COOH$ D−Alanin

CH_3

rien erzeugen Pigmente, die sich in der Zelle befinden oder ausgeschieden
werden. Bei diesen Farbstoffen handelt es sich um Carotinoide, Anthocya-
ne, Pyrrolderivate, Chinone u. a.

Die durchschnittliche Größe der Bakterien beträgt etwa 1 µm (0,1–
15 µm). Die meisten Arten sind von stäbchenförmiger Gestalt, lediglich die
Actinomyceten besitzen eine fadenartige („myzelartige") Vegetationsform
(deshalb früher die Bezeichnung „Strahlenpilze"). Typisch für die **pflanzenpathogenen Bakterien** ist, dass sie **keine Endosporenbildner** sind. Zum
Zweck der Fortbewegung sind Bakterien polar oder peritrich begeißelt. Die
einzelnen Arten bilden auf künstlichen Nährmedien in Form und Färbung
charakteristische Kolonien aus.

Ernährung und Vermehrung

Bakterien leben meist heterotroph, nur wenige Arten sind zur Photo- oder
Chemosynthese in der Lage. Die Ansprüche an das Nährsubstrat variieren

stark. Alle phytopathogenen Arten sind zur saprophytischen Lebensweise befähigt, obligat parasitische Formen sind nicht bekannt.

Die Vermehrung erfolgt auf vegetativem Wege oder durch Endosporen. Der Teilung der Bakterienzelle geht eine Teilung der Bereiche voraus, in denen die DNA lokalisiert ist. Während der parasitischen Phase vollzieht sich die Vermehrung in der Regel in den Interzellularen der befallenen Pflanzen. Die Actinomyceten bilden ein pilzähnliches Geflecht („Strahlenpilze"), das in Einzelstücke zerfallen oder beständig weiterwachsen kann.

Infektionsvorgang und Ausbreitung in der Pflanze

Das Eindringen der Bakterien durch eine intakte äußere Zellwand der Pflanzen ist wahrscheinlich nicht möglich. Unbewegliche Formen können nur über Wunden (mechanische Verletzungen, Frost- und Hagelschäden, Insektenstiche) in ihre Wirte gelangen; bewegliche (begeißelte) Formen wandern über natürliche Öffnungen (Stomata, Lentizellen, Hydathoden) ein. Vorhandensein von Wasser auf der Oberfläche der Pflanzen fördert den Infektionsvorgang.

Die **Ausbreitung** der Bakterien in der Pflanze erfolgt über kurze Strecken durch enzymatische Auflösung der Mittellamelle und Zellwände durch Pektinasen, Hemicellulasen und Cellulasen, über weitere Strecken passiv über das Gefäßsystem.

Die Krankheitserreger werden von Pflanze zu Pflanze übertragen durch:

- Tiere und Menschen (Vektoren), vorwiegend passiv als Schmierinfektion
- Bearbeitungsgeräte (z. B. Geizmesser), Wind und Wasser (Vehikel)
- Bakterienexsudate (= Schleimtropfen).

Die Übertragung von einer Vegetationsperiode zur anderen erfolgt durch:

- Infiziertes Saat- und Pflanzgut (z. B. Wildfeuer des Tabaks, Knollennassfäule und Bakterienringfäule der Kartoffel)
- Pflanzenreste im Boden; die Mehrzahl der Bakterien kann auf diese Weise überdauern
- Bakterien enthaltende Gallen (z. B. Wurzelkropf).

Am Beispiel der Wildfeuerkrankheit des Tabaks wird ein charakteristischer Entwicklungskreislauf eines pflanzenpathogenen Bakteriums in Abb. 5.2 dargestellt.

Abb. 5.2 *Pseudomonas
tabaci* (Wildfeuer) an
Tabak, **a** Symptombild,
b Entwicklungskreislauf
1: Eindringen der Bakte-
rien über die Stomata in
die Pflanze
2: Entstehung der ersten
Krankheitssymptome
(chlorotische Flecken)
3: Entstehung kranker
Pflanzen aus infiziertem
Saatgut
4: Ausbreitung der
Krankheit während der
Vegetationsperiode durch
Regen und Wind
5: Überwinterung auf
Ernterückständen
6: Überwinterung auf
Samen

Ba = Bakterium;
Erü = Ernterückstände im
Boden;
gPf = gesunde Pflanze;
iSa = infizierte Samen;
kPf = erkrankte Pflanze;
St = Stomata

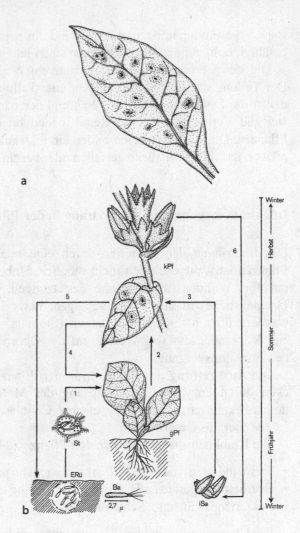

Krankheitssymptome

Folgende äußerlich sichtbare Symptome sind häufig:

- Welkeerscheinungen, in der Regel durch eine Massenentwicklung von
  Bakterien in den Leitbahnen verursacht (= Tracheobakteriosen), wie z. B.
  bei der Bakterienwelke an Tomate
- Verfärbungen und Fleckenbildungen, z. T. hervorgerufen durch Bakteri-
  entoxine, wie z. B. beim Feuerbrand der Obstgehölze oder Wildfeuer
  des Tabaks

- Absterbeerscheinungen; hierzu zählen das meist als Sekundärsymptom auftretende Absterben von Blättern und anderen Pflanzenteilen (Bakterienblattfleckenkrankheit der Gurke) oder Fäulen (Knollennass- und Ringfäule der Kartoffel). Letztere entstehen durch enzymatische Zerstörung der Mittellamelle und eine dadurch bedingte Auflösung des Zellverbandes
- Formveränderungen, insbesondere Gallen und Tumoren (Wurzelkropf an Obstgehölzen)
- An der Ausbildung von Gallen und Tumoren sind u. a. vom Krankheitserreger gebildete Wuchsstoffe (Kap. 12) beteiligt
- Ausscheidungen in Form von Bakterienexsudaten (= Schleimtropfen), wie z. B. beim Feuerbrand an Kernobst oder der Bakterienblattfleckenkrankheit der Gurke.

Außerdem treten als Folge einer Bakterieninfektion histologische und stoffwechselphysiologische Veränderungen auf (Kap. 14.3).

Nachweisverfahren

Der Nachweis für eine Erkrankung bakteriellen Ursprungs ist auf folgende Weise möglich:

- PCR (Polymerase-Kettenreaktion, *polymerase chain reaction*)
- **Serologische Verfahren** (v. a. ELISA)
- **Eindeutige** äußere **Symptome**, wie z. B. beim Wildfeuer des Tabaks
- Isolierung des Erregers aus der erkrankten und anschließende künstliche Infektion einer gesunden Pflanze.

  Hierbei sind folgende Arbeitsschritte erforderlich (**Kochsche Postulate**):
  - Isolierung und Reinkultur der Bakterien
  - künstliche Infektion einer gesunden Pflanze, die dann die gleichen Symptome zeigen muss wie die erkrankte
  - Reisolation des Bakteriums aus der künstlich infizierten und Krankheitssymptome zeigenden Pflanze
  - Vergleich des reisolierten Bakteriums mit dem übertragenen Krankheitserreger

- Prüfung **physiologischer Merkmale** des isolierten Bakteriums, wie z. B. die Verwendung bestimmter C-Quellen, Verflüssigung von Gelatine, selektiver Nährböden u. a.
- Anwendung von spezifischen Färbemethoden (z. B. **Gram-Färbung**)
- Analyse des **Fettsäureprofils in der Zellmembran** der Bakterien
- Bestimmung und Identifizierung durch einen Vergleich des **DNA-Profils** nach Trennung auf einem Gel.

Bekämpfungsmaßnahmen

Zur Verhinderung von Bakteriosen kommen in erster Linie vorbeugende Maßnahmen zur Anwendung. Eine chemische Bekämpfung ist nur begrenzt möglich:

- Verwendung von gesundem Pflanzgut und resistenten bzw. toleranten Sorten. Verhinderung von Wunden. Beseitigung von Pflanzenrückständen. Weitgestellte Fruchtfolge
- Selektion kranker Pflanzen im Bestand (z. B. Wildfeuer des Tabaks) und im Lager (z. B. Knollennassfäule der Kartoffel)
- Beseitigung und/oder Verbrennen befallener Pflanzen bzw. Pflanzenteile (z. B. Feuerbrand)
- Stimulierung der antagonistischen Bodenmikroflora durch Gründüngung (z. B. gegen den Kartoffelschorf)
- Teilerfolge sind durch Behandlung der Pflanzen mit Kupferpräparaten zu erzielen. Für eine Anwendung von Antibiotika gibt es keine amtliche Zulassung
- Einsatz physiologisch saurer Düngemittel zur Absenkung des pH-Werts in den schwach sauren Bereich (z. B. gegen den Kartoffelschorf).

Nomenklatur und Klassifizierung

Die deutsche Bezeichnung für Bakterienerkrankungen (Bakteriosen) basiert auf der Nennung des Hauptsymptoms (z. B. Fettfleckenkrankheit), zum Teil ergänzt durch den Namen des Hauptwirts (z. B. Kartoffelschorf).

Für eine Klassifizierung werden die Krankheitserreger in Abteilungen, Klassen und Familien zusammengefasst. Bei einigen pflanzenpathogenen Bakterien erfolgt darüber hinaus eine weitere Differenzierung in Unterarten (Subspezies, subsp.) und Pathovare (pv.).

Als Subspezies bezeichnet man Individuen einer Art, die sich von anderen Individuen der gleichen Art genetisch, aber auch durch andere Merkmale (z. B. Morphologie) deutlich unterscheiden. Die Bezeichnung der Subspezies wird dem Namen der Art angefügt (z. B. *Clavibacter michiganensis* subsp. *sepedonicus*, Bakterienringfäule der Kartoffel).

Pathovare sind Bakterien einer Art, jedoch mit unterschiedlichen pathogenen Eigenschaften (z. B. Wirtspflanzenkreis, verursachte Krankheitssymptome). Die Bezeichnung der Pathovare erfolgt in der Regel nach der betroffenen Wirtspflanze (z. B. *Pseudomonas syringae* pv. *phaseolicola*, Fettfleckenkrankheit der Bohne).

Die pflanzenpathogenen Bakterien werden in zwei Abteilungen eingeteilt. Hauptklassifizierungskriterium ist die Gram-Färbung. Danach unter-

Tabelle 5.1 Klassifizierung der pflanzenpathogenen Bakterien (Agrios 2005; verein-fachte Darstellung)

Abteilung	Klasse	Familie
Gracilicutes (Gram-negative Bakterien)	Proteobacteria	Enterobacteriaceae
		Pseudomonadaceae
		Rhizobiaceae
Firmicutes (Gram-positive Bakterien)	Thallobacteria	Microbacteriaceae
		Streptomycetaceae

scheidet man die Abteilung **Gracilicutes** (Gram-negative Formen) und **Firmicutes** (Gram-positive Formen). Für die weitere Klassifizierung sind vor allem morphologische, biochemische und genetische Unterschiede maßgebend.

Nur die Klassen und Familie mit wirtschaftlich wichtigen Krankheitserregern wurden in Tabelle 5.1 aufgenommen. Von besonderer Bedeutung sind die Vertreter aus fünf Familien:

Enterobacteriaceae

- Gram-negative Bakterien. Die wichtigsten Krankheitserreger gehören zur Gattung *Erwinia*. Es handelt sich um stäbchenförmige Arten mit einer Größe von $0,5–1,0 \times 1,0–3,0$ μm und einer peritrichen Begeißelung
- *Erwinia carotovora*, **subsp.** *carotovora* (Schwarzbeinigkeit, Knollennassfäule) an Kartoffel
- *Erwinia amylovora* (Feuerbrand) an Birne, Apfel, Quitte.

Pseudomonadaceae

Gram-negative Bakterien mit polarer Begeißelung (monotrich, multitrich; gerade oder gekrümmte Einzelzellen mit einer Größe $0,5–1,0 \times 1,5–4$ μm (*Pseudomonas*) bzw. $0,4–1,0 \times 1,2–3,0$ μm (*Xanthomonas*).

- *Pseudomonas syringae* **pv.** *morsprunorum* (Rindenbrand des Steinobstes) an Pflaume, Kirsche, Aprikose u. a. Steinfrüchten
- *Pseudomonas syringae* **pv.** *phaseolicola* (Fettfleckenkrankheit) an Buschbohnen
- *Pseudomonas syringae* **pv.** *lachrymans* (Bakterienblattfleckenkrankheit) an Gurke

- *Pseudomonas tabaci* (Wildfeuer) an Tabak (Entwicklung s. Abb. 5.2)
- *Xanthomonas campestris* pv. *campestris* (Schwarzadrigkeit) an Kohl
- *Ralstonia solanacearum* (Schleimkrankheit) an Kartoffel.

Rhizobiaceae

Gram-negative Bakterien, stäbchenförmig mit abgerundeten Enden, 1 bis 4 peritrichen Geißeln, die etwa vierfach länger sind als die Einzelzelle; Größe 0,8 × 1,5–3 µm.

- *Agrobacterium tumefaciens* (Wurzelkropf) an zahlreichen Obstarten, Beta-Rübe, Himbeere, Weinrebe u. a.

Microbacteriaceae

Gram-positive Bakterien; gerade bis gebogene Stäbchen, in der Regel ohne Begeißelung und daher unbeweglich. Größe 0,5–0,9 × 1,5–4 µm.

- *Clavibacter michiganensis* subsp. *sepedonicus* (Bakterienringfäule) an Kartoffel
- *Clavibacter michiganensis* subsp. *michiganensis* (Bakterienwelke) an Tomaten.

Streptomycetaceae

Gram-positive Bakterien mit verzweigten Kolonien ohne Querwände, 0,5–2 µm im Durchmesser. Während der Reifephase bildet das scheinbare „Luftmyzel" drei und mehr kettenförmig angeordnete Sporen.

- *Streptomyces scabies* (Kartoffelschorf) an Kartoffel.

Wichtige, zu den Bakterien gehörende Krankheitserreger an Acker-, Gemüse- und Obstkulturen

Ackerbau

Schwarzbeinigkeit, Knollennassfäule (*Erwinia carotovora* subsp. *carotovora*) an Kartoffel.
Hauptsymptome: Im Bestand Stängelbasis schwarz verfärbt und verfault; Blätter hellgrün bis gelb; Fiederblätter teilweise eingerollt. Pflanzen lassen sich leicht aus dem

Boden ziehen. Knollen weichfaul; breiige Masse wird nur durch die Schale zusammen-
gehalten; stechender Geruch.
Biologie: Infektion der Knollen über Wunden. Überwinterung in Pflanzenrückständen
im Boden und in Knollen. Übertragung des Bakteriums im Bestand durch befallene
Knollen, die vielfach latent verseucht sind, und Bearbeitungsgeräte. Für die Ausbreitung
im Lager sind faulende Knollen und Beschädigungen an den Knollen Voraussetzung.
Bekämpfung: Verwendung von gesundem Pflanzgut. Beschädigungen der Knollen bei
den Pflegemaßnahmen und bei der Ernte vermeiden. Keine beschädigten und befallenen Knollen einlagern. Durch günstige Lagerbedingungen (4–6°C und 95% Luftfeuchtigkeit) ist die Entwicklung und Ausbreitung der Bakterien zu reduzieren. Anwendung
von Kupferpräparaten beim Legen des Pflanzgutes.
Bemerkungen: Wichtigste und häufigste Bakteriose an Kartoffeln in Mitteleuropa.
Die Verluste im Lager liegen durchschnittlich bei 5–8%.

Bakterienringfäule (*Clavibacter michiganensis* subsp. *sepedonicus*) an Kartoffel.
Hauptsymptome: Knollen zeigen äußerlich keine auffallenden Symptome; im Innern
Gefäßbündel vom Nabelende ausgehend gelblich gefärbt (Tracheobakteriose), später
in eine ringförmige, weichfaule und breiige Zone übergehend. Gegen Vegetationsende
Blattvergilbungen und -rötungen. Keine Stängelsymptome.
Biologie: Infektion der Knollen über Wunden oder Stolonen. Überwinterung an
Pflanzenrückständen sowie Knollen im Boden. Übertragung und Verbreitung durch
Bearbeitungsgeräte und infizierte Knollen.
Bekämpfung: Verwendung von gesundem Pflanzgut. Entfernung von Ernterückstän-
den. Vermeidung von Wunden an den Knollen. Kontrollen beim Import, um die Ein-
schleppung von infiziertem Pflanzgut zu verhindern (Quarantäneschaderreger). Bei
Auftreten Anbaueinschränkungen.
Bemerkungen: In Deutschland in Feldbeständen selten. Wichtige Kartoffelbakteriose
in den USA und Kanada.

Schleimkrankheit (*Ralstonia solanacearum)* an Kartoffel.
Hauptsymptome: Braune Knollenverfärbung mit schleimigen Bakterienexsudaten.
Biologie: Überdauerung in latent befallenen Knollen im Boden, Infektion über Ver-
letzungen an Knollen. Befallene Stauden welken und sterben schnell ab.
Bekämpfung: Gesundes Pflanzgut verwenden. Beschädigungen vermeiden. Nacht-
schattengewächse bei der Unkrautregulation beseitigen, kein Kartoffeldurchwuchs in
Folgekulturen.
Bemerkungen: Meldepflichtiger Quarantäneschadorganismus; Kartoffelvermehrungs-
betriebe müssen bei Befall die Produktion langfristig einstellen.

Kartoffelschorf (*Streptomyces scabies*) an Kartoffel.
Hauptsymptome: Knollenoberfläche rau, verkorkt und dunkelbraun. Keine Stängel-
oder Blattsymptome.
Biologie: Die Infektion der Knollen erfolgt über Lentizellen und Wunden vom Boden
aus, wo sich das Bakterium über längere Zeit an Rückständen halten kann. Streptomy-
ces bevorzugt einen schwach alkalischen Boden. Trockenes und warmes Wetter be-
günstigt die Infektion.
Bekämpfung: Absenken des Boden-pH-Werts in den schwach sauren Bereich durch
Anwendung physiologisch saurer Düngemittel. Stimulierung der antagonistischen
Mikroflora durch Gründüngung. Anbau von Sorten mit geringerer Anfälligkeit.

Bemerkungen: Besonders auf leichten, sandigen, schwach alkalischen Böden vorkommend. Schäden entstehen vorwiegend durch eine Qualitäts-, weniger durch Ertragsminderung.

Wildfeuer (*Pseudomonas tabaci*) an Tabak.
Hauptsymptome: Auf den Blättern runde chlorotische Flecken mit einem Durchmesser von 0,5–1 cm. Befallenes Gewebe wird später braun und ist dann von einem hellen Hof umgeben (Toxinwirkung).
Biologie: Übertragung durch Bearbeitungsgeräte. Bakterien dringen über die Stomata in die Pflanzen ein. Ausbreitung der Krankheit im Bestand wird begünstigt durch feuchtes und windiges Wetter. Überwinterung im Boden an Pflanzenrückständen, Samen und Unkräutern (Entwicklungskreislauf siehe Abb. 5.2).
Bekämpfung: Sterilisation der Saatbeeterde, da die überwiegende Zahl der Infektionen auf dem Feld von Pflanzen ausgehen, die bereits im Saatbeet infiziert wurden. Verwendung von gesundem Saatgut. Selektion kranker Pflanzen. Durch Spritzen der Setzlinge mit Kupferkalkbrühe können Teilerfolge erzielt werden. Tritt nur noch selten auf.

Gemüsebau

Fettfleckenkrankheit (*Pseudomonas syringae* pv. *phaseolicola*) an Buschbohne.
Hauptsymptome: Auf den Blättern unregelmäßig begrenzte chlorotische Flecken, z. T. mit einem gelben Hof. Auf den Hülsen fettig-dunkelgrüne Flecken. Bakterienexsudate.
Biologie: Bakterien dringen über die Stomata in die Pflanzen ein. Übertragung und Ausbreitung im Bestand durch Exsudate und Regen, Überwinterung an Pflanzenrückständen im Boden und an Samen.
Bekämpfung: Verwendung von gesundem Saatgut. Anbau widerstandsfähiger Sorten. Fruchtwechsel. Anwendung von Kupferpräparaten bringt Teilerfolge.

Bakterienblattfleckenkrankheit (*Pseudomonas syringae* pv. *lachrymans*) an Gurke.
Hauptsymptome: Blätter mit eckigen und durchscheinenden Flecken, die später zusammenfließen und vertrocknen; abgestorbenes Gewebe fällt heraus. Auf der Blattunterseite Bakterienexsudate. Auf den Früchten bräunliche Flecken, häufig mit weißem Zentrum; Früchte faulen im Lager.
Biologie: Bakterien dringen über die Stomata in die Pflanzen ein. Übertragung erfolgt mit Bakterienexsudaten und Samen. Überwinterung an Pflanzenrückständen im Boden und an Samen.
Bekämpfung: Verwendung von gesundem Saatgut. Veränderung der Fruchtfolge; Gurkenanbau nur alle 3 Jahre. Teilerfolge werden durch eine Behandlung mit Kupferpräparaten erzielt. Entfernung der kranken Pflanzen aus dem Bestand.

Bakterienwelke (*Clavibacter michiganensis* subsp. *michiganensis*) an Tomate.
Hauptsymptome: An oberen Stängelpartien braune eingesunkene Längsstreifen. Blätter beginnen von unten nach oben zu welken. Gefäßbündelring gelb-braun verfärbt (Tracheobakteriose). Auf den Früchten kleine kraterförmige Flecken mit einem weißen Hof umgeben.
Biologie: Übertragung durch Geizmesser und infizierte Samen. Überwinterung an Pflanzenresten im Boden und an Samen.

Bekämpfung: Verwendung von gesundem Saatgut. Entseuchung der Anzuchterde und der Tomatenpfähle. Geizmesser desinfizieren. Pflanzenrückstände beseitigen. Behandlungen mit Kupferpräparaten verringern die Ausbreitung der Bakteriose. Quarantäneschaderreger.

Schwarzadrigkeit (*Xanthomonas campestris* pv. *campestris*) an Kohl.
Hauptsymptome: Blätter vergilben; Blattadern braun-schwarz verfärbt (Tracheobakteriose). Fäulniserscheinungen.
Biologie: Das Bakterium dringt vom Boden aus über Stomata, Hydathoden oder Wunden in die Pflanze ein. Überwinterung an Pflanzenrückständen und am Saatgut. Infektion findet häufig schon im Anzuchtbeet statt.
Bekämpfung: Anzuchterde sterilisieren. Verwendung von gesundem Saatgut. Vernichtung kranker Pflanzen und Beseitigung der Rückstände. Fruchtfolgemaßnahmen; mindestens dreijährige Anbaupause.

Obstbau

Feuerbrand (*Erwinia amylovora*) an Birne, Apfel, Quitte.
Hauptsymptome: Blätter, Blüten und Früchte verfärben sich graubraun oder dunkelbraun bis schwarz. Hakenartiges Abkrümmen der erkrankten Triebspitzen. Exsudatbildung.
Biologie: Das Bakterium überwintert in holzigen Trieben und wird von dort nach seiner Vermehrung durch Regen und Insekten auf Blüten und Blätter übertragen. Neben verschiedenen Obstarten dienen zahlreiche Zierpflanzen, wie z. B. Feuerdorn, Eberesche, Weißdorn, Zwergmispel als Wirtspflanzen.
Bekämpfung: Rodung der befallenen Bäume und sonstigen Wirtspflanzen. Anwendung von Kupferpräparaten bringt nur Teilerfolge. Einsatz von Pflanzenstärkungsmitteln und Antagonisten. Quarantäneschaderreger.
Bemerkungen: Über England und Dänemark Anfang der 1970er Jahre nach Norddeutschland eingeschleppt. Erhebliche wirtschaftliche Bedeutung. Meldepflichtige Krankheit.

Wurzelkropf (*Agrobacterium tumefaciens*) an zahlreichen dikotylen Arten, z. B. Obstarten, Beta-Rübe, Himbeere, Weinrebe (großer Wirtspflanzenkreis).
Hauptsymptome: Ausbildung von Gewebewucherungen (Tumoren) unterschiedlicher Größe an den Wurzeln und am Wurzelhals (Obstarten), am Rübenkörper unterhalb der Bodenoberfläche (Beta-Rübe) oder am Stamm (Weinrebe, Mauke).
Biologie: Der Erreger dringt vom Boden aus über Wunden in die Pflanzen ein. Überwinterung erfolgt im Boden; dort kann das Bakterium über viele Jahre lebensfähig bleiben.
Bekämpfung: Vermeidung von Wunden. Im Obstbau beim Pfropfen Wundverschluss abwarten; vor Neuanpflanzung Durchführung eines Bodentestes mit empfindlichen Birnenwildlingen, denen durch Beschneiden der Wurzeln zusätzliche Wunden beigebracht wurden.
Bemerkungen: Erhebliche wirtschaftliche Bedeutung im Obstbau.

Rindenbrand des Steinobstes (*Pseudomonas syringae* pv. *morsprunorum*) an Pflaume, Kirsche, Aprikose u. a. Steinfrüchten.

Hauptsymptome: An jungen Stängeln und Zweigen abgestorbene, schwach eingesunkene Rindenpartien; an älteren Ästen Gummifluss. Blätter mit braunen Flecken, die mit einem chlorotischen Hof umgeben sind; vorzeitiger Blattfall. An Pflaumenbäumen Absterben ganzer Zweigpartien.

Biologie: Übertragung erfolgt während des Sommers von Blatt zu Blatt über die Stomata, im Herbst von infizierten Blättern aus über Wunden an Stamm, Zweigen und Blattnarben. Überwinterung findet an oder in der Rinde statt; von dort gelangen die Bakterien im Frühjahr auf die Blätter.

Bekämpfung: Wundbehandlung. Anwendung von Kupferpräparaten im Herbst und im Frühjahr wirkt der Ausbreitung der Bakteriose entgegen. Ausschneiden der Befallsstellen. Weniger anfällige Sorten anbauen.

Bemerkungen: Von Westeuropa nach Deutschland eingeschleppte, wirtschaftlich bedeutende Erkrankung an Steinobst.

Literatur

Agrios GN (2005) Plant pathology. Elsevier, Amsterdam Boston Heidelberg

Gnanamanickam SS (ed) (2006) Plant-associated bacteria. Springer, Berlin Heidelberg New York

Goto M (1992) Fundamentals of bacterial plant pathology. Academic Press, London

Kleinhempel H, Naumann K, Spaar D (1989) Bakterielle Erkrankungen der Kulturpflanzen. Fischer, Jena

Lelliott RA, Stead DE (1987) Methods for the diagnosis of bacterial diseases of plants. Blackwell Science, Oxford

Sigee DC (2005) Bacterial plant pathology: cell and molecular aspects. Cambridge Univ Press, Cambridge

6 Pilzähnliche Organismen und echte Pilze

Pilze sind eukaryotische chlorophyllfreie, heterotrophe Organismen mit einem oder mehreren echten Zellkernen, jedoch ohne Leitgefäße. Es handelt sich um eine artenreiche Gruppe von Organismen (schätzungsweise 250 000 bis 300 000 Arten), von denen ein beträchtlicher Teil saprophytisch oder parasitisch auf Pflanzen oder deren Rückständen lebt. Die verursachten Ertragsausfälle sind von Kultur zu Kultur unterschiedlich und werden außerdem maßgeblich durch den Witterungsablauf bestimmt. In feuchten Klimaten sind die durch Pilze verursachten Pflanzenkrankheiten von größerer Bedeutung als Schädigungen durch Insekten und andere Tiere. Trotz umfangreicher Pflanzenschutzmaßnahmen verursachen sie Ernteverluste von 15–25%.

Struktur und Morphologie

Hauptbestandteil der pilzlichen Zellwand ist Chitin (Baustein: N-Acetylglucosamin), bei den Oomycota auch Cellulose. Daneben treten Hemicellulosen, Hexosane, einfache Kohlehydrate, Proteine und Salze, gelegentlich auch Pigmente (z. B. bei *Penicillium*) auf. Als Reservestoffe kommen Glykogen, Volutin und Lipide im Cytoplasma vor.

Der vegetative Pilzkörper (Thallus) besteht bei den Plasmodiophoromycota aus nacktem Plasma (Plasmodien oder Pseudoplasmodien), bei den Oomycota und den Echten Pilzen (Eumycota) aus fädigen Hyphen, deren verzweigter Verband als Myzel bezeichnet wird. Die Hyphen enthalten einen oder mehrere Kerne sowie vakuolisiertes Plasma, sie sind unseptiert bei den Oomycota und Zygomycota und septiert mit einem Querwandporus bei den Ascomycota und Basidiomycota (= eukarpe Thalli). Nur einige

H. Börner, *Pflanzenkrankheiten und Pflanzenschutz*,
© Springer 2009

den Chytridiomycota zugeordneten parasitischen Pilze zeigen diese Differenzierung nicht; sie leben in der Wirtszelle, wo sich nach einem kurzen vegetativem Wachstum der gesamte Thallus in Fortpflanzungszellen umwandelt (= holokarpe Thalli).

Als **Vermehrungsorgane werden Sporen gebildet**. Die wichtigsten Typen sind:

Konidiosporen. Auf asexuellem Wege entstehende Sporen (Nebenfruchtform, Anamorph, allgemein als Konidien bezeichnet), die der Verbreitung der Pilze während der Vegetationsperiode dienen; sie sind einzeln oder kettenförmig aneinandergereiht auf Konidienträgern inseriert. Konidien und Konidienträger sind außerordentlich formenreich.

- **Sporangiosporen**. Im Gegensatz zu den Konidiosporen entwickeln sich die asexuellen Sporangiosporen in Sporenbehältern, den Sporangien. Diese Form der Sporenbildung finden wir bei den Zygomycota
- **Zoosporen**. (Planosporen). Während Konidio- und Sporangiosporen mit dem Wind verbreitet werden, sind Zoosporen begeißelt und können sich im Wasser bzw. einem Wasserfilm fortbewegen. Wir kennen Zoosporen mit einer terminalen und andere mit zwei Geißeln, die vorn oder seitlich angebracht sind. Zoosporen entstehen in Behältnissen, die als Zoosporangien bezeichnet werden. Sie können auf sexuellem und asexuellem Wege entstehen
- **Chlamydosporen**. Dickwandige Zellen mit Einlagerungen von Pigmenten und Reservestoffen, die sich im Myzel auf asexuellem Wege entwickeln. Mit Hilfe der Chlamydosporen können die Pilze nach Erschöpfung des Substrates überleben (v. a. im Boden)
- **Sporen, die auf geschlechtlichem Wege entstehen**. Hierzu zählen die **Zygosporen** (typisch für die Zygomycota), **Oosporen** (typisch für die Oomycota), **Ascosporen** (typisch für die Ascomycota) und **Basidiosporen** (typisch für die Basidiomycota).

Die auf sexuellem Wege gebildeten Sporen stellen in vielen Fällen die Überdauerungs- bzw. Überwinterungsform der Pilze dar. In Anpassung an diese besondere Funktion sind sie entweder mit einer dicken Wand umgeben (Zygosporen, Oosporen) oder in widerstandsfähigen Behältern (Fruchtkörper) eingeschlossen (Ascokarpien der Ascomycota bzw. Basidiokarpien der Basidiomycota).

Für den Infektionsvorgang wichtige Hyphenbildungen sind **Appressorien** (Haftorgane zum Anheften auf der Pflanzenoberfläche) und **Haustorien** (intrazellular wachsende Hyphen zur Nährstoffaufnahme aus der Wirtszelle).

Bei den **echten Pilzen** lagert sich der vegetative Thallus häufig zusammen (**Hyphenaggregationen**) und bildet auf diese Weise Strukturen mit besonderen Funktionen. Die wichtigsten sind:

- **Sklerotien**. Dauerorgane zahlreicher pflanzenpathogener Pilze (z. B. *Rhizoctonia solani, Sclerotinia sclerotiorum, Claviceps purpurea, Botrytis cinerea*). Die Größe der meist länglichen Sklerotien ist bei den einzelnen Arten unterschiedlich und reicht von wenigen Millimetern bei *Botrytis* bis zu einigen Zentimetern bei Claviceps. Der zellulare Aufbau ist nicht einheitlich; in der Regel tritt im Innern locker angeordnetes Myzel auf (Mark), umgeben von einer Schicht dünnwandigen Gewebes (Zentralzylinder, Pseudoparenchym). Die äußere Schicht besteht aus verdickten, meist dunkel gefärbten Zellen (Rinde)
- **Stroma**. Eine Zusammenlagerung von vegetativen Hyphen zu einer Gewebemasse, auf der Fruchtkörper (Perithecien) stehen oder die vom Stroma umschlossen werden können
- **Fruchtkörper**. Hierbei handelt sich um Hyphenaggregationen, die Sexualorgane von Pilzen umgeben (z. B. Ascokarpien bei den Ascomycota oder Basidiokarpien bei den Basidiomycota)
- **Rhizomorphen**. Eine Aggregation von Hyphen zu „wurzelähnlichen" Gebilden. Die Rhizomorphen weisen eine Differenzierung auf in dünnwandige, langgestreckte Zellen im Innern, umgeben von dickwandigen, oft dunkel pigmentierten Hyphen. Mit Hilfe der Rhizomorphen ist es z. B. dem an Laubbäumen vorkommenden Pilz *Armillaria mellea* (Hallimasch) möglich, sich im Boden von Pflanze zu Pflanze auszubreiten.

Ernährung

Alle Pilze sind C-heterotroph, d. h. sie sind **nicht zur Assimilation durch Photo- oder Chemosynthese befähigt**, sondern auf das Vorhandensein organischer Substanzen, vor allem Kohlenhydrate, angewiesen. Sie lassen sich ihrer Lebensweise entsprechend bei gleitenden Übergängen einteilen in:

- **Obligate Parasiten**. Ernährung nur von lebendem Substrat. Volle Entwicklung nur auf lebendem Gewebe möglich (obligat biotrophe Lebensweise, z. B. bei Rostpilzen und Echten Mehltaupilzen)
- **Fakultative Parasiten**. Ernährung von lebendem Gewebe; Weiterentwicklung auch bei saprophytischer Lebensweise möglich (fakultativ biotrophe Lebensweise, z. B. Apfelschorf, *Venturia inaequalis*, Weizenblattdürre, *Septoria tritici* und viele andere)

- **Perthophyten**. Infizieren lebende Pflanzen, ernähren sich aber nur von Gewebe, das sie selbst abgetötet haben (perthotrophe Lebensweise, z. B. beim Erreger des Grauschimmels, *Botrytis cinerea*)
- **Saprophyten**. Infizieren keine lebenden Pflanzen, sondern beziehen ihre Nährstoffe von toten Substraten (nekrotrophe Lebensweise).

Wachstum und Vermehrung

Ein geeignetes Substrat vorausgesetzt, wachsen die Pilze bei Temperaturen von 0–35°C, wobei das Längenwachstum der Hyphen hauptsächlich unmittelbar hinter der Spitze erfolgt. Im Gegensatz zu den Bakterien bevorzugen Pilze leicht saures Milieu; pH 6 ist für viele optimal. Die Fortpflanzung geschieht bei den meisten Arten sowohl geschlechtlich als auch ungeschlechtlich. **Dabei dienen die Sporen (Konidien) aus der asexuellen Entwicklung (= Nebenfruchtform, Anamorph) vornehmlich der massenhaften Verbreitung**, die Sporen aus der sexuellen Vermehrung (= Hauptfruchtform, Teleomorph) hauptsächlich der Erhaltung und der Überdauerung der für die Pilze ungeeigneten Zeiträume.

Die sexuelle Fortpflanzung findet durch die Vereinigung von zwei Kernen mit anschließender Meiose statt. Der Zeitpunkt des Kopulationsvorganges ist jedoch je nach der Entwicklungsstufe unterschiedlich. Während Plasmo- und Karyogamie bei den Plasmodiophoromycota, Oomycota (Protista, pilzähnliche Organismen) sowie Chytridiomycota und Zygomycota (Fungi, Echte Pilze) noch in einem Zuge abgeschlossen werden, haben die Ascomycota zwischen diese Vorgänge eine kurze Dikaryophase (Paarkernphase) eingeschoben. Bei den Basidiomycota ist hingegen die gesamte vegetative Phase dikaryotisch. Eine Karyogamie kommt erst kurz vor der Bildung der Fortpflanzungszellen zustande.

Mit Ausnahme der Deuteromycetes (*„fungi imperfecti"*) werden die Pilze nach der Art ihrer Fortpflanzung (Hauptfruchtform, Teleomorph) klassifiziert. Zahlreiche Arten sind in der Lage, sich den gegebenen Bedingungen durch Bildung von Pathotypen anzupassen.

Infektionsvorgang und Ausbreitung in der Pflanze

Das Eindringen in das pflanzliche Gewebe kann durch die intakte Oberfläche, natürliche Öffnungen (z. B. Stomata) oder Wunden erfolgen. Im Gegensatz zu den Viren und Bakterien sind aber zahlreiche Pilze in der Lage, **aktiv die unverletzte Blattepidermis zu durchdringen**. Dabei wird zunächst von einer vegetativen Hyphe ein **Appressorium** (Haftorgan) gebildet, von dem aus eine Infektionshyphe durch die Zellwand hindurch in das Pflanzengewebe wächst. Dieser Vorgang ist wahrscheinlich nur bei Vorhandensein eines entsprechenden Enzymbestecks möglich. Für einige Pilze wurden neben pektin- und celluloseauflösenden Enzymen auch Cutinasen nachgewiesen (s. auch Kap.12).

Die Ausbreitung in der Pflanze findet durch aktives Wachstum zwischen den Zellen (interzellulär), in den Zellen (intrazellulär) sowie in den Leitbahnen statt. Dabei werden zur Nahrungsaufnahme Haustorien in die angrenzenden Zellen entsandt.

Die **Übertragung der Pilze von Pflanze zu Pflanze** kann erfolgen durch aktives Wachstum (von Bedeutung bei Wurzelpilzen wie *Armillaria mellea*, *Rhizoctonia solani*) und durch Vehikel, wie Wasser (Regen, Bewässerung) und Wind (Hauptverbreitungsform für Sporen).

Die **Überwinterung** wird durch spezielle Myzelbildungen oder dickwandige Dauersporen ermöglicht. Die wichtigsten Formen sind:

- Überdauerndes Myzel auf Pflanzenrückständen im Boden (z. B. *Gaeumannomyces graminis*), in perennierenden Pflanzen (z. B. *Venturia pyrina*) und Samen (z. B. *Ustilago nuda*, *U.tritici*)
- Sporen am Saat- und Pflanzgut (z. B. *Tilletia caries*)
- Sklerotien; Mikrosklerotien (z. B. *Claviceps purpurea*, *Sclerotinia sclerotiorum*; *Verticillium* spp.)
- Dauersporen (z. B. *Synchytrium endobioticum*, *Peronospora tabacina*, *Plasmopara viticola*)
- Sporen, geschützt in Fruchtkörpern (z. B. Kleistothecien bei den Echten Mehltaupilzen).

Symptomatologie

Folgende **äußerlich sichtbare Symptome** sind häufig anzutreffen:

- Welkeerscheinungen, insbesondere bei Befall der Wurzeln und des Wurzelhalses sowie des Gefäßsystems (z. B. Kohlhernie)
- Blattverfärbungen und Fleckenbildung. Häufig auftretendes Symptom (unter vielen anderen Blattfleckenkrankheit der Beta-Rübe)
- Absterbeerscheinungen und Fäulen (z. B. Kraut- und Knollenfäule der Kartoffel)
- Formveränderungen (z. B. Kräuselkrankheit des Pfirsichs, Kohlhernie, Kartoffelkrebs)

- Auf der Oberfläche der Pflanzen sichtbare Stadien der Pilze, wie Myzel und Konidienträger (z. B. bei den Echten Mehltaupilzen), Aecidien der Rostpilze, Konidien und Sporenlager (z. B. Monilia-Fäule am Apfel, Uredosporen- und Teleutosporenlager der Getreideroste).

Zu den wichtigsten, in der Regel **nicht sichtbaren Symptomen** zählen:

- Myzel im Innern der Pflanzen, insbesondere in den Gefäßen (Tracheo-mykosen, z. B. Luzernewelke)
- Sklerotien im Innern von Stängeln (z. B. Weißstängeligkeit am Raps)
- Im Innern der Pflanzen angelegte Fruchtkörper der Pilze (z. B. Apfelschorf)
- Physiologische Veränderungen (Kap. 14).

Nachweis

Zum Nachweis einer Pilzinfektion werden bereits die bei den Bakterien beschriebenen Verfahren angewendet (eindeutige Symptome, Nachweis und Identifikation von Myzel und Sporen, Kochsche Postulate, Kultur- und Färbemethoden). Hilfreich für die Identifizierung der Krankheitserreger ist die Verwendung von Nährsubstraten, die nur die Entwicklung bestimmter Pathogene zulassen (selektive Nährmedien). Dieses Verfahren kann jedoch in der Regel nicht bei obligaten Parasiten angewendet werden, wie z. B. bei Echten Mehltaupilzen (Erysiphaceae) oder dem Falschen Mehltau (Peronosporaceae).

Durch Zugabe bestimmter Wachstumssubstanzen ist es aber gelungen, zumindest einige Entwicklungsstadien, bisher als obligate Parasiten eingestufte Pathogene, wie z. B. Rostpilze, durch Kultur auf künstlichen Nährsubstraten sichtbar zu machen.

Ein häufig verwendetes synthetisches Nährmedium zum Nachweis von Pilzen ist Kartoffel-Dextrose-Agar. Gleichzeitig auftretende und den Nachweis störende Bakterien können durch Zugabe von 1–2 Tropfen einer 25%igen Milchsäurelösung oder durch Absenken des pH-Wertes in den sauren Bereich unterdrückt werden.

Für die **Differentialdiagnose im praktischen Pflanzenschutz** spielt der klassische **Erregernachweis über vorhandene Myzelstrukturen und Sporen** immer noch eine wichtige Rolle. Hierfür sind jedoch Kenntnisse in Mikroskopie und Diagnostik erforderlich. Neben den traditionellen Verfahren werden zunehmend molekulare Methoden genutzt (PCR, ELISA, DNA-Sequenzierung).

Bekämpfungsmaßnahmen

Dem Einsatz von Fungiziden kommt eine dominierende Bedeutung zu. Die Anwendung chemischer Mittel zur Bekämpfung phytopathogener Pilze hat sich heute in allen Kulturen durchgesetzt. Nur bei Krankheitserregern, für die keine wirksamen Fungizide zur Verfügung stehen, muss weiterhin auf bewährte Kulturmaßnahmen zurückgegriffen werden. Hierzu gehören physikalische Verfahren, wie z. B. die Bodendämpfung zur Entseuchung von Anzuchterde, Hygienemaßnahmen, wie z. B. eine pH-Verschiebung im Boden durch Anwendung physiologisch alkalischer Düngemittel, eine geeignete Fruchtfolge und Rotteförderung (z. B. gegen die Fußkrankheitserreger am Getreide, *Gaeumannomyces graminis*, *Pseudocercosporella herpotrichoides*), der Anbau resistenter Sorten (z. B. zur Verhinderung des Kartoffelkrebses), die Verwendung von gesundem Saat- und Pflanzgut u. a.

Klassifizierung

Aufgrund neuer Erkenntnisse, die vor allem mit Hilfe molekulargenetischer Methoden erzielt wurden, mussten in den letzten zwei Jahrzehnten zum Teil erhebliche Veränderungen bei der Klassifizierung der Pilze vorgenommen werden. Nach den heutigen Vorstellungen lassen sich die in diesem Kapitel vorgestellten phytopathogenen Organismen in zwei Gruppen zusammenfassen:

- Reich der **Protisten** (Protista, pilzähnliche Formen)
- Reich der **Echten Pilze** (Eumycota, Fungi).

Die Untergliederung in Abteilungen (Stämme), Klassen, Ordnungen und Familien beruht auf molekularen Daten sowie morphologischen und physiologischen Unterschieden. Die einzelnen systematischen Einheiten sind an ihren speziellen Wortendungen zu erkennen:

- Abteilung (Stamm) mycota: z. B. Oomycota
- Klasse   mycetes: Omycetes
- Ordnung   ales: Peronosporales
- Familie   aceae: Peronosporaceae.

Die Unterteilung der Protisten und echten Pilze in Abteilungen (Stämme) ist der Tabelle 6.1 zu entnehmen. Es wurden nur die Einheiten berücksichtigt, in denen wichtige, im Wesentlichen auf den europäischen Raum beschränkte Pflanzenpathogene vorkommen.

Tabelle 6.1 Klassifizierung der pilzähnlichen Organismen

Reich	Abteilung Stamm
Protista (pilzähnliche Organismen)	Plasmodiophoromycota
	Oomycota
Eumycota, Fungi	Chytridiomycota
(echte Pilze)	Zygomycota
	Ascomycota
	Basidiomycota

Die gravierendsten Veränderungen bei der Systematik der Pilze haben sich bei den Oomyceten mit den wirtschaftlich wichtigen Falschen Mehltau-Arten ergeben, die nach neuen Erkenntnissen nicht mehr den Pilzen, sondern den Protisten (pilzähnliche Organismen) zuzuordnen sind.

6.1 Protista (Pilzähnliche Organismen)

Bei den pilzähnlichen Organismen (Protista) unterscheidet man zwei Abteilungen (Stämme): Plasmodiophoromycota und Oomycota. Zur ersten Gruppe zählen nur wenige pflanzenpathogene Formen. Außerdem finden wir hier mit *Polymyxa graminis* und *P. betae* zwei wichtige Überträger von Pflanzenviren.

Wesentlich größere Bedeutung haben die Oomycota. Von den zahlreichen Pilzen dieser Gruppe, die höhere Pflanzen parasitieren können, besitzen die Falschen Mehltauarten eine besondere wirtschaftliche Bedeutung. Die Kraut- und Knollenfäule an Kartoffel, der Falsche Mehltau an Weinrebe, der Blauschimmel an Tabak u. a. verursachen hohe Ertragsausfälle und erfordern einen massiven Einsatz von Fungiziden.

Neben den genannten Kulturen werden Hopfen, Beta-Rübe, Spinat, Mohn, Kohl, Salat, Zwiebeln u. a. vom Falschen Mehltau befallen. Obstkulturen haben weniger unter den zur Gruppe der Oomycota gehörenden Arten zu leiden.

6.1.1 *Plasmodiophoromycota*

Die zu den Plasmodiophoromycota zählenden Arten besitzen im Gegensatz zu den anderen pilzähnlichen Organismen und echten Pilzen **kein Myzel**. Der Vegetationskörper ist eine zellwandlose, vielkernige Protoplasmamasse (Plasmodium). Der Protoplast wandelt sich bei der Fortpflanzung vollständig in den Fruktifikationskörper um. Es handelt sich um obligat biotrophe Formen; sie leben endobiotisch. Die Infektion der Kulturpflanzen erfolgt stets vom Boden aus.

In der **Vermehrungsphase** entstehen Dauersporen und **zweigeißelige Zoosporen** (Planosporen). Die vorhandenen Peitschengeißeln sind ungleich lang und terminal inseriert. Die Sporenwände enthalten Zellulose oder Chitin.

Die **Entwicklung** der phytopathogenen Plasmodiophoromycota weist folgende übereinstimmenden Merkmale auf:

- **Asexueller Entwicklungsgang**. Die Dauerspore entlässt eine Zoospore (Planospore). Diese zieht nach Erreichen junger Epidermiszellen ihre Geißeln ein und der Protoplast wandert in die Wirtszelle; dort bildet sich ein vielkerniges primäres Plasmodium und anschließend ein dünnwandiges Zoosporangium mit mehreren Zoosporen. Diese werden freigesetzt und können neue Wirtszellen infizieren (Ausbreitung unter günstigen Bedingungen während der Vegetationsperiode).
- **Sexueller Entwicklungsgang**. Eine Reihe von Untersuchungen ergeben Anhaltspunkte dafür, dass die aus den dünnwandigen Zoosporangien austretenden Zoosporen sich zu einer Zygote vereinigen können. Nach dem Eindringen in die Wirtszelle entsteht ein ebenfalls vielkerniges sekundäres Plasmodium; hier kommt es zur Karyogamie und Meiose sowie anschließend zur Bildung der widerstandsfähigen Dauersporen (Überdauerungsform). Als Beispiel wird in Abb. 6.1 der Entwicklungszyklus von *Plasmodiophora brassicae* (Kohlhernie) dargestellt.

Die **Übertragung** der zu dieser Gruppe gehörenden phytopathogenen Arten **von Pflanze zu Pflanze** erfolgt durch aktive Wanderung der Zoosporen im Boden. Voraussetzung hierfür ist ein wassergesättigter Boden. Die **Überdauerung von einer Vegetationsperiode zur anderen** ist möglich durch:

- Dauersporen. Diese besitzen in der Regel eine mehrjährige Lebensdauer und gelangen aus verfaulenden Pflanzenrückständen in den Boden (z. B. Kohlhernie)
- Pflanzgut (z. B. beim Pulverschorf an Kartoffel).

Die Krankheitserreger befallen die Kulturpflanzen vom Boden aus. Die Primärsymptome sind daher an den im Boden liegenden Pflanzenteilen zu finden. Es treten keulenförmige Verdickungen an der Wurzel (Kohlhernie) und schorfartige Pusteln an den Knollen (Pulverschorf an Kartoffel) auf.

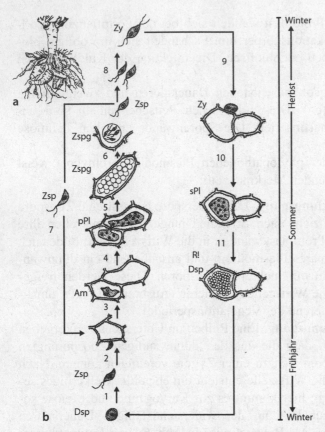

Abb. 6.1 a,b *Plasmodiophora brassicae* (Kohlhernie) an Kohl, Raps und anderen Kreuzblütlern. **a** Symptombild: keulenartig verdickte Wurzeln. **b** Entwicklungskreislauf

1: Aus faulenden Wurzeln in den Boden gelangende Dauersporen entlassen begeißelte Zoosporen

2: Zoosporen schwimmen in einem Wasserfilm zu den Wurzeln

3: Inhalt der Zoospore dringt in die Wirtszelle ein

4: Durch Kernteilungen entstehen primäre Plasmodien, die sich weiter teilen

5, 6: Bildung von Zoosporangien mit Zoosporen, die in den Boden gelangen

7: Zoosporen verursachen die Infektion neuer Wurzelzellen

8: Zoosporen fusionieren paarweise, es entsteht eine Zygote

9, 10: Eindringen in Wurzelzellen und Bildung eines sekundären Plasmodiums

11: Nach Reduktionsteilung Entstehung von zahlreichen Dauersporen

Am = Amöbe, Dsp = Dauerspore, pPl = primäres Plasmodium, sPl = sekundäres Plasmodium; R = Reduktionsteilung; Zsp = Zoospore; Zspg = Zoosporangium; Zy = Zygote

Die **Bekämpfung** der Krankheitserreger und Vektoren erfolgt überwiegend durch **vorbeugende Maßnahmen**. Das sind:

- Fruchtfolgemaßnahmen. Hierdurch wird die langjährige Verseuchung des Bodens mit Dauersporen verringert
- Physikalische Maßnahmen. Entseuchung der Anzuchterde durch eine Bodendämpfung; Nutzung keimarmer Substrate
- Vorbeugende Maßnahmen. Hierzu zählen die Verschiebung des pH-Wertes im Boden in den neutralen bis schwach alkalischen Bereich durch Kalkung oder Einsatz entsprechender Düngemittel, kein Anbau an feuchten Standorten, Verwendung von gesundem Pflanzgut, Einsatz resistenter Sorten, Beseitigung der Unkräuter, die als Wirtspflanzen dienen
- Chemische Maßnahmen. Soweit vorhanden und zugelassen, Anwendung von Bodenentseuchungsmitteln.

Wichtige zur Gruppe der Plasmodiophoromycota zählenden Pflanzenpathogene und Überträger von Virosen sind:

- *Plasmodiophora brassicae* (Kohlhernie) an Kohl, Raps und anderen Kreuzblütlern
- *Spongospora subterranea* (Pulverschorf) an Kartoffel
- *Polymyxa graminis* (*Polymyxa*-Wurzelbefall an Getreide; Hauptschaden entsteht durch die Übertragung der Gelbmosaikviren (Gerste)
- *Polymyxa betae* (*Polymyxa*-Wurzelbefall) an Beta-Rübe. Hauptschaden entsteht durch die Übertragung des Nekrotischen Adernvergilbungs-Virus (Rübenwurzelbärtigkeit, Rizomania).

6.1.2 Oomycota

Die zur Abteilung Oomycota gehörenden Pilze besitzen in der Regel zweigeißelige Zoosporen (Planosporen) mit einer Flimmergeißel und einer Peitschengeißel.

Der Thallus (Vegetationskörper) besteht entweder aus einem kugeligen oder zylindrischen Schlauch oder bei den höheren Formen aus unseptiertem Myzel. Im Gegensatz zu den Plasmodiophoromycota entstehen keine Plasmodien. Die **Zellwand enthält kein Chitin, sondern Cellulose** und als Hauptbestandteil Glucane.

Bei den phytopathologisch wichtigen Oomycota finden wir alle Übergänge von perthophytischen (z. B. *Pythium*) bis zu obligat parasitischen Formen (z. B. *Peronospora*). Zur Nährstoffaufnahme werden Haustorien in Form spezieller Hyphen in die Wirtszelle eingeführt.

Innerhalb der Oomycota ist darüber hinaus mit steigender Entwicklung eine zunehmende physiologische Spezialisierung und parallel hierzu eine Einengung des Wirtspflanzenkreises zu beobachten. Dafür sprechen nachstehende Beispiele:

- *Pythium debaryanum* tötet Wirtspflanzengewebe durch Toxine ab und besiedelt anschließend die Zellen (Perthophytie); Kultur auf künstlichen Nährsubstraten ist möglich; großer Wirtspflanzenkreis
- *Phytophthora infestans* nimmt eine Mittelstellung ein; der Pilz besiedelt ebenfalls durch Toxine abgetötete Zellen, seine Ansprüche an das Nährsubstrat sind jedoch höher; der Wirtspflanzenkreis ist stark eingeengt
- Die Vertreter der Gattungen *Plasmopara*, *Peronospora*, *Bremia* und *Albugo* sind obligate Parasiten, sie gedeihen nicht auf totem oder künstlichem Substrat und besitzen spezifische Wirtspflanzen.

Bei der **asexuellen Entwicklung** ist eine zunehmende Anpassung an das Landleben durch Rückbildung der mobilen Zellen (Zoosporen) zu beobachten. Anstelle von Zoosporen werden Konidien gebildet, die an Konidienträgern in den Luftraum ragen und durch den Wind weiterverbreitet werden (Abb. 6.2). Für die einzelnen Gruppen unter den Oomycota ergibt sich dabei folgendes Bild:

- Die zur Gattung *Aphanomyces* gehörenden phytopathologisch bedeutenden Vertreter befallen die Pflanzen vom Boden aus (z. B. *Aphanomyces laevis*), sie bilden Zoosporangien und Zoosporen. Für die Ausbreitung der Krankheitserreger ist Wasser erforderlich. Das Gleiche gilt für die zur Gattung *Pythium* gehörenden Arten
- Bei den Vertretern der Gattung *Phytophthora* kommt es zu einer Differenzierung des Myzels in Ernährungshyphen (Haustorien) und Fortpflanzungshyphen (Konidienträger), die über Spaltöffnungen in den Luftraum ragen und terminal Zoosporangien abschnüren. Die *Phytophthora*-Zoosporangien stellen morphologisch Konidien dar, die mit dem Wind verbreitet werden und bei Vorhandensein von Wasser oder Tau Zoosporen entlassen (s. Abb. 6.2). Das Gleiche gilt für die Pilze der Gattung *Plasmopara*
- Die Konidien der zu den Gattungen *Peronospora*, *Bremia* und *Albugo* gehörenden Pilze keimen regelmäßig mit einem Keimschlauch aus; sie sind daher nicht nur morphologisch, sondern auch keimungsphysiologisch als echte Konidien zu bezeichnen, die ausschließlich vom Wind weiterverbreitet werden.

Die auf asexuellem Wege gebildeten Zoosporen, Zoosporangien bzw. Konidien werden während der Vegetationsperiode unter günstigen Bedin-

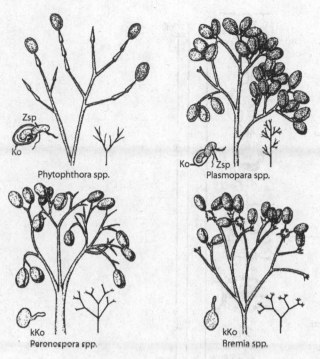

Abb. 6.2 Konidienträger und Konidien von einigen zur Gruppe der Peronosporales gehörenden Falschen Mehltauarten

kKo = keimende Konidie; Ko = Konidie; Zsp = Zoospore

gungen in großer Zahl hervorgebracht und durch Wasser und Wind im Pflanzenbestand verbreitet. Die Mehrzahl der chemischen Bekämpfungsverfahren richtet sich gegen diese Entwicklungsstadien (Verhinderung der Keimung bzw. Abtötung des Keimschlauches).

Für den **sexuellen Entwicklungsgang** der Oomycota ist kennzeichnend, dass die Bildung mobiler Geschlechtszellen unterbleibt. Vielmehr entstehen an den Enden von Hyphen Oogonien (Eizellen) und Antheridien (männliche Zellen). Das kleinere Antheridium wächst auf das Oogonium zu und entlässt seine Kerne in die „Eizelle" (Befruchtung). Nach der Kernverschmelzung und Reduktionsteilung entsteht eine **dickwandige Oospore**. Während die Sporen der asexuellen Phase außerhalb der Pflanzen gebildet werden, erfolgt die Entwicklung der Oospore in der Regel im Wirtsgewebe. Die Oosporen stellen widerstandsfähige Überdauerungsformen dar, deren Bekämpfung schwierig ist.

In der Abb. 6.3 wird am Beispiel von *Plasmopara viticola* (Falscher Mehltau der Weinrebe) ein charakteristischer Entwicklungskreislauf dargestellt.

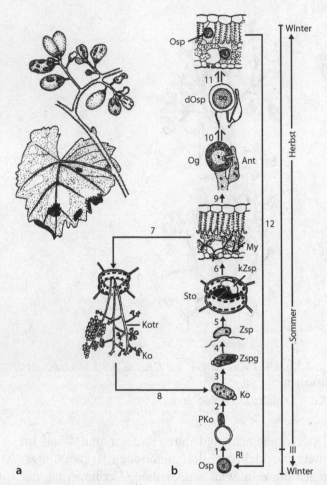

Abb. 6.3 a,b *Plasmopara viticola* (Falscher Mehltau) an Weinrebe, Rebenperonospora. **a** Symptombild. **b** Entwicklungskreislauf

1: Keimung der Oospore mit einer Primärkonidie

2, 3: Die aus der Primärkonidie hervorgehende Konidie wird zum Zoosporangium

4: Zoosporangien entlassen bis zu 6 Zoosporen

5: Keimschlauch dringt über die Stomata in die Blätter ein

6: Myzel wächst in den Interzellularräumen und sendet Haustorien in die Zellen

7, 8: Konidienträger mit Konidien ragen aus den Stomata und bilden einen weißlichen Pilzrasen („Mehltau"); asexueller Entwicklungskreislauf

9, 10: Entstehung von Oogonien und Antheridien (Geschlechtszellen)

11: Bildung dickwandiger Oosporen (Dauersporen)

12: Dauersporen überwintern und sind der Ausgangspunkt für neue Infektionen

Ant = Antheridium; dOsp = dikaryotische Oospore; kZsp = keimende Oospore; Ko = Konidien; Ktr = Konidienträger; My = Myzel; Og = Oogonium; Osp = Oospore; PKo = Primärkonidie; R! = Reduktionsteilung; Sto = Stomata; Zsp = Zoospore, Zspg = Zoosporangium

Die **Übertragung von Pflanze zu Pflanze** während der Vegetationsperiode erfolgt bei den im Boden lebenden Pilzen (*Aphanomyces* und *Pythium*) durch Zoosporen, bei den Falschen Mehltauarten durch eine massive Verbreitung von Konidien im Bestand.

Die **Überdauerung von einer Vegetationsperiode zur anderen** wird ermöglicht durch die Ausbildung von dickwandigen Sporen (Dauersporen, Oosporen) in Pflanzenrückständen (z. B. bei vielen Falschen Mehltauarten in den abgefallenen Blättern) oder als Myzel in eingelagerten Ernteprodukten (z. B. *Phytophthora infestans* in Kartoffelknollen).

Zu den typischen **Symptombildern**, die durch Vertreter der Oomycota hervorgerufen werden, gehören:

- Auflaufkrankheiten und Wurzelfäulen (Fuß- und Umfallkrankheiten) vor allem im Saatbeet, hervorgerufen durch Pilze, die vom Boden aus die Pflanzen infizieren (*Aphanomyces*, *Pythium*)
- Weißliche Überzüge auf der Unterseite der Blätter, hervorgerufen durch die aus den Spaltöffnungen herausragenden Konidienträger und Konidien (Falscher Mehltau).

Zur **Bekämpfung** der phytopathogenen Oomycota werden angewendet:

- Vorbeugende Maßnahmen gegen alle Pilze, die vom Boden aus die Pflanzen befallen (*Aphanomyces*, *Pythium*). Das sind Förderung der Jugendentwicklung, ausgewogene Düngung, kein Anbau auf zu feuchten Standorten, Vermeidung von Staunässe; Verwendung von gesundem Pflanzgut (z. B. *Phytophthora*-freies Kartoffelpflanzgut)
- Physikalische Maßnahmen. Einsammeln und Vernichten von Pflanzenrückständen richten sich gegen die Überwinterungsformen (Oosporen), von denen im Frühjahr die Erstinfektionen ausgehen. Zur Bekämpfung der bodenbürtigen Krankheitserreger Entseuchung der Anzuchterde (Gemüsebau) durch eine Bodendämpfung
- Anbau resistenter oder teilresistenter Sorten
- Anwendung von Fungiziden gegen alle diejenigen Pilze, die in Anpassung an das Landleben ihre auf asexuellem Wege hervorgebrachten Konidien außerhalb der Pflanze bilden und durch den Wind auf die Blätter anderer Pflanzen getragen werden (z. B. alle Falschen Mehltau-Arten); es können eingesetzt werden protektive Fungizide (Kap.22), wie z. B. Cu-haltige Präparate,, Thiocarbamate und Thiurame, ferner systemische Fungizide, bevorzugt aus der Gruppe der Phenylamide. Außerdem führt eine Saatgutbehandlung zur Verminderung des Schadens (Kap. 28).

Eine allgemein anerkannte **Systematik der Oomycota** unterhalb der Abteilungs- bzw. Stammebene ist noch nicht vorhanden. Es ist daher

Tabelle 6.2   Klassifizierung der Oomycota

Klasse	Ordnung	Familie
Oomycetes	Saprolegniales	Leptolegniaceae
	Peronosporales	Pythiaceae
		Peronosporaceae
		Albugonaceae

schwierig, die zahlreichen Klassifizierungsvorschläge miteinander in Einklang zu bringen. Die in Tabelle 6.2 verwendete Einteilung hat nur vorläufigen Charakter.

Die zur Abteilung Oomycota zählende Klasse Oomycetes umfasst die Ordnungen Saprolegniales und Peronosporales mit vier phytopathologisch wichtigen Familien, von denen die Peronosporaceae (Falsche Mehltau-Arten) von besonderer wirtschaftlicher Bedeutung sind.

Leptolegniaceae

Basierend auf morphologischen Unterschieden und DNA-Sequenz-Analysen wurde die früher den Saprolegniaceae zugeordnete phytopathologisch interessante Gattung *Aphanomyces* abgetrennt und zu der Familie Leptolegniaceae gerechnet. Es handelt sich um bodenbürtige, auf hohe Feuchtigkeit angewiesene Krankheitserreger.

- *Aphanomyces laevis* (Wurzelbrand) an Beta-Rübe
- *Aphanomyces raphani* (Rettichschwärze) an Rettich.

Pythiaceae

Arten mit saprophytischer und parasitischer Lebensweise. Das Myzel wächst in der Wirtspflanze interzellulär. Die zu dieser Familie zählenden Pflanzenpathogene sind bodenbürtige, Pflanzenwurzeln und oberirdische Pflanzenteile befallende Krankheitserreger mit einem hohen Feuchtigkeitsbedarf.

- *Pythium debaryanum* (Wurzelbrand) an Beta-Rübe
- *Phytophthora infestans* (Kraut- und Knollenfäule) an Kartoffel, Tomate
- *Phytophthora cactorum* (Kragenfäule) an Apfel und Birne
- *Phytophthora fragariae* (Rote Wurzelfäule) an Erdbeeren.

Peronosporaceae (Falsche Mehltau-Arten) (*„downy mildew"*)

Charakteristisches, durch den Falschen Mehltau verursachtes primäres Krankheitssymptom ist der „mehltauartige" Belag auf der **Unterseite** der Blätter durch die aus den Spaltöffnungen herausragenden Konidienträger. Es handelt sich um obligate Parasiten. Erhebliche wirtschaftliche Bedeutung.

- *Peronospora tabacina* (Blauschimmel) an Tabak
- *Peronospora destructor* (Falscher Mehltau) an Zwiebel
- *Peronospora pisi* (Falscher Mehltau) an Erbse
- *Peronospora parasitica* (Falscher Mehltau) an Raps und Kohlarten
- *Pseudoperonospora humuli* (Falscher Mehltau) an Hopfen
- *Pseudoperonospora cubensis* (Falscher Mehltau) an Freiland- und Hausgurke
- *Bremia lactucae* (Falscher Mehltau) an Salat
- *Plasmopara viticola* (Falscher Mehltau) an Weinrebe.

Albugonaceae

Auf Kreuzblütler spezialisierte Krankheitserreger. An kruziferen Unkräutern, wie z. B. Hirtentäschelkraut (*Capsella bursa-pastoris*) auftretend. Typische Symptome sind verkrümmte Stängel mit einem weißlichen Belag („weißer Rost"), der aus kettenförmig aneinander gereihten Konidien besteht und nach Aufreißen der Cuticula sichtbar wird. Häufig vorkommend, aber ohne wirtschaftliche Bedeutung:

- *Albugo candida* (Weißer Rost) an Kreuzblütlern.

Wichtige, zu den Protista (pilzähnliche Organismen) **gehörende Krankheitserreger an Acker-, Gemüse- und Obstkulturen**

Ackerbau

Pulverschorf (*Spongospora subterranea*) an Kartoffel.
Hauptsymptome: Kleine hellgefärbte Schorfpusteln auf der Knolle; nach Aufreißen der Pusteln Freiwerden brauner Sporenballen. Qualitätsverlust.
Biologie: Die Einzelspore ist eine Dauerspore (Zoosporangium), die unter günstigen Bedingungen eine begeißelte Zoospore (Planospore) entlässt, die die Knolle über die Epidermis- oder Lentizellen sowie über Wunden infizieren kann. In der Wirtszelle entsteht ein vielkerniges Plasmodium, aus dem die Dauersporen hervorgehen. Diese gelangen in den Boden und bleiben dort mehrere Jahre lebensfähig.

Bekämpfung: Gesundes Pflanzgut; Anbaupausen von 5–6 Jahren; kein Anbau auf feuchten Standorten.
Bemerkungen: Vorkommen vor allem in feuchten und kühlen Gebieten (Skandinavien, deutsche Mittelgebirge). Überträger des Kartoffelbüscheltrieb-Virus (*potato mop top virus*).

Polymyxa-Wurzelbefall (*Polymyxa graminis*) an Getreide.
Hauptsymptome: Befallene Wurzeln zeigen im mikroskopischen Bild Zellen mit Dauersporen. Durch den Pilz verursachte äußerlich sichtbare Symptome sind in der Regel nicht erkennbar. *Polymyxa graminis* überträgt Mosaik-Viren an Getreide. Die Virussymptome sind ein Indikator für den Pilzbefall. Im Gegensatz zur Kohlhernie keine Wurzelhypertrophien.
Biologie: Die im Boden vorhandenen dickwandigen Sporen entlassen unter günstigen Voraussetzungen (ausreichende Nässe) begeißelte Zoosporen, die in die Wurzeln eindringen. Dort entstehen vielkernige Plasmodien und Dauersporen, die nach dem Absterben des Wurzelgewebes in den Boden gelangen und dort mehrere Jahre lebensfähig bleiben.
Bekämpfung: Vermeidung einer zu engen Getreidefruchtfolge. Wintergetreide nicht zu früh säen. Ackergeräte nach Gebrauch auf verseuchten Flächen sorgfältig reinigen. Verzicht auf zu nasse Standorte.
Bemerkungen: Hauptschaden entsteht durch die Übertragung von Getreideviren (Gelbmosaik an Wintergerste) (Kap. 3).

Polymyxa-Wurzelbefall (*Polymyxa betae*) an Zuckerrübe.
Hauptsymptome: Im mikroskopischen Bild des Wurzelbereichs von Zuckerrüben Zellen mit zahlreichen Sporen. Eine Infektion durch *P.betae* allein verursacht keine nachhaltigen Schäden, sondern verzögert lediglich die Jugendentwicklung der Wirtspflanze. Der Pilz überträgt das Nekrotische Adernvergilbungs-Virus (*necrotic yellow vein virus*) (Kap. 3), das die Wurzelbärtigkeit (Rizomania) an Zuckerrüben hervorruft.
Biologie: Die Entwicklung entspricht weitgehend derjenigen von *P. graminis* bzw. *Plasmodiophora brassicae*.
Bekämpfung: Vorbeugende Maßnahmen. Mehrjährige Anbaupausen. Frühe Aussaat (niedrigere Temperaturen verzögern die Infektion). Zu nasse Standorte meiden. Unkrautbekämpfung (in Rübenkulturen häufig auftretende Unkräuter, wie z.B. *Atriplex patula* und *Chenopodium album* dienen als Wirtspflanzen).
Bemerkungen: Ernteverluste bis zu 80% entstehen nur durch die Übertragung des Nekrotischen Adernvergilbungs-Virus (Rizomania).

Kraut- und Knollenfäule (*Phytophthora infestans*) an Kartoffel und Tomate.
Hauptsymptome: An den Blatträndern und Blattspitzen braune Flecken mit einem auf der Unterseite weißlichen Belag (= Konidienträger), der begrenzt ist auf die Randzone zwischen gesundem und abgestorbenem Gewebe. Mit fortschreitender Ausbreitung der Krankheit werden die gesamten Blätter braun. An den Knollen leicht eingesunkene, bleigraue Flecken; Speichergewebe teilweise bis zur Knollenmitte rostbraun verfärbt (Braunfäule).
Biologie: Die Übertragung des Pilzes im Bestand erfolgt durch Konidien (Sporangien), die bei höheren Temperaturen direkt auskeimen oder bei niedrigeren Temperaturen Zoosporen entlassen. Die Sporangien werden mit dem Regen in den Boden ge-

spült, wo die freigesetzten Zoosporen über die Epidermis junger Knollen, später auch über Lentizellen in das Speichergewebe eindringen. Das Einwandern des Pilzes über Wunden und Schalenrisse, die bei der Ernte und Einlagerung entstehen, scheint ebenfalls möglich. Überwinterung als Myzel in den Knollen auf dem Lager, in Knollenrückständen auf dem Feld oder als Oosporen im Boden.

Bekämpfung: Keine Knollen einlagern, die Braunfäulesymptome zeigen. Anbau widerstandsfähiger Sorten. Bei Infektionsgefahr Anwendung von Fungiziden. Die Behandlungen sind in der Regel in Abständen von 10–14 Tagen zu wiederholen (Empfehlungen des Warndienstes beachten).

Bemerkungen: Wichtigste pilzliche Erkrankung der Kartoffel. 1845 nach Europa eingeschleppt.

Wurzelbrand (*Pythium debaryanum, Aphanomyces laevis*) an Beta-Rübe, Tabak, u. a.

Hauptsymptome: An Wurzeln und Wurzelhals von Keimlingen dunkle Flecken und Einschnürungen. Befallene Pflanzen vergilben, welken und knicken um (Umfallkrankheit), ältere zeigen Kümmerwuchs.

Biologie: Die Infektion erfolgt vom Boden aus durch Zoosporen, die in Zoosporangien entstehen. Hohe Bodenfeuchtigkeit fördert die Ausbreitung. Zur Überwinterung werden dickwandige Oosporen gebildet. Beide Pilze können außerdem saprophytisch auf Pflanzenresten im Boden leben.

Bekämpfung: Saatgutbehandlung (Kap. 28). Bei Verwendung von pilliertem Saatgut Einarbeitung der Fungizide in die Pillierungsmasse.

Bemerkungen: Neben *P.debaryanum* und *A.laevis* ist *Phoma betae* (Samenübertragung) an der Symptomausbildung beteiligt. Die genannten Pilze treten auch bei anderen Kulturpflanzen (Raps, Tabak, Tomate, Kohl, Salat, Koniferen, Zierpflanzen) als Erreger von Keimlingskrankheiten auf. Ihre Bekämpfung erfolgt auch hier durch eine Saatgutbehandlung oder Bodendämpfung.

Blauschimmel (*Peronospora tabacina*) an Tabak.

Hauptsymptome: Auf der Blattunterseite dichter, graubläulicher Belag (Konidienträger); später auf den Blättern zunächst gelbe, dann braune Flecken.

Biologie: Übertragung im Bestand durch Konidien, die in großer Zahl auf der Blattunterseite gebildet werden. Überwinterung als Myzel in abgestorbenen Pflanzenteilen und als Oospore.

Bekämpfung: Um eine Infektion bei der Anzucht zu verhindern, Saatbeeterde entseuchen. Befallene Pflanzen beseitigen. Bei Infektionsgefahr bzw. nach Warndienstaufruf Anwendung von protektiven Fungiziden.

Bemerkungen: Im Jahre 1959 erstmals in Europa festgestellt.

Falscher Mehltau (*Pseudoperonospora humuli*) an Hopfen.

Hauptsymptome: Auf der Blattunterseite grau-violetter Belag (Konidienträger); Blätter mit braunen Flecken, nach unten eingerollt. Dolden rotbraun gefärbt.

Biologie: Übertragung im Bestand durch Konidien (Zoosporangien), aus denen Zoosporen freigesetzt werden. Überwinterung als Oospore in Pflanzenresten oder als Myzel in den Knospen der Wurzelstöcke.

Bekämpfung: Beseitigung befallener Blätter und Pflanzenrückstände. Bei Infektionsgefahr bzw. nach Warndienstaufruf bei Sekundärinfektionen mehrmalige Anwendung von Kontaktfungiziden.

Gemüsebau

Kohlhernie (*Plasmodiophora brassicae*) an Kohl, Raps und anderen Kreuzblütlern.
Hauptsymptome: Wurzeln angeschwollen, knollenartig oder knotig verdickt (Gallen-bildung), im Innern nicht ausgehöhlt; befallene Pflanzen kümmern.
Biologie: Die Zellen der Gallen sind mit zahlreichen kleinen Dauersporen (Zoospo-rangien) angefüllt, die nach dem Absterben des Wurzelgewebes in den Boden gelan-gen und dort viele Jahre (>10!) lebensfähig bleiben. Durch Wurzelausscheidungen von kreuzblütigen Pflanzen angeregt, entlassen die Dauersporen begeißelte Zoosporen (Planosporen), die nach Kontakt mit der Wurzel ihre Geißeln abwerfen (encystieren), in die Zellen eindringen und dort die Bildung von hypertrophiertem Gewebe veranlas-sen. In der Wurzelzelle entsteht ein vielkerniges Plasmodium, aus dem sich die Dauer-sporen entwickeln. Die Infektion wird durch die Ausbildung eines Stachels ermöglicht, der die Zellwand durchdringt und damit den Weg frei macht für den Übertritt des Zoosporeninhalts in die Wirtspflanze (Abb. 6.1).
Bekämpfung: Weitgestellte Fruchtfolge. Förderung der Bodenstruktur durch Kalkung. Entseuchung der Anzuchterde; Anwendung von Kalkstickstoff (nur Befallsminderung) in Kohlgemüsekulturen.
Bemerkungen: Schadbild ist äußerlich mit dem des Kohlgallenrüsslers zu verwechseln.

Rettichschwärze (*Aphanomyces raphani*) an Rettich.
Hauptsymptome: Der sich im Boden befindende Wurzelkörper ist grau bis schwarz verfärbt und eingeschnürt. Oberirdische Pflanzenteile zeigen keine Krankheitssymp-tome.
Biologie: Die Infektion erfolgt bei hoher Feuchtigkeit vom Boden aus durch Zoospo-ren, die in Sporangien entstehen. Zur Überwinterung werden Oosporen gebildet.
Bekämpfung: Weitgestellte Fruchtfolge. Bodenentseuchung.

Falscher Mehltau (*Bremia lactucae*) an Salat.
Hauptsymptome: Auf der Blattunterseite zunächst weißer Belag (= Konidienträger). Später auf den Blättern gelbe und braune Flecken.
Biologie: Die Übertragung im Bestand erfolgt durch Konidien, die Überwinterung als Oospore. Die Ausbreitung der Krankheit während der Vegetationsperiode wird durch Feuchtigkeit begünstigt.
Bekämpfung: Verwendung resistenter Sorten. Mehrmalige Behandlung mit Fungiziden.
Bemerkungen: Tritt vor allem an Unterglaskulturen auf. Schnelle Bildung von Patho-typen.

Falscher Mehltau (*Peronospora destructor*) an Zwiebel.
Hauptsymptome: Von der Triebspitze ausgehender grau-violetter Belag (= Konidien-träger). An den Blättern (Schlotten) graugrüne, später braune Flecken. Geringer Zwie-belertrag und herabgesetzte Haltbarkeit der Zwiebeln.
Biologie: Die Übertragung im Bestand erfolgt durch Konidien, die Überwinterung als Myzel in Steckzwiebeln oder als Oospore in befallenen Schlotten.
Bekämpfung: Einhaltung einer ausreichenden Fruchtfolge. Entfernung befallener Pflanzen. Anwendung von Fungiziden.

Obstbau

Kragenfäule (*Phytophthora cactorum*) an Apfel und Birne.
Hauptsymptome: An den Veredlungsstellen zunächst violette Verfärbungen, später dunkelbraune Faulstellen, besonders an 8–10 Jahre alten Bäumen. Folgesymptome sind vorzeitiger Blattfall und Fruchtfäulen.
Biologie: Übertragung im Bestand durch Zoosporen. Hohe Luftfeuchtigkeit und Temperaturen fördern den Befall. Infektionsquelle ist infiziertes Fallobst. Überwinterung erfolgt als Myzel in Ernterückständen.
Bekämpfung: Beseitigung des Fallobstes. Vermeidung von Verletzungen an den Veredlungsstellen. Zwischenveredlung mit resistenten Stammbildnern. Ausschneiden der Befallsstellen. Mehrmalige Behandlung vor der Blüte und nach der Ernte mit Kupferoxychlorid.
Bemerkungen: *Phytophthora cactorum* verursacht an Erdbeeren eine Frucht- (Lederbeerenfäule) und Rhizomfäule. *Phytophthora fragariae* ruft an Erdbeeren eine Wurzelfäule (Rote Wurzelfäule) hervor.

Falscher Mehltau (*Plasmopara viticola*) an Weinrebe.
Hauptsymptome: Als erste Symptome entstehen auf der Oberseite der Blätter blassgelbe Flecken („Ölflecken"). Auf der Blattunterseite, auf Gescheinen und grünen Beeren weißer Belag (= Konidienträger). Blätter zunächst mit gelb-grünen Flecken, die später braun werden. Blätter verdorren und Beeren schrumpfen (Lederbeeren).
Biologie: Die in den abgefallenen Blättern der Weinrebe überwinternden Oosporen keimen im Frühjahr aus. Die daraus hervorgehende Konidie wird zu einem Zoosporangium, das bis zu 6 Zoosporen entlässt, die mit Hilfe eines Keimschlauches durch die Spaltöffnungen in die Blätter gelangen, mit ihrem Myzel in den Interzellularräumen weiterwachsen und von dort mit Haustorien in die Zellen eindringen. Kurz danach zeigt sich auf der Blattunterseite ein weißlicher Pilzrasen („Mehltau"), der durch das Austreten von Konidienträgern aus den Stomata hervorgerufen wird. Die an den Konidienträgern gebildeten Konidien werden während der Vegetationsperiode durch den Wind weiterverbreitet und gelangen auf gesunde Blätter. Die in großen Mengen gebildeten Konidien (asexueller Entwicklungskreislauf) verursachen Neuinfektionen. Außer den ständig neu gebildeten Konidien, deren Aufgabe es ist, die Krankheit im Bestand zu verbreiten, entstehen gegen Ende der Vegetationsperiode im Rebenblatt die für die Oomycetes typischen Geschlechtsorgane als Oogonien und Antheridien. Nach dem Überwandern eines Kerns aus dem Antheridium in das Oogonium (sexueller Entwicklungsgang) bildet sich die zunächst dikaryotische, mit einer derben Wand umgebene Oospore, die im Herbst mit den abfallenden Blättern auf den Boden gelangt und dort überwintert (Einzelheiten Abb. 6.3).
Bekämpfung: Beseitigung der Blattrückstände mit den überwinternden Oosporen. Zur Verhinderung der Zoosporenkeimung müssen die Blätter, wenn die ersten Ölflecken auftreten, mit einem möglichst lückenlosen Fungizidbelag versehen werden. Der richtige Spritztermin wird mit Hilfe eines Inkubationskalenders ermittelt. Je nach Witterungsbedingungen sind mehrere Behandlungen erforderlich.
Bemerkungen: 1878 mit reblausresistenten Sorten aus Amerika eingeschleppt.

6.2 Eumycota (Echte Pilze)

Die echten Pilze (Eumycota) werden in vier Abteilungen gegliedert (Tabelle 6.3): Chytridiomycota, Zygomycota, Ascomycota und Basidiomycota. Die Vertreter der ersten Gruppe wurden früher den Protisten zugeordnet. Inzwischen wird allgemein akzeptiert, dass die Chytridiomycota, wie DNA-Analysen gezeigt haben, zu den echten Pilze gehören, obwohl eine Reihe von Eigenschaften, wie z. B. die Bildung von mobilen Zellen (Zoosporen) und ihr hoher Feuchtigkeitsbedarf dafür spricht, dass sie den Protisten nahe stehen.

Tabelle 6.3 Klassifizierung der echten Pilze (Eumycota)

Reich	Abteilungen
Eumycota (Echte Pilze)	Chytridiomycota
	Zygomycota
	Ascomycota
	Basidiomycota

6.2.1 Chytridiomycota

Die zu den Chytridiomycota gehörenden Pilze bilden Zoosporen (Planosporen), die am Hinterende eine Geißel tragen. Entsprechende bewegliche Entwicklungsstadien fehlen bei den Vertretern aller anderen echten Pilze.

Der Thallus besteht entweder aus einem kugeligen oder zylindrischen Schlauch, der von einer Wand umgeben ist. Bei einigen Arten ist Chitin als Wandsubstanz festgestellt worden. Im Gegensatz zu den Plasmodiophoromycota entstehen keine Plasmodien. Hyphen sind nicht vorhanden. Es handelt sich um obligate Parasiten, die die Pflanzen vom Boden aus befallen. Zu den Chytridiomycota gehören nur wenige wichtige pflanzenpathogene Arten.

Entwicklung

Die Pilze zeigen in ihrer Entwicklung große Übereinstimmung mit den pilzähnlichen Plasmodiophoromycota (Kap.6.1). Auch hier werden aus

Zoosporangien begeißelte Zoosporen entlassen, die neue Wirtszellen infizieren können. Bei der geschlechtlichen Fortpflanzung bilden zwei isogame Zoosporen eine Zygote, die in die Wirtszelle eindringt und sich dort zu einer Dauerspore entwickelt. Die Vertreter dieser Gruppe benötigen für ihre Ausbreitung wassergesättigte Böden.

Die Dauersporen der Chytridiomycota stellen wie bei den Protista (Kap. 6.1) widerstandsfähige Überwinterungsformen dar, deren Bekämpfung schwierig ist. Am Beispiel von *Olpidium brassicae* wird in Abb. 6.4 ein für diese Pilzgruppe charakteristischer Entwicklungskreislauf ausführlicher beschrieben.

Die **Übertragung von Pflanze zu Pflanze** während der Vegetationsperiode erfolgt bei den im Boden lebenden Pilzen durch Zoosporen. Die **Überdauerung von einer Vegetationsperiode zur anderen** wird ermöglicht durch die Ausbildung von dickwandigen Sporen (Dauersporen) in Pflanzenrückständen (z. B. beim Kartoffelkrebs).

Symptomatologie

Zu den typischen Symptombildern gehören Schäden an Wurzeln und Wurzelhals (Fuß- und Umfallkrankheiten) vor allem im Saatbeet (*Olpidium*) oder Wucherungen (Gallen) an Knollen (*Synchytrium*).

Bekämpfungsmaßnahmen

Zur Bekämpfung der Krankheitserreger werden angewendet:

- Vorbeugende Maßnahmen gegen Pilze, die die Pflanzen vom Boden aus befallen (*Olpidium*); das sind Förderung der Jugendentwicklung, ausgewogene Düngung, kein Anbau an zu feuchten Standorten
- Physikalische Maßnahmen. Zur Bekämpfung der bodenbürtigen Krankheitserreger Entseuchung der Anzuchterde (Gemüsebau) durch Bodendämpfung; Nutzung keimfreier Substrate
- Resistenzzüchtung. Wirksame Maßnahme zur Ausschaltung des durch *Synchytrium endobioticum* hervorgerufenen Kartoffelkrebses
- Die Möglichkeiten einer Fungizidanwendung gegen die im Boden lebenden Pilze sind begrenzt; Bodenentseuchung vor der Saat bzw. dem Pflanzen sowie eine Saatgutbehandlung mit geeigneten Wirkstoffen (Kap. 28) können zur Verminderung des Schadens beitragen.

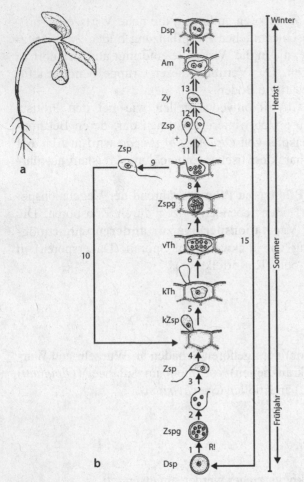

Abb. 6.4 a,b *Olpidium brassicae* (Umfallkrankheit) an Kohl. **a**. Symptombild. **b** Entwicklungskreislauf

1:   Aus den diploiden Dauersporen entsteht ein vielkerniges Zoosporangium

2, 3:   Daraus werden polar begeißelte Zoosporen freigesetzt, die zu den Wurzeln schwimmen

4, 5:   Zoosporen dringen nach Abwerfen der Geißel mit Plasma und Kern in die Wurzelzellen ein

6, 7:   Es entsteht ein kugeliger Thallus mit zahlreichen Zoosporen (Zoosporangium)

8:   Zoosporen werden freigesetzt

9, 10:   Es kommt zu Neuinfektionen (asexueller Entwicklungsgang)

11, 12:   Gegen Ende der Vegetationsperiode oder unter ungünstigen Bedingungen Vereinigung von zwei Zoosporen

13–15:   Dikaryotische Zoospore (Zygote) dringt in die Wurzelzelle ein und bildet eine dickwandige Dauerspore (Überwinterungsstadium)

Dsp = Dauerspore; kTh = kugeliger Thallus; kZsp = keimende Zoospore; R! = Reduktionsteilung; vTH = vielkerniger Thallus; Zsp = Zoospore; Zspg = Zoosporangium; Zy = Zygote

Klassifizierung

Zur Abteilung Chytridiomycota zählen 5 Ordnungen (Webster u. Weber 2007), von denen die Chytridiales und Spizellomycetales mit den Gattungen *Synchytrium* bzw. *Olpidium* Pflanzenkrankheitserreger enthalten:

- *Synchytrium endobioticum* (Kartoffelkrebs) an Kartoffelknollen
- *Olpidium brassicae* (Wurzelbrand oder Umfallkrankeit) an Kohl und anderen Kreuzblütlern, Tabak, Salat, Tomate u. a.

Wichtige, zu den Chytridiomycota gehörende Krankheitserreger an Acker- und Gemüsekulturen

Ackerbau

Kartoffelkrebs (*Synchytrium endobioticum*) an Kartoffel.
Hauptsymptome: An den Knollen in Augennähe, an Stolonen und am Stängelgrund blumenkohlartige Wucherungen (Gallen, hypertrophiertes Gewebe).
Biologie: S. *endobioticum* gehört zu den wenigen Vertretern innerhalb der echten Pilze, die kein echtes Myzel bilden. Der Thallus ist ein vielkerniges Gebilde, das sich in der Wirtszelle vollständig in Dauersporen oder Sommersporen (Zoosporangien) umwandelt. Aus diesen gehen bis zu 200 Zoosporen hervor, die gesunde Pflanzen infizieren. Die dickwandigen Dauersporen gelangen nach dem Zerfall der Gallen in den Boden und können dort mindestens sechs Jahre lebensfähig bleiben.
Bekämpfung: Verschleppung des Erregers in nicht verseuchte Gebiete verhindern (Quarantänemaßnahmen). Anbaupausen von mindestens sechs Jahren einlegen. Anbau resistenter Sorten. Saatgutkontrolle (Nulltoleranz).
Bemerkungen: Meldepflichtige Krankheit. Es dürfen nur gegen den Kartoffelkrebserreger resistente Sorten angebaut werden. Quarantäneschaderreger.

Gemüsebau

Wurzelbrand oder Umfallkrankheit (*Olpidium brassicae*) an Kohl, weiteren Kreuzblütlern sowie Tomate, Salat, Tabak u. a.
Hauptsymptome: Wurzelhals dunkel gefärbt und eingeschnürt. Keimpflanzen fallen um und sterben ab (Umfallkrankheit).
Biologie: Der Pilz besitzt kein echtes Myzel; der Vegetationskörper ist ein sphärischer oder zylindrischer Thallus, der vielfach die gesamte Wirtszelle ausfüllt. Aus dem Cytoplasma des Thallus entstehen Zoosporangien mit Zoosporen, die eine terminale Geißel besitzen. Die Zoosporen gelangen in den Boden und verbreiten, falls genügend Feuchtigkeit vorhanden ist, die Krankheit im Bestand. Überwinterung mit Hilfe von widerstandsfähigen Dauersporen (Einzelheiten Abb. 6.4).
Bekämpfung: Eine direkte Bekämpfung des Pilzes ist schwierig und nur mit einer Entseuchung des Bodens durch physikalische Maßnahmen (Bodendämpfung) zu erreichen. Hohe Feuchtigkeit fördert den Befall. Alle Maßnahmen, die dazu beitragen, das

anfällige Jugendstadium der Pflanzen schnell zu überwinden, wirken sich günstig aus. Vermeidung von Standorten mit hoher Feuchtigkeit. Fruchtwechsel. Saatgutbehandlung mit geeigneten Fungiziden.

Bemerkungen: Zoosporen dieses Pilzes können Viren übertragen, wie z. B. das Tabaknekrosevirus (*Tobacco necrosis virus*).

6.2.2 *Zygomycota*

Die zur Abteilung Zygomycota gehörenden Pilze besitzen unseptierte und vielkernige (coenocytische) Hyphen. Die Wandsubstanz besteht aus Chitin. Außerdem ist charakteristisch, dass keine mobilen Zellen (Zoosporen) mehr entstehen. Die meisten Arten leben saprophytisch, einige sind Parasiten von Insekten oder leben in Symbiose mit Pflanzen (Mykorrhiza-Pilze). Als Krankheiterreger bei Pflanzen spielen sie nur eine geringe Rolle. Bekämpfungsmaßnahmen sind nicht erforderlich.

Entwicklung

Die asexuelle Fortpflanzung der Zygomycota erfolgt durch Sporen, die sich in kugeligen Sporangien befinden, die ihrerseits an Lufthyphen inseriert sind. Typisch ist das Vorkommen einer Columella (Abb. 6.5). Hierbei

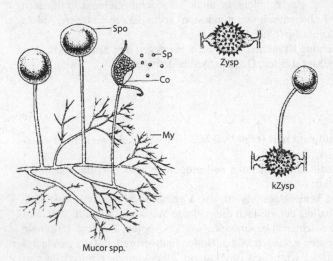

Abb. 6.5 Zygospore, Sporangienträger und Sporangium eines zur Gruppe der Mucorales (Zygomycota) gehörenden Pilzes

Co = Columella; kZysp = keimende Zygospore; My = Myzel; Sp = Spore; Spo = Sporangium handelt es sich um einen kugelförmigen, aber sporenfreien Raum, der in das Sporangium hineinragt.

Bei der sexuellen Fortpflanzung wachsen zwei Kopulationshyphen aufeinander zu, gliedern Gametangien ab, die miteinander fusionieren (Isogamie). Nach Kernverschmelzung und Reduktionsteilung entsteht eine dickwandige Zygospore, die das Überdauerungsstadium der Pilze darstellt. Unter günstigen Bedingungen keimt die Zygospore unter Bildung eines Sporangiums aus (Abb. 6.5).

Klassifizierung und Beispiele

Es existieren 10 Ordnungen mit insgesamt 870 Arten, von denen aus phytopathologischer Sicht besonders die Mucorales, Entomophthorales und Glomales mit den dazugehörenden Familien (Tabelle 6.4) zu erwähnen sind.

Tabelle 6.4 Klassifizierung der Zygomycota

Abteilung	Klasse	Ordnung	Familie
Zygomycota	Zygomycetes	Mucorales	Mucoraceae
		Entomophthorales	Entomophthoraceae
		Glomales	–

Mucoraceae

Die überwiegende Mehrzahl der zu dieser Familie zählenden Pilze sind Saprophyten und befinden sich bevorzugt im Boden auf organischem Material, aber auch auf Brot und anderen Nahrungsmitteln (z. B. *Mucor mucedo*). Einige *Rhizopus*-Arten wachsen bei hoher Luftfeuchtigkeit auf reifenden Früchten:

- *Rhizopus stolonifer* verursacht Fäulen an Tomaten, Erdbeeren, u. a. Früchten. Eindringen des Erregers über Verletzungen. Besonderes Kennzeichen sind Rhizoide („wurzelartige" Gebilde) an der Basis der Sporangienträger.

Entomophthoraceae

Viele zu den Entomophthoraceae zählende Arten parasitieren auf Insekten und sind daher als natürliche Begrenzungsfaktoren bei Pflanzen- und Hygieneschädlingen von Bedeutung. So kann z. B. *Entomopthora aphidis* verschiedene Blattlausarten und *E. muscae* Stubenfliegen befallen.

Glomales

Die der Ordnung Glomales zuzuordnenden, in Symbiose mit Pflanzen lebenden endotrophen Mykorrhiza-Pilze beeinflussen positiv die Wasser- und Nährstoffaufnahme der Kulturpflanzen und erhöhen dadurch indirekt ihre Widerstandskraft gegen Krankheitserreger.

6.2.3 Ascomycota

Die zu den Ascomycota gehörenden Pilze besitzen in der Regel septierte Hyphen. Die sexuelle Vermehrung erfolgt durch Ascosporen, die endogen in einem Ascus gebildet werden. Zwischen Plasma- und Kernverschmelzung wird bei den meisten Arten eine Paarkernphase (Dikaryophase) eingeschaltet. Chitin ist der Hauptbestandteil der Zellwände. **Über die Hälfte aller beschriebenen Pilze gehören zu den Ascomyceten**; viele davon sind Krankheitserreger an Kulturpflanzen. Wirtschaftlich wichtige Beispiele sind die Echten Mehltaupilze, Apfelschorf, Kräuselkrankheit des Pfirsichs, Monilia-Fäule an Kernobst, Blattkrankheiten an Raps und Getreide.

Morphologie

Die morphologischen Besonderheiten der Ascomycota lassen sich wie folgt zusammenfassen:

- Der Vegetationskörper besteht mit Ausnahme der Hefen, bei denen einzelne Zellen vorliegen, aus septierten Hyphen. Die Querwände (**Septen**) enthalten zentrale Poren, durch die ein Stoffaustausch möglich ist
- Der **Ascus**, ein schlauchförmiges Sporangium, enthält in der Regel 8 auf geschlechtlichem Wege entstandene **Ascosporen** (perfektes Stadium, auch als Hauptfruchtform oder Teleomorph bezeichnet). Die Asci können einzeln oder in Gruppen nebeneinander stehen. Zwischen den Asci befinden sich häufig sterile Hyphen (Paraphysen), deren Funktion noch unklar ist
- Die Asci befinden sich, mit Ausnahme der Archiascomycetes, in Fruchtkörpern (Ascokarpien), deren Form verschieden ist. Wir kennen kugelige Ascokarpien ohne besondere Öffnung (= **Kleistothecien**), flaschenför-

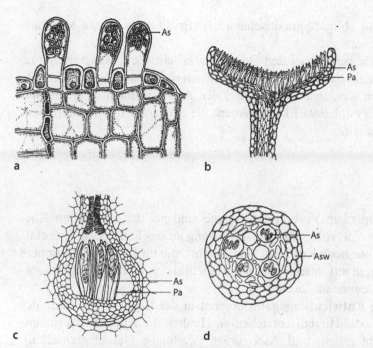

Abb. 6.6 a–d Die für die Klassifizierung der Ascomycota wichtigen Fruchtkörperformen (Ascokarpien). **a** Ascokarpien stehen frei auf der Oberfläche, keine Fruchtkörper vorhanden (Klasse Hemiascomycetes). **b** Apothecium (Klasse Discomycetes). **c** Perithecium (Klasse Pyrenomycetes). **d** Kleistothecium (Klasse Plectomycetes). Das hier nicht mit aufgeführte Pseudothecium (Klasse Loculoascomycetes) besitzt große Ähnlichkeit mit dem Perithecium

As = Ascus mit Ascosporen, Asw = Fruchtkörperwand, Pa = Paraphysen

mige Ascokarpien mit einer präformierten Öffnung (= **Perithecien**) und offene tellerförmige Ascokarpien (= **Apothecien**). Außerdem werden perithecienähnliche Ascokarpien (= **Pseudothecien**) gebildet (Abb. 6.6)
- Neben den Ascosporen bringen die meisten Ascomycotina auf ungeschlechtlichem Wege **Konidien** hervor (imperfektes Stadium, auch als Nebenfruchtform oder Anamorph bezeichnet), die morphologisch unterschiedlich sind. Ihre Lebensdauer ist verhältnismäßig kurz. Die Konidien entstehen frei auf der Pflanzenoberfläche oder befinden sich in besonderen Kondienlagern (Pyknidien und Acervuli).

Ernährung

Unter den Ascomycota finden wir Vertreter mit saprophytischer (z. B. *Aspergillus*, *Penicillium*), fakultativ parasitischer (z. B. *Venturia inaequalis*,

Apfelschorf) und obligat parasitischer (z. B. Erysiphales, Echte Mehltaupilze) Lebensweise.

Sie bilden, wie bereits bei den Oomycota beschrieben, Haustorien aus,
die in die Wirtszellen eindringen und mit denen die notwendigen Nährstoffe aufgenommen werden können. Unter den Ascomycota sind die Echten
Mehltaupilze (Erysiphales) Ektoparasiten, die Mehrzahl der anderen Vertreter Endoparasiten.

Entwicklung

Alle eigenbeweglichen Verbreitungsorgane sind bei der **asexuellen Entwicklung** durch eine vollkommene Anpassung an das Landleben fortgefal-
len. Es werden nur noch Konidien abgeschnürt, die im Laufe des Sommers
in großen Mengen auf unterschiedlich ausgebildeten Konidienträgern entstehen und Epidemien auslösen.

Der **sexuelle Entwicklungsgang** beginnt in der Regel gegen Ende der
Vegetationsperiode. Hierbei entstehen an Hyphen die Antheridien (männliche Geschlechtszellen) und Ascogonien (weibliche Geschlechtszellen).
Über ein Empfängnisorgan, die Trichogyne, gelangen die männlichen Kerne aus dem Antheridium in das Ascogon, an dem sich anschließend ascogene Hyphen bilden, deren Zellen je einen männlichen und einen weiblichen Kern enthalten (Dikaryophase). Aus den Endzellen dieser Hyphen
entwickeln sich, nach einer für die Ascomycota typischen Hakenbildung,
die Ascusmutterzellen, in denen die Karyogamie mit anschließender Reduktionsteilung (Meiose) stattfindet. Nach zweimaliger Mitose entstehen
8 haploide Ascosporen. Mehrere, für die einzelnen systematischen Einheiten der Ascomycota typischen Entwicklungskreisläufe sind in den Abb. 6.7
bis 6.9 dargestellt.

Die **Verbreitung** der Pilze **von Pflanze zu Pflanze** erfolgt während der
Vegetationsperiode hauptsächlich durch die massenhaft gebildeten Konidien (imperfektes Stadium, Nebenfruchtform, Anamorph). Ausnahmen
sind einige Vertreter aus der Klasse Discomycetes (z. B. *Sclerotinia sclerotiorum*, Weißstängeligkeit am Raps), bei denen keine Nebenfruchtform
vorkommt und deren Verbreitung ausschließlich durch Ascosporen erfolgt.

Von **einer Vegetationsperiode zur anderen** sind folgende Übertra-
gungsformen möglich:

- Überdauerndes Myzel in und an Pflanzenresten im Boden (z. B. *Gaeumannomyces graminis*, Schwarzbeinigkeit am Getreide), auf Ernterückständen mit Pyknidien (z. B. *Septoria tritici*) oder in Samen (z. B. *Colletotrichum lindemuthianum*)

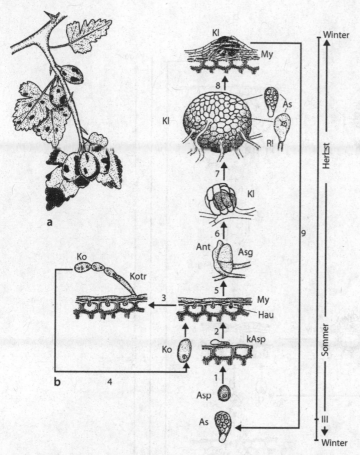

Abb. 6.7 a,b *Sphaerotheca mors-uvae* (Amerikanischer Stachelbeermehltau). **a** Symptombild (weißlicher Pilzbelag auf Blättern und Früchten). **b** Entwicklungskreislauf

1: Aus den Asci frei werdende Ascosporen gelangen auf die Blätter

2: Ascosporen keimen; es bildet sich ein Myzel auf der Blattoberfläche, von dem aus Haustorien in die Epidermiszellen einwachsen

3, 4: Es bilden sich Konidienträger mit Konidien, die auf gesunde Blätter und Früchte geweht werden, bei feuchtem Wetter keimen und Neuinfektionen hervorrufen (asexueller Entwicklungsgang)

5, 6: Außerhalb der Pflanze im Myzel Bildung von Antheridien und Ascogonien

7: Nach erfolgter Befruchtung Entstehung von Ascus und Ascosporen, die in einem Fruchtkörper (Kleistothecium) eingeschlossen sind (sexueller Entwicklungsgang)

8, 9: Die von Myzel umgebenen Kleistothecien werden als kleine dunkle Körper sichtbar; das Myzel wird später braun und überzieht Blätter und Früchte mit einem dunklen Belag (Sekundärsymptom). Überwinterung des Pilzes als Kleistothecium an den Triebspitzen

Ant = Antheridium; As = Ascus; Asg = Ascogon; Asp = Ascospore; Hau = Haustorium; kAsp = keimende Ascospore; Kl = Kleistothecium; Ko = Konidie; Kotr = Konidienträger; My = Myzel; R! = Reduktionsteilung

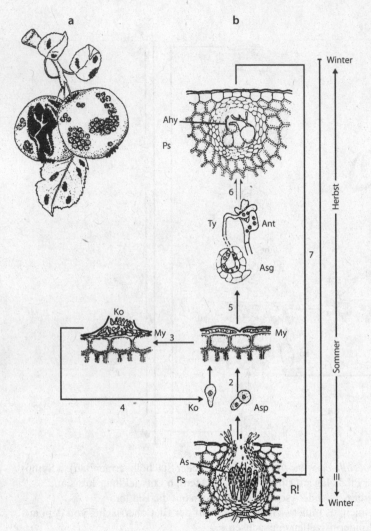

Abb. 6.8 a,b *Venturia inaequalis* (Apfelschorf). Konidienform *Spilocaea pomi.*
a Symptombild; **b** Entwicklungskreislauf

1, 2: Im abgefallenen Laub Pseudothecien mit Asci und zweizelligen Ascosporen, die im Frühjahr ausgeschleudert werden und auf die jungen Blätter gelangen; Keimung der Ascosporen und Bildung von Myzel zwischen Epidermis und Cuticula

3, 4: Entstehung der Konidienlager mit einzelligen Konidien; Weiterverbreitung im Bestand und Neuinfektionen (asexueller Entwicklungsgang); neben den Blättern werden auch Früchte befallen

5: Gegen Ende der Vegetationsperiode Bildung von Antheridien und Ascogonien

6, 7: Nach Kernverschmelzung entstehen in den Blättern Pseudothecien mit ascogenen Hyphen, aus denen sich im Frühjahr die Asci entwickeln (sexueller Entwicklungsgang)

Ahy = ascogene Hyphen; Ant = Antheridium; As = Ascus; Asg = Ascogon; Asp = Ascospore; Ko = Konidie; My = Myzel; Ps = Pseudothecium; R! = Reduktionsteilung

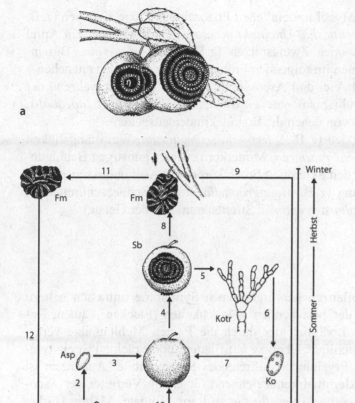

Abb. 6.9 a,b *Monilinia fructigena* (Monilia-Fruchtfäule) an Apfel. Konidienform *Monilia fructigena*. **a** Symptombild; **b** Entwicklungskreislauf

1, 2: Auf einer überwinternden Fruchtmumie entwickeln sich dicht unterhalb der Erd-oberfläche Apothecien mit Asci und 8 Ascosporen, die aktiv ausgeschleudert werden

3–5: Ascosporen werden auf die Früchte geweht, keimen dort aus und Myzel dringt über Wunden ein; es entstehen Faulstellen mit ringförmig angeordneten Konidienla-gern und Konidien auf den Früchten (asexueller Entwicklungsgang)

6, 7: Konidien gelangen während der Vegetationszeit auf weitere Früchte (Ausbrei-tung im Bestand)

8–10: Befallene Früchte bleiben als Mumien im Baum hängen und sind der Aus-gangspunkte für Neuinfektionen im folgenden Frühjahr und Sommer

11, 12: Zur Einleitung der sexuellen Entwicklungsphase müssen die Fruchtmumien auf den Boden fallen; nach zweijähriger Lagerung werden Apothecien gebildet

Ap = Apothecium; As = Ascus; Asp = Ascospore; Fm = Fruchtmumie; Ko = Konidie; Kotr = Konidienträger; R! = Reduktionsteilung; Sb = Schadbild; üFm = überwinternde Fruchtmumie

- Überwinterndes Myzel in befallenen Pflanzenteilen, wie Knospen (z. B. *Podosphaera leucotricha*, *Uncinula necator*, Echter Mehltau am Apfel bzw. Weinrebe) oder Zweigspitzen (z. B. *Venturia pyrina*, Birnenschorf); hier können im folgenden Frühjahr wieder Konidien entstehen
- Fruchtkörper mit Asci und Ascosporen, die sich z. T. erst während der Winter- oder Frühjahrsmonate entwickeln (z. B. *Venturia inaequalis*, Apfelschorf) und von denen die Erstinfektionen ausgehen
- Sklerotien im Boden (z. B. *Sclerotinia sclerotiorum*, Weißstängeligkeit am Raps, *Claviceps purpurea*, Mutterkorn). Unter günstigen Bedingungen entstehen an den Sklerotien Fruchtkörper mit Asci und Ascosporen
- Saatgutübertragung (z. B. *Monographella nivalis*, Schneeschimmel am Roggen; *Pyrenophora graminea*, Streifenkrankheit der Gerste).

Symptomatologie

Die an den Wirtspflanzen hervorgerufenen Symptome umfassen nahezu die gesamte Skala der bestehenden Möglichkeiten (Flecken, Fäulen, Deformationen, u. a.). Lediglich der durch die Echten Mehltaupilze verursachte weißliche „mehlige" Überzug auf Blättern und Früchten ist ein typisches, nur bei den Erysiphales auftretendes Symptombild. Außerdem ist die Bildung von Sklerotien kennzeichnend für einige Vertreter der Ascomycotina (z.B *Sclerotinia sclerotiorum* an Raps, Tomate, Möhre, Gurke; *Claviceps purpurea* an Roggen).

Eine Besonderheit ist die Kontamination der Getreidekörner mit für Warmblüter giftigen **Mykotoxinen** (z. B. Deoxynivalenol = DON u. a., Kap. 12.2.6) durch Befall mit *Fusarium graminearum* (Teleomorph *Gibberella zeae*) sowie *Fusarium culmorum*.

Bekämpfungsmaßnahmen

Zur Bekämpfung werden im Wesentlichen die bereits bei den zuvor beschriebenen pilzähnlichen Organismen bzw. echten Pilzen beschriebenen Maßnahmen angewendet. Da durch die vollkommene Anpassung an das Landleben überwiegend die oberirdischen Pflanzenteile sowie Halm- und Stängelbasis befallen sind, spielen chemische Verfahren die Hauptrolle. Insgesamt stehen folgende Möglichkeiten zur Verfügung:

- Fungizide; protektive Fungizide sowie systemische Fungizide, bevorzugt Triazol- und Morpholin-Derivate, Strobilurine (Kap. 22)
- Fruchtfolgemaßnahmen, vor allem gegen Krankheitserreger, deren chemische Bekämpfung schwierig oder nicht möglich ist, wie z. B. *Sclerotinia trifoliorum* (Kleekrebs)
- Mechanische Maßnahmen, wie z. B. Baumschnitt zur Entfernung von überwinterndem Myzel und Ascokarpien (z. B. Echter Apfelmehltau, Amerikanischer Stachelbeermehltau, Birnenschorf), Beseitigung von Blattrückständen, in denen sich Fruchtkörper entwickeln können (z. B. Apfelschorf) sowie Saatgutreinigung (z. B. Mutterkorn)
- Saatgutbehandlung (Beizung) gegen Pilze, die mit dem Saatgut übertragen werden (Kap. 28). Außerdem können durch Beizung des Getreides mit systemischen Fungiziden Frühinfektionen verhindert werden
- Rotteförderung, um saprophytisch überlebenden Pilzen das Substrat zu entziehen.

Klassifizierung und Beispiele

Es würde den Rahmen des Buches sprengen, den Versuch zu unternehmen, auch nur die wichtigsten zur Gruppe der Ascomycota zählenden Pflanzenpathogene den neueren Erkenntnissen entsprechend zu klassifizieren. Der aktuelle Stand ist den Arbeiten von Kirk et al. (2001), Liu u. Hall (2004) und Webster u. Weber (2007) zu entnehmen.

Eine auch für phytopathologische Belange praktikable Klassifizierung, die auf mikroskopischen Daten und phylogenetischen Analysen beruht, basiert auf folgenden Kriterien:

- Vorhandensein und Bau der Fruchtkörper (Ascokarpien), in denen die Asci entstehen
- Aufbau der Ascuswand. Hierbei unterscheidet man den unitunicaten Typ (Ascuswand besteht aus nur einer Schicht) und den bitunicaten Typ (mit zwei getrennten Wandschichten)
- Form, Farbe und Größe der Ascosporen.

Danach werden die Ascomycota in 6 Klassen eingeteilt (Tabelle 6.5): Archiascomycetes (ohne Fruchtkörper), Plectomycetes, Pyrenomycetes, Discomycetes und Loculoascomycetes (mit Fruchtkörper) sowie Deuteromycetes.

Tabelle 6.5 Klassifizierung der Ascomycota

Systematische Einheit	Fruchtkörper (Ascokarpien)	Aufbau der Ascuswand
Klasse: Archiascomycetes	nicht vorhanden	entfällt
Klasse: Plectomycetes	Kleistothecien	unitunikat
Klasse: Pyrenomycetes	Perithecien	unitunikat
Klasse: Discomycetes	Apothecien	unitunikat
Klasse: Loculoascomycetes	Pseudothecien	bitunikat
Klasse: Deuteromycetes	nicht vorhanden oder nicht bekannt	entfällt

Archiascomycetes

Fruchtkörper sind nicht vorhanden. Die Asci stehen frei auf der Pflanzen-oberfläche (Abb. 6.6 a).

- *Taphrina deformans* (Kräuselkrankheit) an Pfirsich
- *Taphrina pruni* (Narren- oder Taschenkrankheit) an Pflaume, Zwetsche.

Plectomycetes

Geschlossene Fruchtkörper (Kleistothecien) (Abb. 6.6 d); Asci unitunikat. Eine wichtige Gruppe innerhalb der Plectomycetes sind die zur Ordnung Erysiphales (Familie Erysiphaceae) zählenden Echten Mehltaupilze. Es handelt sich um obligate Parasiten, die an zahlreichen Kulturpflanzen vorkommen und erhebliche Ertragsausfälle verursachen. Typische Symptome sind weißliche aus Myzel, Konidienträgern und Konidien bestehende Beläge vor allem auf Blättern. Einzelheiten zur Biologie s. Abb. 6.7.

- *Blumeria graminis* (Echter Mehltau) an Getreide
- *Erysiphe betae* (Echter Mehltau) an Beta-Rübe
- *Podosphaera leucotricha* (Echter Mehltau) an Apfel
- *Sphaerotheca fuliginea* (Echter Mehltau) an Gurke
- *Sphaerotheca mors-uvae* (Amerikanischer Stachelbeermehltau) an Stachelbeere
- *Sphaerotheca pannosa* (Echter Mehltau) an Rosen
- *Uncinula necator* [*Oidium tuckeri*] (Echter Mehltau) an Weinrebe.

Pyrenomycetes

Perithecien als Fruchtkörper und unitunikate Asci (Abb. 6.6 c). Eine umfangreiche Gruppe innerhalb der Ascomycota mit zahlreichen Ordnungen sowie Familien und einer Vielzahl phytopathogener Arten.

- *Monographella nivalis* [*Microdochium nivale*] (Schneeschimmel) an Roggen, Weizen
- *Gibberella zeae* [*Fusarium graminearum*] (Fusarium-Fuß- und Ährenkrankheit) an Weizen sowie an Mais (Stängel- und Kolbenfäule)
- *Gibberella avenacea* [*Fusarium avenaceum*] (Fusarium-Fuß- und Ährenkrankheiten) an Getreide
- *Claviceps purpurea* [*Sphacelia segetum*] (Mutterkorn) an Roggen, Gräsern, seltener an Weizen
- *Gaeumannomyces graminis* [*Phialophora radicicola*] (Schwarzbeinigkeit) an Weizen (Gerste, Roggen, zahlreiche Gräser)
- *Nectria galligena* [*Cylindrocarpon heteronema*] (Obstbaumkrebs) an Apfel, Birne.

Discomycetes

Apothecien als Fruchtkörper mit unitunikaten Asci und Paraphysen (sterile Hyphen) (Abb. 6.6 b):

- *Tapesia yallundae,* syn. *Oculimacula yallundae* [*Helgardia herpotrichoides,* syn. *Pseudocercosporella herpotrichoides*] (Halmbruchkrankheit) an Weizen, Roggen
- *Sclerotinia sclerotiorum* (Weißstängeligkeit, Rapskrebs) an Raps
- *Sclerotinia trifoliorum* (Kleekrebs, Sclerotinia-Fäule) an Rotklee (Luzerne)
- *Pseudopeziza medicaginis* (Klappenschorf) an Luzerne, Weiß- und Rotklee
- *Pseudopezicula tracheiphila* (Roter Brenner) an Weinrebe
- *Monilinia fructigena* [*Monilia fructigena*] (Monilia-Fäule) an Birne, Apfel
- *Monilinia laxa* [*Monilia laxa*] (Monilia-Fäule) an Kirsche, Pfirsich, Pflaume
- *Botryotinia fuckeliana* [*Botrytis cinerea*] (Grauschimmel) an Weinrebe, Erdbeere, Himbeere, Gurke, Salat, Tomate, Rot- und Weißkohl, Acker- und Buschbohne, Hopfen u. a. (großer Wirtspflanzenkreis).

Loculoascomycetes

Perithecienähnliche Fruchtkörper, die sich von den Perithecien dadurch unterscheiden, dass die Asci nicht von den Hüllhyphen der Fruchtkörperwand umgeben werden, sondern sich in Hohlräumen (Loculi) entwickeln, die in einer dichtgelagerten Hyphenmasse (Stroma) eingebettet sind. Durch Auflösen von präformierten Gewebeteilen entstehen, wie bei den Perithecien, Öffnungen (Ostiolen) nach außen. Die in den Pseudothecien entstehenden Asci besitzen eine bitunikate (zweischichtige) Wand.

- *Pyrenophora graminea* [*Drechslera graminea*] (Streifenkrankheit) an Gerste
- *Pyrenophora teres* [*Drechslera teres*] (Netzfleckenkrankheit) an Gerste
- *Pyrenophora tritici-repentis* [*Drechslera tritici-repentis*, DTR] (Blattfleckenkrankheit, DTR-Blattdürre) an Weizen
- *Phaeosphaeria nodorum* [*Stagonospora nodorum* (= *Septoria nodorum*)] (Blatt- und Spelzenbräune) an Weizen, Triticale
- *Mycosphaerella graminicola* [*Septoria tritici*] (Septoria-Blattdürre) an Weizen
- *Cochliobolus sativus* [*Bipolaris sorokiniana*] (Braunfleckigkeit und Halmvermorschung) an Weizen, Gerste
- *Pleospora betae* [*Phoma betae*] (Wurzelbrand) an Beta-Rübe
- *Didymella lycopersici* (Stängel- und Fruchtfäule) an Tomate
- *Mycosphaerella pinodes* [*Ascochyta pinodes*] (Fuß- und Brennfleckenkrankheit) an Erbse
- *Leptosphaeria maculans* [*Phoma lingam*] (Wurzelhals- und Stängelfäule) an Raps
- *Venturia inaequalis* [*Spilocaea pomi*] (Apfelschorf) an Apfel
- *Venturia pyrina* [*Fusicladium pyrorum*] (Birnenschorf) an Birne
- *Didymella applanata* (Rutensterben) an Himbeere.

Deuteromycetes

Eine Sonderstellung nimmt die Klasse Deuteromycetes ein. Bei den zu dieser Gruppe gehörenden Pilzen ist die Hauptfruchtform (Teleomorph) nicht bekannt. Sie konnten daher nicht in das bisher existierende System, das auf der Grundlage unterschiedlicher Sexualstadien basiert, eingeordnet werden. Diese Arten wurden früher zu einer besonderen Klasse der imperfekten (unvollkommenen) Pilze (Fungi imperfecti) zusammengefasst. Neue, mit Hilfe von DNA-Analysen gewonnene Erkenntnisse deuten jedoch darauf hin, dass von wenigen Ausnahmen abgesehen, diese Pilze den Ascomycota zuzurechnen sind.

Die weitere Gliederung der Deuteromycetes muss, da die Hauptfruchtform fehlt, nach den sichtbaren asexuellen Entwicklungsstadien der Arten, das sind Form, Farbe und Septierung der Konidien sowie nach dem Vorkommen von Konidienlagern und -behältern erfolgen.

Die phytopathologisch wichtigen Deuteromycetes werden derzeit in drei Ordnungen unterteilt, die folgende charakteristischen Unterscheidungsmerkmale aufweisen (Abb. 6.10):

- Konidien entstehen unmittelbar an Hyphen oder besonders gestalteten Konidienträgern (Ordnung Hyphomycetales)
- Konidien entwickeln sich in krugförmigen, mit einer Öffnung versehenen Pyknidien (Ordnung Sphaeropsidales)
- Konidien entwickeln sich in flachen, als Acervuli bezeichneten Lagern, die von einer später aufreißenden Epidermis überdeckt sind (Ordnung Melanconiales).

Da in der Praxis häufig nur die asexuelle Nebenfruchtform (= Konidienform, Anamorph) der Pilze bekannt ist, wird die Bezeichnung der Krankheitserreger häufig nach dieser vorgenommen (z. B. *Oidium* für den Echten Mehltau der Rebe; *Monilia* für die Monilia-Fäule des Apfels). Einige dieser Krankheitserreger werden, obwohl die Hauptfruchtform existiert und damit eine systematische Einordnung möglich wäre, immer noch zu den Deuteromycetes gestellt. Soweit es sich um Arten handelt, bei denen ausschließlich die Konidienform für die Krankheitsentstehung von Bedeutung ist, wie z. B. bei *Gloeosporium* spec. (Bitterfäule-Erreger), wird eine Zuordnung zu den Deuteromycetes beibehalten.

Häufig auftretende Symptome sind Flecken auf Blättern, Früchten und Samen, Welkeerscheinungen und Fäulen. Der biologische Kreislauf ist wegen des Fehlens der auf geschlechtlichem Wege entstehenden Hauptfruchtform unkompliziert (Abb. 6.11). Es werden nur Konidien gebildet. Die gesamte Entwicklung läuft in der Haplophase ab.

Zur Klasse der Deuteromycetes gehören zahlreiche wirtschaftlich wichtige Krankheitserreger. Hier aufgeführt werden ausschließlich die Konidienformen (Anamorphe):

- **Rhynchosporium secalis** (Rhynchosporium-Blattfleckenkrankheit) an Roggen, Gerste
- *Alternaria brassicae* (Rapsschwärze, Kohlschwärze) an Raps, Kohl
- *Verticillium longisporum* (Verticillium-Welke, Rapswelke, Rapsstängelfäule) an Raps
- **Kabatiella caulivora** (Kleestängelbrand) an Rotklee und anderen Kleearten
- **Verticillium albo-atrum** (Verticillium-Welke) an Luzerne (großer Wirtspflanzenkreis, tritt an zahlreichen weiteren Kulturpflanzen auf, wie z. B. Kartoffel, Hopfen, Tomate, Gurke, Erdbeere)
- *Alternaria solani* (Dürrfleckenkrankheit) an Kartoffel, Tomate
- **Cercospora beticola** (Cercospora-Blattfleckenkrankheit) an Beta-Rübe
- **Ascochyta pisi** (Brennfleckenkrankheit) an Erbse

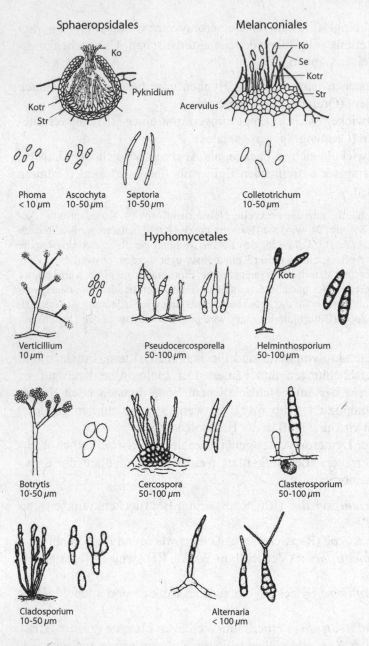

Sphaeropsidales

Ko

Pyknidium

Kotr

Str

Phoma
< 10 µm

Ascochyta
10-50 µm

Septoria
10-50 µm

Melanconiales

Ko

Se

Kotr

Str

Acervulus

Colletotrichum
10-50 µm

Hyphomycetales

Verticillium
10 µm

Pseudocercosporella
50-100 µm

Kotr

Helminthosporium
50-100 µm

Botrytis
10-50 µm

Cercospora
50-100 µm

Clasterosporium
50-100 µm

Cladosporium
10-50 µm

Alternaria
< 100 µm

Abb. 6.10 Konidien- und Konidienlagerformen einiger phytopathologisch wichtiger Deuteromycetes

Ko = Konidie; Kotr = Konidienträger; Se = Seta; Str = Stroma

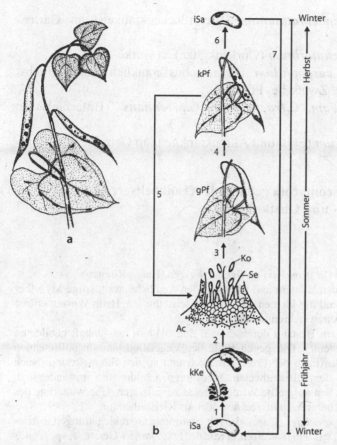

Abb. 6.11 a,b *Colletotrichum lindemuthianum* (Brennfleckenkrankeit) an Bohne. **a** Symptombild. **b** Entwicklungskreislauf

1: Der Pilz durchwächst nach der Keimung der Samen im Frühjahr den Keimling

2–5: Auf den eingesunkenen Flecken der Kotyledonen entstehen Konidienlager (Acervuli) mit einzelligen Konidien, die auf gesunde Pflanzen gelangen, dort keimen und neue Symptome auf Blättern, Stängeln sowie Hülsen verursachen (asexueller Entwicklungsgang)

6, 7: Der Pilz überdauert bevorzugt als Myzel im Samen; infiziertes Saatgut ist der Ausgangspunkt für die Verbreitung der Krankheit; keine Bildung von Fruchtkörpern mit Asci und Ascosporen

Ac = Acervulus; gPf = gesunde Pflanze, kKe = kranker Keimling; Ko = Konidie; kPf = kranke Pflanze; iS = infizierter Same; Se = Seta

- **Colletotrichum lindemuthianum** (Brennfleckenkrankheit) an Gartenbohne
- **Cladosporium cucumerinum** (Gurkenkrätze) an Gurke
- **Clasterosporium carpophilum** (Schrotschusskrankheit) an Steinobst (Kirsche, Pflaume, Zwetsche, Pfirsich)
- **Gloeosporium album, G.fructigenum, G.perennans** (Bitterfäule) an Apfel
- **Fusarium culmorum** (Fuß- und Ährenkrankheit) an Getreide und Mais.

Wichtige, zu den Ascomycota gehörende Krankheitserreger an Acker-, Gemüse- und Obstkulturen

Ackerbau

Echter Mehltau (*Blumeria graminis*) an Gerste, Weizen (Hafer, Roggen).
Hauptsymptome: Auf den Blättern und Blattscheiden weißliche, watteartige Myzelbeläge; später braun werdend mit kleinen schwarzen Kleistothecien. Beim Weizen erfasst die Infektion auch die Ähren (Ährenmehltau).
Biologie: Ausbreitung im Bestand durch die auf den Blättern massenhaft gebildeten Konidien (bis zu 6 000/cm^2). Die gegen Ende der Vegetationsperiode auftretenden Kleistothecien verbleiben nach der Ernte am Stroh und an den Stoppelresten. Nach kurzer Zeit werden in den Kleistothecien Ascosporen gebildet, die imstande sind, Ausfallgetreide und das neu ausgesäte Wintergetreide zu infizieren. Überwinterung des Pilzes als Myzel an den unteren Blattscheiden oder als Kleistothecium.
Entstehung von *formae speciales* (f. sp.), die nur bestimmte Getreidegattungen infizieren, z. B. *B. graminis* f. sp. *tritici* Weizen, Triticale, f. sp. *hordei* Gerste, f. sp. *secalis* Roggen, f. sp. *avenae* Hafer. Schnelle Bildung von Pathotypen, die vertikale Sortenresistenz überwinden.
Bekämpfung: Anbau resistenter Sorten; N-Überschuss vermeiden, Kalidüngung verbessern; sorgfältige Einarbeitung von Ernterückständen. Bei Gerste Verhinderung eines Frühbefalls durch Saatgutbehandlung. Bei Befallsbeginn oder Sichtbarwerden der ersten Symptome Anwendung spezieller Fungizide. Von den protektiven Fungiziden ist Netzschwefel wirksam. Es kommen überwiegend Kombinationspräparate zum Einsatz.

Schneeschimmel (*Monographella nivalis*) an Roggen und Weizen. Konidienform *Microdochium nivale* (syn. *Gerlachia nivalis*).
Hauptsymptome: Im Herbst lückiges Auflaufen, da die nach einer Infektion korkenzieherartig gekrümmten Keimlinge den Boden nicht durchstoßen können. Auftreten von Kümmerpflanzen, an der Basis mit einem watteartigen, weißlich-rosafarbenen Myzel. Nach der Schneeschmelze abgestorbene Pflanzen mit dicht am Boden liegenden und von einem weißlich-rosafarbenen Myzel überzogenen Blättern. Bei Ährenbesiedlung auf den Spelzen lachsrote Sporenlager sichtbar. Bei frühem Befall Bildung von Schmachtkörnern. Auswinterungsschäden.
Biologie: Ausbreitung im Bestand durch Myzelwachstum unter der Schneedecke sowie durch Konidien und Ascosporen, die auf abgestorbenen Blättern gebildet werden und durch Wind, Regen oder Insekten an die Ähren gelangen. Starker Befall bei

Lagergetreide. Überwinterung als Konidie auf den Karyopsen oder an Strohresten und sonstigem abgestorbenen Pflanzenmaterial. Infektion der Keimlinge vom Boden aus.

Bekämpfung: Roggen- und Weizenanteil in der Fruchtfolge reduzieren. Keine zu dichte Saat und hohen Stickstoffgaben vor Wintereinbruch. Rotteförderung von Getreide- und Maisstroh. Sortenwahl. Saatgutbehandlung zur Bekämpfung des samenbürtigen Befalls. Bei Anwendung systemischer Fungizide ist die Ausbildung einer Wirkstoffresistenz möglich.

Bemerkungen: *M. nivale* ist kein Toxinbildner und unterscheidet sich somit von den *Fusarium*-Arten; die Symptome an den Ähren werden jedoch leicht mit Fusariosen verwechselt!

Fusarium-Fuß- und Ährenkrankheiten (*Gibberella zeae*, Anamorph: *F. graminearum*; *Gibberella avenacea*, Anamorph: *F. avenaceum*; *Fusarium culmorum*, kein Teleomorph bekannt, und verschiedene weitere Arten) an Getreide, Mais und Gräsern.

Hauptsymptome: Halmgrundverbräunung nach Infektion von Herbst bis Frühjahr. Partielle Taubährigkeit überwiegend nach Blüteninfektion, wenn der Pilz von infizierten Ährchen in die Spindelachse eindringt und die Ährchen von der Wasserversorgung abgeschnitten werden.

Biologie: Alle Arten besiedeln Stroh- und Stoppelreste von Getreide und Mais mit derbem Dauermyzel und bilden dort Konidien oder Fruchtkörper aus. Bei Mais sind die bodennahen Stängel zur Erntezeit häufig von Fusarien infiziert. Primärinfektion durch Konidien, die auf infizierten Pflanzenteilen entstehen oder durch Ascosporen, die in den Fruchtkörpern gebildet und vom Wind verbreitet werden. *F. culmorum* vermehrt sich jedoch nur asexuell und bildet langlebige Chlamydosporen (Dauersporen) im Boden. Bei Trockenheit und Wärme nach der Aussaat kann die Infektion der Wirtspflanzen über die Wurzel erfolgen und eine akropetale, systemische Ausbreitung in der Pflanze auslösen. Alle Fusarien etablieren sich auf Blattscheiden, Blättern, im Halm und in den Ähren. Sekundärinfektion anderer Pflanzenteile durch asexuelle Konidien.

Bekämpfung: Eine zügige Verrottung befallener Pflanzenreste entzieht den Fusarien das Substrat und verringert den Befallsdruck. Gering anfällige Weizensorten sind von Ähreninfektion weitgehend geschützt. Der Einsatz von Azol-Fungiziden während der Blüte schützt nur vor Infektion durch Sporen, die zum Behandlungszeitpunkt in der Ähre auskeimen. Wendende Bodenbearbeitung nach Mais vermindert die Infektionsgefahr durch Ascosporenflug erheblich.

Bemerkungen: Durch Bildung von Mykotoxinen (DON = Deoxynivalenol und ZEA = Zearalenon) kann es zu erheblichen Belastungen des Erntegutes kommen. Seit 2006 dürfen EU-einheitlich Höchstwerte für wichtige Mykotoxine nicht überschritten werden.

Mutterkorn (*Claviceps purpurea*) an Roggen, Gräsern, seltener an Weizen. Konidienform *Sphacelia nivale*.

Hauptsymptome: Statt Körner werden hornartige, schwarz-violette Sklerotien in den Ähren gebildet.

Biologie: Nach einer Blüteninfektion durch Ascosporen wird in der Blüte konidienhaltiger „Honigtau" ausgeschieden, den Insekten auf weitere Pflanzen übertragen. Überwinterung im Boden als Sklerotien, auf denen sich im Frühjahr in Perithecien Ascosporen bilden.

Bekämpfung: Saatgutreinigung. Zumischung von Populationssorten zu Hybriden (verbesserte Befruchtung).

Bemerkungen: Sklerotium enthält mehrere giftige Alkaloide.

Schwarzbeinigkeit (*Gaeumannomyces graminis*, syn. *Ophiobolus graminis*) an Weizen (Gerste, Roggen u. zahlreichen Gräsern). Konidienform *Phialophora radicicola*.
Hauptsymptome: Halmgrund und Wurzeln braun-schwarz verfärbt und weitgehend vermorscht. Pflanzen lassen sich leicht aus dem Boden ziehen. Kümmerwuchs und Notreife („Weißährigkeit").
Biologie: Erstbefall und Ausbreitung durch Myzel, das von Stoppelresten auf die junge Saat übergeht. Überwinterung als Myzel auf Pflanzenresten im Boden.
Bekämpfung: Weitgestellte Fruchtfolge. Ungräserbeseitigung. Rotteförderung und Gründüngung zur Förderung der antagonistischen Mikroflora. Minderung des Befalls und von Ertragsverlusten durch Einsatz von Siltiofam.
Bemerkungen: Typische Fruchtfolgekrankheit.

Streifenkrankheit (*Pyrenophora graminea*) an Gerste. Konidienform *Drechslera graminea* (= *Helminthosporium gramineum*).
Hauptsymptome: Gelbe bis braune, oft aufgerissene Längsstreifen auf den Blättern. Wachstumshemmung. Ähren verbleiben häufig mit den Grannen in der Blattscheide oder stehen steil aufrecht. Ausbildung von Kümmerkorn oder tauben Ähren.
Biologie: Die auf den Blättern entstehenden Konidien gelangen mit Hilfe des Windes in die Ähren gesunder Pflanzen und keimen dort aus. Das sich bildende Myzel überdauert zwischen Spelze und Korn und dringt nach der Aussaat in den jungen Keimling ein. Die auf den Blättern entstehenden Konidien können während der Vegetationsperiode keine Blätter gesunder Pflanzen infizieren. Übertragung ausschließlich mit dem Saatgut. Die Hauptfruchtform entwickelt sich gelegentlich an Stoppelresten, hat für den Krankheitsverlauf jedoch keine Bedeutung.
Bekämpfung: Verwendung von gesundem Saatgut. Saatgutbehandlung mit protektiven und systemischen Fungiziden.

Netzfleckenkrankheit (*Pyrenophora teres*) an Gerste. Konidienform *Drechslera teres*.
Hauptsymptome: Auf den Blättern länglich braune Flecken mit netzartigen Strukturen, die durch die Adern begrenzt sind.
Biologie: Vom Saatgut, Stroh und Stoppelresten aus werden die auflaufenden Pflanzen durch Konidien infiziert. Der Pilz überwintert an Stroh- und Stoppelresten, auf denen sich im Frühjahr Pseudothecien bilden.
Bekämpfung: Anbau von weniger anfälligen Sorten. Sorgfältige Einarbeitung von Stoppel- und Strohresten. Saatgutbehandlung mit Fungiziden. Ab Befallsbeginn Anwendung von systemischen Fungiziden (Triazol-Derivate u. a.).
Bemerkungen: Wichtige Blattkrankheit.

Blattfleckenkrankheit (DTR-Blattdürre) (*Pyrenophora tritici-repentis*) an Weizen. Konidienform *Drechslera tritici-repentis*, DTR).
Hauptsymptome: Auf den Blättern kleine, ovale gelblich-braune Flecken mit dunklem Mittelpunkt. Im späteren Stadium unregelmäßig begrenzte Verbräunungen mit gelbem Hof und dunklem Zentrum.
Biologie: Überwinterung der Fruchtkörper (Pseudothecien) auf Stroh- und Stoppelresten, von denen aus Primärinfektionen durch Ascosporen ausgehen. Die Ausbreitung im Bestand erfolgt durch Konidien, die in den infizierten Blattteilen entstehen.
Bekämpfung: Anbau von weniger anfälligen Sorten. Rotte der Ernterückstände fördern. Beseitigung der Quecke (Wirtspflanze). Reduzierung des Weizenanteils in der Fruchtfolge. Chemische Bekämpfung mit systemischen Fungiziden.

Bemerkungen: Das Krankheitsbild ist schwer zu unterscheiden von den durch *Septoria*-Arten hervorgerufenen Blattflecken. Häufig in pfluglosem Monoweizen.

Blatt- und Spelzenbräune (*Phaeosphaeria nodorum*) an Weizen, Triticale. Konidienform *Stagonospora* (= *Septoria*) *nodorum*.

Hauptsymptome: Spelzen mit braunen Flecken, in denen später kleine braunschwarze Pyknidien erscheinen. Getreidekörner deformiert oder geschrumpft. Auch auf den Blättern, Blattscheiden und Halmen können braune, später zusammenfließende Flecken mit Pyknidien entstehen.

Biologie: Der Pilz überdauert auf Ernterückständen mit Pyknidien. Die Pyknosporen werden mit Hilfe von Regen und Wind zunächst an die unteren Teile der aufwachsenden Pflanze herangebracht. Dort entstehen nach erfolgter Infektion ständig neue Pyknidien und Pyknosporen, die die Krankheit weiterverbreiten und während des Ährenschiebens auch auf die Spelzen gelangen. Ein starker Ährenbefall, der den Hauptschaden verursacht, kommt nur bei anhaltend feuchter Witterung und Temperaturen von 15–20°C zustande. Von infizierten Spelzen geht der Pilz auch auf die Getreidekörner über.

Bekämpfung: Verwendung von gesundem Saatgut. Anbau toleranter Sorten. Einarbeitung der Ernterückstände. Bei Befallsbeginn bzw. Sichtbarwerden der ersten Symptome Anwendung von protektiven und systemischen Fungiziden (z. B. Triazol-Derivate). Es kommen überwiegend Präparate mit mehreren Komponenten, die auch andere Blattkrankheiten (z. B. Echter Mehltau) erfassen, zum Einsatz. Bei samenbürtiger Spelzenbräune Beizung des Saatguts.

Bemerkungen: Hauptfruchtform *Leptosphaeria nodorum* (Ascomycotina, Loculoascomycetes). Auf Strohresten können im Herbst und Frühjahr Perithecien und Ascosporen gebildet werden. Für die Krankheitsentstehung jedoch ohne Bedeutung. Krankheit tritt in Regionen mit feucht-warmem Klima auf.

Septoria-Blattdürre (*Mycosphaerella graminicola*) an Weizen. Konidienform *Septoria tritici*.

Hauptsymptome: Im Herbst und vor allem im Frühjahr auf den unteren Blättern zunächst ovale Flecken; später streifenförmige Nekrosen mit dunklen Pyknidien. Blätter sterben ab. Kein Ährenbefall.

Biologie: Auf Getreiderückständen (Stoppeln, Stroh) bilden sich im Spätsommer Asci und Ascosporen, die auf früh gesäten Winterweizen gelangen und dort keimen. Verbreitung im Bestand durch die in Pyknidien gebildeten Pyknosporen.

Bekämpfung: Winterweizen nicht zu früh säen. Getreiderückstände zur Rotte bringen. Verwendung von weniger anfälligen Sorten. Anwendung von systemischen und/oder Kontaktfungiziden.

Bemerkungen: Zunehmende Bedeutung in den Küsten- und Mittelgebirgslagen, begünstigt durch frühe Aussaatzeiten. Bei Fungizidanwendung die Gefahr einer Wirkstoffresistenz „shifting" beachten.

Halmbruchkrankheit (*Tapesia yallundae,* syn. *Oculimacula yallundae*) an Getreide. Konidienform *Pseudocercosporella herpotrichoides*, syn. *Helgardia herpotrichoides*.

Hauptsymptome: Ab Schossen oder Ährenschieben an der Halmbasis grau- bis gelbbrauner ovaler, spitzauslaufender Fleck (Medaillon oder Augenfleck). Halmgrund vermorscht. Lagern des Getreides. Bei starkem Herbstbefall Absterben der jungen Pflanzen (Auswinterung).

Biologie: Der Pilz überdauert als derbes Myzelgeflecht (Stroma) auf Stroh- und Stoppelresten. Infektion durch Konidien, die auf verseuchten Pflanzenresten oder Ausfallgetreide gebildet werden und mit Regen und Wind auf gesunde Pflanzen gelangen. Infektion bei feucht-kühler Witterung ab Herbst.

Bekämpfung: Weitgestellte Fruchtfolge. Verwendung standfester Sorten. Sorgfältige Einarbeitung der Stoppelreste zur Förderung der Rotte. Verminderung der Lagergefahr durch Halmverkürzungsmittel. Ab Bestockungsende bis zum Zweiknotenstadium Anwendung von systemischen Fungiziden.

Bemerkungen: Die Hauptfruchtform (Teleomorph) wurde erst in den 1980er Jahren gefunden; sie ist für die Infektion des Getreides ohne Bedeutung und nur selten nachweisbar. Die Bedeutung dieser Krankheit hat aufgrund der veränderten Produktionstechnik (Wachstumsreglereinsatz, geringere Bestandsdichte) im Vergleich zu den 1970er und 1980er Jahren erheblich nachgelassen.

Rhynchosporium-Blattfleckenkrankheit (*Rhynchosporium secalis*) an Roggen und Gerste.

Hauptsymptome: Auf den Blättern längliche grau-weiße Flecken. Bei Gerste mit einem dunklen, scharf abgegrenzten Rand.

Biologie: Verbreitung im Bestand erfolgt durch Konidien, die auf den Blättern gebildet werden. Der Pilz überdauert als Myzel auf infizierten Stoppelresten, Ausfallgetreide und Saatgut.

Bekämpfung: Beseitigung der Überhälterpflanzen (Ausfallgetreide, Quecke). Tiefes Unterpflügen der Stoppelreste. Reduzierung des Gerstenanteils in der Fruchtfolge. Gegen Frühbefall Saatgutbehandlung. Bei Infektionsbeginn bzw. Sichtbarwerden der ersten Symptome Ausbringung von systemischen Fungiziden zum Teil als Kombinationspräparate. Mit den einzelnen Wirkstoffen werden auch andere Blattkrankheiten ausgeschaltet.

Bemerkungen: Wichtige Blattkrankheit.

Weißstängeligkeit, Rapskrebs (*Sclerotinia sclerotiorum*) an Raps.

Hauptsymptome: Chlorotische Verfärbungen im unteren Stängelbereich und am Stängel der Seitentriebe; darüber liegende Pflanzenteile werden notreif und vergilben. Im Innern des hohlen Stängels befinden sich Pilzmyzel und schwarze Sklerotien.

Biologie: Die Sklerotien gelangen bei der Ernte und den anschließenden Bearbeitungsmaßnahmen in den Boden; dort können sie mehrere Jahre überdauern und unter günstigen Bedingungen im Frühjahr nahe der Bodenoberfläche Apothecien bilden. Die in den Fruchtkörpern entstehenden Ascosporen werden ausgeschleudert und bevorzugt in den Blattgabeln abgelagert; von dort erfolgt die Infektion. Eine Konidienform ist nicht vorhanden.

Bekämpfung: Weitgestellte Fruchtfolge. Unkrautbekämpfung. Ausbringung von 5–6 dt/ha Kalkstickstoff ausgangs des Winters zur Verhinderung der Sklerotienkeimung. Anwendung von Fungiziden, die zur Gruppe der Dicarboximide gehören und systemisch bzw. lokalsystemisch wirkende Fungizide, wenn 50 bis 60% der Blüten geöffnet sind (Hauptblüte).

Bemerkungen: *Sclerotinia sclerotiorum* besitzt einen weiten Wirtspflanzenkreis, der neben zahlreichen Kulturpflanzen, wie z.B. Tomate (Stängelfäulesymptom), Möhre (Weichfäulesymptom, Pelzfäule), Gurke (Stängelfäulesymptom) auch Unkräuter umfasst.

Rapsschwärze, Kohlschwärze (*Alternaria brassicae*) an Raps, Kohl und anderen Kreuzblütlern.
Hauptsymptome: Längliche, schwarz-braune Flecken auf den Blättern, Stängeln und Schoten. Auf Befallsstellen dunkler Sporenrasen. Infizierte Schoten platzen vorzeitig auf („Rapsverderber").
Biologie: Übertragung im Bestand durch die massenhaft gebildeten Konidien. Der Pilz dringt bevorzugt über Wunden oder Fraßstellen in die Pflanzen ein. Überwinterung auf Ernterückständen oder Saatgut.
Bekämpfung: Frühzeitige Ernte. Anbau platzfester Sorten. Nach Warndienstaufruf oder wenn 50 bis 60% der Blüten geöffnet sind, Anwendung von Fungiziden.
Bemerkungen: Feuchtwarme Witterung verstärkt die Krankheit.

Verticillium-Welke, Rapswelke, Rapsstängelfäule (*Verticillium longisporum*) an Raps.
Hauptsymptome: Ältere Blätter weisen halbseitige Vergilbung auf, die später verbräunt. Stängelbasis und Wurzeln dunkelgrau bis schwärzlich verfärbt. Vorzugsweise unter der Stängelepidermis zahlreiche schwarze Mikrosklerotien. Leitbündel grauschwarz. Erste Symptome in der Kornfüllungsphase.
Biologie: Der Pilz überdauert als Mikrosklerotium im Boden. Erstinfektionen über die Wurzeln. Weitere Infektionsquellen sind Myzel und Konidien, die auf Pflanzenrückständen gebildet werden. Im Innern des Rapsgewebes bildet der Pilz zahlreiche Mikrosklerotien, die mehrere Jahre lebensfähig bleiben.
Bekämpfung: Reduzierung des Rapsanteils in der Fruchtfolge. Anbau weniger anfälliger oder toleranter Sorten. Chemische Bekämpfung ist nicht möglich.
Bemerkungen: Zunehmende Bedeutung vor allem in Norddeutschland und Skandinavien. Schadbild ist zu verwechseln mit den durch *Phoma lingam* und *Sclerotinia sclerotiorum* verursachten Symptomen.

Wurzelhals- und Stängelfäule (*Leptosphaeria maculans)* an Raps. Konidienform *Phoma lingam*.
Hauptsymptome: Bereits im Herbst sind auf den Blättern und am Wurzelhals nekrotische Flecken sichtbar. Im Frühjahr und Sommer entstehen am Wurzelhals Einschnürungen mit braunen, vermorschten und zum Teil rissigen Gewebepartien. Im unteren Stängelbereich kommt es zur Ausbildung grau-brauner, teilweise stängelumfassender Flecken. Vor allem auf den Befallsstellen am Stängel sind zahlreiche kleine dunkle Erhebungen (Pyknidien) erkennbar. Befallene Pflanzen brechen am Wurzelhals um.
Biologie: Verbreitung im Bestand durch Konidien, die in Pyknidien auf den befallenen Pflanzenteilen entstehen. Überwinterung am Saatgut und auf Pflanzenresten. Beim Winterraps Ausgang der Primärinfektion von infiziertem Saatgut oder von Pyknosporen, die beim Mähdrusch auf die zur Neueinsaat vorbereiteten Flächen geweht werden. Im Herbst entstehen an Stängelresten Pseudothecien mit infektionsfähigen Ascosporen (Hauptfruchtform).
Bekämpfung: Anbau widerstandsfähiger Sorten; Behandlung des Bestandes mit Fungiziden (Herbst, Frühjahr).
Bemerkungen: *Phoma lingam* ist auch an der Umfallkrankheit und Schwarzbeinigkeit an Kohl beteiligt.

Kleekrebs, Sclerotinia-Fäule (*Sclerotinia trifoliorum*) an Rotklee, Luzerne.
Hauptsymptome: Im Herbst kleine braune Flecken auf den Blättern, die später absterben. An den Befallsstellen weißes, watteartiges Pilzmyzel. Im Frühjahr Lücken im Bestand. Am Wurzelhals Ausbildung dunkler Sklerotien.
Biologie: Die sich während des Winters und im Frühjahr entwickelnden Sklerotien gelangen in den Boden und bilden vorzugsweise im Herbst Apothecien und Ascosporen, die auf die Blätter der Kleepflanzen gelangen und von dort die Pflanzen infizieren. Überwinterung als Myzel in der Pflanze oder als Sklerotium im Boden. Sklerotien bleiben im Boden mehrere Jahre lebensfähig. Eine Konidienform ist nicht vorhanden.
Bekämpfung: Weitgestellte Fruchtfolge. Zu üppige Herbstbestände vermeiden. Verwendung von sklerotienfreiem Saatgut. Anbau resistenter Sorten. Einsatz von Fungiziden im Spätherbst.

Klappenschorf (*Pseudopeziza medicaginis*) an Luzerne, Weiß- und Rotklee.
Hauptsymptome: Zahlreiche braune bis schwarze Flecken auf den Blättern. Blattfall.
Biologie: Auf den befallenen Blättern entstehen während der Vegetationsperiode hell gefärbte Apothecien mit Asci und Ascosporen, die hauptsächlich im Spätsommer neue Infektionen verursachen. Überwinterung als Apothecium auf abgefallenen Blättern. Eine Konidienform ist nicht bekannt.
Bekämpfung: Wachstumsfördernde Maßnahmen. Frühzeitiger Schnitt zur Reduzierung der Apothecienbildung.

Kleestängelbrand (*Kabatiella caulivora*) an Rotklee und anderen Kleearten.
Hauptsymptome: Langgezogene, von einem dunkelbraunen Rand umgebene hellbraune Flecken auf Stängeln und Blattstielen. Blüten und Blätter welken und knicken ab.
Biologie: Übertragung im Bestand durch Konidien, die in pustelförmigen Lagern (Acervuli) gebildet werden. Der Pilz kann auch auf die Samen übergehen. Überwinterung auf Pflanzenrückständen und Saatgut.
Bekämpfung: Weitgestellte Fruchtfolge. Verwendung von gesundem Saatgut.

Verticillium-Welke (*Verticillium albo-atrum*) an Luzerne, zahlreichen weiteren Kulturpflanzen (Kartoffel, Hopfen, Tomate, Gurke, Erdbeere u. a.) und Unkräutern.
Hauptsymptome: Infizierte Pflanzen zeigen Welkeerscheinungen und sterben später ab. Die Gefäßbündelringe der Wurzeln und unteren Stängelpartien sind braun.
Biologie: Der Pilz dringt vom Boden über die Wurzel in das Gefäßsystem ein und breitet sich dort aus (Tracheomykose). Überwinterung im Boden als Myzel an Pflanzenrückständen. Hier erfolgt auch die Bildung von Konidien und Mikrosklerotien.
Bekämpfung: Geeignete Sortenwahl. Bei Luzerne Umbruch nach zwei bis drei Jahren.

Dürrfleckenkrankheit (*Alternaria solani*) an Kartoffel, Tomate.
Hauptsymptome: Auf den Blättern braune, scharf begrenzte Dürrflecken mit konzentrischen Ringen. Vorzeitiges Absterben des Laubs. Auf den Knollen leicht eingesunkene, trockene Faulstellen (Trockenfäule, Hartfäule).
Biologie: Auf Blattflecken entstehende Konidien verbreiten die Krankheit im Bestand. Infektion der Knollen erfolgt über Wunden während der Ernte. Überwinterung im Lager und in den nach der Ernte zurückgebliebenen befallenen Knollen.
Bekämpfung: Verwendung von gesundem Pflanzgut (Kartoffel). Bei Infektionsgefahr Einsatz von Fungiziden.
Bemerkungen: Tritt nur in trockenen Lagen und warmen Jahren stärker in Erscheinung.

Wurzelbrand (*Phoma betae*) an Beta-Rübe.
Hauptsymptome: An Teilen der Wurzel, des Wurzelhalses und Hypokotyls der Keimpflanzen braune Flecken oder Einschnürungen. Pflanzen vergilben, fallen um und sterben ab.
Biologie: An Samenträgern mit Stängelfäulesymptomen entstehen Pyknidien und Pyknosporen, die durch Regen und Wind auf die Samenknäuel gelangen und dort auskeimen. Der Pilz überwintert als Dauermyzel in der Samenschale und geht nach der Aussaat auf den Keimling über.
Bekämpfung: Alle Maßnahmen nutzen, die dazu dienen, das besonders empfindliche Jugendstadium schnell zu durchlaufen, d. h. Saatgut mit guter Keimfähigkeit und Triebkraft verwenden, Verkrustung der Bodenoberfläche verhindern, flache Saat und ausgewogene Düngung. Saatgutbehandlung.
Bemerkungen: Die Hauptfruchtform *Pleospora betae* (Ascomycotina, *Loculoascomycetes*) ist für die Krankheitsentstehung ohne Bedeutung. Am Wurzelbrand der Beta-Rübe können neben *Phoma betae* auch die bodenbürtigen Krankheitserreger *Pythium debaryanum* und *Aphanomyces laevis* beteiligt sein.

Cercospora-Blattfleckenkrankheit (*Cercospora beticola*) an Beta-Rübe.
Hauptsymptome: Kleine, graubraune, von einem rotbraunen Rand umgebene, nekrotische Flecken. Bei starkem Befall Absterben der Blätter.
Biologie: Übertragung im Bestand durch Konidien, die an unverzweigten Konidienträgern aus den Spaltöffnungen des befallenen Gewebes herausragen. Der Pilz überwintert als Dauermyzel auf Blattresten, Samen und Samenträgern.
Bekämpfung: Anbau teilresistenter Sorten. Reduzierung der Infektionsquellen durch tiefes Unterpflügen der Blattreste. Weitgestellte Fruchtfolge. Saatgutbehandlung mit Kontaktfungiziden (Teilwirkung). Nach Auftreten der ersten Symptome Anwendung von Fungiziden.
Bemerkungen: Tritt zunehmend in Zuckerrüben auf.

Gemüsebau

Stängel- und Fruchtfäule (*Didymella lycopersici*) an Tomate.
Hauptsymptome: Am Stängel in Bodennähe schwarz-braune, eingesunkene Flecken. Welkeerscheinungen. Schwarzfärbung und Eintrocknen der Früchte.
Biologie: An den vertrockneten Früchten und an der Stängelbasis entstehen in den eingesunkenen Flecken zahlreiche Pyknidien mit Pyknosporen, die die Krankheit im Bestand verbreiten. Der Pilz überwintert als Myzel oder Pyknidium an Pflanzenrückständen, auf denen auch die Bildung von Perithecien erfolgt. Eine Übertragung durch Saatgut ist möglich.
Bekämpfung: Verwendung von gesundem Saatgut. Anbau auf unbelasteten Substraten oder Hydrokultur. Entseuchung der Anzuchterde. Angießen oder Behandlung des Stammgrundes mit Fungiziden.

Fuß- und Brennfleckenkrankheit (*Mycosphaerella pinodes*) an Erbse. Konidienform *Ascochyta pinodes*.
Hauptsymptome: An Hülsen und Blättern rötlich-braune, nicht eingesunkene Flecken mit z. T. konzentrischer Zonierung. Wurzeln und Stängelgrund mit schwarz-braunen

Verfärbungen (Fußkrankheit). Umfallen der geschädigten Pflanzen. Samen mit dunkelbraunen bis schwarzen Flecken.
Biologie: Auf Stängeln und Hülsen entstehen Pyknidien, deren Sporen die Krankheit im Bestand verbreiten. Die Überdauerung des Pilzes erfolgt an Saatgut und Ernterückständen. Pseudothecien werden auf Stängeln und Hülsen gebildet und überwintern auf Rückständen. Die sich im Frühjahr entwickelnden Ascosporen stellen eine weitere Infektionsquelle dar.
Bekämpfung: Weitgestellte Fruchtfolge. Verwendung gesunden Saatguts. Saatgutbehandlung.
Bemerkungen: Außer *M. pinodes* können an der Brennfleckenkrankheit *Ascochyta pisi*, an den Fußkrankheitssymptomen *A.pinodella* und *Fusarium*-Arten beteiligt sein.

Brennfleckenkrankheit (*Ascochyta pisi, A.pinodella*) an Erbse.
Hauptsymptome: Auf Blättern und Hülsen runde, hellbraune deutlich eingesunkene Flecken mit kleinen dunklen Pyknidien. Auf den Samen gelbliche Flecken.
Biologie: Verbreitung im Bestand durch zweizellige Konidien, die in den Pyknidien gebildet werden. Überdauerung des Pilzes an Samen und Ernterückständen im Boden.
Bekämpfung: Weitgestellte Fruchtfolge. Verwendung von gesundem Saatgut. Saatgutbehandlung.
Bemerkungen: An der Symptomausbildung können neben *Ascochyta pisi* auch *Mycosphaerella pinodes* (Konidienform *Ascochyta pinodes*) und *Ascochyta pinodella* beteiligt sein. Beide Pilze verursachen neben Brennflecken auf Hülsen und Blättern schwarz-braune Verfärbungen an Wurzeln, Hypokotyl und Stängelgrund (Fußkrankheiten).

Brennfleckenkrankheit (*Colletotrichum lindemuthianum*) an Gartenbohne.
Hauptsymptome: Runde, braune, eingesunkene Flecken auf Hülsen und Samen. Fleckenbildung auch auf den Keimblättern, Laubblättern und Stängeln. Vorzeitiger Blattfall.
Biologie: Übertragung im Bestand durch einzellige Konidien, die in flachen Lagern (Acervuli) auf den Befallsstellen entstehen. Der Pilz überdauert an Samen und Ernterückständen (Einzelheiten s. Abb. 6.11).
Bekämpfung: Verwendung von gesundem Saatgut (Feldanerkennung). Beseitigung von Ernterückständen. Anbau resistenter oder teilresistenter Sorten. Behandlung des Bestands und des Saatguts mit Fungiziden.

Gurkenkrätze (*Cladosporium cucumerinum*) an Gurke.
Hauptsymptome: Auf den Früchten eingesunkene, dunkle Flecken mit samtartigem Konidienrasen; bei früher Infektion Missbildungen an den Früchten.
Biologie: Übertragung im Bestand durch Konidien; mäßige Temperaturen und hohe Luftfeuchtigkeit sind infektionsfördernd; Überwinterung im Boden und an Kulturkästen.
Bekämpfung: Anbau widerstandsfähiger Sorten; Verwendung von gesundem Saatgut; Beseitigung von Pflanzenresten; Desinfektion der Kästen und Bodenentseuchung.

Obstbau

Narren- oder Taschenkrankheit (*Taphrina pruni*) an Pflaume und Zwetsche.
Hauptsymptome: Früchte flachgedrückt, etwas gekrümmt, schotenförmig (Taschen); Fruchtfleisch bleibt grün und hart; steinlos, hohl; mit weißlichem Überzug (= Asci).

Biologie: Die Biologie ist noch nicht in allen Teilen bekannt, wahrscheinlich *Taphrina deformans* entsprechend.
Bekämpfung: Beseitigung der erkrankten Früchte; Anbau widerstandsfähiger Sorten. Einsatz von Fungiziden bei bestehender Indikationszulassung.
Bemerkungen: Tritt besonders stark in Jahren mit feucht-kühler Witterung auf.

Kräuselkrankheit (*Taphrina deformans*) an Pfirsich.
Hauptsymptome: Blätter mit rötlich und gelblich gefärbten Auftreibungen und Kräuselungen. Frühzeitiger Blatt- und Fruchtfall.
Biologie: In den befallenen Pflanzenteilen wächst das Pilzmyzel interzellulär oder subkutikular und bildet freistehende Asci auf der Oberfläche des Wirts. Bereits im Ascus schnüren die Ascosporen Sprosszellen ab, aus denen nach der Freisetzung Blastosporen hervorgehen. Zwei haploide Blastosporen verschmelzen und bilden ein infektionstüchtiges Myzel. Die Überwinterung des Pilzes erfolgt als Myzel in den Knospen der einjährigen Triebe.
Bekämpfung: Jährlicher Schnitt. Beim Knospenschwellen Anwendung von Fungiziden bei bestehender Indikationszulassung.
Bemerkungen: Wichtigste pilzliche Erkrankung an Pfirsich, die auch an Mandelbäumen und Nektarinen auftritt.

Echter Mehltau (*Podosphaera leucotricha*) an Apfel.
Hauptsymptome: Blätter und Triebspitzen mit mehlig-weißem Myzelbelag bedeckt. Frühzeitiger Blattfall führt zur Verkahlung der Äste. Hemmung des Triebwachstums und des Fruchtansatzes.
Biologie: An dem auf der Pflanze sich ausbreitenden Myzel Konidienbildung; hierdurch Weiterverbreitung der Krankheit im Bestand während der Vegetationsperiode. Überwinterung als Myzel in den Knospen. Kleistothecien mit Asci und Ascosporen werden nur selten gebildet.
Bekämpfung: Entfernung infizierter Triebspitzen. Bei Befallsbeginn bzw. Sichtbarwerden der ersten Symptome Anwendung von protektiv und systemisch wirkenden Fungiziden, z. T. als Kombinationspräparate.
Bemerkungen: Schwefel hat darüber hinaus eine befallsmindernde Wirkung gegenüber Spinnmilben.

Amerikanischer Stachelbeermehltau (*Sphaerotheca mors-uvae*) an Stachelbeere, Johannisbeere.
Hauptsymptome: Junge Triebe gestaucht und verkrüppelt. Blätter und Früchte mit schmutzig-grauem, später dunkelbraunem Myzelbelag überzogen. An Triebspitzen und Früchten zahlreiche Kleistothecien.
Biologie: Ausbreitung im Bestand durch Konidien. Primärinfektion durch Ascosporen. Überwinterung als Myzel und in Form von Kleistothecien an befallenen Trieben (Einzelheiten s. Abb. 6.7).
Bekämpfung: Anbau resistenter Sorten; Rückschnitt befallener Triebe. Nach Austrieb und Sichtbarwerden der ersten Symptome mehrere Behandlungen mit Fungiziden.
Bemerkungen: Der ebenfalls an der Stachelbeere durch *Microsphaera grossulariae* verursachte Blattmehltau ist weit weniger gefährlich.

Echter Mehltau (*Uncinula necator*) der Weinrebe. Konidienform *Oidium tuckeri*.
Hauptsymptome: Auf der Ober- und Unterseite der Blätter, auf Trieben und Beeren weißer Myzelüberzug (ascheähnlich = Äscherich). Später Blattbräunungen und Blattfall. Befallene Beeren werden hart und platzen auf (Samenbruch).
Biologie: Verbreitung der Krankheit im Bestand durch die während der Vegetationsperiode am Myzel gebildeten Konidien. Überwinterung als Myzel in den Knospen. Kleistothecien entstehen nur in wärmeren Anbaugebieten.
Bekämpfung: Bei Befallsbeginn oder Sichtbarwerden der ersten Symptome mehrmalige Anwendung von Fungiziden.
Bemerkungen: *Uncinula necator* wurde um 1845 mit amerikanischen Reben eingeschleppt. Bedeutende Krankheit im Weinbau.

Roter Brenner (*Pseudopezicula tracheiphila*) der Weinrebe.
Hauptsymptome: Ab Mai/Juni auf den untersten Blättern anfangs gelbliche Flecken, die sich später bei Weißweinsorten bräunlich mit gelbem Rand, bei Rotweinsorten purpurrot mit grünem Rand verfärben. Erkrankte Teile sind durch die Blattnerven scharf abgegrenzt. Tracheomykose.
Biologie: Überwinterung im abgefallenen Laub. Im Frühjahr Bildung von Apothecien mit Asci und Ascosporen, die auf die Blätter gelangen. Auftreten der ersten Symptome nach einer Inkubationszeit von zwei bis drei Wochen. Ab Juni entstehen auf den Blattflecken Konidien, die der Ausgangspunkt für Spätinfektionen sein können.
Bekämpfung: Beseitigung des abgefallenen Reblaubes. Bei Infektionsgefahr bzw. ab Warndiensthinweis Anwendung von Fungiziden.

Obstbaumkrebs (*Nectria galligena*) an Apfel, Birne. Konidienform *Cylindrocarpon heteronema*.
Hauptsymptome: An Zweigen und Stämmen Wunden mit Überwallungswucherungen (Kallusbildungen). Kümmerwuchs befallener Äste. An Äpfeln Braunfäulesymptome, meist ausgehend von Kelch- oder Stielhöhle. Auf abgestorbenen Rindenpartien rote Perithecien und/oder fahlgelbe Konidienlager (Sporodochien) sichtbar.
Biologie: Übertragung der Krankheit im Sommer durch Konidien, Verbreitung insbesondere durch Regen. Bei kühler Witterung Bildung von Perithecien. Eine Ascosporenproduktion ist auch während des Winters möglich. Infektionen über Blattnarben und Wunden. Überwinterung als Myzel in den Pflanzen sowie als Perithecien auf abgestorbenen Zweigen.
Bekämpfung: Vermeidung von Wunden. Wundbehandlung mit Spezialpräparaten. Befallene Pflanzenteile aus der Anlage entfernen und verbrennen (wichtige Maßnahme, weil über einen längeren Zeitraum auch auf Schnittholz Perithecien gebildet werden können). Anwendung von Kupferpräparaten während des Blattfalls.
Bemerkungen: Verwechslung mit Blutlauskrebs möglich.

Apfelschorf (*Venturia inaequalis*) an Apfel. Konidienform *Spilocaea pomi*.
Hauptsymptome: Nach der Blüte auf der Ober- und Unterseite der Blätter rundliche, oliv gefärbte, später braune Flecken. Auf den Früchten braune Flecken und z. T. sternförmige Rissbildung. Vorzeitiger Blattfall. Starke Qualitätsminderung der Früchte.
Biologie: Die Erstinfektion erfolgt im späten Frühjahr durch Ascosporen, die Verbreitung des Pilzes im Bestand durch Konidien. Überwinterung in abgefallenen Blättern, in denen Pseudothecien mit Asci und Ascosporen gebildet werden (Einzelheiten s. Abb. 6.8).

Bekämpfung: Mehrmalige Anwendung von Fungiziden zur Verhinderung der Erstinfektion im Frühjahr und der weiteren Ausbreitung der Krankheit während der Vegetationsperiode.
Bemerkungen: Weltweit wichtigster Krankheitserreger am Apfel.

Birnenschorf (*Venturia pyrina*) an Birne. Konidienform *Fusicladium pyrorum*.
Hauptsymptome: Vergleichbar dem Apfelschorf. Zusätzlich tritt ein Zweigbefall (= Zweiggrind) auf.
Biologie: Siehe Apfelschorf. Im Gegensatz zu *Venturia inaequalis* erfolgt die Überwinterung von *V. pyrina* auch als Myzel in den befallenen Trieben. Von dort kommt es im Frühjahr zeitig zur Konidienproduktion und zum Befall des austreibenden Laubs. Birnenschorf tritt daher in der Regel früher als Apfelschorf auf.
Bekämpfung: Entfernung der befallenen Triebe. Anwendung von Fungiziden.
Bemerkung: Wichtigster Krankheitserreger an Birne.

Rutensterben (*Didymella applanata*) an Himbeere.
Hauptsymptome: Von den Blattachseln ausgehend blauviolette Flecken auf den Ruten. Hier entstehen Pyknidien mit Pyknosporen (Konidien). Im Herbst Absterben der Rinde und Ausbildung von Pseudothecien. Frühzeitiger Blattfall. Befallene Ruten treiben im Frühjahr nicht aus.
Biologie: Erstinfektion erfolgt im Frühjahr durch Ascosporen, die Verbreitung im Bestand durch die in den Pyknidien gebildeten Konidien. Der Pilz überwintert auf befallenen Ruten mit Pseudothecien.
Bekämpfung: Entfernung aller befallenen Ruten aus dem Bestand. Pflanzen nicht zu eng stellen; Verletzungen vermeiden; Anwendung von Fungiziden.
Bemerkungen: Eine weitere Rutenkrankheit (Symptom: Vermorschen des Rutenfußes) wird durch den Pilz *Leptosphaeria coniothyrium* verursacht.

Monilia-Fäule (*Monilinia laxa*, Syn. *Sclerotinia laxa*) an Kirsche, Pfirsich, Pflaume. Konidienform *Monilia laxa*.
Monilia-Fäule (*Monilinia fructigena*, Syn. *Sclerotinia fructigena*) an Birne, Apfel. Konidienform *Monilia fructigena*.
Hauptsymptome: An reifen oder reifenden Früchten von Verletzungen ausgehende und sich vergrößernde Faulstellen mit grauen, polsterförmigen, häufig in konzentrischen Ringen angeordneten Konidienlagern (Fruchtmonilia). Blütenfäule und abgestorbene Triebspitzen (Blütenmonilia, vorwiegend bei Infektion durch *M.laxa*). An den Bäumen verbleibende Fruchtmumien. Bei Lagerung von Kernobst Auftreten einer Schwarzfäule.
Biologie: Übertragung der Krankheiten durch Konidien, die auf Fruchtmumien entstehen. Eine Infektion der Früchte ist nur über Wunden oder bei Steinobst über die Blüte möglich. Bei Blüteninfektion dringt der Pilz über die Blütenstiele auch in junge Zweige ein und verursacht Spitzendürre. Überwinterung als Myzel im Holzkörper befallener Zweige und in Fruchtmumien, die an den Bäumen verbleiben. Einzelheiten zur Biologie von *M. fructigena* Abb. 6.9.
Bekämpfung: Abschneiden und Vernichten befallener Triebe und der Fruchtmumien. Verhinderung von Verletzungen an den Früchten durch Bekämpfung der vorkommenden Schädlinge (z. B. Sägewespen, Apfel- und Pflaumenwickler, Wespen). Eine chemische Bekämpfung der Fruchtmonilia ist schwierig, da ständig neue Wunden entste-

hen können. Zur Verhinderung einer Blüteninfektion bzw. der Spitzendürre bei der Kirsche Einsatz von Fungiziden.
Bemerkungen: Bei Kernobst Fruchtfäulen, bei Steinobst Blütenfäule und Spitzendürre vorherrschend.

Schrotschusskrankheit (*Clasterosporium carpophilum*) an Steinobst (Kirsche, Pflaume, Zwetsche, Pfirsich).
Hauptsymptome: Auf den Blättern und Früchten runde, rotumrandete Flecken. Abgestorbenes Blattgewebe fällt später heraus („Schrotschusseffekt"). Vorzeitiger Blattfall.
Biologie: Übertragung im Bestand durch Konidien, die auf den Blättern entstehen. Der Pilz überwintert in mumifizierten Früchten und an befallenen Trieben, von dort erfolgen die Erstinfektionen im Frühjahr.
Bekämpfung: Vor- und Nachblütespritzungen mit Fungiziden.

Bitterfäule (*Gloeosporium album, G. fructigenum, G. perennans*) an Apfel.
Hauptsymptome: Krebsartige Wunden am Stamm und an den Zweigen. Im Lager entstehen auf den Früchten braune, etwas eingesunkene Faulstellen. Früchte schmecken bitter („Bitterfäule").
Biologie: Auf den Schadstellen an Stamm und Zweigen bilden sich Konidien, die an die Früchte gelangen. Nach Eindringen des Keimschlauches verharrt der Pilz im Ruhezustand. Erst auf dem Lager geht die Entwicklung weiter und führt zur Entstehung von Faulstellen an den Früchten. Überwinterung an mumifizierten Früchten und in befallenen Trieben.
Bekämpfung: Anwendung von Fungiziden bis etwa 10 Tage vor der Ernte.
Bemerkungen: Bedeutende Lagerfäule. Für die Krankheitsentstehung ist nur die Konidienform von Bedeutung. Hauptfruchtformen: *Pezicula malicorticis*, Syn. *Cryptosporiopsis malicorticis*; *Pezicula alba* (Ascomycota, Discomycetes, Konidienformen *Gloeosporium fructigenum* bzw. *G.album*); *Glomerella cingulata* (Ascomycotina, Pyrenomycetes, Konidienform *Gloeosporium perennans*).

Grauschimmel (*Botryotinia fuckeliana*) an Weinrebe, Erdbeere, Himbeere, Gurke, Salat, Tomate, Paprika, Rot- und Weißkohl, Acker- und Buschbohnen, Hopfen u.a. (großer Wirtspflanzenkreis). Konidienform *Botrytis cinerea*.
Hauptsymptome: Schwächeparasit, der wasserreiche Gewebe vor allem bei Wachstumsstress besiedelt. Folge der Infektion: Verbräunung und Absterben z.B. der Jungtriebe von Nadelgehölzen (oft an Nordmanntannen als Weihnachtsbäume); „Verschimmeln" von Früchten (Erd- und Himbeere), Besiedlung und Absterben von Trieben (Raps, Paprika).
Die Beeren der Weinrebe sind blaugrau verfärbt und von einem mausgrauen Myzel mit locker aufsitzenden Konidien überzogen. Beeren reifen nicht aus und bleiben sauer („Sauerfäule"). An den anderen Wirtspflanzen treten vorwiegend Fäulesymptome auf. Typisch ist der mausgraue Myzelbelag.
Biologie: Überwinterung an abgestorbenen Pflanzenteilen und mit Hilfe von kleinen Sklerotien, aus denen im Frühjahr infektionstüchtiges Myzel hervorgeht. Ausbreitung im Bestand durch die am Myzel massenweise entstehenden Konidien. Durch Hagel und Schädlinge hervorgerufene Wunden (z.B. bei der Weinrebe durch den Traubenwickler und Wespen) begünstigen die Infektion.
Bekämpfung: Anwendung von Fungiziden mit einer spezifischen Wirkung gegen *Botrytis* (Botrytizide).

Bemerkungen: Bei trockener Witterung kann der Pilz die Beeren der Weinrebe zum Schrumpfen bringen. Diese edelfaulen, rosinenartigen Beeren ergeben die hochwertigen Beerenauslesen.

6.2.4 Basidiomycota

Die Basidiomycota sind die am höchsten entwickelten Pilze. Die Ausbildung von Sexualorganen ist vollkommen unterdrückt. Es kopulieren in der Regel nur die haploiden vegetativen Hyphen. Das dikaryotische Myzel stellt die Hauptentwicklungsphase dar. Im Gegensatz zu den Ascomycota bilden die Basidiomycota die für die sexuelle Reproduktion verantwortlichen Sporen, die Basidiosporen, direkt auf der Basidie. Die Zellwandgerüstsubstanz ist Chitin.

Zu diesem Stamm gehören etwa 30% aller bekannten Pilze. Darunter befinden sich zahlreiche Speisepilze, Giftpilze, Pilzschwämme und viele pflanzenpathogene Formen. Zu letzteren gehören die außerordentlich artenreichen Roste (ca. 4 600 Arten) und Brande (ca. 700 Arten), die vor allem am Getreide, aber auch an anderen Kultur- und Wildpflanzen erhebliche Schäden verursachen, sowie die Holzschwämme.

Morphologie

Neben den bereits erwähnten charakteristischen Merkmalen der Basidiomycota sind noch folgende morphologische Besonderheiten von Bedeutung:

- **Basidientypen**. Die einzellige Basidie bildet vier kurze Sterigmen aus, an deren Enden einkernige, haploide Basidiosporen abgeschnürt werden (Holobasidie); dieser Typ ist charakteristisch für die Homobasidiomycetes. Die Vertreter der Heterobasidiomycetes, Ustilagino- und Urediniomycetes besitzen eine Basidie, die durch Septen geteilt ist; bei den Urediniomycetes entsteht zunächst als Vorstufe der Basidie eine Dauerspore (Chlamydospore, Probasidie), in der die Karyogamie und Meiose stattfinden; aus der Probasidie (Teleutospore) entsteht eine in vier Zellen unterteilte Basidie mit vier Basidiosporen (Abb. 6.12, *Puccinia*); bei den Ustilaginomycetes wächst aus der Probasidie (Brandspore) ein Promyzel aus (Metabasidie), an dem sich vier (*Ustilago*) bzw. acht (*Tilletia*) den Basidiosporen entsprechende haploide Sporidien entwickeln (Abb. 6.12)
- **Fruchtkörper** (Basidiokarpien). Hierbei handelt es sich um ein Hyphengeflecht mit Lamellenstruktur, das zum Teil eine beträchtliche Größe erreicht, wie z. B. bei den Konsolen der Holzschwämme oder bei

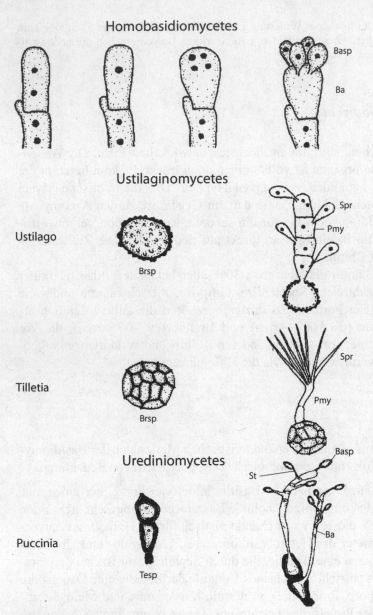

Abb. 6.12 Basidientypen und Basidiosporen- bzw. Sporidienentwicklung

Ba = Basidie; Basp = Basidiospore; Brsp = Brandspore (Probasidie); Pmy = Promyzel; Spr = Sporidie; St = Sterigma; Tsp = Teleutospore (Probasidie)

vielen Hutpilzen; die in den Fruchtkörpern entstehenden Basidien werden frei am Myzel oder in einem Hymenium gebildet; Fruchtkörper kommen bei den Vertretern der Homo- und Heterobasidiomycetes vor

- **Sklerotienbildung** (z. B. *Ceratobasidium cereale* [*Rhizoctonia cerealis*], Spitzer Augenfleck an Getreide)
- **Sporenlager**. Bei den für die Phytopathologie wichtigen Branden und Rosten fehlen Fruchtkörper; auf Blättern, Stängeln und anderen Pflanzenteilen entstehen in Sporenlagern Probasidien (Chlamydosporen, Dauersporen); außerdem sind bei den meisten Rostpilzen zusätzlich Uredosporenlager, Spermogonien (Pyknidien) und Aecidien vorhanden (Abb. 6.13)
- **Sporen**. Bei den Homo- und Heterobasidiomycetes finden wir nur die auf geschlechtlichem Wege entstehenden Basidiosporen, bei den Rosten und Branden dagegen verschiedene Sporenformen.

Ustilaginomycetes (Brande).
(a) Diploide Brandsporen (Probasidien).
(b) An dem aus der Brandspore hervorgehenden Promyzel entstehen vier bzw. acht haploide Sporidien.

Urediniomycetes (Roste).
(a) Diploide Teleutospore (Probasidie).
(b) Eine aus der Teleutospore hervorgehende Basidie mit vier Basidiosporen.
(c) Dikaryotische, auf ungeschlechtlichem Wege gebildete Uredosporen. Hierbei handelt es sich um Sommersporen, die die Krankheit während der Vegetationsperiode im Bestand verbreiten.
(d) Haploide Spermatien (Pyknosporen), die in Spermogonien (Pyknidien) entstehen.
(e) dikaryotische Aecidiosporen, die in Aecidien entstehen.

Ernährung

Die Urediniomycetes (Rostpilze) sind obligate Parasiten, deren Entwicklung in der Regel **nur auf der Wirtspflanze** möglich ist. Dagegen können die Ustilaginomycetes (Brandpilze) auch auf künstlichen Nährböden kultiviert werden.

Das **Myzel der Rostpilze wächst interzellulär** und wird über die in die Zellen einwachsenden Haustorien ernährt. Das gleiche gilt für die Brandpilze. Bei einigen Formen, wie z. B. *Ustilago maydis* (Maisbeulenbrand), findet man auch intrazelluläres Wachstum. Die Vertreter beider Pilzgruppen sind Endoparasiten.

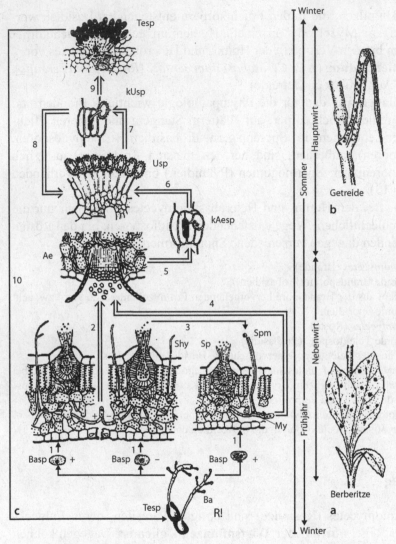

Abb. 6.13 a–c *Puccinia graminis* (Getreideschwarzrost). **a** Symptombild auf Berberitze. **b** Schadbild auf Getreide. **c** Entwicklungsgang

1: Teleutospore keimt im Frühjahr mit einer septierten Basidie, auf der vier haploide Basidiosporen abgetrennt werden, die auf den Zwischenwirt (Berberitze) gelangen müssen

2–4: Bildung von Suchhyphen und Sporangien mit Spermatien sowie Aecidien auf dem Zwischenwirt

5, 6: Aecidiosporen werden auf den Hauptwirt (Getreide) geweht, keimen dort aus und veranlassen die Entstehung von Sporenlagern mit Uredosporen

7, 8: Uredosporen verbreiten den Krankheitserreger im Bestand; es kommt zu Neuinfektionen

Entwicklung

Die Basidiomycotina besitzen keine den Ascomycota vergleichbaren Sexualorgane. Es findet vielmehr eine Fusion zweier geschlechtlich determinierter Hyphen mit haploiden Zellen statt, aus denen dann ein dikaryotisches Myzel hervorgeht.

Die Gesamtentwicklung läuft wie folgt ab:

Urediniomycetes. Bei den Rostpilzen unterscheiden wir Vertreter mit (heterözisch) und ohne (autözisch) **Wirtswechsel**. Bei den heterözischen Pilzen keimt die Basidiospore mit einkernigem Myzel auf einer Wirtspflanze (Zwischenwirt) und dringt mit ihrem Keimschlauch durch die Blattepidermis in die Interzellularräume ein. Die Hyphen bilden durch Zusammenlagerung auf der Blattoberseite Spermogonien (Pyknidien) aus, die Spermatien (Pyknosporen) enthalten. Auf der Blattunterseite entstehen becherförmige Aecidien mit dikaryotischen Aecidiosporen. Voraussetzung für die Bildung von Aecidien ist jedoch, dass zwei geschlechtlich differenzierte Basidiosporen auf der Wirtspflanze vorhanden sind, deren Hyphen sich im Blatt zu einem dikaryotischen Myzel vereinigen. Die ebenfalls dikaryotischen Aecidiosporen müssen dann auf eine andere Pflanze (Hauptwirt) gelangen. Dort keimen sie aus und der Keimschlauch dringt über die Spaltöffnungen in die Pflanze ein. Anschließend werden unter der später aufreißenden Epidermis eine große Zahl rostfarbener dikaryotischer Uredosporen gebildet, welche die Krankheit während der Vegetationsperiode im Bestand verbreiten.

Zum Ende der Vegetationsperiode entstehen Teleutosporenlager mit Teleutosporen (= Probasidien), in denen die Karyogamie stattfindet.

In der Regel überwintert die dickwandige Teleutospore (Dauerspore) und bildet erst im Frühjahr Basidien und Basidiosporen aus, die wiederum auf den Zwischenwirt (Aecidienwirt) gelangen müssen.

Ist die Basidiosporeninfektion nur eingeschlechtlich, so kann der andere Partner durch eine Spermatie (Pyknospore) ersetzt werden, die an haploide

---

Abb. 6.13 a–c (Fortsetzung)
9: Gegen Ende der Vegetationszeit Bildung von Lagern mit zweizelligen Teleutosporen auf Getreide
10: Überdauerung der Teleutosporen auf Ernterückständen

Ae = Aecidie; Ba = Basidie; Basp = Basidiospore; kAesp = keimende Aecidiospore; kUsp = keimende Uredospore; My = Myzel; R! = Reduktionsteilung; Shy = Suchhyphe (Empfängnishyphe); Sp = Spermogonium (Pyknidium); Spm = Spermatium (Pyknospore); Tesp = Teleutospore; Usp = Uredospore

Empfängnishyphen (Abb. 6.13) durch Wind oder Insekten herangetragen wird. Bei den autözischen Rostpilzen (z. B. *Uromyces appendiculatus*, Bohnenrost) entstehen Uredo- und Teleutosporenlager sowie Spermogonien (Pyknidien) und Aecidien auf derselben Pflanze. Der Entwicklungskreislauf eines heterözischen Rostpilzes (*Puccinia graminis*, Schwarzrost des Getreides) ist in Abb. 6.13 dargestellt.

Ustilaginomycetes. Die Entwicklung der Brandpilze verläuft wesentlich einfacher als bei den Rostpilzen. Ein Wirtswechsel findet nicht statt. Die diploide Brandspore, die den Teleutosporen der Roste homolog ist, stellt die Probasidie dar. Aus dieser geht nach der Reduktionsteilung ein vierzelliges Promyzel (Metabasidie) hervor. Jede Zelle kann haploide Sporidien abschnüren, die den Basidiosporen entsprechen. Die Keimmyzelien der Sporidien kopulieren zu einem dikaryotischen Myzel, das anschließend in die Wirtspflanze eindringt (Abb. 6.14).

Bei *Tilletia* ist das aus der diploiden Brandspore auswachsende Promyzel unseptiert. An der Spitze entstehen nach der Meiose und zwei mitotischen Kernteilungen in der Regel acht Sporidien, in die die haploiden Kerne einwandern. Die Sporidien können paarweise fusionieren; sie schnüren anschließend dikaryotische Konidien ab, aus denen ein infektionstüchtiges dikaryotisches Myzel auswächst (Abb. 6.15).

Charakteristisch für die Brandpilze ist, dass nach erfolgter Infektion das Myzel die Wirtspflanze durchwuchert, ohne dass diese wesentliche äußere Krankheitssymptome zeigt. Erst nach dem Ährenschieben werden die Symptome durch Ausbildung der Brandsporenlager manifest.

Für die **Bekämpfung der Brandpilze** ist der Ort und der Zeitpunkt der Infektion von Bedeutung. Hierbei unterscheidet man:

- **Keimlingsinfektion** (typisch für den Weizensteinbrand); die Brandspore kommt nach der Ernte durch Aufschlagen der Brandbutten beim Dreschvorgang außen an die Getreide-Karyopsen; erst nach der Aussaat entsteht das infektionstüchtige Myzel und dringt in die aufwachsende Keimpflanze ein
- **Jungpflanzeninfektion** (typisch für den Zwergsteinbrand); die Sporen gelangen beim Mähdrusch in den Boden und keimen erst nach Kälte- und Lichteinwirkung; es werden vorwiegend Spättriebe der aufwachsenden Wirtspflanze befallen
- **Blüteninfektion** (typisch für den Gersten- und Weizenflugbrand); die Brandsporen werden zur Blütezeit des Getreides frei und durch den Wind in die Blüten gesunder Wirtspflanzen getragen. Hier keimen sie und das entstehende dikaryotische Myzel dringt in den Embryo ein. Von dort wächst der Pilz nach der Aussaat in die aufwachsende Pflanze

- **Blütenkeimlingsinfektion** (typisch für den Haferflugbrand); die während der Blüte des Hafers frei werdenden Brandsporen werden, wie beim Weizen- und Gerstenflugbrand, auf die gesunden Wirtspflanzen geweht und keimen dort zwischen Spelzen und Fruchtanlagen aus; das Myzel dringt aber erst nach der Aussaat im Frühjahr in die Haferkeimlinge ein
- **Triebinfektion** (typisch für den Maisbeulenbrand); das dikaryotische Myzel ist während der ganzen Vegetationsperiode infektionsfähig; alle Sprossteile der Pflanzen können, soweit meristematisches Gewebe vorhanden ist, befallen werden.

Die Entwicklungskreisläufe von zwei Brandpilzen (*Ustilago nuda*, Gerstenflugbrand, *Tilletia caries*, Weizensteinbrand) sind in den Abb. 6.14 und 6.15 dargestellt.

Homo- und Heterobasidiomycetes. Bei den zu diesen Klassen gehörenden Erregern von Baumschwämmen erfolgt die Infektion der Bäume über Wunden. Das Myzel zerstört die Leitbahnen der Pflanzen. Aus der Rinde brechen die konsolenartigen Fruchtkörper hervor, in denen die Basidiosporen entstehen. Vielfach werden Rhizomorphen („Wurzelstränge") ausgebildet, die in den Boden hineinwachsen und in der Lage sind, gesunde Bäume zu befallen.

Die **Verbreitung der Krankheitserreger während der Vegetationsperiode** erfolgt bei den Rostpilzen durch die massenhaft gebildeten **Uredosporen**. Bei den Brandpilzen ist, abgesehen vom Maisbeulenbrand (Triebinfektion), eine Neuinfektion mit einer nachfolgenden Ausbildung von Symptomen noch während der gleichen Vegetationsperiode nicht möglich.

Die **Übertragung der Krankheitserreger von einer Vegetationsperiode zur anderen** kann auf verschiedene Weise erfolgen:

- Bei den Rostpilzen gelangen die dickwandigen Teleutosporen (= Probasidien) z. T. mit Ernterückständen in den Boden (z. B. *Puccinia graminis*)
- Bei den Hartbranden des Getreides (z. B. Weizensteinbrand) werden die mit einer derben Haut umgebenen Brandbutten beim Dreschvorgang zerschlagen. Die hierbei freiwerdenden Sporen gelangen an das Saatgut (Übertragung mit dem Saatgut)
- Bei den Flugbranden des Getreides (z. B. Gerstenflugbrand) kommt es zu einer Blüteninfektion. Das Myzel der keimenden Flugbrandspore wächst in das Getreidekorn ein (Übertragung mit dem Saatgut)

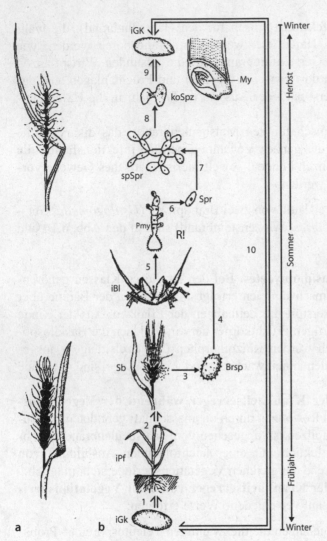

Abb. 6.14 a,b *Ustilago nuda* (Gerstenflugbrand). a Symptombild. b. Entwicklungs-kreislauf

1: Das im Embryo eines infizierten Getreidekorns überdauernde Pilzmyzel wächst nach der Aussaat in den Spross und durchzieht ohne sichtbare Schädigung die aufwachsende Pflanze

2: Vorzeitige Ausbildung der Ähren, in denen statt der Blüten eine schwarze, leicht verstäubende Sporenmasse sichtbar wird

3, 4: Weiterverbreitung der Sporen auf die Narben gesunder Gerstenblüten

5: Keimung der Sporen und Entstehung eines vierzelligen Promyzels, das der Basidie entspricht

6–8: Die nach der Reduktionsteilung auftretenden haploiden Sporidien besitzen die Funktion der Basidiosporen; sie bilden hefeartige Sprosszellen, die miteinander kopulieren

- Die Brandsporen des Weizenzwergsteinbrandes und des Maisbeulen-
  brandes können den Winter im Boden überdauern und im folgenden
  Frühjahr von dort eine Infektion einleiten
- Bei der Wurzeltöterkrankheit der Kartoffel und der Typhulafäule der
  Gerste bilden die Pilze als Überdauerungsform auf den Knollen bzw. an
  der Pflanzenbasis Sklerotien, aus denen sich in der folgenden Vegetationsperiode oder unter günstigen Bedingungen infektionstüchtiges
  Myzel entwickeln kann
- Die an Obstbäumen vorkommenden Holzschwämme sowie der Erreger
  des Bleiglanzes (*Stereum purpureum*) überdauern als Myzel in den er-
  krankten Pflanzen.

Symptomatologie

Die phytopathogenen Arten schädigen vor allem die Blätter und verhindern
die Ausbildung von Früchten. Im Einzelnen lassen sich unterscheiden:

- Mehr oder weniger lange Streifen oder Pusteln auf den Blättern (beim
  Getreide auch auf den Blattscheiden, an den Halmen und beim Gelbrost
  auch auf den Spelzen), aus denen gelbe bzw. rostbraune bis schwarze
  Sporen (= Uredo- und Teleutosporen der Rostpilze) hervortreten. Außer-
  dem können auf der Oberseite der Blätter gelbe bis orangefarbene Flecken
  mit kleinen Punkten (= Spermogonien) und bevorzugt auf der Unterseite
  deutlich sichtbare z. T. warzenartige Gebilde erscheinen (Aecidien der
  Rostpilze, z. B. Birnengitterrost)
- Statt Karyopsen werden bei Getreide Brandsporen erzeugt, die bei den
  Hartbranden (z. B. Weizensteinbrand) mit einer festen Haut umgeben
  (Brandbutten) und bei den Flugbranden frei auf der Ährenspindel ange-
  häuft sind (z. B. Gersten-, Weizen- und Haferflugbrand)
- Beim Mais können an allen Teilen der Pflanze (Blätter, Stängel, Kol-
  ben) schwarze, beulenartige Sporenlager entstehen (Maisbeulenbrand).

Abb. 6.14 a,b (Fortsetzung)

9, 10: Es entstehen dikaryotische Zellgebilde, aus denen ein dikaryotisches Myzel
hervorgeht, das in den Embryo eindringt und im reifen Korn bis zur Aussaat ruht

Brsp = Brandspore; iBl = infizierte Blüte; iGk = infiziertes Getreidekorn; iPf = infizierte Pflanze; koSpz = kopulierende Sprosszelle; My = Myzel; Pmy = Promyzel; R! =
Reduktionsteilung; Sb = Schadbild; Spr = Sporidien (Basidiosporen); spSpr = spros-
sende Sporidie

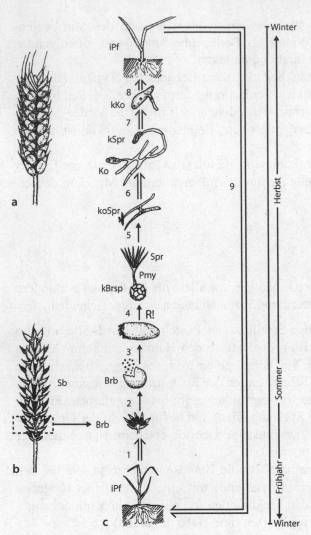

Abb. 6.15 a–c *Tilletia tritici* (Weizensteinbrand). **a** gesunde Ähre. **b** Schadbild. **c** Entwicklungskreislauf

1: Aus einem mit dem Pilz latent infizierten Keimling entwickelt sich eine ährentragende Weizenpflanze

2: Anstelle des Getreidekorns bilden sich Brandbutten, die beim Dreschvorgang aufplatzen und die darin enthaltenen diploiden Brandsporen freigeben

3: Brandsporen setzen sich an einem gesunden Getreidekorn,vorzugsweise am Bärtchen fest

4: Nach der Aussaat des kontaminierten Korns kommt es nach Reduktionsteilung zur Keimung der Brandspore mit Bildung eines Promyzels und 8 Sporidien

5, 6: Je zwei der 8 Sporidien kopulieren außerhalb des Korns und bilden ein dikaryotisches Myzel, das Konidien abschnürt

7: Konidien trennen sich vom Myzel ab und keimen mit einem Keimschlauch aus

Als weitere Symptome treten Wachstumshemmungen (z. B. Halmverkürzung beim Weizen durch *Tilletia contraversa*), Formveränderungen (z. B. Blattrollen bei der Wurzeltöter-Krankheit der Kartoffel), konsolenartige Schwämme an Obstbäumen sowie Sklerotien an Kartoffelknollen und Gerstenpflanzen, verursacht durch *Corticium solani* bzw. *Typhula incarnata*, auf.

Bekämpfungsmaßnahmen

Zur Bekämpfung der phytopathogenen Basidiomycota werden eingesetzt:

- Vorbeugende Maßnahmen; hierzu gehören die Resistenzzüchtung (Getreideroste), eine ausgewogene Düngung, insbesondere die Vermeidung einer N-Überdüngung (Förderung der Rostpilze), eine geeignete Fruchtfolge (Typhula-Fäule), Saatgutanerkennung (Getreidebrande) und Beseitigung von Ernterückständen (Bohnenrost)
- Physikalische Maßnahmen; Vernichtung der Zwischenwirte von heterözischen Rostpilzen (z. B. Berberitze beim Schwarzrost des Getreides), Wärmebehandlung des Saatgutes
- Chemische Maßnahmen; Saat- und Pflanzgutbehandlung gegen alle mit dem Saat- und Pflanzgut übertragbaren Pilze (z. B. *Tilletia caries*, *Ustilago nuda*, *Corticium solani*); zur Bekämpfung der Blattkrankheiten, insbesondere der Roste, Einsatz systemischer Fungizide.

Eine wichtiges Verfahren zur Ausschaltung der Getreideroste ist die Resistenzzüchtung. Das ständige Auftreten neuer Pathotypen gestaltet die Züchtung widerstandsfähiger Sorten jedoch außerordentlich schwierig und risikoreich.

Klassifizierung

Es existieren verschiedene Klassifizierungssysteme für die Basidiomycota. Maßgebend für die Gliederung ist das Fehlen bzw. das Vorhandensein der Fruchtkörper (Basidiokarpien) und die Gestalt der Basidie (Holobasidie,

Abb. 6.15 a–c   (Fortsetzung)
8: Die dikaryotische Pilzhyphe infiziert die auflaufende Weizenpflanze
9: Überwinterung des Pilzes als Myzel in der Wirtspflanze

Brb = Brandbutte; iPf = infizierte Pflanze; kBrsp = keimende Brandspore; kKo = keimende Konidie; Ko = Konidie; koSpr = kopulierende Sporidie; kSpr = keimende Sporidie; Pmy = Promyzel; Spr = Sporidie; R! = Reduktionsteilung

Tabelle 6.6 Klassifizierung der *Basidiomycota* (Webster u. Weber 2007)

Systematische Einheit	Basidientypen	Fruchtkörper (Basidiokarpien)
Klasse: Holo- und Heterobasidiomycetes (= Hymenomycetes)	Holobasidie/ Phragmobasidie	vorhanden
Klasse: Ustilaginomycetes (Brandpilze)	Phragmobasidie	fehlt
Klasse: Urediniomycetes (Rostpilze)	Phragmobasidie	fehlt

Phragmobasidie). Nach der von Webster & Weber (2007) vorgeschlagenen Einteilung unterscheiden wir vier Klassen: Holobasidiomycetes, Heterobasidiomycetes, Ustilaginomycetes (Brandpilze) und Urediniomycetes (Rostpilze), von denen vor allem die beiden zuletzt genannten phytopathologisch von besonderem Interesse sind. Die Holo- und Heterobasidiomycetes werden häufig zusammengefasst zur Klasse Hymenomycetes (Tabelle 6.6).

Holobasidiomycetes und Heterobasidiomycetes

Pilze mit Fruchtkörper und Holobasidie (Holobasidiomycetes) oder Phragmobasidie (Heterobasidiomycetes). Zahlreiche Arten sind bodenbewohnende Saprophyten, Mykorrhizabildner und Pilze, die durch ihre Fähigkeit, Lignin und Zellulose zu zerlegen, am Abbau von Holz beteiligt sind, wie zum Beispiel der Hausschwamm (Bauholz) (*Merulius lacrimans*). Andere Schwamm-Pilze führen zu Schädigungen bzw. Fäulen an Obst- und Forstbäumen, wie *Phellinus ignarius* (Feuerschwamm), *Armillaria mellea* (Hallimasch) oder *Polyperus*-Arten. Charakteristisch sind die an den Holzgewächsen austretenden konsolenartigen Fruchtkörper. Als Krankheitserreger an Acker- und Gemüsekulturen spielen die Hymenomyceten eine geringere Rolle. Wichtige Beispiele sind:

- *Typhula incarnata* (Typhula-Fäule) an Gerste (Roggen, Weizen)
- *Ceratobasidium cereale* [*Rhizoctonia cerealis*] (Spitzer Augenfleck) an Weizen und anderen Getreidearten
- *Thanatephorus cucumeris* [*Rhizoctonia solani*] (Wurzeltöterkrankheit) an Kartoffel. Großer Wirtspflanzenkreis, Spezialisierung auf zahlreiche Wirte
- *Stereum purpureum*, syn. *Chondrosterium purpureum* (Milchglanz, Bleiglanz) an zahlreichen Obst- und Forstgehölzen.

Ustilaginomycetes (Brandpilze)

Keine Fruchtkörper vorhanden. Die Basidie ist wie bei den Rosten eine Phragmobasidie (Abb. 6.12). Zum Entwicklungsgang der Brandpilze s. S. 120 und Abb. 6.14 und 6.15. In der Regel handelt es sich um obligate Parasiten; einige Arten können auf synthetischen Nährmedien kultiviert werden. Befallen werden vor allem Getreidearten. Typische Symptome sind Sporenlager mit Brandsporen (Hart- oder Flugbrande), die statt der Karyopsen (Körner) entstehen. Getreidebrande werden überwiegend mit dem Saatgut verbreitet. Durch eine Saatgutbehandlung mit geeigneten Fungiziden sicher bekämpfbar.

- *Tilletia caries* (Weizensteinbrand) an Weizen
- *Tilletia contraversa* (Zwergsteinband) an Weizen (Gerste, Roggen)
- *Ustilago nuda* (Gerstenflugbrand) an Gerste
- *Ustilago tritici* (Weizenflugbrand) an Weizen, Dinkel
- *Ustilago avenae* (Haferflugbrand) an Hafer
- *Urocystis occulta* (Roggenstängelbrand) an Roggen
- *Ustilago maydis* (Maisbeulenbrand) an Mais
- *Sphacelotheca reiliana* (Maiskopfbrand) an Mais.

Urediniomycetes (Rostpilze)

Pilze ohne Fruchtkörper (Basidiokarpien) und Phragmobasidien. Obligate Parasiten und einer zum Teil komplizierten biologischen Entwicklung, häufig verbunden mit einem Wirtswechsel (s. S. 119 und Abb. 6.13). Rostpilze kommen weltweit an zahlreichen monokotylen und dikotylen Kulturpflanzen vor und verursachen erhebliche Ertragsverluste, die einen massiven Einsatz von Fungiziden erforderlich machen. Typische Symptome eines Rostpilzbefalls sind streifenförmig angeordnete Pusteln mit rostbraunen Sporenlagern.

- *Puccinia graminis* (Schwarzrost) an Weizen, Gerste (Roggen, Hafer); Zwischenwirt Berberitze (*Berberis vulgaris*)
- *Puccinia striiformis* (Gelbrost) an Weizen, Gerste, seltener Roggen sowie zahlreichen Gräsern
- *Puccinia recondita* **f. sp.** *recondita* (Braunrost an Roggen), Zwischenwirt Ochsenzunge (*Anchusa* spec.)
- *Puccinia triticina*, früher *Puccinia recondita* **f. sp.** *tritici* (Braunrost an Weizen), Zwischenwirt Wiesenraute (*Thalictrum flavum*)
- *Puccinia hordei* (Zwergrost) an Gerste; Zwischenwirt Milchstern-Arten (*Ornithogalum*)

- **Puccinia coronata** (Kronenrost) an Hafer; Zwischenwirt Kreuzdorn (*Rhamnus cathartica*)
- *Puccinia sorghi* (Maisrost) an Mais; Zwischenwirte Sauerkleegewächse (*Oxalis*-Arten)
- *Puccinia asparagi* (Spargelrost) an Spargel
- **Uromyces pisi** (Erbsenrost) an Erbse; Zwischenwirt Zypressenwolfsmilch (*Euphorbia cyparissias*)
- **Uromyces phaseoli** (Bohnenrost) an Gartenbohne
- **Gymnosporangium sabinae** (Birnengitterrost) an Birne als Zwischenwirt. Hauptwirt Wacholder (*Juniperus communis*)
- *Puccinia ribesii-caricis* (Stachelbeerrost) an Stachelbeere als Zwischenwirt. Hauptwirt Seggen (*Carex*-Arten)
- **Cronartium ribicola** (Säulenrost) an Johannisbeere; Zwischenwirt Weymouthskiefer (*Pinus strobus*)
- *Phakopsora pachyrrhizi* (Sojabohnenrost) an Sojabohne
- *Hemileia vastatrix* (Kaffeerost) an Kaffee.

Wichtige, zu den Basidiomycotina gehörende Krankheitserreger an Acker-, Gemüse- und Obstkulturen

Ackerbau

Typhula-Fäule (*Typhula incarnata*) an Gerste (Roggen, Weizen).
Hauptsymptome: Nach dem Winter zeigen die Pflanzen Vergilbungs- und Absterbeerscheinungen sowie eine mangelhafte Bestockung. Dunkelbraune 1–3 mm große Sklerotien an der Basis der Pflanzen.
Biologie: Die Infektion der Pflanzen erfolgt ab Spätherbst bis zum Frühjahr durch Myzel, das sich aus den im Boden liegenden Sklerotien bildet. Die Überdauerung erfolgt als Sklerotium, das im Boden mehrere Jahre lebensfähig bleibt. Aus den Sklerotien können Basidien und Basidiosporen hervorgehen, die jedoch für die Infektion und Ausbreitung der Krankheit von untergeordneter Bedeutung sind.
Bekämpfung: Umstellung der Fruchtfolge. Späte und nicht zu dichte Saat. N-Düngung im Frühjahr zur Anregung der Adventivwurzelbildung. Teilerfolge können durch eine Saatgutbehandlung mit systemischen Fungiziden erzielt werden.

Schwarzrost (*Puccinia graminis*) an Weizen, Roggen.
Hauptsymptome: Rostbraune strichförmige Uredosporenlager vorwiegend auf den Halmen, Blattscheiden und Blattspreiten, seltener auf den Spelzen. Gegen Vegetationsende auf diesen Pflanzenteilen schwarz-braune Teleutosporenlager.
Biologie: Ausbreitung im Bestand durch Uredosporen. Überwinterung als Teleutospore. Im Frühjahr entwickeln sich auf den Teleutosporen die Basidien und Basidiosporen, die den Zwischenwirt (*Berberis vulgaris*, Berberitze) infizieren. Die Übertragung des Pilzes von der Berberitze auf das Getreide erfolgt durch die auf dem Zwischenwirt gebildeten Aecidiosporen (Einzelheiten s. Abb. 6.13).

Bekämpfung: Anbau resistenter oder teilresistenter Sorten. Durch die Entstehung neuer Pathotypen (*„formae speciales"*: *P. graminis* f. sp. *tritici* an Weizen oder f. sp. *secalis* an Roggen usw.) wird die Resistenz meist schnell durchbrochen.

Bemerkungen: Wärmebedürftiger Pilz. Selten auftretend; Infektion meist durch Sporenzuflug aus wärmeren, südöstlichen Anbaugebieten.

Gelbrost (*Puccinia striiformis*) an Weizen, Gerste, seltener Roggen sowie zahlreichen Gräsern.

Hauptsymptome: Leuchtend gelbe, strichförmige Uredosporenlager vorwiegend auf den Blattspreiten und Spelzen, seltener an Blattscheiden und Halmen. Teleutosporenlager treten sehr selten auf.

Biologie: Ausbreitung im Bestand durch Uredosporen. Überwinterung als Myzel in Ausfall- oder Wintergetreide, das bereits im Herbst infiziert wurde. Die Übertragung des Gelbrostes erfolgt ausschließlich durch Uredosporen. Ein Zwischenwirt ist nicht bekannt. Die aus den Teleutosporen entstehenden Basidien und Basidiosporen haben daher für die Entstehung der Krankheit keine Bedeutung.

Bekämpfung: Vermeidung zu hoher Stickstoffgaben. Anbau resistenter oder teilresistenter Sorten. Ausfallgetreide durch Bodenbearbeitung beseitigen. Wintergetreide spät, Sommergetreide früh säen. Bei Erscheinen der ersten Krankheitssymptome an Weizen Anwendung geeigneter Fungizide.

Bemerkungen: Gefährliche Krankheit des Weizens vor allem in kühleren Gebieten, Küsten- und Höhenlagen.

Braunrost (*Puccinia recondita* f. sp. *recondita*) an Roggen. Zwischenwirte *Anchusa spec.* (Ochsenzunge).

Braunrost (*Puccinia triticina*, früher *Puccinia recondita* f. sp. *tritici*) an Weizen. Zwischenwirt *Thalictrum flavum* (Wiesenraute).

Zwergrost (*Puccinia hordei*) an Gerste. Zwischenwirte *Ornithogalum* sp. (Milchstern-Arten).

Kronenrost (*Puccinia coronata*) an Hafer. Zwischenwirt *Rhamnus cathartica* (Kreuzdorn).

Hauptsymptome: Orange-gelbe bis braune Uredosporenlager auf den Blättern, z. T. auch auf den Blattscheiden, Halmen und Spelzen. Später Auftreten von dunkler gefärbten Teleutosporenlagern.

Biologie: Ausbreitung im Bestand durch Uredosporen. Aus den Teleutosporen entwickeln sich Basidien und Basidiosporen, die auf die Zwischenwirte übergehen. Die dort gebildeten Aecidiosporen infizieren das Getreide. Überwinterung als Myzel in Ausfallgetreide, im Herbst gesätem Wintergetreide oder als Teleutospore.

Bekämpfung: Vermeidung zu hoher Stickstoffgaben. Anbau resistenter oder teilresistenter Sorten. Wintergetreide spät, Sommergetreide frühzeitig aussäen. Beseitigung der Zwischenwirte und Überhälterpflanzen (z. B. Flughafer als Wirtspflanze für *P.coronata*, Ausfallgetreide). Gegen Zwerg- und Braunrost bei Befallsbeginn Anwendung systemischer Fungizide oder Strobilurine.

Bemerkungen: *P.coronata* tritt, bedingt durch seinen hohen Wärmebedarf, erst gegen Ende der Vegetationsperiode auf und verursacht daher in der Regel nur geringe Schäden. Die anderen Arten kommen in unseren Breiten regelmäßig vor und rufen vor allem dann erhebliche Ertragsausfälle hervor, wenn eine massive Infektion der Wirtspflanzen bereits im Herbst erfolgte.

Weizensteinbrand (*Tilletia caries*) an Weizen.
Hauptsymptome: Lockere, gestreckte und leicht blaugrün gefärbte Ähren. Halme etwas verkürzt. Anstatt der Körner entstehen harte, schwarzbraune „Brandbutten", die Brandsporen enthalten. Geruch nach Heringslake (Trimethylamin).
Biologie: Übertragung durch Brandsporen, die beim Drusch durch Zerschlagen der festen Brandbutten frei werden und sich bevorzugt an den Bärtchen der Weizenkörner festsetzen (Saatgutübertragung). Von hier aus kommt es nach der Aussaat zur Infektion der Keimlinge (Keimlingsinfektion). Überwinterung als Brandspore am Saatgut oder als Myzel in der infizierten Pflanze (Einzelheiten Abb. 6.15).
Bekämpfung: Saatgutreinigung. Verwendung von gesundem Saatgut (s. Saatgutanerkennung). Saatgutbehandlung mit protektiv und systemisch wirkenden Fungiziden. Problem im ökologischen Anbau.

Zwergsteinbrand (*Tilletia contraversa*) an Weizen (Gerste, Roggen).
Hauptsymptome: Infizierte Pflanzen zeigen eine übermäßige Bestockung und stark verkürzte Halme. Anstatt der Körner entstehen wie beim Weizensteinbrand harte Brandbutten, die Brandsporen enthalten.
Biologie: Die Brandsporen gelangen beim Mähdrusch durch Ähren, die bei der Ernte nicht erfasst wurden und ungebeiztes Saatgut in den Boden. Dort keimen sie im Herbst bei niedrigen Temperaturen und Lichteinwirkung. Die Infektion der Pflanzen findet stets vom Boden aus statt (Jungpflanzeninfektion). Die Überdauerung erfolgt als Brandspore im Boden (mehrere Jahre lebensfähig) oder als Myzel in der infizierten Pflanze.
Bekämpfung: Verwendung von gesundem Saatgut (s. Saatgutanerkennung). Winterweizenanteil in der Fruchtfolge reduzieren. Saatgutbehandlung.
Bemerkungen: Besonders in Süddeutschland verbreitet. Tritt bevorzugt in Gebieten mit länger andauernder Schneedecke (Höhengebiete) auf.

Gerstenflugbrand (*Ustilago nuda*) an Gerste.
Weizenflugbrand (*Ustilago tritici*) an Weizen, Dinkel.
Hauptsymptome: Keine Kornentwicklung, stattdessen Bildung von dunklen Sporenmassen, die zur Zeit der Getreideblüte ausstäuben. Leere Ährenspindel steht aufrecht im Bestand.
Biologie: Die Brandsporen werden mit dem Wind in blühende Weizen- bzw. Gerstenähren getragen und keimen dort aus (Blüteninfektion). Das Myzel dringt in den Embryo ein. Überwinterung im Saatgut oder als Myzel in der befallenen Pflanze (Einzelheiten Abb. 6.14).
Bekämpfung: Verwendung von gesundem Saatgut (s. Saatgutanerkennung). Saatgutbehandlung mit systemischen Fungiziden.
Bemerkungen: Der Flugbrand zählt zu den wichtigsten pilzlichen Erkrankungen der Gerste. Weizenflugbrand tritt weniger häufig auf. Problem im ökologischen Anbau.

Haferflugbrand (*Ustilago avenae*) an Hafer.
Hauptsymptome: Keine Kornentwicklung, stattdessen Bildung von dunklen Sporenmassen, die zur Zeit der Haferblüte ausstäuben. Es bleiben nur noch die leeren, zerfasert aussehenden Rispenspindeln zurück.
Biologie: Die Brandsporen werden mit dem Wind in die blühenden Haferrispen getragen und keimen dort aus. Das Myzel besiedelt – im Gegensatz zum Gersten- und Weizenflugbrand – nur die äußeren Zellschichten der Spelzen und Karyopsen und geht

dann in einen Ruhezustand über. Erst nach der Aussaat dringt das Pilzmyzel in den Haferkeimling ein (Blütenkeimlingsinfektion).

Bekämpfung: Verwendung von gesundem Saatgut (s. Saatgutanerkennung). Saatgutbehandlung mit systemischen Fungiziden (Kap. 28).

Maisbeulenbrand (*Ustilago maydis*) an Mais.

Hauptsymptome: An allen oberirdischen Teilen der Pflanzen beulenartige, mit Brandsporen durchsetzte Gallen.

Biologie: Die in den Gallen gebildeten Brandsporen gelangen mit dem Wind auf gesunde Pflanzen und keimen dort aus. Das Myzel dringt über Spaltöffnungen, Wunden und Epidermiszellen in die Pflanze ein und erzeugt im meristematischen Gewebe neue Gallen. Der Pilz überwintert als Brandspore im Boden. Von dort aus erfolgt die Primärinfektion im Frühjahr.

Bekämpfung: Saatgutanerkennung. Weitgestellte Fruchtfolge. Vermeidung von Verletzungen durch Bekämpfung der Fritfliege und des Maiszünslers. Saatgutbehandlung verhindert lediglich die Weiterverbreitung in noch nicht verseuchte Gebiete.

Bemerkungen: Stärkere Verbreitung nur in wärmeren Gebieten.

Wurzeltöterkrankheit (*Thanatephorus cucumeris*) an Kartoffel. Anamorph *Rhizoctonia solani*.

Hauptsymptome: Wipfelblätter eingerollt, z. T. verfärbt. Stängelgrund vermorscht und von grauweißem Myzel überzogen (Weißhosigkeit). Auf der Knollenschale dunkelbraune bis schwarze, flache Sklerotien (Pockenkrankheit). Knollen klein, verunstaltet oder unregelmäßig gewachsen.

Biologie: Die Infektion der Wurzeln und unterirdischen Sprossteile erfolgt durch Myzel, das saprophytisch im Boden lebt oder sich aus den Sklerotien entwickelt. Der Pilz breitet sich mit Hilfe von Ernterückständen und der an den Knollen befindlichen Sklerotien aus. Die Basidienform ist für die Krankheitsentwicklung ohne Bedeutung. Überdauerung als Myzel im Boden oder als Sklerotien an den Knollen.

Bekämpfung: Verwendung von gesundem Pflanzgut. Pflanzgutanerkennung. Pflanzgutbehandlung mit Fungiziden.

Bemerkungen: Der Pilz ist im Boden allgemein verbreitet. Großer Wirtspflanzenkreis (mehr als 200 Arten sind bekannt).

Spitzer/Scharfer Augenfleck (*Ceratobasidium cereale*) an Getreide, v. a. Weizen. Anamorph *Rhizoctonia cerealis*.

Hauptsymptome: Vermorschung der Halmbasis von Getreide, v. a. Weizen; Ausbildung scharf abgegrenzter Befallsstellen, später mit weißlichem Myzelschorf und flach auf dem Gewebe aufliegenden, kleinen Sklerotien.

Biologie: Überdauerung in Form von Sklerotien im Boden; Besiedlung über die Wurzel bei trockener, warmer Herbstwitterung in früh gesätem Getreide. Latenter Befall bis in das nächste Frühjahr.; dann durchwächst der Pilz die Halmbasis und verursacht erhebliche Ertragsminderungen durch Zerstörung der Gefäße. Durch den Pilz bedingtes Lagern möglich.

Bekämpfung: Vermeidung von Frühsaat und extrem hohen Weizenanteilen in der Fruchtfolge; Einsatz systemischer Fungizide zu Schossbeginn.

Bemerkungen: Das Schadbild wird häufig für das des „parasitären" Halmbruchs (*Pseudocercosporella* spp.) gehalten.

Gemüsebau

Erbsenrost (*Uromyces pisi*) an Erbse.
Hauptsymptome: Auf der Ober- und Unterseite der Blätter bis zu einem Millimeter große hellbraune Uredosporenlager. Gegen Ende der Vegetationsperiode braunschwarze Teleutosporenlager.
Biologie: Ausbreitung im Bestand durch Uredosporen. Aus den Teleutosporen entwickelt sich die Basidie mit den Basidiosporen, die auf den Zwischenwirt (*Euphorbia cyparissias*, Zypressenwolfsmilch) gelangen müssen. Dort erzeugt der Pilz auf der Blattoberseite Spermogonien (Pyknidien) und auf der Unterseite Aecidien mit Aecidiosporen, die wieder die Erbse infizieren. *U.pisi* überwintert als Uredospore oder als Myzel im ausdauernden Zwischenwirt.
Bekämpfung: Die Krankheit tritt erst spät in Erscheinung, der Schaden ist daher meist gering und eine Bekämpfung in der Regel nicht erforderlich. Frühe Aussaat.
Bemerkungen: Die Zypressenwolfsmilch verändert durch die Infektion ihre Wuchsform. Die Sprosse sind stark verlängert, Blätter verkürzt und verdickt, die Blüte unterdrückt.

Bohnenrost (*Uromyces phaseoli*) an Gartenbohne.
Hauptsymptome: Im Frühjahr zunächst auf der Blattoberseite Spermogonien (Pyknidien) und auf der Unterseite weißliche becherförmige Aecidien. Später überwiegend auf der Blattunterseite sowie auf den Hülsen Uredo- und Teleutosporenlager. Blätter vertrocknen und fallen vorzeitig ab.
Biologie: Ausbreitung im Bestand durch Uredosporen. Überwinterung als Teleutospore an Pflanzenresten. Primärinfektion im Frühjahr durch Basidiosporen. Kein Zwischenwirt vorhanden (autözischer Rostpilz).
Bekämpfung: Entfernung der rostbefallenen Ernterückstände. Anbau resistenter Sorten. Weitgestellte Fruchtfolge.

Obstbau

Milchglanz, Bleiglanz (*Stereum purpureum*, syn. *Chondrosterium purpureum*) an zahlreichen Obst- und Forstgehölzen.
Hauptsymptome: Bleigraue Verfärbung der Blätter. Das Symptom wird durch Toxine hervorgerufen, die der im Stamm und in der Wurzel lebende Pilz ausscheidet (Fernwirkung). Am Stamm erkrankter Bäume in Bodennähe violettfarbene Fruchtkörper.
Biologie: In den Fruchtkörpern gebildete Basidiosporen verbreiten die Krankheit. Eindringen des Pilzes nur über Wunden (u. a. Schnitt- und Pfropfstellen). Überwinterung als Myzel in der Wirtspflanze.
Bekämpfung: Verhinderung von Verletzungen. Entfernung erkrankter Bäume aus den Beständen.

Birnengitterrost (*Gymnosporangium sabinae*) an Birne (als Zwischenwirt).
Hauptsymptome: Auf der Blattoberseite orange-rote Flecken mit Spermogonien (Pyknidien), auf der Unterseite große warzenförmige Aecidien. Vorzeitiger Blattfall.
Biologie: Übertragung durch Basidiosporen, die vom Hauptwirt *Juniperus communis* (Wacholder) zufliegen. Überwinterung als Myzel im Hauptwirt.

Bekämpfung: Beseitigung des Wacholders. Zur chemischen Bekämpfung des Birnen-gitterrostes stehen keine Fungizide zur Verfügung.

Bemerkungen: An den Zweigen des Wacholders entstehen spindelartige Anschwellungen, aus denen im Frühjahr die Teleutosporen hervorgehen. Absterben der Triebe möglich. Das Uredostadium fehlt. Auch andere *Juniperus*-Arten kommen als Wirtspflanzen infrage.

Säulenrost (*Cronartium ribicola*) an Johannisbeere.

Hauptsymptome: Auf der Blattunterseite erscheinen hellgelbe Uredosporen. Im Hochsommer erscheinen ebenfalls auf der Unterseite der Blätter die braunen, fädigen Teleutosporenlager.

Biologie: Die Teleutosporen keimen noch auf dem Johannisbeerblatt und bilden farblose Sporidien, die auf den Zwischenwirt, die Weymouthskiefer (*Pinus strobus*) gelangen. Dort entstehen blasenförmige Aecidien (Blasenrost der Weymouthskiefer) und Spermogonien (Pyknidien). Die Aecidiosporen werden mit dem Wind auf den Hauptwirt getragen und verursachen die Primärinfektion.

Bekämpfung: Anbau resistenter Sorten. Ab Befallbeginn Einsatz von Fungiziden.

Literatur

Agrios GN (2005) Plant pathology. Elsevier Academic Press, Amsterdam Boston Heidelberg

Hibbet DS, Binder M, Bischoff JF et al. (2007) A higher level phylogenetic classification of the fungi. Mycol Res 111:509–547

Horst RK (2008) Westcott's plant disease handbook, 7th ed. Springer, Berlin Heidelberg New York

Kirk PM, Cannon PF, David JC, Stalpers JA (2001) Dictionary of the fungi, 9th ed. CABI Publishing, Wallingford

Liu YJ, Hall BD (2004) Body plan evolution of ascomycetes, as inferred from an RNA polymerase II phylogeny. Proc Nat Acad Sci USA 101:4507–4512

Martin RR, James D, Lévesque CA (2000) Impact of molecular diagnostic technologies on plant disease management. Annu Rev Phytopathol 38:207–239

Webster J, Weber RWS (2007) Introduction to fungi. Cambridge University Press, Cambridge New York Melbourne

7 Parasitische Samenpflanzen

Als charakteristisches Merkmal besitzen die obligat parasitischen Samenpflanzen kein Chlorophyll. Sie sind sowohl auf die anorganischen als auf die organischen Verbindungen und das Wasser der Wirtspflanzen angewiesen. Dagegen sind die Halbparasiten zur Photosynthese befähigt, sie entziehen daher ihren Wirten nur anorganische Bestandteile.

Bei den parasitischen Samenpflanzen werden Wurzeln nur so lange ausgebildet, bis durch Haustorien eine feste Verbindung zur Wirtspflanze hergestellt ist. Der Nährstoffentzug schwächt die Kulturpflanzen und mindert den Ertrag. Wirtschaftliche Bedeutung besitzen:

- Kleeseide (*Cuscuta epithymum*) aus der Familie der Convolvulaceae (Windengewächse)
- Kleeteufel (*Orobanche minor*) und Tabakwürger (*Orobanche ramosa*) aus der Familic der Orobanchaceae (Sommerwurzgewächse)
- Die auf vielen Laubbäumen parasitierende Mistel (*Viscum album*) aus der Familie der Loranthaceae (Mistelgewächse)
- Ackerwachtelweizen (*Melampyrum arvense*) und die in Getreidebeständen vorkommenden Klappertopfarten (*Rhinanthus alectorolophus*, *R. glaber*) aus der Familie der Scrophulariaceae (Rachenblütler). *Orobanche* und *Cuscuta* sind obligate Parasiten, während *Viscum*, *Melampyrum* und *Rhinanthus* als Halbschmarotzer gelten. Alle genannten Arten bilden Samen, die im Boden längere Zeit lebensfähig bleiben.

Cuscuta und *Viscum* besiedeln den Spross, die übrigen Arten die Wurzeln der Wirtspflanzen. Die klebrigen Beeren mit den Samen der Mistel werden von Vögeln weiterverbreitet und gelangen auf diese Weise an die Wirtsbäume.

H. Börner, *Pflanzenkrankheiten und Pflanzenschutz*,
© Springer 2009

Eine Bekämpfung der parasitischen Samenpflanzen ist schwierig. Neben Fruchtfolgemaßnahmen führen die Verwendung von gereinigtem Saatgut und frühzeitige Ernte (Klee) zur Verhinderung oder Reduzierung der Schäden.

Literatur

Press M, Graves J (eds) (2007) Parasitic plants. Springer, Berlin Heidelberg New York

8 Nematoden

Nematoden gehören zu den wirbellosen Tieren (Invertebrata); sie werden auch als Fadenwürmer (gr: *nēma* = Faden) bezeichnet und bilden einen der umfangreichsten Tierstämme. Bisher wurden mehr als 20 000 verschiedene Arten beschrieben. Als aquatische Organismen besiedeln sie alle Lebensräume, wenn genügend Feuchtigkeit vorhanden ist. Trotz der enormen Variabilität zeigen Nematoden bemerkenswerte Gemeinsamkeiten in ihrer Morphologie und Entwicklung. Die wesentlichen Unterschiede liegen in der Lebensweise und Ernährung. Sie treten als Saprobionten, räuberische Arten sowie als Tier- und Pflanzenparasiten auf.

Die **Pflanzenparasiten** ernähren sich mit Hilfe eines speziellen Mundstachels ausschließlich von Pflanzen und sind obligat biotrophe Parasiten. Fast 5 000 phytophage Arten wurden bislang identifiziert. Sie befallen Wild- und Kulturpflanzen in allen Klimazonen. Aktuelle Schätzungen ergaben, dass etwa 20 phytophage Nematodenarten jährlich weltweit 10% der möglichen Ernten vernichten und einen Schaden von über 100 Mrd. Euro verursachen. Aufgrund ihrer geringen Körpergröße sind sie für das bloße Auge unsichtbar. Die meisten Arten leben ausschließlich im Boden an oder in der Pflanzenwurzel. Dort verursachen sie erhebliche Wachstumsstörungen bis hin zum Totalverlust und sind an der Übertragung pflanzlicher Viruskrankheiten beteiligt.

Körperbau

Der kleinste phytophage Nematode (Gattung *Sphaeronema*) misst 150 μm. Die Länge der häufigsten pflanzenparasitären Arten beträgt **0,3 mm bis 1 mm** (einige bis 4 mm). Der fast durchsichtige Körper ist immer lang gestreckt bei nahezu kreisrundem Querschnitt. Bei einigen Arten (Zystenne-

H. Börner, *Pflanzenkrankheiten und Pflanzenschutz*,
© Springer 2009

matoden, Wurzelgallennematoden) kommt es zu erheblichen Veränderungen der Weibchen, wenn ihr ursprünglich wurmförmiger Körper nach der Begattung während der Ausreife zahlreicher Eier ballonförmig anschwillt.

Der Nematodenkörper besteht außen aus einer durchscheinenden, mehrschichtigen **Cuticula** (Abb. 8.1). Darunter sind in Körperlängsrichtung vier Muskelstränge angeordnet; deshalb wird dieser Komplex auch als **Hautmuskelschlauch** bezeichnet. Er schützt Nematoden vor Verletzungen im Boden. Im Laufe der Individualentwicklung wird die Cuticula mehrfach gehäutet, da sie nicht dehnbar ist. Die typische, schlängelnde Fortbewegung der Nematoden wird durch alternierende Kontraktionen der dorsalen und ventralen Muskeln in Wechselwirkung mit dem Turgor der Leibeshöh-

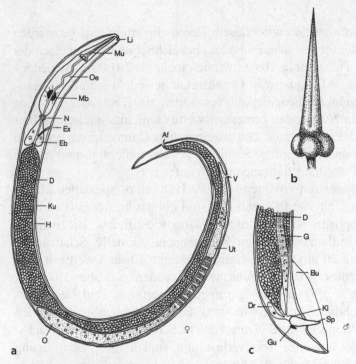

Abb. 8.1 Aufbau eines pflanzenparasitären Nematoden, schematisch. **a** Habitus eines weiblichen Nematoden; **b** Mundstachel, schematisch; **c** Hinterende eines männlichen Nematoden

Af = After; Bu = Bursa; D = Darm; Dr = Drüse; Eb = Endbulbus mit Speicheldrüsen; Ex = Exkretionsporus; G = Gonaden; Gu = Gubernaculum; H = Hautmuskelschlauch (Epidermis + Längsmuskelschlauch); Kl = Kloake; Ku = Cuticula; Li = Lippen; Mb = Mittelbulbus; Mu = Mundstachel; N = Nervenring; O = Ovar; Oe = Oesophagus; Sp = Spicula; Ut = Uterus; V = Vulva

le erreicht und führte in den Anfängen der Nematologie zur Bezeichnung „Älchen". Zwischen dem Hautmuskelschlauch und dem Verdauungsapparat ist die primäre Leibeshöhle (*Pseudocoel*), in der sich auch die Geschlechtsorgane befinden.

Die Tiere besitzen weder ein Atmungs- noch ein Kreislaufsystem. Deshalb sind sie davon abhängig, dass Wasser, Gase und Metaboliten durch Diffusion und die von der Bewegung ausgelöste Strömung im Pseudocoel ausgetauscht werden. Aufgrund einer **fehlenden Thermoregulation** hängt die Vitalität der Tiere in besonderem Maße von der Temperatur ihres Lebensraums ab.

Von den saprophytischen und tierparasitären Arten unterscheiden sich pflanzenparasitäre Nematoden durch den **Mundstachel** (Abb. 8.1), der in Abhängigkeit von der Gattung sehr unterschiedlich ausgeprägt sein kann. Dieses Organ ermöglicht den kleinen Schädlingen das Aufbrechen der pflanzlichen Zellwände und eine saugende Nahrungsaufnahme. Zur Aufnahme von **Nahrung** und Abgabe von **Speichel** ist der Mundstachel von einem röhrenförmigen Gang durchzogen. Er wird über den Ösophagus mit einem muskulösen Pumporgan (Mittelbulbus/Basalbulbus) verbunden, das die Nahrung mit pulsierenden Bewegungen in den Verdauungstrakt befördert.

Bei den meisten phytophagen Nematoden erfolgt die Verflüssigung des Zytoplasmas sowie der Zellwand durch Speichelenzyme. Die Weibchen bestimmter Nematodengattungen vermögen mit ihrem Sekret komplexe Veränderungen des Wurzelgewebes auszulösen, um sich für viele Wochen optimale Ernährungsbedingungen zu schaffen. Das ist insbesondere bei zystenbildenden Nematoden sowie Wurzelgallennematoden der Fall. Auf diese Weise kann ein Weibchen die Pflanzenwurzel entweder zur Bildung eines *Syncytiums* (Nährzellsystems) oder vielkerniger Riesenzellen veranlassen (Abb. 8.2).

Bei den phytoparasitären Nematoden spielt die **Chemorezeption** sowohl bei der Ortung der Pflanzen als auch der Geschlechtspartner eine wichtige Rolle. Die Nahrungsfindung der Wurzelnematoden erfolgt im Wesentlichen anhand wasserlöslicher Stoffwechselprodukte (Wurzelexsudate), die in der Haarwurzelzone freigesetzt werden und eine erhebliche Attraktivität auf die Schadtiere ausüben. Für das Auffinden der Geschlechtspartner sind weibliche Pheromone von Bedeutung.

Die Wahrnehmung von Signalstoffen erfolgt in der Kopfregion; dazu finden sich im Bereich der Mundöffnung spezifische Sinneszellen. Phytoparasitäre Nematoden finden die Wurzeln auch anhand des CO_2-Gradienten und können sich möglicherweise sogar über elektrische Potentiale im Boden orientieren.

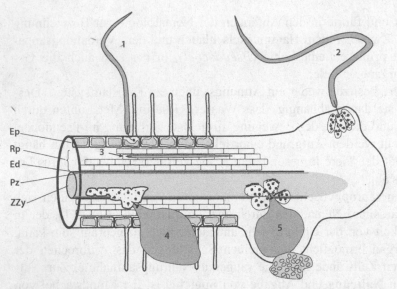

Abb. 8.2 Angriffsorte von Wurzelnematoden und die von ihnen induzierten Gewebe-veränderungen. Verändert und erweitert nach Remane, Storch, Welsch, (1986) unter Berücksichtung von Wyss (2002)

1: **Ektoparasit** (*Trichodorus* spp.): Die Saugtätigkeit in der Epidermiszelle führt zur Aggregation des Zytoplasmas unter Beteiligung des Zellkerns

2: **Ektoparasit** (*Xiphinema* spp.): Dieser Nematode regt das Gewebe nahe der Wur-zelspitze durch Speichelausscheidung zur Bildung vielkerniger Riesenzellen an, was eine Gallbildung der Wurzel zur Folge hat

3: **Endoparasit** (*Pratylenchus* spp.): Nach dem Besaugen der Epidermiszellen ist der Nematode allmählich in das Rindenparenchym der Wurzel eingedrungen. Dieses durchwandert er intrazellulär und lässt Spuren zerstörter Zellen hinter sich. Der gesam-te Entwicklungszyklus vollzieht sich überwiegend in der Wurzel

4: **Zysten bildender Nematode** (*Heterodera* spp., *Globodera* spp.): Nach erfolgrei-cher Infektion verbleiben nur die begatteten Weibchen an der Wurzel und ernähren sich aus dem von ihnen im Zentralzylinder hervorgerufenen Nährzellensystem (*Syncy-tium*). Die Ausreife der Eier erfolgt im Weibchen, welches später abstirbt und zur derbwandigen Zyste wird

5: **Wurzelgallen bildender Nematode** (*Meloidogyne* spp.): Das Weibchen veranlasst die Wurzel zur Bildung vielkerniger Riesenzellen, wodurch eine Gallbildung ausgelöst wird und die Wurzelepidermis das neu gebildete Gewebe umhüllt. Das Weibchen entwickelt sich innerhalb der Galle und scheidet nach außen gelatinöse Eipakete ab

Ep = Epidermis (Rhizodermis) mit Wurzelhaarzellen; Pz = Perizykel; Rp = Rindenpa-renchym; Ed = Endodermis; ZZy = Zentralzylinder

Die **Fortpflanzungsorgane der Weibchen** liegen ventral (bauchseits) in der hinteren Körperhälfte. Sie bestehen aus ein oder zwei Ovarien, ei-nem Oviduct, Uterus und Vagina, die über die Vulva nach außen mündet. Im Verlauf des Oviduct befindet sich bei vielen Arten eine Spermatheca, die nach erfolgter Begattung Spermien mehrerer Männchen sammelt, wodurch sowohl eine sichere Befruchtung der Eier als auch eine erhöhte genetische Differenzierung sichergestellt wird.

Bei zystenbildenden Wurzelnematoden entwickeln sich die Eier im Körper des Weibchens, dessen Cuticula nach dem Absterben eine schützende Hülle (Zyste) ausbildet und für eine lange Überlebensdauer im Boden sorgt.

Ausgereifte Eier frei lebender Arten werden mit ihrem noch flüssigen Inhalt – vom Uterus kommend – aus der Vulva herausgepresst und im oder am Wurzelgewebe der Pflanzen oder auch im Boden abgelegt. Wurzelgallennematoden setzen ihre Eier in einer gelatinösen Masse an der Wurzel als Eipakete ab.

Die **Fortpflanzungsorgane der Männchen** münden in der Kloake, an der das hakenförmige Hilfsorgan (Spicula) bei der Kopulation für eine Verankerung in der Vulva der Weibchen sorgt (Abb. 8.1).

Reproduktion und Entwicklung

Pflanzenparasitäre Nematoden treten zweigeschlechtlich auf; dennoch ist eine asexuelle Fortpflanzung (Parthenogenese) nicht ungewöhnlich. Die meisten Nematoden durchlaufen vom Ei bis zum adulten Stadium vier Larvenstadien (juvenile Stadien J1–J4), zwischen denen sie sich häuten, da ein Wachstum nur durch Erneuerung der Cuticula möglich ist:

$$Ei \rightarrow J1 \rightarrow J2 \rightarrow J3 \rightarrow J4 \rightarrow \text{adultes Tier}$$

Eine kürzere Entwicklung mit nur drei Larvenstadien kommt gelegentlich vor (einige *Xiphinema*-Arten). Die Larven sind genau wie die Adulten aufgebaut, besitzen allerdings noch keine Reproduktionsorgane. Bis zum letzten Larvenstadium ist die Differenzierung in männliche und weibliche Tiere noch nicht abgeschlossen; dabei haben Umweltfaktoren einen großen Einfluss auf das Verhältnis zwischen ausdifferenzierten Weibchen und Männchen. Die typische Lebensdauer beträgt etwa 20–30 Tage; je nach Art und Umweltbedingungen kann sie jedoch zwischen wenigen Tagen und mehr als einem Jahr schwanken.

Ausbreitung

Die **Ausbreitung phytophager Nematoden im Boden** wird vor allem von der Bodentextur und -struktur beeinflusst. Als aquatische Lebewesen sind sie dabei **auf Wasser angewiesen**, das ihnen die Fortbewegung ermöglicht. Ihre Mobilität hängt von der Relation zwischen Körperdurchmesser, der Porenweite des Bodens und der Mächtigkeit des Wasserfilms ab. Sie erreicht ein Maximum, wenn der mittlere Porendurchmesser etwa zwischen einem Drittel und der halben Körperlänge des Tieres liegt. Aus diesem Grund kommt es auf Standorten mit den Bodenarten „Sandiger Lehm" (sL) bis „Lehmiger Sand" (lS) in besonderem Maße zu Schäden, vor allem durch frei lebende Wurzelnematoden.

Im Boden können sich die Fadenwürmer **nur über kurze Distanzen** wandernd **fortbewegen** und legen dabei während ihres gesamten Lebens selten mehr als einen Meter zurück. Dennoch ist eine schnelle Verbreitung von Feld zu Feld über den an Ackergeräten und Fahrzeugreifen anhaftenden Boden möglich; selbst erdverschmutztes Schuhwerk trägt zur Verbreitung bei. Für den Transport über weite Entfernungen sind Wind- und Wassererosion (Phoresie, Hydrochorie) verantwortlich. Phytoparasitäre Arten halten sich bevorzugt in der durchwurzelten Bodenkrume auf. Unter ungünstigen Bedingungen wie Trockenheit und Kälte ziehen sie sich in tiefere Schichten zurück und begeben sich in den Ruhezustand.

Symptomatologie

Ein erster Hinweis für das Auftreten von Nematoden sind **Schadstellen**, die sich im Bestand von Jahr zu Jahr weiter ausdehnen. Diese Symptome werden häufig verkannt und als anbautechnische Fehler oder Ernährungsstörungen interpretiert.

Phytonematoden rufen an Kulturpflanzen vielfältige Beeinträchtigungen hervor:

- **Verminderung des Wurzelwachstums**
- **Wurzelbartbildung**, struppiges Wurzelbild
- **Stauchung** erdbodennaher Triebe
- **Gewebezerstörung** und nachfolgende Fäulnis
- **Ertragsverluste** schon bei geringem Befall
- **Qualitätsminderung**
- **Virusübertragung**
- **Erhöhung der Anfälligkeit** für andere Schadorganismen (z. B. durch standorttreue Schadpilze der Gattungen *Cylindrocarpon, Fusarium, Pythium, Rhizoctonia* und *Verticillium*).

Nematodenbefall führt meist zu auffälligem Kümmerwuchs auf begrenzten Flächen. An diesem Erscheinungsbild lassen sich natürlich keine Rückschlüsse auf die vorherrschenden Schädlinge anstellen. Hierzu ist es erforderlich, befallene Pflanzen möglichst auszugraben und insbesondere die Wurzeln zu untersuchen.

Bei den **Nachweisverfahren** für Nematoden gilt es zu trennen zwischen den Methoden zur Untersuchung des Bodens auf zystenbildende Arten (*Heterodera*- und *Globodera*-Arten), wandernde Wurzelnematoden (*Pratylenchus*-Arten) und der Bestimmung von Nematoden **im** Pflanzenmaterial. Nachfolgend werden einige häufig verwendete Verfahren genannt (Decker 1969, Mühle et al. 1977):

- Gewinnung von Zysten aus dem Boden mit Hilfe der **Trichtermethode nach Kirchner**, des **Schlämmverfahrens nach Fenwick** und der **Becherglasmethode nach Buhr**
- Gewinnung der nichtzystenbildenden Arten mit Hilfe der **Trichtermethode nach Baermann**, der **Siebschalenmethode nach Oostenbrink** (Oostenbrink-Schale) und eines **Elutriationsgerätes nach Seinhorst** (gestattet quantitative Aussage)
- Gewinnung/Nachweis von Nematoden aus/im Pflanzenmaterial mit der **Trichter-Sprühmethode nach Oostenbrink** oder **Lactophenol-Säurefuchsinfärbung nach Goody.**

Bekämpfungsmaßnahmen

Die Regulation der Nematodenentwicklung im Boden gehört zu den schwierigsten Aufgaben im Pflanzenschutz. Die Populationsdynamik hängt hier von den angebauten Kulturpflanzen und der Fruchtfolge, der Entwicklung von Unkraut und Ungras, den Bodeneigenschaften und der Jahreswitterung ab.

In der Vergangenheit wurden vorwiegend chemische Präparate zur Bodenentseuchung (Nematizide) verwandt. Diese Stoffe brachte man in großen Aufwandmengen aus, um eine genügend hohe Konzentration in Boden zu erreichen. Doch ihre extrem breite Wirkung auf das Bodenleben (Edaphon), ihre teilweise sehr hohe Wasserlöslichkeit und Persistenz sowie die potentielle Belastung des oberflächennahen Grundwassers führten zu einer kritischen Bewertung und einem nahezu vollständigen Auslaufen bestehender Zulassungen. Chemische Bodenentseuchungsmittel spielen deshalb in Deutschland fast keine Rolle mehr (Kap. 26), während außerhalb Europas Nematizide noch regelmäßig zur Anwendung gelangen. Praktikable Verfahren zur Reduzierung eines Nematodenbefalls sind geeignete Fruchtfolgemaßnahmen, der Anbau resistenter Sorten sowie, abhängig von der Lebensweise der Schädlinge, eine Kombination mehrerer Methoden.

Über die **Fruchtfolge** lassen sich Nematoden mit **engem Wirtspflanzenspektrum** (z. B. Kartoffelzystennematoden) wirksam beeinflussen. Je
geringer der Anteil einer anfälligen Kultur in der Rotation, umso geringer
ist auch der Befallsgrad. Wenn zusätzlich resistente oder teilresistente Sorten (Kartoffeln) angebaut werden, sind größere Schäden vermeidbar. Aufgrund der Fähigkeit zur Bildung physiologischer Rassen, die Resistenzen
überwinden, sollte vor allem auf eine möglichst vielseitige Fruchtfolge
geachtet werden.

Nematoden mit **breiterem Wirtspflanzenkreis** wie der Rübenzystennematode, der auch Kreuzblütler befällt, lassen sich dagegen über die
Fruchtfolgegestaltung nur eingeschränkt zurückdrängen. Noch problemati-
scher ist es mit Wurzelgallennematoden und frei lebenden Wurzelnematoden. Deren Wirtspflanzenspektrum ist dermaßen vielfältig, dass eine Verringerung der Populationen allein durch die Fruchtfolge überhaupt nicht
möglich ist.

Nichtwirtspflanzen bieten den Nematoden keine Vermehrungsmög-
lichkeit, so dass durch deren Anbau ein hemmender Effekt auf die Population zustande kommt. Welche Pflanzenart bei Auftreten bestimmter Nematodenarten als Nichtwirtspflanze geeignet ist, lässt sich nicht pauschal
festlegen und macht umfangreiche Erprobungen im Freiland erforderlich.
Dabei bereitet die Wahl einer geeigneten Kultur insofern größere Probleme, als in Böden immer verschiedene Nematodengattungen und -arten
auftreten. Diese jedoch unterscheiden sich in ihren Wirtspflanzenansprü-
chen erheblich, so dass es nur selten gelingt, eine geeignete Nichtwirtspflanze zu finden, mit der alle auftretenden Nematodenarten unterdrückt
werden können.

Einige Pflanzen haben eine nematizide (Nematoden tötende) Wirkung.
Bewährt haben sich spezielle Sorten von *Tagetes erecta* und *Tagetes patula*
(Studentenblume). Diese **Feindpflanzen** beeinflussen insbesondere frei
lebende Wurzelnematoden, und hier bevorzugt *Pratylenchus*-**Arten**. In ver-
schiedenen Ländern wurden auch gute Erfahrungen beim Einsatz gegen
Wurzelgallennematoden gemacht (Kap. 19.4.7).

Als **wirksamstes Verfahren zur Verhinderung von Schäden durch
Nematoden hat sich der Anbau resistenter Sorten erwiesen**. Hierdurch
lässt sich der Umfang einer Nematodenpopulation erheblich dezimieren
und ermöglicht Entseuchungseffekte von 60–80%.

Resistente Sorten verfügen über eine Abwehrreaktion gegen den Schädling. Wenn
Nematoden einen Parasitierungsversuch unternehmen, kommt es zum Absterben der
befallenen Zellen. Die Tiere versuchen den Parasitierungsvorgang erneut und gehen
allmählich durch Nahrungsmangel zugrunde. In besonders effektiver Form finden
solche Reaktionen bei Kartoffelsorten mit Resistenz gegen den Kartoffelzystennema-

toden sowie bei Ölrettich-, Senf- und Zuckerrübensorten mit Resistenz gegen den Rübenzystennematoden statt.

Wirtspflanzen gelten als resistent, wenn sie eine Nematodenpopulation durch ihre Reaktion begrenzen. Die Effektivität hängt dabei von den genetischen Eigenschaften der Pflanze ab, die durch die **Vermehrungsrate** dokumentiert wird. Dazu wird der Quotient aus der anfänglichen Populationsdichte (initial, Pi) und der Endpopulationsdichte (final, Pf) nach Anbau der resistenten Pflanze gebildet:

$$\text{Vermehrungsrate} = Pf/Pi.$$

Die Stärke der Population wird angegeben als: Anzahl der Eier + Larven/ 100 g Boden. Eine **Resistenz** liegt dann vor, wenn der Quotient **Pf/Pi < 1,0** ist. Je niedriger dieser Wert liegt, desto stärker wird die Population reduziert. Es gibt inzwischen Ölrettichsorten mit Resistenz gegen den Rübenzystennematoden, deren Pf/Pi-Wert 0,1 beträgt.

Grundsätzlich gilt: Eine **mittel- bis langfristige Lösung eines Nematodenproblems** ist **nur durch Verknüpfung unterschiedlicher Verfahren** zu erreichen.

Klassifizierung

Der Tierstamm Nematoda ist außerordentlich formenreich. Die Artenbestimmung anhand morphologischer Kriterien setzt viel Erfahrung voraus, ist zeitaufwändig und wird deshalb in zunehmendem Umfang durch PCR (*polymerase chain reaction*) unterstützt. Die Fülle neuer Erkenntnisse aus molekularen Untersuchungen führt auch bei diesen Organismen zu ständigen Änderungen in der Taxonomie.

Die Zuordnung der Phytonematoden kann entweder streng nach der zoologischen Systematik oder nach ihrer Lebensweise erfolgen. Ein allgemein anerkanntes System gibt es noch nicht. Für die Phytopathologie sind vor allem die Gattungen maßgebend (Tabelle 8.1).

In Tabelle 8.1 nicht mit aufgeführt sind aus der Ordnung Rhabditida einige *Steinernema*- und *Heterorhabditis*-Arten, die aufgrund ihrer entomophagen Lebensweise zur biologischen Bekämpfung von Schadinsekten eingesetzt werden können (Kap. 19.4.4).

In der Phytomedizin spielt die Lebensweise phytophager Nematoden eine zentrale Rolle. Sie werden nach der Art ihrer Ernährung an der Wurzel in drei Gruppen eingeteilt: Ektoparasiten, Endoparasiten, Semi-Endoparasiten. Im deutschen Sprachraum hat sich diese Einteilung bislang nicht durchsetzen können. In der angewandten Phytonematologie orientiert man

Tabelle 8.1 Systematische Stellung der wichtigsten pflanzenparasitären Nematoden-gattungen

Tierstamm: Nematoda
Klasse: Secernentea

Ordnung	Unterordnung	Familie	Häufig auftretende Gattungen
Tylenchida	Tylenchina	Anguinidae	*Ditylenchus* *Anguina*
		Belonolaimidae	*Tylenchorhynchus*
		Hoplolaimidae	*Rotylenchus* *Helicotylenchus* *Rotylenchulus*
		Pratylenchidae	*Pratylenchus* *Radopholus* *Hirschmanniella* *Pratylenchoides*
		Heteroderidae	*Heterodera* *Globodera*
		Meloidogynidae	*Meloidogyne*
		Tylenchulidae	*Paratylenchus* *Tylenchulus*
		Criconematidae	*Criconema* *Criconemoides*
	Aphelenchina*	Aphelenchoididae	*Aphelenchoides* *Bursaphelenchus*
Dorylaimida		Longidoridae	*Longidorus* *Paralongidorus* *Xiphinema*
Triplonchida		Trichodoridae	*Trichodorus* *Paratrichodorus*

* Wird von einigen Autoren als eigenständige Ordnung betrachtet

sich immer noch nach den vorrangig besiedelten Pflanzenorganen. Dieses Einteilungsprinzip wird auch hier verwendet:

- **Wandernde** (frei lebende) **Wurzelnematoden**

  a. Endoparasiten
  b. Ektoparasiten

- **Sedentäre** (fest sitzende) **Wurzelnematoden**

  a. Zysten bildende Nematoden
  b. Gallen bildende Nematoden

- **Nematoden an oberirdischen Pflanzenorganen**

    a. Stängelnematoden
    b. Blattnematoden
    c. Blütennematoden

8.1 Wandernde Wurzelnematoden

Wandernde Wurzelnematoden behalten während ihres gesamten Lebens die wurmförmige Gestalt; so können sie sich nicht nur in der Pflanze, sondern auch im Boden bewegen und dort weiter ausbreiten. Sie sind überwiegend polyphag und verursachen weltweit erhebliche Schäden. Bei mittlerem Befall macht sich dieser meist unspezifisch durch eine verschlechterte Pflanzenentwicklung als Folge der Wurzelverletzungen bemerkbar (Abb. 8.3). In der Vergangenheit, als man die Verursacher noch nicht kannte, war deshalb der Begriff **Bodenmüdigkeit** für diese Symptome gängig.

Die Bodentemperatur bestimmt die Lebensaktivität, Vermehrung und damit auch den Umfang der Wurzelschäden. Unter ungünstigen Lebensverhältnissen (Austrocknung, Nahrungsmangel) wandern die Tiere in tiefer

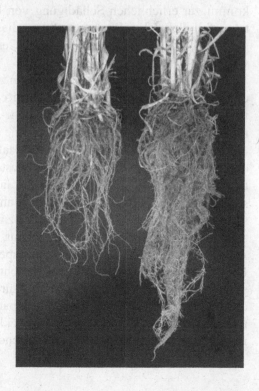

Abb. 8.3 Wurzeln von Winterroggen; *links*: Frei lebende Wurzelnematoden haben die Feinwurzelmasse stark reduziert; *rechts*: Intaktes Wurzelsystem

gelegene, feuchtere und kühlere Bodenschichten ab und können dort lange Zeit in einen Ruhezustand verfallen (Anabiose). Innerhalb dieser Gruppe unterscheidet man Endoparasiten und Ektoparasiten.

8.1.1 Endoparasiten

Phytoparasitäre Nematoden, die im Boden frei beweglich sind, die Wurzelepidermis zuerst ektoparasitisch schädigen und anschließend in das Rindenparenchym einwandern, gehören zu den wirtschaftlich wichtigsten Arten. Da sie sich über lange Zeit in der Wurzel endoparasitisch ernähren und vermehren (Abb. 8.2), werden befallene Pflanzen nachhaltig geschädigt.

Zu ihnen gehören Arten aus der Gattung *Pratylenchus*. Sie kommen weltweit in allen Klimazonen und Kulturen auf leichten bis mittleren Böden vor. Ihre Anpassungsfähigkeit und ihre Überdauerungsfähigkeit beim Fehlen von Nahrungspflanzen oder Trockenheit sind außergewöhnlich. Diese Gattung hat einen extrem breiten Wirtspflanzenkreis (sowohl Monokotyle als auch Dikotyle) und die Tiere durchlaufen mehrere Generationen pro Jahr. Die Eiablage der Weibchen kann sowohl im Boden als auch in der Pflanze erfolgen, so dass die Reproduktion immer gesichert ist. Es kommt zur erheblichen Schädigung von Kulturpflanzen, bis hin zum Totalausfall. Seit Jahrzehnten kennt man diese Nematoden in Obst- und Ziergehölzen, doch auch im Acker- und Gemüsebau breiten sie sich immer weiter aus.

Stärkere Schäden sind vor allem dann zu erwarten, wenn eine Anbaufläche den Nematoden nahezu ganzjährig eine Lebensgrundlage bietet. Das ist in Baumschulen, bei überwiegendem Anbau von Pflanzen aus der Familie der Rosengewächse (Rosaceae) wie Obstgehölze und Rosen der Fall.

Die zeitliche Vorverlegung der Aussaat im Getreidebau vom Oktober in den September hat vor allem in Nordwestdeutschland frei lebende Wurzelnematoden stark gefördert. Durch die lange Phase der Bodenbegrünung steht den Schädlingen fast ganzjährig Nahrung zur Verfügung. Insbesondere in der anfälligen Wintergerste, aber zunehmend auch in Weizen, haben sich erhebliche Populationen aufgebaut, die zu Ertragsverlusten führen. Aufgrund des breiten Wirtspflanzenspektrums (Getreide, Ackergräser, Raps, Gemüse, Zwischenfrüchte) besteht derzeit über die Fruchtfolgegestaltung keine wirksame Möglichkeit zur Befallsminderung. Darüber hinaus bietet die Ausdehnung des Maisanbaus (z. B. für Biogasanlagen) *Pratylenchus*-Arten ebenfalls gute Entwicklungsmöglichkeiten, so dass auf immer mehr Ackerflächen mit zunehmenden Schäden zu rechnen ist.

Eine vergleichbare Situation hat sich in ökologisch wirtschaftenden Betrieben entwickelt, da die ständige Bedeckung der Anbauflächen mit anfälligen Haupt- und Zwischenfrüchten und teilweise durchgehender Verunkrautung und Vergrasung optimale Lebensbedingungen bieten.

8.1.2 Ektoparasiten

Ektoparasitische Nematoden schädigen die Wurzel mit Hilfe des Mundstachels von außen und verweilen nur kurze Zeit für die Nahrungsaufnahme an einer Stelle, bevor sie weiterwandern und die Pflanze erneut attackieren. Sie halten sich überwiegend in der Rhizosphäre auf.

Es sind Vertreter aus den Gattungen *Trichodorus, Paratrichodorus, Xiphinema* und *Longidorus,* die durch ihre Saugtätigkeit (Abb. 8.2) an den Wurzeln vor allem von Weinrebe, Kern- und Beerenobst, aber auch an Gemüsekulturen Schäden verursachen können. Sie spielen als Virusvektoren ebenfalls eine Rolle (s. Kap.3).

Nematoden der Gattungen **Longidorus** und **Xiphinema** übertragen Nepo-Viren, wie z. B.:

- **Himbeerringfleckenvirus oder Pfeffinger-Krankheit** *(raspberry ringspot virus)* an Wein, Himbeere, Erdbeere
- **Reisigkrankheit** *(grapevine fanleaf virus)* an Wein

Nematoden der Gattungen **Trichodorus** und **Paratrichodorus** übertragen Tobra-Viren, z. B.:

- **Pfropfenkrankheit/Eisenfleckigkeit** (TRV = *tobacco rattle virus*) an Kartoffel, dikotylen Unkräutern, Tulpe.

Die **Bekämpfung der wandernden Wurzelnematoden** bereitet aufgrund des extrem breiten Wirtspflanzenspektrums größte Schwierigkeiten. Es gibt bislang noch keine Sortenresistenz wie bei Kartoffeln und Zuckerrüben gegen Zystennematoden. Lediglich bei Wintergerste zeichnen sich Entwicklungen ab, Zuchtmaterial mit verminderter Anfälligkeit nutzen zu können.

Bedingt durch die ungleichen Produktionssysteme im Gartenbau und in der Landwirtschaft sind **unterschiedliche Bekämpfungsstrategien** erforderlich.

In **Baumschulen/Gartenbau** hat sich der Anbau von *Tagetes*-Arten als Feindpflanzen zur Befallsreduktion vor dem nächsten Anbauzyklus bewährt. Trotz der hohen Entseuchungswirkung überlebt aber immer ein Teil der vorhandenen Population. Unter anfälligen Kulturpflanzen kommt es

deshalb erneut zur Nematodenvermehrung, so dass der Anbau der Feindpflanzen innerhalb der Fruchtfolge regelmäßig erfolgen muss. In den Niederlanden stehen mobile Dampferzeuger bereit, mit denen eine Bodendämpfung sowohl im Freiland als auch im Gewächshaus möglich ist. Mit
dieser Methode erreicht man eine effektive Bodenentseuchung. Auch die
Nematodenpopulation in der Ackerkrume kann damit erheblich dezimiert
werden. Aufgrund der hohen Kosten ist dieses Verfahren aber nur in hochwertigen Spezialkulturen und unter Glas rentabel.

Im **Ackerbau** werden, wenn *Pratylenchus*-Arten bei einem Befall vorherrschend sind, **dikotyle und monokotyle** Kulturen **geschädigt**, weshalb
keine Reduktion durch die Fruchtfolgegestaltung möglich ist. Der Anbau
von Feindpflanzen wie *Tagetes* wäre zwar wirksam, aufgrund der hohen
Saatgutkosten, der in landwirtschaftlichen Betrieben fehlenden Spezial-
Aussaattechnik und Feldberegnung aber nicht praktikabel.

Eine Verringerung des Schadpotentials lässt sich deshalb nur über ein
Maßnahmenbündel erreichen. Dazu gehören: Extrem frühe Aussaat von
Wintergetreide ist zu vermeiden, um die Entwicklung der ersten Nemato-
dengeneration vor dem Winter einzuschränken. Durch stärkere Rückverfestigung des Bodens (z. B. durch pfluglose Bestellung) kann die Mobilität
der Schadtiere eingeschränkt werden. Auf stark geschädigten Flächen bietet sich der Anbau von Sommergetreide an, denn durch den Wegfall der
Vorwinterentwicklung fallen die Nematodenschäden deutlich geringer aus
als im Wintergetreide. In Versuchen wurde gezeigt, dass Triticale gegenüber frei lebenden Wurzelnematoden wesentlich toleranter reagiert als
Gerste, Weizen oder Roggen.

Ferner wurde beobachtet, dass der Anbau von Ölrettich- oder Senfsorten
zu einer Reduktion frei lebender Wurzelnematoden führt, wobei die Ausscheidung von Senfölglycosiden möglicherweise eine Rolle spielt. Weiterhin kann eine Reduktion der Population auf Ackerflächen durch längere
Schwarzbrache erreicht werden, was aber im Rahmen der „Guten landwirtschaftlichen Praxis" meist nicht zulässig ist. In warmen Klimazonen wurden gute Erfahrungen mit der Abdeckung ausreichend feuchter Böden mit
lichtdurchlässigen Folien gemacht (Solarisation). Die daraus resultierende
Bodenerhitzung (*solar heating*) führt zu einer Reduktion der Nematoden
bis zu 50%.

Wichtige **zur Gruppe der wandernden Wurzelnematoden gehörende
Arten** sind:

- *Pratylenchus penetrans* an Zier- und Obstgehölzen, Koniferen, Kartoffel, Gemüse, Mais, Getreide, Beta-Rübe u. a.; extrem breites Wirtspflanzenspektrum
- *Pratylenchus crenatus* an Getreide, Gräsern, Möhre

- **Pratylenchus neglectus** an Getreide, Mais, Gräsern, Kreuzblütlern, Leguminosen, Erdbeere
- *Pratylenchus fallax* an Obstgehölzen, Zierpflanzen, Getreide, Futterpflanzen, Erdbeere
- *Radopholus similis* an Banane und in Europa zunehmend an diversen Zierpflanzen unter Glas
- *Trichodorus primitivus* an Kartoffel; Virusvektor
- *Paratrichodorus pachydermus* an Gemüse, Würzkräutern, Kartoffel; Virusvektor
- *Xiphinema index* an Weinrebe; Virusvektor
- *Xiphinema diversicaudatum* an Weinrebe, Obstgehölzen, Beerenobst; Virusvektor
- *Longidorus elongatus* an Erdbeere, Möhre, Gräsern; Virusvektor
- *Longidorus macrosoma* an Weinrebe, Obstgehölzen, Beerenobst; Virusvektor
- *Longidorus attenuatus* an Weinrebe, Obstarten, Spargel; Virusvektor.

8.2 Sedentäre Wurzelnematoden

Nematoden dieses Typs sind gekennzeichnet durch die enge Bindung der Weibchen an die Wirtspflanze. Sie dringen in die Wurzeln ein und induzieren Zellveränderungen, die ihre Ernährung über Monate sicherstellen. Im Gegensatz dazu behalten die Männchen sowohl die wurmförmige Gestalt als auch die Beweglichkeit im Boden. Grundsätzlich sind Zysten bildende Nematoden und Wurzelgallen bildende Nematoden zu unterscheiden.

8.2.1 Zysten bildende Nematoden

Die typische **Dauerform** dieser Schädlinge bildet das abgestorbene Weibchen in Form einer widerstandsfähigen Zyste, die 200–600 Eier enthält und im Boden bis zu 10 Jahre überdauert (Abb. 8.4). Die derbe Cuticula schützt die Larven des 2. Entwicklungsstadiums in den Eihüllen. Erst ein vitales Wurzelsystem einer geeigneten Wirtspflanze aktiviert die Nematoden durch Exsudate, die in den feuchten Boden diffundieren und die Ruhephase der Larven in den Zysten beenden.

Die Larven sprengen die Eihaut, verlassen die Zyste und dringen vorzugsweise an der Wurzelspitze ein. Sie wandern intrazellulär direkt bis zum Perizykel und verbleiben dort, um ein Nährzellensystem zu induzieren. In der

Abb. 8.4 Jedes reifende Weibchen des Gelben Kartoffelzystennematoden (*Globodera rostochiensis*)
bildet eine Zyste an der Wurzel

Wurzel setzten sie ihre Entwicklung fort und sind nach Abschluss des 4. Larvenstadiums geschlechtsreif. Die heranwachsenden Weibchen schwellen
stark an und sprengen die Wurzelrinde. Der Kopfteil bleibt dabei im Nährzellensystem verankert.

Die Männchen verlassen die Wurzel, werden durch Pheromone von den
Weibchen angelockt und sterben nach der Befruchtung bald ab. Die noch
weißlichen Weibchen reifen an der Wurzel heran, wobei sie sich zunehmend dunkler färben. Nach Abschluss der Entwicklung sterben auch sie ab
und lösen sich von der Wurzel. Die Entwicklung einer zweiten und dritten
Generation ist möglich, wobei jeweils der gesamte Zyklus durchlaufen
wird. Die Gattung *Globodera* bringt nur eine Generation hervor. In diesem
Fall haben die Zysten eine Diapause (Ruhestadium) von ca. 3 Monaten,
bevor ein Schlupf erfolgen kann. Mit Ende der Vegetationszeit verbleiben
zahlreiche Zysten im Boden. In Abb. 8.5 ist der typische Entwicklungszyklus dargestellt.

Die weiblichen Nematoden induzieren im Zentralzylinder der Pflanzenwurzel ein Nährzellensystem (Syncytium), das als Folge des ausgeschiedenen Speichels durch Protoplastenfusion mit teilweiser Zellwandauf-
lösung aus kambialen Zellen entsteht und bis zu 300 Einzelzellen umfassen
kann (Abb. 8.2, Pos. 4).

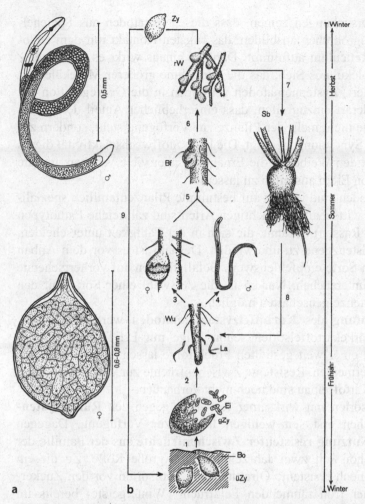

Abb. 8.5 a,b Entwicklungsgang von Zystennematoden am Beispiel des Rübenzystennematoden (*Heterodera schachtii*). **a** Habitusbilder Männchen/Weibchen; **b** Entwicklungszyklus

1: Die im Boden ruhenden Zysten werden durch Wurzelausscheidungen aktiviert
2: Larven des 2. Entwicklungsstadiums wandern zu den Wurzeln, häuten sich mehrfach und entwickeln sich bis zur Geschlechtsreife
3: Weibchen sprengen mit ihrem Hinterleib die Wurzelrinde
4: Männliche Tiere verlassen die Wurzel und suchen Weibchen auf
5: Bald nach der Befruchtung gehen die Männchen zugrunde
6: In den Weibchen entwickeln sich zahlreiche Eier; nach deren Ausreife sterben die Weibchen ab und ihre Cuticula bildet mit den Eiern die robuste Zyste, die sich von der Wurzel löst
7–8: Weitere Generationen sind in der Vegetationsperiode möglich
9: Die Zysten überwintern im Boden

Bf = Befruchtung; Bo = Boden; gZy = geplatzte Zyste; La = Larve; rW = reifende Weibchen; Sb = Schadbild; üZy = überwinternde Zysten; Wu = Wurzel; Zy = Zyste

Neueste Untersuchungen zeigen, dass diese Nematoden aus Speichelsekreten ein Saugröhrchen ausbilden, das engsten Kontakt mit dem endoplasmatischen Reticulum aufnimmt. Darüber hinaus wirkt es durch seine Porosität als molekulares Sieb, das die Aufnahme größerer Moleküle und Partikel verhindert. Zystennematoden vermögen in die Genregulation der Wirtspflanzen derart einzugreifen, dass ein erheblicher Anteil der Photosyntheseprodukte nicht mehr der Pflanze zur Verfügung steht, sondern zur Versorgung des Syncytiums beiträgt. Die hohe Stoffwechselaktivität dieses Gewebes sichert den Weibchen die Ernährung über viele Wochen, um die große Anzahl von Eiern ausreifen zu lassen.

Zystennematoden sind jeweils auf bestimmte Pflanzenfamilien spezialisiert. Von allen wirtschaftlich wichtigen Arten sind zahlreiche Pathotypen (physiologische Rassen) bekannt, die sich in der Fähigkeit unterscheiden, pflanzliche Resistenzgene zu überwinden. Deshalb ist es vor dem Anbau einer resistenten Sorte empfehlenswert, Befallsflächen auf vorherrschende Pathotypen zu untersuchen. Nur so ist die Auswahl einer Sorte mit den optimalen Resistenzeigenschaften möglich.

Zur **Bekämpfung** des **Kartoffelzystennematoden** werden resistente Speise- und Stärkekartoffelsorten schon lange mit Erfolg angebaut. In Verbindung mit einer weit gestellten Fruchtfolge lassen sich wirtschaftliche Einbußen vermeiden. Resistente Zwischenfrüchte zur weiteren Befallsminderung im Kartoffelbau sind noch nicht vorhanden.

Zuckerrübensorten mit wirksamer Resistenz gegen den **Rübenzystennematoden** stehen erst seit wenigen Jahren zur Verfügung. Dagegen spielt hier die **Nutzung resistenter Zwischenfrüchte** aus der Familie der Kreuzblütler schon seit zwei Jahrzehnten eine große Rolle. Zu diesem Zweck werden hoch resistente Ölrettich- und Senfsorten vor den Zuckerrüben nach einer früh räumenden Feldfrucht (Wintergerste) bereits im August ausgesät. Nur dann ist eine intensive Durchwurzelung des Bodens vor dem Winter möglich. Die Larven in den Zysten werden zum Schlupf angeregt und suchen die Wurzeln auf. Durch die Resistenzreaktion gelingt es den Weibchen jedoch nicht, ein Nährzellensystem auszubilden und sie sterben ab. Auf diese Weise erzielt man eine effektive biologische Entseuchung, die zu einer erheblichen Verringerung der Nematodenpopulation führt.

Zu den **wirtschaftlich wichtigen zystenbildenden Nematoden** gehören:

- *Globodera rostochiensis* (Gelber Kartoffelzystennematode) an Kartoffel, auch Tomate und Aubergine; Quarantäneschadorganismus
- *Globodera pallida* (Weißer Kartoffelzystennematode) an Kartoffel, auch Tomate und Aubergine; Quarantäneschadorganismus

- *Heterodera schachtii* (Rübenzystennematode) an Zuckerrübe, Raps, Kohlgemüse und anderen Kreuzblütlern, Erbse, Spinat, Tomate, Gelblupine, Zierpflanzen
- *Heterodera betae* (Gelber Rübenzystennematode) an Zuckerrübe, Klee
- *Heterodera trifolii* (Kleezystennematode) an Weiß- und Rotklee, auch an Zuckerrübe, Erbse, Spinat, Tomate, Weißlupine, Kürbisgewächsen
- *Heterodera cruciferae* (Kohlzystennematode) an Kohlgemüse, Raps, Kreuzblütlern, Zierpflanzen
- *Heterodera avenae* (Haferzystennematode) an Weizen, Gerste, Hafer, Gräsern
- *Heterodera goettingiana* (Erbsenälchen) an Erbse, Bohne und anderen Leguminosen
- *Heterodera glycines* (Sojabohnenzystennematode) an zahlreichen Leguminosen. Häufig an Sojabohne.

8.2.2 Gallen bildende Nematoden

Die in den Gallen (Abb. 8.6) lebenden Weibchen scheiden an der befallenen Wurzel Eipakete ab, die von einer gelatinösen Hülle umgeben sind und Wasser aus dem Boden anziehen. In den Eiern befinden sich die Larven im 1. Entwicklungsstadium; nach der Häutung verlassen sie die Eihüllen im 2. Larvenstadium. Der Schlupf ist temperaturabhängig und muss nicht zwingend durch Wurzelausscheidungen induziert werden. Sie können eine gewisse Zeit im Boden überdauern, solange sie Nahrungsreserven besitzen.

Die **Anlockung** durch die Pflanze wird in besonderem Maße durch CO_2 ausgelöst, aber vermutlich sind noch weitere Stoffe daran beteiligt. Die Larven wandern zur Streckungszone, dringen in diese ein und bewegen sich interzellulär zur Wurzelspitze bis an das Meristem. Dort suchen sie den Zentralzylinder auf und wandern akropetal bis zur Differenzierungszone. Der Kopf verbleibt in der Peripherie des Leitbündels, der Körper in der Wurzelrinde.

Abgegebener **Speichel** der Nematoden induziert in den befallenen Zellen Kernteilungen ohne nachfolgende Zellteilungen. Auf diese Weise entstehen Riesenzellen (ca. 2–12), deren hohe Stoffwechselaktivität die zur Ernährung der Weibchen notwendigen Substrate liefert (Abb. 8.2, Pos. 5). Die betroffenen Wurzelzellen hypertrophieren, und es bildet sich eine **Galle**, in der sich ein **Weibchen** befindet. Dessen Hinterleib schwillt durch die Entwicklung der Eier (300–800) stark an, die nach der Ausreifung in Form eines verhärtenden, gelatinösen Eiersackes abgesetzt werden. Männchen treten nur unter Stressbedingungen auf, d. h. die Vermehrung verläuft parthenogenetisch (ungeschlechtlich).

Abb. 8.6 Starke Gallbildung an der
Möhrenwurzel nach Befall mit dem Nördlichen Wurzelgallenälchen (*Meloidogyne
hapla*) verhindert die Ausbildung eines
homogenen Rübenkörpers

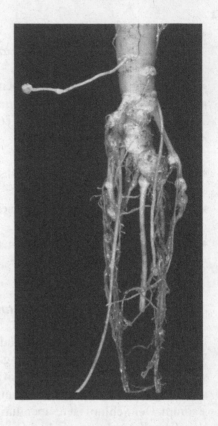

Es sind mehrere Generationen pro Jahr möglich, da ein Entwicklungszyklus nur 6–8 Wochen dauert. Wurzelgallennematoden **überdauern** im
Boden als **Eistadium**, spezielle Dauerformen gibt es nicht. Auch geschlüpfte Larven des 2. Stadiums können im Boden eine gewisse Zeit ohne
Wirtspflanze überleben.

Wurzelgallennematoden sind **polyphag** und treten bei dikotylen und monokotylen Pflanzenarten weltweit auf. Schäden sind in Europa insbesondere
an Gehölzen (z. B. Rosaceen), Gemüse (z. B. Möhre, Tomate, Salat), Futterpflanzen (z. B. Luzerne), Erdbeere, Zierpflanzen, Kartoffel, Baumwolle,
Zuckerrübe und zunehmend auch an Getreide und Gräsern zu verzeichnen.
Zahlreiche Wild- und Unkrautarten dienen ebenfalls als Wirtspflanzen. Die
Intensivierung des Anbaus tropischer und subtropischer Kulturen hat weltweit auch ihr Auftreten in Bananen-, Erdnuss- und Kaffeepflanzungen sowie bei Obst- und Gemüsearten stark ansteigen lassen.

Wurzelgallen bildende Nematoden vermehren sich in Europa vor allem
auf intensiv genutzten Anbauflächen mit dikotylen Kulturen. Aber auch im
Getreidebau werden sie immer häufiger nachgewiesen.

Im **ökologischen Anbau** nehmen Schäden durch diese Nematoden ebenfalls zu, da Gemüse ihre Vermehrung fördert und der Anbau von Leguminosen und Untersaaten das Problem weiter verschärft.

Neuere Untersuchungen zeigen, dass **Ölrettichsorten** mit hohem Resistenzgrad gegen den Rübenzystennematoden (*Heterodera schachtii*) im Freiland auch zu **guten Entseuchungseffekten** beim Nördlichen Wurzelgallennematoden (*M. hapla*) führen können.

Wichtig ist außerdem eine sorgfältige **Beseitigung der Unkräuter und Ungräser,** die die Vermehrung und Überdauerung der Nematoden fördern und dadurch die Wirksamkeit integrierter Bekämpfungsmaßnahmen mindern. Das gilt insbesondere für die polyphagen Nematoden, wie z. B. *Pratylenchus*- und *Meloidogyne*-Arten.

Schäden verursachen vor allem Vertreter der Gattung *Meloidogyne*, von denen weltweit über 100 Arten bekannt sind:

- *Meloidogyne hapla* (Nördliches Wurzelgallenälchen) an Rosaceen in Baumschulen, Möhre, Salat u. a.
- *Meloidogyne incognita, M. arenaria* an Gemüsekulturen in Gewächshäusern und Folientunneln. Häufig in warm-gemäßigten Klimazonen
- *Meloidogyne chitwoodi, M. fallax* an zahlreichen Di- und Monokotylen, wie z. B. Kartoffel, Weizen, Mais; vermehrt in Gewächshäusern. Beide Arten in der EU Quarantäneschadorganismen
- *Meloidogyne artiellia* an Kreuzblütlern, Gräsern, Getreide, Leguminosen, in Südeuropa zunehmend im Getreide
- *Meloidogyne naasi* an Weizen, Gerste, Zuckerrübe und Gräsern. Es sind mehr als 100 mono- und dikotyle Wirtspflanzen bekannt.

8.3 Nematoden an oberirdischen Pflanzenorganen

Im Gegensatz zu den Wurzelnematoden spielen Nematoden an oberirdischen Pflanzenorganen nur eine untergeordnete Rolle. Zu unterscheiden sind Stängel-, Blatt- und Blütennematoden.

8.3.1 Stängelnematoden

Die Stängelnematoden verursachen vor allem an der Basis Triebstauchungen und induzieren die Bildung von Nebentrieben oder eine Gewebezerstörung, die durch Sekundärparasiten in Fäulnis übergeht. Bestimmte Arten können – vom Boden kommend – auf erdbodennahe Blätter gelangen und diese schädigen. Die größte Bedeutung haben Arten der Gattung *Dity-lenchus* an Ackerbau- und Gemüsekulturen.

Ditylenchus dipsaci (Stock- und Stängelälchen, Rübenkopfälchen) überwintert im Boden und wandert dann in den Spross. Es zeigt sich eine zwiebelartige Anschwellung der Triebbasis bei Gräsern, Getreide und Mais (Abb. 8.7) mit intensiver Bildung von Bestockungstrieben. An den Jungpflanzen der Beta-Rübe kommt es zum Befall des Hypocotyls sowie zur Zerstörung des Vegetationskegels und einer Sekundärinfektion durch Schadpilze oder Bakterien. Zur Entwicklung des Stock- und Stängeläl-chens an Hafer s. Abb. 8.8.

Neben den *Ditylenchus*-Arten ist *Bursaphelenchus xylophilus* an Kiefern von Interesse. Der ca. 1 mm lange Nematode hat seine Heimat in Nord-amerika. Er lebt oberirdisch an Kiefern und ernährt sich bevorzugt von Pilzmyzel, neigt bei höheren Temperaturen dazu, auch pflanzliches Gewe-be zu attackieren, sich in den Harzkanälen auszubreiten und das Holz zu schädigen. Nordamerikanische Kiefern weisen ein hohes Maß an Resistenz auf. Durch den internationalen Warenverkehr gelangte der Schädling auf andere Kontinente und wurde durch Bockkäfer (Gattung *Monochamus*) verbreitet. Nur durch Quarantänemaßnahmen konnte die Verbreitung die-ses Nematoden bislang eingedämmt werden.

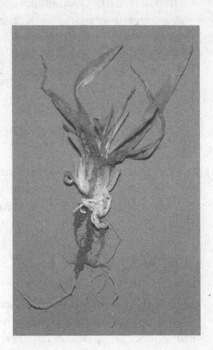

Abb. 8.7 Stauchung und verstärkte Bestockung an Roggenpflanze, verursacht durch das Stock- und Stängelälchen (*Dity-lenchus dipsaci*)

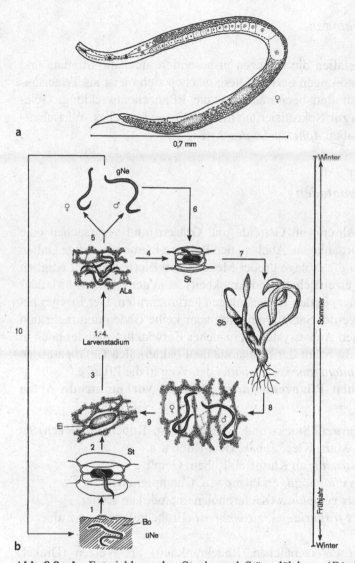

Abb. 8.8 a,b Entwicklung des Stock- und Stängelälchens (*Ditylenchus dipsaci*) an Hafer. **a** Habitusbild Weibchen; **b** Entwicklungszyklus

1: Nematoden dringen im Frühjahr über Stomata in die Pflanzen ein

2: Befruchtete Weibchen legen mehrere Hundert Eier in der Pflanze ab

3: Die schlüpfenden Larven bringen nach vier Häutungen Geschlechtstiere hervor (5)

4: Altlarven und geschlechtsreife Tiere (6) suchen auch neue Wirte auf (7)

8: Dort erfolgt die weitere geschlechtliche Vermehrung

9: Es kommt zur erneuten Eiablage

10: Die Nematoden verlassen die absterbenden Pflanzen. Sie können im Boden überwintern und bis 18 Monate ohne Nahrungsaufnahme überleben

ALa = Altlarve (4. Stadium); Bo = Boden; Ei = Ei; gNe = geschlechtsreife Nematoden; Sb = Schadbild; St = Stomata; üNe = überwinternde Nematoden

8.3.2 Blattnematoden

Blattnematoden befallen die Pflanzen insbesondere über die Stomata und rufen Wachstumsstörungen hervor. Diese machen sich meist als Triebstauchungen bemerkbar und beeinträchtigen die Pflanzenentwicklung. Gelegentlich kommt es zur Nekrotisierung des befallenen Gewebes. Wirtschaftliche Bedeutung haben *Aphelenchoides*-Arten.

8.3.3 Blütennematoden

Sie befallen die Ähren von Getreide und Gräsern und verursachen eine Vergallung der Kornanlagen. Auch an den Blättern können derartige Gallen auftreten, in denen die Ablage großer Mengen von Eiern erfolgt. Lediglich *Anguina tritici* (Weizenälchen, Radekrankheit) ist in der Lage, eine Gallenbildung (Radekörner) in den Blütenanlagen hervorzurufen. Der Erreger hat in Europa als Folge der Saatgutreinigung aber keine Bedeutung mehr und tritt nur in einfachen Anbausystemen mancher Entwicklungsländer noch in Erscheinung. Häufig bahnt der Nematode dem bakteriellen Gefäßparasiten *Corynebacterium michiganense* pv. *tritici* den Weg in die Pflanze.

An **oberirdischen Pflanzenorganen häufiger vorkommende Arten** sind:

- *Ditylenchus dipsaci* (Stock- und Stängelälchen, Rübenkopfälchen) an Roggen, Hafer, Mais, Klee, Tabak, Beta-Rübe u. a.
- *Ditylenchus destructor* an Kartoffel, Rüben, Gemüse
- *Ditylenchus myceliophagus* an Pilzen v. a. Champignons
- *Bursaphelenchus xylophilus* (Kiefernholznematode) an Kiefer
- *Aphelenchoides fragariae, A. ritzemabosi* (Erdbeerälchen) an Erdbeere, Zierpflanzen
- *Anguina tritici* (Weizenälchen, Radekrankheit) an Weizen (Dinkel, Roggen).

Wichtige, zu den Nematoden gehörende Schaderreger an Acker-, Gemüse- und Obstkulturen

Ackerbau

Gelber Kartoffelzystennematode (*Globodera rostochiensis*),
Weißer Kartoffelzystennematode (*Globodera pallida*) an Kartoffel, Tomate und anderen Nachtschattengewächsen (Solanaceen).

Rübenzystennematode (*Heterodera schachtii*) an Zucker- und Futterrübe, Rote Rübe, Raps, Kohlarten und anderen Chenopodiaceen und Kreuzblütlern.

Haferzystennematode (*Heterodera avenae*) an Hafer u. a. Getreidearten sowie an Flughafer und einigen Kulturgräsern.

Hauptsymptome: Nesterweise auftretende Wachstumshemmungen. Vergilben der Blätter. Stark verzweigte Wurzeln („Bärtigkeit") mit gelblichweißen Zysten. Beim Getreide schwache Bestockung (Abb. 8.4).

Biologie: Die Überdauerung erfolgt im Eistadium in den im Boden liegenden Zysten. Der Zysteninhalt kann 8–10 Jahre lebensfähig bleiben. Während der Vegetationsperiode schlüpfen die Larven aus den Zysten und dringen in die Wurzeln ein. Später schwillt der Hinterleib der Weibchen stark an, die Wurzelhaut bricht nach außen auf und die zysten-förmigen Nematoden kommen, nur noch mit dem Mundteil im Gewebe verankert, nach außen zu liegen. Die Weibchen sterben später ab und gelangen als Zyste mit 200 bis 300 Eiern in den Boden. Bei *H. schachtii* zwei bis drei, bei *Globodera rostochiensis*, *G. pallida* und *H. avenae* jeweils nur eine Generation (Einzelheiten s. Abb. 8.5).

Bekämpfung: Generell muss eine möglichst weit gestellte Fruchtfolge angestrebt werden. Anbau resistenter Sorten, die bei Speise- und Stärkesorten in großer Zahl zur Verfügung stehen; zunehmende Verfügbarkeit auch bei Zuckerrüben. Nutzung hochre-sistenter Ölrettich- oder Senfsorten als unmittelbare Vorfrucht zu Zuckerrüben zur biologischen Entseuchung des Bodens. Chemische Maßnahme nur gegen Kartoffel-zystennematoden mit Forthiazate (Kap. 26). Breit wirksame „Bodenentseuchungs-mittel" haben keine Zulassung mehr.

Stängel- oder Stockälchen, Rübenkopfälchen (*Ditylenchus dipsaci*) an Roggen, Hafer, Mais, Klee, Tabak, Beta-Rübe u. a.

Hauptsymptome: An Getreide Blattränder gewellt, zwiebelartige Anschwellungen der Triebbasis, Schoßneigung gering, starke Bestockung („Stockkrankheit") (Abb. 8.7). Beim Klee Triebe an der Basis zwiebelartig geschwollen, Sprossknospen und Blüten-köpfe vergallt. An Tabak gelbliche, später dunkle Gallen bis in 60 cm Stängelhöhe, Rindengewebe vermorscht, leichtes Umbrechen der Pflanzen („Umfällerkrankheit"). Bei Zucker- und Futterrübe ist das Hypokotyl junger Pflanzen verdickt; Missbildungen an den jüngsten Blättern, Rübenkopf mit schorfartigen und nekrotischen Partien, Riss-bildungen („Rübenkopffäule").

Biologie: Überwinterung erfolgt in allen Entwicklungsstadien sowohl in Pflanzen-rückständen als auch im Boden. Das Älchen dringt über Spaltöffnungen oder Verlet-zungen in die Wirtspflanzen ein. Ein Weibchen legt bis zu 500 Eier in das Pflanzen-gewebe ab. Larven häuten sich insgesamt vier mal; die älteren verlassen häufig ihre Wirte, um neue Pflanzen aufzusuchen. Nematoden sind sehr widerstandsfähig, fallen bei Trockenheit in Anabiose („Trockenstarre") und können auf diese Weise im Boden über ein Jahr ohne Nahrungsaufnahme überleben. Bis zu 4 Generationen (s. Abb. 8.8).

Bekämpfung: Anbau resistenter Sorten und Verzicht auf anfällige Kulturpflanzen für mehrere Jahre. Sorgfältige Unkrautbekämpfung.

Bemerkungen: Außer den oben erwähnten Kulturpflanzen werden Raps, Kartoffel, Zwiebel, Ackerbohne, Möhre, Sellerie, Tomate, Erdbeere u. a. sowie viele Zierpflan-zen, Unkräuter und Ungräser von *D.dipsaci* befallen. Stark ausgeprägte Rassenbildung.

Weizenälchen, Radekrankheit (*Anguina tritici*) an Weizen (Dinkel, Roggen).

Hauptsymptome: Wellungen und Kräuselungen der Blattränder. Anstatt der Kary-opsen werden dunkelfarbige Gallen („Radekörner") ausgebildet, die kleiner und runder als die Weizenkörner sind.

Biologie: Die Überwinterung erfolgt als Ei oder Larve in den Radekörnern, wo sie über 20 Jahre lebensfähig bleiben können. Larven sind in der Lage, auch nach Verlassen der Gallen ein halbes Jahr ohne Wirtspflanze im Boden zu überdauern. Eine Generation.

Bekämpfung: Sorgfältige Saatgutreinigung. Saatgutwechsel. Fruchtfolgemaßnahmen.

Bemerkungen: *Anguina tritici* tritt vergesellschaftet mit der Federbuschsporenkrankheit (*Dilophospora alopecuri*) auf. Es ist bei regelmäßiger Saatgutreinigung ohne wirtschaftliche Bedeutung.

Gemüsebau

Nördliches Wurzelgallenälchen (*Meloidogyne hapla* und weitere *Meloidogyne*-Arten) an Möhre, Gurke, Salat, Tomate, Erbse, Kartoffel, Zuckerrübe, Luzerne und vielen Unkräutern. Insgesamt sind 350 Wirtspflanzen bekannt.

Hauptsymptome: Wachstumshemmungen und Welken der Pflanzen bei höheren Temperaturen. An den Wurzeln Gallen mit Ausbildung von Nebenwurzeln (Abb. 8.6).

Biologie: Im Freiland überwintert der Schädling im Eistadium, im Gewächshaus auch als Larve. Nach dem Schlüpfen wandern die Larven zu den Wurzeln, dringen in diese ein und induzieren die Bildung von Syncytien (Nährzellen). Wurzelgewebe hypertrophiert, es entsteht eine Galle. Der Hinterleib der Weibchen schwillt stark an und die produzierten Eier (400–800) werden nach außen in einen gelatinösen Eiersack ablegt. Im Freiland sind ein bis drei Generationen die Regel, im Gewächshaus sind bis zu 10 möglich.

Bekämpfung: Geeignete Fruchtfolgemaßnahmen (verstärkter Anbau von Getreide und/oder Gräsern). Sorgfältige Unkrautbekämpfung. Entseuchung des Bodens durch Bodendämpfung (Saatbeeterde).

Bemerkungen: In Mitteleuropa größere Schäden an Gewächshauskulturen, in Baumschulen und im ökologischen Gemüsebau.

Obstbau

Erdbeerälchen (*Aphelenchoides fragariae*) an Erdbeere und zahlreichen Zierpflanzen.

Hauptsymptome: Blütenstängel verdickt, verkürzt und stark verzweigt. Blätter verkrüppeln, die Blattfläche ist reduziert. Kleine Früchte.

Biologie: Überwinterung in den befallenen Teilen der Wirtspflanze, in geringerem Umfang auch im Boden. Nematoden können bis zu zwei Jahre in Anabiose verharren. Ein Weibchen legt 25–35 Eier ab. Zahlreiche Generationen.

Bekämpfung: Beseitigung befallener Pflanzen. Geeignete Fruchtfolgemaßnahmen. Verwendung von gesundem Pflanzmaterial. Chemische Mittel stehen nicht zur Verfügung.

Wandernde Wurzelnematoden (*Pratylenchus penetrans, P.neclectus, P.crenatus*) an Gehölzpflanzen (Apfel, Birne, Kirsche, Weinrebe u. a.), Gemüsekulturen, Getreide, Mais (großer Wirtspflanzenkreis).

Hauptsymptome: An Obstgehölzen und Gemüsepflanzen nesterweise Wachstumshemmungen und Vergilbungserscheinungen. Bei Getreide und Raps geringe Bestockungs- und Schoßneigung. Notreife. An den Wurzeln dunkle, nekrotisierte Läsionen, teilweise Totalausfall.

Biologie: Die Nematoden dringen vom Boden aus in die Wurzeln ein (Endoparasiten) und zerstören die Rindenschicht. Eiablage erfolgt im Wurzelgewebe. Larven und adulte Tiere können die Wurzeln wieder verlassen und weitere Pflanzen befallen („wandernde Wurzelnematoden"). Bei Trockenheit fallen die *Pratylenchus*-Arten in Anabiose („Trockenstarre"). 5–6 Generationen.

Bekämpfung: Vielseitige Fruchtfolge. Bei Obstgehölzen (Baumschulen) Anbau von Feindpflanzen (z. B. Tagetes-Arten).

Bemerkungen: Wandernde Wurzelnematoden sind häufig die Ursache der sogen. Bodenmüdigkeit, vor allem in Baumschulen, und treten immer stärker auch im Ackerbau auf.

Literatur

Atkinson HJ, Urwin PE, McPherson MJ (2003) Engineering plants for nematode resistance. Annu Rev Phythopathol 41:615–639

Barker KR (2003) Perspectives on plant and soil nematodes. Annu Rev Phytopathol 41:1–25

Chitwood DJ (2002) Phytochemical based strategies for nematode control. Annu Rev Phytopathol 40:221–249

Chitwood DJ (2002) Chemoreception in plant parasitic nematodes. Annu Rev Phytopathol 34:181–199

Dekker H (1969) Phytonematologie. VEB Deutscher Landwirtschaftsverlag, Berlin

Lee DL (2002) The biology of nematodes. Taylor & Francis, London

Mühle E, Wetzel T, Frauenstein K, Fuchs E (1977) Praktikum zur Biologie und Diagnostik der Krankheitserreger und Schädlinge an Kulturpflanzen. Hirzel, Leipzig

Perry RN, Moens M (2006) Plant nematology. CABI Publishing, London

Remane A, Storch V, Welsch U (1986) Systematische Zoologie, 3. Aufl. Fischer, Stuttgart

Wyss U (2002) Feeding behaviour of plant-parasitic nematodes. In: Lee DL (ed) The biology of nematodes. Taylor & Francis, London New York

Wyss U, Müller J (1983) Pflanzenschädigung durch sedentäre Wurzelnematoden. Film Nr. C 1485. Inst Wiss Film, Göttingen

Zunke U (1988) Verhalten des Wurzelnematoden *Pratylenchus penetrans*. Film Nr. C 1676. Inst Wiss Film, Göttingen

9 Schnecken

Die Schnecken gehören zum Stamm der Weichtiere (Mollusca). Es gibt über 43 000 Arten, das heißt, 78% aller bekannten Weichtiere sind Schnecken. Schäden an den Kulturpflanzen entstehen vor allem durch Nacktschnecken in feuchten und warmen Jahren, auf nassen Standorten und bindigen Böden. Bei starkem Auftreten ist Kahlfraß möglich.

Körperbau

Schnecken sind nach dem Grundmuster aller Weichtiere aufgebaut (Abb. 9.1): Der Körper gliedert sich in Kopf, Fuß, Eingeweidesack und Mantel. Zahlreiche Arten tragen ein Gehäuse. Auffällig ist der muskulöse, bewegliche **Fuß**, der auch als Kriechsohle bezeichnet wird. Die gleitende

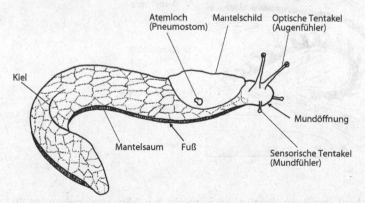

Abb. 9.1 Körperbau der Genetzten Ackerschnecke (*Deroceras reticulatum*), schematisch; verändert nach Godan (1979), Runham u. Hunter (1970)

Vorwärtsbewegung wird durch wellenförmige, von hinten nach vorn verlaufende Muskelkontraktionen ausgelöst. Die Sohlendrüse oberhalb des Fußes produziert den für das Vorangleiten erforderlichen Schleim, der in der Nähe der Mundöffnung freigesetzt wird. Schnecken wandern mit ihrem Fuß auch über scharfkantige Oberflächen und sind dabei durch das zähe Sekret geschützt. An geschädigten Pflanzen verbleiben die silbrig glänzenden Schleimspuren, die oft den ersten Hinweis auf einen Befall liefern.

Die meisten Körperorgane befinden sich im **Eingeweidesack**, der bei Gehäuseschnecken das spiralige, kalkhaltige Gehäuse weitgehend ausfüllt und sich bei Nacktschnecken unterhalb des Mantelschildes befindet. Wie alle Weichtiere haben sie einen offenen Blutkreislauf. Bei Landschnecken sind die ursprünglichen Kiemen zurückgebildet, es hat sich eine Lunge entwickelt, in der ein Geflecht fein verästelter Blutgefäße das Dach der Mantelhöhle durchzieht und für den Gasaustausch der Körperflüssigkeit sorgt. An der rechten Körperseite, am unteren Rand des Mantels, befindet sich die verschließbare **Atemöffnung** (Pneumostom). Durch die Atmung sind Schnecken einem permanenten **Wasserverlust** ausgesetzt. Der Ausgleich erfolgt entweder über die Nahrung oder durch die hygroskopische Wirkung des Körperschleims.

Markant ist der bewegliche Kopf. Kleine Taster (sensorische Tentakel) in der Nähe der Mundöffnung ermöglichen die Nahrungsfindung. Die großen, einziehbaren Augenfühler (optische Tentakel) sind mit Rezeptoren ausgestattet, mit denen die Tiere auf die Richtung des einfallenden Lichtes reagieren. Weitere Lichtsinnesorgane finden sich in der Haut. Aus diesem Grund zeigen Schnecken einen ausgeprägten Schattenreflex und flüchten schnell vor dem Sonnenlicht und dem damit verbundenen Wasserverlust.

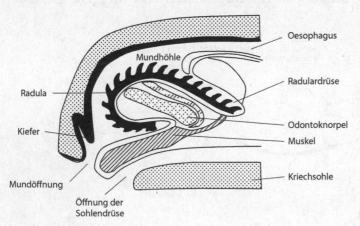

Abb. 9.2 Längsschnitt durch den Kopf einer Schnecke mit Mundwerkzeugen; nach Godan (1979), Runham u. Hunter (1970), vereinfacht

Die **Mundöffnung** kann durch einen Muskelapparat geöffnet und geschlossen werden. In der Mundhöhle befindet sich die **Radula** (Abb. 9.2). Diese bildet eine biegsame Reibplatte mit zahlreichen, rückwärts gerichteten Zähnchen aus Chitin zum Abschaben von Nahrung. Diesem Werkzeug steht eine chitinisierte Platte im Oberkiefer gegenüber. Bei der Nahrungsaufnahme entsteht so das typische Fraßbild mit schrägem Rand im Pflanzengewebe. Schnecken sind polyphag, bevorzugen in der Vegetationszeit aber junges, zartes Pflanzengewebe. Sie fressen auch tote Artgenossen, abgestorbene organische Substanz und Kot und verschleppen somit viele Krankheitserreger von Mensch, Tier und Pflanze.

Entwicklung

Schnecken sind ausnahmslos zwittrige Tiere (Hermaphroditen), suchen aber zur Reproduktion häufig Geschlechtspartner auf. Genetische Untersuchungen an Ackerschnecken zeigten, dass Selbstbefruchtung häufiger auftritt als erwartet und die schnelle Entwicklung großer Populationen ausgehend von nur wenigen Individuen erklärt. Nach der Befruchtung werden Eipakete bodennah an geschützten Plätzen abgelegt.

Je feuchter die Witterung, desto höher ist die Schlupfrate. Je nach Art, Temperatur und Nahrungsangebot dauert es entweder nur sechs Wochen, oft aber einige Monate, bis die Geschlechtsreife eintritt und ein neuer Entwicklungszyklus beginnt. Aus diesem Grund ist es schwierig, die Anzahl der auftretenden Generationen zu verallgemeinern.

Die in der Landwirtschaft besonders schädlichen Ackerschnecken haben ein hohes Vermehrungspotential. Nach der Begattung legen sie bis zu 300 Eier in Form von Paketen mit 10–30 Stück ab. Diese werden an Pflanzenreste oder große Bodenklumpen geklebt. Der Larvenschlupf erfolgt im Sommer zwei bis vier Wochen später, in der kälteren Jahreszeit oft erst nach drei Monaten. Der Höhepunkt der Eiablage liegt während der Sommermonate. Die Fortpflanzung ist den Tieren bei günstigen Bedingungen bereits nach sechs bis acht Wochen möglich; je nach Lebensbedingungen kann die Geschlechtsreife aber auch erst nach einem halben Jahr eintreten. Hier muss vor der Bestellung eine **Befallskontrolle** durch Auslegen lichtundurchlässiger Folien, Bretter oder anderer Gegenstände erfolgen. Über Nacht verlassen die Tiere den Boden und setzen sich an die Unterseite der Abdeckungen. Auf diese Weise erhält man schnell einen Eindruck von der vorhandenen Population.

Die Lebensdauer der Schädlinge ist stark von der Temperatur abhängig und beträgt viele Monate. Vereinzelt wurde auch von Individuen berichtet, die länger als ein Jahr lebten. Ackerschnecken überstehen den Winter an geschützten Orten entweder als Ei oder bei milder Witterung auch als adulte Tiere. In Nordwesteuropa treten meist **ein bis zwei Generationen** pro Jahr auf. Unter günstigen Bedingungen können es aber auch mehrere sein, die sich überlappen. Die Biologie der ebenfalls schädigenden Wegschnecken entspricht weitgehend derjenigen der Ackerschnecken.

Auf grobschorligen Böden sind die Lebensbedingungen aufgrund der **Hohlräume** besonders günstig, denn die Adulten und ihre Eier werden vor Licht und Austrocknung geschützt.

Dagegen können sich Gehäuseschnecken bei anhaltender Trockenheit und Wärme in ihr Haus zurückziehen und die Öffnung mit einem Sekret verschließen. So harren manche Arten monatelang aus, um bei feuchter Witterung schlagartig wieder aktiv werden. Als Schädlinge an Kulturpflanzen erlangen sie aber bei weitem nicht die Bedeutung der Nacktschnecken.

Schadsymptome

Das Auftreten der schädlichen Nacktschnecken wird durch die Witterung und zahlreiche andere Faktoren beeinflusst. Mit den sensiblen Sinnesorganen finden diese Tiere gequollene Getreidekörner im Boden und wandern dabei die Saatreihe entlang; sie zerstören selektiv nur die Embryonen oder ganz junge Keimlinge und lassen den Mehlkörper zurück. An Getreideblättern, Raps, Gemüse und Zierpflanzen findet sich teilweise ausgedehnter Loch- oder Schlitzfraß. Knollen und Rübenkörper von Gemüse (Radieschen, Rettich usw.) werden ausgehöhlt. Besonders gefährdet ist das Keimlingsstadium. Ein starker Schneckenfraß während dieser Zeit kann zum Totalschaden führen. Die optimale „Aktionstemperatur" der Schnecken liegt bei 17–20°C.

Befallsfördernd wirken sich aus:

- Reiches Nahrungsangebot (Keimlinge, Blätter, Früchte)
- Verzögerte Jungpflanzenentwicklung
- Anbau von Kulturen mit starker Bodendeckung (Raps, Sonnenblumen, Gemüse)
- Stillgelegte Anbauflächen
- Grobschollige, schwere Böden mit Hohlräumen nach der Bearbeitung
- Kalkreiche Böden
- Niederschlagreiches Wetter, starker Taufall, Beregnung
- Milde Winter ohne lange Frostperiode oder Schneelage
- Temperaturen zwischen 15°C und 20°C in der Hauptvegetationszeit
- Anbau von Zwischenfrüchten, Stroheinarbeitung und Mulchsaat.

Bekämpfungsmaßnahmen

Um eine nachhaltige Reduzierung eines Schneckenbesatzes zu erreichen, müssen **vorbeugende Maßnahmen** angewendet werden, die das Ziel haben, den Tieren die Nahrungsgrundlage sowie ihre Verstecke und Ausbreitungsmöglichkeiten im Boden zu entziehen. Dazu gehören:

- Frühzeitige Bodenbearbeitung vor der Aussaat, um ein Abtrocknen des Bodens zu ermöglichen
- Vorhandene Zwischenfrucht rechtzeitig mähen und einarbeiten
- Für Rückverfestigung des Saatbeetes sorgen, wodurch Hohlräume im Boden, in die sich die Schnecken zurückziehen können, verkleinert werden
- Beseitigung übermäßiger Feuchtigkeit (Drainage) und Schlupfwinkel (Grabenböschungen, Raine, Hecken)
- Streuen von Kalkstickstoff (z. B. 2,5 kg/ha vor der Rapssaat) verringert den Befall
- Befallskontrolle vor der Bestellung, um die Notwendigkeit einer Bekämpfung beurteilen zu können.

Liegt ein nennenswerter Befall vor, können Molluskizide (s. Kap. 25) in Form von Köderpräparaten („Schneckenkorn") eingesetzt werden. Diese sind als Pellets formuliert und lassen sich auf den Befallsflächen mit Granulatstreugeräten oder in Mischung mit Grunddünger ausbringen. Die Schädlinge werden angelockt, und durch die Aufnahme kommt es – je nach Wirkstoff – entweder zur direkten Abtötung oder die Schnecken sterben durch starke Schleimabsonderung an Wassermangel. Dieser Verlust kann jedoch bei feuchtem Wetter durch Wasseraufnahme über die von Schleim bedeckte Haut ausgeglichen werden.

In begrenztem Umfang ist auch eine biologische Bekämpfung möglich. Nematodenarten wie *Phasmarhabditis hermaphrodita* parasitieren Ackerschnecken. Diese Art lebt in Symbiose mit Bakterien, die bei der Besiedlung des Wirts ausgeschieden werden, sich stark vermehren und dabei die Schnecke abtöten. In Großbritannien sind entsprechende Präparate für den Hobby- und Erwerbsgartenbau auf dem Markt (Nemaslug®). Ihrer Nutzung im praktischen Pflanzenschutz stehen allerdings die deutlich höheren Kosten im Vergleich zu Köderpräparaten entgegen. Eine langfristige Ansiedlung dieser Parasiten in Ackerböden ist bisher nicht gelungen.

Klassifizierung

Über die Systematik der Gastropoda herrscht immer noch keine völlige Klarheit. Das traditionelle System, bei dem zwischen drei Hauptgruppen unter-

Tabelle 9.1 Klassifizierung der Gastropoda (Schnecken)

Stamm (Abteilung):	Mollusca (Weichtiere)
Klasse:	Gastropoda (Schnecken)
Ordnung:	Pulmonata (Lungenschnecken)
Unterordnung:	Stylommatophora (Landlungenschnecken)
Familie:	Limacidae (Egelschnecken)
Familie:	Arionidae (Wegschnecken)
Familie:	Helicidae (Schnirkelschnecken)

schieden wird (Hinterkiemen-, Vorderkiemen- und Lungenschnecken), ist veraltet. Die Analyse genetischer Merkmale brachte neue Erkenntnisse, die zu einer revidierten Klassifikation führten (Ponder u. Lindberg, 1997). Danach gehören die für die Phytopathologie wichtigen Arten zur Ordnung Pulmonata (Lungenschnecken) bzw. zur Unterordnung Stylommatophora (Landlungenschnecken) und den Familien Limacidae (Egelschnecken), Arionidae (Wegschnecken) und Helicidae (Schnirkelschnecken) (Tabelle 9.1).

An Ackerkulturen werden vor allem die 3 bis 6 cm großen *Deroceras*-Arten aus der Familie Limacidae (Egelschnecken, Ackerschnecken) schädlich. Aufgrund ihrer Größe (8 bis 12 cm) können auch die zur Familie Arionidae zählenden Wegschnecken (*Arion*-Arten) gelegentlich Fraßschäden verursachen. Sie erreichen jedoch nicht die Massenvermehrungen der Ackerschnecken:

- ***Deroceras agreste, D. reticulatum*** (Graue Ackerschnecke) an Getreide, Raps, Klee, Erdbeere, Gemüsekulturen, u. a.
- *Deroceras laeve*   (Farnschnecke) gelegentlich in Gewächshäusern schädlich
- ***Arion lusitanicus*** (Spanische Wegschnecke) an Getreide, Raps, Rüben, Gemüsekulturen, u. a.
- *Cepaea hortensis* (Gartenschnirkelschnecke), *C. nemoralis* (Hainschnirkelschnecke), *Helix pomatia* (Weinbergschnecke), das sind Gehäuseschnecken, die gelegentlich Fraßschäden verursachen.

Wichtige, zu den Schnecken gehörende Schädlinge an Acker-, Gemüse- und Obstkulturen

Graue Ackerschnecke, Genetzte Ackerschnecke (*Deroceras agreste, D.reticulatum* an Getreide, Raps, Klee, Erdbeere, Gemüsekulturen, u. a.)
Hauptsymptome: Gewebeverluste durch Schabefraß an Blättern, Stängeln, Knollen. Besonders gefährdet sind Keimlinge.
Biologie: Überwinterung bevorzugt als Ei, in milden Wintern auch als adulte Tiere. Ablage bis zu 300 Eier im Sommer. Schlüpfen der Larven in der Regel zwei bis vier

Wochen später. Eine Fortpflanzung ist unter günstigen Bedingungen bereits nach 6 bis 8 Wochen möglich.

Bekämpfung: Vorbeugende Maßnahmen, wie z. B. frühzeitige Bodenbearbeitung, Rückverfestigung des Saatbeets, Beseitigung übermäßiger Feuchtigkeit. Chemische Bekämpfung mit Molluskiziden (Kap. 25). Oftmals ist eine Randbehandlung ausreichend. Molluskizide werden überwiegend als Köderpräparate (Schneckenkorn) ausgebracht.

Bemerkungen: Typisches Merkmal eines Schneckenbefalls ist die zurückgelassene Schleimspur.

Spanische Wegschnecke, Große Rote Wegschnecke (*Arion lusitanicus, A.rufus*) an Getreide, Raps, Rüben, Gemüsekulturen u. a.

Hauptsymptome: Fraßschäden an Blättern und anderen Pflanzenorganen. Besonders gefährdet sind Keim- und Jungpflanzen. Meist nur im Randbereich der Felder zu finden.

Biologie: Weitgehend identisch mit der Entwicklung der Ackerschnecken.

Bekämpfung: Bekämpfung durch vorbeugende Maßnahmen sowie mit Molluskiziden.

Bemerkungen: *A.lusitanicus* wurde vor einigen Jahrzehnten eingeschleppt und ist vor allem in Süddeutschland verbreitet.

Literatur

Barker GM (2002) Molluscs as crop pests. CABI, London

Barker GM (2001) The biology of terrestrial molluscs. CABI, London

Godan D (1979) Schadschnecken und ihre Bekämpfung. Ulmer, Stuttgart

Kaestner A (1982) Lehrbuch der speziellen Zoologie, Bd. I/3 Mollusca. Fischer, Stuttgart

McCracken, GF, Selander RK (1980) Self-fertilization and monogenic strains in natural populations of terrestrial slugs. Proc Nat Acad Sci USA 77/1:684–688

Ponder WF, Lindberg DR (1997) Towards a phylogeny of gastropod molluscs; an analysis using morphological characters. Zool J Linn Soc 119:83–265

South, A (1992) Terrestrial slugs. Biology, ecology and control. Chapman & Hall, London

10 Arthropoden

Etwa zwei Drittel der gegenwärtig bekannten Tierarten gehören zu den Gliederfüßern (Stamm Arthropoda), die zu 85% von Insekten repräsentiert werden. Ein erheblicher Anteil der Arthropoden ist phytophag. Diese Tiere ernähren sich von Pflanzen und können zur Beeinträchtigung des Wachstums führen, Saug- und Fraßschäden verursachen sowie Viruskrankheiten übertragen. Auf diese Weise werden erhebliche Ertrags- und Qualitätsverluste verursacht.

Pflanzenschädliche Arthropoden zeichnen sich durch ihre Formenvielfalt und Anpassungsfähigkeit an die Lebensräume aus. Charakteristische Merkmale dieser Tiergruppe sind:

- Die Extremitäten sind gegliedert (Name!)
- Der Körper setzt sich aus einzelnen Segmenten zusammen
- Eine widerstandsfähige Cuticula, die überwiegend aus Chitin besteht, schützt die landlebenden Tiere vor Austrocknung und Verletzungen
- Die Atmung erfolgt bei Landarthropoden über Tracheen (Einstülpungen der Körperoberfläche).

Zahlreiche Arthropoden verfügen über einen stark ausgeprägten Tastsinn, sensible Augen und sind in der Lage, Geruchs- und Geschmacksstoffe in geringsten Konzentrationen wahrzunehmen.

Viele Arten vermehren sich schnell und bilden innerhalb einer Vegetationsperiode zahlreiche Generationen, so dass sich ein enormes Schadpotential aufbauen kann. Insbesondere bei Milben, aber auch bei Insekten (z. B. Blattläusen), findet man Formen der ungeschlechtlichen Fortpflanzung, woraus sich ein noch schnellerer Populationsaufbau ergibt; manche Arten (z. B. Spinnmilben) sind auch zur Bildung haploider Individuen fähig.

Die taxonomische Gliederung der Arthropoden erfährt seit einigen Jahren aufgrund neuer molekularer Erkenntnisse laufend Aktualisierungen,

H. Börner, *Pflanzenkrankheiten und Pflanzenschutz*,
© Springer 2009

Tabelle 10.1 Klassifizierung der Arthropoden

Stamm (Abteilung):	Arthropoda (Gliederfüßer)
Klasse:	Crustacea (Krebstiere)
Klasse:	Myriapoda (Tausendfüßer)
Klasse:	Arachnida (Spinnentiere)
Klasse:	Insecta (Insekten, Hexapoda)

weil die phylogenetische Abstammung immer detaillierter aufgeklärt werden kann.

Man unterscheidet innerhalb des Tierstamms Arthropoda vier Tierklassen: Crustacea (Krebstiere), Myriapoda (Tausendfüßer), Arachnida (Spinnentiere) und die außerordentlich formenreiche Gruppe Insecta (Insekten) (Tabelle 10.1).

Die weitere Gliederung erfolgt in Ordnungen, Familien und Gattungen. Um die Gesamtübersicht zu erleichtern, wurde auf die Einführung von Unterklassen, Unterordnungen und Unterfamilien verzichtet und eine Gliederung in der Regel nur bis zur Ebene der Ordnungen vorgenommen. In Einzelfällen, insbesondere bei den sehr heterogenen und artenreichen Insekten wurden nur die systematischen Einheiten berücksichtigt, in denen wichtige, in Mitteleuropa bekannte Schädlinge vorkommen.

Die hier verwendete Klassifizierung entspricht den Angaben von Kendall (2007). Ein von einem europäischen Expertengremium entwickeltes System (Fauna Europaea 2007) weicht in einigen Punkten von herkömmlichen Einteilungen ab. Dies trifft vor allem auf die Klasse Insecta zu. Die wichtigsten Änderungen sind:

- Die Collembolen werden nicht mehr als Insekten angesehen, sondern in einer eigenständigen Klasse (*Enthognata*) zusammengefasst
- Die früher verbreitete Gliederung der Insekten in Hemi- und Holometabola entspricht nicht den Kriterien der phylogenetischen Abstammung und findet deshalb in diesem System keine Anwendung mehr.

10.1 Crustacea (Krebstiere)

Die Krebstiere leben überwiegend im Wasser. Lediglich die zur Ordnung Isopoda gehörenden landlebenden Asseln können gelegentlich an Pflanzen und Früchten schädlich werden.

Asseln sind bedeutende Primärzersetzer in der Streuschicht der Böden und gehören zu den wichtigsten Humusbildnern. Typisch ist ihr relativ flacher, schildartiger Körper mit konstanter Anzahl von Segmenten, stark reduzierten Antennen und Fühlern sowie sieben Beinpaaren. Der Kopf bildet mit einem oder mehreren Körpersegmenten eine Einheit (Cephalothorax). Sie besitzen als Mundwerkzeuge kräftige Mandibeln, mit denen sie imstande sind, organische Substanz zu zerkleinern. Als ursprüngliche Wassertiere bevorzugen sie eine kühle und feuchte Umgebung. Die Tiere sind lichtscheu und um sich vor Wärme und Trockenheit zu schützen, hauptsächlich nachtaktiv.

Schäden an Pflanzen durch Asseln sind nur dann zu erwarten, wenn Pflanzen auf feuchten Substraten mit hohen Gehalten organischer Substanz kultiviert werden und weiches Gewebe als Nahrung zur Verfügung steht. Früher waren diese Tiere in Gewächshäusern mit Grund- oder Erdbeeten häufig vertreten. Die Umstellung auf andere Substrate oder Hydrokultur hat zur Folge, dass Schäden durch diese Bodenbewohner nur noch selten sind.

Einige Arten wie die Mauerassel (*Oniscus asellus*), Kellerassel (*Porcellio scaber*), sowie die Roll- und Kugelasselarten (*Armadillidium vulgare* und *A. nasutum)* verursachen Fraßschäden an Zwiebeln, Kartoffeln, Gurken oder an Keimpflanzen sowohl im Freiland als auch im Gewächshaus. Es treten Symptome auf, die mit denen von Schnecken vergleichbar sind, es fehlen jedoch die Schleimspuren. Die 10 bis 15 mm großen Tiere halten sich tagsüber in dunklen und feuchten Verstecken auf, aus denen sie erst nachts hervorkommen, um zu fressen.

Zur Bekämpfung der Asseln sind vor allem vorbeugende Maßnahmen angezeigt. Dazu gehören die Beseitigung der Schlupfwinkel sowie Ordnung und Sauberkeit in den Gewächshäusern. Eine chemische Bekämpfung der Schädlinge in ihren Rückzugsräumen mit Kontaktinsektiziden ist möglich.

10.2 Myriapoda (Tausendfüßer)

Die pflanzenschädigenden Arten unter den Tausendfüßern gehören zur Ordnung Diplopoda (Doppelfüßer). Sie haben einen gestreckten, ein bis mehrere Zentimeter langen Körper mit einer gleichförmigen Segmentierung. Jedes Segment trägt zwei Extremitätenpaare, der Kopf beißend-kauende Mundwerkzeuge (Mandibeln, Maxillen) (Abb. 10.1).

Allgemein leben die Tausendfüßer von zerfallenden Pflanzenteilen und Tierresten (Humusbildner). Bei Trockenheit gehen einige Arten zur Deckung ihres Feuchtigkeitsbedarfs auf lebende Pflanzenteile über. Bevorzugt werden Keimlinge und saftiges Gewebe (Erdbeeren, abgefallenes Obst, Gurken, Möhren) durch Fraß geschädigt. Tausendfüßer sind getrenntgeschlechtlich. Die Zahl der abgelegten Eier schwankt bei den einzelnen Arten erheblich (10 bis über 100). Die jungen Larven besitzen nur

Abb. 10.1 Körpersegment eines Diplo-
poden (*oben*). Phytophager Tausendfüßer
(*schematisch, unten*)

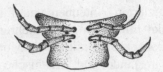

Körpersegment der Diplopoda

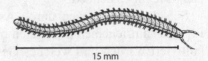

15 mm

Phytophager Tausendfüßer,
schematisch

drei Beinpaare. Ihre Zahl nimmt mit jeder Häutung an der Proliferations-
zone (hintere Körpersegmente) zu. Die Überwinterung erfolgt als Ei, Larve
und erwachsenes Tier. Die Lebensdauer beträgt mehrere Monate bis Jahre.

Häufig auftretende Arten sind der **Getüpfelte Tausendfuß** (*Blaniulus
guttulatus*) und der **Gepanzerte Tausendfuß** (*Cylindroiulus teutonicus*).

In der Regel ist eine Bekämpfung der Tausendfüßer nicht erforderlich.
In Gewächshäusern sind insektizidhaltige Köder wirksam (Kartoffel- oder
Möhrenscheiben unter umgestülpten Blumentöpfen). In Rübenkulturen
werden durch eine Saatgutbehandlung mit Insektiziden auch die Tausendfüßer mit erfasst. Das gleiche gilt für Bodenentseuchungsmaßnahmen.
Wichtig ist auch, die Schlupfwinkel der Tiere außerhalb der Kulturen zu
beseitigen bzw. die Schädlinge dort zu bekämpfen.

10.3   Arachnida (Spinnentiere)

Von wenigen Ausnahmen abgesehen haben Spinnentiere im Gegensatz zu
den anderen Arthropoden vier Paar Laufbeine. Phytopathologisch von
besonderem Interesse sind die Milben (Acari), die innerhalb der Klasse
Arachnida die umfangreichste Ordnung darstellen. Sie zeichnen sich durch
eine große Artenvielfalt und Anpassungsfähigkeit an ihre Umgebung aus:

- **Saprophage** Milben leben von abgestorbener organischer Substanz und
  tragen erheblich zur Streuzersetzung in Böden bei
- **Zoophage** verursachen bei Tier und Mensch unter anderem Hautkrank-
  heiten (z. B. Krätze), übertragen Infektionskrankheiten (z. B. Borreliose
  durch Zecken) oder treten als Parasiten an Insekten auf (z. B. Varroa-
  Milbe an der Honigbiene). Räuberische Arten werden seit Jahren im

biologischen Pflanzenschutz erfolgreich gegen pflanzenschädliche Milben eingesetzt (Kap. 19)
- **Omnivore** nutzen tierische und pflanzliche Nahrung
- **Phytophage** ernähren sich von Pflanzen und besitzen ein enormes Vermehrungspotential; die weltweite Intensivierung des Kulturpflanzenanbaus, die Tatsache, dass chemische Präparate von Milben weniger wirkungsvoll aufgenommen werden als von Insekten und die daraus resultierende Neigung zur Resistenz haben das Vermehrungspotential dieser Schädlinge stark gefördert. Dauerkulturen wie Obst, Wein und Gehölze sind stärker betroffen als der Ackerbau.

Körperbau

Phytophage **Milben** sind nur 0,1–0,7 mm groß. Sie besitzen einen unsegmentierten Körper und zeigen eine starke Reduktion diverser Körperteile. Sie haben weder Antennen noch Flügel und anstelle der Komplexaugen vereinzelt Punktaugen (Ocelli) zur Lichtwahrnehmung. Typisch sind die zahlreichen Borsten, von denen vor allem die Extremitäten überzogen sind. Aufgrund fehlender Antennen wird das vordere Extremitätenpaar oft zum Tasten benutzt.

Der Körper lässt sich – mit Ausnahme der Gallmilben – in zwei **Hauptabschnitte** gliedern (Abb. 10.2):

- **Gnathosoma** („Falscher Kopf"): Im vorderen Körperabschnitt liegt eine Verschmelzung der scherenförmigen Mundwerkzeuge (Cheliceren) mit den Tastern (Palpen) vor. Gegenüber dem restlichen Körper (Idiosoma) ist das Gnathosoma meist sehr beweglich, oft einziehbar und dient der Nahrungsortung und -aufnahme. Bei den pflanzenparasitären Milben sind die Cheliceren zu einspitzigen, nadelförmigen Stechborsten umgewandelt, mit denen sie Pflanzenzellen durch Anstich und Aussaugen oder eine komplexe Gallbildung schädigen. Nur vorratsschädliche und manche räuberische Milben besitzen scherenförmige Mundwerkzeuge, mit deren Hilfe sie feste Nahrung zerkleinern und aufnehmen können. Die segmentierten Beintaster (Pedipalpen) werden für die Nahrungsfindung benötigt und sind bei den phytophagen Formen stets kleiner als die Laufbeine. Eine Ausnahme bilden räuberische Arten
- **Idiosoma** (Rumpf): Hinter dem zweiten Laufbeinsegment ist der Rumpf bei den meisten Milben durch die Ausbildung einer Furche (sejugale Furche oder Naht) in zwei gut erkennbare Abschnitte unterteilt; der vordere wird als **Propodosoma** und der hintere als **Hysterosoma** bezeichnet (Abb. 10.2).

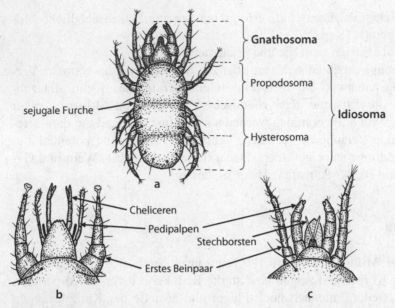

Abb. 10.2 a–c Körperbau typischer Milben. **a** Habitus einer Spinnmilbe; **b** Mundwerkzeuge einer räuberischen Milbe; **c** Mundwerkzeuge einer Spinnmilbe

Das **Nervensystem** ist im Propodosoma konzentriert und weist ein besonders großes Oberschlundganglion (Nervenknoten) auf. Wichtige Sinnesorgane von Milben sind die zahlreichen Tasthaare an Rumpf und Extremitäten. Sie sind häufig mit Chemorezeptoren ausgestattet und dienen dem Auffinden der Nahrung.

Entwicklung

Die Individualentwicklung der Milben verläuft grundsätzlich über mehrere Stadien:

Ei → Larve → Nymphen → Imago

Larven haben immer nur drei Beinpaare, und es treten bis zu drei Nymphenstadien auf (Proto-, Deuto- und Tritonymphe). Jeder Entwicklungsabschnitt wird durch ein Ruhestadium (Chrysalis) abgeschlossen, in dem die Umwandlung der Organe stattfindet.

Schadsymptome

Milbenbefall wirkt sich an Pflanzen sehr unterschiedlich aus, einmal was die beeinträchtigte Entwicklung der Kulturpflanzen betrifft, zum anderen im Hinblick auf die daraus resultierenden Ertrags- und Qualitätsverluste. Typische Symptome sind:

- **Verfärbungen, Aufhellungen, Interkostalchlorosen und -nekrosen**. Weiße bis gelbliche Flecken, die später zu einer grau-braunen Farbe oder Nekrose des gesamten Blattes führen (Spinnmilben)
- **Welke**. Infolge der hohen Verdunstung durch Stichverletzungen an der Epidermis kommt es vor allem im Gewächshaus zum Verwelken und Einrollen der Blätter (Spinnmilben)
- **Gespinstbildung**. Feine Spinnfäden überziehen die befallenen Pflanzenorgane und bilden einen geschützten Lebensraum, unter dem sich Milben bevorzugt aufhalten und vermehren (Spinnmilben)
- **Formveränderung**. Blattkräuselung (Erdbeermilbe, Rebenkräuselmilbe), Blattpockenbildung (Birnenpockenmilbe, Rebenpockenmilbe), Vergallung der Knospen (Johannisbeergallmilbe)
- **Berostung**. Zahlreiche, kleine bräunliche Nekrosen überziehen Blätter oder Früchte und verursachen eine rostbraune Verfärbung, verstärkte Transpiration und gelegentliches Blattrollen (Gallmilben).

Bekämpfungsmaßnahmen

Weil Milben sehr kleine Schädlinge sind, wird der Ausgangsbefall leicht übersehen. Ihre **Verbreitung** kann durch aktive Wanderung (Spinnmilben, Weichhautmilben) über weitere Strecken durch **Wind**, Wasser, Saat- und Pflanzgut und sonstiges befallenes Pflanzenmaterial erfolgen. Verbreitet ist auch der passive Transport vor allem durch Insekten, aber auch durch Vögel. Nur durch die Kombination mehrerer Maßnahmen kann in anfälligen Kulturen eine Milbenvermehrung verhindert und ein Schaden vermieden werden. Dazu gehören:

- **Vorbeugende Maßnahmen**. Verwendung milbenfreien Pflanzmaterials, z. B. bei Erdbeere, Weinrebe, Obstgehölzen; Stickstoffdüngung begrenzen
- **Biologische Bekämpfung**. In Gewächshäusern finden Spinnmilben hervorragende Vermehrungsmöglichkeiten. Beim Anbau von Gurken mit ihrer hohen Anfälligkeit, aber auch in anderen Kulturen haben sich seit Jahren Raubmilben, wie z. B. *Phytoseiulus persimilis,* als wirksame Räuber gegen die Gemeine Spinnmilbe (*Tetranychus urticae*) bewährt. Bei diesem Verfahren ist darauf zu achten, dass die Freilassung rechtzeitig erfolgt; dazu bedarf es einer intensiven Befallskontrolle (Kap. 19)
- **Einsatz von Akariziden**. In Freilandkulturen (z. B. Obstbau) lässt sich schon im späten Winter das Vorhandensein von Spinnmilbeneiern erfas-

sen. Die frühzeitige Bekämpfung der überwinternden Eier dezimiert die
Ausgangspopulation. Im Laufe der Vegetationszeit ist die natürliche Besiedlung als Folge der Windverbreitung nicht zu unterbinden, wichtig ist
deshalb die regelmäßige Befallskontrolle der Bestände. Je kleiner die
Ausgangspopulation, umso größer ist der Erfolg chemischer Maßnahmen. Darüber hinaus verringert sich die Gefahr der Selektion wenig sensitiver Stämme, die vom Wirkstoff nicht erfasst werden.

In der Vergangenheit wurden viele Antagonisten durch die breite Wirkung von Pflanzenschutzmitteln dezimiert, so dass sich Schadmilben un-
gehindert vermehren konnten. Vor allem in den Dauerkulturen des Obst-
und Weinbaus sind räuberische Milben, Wanzen, Käfer und Florfliegen
vorhanden, die als Antagonisten (natürliche Gegenspieler) die Vermehrung
der Schadmilben begrenzen können. Bei anstehenden Pflanzenschutzmaßnahmen sind deshalb nützlingsschonende Präparate zu bevorzugen, z. B.
systemische Wirkstoffe oder spezielle Akarizide mit selektiver Wirkung
(Kap. 24).

Beim Einsatz von Akariziden sind verschiedene Faktoren zu berücksichtigen:

- **Stadienselektivität**. Die meisten Akarizide wirken nicht gleichzeitig
  gegen alle Entwicklungsstadien der Schadmilben. Einige erfassen entweder nur die Eier (ovizide Wirkung), andere die adulten Tiere, wieder
  andere wirken nur gegen Larven und Nymphen. Somit führt der einma-
  lige Einsatz eines Akarizids nie zu einer vollständigen Vernichtung der
  Gesamtpopulation, so dass zwingend eine zweite und dritte Maßnahme
  erforderlich wird
- **Wirkstoffwechsel**. Bei vielen phytoparasitären Milben entsteht schnell
  eine Resistenz gegen chemische Wirkstoffe (Kap. 21.3). Der Einsatz
  von Akariziden mit unterschiedlichen Wirkungsmechanismen während
  der Vegetationsperiode trägt dazu bei, diese Resistenzen zu vermeiden;
  ferner ist mit Präparaten auf Ölbasis eine gewisse Wirkung zu erzielen,
  da diese das Absterben *aller* Entwicklungsstadien durch Sauerstoffmangel auslösen. Bei empfindlichen Kulturpflanzen führen Ölpräparate allerdings zu Blattnekrosen (verschiedene Zierpflanzen, Auberginen u. a.)
- **Nutzung der akariziden Nebenwirkung anderer Pflanzenschutzmittel**. Die akarizide Nebenwirkung mancher Pflanzenschutzmittel ist beachtlich; dazu gehört elementarer Schwefel, der als Netzschwefel gegen
  Echte Mehltaupilze eingesetzt wird und auch gegen Gallmilben wirksam ist. Durch Einführung organischer Fungizide mit breiterem Wirkungsspektrum und kurativer Wirkung wurde Schwefel aus der praktischen Anwendung im Obst- und Weinbau verdrängt. Im Rahmen der

Indikationszulassung kann er jedoch sinnvoll in Fungizidstrategien solcher Kulturen eingebunden werden, in denen regelmäßiger Schadmilbenbefall zu erwarten ist.

Klassifizierung

Die Klasse Arachnida (Spinnentiere) wird gewöhnlich unterteilt in acht Ordnungen (Kendall 2007). Neben den verschiedenen Spinnenformen und Skorpinen sind die Vertreter aus der Ordnung Acari (Milben) als Pflanzenschädlinge von besonderer Bedeutung. Man unterscheidet aufgrund von Körperbau und Lebensweise vier Familien: Tetranychidae (Spinnmilben), Eriophyidae (Gallmilben), Tarsonemidae (Weichhaut- oder Fadenfußmilben) und Tyroglyphidae (Vorrats- oder Wurzelmilben), sowie die zur biologischen Bekämpfung als Räuber phytophager Milben verwendeten Phytoseiidae (Tabelle 10.2).

Tabelle 10.2 Klassifizierung der Milben

Stamm:	Arthropoda
Klasse:	Arachnida (Spinnentiere)
Ordnung:	Acarina (Milben)
Familie:	Tctranychidae (Spinnmilben)
Familie:	Eriophyidae (Gallmilben)
Familie:	Tarsonemidae (Weichhautmilben)
Familie:	Tyroglyphidae (Vorratsmilben)
Familie:	Phytoseiidae (Räuber)

10.3.1 Tetranychidae (Spinnmilben)

Nahezu alle Vertreter dieser Familie (über 200 Arten) sind als Parasiten an höheren Pflanzen weltweit verbreitet. Mit einer Körperlänge zwischen ca. 0,25–0,8 mm zählen sie zu den **besonders kleinen Pflanzenschädlingen**, die mit bloßem Auge kaum zu erkennen sind, zumal sie sich überwiegend auf Blattunterseiten aufhalten. Deshalb werden sie häufig erst dann entdeckt, wenn Schadsymptome erkennbar werden. Zu diesem Termin haben Abwehrmaßnahmen, wie der Einsatz chemischer Wirkstoffe und die Freilassung räuberischer Antagonisten vor allem im Gewächshaus nur selten Erfolg, da sich schon eine zu große Population aufgebaut hat.

Die **Entwicklung der Spinnmilben** beginnt mit dem Schlüpfen der Larven aus den Eiern.

Die Larven besitzen drei Beinpaare. Aus diesen Larven gehen zwei, gelegentlich auch drei Nymphenstadien hervor, die – genau wie die Adulten – vier Beinpaare tragen und meist nur eine geringe Pigmentierung aufweisen. Die ausgewachsenen Tiere haben sich dann in Weibchen und Männchen differenziert und besitzen die arttypische Körperfarbe. Die Abb. 10.3 und 10.4 zeigen einen typischen Entwicklungsgang. Die Mehrzahl der pflanzenparasitären Spinnmilben ist **getrenntgeschlechtlich und vermehrt sich ovipar** (durch Eiablage). Die weiblichen Tiere legen **zahlreiche Eier**, wobei die Menge je nach Art in Abhängigkeit von Ernährungszustand und Temperatur bis zu einigen Hundert betragen kann. Bei manchen Spinnmilbenarten entwickeln sich aus unbefruchteten Eiern haploide Männchen. Bei anderen kommt auch der umgekehrte Fall vor, bei dem Weibchen aus unbefruchteten Eiern entstehen. Häufig haben wir es auch mit **Parthenogenese** zu tun, aus der – je nach Art – Männchen oder Weibchen hervorgehen. Die Überwinterung vieler Arten kann im Eistadium erfolgen, andere überdauern als adulte Tiere unter Knospen- und Rindenschuppen, am Grund der Blattstiele, in Blattscheiden oder jungen, noch nicht entfalteten Blättern. Wintereier sind oft kräftig gefärbt und können bei der Befallsprognose bereits mit einer Taschenlupe erkannt werden.

Primärbefall im Freiland, aber auch unter Glas, wird oft durch den Eintrag über Wind oder Insekten ausgelöst. Ferner spielt die aktive Wanderung der Spinnmilben innerhalb geschlossener Pflanzenbestände eine wichtige Rolle. Vor allem im Gewächshaus können die Tiere von einer

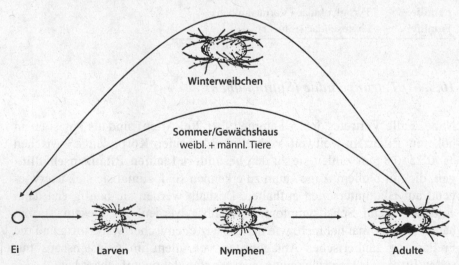

Abb. 10.3 Entwicklung der Gemeinen Spinnmilbe/Bohnenspinnmilbe (*Tetranychus urticae*). Aus dem Ei entwickelt sich eine Larve mit drei Beinpaaren; nach zwei Nymphenstadien (Proto- und Deutonymphe) mit vier Beinpaaren folgen die Adulten

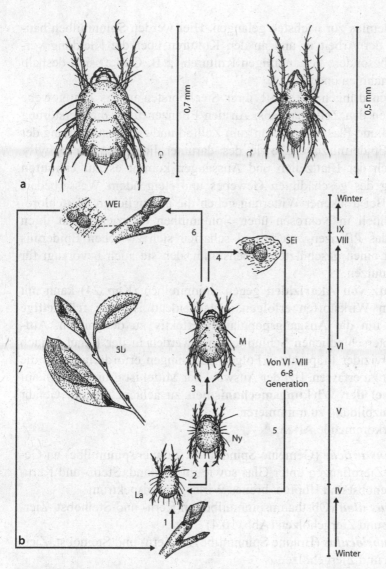

Abb. 10.4 a,b Entwicklung der Obstbaumspinnmilbe (*Panonychus ulmi*). **a** Habitusbilder Männchen/Weibchen; **b** Entwicklungszyklus

1: Larvenschlupf
2: Häutung zur Nymphe
3: Häutung zur adulten Form
4: Ablage der Sommereier, bis 25 pro Weibchen
5: Zahlreiche Folgegenerationen verursachen erhebliche Blattschäden (Einrollen, Vertrocknen)
6: Ablage der Wintereier am Fruchtholz
7: Überwinterung

La = Larve; M = adulte Milbe; Ny = Nymphe; Sb = Schadbild; SEi = Sommerei; WEi = Winterei

Pflanze problemlos zur nächsten gelangen. Hier werden Spinnmilben häufig auch bei der Arbeit in und an den Kulturen über die Kleidung verschleppt. Insbesondere bei anfälligen Kulturen (z. B. Gurke) sind deshalb Hygienemaßnahmen unerlässlich.

Spinnmilben dringen mit Hilfe ihrer Stechborsten in das Blattgewebe ein und saugen den Zellinhalt aus. An den Pflanzen führt die Zerstörung von Zellwand und Plasmamembran zum Zelltod und zur Austrocknung der betroffenen Epidermiszellen sowie des darunter liegenden Mesophylls. Durch Anstich der Blattzellen und Aussaugen kommt es zur **erhöhten Verdunstung** des geschädigten Gewebes und steigendem Wasserbedarf der Pflanze. Bei trockener Witterung gehen die anfänglichen Blattchlorosen dann schnell in Nekrosen über. Spinnmilben überziehen mit ihren Spinnfäden das Pflanzengewebe und schaffen sich zwischen Epidermis und Gespinst einen geschützten Lebensraum, den sie auch bevorzugt für die Eiablage nutzen.

Der **Einsatz von Akariziden** gegen Spinnmilben (Kap. 24) kann mit verschiedenen Wirkstoffen erfolgen. Entscheidend ist eine **frühzeitige** Behandlung, um die Ausgangspopulation effektiv zu dezimieren. Aufgrund der unterschiedlichen Schlupftermine werden in der Regel – auch bei Einsatz ovizider Präparate – Folgebehandlungen erforderlich, um die Larven sicher zu erfassen. Bei der Auswahl der Mittel ist grundsätzlich auf einen **Wechsel der Wirkungsmechanismen** zu achten, um die Gefahr einer Resistenzbildung zu minimieren.

Häufig vorkommende Arten:

- *Tetranychus urticae* (Gemeine Spinnmilbe, Bohnenspinnmilbe) an Gemüse und Zierpflanzen unter Glas sowie im Freiland, Stein- und Kernobst, Beerenobst und Hopfen; breites Wirtspflanzenspektrum
- *Panonychus ulmi* (Obstbaumspinnmilbe) an Kern- und Steinobst, Ziersträuchern und Ziergehölzen (Abb. 10.4)
- *Bryobia rubrioculus* (Braune Spinnmilbe) an Kern- und Steinobst, Ziersträuchern und Ziergehölzen
- *Tetranychus cinnabarinus* (Karminspinnmilbe) zunehmend in Gewächshäusern an Zierpflanzen und Gemüse.

10.3.2   Eriophyidae (Gallmilben)

Gallmilben haben sich in den zurückliegenden Jahrzehnten vor allem in Dauerkulturen (Obst- und Weinbau, Gehölze) immer stärker ausgebreitet und gehören inzwischen zu den wichtigsten Schadtieren.

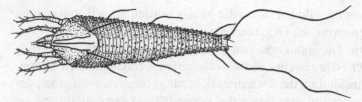

Abb. 10.5 Gestalt einer typischen Gallmilbe

Diese mikroskopisch kleinen Milben mit einer Länge von 80–300 μm weichen in ihrem **Körperbau** erheblich von den bislang beschriebenen Formen ab (Abb. 10.5). Der Vorderkörper ist von einem Schild bedeckt, der Hinterkörper wurm- oder spindelförmig ausgezogen mit einer deutlichen Ringelung und einem artspezifischen Borstenbesatz am Hinterleibsende. Die Anzahl der Extremitäten ist auf die beiden vorderen Beinpaare reduziert, die anstelle der Tarsen nur eine **Fiederklaue** aufweisen.

Gallmilben haben einen kurzen **Entwicklungszyklus**, so dass vom Ei- bis zum Adultenstadium in der Vegetationsperiode oft nur zwei Wochen vergehen. Die wachsende Population in einer Galle führt zur Auswanderung adulter Tiere. Viele Gallmilben überwintern als Adulte an den Pflanzen und besiedeln mit Vegetationsbeginn die jungen Blatt- und Blütenknospen.

Aufgrund ihres Körperbaus ist nur eine eingeschränkte aktive **Verbreitung** möglich. Ihre schlanke Gestalt gewährleistet ihnen die Beweglichkeit innerhalb der Galle, die Reduktion auf zwei Extremitätenpaare ist für eine Ausbreitung im Habitat aber hinderlich. Einigen Arten ist eine spannerartige, kriechende Fortbewegung auf der Pflanzenoberfläche möglich. Von weitaus größerer Bedeutung sind **Anemochorie** (Verbreitung über die Luft) und **Phoresie** (passiver Transport über Insekten). Zur Überwinterung suchen Gallmilben bevorzugt Knospen oder Borkenschuppen der befallenen Gehölze auf.

Gallmilben saugen Pflanzenzellen nach Anstich mit ihren Cheliceren aus. Durch das Freisetzen von enzymhaltigem Speichel wird eine Veränderung in der Morphologie der befallenen Pflanzenteile induziert. Dies führt zu folgenden **Schadbildern**:

- **Verfärbungen**. Farbveränderungen treten häufig in Form von Berostungen oder Verbräunungen auf; derartige unspezifischen Symptome lassen sich im Rahmen der Differentialdiagnose oft nicht unmittelbar einer Gallmilbenart zuordnen, so dass eine exakte Artenbestimmung erforderlich werden kann
- **Verformungen**. Makroskopisch sichtbare Deformationen an Blättern und Trieben von Laubgehölzen führen zur Blattrandrollung, Triebstau-

chung oder Rosettenbildung; auch die häufig auftretenden Rundknospen gehören zu den typischen Organdeformationen

- **Gallenbildung.** Die Induktion von Gallen (Cecidien) führt zur Ausbildung spezieller Nährgewebe; damit verschaffen sich Gallmilben Vorteile nicht nur hinsichtlich der Nahrungssicherung, sondern auch einen geschützten Lebensraum, der ihnen die Reproduktion ermöglicht und sie vor Feinden schützt. Häufig findet sich der Typus der Filzgalle (Erineum), der auf beiden Seiten der befallenen Blätter ausgebildet werden kann. Dabei kommt es durch die Parasitierung zur verstärkten Ausbildung von Blatthaaren (Trichome), die den Gallmilben als Nährzellen dienen; die wohl auffälligsten Gallen treten als Beutel-, Knoten- oder Nadelgallen auf, die aus der Epidermis hervorgehen, kugel- oder zapfenförmig aufgebaut sind und den Milben einen hervorragenden Schutz bieten. Nach unten sind sie meist geöffnet, und im Inneren findet man oft eine filzartige Struktur aus Blatthärchen. Derartige Gallen sind häufig auf Blättern, aber auch auf reifenden Früchten zu finden. Gallen an Ästen und Zweigen sichern verschiedenen Gallmilben einen Platz zur Überwinterung, den sie nach dem Aufreißen der verholzten Galle im Frühjahr verlassen können.

Zur **Vermeidung von Schäden** spielt im Obstbau die Bestandspflege durch Schnittmaßnahmen eine wichtige Rolle, um die Überwinterung am Altholz zu verhindern. An älteren Bäumen finden viele Arten günstige Möglichkeiten, unter Borkenschuppen am Stamm oder im Schutz von Flechten zu überwintern. Zur Bekämpfung sind verschiedene Akarizide (Kap. 24) sowie Netzschwefel zugelassen. Die Ausbringung sollte dann erfolgen, wenn die Tiere ihre Winterquartiere verlassen und Blatt- und Blütenknospen aufsuchen.

Häufig auftretende Arten:

- *Phytoptus piri* (Birnenpockenmilbe) an Birne, seltener an Apfel
- *Aculus schlechtendali* (Apfelrostmilbe) an Apfel und Birne
- *Cecidophyropsis ribis* (Johannisbeergallmilbe) an Schwarzer Johannisbeere, seltener an Roter und Weißer Johannisbeere
- *Phytoptus similis* (Pflaumenblatt-Beutelgallmilbe) an Steinobst (Verwechslung mit den Symptomen des Scharka-Virus möglich)
- *Aculus fockeui* (Pflaumenrostmilbe) an Pflaume, Sauerkirsche, Mirabellen und Aprikose
- *Aculops lycopersici* (Tomatenmilbe) an Tomate im Gewächshaus
- *Eryophyes vitis* (Rebenpockenmilbe) an Weinrebe
- *Calepitrimerus vitis* (Rebenkräuselmilbe) an Weinrebe

10.3.3 Tarsonemidae (Weichhautmilben)

Zu diesen Milben gehört eine Vielzahl pflanzenparasitärer Arten. Sie unterscheiden sich von den Spinnmilben sowohl durch ihren **Körperbau** als auch durch die von ihnen verursachten Schäden. Das Gnathosoma hat eine kapselartige Form durch die enge Zusammenlagerung der Cheliceren und Pedipalpen entwickelt und wird vom vorderen, dachförmigen **Rückenschild** (Scutum) fast vollständig bedeckt. Eine deutliche Querfurche gliedert den Körper.

Die Extremitäten sind bei männlichen und weiblichen Tieren unterschiedlich ausgebildet (**Sexualdimorphismus**). Bei weiblichen Tieren fehlt das vierte, funktionsfähige Paar Laufbeine, das zu fadenförmigen Anhängseln umgewandelt ist. Daraus resultiert auch die alte Bezeichnung „Fadenfußmilbe". Bei den Männchen besteht das vierte Beinpaar aus klammerförmigen Greiforganen, mit denen die Weibchen bei der Kopulation festgehalten werden. Im Gegensatz zu Spinnmilben tritt während der Individualentwicklung nur **ein Larvenstadium** auf, aus dem nach der Chrysalis (Ruhestadium) die adulte Form hervorgeht. Augen sind nicht vorhanden.

Weichhautmilben werden nur bis zu 0,2 mm lang. Eine **schwache Chitinisierung** lässt die Cuticula weiß erscheinen; darüber hinaus ist häufig nur eine **geringe Pigmentierung** mit weißlichen bis bräunlichen Abstufungen vorhanden. Im Extremfall ist die Cuticula auch transparent.

Typisch ist die Besiedlung jüngerer, noch im Streckungs- und Differenzierungswachstum befindlicher Pflanzenteile, deren zartes Gewebe von Weichhautmilben bevorzugt besaugt wird. Die Parasitierung beeinflusst das Wachstum und führt meist zu Kümmerwuchs oder Deformationen.

Häufig auftretende Arten:

- *Phytonemus pallidus* **ssp.** *fragaria* (Erdbeermilbe) an Erdbeere
- *Phytonemus pallidus* (Cyclamen-Milbe) an zahlreichen Zierpflanzen im Gewächshaus.

10.3.4 Tyroglyphidae (Vorrats- oder Wurzelmilben)

Diese Milben zeigen eine auffällige Querfalte am Rumpf. Ihre Mundwerkzeuge sind nicht stilettartig ausgebildet, sondern scherenförmig, so dass die Tiere Pflanzenorgane direkt angreifen können, wobei Wurzeln bevorzugt werden. Als Schädlinge in lagernden pflanzlichen Vorräten kommt es bei unzureichender Hygiene bisweilen zur Massenvermehrung, wobei diese Milben insbesondere geschrotetes oder gemahlenes Getreide bevorzugen. In der Mastschweine- und Sauenhaltung folgen auf Verfütterung befallener Partien erhebliche gesundheitliche Beeinträchtigungen als Folge allergischer Schleimhautreaktionen, die auch beim Menschen auftreten können und von den Exuvien ausgelöst werden.

Die folgenden Arten sind Schadorganismen in der Vorratslagerung und treten vor allem an gemahlenen oder geschroteten Getreideprodukten auf (Kap. 29):

- *Acarus siro* (Mehlmilbe)
- *Gohieria fusca* (Braune Mehlmilbe)
- *Tyrophagus putrescentiae* (Modermilbe).

Wichtige, zu den Arachnidae (Spinnentiere) gehörende Schädlinge an Gemüse- und Obstkulturen sowie in der Vorratshaltung

Gemüsebau

Gemeine Spinnmilbe, Bohnenspinnmilbe (*Tetranychus urticae*) an Gemüse- und Zierpflanzen unter Glas, Stein- und Kernobst, Beerenobst und Hopfen; breites Wirtspflanzenspektrum.
Hauptsymptome: Auf den Blättern kleine helle, gelblich weiße Flecken, später graubraun, ineinanderfließend. Beim Hopfen rot-braune Färbung der Blätter und Dolden („Kupferbrand"). Feine Gespinste an Blättern und Trieben. Blätter vertrocknen vorzeitig.
Biologie: Überwinterung als Weibchen unter Laub, Gras und anderen Verstecken. Sie verlassen ihre Winterlager im Mai und legen ihre Eier bevorzugt auf der Blattunterseite ab. Die Larven schlüpfen nach wenigen Tagen und beginnen mit ihrer Saugtätigkeit. Drei Häutungen zum adulten Tier. 6–8 Generationen. Ein Weibchen legt durchschnittlich 80 Eier ab. Die Milben leben im Frühjahr zunächst auf krautigen Pflanzen und besiedeln die Kulturpflanzen in der Regel erst im Laufe des Sommers.
Bekämpfung: Anwendung von spezifisch wirkenden Akariziden oder Insektiziden mit einer Wirkung gegen Spinnmilben.
Bemerkungen: Häufigste Spinnmilbenart.

Obstbau

Obstbaumspinnmilbe (*Panonychus ulmi*), **Braune Spinnmilbe** (*Bryobia rubrioculus*) an Kern- und Steinobst, Weinrebe, Ziersträuchern und Ziergehölzen.
Hauptsymptome: Kleine gelbliche Flecken auf den Blättern, die später bräunlich oder bronzerot werden. Blätter verdorren und fallen vorzeitig ab.

Biologie: Überwinterung als Ei bevorzugt in Knospennähe, am Fruchtholz und in Astgabeln. Larven schlüpfen im April. Drei Häutungen zur Imago. Während des Sommers Ablage von Sommereiern. Ein Weibchen legt im Durchschnitt etwa 30 Eier ab. 5–7 Generationen (Abb. 10.4).

Bekämpfung: Abtötung der Wintereier vor dem Schlüpfen beim Austrieb der Kultur-pflanzen mit ovizid wirksamen Akariziden (Kernobst, Pflaumen), Mineralöl (Kern- und Steinobst) sowie Rapsöl (Äpfel). Gegen die beweglichen Stadien unter Beachtung der Schadensschwelle Anwendung von Organophosphorverbindungen und Akariziden (Kap.24).

Bemerkungen: Charakteristisches Erkennungsmerkmal für **Bryobia** ist das im Ver-gleich zu den anderen Extremitäten deutlich verlängerte erste Beinpaar. Eier von *P. ulmi* weisen auf der oberen Hälfte eine radiale Streifung mit haarartigem Fortsatz auf, Eier von *B. rubrioculus* sind strukturlos.

Birnenpockenmilbe (*Phytoptus piri*) an Birne, seltener an Apfel.

Hauptsymptome: Im Frühjahr auf der Ober- und Unterseite der Blätter hellgrüne bis rötliche, später schwarz-braune Pocken.

Biologie: Überwinterung als adultes Tier zwischen den Knospenschuppen. Beim Blattaustrieb dringen die Milben in die Blätter ein und verursachen Wucherungen (Gallen), in die sie ihre Eier ablegen. Besiedeltes Gewebe stirbt ab, Milben wandern durch eine auf der Blattunterseite angelegte Öffnung nach außen, um neue Blätter zu befallen. Mehrere Generationen.

Bekämpfung: Wesentliche Schäden nur in Baumschulen und bei jüngeren Bäumen. Anwendung von Schwefel (nur Befallsminderung).

Johannisbeergallmilbe (*Cecidophyropsis ribis*) an Schwarzer Johannisbeere, seltener an Roter und Weißer Johannisbeere.

Hauptsymptome: Kugelförmiges Anschwellen der Knospen (Gallenbildung), die sich nicht öffnen, sondern langsam vertrocknen und schließlich abfallen. Verkahlung der Triebe.

Biologie: Überwinterung vorzugsweise als adultes Tier in den vergallten Knospen (bis zu 3 000 Milben/Knospe). Milben verlassen im März ihr Winterlager und dringen, sobald neue Knospen vorhanden sind, in diese ein. Dort findet die weitere Vermehrung statt. Mehrere Generationen.

Bekämpfung: Ausschneiden und Beseitigen befallener Triebe.

Bemerkungen: *C.ribis* ist die Überträgerin des Brennnesselblättrigkeits-Virus der Johannisbeere.

Erdbeermilbe (*Phytonemus pallidus* ssp. *fragariae*) an Erdbeere.

Hauptsymptome: Herzblätter gekräuselt und verkrüppelt, mit Verfärbungen an den Rändern. Knospen und Blüten verkümmern. Ausläuferbildung unterbleibt. Geringer Fruchtansatz.

Biologie: Überwinterung als adultes Tier in zusammengefalteten Blättern oder am Grund von Blattstielen. Im April Eiablage an die jungen Blätter. Nach wenigen Tagen erscheinen die Larven, die sich in etwa zwei Wochen zu adulten Tieren entwickeln. 5–6 Generationen. Die Verbreitung der Erdbeermilbe erfolgt mit Jungpflanzen oder befal-lenen Ausläufern.

Bekämpfung: Verwendung von milbenfreien Setzlingen.

Rebenpockenmilbe (*Eriophyes vitis*) an Weinrebe.
Hauptsymptome: Anfangs weißliche bis rötliche, später rot-braune Pocken (Filzgallen) an der Blattunterseite. Auf der Blattoberseite Ausstülpungen.
Biologie: Überwinterung als adultes Tier unter den Knospenschuppen. Im Frühjahr beginnen die Milben an den Blättern zu saugen. Es kommt zur Ausbildung der Gallen, in welche die Eier abgelegt werden. Die nach kurzer Zeit schlüpfenden Larven befallen gesunde Blätter, auf denen während des Sommers weitere Gallen entstehen. Zwei Generationen.
Bekämpfung: Bei Befallsbeginn bzw. Sichtbarwerden der ersten Symptome Anwendung von chemischen Präparaten.

Rebenkräuselmilbe (*Calepitrimerus vitis*) an Weinrebe.
Hauptsymptome: Besenartiger Kümmerwuchs der neuen Triebe. Blätter löffelartig nach unten gekrümmt und gekräuselt. Typisch sind sternförmige blasse Flecken auf den Blättern. Geringer Blütenansatz und Austrieb der Beiaugen.
Biologie: Überwinterung als adultes Tier unter der Rinde am Übergang von altem zu jungem Holz und unter Knospenschuppen. Im Frühjahr verlassen die Milben ihre Winterverstecke und saugen an den jungen Blättern. Eiablage im Mai/Juni an die Blattunterseite. Die ausschlüpfenden Larven verursachen die Kräuselung der Blätter. Während des Sommers können weitere Generationen entstehen.
Bekämpfung: Bei Befallsbeginn bzw. Sichtbarwerden der ersten Symptome Anwendung von akarizid-wirksamen Präparaten. In Junganlagen Ansiedlung von Raubmilben.

10.4   Insecta (Insekten)

Die größte Anzahl bekannter Arthropoden findet sich in der Klasse der Insekten, zu der auch die meisten Pflanzenschädlinge gehören. Heute sind etwa **500 000 Arten** bekannt, von denen drei Viertel der in Europa auftretenden in irgendeiner Form einen Bezug zu Pflanzen aufweisen, indem sie sich entweder von ihnen ernähren oder sie als Lebensraum nutzen. Dazu gehören auch die zahlreichen räuberischen oder zooparasitischen Arten als wichtige Antagonisten von Schädlingen. Insekten verfügen über die Grundmerkmale der Arthropoden, zeigen daneben aber vielfältige biologische Besonderheiten.

Körperbau

Der Name Insekt leitet sich vom lateinischen *insectare* = einschneiden ab und bezieht sich auf die drei markanten Körperabschnitte (Abb. 10.6). Alle Körperteile sind gegliedert aufgebaut und verfügen jeweils über eine bestimmte Anzahl von **Segmenten** aus festen, chitinisierten Platten (**Sklerite**), die wiederum durch **membranöse Polster** verbunden werden.

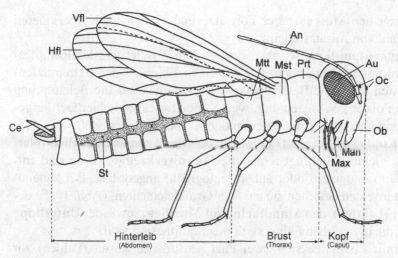

Abb. 10.6 Aufbau des Insektenkörpers, schematisch

An = Antennen; Au = Auge; Man = Mandibeln; Max = Maxille; Ob = Oberlippe (*Labrum*); Oc = Ocellen; Prt = Prothorax; Mst = Mesothorax; Mtt = Metathorax; Vfl = Vorderflügel; Hfl = Hinterflügel; St = Stigma; Ce = Cercus

- **Kopf** (Caput). Sechs Segmente, zur Kopfkapsel verschmolzen
- **Brust** (Thorax). Drei Segmente mit jeweils einem Beinpaar (Hexapoda); geflügelte Insekten (Pterygota) tragen Flügel an den beiden hinteren Brustsegmenten
- **Bauch** (Abdomen). Elf Segmente plus Cercus am Körperende.

Der Insektenkörper ist von einer robusten, wasserundurchlässigen Decke (Integument) umgeben. Die wesentlichen Komponenten sind die außen liegende **Cuticula** (100–300 µm dick) und die darunter befindliche **Epidermis**, die aus einem einschichtigen Epithel besteht und mit der Basalmembran an die Hämolymphe des Insektenkörpers grenzt. Der Aufbau ist mehrschichtig:

- **Epicuticula** (chitinfrei, meist wachshaltig)
- **Exocuticula** (sklerotisiert und pigmentiert)
- **Endocuticula** (nicht sklerotisiert).

Die starre Struktur der Sklerite ist die Folge der Sklerotisierung (gr. *sklērós* = hart), also der Einlagerung stabilisierender Substanzen. Diese bestehen zu 30%–50% aus **Chitin**, welches vernetzte Faserbündel (Fibrillen) bildet, die der pflanzlichen Zellulose ähnlich sind. In dieses Gerüst wird das Protein **Sklerotin** (50–70%) eingebettet. Dadurch entsteht ein festes, aber dennoch flexibles Außenskelett. Die Einlagerung von **Melanin** führt zur braunen bis schwarzen Pigmentierung; eine Anreicherung von Kalzium sorgt in den Mundwerkzeugen für enorme Festigkeit. Das Außenskelett bietet den Muskeln über Fortsätze und Platten im Körperinneren eine Vielzahl von Ansatzstellen.

Die **Segmentpolster** (zwischen den einzelnen Skleriten des Rumpfes) und **Gelenkpolster** (zwischen den einzelnen Skleriten der Extremitäten) gewährleisten eine gute Beweglichkeit. Im Hinblick auf die Bekämpfung sind diese Polster von Bedeutung, weil Kontaktinsektizide hierüber aufgenommen und über die Extremitäten in den Körper gelangen.

In der **Kopfkapsel** (Caput) befinden sich die zentralen Ganglien (Nervenknoten, Gehirn), sie trägt ferner die **Mundwerkzeuge**. Diese sind entweder innen (entognath) oder außen (ectognath) angeordnet. Bei kauendbeißenden Insekten bestehen sie aus vier Grundelementen, (Abb. 10.7): der **Oberlippe** (Labrum), den **Mandibeln und Maxillen,** sowie der **Unterlippe** (Labium), die in manchen Fällen stark metamorphosiert sind.

Gelegentlich befinden sich zwei Paar sensorische Taster (Palpen) zur Nahrungsfindung an den Maxillen und der Unterlippe. Bei stechendsaugenden Arten sind diese Mundwerkzeuge umgewandelt und auf den Anstich des Pflanzengewebes spezialisiert.

Lichtreize werden entweder über paarige **Facettenaugen** wahrgenommen oder – ähnlich wie bei den Spinnentieren – über Ocelli im Stirnbereich. Die **Antennen** sind bei den meisten adulten und vielen juvenilen Stadien paarig angeordnet, aber unterschiedlich segmentiert. Sie bilden neben den Augen die wichtigsten sensorischen Organe, da sie hochempfindlich auf **Duftstoffe** reagieren.

Im **Brustbereich** (Thorax) sind besonders ausgeprägte Muskeln für die Fortbewegung angelegt (Extremitäten, Flügel). Abbildung 10.6 zeigt die **Untergliederung des Thorax in Pro-, Meso- und Metathorax**. Häufig ist der Prothorax verhältnismäßig groß, teilweise schildförmig und den Kopf bedeckend (z. B. Schildkäfer).

Jedes Thoraxsegment trägt ein Paar segmentierte **Extremitäten**, die aus fünf Elementen bestehen: **Coxa, Femur, Tibia, Tarsus, Trochanter** (Abb. 10.8). Vielfältige Modifikationen der Extremitäten sorgen für eine optimale Anpassung an unterschiedliche Lebensräume (Fangbeine, Grabbeine, Sprungbeine, Laufbeine usw.).

Adulte Stadien tragen **zwei Paar Flügel**: Vorderflügel am Mesothorax, Hinterflügel am Metathorax (Abb. 10.6). Eine Besonderheit sind Verknüpfungsmechanismen der Vorder- und Hinterflügel (Blattläuse, Bienen) oder eine Reduktion der Hinterflügel zu Schwingkölbchen (Halteren), wie bei Zweiflüglern. **Im Gegensatz zu anderen Schadtieren können Insekten ihre Wirtspflanzen anfliegen und somit gezielt aufsuchen.** Auf diese Weise kommen **direkte** (Fraß- oder Saugtätigkeit) oder **indirekte** Schäden (Virusübertragung) zustande.

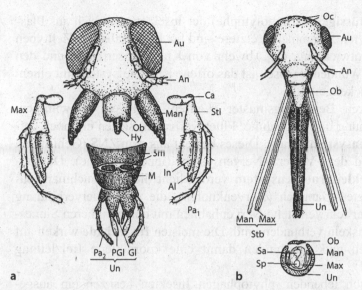

Abb. 10.7 Mundwerkzeuge kauend-beißender (**a**) und stechend-saugender (**b**) Insekten; schematisch

Al = Außenlade (Galea); An = Antenne; Au = Auge; Ca = Cardo; Gl = Glossa; Hy = Hypopharynx; In = Innenlade (Lacinia); M = Mentum; Man = Mandibel; Max = Maxille; Ob = Oberlippe (*Labrum*); Pa₁ = Maxillarpalpen; Pa₂ = Labialpalpen; Pgl = Paraglossa; Sa = Saugrohr; Sm = Submentum; Sp = Speichelrohr; Stb = Stechborsten; Sti = Stipes; Un = Unterlippe (*Labium*)

Der **Bauchbereich** (Abdomen) besteht aus bis zu 11 Segmenten und dem terminalen Telson. Häufig sind Körpersegmente miteinander verschmolzen und erscheinen als Einheit. Im Abdomen liegen wichtige innere Organe, die für Stoffwechsel, Atmung, Verdauung und Vermehrung zuständig sind.

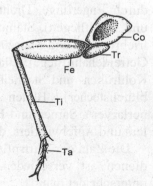

Abb. 10.8 Bauprinzip der Insektenextremität
Co = Coxa; Fe = Femur; Ta = Tarsus; Ti = Tibia;
Tr = Trochanter

Die **Körperflüssigkeit** (Hämolymphe) der Insekten setzt sich aus Plasma und Hämocyten zusammen. Letztere sind hoch spezialisierte Zelltypen für die Larvenentwicklung, die Abwehr von Krankheitserregern und den Verschluss von Wunden. Typisch ist das offene Kreislaufsystem mit einem pulsierenden Rückengefäß.

Die komplexen Bewegungsmuster (Laufen, Springen, Schwimmen, Nahrungserkennung und -aufnahme, Fluchtverhalten) setzen ein hoch entwickeltes **Nervensystem** voraus. Dieses besteht aus dem ZNS (Gehirn und Bauchmark) und dem Visceral-Nervensystem (innere Organe). Die Bezeichnung **Strickleiternervensystem** verdeutlicht die im Bauchmark parallel angeordneten Ganglien (Nervenknoten), die eine Querverbindung besitzen und über fein verästelte Nervenbahnen mit den peripheren Sinnesorganen und Muskeln verbunden sind. Die meisten **Insektizide** wirken auf die Nervenzellen und unterbinden damit eine koordinierte Reizleitung (Kap. 23, S. 557).

Die terrestrisch lebenden, phytophagen Insekten besitzen ein ausgedehntes **Tracheensystem**. Dieses durchzieht mit großer Oberfläche das Abdomen und wird ständig von der Hämolymphe umspült. Über **Stigmen** (seitliche Öffnungen, Abb. 10.6) führen diese **Tracheen** ins Körperinnere und haben engen Kontakt zu den Organen. Insektizide mit hohem Dampfdruck gelangen auf diesem Weg in den Insektenkörper.

Ernährung

Die Ernährungsweise der Insekten ist vielseitig. Als Nahrung dient tote oder lebende Substanz tierischer oder pflanzlicher Herkunft. Die phytophagen Formen ernähren sich von Pflanzensäften und Pflanzengewebe. Hierbei können alle Teile der Pflanzen geschädigt werden: Wurzel (z. B. durch Engerlinge, Drahtwürmer, Erdraupen, Larven der Wiesenschnake und Kohlfliegen), Stamm, Stängel, Triebe (z. B. durch Larven des Kohltriebrüsslers und Maiszünslers, der Getreidehalmwespe, Spargelfliege und Getreidehalmfliege), Blätter (z. B. durch Kartoffelkäfer und Larven der Kohlrüben- und Stachelbeerblattwespe), Knospen (z. B. durch den Apfelblütenstecher), Blüten (z. B. durch Rapsglanzkäfer und Frostspannerlarven), Samen und Früchte (z. B. durch Larven des Kohlschotenrüsslers und Apfelwicklers, der Apfelsägewespe und der Kirschfruchtfliege).

Die Zahl der Wirtspflanzen, die den einzelnen Schädlingen als Nahrung dienen, ist verschieden. Unter Berücksichtigung fließender Übergänge unterscheidet man:

- **Monophage Arten**. Sie befallen nur eine oder wenige Pflanzen (z. B. Traubenwickler, Spargelfliege); absolute Monophagie ist jedoch selten
- **Oligophage Arten**. Sie schädigen einige, meist zu einer Pflanzenfamilie gehörende Kulturpflanzen (z. B. Kohltriebrüssler, Kohlschotenrüssler, Kohlschabe an Kreuzblütlern; Erbsenwickler an Leguminosen)
- **Polyphage Arten** (auch als Allgemeinschädlinge bezeichnet). Ihnen dient eine Anzahl von Kulturpflanzen als Nahrungsquelle (z. B. Drahtwurm, Maikäfer- und Tipulalarve). Zahlreiche Insekten ernähren sich zoophag, wodurch sie zu Nützlingen werden können (Kap. 19).

Insekten orten ihre Nahrungsquelle mit Hilfe von Antennen, die spezifisch und hochempfindlich auf Fraßlockstoffe reagieren, die sich in Form leicht flüchtiger, von Pflanzen abgegebenen Verbindungen mit hohem Dampfdruck verbreiten. Optische Reize in Kombination mit Fraßlockstoffen spielen bei der Nahrungsfindung eine wichtige Rolle, da Insekten in der Lage sind, mit ihren Komplexaugen Farben wahrzunehmen und dadurch Pflanzen von anderen Objekten zu unterscheiden (Kap. 13). Zahlreiche Pflanzenarten setzen Repellents (Fraßabwehrstoffe) frei und schützen sich auf diese Weise in gewissem Umfang vor tierischen Schädlingen.

Die Nahrungsaufnahme phytophager Insekten erfolgt entweder mit **stechend-saugenden** oder **kauend-beißenden Mundwerkzeugen**. Die Mundöffnung ist der Eingang zum Pharynx (Schlund). Kauend-beißende Arten weisen eine Präoralhöhle zur Zerkleinerung der Nahrung auf, stechendsaugende besitzen ein **Cibarium**, bei dem die Nahrung durch Pumporgane (Cibarial- und Pharynxpumpe) aufgesaugt wird. Über **Pharynx** und **Ösophagus** (Kropf) gelangt sie in den Darmtrakt.

Alle unverdaulichen Bestandteile werden über den After ausgeschieden. Phloemsauger (z. B. Blattläuse) geben auf diesem Weg große Mengen unverdauter Kohlenhydrate als **Honigtau** wieder ab. Im Abdomen speichern **Fettkörper** vor allem Lipide, aber auch Proteine und Kohlenhydrate; mit dieser Reserve überdauern die Tiere längere Phasen ohne Nahrungsaufnahme.

Entwicklung

Die Fortpflanzung der Insekten ist vielgestaltig. Sie erfolgt im Normalfall auf geschlechtlichem Wege über das Eistadium, wobei Zweigeschlechtlichkeit vorherrscht. Zwittrigkeit ist selten. Bedeutend häufiger ist die Jungfernzeugung (**Parthenogenese**), bei der sich aus den unbefruchteten Eiern nur Männchen (z. B. bei der Honigbiene), nur Weibchen (z. B. bei den Blattläusen) oder auch beide Geschlechter entwickeln. Parthenogenese kann auch im Wechsel mit der bisexuellen Fortpflanzung innerhalb des

Generationswechsels auftreten (z. B. bei Blattläusen), wobei nicht selten gleichzeitig ein Wirtswechsel vorgenommen wird. Bekannt sind ferner verschiedene Formen des Lebendgebärens (**Viviparie**).

Die Entwicklung geht bei vielen Arten unter Abwandlung der Gestalt (Morphe) vor sich. So kennen wir z. B. einen **Sexualdimorphismus** beim Kleinen Frostspanner (Weibchen nur mit Stummelflügeln) oder einen **Generationsdimorphismus**, z. B. bei geflügelten und ungeflügelten Blattlausgenerationen.

Bei einer normalen Entwicklung erfolgt die Eiablage einzeln oder in Gruppen („Gelege") in oder an Pflanzen und Tieren, in Wasser oder in den Erdboden. Die Zahl der abgelegten Eier ist bei den einzelnen Arten unterschiedlich (z. B. Reblaus ein Winterei, Kartoffelkäfer bis zu 2 400 Eier).

Aus dem Insektenei schlüpft die **Eilarve,** die eine **Häutung** zum nächsten Stadium durch Abstreifen der alten Cuticula durchläuft. Der gesamte Vorgang wird durch das Hormon Ecdyson gesteuert. Bei jeder der 4–10 möglichen Häutungen wachsen sowohl der Rumpf als auch die Kopfkapsel mit ihren Mundwerkzeugen. Die **Exuvie** (alte Körperhülle) bleibt zurück. Kolonien vieler Pflanzenschädlinge (z. B. Blattläuse) werden durch die Ansammlung dieser Chitinreste auf Pflanzenteilen auffällig. Das Larvenwachstum macht sich insbesondere durch die Steigerung der Fraßleistung bemerkbar. Das letzte Jugendstadium (Altlarve) entwickelt sich entweder zu einer Puppe (holometabole Entwicklung) oder über Nymphenstadien direkt zum adulten Tier (hemimetabole Entwicklung).

Beispiele für **Entwicklungswege der Insekten** werden in den Abb. 10.9 bis 10.11 dargestellt:

- Hemimetabole Entwicklung: Ei → Larven/Nymphen → Imago
- Holometabole Entwicklung: Ei → Larven → Puppe→ Imago.

Pheromone (chemische **Kommunikationsstoffe)** beeinflussen das Verhalten von Insekten, und hier sind es besonders die von den Weibchen abgegebenen **Sexualpheromone** der Schmetterlinge (Lepidoptera), die über weite Distanzen Männchen anlocken. Diese Stoffe werden im Pflanzenschutz gezielt eingesetzt und entweder zur Überwachung des Befallsverlaufs mit Hilfe von Pheromonfallen oder im Rahmen des Desorientierungsverfahrens (Verwirrungsmethode) flächendeckend in gefährdeten Kulturen ausgebracht, um den Männchen das Auffinden der Weibchen unmöglich zu machen und so die Eiablage zu verhindern. Bei einigen Borkenkäferarten spielen **Aggregationspheromone** eine wichtige Rolle. Die ersten Besiedler eines geeigneten Nahrungssubstrates setzen diese Stoffe frei und locken damit Artgenossen in großer Zahl an. Im Rahmen der Befallsüberwachung lassen sich diese Pheromone verwenden, um den Zuflug der Schädlinge rechtzeitig zu erfassen.

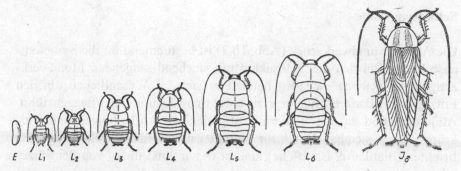

Abb. 10.9 Hemimetabole Entwicklung. Deutsche Schabe (*Blattella germanica*) mit 6 Larvenstadien und Imago. Quelle: Eidmann u. Kühlhorn (1970)

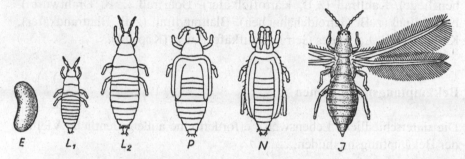

Abb. 10.10 Hemimetabole Entwicklung. Thrips/Fransenflügler (*Taeniothrips inconsequens*) mit zwei Larvenstadien, Pronymphe, Nymphe, Imago. Quelle: Eidmann u. Kühlhorn (1970)

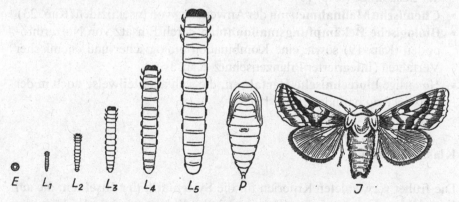

Abb. 10.11 Holometabole Entwicklung; Forleule (*Panolis flammea*) mit 5 Larvenstadien, Puppe, Imago. Quelle: Eidmann u. Kühlhorn (1970)

Schadsymptome

Die Art der Mundwerkzeuge (Abb. 10.7) ist bestimmend für die Symptomausbildung. Bei den durch Insekten mit stechend-saugenden Mundwerkzeugen verursachten Schäden handelt es sich im Wesentlichen um den Entzug von Pflanzensäften, der zu einer Schwächung der Pflanzen führt. Außerdem sind an den Blättern häufig fleckige Aufhellungen und Verkrüppelungen sichtbar. Durch die Honigtauausscheidung vieler saugender Insekten (Blattläuse, Blattflöhe) kommt es zur Ansiedlung von Schwärzepilzen.

Die durch Insekten mit beißend-kauenden Mundwerkzeugen verursachten Fraßschäden (echte Gewebeverluste) sind vielgestaltig. Man unterscheidet: Lochfraß (z. B. Kohlerdflöhe), Minierfraß (z. B. Larve der Rübenfliege), Kahlfraß (z. B. Kartoffelkäfer), Bohrfraß (z. B. Drahtwurm), Fensterfraß (z. B. Getreidehähnchen), Blattrandfraß (z. B. Blattrandkäfer), Kaufraß (z. B. Larve des Getreidelaufkäfers) u. a. (Kap. 14).

Bekämpfungsmaßnahmen

Die unterschiedliche Lebensweise erfordert eine außerordentliche Vielfalt der Bekämpfungsmethoden:

- **Vorbeugende Maßnahmen**. Hierzu gehören die Pflanzenhygiene, Resistenzzüchtung, Quarantänemaßnahmen sowie die Produktion von gesundem Saat- und Pflanzgut (Kap. 16)
- **Physikalische Maßnahmen**, wie z. B. die mechanische Vernichtung der Schädlinge (Kap. 17)
- **Chemische Maßnahmen** mit der Anwendung von Insektiziden (Kap. 23)
- **Biologische Bekämpfungsmaßnahmen** durch Einsatz von Nutzarthropoden (Kap. 19) sowie eine Kombination biologischer und chemischer Verfahren (Integrierter Pflanzenschutz, Kap. 16)
- Neuartige **biotechnische Verfahren**, die sich aber teilweise noch in der Entwicklung befinden (Kap. 18).

Klassifizierung

Die früher verwendeten Kriterien für die **Systematik der Insekten**, die auf Entwicklungsunterschieden (Hemimetabola, Holometabola), der Lage der Mundwerkzeuge (Entognatha, Ectognatha) bzw. das Fehlen oder Vorhandensein von Flügeln (Apterygota, Pterygota) beruhten, wurden aufgrund

Tabelle 10.3 Klassifizierung der Insekten (Kendall 2007) (s. Text)

Ordnungen	Deutsche Namen	Klassifizierungskriterien
Collembola	Springschwänze	Apterygota Entognatha Hemimetabola
Dermaptera Blattodea Orthoptera Thysanoptera Hemiptera	Ohrwürmer Schaben Geradflügler Fransenflügler Schnabelkerfe	Pterygota Ectognatha Hemimetabola
Coleoptera Hymenoptera Lepidoptera Diptera	Käfer Hautflügler Schmetterlinge Zweiflügler	Pterygota Ectognatha Holometabola

neuer Erkenntnisse aufgegeben. Bei der taxonomischen Gliederung verzichtet man auf die Einführung von Unterklassen und nimmt eine Gliederung nur noch auf der Basis von Ordnungen vor (Tabelle 10.3).

Die Zuordnung der Collembolen ist nicht einheitlich. Aufgrund der primitiven Merkmale (ohne Flügel, eine von allen anderen Insekten abweichende Lage der Mundwerkzeuge) rechnet man sie häufig nicht mehr zu den Insekten. Die in Tabelle 10.3 vorgenommene und auch in der folgenden Darstellung verwendete Reihenfolge der Ordnungen berücksichtigt aus didaktischen Gründen noch die alte Einteilung, ohne im Text darauf besonders hinzuweisen.

10.4.1 Collembola (Springschwänze)

Collembolen sind flügellose, ursprüngliche Arthropoden und besiedeln vielfältige Lebensräume. Die meisten Arten **leben im oder am Boden**; sie ernähren sich von Pflanzenresten, Mikroorganismen sowie anderem organischem Material und sind wichtige Zersetzer. Die lichtscheuen Tiere treten im Boden oder in Kultursubstraten auf, lieben Feuchtigkeit und verlassen ihren Lebensraum kaum. Als Pflanzenschädlinge sind sie eher selten, werden aber aufgrund ihrer geringen Körpergröße oft nicht wahrgenommen.

Collembolen sind 1–2 mm lang haben eine zarte, meist unpigmentierte Cuticula und kauend-beißende, schabende oder auch saugende **Mundwerkzeuge**, die in die Kopfkapsel eingezogen sind (entognath). Der dreigliedrige Thorax trägt drei Beinpaare. Im vorderen Bereich des Abdomens

Abb. 10.12 Häufig vorkommende
Collembolen;
oben Blindspringer,
unten Kugelspringer

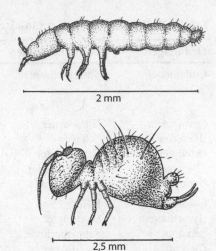

2 mm

2,5 mm

liegt ein ausstülpbarer **Ventraltubus**, mit dem sich Collembolen an Gegenständen oder anderen Tieren anhaften (passive Fortbewegung), Wasser und Ionen aufnehmen und z. T. auch atmen. Zahlreiche Arten besitzen am vierten Segment des Abdomens eine **Sprunggabel** (Furca), die durch Muskelkontraktion nach hinten geschlagen wird und den Tieren Sprünge bis zu 25 cm ermöglicht (Namen!) (Abb. 10.12).

Collembolen durchlaufen **5–7 Larvenstadien** bis zur Geschlechtsreife und häufig folgen zahlreiche weitere Häutungen (bis zu 50), ohne dass sie an Größe zunehmen. Es treten mehrere Generationen pro Jahr auf.

Die Tiere bilden oft **Aggregationen**. Keimpflanzen können dann an den Wurzeln und am Hypocotyl Fraßschäden erleiden. Früher traten diese Schäden an Zuckerrüben verbreitet auf; die insektizid wirksame Saatgutpillierung sorgt heute aber für ein befallsfreies Auflaufen. Im Freiland fördert wenig zersetzte organische Substanz (Strohmulch, Stallmist, Gründüngung) die Vermehrung. In Pilzkulturen und in ökologischen Anbausystemen muss bei Verzicht auf chemische Wirkstoffe mit Schäden gerechnet werden.

Als **Pflanzenschutzmaßnahmen** kommen neben der Saatgutbehandlung die Verwendung gedämpfter Substrate im Gartenbau in Betracht.

Die Collembolen werden in der neueren Systematik als eigene Klasse neben den Insekten geführt. Nur wenige Arten sind phytopathologisch relevant. Es sind dies:

- ***Onychiurus fimatus; O. campatus*** aus der Gattung ***Onychiurus*** (Blindspringer). Sie sind Zersetzer im Boden, benagen aber auch Sämlingswurzeln, Hypokotyl sowie Keimblätter und fördern damit sekundäre Pilzinfektionen. Einige Arten ernähren sich räuberisch von Nematoden

Typisch ist der weißliche, gestreckte Körperbau bei einer Länge bis 3 mm und fehlender Sprunggabel

- **Sminthurus viridis** aus der Gattung **Sminthurus** (Kugelspringer); mit auffällig kugelförmigem Körperbau und gut ausgebildeter Sprunggabel: Im Gewächshaus wie auch im Freiland auftretend. Schäden: Lochfraß an Keimblättern; Skelettierfraß ist möglich. In Australien befällt die Art Luzerne, man findet sie aber weltweit auch an anderen Leguminosen, Getreide, Gräsern, Gemüse und Kürbisgewächsen
- **Bourletiella hortensis**. Verbreitet auf Viehweiden und in Gartenbaukulturen, bevorzugen feuchte, saure Substrate. Schäden unter Glas im Frühsommer möglich, im Freiland werden Rüben, Mangold, Kartoffeln, Kohl und Koniferensämlinge befallen.

10.4.2 Dermaptera (Ohrwürmer)

Ohrwürmer gehören zu den Insekten, die weniger als Schädlinge, sondern eher als **Nützlinge** eingestuft werden.

Die Tiere sind zwischen 3 und 85 mm lang und zylindrisch abgeplattet. Sie bevorzugen dunkle Lebensräume und meiden das Licht. Sie tragen anstelle der Vorderflügel nur Flügeldecken, unter denen die Hinterflügel stark zusammengefaltet verstaut werden. Die drei Beinpaare mit langen Extremitäten verleihen ihnen eine erstaunliche **Beweglichkeit** bei der Beutesuche. Bei Bedrohung werden chinonhaltige Abwehrsekrete freigesetzt, die für den markanten Geruch verantwortlich sind. Der Hinterleib endet mit einem zangenförmigen Organ, das aus zwei scherenartigen Haken (Cerci) besteht und zur Verteidigung, beim Fixieren des Geschlechtspartners, bei der Kopulation wie auch zur Körperpflege eingesetzt wird (Abb. 10.13).

Die **Entwicklung** verläuft **hemimetabol** mit überwiegend **4 Larvenstadien**. Adulte überwintern im Boden. Gegen Ende des Winters erfolgt die Eiablage (bis zu 100) im Boden in einer Brutkammer oder anderen geschützten Hohlräumen. Im Frühsommer wird das adulte Stadium erreicht. In Abhängigkeit von den klimatischen Bedingungen kann in den kontinentalen Gebieten Europas eine zweite oder sogar dritte Generation folgen.

Ohrwürmer sind ausgesprochen **polyphag** und leben sowohl von tierischer als auch pflanzlicher Nahrung. Mit ihren **kauend-beißenden Mundwerkzeugen** können sie nur bei massenhaftem Auftreten und unter milden Witterungsbedingungen Schäden an den Blüten, Blättern und Früchten von Gemüse- und Zierpflanzen (Rosen, Dahlien u. a.) sowie Keimlingen verursachen; benagte junge Knospen sterben ab. Es werden ferner reifende Früchte befallen, beispielsweise Körner von Zuckermais unter dem Schutz

Abb. 10.13 Körperbau eines Ohrwurms

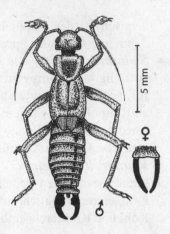

der Lieschblätter und im Spätsommer auch Obst. In manchen Beerenobst-
kulturen und im Weinbau finden sich häufig große Mengen lebender Ohrwürmer im Erntegut, insbesondere bei mechanischer Ernte. Die gleichen
Arten gelten auch als Nützlinge wegen des Vertilgens von Blattlauskolonien und verborgenen Schädlingseiern. Eine bei uns häufig auftretende Art
ist *Forficula auricularia* (Gemeiner Ohrwurm).

10.4.3   Blattodea (Schaben)

Schaben sind in den tropischen und subtropischen Gebieten beheimatet.
Von dort begann ihre **Verbreitung** durch den internationalen **Warenverkehr**, vorwiegend beim Containertransport.

Sie stellen insbesondere im Bereich des **Nachernte- und Vorratsschutzes** ein Problem dar, weil sie bevorzugt Lagerstätten für pflanzliche
Rohwaren und Vorprodukte besiedeln. Landwirtschaftliche Betriebe und
große Lager-, Aufbereitungs- und Umschlagbetriebe sind davon gleichermaßen betroffen. Schaben sind sowohl in der Nahrungsmittelverarbeitung
als in der Gastronomie zu finden. Sie sind **anspruchslos und** können monatelang ohne Nahrung und ohne Wasseraufnahme überstehen. Da die
Tiere alle organischen Stoffe als Nahrung nutzen, findet man sie oft in
stark keimbelasteten Arealen. Auf diese Weise werden sie wichtige Überträger von Krankheitserregern und verschleppen Schimmelpilzsporen,
Viren, Bakterien, Protozoen und zahlreiche menschliche und tierische Parasiten. Bei vielen Menschen lösen sie heftige Allergiereaktionen der Haut
und Atemwege aus.

Ein typisches Merkmal der Schaben ist der abgeflachte Körper, der ihnen den Zugang zu versteckten Lebensräumen ermöglicht; die Körperlänge kann je nach Art zwischen 5–100 mm liegen. Ein großer Halsschild (Pronotum) verbirgt weite Teile des Kopfes. Markante, lange Antennen sowie empfindliche Komplexaugen sind wichtige Sinnesorgane und Voraussetzung für die Nachtaktivität. **Kauend-beißende Mundwerkzeuge** ermöglichen die Aufnahme fester Nahrung. Die Tiere zeigen ein ausgeprägtes **Fluchtverhalten**. Sie nehmen Erschütterungen des Untergrundes über ein Sinnesorgan in der Tibia wahr und registrieren geringste Luftbewegungen über die Cerci. Schaben entwickeln sich hemimetabol (5–12 Häutungen). Die Eier werden in Form einer Ootheca abgelegt (Eikokon, Eikapsel), in der bis zu 50 Eier durch proteinhaltige Sekrete zu einem Paket verklebt sind.

Schaben produzieren verschiedene Pheromone. So scheidet die Deutsche Schabe (*Blattella germanica*) Aggregationspheromone mit dem Kot aus und lockt Artgenossen zu Futterquellen.

Die **versteckte Lebensweise** gestaltet die **Bekämpfung** der Schaben **schwierig**. Da nur wenige Insektizide mit ovizider Wirkung auf dem Markt sind und der Wirkstofftransport in die Oothecen ohnehin nur unzureichend erfolgt, ist die Bekämpfung auf diesem Weg wenig effektiv.

Meist wird mit Pheromonfallen versucht, die Tiere zu ködern. Eine Alternative ist das Ausbringen von Wirkstoffen mit geringer Warmblüter-Toxizität (z. B. Pyrethroide) auf den Laufstraßen und Aufenthaltsplätzen, womit anfangs zwar eine gute Aufnahme und Wirkung erreicht wird, sich aber bei längerer Anwendung das Problem der schnellen Abnahme der Sensitivität einstellt. Sehr effektiv ist der Einsatz toxischer Gase in geschlossenen Anlagen (Silos).

Die Ordnung Blattodea umfasst fünf Familien, von denen nur wenige Arten als Vorrats- und Hygieneschädlinge von Bedeutung sind. Eine weite Verbreitung haben:

- *Blattella germanica* (Deutsche Schabe). Weltweit auftretend, 10–15 mm Körperlänge, gelblichbraune Grundfärbung, Flügel bedecken fast den ganzen Körper, 3–4 Generationen pro Jahr, extrem lichtscheu, 3–6 Oothecen pro Weibchen mit je 30–50 Eiern, explosionsartige Vermehrung, lebt immer assoziiert mit menschlichen Ansiedlungen und dem Vorhandensein von Wärme, Feuchtigkeit und Nahrung
- *Blatta orientalis* (Orientalische Schabe/Küchenschabe/Bäckerschabe). Sehr häufig in gemäßigten Breiten, 20–27 mm lang, dunkelbraun bis schwarz, Weibchen meist flügellos, Entwicklungszyklus 1–2 Jahre, pro Weibchen 8 und mehr Oothecen mit bis zu 16 Eiern

- **Periplaneta americana** (Amerikanische Schabe). 35–50 mm Körperlänge, schokoladenbraune Färbung, immer geflügelt, weltweite Verbreitung in warmen Klimazonen, Entwicklungszyklus 6–9 Monate.

10.4.4   Orthoptera (Geradflügler)

Innerhalb dieser systematischen Gruppe sind zahlreiche Insekten zusammengefasst, die **im weitesten Sinne als Schrecken bezeichnet** werden. Trotz der großen Formenvielfalt erlangen in Mitteleuropa aber nur wenige Arten eine wirtschaftliche Bedeutung – im Gegensatz zu den tropischen Regionen mit den in großen Schwärmen auftretenden Wanderheuschrecken.

Alle Schrecken haben einen markanten Körperbau mit großem, beweglichem Kopf, Facettenaugen und kräftigen **kauend-beißenden Mundwerkzeugen**. Die Antennen unterscheiden sich deutlich in ihrer Länge, was auch durch die systematische Gliederung in die entsprechenden Unterordnungen zum Ausdruck kommt (Abb. 10.14). Bei fast allen Arten sind die hinteren Extremitäten zu kräftigen **Sprungbeinen** umgewandelt. Die Stellung der Flügel ist ähnlich dachartig wie bei den Zikaden. Hinsichtlich der Flugaktivität unterscheiden sich die Tiere erheblich. Heimische Arten legen meist nur sehr kurze Strecken hüpfend im schwirrenden Flug zurück, während vor allem tropische Wanderheuschrecken ausgesprochen lange Flugstrecken absolvieren. Grillen sind in der Lage, typische, schrillende Geräusche zu erzeugen.

Schrecken sind **hemimetabol** und viele legen ihre Eier in Pflanzenteile ab (Laubheuschrecken, Grillen), wofür sie einen Legestachel besitzen. Andere (z. B. Feldheuschrecken) dringen zur Eiablage mit dem Hinterleib in den Boden ein, und die Witterung nach der Eiablage entscheidet über die weitere Entwicklung. Bleibt es lange trocken, dann sterben die Eier ab.

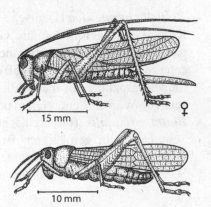

Abb. 10.14 Langfühlerschrecke (*oben*) und Kurzfühlerschrecke (*unten*)

Nur bei ausreichender Feuchtigkeit schlüpfen die Larven. Sie durchlaufen **fünf Häutungen** bis zum Imaginalstadium. Umweltfaktoren steuern bei manchen Arten die Ei- und Larvenentwicklung. Das führt dazu, dass Wanderheuschrecken in großer Zahl zeitgleich ihr Habitat verlassen und begrünte Flächen innerhalb weniger Stunden vollständig zerstören.

Wanderheuschrecken sind gefürchtete **Schädlinge tropischer und subtropischer Klimazonen**, die sich periodisch in großen Schwärmen ausbreiten und in afrikanischen Ländern wie Algerien, Marokko, Mali und Mauretanien zeitweise sogar die Versorgung mit Grundnahrungsmitteln bedrohen.

Bisher versuchte man, die riesigen Heuschreckenschwärme **vom Flugzeug aus** direkt mit Insektiziden zu bekämpfen. In der Vergangenheit gehörte auch der chlorierte Kohlenwasserstoff DDT dazu. Diese Substanz hat zwar eine geringe Toxizität, wird aber aufgrund ihrer hohen Persistenz in den Ökosystemen außerordentlich kritisch beurteilt. Als Alternative sind in den letzten Jahren verstärkt synthetische Pyrethroide (v. a. Deltamethrin) zur Anwendung gekommen, aber auch dieses Verfahren ist äußerst unbefriedigend. Die FAO hat Frühwarnsysteme zur Erfassung der Massenvermehrung von Wanderheuschrecken in den gefährdeten Ländern aufgebaut, um schnelle Abwehrmaßnahmen ergreifen zu können.

Bei der Suche nach Alternativen gibt es derzeit neue Ansätze. So besteht die Möglichkeit, insektenparasitäre Bodenpilze der Gattung *Metarhizium anisopliae* var. *acridum* in den Brutgebieten auszubringen, die durch die Besiedlung der Heuschreckenlarven zum Absterben der Tiere führen. Dieses Verfahren hat aber noch keine Praxisreife erreicht. Gute Erfolge wurden bereits in der kombinierten Anwendung des parasitären Pilzes mit Deltamethrin erzielt, da man auf diese Weise Sofort- und Dauerwirkung kombinieren konnte.

Innerhalb der Ordnung der Geradflügler unterscheidet man Kurzfühlerschrecken (Caelifera) und Langfühlerschrecken (Ensifera). Bei den **Kurzfühlerschrecken** sind insbesondere die Feldheuschrecken (Fam. Acrididae) wichtig: Sie sind artenreich und umfassen Pflanzenschädlinge von weltweiter Bedeutung. Dazu gehören:

- *Locusta migratoria* (Wanderheuschrecken). Häufig in Afrika und Vorderasien mit hohem Schadpotential durch Massenvermehrung
- *Schistocera gregaria* (Wüstenheuschrecken). Verbreitet vor allem in Vorderasien.

Bei den **Langfühlerschrecken** gibt es zahlreiche Arten (z. B. Laubheuschrecken, Grillen u. a.), die aber ohne wirtschaftliche Bedeutung sind. Eine Ausnahme ist *Gryllotalpa gryllotalpa* (Maulwurfsgrille, Abb. 10.15). Der Schädling ist bis zu 5 cm groß und verfügt über Vorderbeine, die zu Grabschaufeln umgeformt sind. Diese ungewöhnlichen Pflanzenschädlinge

Abb. 10.15 Maulwurfs-
grille (*Gryllotalpa gryllotalpa*)

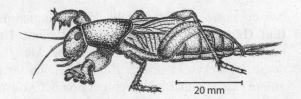

20 mm

leben unterirdisch vor allem von Insekten, Würmern und Schnecken. Bei
starkem Besatz (4–6/m^2) kommt es sowohl durch die Fraßtätigkeit an den
Wurzeln als auch durch das Wühlen zu erheblichen Schäden. Die Tiere
treten in sommerwarmen Klimazonen Europas (z. B. Süddeutschland) auf,
wo sie unter anderem Wein- und Gemüsejungpflanzen zerstören.

10.4.5 Thysanoptera (Thripse/Fransenflügler)

Die in Europa auftretenden Thripse gehören mit etwa 1–2 mm Körperlänge
neben den Milben zu den kleinsten Pflanzenschädlingen. Viele Arten ernähren sich von Pilzen oder sind Räuber, **ein großer Teil jedoch ist phytophag**.
Die versteckt lebenden Tiere werden meist erst anhand der Schadsymptome
bemerkt – ein Zeitpunkt, an dem geeignete Pflanzenschutzmaßnahmen zu
spät kommen. Thripse werden im Volksmund als „Gewitterfliegen" bezeichnet; sie schwärmen bei schwülwarmer Sommerwitterung und werden
weit mit dem Wind verdriftet. Die wirtschaftliche Bedeutung dieser Schädlinge hat in Europa vor allem an **Gemüse- und Zierpflanzenkulturen in
Gewächshäusern** durch die Einschleppung neuer Arten erheblich zugenommen. **Schäden an Freilandkulturen spielen dagegen nur eine untergeordnete Rolle**. Neben den pflanzenschädlichen gibt es auch räuberische
Arten, die zur biologischen Schädlingsbekämpfung genutzt werden.

Ihre Körperform ist länglich. Sie haben einen deutlich abgesetzten Kopf
mit mehrgliedrigen Antennen und **stechend-saugenden Mundwerkzeugen**. Für die Nahrungsaufnahme stechen die 3 Stechborsten und die linke,
stilettartige Mandibelspitze in das Gewebe ein; die Maxillen bilden dabei
eine Art Saugrohr zur Nahrungsauf- und Speichelabgabe. Der Prothorax ist
gut entwickelt, trägt die Extremitäten sowie zwei schmale Flügelpaare, die
mit federartigen Fransen umsäumt sind und den Namen „Fransenflügler"
begründen (gr. *thýsanos* = Franse). Sie vergrößern die effektive Tragfläche
der Flügel erheblich. Am Ende der Extremitäten befinden sich kleine Tarsen; zusätzlich können typische **Haftblasen** ausgestülpt werden, von denen
der alte Name **„Blasenfüße"** stammt (Abb. 10.16).

Abb. 10.16 Körperbau eines typischen phytophagen Fransen-flüglers

Fr = Fransenflügel; Hf = Haftfuß; Kr = Kralle; Ar = Haftblase

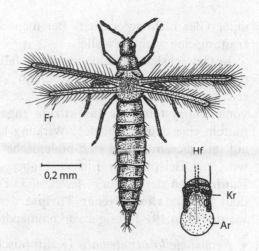

0,2 mm

Thysanoptera pflanzen sich überwiegend getrenntgeschlechtlich fort, häufig allerdings **auch** durch **Parthenogenese**, bei der ausschließlich Weibchen entstehen, die ihre Eier je nach Art entweder unmittelbar auf dem Pflanzengewebe oder mittels einer Eiablageröhre in das Gewebe ablegen.

Thripse werden zwar als **hemimetabole Insekten** angesehen, trotzdem nimmt ihre Entwicklung insofern eine Sonderstellung ein, als zwischen den beiden Larvenstadien und der Imago noch 2–3 Nymphen (Ruhesta-dien) mit den entsprechenden Häutungen auftreten. Diese Form der Meta-morphose ähnelt der Holometabolie und wird als **Remetabolie** bezeichnet. Die Entwicklung verläuft schnell (ca. 2–10 Tage) über folgende Stadien:

Ei → L1 → L2 → Pronymphe → Nymphe → Imago

Die Larven sehen den Imagines ähnlich; es fehlen jedoch Flügel und die Sklerotisierung; **Imagines** haben immer eine bräunliche bis schwarze Far-be, **Larven und Nymphen** eine weißliche bis gelbliche. Imagines mancher Arten überleben nur wenige Tage, andere dagegen mehrere Monate. Auch die Überwinterung im Larvenstadium kommt vor.

Insbesondere Blüten, Blätter und Pollenkörner sind begehrte Nahrungs-quellen. Thripse besiedeln Pflanzen bevorzugt von den Blattunterseiten oder auch über gut geschützte Blattscheiden (z. B. Getreide). In das ange-stochene Gewebe dringt schnell Luft ein, so dass **kreisrunde, silbrig glän-zende Flecken** auftreten, die immer stärker ineinander übergehen und zur **Nekrose großer Blattflächen** führen. Einige Arten rufen Wuchsdeforma-tionen und Gallen (Cecidien) oder auch die Bildung von Wundkallus her-vor. Direkte Schäden halten sich im Freiland meist in Grenzen, sind aber unter Glas nicht tolerierbar. Bei manchen Arten spielt die **Virusüber-tragung** eine wichtige Rolle.

In Gewächshauskulturen ist die **Befallsüberwachung** besonders wichtig. Dazu finden blaue Insektentafeln Verwendung. Bei manchen Arten reichen diese oft schon aus, um größere Schäden zu vermeiden. Es werden vor allem **systemische Insektizide** angewendet, die gegenüber Kontaktmitteln eine deutlich bessere Wirkung haben. Resistenzen treten schnell auf; aus diesem Grund sind biologische Verfahren eine gute Alternative, wie zum Beispiel der Einsatz räuberischer Arthropoden, insbesondere **Raubmilben** der Gattung *Amblyseius*. Ferner sind gute Erfahrungen mit dem **Einsatz räuberischer Thripse** der Gattung *Frankliniella* gemacht worden (Kap.19). Häufiger vorkommende Thrips-Arten sind:

- *Frankliniella occidentalis* (Kalifornischer Blütenthrips) an Gemüsekulturen und Zierpflanzen; wichtiger Schädling an Gewächshauskulturen. Virusvektor
- *Kakothrips pisivorus* (Erbsenthrips) verbreitet an Leguminosen, vor allem Erbse und Bohne; Hülsen sind verkrüppelt mit braunen, oft silbrig glänzenden Flecken
- *Limothrips cerealium* (Getreidethrips) an Gräsern und Getreide (Roggen, Gerste, Weizen). Befall in reifenden Getreideähren hat in der Regel auf den Ertrag keine Auswirkung
- *Thrips tabaci* (Zwiebelthrips, Tabakthrips) an Gemüse- und Zierpflanzenarten im Freiland und Gewächshaus (polyphag)
- *Thrips palmi* (Melonenthrips) an Gemüse und Zierpflanzen unter Glas; wichtiger Virusvektor; gilt in der EU als Quarantäneschädling
- *Haplothrips aculeatus* (Getreideblasenfuß)
- *Haplothrips tritici* (Roter Getreidethrips, europäischer Weizenthrips) an Gräsern und Getreide.

10.4.6 *Hemiptera (Schnabelkerfe)*

Diese Ordnung (auch als Rhynchota bezeichnet) stellt eine Vielzahl phytophager Insekten, die weltweit als Schädlinge bekannt sind. In Europa liegt ihre Bedeutung neben den Saugschäden vor allem in der Funktion als Vektoren von Viruskrankheiten.

Gemeinsame **Merkmale der phytophagen Arten** sind die rüsselförmigen, stechend-saugenden **Mundwerkzeuge**, die in Ruheposition zurückgeklappt an der Körperunterseite liegen. Die Mandibeln und Maxillen haben sich im Laufe der Evolution zu **Stechborsten** umgewandelt (Abb. 10.7).

Ihre vier Elemente bilden eine Funktionseinheit mit einem weiten **Saugrohr** zur Nahrungsaufnahme und einem engen **Speichelrohr**. Der abgegebene Speichel sorgt für die Auflösung der pflanzlichen Zellwandstruktur oder Verflüssigung der pflanzlichen Nahrung. Die Unterlippe (Labium) übernimmt die Funktion einer Führungsröhre (Rostrum) und schützt die hochflexiblen Stechborsten vor dem Abknicken beim Anstich. Viele Hemiptera dringen in die pflanzlichen Leitbündel ein, andere beschränken sich auf den Anstich des Parenchyms. Die **Xylemsauger** müssen aufgrund der geringen Mengen verwertbarer Nährstoffe große Flüssigkeitsmengen aufnehmen und extrahieren. **Phloemsauger** entnehmen mit der Nahrung nur geringe Konzentrationen von Aminosäuren, aber große Mengen an Kohlenhydraten. Der Überschuss wird als Honigtau ausgeschieden. Alle Hemiptera entwickeln sich **hemimetabol**.

Die Schädlinge verursachen **erhebliche Beeinträchtigungen an Kulturpflanzen**, wie z.B. Wachstumshemmungen infolge des Nährstoffentzugs, Verfärbungen an Blättern, Formveränderungen, wie Blattkräuselungen, krebsartige Wucherungen, Honigtauausscheidung und vor allem durch den **Eintrag pflanzenpathogener Viren**.

Bei der **Bekämpfung der Hemipteren** überwiegen zwar die chemischen Maßnahmen, in einzelnen Fällen sind aber auch mit Resistenzzüchtungen (z.B. gegen die Reblaus) und biologischen Verfahren (z.B. gegen die San-José-Schildlaus) Erfolge zu erzielen. Insgesamt werden angewendet:

- **Quarantänemaßnahmen**. Baumschulmaterial vor dem Versand gegen aufsitzende Schädlingsstadien mit Blausäure begasen (z.B. San-José-Schildlaus)
- **Kulturmaßnahmen**. Winterwirte von wirtswechselnden Blattläusen beseitigen. Frühe Saat zur Verhinderung der Koinzidenz
- **Resistenzzüchtung**. Reblausresistente Amerikanerunterlagen im Weinbau verwenden
- **Chemische Maßnahmen**. Saugende Insekten lassen sich besonders wirksam mit **systemischen Insektiziden** bekämpfen, die sich nach der Applikation innerhalb der Pflanze ausbreiten und auf diese Weise auch versteckt sitzende Stadien erreichen. Bei Befallsbeginn eignen sich ferner protektive Wirkstoffe, die außen auf der Pflanze bleiben und bei Kontakt mit dem Insekt in dessen Körper eindringen. Einige Wirkstoffe, z.B. synthetische Pyrethroide, haben außerdem eine Repellentwirkung, da ihr Geruch zu einer Vergrämung der Schädlinge führt (Kap. 23)
- **Biologische Maßnahmen**. Einsatz und Schonung von Nützlingen (Kap.19).

Tabelle 10.4 Systematische Gliederung der Ordnung Hemiptera (nach Biedermann u.
Niedringhaus 2004 und Fauna Europaea 2005)

Unterordnungen	Überfamilien/Familien
Rundkopfzikaden (Cicadomorpha)	Kleinzikaden (Fam. Cicadellidae) Schaumzikaden (Fam. Aphrophoridae)
Spitzkopfzikaden (Fulgoromorpha)	Spornzikaden (Fam. Delphacidae) Glasflügelzikaden (Fam. Cixiidae)
Wanzen (Heteroptera)	Weich- oder Blindwanzen (Fam. Miridae) Rüben- oder Meldenwanzen (Fam. Piesmidae) Schild- oder Baumwanzen (Fam. Pentatomidae) Feuerwanzen (Fam. Pyrrhocoridae)
Pflanzenläuse (Sternorrhyncha)	Blattläuse (ÜFam. Aphidoidae) Blattflöhe (ÜFam. Psylloidae) Mottenschildläuse (ÜFam. Aleyrodoidae) Zwergläuse (ÜFam. Phylloxeroidae) Schildläuse (ÜFam. Coccoidae)

Neuere Erkenntnisse über die phylogenetische Abstammung machten auch bei den Hemipteren Änderungen in der **taxonomischen Zuordnung** erforderlich. Die früher übliche Einteilung in die Unterordnungen Heteroptera und Homoptera, die auf der unterschiedlichen Ausbildung der Flügel beruhte wurde aufgegeben. Derzeit unterscheidet man **vier Unterordnungen**: Zikaden (zwei Unterordnungen), Wanzen, Pflanzenläuse.

Vor allem die Zuordnung und Nomenklatur der Pflanzenläuse musste aufgrund neuer Ergebnisse erheblich verändert werden (Tabelle 10.4). Um die Übersicht zu erleichtern, wurde hier eine Gliederung nur bis zur Überfamilie vorgenommen. Weitere Einzelheiten zur aktuellen Systematik der Hemiptera s. Fauna Europaea (2007).

Cicadina (Zikaden)

Sie sind in wärmeren Anbaugebieten verbreitet, erscheinen aber in milden Sommern auch zunehmend in den kühlen Regionen Nordwesteuropas. Ihre wirtschaftliche Bedeutung ist hier jedoch gering. Der **Hauptschaden** entsteht durch **Übertragung pflanzenpathogener Viren und Phytoplasmen**.

Zikaden haben dachförmig angeordnete Flügel. Das vordere Flügelpaar ist ganzflächig dünnhäutig, durchscheinend und trägt zahlreiche Adern. Die kurzen Antennen stehen auf kräftigen Grundgliedern und tragen jeweils eine fadenförmige Geißel. Der Rüssel entspringt immer direkt an der Kehle auf der Kopfunterseite. Die Extremitäten tragen dreigliedrige Tarsen. Ausgeprägt ist ihr gutes Sprungvermögen. Sie entwickeln sich **ge-**

trenntgeschlechtlich und sind **ovipar**. Die Eiablage erfolgt meist im Boden oder im Pflanzengewebe. Der Entwicklungsgang ist **hemimetabol** mit Ei, fünf Larvenstadien und Imago. In Deutschland kommt meist nur eine Generation zur Entwicklung.

Man unterscheidet Xylem- und Phloemsaftsauger, wobei letztere deutlich überwiegen. Einige Arten nehmen ihre Nahrung nicht aus den Leitbündeln, sondern aus dem Mesophyll auf. Typische **Symptome** sind kreisförmige Nekrosen als Folge des Saugens auf der Blattunterseite. Die Ausscheidung von Honigtau führt zur Qualitätsminderung des Ernteguts. Zur **chemischen Bekämpfung** werden systemische und Kontaktinsektizide eingesetzt.

In der neueren **taxonomischen Gliederung** gibt es zwei Unterordnungen: Rundkopfzikaden (UO Cicadomorpha) und Spitzkopfzikaden (UO Fulgoromorpha) (Tabelle 10.4). Folgende Arten aus diesen Gruppen treten häufiger auf:

- *Edwardsiana rosae* (Rosenzikade) an Rosen
- *Typhlocyba pomaria* (Apfelzikade) an Kernobst
- *Empoasca*-Arten (Zwergzikaden) an zahlreichen Kulturpflanzen (Gemüse, Obstgehölze, Hackfrüchte) verursacht durch Speichelausscheidungen Nekrosen und Deformationen
- *Empoasca vitis* (Grüne Rebzikade) an Weinrebe (zunehmende Bedeutung)
- *Psammotettix alienus* (Wandersandzikade). Überträgt das persistente Weizenverzweigungsvirus (*wheat dwarf virus*); in Süddeutschland verstärkt auftretend
- *Graphocephala fennahi* (Rhododendron-Zikade) an Rhododendron; überträgt und verbreitet die pilzliche Knospenbräune (*Pycnostysanus azaleae*)
- *Hyalestes obsoletus* (Winden-Glasflügelzikade) an Weinrebe; Überträger von Phytoplasmen.

Heteroptera (Wanzen)

Wanzen sind weltweit verbreitet und treten in großer Vielfalt auf: als lästige Blutsauger, Wasserläufer, agile Räuber bis hin zu den zahlreichen phytophagen Formen. In der Vergangenheit räumte man pflanzenschädlichen Wanzen keine große Bedeutung ein. Inzwischen nimmt der Befall an Obst-, Gemüse- und Feldkulturen in Europa aber deutlich zu. Gravierender sind die Schäden in sommerwarmen Klimazonen Osteuropas, Asiens und Nordamerikas. Nur wenige Wanzen sind Virusvektoren, wobei die Vertreter der Familie *Piesmidae* (Rüben- oder Meldenwanzen) eine wesentliche Rolle spielen.

Die Größe phytophager Wanzen liegt zwischen 1 und 10 mm. Typisch ist der flache Körperbau mit den horizontal ausgerichteten **Flügeln**, die **an der Basis derb ausgebildet** sind und in die Spitzen membranös auslaufen (Abb. 10.17). Ähnlich wie bei Käfern sind die Vorderflügel groß und stark sklerotisiert, während die häutigen Hinterflügel im Ruhezustand geschützt unter ihnen ruhen (gr. *héteros* = verschieden; *ptéryx* = Flügel). Gelegentlich sind die Flügel verkürzt oder fehlen ganz. Die kräftigen Antennen sind vier- bis fünfgliedrig. Ein breiter **Halsschild** ist typisch, ebenso das sich anschließende **Schildchen** (Scutellum), das an den Flügelbasen ansetzt. Die Extremitäten sind überwiegend kräftige Laufbeine mit zwei- bis dreigliedrigen Tarsen.

Die phytophagen Landwanzen tragen ihren **Rüsselansatz an der Kopfspitze** (Abb. 10.18) und dringen mit den kurzen, kräftigen **Stechborsten** in das Parenchym der Pflanzenorgane ein. Der Speichel löst das Gewebe vor dem Saugen durch Abgabe von Amylasen, Proteasen und Pektinasen auf

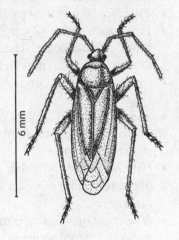

Abb. 10.17 Nordische Apfelwanze (*Plesiocoris rugicollis*)

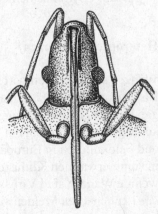

Abb. 10.18 Phytophage Wanzen tragen den Rüsselansatz an der Kopfspitze (Schema, ventral)

und induziert zahlreiche Symptombilder. Wegen des geringen Nährstoffgehaltes der Pflanzensäfte bevorzugen die Tiere aufgrund der höheren Stickstoffkonzentration die Reproduktionsorgane, reifende Samen und Früchte. Einige Arten sind **Vektoren** von Virus-, Bakterien- oder Pilzkrankheiten.

Die **Entwicklung** der Wanzen erfolgt von wenigen Ausnahmen abgesehen **getrenntgeschlechtlich** und **hemimetabol**. Nach der Eiablage entstehen nacheinander meist fünf Nymphenstadien, bevor adulte Tiere auftreten. Die Überwinterung findet entweder als Ei oder Imago, selten als Larve statt. Am Beispiel der Rübenblattwanze ist der Entwicklungszyklus veranschaulicht (Abb. 10.19).

Zu den von Wanzen verursachten **Symptomen** zählen:

- Lokalisierte **Welke**
- **Gewebenekrosen**
- Vorzeitiger **Fruchtfall**
- **Morphologische Veränderungen** an Früchten und Samen
- **Verändertes vegetatives Wachstum** durch Schädigung des Vegetationskegels
- **Gewebemissbildungen** wie Hypertrophien, Deformationen, Risse und Aufplatzen, Verfärben, Verkorken.

Die Bekämpfung erfolgt zu Befallsbeginn durch Anwendung von Kontaktinsektiziden und/oder Mitteln mit systemischer Wirkung.

Man unterscheidet vier Familien (Tabelle 10.4) mit den folgenden häufiger vorkommenden Arten:

- *Piesma quadratum* (Rübenblattwanze) an Beta-Rübe
- *Lygus pratensis* (Gemeine Wiesenwanze) an Obstbäumen, Beerenobst, Getreide, Futterpflanzen, Zuckerrübe, Spargel und Gewürzkräutern
- *Lygocoris pabulinus* (Grüne Futterwanze) an Gehölzen, Ziersträuchern, krautigen Pflanzen, Hackfrüchten, Gemüse und Obst; verursacht erhebliche Saugschäden
- *Plesiocoris rugicollis* (Nordische Apfelwanze) verbreitet an Kernobst; verursacht Deformationen und Verkorkung, Absterben der Triebspitzen sowie vorzeitiger Austrieb von Seitenknospen
- *Closterotomus norwegicus* (Wiesenwanze, zweipunktige Kartoffelwanze) an Gemüse, Zierpflanzen und Hackfrüchten
- *Lygus rugulipennis* (Trübe Feldwanze) an Gemüse, Kartoffel, Obst, Zuckerrübe, Gewächshauskulturen und Nadelholzsämlingen
- *Dolycoris baccarum* (Beerenwanze) an Beerenobst
- *Eurydema oleraceum* (Kohlwanze) an Kreuzblütlern, aber auch an Kartoffel und Getreide.

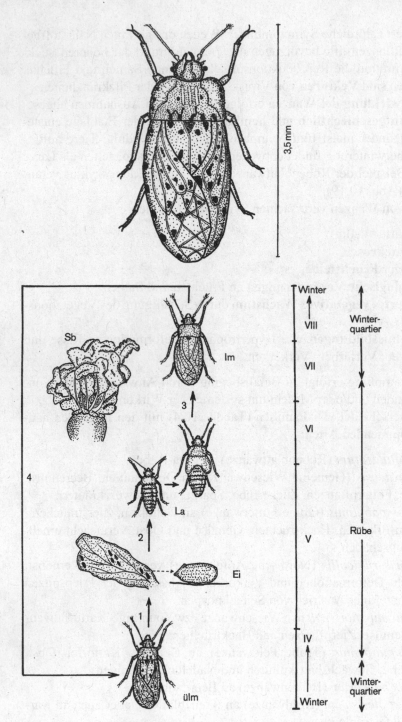

Abb. 10.19 Entwicklung der Rübenblattwanze (*Piesma quadratum*)

Sternorrhyncha (Pflanzenläuse)

Pflanzenläuse sind eine stark differenzierte Insektengruppe und gehören in den gemäßigten Klimazonen sowohl im Freiland als auch in Gewächshäusern, Wintergärten und begrünten Innenräumen zu den regelmäßig erscheinenden Pflanzenschädlingen.

Sie sind entweder **ungeflügelt oder** tragen **zwei Paar** dünne, durchscheinende Flügel mit deutlichen Adern, die im Ruhezustand dachartig gefaltet werden. Im Gegensatz zu Zikaden und Wanzen sind die Antennen länger und sitzen häufig auf Stirnhöckern. Der Kopf ist relativ weit nach unten geneigt, so dass der auf der Unterseite entspringende Saugrüssel (Abb. 10.20) bereits im Brustbereich liegt (gr. *stérnon* = Brust, *rhýnchos* = Rüssel). Die drei Extremitätenpaare sind relativ lang mit ein- bis zweigliedrigen Tarsen. Viele Arten treten in sehr unterschiedlichen Körperformen (Morphen) zeitgleich auf.

Pflanzenläuse **entwickeln sich grundsätzlich hemimetabol,** zeigen jedoch zahlreiche Unterschiede, auf die bei den einzelnen Gruppen näher eingegangen wird. Sie sind überwiegend **Phloemsaftsauger** und Honigtaubildner. Viele Arten dienen als **Virusvektoren**.

Zur Unterordnung der Pflanzenläuse gehören: **Aphidoidae** (Blattläuse), **Psylloidae** (Blattflöhe), **Aleyrodoidae** (Mottenschildläuse), **Phylloxeroidae** (Zwergläuse) und **Coccoidae** (Schildläuse) (Tabelle 10.4).

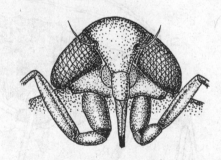

Abb. 10.20 Die Mundwerkzeuge der Pflanzenläuse (*Sternorrhyncha*) liegen im Gegensatz zu Wanzen auf dem Thorax auf

---

Abb. 10.19 (Fortsetzung)
1: Eiablage der überwinterten Imago an Blättern und Blattstielen
2: Larvenschlupf und -entwicklung an den Blättern der Zuckerrübe; geringe Saugschäden, erst die Übertragung des Kräuselvirus führt zum auffälligen Schadbild
3: Häutung zur Imago
4: Abwanderung ins Winterquartier

Im = Imago; La = Larve; Sb = Schadbild; üIm = überwinternde Imago

Aphidoidae (Blattläuse)

Blattläuse gehören in Mitteleuropa zu den häufigsten Schädlingen im Ackerbau, an Obst, Gemüse und Zierpflanzen sowohl im Freiland als im Gewächshaus. Ihre Körperform schwankt zwischen plump eiförmig bis lang spindelförmig, ihre Körperlänge liegt je nach Art zwischen etwa 0,5 und 8 mm. Zwei durchsichtige Flügelpaare, Komplexaugen und lange Antennen, die oft auf Stirnhöckern stehen (Bestimmungsmerkmal), geben den Blattläusen ihr typisches Aussehen. Die Ernährung besteht vorwiegend aus Phloemsaft.

Ihr **Körperbau** und ihre **Entwicklung** ist sehr unterschiedlich. Die Tiere der aufeinander folgenden Generationen sind bezüglich ihres Aussehens und ihrer biologischen Eigenschaften vielfach ganz verschieden, was besonders an den ungeflügelten und geflügelten Formen deutlich wird.

Wesentliche Elemente einer ungeflügelten Blattlaus zeigt Abb. 10.21. Die **Nahrungsaufnahme** findet über das Stechborstenbündel statt (stechend-saugende Mundwerkzeuge, s. Abb. 10.7), wobei der schützende Saugrüssel (Rostrum) meist viergliedrig aufgebaut ist. Je nach Art variiert die Länge des

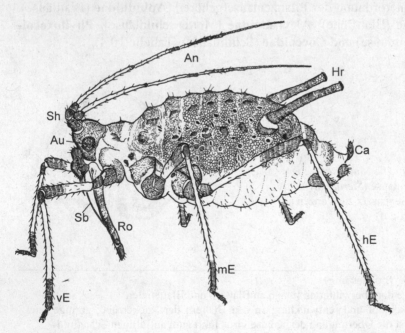

Abb. 10.21 Körperbau einer adulten, ungeflügelten Blattlaus (nach Strümpel 2003)

Au = Auge; An = Antenne auf Stirnhöcker (Sh); Ca = Cauda; Hr = Hinterleibsröhre; Ro = Rostrum (Rüssel) mit Stechborsten (Sb); vE/mE/hE = vordere, mittlere, hintere Extremität

Rüssels erheblich. Der Aufbau von Kopf, Brust und Bauch entspricht weitgehend dem allgemeinen Insektenschema. Abweichend davon bildet bei den Imagines das 10. Segment einen lang gestreckten Anhang (Cauda), der sich von der breiten, dreieckigen Form des letzten Körpersegments der Larven unterscheidet. Die Läuse tragen in der Regel auf dem 5. oder 6. Bauchsegment **Hinterleibsröhren** (Siphone) für die Abgabe von Alarmpheromonen oder Sekreten zur Feindabwehr.

Manche Arten sind stark von **Wachs** bedeckt und sehen deshalb mehlig aus (Mehlige Kohllaus, Mehlige Apfellaus u. a.). Diese Ausscheidungen werden in speziellen Drüsen gebildet, laufend ausgeschieden und schützen die Tiere vor Sonneneinstrahlung, Überwärmung und Verdunstung.

Blattläuse zeigen eine vielseitige Anpassung an ihre Lebensräume, was sich in unterschiedlichen Entwicklungsgängen bemerkbar macht. Man unterscheidet:

- Holozyklische Entwicklung ohne Wechsel der Wirtspflanzenart
- Holozyklische Entwicklung mit Wechsel der Kulturpflanzenart
- Anholozyklische Entwicklung.

Bei **holozyklischer Entwicklung ohne Wechsel der Wirtspflanzenart** schlüpft aus jedem Ei im Frühjahr eine Stammmutter (Fundatrix). Diese entwickelt sich ungeschlechtlich (parthenogenetisch) und bringt durch Lebendgeburt (Viviparie) laufend neue weibliche Larven hervor. Im Laufe der Vegetationsperiode treten zahlreiche Generationen auf. Auch diese Tiere werden ungeschlechtlich und vivipar hervorgebracht und sind entweder ungeflügelt oder geflügelt. Die besiedelte Pflanzenart dient während des ganzen Jahres als Lebensraum und Nahrungsgrundlage. Gegen Ende der Vegetationszeit folgt eine Generation, die parthenogenetisch fortpflanzungsfähige Männchen und Weibchen hervorbringt, deren befruchtete Eier den Winter überdauern. Eine Ausnahme bilden die Gallen- und Zwergläuse, die sich über die Eiablage (Oviparie) ungeschlechtlich fortpflanzen.

Eine **holozyklische Entwicklung mit Wechsel der Wirtspflanzenart** (Abb. 10.22) durchlaufen viele Blattlausarten in den kühlgemäßigten Klimazonen (Heterözie). Auf dem Primärwirt (Haupt- oder Winterwirt; meist Gehölze) kommt es zur Eiablage der Geschlechtstiere. Nach dem **Schlupf der Fundatrix** (Stammmutter) im Frühjahr verbleiben die ungeflügelten Tiere eine gewisse Zeit dort und besiedeln vorzugsweise die sich entwickelnden Knospen. Veränderungen in der Zusammensetzung des Phloemsaftes, Anstieg der Temperatur und der Tageslänge bewirken dann die verstärkte **Ausbildung geflügelter Morphen, die den Primärwirt verlassen**, wenn sich das Nahrungsangebot im Laufe des Sommers verschlechtert und einen oder auch mehrere Sekundärwirte (Neben- oder Sommerwirt) auf-

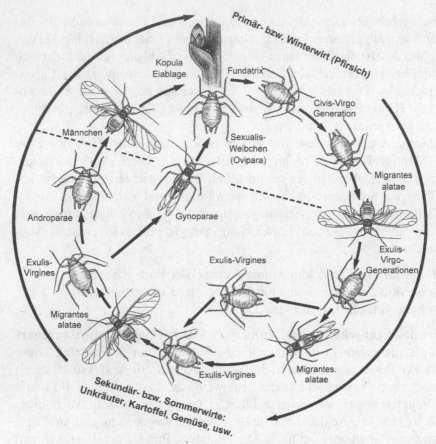

Abb. 10.22 Holozyklische Entwicklung einer Blattlaus mit Wirtswechsel am Beispiel der Grünen Pfirsichblattlaus (*Myzus persicae*) in Mitteleuropa (Strümpel 2003)

suchen. Dabei handelt es sich meist um krautige Pflanzen, deren oberirdische Organe im Winter reduziert werden. Abnahme der Tageslänge und Rückgang der Temperatur lösen den Wechsel zum Primärwirt aus und induzieren die Bildung der geschlechtlichen Generation (Sexuparae), so dass eine Eiablage auf dem Primärwirt einsetzen kann. Wichtige wirtswechselnde Arten sind die Grüne Pfirsichblattlaus und die Schwarze Bohnenlaus, die beide zahlreiche Pflanzenarten besiedeln (polyphage Lebensweise).

Eine **anholozyklische Entwicklung** (Entwicklung ohne Geschlechtstiere und Eiablage) finden wir vor allem bei **Blattlaus-Arten in warmen Klimazonen**, weil dort nicht die Notwendigkeit besteht, frostfeste Wintereier zu produzieren. Folglich fehlen die Geschlechtstiere und es treten ganzjährig Weibchen auf, die sich laufend durch Parthenogenese fortpflanzen. Diese Arten überdauern in kühleren Klimazonen nur in Gewächshäusern und anderen geschützten Bereichen. Bei einigen wichtigen Blattlaus-Arten, wie der Grünen Pfirsichblattlaus, kommt neben der holozyklischen auch die anholozyklische Entwicklung vor, die an spezielle Rassen dieser Art gebunden ist.

Innerhalb der Vegetationszeit vermehren sich viele wirtschaftlich wichtige Blattläuse **parthenogenetisch vivipar** (ungeschlechtlich und lebendgebärend). Es erscheinen nur weibliche Tiere, die immer **homozygot diploid** sind. Durch Mitose entstehen diploide Eizellen mit dem gleichen Erbgut, so dass sich ein **Klon** bildet. Unmittelbar nach der Geburt setzen sich die Junglarven in der Nähe des Muttertieres auf die Blattoberfläche und beginnen mit der Nahrungsaufnahme. Die fortgesetzte Reproduktion führt zu schnell wachsenden Kolonien. Bei guter Nahrungsversorgung und milden Temperaturen werden die Larvenstadien zügig durchlaufen. Insbesondere in Gewächshauskulturen machen sich auf der Blattunterseite sitzende Läuse meist zuerst durch die **Exuvien** bemerkbar, die sich auf den darunter liegenden Blättern sammeln.

Schäden an Kulturpflanzen durch Blattläuse entstehen durch den Entzug von Assimilaten während der Nahrungsaufnahme (= **direkte Schäden**) und durch die Übertragung pflanzlicher Viruskrankheiten (= **indirekte Schäden**).

Die Läuse orten ihre Nahrungspflanzen sowohl über optische Reize mit ihren Komplexaugen als auch durch Geruchsstoffe, die sie mit Hilfe ihrer Antennen wahrnehmen. Die Erstbesiedlung befallsfreier Pflanzen erfolgt überwiegend durch geflügelte Blattläuse.

Die Nahrungssuche beginnt mit Probestichen. Dabei dringt die Blattlaus mit ihrem Stechborstenbündel durch die Epidermis in das Blattgewebe, gibt enzymhaltigen Speichel zur Auflösung der Mittellamellen ab und dringt unter Druck tiefer in das Gewebe ein. Trifft sie das Phloem eines Leitbündels, so verharrt das Saugwerkzeug an dieser Stelle und durch den osmotischen Druck tritt der Phloemsaft aus, ohne dass die Laus ihn ansaugen muss. Bei misslungenem Anstich werden die Stechborsten herausgezogen und es folgt ein neuer Versuch.

Aufgenommene überschüssige Kohlenhydrate werden als **Honigtau** ausgeschieden (Abb. 10.23). Er landet auf anderen Pflanzenteilen und fördert die Entwicklung von Rußtaupilzen, die das Gewebe schwärzlich überziehen und bei Zier- und in Gemüsekulturen einen erheblichen Qualitätsmangel verursachen. Andere Insekten (Ameisen) nutzen den Honigtau als Nahrung, Bienen sammeln ihn in Zeiten schlechter Tracht.

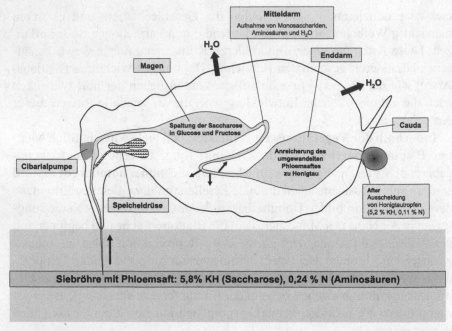

Abb. 10.23 Nahrungsaufnahme und Honigtaubildung bei Aphiden (verändert nach Strümpel 2003)

Blattlausarten, die als **Vektoren pflanzlicher Viruskrankheiten indirekte Schäden** an Kulturpflanzen verursachen, übertragen die Krankheitserreger auf unterschiedliche Weise:

- **Nicht-persistente** Übertragung von Viren, die im vorderen Bereich des Stechborstenbündels oberflächlich vorhanden sind
- **Semi-persistente** Übertragung von Viren, die sich teilweise in den Saugorganen befinden
- **Persistente** Übertragung durch Viren, die in der Blattlaus überdauern. Diese gelangen mit der Nahrung in den Verdauungstrakt; die Proteinhülle wird nicht durch Proteasen zerstört, und die Viren gelangen in die Hämolymphe. Dort werden sie verteilt und diffundieren auch in die Speicheldrüsen. Mit dem ersten Probestich an einer bislang virusfreien Pflanze werden bereits Viren injiziert. Aus diesem Grund spielt in besonders gefährdeten Kulturen (u. a. Kartoffel, Zuckerrübe, Hopfen) der Einsatz von Insektiziden mit guter Repellent-Wirkung (Pyrethroide) eine wichtige Rolle. Es gab Versuche, synthetisch hergestellte Blattlaus-Alarmpheromone als Repellents in Ackerbaukulturen einzusetzen. Der hohe Dampfdruck dieser Stoffe konnte jedoch keine ausreichende Dauerwirkung zur Abschreckung gewährleisten.

Zur **chemischen Bekämpfung von Blattläusen** eignen sich verschiedene insektizide Wirkstoffgruppen (Kap. 23). Kontaktwirkstoffe können vor der Besiedlung der Pflanzen oder bei vorhandenen, frei zugänglichen Kolonien eingesetzt werden. Systemische Insektizide haben dagegen den Vorteil, auch Kolonien zu erfassen, die gut geschützt in aufgerollten Blättern saugen. Darüber hinaus erreichen diese Präparate in den meisten Fällen eine hohe Dauerwirkung und schonen weitgehend nach der Behandlung in den Bestand einwandernde Nutzarthropoden. Das gilt insbesondere nach vollständiger Aufnahme des Wirkstoffes durch das Pflanzengewebe.

Im Unterglasanbau kommen bevorzugt biologische Verfahren zum Einsatz (Kap. 19), einmal in Form von Parasitoiden (z. B. Schlupfwespen), welche die Blattlaus parasitieren und dadurch abtöten, zum anderen durch Prädatoren (Räuber).

Es ist eine Vielzahl von Blattläusen an fast allen Kulturen bekannt, die sowohl Saugschäden verursachen als auch als Virusvektoren auftreten. Auf Seite 230 bis 233 werden die wichtigsten im Acker-, Gemüse- und Obstbau vorkommenden Arten ausführlicher beschrieben (in der nachfolgenden Aufzählung, die nur eine Auswahl von Arten enthält, durch Fettdruck hervorgehoben). Weitergehende Informationen sind der Spezialliteratur zu entnehmen (Dubnik 1991, Van Emden u. Harrington 2005 u. a.).

Polyphage **Blattläuse an dikotylen Kulturen**:

- *Myzus persicae* (Grüne Pfirsichblattlaus) an Beta-Rübe, Kartoffel, Gemüsearten, Zierpflanzen, Obstkulturen, Hopfen; häufig an Gewächshauskulturen; Pfirsich, Pflaume (Primärwirte)
- *Aphis fabae* (Schwarze Bohnenlaus) an Hackfrucht- und Gemüsekulturen sowie Zierpflanzen (mehr als 200 Wirtspflanzen)
- *Acyrthosiphon pisum* (Grüne Erbsenblattlaus) an Leguminosen und Gemüsekulturen
- *Brevicoryne brassicae* (Mehlige Kohlblattlaus) an Raps, kreuzblütige Gemüsekulturen
- *Macrosiphum euphorbiae* (Grünstreifige Kartoffellaus) an Hackfrüchten, Gemüse- und Obstkulturen
- *Aphis gossypii* (Gurkenblattlaus) an Zierpflanzen und Gemüsekulturen im Gewächshaus
- *Aphis nasturtii* (Kreuzdornlaus) an Kartoffel (Sekundärwirt), Kreuzdorn (Primärwirt)
- *Aulacorthum solani* (Grüngefleckte Kartoffellaus) an Gemüse und Zierpflanzen im Gewächshaus
- *Pemphigus bursarius* (Salatwurzellaus) an Salat im Freilandanbau
- *Phorodon humuli* (Hopfenblattlaus) an Hopfen; Überwinterung an Prunusarten.

Blattläuse an Obstkulturen:

- *Aphis pomi* (Grüne Apfelblattlaus) an Apfel, Quitte
- *Dysaphis plantaginea* (Mehlige Apfelblattlaus) an Apfel. Wegerich-Arten (*Plantago spp.*) als Sommerwirte; zunehmendes Problem im ökologischen Obstanbau
- *Eriosoma lanigerum* (Blutlaus) an Apfel
- *Myzus cerasi* (Schwarze Kirschenlaus) an Kirsche
- *Hyalopterus pruni* (Mehlige Pflaumenlaus) an Pflaume.

Blattläuse an monokotylen Wirtspflanzen:

- *Sitobion avenae* (Große Getreideblattlaus) an Getreide und Gräsern
- *Metopolophium dirhodum* (Bleiche Getreideblattlaus) an Getreide und Gräsern
- *Rhopalosiphum padi* (Haferblattlaus/Traubenkirschenlaus) an Getreide und Gräsern
- *Rhopalosiphum maidis* (Maisblattlaus) an Mais, Hirsen und Getreide.

Psylloidae (Blattflöhe)

In der Überfamilie der Blattflöhe finden sich wirtschaftlich bedeutende Pflanzenschädlinge des Obst- und Gartenbaus. Ihren größten Formenreichtum entfalten sie in tropischen und warm-gemäßigten Klimazonen.

Blattflöhe sind selten größer als 2 mm und tragen durchsichtige, schwach geaderte Flügel, wobei das vordere Paar ausladender ist als das hintere. Ihr Flugvermögen ist eingeschränkt. Aufgrund der relativ großen Flügel werden sie häufig mit dem Wind davongetragen. Kräftige hintere Extremitäten ermöglichen ihnen eine springende Fortbewegung. Sie durchlaufen eine **geschlechtliche Entwicklung** und bilden in Europa in der Regel nur eine Generation. Im Laufe der Häutungen kommt es bei den Larven zu einer Reduktion der Extremitäten, so dass ungefähr ab dem 2. Larvenstadium kein Ortswechsel mehr stattfindet. Ähnlich wie bei den Mottenschildläusen bildet sich im 4. Larvenstadium ein Puparium, aus dem die Imago hervorgeht.

Unter günstigen Bedingungen können sich Blattflöhe schnell und stark vermehren. Die Mehrzahl der Arten besiedelt Laubgehölze und ist bezüglich ihres Wirtspflanzenspektrums eingeschränkt (mono- bis oligophag). Die Ausscheidung großer Honigtaumengen und die häufige Virusübertragung macht sie gerade für den Obstbau schädlich. Durch den bevorzugten Befall der Triebspitzen kommt es zu erheblichen Beeinträchtigungen in der Kronenentwicklung der Bäume.

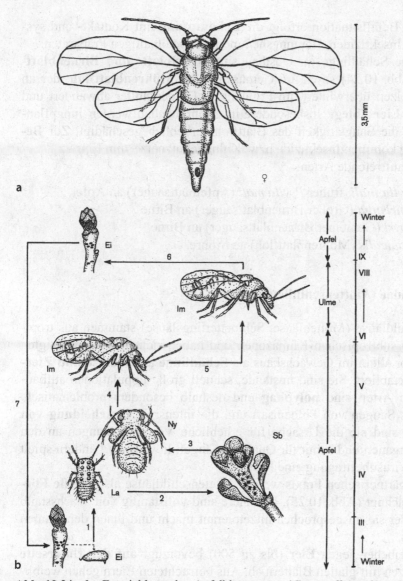

Abb. 10.24 a,b Entwicklung des Apfelblattsaugers (*Cacopsylla mali*). **a** Habitusbild Weibchen; **b** Entwicklungszyklus

1: Schlupf der Larven aus den 0,4 mm großen, elliptischen Eiern im April

2: Eindringen der flachen Larven in die aufbrechenden Knospen; die besaugten Blütenknospen bleiben geschlossen und vertrocknen; Honigtau überzieht die Triebe

3: Nach mehreren Häutungen folgen die Nymphen

4: Ab Mai treten erste Imagines auf, die dann meist auf andere Laubbäume wandern (5)

6: Rückkehr der Blattflöhe auf die Apfelbäume im Herbst

7: Eiablage vor allem an den Kurztrieben in Knospennähe, Überwinterung als Ei. Eine Generation

Im = Imago; La = Larve; Ny = Nymphe; Sb = Schadbild

Je nach Befallsituation erfolgt die **Bekämpfung** mit Kontakt- und systemischen Insektiziden, Häutungshemmern sowie ölhaltigen Präparaten.

Wichtige Schädlinge im Obstbau sind **Apfelblatt- und Birnenblattsauger** (Abb. 10.24) sowie im Gemüsebau der **Möhrenblattfloh**, der an Nadelgehölzen überwintert, im Frühjahr an Doldenblütler abwandert und dort seine **Eier ablegt**. Insbesondere im Möhrenanbau werden Jungpflanzen durch die Saugtätigkeit des Blattflohs erheblich geschädigt. Zur **Bekämpfung** kommen Insektizide bzw. Kulturschutznetze zum Einsatz.

Häufig auftretende Arten:

- *Cacopsylla mali*, früher *Psylla mali* (Apfelblattsauger) an Apfel
- *Psylla pirisuga* (Großer Birnenblattsauger) an Birne
- *Psylla pyri* (Gemeiner Birnenblattsauger) an Birne
- *Trioza apicalis* (Möhrenblattfloh) an Möhre.

Aleyrodoidae (Mottenschildläuse)

Mottenschildläuse (Mottenläuse, Schmetterlingsläuse) stammen aus tropischen und subtropischen Klimazonen und haben sich in den gemäßigten Breiten vor allem im Gewächshaus als **Schädlinge** an **Gemüse und Zierpflanzen** etabliert. Sie sind imstande, schnell große Populationen aufbauen. Einige Arten sind **polyphag** und deshalb besonders problematisch. Durch das Saugen von Phloemsaft und die intensive **Ausscheidung von Honigtau** sind sie die Ursache für erhebliche Verschmutzungen an den Pflanzenorganen und somit für Qualitätsmängel. In warmen Ländern spielt auch die Virusübertragung eine Rolle.

In der gärtnerischen Praxis werden Mottenschildläuse als „**Weiße Fliegen**" bezeichnet (Abb. 10.25). Die Tiere sind vollständig von Wachsstaub bedeckt, der sie ausgesprochen hitzetolerant macht und ihnen den Namen gab.

Die Weibchen legen **Eier** (bis zu 500) bevorzugt **auf der Unterseite von** Pflanzen mit glatten Blättern ab. Aus befruchteten Eiern gehen weibliche Tiere hervor, aus unbefruchteten entstehen haploide Männchen. Mottenschildläuse zeigen eine ungewöhnliche Entwicklung: Nach dem Schlupf verändern sich die Larven von Häutung zu Häutung. Vom ersten bis zum dritten Stadium erfolgt eine ständige Reduktion der Schildform, bis das vierte, völlig bewegungsunfähige und mit Wachsstäben besetzte „Puparium" entsteht. Aus diesem schlüpft dann die Imago durch eine T-förmige Öffnung. Die Entwicklung dauert im Gewächshaus ca. 4 Wochen.

In Europa treten Mottenschildläuse an Gewächshauskulturen und Zimmerpflanzen, in Botanischen Gärten, aber auch an Zierpflanzen in Winter-

Abb. 10.25 Imago einer Mottenschildlaus

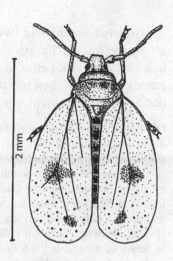

gärten, Schwimmbädern, Ausstellungs- und Messehallen regelmäßig auf. Optimale Vermehrungsbedingungen sorgen dafür, dass zeitgleich alle Entwicklungsstadien vorhanden sind. Befallen werden: Aubergine, Fuchsie, Gerbera, Ficus-Arten, Hibiscus, Lantana, Paprika, Poinsettie, Tomate, Weihnachtsstern und andere.

Der **Einsatz von Insektiziden** ist – vor allem in Gemüsekulturen bei laufender Beerntung unter Einhaltung der Wartezeiten – nicht praktikabel und führt außerdem schnell zur Resistenzbildung. Deshalb wird seit über 20 Jahren erfolgreicher biologischer Pflanzenschutz (z. B. mit der Schlupfwespe *Encarsia formosa*) zur Unterdrückung von Mottenschildläusen unter Glas betrieben (Kap. 19).

In Europa treten folgende Arten häufig auf:

- *Trialeurodes vaporariorum* (Gewächshaus-Weiße Fliege, Gewächshausmottenschildlaus) an Gemüse- und Zierpflanzen; Virusüberträger
- *Bemisia tabaci* (Baumwoll-Weiße Fliege, Tabakmottenschildlaus) an Gemüse unter Glas; Virusüberträger
- *Aleurodes proletella* (Kohlmottenschildlaus) im Freiland bevorzugt an kreuzblütigen Gemüsearten, Wildpflanzen und gelegentlich an Erdbeeren.

Phylloxeroidae (Zwergläuse)

Nur wenige Arten unter den Zwergläusen sind phytopathologisch von Bedeutung. Ihre Entwicklung verläuft in der Regel ohne Wirtswechsel und holozyklisch.

Historisch interessant ist die Reblaus (*Viteus vitifoliae*). Diese Blattlaus-art wurde im 19. Jh. aus Amerika nach Europa eingeschleppt und führte beinahe zum völligen Zusammenbruch des Weinbaus. Erst die Nutzung amerikanischer Reben mit Reblausresistenz als Veredlungsunterlagen löste das Schädlingsproblem.

Die Reblaus ist **Parenchymsauger,** verursacht Wurzelgallen, welche die Gefäße schä-digen und Sekundärbefall mit Fäulniserregern auslösen; durch Wasser- und Nähr-stoffmangel stirbt der gesamte Rebstock ab. In Europa ist nur die anholozyklische Entwicklung möglich. In wärmeren Klimaten setzt im Laufe eines Jahres die holo-zyklische Entwicklung ein. Dazu verlassen die Tiere die Wurzeln, die im Herbst auf-tretenden Sexuparae besiedeln die oberirdischen Pflanzenteile benachbarter Pflanzen und die Sexualis-Weibchen legen Wintereier an verholzten Teilen und in der Rinde ab (Pseudo-Wirtswechsel). Im Frühjahr schlüpft die Fundatrix und induziert Blattgallen, in denen sie weit über 1 000 Eier hervorbringen kann. Ein Teil der Population wandert in den Boden an die Wurzeln zurück, wo es zur intensiven Gallbildung und Schädi-gung der Pflanze kommt.

Coccoidae (Schildläuse)

Schildläuse bevorzugen warme bis tropische Klimazonen, aus denen viele Arten durch den internationalen Warenverkehr weltweit verbreitet wurden. Im gemäßigten Klima treten sie überwiegend im Gewächshaus auf. Sie sind aber nicht nur als Schädlinge von Bedeutung. Honigtau sammelnde Insekten (z. B. Bienen) nutzen diese Nahrung bei schlechter Tracht oder in Kulturen ohne Nektardrüsen.

Schildläuse bilden an Tamarisken große Mengen von auskristallisiertem Honigtau, eine Tatsache, die schon in biblischen Schilderungen erwähnt ist (Manna). Die Mexi-kanische Cochenillelaus (*Dactylopius coccus*) lebt an Opuntien und synthetisiert in ihrer Hämolymphe einen karminroten Farbstoff, der als Lebensmittelfarbe und in der Kosmetik Verwendung findet. Die Indische Lackschildlaus (*Kerria lacca*) sondert Substanzen ab, aus denen Schelllack zur Oberflächenbehandlung wertvoller Hölzer gewonnen wird.

Hinsichtlich des **Körperbaus** ist der **Sexualdimorphismus** typisch:

- Weibchen mit einem plumpen Körper ohne erkennbare Segmentierung in Kopf, Brust und Bauch, flügellos; Antennen und Extremitäten sind stark reduziert. Die Tiere sind unbeweglich, verfügen über lange Stech-organe und verharren nach Anstich des Leitbündels fest an einer Stelle. Sie bilden große Kolonien und sitzen dicht beieinander. Zum Schutz des Körpers produzieren Drüsen der Haut unterschiedliche Sekrete, die meist erhärten und eine schildförmige, feste Hülle ausbilden, wodurch die Tiere vor Umwelteinflüssen und Feinden geschützt sind. Manche Arten scheiden wachshaltige Sekrete (Schmierläuse/Wollläuse) aus, andere dagegen Lacke oder Seidenfäden

- Männchen mit insektentypischem Körperbau und klar erkennbarer Segmentierung; Hinterflügel reduziert, funktionslose Mundwerkzeuge.

Schildläuse sind **hemimetabol**. Es existieren unterschiedliche Fortpflanzungswege, wobei die bisexuelle Entwicklung mit Oviparie am häufigsten, die Viviparie dagegen eher selten ist. Bei manchen Arten ist das Auftreten von Zwittern bekannt, bei anderen kommt es zur Parthenogenese. Eier legende Weibchen behalten diese bis zum Schlupf meist unter ihrem Schild, wo sie sich auch als junge Larven aufhalten. Nach dem Verlassen des geschützten Bereichs erfolgt die Verbreitung durch Wind oder andere Insekten. Die Abb. 10.26 zeigt als Beispiel den Entwicklungsgang der San-José-Schildlaus.

Schildläuse sind überwiegend Phloemsaftsauger; manche Arten nutzen das Xylem oder Parenchym, andere verursachen sogar Gallen an den befallenen Pflanzenorganen. Der Speichel der Schildläuse führt zu Entwicklungsstörungen, Blüten- und Blattfall, Absterben ganzer Pflanzen und Übertragung von Viren. Die Ausscheidung von Honigtau verursacht erhebliche Qualitätseinbußen durch Verschmutzung der Pflanzenorgane und die nachfolgende Besiedlung mit Schwärzepilzen. Wirtschaftlich bedeutende Arten sind meist polyphag, nur wenige zeigen eine ausgeprägte Spezialisierung. Schildläuse befallen sowohl oberirdische als auch unterirdische Pflanzenteile.

Der **Einsatz von Kontaktinsektiziden** hat aufgrund des schützenden Schildes keine nachhaltige Wirkung. Nur **systemische Wirkstoffe** mit hinreichender Verlagerung in das pflanzliche Leitbündel führen zur Abtötung. Diese Verbindungen erreichen das Phloem nicht in ausreichender Konzentration, weshalb ihre Wirkung nicht immer gewährleistet ist. Eine Alternative bieten ölhaltige Präparate, die den Insektenkörper benetzen und zum Ersticken führen. Um einen optimalen Bekämpfungserfolg zu erreichen, müssen die zahlreichen Junglarven nachhaltig dezimiert werden, daher ist die wiederholte Anwendung gerade der ölhaltigen Präparate sinnvoll. Bedingt durch die nicht immer vorhandene Pflanzenverträglichkeit kommt es aber oft zu Blattnekrosen und stärkerem Blattfall.

Von den zahlreichen Familien innerhalb der Überfamile Coccoidae sind vor allem **Napfschildläuse, Deckel- oder Austernschildläuse** und **Woll- oder Schmierläuse** von Interesse.

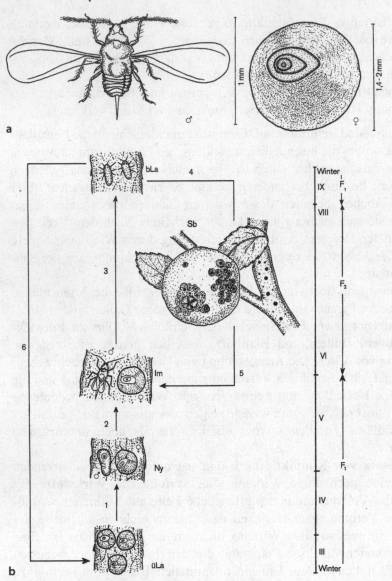

Abb. 10.26 a,b Entwicklung der San-José-Schildlaus (*Quadraspidiotus perniciosus*).
a Habitus der männlichen und weiblichen Imagines; **b** Entwicklungskreislauf
1: Entwicklung der überwinterten Larven im Frühjahr
2: Vierfache Häutung der Männchen (L1-L2-Pronymphe-Nymphe) zur oval geformten Imago; zweimalige Häutung der Weibchen, die bewegungsunfähig unter ihren
Schilden verbleiben
3: Nach der Kopulation setzen diese bis zu 200 lebende, gelbliche Junglarven ab
4: Diese saugen sich an der Rinde, an Früchten oder an Blattstielen fest und durchlaufen dann einen neuen Zyklus (5)

Napfschildläuse (Coccidae) sind relativ große Schildläuse mit ausgeprägtem Schild, hohem Vermehrungspotential und einer Eiproduktion bis zu 8 000 pro Weibchen. Es besteht eine feste Verbindung des Schildes mit dem Körper. Die Weibchen sind nur bis zum ersten Larvenstadium mobil und können danach ihren Saugort nicht mehr verlassen. Häufig vorkommende Arten:

- *Parthenolecanium corni*; früher *Eulecanium corni* (Gemeine Napfschildlaus) in Baumschulen an Obst- und Ziergehölzen
- *Coccus hesperidum* (Gewächshausschildlaus) in Gewächshäusern, oft an Zierpflanzen.

Deckel- oder Austernschildläuse (Diaspididae). In dieser artenreichen Schildlausfamilie gibt es viele Besonderheiten und mehrere wirtschaftlich wichtige Arten. Der deckelförmige Schild ist nur locker mit dem Körper verbunden und kann leicht abgezogen werden:

- ***Quadraspidiotus perniciosus*** (San-José-Schildlaus) (Abb. 10.26) an Kern- und Steinobst, Johannis- und Stachelbeere
- *Lepidosaphes ulmi* (Gemeine Kommaschildlaus) an Zier- und Obstgehölzen; weit verbreitet in Europa
- *Aspidiotus hederae* (Oleanderschildlaus) häufig in Gewächshäusern und an Zimmerpflanzen.

Woll- oder Schmierläuse (Pseudococcidae). Der Name basiert auf der Wachsausscheidung, von der die Tiere anstelle eines Schildes bedeckt und geschützt werden. Die Läuse bleiben beweglich und können ihren Saugort verlassen. Weltweit gibt es zahlreiche polyphage Arten mit wirtschaftlicher Bedeutung, in Europa überwiegend an Gewächshauskulturen:

- *Planococcus citri* (Citrus-Schmierlaus) an Gewächshauskulturen, insbesondere Zierpflanzen
- *Pseudococcus maritimus* (Gewächshaus-Schmierlaus) an Gewächshauskulturen, insbesondere Zierpflanzen.

Abb. 10.26 a,b (Fortsetzung)
6: Die von den Weibchen der 2. Generation abgesetzten Larven überdauern unter ihren Schilden den Winter. 2 Generationen, in wärmeren Gegenden auch 3–4

bLa = bewegliche Larve; Im = Imago; Ny = Nymphe; Sb = Schadbild; üLa = überwinternde Larve

Wichtige, zu den Hemiptera (Schnabelkerfe) gehörende Schädlinge an Acker-, Gemüse- und Obstkulturen

Ackerbau

Schwarze Bohnenlaus (*Aphis fabae*) an Hackfrucht- und Gemüsekulturen sowie Zierpflanzen (mehr als 200 Wirtspflanzen).
Hauptsymptome: Einrollen der Blätter und Verkümmerung der Triebspitzen. Auf dem durch die Läuse abgegebenen Honigtau siedeln sich Schwärzepilze an.
Biologie: *A.fabae* ist wirtswechselnd. Die Überwinterung erfolgt im Eistadium am Pfaffenhütchen (*Euonymus europaeus*) und am Schneeball (*Viburnum opulus*). Die geflügelten Läuse fliegen im April auf die krautigen Sommerwirte. Dort Ausbildung mehrerer Generationen. Im Herbst Rückwanderung zu den Winterwirten und Ablage der Eier.
Bekämpfung: Frühe Aussaat. Einsatz systemisch und protektiv wirkender Insektizide.
Bemerkungen: *A.fabae* überträgt zahlreiche phytopathogene Viren.

Grüne Pfirsichblattlaus (*Myzus persicae*). Primärwirte (Winterwirte): Pfirsich (*Prunus persicae*), Bocksdorn (*Lycium halimifolium*), Pflaume (*Prunus domestica*). Sekundärwirte (Sommerwirte): Weit über 400 dikotyle Pflanzenarten, z. B. Beta-Rübe, Kartoffel, Zierpflanzen, Obstkulturen, Hopfen, sehr häufig an Zimmerpflanzen und in Gewächshauskulturen.
Hauptsymptome: Direkte Schäden durch Einrollen der von Blattlauskolonien besiedelten Blätter mit nachfolgender Vergilbung und Nekrose. Assimilatentzug und Zerstörung von Photosynthesegewebe.
Biologie: Es treten holozyklische und anholozyklische Rassen auf. Überwinterung entweder holozyklisch als Ei auf dem Hauptwirt oder anholozyklisch als Imago an geschützten Orten; hohe Kältetoleranz bis weit unter $-10\,^{\circ}$C. Anholozyklisch überwinternde Pfirsichblattläuse tragen oft persistente Viren in sich und können einen frühen Epidemiebeginn auslösen (s. Abb. 10.22).
Bekämpfung: Gezielter Einsatz von Insektiziden; Saatgutbehandlung.
Bemerkungen: Häufigste Blattlausart weltweit; schnelle Vermehrung, große Zahlen geflügelter Morphen, enorme Flugaktivität, **wichtigster Virusüberträger** in dikotylen Kulturen.

Bleiche Getreideblattlaus (*Metopolophium dirhodum*),
Große Getreideblattlaus (*Sitobion avenae*),
Haferblattlaus/Traubenkirschenlaus (*Rhopalosiphum padi*) an Weizen, Gerste, Hafer, Roggen und zahlreichen Wildgräsern.
Hauptsymptome: Saugschäden an den Blättern, Ähren bzw. Rispen. Bei frühem Befall Minderung des Tausendkorngewichts. Qualitätsverlust beim Erntegut. *M.dirhodum* besiedelt bevorzugt die Getreideblätter, *S.avenae* die Spindeln und Spelzen und *R.padi* die Halme und oberen Blätter. Zu Sekundärschäden kommt es durch die Honigtauausscheidung der Läuse, die zu einer Ansiedlung von Schwärzepilzen (Rußtau) führt.
Biologie: *M. dirhodum* und *R. padi* sind wirtswechselnde Arten. Sie überwintern im Eistadium an Rosengewächsen und Traubenkirsche (*Prunus padus*). *S.avenae* verbleibt dagegen während des ganzen Jahres auf Getreide und Wildgräsern. Die Überwinterung erfolgt ebenfalls im Eistadium. Während der Vegetationsperiode entwickeln sich parthenogenetisch mehrere Generationen.
Bekämpfung: Bei Überschreiten der Schadensschwelle Anwendung von systemisch wirkenden Insektiziden.

Bemerkungen: Getreideblattläuse sind Überträger des Gelbverzwergungs-Virus (Viröse Gelbverzwergung an Gerste, Hafer, Weizen und Gräsern).

Rübenblattwanze (*Piesma quadratum*) an Beta-Rübe.
Hauptsymptome: Weißliche Saugstellen an Keim- und Folgeblättern.
Biologie: Überwinterung als Imago an Feldrändern und Böschungen. Die Wanze wandert im April/Mai in die Rübenfelder ein. Dort Eiablage. Zwei Generationen. Einzelheiten s. Abb.10.19.
Bekämpfung: Sie sollte darauf abgestellt sein, die Einwanderung der Wanzen in den Bestand durch eine Behandlung der Randzonen mit Insektiziden zu verhindern.
Bemerkungen: Als Wirtspflanzen dienen auch Unkräuter aus der Familie der Chenopodiaceae (*Chenopodium album, Atriplex patula*). Die durch die Saugtätigkeit der Wanzen hervorgerufenen Ertragsausfälle sind gering. Der Hauptschaden entsteht durch die Übertragung des Rübenkräusel-Virus. Derzeit geringe wirtschaftliche Bedeutung.

Hopfenlaus (*Phorodon humuli*) an Hopfen
Hauptsymptome: Blätter vergilben, werden brüchig und rollen sich nach unten ein. Zapfen werden braun und verkümmern. Honigtau auf den befallenen Blättern.
Biologie: Wirtswechselnde Art; Winterwirte sind *Prunus*-Arten. Schlüpfen der Fundatrix von März bis April; Abwandern der geflügelten Läuse in den Hopfengarten etwa Mitte Mai; Rückwanderung zu den Winterwirten im Herbst. Überwinterung im Eistadium.
Bekämpfung: Nach Befallsbeginn oder nach dem Putzen Anwendung von Insektiziden.
Bemerkungen: In den mitteleuropäischen Hopfenanbaugebieten der wichtigste Schädling. *P. humuli* ist Überträger des Hopfenmosaik-Virus.

Gemüsebau

Mehlige Kohlblattlaus (*Brevicoryne brassicae*) an Raps und kreuzblütigen Gemüsekulturen.
Hauptsymptome: Läuse mit grauweißen Wachsausscheidungen. Blätter verkrümmt und eingerollt. Bei starkem Befall keine Kopfbildung. An Raps Deformation der Triebe. Ausscheidung von Honigtau.
Biologie: Nicht wirtswechselnd. Überwinterung im Eistadium an Kohlgewächsen. Neubesiedlung der Wirtspflanzen im April. Mehrere Generationen.
Bekämpfung: Im Herbst Entfernen der Kohlstrünke. Beim Auftreten der Läuse Anwendung von Insektiziden. In Rapskulturen ist eine Bekämpfung von *B.brassicae* in der Regel nicht erforderlich.

Obstbau

Apfelblattsauger (*Cacopsylla mali*) an Apfel.
Hauptsymptome: Blatt- und Blütenknospen entfalten sich nur langsam oder vertrocknen. Bei starkem Befall unterbleibt der Fruchtansatz. Honigtauausscheidung führt zur Ansiedlung von Rußtaupilzen.
Biologie: *P.mali* überwintert im Eistadium an den Triebspitzen. Den Hauptschaden verursachen die flachen Larven, die an den Blättchen der sich öffnenden Knospen saugen. Eine Generation (Einzelheiten s. Abb. 10.24).
Bekämpfung: Auslichten zu dichter Baumkronen. Bei Befallsbeginn oder Warndienstaufruf Anwendung von Insektiziden. Da der Schädling sich während des Som-

mers nicht vermehrt (eine Generation!), schützt eine sorgfältig durchgeführte Behandlung im Frühjahr vor weiteren Schäden.

Bemerkungen: Eine Bekämpfung ist notwendig bei mehr als 50 Eiern/m Fruchtholz. Der ebenfalls am Kernobst vorkommende Sommerapfelblattsauger (*Psylla costalis*) überwintert als Imago und wandert erst später in die Obstanlagen ein. Geringere Bedeutung als *C.mali*.

Großer Birnenblattsauger (*Psylla pirisuga*) an Birne.
Hauptsymptome: Einrollen der Blätter und Stauchung der Triebe. Verminderung des Fruchtansatzes. Starke Ausscheidung von Honigtau mit Ansiedlung von Rußtaupilzen auf Blättern und Früchten.
Biologie: *P.pirisuga* überwintert als Imago am Baum, meist aber außerhalb der Anlage. Eiablage ab April/Mai an die jungen Blätter, Blattstiele und Triebe, wo auch die Larven und Imagines Saugschäden verursachen. Im Herbst Abwanderung in die Winterverstecke. Eine Generation.
Bekämpfung: Stark geschädigte Triebe abschneiden und verbrennen. Bei Befallsbeginn Anwendung von Insektiziden.
Bemerkungen: Die Birnenblattsauger *P.piricola* und *P.piri* kommen bei uns seltener vor. Sie stimmen in ihrer Lebensweise mit *P.pirisuga* überein.

Grüne Apfellaus (*Aphis pomi*) an Apfel, Quitte.
Hauptsymptome: Einrollen der Blätter vor allem an den Triebspitzen. Triebe werden im Wachstum gehemmt. Verkümmerung der Früchte. Honigtau- und Rußtaubildung.
Biologie: *A.pomi* ist nicht wirtswechselnd. Überwinterung im Eistadium an den Triebspitzen. Unter günstigen Klimabedingungen bis zu 10 Generationen.
Bekämpfung: Bei Befallsbeginn Anwendung von Insektiziden.
Bemerkungen: Eine Bekämpfung ist notwendig bei mehr als 10 Eiern/m Fruchtholz oder 8 Blattlauskolonien auf 100 Trieben. Von den zahlreichen im Obstbau auftretenden Blattläusen ist *A.pomi* die am häufigsten vorkommende und schädlichste Art.

Blutlaus (*Eriosoma lanigerum*) an Apfel.
Hauptsymptome: An Zweigen und Trieben sowie an Stammwunden befinden sich unter watteähnlichen Wachsausscheidungen rotbraune Läuse, die beim Zerdrücken eine blutrote Flüssigkeit abgeben. Durch das Saugen kommt es zum Aufplatzen der Rinde und zur Ausbildung krebsartiger Wucherungen („Blutlauskrebs").
Biologie: *E.lanigerum* ist nicht wirtswechselnd. Die Jungläuse überwintern am Wurzelhals und in Rindenritzen. Sie wandern im Frühjahr auf die Triebe und Zweige. Die Vermehrung erfolgt parthenogenetisch und vivipar. Bis zu 10 Generationen. In unseren Breiten nur anholozyklisch lebend.
Bekämpfung: Bei Befallsbeginn bzw. Sichtbarwerden der ersten Symptome Einsatz von Insektiziden.
Bemerkungen: Bei schwachem Befall führt die Parasitierung der Blutlaus durch die Blutlauszehrwespe (*Aphelinus mali*) zu einer ausreichenden Reduzierung des Schädlings.

San-José-Schildlaus (*Quadraspidiotus perniciosus*) an Kern- und Steinobst, Johannisbeere, Stachelbeere, u. a.
Hauptsymptome: Auf den Früchten rote Flecken, in deren Mitte sich die etwa 1,5 mm großen Schilde der Läuse befinden. Auf befallenen Zweigen kann, bedingt durch die toxischen Speichelsekrete, eine von der Rinde bis ins Kambium reichende Rotfärbung festgestellt werden. Bei starkem Befall gehen die Pflanzen in wenigen Jahren zugrunde.

Biologie: Die Überwinterung erfolgt als Larve. Nur die Männchen sind geflügelt; sie suchen die unbeweglich unter dem Schild sitzenden Weibchen zur Kopulation auf. Weibchen bringen vivipar bis zu 200 Larven hervor, die beweglich sind und neue Befallsorte aufsuchen, um dann zur sesshaften Lebensweise überzugehen. Zwei bis drei Generationen (Einzelheiten s. Abb.10.26).

Bekämpfung: Eine wirksame vorbeugende Maßnahme ist, das Einschleppen der Laus in befallsfreie Gebiete zu verhindern (Begasung von Baumschulmaterial mit Blausäure vor dem Versand, Quarantänemaßnahmen) und stark befallene, bereits abgehende Gehölze zu beseitigen. Vor dem Austrieb bzw. ab Frühjahr bei Befallsbeginn Ausbringung von Mineralöl (Kern-, Stein- und Beerenobst) oder Rapsöl während der Vegetationsperiode (Zwetschen). Gegen die beweglichen Stadien Anwendung von Insektiziden. Biologische Bekämpfung mit Hilfe der Zehrwespe *Prospaltella perniciosi*.

Bemerkungen: Gefährlicher Schädling im Obstbau.

10.4.7 Coleoptera (Käfer)

Käfer bilden die größte Insektenordnung und repräsentieren die artenreichste Gruppe innerhalb des gesamten Tierreichs. Älteste bekannte Formen aus dem Perm sind 280 Mio. Jahre alt, und Vorläufer der heutigen Arten stammen aus der Zeit der Trias (240 Mio. Jahre). Die Tiere haben sich an unterschiedlichste Lebensräume im Wasser und auf dem Land angepasst. Ihre Bedeutung als Pflanzenschädlinge ist erheblich: **Ein gutes Drittel** der etwa 360 000 bekannten Arten ist sowohl im **adulten als auch im Larvenstadium phytophag**. Die kauend-beißenden Mundwerkzeuge befähigen manche Arten zum Aufschluss sehr fester Pflanzengewebe sowie lagernder Erntegüter.

Der **Körperbau** zeigt in den überwiegenden Fällen eine Dreiteilung: Nach dem Kopf mit den **kauend-beißenden Mundwerkzeugen** folgt der vordere Teil des Thorax mit einem unterschiedlich stark ausgeprägten Halsschild (Pronotum). Die **Flügeldecken** bilden einen schützenden **Schild**, der den restlichen Körper (mittleren und hinteren Thorax sowie das gesamte Abdomen) bedeckt. Damit sind Käfer gegen zahlreiche räuberisch oder parasitisch agierende Insekten bestens geschützt. Auch der wissenschaftliche Name bezieht sich auf dieses Körpermerkmal (gr. *koleón* = Schwertscheide, Schutzhülle; *pterón* = Flügel). Ihre Körperlänge schwankt zwischen 0,4 mm und ca. 200 mm. Die meisten Tiere können fliegen. Im Ruhezustand liegen die zarten, häutigen Hinterflügel zusammengefaltet unter den stark chitinisierten vorderen Deckflügeln (**Elytren**).

Käfer verfügen über gut entwickelte Komplexaugen. Die maximal 11-gliedrigen Antennen nehmen chemische und mechanische Reize wahr und befinden sich – je nach systematischer Gruppe – zwischen den Augen und der Basis der Mandibeln, was bei den Rüsselkäfern teilweise zu kuriosen Formen führt.

Die Extremitäten sind entweder als Laufbeine ausgebildet oder dem jeweiligen Lebensraum angepasst (z. B. Grabbeine bei Maikäfern und Sprungbeine bei den Erdflohkäfern). Larven haben **drei Paar Thorakalbeine**; nur die **Larven der Rüssel-, Samen- und Borkenkäfer sind beinlos**, was ihrem Leben im Nahrungssubstrat angepasst ist (Abb. 10.27). Abdominalbeine treten niemals auf.

Die **Entwicklung** der Käfer ist **holometabol**. Vor dem Erreichen der Geschlechtsreife führen die Imagines einen Reifungsfraß durch. Die Weibchen legen ihre Eier in den Boden, an Pflanzenteile oder in lagerndes Erntegut. Sowohl die Anzahl der Eier als auch die Entwicklungsdauer unterscheiden sich je nach Art und Witterung erheblich. Imagines und Larven besitzen eine meist deutlich **sklerotisierte Kopfkapsel mit kauend-beißenden Mundwerkzeugen,** mit denen sie die Pflanzenschäden verursachen. Nach mehreren Larvenstadien erfolgt die Metamorphose in der Puppe. Charakteristisch ist die „**pupa libera**" (freie Puppe) (Abb. 10.27). Die Anlagen der Flügel und Extremitäten sind bereits ausgebildet, so dass dieses Stadium den Adulten schon sehr ähnlich sieht. Die **Entwicklung vom Ei zur Imago** verläuft bei manchen Vorratsschädlingen innerhalb weniger Wochen, bei Blatthorn- und Schnellkäfern dauert sie dagegen mehrere Jahre. Den Winter überdauern Käfer oft als Imagines, selten als Ei, Larve oder Puppe. Im Jahresverlauf tritt in der Regel nur eine Generation auf.

Die durch den Fraß der Käfer und Larven verursachten **Schadsymptome** sind vielfältig und aufgrund der Lebensweise der Schädlinge unterschiedlich. Die großen Engerlinge (Larven der Blatthornkäfer) und Drahtwürmer (Larven der Schnellkäfer) zerstören beispielsweise die Wurzeln, so dass Pflanzen absterben. Die Imagines dieser Käfer dagegen ernähren sich überwiegend von Laubblättern oder Blütenpollen.

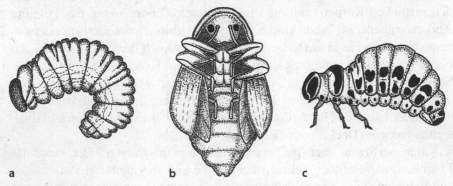

a   b   c

Abb. 10.27 a–c Puppenstadium und Larvenformen der Käfer. **a** Rüsselkäferlarve; **b** Freie Puppe (*Pupa libera*); **c** Blattkäferlarve

Typische Schadbilder sind:

- **Skelettierfraß**. Nur die Blattleitbündel bleiben übrig, das Interkostal-gewebe wird zerstört (z. B. Kartoffelkäfer)
- **Lochfraß**. Im Interkostalgewebe des Blattes entstehen Fraßlöcher (Kohl- und Rapserdflohkäfer)
- **Fensterfraß**. Nur auf einer Blattseite bleibt die Epidermis erhalten, durch die Fraßflächen fällt das Licht, so dass der Eindruck eines Fens-ters entsteht (Getreidehähnchen)
- **Blattrandfraß**. Es werden halbkreisförmige Buchten in den Blattrand gefressen (Bohnen-Blattrandkäfer)
- **Kaufraß**. Das Gewebe wird zerkaut, aber nicht vollständig von den Schädlingen aufgenommen (Getreidelaufkäfer)
- **Bohrfraß**. Die Schädlinge fressen Gänge in das Pflanzengewebe (Draht-wurm, Kornkäfer, Borkenkäfer).

Für eine erfolgreiche **Bekämpfung der phytophagen Käfer sowie ih-rer Larven** ist die Kenntnis ihrer Lebensweise von Bedeutung. Die außen an den Pflanzen fressenden Schädlinge (z. B. Kartoffelkäfer, Rübenaaskä-fer) sind mit Hilfe chemischer Mittel einfach abzutöten. Größere Schwie-rigkeiten dagegen bereiten die in den Pflanzen fressenden Tiere (z. B. Lar-ven des Kohltriebrüsslers). Da bereits in das Pflanzeninnere eingewanderte Larven von Insektiziden kaum noch erreicht werden, gilt es, die Imagines vor der Eiablage zu vernichten.

Chemische Maßnahmen. Beim **Einsatz chemischer Verfahren** sind hin-sichtlich der Wirkstoffauswahl drei Gesichtspunkte zu beachten:

- Gegen frei fressende Käfer und ihre Larven kommen überwiegend Kon-taktinsektizide (z. B. Pyrethroide) zum Einsatz
- Gegen Larven im Pflanzengewebe sollte, um einen möglichst hohen Wirkungsgrad zu erreichen, der Insektizideinsatz nach Befallskontrolle vor oder während der Eiablage erfolgen
- Gegen Bodenschädlinge (z. B. Drahtwurm, Maiswurzelbohrer, Gemüse-fliegen, Moosknopfkäfer) ist in der Regel eine Saatgutbehandlung oder der Einsatz granulierter Insektizide zur Applikation auf/in den Boden er-forderlich.

Kulturmaßnahmen. Einsatz von Schälpflug, Egge und Fräse gegen En-gerlinge, Drahtwürmer u. a. im Boden lebende Arten; flache Saat gegen Drahtwürmer, Förderung der Jugendentwicklung der Pflanzen, um das besonders anfällige Jugendstadium schneller zu durchlaufen (z. B. Raps-erdfloh), Unkrautbekämpfung zur Beseitigung von Überhälterpflanzen

(z. B. Rübenaaskäfer), Trocknung des Erntegutes zur Abtötung der Larven
(z. B. Erbsenkäfer).

Biologische Maßnahmen. Sie sind zum Beispiel wirksam bei der Bekämpfung

- von Kartoffelkäferlarven mit *Bacillus thuringiensis* Typ 2 (in Deutschland derzeit keine Zulassung)
- von Käferlarven in Anzuchtsubstraten und im Boden z. B. mit dem in-
sektenparasitären Pilz *Metarhizium anisopliae*
- des besonders stark schädigenden Dickmaulrüsslers sowie der Larven
vieler Blatthornkäfer. Sie können mit gutem Erfolg durch entomophage
Nematoden (Gattungen *Heterorhabditis* und *Steinernema*) unterdrückt
werden. Aufgrund der höheren Kosten im Vergleich zum Insektizideinsatz wird diese Methode überwiegend in den wertvollen Kulturen der
Baumschulwirtschaft, im Gartenbau und auch Grünflächen (Sportrasen,
Golfplätze) praktiziert (Kap. 19).

Bei der **Systematik der Coleopteren** fanden vor allem Familien und
Unterfamilien Berücksichtigung mit wichtigen, im Acker-, Gemüse- und
Obstbau vorkommenden Arten. Mit einbezogen wurden einige wirtschaft-
lich bedeutende Forst- und Vorratsschädlinge (s. Tabelle 10.5).

Tabelle 10.5 Wichtige phytophage Käferfamilien (nach Fauna Europaea 2005)

Ordnung: *Coleoptera* (Käfer)		
Familie	**Unterfamilie**	**deutscher Name**
Byturidae	–	Himbeerkäfer
Carabidae	–	Laufkäfer
Cerambycidae	–	Bockkäfer
Chrysomelidae		Blattkäfer
–	Alticinae	Erdflohkäfer
–	Bruchinae	Samenkäfer
–	Cassidinae	Schildkäfer
–	Criocerinae	Hähnchen
–	Galerucinae	noch ohne dt. Namen
–	Chrysomelinae	Blattkäfer i.e.S.
Cryptophagidae	–	Schimmelkäfer
Curculionidae	–	Rüsselkäfer
Elateridae	–	Schnellkäfer
Nitidulidae	–	Glanzkäfer
Melolonthidae	–	Maikäfer
Scarabaeidae	–	Blatthornkäfer
Silphidae	–	Aaskäfer
Scolytidae	–	Borkenkäfer

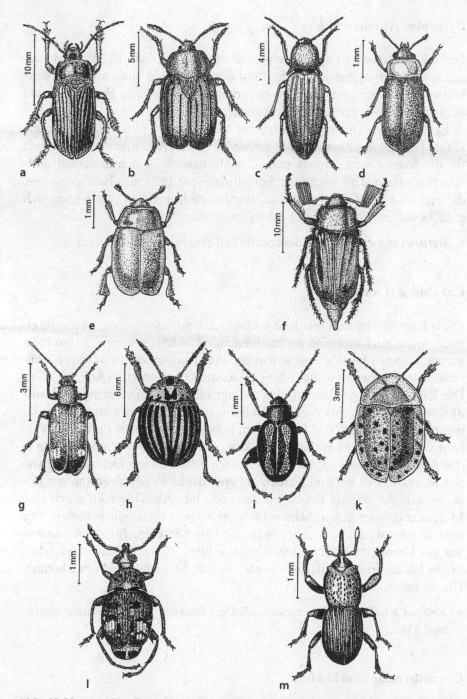

Abb. 10.28 a–m Häufig auftretende, pflanzenschädigende Käfer: **a** Laufkäfer; **b** Aaskäfer; **c** Schnellkäfer; **d** Himbeerkäfer; **e** Glanzkäfer; **f** Blatthornkäfer; **g** Hähnchen; **h** Kartoffelkäfer; **i** Erdflohkäfer; **k** Schildkäfer; **l** Samenkäfer; **m** Rüsselkäfer

Byturidae (Himbeerkäfer)

Diese Käferfamilie ist durch kleine, behaarte Käfer (Abb. 10.28 d) gekennzeichnet, deren zylindrisch geformte Larven über gut ausgebildete Thorakalbeine verfügen. Sie kommen bevorzugt an Blüten von Himbeeren und verwandten Rosaceen zur Entwicklung.

Ein häufig vorkommender Vertreter aus dieser Gruppe ist der Himbeerkäfer. Befall mit seinen Larven ist weder in der Frischvermarktung noch für die Konservierung tolerierbar, deshalb handelt es sich um einen wirtschaftlich besonders wichtigen Schädling. Spät blühende Himbeersorten, die erst im Herbst Früchte tragen, werden nicht befallen und eignen sich ganz besonders für ökologische Anbausysteme:

- *Byturus tomentosus* (Himbeerkäfer) an Himbeere (Brombeere).

Carabidae (Laufkäfer)

Diese Familie ist außerordentlich umfangreich mit zahlreichen, weit verbreiteten Arten. Auffällig sind die markanten, oft in Längsrichtung gefurchten, verwachsenen Flügeldecken sowie die meist schwarze bis schwarz-bläuliche Körperfarbe mit matter oder glänzender Grundstruktur (Abb. 10.28 a). Die Rückbildung der Hinterflügel zwingt die Käfer zu einer hohen **Laufaktivität** bei der erdbodennahen Nahrungssuche. Imagines und Larven leben meist **räuberisch** und sind extrem polyphag. Sie tragen durch den Verzehr von Schadinsekten aller Entwicklungsstadien sowie Schneckeneiern in der Ackerkrume und an den Wurzelhälsen erheblich zur Dezimierung von Schadorganismen bei und werden als **epigäische Prädatoren** (an der Bodenoberfläche lebende Räuber) bezeichnet. Ihre Aktivität wird durch eine Mulchdecke oder einen dichten Pflanzenbestand erheblich gefördert. Die Individualentwicklung ist lang, wobei die Überwinterung je nach Art entweder als Larve (im Boden) oder Imago erfolgt. Einige Arten verursachen Fraßschäden an Nutzpflanzen, wenn es zur Massenvermehrung kommt. Hierzu gehört:

- *Zabrus tenebrioides* (Getreidelaufkäfer) überwiegend an Wintergetreide und Mais.

Cerambycidae (Bockkäfer)

Die Körpergröße der Bockkäfer ist unterschiedlich (bis 15 cm). Typisch sind die **langen**, den Körper weit überragenden **Antennen** und die oft verlängerten Flügeldecken mit teilweise auffälliger Farbgebung und metallischem Glanz. Die weichen, fleischigen Larven sehen madenförmig aus und besitzen eine stark sklerotisierte Kopfkapsel. Die Extremitäten (Brustbeine) sind extrem reduziert oder fehlen vollständig. Die **Larven** ernähren sich von **Holz** (xylobiont), wobei sie Baumarten mit weicherem Holz bevorzugen und auch verbautes Holz besiedeln. Ihre typischen Lebensräume sind feuchte Standorte und Auen mit hohem Totholzanteil. Dort finden die kurzlebigen Imagines im Sommer reichlich Nahrung in den pollenreichen Blütenständen vieler Doldenblütler. Die Entwicklung vom Ei bis zur Imago kann bis zu drei Jahre dauern. Schäden entstehen durch **Larvenfraß** an Zier- und Obstbäumen. Wichtige Arten:

- *Aromia moschata* (Moschusbock). Bevorzugt in alten Weiden, Pappeln oder Erlen; die Imagines werden bis zu 40 mm lang und produzieren ein moschusartig riechendes Sekret
- *Anoplophora glabripennis* (Asiatischer Laubholzbock) an Zier- und Nutzgehölzen; 2001 nach Europa eingeschleppt. In der EU als Quarantäneschädling eingestuft
- *Hylotrupes bajulus* (Hausbockkäfer) ausschließlich an Nadelholz (v. a. Fichte und Kiefer). Laubholz wird nicht befallen. Der Larvenfraß kann durch zahlreiche, bis zu 8 mm dicke Fraßgänge den Verlust der Tragfähigkeit eines Dachstuhls bedeuten und im äußersten Fall seine vollständige Zerstörung zur Folge haben. Die Entwicklung dauert oft 5 Jahre. Die Käfer sind bis zu 20 mm lang und tiefschwarz durchgefärbt, die Larven werden etwa 30 mm lang und haben stark reduzierte Thorakalbeine. Typisch sind das Fehlen von Bohrmehl und das Stehenbleiben von papierdünnen Holzoberflächen über den Fraßgängen, in denen die Verpuppung stattfindet. Nach dem Schlupf hinterlässt der Käfer ein ovales Ausflugloch.

Chrysomelidae (Blattkäfer)

Diese Familie gliedert sich in mehrere **Unterfamilien** (Fauna Europaea 2005) (Tabelle 10.5):

- Alticinae (Erdflohkäfer)
- Bruchinae (Samenkäfer)
- Cassidinae (Schildkäfer)
- Criocerinae (Hähnchen)
- Galerucinae (noch kein deutscher Name vergeben)
- Chrysomelinae (Blattkäfer).

Alticinae (Erdflohkäfer)

Die zahlreichen Arten dieser Unterfamilie sind durch ihre hinteren Sprungbeine zu einem ausgeprägten Fluchtverhalten befähigt (Abb. 10.28 i). Imagines verursachen Blattfraß, die Larven minieren in Blattstielen und Sprossachsen. Insbesondere im europäischen Raps- und Kohlgemüseanbau spielen Erdflöhe eine wichtige Rolle:

- *Psylliodes chrysocephalus* (Rapserdfloh) an Winterraps, Winterrübsen und kreuzblütigen Unkräutern
- *Phyllotreta nigripes* u. a. (Kohlerdflöhe) an Raps, Rübsen, Kohl u. a. Kreuzblütlern, insbesondere auch Unkräuter.

Bruchinae (Samenkäfer)

Schädlich werden die Larven an lagernden Pflanzensamen (vor allem Leguminosen); die Imagines durchlaufen – je nach Art – auch Teile der Entwicklung im Freiland. Sie sind 1–10 mm lang, bräunlich gefärbt und von buckeliger Form mit sehr kurzen Flügeldecken, die den Hinterleib nicht vollständig bedecken (Abb. 10.28 l). Junge Larvenstadien weisen noch Extremitäten auf, die älteren, madenförmigen, sind völlig beinlos. Wichtige Arten:

- *Bruchus pisorum* (Erbsenkäfer) an Erbsensamen
- *Bruchus rufimanus* (Pferdebohnenkäfer) bevorzugt an Ackerbohnensamen
- *Acanthoscelides obtectus* (Speisebohnenkäfer) an Samen von Speisebohnen, Soja, Erbsen und Linsen.

Cassidinae (Schildkäfer)

Die Imagines verfügen über einen schildförmigen, abgeflachten Körper mit breiten Flügeldecken und stark ausragendem Halsschild (Abb. 10.28 k), der den Kopf bedeckt und die Tiere vor Feinden schützt, wenn sie sich an die Blätter ihrer Wirtspflanzen klammern. Das letzte Körpersegment der Larven besitzt eine gabelförmige Struktur. Das Abdomen wird von einer Kotmaske überzogen, wodurch – gemeinsam mit den dornartigen Fortsätzen der Körpersegmente – ein guter Schutz gegen Angreifer gewährleistet ist. Häufiger auftretende Art:

- *Cassida nebulosa* (Nebliger Schildkäfer) bevorzugt an Beta-Rübe.

Criocerinae (Hähnchen)

Diese Käferfamilie (Abb. 10.28 g) fällt durch ihre auffallende Färbung – insbesondere der Flügeldecken – auf. Die Imagines sind zwischen 4 und 8 mm lang. Sie können durch das Reiben von Chitinleisten am Abdomen zirpende Geräusche erzeugen. Häufig vorkommende Arten:

- *Oulema melanopus* (Rothalsiges Getreidehähnchen) und
- *Oulema lichenis* (Blaues Getreidehähnchen) an allen Getreidearten (Gräsern und Mais)
- *Crioceris asparagi* (Spargelhähnchen) an Spargel
- *Lilioceris lilii* (Lilienhähnchen) bevorzugt an Lilien.

Galerucinae (noch ohne deutschen Namen)

Diese Unterfamilie ist derzeit in Europa nur durch eine Art vertreten:

- *Diabrotica virgifera virgifera* (Westlicher Maiswurzelbohrer) an Mais; eingeschleppt, breitet sich seit 1992 in Europa vom Balkan her aus; in der EU meldepflichtiger Quarantäneschädling.

Chrysomelinae (Blattkäfer)

Die Käfer sind halbkugelig (Abb. 10.28 h) oder kurz- bis langoval. Viele bilden zum Schutz von Larven und Imagines toxische Stoffwechselprodukte. Insbesondere die tagaktiven Arten sind in vielen Fällen mit einer Warntracht in Form auffälliger Flügeldecken ausgestattet. Die wichtigste, pflanzenschädliche Art aus dieser Unterfamilie ist:

- *Leptinotarsa decemlineata* (Kartoffelkäfer, s. Titelseite) an Kartoffel. Entwicklung s. Abb. 10.29.

Cryptophagidae (Schimmelkäfer)

Zu dieser Familie gehören zahlreiche kleine Käfer mit gedrungenen Antennen und behaarten Flügeldecken. Viele Arten ernähren sich von Pilzen, vor allem an feucht gelagerten Nahrungs- und Futtermitteln. Ein verbreiteter Schädling ist:

- *Atomaria linearis* (Moosknopfkäfer) an Gänsefußgewächsen (Chenopodiaceae) wie Beta-Rübe, Mangold, Rote Bete, Spinat; verbreitet im ökologischen Gemüsebau.

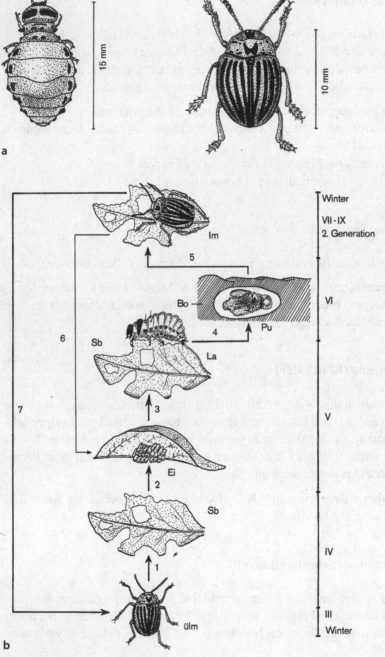

Abb. 10.29 a,b Entwicklung des Kartoffelkäfers (*Leptinotarsa decemlineata*). **a** Habitusbild Larve, Imago; **b** Entwicklungszyklus
1: Imagines verlassen den Boden beim Auflaufen der Kartoffel
2: Eiablage auf der Blattunterseite

Curculionidae (Rüsselkäfer)

Charakteristisches Merkmal dieser Käferfamilie ist der zum Rostrum ("Rüssel") vorgezogene Kopf, an dessen Ende sich die Mundwerkzeuge befinden (Abb. 10.28 m und Abb. 10.30). Das Labrum ist in der Regel mit der Kopfkapsel verschmolzen, die Mandibeln sind reduziert. Die leicht angewinkelten (geknieten) Antennen befinden sich im vorderen Bereich des Rüssels. Ähnlich wie bei den Samenkäfern sind die Flügeldecken relativ kurz. Viele Arten sind unter 6 mm lang.

Die **Larven** besitzen keine Extremitäten, allenfalls Stummelfüße und gleichen dadurch **Maden**. Die stark sklerotisierte **Kopfkapsel** mit den kräftigen Mandibeln setzt sich deutlich von dem meistens cremefarbenen Körper ab. Der Schaden entsteht durch Minierfraß oft direkt im Nahrungssubstrat (Stängel, Blütenböden, Wurzeln, Holz, Blätter) oder die Larven befallen Pflanzenwurzeln vom Boden aus. Es treten überwiegend nur drei Entwicklungsstadien vor der Verpuppung auf.

Rüsselkäfer spielen als Pflanzenschädlinge eine wichtige Rolle und verursachen oft extreme Fraßschäden. Sie kommen weltweit in Obst- und Gemüse vor, befallen Ackerbaukulturen und sind im Bereich der Baum-

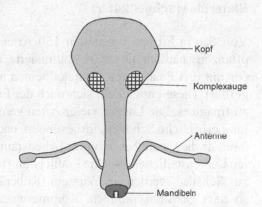

Abb. 10.30 Mundwerkzeuge der Rüsselkäfer (schematisch)

Kopf

Komplexauge

Antenne

Mandibeln

Abb. 10.29 a,b (Fortsetzung)
3: Schlüpfende Larven beginnen sofort mit dem Blattfraß
4: Ausgewachsene Larven dringen zur Verpuppung flach in den Boden ein
5: Schlupf der Imagines und Blattfraß
6: Beginn eines neuen Entwicklungszyklus
7: Ab September Abwanderung zur Überwinterung in den Boden (20–80 cm tief)

Bo = Boden; Im = Imago; La = Larve; Pu = Puppe; Sb = Schadbild; üIm = überwinternde Imago

schulen und der Forstwirtschaft ebenfalls gefürchtet. Einige Arten entwickeln sich parthenogenetisch. Wichtige Arten sind:

- *Anthonomus pomorum* (Apfelblütenstecher) an Apfel
- *Anthonomus piri* (Birnenknospenstecher) an Birne
- *Anthonomus rubi* (Erdbeerblütenstecher) an Erdbeere
- *Ceutorhynchus assimilis* (Kohlschotenrüssler) an Raps, Rübsen und Kohlsamenträgern
- *Ceutorhynchus napi* (Großer Kohltriebrüssler bzw. Großer Rapsstängelrüssler) an Raps, Rübsen, Kohl (Entwicklung Abb. 10.31)
- *Ceutorhynchus quadridens* (Gefleckter Kohltriebrüssler) an Raps, Rübsen, Kohl
- *Ceutorhynchus pleurostigma* (Kohlgallenrüssler) an Raps und Kohlgemüse
- *Otiorhynchus sulcatus* (Gefurchter Dickmaulrüssler) an Weinrebe, Zierpflanzen u. a. (polyphag)
- *Sitona lineatus* (Gestreifter Blattrandkäfer) an Erbse, Ackerbohne, Klee, Luzerne
- *Sitophilus granarius* (Kornkäfer) an Getreide (Lagerschädling, Kap. 29).

Elateridae (Schnellkäfer)

Von den in Europa bekannten 150 Arten sind ausschließlich die **Larven** pflanzenschädlich. Der stark chitinisierte, lange und rundlich geformte Körper mit drei Paar zarten Thorakalbeinen hat zum Namen „**Drahtwürmer**" geführt. Diese entwickeln sich nach der Eiablage innerhalb von 2–6 Jahren zu Imagines. Die Larven vieler Arten verursachen im Laufe ihrer Entwicklung erhebliche Schäden, insbesondere nach dem Umbruch von Dauergrünland, da dieses ein bevorzugter Lebensraum der Tiere ist. Während der letzten Larvenstadien nimmt die Fraßleistung mit wachsender Körpergröße stark zu. Schäden werden an Wurzeln, Rübenkörpern und Knollen verursacht, so dass Qualitätseinbußen, Kümmerwuchs oder vollständiges Absterben die Folge sind. Dieser **Allgemeinschädling** ist weit verbreitet. Imagines (Abb. 10.28 c) können sich aus der Rückenlage befreien, indem sie mit Hilfe eines **Schnellmechanismus** am Thorax in die Höhe springen, wobei ein klickendes Geräusch zu hören ist. Zur Eiablage werden bevorzugt Dauergrünlandflächen auf frischen bis feuchten Standorten genutzt. Deshalb ist nach einem Umbruch derartiger Flächen eine Befallskontrolle (Auslegen von Kartoffelscheiben als Köder) erforderlich.

Pflanzenschutz: Insektizide mit hohem Dampfdruck zur Einbringung in den Boden sind in Deutschland nicht mehr zugelassen. Biologische Verfahren konnten sich bislang noch nicht hinreichend etablieren. Wichtige Arten sind:

- *Agriotes lineatus* (Saatschnellkäfer) und
- *Agriotes obscurus* (Düsterer Humusschnellkäfer) an Getreide, Kartoffel, Beta-Rübe, Gemüsekulturen, Hopfen, Mais, Grünlandpflanzen und zahlreichen anderen Kulturen („Allgemeinschädlinge").

Nitidulidae (Glanzkäfer)

Die Käfer dieser artenreichen Familie sind meist nur 2–3 mm lang und haben kurze, stark glänzende, meist schwarze Flügeldecken mit halbkugelförmiger Wölbung (Abb. 10.28 e). **Markant sind die keulenförmigen Antennen**. Larven und Imagines ernähren sich überwiegend von Nektar und Blütenpollen. Wichtigster Vertreter ist:

- *Meligethes aeneus* (Rapsglanzkäfer) an Raps, Rübsen, Kohl u. a. Kreuzblütlern, insbes. auch an Unkräutern.

Melolonthidae (Maikäfer), Scarabaeidae (Blatthornkäfer)

Die bräunlich gefärbten, oft behaarten Käfer dieser beiden Familien weisen einige Gemeinsamkeiten auf (Abb. 10.28 f). Typisch sind Form und Größe der im Boden lebenden Larven, die als **Engerlinge** bezeichnet werden. Sie erreichen im letzten Stadium eine Länge von bis zu 30 mm. Ihre polyphage Ernährung macht sie zu wichtigen **Allgemeinschädlingen**, die Hackfrüchte, Getreide, Gräser sowie Zierpflanzen und -gehölze bis zum Totalausfall zerstören können. Wichtige Arten sind:

- *Melolontha melolontha* (Feldmaikäfer), *M. hippocastani* (Waldmaikäfer) an Acker- und Gemüsekulturen sowie Grünland und Obstkulturen („Allgemeinschädlinge")
- *Phyllopertha horticola* (Gartenlaubkäfer) auf Rasen- und Grünlandflächen.

Silphidae (Aaskäfer)

Sie sind von unterschiedlicher Größe, meist dunkel gefärbt und tragen auffällige, oft keulenförmige Antennen (Abb. 10.28 b). Neben der Ernährung von toten Tierkörpern spielen viele andere Nahrungsquellen eine Rolle.

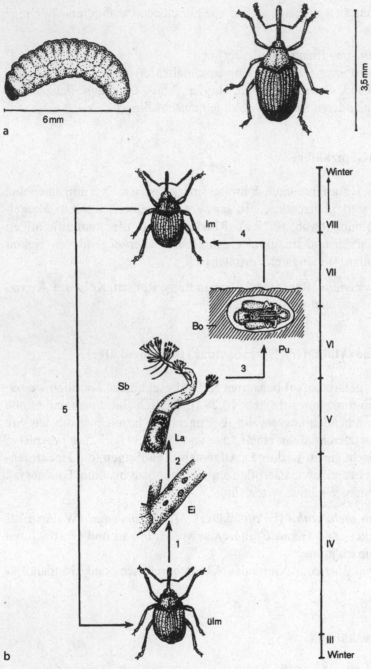

Abb. 10.31 a,b Entwicklung des Großen Kohltriebrüsslers (*Ceutorhynchus napi*).
a Habitusbild Larve und Imago; **b** Entwicklungszyklus
1: Nach Überwinterung suchen die Käfer der Raps auf, es kommt zur Eiablage
2: Die Larven zerfressen das Stängelmark

Einige Arten leben räuberisch; andere bevorzugen abgestorbene Pflanzen und manche frisches Pflanzengewebe. Dabei halten sie sich überwiegend in Bodennähe auf, wo vor allem Keimlinge an Hypokotyl und Blättern geschädigt werden. Große Bedeutung hatten sie früher im Hackfruchtanbau, vor allem an Gänsefußgewächsen (Chenopodiaceae) wie Beta-Rüben. Darüber hinaus treten Schäden auch an Kartoffeln, Kohlgemüse und sogar Getreide auf. Besonders gefährdet sind Kulturen mit einer besonders langsamen Keimlings- und Jungpflanzenentwicklung. Wichtige Arten sind:

- *Aclypea undata* (Schwarzer Rübenaaskäfer) und
- *Aclypea opaca* (Brauner Rübenaaskäfer) an Beta-Rübe (Spinat und andere).

Scolytidae (Borkenkäfer)

Larven dieser Käfer ernähren sich überwiegend von Borken an Gehölzen (vor allem von Koniferen). Die kleinen (1–9 mm), überwiegend dunkel gefärbten Käfer besitzen einen zylindrischen, lang gestreckten Körper, kurze und oft gekniete Antennen. Der Halsschild ist kräftig ausgebildet, die stark chitinisierten Flügeldecken wölben sich weit über das Abdomen. Borkenkäfer sind wichtige Bestandteile des Ökosystems Wald. Ihre Massenvermehrung kann erhebliche wirtschaftliche Schäden zur Folge haben, wenn verschiedene begünstigende Faktoren zusammentreffen. Als Folge von Wind- oder Schneebruch kommt es schnell zu einem Populationsanstieg, vor allem in Fichtenwäldern. Jungkäfer **überwintern** im Holz oder Boden und verlassen ihre Winterquartiere bei trockener Witterung etwa Mitte/Ende April. Sie schwärmen dann bei Temperaturen ab 16,5°C zum **Reifungsfraß** aus. Die Tiere suchen bevorzugt schwache oder geschädigte Bäume auf, wobei viele Arten von den freigesetzten, flüchtigen Terpenen über weite Strecken angelockt werden. Nach der Besiedlung sorgen sowohl Aggregations- als auch Sexualpheromone für die **Anlockung** weiterer Tiere, wodurch ein massenhafter Befall ausgelöst wird (Kap. 18).

Abb. 10.31 a,b (Fortsetzung)
3: Im Juni wandern die Larven in den Boden und verpuppen sich
4: Schlupf der Jungkäfer
5: Im Boden überwinternde Käfer

Bo = Boden; Ei = Eiablage; Im = Imago; La = Larve; Pu = Puppe; Sb = Schadbild; üIm = überwinternde Imago

Pflanzenschutz: Die nachhaltigste Methode zur Vermeidung der Massenvermehrung ist nach wie vor eine „saubere" Waldwirtschaft. Dabei erlangt die Vernichtung befallener Bäume vor dem Schwärmflug und von Restholz durch Abräumen oder Häckseln die größte Bedeutung, denn damit wird Borkenkäfern der Lebensraum entzogen. Im Wald lagerndes Holz kann durch **Entrindung** weitaus besser vor Befall geschützt werden als durch Insektizide. Verschiedene Pflanzenschutzverfahren, wie der Einsatz parasitärer Pilze und insektizidbehandelter Fangbäume haben in den befallenen Gebieten keinen nachhaltigen Erfolg gezeigt. Auch der Einsatz von Pheromonfallen eignet sich nicht zur gezielten Bekämpfung, sondern nur für die Bestandüberwachung und Befallsprognose. Dieses Verfahren wird inzwischen kritisch beurteilt, weil im Umfeld der Fallen eine hohe Population angelockt werden kann.

Borkenkäfer werden nach ihrer Lebensweise unterschieden: **Rindenbrüter** gehören zu den häufigsten europäischen Arten; sie besiedeln die Borke lebender Bäume und vermehren sich dort. Ihr Fraß führt durch Zerstörung des Leitgewebes schnell zum Absterben der befallenen Bäume. Typisch sind die Fraßgänge auf den Innenseiten der Borke und die zahlreichen Bohrmehlspuren am Stamm:

- *Ips typographus* (Buchdrucker/Fichtenborkenkäfer). Wichtigster Rindenbrüter in Europa, der durch seine schnelle Massenvermehrung große Fichtenbestände zerstören kann. Sucht vitale Altfichten auf; nach erfolgreicher Besiedlung locken Pheromone Artgenossen an und ein massiver Befall des Stammes beginnt
- *Pityogenes chalcographus* (Kupferstecher). Reagiert in besonderem Maße auf die von Fichten freigesetzten Duftstoffe. Häufig auftretende, in ganze Europa verbreitete Art, die zunehmend Schäden verursacht und häufig als Wegbereiter des „Buchdruckers" auftritt, im Gegensatz zu diesem aber verstärkt Schwachholz befällt.

Holzbrüter wandern bis in das Splintholz ein, wo die Eiablage erfolgt. Die Anlage ausgedehnter Fraßgänge für das Brutsystem zerstört das Holz, dessen Nutzwert damit erheblich sinkt. Die Holzbrüter verfügen über ein spezialisiertes Verdauungssystem und praktizieren meist ein ausgeprägtes Brutpflegeverhalten, um die Ernährung der Larven sicherzustellen.

- *Trypodendron lineatum* (Gestreifter Nutzholzborkenkäfer). Befällt vor allem lagerndes Nadelholz
- *Scolytus scolytus* (Großer Ulmensplintkäfer); neben Fraßschäden ist diese Art mit verantwortlich für die Übertragung des holzzerstörenden Pilzes *Ophiostoma ulmi*, des Erregers des „Ulmensterbens".

Wichtige, zu den Coleoptera (Käfer) gehörende Schädlinge an Acker-, Gemüse- und Obstkulturen

Ackerbau

Getreidelaufkäfer (*Zabrus tenebrioides*) an Wintergetreide und Mais.
Hauptsymptome: Käfer (Abb. 10.28 a) verursachen Fraßschäden an den milchreifen Körnern. Larven zerkauen und zerfasern die Blätter der jungen Getreidepflanzen; es bleiben nur die Blattrippen zurück (Kaufraß).
Biologie: Die Larven leben in 20–30 cm langen Erdröhren, in die auch Blattmaterial eingebracht wird. Überwinterung als Larve oder Imago. Eiablage findet statt ab Juni bis zum Herbst. Verpuppung von Mai bis Juli. Eine Generation. Den Hauptschaden verursachen die Larven im Herbst und Frühjahr.
Bekämpfung: Fruchtfolgemaßnahmen. Stoppelumbruch unmittelbar nach der Ernte und mehrmaliges Grubbern vor der Aussaat führt zu spürbarer Reduzierung des Larvenbesatzes.
Bemerkungen: Der Käfer tritt vor allem auf den schweren, bindigen Böden Ost-, Mittel- und Südeuropas auf.

Rothalsiges Getreidehähnchen (*Oulema melanopus*) und **Blaues Getreidehähnchen** (*Oulema lichenis*) an allen Getreidearten (Gräsern, Mais).
Hauptsymptome: Durch Käfer und Larven streifiger Fensterfraß auf der Blattoberfläche.
Biologie: Überwinterung als Imago in oder am Boden. Im Frühjahr zunächst Reifungsfraß an den Blättern der Wirtspflanzen, anschließend Eiablage. Gesamtentwicklungsdauer von der Eiablage bis zum Erscheinen der Käfer etwa 40 Tage.
Bekämpfung: Eine Bekämpfung ist erst erforderlich, wenn etwa 10% der Blattfläche durch Fraß geschädigt ist. Bei Bedarf Einsatz von Insektiziden.

Kornkäfer (*Sitophilus granarius*) an Getreide (Lagerschädling).
Hauptsymptome: Käfer schädigen das Getreide durch Körnerfraß von außen, Larven durch Aushöhlung der Körner von innen. Es entstehen runde Bohrlöcher, die sowohl durch die Käfer als auch durch die Larven verursacht werden können.
Biologie: Überwinterung als Ei, Larve, Puppe oder Imago. Die Entwicklung setzt nur für kurze Zeit im Winter aus. Der Käfer ist flugunfähig und kann das Lager nicht verlassen. Ein Befall erfolgt von verseuchten Lagerstätten aus oder durch Einschleppung. Eiablage in das Korn; Larvenentwicklung und Verpuppung im Korn; bis zu 5 Generationen pro Jahr.
Bekämpfung: Eine Behandlung der Vorratsgüter in geschlossenen Silozellen bzw. Druckkammern kann mit Aluminium- oder Magnesiumphosphid, Kohlendioxid oder Stickstoff, in Speichern und landwirtschaftlichen Lagerräumen mit Insektiziden erfolgen. Bei der Umlagerung von Getreide mit dem Förderband, Behandlung des Fördergutes mit Pirimiphos-methyl. Leere Räume sollten vor der Getreideeinlagerung entseucht werden. Für diesen Zweck ist ebenfalls Pirimiphos-methyl geeignet (s. auch Kap. 29).
Bemerkungen: Bedeutender Lagerschädling, der neben Schadfraß eine erhebliche Qualitätsminderung des Getreides verursachen kann.

Westlicher Maiswurzelbohrer (*Diabrotica virgifera virgifera*) an Mais.
Hauptsymptome: Wurzelfraß an Maispflanzen durch die Larven. Bei starkem Befall knicken die Stängel um. Sekundärwurzelbildung; typisches „Gänsehalssymptom" (gebogene Stängelbasis). Reifungsfraß an den Narbenfäden führt zu Befruchtungsstörungen, so dass nur lückig gefüllte Kolben entstehen.
Biologie: Überwinterung als Ei im Boden, Larvenschlupf im Mai/Juni. Stadium L3 tritt von Juli bis August auf. Nach der Verpuppung folgen die Imagines August/September; Eiablage in den Boden des Maisfeldes.
Bekämpfung: Mais-Monokultur ist besonders gefährdet; auf Befallsflächen keinen Mais als Folgefrucht anbauen; Saatgutbeizung. Zerkleinerung und Einarbeitung der Ernterückstände. Insektizideinsatz. Quarantänemaßnahmen um die weitere Ausbreitung zu verhindern. Anbau von B.t.-Mais.
Bemerkungen: Eingeschleppter Maisschädling, der sich seit 1992 in Europa vom Balkan aus verbreitet. Der Maiswurzelbohrer ist in der EU meldepflichtiger Quarantäneschädling.

Schwarzer Kohlerdfloh (*Phyllotreta atra*),
Blauseidiger Kohlerdfloh (*P.nigripes*),
Gelbstreifiger Kohlerdfloh (*P.nemorum*),
Geschweiftstreifiger Kohlerdfloh (*P.undulata*) an Raps, Rübsen, Kohl und anderen Kreuzblütlern, insbesondere auch Unkräutern.
Hauptsymptome: Durch Fraß der Käfer an den Keimlingen lückig auflaufende Saat sowie Loch-, Fenster- oder Minierfraß an den Blättern. Larven fressen in oder an den Wurzeln oder am Wurzelhals.
Biologie: Überwinterung als Imago. Im Frühjahr Einwandern in die Bestände. Nach kurzem Reifungsfraß Eiablage an die Blattunterseite (*P.nemorum*) oder in den Boden. Nach etwa 10 Tagen schlüpfen die Larven, nach weiteren 20 Tagen kommt es zur Verpuppung im Boden. Im Juli/August erscheinen die Jungkäfer. Eine Generation.
Bekämpfung: Saatgutbehandlung (Raps). Anwendung von Insektiziden. Eine chemische Bekämpfung ist erforderlich bei einem Verlust von 10% der Blattfläche.
Bemerkungen: Charakteristisches Merkmal der Erdflöhe: drittes Beinpaar zu Sprungbeinen umgebildet (s. Abb. 10.28 i).

Rapsglanzkäfer (*Meligethes aeneus*) an Raps, Rübsen u. a. Kreuzblütlern.
Hauptsymptome: Fraßschäden an Knospen, die später vertrocknen und abfallen.
Biologie: Nach der Überwinterung erscheinen die Altkäfer (Abb. 10.28 e) bei Temperaturen ab ca. 14–15°C an Kreuzblütlern und fressen an den Blütenknospen, um Pollen als Nahrung aufzusuchen und Eier abzulegen (bis zu 400/Weibchen, 1–2 Eier pro Blüte). Die massive Schädigung der Blüte durch Käferfraß und Larvenentwicklung verhindert einen Schotenansatz. Die Gesamtentwicklung dauert ca. 3–4 Wochen, danach fallen die Larven auf den Boden, vergraben und verpuppen sich dort. Die meist im Juli schlüpfenden Jungkäfer begeben sich auf Pollensuche und sind häufig auf Korbblütlern zu finden; im August wandern sie zur Überwinterung in den Boden. Eine Generation.
Bekämpfung: Ab Knospenstadium bis zum Beginn der Blüte Anwendung von Insektiziden. Da der Befall in der Regel vom Feldrand erfolgt, ist eine Randbehandlung häufig ausreichend. Eine Bekämpfung ist erforderlich, wenn an Winterraps 5–6 Käfer/Pflanze vor der Blüte am Feldrand bzw. 2–3 Käfer bei ganzflächigem Befall auftreten.

Bemerkungen: Ab Vollblüte ist kein Schaden durch den Rapsglanzkäfer mehr zu erwarten. Wirkstoffresistenz nach langjährigem Einsatz von Pyrethroid-Wirkstoffen vor allem in Nordwestdeutschland und den angrenzenden Gebieten.

Rapserdfloh (*Psylliodes chrysocephalus*) an Winterraps, Winterrübsen und kreuzblütigen Unkräutern.
Hauptsymptome: An Blattstielen Bohrlöcher und Narben. Bohrfraß in Stängeln und Blattstielen durch Larven. Käfer verursachen Lochfraß an Jungpflanzen. Durch Frosteinwirkung Aufplatzen der geschädigten Pflanzenteile.
Biologie: Überwinterung als Ei, Larve oder Imago. Der Käfer hält eine Sommerruhe und wandert im Herbst in die Winterrapsfelder ein. Nach kurzem Blattfraß legen die Weibchen ihre Eier (etwa 800–1 000) in den Boden in der Nähe der Wirtspflanzen ab. Die Eiablage kann sich bei günstigen Witterungsbedingungen bis in die Frühjahrsmonate hinziehen. Larven dringen in die Stiele der Rapspflanzen ein und verursachen Bohrfraß. Nach später Eiablage ist Larvenfraß auch im Stängel (Frühjahr) möglich. Verpuppung erfolgt in der Regel im Frühjahr im Boden. Eine Generation.
Bekämpfung: Saatgutbehandlung. Bei starkem Auftreten der Käfer im Herbst Anwendung von Insektiziden. Schadens- bzw. Bekämpfungsschwelle: ein Käfer/m^2 oder 3 Larven/Pflanze in den Blattstielen im Herbst bzw. 3–5 Larven im Blattstiel und Stängel im Frühjahr oder wenn 10% der Blattfläche zerstört sind.
Bemerkungen: Eine Saatgutbehandlung ist gleichzeitig wirksam gegen den Kohlgallenrüssler sowie andere Erdflioharten.

Gefleckter Kohltriebrüssler (*Ceutorhynchus quadridens*),
Großer Kohltriebrüssler, Großer Rapsstängelrüssler (*C.napi*) an Raps, Rübsen, Kohl.
Hauptsymptome: An Raps S-förmige Verkrümmungen. Stängel platzt an den Eiablagestellen auf oder knickt um. Triebstauchung und Wachstumshemmungen durch Larvenfraß in den Stängeln. Am Kohl treten außer Stängelsymptomen Fäulniserscheinungen auf. Die Kopfbildung unterbleibt oder es bilden sich mehrere Köpfe aus Seitenknospen.
Biologie: Überwinterung als Imago. Der Käfer erscheint im März auf den Feldern und legt nach kurzem Reifungsfraß seine Eier in die Stängel ab. Der Hauptschaden entsteht durch Larvenfraß in den Stängeln. Im Juni Auswandern der Larven in den Boden, dort Verpuppung und Überwinterung der Käfer. Eine Generation. (Entwicklungsgang Abb. 10.31).
Bekämpfung: Förderung der Rapsentwicklung im Jugendstadium. Chemische Bekämpfung der Käfer vor der Eiablage. Eine Insektizidanwendung ist erforderlich, wenn bei mehr als 10% der Pflanzen eine Eiablage festgestellt wurde.

Kohlschotenrüssler (*Ceutorhynchus assimilis*) an Raps, Rübsen und Kohlsamenträgern.
Hauptsymptome: Fraßschäden an den Samen durch die Larve. Schoten sind aufgetrieben, vergilben vorzeitig und besitzen z. T. ein von der Larve verursachtes Ausbohrloch.
Biologie: Überwinterung als Imago. Der Hauptzuflug der Käfer findet kurz vor oder zu Beginn der Blüte statt. Nach 14-tägigem Reifungsfraß Eiablage einzeln in die Schoten. Nach etwa 10 Tagen schlüpfen die Larven; sie verlassen die Schoten nach weiteren 30 Tagen, um sich im Boden zu verpuppen. Eine Generation.

Bekämpfung: Die chemische Bekämpfung des Käfers muss vor der Eiablage erfolgen. Vor der Blüte Einsatz von Insektiziden. Eine Bekämpfung ist erforderlich, wenn vor der Blüte ein Käfer je Pflanze festgestellt wurde.
Bemerkungen: Bei einer Vorblütenbehandlung wird der Rapsglanzkäfer mit erfasst.

Kohlgallenrüssler (*Ceutorhynchus pleurostigma*) an Raps und Kohlgemüse.
Hauptsymptome: Gallbildung am Wurzelhals von Raps und Kohlgemüse, darin finden sich mehrere Larven mit kräftiger Kopfkapsel.
Biologie: Tritt in zwei verschiedenen Stämmen auf: Frühjahrsform erscheint April bis Juni, Herbstform im August und September. Eiablage in das Rindengewebe des Wurzelhalses junger Wirtspflanzen. Larven induzieren die Bildung von Gallen, in denen sich die Larvalentwicklung vollzieht. Sie verlassen die Gallen und verpuppen sich im Boden.
Bekämpfung: Chemische Maßnahmen in der Regel nicht erforderlich. An Kohl wird der Schädling bei der Bekämpfung der Kohlfliege mit erfasst.
Anmerkung: Gelegentlich auftretend, selten flächendeckender Befall. Verwechslungsmöglichkeit mit dem Schadbild der Kohlhernie (*Plasmodiophora brassicae*). Dieser Krankheitserreger verursacht allerdings ein homogenes, rein weißes Gewebe in der Galle.

Kartoffelkäfer (*Leptinotarsa decemlineata*) an Kartoffel.
Hauptsymptome: Loch- und Skelettierfraß durch Käfer und Larven.
Biologie: Überwinterung als Imago (Abb. 10.28 h) im Boden. Einwanderung in die Bestände etwa zur Löwenzahnblüte. Nach kurzem Reifungsfraß Eiablage an die Unterseite der Blätter. Ein Weibchen kann in einem Zeitraum von zwei Monaten mehr als 1 000 Eier ablegen. Nach 10 Tagen schlüpfen die Larven. Nach weiteren 3 bis 4 Wochen Verpuppung im Boden. Ein bis zwei Generationen (Entwicklungsgang Abb. 10.29).
Bekämpfung: Beseitigung des Kartoffelaufwuchses. Chemische Bekämpfung mit Kontaktinsektiziden beim Auftreten der ersten Käfer und Larven. Biologische Bekämpfung des Larvenstadiums L1 und L2 mit *Bacillus thuringiensis* var. *tenebrionis*. Schadens- bzw. Bekämpfungsschwelle: 15 Larven pro Pflanze oder 20% Blattverlust durch Fraßschäden.
Bemerkungen: Der Kartoffelkäfer wurde 1877 aus Amerika nach Europa eingeschleppt (*Colorado beetle*). Neben dem Zystennematoden *Globodera rostochiensis* wichtigster Kartoffelschädling.

Moosknopfkäfer (*Atomaria linearis*) an Beta-Rübe, Spinat u. a. Chenopodiaceen.
Hauptsymptome: Runde, meist von einem dunklen Rand umgebene Fraßstellen am Hypokotyl und der oberen Pfahlwurzel von Rübensämlingen. Schabe- oder Lochfraß an den Keim- und Herzblättern.
Biologie: Überwinterung als Imago im Boden oder in Ernteresten. April/Mai Einwanderung in die Rübenbestände und Eiablage in den Boden nahe der Wirtspflanze. Normalerweise eine Generation. Nur der Käfer verursacht Schäden.
Bekämpfung: Bei Zucker- und Futterrüben frühe Aussaat. Förderung der Jugendentwicklung durch optimale Düngung und Bodenbearbeitungsmaßnahmen vermindern den Schaden. Saatgutbehandlung. Vor bzw. bei der Saat Ausbringen von Insektiziden mit anschließender Erdabdeckung. Nach dem Auflaufen bei Bedarf Anwendung von Kontaktinsektiziden.

Brauner Rübenaaskäfer (*Aclypea opaca*),
Schwarzer Rübenaaskäfer (*Aclypea undata*) an Beta-Rübe (Spinat u. a.).
Hauptsymptome: Käfer (Abb. 10.28 b) und Larven verursachen Fraßschäden an den Blättern; Larve bewirkt Lochfraß, Käfer Blattrandfraß. Bei starkem Befall kann Kahlfraß entstehen.
Biologie: Überwinterung als Imago an geschützten Stellen. Nach dem Auflaufen der Rüben wandern die Aaskäfer in die Bestände ein. Eiablage ab Mai/Juni in den Boden. Die „asselförmigen" Larven schlüpfen nach etwa acht Tagen. Ihre Entwicklung dauert zwei bis drei Wochen. Verpuppung im Boden. Eine Generation. Der Hauptschaden wird durch die Larven verursacht.
Bekämpfung: Beseitigung der zu den Chenopodiaceae gehörenden Unkräuter. Anwendung von Insektiziden.
Bemerkungen: Aaskäferlarven besitzen drei Beinpaare, was sie leicht von Asseln mit ihren 7 Paar Extremitäten unterscheiden lässt.

Düsterer Humusschnellkäfer (*Agriotes obscurus*),
Saatschnellkäfer (*A. lineatus*) an Getreide, Kartoffel, Beta-Rübe, Gemüsekulturen, Hopfen, Mais, Grünlandpflanzen und zahlreichen anderen Kulturen („Allgemeinschädlinge").
Hauptsymptome: Schäden verursachen nur die Larven (Drahtwürmer). Fraßsymptome an den unterirdischen Pflanzenteilen. Welken und Absterben der Pflanzen. An Knollen und Rüben Bohrfraß.
Biologie: Überwinterung als Imago (Abb. 10.28 c) in der Bodenstreu oder als Larve im Boden. Eiablage von Juni bis Juli in den Boden. Entwicklungsdauer der Larven drei bis fünf Jahre.
Bekämpfung: Saatgutbehandlung (Mais, Rüben). In Zucker- und Futterrüben bei der Saat Reihenbehandlung mit Insektiziden und anschließender Erdabdeckung.
Bemerkungen: Die Käfer sind in der Lage, sich mit Hilfe eines am Thorax inserierten Schnellmechanismus aus der Rücken- in die Normallage zu bringen (Schnellkäfer).

Feldmaikäfer: (*Melolontha melolontha*),
Waldmaikäfer (*M. hippocastani*) an Acker- und Gemüsekulturen sowie Grünland- und Obstkulturen („Allgemeinschädlinge").
Hauptsymptome: Der Käfer wird schädlich durch Blattfraß an Laubbäumen (Forstschädling). An den Kulturpflanzen verursachen die Larven (Engerlinge) Fraßschäden an den Wurzeln. Folgesymptome sind Welke- und Absterbeerscheinungen. An Rüben und Knollen Lochfraß.
Biologie: Überwinterung als Imago (Abb. 10.28 f) oder Larve im Boden. Käfer verlassen den Boden im April, führen einen kurzen Reifungsfraß an Laubbäumen durch und wandern anschließend in die Felder ab, wo die Weibchen 10 bis 30 cm tief im Boden ihre Eier ablegen. Die Larvenentwicklung dauert drei bis fünf Jahre (Engerlingsstadium E I, E II, E III).
Bekämpfung: Mechanische Bekämpfung der Larven (Engerlinge) durch Bodenbearbeitung mit rotierenden Geräten. Käfer und Larven treten nur sporadisch auf. Anwendung von Kontaktinsektiziden gegen die Imagines. Einsatz insektenparasitärer (entomophager) Nematoden der Gattungen *Steinernema* und *Heterorhabditis* (s. Kap. 19). Aber auch insektenparasitäre Pilze sind gegen diese Schädlinge wirksam (z. B. *Beauveria brongniartii*).
Bemerkungen: Tritt in den letzten Jahren vor allem in Süddeutschland wieder verstärkt auf.

Gemüsebau

Spargelhähnchen (*Crioceris asparagi*) an Spargel.
Hauptsymptome: Fraßschäden durch Käfer und Larve an allen oberirdischen Teilen der Pflanze.
Biologie: Überwinterung als Imago. Nach Reifungsfraß ab April/Mai Eiablage an das Spargellaub. Verpuppung im Boden. Zwei Generationen. Die Larven der ersten Generation erscheinen im Mai, die der zweiten im Juni/Juli.
Bekämpfung: Einsatz von Insektiziden.

Erbsenkäfer (*Bruchus pisorum*) an Erbse.
Hauptsymptome: Runde Löcher in Samen, z. T. mit einem „Fenster" verschlossen. Im Innern Larven, Puppen oder Käfer.
Biologie: Überwinterung als Imago auf dem Feld oder in Samen auf dem Lager. Die Käfer gelangen im Frühjahr mit dem befallenen Saatgut auf die Felder oder wandern aus ihren Winterverstecken in die Kulturen ein. Eiablage an die jungen Hülsen. Die Larve dringt zunächst in die Hülse, anschließend in die Samen ein und entwickelt sich dort zum fertigen Käfer. Nur eine Larve pro Samen. Keine Vermehrung auf dem Lager. Eine Generation.
Bekämpfung: Verwendung von befallsfreiem Saatgut. Anbau frühblühender Erbsensorten. Anwendung von Insektiziden, wenn die ersten Hülsen etwa 4 cm lang sind. Im Lager trockene Erbsensamen 3–4 Stunden einer Wärme von 50°C aussetzen.

Gestreifter Blattrandkäfer (*Sitona lineatus*) an Erbse, Ackerbohne, Klee, Luzerne.
Hauptsymptome: Halbkreisförmige Fraßstellen an den Blatträndern („Blattrandfraß") durch den Käfer. Schädigung der Wurzelknöllchen durch die Larve.
Biologie: Überwinterung als Imago im Boden. Im Frühjahr zunächst Fraß an Klee und Luzerne, später Einwanderung in die Erbsenbestände und Eiablage auf den Boden. Nach einer etwa vierwöchigen Fraßzeit Verpuppung der Larven im Boden. Die Jungkäfer erscheinen Ende Juni/Anfang Juli. Eine Generation.
Bekämpfung: Förderung der Jugendentwicklung. Anwendung von Insektiziden nur nach stärkeren Fraßschäden angezeigt.

Obstbau

Himbeerkäfer (*Byturus tomentosus*) an Himbeere (Brombeere).
Hauptsymptome: Fraßschäden an Knospen, Blüten und jungen Früchten durch die Käfer. Schädigung des Fruchtbodens durch die Larven.
Biologie: Überwinterung als Imago im Boden. Der Käfer (Abb. 10.28 d) erscheint im Mai/Juni und verursacht Schadfraß. Eiablage im Juni/Juli in die Früchte. Eine Generation.
Bekämpfung: Bei Befallsbeginn Anwendung von Insektiziden.
Bemerkungen: Befall mit Larven des Himbeerkäfers ist weder in der Frischvermarktung noch für die Konservierung tolerierbar, deshalb handelt es sich um einen wirtschaftlich besonders wichtigen Schädling. Spät blühende Himbeersorten, die erst im Herbst Früchte tragen, werden nicht befallen und eignen sich besonders für ökologische Anbausysteme.

Erdbeerblütenstecher (*Anthonomus rubi*) an Erdbeere.
Hauptsymptome: Angenagte und abgeknickte Blütenstiele. Die Blütenknospen, in denen sich die Larven befinden, vertrocknen und fallen ab.
Biologie: Überwinterung als Imago unter Laub oder im Boden. Der Käfer erscheint Ende April auf den Pflanzen, befrisst die Blütenknospen und legt in jede Knospe ein Ei. Anschließend nagt er die Blütenstiele an, die später umknicken. Die Larven verpuppen sich in den Knospen. Im Sommer erscheinen die Jungkäfer, die an den Blättern geringe Fraßschäden verursachen. Eine Generation.
Bekämpfung: Beseitigung der am Boden liegenden Blütenknospen. Nach Sichtbarwerden der ersten Schäden Anwendung von Insektiziden. Die Behandlung der Pflanzen muss vor der Blüte erfolgen.

Apfelblütenstecher (*Anthonomus pomorum*) an Apfel.
Hauptsymptome: Blüten öffnen sich nicht. Die Blütenblätter sind rotbraun und vertrocknen. Blüteninneres ist ausgefressen, Blütenknospen mit seitlichem Bohrloch; im Innern Rüsselkäferlarve.
Biologie: Überwinterung als Imago unter Borkenschuppen, in Rindenrissen und im Boden. Der Käfer erscheint etwa Mitte März in den Anlagen. Nach kurzem Reifungsfraß bohrt das Weibchen die noch geschlossenen Blütenknospen an und legt in jede Knospe ein Ei ab. Die Larve zerstört das Innere der Blüte und verpuppt sich dort nach einer Fraßzeit von ca. 4 Wochen. Der Jungkäfer verlässt die vertrocknete Blüte und sucht bereits im Sommer sein Überwinterungsversteck auf. Eine Generation.
Bekämpfung: Rindenpflege, um dem Käfer die Überwinterungsmöglichkeit zu nehmen. Anbringung von Wellpappringen um die Stämme (Fangverfahren). Vor der Blüte Anwendung von Insektiziden.
Bemerkungen: Bei geringem Blütenansatz können erhebliche Schäden entstehen.

Gefurchter Dickmaulrüssler (*Otiorhynchus sulcatus*) an Weinrebe, Zierpflanzen und anderen (polyphag).
Hauptsymptome: Fraßschäden an der Wurzel durch Larven, an Knospen und Blättern durch Käfer. Reduzierung des Wachstums.
Biologie: Überwinterung als Larve im Erdkokon oder als Käfer. Verpuppung im Frühjahr. Ablage von ca. 700 Eiern in den Boden. Der Käfer ist flugunfähig. Der Hauptschaden wird durch die an den Wurzeln fressenden Larven verursacht.
Bekämpfung: In Vermehrungsanlagen Streuen und Einarbeiten (10 cm) eines Präparats mit dem Pilz *Metarhizium anisopliae* (Kap.19). Chemische Bekämpfung (Zierpflanzen). Eine Bodenbehandlung mit Insektiziden ist häufig nicht ausreichend effektiv, da die Wirkstoffe absorbiert werden. Gut bewährt hat sich der Einsatz entomophager Nematoden (*Heterorhabditis bacteriophora*) (Kap. 19), insbesondere in Baumschulen (Containerpflanzen).

10.4.8 Hymenoptera (Hautflügler)

Die Hautflügler sind mit über 100 000 Arten eine der umfangreichsten Insektenordnungen. Zu ihnen gehören Ameisen, Bienen, Hummeln, Hornissen und Wespen, die – abgesehen von der Nahrungsaufnahme an über-

reifen Früchten – keine Pflanzen schädigen. Bienen sind als Honigprodu-
zenten und Blütenbestäuber im Obst- und Rapsanbau nützlich. Zahlreiche
Hautflügler spielen durch **Parasitierung** anderer Insekten eine wichtige
Rolle in der Biologischen Schädlingsbekämpfung. Erhebliche Schäden
entstehen jedoch durch **Blatt- und Holzwespen** im Forst sowie durch **Sägewespen** im Obstbau.

Körperbau und Entwicklung der Hautflügler weisen große Unterschiede auf. Die leichte Äderung und die besondere Struktur der häutigen
Flügel lässt diese durchsichtig erscheinen, daher der Name Hautflügler.
Vorder- und Hinterflügel können durch einen Verbindungsmechanismus
miteinander gekoppelt werden. Die ursprünglich kauend-beißenden Mundwerkzeuge sind bei vielen Arten reduziert und dienen überwiegend der
leckend-saugenden Nahrungsaufnahme.

Hautflügler lassen sich an der „**Wespentaille**" unterscheiden, einer Ein-
schnürung im zweiten Abdominalsegment. Die Weibchen verfügen über
einen Legestachel (Ovipositor), der bei einigen Arten zu einem Wehrorgan
(Wespen) umgewandelt ist.

Die Hymenopteren sind **zweigeschlechtlich** und entwickeln sich **holometabol**. Phytophage Arten setzen ihre Eier an oder in denjenigen Pflanzenteilen ab, von denen die Larven später leben. Die Überwinterung erfolgt als Larve; die Generationenzahl ist von Art zu Art verschieden. Einen
typischen Entwicklungsgang am Beispiel der Apfelsägewespe zeigt
Abb. 10.33.

Die **phytophagen Larven der Pflanzenwespen** tragen eine chitinisierte
Kopfkapsel mit beißenden Mundwerkzeugen und verursachen Fraß- und
Minierschäden. Bei Blattwespen überwiegt **Blattfraß**, **Minier- und Bohrfraß** in Früchten und Getreidehalmen. Gallwespen verursachen auffällige
Pflanzengallen. Frei fressende Larven schützen sich vor Feinden meist
durch Schleimausscheidung (z. B. Kirschblattwespe), Wachswolle oder
reflexartiges Austreten von Hämolymphe.

Bei **Bekämpfungsmaßnahmen** ist zu berücksichtigen, dass verschiedene Schädlinge, wie Apfel- und Pflaumensägewespe **vor der Eiablage oder
dem Eindringen** der geschlüpften Larven in die Früchte abgetötet werden
müssen. Hierzu kommen grundsätzlich **Insektizide** mit Wirkung gegen
beißende Schädlinge in Betracht. Um den optimalen Termin festzustellen,
sollte der Zuflug mit Farbtafeln kontrolliert werden.

Als **mechanische Maßnahmen** gegen Halmwespen empfehlen sich tiefer Schnitt und tiefes Unterpflügen der Ernterückstände, um die in der
Halmbasis vorhandenen Larven zu dezimieren, bzw. Abschneiden befallener Pflanzenteile.

Tabelle 10.6 Klassifizierung der phytophagen und nützlichen *Hymenoptera* (Hautflügler)

Unterordnung	Familie	deutsche Bezeichnung
Symphyta (keine Wespentaille)	Tenthredinidae	Blattwespen
	Cephidae	Halmwespen
Apocrita* (mit Wespentaille)	Ichneumonidae	Echte Schlupfwespen
	Braconidae	Brackwespen
	Aphidiidae	Blattlausschlupfwespen
	Aphelinidae	Zehrwespen

* Zur Unterordnung *Apocrita* zählen auch Bienen, Hummeln, Wespen und Ameisen

Die Ordnung der **Hautflügler gliedert sich** in die **Pflanzenwespen** (Unterordnung Symphyta) und **Taillenwespen** (Unterordnung Apocrita) (Tabelle 10.6).

Die **Pflanzenwespen** besitzen **keine Wespentaille** (Abb. 10.32). Sie sind überwiegend phytophag, wobei die Imagines Blütennektar und/oder Pollen aufnehmen und die Larven Pflanzengewebe durch Fraß von außen oder innen zerstören. Das **Legerohr** (Ovipositor) ist nicht zu einem Wehrorgan umgewandelt, sondern **sägeförmig** ausgebildet. Damit können die Eier entweder unter die Epidermis, in Stängel/Zweige oder in Holz eingebracht werden.

Bei den **Larven** handelt es sich um „**Afterraupen**" mit Kopfkapsel und Extremitäten (Abb. 10.32). Sie haben drei Paar Thorakalbeine und 6–8 Abdominalbeine, wobei bereits das **zweite Abdominalsegment** ein Beinpaar trägt und nur ein Segment beinfrei bleibt. Damit unterscheiden sie sich

7 mm

Imago einer Blattwespe

10-25 mm

Typische Blattwespenlarve

Abb. 10.32 Typische Blattwespe, *oben* Imago, *unten* Larve

deutlich von Lepidopterenlarven (zwei beinfreie Abdominalsegmente und meist vier Paar Abdominalbeine). Blattwespenlarven, die innerhalb ihres Substrates leben (z. B. Halmwespen), haben stark reduzierte Extremitäten.

Nach fünf Larvenstadien erfolgt in der Regel die Verpuppung im Kokon. In Abhängigkeit von der Jahreswitterung kann der Schlupf der Imagines auch erst im übernächsten Frühjahr erfolgen (Diapause oder „Überliegen" der Larven), was eine Befallsprognose erschwert.

Die **Unterordnung Symphyta** enthält mehrere Familien mit phytophagen Arten (Tabelle 10.6):

Tenthredinidae (Blattwespen). Die Fühler der Imagines haben 7–10 Glieder. Die Weibchen besitzen einen gesägten Legesäbel. Nur die Larven verursachen Fraßschäden an den Pflanzen.

- *Hoplocampa minuta* (Schwarze Pflaumensägewespe), *Hoplocampa flava* (Gelbe Pflaumensägewespe) an Pflaume und Zwetsche
- *Hoplocampa testudinea* (Apfelsägewespe) (Entwicklung s. Abb. 10.33) an Apfel
- *Athalia rosae* (Rübsenblattwespe) an Raps, Kohl, Rettich, Radieschen sowie an kreuzblütigen Unkräutern und Zwischenfrüchten (Ölrettich, Senf)
- *Nematus ribesii* (Gelbe Stachelbeerblattwespe) an Stachelbeere und Johannisbeere
- *Caliroa limacina* (*Kirschblattwespe*) an Kirsche u. a. Obstgehölzen.

Cephidae (Halmwespen). Imagines mit fadenförmigen, vielgliedrigen Fühlern. Larven mit Stummelfüßen. Sie leben in Halmen von Gramineen, selten in Zweigen von Laubgehölzen.

- *Cyphus pygmaeus* (Getreidehalmwespe) an Weizen und Roggen (Gerste).

Zur Unterordnung Symphyta zählen weitere Familien mit Schädlingen, die vor allem im Forst erhebliche Ausfälle verursachen, wie z. B. Gespinstblattwespen (Pamphilidae) und Holzwespen (Siricidae).

Im Gegensatz zu den Blattwespen (Symphyta) sind Thorax und Abdomen der **Taillenwespen (Apocrita)** durch ein stark eingeschnürtes Abdominalsegment gekennzeichnet, so dass eine „Wespentaille" entsteht (Abb. 10.34). Ihre Larven sind immer beinlos, oft madenförmig mit schwach ausgebildeter Kopfkapsel, ohne Augen und mit stark zurückgebildeten Mundwerkzeugen. Viele Arten sind Staaten bildend und praktizieren Brutpflege. Die Ernährung ist sehr unterschiedlich. Einige sind räuberisch (z. B. Wespen), andere omnivor (z. B. Ameisen). Viele dieser Hautflügler (z. B. Erzwespen, Schlupfwespen, Zehrwespen) ernähren sich parasitisch von anderen Insekten und gehören damit zu den wichtigsten Nutzarthropoden.

Abb. 10.33 a,b Entwicklung der Apfelsägewespe (*Hoplocampa testudinea*).
a Habitusbild;
b Entwicklungszyklus
1: Larve verpuppt sich im März/April im Boden
2: Schlupf der Imagines etwa Anfang Mai, kurz vor der Apfelblüte
3: Eiablage an den Knospen; pro Weibchen bis zu 20 Eier möglich
4: Schadfraß der Larven an der Fruchtschale, was dauerhafte Korkbänder hinterlässt
5, 6: Schadfraß am Kerngehäuse
7: Larven suchen den Boden auf, verspinnen sich im Kokon

üLa = überwinternde Larve;
Bo = Boden;
Im = Imago;
Ei = Eiablage;
La = Larve;
Pu = Puppe;
Sb = Schadbild

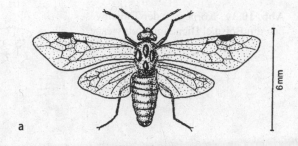

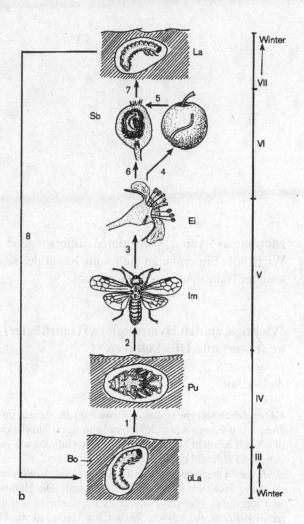

Sie werden als natürliche Feinde (Nützlinge) im Biologischen Pflanzenschutz im Rahmen der Biologischen Schädlingsbekämpfung vor allem unter Glas, aber auch im Freiland erfolgreich eingesetzt (Kap. 19). Diese

Abb. 10.34 Körperbau der Taillenwespen am Beispiel Biene und Zehrwespe

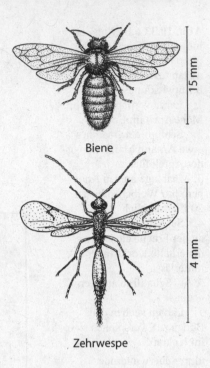

Biene

Zehrwespe

zoophagen Arten parasitieren überwiegend Eier oder Larven ihrer Wirtstiere. Sie ernähren sich vom Inhalt der sich entwickelnden Eier oder von der Hämolymphe der Wirtstiere.

Wichtige, zu den Hymenoptera (Hautflügler) gehörende Schädlinge an Acker- und Obstkulturen

Ackerbau

Getreidehalmwespe (*Cephus pygmaeus*) an Weizen und Roggen (Gerste).
Hauptsymptome: Ähre bleibt häufig in der Blattscheide stecken, ist taub und steht bei der Reife aufrecht (Weißährigkeit). Der Halmknoten ist durchfressen, im Halm befinden sich Fraßmehl und Larvenkot.
Biologie: Überwinterung als Larve in einem Kokon im unteren Teil des Halms. Verpuppung findet im folgenden Frühjahr statt. Die Halmwespen erscheinen im Mai/Juni und legen ihre Eier mit Hilfe eines Legebohrers einzeln in den oberen Halm der Getreidepflanzen ab. Larven fressen im Halm, sie durchbohren den Halmknoten und gelangen schließlich in die Halmbasis, wo sie überwintern. Eine Generation.
Bekämpfung: Bei stärkerem Befall frühe Ernte, tiefer Schnitt oder Abbrennen der Stoppeln. Ernterückstände mit der Herbstfurche tief unterpflügen. Eine chemische Bekämpfung ist in der Regel nicht erforderlich.

Rübsenblattwespe (*Athalia rosae*) an Raps, Kohl, Rettich, Radieschen und anderen sowie an kreuzblütigen Unkräutern und Zwischenfrüchten (Ölrettich, Senf).
Hauptsymptome: Durch die Larven zunächst Loch-, später Skelettierfraß an den Blättern.
Biologie: Überwinterung als Larve in einem Erdkokon. Wespen erscheinen im Mai/ Juni und legen bis zu 300 Eier einzeln in „Eitaschen" am Blattrand ab. Larven schlüpfen nach etwa 10 Tagen. Sie verursachen durch starke Nahrungsaufnahme große Blattschäden. Die Verpuppung erfolgt nach zwei Wochen im Boden. Im August tritt eine zweite Generation auf. Unter günstigen Bedingungen kommt noch eine dritte Generation zustande, die an Winterraps schädlich werden kann.
Bekämpfung: Anwendung von Insektiziden mit einer Wirkung gegen beißende Insekten.

Obstbau

Apfelsägewespe (*Hoplocampa testudinea*) an Apfel.
Hauptsymptome: An den Früchten bogig verlaufender, von der Larve verursachter Miniergang, der an der reifenden Frucht verkorkt. An haselnussgroßen Früchten Einbohrloch mit Fraßgängen im Innern. Die Mehrzahl der geschädigten Früchte fällt ab.
Biologie: Überwinterung als Larve im Boden. Eiablage während oder kurz nach der Blüte einzeln in den Blütenkelch. Schadfraß der Larve an mehreren Früchten. In unseren Breiten nur eine Generation (Einzelheiten s. Abb.10.33).
Bekämpfung: Unmittelbar nach Abfallen der Blütenblätter Einsatz von Insektiziden. Die in Anpassung an die Blütezeit nur ein bis drei Wochen betragende Flugzeit der Wespe begrenzt die Bekämpfung (im Gegensatz zum Apfelwickler) auf eine kurze Zeitspanne. Die Anwendung von Insektiziden ist nur erforderlich, wenn von 100 Fruchtkelchen mehr als 5 mit Eiern belegt sind.

Schwarze Pflaumensägewespe (*Hoplocampa minuta*),
Gelbe Pflaumensägewespe (*H. flava*) an Pflaume und Zwetsche.
Hauptsymptome: Die etwa zwei Zentimeter großen, noch grünen Früchte weisen Bohrlöcher auf. Im Innern Fruchtfleisch und Kern zerstört. Die geschädigten Früchte fallen ab.
Biologie: Überwinterung als Larve in einem Kokon im Boden. Wespen erscheinen während der Blüte und legen jeweils ein Ei in die mit Hilfe ihrer Sägeblätter erzeugten Taschen am Kelch ab. Ausschlüpfende Larven bohren sich in die Frucht. Eine Larve kann bis zu 5 Früchte befallen. Eine Generation.
Bekämpfung: Unmittelbar nach Abfallen der Blütenblätter Einsatz von Insektiziden.
Bemerkungen: Pflaumensägewespen verursachen bei starkem Auftreten Totalverlust.

Gelbe Stachelbeerblattwespe (*Nematus ribesii*) an Stachelbeere und Johannisbeere.
Hauptsymptome: Fraßschäden an Blättern; zunächst Loch-, später Kahlfraß.
Biologie: Die Larve der letzten Generation überwintert im Boden in einem Kokon. Wespen erscheinen im Frühjahr und legen ihre Eier perlschnurartig auf der Blattunterseite an die Rippen ab. Larven verursachen Blattfraß. Verpuppung erfolgt im Boden. Bis zu 5 Generationen.
Bekämpfung: Beim Erscheinen der ersten Larven Einsatz von Insektiziden.
Bemerkungen: Bei stärkerem Auftreten erhebliche Schäden durch Kahlfraß.

10.4.9 Lepidoptera (Schmetterlinge)

Schmetterlinge treten weltweit in großer Artenvielfalt auf. Nur ihre **Larven** sind – bis auf wenige Ausnahmen – phytophag und oft wichtige Schädlinge. Die Imagines nutzen dagegen Blütenpflanzen nur als Lebensraum und Lieferanten von Nektar. Mit Ausnahme der im adulten Stadium überwinternden Arten ist die Lebensdauer der meisten Schmetterlinge mit maximal sechs Wochen nur kurz. **Wirtschaftlich bedeutend** sind u. a. Apfelwickler, Maiszünsler, Kohlweißlinge und Traubenwickler.

Der Körperbau und die Entwicklung ist relativ einheitlich. Die Mundwerkzeuge adulter Arten bilden einen Saugrüssel zur Aufnahme flüssiger Nahrung und Wasser. Der Thorax ist verwachsen und trägt zwei stark geschuppte Flügelpaare (gr. *lepís* [Genitiv: *lepídos*] = Schuppe, *pterón* = Flügel) deren Ausfärbung sich bei Männchen und Weibchen unterscheidet.

Alle Larven (Abb. 10.35) sind typische **Raupen mit weicher Körperhülle**, meist walzenförmiger Gestalt und kräftigen Mundwerkzeugen, mit denen sie imstande sind, erhebliche Fraßschäden zu verursachen.

Schmetterlinge sind **holometabol** (Abb. 10.11) und überwiegend getrenntgeschlechtlich. Von großer Bedeutung sind die weiblichen Sexualpheromone, die in minimaler Dosis von den Männchen über die Antennen wahrgenommen werden und ihnen das Auffinden der Sexualpartner über weite Distanzen möglich machen. Die **Eier** werden oft dicht beieinander abgelegt und mit einem schützenden Sekret oder Seidenfäden überzogen. In diesem Stadium können sie ungünstige Witterungsphasen im Jahresverlauf überdauern oder auch überwintern. Typisch sind bei Großschmetter-

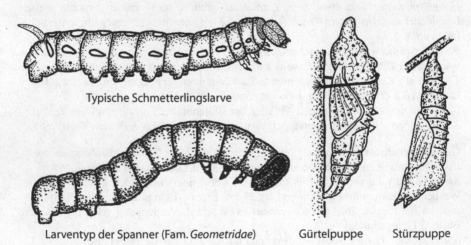

Typische Schmetterlingslarve

Larventyp der Spanner (Fam. *Geometridae*)   Gürtelpuppe   Stürzpuppe

Abb. 10.35 Schmetterlingslarven (*links*), Schmetterlingspuppen (*rechts*)

lingen **vier oder fünf Larvenstadien**, bei Kleinschmetterlingen und der Kleidermotte auch mehr.

Schmetterlingsraupen haben drei Thoraxsegmente und im Normalfall drei Paar Thorakalbeine. Die zehn Abdominalsegmente tragen fünf Paar Beine, die von zwei beinfreien Körpersegmenten unterbrochen sind. Das 5. Beinpaar am Abdomen wird als „Nachschieber" bezeichnet. Ausnahmen gibt es bei manchen Familien durch Reduktion der Abdominalbeine (z. B. Spanner, Abb. 10.35). Die stark **sklerotisierte Kopfkapsel** trägt kauend-beißende Mundwerkzeuge, mit der die Nahrung zerkleinert und aufgenommen wird. Haare oder Borsten sorgen für einen gewissen Schutz gegen Fraßfeinde.

Die **Metamorphose** erfolgt überwiegend als **Mumienpuppe** (Pupa obtecta) (Abb. 10.35) an oder in der Wirtspflanze, an Mauerwerk und Pfählen frei hängend (Stürzpuppe) oder mit einem Gespinstfaden fixiert (Gürtelpuppe). Viele Arten umgeben sich bei der Verpuppung mit einem **Kokon** (oberirdisch oder im Boden).

Schmetterlingslarven (Raupen) ernähren sich von Pflanzen (Ausnahme Kleidermotten). Sie verzehren verhältnismäßig große Nahrungsmengen, um **Fettkörper** einzulagern, deren Energie später von den Imagines aufgebraucht wird.

Je nach Lebensweise entstehen unterschiedliche **Schadsymptome**:

- **Äußere Schäden** durch Lochfraß und Skelettierfraß an Blättern (Gewebeverluste), z. B. durch Frostspanner, Ringelspinner, Goldafter
- **Innere Schäden** durch Bohr- und Minierfraß im Stängel, in Früchten und Blättern, z. B. durch Maiszünsler, Apfelwickler.

Zur **Vermeidung von Pflanzenverlusten** spielt **die Überwachung des Befallsverlaufes** durch Pheromonfallen eine zentrale Rolle, um die **Eiablage** und den zu erwartenden Larvenschlupf so genau wie möglich zu erfassen. Da Schmetterlinge ihre **Eier ausschließlich auf der Pflanzenoberfläche ablegen**, kann vor allem bei frei fressenden Larven durch den Einsatz geeigneter Wirkstoffe ein guter Abtötungseffekt erzielt werden. Dazu eignen sich **Kontaktinsektizide**, Hemmstoffe der Chitinsynthese und *Bacillus thuringiensis*.

Im Gegensatz zu anderen Schädlingen (z. B. Käfer) ist ein effektives Resistenzmanagement möglich, da unterschiedliche Wirkungsmechanismen und Bekämpfungsverfahren zur Verfügung stehen. Eine nur unbefriedigende Wirkung erreicht man bei vielen minierenden Arten, deren Larven von Kontaktwirkstoffen nicht getroffen werden.

Verschiedene **biologische und biotechnische Verfahren** sind bei der Bekämpfung des Maiszünslers wirksam (Kap. 18, 19). Beim Apfelwickler und den Traubenwicklern lässt sich die Verwirrungstechnik (auch: Konfusions- oder Desorientierungsverfahren) durch Ausbringung von Sexualphe-

romonen erfolgreich anwenden. Weiterhin können zur Verringerung von
Ernteverlusten beitragen:

- **Kulturmaßnahmen**. Hierzu gehören die Wahl eines geeigneten Saat-
termins (Beeinflussung der Koinzidenz durch eine frühe Aussaat, z. B.
beim Erbsenwickler), eine tiefe Bodenbearbeitung (gegen die im Boden
oder in Ernterückständen lebenden Entwicklungsstadien, z. B. Erdraupen, Maiszünsler) und die Unkrautbekämpfung (Ausschaltung von Nahrungspflanzen)
- **Mechanische Maßnahmen**, wie das Entfahnen beim Mais (Reduzierung der eingedrungenen Larven) oder das Anlegen von Leimringen an
Obstbäumen (Abfangen der an den Stämmen hochkriechenden flugunfähigen Frostspannerweibchen).

Bei der **Klassifizierung der Lepidopteren** haben neue Erkenntnisse
aus molekularen Analysen zu zahlreichen taxonomischen Änderungen
geführt. Für die Phytopathologie spielt auch bei den Schmetterlingen die
Zuordnung zu den Familien eine zentrale Rolle. Die wichtigsten Einheiten,
in denen phytophage Arten auftreten, sind der Tabelle 10.7 zu entnehmen.

Tabelle 10.7 Schmetterlingsfamilien, in denen phytophage Arten auftreten (nach
Fauna Europaea 2005)

Ordnung: *Lepidoptera* (Schmetterlinge)	
Familie	**deutscher Name**
Noctuidae	Eulen
Pyralidae	Zünsler
Tortricidae	Wickler
Geometridae	Spanner
Lymantriidae	Trägspinner/Wollspinner
Lasiocampidae	Glucken
Yponomeutidae	Gespinstmotten
Pieridae	Weißlinge
Lyonetiidae	Langhorn-Miniermotten
Acrolepiidae	Falsche Schleiermotten
Plutellidae	Schabenmotten/Schleiermotten
Tineidae	Echte Motten
Gelechiidae	Palpenmotten

Noctuidae (Eulen)

Es handelt sich um die artenreichste Familie der Schmetterlinge. Die Larven der nachtaktiven Eulenfalter leben überwiegend im Boden („Erdrau-

pen"). Sie sind ausgesprochen polyphag und schädigen Kulturen des Acker-, Garten-, Obst- und Zierpflanzenbaus, in Baumschulen sowie in Gewächshäusern. Der Name bezieht sich auf die Zeichnung der vorderen Flügel, die an das Gefieder von Eulen erinnert. Charakteristisches Kennzeichen: Larven rollen sich bei Berührung zusammen. Häufig vorkommende Arten:

- *Agrotis segetum* (Wintersaateule) an Beta-Rübe, Getreide, Kartoffel, Kohl, Tabak, Raps, Salat
- *Autographa gamma* (Gammaeule) an Beta-Rübe, Kartoffel, Raps, Leguminosen, Salat, Möhre, Hopfen, Tabak u. a., polyphager Schädling
- *Mamestra brassicae* (Kohleule) an Kohl und anderen kreuzblütigen Pflanzen
- *Agrotis ipsilon* (Y-Eule) im Gartenbau an Freilandkulturen; weltweit verbreiteter Wanderfalter.

Pyralidae (Zünsler)

Zu dieser Familie gehören zahlreiche Kultur- und Vorratsschädlinge. Die Larven fressen häufig im Inneren von Pflanzen oder im Schutz von Gespinsten. Wichtigster Vertreter ist der **Maiszünsler** (Abb. 10.36). Es handelt sich um eine wärmeliebende Art, die sich in Deutschland immer weiter ausbreitet. Außerdem gehören zu dieser Familie eine Reihe von **Vorratsschädlingen** (s. Kap. 29):

- *Ostrinia nubilalis* (Maiszünsler) an Mais (Hopfen, Bohne Kartoffel, Tomate und anderen)
- *Ephestia kühniella* (Mehlmotte) an Getreide (Lagerschädling) (Kap. 29)
- *Sitotroga cerealella* (Getreidemotte) an Getreide (Lagerschädling) (Kap. 29).

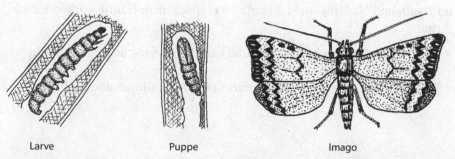

Larve Puppe Imago

Abb. 10.36 Die Entwicklungsstadien des Maiszünslers (*Ostrinia nubilalis*)

Tortricidae (Wickler)

Hierzu gehört eine Vielzahl von Schädlingen im Obst-, Wein-, Gemüse- und Zierpflanzenbau. Die Larven leben zwischen zusammengesponnenen Pflanzenteilen und in gerollten Blättern oder fressen im Innern von Pflanzen und Früchten. Wirtschaftliche Bedeutung haben:

- *Cydia pomonella* (Apfelwickler) (Abb. 10.37) an Apfel (Birne); weltweit der wichtigste tierische Schädling im Apfelanbau
- *Cydia funebrana* (Pflaumenwickler) an Pflaume und Zwetsche
- *Cydia nigricana* (Erbsenwickler) an Erbse
- *Adoxophyes orana* (Fruchtschalenwickler) an Apfel, Birne
- *Sparganothis pilleriana* (Springwurm) an Weinrebe
- *Eupoecilia ambiguella* (Einbindiger Traubenwickler)
- *Lobesia botrana* (Bekreuzter Traubenwickler) an Weinrebe. Wichtigste Schädlinge im europäischen Weinbau.

Geometridae (Spanner)

Auffallend und namengebend für diese Familie ist die spezielle Art der Fortbewegung der Larven, die außer den drei Brustbeinpaaren nur zwei Paar Abdominalbeine haben (Abb. 10.35). Ein vor allem im Obstbau wichtiger Schädling ist der **Kleine Frostspanner**.

- *Operophthera brumata* (Kleiner Frostspanner) an allen Kern- und Steinobstarten, ausgenommen Pfirsich
- *Erannis defoliaria* (Großer Frostspanner) tritt gelegentlich im Forst auf.

Lymantriidae (Trägspinner/Wollspinner)

Einige Arten verursachen bei Massenvermehrung im Obstbau und im Forst an Laub- und Nadelbäumen erhebliche Fraßschäden. Häufig vorkommende Arten:

- *Euproctis chrysorrhoea* (Goldafter) an Birne, Kirsche, Zwetsche, Apfel und vielen Laubbäumen
- *Lymantria dispar* (Schwammspinner) an Obstkulturen und im Forst.

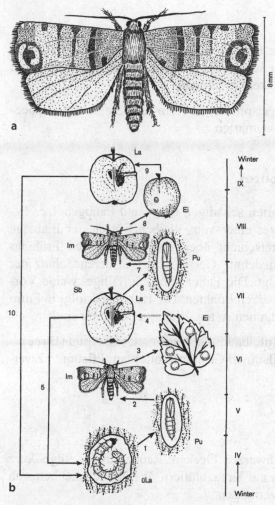

Abb. 10.37 a,b Entwicklung des Apfelwicklers (*Cydia pomonella*). **a** Habitus des Fal-
ters; **b** Entwicklungskreislauf

1: Die überwinterte Larve verpuppt sich April-Mai im Kokon
2: Schlupf der Imagines der 1. Generation
3: Weibchen legen bis zu 100 Eier innerhalb von 10–20 Tagen an den Blättern ab
4: Larvenschlupf nach 1–3 Wochen, kurzer Blattfraß, dann Abwanderung in die Früchte
5: Larven wandern aus den Früchten heraus und verspinnen sich im Schutz der Borke
im Kokon
6: Unter günstigen Bedingungen kommt es zur Verpuppung
7: Schlupf der zweiten Generation im August
8: Eiablage an den reifenden Früchten
9: Fraß der Larven in den Früchten mit hohem Schadpotential
10: Larven suchen die Überwinterungsplätze auf

üLa = überwinternde Larve; Im = Imago; Ei = Eiablage; La = Larve; Pu = Puppe; Sb =
Schadbild

Lasiocampidae (Glucken)

Typisch für die Vertreter dieser Familie sind behaarte Raupen. Der **Ringelspinner** wird an Obstbäumen schädlich. Dabei sind die spiralig um die Zweige angeordneten Eigelege kennzeichnend.

- *Malacosoma neustria* (Ringelspinner) an Kern- und Steinobst, Himbeere und verschiedenen Laubbaumarten.

Yponomeutidae (Gespinstmotten)

Die nachfolgend genannten Arten schädigen Obst- und Laubgehölze. Typisch ist, dass die Larven unter einer vom Weibchen nach der Eiablage hergestellten, erhärteten Sekretschicht überwintern. Im späten Frühjahr legen die älteren Larven ausgedehnte Gespinste an, in deren Schutz der Skelettierfraß der Blätter erfolgt. Die Falter haben auffällige, weiße Vorderflügel mit zahlreichen schwarzen Punkten. Die Eiablage erfolgt in Form dachziegelartiger Gelege auf dünnen Ästen. Wichtige Vertreter sind:

- *Yponomeuta malinellus* (Apfelbaum-Gespinstmotte) an Apfel (Birne)
- *Yponomeuta padellus* (Pflaumen-Gespinstmotte) an Pflaume, Zwetsche, Kirsche.

Pieridae (Weißlinge)

Flügel der Falter weiß mit schwarzen Flecken; Raupen in der Regel kurz behaart, leben meist polyphag auf Kreuzblütlern. Weißlinge zeichnen sich aus durch ein starkes Wandervermögen.

- *Pieris brassicae* (Großer Kohlweißling an Kohl, Raps, Rettich u. a. kreuzblütigen Pflanzen
- *Pieris rapae* (Kleiner Kohlweißling) an Kohl, Steckrüben und anderen kreuzblütigen Nutzpflanzen
- *Pieris napi* (Rapsweißling) an Raps, Kohl und anderen kreuzblütigen Nutzpflanzen.

Lyonetiidae (Langhorn-Miniermotten)

Charakteristisch ist der Minierfraß der Larven im Blatt mit typischen Gängen in Form von Schlangenlinien. Larven besitzen keine Beine. Häufig sind anzutreffen:

- *Lyonetia clerkella* (Obstbaumminiermotte) an Apfel und Kirsche, Laub- und Ziergehölzen.

Acrolepiidae (Falsche Schleiermotten) und Plutellidae (Schabenmotten/Schleiermotten)

Larven verursachen zunächst Fensterfraß und später nach Eindringen in das Blattgewebe Minierfraß. Schädlinge aus diesen Familien sind:

- *Acrolepiopsis assectella* (Lauchmotte/Zwiebelmotte) an Lauch und Porree
- *Plutella xylostella* (Kohlschabe/Kohlmotte) an Kohl, Raps, Rettich und anderen kreuzblütigen Pflanzen.

Die beiden folgenden Familien enthalten überwiegend **Vorratsschädlinge** (Kap. 29):

Tineidae (Echte Motten)

- *Nemapogon granellus* (Kornmotte) an lagerndem Getreide, insbesondere Roggen.

Gelechiidae (Palpenmotten)

- *Sitotroga cerealella* (Getreidemotte) an lagerndem Getreide, Hülsenfrüchten, Mais, Reis u. a. Häufig eingeschleppt durch den Warenhandel; verbreiteter Vorratsschädling.

Wichtige, zu den Lepidoptera (Schmetterlinge) gehörende Schädlinge an Acker-, Gemüse- und Obstkulturen

Ackerbau

Kornmotte (*Nemapogon granellus*) an lagerndem Getreide, insbesondere Roggen.
Hauptsymptome: Auf dem Lager Fraßschäden an den Körnern durch die Larven. Körner werden zusammengesponnen. Im Gespinst krümeliger Kot. Vorratsschädling.
Biologie: Überwinterung als Larve. Weibchen legen bis zu 200 Eier an die Getreidekörner, aus denen nach etwa 14 Tagen die Larven schlüpfen und mit ihrem Schadfraß beginnen. Nach etwa zwei Monaten wandern diese von ihrer Nahrungsquelle ab und suchen Spalten und Fugen zum Überwintern auf.

Bekämpfung: Behandlung der Vorratsgüter in geschlossenen Silozellen bzw. Druckkammern mit Aluminium- oder Magnesiumphosphid sowie Kohlendioxid oder Stickstoff, in Speichern und landwirtschaftlichen Lagerräumen mit Insektiziden. Bei der
Umlagerung von Getreide mit dem Förderband, Behandlung des Förderguts mit Pirimiphos-methyl. Leere Räume sollten vor der Einlagerung von Getreide entseucht
werden. Für diesen Zweck ist ebenfalls Pirimiphos-methyl geeignet.

Maiszünsler (*Ostrinia nubilalis*) an Mais (Hopfen, Bohne, Kartoffel, Tomate und
anderen) (Abb. 10.36).
Hauptsymptome: Umgeknickte oder abgebrochene männliche Blütenstände (Fahnen).
Im Stängelmark, im Kolben und an Körnern Fraßschäden durch Larven.
Biologie: Überwinterung als Larve in einem Gespinst in der Basis des Maisstängels.
Dort findet auch die Verpuppung statt. Der Zünsler erscheint im Juni/Juli in den Mais-
feldern und setzt bis zu 800 Eier in Gelegen von ca. 50 Stück auf der Unterseite der
Blätter ab. Die schlüpfenden Jungraupen fressen zunächst äußerlich an den Blättern
und Fahnen, bohren sich aber ab dem dritten Larvenstadium in den Stängel ein und
dringen bis nach unten vor. Eine Generation.
Bekämpfung: Tiefer Schnitt und tiefes Unterpflügen der Stoppelreste. Eine Woche
nach der Blüte Entfernung der Fahnen. Nach dem Schlüpfen der Larven Anwendung
von Insektiziden. Biologische Bekämpfung mit *Bacillus thuringiensis* und dem Eiparasiten *Trichogramma evanescens*. Eine Bekämpfung ist dann erforderlich, wenn an
100 Pflanzen 4–8 Eigelege festgestellt werden.
Bemerkungen: Breitet sich in Deutschland immer weiter nach Norden aus.

Wintersaateule (*Agrotis segetum*) an Beta-Rübe, Getreide, Kartoffel, Kohl, Tabak,
Raps, Salat und anderen, polyphager Schädling.
Hauptsymptome: Fraßschäden an Blättern, Halmen, Rübenkörpern und Knollen durch
die Larven („Erdraupen").
Biologie: Überwinterung als Larve im Boden. Die Falter erscheinen im Mai und
legen bis zu 1 000 Eier einzeln an die unteren Teile der Pflanzen ab. Die Jungraupen
verursachen zunächst Fenster- und Lochfraß an den Blättern und gehen ab dem dritten
Larvenstadium zu einer versteckten Lebensweise über. Sie halten sich tagsüber im
Boden auf und verlassen ihre Verstecke nur nachts und an bewölkten Tagen. Die älteren Larven fressen hauptsächlich an den unterirdischen Pflanzenteilen. Ein bis zwei
Generationen.
Bekämpfung: Unkrautbekämpfung. Ausbringung von Kleieködern mit Insektiziden.
Wegen der versteckten Lebensweise der Larven und einer weitgehenden Unempfind-
lichkeit vor allem der älteren Stadien gegenüber Insektiziden ist eine direkte chemi-
sche Bekämpfung schwierig.
Bemerkungen: Kennzeichnend für die Larven ist, dass sie sich bei Berührung spiralig
zusammenrollen.

Gammaeule (*Autographa gamma*) an Beta-Rübe, Kartoffel, Kohlarten, Raps, Leguminosen, Salat, Möhre, Hopfen, Tabak u. a., polyphager Schädling.
Hauptsymptome: Loch- und Kahlfraß an den Blättern. Befällt im Gegensatz zur Wintersaateule keine unterirdischen Pflanzenteile.
Biologie: Überwinterung als Imago, Larve oder Puppe. Im Frühjahr legen die Weibchen ihre Eier an die Blattunterseite von Wildpflanzen oder direkt an die Kulturpflan-

zen ab. Larven verpuppen sich nach einer Entwicklungszeit von etwa einem Monat an den Pflanzen. Zwei, unter günstigen Bedingungen drei Generationen.
Bekämpfung: Nach Erscheinen der ersten Larven Einsatz von Insektiziden mit einer Wirkung gegen beißende Insekten. Die älteren Larvenstadien sind gegenüber Kontaktinsektiziden relativ widerstandsfähig.

Gemüsebau

Kohlschabe/Kohlmotte (*Plutella xylostella*) an Kohl, Raps, Rettich und anderen kreuzblütigen Pflanzen.
Hauptsymptome: Zuerst Minier-, später Fenster- und Lochfraß an den Blättern durch Larven. Gelegentlich dringen diese auch in die Kohlköpfe ein.
Biologie: Überwinterung als Puppe an Pflanzenrückständen. Ende Mai Eiablage vorwiegend auf die Blattunterseite. Entwicklungsdauer der Larven etwa 3–4 Wochen. Unter günstigen Bedingungen 3–4 Generationen.
Bekämpfung: Bei Erscheinen der ersten Larven Einsatz von Insektiziden. Biologische Bekämpfung mit *Bacillus thuringiensis*.

Kohleule (*Mamestra brassicae*) an Kohl und anderen kreuzblütigen Pflanzen.
Hauptsymptome: Larven verursachen Loch- und Skelettierfraß an den äußeren Blättern, dringen auch in die sich bildenden Kohlköpfe ein.
Biologie: Überwinterung als Puppe im Boden. Falter erscheinen Ende Mai und legen ihre Eier an die Kohlpflanzen oder andere Kreuzblütler ab. Schlüpfende Junglarven verursachen Fraßschäden an den Blättern. Larven der im Spätsommer erscheinenden zweiten Generation dringen in die Köpfe der Kohlpflanzen ein und werden dadurch besonders schädlich.
Bekämpfung: Bekämpfung der Larven mit Insektiziden vor ihrem Eindringen in die Köpfe. Biologische Bekämpfung mit *Bacillus thuringiensis*. Maßnahmen sind erforderlich, wenn an 100 Pflanzen 10 Larven gefunden werden.

Großer Kohlweißling (*Pieris brassicae*) an Kohl und anderen kreuzblütigen Pflanzen.
Hauptsymptome: Loch- und Skelettierfraß an den Blättern durch die Larven. Nur die zweite Generation verursacht Schäden an Kulturpflanzen.
Biologie: Überwinterung als Puppe an Wänden, Pfählen und Zäunen. Die Falter erscheinen im Mai und legen ihre Eier an die Blätter kreuzblütiger Unkräuter, insbesondere Ackersenf und Hederich, ab. Larven der ersten Generation verbleiben an den Wildpflanzen. Verpuppung nach einem Monat. Falter der zweiten Generation fliegen zur Eiablage in die Kulturen ein. Die Larven wandern im Frühherbst von den Kohlfeldern zu ihren Verpuppungs- bzw. Überwinterungsorten.
Bekämpfung: Nach Erscheinen der ersten Larven Anwendung von Insektiziden. Biologische Bekämpfung mit *Bacillus thuringiensis*. Bekämpfungsmaßnahmen sind erforderlich, wenn zwei Raupennester oder 20 Raupen an 100 Pflanzen auftreten.
Bemerkungen: Natürliche Dezimierung durch die Brackwespe *Apanteles glomeratus*.

Lauchmotte, Zwiebelmotte (*Acrolepiopsis assectella*) an Lauch, Porree und Zwiebel.
Hauptsymptome: Länglicher Minier- und Fensterfraß an Lauchblättern und Zwiebelschlotten. Absterben der Herzblätter.

Biologie: Überwinterung als Imago, seltener als Puppe. Eiablage im April/Mai an die Blätter (Schlotten). Der Hauptschaden wird durch die im August erscheinende zweite Generation verursacht.
Bekämpfung: Beim ersten Auftreten der Blattschäden Anwendung von Insektiziden.

Erbsenwickler (*Cydia nigricana*) an Erbse.
Hauptsymptome: In den Hülsen Larvenfraß an den noch weichen Samen.
Biologie: Überwinterung als Larve in einem Kokon im Boden. Die Verpuppung findet im April/Mai statt. Falter erscheinen ab Ende Mai und legen ihre Eier von Juni bis Anfang Juli bevorzugt an die Blüten- und Kelchblätter ab. Die nach wenigen Tagen schlüpfenden Larven bohren sich in die jungen Hülsen ein und beginnen mit dem Schadfraß. In einer Hülse befinden sich maximal zwei Larven. Meist nur eine Generation.
Bekämpfung: Frühe Saat von frühblühenden Sorten (Beeinflussung der Koinzidenz). Wegen des lang anhaltenden Falterfluges in der Regel mehrmalige Anwendung von Insektiziden. Die Bekämpfung muss vor dem Einwandern der Larven in die Hülsen stattfinden.

Obstbau

Obstbaumminiermotte (*Lyonetia clerkella*) an Apfel und Kirsche, Laub- und Ziergehölzen.
Hauptsymptome: Durch die Larven hervorgerufene stark geschlängelte Gangminen in den Blättern, in deren Mitte eine Kotlinie verläuft. Vorzeitiger Blattfall.
Biologie: Überwinterung als Imago an versteckten Stellen der Bäume oder außerhalb der Obstanlage. Die Eiablage findet in der zweiten Maihälfte auf der Unterseite der Blätter statt. Schlüpfende Junglarven dringen sofort in das Blatt ein und beginnen mit ihrem Minierfraß. Erwachsene Larven verlassen die Minen und verpuppen sich in einem feinen Gespinst (Puppenwiege) am Blatt oder anderen Teilen des Baums. Zwei bis drei Generationen.
Bekämpfung: Nach Erscheinen der ersten Larven Anwendung von Insektiziden.

Apfelbaumgespinstmotte (*Yponomeuta malinellus*) an Apfel (Birne);
Pflaumengespinstmotte (*Yponomeuta padellus*) an Pflaume, Zwetsche, Kirsche.
Hauptsymptome: Blätter der Triebe mit einem dichten Gespinst überzogen, in dem sich zahlreiche kleine Raupen befinden. Blätter stark skelettiert.
Biologie: Überwinterung als Larve unter einer vom Falter hergestellten, erhärteten Sekretschicht. Im späten Frühjahr legen die Larven Gespinste an, in deren Schutz sie die Blätter skelettieren. Sie verpuppen sich innerhalb der Gespinstes. Die Falter erscheinen im Juli/August und legen ihre Eier in Form eines dachziegelartigen Geleges auf die dünnen Äste. Die noch im Herbst schlüpfenden Larven überwintern.
Bekämpfung: Anwendung von Insektiziden vor der Anlage der Gespinste. Ältere Larven sind gegenüber Insektiziden widerstandsfähig und werden zusätzlich durch die Gespinste geschützt. Biologische Bekämpfung mit *Bacillus thuringiensis*.

Fruchtschalenwickler (*Adoxophyes orana*) an Apfel, Birne.
Hauptsymptome: An den Früchten durch die Larve verursachter Muldenfraß, der stets unter dem Schutz eines an die Früchte angesponnenen Blattes oder zwischen zwei sich berührenden Früchten stattfindet.

Biologie: Überwinterung als Larve unter Rindenschuppen. Verpuppung findet im Mai statt. Im Juni erscheinen die Falter, die ihre Eier an die Blätter ablegen. Die schlüpfenden Larven fressen zunächst an den Blättern, später an den reifenden Früchten. Eine Generation.

Bekämpfung: Bis Ende des Ballonstadiums oder sofort nach vollständigem Abschluss der Blüte Anwendung von Insektiziden (Apfel). Biologische Bekämpfung mit *Bacillus thuringiensis*. Bekämpfungsmaßnahmen werden erforderlich, wenn auf 100 Blütenbüscheln 7 Raupen auftreten.

Apfelwickler (*Cydia pomonella*) an Apfel (Birne).

Hauptsymptome: Durch die Larve Bohrfraß an den Früchten. Am Bohrloch braune Kotkrümel. Früchte fallen vorzeitig ab.

Biologie: Überwinterung als Larve in einem festen Gespinst zwischen Borkenschuppen. Verpuppung und Schlupf der Imagines im Juni/Juli; danach Eiablage an Blätter und Früchte; Larven bohren sich in die Früchte ein und ernähren sich von Fruchtfleisch und Samenanlagen. Eine bis zwei Generationen; die erste Generation löst Fruchtfall aus, die zweite verursacht Fraßgänge mit Kotresten in den Früchten (Entwicklung s. Abb. 10.37).

Bekämpfung: Stammpflege, um die Überwinterungsmöglichkeiten zu reduzieren. Anlegen von Pappgürteln um die Stämme (Fangmethode). Einsatz von Insektiziden. Eine biologische Bekämpfung ist mit dem Apfelwickler-Granulose-Virus sowie *Bacillus thuringiensis* möglich. Verwendung von Prognoseverfahren zur Optimierung des Applikationstermins. Verwirrung der Männchen durch großflächige Ausbringung von Sexualpheromonen, sie verhindert die Kopulation und damit die Eiablage (Konfusionsverfahren).

Bemerkungen: Der Apfelwickler ist weltweit einer der wirtschaftlich wichtigsten Schädlinge im Obstbau.

Pflaumenwickler (*Cydia funebrana*) an Pflaume und Zwetsche.

Hauptsymptome: Durch die Larve Bohrfraß an den Früchten. Am Einbohrloch ist häufig ein Gummitropfen vorhanden. Fruchtfleisch um das Kerngehäuse ist zerstört. Die Frucht wird notreif und fällt vorzeitig ab.

Biologie: Überwinterung als Larve in einem Kokon unter Borkenschuppen, seltener auch im Boden. Die ersten Falter treten im Mai auf und legen ihre Eier einzeln an die Früchte ab. Larven bohren sich in die Frucht ein und verlassen diese später wieder, um sich am Stamm zu verpuppen. Ende Juli erscheinen die Falter der zweiten Generation, die ihre Eier an die schon reifenden Früchte absetzen. Die schlüpfenden Larven schädigen die Früchte auf die schon beschriebene Weise und überwintern später in einem Kokon.

Bekämpfung: Beseitigung befallener Früchte. Anlegen eines Fanggürtels im Spätsommer, wenn die Larven ihre Überwinterungsorte aufsuchen. Mit Hilfe von Pheromonfallen wird der Falterflug festgestellt und dann der günstigste Termin für den Insektizideinsatz bestimmt. Bei der Behandlung ist vor allem auf eine gute Benetzung der Früchte zu achten.

Bemerkungen: Bei stärkerem Auftreten des Wicklers kommt es zu erheblichen Ernteausfällen.

Kleiner Frostspanner (*Operophthera brumata*) an allen Kern- und Steinobstarten mit Ausnahme des Pfirsichs.

Hauptsymptome: Fraßschäden durch Larven an Knospen, Blüten, Blättern und Früchten. Bei starkem Auftreten Kahlfraß möglich.

Biologie: Überwinterung im Eistadium. Larven schlüpfen im Frühjahr etwa zum Zeitpunkt des Knospenaufbruchs und verpuppen sich ab Juni im Boden. Falter erscheinen erst im Herbst. Das flugunfähige Weibchen kriecht am Stamm aufwärts und legt etwa 200 Eier in die Baumkrone ab. Eine Generation.
Bekämpfung: Zum Abfangen der flügellosen Weibchen Anlegen von Leimringen um die Baumstämme und Haltepfähle. Abtöten der Jungraupen mit Insektiziden. Biologische Bekämpfung mit *Bacillus thuringiensis*.
Bemerkungen: Beim Kleinen Frostspanner besitzt das Männchen vollausgebildete Flügel. Das Weibchen hat nur Flügelstummel und ist flugunfähig (Geschlechtsdimorphismus).

Goldafter (*Euproctis chrysorrhoea*) an Birne, Kirsche, Zwetsche, Apfel und vielen Laubbäumen.
Hauptsymptome: Fraßschäden an Blättern, Blüten und Knospen. Bei starkem Auftreten Kahlfraß.
Biologie: Überwinterung als Jungraupe in einem Gespinst an den kahlen Ästen. Larven verlassen die „Raupennester" im Frühjahr und beginnen mit den Schadfraß. Verpuppung im Juni zwischen zusammengesponnenen Blattresten oder im Boden. Falter erscheinen Anfang August; sie legen ihre Eier an die Blattunterseite. Nach kurzer Zeit erscheinen die Larven, sie skelettieren die Blätter und legen ihre Winternester an. Eine Generation.
Bekämpfung: Entfernen der „Raupennester" beim Baumschnitt. Biologische Bekämpfung mit *Bacillus thuringiensis*. Anwendung von Insektiziden (nur Ziergehölze).

Ringelspinner (*Malacosoma neustria*) an Kern- und Steinobst, Himbeere und verschiedenen Laubbäumen.
Hauptsymptome: Starke Fraßschäden an Blättern. Typisch sind die spiralig angeordneten Eigelege.
Biologie: Überwinterung im Eistadium an den Zweigen. Larven schlüpfen im Frühjahr und fressen zunächst im Schutz eines selbst hergestellten Gespinstes. Verpuppung an den Wirtspflanzen. Falter legen ihre Eier im Spätsommer an die dünnen Zweige ab. Das Gelege wird mit einem Sekret überzogen und ist daher gegenüber äußeren Einflüssen sehr widerstandsfähig. Eine Generation.
Bekämpfung: Beseitigung der Triebe mit Eigelegen beim Baumschnitt. Nach dem Ausschlüpfen der Larven Anwendung von Insektiziden. Biologische Bekämpfung mit *Bacillus thuringiensis*.

Einbindiger Traubenwickler (*Eupoecilia ambiguella*),
Bekreuzter Traubenwickler (*Lobesia botrana*) an Weinrebe.
Hauptsymptome: Durch die Larven klumpenweise zusammengesponnene Blüten und Fruchtstände. Beerenfraß und Gespinste an den befallenen Trauben. Bei feuchtem Wetter entsteht Sauerfäule.
Biologie: Überwinterung als Puppe am Rebstock oder am Stützpfahl. Im Mai erscheinen die Falter der ersten Generation. Eiablage an die Gescheine. Larven („Heuwurm") schädigen Knospen- und Blütenanlagen. Verpuppung an der Wirtspflanze. Im Juli/August treten die Falter der zweiten Generation auf, die ihre Eier an die Beeren absetzen. Larven („Sauerwurm") bohren sich in die Beeren ein. Zwei Generationen.
Bekämpfung: Nach Angaben des Warndienstes Einsatz von Insektiziden. Biologische Bekämpfung mit *Bacillus thuringiensis*. Wichtig ist eine wirksame Ausschaltung der

ersten Larvengeneration („Heuwurm"). Anwendung von Z-9 Dodecenylacetat (Einbindiger Traubenwickler) oder Z-9 Dodecenylacetat+E7,Z-9 Dodecenylacetat (Einbindiger und Bekreuzter Traubenwickler) als Pheromon im Konfusions- (Verwirrungs-)
Verfahren.
Bemerkungen: In Mitteleuropa die wichtigsten Schädlinge im Weinbau.

Springwurm (*Sparganothis pilleriana*) an Weinrebe.
Hauptsymptome: Blätter kurz nach dem Austrieb zerfressen und zusammengespon-
nen. Triebe und Gescheine werden geschädigt und knicken ein. Kümmerwuchs.
Biologie: Überwinterung als Larve in einem Kokon in Ritzen und Spalten des Reb-
holzes. Im Frühjahr nach dem Austrieb beginnen die Larven mit ihrer Fraßtätigkeit.
Verpuppung im Juni; Flug der Falter von Ende Juni bis August. Eiablage auf der Blatt-
oberseite. Schlüpfen der Larven nach etwa zwei bis drei Wochen.
Bekämpfung: Bei Befall Anwendung von Insektiziden.

10.4.10 Diptera (Zweiflügler)

Die zu den Zweiflüglern gehörenden Mücken und Fliegen spielen eine
wichtige Rolle als Krankheitsüberträger, als Parasiten von Tier und Mensch,
beim Zersetzen organischer Substanz und als Pflanzenschädlinge (ungefähr
30% der bekannten Arten).

Dipteren besitzen als typisches Merkmal nur **ein funktionsfähiges Flügelpaar**. Ihre Hinterflügel sind reduziert und zu Schwingkölbchen umgewandelt (Halteren). Die größten Arten haben eine Flügelspannweite von
100 mm und sind etwa 60 mm lang, die kleinsten besitzen eine Körperlänge von 0,5 mm und eine Spannweite von 1 mm (Abb. 10.38). Die Struktur
der Flügel ist ein wesentliches Kriterium bei der Artenbestimmung. Zweiflügler verfügen über Komplexaugen und weisen oft drei Ocelli auf. Sie
entwickeln sich **holometabol**. Die aus den Eiern schlüpfenden Larven
durchlaufen mehrere Stadien vor der Verpuppung. Phytophage Dipteren-
larven sind in hohem Maße empfindlich gegen Austrocknung. Vor allem
die im Boden schlüpfenden Arten einiger Schädlinge (z. B. Kohlfliege)
sterben bei Trockenheit ab, bevor sie die Pflanzenwurzel erreicht haben.

Abb. 10.38 Imago einer Halmfliege als
Beispiel für den typischen Habitus der
Dipteren

Abb. 10.39 a Tönnchenpuppe
der Fliegen, **b** Mumienpuppe der Mücken

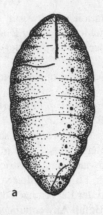

a   b

Bei den Fliegen entsteht bei der Verpuppung eine **Tönnchenpuppe**, bei
den Mücken eine **Mumienpuppe** (Abb. 10.39). Dipteren durchlaufen häufig mehrere Generationen pro Jahr, wobei die Überwinterung bevorzugt im
Puppenstadium erfolgt.

Die phytophagen Dipteren legen ihre Eier entweder in der Nähe der
Wirtspflanzen in den Boden bzw. auf oder in das Pflanzengewebe. Die
schlüpfenden **Larven** beginnen umgehend mit dem Schadfraß, wobei auch
die Gefahr besteht, dass pflanzenpathogene Bakterien übertragen werden.
Die Körperform der **Larven** ist zwar sehr unterschiedlich, gemeinsam ist
ihnen aber, dass sie alle **beinlos sind**.

Schnaken- und Haarmückenlarven besitzen eine chitinisierte **Kopfkapsel mit kräftigen kauend-beißenden Mundwerkzeugen**. Gallmü-
cken- und Fliegenlarven fehlt die Kopfkapsel. Die Mundwerkzeuge der
Gallmückenlarven sind in den meisten Fällen völlig reduziert, bei den
Fliegenlarven (Maden) sind sie zu einem Paar **Mundhaken** umgewandelt
(Abb. 10.40). Da die Mehrzahl der Larven bei Wasserverlust außerordentlich empfindlich reagieren, leben sie überwiegend im Schutz des Pflanzengewebes oder des Erdbodens im Wurzelraum.

Abb. 10.40 Längsschnitt durch
die Kopfregion einer Dipteren-
larve mit Mundhaken am Beispiel
der Kirschfruchtfliege (*Rhagoletis
cerasi*). Nach Eidmann u. Kühlhorn (1970), vereinfacht

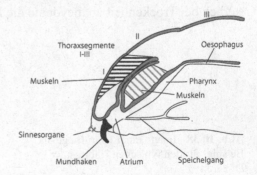

Grundsätzlich werden **Schäden an Pflanzen nur durch die Larven** verursacht. während die Imagines – genau wie Schmetterlinge – Blüten als Nahrungsspender nutzen. Typische **Schadsymptome** sind:

- Minierfraß in Blättern (Rübenfliege), Stängeln (Spargelfliege), Rüben (Möhrenfliege) und Früchten (Kirsch- und Mittelmeerfruchtfliege)
- Gewebefraß an geschützten Stellen (Frit- und Brachfliege)
- Wurzelfraß mit nachfolgenden Welke-, Vergilbungs- und Absterbeerscheinungen (z. B. Wiesenschnake, Haarmücken)
- Vergallung des geschädigten Gewebes (typisch für Gallmückenlarven, z. B. Kohlschotenmücke).

Zur Bekämpfung der pflanzenschädlichen Dipteren werden neben Kultur- und Quarantänemaßnahmen vor allem chemische Mittel eingesetzt. Durch die vorwiegend geschützte Lebensweise der Larven sind diese mit Insektiziden oft nur schwer zu erreichen. Die chemische Bekämpfung hat sich daher möglichst gegen die legereifen Weibchen oder die Abtötung der Larven vor ihrem Eindringen in die Pflanzen zu richten. Zur Anwendung kommen:

- Wahl eines geeigneten Saat- oder Pflanztermins, um zu vermeiden, dass pflanzenschädigende Larven und anfällige Pflanzenstadien zusammentreffen (Möhrenfliege, Kohlfliege, Fritfliege)
- Saatgutbehandlung mit systemischen und/oder protektiven Wirkstoffen aus verschiedenen Wirkstoffgruppen (Kap. 28)
- Granulierte Insektizide nach dem Auspflanzen. Man versucht zunächst, durch Prognoseverfahren den Zuflug der legereifen Weibchen festzustellen und diese dann direkt zu bekämpfen oder die Larven vor dem Eindringen in das Pflanzengewebe abzutöten. Vielfach ist es technisch schwierig, das Insektizid an den Ort der Eiablage zu applizieren (Kohlfliegen → Wurzelhals)
- Freisetzung sterilisierter Männchen (z. B. bei der Mittelmeerfruchtfliege, Kap. 19)
- Pflanzenquarantäne, um das Einschleppen von Schädlingen zu verhindern
- Schutznetze zum Abdecken hochwertiger Gemüsekulturen, um Kopulationsflug und Eiablage an den Kulturpflanzen zu unterbinden (Gemüsefliegen).

Bei der **Klassifizierung der Dipteren** sind zwei Unterordnungen zu unterscheiden: **Nematocera (Mücken)** und **Brachycera (Fliegen)**. Die in diesen Bereichen phytopathologisch bedeutsamen Familien sind der Tabelle 10.8 zu entnehmen.

Tabelle 10.8 Die wichtigsten Familien phytophager Zweiflügler (nach Fauna Europaea 2005)

Ordnung: *Diptera* (Zweigflügler)		
Unterordnung	**Familie**	**deutscher Name**
Nematocera	Bibionidae	Haarmücken
(Mücken)	Sciaridae	Trauermücken
	Tipulidae	Schnaken
	Cecidomyiidae	Gallmücken
Brachycera	Psilidae	Nacktfliegen
(Fliegen)	Chloropidae	Halmfliegen
	Anthomyiidae	Blumenfliegen
	Trypetidae	Bohrfliegen
	Agromyzidae	Minierfliegen

Mücken (Nematocera)

Die wesentlichen Merkmale der Mücken sind vielgliedrige, fadenförmige Antennen, fragiler Körperbau, länglicher Körper, lange Beine, langsamer Flug mit ausgestreckten Beinen, das Fehlen von Borsten, Larven meist mit reduzierter Kopfkapsel ausgestattet, stechend-saugende Mundwerkzeuge.

Bibionidae (Haarmücken/Märzfliegen)

Die Imagines besitzen eine fliegenähnliche Gestalt, unterscheiden sich jedoch von den Fliegen durch den Aufbau der Fühler (Abb. 10.41). Die schädlichen Haarmückenlarven leben im Boden und fressen an den Wurzeln unterschiedlicher Kulturpflanzen. Häufig vorkommende Arten sind:

- ***Bibio hortulanus**, B. johannis, B. marci* und zahlreiche weitere Arten (Gartenhaarmücken) an Getreide, Kartoffel, Beta-Rübe, Möhre und vielen anderen Kulturen („Allgemeinschädling").

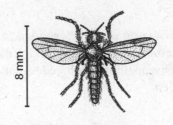

Abb. 10.41 Haarmücken (Bibionidae). Imago und Larve mit Darstellung der Hinterleibsstruktur

8 mm

Sciaridae (Trauermücken)

Die Larven der Trauermücken gehören zu den bedeutenden Zersetzern im Boden. Einige Arten werden in gärtnerischen Kulturen schädlich, wenn Pflanzen in Substraten mit hohen Anteilen organischer Substanz kultiviert werden. Vereinzelt kommt es zum Fraß an Gemüse, Speisepilzen, Zierpflanzenkulturen und Topfpflanzen. Auffällig werden die ca. 2–4 mm langen Tiere, wenn sie in Schwärmen bei der Bewässerung auffliegen. In großen Populationen können die 0,5 cm langen Larven Pflanzenwurzeln nachhaltig schädigen. Vor allem bei der Stecklingsvermehrung schaffen die in das Gewebe eindringenden Schädlinge Eintrittspforten für pathogene Bakterien und Bodenpilze.

Folgende Pflanzenschutzmaßnahmen sind empfehlenswert: keimarme, und nicht zu feucht gehaltene Substrate, Bodendämpfung. Zuflug verringern durch den Einsatz von Schutznetzen (Fenster, Türen, Lüftung), Befallskontrolle durch gelbe Leimtafeln, Einsatz entomophager Nematoden (*Steinernema feltiae*, *S. bibionis*), räuberischer Milben (*Hypoaspis miles* und *H. aculeifer*) sowie *Bacillus thuringiensis* ssp. *israelensis* (Kap. 19). Schädlich werden:

- *Bradysia pauperata* und *Bradysia coprophila* (Trauermücken) an Gemüse, Speisepilzen, Zierpflanzenkulturen und Topfpflanzen.

Tipulidae (Schnaken)

Die artenreiche Familie der Schnaken finden wir vor allem in Niederungsgebieten mit frischen bis feuchten, humusreichen Böden. Durch Larven verursachte Schäden treten vorwiegend im Dauergrünland oder in Rasenflächen, aber auch in Ackerbau- und Gemüsekulturen durch Wurzelverluste auf. Die auffallenden Larvenstadien (Abb. 10.42) tragen verschiedene Namen, z. B. Tipula, grauer Wiesenwurm u. a. Die Arten sind zahlreich und oft schwer voneinander zu unterscheiden. Häufig nachweisbar ist:

- *Tipula paludosa* (Wiesenschnake) auf Wiesen und Weiden, an Getreide, Kartoffel, Beta-Rübe, Raps und anderen („Allgemeinschädling").

Cecidomyiidae (Gallmücken)

Die meisten phytophagen Gallmücken verursachen Pflanzengallen (Cecidien) durch die Ausscheidung von Speichel, der Auxine oder Cytokinine enthält. Es handelt sich um Spross- und Blattgallen, aber auch um Frucht-

Abb. 10.42 Schnaken
(Tipulidae). Imago und
Larve mit Darstellung der
Hinterleibsstruktur

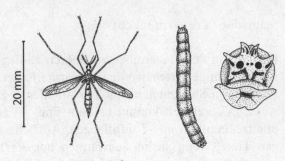

Abb. 10.43 Imago und
Larve der Gallmücken
(Cecidomyiidae)

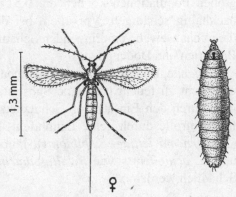

und Blütengallen, die den Larven einen geschützten Lebensraum bieten.
Einige Gallmücken-Arten leben nur räuberisch und werden in Gewächshauskulturen u. a. gegen Blattläuse eingesetzt. **Typisches Merkmal** der Gallmückenlarven ist die **Brustgräte** (Abb. 10.43).

Wichtige zur Familie der Gallmücken zählende Schädlinge:

- *Sitodiplosis mosellana* (Orangerote Weizengallmücke), *Contarinia triti-
  ci* (Gelbe Weizengallmücke) vor allem an Stoppelweizen (Anbau von
  Weizen nach Weizenvorfrucht) und Weizenmonokultur
- *Dasineura brassicae* (Kohlschotenmücke) an Raps, Rübsen, Kohlsamen-
  trägern
- *Contarinia nasturtii* (Kohldrehherzmücke) an Kohl u. a. angebauten
  Kreuzblütlern sowie an Unkräutern
- *Haplodiplosis marginata* (Sattelmücke) an Getreide, insbes. Sommer-
  und Winterweizen sowie Sommergerste
- *Contarinia medicaginis* (Luzerneblütengallmücke) an Luzerne
- *Contarinia pisi* (Erbsengallmücke) an Erbse (Ackerbohne).

Fliegen (Brachycera)

Charakteristische Merkmale der Fliegen sind der kompakte Körperbau, der einfache Aufbau der meist nur dreigliedrigen Antennen, der fast immer Borsten tragende Körper sowie die ausdauernde Flugaktivität. Leckend- oder stechend-saugende Mundwerkzeuge. Larven sind immer madenförmig und besitzen einen **typischen Mundhaken**. Die Verpuppung findet in einer Tönnchenpuppe statt.

Psilidae (Nacktfliegen)

Adulte Tiere tragen kaum Borsten am Rumpf (Namensherkunft) und eine charakteristische Falte im Flügel. Es handelt sich um relativ kleine Insekten mit zylindrisch geformten, phytophagen Larven, die teilweise imstande sind, erheblichen Pflanzenschäden zu verursachen:

- *Psila rosae* (Möhrenfliege) an Möhren, Sellerie, Petersilie und anderen Umbelliferen.

Chloropidae (Halmfliegen)

Kleine Fliegen mit schillernden Augen; Larven überwiegend phytophag, gelegentlich räuberisch, minieren häufig in Getreide und Futtergräsern. Bedeutende Vertreter aus dieser Gruppe sind:

- *Chlorops pumilionis* (Gelbe Weizenhalmfliege) an Weizen, Gerste, Roggen, Quecke
- *Oscinella frit* (Fritfliege) an Getreide, Mais, auf Wiesen und Weiden.

Anthomyiidae (Blumenfliegen)

Die Tiere unterscheiden sich wesentlich hinsichtlich ihrer Größe. Imagines sind meist schwarz, borstig und mit transparenten Flügeln. Larven sind überwiegend saprophag, einige phytophage haben erhebliche wirtschaftlich Bedeutung, wie z. B.:

- *Pegomya betae* (Rübenfliege) an Beta-Rübe, Spinat u. a. Chenopodiaceen, wie z. B. die Unkräuter *Atriplex*, *Chenopodium* (Melde- und Gänsefußarten)
- *Delia coarctata* (Brachfliege) an Wintergetreide

- **Delia platura** (Bohnenfliege, Wurzelfliege) an zahlreichen Gemüsepflanzen, wie z. B. Spargel, Zwiebel, Spinat sowie an Tabak, Mais, Getreide u. a., polyphage Art
- **Delia radicum** (Kleine Kohlfliege) (Entwicklung Abb. 10.44); **Delia
  floralis** (Große Kohlfliege) an Kohlgemüse, vor allem Blumenkohl,
  Brokkoli, Chinakohl, Rettich, Radieschen und Winterraps. Insbesondere
  die Kleine Kohlfliege hat sich in Europa zu einem wichtigen Schädling
  an Kreuzblütlern entwickelt
- **Delia antiqua** (Zwiebelfliege) an zahlreichen Zwiebelgewächsen wie
  Speisezwiebel, Porree, Schnittlauch und Knoblauch.

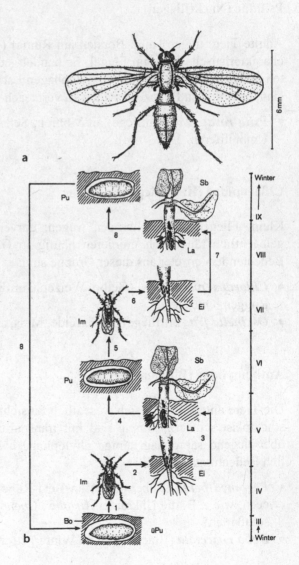

Abb. 10.44 a,b Entwicklung der Kleinen Kohlfliege (*Delia radicum*)
a Habitusbild Imago,
b Entwicklungskreislauf
1: Schlupf der Imagines Ende April aus den überwinterten Puppen
2: Eiablage am Wurzelhals der Wirtspflanzen (Kohlgemüse, Raps)
3: Larvenschlupf und erheblicher Schadfraß an und in der Wurzel
4: Verpuppung im Boden
5: zweite Generation
6: Eiablage
7: Larvenschlupf
8: Verpuppung zur Überwinterung

üPu = überwinternde Puppe;
Im = Imago;
Ei = Eiablage;
La = Larve;
Sb = Schadbild

Trypetidae (Bohrfliegen)

Die Larven leben phytosaprophag oder rein phytophag. Weibchen bevorzugen reifende Früchte und verfügen über einen Legebohrer (Namensherkunft); sie stechen das Pflanzengewebe zur Eiablage an. Die Larven schlüpfen somit direkt im Nahrungssubstrat und ihr Minierfraß führt zur Fruchtzerstörung. Geringster Befall hat bereits massiven Qualitätsverlust zur Folge, weil Sekundärparasiten (Bakterien, Pilze) Früchte besiedeln und befallenes, bereits geerntetes Obst durch den direkten Kontakt erheblich in Mitleidenschaft gezogen wird:

- *Rhagoletis cerasi* (Kirschfruchtfliege) an Kirsche. Wichtigster tierischer Schädling im Kirschenanbau
- *Ceratitis capitata* (Mittelmeerfruchtfliege). Dieser polyphage Pflanzenschädling stammt ursprünglich aus Afrika und wurde durch den internationalen Warenhandel weltweit verschleppt; in allen subtropischen Ländern gehört diese Fruchtfliege zu den wichtigsten Pflanzenschädlingen an fast 200 Wirtspflanzenarten
- *Plioreocepta poeciloptera* (Große Spargelfliege) an Spargel.

Agromyzidae (Minierfliegen)

Die Weibchen verfügen über einen Legebohrer, mit dessen Hilfe sie die Eier direkt in das Pflanzengewebe ablegen. Die Larven beginnen unmittelbar nach dem Schlüpfen mit ihrem Minierfraß. Viele Arten durchlaufen bei sommerlicher Witterung eine schnelle Larvenentwicklung.

An Laub- und Ziergehölzen sind zahlreiche Minierfliegen-Arten beheimatet, durch die es nur gelegentlich bei Massenvermehrung zu größeren Schäden kommt. In den letzten Jahren haben sich vor allem eingeschleppte Arten als hartnäckige Schädlinge in Gewächshäusern etabliert. Die Imagines schädigen die Blätter mit zahlreichen Einstichstellen, an denen sie austretende Gewebsflüssigkeit aufnehmen. Die Larven minieren im Blattgewebe und zerstören das Parenchym. Eine Bekämpfung ist möglich mit systemischen Insektiziden, Neem-Öl, durch Freilassung von Nützlingen (Schlupfwespen, räuberische Fliegen-Arten) und den Einsatz gelber Fangschalen. Befallskontrolle mit Gelbtafeln. Schädlich werden insbesondere:

- *Liriomyza bryoniae, L. huidobrensis* (Tomatenminierfliege/Kartoffelminierfliege) an Gemüsepflanzenarten, vor allem Tomate, Gurke, Melone, Zucchini, Salat, Paprika, Aubergine, Kohlgemüse sowie an Chrysantheme, Fuchsie, Gerbera und Primeln
- *Phytomyza ilicis* (Ilex-Minierfliege) an Ilex-Ziergehölzen.

Wichtige, zu den Diptera (Zweiflügler) gehörende Schädlinge an Acker-, Gemüse- und Obstkulturen

Ackerbau

Gartenhaarmücke (*Bibio hortulanus*) an Getreide, Kartoffel, Beta-Rübe, Möhre und vielen anderen Kulturen („Allgemeinschädling").
Hauptsymptome: Fraßschäden vor allem an den unterirdischen Pflanzenteilen (Wurzeln, Knollen usw.). Als Folgesymptome treten Welke-, Vergilbungs- und Absterbeerscheinungen auf. Lückiger Stand der Kulturen.
Biologie: Überwinterung als Larve im Boden. Verpuppung im Frühjahr. Mücken erscheinen im Mai und legen ihre Eier ab Juni in den Boden. Die Larven verursachen vor allem im Herbst und Frühjahr Schäden an den Kulturpflanzen. In feuchten Nächten verlassen sie den Boden, um auch an den bodennahen Pflanzenteilen zu fressen. Eine Generation.
Bekämpfung: Wenn ein Befall rechtzeitig erkannt wird, ist im Frühjahr Kalkstickstoffanwendung wirksam.
Bemerkungen: Nur bei Massenauftreten kommt es vor allem an Dauergrünland zu Schäden.

Wiesenschnake (*Tipula paludosa*) auf Wiesen und Weiden, an Getreide, Kartoffel, Beta-Rübe, Raps und anderen („Allgemeinschädling").
Hauptsymptome: Fraßschäden an Wurzeln und bodennahen Sprossteilen durch die Larven. Folgesymptome sind Vergilben und Welken. Lückiger Stand der Kulturen. Bei starkem Auftreten kommt es zu erheblichem Wurzelverlust und großflächigem Absterben der Grasnarbe.
Biologie: Überwinterung als Larve im Boden. Nach intensivem Fraß im Frühjahr Verpuppung in den Sommermonaten. Im August/September erscheinen die Imagines und legen ihre Eier in den Boden ab. Eine Generation.
Bekämpfung: Dränieren zu feuchter Flächen (Wiesen und Weiden). Bei starkem Befall Bekämpfung der Junglarven bereits im Herbst mit Insektiziden im Spritzverfahren sowie mit Kleie vermischt im Köderverfahren (Getreidekulturen). In Gemüsekulturen biologische Bekämpfung mit dem Nematoden *Steinernema feltiae*.
Bemerkungen: Der Hauptschaden entsteht auf Wiesen und Weiden mit gutem Grundwasseranschluss. Kritische Befallszahlen: Grünland 300 Larven/m^2, Ackerland 50 Larven/m^2, Beta-Rübe 20 Larven/m^2.

Orangerote Weizengallmücke (*Sitodiplosis mosellana*),
Gelbe Weizengallmücke (*Contarinia tritici*) vor allem an Stoppelweizen (Anbau von Weizen nach Weizenvorfrucht) und Weizenmonokultur.
Hauptsymptome: Schlanke Ähren, teilweise taub oder mit missgebildeten Körnern besetzt.
Biologie: Überwinterung als Larve in einem Kokon im Boden. Verpuppung im Frühjahr. Auftreten der Mücken und Eiablage in die Ähre vor der Blüte (*S. mosellana*) bzw. beim Ährenschieben (*C. tritici*). Nach 5–10 Tagen erscheinen die Larven, die die reifenden Körner besaugen und nach 3–4 Wochen in den Boden abwandern. Eine Generation.
Bekämpfung: Einsatz von Insektiziden während des Befallbeginns, der Eiablage oder beim Larvenschlupf.

Bemerkungen: Eine Bekämpfung ist erforderlich, wenn an 10 Ähren 10 Mücken von *C. tritici* bzw. 5 Mücken von *S. mosellana* festgestellt werden. Nachdem die durch die Gelbe und Orangerote Gallmücke verursachten Schäden über Jahrzehnte ohne Bedeutung waren, traten sie nach 2002/2003 in Nordwestdeutschland erstmals verstärkt wieder auf.

Sattelmücke (*Haplodiplosis marginata*) an Getreide insbes. Sommer- und Winterweizen sowie Sommergerste.

Hauptsymptome: Durch Besaugen des Getreidehalms kommt es zur Gewebevergallung und Ausbildung sattelförmiger Deformationen. Der Wasser- und Mineralstofftransport in die oberen Blattetagen und die Ähre wird beeinträchtigt, so dass sich bei frühem, starkem Befall Notreife und Kümmerkornbildung entwickeln.

Biologie: Die flugträgen Imagines verlassen im Mai/Juni die Puppen und es kommt zur streifenförmigen Eiablage in Gruppen von je 20–25 Eiern auf den Blattunterseiten (bis zu 200 Eier pro Weibchen). Die orangeroten Larven schlüpfen nach 1–2 Wochen und wandern unter die Blattscheiden. Im Juli suchen sie zur Verpuppung den Boden auf; eine lange Diapause ist möglich. Eine Generation.

Bekämpfung: Überwachung des Zuflugs (Gelbschalen), Einsatz von Insektiziden bei der Eiablage.

Bemerkungen: Sporadisches Auftreten großer Populationen auf Standorten mit schweren Böden führt zu Ertragseinbußen bis zu 50%.

Gelbe Weizenhalmfliege (*Chlorops pumilionis*) an Weizen, Gerste, Roggen, Quecke.

Hauptsymptome: Im Herbst Vergilben des Herztriebes und Wachstumshemmungen. Ähre bleibt in der Blattscheide stecken. Brauner Fraßgang von der Ähre abwärts bis zum oberen Halmknoten.

Biologie: Überwinterung als Larve an der Basis von Winter- oder Ausfallgetreide und an Quecke. Dort Verpuppung im Frühjahr. Imagines legen im Mai ihre Eier an die obersten Blätter ab. Die nach wenigen Tagen schlüpfenden Larven gelangen an den Halm und verursachen den erwähnten Fraßgang. Verpuppung oberhalb des Halmknotens. Imagines der zweiten Generation setzen ihre Eier an frühgesätem Wintergetreide, Ausfallgetreide und Quecke ab. Die Larven schädigen die jungen Pflanzen (Vergilben, Wachstumshemmung). Zwei Generationen.

Bekämpfung: Bekämpfung der Quecke. Ausfallgetreide tief unterpflügen. Anwendung von Insektiziden nur selten erforderlich.

Brachfliege (*Delia coarctata*) an Wintergetreide.

Hauptsymptome: Im Frühjahr Vergilben des Herzblattes, das sich leicht herausziehen lässt. An der Triebbasis spiraliger Fraßgang.

Biologie: Überwinterung im Eistadium. Larven erscheinen ab Februar und wandern an die Basis der Wintergetreidepflanzen, wo sie die Herzblätter schädigen. Verpuppung ab Mai in den obersten Bodenschichten. Imagines legen ihre Eier von Juli bis Anfang September in den Boden ab. Eine Generation.

Bekämpfung: Anbau von Sorten mit schneller Jugendentwicklung. Ist ein Umbruch erforderlich, sollte tief gepflügt werden. Saatgutbehandlung.

Bemerkungen: Verwechslung mit Fritfliege möglich.

Fritfliege (*Oscinella frit*) an Getreide, Mais, auf Wiesen und Weiden.

Hauptsymptome: Vergilben des Herzblattes (das sich leicht herausziehen lässt), im Frühjahr verursacht durch Larven der ersten und im Herbst durch Larven der zweiten

Generation. Verstärkte Bestockung. Weißährigkeit bzw. Taubährigkeit, insbesondere an Hafer und Gerste (durch Larven der zweiten Generation). An Mais Schädigung der jungen noch zusammengerollten Blätter. Verdrehte Blattspreiten. Verstärkte Bestockung.

Biologie: Überwinterung als Larve in befallenen Pflanzen. Verpuppung im Frühjahr. Eiablage der ersten Generation gegen Ende April bevorzugt an Getreidepflanzen im Drei- bis Vierblattstadium, der zweiten Generation ab Anfang Juli in die Rispen bzw. Ähren und der dritten Generation gegen Ende August an Ausfallgetreide, Gräser und frühbestelltes Wintergetreide. Die nach wenigen Tagen schlüpfenden Larven wandern an die Basis der Herzblätter (erste und zweite Generation) oder in die Rispe bzw. Ähre ein (dritte Generation). An Mais Eiablage der ersten Generation im Zwei- bis Dreiblattstadium. Verpuppung findet jeweils in der Nähe der Fraßstellen statt. In der Regel drei Generationen.

Bekämpfung: Sommergetreide so früh wie möglich, Wintergetreide nicht vor dem 20. September drillen. Ausfallgetreide tief unterpflügen. Saatgut- und Flächenbehandlung mit Insektiziden.

Rübenfliege (*Pegomya betae*) an Beta-Rübe, Spinat und anderen Chenopodiaceen, wie z. B. die Unkräuter *Atripex*, *Chenopodium* (Melde- und Gänsefußarten).

Hauptsymptome: Auf den Blättern durch Larven verursachte blasig aufgetriebene Miniergänge.

Biologie: Überwinterung als Puppe. Fliegen erscheinen Ende April/Mai; sie legen ihre Eier etwa zur Zeit der Rosskastanienblüte auf die Unterseite der Keim- und Folgeblätter ab. Die nach wenigen Tagen schlüpfenden Larven bohren sich sofort in das Blatt ein und minieren zwischen den Epidermen. Verpuppung im Boden. Larven der später auftretenden zweiten und dritten Generation richten keinen wesentlichen Schaden mehr an, weil die inzwischen größer gewordenen Pflanzen imstande sind, die Blattverluste zu kompensieren.

Bekämpfung: Saatgutbehandlung; bei der Saat (Reihenbehandlung mit Erdabdeckung) und nach dem Auflaufen Einsatz von Insektiziden. Eine Nachauflaufbehandlung ist erforderlich, wenn im Zweiblattstadium mindestens zwei, im Vierblattstadium mindestens 6, im Sechsblattstadium mindestens 10 und im Achtblattstadium mindestens 18 Eier bzw. Larven festgestellt werden.

Kohlschotenmücke (*Dasineura brassicae*) an Raps, Rübsen und Kohlsamenträgern.

Hauptsymptome: Schoten aufgetrieben (Gallbildung), vergilbt und z. T. gekrümmt oder aufgeplatzt. Samen geschrumpft und häufig bereits vor der Ernte ausgefallen.

Biologie: Überwinterung als Larve in einem Kokon. Nach der Verpuppung schlüpfen während der Rapsblüte die Mücken und legen im Durchschnitt etwa 20 Eier in die heranwachsenden Schoten ab. Fördernd für die Eiablage sind vor allem bei älteren Schoten Fraß- und Einbohrlöcher des Kohlschotenrüsslers (*Ceutorhynchus assimilis*). Larven schädigen Samen und Schotenwände durch ihre Saugtätigkeit. Während des Sommers zweite und dritte Generation, die hauptsächlich an Kreuzblütlern (Zwischenfrüchten) schädlich wird.

Bekämpfung: Chemische Bekämpfung der Mücke vor der Eiablage während der Rapsblüte mit bienenungefährlichen Insektiziden. Randbehandlung ist häufig ausreichend. Eine Bekämpfung ist erforderlich, wenn ab Blühbeginn bis zur Vollblüte des Rapses eine Mücke pro vier Pflanzen festgestellt wird.

Luzerneblütengallmücke (*Contarinia medicaginis*) an Luzerne.
Hauptsymptome: Kelch- und Kronblätter verwachsen; zwiebelförmige Anschwellung (Vergallung) der Blütenknospen. Keine Samenbildung.
Biologie: Überwinterung als Larve in einem Kokon im Boden. Ablage der Eier in die Blütenknospen. Schlüpfende Larven verursachen durch ihre Saugtätigkeit eine Vergallung der Knospen. Drei Generationen.
Bekämpfung: Tiefe Pflugfurche. Zur chemischen Bekämpfung sind keine Insektizide zugelassen.
Bemerkungen: Wichtiger Schädling im Luzernesamenanbau.

Gemüsebau

Erbsengallmücke (*Contarinia pisi*) an Erbse (Ackerbohne).
Hauptsymptome: Erbsentriebe gestaucht mit rosettenartigem Wuchs. Blüten vergallt. Hülsen blasig aufgetrieben. Saugschäden an den Samen.
Biologie: Überwinterung als Larve in einem Kokon im Boden. Nach der Verpuppung im Mai erscheint die Mücke Anfang Juni und legt ihre Eier an die Blütenknospen und Sprossspitzen. Die nach wenigen Tagen schlüpfenden Larven schädigen Knospen und junge Triebe. Nach etwa 14 Tagen gelangen sie in den Boden. Die im Juli auftretende zweite Generation legt ihre Eier an die Hülsen ab. Larven dringen in die Hülsen ein und saugen an Hülsenwänden und Samen. Zwei Generationen.
Bekämpfung: Frühe Aussaat schnell abblühender Sorten. Bekämpfung der Mücke vor der Eiablage mit Insektiziden möglich, was aber in der Regel keine wirtschaftlichen Vorteile bringt.

Kohldrehherzmücke (*Contarinia nasturtii*) an Kohl und anderen angebauten Kreuzblütlern und Unkräutern.
Hauptsymptome: Verkümmerung und Verdrehung der Herzblätter („Drehherz"). Absterben des Sprosses. Durch den Austrieb von Seitenknospen kommt es zur Mehrköpfigkeit.
Biologie: Überwinterung als Larve in einem Kokon im Boden. Verpuppung im Frühjahr. Mücken erscheinen im Mai und legen ihre Eier an die Stängelbasis oder die Herzblätter ab. Larven saugen an Blattstielen und Vegetationspunkt. Nach etwa 14 Tagen wandern sie in den Boden ab. Während des Sommers zwei weitere Generationen. Drei bis vier Generationen pro Jahr.
Bekämpfung: Insektizide wirken nur, wenn der exakte Eiablagetermin getroffen wird. Prognose schwierig, da z. B. Gelbschalen nicht hinreichend angeflogen werden und Larven im Boden eine lange Diapause durchlaufen können.
Bemerkungen: Insbesondere in hochwertigen Gemüsekohlbeständen wie Brokkoli, Wirsing und Blumenkohl haben die Schäden zugenommen.

Kleine Kohlfliege (*Delia radicum*),
Große Kohlfliege (*Delia floralis*) an Kohlgemüse, vor allem Blumenkohl, Brokkoli, Chinakohl, Rettich, Radieschen und Winterraps.
Hauptsymptome: Fraßschäden an den Wurzeln. Als Folgesymptome Vergilbungs- und Welkeerscheinungen an den Pflanzen oder Totalausfall. Im Kohlgemüse befinden sich Larven häufig auch in den Blattrippen (Chinakohl).

Biologie: Überwinterung als Puppe im Boden. Im April erscheinen die Fliegen und legen ihre Eier an den Wurzelhals der jungen Kohlpflanzen ab. Die nach wenigen Tagen schlüpfenden Larven schädigen zunächst die Faserwurzeln und bohren sich später in die Hauptwurzeln ein. Verpuppung im Boden. Im Laufe des Sommers eine weitere Generation (Einzelheiten s. Abb. 10.44). Der benachbarte Anbau von Winterraps und Kohlgemüse fördert den Populationsaufbau im Folgejahr.

Bekämpfung: Die schlüpfenden Larven sind vor dem Einwandern in die Hauptwurzel (Kontrolle der Eiablage!) abzutöten. Es bestehen folgende Bekämpfungsmöglichkeiten: Behandlung der Anzuchterde, Überstreuen der Wurzelballen, Einzel-, Reihen- oder Flächenbehandlung mit Insektiziden. Die Präparate werden in Granulatform sowie im Spritz- oder Gießverfahren ausgebracht. Saatgutinkrustierung bei Winterraps. In hochwertigen Kohlgemüsekulturen lohnt sich die Abdeckung mit Kulturschutznetzen auf kleineren Flächen,

Bohnenfliege, Wurzelfliege (*Delia platura*) an zahlreichen Gemüsearten, wie z. B. Bohne (*Phaseolus*), Spargel, Zwiebel, Spinat sowie an Tabak, Mais, Getreide und anderen; polyphage Art.

Hauptsymptome: Die Larven befallen nach der Aussaat im Boden liegende Samen sowie Keimlinge. Bei Bohnen Minierfraß an Keimblättern, die verkrüppeln und teilweise durchlöchert sind. Braune Fraßgänge an Spargel.

Biologie: Überwinterung als Puppe im Boden. Schlüpfen der Imagines ab Ende März bis Anfang Mai. Eiablage in der Nähe der Samen oder Triebe (Spargel). Larven dringen in den Wurzelhals, Stängel und Keimblätter ein. Zwei Generationen.

Bekämpfung: Geeignete Fruchtfolge (z. B. Anbau von Bohnen nach Spinat oder Kohl vermeiden). Auf kleineren Flächen Kulturschutznetze verwenden. Wachstumsfördernde Maßnahmen. Folienabdeckung der Spargeldämme. Saatgutinkrustierung bzw. Flächen- oder Bandbehandlung mit geeigneten Insektiziden.

Bemerkungen: Bei schlechten Wachstumsbedingungen gilt als Bekämpfungsschwelle ein Ei oder eine Eilarve pro Pflanze.

Spargelfliege (*Plioreocepta poeciloptera*) an Spargel.

Hauptsymptome: Verkrümmung der Triebe. Fraßgänge im Sprossinnern. Befallene Triebe kümmern, verdrehen sich und sterben teilweise ab.

Biologie: Überwinterung als Puppe im Innern der Spargeltriebe. Fliegen erscheinen im April und legen ihre Eier in die aus dem Boden kommenden Triebspitzen. Larven wandern im Trieb abwärts und verpuppen sich in Bodennähe. Eine Generation.

Bekämpfung: Befallene Triebe tief ausstechen und verbrennen. Keine Zulassung für den Einsatz chemischer Mittel.

Möhrenfliege (*Psila rosae*) an Möhre, Sellerie, Petersilie und anderen Umbelliferen.

Hauptsymptome: Rostbraun verfärbte Fraßgänge, besonders im äußeren Teil des Rübenkörpers.

Biologie: Überwinterung überwiegend als Puppe oder Larve im Boden. Fliegen erscheinen ab Mitte Mai und legen ihre Eier in den Boden in Wurzelnähe ab. Larven dringen in den Rübenkörper ein und verpuppen sich ab der zweiten Julihälfte im Boden. Im Spätsommer zweite Generation. Die Möhrenfliege bevorzugt feuchte und windgeschützte Lagen.

Bekämpfung: Windoffene Anbaulagen bevorzugen. Sortenanfälligkeit beachten. Frühe Saat. Einsatz von Insektiziden bis unmittelbar nach dem Auflaufen (Bandbehandlung) und vor der Saat (Streuen mit Einarbeitung). Einsatz insektizider Granulate bei der Anzucht von Jungpflanzen.

Bemerkungen: Der Einsatz von Kulturschutznetzen ist sehr effektiv. Aufgrund der hohen Materialkosten und des Arbeitsaufwandes kommt dieses Verfahren überwiegend im ökologischen Anbau zur Anwendung.

Zwiebelfliege (*Delia antiqua*) an zahlreichen Zwiebelgewächsen, wie Speisezwiebel, Porree, Schnittlauch und Knoblauch.

Hauptsymptome: Herzblätter vergilben und lassen sich leicht herausziehen. Zwiebel sämlinge welken und sterben ab. Befallene Zwiebeln verfaulen.

Biologie: Überwinterung als Puppe im Boden. Fliegen erscheinen in der ersten Junihälfte und legen ihre Eier in den Boden nahe der Pflanzen an die äußeren Blattscheiden oder die Zwiebeln ab. Larven dringen in die Zwiebeln ein und verursachen Fäulnis. Im Spätsommer zweite Generation.

Bekämpfung: Anwendung von Insektiziden bis unmittelbar nach dem Auflaufen (Bandbehandlung) und bei der Saat (Streuen mit Einarbeitung). Die Bekämpfung der Zwiebelfliege ist wegen ihrer langen Flugzeit schwierig.

Obstbau

Kirschfruchtfliege (*Rhagoletis cerasi*) an Kirsche.

Hauptsymptome: Bräunlich eingesunkene Stellen in der Nähe des Stielansatzes. Zerstörung des Fruchtfleischs in der Umgebung des Steins.

Biologie: Überwinterung als Puppe im Boden. Fliege erscheint ab Mitte Mai und legt ihre Eier einzeln in die halbreifen, sich eben färbenden Früchte. Nach wenigen Tagen schlüpfen die Larven („Maden"), die sich vom Fruchtfleisch ernähren. Nach mehrwöchiger Fraßzeit verlässt die Larve die Frucht und fällt auf den Boden. Geschädigt werden vor allem Mittel- und Spätsorten.

Bekämpfung: Anwendung von Insektiziden einige Tage nach Flugbeginn, d. h. in der Regel mit beginnender Gelbrotfärbung der Früchte.

Bemerkungen: Einer der wichtigsten Schädlinge im Kirschenanbau, vor allem in den wärmeren Gebieten Süddeutschlands. Befall wird bei Frischvermarktung nicht toleriert.

Literatur

Alford DV (1999) A textbook of agricultural entomology. Blackwell, London

Biedermann R, Niedringhaus R (2004) Die Zikaden Deutschlands. Bestimmungstafeln für alle Arten. WABV, Scheeßel

Dettner K, Peters W (2003) Lehrbuch der Entomologie. Spektrum, Heidelberg

Eidmann H, Kühlhorn F (1970) Lehrbuch der Entomologie. Parey, Hamburg

Emden H van, Harrington R (2005) Aphids as a crop pest. CABI Publishing, London

Fauna Europaea (2005) Fauna europaea web service, version 1.2. Im Internet unter: http://www.faunaeur.org.

Frankenhuyzen A van, Stigter H (2002) Schädliche und nützliche Insekten und Milben an Kern- und Steinobst. Ulmer, Stuttgart

Fritsche R, Keilbach R (1994) Die Pflanzen-, Vorrats- und Materialschädlinge Mitteleuropas. Fischer, Jena

Hallmann J, Quadt-Hallmann A, Tiedemann A von (2007) Phytomedizin. UTB Ulmer,
Stuttgart

Hoffmann GM, Nienhaus F, Schönbeck F, Weltzien HC, Wilbert H (1994) Lehrbuch
der Phytomedizin. Blackwell, Berlin

Hoffmann GH, Schmutterer H (1999) Parasitäre Krankheiten und Schädlinge an landwirtschaftlichen Kulturpflanzen. Ulmer, Stuttgart

Jakobs W. Renner M (1988) Biologie und Ökologie der Insekten. Ein Taschenlexikon.
Fischer, Stuttgart

Kendall D (2007) Insect taxonomy. Kendall Bioresearch Service. Im Internet unter:
http://www.kendall-bioresearch.co.uk/life.htm

Ohnesorge B (1991) Tiere als Pflanzenschädlinge. Thieme, Stuttgart

Resh VH, Cardé RT (2003) Encyclopedia of insects. Academic Press, London

Schliesske J (1995) Gallmilben an Obstgehölzen: Morphologie und Symptomatologie.
Schriftenreihe der Dt Phytomed Ges

Strümpel H (2003) Kapitel 23: Ordnung Sternorrhyncha. In: Lehrbuch der speziellen
Zoologie, 2. Aufl., Bd I: Wirbellose Tiere 5. Teil: Insecta. Spektrum, Heidelberg
Berlin

Weber H, Weidner H (1974). Grundriß der Insektenkunde. Fischer, Stuttgart

Zhang Z-M (2003) Mites of greenhouses: Identification, biology and control. CABI
Publishing, London

11 Wirbeltiere

Trotz ihrer enormen Formenvielfalt haben Wirbeltiere (Unterstamm **Vertebrata**) einige gemeinsame Merkmale. Sie besitzen ein festes inneres Skelett mit Wirbelsäule, ein zentrales Nervensystem und einen geschlossenen Blutkreislauf. Pflanzenschädlinge finden wir vor allem bei Vögeln (Klasse Aves) und Säugetieren (Klasse Mammalia).

11.1 Aves (Vögel)

Potentielle Pflanzenschädlinge sind Krähen, Sperlinge, Tauben, Star und Fasan. Kennzeichnend für Vögel sind das Federkleid und das zu Flügeln umgebildete erste Extremitätenpaar. **Tauben und Sperlingsvögel** verfügen über hervorragende Flugeigenschaften und sind zu einem permanenten Ortswechsel befähigt. **Hühnervögel**, wie z. B. der Fasan, sind dagegen gute Läufer, haben derbe Krallen und scharren ihre Nahrung (Scharrvögel). Ihre Flügel sind im Verhältnis zur Gesamtgröße klein, ihr Flug ist schwerfällig und flatternd.

Alle Vögel sind getrenntgeschlechtlich. Sie führen pro Jahr zwischen ein und drei Bruten durch. Die Zahl der Eier pro Gelege schwankt zwischen drei (Saatkrähe) und maximal 8 (Star).

In der Landwirtschaft, im Obst- und Gartenbau spielen Krähen und Sperlinge (Kulturfolger) und Stare (Zugvögel) als Schadenverursacher trotz ihres insgesamt gesehen geringen Vermehrungspotentials eine nicht zu unterschätzende Rolle. Die gelegentlichen an Kulturpflanzen verursachten Schäden sind auf ihre Neigung zurückzuführen, sich zu **großen Schwärmen** zusammenzufinden und in die Kulturen einzufallen.

Nur wenige Vertreter sind Nahrungsspezialisten, die meisten gelten als Allesfresser. Pflanzliche Kost (Samen, Blätter, Wurzeln) wechselt mit tierischer Nahrung (Insekten, Weichtiere). Es ist daher in manchen Fällen schwer zu entscheiden, wann der durch eine Vogelart verursachte Schaden ihren Nutzen überwiegt.

Das massenhafte Auftreten von Staren, Rabenvögeln oder Tauben kann auf Saatbeeten oder Jungpflanzenbeständen, erntereifen Rapsschoten oder in Obst- und Weinplantagen zu erheblichen Qualitäts- und Ertragseinbußen führen.

Aufgrund des Bundesnaturschutzgesetzes ist eine **direkte Bekämpfung** von Vogelarten **unzulässig**. Methoden zur Vergrämung und Abschreckung von Schadvögeln auf landwirtschaftlich oder gartenbaulich genutzten Flächen stehen dagegen im Einklang mit den gesetzlichen Vorschriften.

Zur Vogelabwehr kommen nachstehend aufgeführte Verfahren infrage:

- **Akustische Geräte**. Akustische Signal- und Alarmgeräte sind wegen der Lärmbelästigung nach Immissionsschutzrecht in fast allen Fällen genehmigungspflichtig. Die größte Verbreitung haben zur Zeit folgende Techniken:

  - **Pyroakustik**. Die Erfahrung hat allerdings gezeigt, dass gasbetriebene Schuss- und Knallapparate bei Vögeln zur Gewöhnung führen und relativ schnell an Wirkung verlieren
  - **Phonoakustik**. Gute Erfahrungen wurden mit Geräten gemacht, die elektronisch erzeugte Warnrufe von Artgenossen oder Greifvögeln über Speziallautsprecher wiedergeben oder imitieren, die die instinktive Fluchtreaktion der Schadvögel bewirken. Um einen Gewöhnungseffekt zu vermeiden, werden moderne Geräte mit Sensoren ausgestattet, die von den Vögeln ausgelöst werden

- **Schutznetze**. Beim Einsatz von Netzen ist darauf zu achten, dass sie hinreichend engmaschig geknüpft sind, damit Vögel sich nicht darin verfangen können
- **Optische Verfahren**. Mit klassischen Vogelscheuchen, Greifvogelattrappen, farbigen oder metallischen Flatterbändern, gasgefüllten Ballons und vielen fantasiereichen Konstruktionen wird immer wieder versucht, dauerhafte Abschreckeffekte gegen Vögel zu erreichen. Die Erfolge dieser Vogelscheuchen sind aber selten überzeugend.

Vögel (Aves) gehören zum Stamm der **Chordatiere (Chordata)** und bilden eine Klasse im Unterstamm der **Wirbeltiere (Vertebrata)**. Die weitere Einteilung in Ordnungen und Familien ist der Tabelle 11.1 zu entnehmen.

Tabelle 11.1 Systematische Stellung wichtiger Schadvogelarten

Ordnung	Familie	Art
Galliformes (Hühnervögel)	Phasianidae (Hühner)	*Phasianus colchicus* (Jagdfasan)
Passeriformes (Sperlingsvögel)	Corvidae (Rabenvögel)	*Corvus frugilegus* (Saatkrähe) *Corvus corone* (Rabenkrähe) *Corvus cornix* (Nebelkrähe)
	Sturnidae (Stare)	*Sturnus vulgaris* (Star)
	Passeridae (Sperlinge)	*Passer domesticus* (Haussperling) *Passer montanus* (Feldsperling)
Columbiformes (Taubenartige)	Columbidae (Taubenvögel)	*Columba palumbus* (Ringeltaube)

Folgende Arten verursachen Schäden an Kulturen:

- *Phasianus colchicus* (Jagdfasan) an Mais
- *Corvus frugilegus* (Saatkrähe), *C. corone* (Rabenkrähe), *C. cornix* (Nebelkrähe) an Getreide (insbes. Wintergetreide), Mais
- *Sturnus vulgaris* (Star) an Weinrebe, Steinobst, Beerenobst
- *Passer domesticus* (Haussperling), *P. montanus* (Feldsperling) an Getreide, Raps, Erbse sowie an Obstkulturen
- *Columba palumbus* (Ringeltaube) an erntereifen Ackerkulturen, Gemüsejungpflanzen und Maissaaten; stark wachsende Populationen verursachen Fraßschäden. Blattfraß und Verkotung führen an Kohlgemüse zu erheblichen Beeinträchtigungen hinsichtlich Qualität und Ertrag; typisch sind die morgendlichen und abendlichen Zuflüge großer Schwärme in die Anbauflächen.

11.2 Mammalia (Säugetiere)

Was das Verursachen von Pflanzenschäden betrifft, haben aus der Klasse der Säugetiere die **Nagetiere** mit Abstand die **größte Bedeutung**. Sie sind die artenreichste Ordnung mit etwa 2 000 Arten. Nagetiere ernähren sich überwiegend von pflanzlicher Nahrung. Einige Arten schädigen die Kulturen durch ihre **Fraß- und Sammlertätigkeit** (z. B. Feldmaus), andere treten vorwiegend als **Vorratsschädlinge** auf (Ratten, Hausmaus). Ihre Schneidezähne sind zu wurzellosen Nagezähnen umgebildet, die ständig nachwachsen. Durch den Wegfall der Eckzähne ist neben den meißelartigen Nagezähnen eine große Lücke entstanden. Die Oberlippe ist zum Durchtritt der Nagezähne gespalten. Die herbivoren Arten haben einen großen Blinddarmsack, in dem der bakterielle Aufschluss von Cellulose erfolgt. Das Vermehrungspotential ist enorm, da sie mehrmals im Jahr Junge zur Welt bringen und schnell geschlechtsreif werden. Deshalb treten unter günstigen Witterungs- und Ernährungsbedingungen in periodischen Abständen Massenvermehrungen auf. Eine Besonderheit stellt der Bisam dar, der durch sein ausgedehntes Röhrensystem imstande ist, schwerwiegende Schäden an Deichen zu verursachen.

Zur **Bekämpfung der Nagetiere** stehen folgende Verfahren zur Verfügung (s. Kap. 27):

- Fangen von Ratten, Mäusen und der Schermaus mit Drahtzangenfallen
- Im Gangsystem Einsatz von Fraßködern mit Antikoagulantien
- Phosphide als Akutgifte
- Calciumcarbid-Präparate zur Vergrämung
- Einleitung toxischer Gase in die Gänge
- Mechanischer Schutz der Veredlungsunterlagen durch Drahtkörbe.

Zur Vergrämung von gelegentlich schadenverursachenden Feldhasen und Kaninchen werden Präparate eingesetzt, die Geruchstoffe mit Repellentwirkung enthalten, in der Regel aber keine zufriedenstellende Wirkung haben.

Nagetiere (Rodentia) gehören zum Unterstamm Vertebrata (Wirbeltiere) und dort zur Klasse der Säugetiere (Mammalia). Die weitere systematische Zuordnung ist der Tabelle 11.2 zu entnehmen.

Schädlich werden folgende Arten:

- *Arvicola terrestris* (Große Wühlmaus, Schermaus, Wasserratte) an Acker-, Obst- und Gemüsekulturen, Wiesen und Weiden
- *Microtus arvalis* (Feldmaus) an Acker-, Obst- und Gemüsekulturen, Wiesen und Weiden.

Tabelle 11.2 Systematische Stellung wichtiger Nagetierarten

Ordnung	Familie	Art
Rodentia (Nagetiere)	Muridae (Mäuseverwandte)	*Arvicola terrestris* (Schermaus/Wühlmaus)
		Microtus arvalis (Feldmaus)
		Rattus norvegicus (Wanderratte)
		Rattus rattus (Hausratte)
		Mus musculus (Hausmaus)
		Clethrionomys glareolus (Rötelmaus)
		Cricetus cricetus (Hamster)
		Ondatra zibethicus (Bisam)
Lagomorpha (Hasenartige)	Leporidae (Hasen)	*Oryctolagus cuniculus* (Wildkaninchen)

- *Rattus rattus* (Hausratte) an pflanzlichen Vorräten
- *R. norwegicus* (Wanderratte) an Vorräten. Neben Pflanzenkost wird auch Fleisch, Fisch und Käse angenommen
- *Mus musculus* (Hausmaus) an Vorräten und Nahrungsmitteln im Haus und Speicher
- *Oryctolagus cuniculus* (Wildkaninchen) an Jungpflanzen im Acker- und Feldgemüsebau. Verursachen bei Auftreten großer Populationen z. T. erhebliche Fraßschäden
- *Clethrionomys glareolus* (Rötelmaus); Forstschädling; entrindet vor allem im Winter Laubbäume bis zur Höhe von einem Meter
- *Cricetus cricetus* (Hamster); schädlich an Mais, Getreide u. a. Kulturen; kann bis zu 25 kg Körner als Wintervorrat in seine unterirdisch angelegten Höhlen eintragen
- *Ondatra zibethicus* (Bisam); wird vor allem schädlich durch die Anlage von Gängen in Deichen (Destabilisierung).

Feld- und Schermaus gehören zu den Wühlmäusen und somit zu den bodenbewohnenden Nagetieren. Die Schermaus wird dabei wegen ihres Erdauswurfes häufig mit dem Maulwurf (*Talpa europaea*) verwechselt. Beide Wühlmausarten legen ein umfangreiches, unterirdisches Gangsystem an, das mit oberirdischen Laufgängen zur Nahrungssuche kombiniert wird. Auf Wiesen und Weiden, im Acker- und Gemüsebau, vor allem aber im Obstbau haben die Schäden in der Vergangenheit erheblich zugenommen. Bei der Schermaus unterscheidet man rein terrestrische von aquatischen Formen; letztere legen ihr Gangsystem in Gewässerböschungen an; so kommt es durch die Wühlarbeit zur Zerstörung von Dämmen und Uferbefestigungen. Im norddeutschen Obstbaugebiet an der Unterelbe nutzen Schermäuse im Winterhalbjahr die Wasservegetation als Nahrung; im Sommer fallen sie in die Obstplantagen ein.

Wichtige, zu den Wirbeltieren gehörende Schädlinge an Acker-, Gemüse- und Obstkulturen sowie in der Vorratshaltung

Saatkrähe (*Corvus frugilegus*); **Rabenkrähe** (*C.corone*) ; **Nebelkrähe** (*C.cornix*) an Getreide (insbesondere Wintergetreide), Mais.
Hauptsymptome: Fraß an Keimlingen, jungen Pflanzen und ausgesätem Getreide.
Biologie: Die Saatkrähe lebt und brütet stets gesellig, Nebel- und Rabenkrähe stets einzeln. Krähen werden besonders in Zeiten mit Nahrungsmangel und in unmittelbarer Nähe der Bruträume schädlich. Dies gilt vor allem für die in Kolonien brütenden Saatkrähen.
Bekämpfung: Nur bei starker Übervermehrung sind Gegenmaßnahmen erforderlich. Zum Fernhalten der Krähen und zur Verminderung von Fraßschäden Saatgutbehandlung mit Vergrämungsmitteln.

Star (*Sturnus vulgaris*) an Weinrebe, Steinobst, Beerenobst.
Hauptsymptome: Fraßschäden an den reifenden Früchten (Beeren, Kirsche).
Biologie: In kälteren Verbreitungsgebieten ist der Star ein Zugvogel, in wärmeren ein Standvogel. In unseren Breiten in der Regel nur eine Brut mit 4–8 Jungen. Stare rotten sich auf ihren Wanderzügen zu großen Schwärmen zusammen und fallen kurz vor und zur Erntezeit in die Kulturen ein. Während der übrigen Zeit sind sie durch Vertilgung von Insekten überwiegend nützlich.
Bekämpfung: Fernhalten der Vögel durch Netze, Habichtattrappen, Schreckschüsse oder durch Wiedergabe der Warnrufe des Stars durch phonoakustische Geräte.

Haussperling (*Passer domesticus*),
Feldsperling (*P. montanus*) an Getreide, Raps, Erbse sowie Obstkulturen.
Hauptsymptome: Umknicken der Halme und Körnerfraß an Getreide, besonders auf orts- und stadtnahen Feldern. Bei Raps und Erbsen Zerstörung der Schoten bzw. Hülsen. An Obstbäumen und Beerensträuchern Knospenfraß.
Biologie: Sperlinge sind Standvögel. *P. domesticus* brütet in menschlichen Ansiedlungen, *P. montanus* auf Bäumen und in Höhlen. Zwei bis drei Gelege jährlich mit 4–7 Eiern.
Bekämpfung: Soweit möglich Schutz der Kulturen durch Netze.

Fasan (*Phasianus colchicus*) an Mais.
Hauptsymptome: Flach gesäte Körner werden reihenweise aus dem Boden gehackt und Pflanzen im Ein- bis Dreiblattstadium freigeschlagen, z. T. aus dem Boden gezogen. Gefressen wird der gelb-grüne Teil des Stängels zwischen Korn und Blättern.
Biologie: Der Fasan ist ein Standvogel und Gebüschbewohner; er nistet am Boden unter niedriger Vegetation. Ein Gelege hat 10–16 Eier.
Bekämpfung: Abhalten der Vögel durch Saatgutbehandlung (nur Fraßminderung).

Hausratte (*Rattus rattus*) an pflanzlichen Vorräten, **Wanderratte** (*R. norwegicus*) an Vorräten. Neben Pflanzenkost wird auch Fleisch, Fisch und Käse angenommen.
Hauptsymptome: Fraßschäden an Vorräten.
Biologie: In unseren Breiten zwei bis vier Würfe mit durchschnittlich 6–12 Jungen, die nach drei bis vier Monaten geschlechtsreif sind.
Bekämpfung: Beseitigung von Abfällen und Schlupfwinkeln. Anwendung von blutgerinnungshemmenden Präparaten (Antikoagulantien) (Kap. 27) in Form von Haftgiften (Einbringen in Rattenlöcher bzw. Aufstreuen auf Rattenwechsel in geschlossenen Räumen) oder als Fraßgifte. In geschlossenen Räumen können Wander- und Hausratte durch Begasen getötet werden (Kap. 29).
Bemerkungen: Die Hausratte ist an der einfarbigen, mausgrauen Färbung und dem körperlangen Schwanz, die Wanderratte an dem weißen Bauchfell und dem Schwanz zu erkennen, der deutlich kürzer als der Körper ist.

Große Wühlmaus, Schermaus, Wasserratte (*Arvicola terrestris*) an Acker-, Obst- und Gemüsekulturen, Wiesen und Weiden.
Hauptsymptome: Fraßschäden an den Wurzeln, Knollen und Rüben. Als Folgesymptome treten Welke- und Absterbeerscheinungen auf. Durch die Wühlarbeit Zerstörung von Dämmen und Uferbefestigungen.
Biologie: Überwinterung in Erdbauen, häufig mit Vorratskammer. Zwei bis vier Würfe pro Jahr mit jeweils 2 bis 7 Jungen, die nach zwei bis drei Monaten geschlechtsreif sind. Hält sich besonders gerne in Wassernähe auf.

Bekämpfung: Fang in Fallen und Reusen. Einleiten von Begasungsmitteln in die Baue sowie Auslegen von Giftködern oder Giftweizen bzw. Calciumcarbid (nur Vergrämung). *Bemerkungen*: Die Gänge der Wühlmäuse unterscheiden sich in ihrer ovalen Form (6–8 cm Durchmesser) von den kreisrunden (4–5 cm Durchmesser) des Maulwurfs. Die aufgeworfenen Hügel liegen beim Mauswurf über den Gängen und bei den Wühlmäusen seitlich.

Feldmaus (*Microtus arvalis*) an Acker-, Obst- und Gemüsekulturen, Wiesen und Weiden.
Hauptsymptome: Fraßschäden an grünen, jungen Pflanzenteilen, Wurzeln und Samen.
Biologie: Feldmäuse leben in verzweigten Erdbauen, in denen Vorratskammern angelegt werden. Pro Jahr drei bis sieben Würfe mit jeweils 3 bis 9 Jungen, die bereits nach ca. einem Monat geschlechtsreif sind. Unter günstigen Ernährungsbedingungen kommt es zu zyklischen Massenvermehrungen.
Bekämpfung: Schonung der Raubvögel. Nach der Ernte sofortige Bodenbearbeitung zur Vernichtung der Baue. Ausstreuen von Giftködern mit blutgerinnungshemmenden Wirkstoffen. Einlegen von Ködergift oder Giftgetreide in die Gänge (Acker-, Obst- und Gemüsekulturen, Grünland). Eine Bekämpfung ist erforderlich, wenn im Herbst 20–30, im Frühjahr 5–10 befahrene Mauselöcher auf einer Probefläche von $100\,m^2$ gezählt werden.

Hausmaus (*Mus musculus*) an Vorräten und Nahrungsmitteln im Haus und Speicher.
Hauptsymptome: Fraßschäden an Obst, Gemüse, Kartoffel, Getreide, Lebensmittel.
Biologie: Lebt in Gebäuden, im Sommer auch im Freien. Pro Jahr 5 bis 8 Würfe mit durchschnittlich 6 Jungen, die nach zwei bis drei Monaten geschlechtsreif sind.
Bekämpfung: Halten von Katzen. Fang in beköderten Fallen. Im Vorratsschutz Anwendung von blutgerinnungshemmenden Präparaten (Antikoagulantien) (Kap. 27).

Literatur

Fauna Europaea (2005) Fauna Europaea. Web Service, version 1.2. Im Internet unter: http://www.faunaeur.org

Fritsche R, Keilbach R (1994) Die Pflanzen-, Vorrats- und Materialschädlinge Mitteleuropas. Fischer, Jena Stuttgart

Heinze K (1983) Leitfaden der Schädlingsbekämpfung, Band 4. Vorrats- und Material-Schädlinge. Wissenschaftliche Verlagsgesellschaft, Stuttgart

Mesch H (1993) Die Scher- oder Große Wühlmaus im Klein-, Haus- und Erwerbsgarten. Dt. Landwirtschaftsverlag, Berlin

Pelz HJ (1995) Physikalische Verfahren der Nagetier- und Maulwurfsvergrämung. In: Bodenschatz W (Hrsg). Handbuch für den Schädlingsbekämpfer in Ausbildung und Praxis (Loseblattsammlung), 1. Lieferung. Fischer, Stuttgart

Sellenschlo U, Weidner H (2003) Vorratsschädlinge und Hausungeziefer. Bestimmungstabellen für Mitteleuropa. Spektrum, Heidelberg

Stein W (1986) Vorratsschädlinge und Hausungeziefer. Ulmer, Stuttgart

Weidner H (1993) Bestimmungstabellen der Vorratsschädlinge und des Hausungeziefers Mitteleuropas. Fischer, Stuttgart

Teil II
Wechselbeziehungen zwischen Kulturpflanzen und Schaderregern

12 Entstehung von Pflanzenkrankheiten

Die in den Kapn. 3 bis 6 beschriebenen Krankheitserreger – Viren, Phytoplasmen und Spiroplasmen, Bakterien sowie pilzähnliche Organismen und
echte Pilze – sind imstande, an Kulturpflanzen Krankheiten zu verursachen,
indem sie in die Pflanzen eindringen und den normalen Ablauf der Lebens-
vorgänge stören.

12.1 Vorbedingungen

Zu einer Erkrankung kann es nur dann kommen, wenn eine Reihe von
Vorbedingungen erfüllt ist. Hierzu gehören:

- Die Pflanze muss eine Anfälligkeit gegenüber dem Krankheitserreger
  besitzen
- Der Krankheitserreger muss zum Angriff auf die Pflanze befähigt sein
- Der Erreger muss zum geeigneten Zeitpunkt auf die Wirtpflanze treffen
  (Koinzidenz).

12.1.1 Anfälligkeit der Pflanze gegenüber Krankheitserregern

Die Anfälligkeit (= Disposition) einer Pflanze gegenüber einem bestimmten
Krankheitserreger ist eine genetisch fixierte Voraussetzung für die Erkrankung. Der Grad der Anfälligkeit wird stark durch Umweltfaktoren (Temperatur, Licht bzw. Tageslänge, Nährstoffe) mitbestimmt. Sie ist abhängig
vom Entwicklungsstadium des Wirtes, wobei ältere Pflanzen im Allgemeinen widerstandsfähiger sind als Pflanzen im Jugendstadium (Stadien-

H. Börner, *Pflanzenkrankheiten und Pflanzenschutz*,
© Springer 2009

resistenz, z.B. Wurzelbrand der Rübe, Schneeschimmel des Getreides, Weizensteinbrand). Es gibt jedoch auch gegenteilige Beispiele (Kraut- und Knollenfäule der Kartoffel, Cercospora-Blattfleckenkrankheit der Rübe). In einzelnen Fällen wird das Verhalten einer Pflanze durch Befall mit einem zweiten Krankheitserreger verändert (vor allem bei pflanzenpathogenen Viren vorkommend). Entsteht dadurch ein Schutz gegenüber neuen Infektionen, so spricht man von Prämunität.

12.1.2 Befähigung der Krankheitserreger zum Angriff auf die Pflanze

Mit dem natürlichen Verhalten der Pflanzen gegenüber Krankheitserregern und Schädlingen (Disposition) ist die Befähigung der Schaderreger zum Angriff auf bestimmte Pflanzen vergleichbar. In diesem Zusammenhang werden häufig drei Begriffe verwendet (nach Aust et al. 2005):

- **Pathogenität**. Die genetisch fixierte Fähigkeit eines Pathogens, eine Erkrankung auszulösen
- **Aggressivität**. Die Fähigkeit eines Pathogens, eine Pflanze zu infizieren, sie für seine Zwecke (Ernährung) zu nutzen und sich in oder auf ihr zu vermehren
- **Virulenz**. Die Fähigkeit von Erregergenotypen, Sorten mit definierten Resistenzgenen zu befallen und sich an ihnen zu vermehren. Virulenz bezeichnet also die Fähigkeit, genetisch definierte Resistenz zu überwinden. Erregergenotypen, die dazu nicht in der Lage sind, werden als avirulent bezeichnet.

Ähnlich wie die Disposition auf Seiten der Pflanze ist die Aggressivität eines Erregers von zahlreichen Umweltfaktoren abhängig, von denen die Temperatur die Hauptrolle spielt.

12.1.3 Zusammentreffen von Wirt und Krankheitserreger (Erregerübertragung)

Die Kulturpflanzen sind an den Standort gebunden, so dass die Krankheitserreger und Schädlinge an ihren Wirt herangebracht werden müssen. Soweit die Schaderreger selbst beweglich sind – das trifft für die Mehrzahl der Schädlinge zu – können sie aus eigener Kraft ihre Wirtspflanzen erreichen (autonome Übertragung); Bakterien sowie Pilze und Viren gelangen in der Regel entweder durch direkte Übertragung von Pflanze zu Pflanze (Wirtspflanze – Samen) oder indirekte Übertragung mit Hilfe von belebten (= Vektoren) oder unbelebten (= Vehikel) Überträgern an die Wirtspflanze. Die **indirekte Übertragung mit Hilfe von Vehikeln** erfolgt durch:

- **Wind** (Anemochorie). Wichtigste Übertragungsart für Sporen und Konidien (= Nebenfruchtform der Pilze) während der Vegetationsperiode zur schnellen Ausbreitung der Krankheit (z. B. Echter und Falscher Mehltau)
- **Wasser** (Hydrochorie): Verschleppung von Krankheitserregern durch fließendes Wasser, z. B. in Bewässerungskanälen oder durch Regen (Abwaschen der Sporen von Blatt zu Blatt, durch Regenspritzer Aufwirbeln von Sporen).

Die **indirekte Übertragung mit Hilfe von Vektoren** erfolgt durch:

- **Pflanzen** (Phytochorie). Übertragung von Viren durch die Kleeseide oder Sporen von *Olpidium brassicae* sowie von Krankheitserregern mit einem fakultativen und obligatorischen Wirtswechsel (z. B. Getreideroste)
- **Tiere** (Zoochorie). Hier unterscheidet man zwischen Kontaktübertragung, wie die Weitergabe von Sporen durch Insekten (z. B. beim Mutterkorn), Vögel oder Nematoden und die Wundübertragung durch Blattläuse (z. B. die Virusübertragung durch Pfirsichblattlaus, Schwarze Bohnenlaus), Wanzen (z. B. Rübenblattwanze) und andere Insekten mit stechend-saugenden Mundwerkzeugen
- **Menschen** (Anthropochorie). Indirekt durch Kulturmaßnahmen, z. B. Ausgeizen (Übertragung des Erregers der Tomatenwelke mit dem Geizmesser), Schneiden der Kartoffeln (Übertragung von Bakterien und Viren mit dem Messer) oder mit Ackergeräten (X-Virus der Kartoffel), Transport von Mist, Stroh und Saatgut. Begünstigt durch den modernen Weltverkehr trägt der Mensch auch zur direkten Verbreitung der Krankheitserreger bei.

Die **direkte Übertragung** erfolgt ohne Hilfe von Vehikeln und Vektoren über **Samen**, **Pollen** und durch die der **vegetativen Vermehrung** dienenden Organe (z. B. Kartoffelviren über die Knollen; Stecklinge und Unterlagen im Obstbau; Salat-, Gurken- und Bohnenviren durch Samen; Weizensteinbrand).

Das Zusammentreffen von Wirt und Schaderreger kann bei günstigen Voraussetzungen auf die oben beschriebene Weise während der Vegetationsperiode ohne Schwierigkeiten erfolgen. Um aber Perioden, in denen keine Entwicklung des Krankheitserregers oder Schädlings möglich ist zu überdauern, sind vielfach besondere Mechanismen notwendig. Hierzu zählt die Bildung von Dauerformen, wie Sklerotien (Mutterkorn, Kleekrebs und andere), Brandbutten des Weizensteinbrandes, Teleutosporen der Getreideroste, dickwandige Dauersporen (z. B. Kartoffelkrebs) und Chlamydosporen. Dauerformen sind in der Regel mehrere Jahre lebensfähig und verursachen eine lang andauernde Verseuchung des Bodens. Sie können auf verschiedene Weise weiterverbreitet und übertragen werden, wie z. B. durch Saatgut (Brandbuttten des Weizensteinbrandes, Kleekrebssklerotien), Kulturmaßnahmen, Kompost und Mist.

12.2   Entstehung von Pflanzenkrankheiten durch Pilze und pilzähnliche Organismen

Bei der Entstehung von Krankheiten lassen sich drei Phasen unterscheiden (Abb. 12.1):

- Die Infektion als Zeitspanne zwischen der Keimung der Sporen, dem Eindringen des Keimschlauches in die Pflanze bis zum Erreichen eines stabilen parasitischen Verhältnisses
- Die Ausbreitung der Krankheitserreger innerhalb der Wirtspflanze
- Der Ausbruch der Krankheit mit dem Erscheinen der ersten äußerlich sichtbaren Symptome und die weitere Krankheitsausbreitung (Epidemiologie).

12.2.1   Keimung der Sporen und Erkennen der Wirtspflanze

Um ein stabiles parasitisches Verhältnis herbeizuführen, müssen die Krankheitserreger in den Wirt eindringen; dies kann geschehen durch Einwachsen der Keimschläuche über die natürlichen Öffnungen der Pflanzen (Spaltöffnungen, Lentizellen, Hydathoden) oder Wunden, die von Bearbeitungsmaßnahmen, Frost, Wind, Hagel oder tierischen Schädlingen stammen. Einige Parasiten sind aber auch in der Lage, durch die unbeschädigte Cuticula mit Hilfe zellwandauflösender Enzyme direkt in die Pflanzen einzudringen (z. B. *Venturia inaequalis*, Echte Mehltaupilze).

Neben den Enzymen gehören Toxine und Wuchsstoffe zum Instrumentarium der pflanzenpathogenen Organismen beim Angriff auf die höheren Pflanzen.

Treffen **Pilzsporen** (Konidien) auf eine intakte Oberfläche, scheiden sie für ihre **Anheftung** an der hydrophoben Cuticula schleimartige Substanzen aus, die sich aus Polysacchariden, Proteinen und Glykoproteinen zusam-

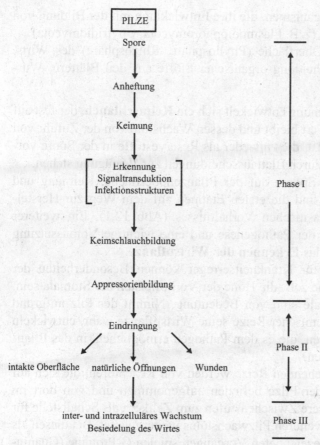

Abb. 12.1 Die verschiedenen Phasen der Infektion (Quelle: U. Wyss, verändert)

mensetzten. In diesem „Haftpolster" sind auch Esterasen mit Cutinaseaktivität enthalten.

Es folgt die **Keimung** der Sporen, die von zahlreichen Faktoren beeinflusst werden kann. Die wichtigsten sind:

- Temperatur. Das Temperaturoptimum liegt für die meisten Arten bei 22–25°C, während das Temperaturminimum bzw. -maximum in weiten Grenzen schwankt (*Tilletia caries* bei 5°C, *Ustilago maydis* bei 26–34°C)
- Luftfeuchtigkeit. Die relative Luftfeuchtigkeit für eine Keimung von Pilzsporen liegt in der Regel bei 90–95%. Eine Ausnahme machen die Erysiphaceae (Echter Mehltau), welche bereits bei 75–80% keimen. Eine Reihe von Pilzen benötigt für die Keimung tropfbar flüssiges Wasser,

insbesondere die Organismen, die ihre Entwicklung mit der Bildung von Zoosporen beginnen (z. B. Plasmodiophoromycota, Chytridiomycota)

- Vorgänge auf der Oberfläche (Phyllosphäre, Rhizosphäre) des Wirts, wie z. B. die Ausscheidung organischer Stoffe aus den Blättern, Wurzeln und Samen.

Nach der Sporenkeimung entwickelt sich ein **Keimschlauch**, der fest auf der Oberfläche angelagert bleibt und dessen Wachstum von der Zufuhr von Nährstoffen abhängig ist, die entweder als Reservestoffe in der Spore vorhanden sind oder aber durch Blattausscheidungen zur Verfügung stehen.

Die Anheftung der Sporen auf der Pflanzenoberfläche, Keimung und Keimschlauchbildung sind die ersten Etappen auf dem Weg zur Herstellung eines festen parasitischen Verhältnisses (Abb. 12.1). Ein weiterer entscheidender Schritt der Pathogenese und eine wichtige Voraussetzung für die Penetration ist das **Erkennen der Wirtspflanze**.

Erkennungssignale für Krankheitserreger können Besonderheiten der Pflanzenoberfläche, wie z. B. die Höhe der Vorhofleisten der Stomata sein. Auch chemische Signale sind von Bedeutung. Nimmt der Pilz aufgrund physikalischer und chemischer Reize seine Wirtspflanze wahr, entwickeln sich Infektionsstrukturen, die es dem Pathogen ermöglichen, in das Pflanzengewebe einzudringen.

Die vom Wirt ausgehenden Reize werden von Rezeptoren, die sich auf der Plasmamembran der Pilze befinden aufgenommen und von dort im Cytoplasma über mehrere Zwischenstufen zum Zellkern als Schaltstelle für die Umsteuerung des weiteren Pilzwachstums weitergeleitet. Bei diesen als **Signaltransduktion** bezeichneten Vorgängen spielen G-Proteine (Guaninnucleotid bindende Proteine), MAP-Kinasen (Mitogen-aktivierte Proteinkinasen) und Phospholipase C eine wichtige Rolle.

Viele Elemente der Signaltransduktion stimmen bei Eukaryoten überein. Weitergehende Informationen können daher den im Literaturverzeichnis am Schluss dieses Kapitels angegebenen molekularbiologischen Lehrbüchern entnommen werden.

Die Bildung von **Infektionsstrukturen** beginnt mit der Ansammlung von Cytoplasma an der Spitze der Pilzkeimschläuche und der Entwicklung von Appressorien. Sie dienen als Haftorgane und bereiten das Eindringen des Krankheitserregers in das Pflanzengewebe vor.

Beim Penetrationsvorgang ist zwischen dem Eindringen der Pathogene über intakte Oberflächen, natürliche Öffnungen und Wunden zu unterscheiden. Die größte Bedeutung als natürliche Eintrittspforten haben die Stomata. Einige Pilze, wie z. B. die Roste, dringen ausschließlich durch diese natürlichen Öffnungen ein. Die meisten Pilze allerdings gelangen über die intakte Oberfläche in das Pflanzeninnere. Der erste Schritt hierbei ist ein enger Kontakt des Appressoriums mit der Cuticula, der durch eine polymere Schleimschicht (Haftpolster) erreicht wird. Die eigentliche Penetration erfolgt durch Ausscheidung von Cutin spaltenden und Zellwand auflösenden Enzymen oder auf mechanischem Wege.

12.2.2 Bedeutung zellwandabbauender Enzyme für die Infektionsvorgänge

Die der Cuticula meist aufgelagerte Wachsschicht wird von den Pflanzenpathogenen in der Regel leicht durchdrungen. Die erste wichtige Penetrationsbarriere ist die Cutinschicht. Hierbei handelt es sich um hochpolymere Makromoleküle, die aus Estern gesättigter und ungesättigter Fettsäuren und Oxifettsäuren bestehen.

Der Nachweis von Cutinasen (Cutin auflösende Enzyme) ist schwierig, da diese nur kurze Zeit an der eindringenden Hyphenspitze gebildet werden. Gut untersucht ist die Enzymaktivität bei *Fusarium solani* f. sp. *pisi* (*Nectria haematococca*), einem an Erbsen pathogenen Pilz. An diesem Beispiel konnte gezeigt werden, dass zunächst an keimenden Konidien eine niedrige Cutinaseaktivität nachgewiesen werden kann, die jedoch ausreicht, aus dem Cutinpolymer geringe Mengen an Cutinmonomeren herauszulösen. Diese werden von den Pilzsporen aufgenommen und aktivieren Cutinasegene, die zu einer massiven Erhöhung der Cutinaseaktivität führen (Abb. 12.2). Auch bei anderen pflanzenpathogenen Pilzen, wie z. B. *Blumeria graminis* konnten Cutinasen nachgewiesen werden.

Um die unter der Cutinschicht befindliche Zellwand zu durchdringen, ist ein Enzymbesteck (verschiedene Enzyme mit unterschiedlichen Substraten) erforderlich, mit dem der Pilz in die Lage versetzt wird, die hochpolymeren Zellwandbestandteile in kleinere Bruchstücke zu spalten und damit den Weg in das Zellinnere freizumachen.

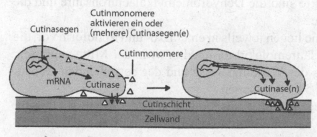

Abb. 12.2 Penetration der Cutinschicht mit Hilfe von Cutinasen (Quelle: U. Wyss)

Die Primärwand pflanzlicher Zellen setzt sich aus einem lockeren Gerüst cellulosehaltiger Mikrofibrillen zusammen. Jedes Makromolekül besteht aus bis zu 15 000 β-Glucoseeinheiten, die über 1,4-Bindungen glycosidisch miteinander verknüpft sind. Die Mikrofibrillen bilden mit ca. 50% den Hauptanteil der Wandmasse. Zwischen den Mikrofibrillen sind als Matrix Pektinverbindungen mit bis zu 30% Wandanteil eingebettet. Pektine bestehen überwiegend aus langen Ketten, die ebenfalls in 1,4-Bindung Galacturonsäuren und Methylgalacturonsäuren enthalten. Außerdem sind Gerüstproteine, in erster Linie das hydroxyprolinreiche Glycoprotein Extensin, vorhanden. Die Mikrofibrillen sind durch Xyloglucan-Polymere vernetzt. Ausführlichere Darstellungen über den Aufbau der pflanzlichen Zellwand finden sich in den botanischen Lehrbüchern.

Der komplexe Aufbau der Zellwand lässt erkennen, dass Pilze, um in die Wirtspflanzen eindringen zu können, Enzyme mit cellulolytischen, pektinolytischen und proteolytischen Eigenschaften synthetisieren müssen.

Celluloseabbauende Enzyme (Cellulasen) sind bei einer ganzen Reihe von pflanzenpathogenen Pilzen, aber auch bei Bakterien, Nematoden und parasitischen Samenpflanzen nachgewiesen worden. Je nach Herkunft unterscheiden sie sich in ihren Eigenschaften (Molekulargewicht, pH-Optimum, isoelektrischer Punkt u. a.).

Die Cellulasen spalten das Cellulosemolekül zunächst in Cellobiose und anschließend mit Hilfe von Cellobiase in leichtlösliche β-Glucose (Abb. 12.3).

Bei den **pektinabbauenden Enzymen** (Pektinasen) sind zu unterscheiden (Abb. 12.4):

- Pektinmethylesterase (PME); dieses Enzym spaltet die Methylesterbindung des Pektinmoleküls; es entsteht Pektinsäure und Methanol
- Depolymerasen, welche die glycosidische 1,4-Bindung zwischen den Methylgalacturon- bzw. Galacturonsäuremolekülen lösen.

Zur Gruppe der Depolymerasen gehören insgesamt acht verschiedene Enzymsysteme: die Polymethylgalacturonase (PMG) und die Polygalacturonase (PG). Spaltprodukte sind die Methylgalacturonsäure bzw. die Galacturonsäure, weiterhin die Pektintranseliminase (PTE) und die Pektinsäuretranseliminase (PATE). Unter der Einwirkung dieser Enzyme entsteht zwischen dem C_4- und C_5-Atom des Galacturonsäuremoleküls eine Doppelbindung. Spaltprodukte sind die Dehydromethylgalacturonsäure und die Dehydrogalacturonsäure.

Die genannten Enzyme liegen jeweils in einer Exo- und Endoform vor, die das Pektin- oder Pektinsäuremolekül terminal bzw. in der Mitte angreifen. Eine Zusammenfassung der Wirkungsweise und der entstehenden Abbauprodukte ist der Abb. 12.5 zu entnehmen.

Das pH-Optimum liegt für die Transeliminasen in der Regel bei 9,0, für die Galacturonasen bei 5,0. Die biologische Bedeutung der Transeliminasen ist auch heute noch umstritten.

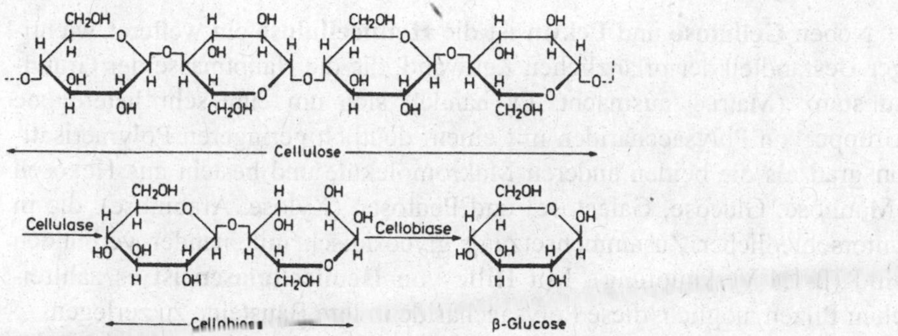

Abb. 12.3 Schema eines Cellulosemoleküls mit den Angriffspunkten der Cellulasen

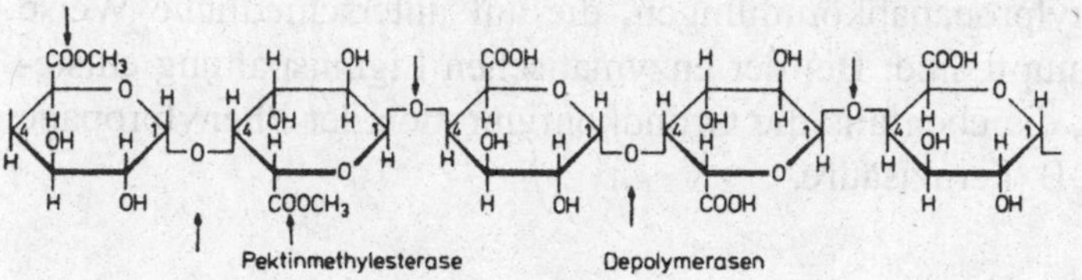

Abb. 12.4 Teil eines Pektinmoleküls mit den Hauptangriffspunkten der Pektinasen

Bei zahlreichen Pilzen, darunter vielen phytopathogenen Formen, wie z. B. *Sclerotinia fructigena, Rhizoctonia solani*, konnte die Bildung von Pektinasen festgestellt werden. Vor allem für Pilze mit einer perthotrophen Lebensweise sind pektinabbauende Enzyme von besonderer Bedeutung. Die Aktivität pilzlicher Pektinasegene wird wie zuvor für Cutinasen beschrieben, durch herausgelöste Monomere (hier Galacturonsäuremoleküle) wesentlich erhöht.

Über die Bedeutung der **Proteasen** während des Penetrationsvorgangs durch Zellwände ist noch wenig bekannt. Beim Ackerbohnenrost (*Uromyces viciae-fabae*) wurde beobachtet, dass extrazelluläre Proteasen erst dann exprimiert werden, wenn sich die Infektionsstrukturen des Pilzes innerhalb des Interzellularraums befinden.

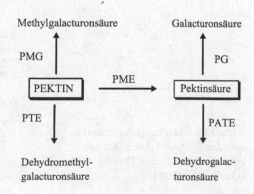

Abb. 12.5 Pektinabbauende Enzyme und entstehende Spaltprodukte (Abkürzungen s. Text)

Neben **Cellulose** und **Pektin** ist die **Hemicellulose** ein weiterer wichtiger Bestandteil der pflanzlichen Zellwand, die die Hauptmasse der Grundsubstanz (Matrix) ausmacht. Es handelt sich um eine sehr heterogene Gruppe von Polysacchariden mit einem deutlich geringeren Polymerisationsgrad als die beiden anderen Makromoleküle und besteht aus Hexosen (Mannose, Glucose, Galactose) und Pentosen (Xylose, Arabinose), die in unterschiedlicher Zusammensetzung glycosidisch miteinander verbunden sind (β-1,4-Verknüpfung). Mit Hilfe von **Hemicellulasen** ist es zahlreichen Pilzen möglich, diese Polysaccharide in ihre Bausteine zu zerlegen.

Zu erwähnen sind auch die ligninzersetzenden **Lignasen,** die bei holzzerstörenden Pilzen (Basidiomycotina) eine wichtige Rolle spielen. Lignin besteht aus Phenylpropanabkömmlingen, die auf unterschiedliche Weise miteinander verknüpft sind. Bei der enzymatischen Ligninspaltung entstehen Bruchstücke, die ebenfalls die Grundkonfiguration der Phenylpropane aufweisen, wie z. B. Ferulasäure.

12.2.3 *Mechanische Penetration der Zellwand*

Bei einigen Pilzen konnte gezeigt werden, dass Appressorien einen hydrostatischen Druck bis zu 80 bar erzeugen können, der ausreichend ist, mit Penetrationskeilen die Barrieren (Cuticula, Zellwand) intakter Oberflächen mechanisch zu durchdringen. Voraussetzung ist die Ausbildung einer Melaninschicht an der Innenseite der Appressoriumzellwand (Abb. 12.6). Diese verhindert den Austritt osmotisch wirksamer Substanzen, ist jedoch für Wasser von der Außenseite durchlässig. Gleichzeitig werden in den Appressorien hohe Konzentrationen osmotisch aktiver Verbindungen synthetisiert, so dass sich in den Zellen ein erheblicher Druck aufbauen kann.

Untersuchungen mit Mutanten von Krankheitserregern, bei denen Defekte in den Melaninbiosynthese-Genen auftraten, haben gezeigt, dass die

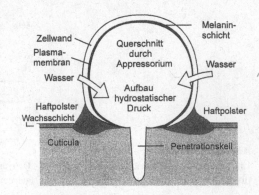

Abb. 12.6 Mechanische Penetration der Zellwand durch Aufbau eines hydrostatischen Drucks (Quelle: U. Wyss)

Melanisierung der Appressorien bei einigen Arten eine unerlässliche Voraussetzung für ihre Pathogenität ist.

Die besondere Bedeutung von Melanin für die Pathogenität von Schaderregern macht daher den Melaninbiosyntheseweg (s. Abb. 22.23) zu einem attraktiven Wirkort (*target*) für Fungizide (Kap. 22.2.8).

Eine besondere Form der mechanischen Penetration ist bei *Plasmodiophora brassicae* (Kohlhernie) und *Polymyxa* spp. (Plasmodiophoromycota, Kap. 6.1.1) ausgebildet. Die Zoosporen enzystieren nach Kontakt mit der Oberfläche der Wurzelhaare und bilden einen speziellen Eindringungsapparat aus, der aus einem Stachel und Rohr besteht, welche die Zellwand mechanisch durchdringen und im Wirt den Inhalt der Zoosporen entlässt.

12.2.4 Eindringen über natürliche Öffnungen

Einige Pilze, wie z. B. die Roste, dringen ausschließlich über die Stomata in die Wirtspflanzen ein. Nach Ausbildung eines Appressoriums über einer Spaltöffnung wächst zunächst eine Penetrationshyphe in die Atemhöhle ein, die sich dort nach Abgrenzung durch ein Septum in ein substomatäres Vesikel erweitert. Aus dem Vesikel entwickelt sich eine Infektionshyphe, die bei Kontakt mit einer Mesophyllzelle in eine Haustorienmutterzelle

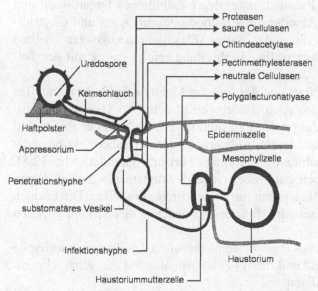

Abb. 12.7 Eindringen eines Rostpilzes über natürliche Öffnungen (Stomata) (Quelle: U. Wyss)

differenziert. Bis zur Etablierung des Haustoriums ist der Rostpilz auf die Nährstoffe aus der Uredospore des Rostes angewiesen.

Bereits während der Entwicklung der Infektionsstrukturen werden vom Pathogen ohne unmittelbaren Kontakt mit der Pflanzenzelle zahlreiche spezifische Enzyme gebildet, um dem Krankheitserreger den Weg von den Stomata über die Atemhöhle in das Pflanzengewebe zu ebnen. Dazu gehören (Abb. 12.7):

- Proteasen und saure Cellulasen bei der Appressorienbildung
- Chitindeacetylase und Pektinmethylesterasen nach Entwicklung der substomatären Vesikel. Das Enzym Chitindeacetylase deacetyliert Chitin (ein Polymer aus N-Acetylglucosamin) der pilzlichen Zellwand zu Chitosan, das dann nicht mehr von den im Interzellularraumvorhandenen Chitinasen angegriffen werden kann
- Cellulasen bzw. Polygalacturonatlyase bei der Entwicklung der Infektionshyphe und Haustorienmutterzelle.

12.2.5 Bildung von Infektionsstrukturen und Wirtsbesiedlung

Nach Überwindung der die Pflanzen schützenden Cuticula und Zellwand erfolgt die weitere Besiedlung des Wirtsgewebes je nach Ernährungsweise unterschiedlich. Die sich ausschließlich auf lebendem Substrat vermehrenden obligat biotrophen Parasiten unter den pilzähnlichen Organismen und echten Pilzen aus den Abteilungen Plasmodiophoromycota und Chytridiomycota (Kap. 6) leben als nackte Zellen (Plasmodien, kugeliger Thallus) im Protoplasten der Pflanzen. Ihre Verbreitung erfolgt passiv mit der Teilung der Wirtszellen.

Obligat biotrophe Pilze, wie der Falsche Mehltau, Echte Mehltaupilze und Rostpilze bilden kurz nach Eindringen in den Wirt **Haustorien** aus. Diese sind für die Ernährung des Parasiten unerlässlich. In der Regel sind Haustorien rundliche Gebilde. Bei *Blumeria graminis* (früher *Erysiphe graminis*) werden als Ausnahme fingerförmige Fortsätze gebildet (Abb. 12.8). Echte Mehltaupilze leben ganz überwiegend ektoparasitisch. Bei diesen Pilzen entwickeln sich Haustorien nur in den Epidermiszellen. Die übrigen Pilze leben endoparasitisch, die Haustorien werden in den Mesophyllzellen gebildet.

Haustorien entstehen aus Haustorienmutterzellen. Die Penetrationshyphe durchdringt die Zellwand und drängt das Plasmalemma der Wirtszelle zurück, ohne es zu beschädigen.

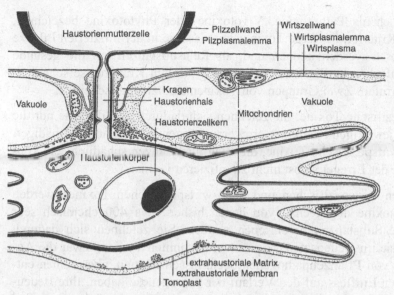

Abb. 12.8 Schema eines Haustoriums von Echtem Mehltau (aus Hoffmann et al. 1994)
H = Haustorienkörper, Hh = Haustorienhals, Hz = Haustorienzellkern, K = Kragen, M = Mitochondrien

Ein typisches Haustorium besteht neben der Haustorienmutterzelle aus einem Haustorienhals und dem eigentlichen Haustorienkörper mit Zellkern und Mitochondrien. Der basale Teil des Halses ist von einem Kragen umgeben, der beim Eindringen in Kontakt mit der Wirtszellwand gebildet wird und überwiegend aus Callose besteht. Der apikale Teil des Halses und der gesamte Kopf sind von einer extrahaustorialen Matrix umhüllt, die ihr anliegende Membran bildet einen engen Kontakt zwischen Haustorium und Wirtsprotoplasten. Hier erfolgt auch der Nährstofftransport vom Wirtsplasma in die Haustorien (Abb. 12.8).

Bei **nicht obligat biotrophen Pilzen** ist die Wirtsbesiedlung außerordentlich vielfältig. Einige Pathogene, wie z. B. der Erreger des Apfelschorfs (*Venturia inaequalis*), wachsen subcuticulär zwischen Cuticula und Epidermiswand, die meisten jedoch in den Interzellularen des befallenen Wirtsgewebes.

12.2.6 Bedeutung von Toxinen für die Infektion (Phytotoxine)

Neben den zellwandauflösenden Enzymen können die parasitischen Organismen durch Ausscheidung von toxischen Verbindungen den Ablauf der Krankheitsprozesse beeinflussen. In der Literatur werden diese Verbindungen auch als Pathotoxine, Vivotoxine oder Phytotoxine bezeichnet. Wichtige Kriterien für diese Toxine sind, dass sie in der infizierten Pflanze nachgewiesen werden können und, als Reinsubstanzen auf die gesunde Pflanze aufgebracht, die für den Erreger typischen Krankheitserscheinungen hervorrufen. Zwei Gruppen von Toxinen sind zu unterscheiden:

- Wirtspezifische Toxine. Sie zeichnen sich dadurch aus, dass sie nur die für den jeweiligen Krankheitserreger anfälligen Wirtspflanzen schädigen
- Nicht-wirtspezifische Toxine, die auch für Pflanzen schädlich sein können, die der Erreger selbst nicht zu infizieren vermag.

Von den wirtspezifischen und nicht-wirtspezifischen Toxinen werden die Mykotoxine abgegrenzt, von denen bisher etwa 400 chemisch sehr heterogene Substanzen beschrieben wurden. Sie zeichnen sich dadurch aus, dass sie im Gegensatz zu den zuvor genannten Toxinen zwar die Aggressivität von Pflanzenpathogenen beeinflussen können, aber keinen entscheidenden Einfluss auf den Verlauf der Pathogenese haben. Ihre Bedeutung liegt darin, dass mit Mykotoxinen belastete Ernteprodukte zum Teil sehr giftig sind für Mensch und Tier.

Wirtspezifische Toxine

Wirtspezifische Toxine sind bisher nur bei Pilzen nachgewiesen worden und hier vor allem bei Arten, die zu den Gattungen *Alternaria* und *Helminthosporium* (*Cochliobolus*) gehören. Die phytotoxisch wirkenden Verbindungen besitzen eine unterschiedliche chemische Struktur (Polyketide, Peptide, Terpenabkömmlinge, u. a.).

Von den zahlreichen bisher bekannt gewordenen und identifizierten Verbindungen sind in Abb. 12.9 und Tabelle 12.1 lediglich zwei Beispiele

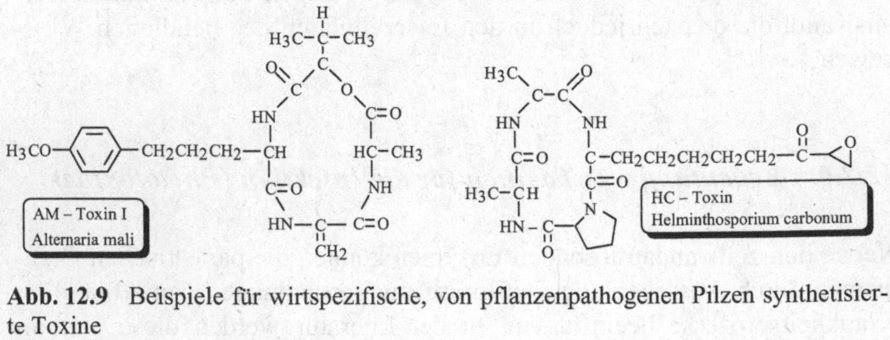

Abb. 12.9 Beispiele für wirtspezifische, von pflanzenpathogenen Pilzen synthetisierte Toxine

Tabelle 12.1 Eine Auswahl wirtspezifischer und nicht-wirtspezifischer Toxine

Toxin	Krankheitserreger	Wirtspflanze	Wirkungsweise/Wirkort
Wirtspezifische Toxine (Pilze) [chemische Struktur Abb. 12.9]			
AM-Toxin I	*Alternaria mali*	Apfel	Beeinflussung der Permeabilität der Plasmamembran und Aktivität der Chloroplasten
HC-Toxin	*Helminthosporium carbonum*	Mais	Hemmung der Histon-deacetylase
Nicht-wirtspezifische Toxine (Pilze, Bakterien) [chemische Struktur Abb. 12.10]			
Marticin	*Fusarium solani* f. sp. *pisi*	Erbse	Hemmung der Glutaminsynthetase/ NH_4^+-Anreicherung
Botrydial	*Botrytis cinerea*	zahlreiche Wirtspflanzen	Membranschädigung durch ROS-Bildung[1]
Cercosporin	*Cercospora beticola*	Beta-Rübe u. v. a.	Membranschädigung durch ROS-Bildung[1]
Fusarinsäure	*Fusarium*-Arten	Tomate, Reis, u. a.	Welkeerscheinungen, Nekrosebildung
Phaseolotoxin	*Pseudomonas phaseolicola*	Gartenbohne	Aminosäuresynthese/Hemmung der Ornithin-Carbamoyl-Transferase (OCT)
Tabtoxin	*Pseudomonas tabaci*	Tabak	Hemmung der Glutaminsynthetase/NH_4^+-Anreicherung

[1] ROS = Reaktive Sauerstoff – Spezies (s. a. S. 369)

– AM-Toxin von *Alternaria alternata* und HC-Toxin von *Helminthosporium* (*Cochliobolus*) *carbonum* – aufgeführt.

Ihrer heterogenen Struktur entsprechend beeinflussen diese Toxine unterschiedliche Stoffwechselvorgänge (Tabelle 12.1). So hemmt das HC-Toxin von *H. carbonum* die Histondeacetylase empfindlicher Maissorten. Das AM-Toxin von *Alternaria mali* bildet drei verschiedene wirtspezifische Toxine; alle sind zyklische Peptide. Der genaue Wirkungsmechanismus ist noch nicht bekannt. Die Verbindungen erhöhen die Permeabilität der Plasmamembran und beeinflussen die Chloroplastenaktivität.

Histone sind Strukturproteine der Eukaryotenchromosomen, Histondeacetylase ein Enzym, das eine Abspaltung von Acetylresten aus acetylierten Histonen katalysiert. Der Acetylierungsgrad von Histonen ist mitentscheidend für bestimmte Genaktivitäten.

Neben den bisher exemplarisch genannten wirtspezifischen Toxinen wurden zahlreiche weitere Verbindungen identifiziert und beschrieben. Weitergehende Angaben sind den im Literaturverzeichnis aufgeführten Veröffentlichungen zu entnehmen.

Nicht-wirtspezifische Toxine

Die Zahl der bisher bekannt gewordenen **nicht-wirtspezifisch wirkenden Toxine** ist im Vergleich zu den wirtspezifischen bedeutend größer. Ihre Synthese kann sowohl in pflanzenpathogenen Pilzen als auch in entsprechenden Bakterien erfolgen. Es handelt sich dabei bevorzugt um chinoide Verbindungen, Peptide, Polyketide und Terpenderivate. Die chemische Struktur einiger nicht-wirtspezifisch wirkenden Toxine ist in Abb. 12.10 dargestellt.

Nach Toxineinwirkung kommt es bevorzugt zur Ausbildung nekrotischer bzw. chlorotischer Flecken auf den Blättern oder zu Welkeerscheinungen. Die Angriffspunkte dieser Verbindungen im Stoffwechsel der Pflanzen sind, ihrer unterschiedlichen chemischen Struktur entsprechend, sehr vielseitig. Einige Toxine beeinflussen den Wasserhaushalt der Wirtszellen. Die selektive Permeabilität der Membran wird beeinträchtigt, so dass Wasser, Inhaltsstoffe und Elektrolyte austreten und Giftstoffe in die Zellen eindringen können. Andere Toxine hemmen lebenswichtige Enzymsysteme (Tabelle 12.1).

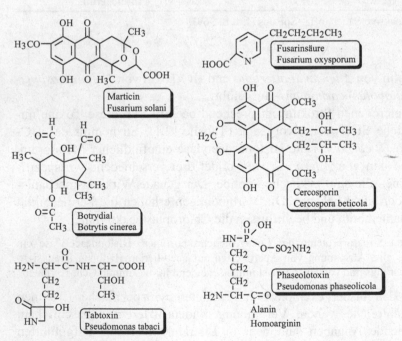

Abb. 12.10 Beispiele für nicht-wirtspezifische, von pflanzenpathogenen Pilzen und Bakterien synthetisierte Toxine

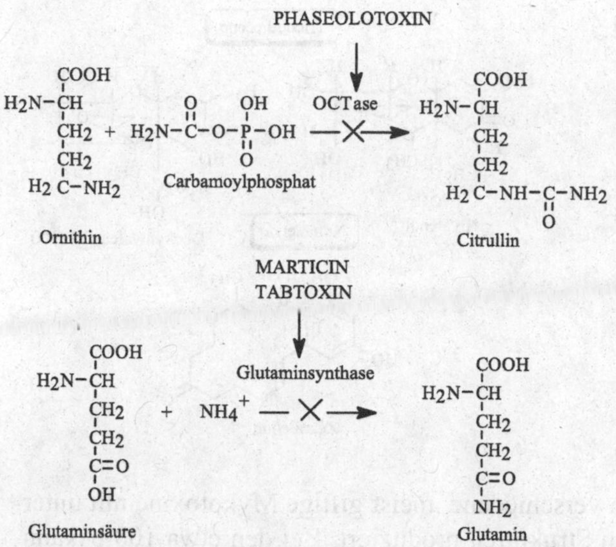

PHASEOLOTOXIN

$$
\begin{array}{cccc}
\text{COOH} & & & \text{COOH} \\
| & & & | \\
\text{H}_2\text{N–CH} & & \text{OCTase} & \text{H}_2\text{N–CH} \\
| & \text{O} \quad \text{OH} & & | \\
\text{CH}_2 \ + \ \text{H}_2\text{N–C–O–P–OH} & \longrightarrow\!\!\!\times\!\!\!\longrightarrow & \text{CH}_2 \\
| & \quad\; \text{O} & & | \\
\text{CH}_2 & \text{Carbamoylphosphat} & & \text{CH}_2 \\
| & & & | \\
\text{H}_2\text{C–NH}_2 & & & \text{H}_2\text{C–NH–C–NH}_2 \\
& & & \quad\qquad\; \text{O}
\end{array}
$$

Ornithin   Citrullin

MARTICIN
TABTOXIN

$$
\begin{array}{ccc}
\text{COOH} & & \text{COOH} \\
| & & | \\
\text{H}_2\text{N–CH} & \text{Glutaminsynthase} & \text{H}_2\text{N–CH} \\
| & & | \\
\text{CH}_2 \ + \ \text{NH}_4^+ & \longrightarrow\!\!\!\times\!\!\!\longrightarrow & \text{CH}_2 \\
| & & | \\
\text{CH}_2 & & \text{CH}_2 \\
| & & | \\
\text{C=O} & & \text{C=O} \\
| & & | \\
\text{OH} & & \text{NH}_2
\end{array}
$$

Glutaminsäure   Glutamin

Abb. 12.11 Beispiele für Angriffspunkte von Pathotoxinen im Stoffwechsel von Pflanzen (vgl. Text)

Zwei Beispiele seien genannt (Abb. 12.11). Die von dem Bakterium *Pseudomonas tabaci* und dem Pilz *Fusarium solani* f. sp. *pisi* produzierten Toxine Tabtoxin bzw. Marticin inhibieren trotz unterschiedlicher chemischer Struktur (Abb. 12.10) und Herkunft das gleiche Enzym, die Glutaminsynthase (GS). Sie inhibieren den Einbau von Ammonium (NH_4^+) in eine der beiden Carboxylgruppen von Glutaminsäure und verhindern dadurch die Synthese von Glutamin. Gleichzeitig bewirken sie die Anreicherung von giftigem Ammonium in der Pflanzenzelle. *Pseudomonas phaseolicola*, ein an Phaseolus-Bohnen chlorotische Flecken verursachendes Bakterium, produziert das Peptid Phaseolotoxin. Diese Verbindung hemmt die Ornithin-Carbamoyl-Transferase (OTC), ein Enzym, das die Synthese von Citrullin katalysiert.

Mykotoxine

Zu den bekanntesten und weit verbreiteten Mykotoxinen zählen die giftigen Aflatoxine, Ochratoxine, Citrinin und andere, die bevorzugt von **Aspergillus**- und **Penicillium**-Arten ausgeschieden werden; Aflatoxin B1 ist eins der stärksten bisher bekannten Karzinogene.

In der landwirtschaftlichen Praxis sind im Zusammenhang mit der Mykotoxinproduktion vor allem Pilze aus der Gattung *Fusarium* von Interesse. Ihnen kommt weltweit, insbesondere bei Getreide und Mais eine große Bedeutung zu. Typische, durch Fusarien verursachte Krankheiten sind Auswinterungs- und Auflaufschäden sowie Fuß-, Stängel-, Ähren- und Kolbenerkrankungen. Die Pilze infizieren überwiegend lebende Pflanzen, sie können sich aber auch unter günstigen Bedingungen im Lager ausbreiten.

Abb. 12.12 Von *Fusarium*-
Arten gebildete Mykotoxine

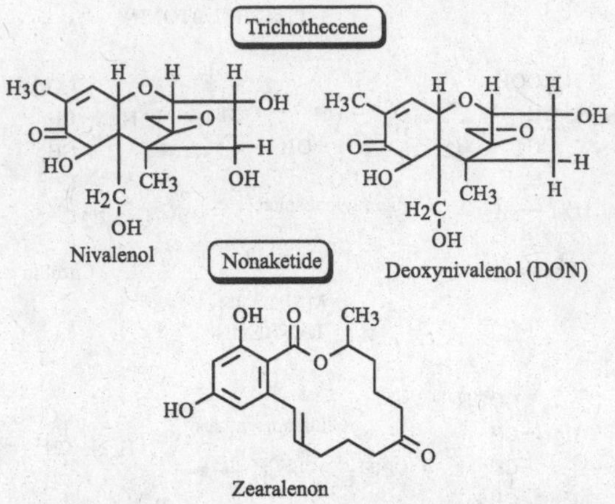

Nivalenol

Deoxynivalenol (DON)

Zearalenon

Von Fusarien werden verschiedene, meist giftige Mykotoxine mit unterschiedlichen chemischen Strukturen produziert. Bei den etwa 100 bekannten Fusarium-Toxinen unterscheidet man mehrere Gruppen, von denen die Trichothecene und das Zearalenon im Getreideanbau von besonderem Interesse sind (Abb. 12.12.)

Trichothecene sind zyklische Sesquiterpene mit einem Epoxydring. Man unterscheidet mehrere Untergruppen; am häufigsten kommen die Typen A und B vor. Die bedeutendsten Mykotoxine im Getreidebau sind gegenwärtig die zu den B-Trichothecenen zählenden Verbindungen **Nivalenol und Deoxynivalenol (DON). Beide Toxine werden vor allem durch *Fusarium graminearum* und *F. culmorum* gebildet**.

Die Trichothecene sind starke Inhibitoren der Proteinsynthese. Sie wirken zellschädigend, sind jedoch nicht krebserzeugend. Beim Menschen greifen sie zunächst den Verdauungstrakt an, aber auch Nervensystem und Blutbild werden beeinträchtigt. Die durch den Wissenschaftlichen Lebensmittelausschuss der EU durchgeführte Risikobewertung ergab für das bisher am besten untersuchte DON eine tolerierbare tägliche Aufnahme von 1 µg, für Nivalenol 0,7 µg pro kg Körpergewicht.

Hauptproduzenten von **Zearalenon** sind ebenfalls *Fusarium*-Arten. Die Verbindung besitzt eine ausgeprägte östrogene Wirksamkeit, hat aber nur eine geringe akute Toxizität. Die zur Zeit festgelegte tolerierbare Aufnahme für den Menschen beträgt 0,2 µg/kg Körpergewicht.

Unter den heimischen Getreidearten werden hauptsächlich Hafer, Mais und Weizen von Fusarien befallen. Gerste und Roggen gelten als am wenigsten anfällig. Je nach Witterung sind in den einzelnen Jahren die Befallshäufigkeit und Artenzusammensetzung sehr unterschiedlich ausgeprägt. Zearalenon tritt hauptsächlich in Mais auf, wurde aber auch in Weizen und Hafer (Hirse, Reis und Sojabohnen) nachgewiesen.

Die Ährenfusarien haben durch ihre Mykotoxine in den letzten Jahren eine hohe Aktualität erhalten. Unter ihnen kommt *Fusarium graminearum* (Teleomorph: *Gibberella zeae*) in Süd- und Norddeutschland am häufigsten vor, aber auch *Fusarium culmorum* ist nach wie vor verbreitet. Das wichtigste Toxin der *Fusarium*-Arten ist Deoxynivalenol (DON).

Haupteinflussfaktoren auf den **Ährenbefall** durch *Fusarium graminearum* und den Toxingehalt sind:

- Befallsbegünstigende Witterung; insbesondere Niederschläge zur Zeit der Weizenblüte und Tagesdurchschnittstemperaturen von über 16°C begünstigen den Ascosporenflug und die Ähreninfektionen
- Vorfruchtwirkung von Mais als wichtigste Wirtspflanze für viele *Fusarium*-Arten, insbesondere *F. graminearum*
- Nichtwendende Bodenbearbeitung, bei der Ernterückstände einer Wirtspflanze (Mais, Weizen) auf der Bodenoberfläche verbleiben und **nicht ausreichend zersetzt** werden, fördern das Überleben der Fusarium-Arten und damit das Infektionspotential in der folgenden Weizenkultur
- Anbau anfälliger Sorten.

Als Strategien zur Minderung des Toxinrisikos eignen sich demnach ein Verzicht auf die Vorfrucht Mais, Rotteförderung, eine wendende Bodenbearbeitung nach der Vorfrucht Mais oder Weizen und die bevorzugte Verwendung weniger anfälliger Sorten. Eine chemische Bekämpfung der Fusarien mit Fungiziden zur Zeit der Weizenblüte ist nur eingeschränkt wirksam.

12.3 Entstehung von Pflanzenkrankheiten durch Bakterien

Im Gegensatz zu den Pilzen sind pflanzenpathogene Bakterien nicht in der Lage, über die intakte cutinisierte Oberfläche in die grüne Pflanze einzudringen, sondern sie sind hierfür auf natürliche Öffnungen (Stomata, Lentizellen, Hydathoden) oder Wunden, die durch Kulturmaßnahmen, Hagel, Frost oder Schädlinge entstehen, angewiesen.

Die begeißelten und damit beweglichen Formen können aktiv über die genannten Öffnungen einwandern. Voraussetzungen sind tropfbar flüssiges Wasser und ausreichende Temperaturen (s. Kap. 5). Die weitere Besiedlung der Wirtspflanze und Ausbreitung in den Interzellularräumen erfolgt mit Hilfe zellwandauflösender Enzyme. Das hierfür verwendete Enzymbesteck stimmt weitgehend mit dem der phytopathogenen Pilze überein (Kap. 12.2.2). Neben den pektinabbauenden Pektinasen sind es die Depolymerasen (Polymethylgalacturonase, Polygalacturonasen), die hier wirk-

sam sind. Die kettenspaltenden Pektinasen kommen sowohl in Exo- als
auch in Endoform vor.

Einige Bakterien produzieren nicht-wirtspezifische Toxine, die Krankheitssymptome auch an Pflanzen hervorrufen können, die nicht zum
Wirtspflanzenkreis der Erreger zählen. Unter Toxineinwirkung entstehen
vornehmlich Chlorosen und Nekrosen. Beispiele sind die von *Pseudomonas tabaci* und *Pseudomonas phaseolicola* produzierten Toxine Tabtoxin
bzw. Phaseolotoxin (Abb. 12.10). Beide Verbindungen beeinflussen wichtige Stoffwechselvorgänge der jeweiligen Wirtspflanzen: Tabtoxin hemmt
die Glutamin-, Phaseolotoxin die Citrullin-Synthese (Abb. 12.11).

Eine Besonderheit stellt *Agrobacterium tumefaciens* dar. Das im Boden
lebende Gram-negative Bakterium infiziert zahlreiche dikotyle Pflanzen
über eine Verletzungsstelle und führt dort zur Entstehung von undifferen-
zierten Zellwucherungen (Tumore), die auch als Wurzelhalsgallen („*crown
galls*“) bezeichnet werden.

Das Bakterium enthält ein tumorinduzierendes Plasmid (Ti-Plasmid).
Ein für die Tumorbildung wichtiger Bereich dieses Plasmids ist die Trans-
fer-DNA (T-DNA), die in die chromosomale DNA der Wirtszelle eingefügt wird (Abb. 12.13).

Die Gene, die sich auf dem T-DNA-Bereich der transformierten Pflanzenzelle befinden, kodieren für Enzyme, die zur Synthese ungewöhnlicher
Verbindungen, den in normalen Pflanzenzellen nicht vorkommenden **Opinen** führen. Diese dienen den Bakterien als alleinige C- und/oder N-Quel-
le. Die bekanntesten Opine sind Nopalin und Octopin. Sie entstehen aus
Ketosäuren (Pyruvat und α-Ketoglutarsäure) und der Aminosäure Arginin
(Abb. 12.14).

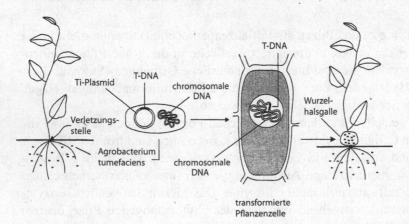

Abb. 12.13 Infektion von Pflanzenzellen durch den im Boden lebenden Erreger von
Wurzelhalsgallen *Agrobacterium tumefaciens* (Quelle: U. Wyss)

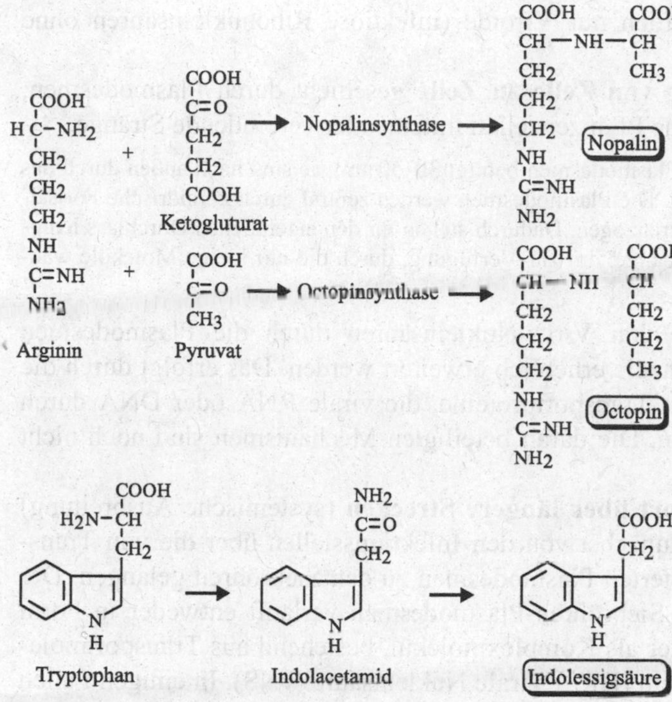

$$
\begin{array}{l}
\text{COOH} \\
\text{H C–NH}_2 \\
\text{CH}_2 \\
\text{CH}_2 \\
\text{CH}_2 \\
\text{NH} \\
\text{C=NH} \\
\text{NH}_2
\end{array}
\quad \text{Arginin}
$$

Abbildungen der chemischen Strukturen:

Reaktion 1:
Arginin + Ketoglutarat (COOH, C=O, CH$_2$, CH$_2$, COOH) → **Nopalinsynthase** → **Nopalin** (COOH CH–NH–CH COOH; CH$_2$ CH$_3$; CH$_2$; CH$_2$; NH; C=NH; NH$_2$)

Reaktion 2:
Arginin + Pyruvat (COOH, C=O, CH$_3$) → **Octopinsynthase** → **Octopin** (COOH CH–NH CH COOH; CH$_2$ CH$_2$; CH$_2$ CH$_2$; CH$_2$ CH$_3$; NH; C=NH; NH$_2$)

Reaktion 3:
Tryptophan (H$_2$N–CH, COOH, CH$_2$, Indolring, N–H) → **Indolacetamid** (NH$_2$, C=O, CH$_2$, Indolring, N–H) → **Indolessigsäure** (COOH, CH$_2$, Indolring, N–H)

Abb. 12.14 Während der Infektion von *Agrobacterium tumefaciens* gebildete Opine (Nopalin, Octopin) und Wuchsstoffe (Indolessigsäure)

Neben den für die Ernährung von *Agrobacterium* notwendigen Opinen kodieren die auf der T-DNA vorhandenen Gene Enzyme, die eine forcierte Biosynthese des Phytohormons Indolessigsäure (IES) (Abb. 12.14) bewirken. Dies führt zu einer verstärkten Zellteilung und damit einhergehend dem charakteristischen Symptombild von Tumoren.

12.4 Entstehung von Pflanzenkrankheiten durch Viren

Die Infektion und Weiterbesiedlung durch pflanzenpathogene Viren verläuft in mehreren Stufen. Der Kontakt mit den pflanzlichen Wirtszellen erfolgt über Verwundungen (mechanisch übertragbare Viren) und über pilzliche und tierische Vektoren (Kap. 3). Die **Inkorporation in die Zellen** wird wahrscheinlich dadurch ermöglicht, dass an Membranteile angelagerte Virionen (komplette Viruspartikel) durch Vesikelbildung abgeschnürt werden und passiv in das Cytoplasma einwandern, wo anschließend die Proteinhülle abgebaut wird. Die folgende Replikation gliedert sich in mehrere Schritte, die im Kap. 3 beschrieben sind. In der Pflanze transportiert und weiterverbreitet werden nur Viroide (infektiöse Ribonukleinsäuren ohne Proteinmantel).

Die **Verbreitung von Zelle zu Zelle** geschieht durch Plasmodesmen, das sind plasmatische Pflanzenzellen miteinander verbindende Stränge.

Der Durchmesser der Plasmodesmen beträgt 30–50 nm; sie sind nach außen durch das Plasmalemma begrenzt. Die Plasmodesmen werden zentral durch zylindrische Fortsätze, die Desmotubuli durchzogen. Dadurch stehen für den eigentlichen Durchlass lediglich Mikrokanäle von ca. 2,5 nm zur Verfügung, durch die nur kleine Moleküle wandern können.

Für die Passage von Virus-Nukleinsäuren durch die Plasmodesmen müssen die Mikrokanäle erheblich erweitert werden. Das erfolgt durch die von Viren codierten Transportproteine, die virale RNA oder DNA durch den Kanal schleusen. Die daran beteiligten Mechanismen sind noch nicht restlos aufgeklärt.

Für den **Transport über längere Strecken** (systemische Ausbreitung) müssen die Viren zunächst von den Infektionsstellen über die von Transportproteinen erweiterten Plasmodesmen zu den Siebröhren gelangen. Der Durchtritt über die Siebröhren-Plasmodesmen verläuft entweder in Form der Hüllproteine oder als Komplexmolekül, bestehend aus Transportmolekül (TP) – Hüllprotein (HP) – virale Nukleinsäure (vNS). In einigen Fällen fehlt das Hüllprotein. Am Transport sind jeweils Hilfsproteine der Geleitzellen beteiligt.

In den Siebröhren wird der Komplex TP – HP (+/–) – vNS mit einem Hilfsprotein der Siebröhren weitertransportiert. Bei getrennter Wanderung von Hüllprotein und viralen Nukleinsäuren durch die Plasmodesmen vollzieht sich der Zusammenbau zu kompletten Virionen am endoplasmatischen Retikulum (netzartiges System an Doppelmembranen im Cytoplasma eukaryotischer Zellen).

12.5 Ausbreitung der Krankheitserreger innerhalb der Wirtspflanze

Nach ihrem Eindringen in die Pflanze verbleiben die Krankheitserreger entweder am Ort der Infektion lokalisiert oder sie breiten sich auf verschiedenen Wegen in der Pflanze aus, so dass auch entfernt von der Infektionsstelle Symptome auftreten können. Hierbei finden wir alle Übergänge von einer Ausbreitung nur innerhalb bestimmter Gewebe und Pflanzenorgane bis zum vollständigen „Durchwachsen" des ganzen Wirts. Die Ursachen der unterschiedlichen Ausbreitungspotenz der pathogenen Organismen liegen einmal in den Ansprüchen an das Substrat, zum anderen in der Reaktion des Wirts auf die Infektion. Man unterscheidet folgende Ausbreitungsformen:

- Ausbreitung an das Vorhandensein von lebenden Zellen gebunden (typisch für obligate Parasiten):

  - **Intrazelluläre Ausbreitung**. Eindringen des Parasiten in die lebende Zelle. Typisch für alle Pilze, die zur Gruppe der Myxomycota und Chytridiomycetes gehören (z. B. Kartoffelkrebs, Kohlhernie u. a.); auch die Ausbreitung von Viren und Bakterien kann von Zelle zu Zelle erfolgen
  - **Interzelluläre Ausbreitung**. Die Pilzhyphen wachsen zwischen den Zellen nach vorheriger enzymatischer Auflösung der Mittellamelle durch Pektinasen. Sie entnehmen die für sie notwendigen Nährstoffe mittels Haustorien aus den benachbarten Zellen. Typisch für die Rostpilze, Falscher Mehltau und andere

- Ausbreitung nur nach vorheriger Abtötung der lebenden Zelle möglich (typisch für alle Perthophyten): Nach der Infektion werden vom Parasiten Stoffe ausgeschieden, die die Zellen abtöten und dadurch die Voraussetzungen für das weitere Vordringen der Mikroorganismen schaffen (z. B. *Botrytis cinerea*)
- **Ausbreitung in Gefäßen**: Eine Reihe von pathogenen Organismen breitet sich bevorzugt in den Gefäßen der Pflanzen aus, wie z. B. *Verticillium albo-atrum*, *Xanthomonas campestris* u. a. (Tracheomykosen bzw. Tracheobakteriosen).

Werden die Erreger nach der Infektion über den ganzen Wirt verbreitet, sprechen wir von einer systemischen Erkrankung. Dabei ist es nicht erforderlich, dass Krankheitssymptome schon an der gesamten Pflanze erkennbar sind. Zahlreiche Krankheitserreger bleiben nämlich nach dem Eindringen in die Pflanze vorerst in einem latenten Zustand und werden erst in einem bestimmten Wachstumsstadium sichtbar (z. B. *Tilletia caries* in Form der Brandbutten).

12.6   Ausbruch und weiträumige Ausbreitung der Krankheit (Epidemiologie)

Der Krankheitsausbruch wird am Erscheinen der ersten makroskopisch sichtbaren Symptome (Blattflecken, Fruktifikationsorgane der Pilze usw.; s. Symptomatologie) erkannt. Sie sind jedoch nur das äußere Zeichen für die Krankheit. Daneben spielen sich zahlreiche Prozesse innerhalb der Pflanze ab, wie z. B. Veränderungen des Stoffwechsels (Kap. 14.3). Es ist daher äußerst schwierig, den Krankheitsausbruch exakt festzulegen.

Der weitere Ablauf des Krankheitsgeschehens ist weitgehend abhängig von den Umweltbedingungen, die maßgeblich darüber entscheiden, ob der Erreger sich vermehren kann und damit die Grundlage für weitere Infektionen gegeben ist, die schließlich zu Epidemien führen.

Von einer Epidemie sprechen wir bei einem zeitlich und örtlich begrenzten gehäuften Auftreten einer Pflanzenkrankheit. Die ebenfalls verwendete Bezeichnung Endemie unterscheidet sich von der Epidemie lediglich dadurch, dass die Krankheit nicht gehäuft, aber regelmäßig und meist nur in geringer Stärke auftritt. Bei veränderten Bedingungen, wie z. B. unübliche Temperatur- und Feuchtigkeitsverhältnisse, können sich aus Endemien Epidemien entwickeln.

Breitet sich eine Krankheit über mehrere Länder und Kontinente aus, sprechen wir von Pandemien (wie z. B. die Ausbreitung von Falschem Mehltau der Weinrebe, Kraut- und Knollenfäule der Kartoffel, Feuerbrand an Obstgehölzen; s. auch Kap. 1).

Voraussetzungen für die Entstehung von Epidemien sind:

- Hohes Vermehrungspotential der Krankheitserreger.

    – Beispiele: $4\,cm^2$ Blattfläche des Hopfens bei Befall mit Mehltau enthalten ca. 2 000 Konidien, beim Zwiebelmehltau 140 000 Konidien. Eine Aecidie des Schwarzrostes enthält bis zu 15 000 Aecidiosporen. Eine Uredospore (Gelbrost) sorgt für 10^6 neue Uredosporen

- Schnelle Generationsfolge
- Günstige klimatische Bedingungen (vor allem Feuchtigkeit und Wärme)
- Reichliches Angebot an anfälligen Wirtspflanzen (Monokultur) und Zwischenwirten (z. B. bei Rostpilzen).

Außer den genannten Punkten ist für die Entstehung von Epidemien das Infektionspotential zu Beginn der Vegetationsperiode von entscheidender Bedeutung, das wiederum maßgeblich beeinflusst wird durch die vorjährige Infektionsstärke, die Art der Überwinterung pflanzenpathogener Organismen, das Vorhandensein von perennierenden Nebenwirten, symptomlosen Krankheitsträgern und toleranten Arten sowie durch den Umfang infizierter Ernterückstände.

Gravierender noch als das anfängliche Infektionspotential ist die Fähigkeit, große Sporenmengen während der Vegetationszeit zu erzeugen. Hier sind vor allem die Krankheitserreger im Vorteil, die eine kurze Inkubationszeit haben, in schneller Folge Sporen bilden können und in der Lage sind, über einen möglichst langen Zeitraum auf infiziertem Gewebe zu fruktifizieren. Auch die optimale Verbreitung der Erreger (z. B. der Viren durch Vektoren) im Bestand spielt in diesem Zusammenhang eine Rolle.

Für den weiteren Verlauf einer Epidemie ist vor allem die Zuwachsgeschwindigkeit einer Erregerpopulation in einem Pflanzenbestand von Bedeutung. Diese kann z. B. für Pilze mit Hilfe von Sporenfallen bestimmt werden. In der Regel erfolgt jedoch der Nachweis durch Auszählen der erkrankten Pflanzen anhand von charakteristischen Symptomen (z. B. Uredosporenlager der Roste) während eines definierten Zeitabschnitts.

Entscheidend für das Zustandekommen und den Verlauf einer Epidemie ist letztlich das termingerechte Zusammentreffen (Koinzidenz) aller relevanten Faktoren, von denen hier nur einige genannt werden konnten. Neben den schwer erfassbaren Wechselbeziehungen zwischen Parasit und Wirt gibt es vor allem die nicht überschaubaren Umwelteinflüsse, die eine exakte Analyse erschweren. Aber gerade die epidemiologischen Untersuchungen sind für die landwirtschaftliche Praxis von besonderem Interesse, da sie eine wesentliche Voraussetzung für die Erstellung von sicheren Prognosen (Kap. 16.2.11 und 16.2.12) bedeuten.

Literatur

Aust H-J, Bochow H, Buchenauer H et al. (2005) Glossar Phytomedizinischer Begriffe. Schriftenreihe der Dt Phytomed Ges. Ulmer, Stuttgart

Dickinson M (2003) Molecular plant pathology. Bios Scientific, Oxford

Durbin RD (1981) Toxins in plant disease. Academic Press, New York London San Francisco

Heß D (2008) Pflanzenphysiologie, 11. Aufl. UTB Ulmer, Stuttgart

Hock B, Elstner EF (Hrsg) (2000) Schadwirkungen auf Pflanzen, 3. Aufl. Spektrum, Heidelberg Berlin Oxford

Hoffmann GM, Nienhaus F, Poeling H-M et al. (1994) Lehrbuch der Phytomedizin, 3. Aufl. Blackwell, Berlin

Kohmoto K (1992) Determination of host-selective toxins. In: Linskens HF, Jackson JF (eds) Plant toxin analysis. Springer, Berlin Heidelberg New York

Kranz J (1996) Epidemiologie der Pflanzenkrankheiten. Ulmer, Stuttgart

Linskens HF, Jackson JF (eds) (1992) Plant toxin analysis. Springer, Berlin Heidelberg New York

13 Entstehung von Beschädigungen durch tierische Schaderreger

Für eine Beschädigung an Kulturpflanzen durch tierische Schaderreger bedarf es verschiedener Voraussetzungen (Abb. 13.1):

- Der Schädling muss in der Lage sein, die Wirtspflanze zu erkennen und aufzufinden. Im Gegensatz zu den Krankheitserregern (Viren, Bakterien und Pilzen), die überwiegend passiv, d. h. mit Vektoren und Vchikeln verbreitet werden, sind die Schädlinge aufgrund ihrer Eigenbeweglichkeit in der Lage, ohne Hilfe von Überträgern die Wirtspflanze selbst aufzusuchen

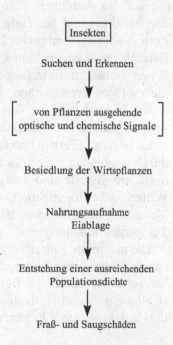

Abb. 13.1 Stationen auf dem Weg zur Entstehung von Beschädigungen durch phytophage Insekten

H. Börner, *Pflanzenkrankheiten und Pflanzenschutz,*
© Springer 2009

- Die Wirtspflanze muss für den Schädling eine geeignete stoffliche Zusammensetzung besitzen (Nahrungsqualität der Wirtspflanze)
- Es wird eine bestimmte Anzahl von Tieren an oder in der Kulturpflanze benötigt, damit eine ausreichende Populationsdichte entstehen kann.

Das Verhalten von Schadtieren beim Befall von Kulturpflanzen wurde vor allem bei Insekten und Nematoden eingehend untersucht.

13.1   Erkennen und Auffinden der Wirtspflanzen

13.1.1   Insekten

Insekten suchen ihre Wirtspflanzen zur Nahrungsaufnahme und Eiablage auf. Erster Schritt ist die Auswahl eines geeigneten Objekts für das Vorhaben. Ausgelöst wird diese Reaktion durch den physiologischen Zustand der Insekten, wie z. B. die Notwendigkeit, lebensnotwendige Substanzen aufzunehmen oder die jeweilige Fortpflanzungssituation.

Um die richtigen Objekte erreichen zu können, müssen von der Pflanze verwertbare Signale ausgehen und die Insekten in der Lage sein, diese Signale zu empfangen und zu deuten. Insekten sind mit Geruchs- und Geschmackssinnesorganen ausgerüstet, die auf den Antennen, den Labialpalpen, im Mundbereich, insbesondere den Maxillen und bei einigen Arten auch an den Tarsen lokalisiert sind. Zum Auffinden geeigneter Eiablagestellen befinden sich Sinnesorgane im Bereich des Legeapparates (Ovipositoren). Darüber hinaus besitzen sie neben einfachen Einzelaugen (Ocellen) Komplexaugen (Facettenaugen), die es ihnen ermöglichen, Farben und Formen wahrzunehmen. Sie sind damit in der Lage, die von Pflanzen ausgehenden optischen und chemischen Signale zu erkennen und darauf entsprechend zu reagieren.

Eine erste (Fern-)Orientierung kann durch Farb-, Form-, aber auch durch chemische Reize (Geruch) erfolgen. Die von Pflanzen stammenden optischen Signale sind weitgehend konstant und nahezu unbeeinflusst von Witterungsbedingungen. Dagegen schwankt die Konzentration und die Verteilung der Geruchsstoffe und ist stark von Windgeschwindigkeit und Temperatur abhängig.

Die maximale Entfernung, aus der phytophage Insekten ihre Wirtspflanzen wahrzunehmen imstande sind, ist beachtlich. Sie kann bis zu 100 m betragen (Tabelle 13.1). Bei den **optischen Reizen** sind die Farben **Grün** (Chlorophyll) und vielfach auch **Gelb** (Blüte, z. B. Rapsglanzkäfer) besonders attraktiv. Auch Formreize spielen eine Rolle. Es gibt zwar zahlreiche

Tabelle 13.1 Entfernung zur Wirtspflanze, in der optische Signale und Geruchssignale von phytophagen Insekten wahrgenommen werden können (nach Schoonhoven et al. 2005)

Art	Entfernung in m
Geruchssignale	
Leptinotarsa decemlineata (Kartoffelkäfer)	0,6–6
Ceutorhynchus assimilis (Kohlschotenrüssler)	20
Delia radicum (Kleine Kohlfliege)[1]	24
Pegomya betae (Rübenfliege)	50
Delia antiqua (Zwiebelfliege)	100
Optische Signale (Farbe, Form)	
Delia brassicae (Kleine Kohlfliege)	2
Leptinotarsa decemlineata (Kartoffelkäfer)	8
Rhagoletis pomonella (Apfelfruchtfliege)[2]	10

[1] Syn. *D. brassicae*;
[2] Ein in Nordamerika beheimateter Schädling; nahe verwandt mit der einheimischen Kirschfruchtfliege *R. cerasi*

Versuchsberichte über die Mechanismen der Photorezeption bei Insekten, Erkenntnisse über die Vorgänge unter natürlichen Bedingungen in den Feldbeständen liegen aber nur begrenzt vor.

Neben den optischen Reizen sind es die von Pflanzen abgegebenen, in der Regel flüchtigen Substanzen, welche die Orientierung der Schaderreger zur Wirtspflanze steuern. Meist handelt es sich hierbei um sekundäre Pflanzenstoffe (Terpenoide, Flavonoide, Phenolderivate).

13.1.2 Nematoden

Bei den im Boden lebenden phytophagen Nematoden stehen chemische und physikalische Reize für das Auffinden einer geeigneten Wirtspflanze an erster Stelle. Schlüsselreize gehen häufig von Wurzelausscheidungen aus.

Nematoden sind in der Lage, Konzentrationsgradienten chemischer (z. B. CO_2) und physikalischer (Temperatur, elektrische Potentiale) Natur durch Sinnesorgane am Kopfende wahrzunehmen und dadurch die Wirtspflanzen zu orten. Meist gehen von der Wurzelspitze, insbesondere der Streckungszone, die stärksten Signale aus.

Die zielgerichtete Wanderung der Tiere im Boden folgt einer zunehmenden Konzentration von CO_2 oder Wurzelausscheidungen. Auf diese Weise gelangen sie zur nächstgelegenen Wirtswurzel. CO_2-Gradienten können über eine Distanz bis 4 cm wahrgenommen werden.

13.2   Akzeptanz der Wirtspflanze

Nach dem Erkennen und Auffinden der anvisierten Objekte wird deren Akzeptanz als Wirtspflanze und damit die Stimulation zur Nahrungsaufnahme und/oder Eiablage durch Pflanzeninhaltstoffe bestimmt.

Die Anforderungen der Insekten an die qualitative Zusammensetzung der Nahrung unterscheidet sich mit Ausnahme der Sterine (die sie selbst nicht synthetisieren können und daher aufnehmen müssen) nur unwesentlich von denen anderer Organismen. Zu den essentiellen Nährstoffen gehören demnach Kohlenhydrate, Aminosäuren und Vitamine. Daneben ist auch das richtige Mengenverhältnis der Verbindungen für das Wachstum, die Lebensdauer sowie die Fruchtbarkeit und damit für das Ausmaß der Schäden von Bedeutung (z. B. bei Blattläusen). Neben den im Pflanzenreich universell vorhandenen Nährstoffen sind noch weitere Verbindungen für die Anfälligkeit der Pflanzen gegenüber Insekten verantwortlich. Es handelt sich auch hier um sekundäre Pflanzenstoffe, die als fraßauslösende Substanzen (= *feeding attractants*) eine wichtige Rolle spielen (Abb. 13.2, Tabelle 13.2).

Es gibt Beispiele dafür, dass aus verschiedenen systematischen Gruppen stammende Schädlinge, wie z. B. Lepidopteren und Aphiden, beim Befall derselben Wirtspflanze identische Fraßstimulantien benötigen. Unterschiedliche Ansprüche können dann entstehen, wenn der Wirt zur Nahrungsaufnahme und/oder Eiablage genutzt werden soll (Tabelle 13.2).

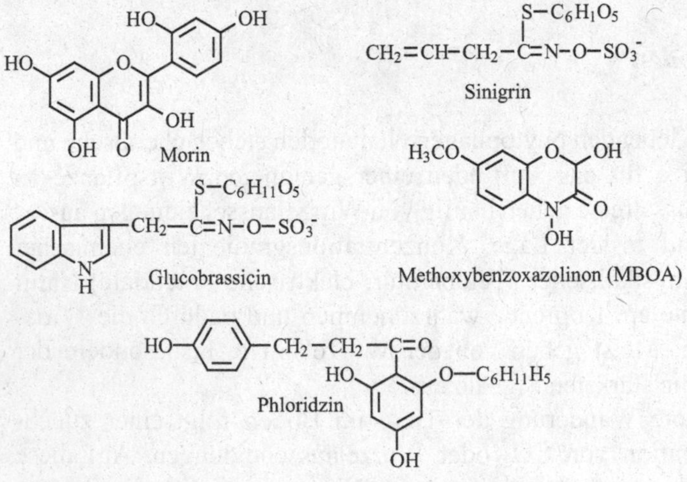

Abb. 13.2 Chemische Struktur von sekundären Pflanzeninhaltsstoffen, die herbivoren Insekten als Fraßstimulantien dienen (vgl. Tabelle 13.2)

Tabelle 13.2 Eine Auswahl sekundärer Pflanzeninhaltsstoffe, die herbivoren Insekten als Signal für die Nahrungsaufnahme oder Eiablage dienen

Arten	Wirtspflanzen	Pflanzeninhaltsstoff	Wirkstoffklasse
Geeignet als Nahrungspflanze			
Pieris spp.	*Brassica* spp.	Sinigrin	Glucosinolate
Bombyx mori	*Morus* spp.	Morin	Flavonoide
Brevicoryne brassicae	*Brassica* spp.	Sinigrin	Glucosinolate
Aphis pomi	Apfel	Phloridzin	Chalkone
Geeignet zur Eiablage			
Pieris spp.	*Brassica* spp.	Glucobrassicin	Glucosinolate
Delia antiqua	*Allium* spp.	n-Propyldisulfid	Disulfide
Mayetiola destructor	*Triticum aestivum*	6-Methoxybenzoxa-zolinon	Hydroxamsäuren

Sekundäre Pflanzenstoffe dienen ferner als Abwehrstoffe (*feeding deterrents*). Sie verhindern die Akzeptanz als Fraßpflanze oder zur Eiablage. In einigen Fällen besitzen die gleichen Stoffe eine Doppelfunktion. Für bestimmte Arten sind sie Fraßstimulantien, für andere Abwehrstoffe (s. Kap. 15.3).

Eine umfangreiche, kaum noch überschaubare Literatur befasst sich mit der Wirkung der in die Hunderte gehenden sekundären Pflanzenstoffen, die als Fraßstimulantien und Abwehrstoffe für Insekten fungieren. Ihre Zahl nimmt ständig zu und betrifft vor allem zu den Phenolderivaten, Flavonoiden und Terpenen zählende Stoffe.

Besonders eingehend sind die Eigenschaften der Senfölglycoside als Nahrungslockstoffe am Beispiel der beiden Kohlschädlinge *Pieris brassicae* (Kohlweißling) und *Brevicoryne brassicae* (Mehlige Kohllaus) untersucht. Senfölglycoside, auch als Glucosinolate bezeichnet, sind in der Familie der Kreuzblütler weit verbreitet. Aus den Glucosinolaten werden die Senföle durch das gleichzeitig vorkommende Enzym Myrosinase freigesetzt. Obwohl die Kreuzblütler zahlreiche Senfölglykoside enthalten, spielt beim Kohl das Sinigrin die Hauptrolle als Nahrungslockstoff. Kommen Glycosid und Enzym zusammen, was durch die Zerstörung der Kompartimentierung beim Fraß- oder Saugakt geschehen kann, so findet die in Abb. 15.10 dargestellte Umsetzung statt.

Allylisothiocyanat ist der scharf schmeckende Bestandteil des Senfs, für viele Insekten ein Giftstoff, für den Kohlweißling und die Mehlige Kohllaus jedoch ein Fraßstimulans. Die Abhängigkeit der Kohlweißlingslarve von diesen Stoffen geht so weit, dass ein künstliches Nährmedium nur dann angenommen wird, wenn dem Futter das Sinigrin oder das Senföl beigefügt ist. Ähnliche Verhältnisse liegen für die Kohllaus vor. Obwohl *Brevicoryne brassicae* nur Cruciferen als Nahrungspflanzen annimmt, ist es möglich, die Laus zur Nahrungsaufnahme auf *Vicia faba* zu bewegen, wenn zuvor die Blätter mit einer Lösung von Sinigrin infiltriert wurden.

Die bisher bekannt gewordenen Resultate beruhen hauptsächlich auf Laboruntersuchungen, die unter kontrollierten Bedingungen ausgeführt wurden. Über das Verhalten von phytophagen Insekten im Freiland, die dem Einfluss zahlreicher zusätzlicher biotischen und abiotischen Faktoren ausgesetzt sind, gibt es nur wenige gesicherte Untersuchungsergebnisse.

13.3   Entstehung einer ausreichenden Populationsdichte

13.3.1   Dichteregulierung der Schädlingspopulation

Voraussetzung für die Entstehung eines wirtschaftlichen Schadens ist die ausreichende Anzahl von Schädlingen (Populationsdichte, Abundanz). Die Populationsdichte ist jedoch eine veränderliche Größe, die durch das Zusammenwirken von Fertilität, Mortalität sowie Zu- und Abwanderung der Schädlinge bestimmt wird. Diese Faktoren wiederum werden von abiotischen und biotischen Einflüssen gesteuert. Dazu gehören:

- **Temperatur**. Ebenso wie die Krankheitserreger sind auch die Schädlinge nur in bestimmten Temperaturbereichen aktiv. Für Entwicklungsdauer, Generationsfolge und Überwinterung ist deshalb der Temperaturfaktor von ausschlaggebender Bedeutung
- **Feuchtigkeit**. Sie beeinflusst die Abundanz vieler Schädlinge, insbesondere der in und am Boden lebenden Arten (z. B. Nematoden, Schnecken, Collembolen). Sowohl Wassermangel als auch ein Übermaß an Niederschlägen kann sich nachteilig auswirken, wie z. B. der vielfach im Sommer zu beobachtende Zusammenbruch einer Blattlauspopulation nach einem starken Gewitterregen
- **Wind** als Transportmittel und zur Beeinflussung der Flugaktivität, **Licht** als Orientierungsfaktor
- **Nahrung**. Neben dem Vorkommen geeigneter Fraßpflanzen spielt auch die Qualität der Nahrung und die Fruchtfolge (Monokultur) eine Rolle
- **Intraspezifische Konkurrenz**. Sie wirkt sich dann aus, wenn die Nahrung nicht mehr ausreicht, um den Bedarf aller Schädlinge zu decken. Das Konkurrenzverhalten der Organismen führt oftmals zur Abwanderung, Fruchtbarkeitsminderung und in extremen Fällen zum Kannibalismus
- **Natürliche Feinde**. Ihre Bedeutung für die Entwicklung einer Schädlingspopulation ist in den meisten Fällen schwer zu erfassen, da auch die Nützlinge dem Einfluss der oben genannten abiotischen Faktoren unterliegen.

Grundlage für den Aufbau einer Population ist u. a. die Fähigkeit der Schädlinge, auch extreme Witterungsbedingungen und Nahrungsmangel zu überstehen. Nematoden z. B. können im Zustand der Anabiose, in der alle Stoffwechselvorgänge stark reduziert sind, mehrere Trockenjahre überleben. Ferner sind zahlreiche Insekten mit Hilfe eines Ruhestadiums, der Diapause, in der Lage, ungünstige Zeitabschnitte zu überdauern. Andere Anpassungsformen bestehen darin, dass Insekten als Larven in einem Kokon, der als Kälte- und Verdunstungsschutz dient (z. B. Apfelwickler, Blattwespen), oder als Ei (z. B. Blattläuse, Frostspanner, Frühjahrsapfelblattsauger) überwintern.

Ob es letztlich zu gravierenden Ertragsverlusten kommt, ist jedoch davon abhängig, dass Schädling und Wirtspflanze termingerecht zusammentreffen (**Koinzidenz**).

Eine Veränderung der Populationsdichte, d. h. die Zunahme oder Abnahme der Organismen in einer Population wird durch den Vermehrungskoeffizienten q (= Nachkommen eines Individuums) erfasst. Ist $q > 1$, nimmt die Population zu, bei $q < 1$ geht sie zurück. Bezeichnet man die Dichte der Ausgangspopulation mit P_0, so beträgt die Zahl der Organismen nach n Generationen:

$$P_n = P_0 \cdot q^n.$$

Bleibt q konstant, vollzieht sich der Anstieg der Population in einer geometrischen Progression. Dies erklärt, dass es unter optimalen Bedingungen in kurzer Zeit zu einer explosionsartigen Zunahme einer Schädlingspopulation kommen kann, besonders dann, wenn wir es mit Arten zu tun haben, die mehrere Generationen pro Jahr hervorbringen (polyvoltine Arten, z. B. Blattläuse, Spinnmilben).

13.3.2 Massenwechsel

Während wir das **seuchenhafte Auftreten pathogener Mikroorganismen** als **Epidemie** bezeichnen, sprechen wir bei den **Auswirkungen eines starken Schädlingsbefalls** von **Kalamitäten** oder Plagen.

Hinsichtlich des Verlaufs weisen Epidemien und Kalamitäten weitgehende Übereinstimmung auf. Werden keine Bekämpfungsmaßnahmen durchgeführt, bricht eine Massenvermehrung nach einem starken Anstieg auf ihrem Höhepunkt von selbst zusammen. Die Ursachen hierfür sind vielfältiger Art (z. B. Vernichtung der Wirtspflanzen und damit der Nahrungsgrundlage).

Aus den nach dem Zusammenbruch einer Massenvermehrung übrig gebliebenen pathogenen Organismen und Schädlingen kann sich unter günstigen Bedingungen nach kurzer Zeit eine neue Epidemie bzw. Kalamität entwickeln. Ein wesentlicher Unterschied zwischen Krankheitserregern und Schädlingen besteht jedoch darin, dass vom Auftreffen der Pilzsporen oder Bakterien bzw. der Weitergabe der Viren über Wunden bis zum Auftreten der ersten Krankheitssymptome, in Abhängigkeit von zahlreichen biotischen und abiotischen Faktoren, eine mehr oder weniger lange Zeit verstreicht (Infektions- und Inkubationszeit), während nach dem Zusammentreffen von Schädling und Wirt normalerweise schon nach kurzer Zeit Schäden sichtbar werden. Ob die anstehenden Verluste noch unterhalb der Schadensschwelle bleiben oder ob es zu Kalamitäten oder Plagen kommt, hängt davon ab, in welchem Ausmaß eine Übervermehrung der Schädlinge erfolgt. Die bei einer Massenvermehrung ablaufenden Vorgänge einschließlich der Ursachen, die dazu führen, bezeichnen wir als **Gradation**. Hierbei unterscheidet man folgende Phasen (Abb. 13.3):

- **Latenzphase**. Sie entspricht weitgehend dem Normalbestand. Wirtschaftliche Schäden sind nicht sichtbar
- **Akkreszenzphase**. Ein erstes Ansteigen der Population ist feststellbar; ernsthafte Schäden sind noch nicht wahrzunehmen
- **Progressionsphase**. Die Vermehrung nimmt erheblich zu; im Endstadium (Eruptionsstadium) kommt es zu starken Schäden
- **Regressions- und Rekreszenzphase** (= Krisis). Nach Erreichen eines Kulminationspunktes bricht die Population zusammen.

Dichteveränderungen (= Massenwechsel), wie in Abb. 13.3 graphisch dargestellt, können sich in mehr oder weniger langen Zeiträumen wiederholen, so dass es zu einem dauernden Auf und Ab der Populationskurven mit unterschiedlicher Amplitude und Latenzzeit kommt. Man unterscheidet dabei drei charakteristische Gruppen:

- Arten, die ständig in niedriger Dichte vorhanden sind (latenter Massenwechsel)
- Arten, die nur zeitweise zu einer Übervermehrung neigen, wie z. B. der Baumweißling, *Aporia crataegi* (temporärer Massenwechsel)
- Arten, die ständig in hoher Dichte vorhanden sind, wie z. B. der Kohlweißling (permanenter Massenwechsel).

Die in Abb. 13.3 dargestellte Kurve nimmt jedoch nur in Ausnahmefällen einen symmetrischen Verlauf. In der Regel ist der Abfall der Gradationskurve (Regression) durch den meist plötzlich eintretenden Zusammenbruch einer Population viel steiler als der Anstieg (Progression).

Zur Erklärung des ständigen Massenwechsels der Schädlinge existiert eine Reihe von Theorien. Die wichtigsten sind:

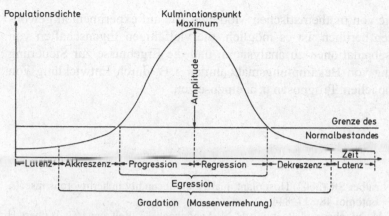

Abb. 13.3 Schema einer Gradation

- **Witterungstheorie.** Sie beruht darauf, dass eine günstige Kombination von Temperatur und Luftfeuchtigkeit eine maximale Lebensdauer und Vermehrungsrate garantiert. Jede Abweichung vom arttypischen Optimum führt zu erhöhter Mortalität und damit zur Verringerung der Populationsdichte
- **Parasiten- und Biozönosetheorie.** Jeder Schädling erzeugt mehr Nachkommen, als zur Erhaltung der Art notwendig sind. Um einer ständigen Übervermehrung entgegenzuwirken, greifen natürliche Begrenzungsfaktoren in Form von Parasiten, Räubern und Krankheitserregern ein und halten die Population auf einem durchschnittlichen Niveau (biologisches Gleichgewicht). Für die Parasitentheorie sprechen alle Beispiele, in denen Schädlinge ohne ihre natürlichen Feinde eingeschleppt wurden und sich unbeeinflusst vermehren konnten. Jede Störung des Gleichgewichts zwischen dem Schädling und seinen natürlichen Feinden, verursacht durch Witterungseinflüsse, Kulturmaßnahmen, Parasiten 2. Grades usw., führt zur Übervermehrung der Schädlinge und damit zu Schäden an unseren Kulturpflanzen
- **Übervölkerungstheorie.** Die Populationskurven zeigen eine bestimmte Periodizität, d. h. nach dem Kulminationspunkt erfolgt ein schneller Zusammenbruch der Schädlingspopulation aufgrund der Verschlechterung der Lebensbedingungen (Nahrungsmangel, gegenseitige Behinderung, Verringerung der Fruchtbarkeit usw.).

Die genannten Theorien sind jede für sich allein nicht in der Lage, das Massenwechselproblem befriedigend zu erklären. Das Zusammenspiel zwischen einer Population und den zahlreichen abiotischen und biotischen Faktoren ist außerordentlich kompliziert und noch in vielen Bereichen nicht ausreichend untersucht.

Mit Hilfe von mathematischen Modellen, die auf experimentell gewonnenen Daten beruhen, ist es möglich, die vielfältigen Eigenschaften von Schädlingspopulationen zu analysieren und die Ergebnisse zur Steuerung und Planung von Bekämpfungsmaßnahmen z. B. durch Entwicklung von Expertenmodellen, Prognosen u. a. einzusetzen.

Literatur

Awmack S, Leather SR (2002) Host plant quality and fecundity in herbivorous insects. Annu Rev Entomol 48:817–844

Hoffmann GM, Nienhaus F, Poehling H-M, Schönbeck F, Weltzien HC, Wilbert H (1994) Lehrbuch der Phytomedizin. Blackwell, Berlin Oxford

Ohnesorge B (1991) Tiere als Pflanzenschädlinge. Thieme, Stuttgart

Schoonhoven LM, Van Loon JJA, Dicke M (2005) Insect-plant biology. Oxford Univ Press, Oxford New York

14 Symptomatologie

Wird eine Pflanze von Krankheitserregern und Schädlingen befallen, zeigen sich die Abweichungen gegenüber der gesunden Pflanze in Form äußerlich sichtbarer Krankheitssymptome und Beschädigungen und histologischer, anatomischer sowie stoffwechselphysiologischer Veränderungen.

14.1 Äußerlich sichtbare Krankheitssymptome und Beschädigungen

14.1.1 Welkeerscheinungen

Sie entstehen aufgrund eines gestörten Wasserhaushalts durch Vermehrung von Pilzen und Bakterien in den Gefäßen (Tracheomykosen bzw. Tracheobakteriosen) oder infolge eines Befalls der Wurzeln durch Krankheitserreger und Schädlinge.

14.1.2 Verfärbungen

Verfärbungen sind die häufigsten Symptome, die allerdings neben einem Befall durch Krankheitserreger und Schädlinge oft auch auf abiotische Faktoren (Nährstoffmangel, Emissionsschäden u. ä.) zurückzuführen sind. Am meisten verbreitet sind folgende Farbveränderungen:

- **Vergilben** bei zahlreichen Virosen (z. B. Vergilbungsvirus bei Rüben)
- **Rotfärbung** an Getreide, Wein und Hopfen durch Viren (z. B. Gelbverzwergungs-Virus), Pilze (z. B. *Pseudopeziza tracheiphila*) oder Spinnmilben

H. Börner, *Pflanzenkrankheiten und Pflanzenschutz*,
© Springer 2009

- **Braun- und Schwarzfärbung**; häufigstes Symptom in Verbindung mit Fleckenbildung und Schwarzbeinigkeit (Y-Virus der Kartoffel, Cercospora-Blattfleckenkrankheit der Rübe und andere)
- **Mosaikscheckung**, besonders häufig bei Viruserkrankungen.

14.1.3 Absterbeerscheinungen

Zu ihnen zählen das vorzeitige Abwerfen ganzer Pflanzenorgane, Dürre- und Fäulniserscheinungen:

- **Abwerfen von Pflanzenorganen**. Vorzeitiger Abwurf der Blätter und Früchte (z. B. Apfelschorf, Falscher Mehltau der Weinrebe, Scharkakrankheit bei Pflaume und Zwetsche, Apfelwickler)
- **Dürre**. Sie kann die unmittelbare Folge von starkem Wassermangel oder Zerstörung der schützenden Epidermis durch saugende Insekten (z. B. Thripse) und Milben sein. Vielfach ist sie jedoch auf einzelne Pflanzenteile beschränkt (z. B. Monilia-Spitzendürre der Kirsche)
- **Fäulen**. Man unterscheidet zwischen Nass- und Trockenfäulen. Sie sind häufige Krankheitserscheinungen an Früchten (z. B. Gloeosporium-Fäule beim Apfel) und Knollen (z. B. Knollennassfäule der Kartoffel), können aber auch an allen anderen Pflanzenorganen, wie Blüten, Stängeln, Wurzelhals, Blättern und Samen auftreten.

14.1.4 Formveränderungen

Wir unterscheiden zwischen den einfachen Habitusanomalien, wie Blattkräuselungen, Blattrollen, Verkrümmungen usw., den Hypoplasien (Wachstumsdepressionen) und Hypertrophien (Wachstumsprogressionen):

- **Einfache Formveränderungen**. Blattrollen (Blattroll-Virus und Wurzeltöterkrankheit der Kartoffel), Blattkräuselungen (A-Virus an Kartoffel, Rübenkräusel-Virus an Beta-Rübe), Verkrümmungen der Stängel (Falscher Mehltau an Mohn, Spargelfliege)
- **Hypoplasien** (Wachstumsdepressionen). Sehr zahlreich und durch ganz verschiedenartige Schaderreger hervorgerufen (z. B. Zwergsteinbrand des Weizens)
- **Hypertrophien** (Wachstumsprogressionen). Hierzu gehören vor allem die Gallen (z. B. Kartoffelkrebs, Wurzelkropf, Kohlhernie, Nectria-Krebs an Obstbäumen).

14.1.5 Umfallerscheinungen

Man findet sie vorwiegend an auflaufenden Pflanzen (z. B. Wurzelbrand an Beta-Rübe). Aber auch heranwachsende Pflanzen können durch Befall des Stängelgrundes (Fußkrankheiten) oder des Stängels umbrechen (z. B. diverse Halmbasiskrankheiten des Weizens).

14.1.6 Ausscheidungen

Sie treten als Folge eines Befalls durch Krankheitserreger in Form von Schleimfluss (z. B. Bakterienschleim an der Gurke durch *Pseudomonas lachrymans*) und Gummifluss (z. B. Kräuselkrankheit an Pfirsich) auf. Auch die Abgabe zuckerhaltiger Exkremente (Honigtau) von zahlreichen Blattlausarten und Blattflöhen gehört in diese Symptomkategorie.

14.1.7 Beschädigungen

Hierzu zählen alle Beschädigungen, die der Pflanze von außen durch Schädlinge mit stechend-saugenden und beißenden Mundwerkzeugen beigebracht werden. Im Einzelnen unterscheidet man:

- Stichwunden. Sie werden durch die Mundwerkzeuge stechend-saugender Insekten (Blattläuse, Zikaden, Wanzen) und Milben oder durch den Legestachel als Hilfsorgan bei der Eiablage (z. B. Sägewespen) verursacht
- Fraßschäden. Sie führen zu echten Gewebeverlusten und werden durch Insekten mit beißenden Mundwerkzeugen und Nagetiere hervorgerufen. Wir unterscheiden folgende Fraßtypen:
  - **Schabe- und Nagefraß** (Schnecken, Wühlmaus)
  - **Fensterfraß** (Schädigung nur auf einer Blattseite, Epidermis der Gegenseite bleibt unverletzt; Beispiel Getreidehähnchen)
  - **Lochfraß** (zahlreiche Käfer, Schmetterlingslarven und andere)
  - **Blattrandfraß** (Blattrandkäfer)
  - **Skelettierfraß** (Vernichten der Interkostalfelder, nur stärkere Blattadern bleiben als „Skelett" übrig; Beispiel Kohlweißlingslarven)
  - **Kahlfraß** (Larve des Kartoffelkäfers, Rübenderrüssler, Maikäfer und andere).
  - **Kaufraß** (Pflanzengewebe wird nicht gänzlich zerstört, sondern nur zerkaut; typisch für die Larve des Getreidelaufkäfers)
  - **Gespinstfraß**: Fraßschäden innerhalb eines Gespinstes (z. B. Gespinstmottenlarven).

– **Minierfraß**: Herausfressen des Blattgewebes zwischen den Epidermen, Chlorophyllverlust (z. B. Larve der Rübenfliege)
– **Bohrfraß** (Anlegen von Bohrgängen in Stängeln, Wurzeln und Früchten; Beispiele: Larven der Schnellkäfer, des Rapsstängelrüsslers, Apfelwicklers und viele andere Schmetterlings-, Käfer- und Fliegenlarven).

14.1.8   Epiphyten und Parasiten als Schadsymptom

Neben den bisher beschriebenen Symptomen können Epiphyten, parasitische Samenpflanzen sowie pilzliche Parasiten in Form von Myzel und Sporenlagern als Schadsymptome in Erscheinung treten:

- Epiphyten. Moose, Flechten, Rußtau- und Schwärzepilze
- Parasitische Samenpflanzen. Ackerwachtelweizen, Klappertopf, Mistel (Halbparasiten); *Orobanche*- und *Cuscuta*-Arten (Vollparasiten)
- Ektoparasiten. Breiten sich auf der Epidermis der Wirtspflanze aus (u. a. Echte Mehltaupilze)
- Endoparasiten. Breiten sich im Innern der Wirtspflanze aus, bilden jedoch Frucht- oder Dauerformen auf der Oberfläche (z. B. Falscher Mehltau, Rost- und Brandpilze, Mutterkorn-Sklerotien).

14.2   Anatomische und histologische Veränderungen der erkrankten und beschädigten Pflanze

14.2.1   Veränderungen von Zellbestandteilen

Nach Virus-, Bakterien- und Pilzinfektionen kommt es zu mehr oder weniger ausgeprägten Veränderungen des Zellkerns, des Plasmas, der Plastiden und der Zellwände, die sich wie folgt äußern können:

- **Hypertrophie** oder Degenerationserscheinungen des Zellkerns, verbunden mit Veränderungen des Chromatins und Störungen der mitotischen und meiotischen Kernteilungen
- **Veränderungen der Plasmastruktur** durch Zerlegung der Zentralvakuole in zahlreiche kleinere Tochtervakuolen, Beschleunigung der Plasmabewegung und Plasmolyse
- **Schädigung der Plastiden**, vor allem der Chloroplasten, infolge der Hemmung von Wasser- und Nährstoffversorgung durch Tracheobakteriosen, Tracheomykosen und Blattinfektionen sowie Befall der Wurzel;

Bildung kleiner Lipoidtröpfchen (Lipophanerosen) oder Vakuolen (vakuolische Degeneration) in den Plastiden. Nach Pilzinfektionen kommt es häufig zu Plastidenverlagerungen (negative Traumatotaxis)

- Alle Übergänge von **Membranverdickungen** bis zu langen, eingedrungene Pilzhyphen umhüllende, aus Lignin bestehende, zapfenartige Auswüchse der Zellwand (Lignituber), die so stark werden, dass sie die Zellen durchwachsen und auf diese Weise Wunden verschließen oder kranke Plasmapartien abschnüren können (Vernarbungsmembran).

14.2.2 Veränderungen von Geweben und Organen

Die folgende Darstellung befasst sich nur mit denjenigen Veränderungen von Geweben und Organen, die von parasitischen Organismen verursacht werden. Die vielfältigen Anomalien der Pflanzen, die auf nichtparasitäre Ursachen zurückzuführen sind, werden hier ausgeklammert (z. B. unzureichende Lichtmenge → Etiolieren; zu hoher Wassergehalt bei ungenügender Wasserabgabe → Lentizellenwucherungen; Veränderungen durch den Einfluss von Chemikalien; Anomalien erblicher Natur) (s. Kap. 2).

Gallen

Eine Galle (**Cecidie**) entsteht durch abnorme Wachstumsbildungen an Pflanzen unter Einwirkung tierischer und pflanzlicher Parasiten und schafft diesen einen optimalen Lebensraum. Gallenerzeugende Organismen sind aus fast allen Gruppen des Tier- (*Cecidozoen*) und Pflanzenreichs (*Cecidophyten*) bekannt. Im Prinzip sind alle Pflanzenteile zur Bildung von Gallen befähigt, vorzugsweise aber Gewebe, das sich noch in teilungsfähigem Zustand befindet. Nach ihrem Erscheinungsbild teilt man die Gallen in zwei Gruppen ein:

- **Organoide Gallen**. Sie gehen aus Organen hervor, die nach einem Befall Abweichungen vom normalen Habitus zeigen, bei denen aber stets noch das ursprüngliche Organ deutlich erkennbar ist (z. B. Befall von *Euphorbia cyparissias* durch *Uromyces pisi*; Hexenbesen)
- **Histoide Gallen**. Sie entstehen durch Neubildung von Gewebe nach einem Befall mit gallenerzeugenden Organismen. Eine sichere Abgrenzung zu den organoiden Gallen ist jedoch nicht in allen Fällen möglich. Bei histoiden Gallen unterscheiden wir:

- Kataplastische Gallen (= Gallen ohne konkrete Formen und Größe);
  hierzu gehören die meisten der durch Schaderreger verursachten
  Anomalien (z. B. Kartoffelkrebs, Kräuselkrankheit an Pfirsich, Blutlauskrebs, Kohlhernie, Wurzelkropf)
- Prosoplastische Gallen (= Gallen mit charakteristischen Formen und
  Größen); seltener auftretend (z. B. die durch verschiedene Eichengall-
  wespen hervorgerufenen Gallen auf Eichenblättern).

Zahlreiche Autoren behandeln die in der vorausgegangenen Einteilung den Gallen
zugeordneten Tumoren als gesonderte Gruppe. Charakteristische, von den Gallen
abweichende Merkmale sind: andauerndes Wachstum durch fortgesetzte Zellteilungen,
Verlust der Polarität, geringe Potenzen zur Differenzierung, veränderte Stoffwechsel-
eigenschaften, Transplantation auf gleiche oder verwandte Wirte, Gewebekultur ohne
Wuchsstoffzugabe. Die genannten Eigenschaften bleiben als Transplantat in der Kultur
erhalten. Die durch *Agrobacterium tumefaciens* verursachten Tumoren (crown *gall*)
besitzen die angeführten Merkmale.

Gewebeneubildungen

Nach erfolgter Infektion kann neues Gewebe entstehen, das in erster Linie
dazu dient, den Befallsherd abzugrenzen oder abzukapseln. Hierzu gehören:

- **Wundgummi**. Das infolge einer Infektion von verschiedenen Pflanzen
  gebildete Wundgummi ist von unterschiedlicher chemischer Natur. Es
  dient dazu, Wundflächen zu schützen oder als Barriere das weitere Eindringen des Pilzes zu verhindern (z. B. Bleiglanz der Obstbäume)
- **Thyllen**. Blasenartige, in den Tracheen gebildete Wucherungen. Sie
  entstehen dadurch, dass lebende Holzparenchymzellen durch Vergröße-
  rung und blasenartige Ausstülpung ihrer Tüpfelschließhäute in die angrenzenden Gefäße hineinwachsen und sie verschließen; dieser Vorgang
  verhindert ein weiteres Vordringen des Pilzes im Gefäßsystem; Thyllen
  treten häufig bei Tracheomykosen auf
- **Kork**. Zahlreiche Pflanzen legen zur Abwehr von parasitischen Organismen (Histogenabwehrreaktion) ein typisches Korkgewebe an (z. B.
  Schrotschusskrankheit bei Kirsche und Pfirsich).

14.3 Veränderungen des Stoffwechsels

Die als Folge einer Infektion durch Bakterien, Pilze und Viren in der
Pflanze auftretenden Veränderungen des Stoffwechsels sind vielfältiger
Art und in ihrer Gesamtheit zur Zeit noch wenig überschaubar. Erschwe-

rend kommt hinzu, dass die Reaktion der Wirte auf einen Befall sehr unterschiedlich sein kann und deshalb allgemein gültige Richtlinien bisher nur in wenigen Fällen möglich sind.

Die folgende zusammenfassende Darstellung berücksichtigt nur die wichtigsten, infolge einer Infektion nachweisbaren Stoffwechselveränderungen.

Eine notwendige Voraussetzung für das Verständnis pathophysiologischer Vorgänge ist die Kenntnis des Stoffwechsels der gesunden Pflanze. Hierauf kann in diesem Beitrag nur summarisch eingegangen werden. Die Lektüre der entsprechenden Kapitel eines Lehrbuchs der Pflanzenphysiologie ist daher dringend zu empfehlen.

14.3.1 *Photosynthese*

Während der Photosynthese bildet die Pflanze unter Ausnutzung der durch Chlorophyll absorbierten Lichtenergie aus CO_2 energiereiche Kohlenhydrate, die das Ausgangsmaterial für die Biosynthese aller anderen organischen Verbindungen sind. Dazu gehören auch diejenigen, die der Pflanze einen Schutz gegen den Angriff von Schadorganismen verleihen, wie z. B. Phytoalexine u. a. Die Lichtreaktionen der Photosynthese spielen sich in den Thylakoidmembranen der Chloroplasten ab. Ihre Schädigung wirkt sich besonders negativ auf das Wachstum und die Entwicklung der Pflanzen und damit auf den Ertrag aus.

Nach einem Befall mit Krankheitserregern und Schädlingen häufig auftretende äußerlich sichtbare Symptome, die auf eine Schädigung des Chlorophyllapparates schließen lassen, sind Farbveränderungen. Hierzu gehören:

- Mosaikfleckung. Besonders häufig bei Viruserkrankungen (z. B. Tabak-Mosaikvirus)
- Vergilbungen (z. B. Vergilbungsvirus bei Beta-Rübe)
- Rotfärbung (z. B. viröse Gelbverzwergung der Gerste, Roter Brenner der Weinrebe).

Zu bedenken ist allerdings, dass Verfärbungen häufig auch auf abiotische Ursachen zurückzuführen sind, wie Nährstoffmangel, Emissionsschäden und andere (Kap. 2).

Die Photosynthese kann durch Schaderreger direkt oder indirekt beeinflusst werden. Um eine **indirekte Beeinflussung** handelt es sich bei Unterbrechung bzw. Einschränkung der Wasser- und Nährstoffzufuhr, etwa durch Anreicherung von Bakterien oder Pilzen in den Gefäßen oder durch Schädigung der Wurzel. Dies führt zu Welkeerscheinungen und als Folge davon zu einer Reduzierung der Assimilationsleistung.

Ferner führen Blattnekrosen, durch Schädlinge mit kauend-beißenden Mundwerkzeugen verursachte Gewebeverluste und die Ausscheidung zuckerhaltiger Flüssigkeit beim Befall mit Blattläusen (Honigtau), die nicht-pathogene Schwärzepilze als C-Quelle benutzen, zu einer Verringerung der assimilatorisch wirksamen Fläche.

Der **direkte Einfluss** von phytopathogenen Pilzen, Bakterien und Viren auf die Photosynthese ist uneinheitlich. In der Regel sinkt die Photosynthese-seleistung einer Pflanze nach einem Befall ab. Eine Ausnahme machen die „grünen Inseln" in chlorotischen Geweben, die nach Rostinfektionen um die Pusteln oder bei virusbedingten Mosaiksymptomen auftreten.

Auch bei biotrophen Erregern wird gelegentlich in frühen Infektionssta-dien ein vorübergehender Anstieg der Photosyntheseleistung beobachtet, dem allerdings ein mal mehr, mal weniger schneller Abfall folgt.

Die Beeinflussung der Photosynthese durch Pathogene hat verschiedene Ursachen. Neben der Zerstörung oder gehemmten Entwicklung von photo-synthetisch aktivem Gewebe, Bedeckung der Blattfläche durch den Erreger (z. B. Echte Mehltaupilze) und der Verminderung der CO_2-Aufnahme durch Beeinträchtigung des Schließmechanismus der Stomata, sind es vor allem Enzyme und Toxine des Erregers oder Metaboliten aus den Wirt-Pathogen-Interaktionen, welche die Photosynthese hemmen.

Charakteristische Merkmale eines Befalls mit biotrophen Erregern sind, dass der Gehalt an Chlorophyll a und b sowie der Cytochrom-f-Gehalt des Photosystems II (PS II) absinkt. Daraus folgt:

- Beeinträchtigung des Elektronenflusses vom PS II zum PS I
- Verminderung der ATP- und NADPH-Synthese
- Beeinträchtigung des Calvinzyklus.

In späteren Stadien der Infektion kommt als weiterer wichtiger Faktor hinzu, dass die Membranen des Wirtes zerstört werden und dadurch die Kompartimentierung der Zelle aufgehoben wird, was zum Erliegen zahl-reicher essentieller Stoffwechselvorgänge beiträgt.

Auch die von pflanzenpathogenen Pilzen und Bakterien synthetisierten Pathotoxine spielen eine wichtige Rolle. So hemmen die von *Alternaria alternata* und *Pseudomonas tabaci* ausgeschiedenen Toxine Tentoxin so-wie Tabtoxin (Abb. 12.10) bei der Photosynthese aktive Enzyme.

14.3.2 Atmung

Eine zentrale Stellung im Stoffwechsel der Pflanze nimmt die Atmung ein, da durch sie die notwendige Energie für alle ablaufenden Prozesse bereit-gestellt wird.

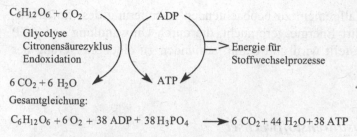

Gesamtgleichung:

$$C_6H_{12}O_6 + 6\,O_2 + 38\,ADP + 38\,H_3PO_4 \longrightarrow 6\,CO_2 + 44\,H_2O + 38\,ATP$$

Abb. 14.1 Biologische Oxidation und Energiegewinnung

Bei der Atmung werden Kohlenhydrate (meist Glucose) über zahlreiche Einzelreaktionen (Glycolyse – Citronensäurezyklus – Endoxidation) schrittweise aerob abgebaut und die dabei entstehende Energie in Adenosintriphosphat (ATP) gespeichert. ATP stellt damit eine Verbindung dar, aus der unter gleichzeitiger Umwandlung in Adenosindiphosphat (ADP) die für zahlreiche Stoffwechselvorgänge notwendige Energie freigesetzt wird (Abb. 14.1).

Der Hauptgewinn an chemischer Energie aus dem Abbau der Glucose wird bei der Endoxidation, d. h. bei der Vereinigung des an Coenzyme gebundenen Wasserstoffs mit dem molekularen Sauerstoff erzielt. Die über die „Atmungskette" ablaufenden Reaktionen sind mit einer ATP-Synthese verbunden. Hierbei wird die bei der Endoxidation freiwerdende Energie in ATP ($ADP + P_i + Energie \rightarrow ATP$) gebunden.

Als charakteristische Reaktion der Pflanze auf eine Infektion stellt man in vielen Fällen eine **Erhöhung der Atmung in der Anfangsphase der Pathogenese** fest, während eine zunehmende Schädigung des Wirtsgewebes, wie z. B. nach Auftreten von Nekrosen, in der Regel mit einer Verringerung der Atmung einhergeht.

Die gesteigerte Atmung lässt sich direkt im oder in unmittelbarer Nähe des Infektionsherdes feststellen, bei Gefäßparasiten kann sie aber auch in entfernt liegenden Gewebeteilen nachgewiesen werden. Es handelt sich um eine unspezifische Reaktion, da sie nicht nur durch eine Infektion, sondern auch durch Chemikalien und mechanische Verletzungen möglich ist.

Eine wesentliche Ursache für die vielfach beobachtete Atmungssteigerung ist in einer Veränderung des Stoffwechsels der Wirtszelle durch die **Zunahme von Syntheseprozessen** nach einer Infektion zu suchen. Bei den vermehrt gebildeten Substanzen handelt es sich vor allem um:

- Nucleinsäuren und Proteine (gesteigerte Transkription und Translation)
- Aktivierung oder Zunahme der Synthese von Enzymen
- Als Folge davon die Bildung zahlreicher neuer (z. B. Phytoalexine) oder verstärkte Bildung vorhandener Stoffe, wie z. B. phenolischer Verbindungen.

Bei der ganz allgemein zu beobachtenden Aktivierung des Stoffwechsels wird vermehrt Energie verbraucht, die durch Umwandlung von ATP in ADP bereitgestellt wird und damit verbunden zu einer Steigerung der Atmung führt.

14.3.3 Aminosäurenstoffwechsel

Krankheitserreger sind in der Lage, den Aminosäurenstoffwechsel ihrer Wirte nachhaltig zu beeinflussen. So ist häufig nach einem Befall eine Konzentrationszunahme bestimmter Aminosäuren nachweisbar, die darauf zurückzuführen ist, dass durch Inhibieren von Enzymsystemen Biosynthesewege blockiert und dadurch Reaktionsprodukte angereichert werden. Bei diesen Vorgängen spielen Pathotoxine eine wichtige Rolle.

Beispielsweise kann infolge der Hemmung der Ornithin-Carbamoyl-Transferase durch das von *Pseudomonas phaseolicola* ausgeschiedene Toxin Phaseolotoxin Ornithin nicht mehr in Citrullin überführt werden (Abb. 12.10 und 12.11). Das Ergebnis ist eine Akkumulation von Ornithin, eine Aminosäure, die in gesundem Gewebe nicht nachweisbar ist. Weitere Beispiele sind die von *Fusarium solani* und *Pseudomonas tabaci* gebildeten Pathotoxine Marticin bzw. Tabtoxin. Sie verhindern durch Hemmung der Glutaminsynthase die Umsetzung von Glutaminsäure zum Säureamid Glutamin (Abb. 12.10 und 12.11).

Eine Zunahme bestimmter Aminosäuren nach einem Befall kann aber auch auf einer verstärkten, durch eine Aktivierung von Proteasen hervorgerufenen Hydrolyse von Proteinen beruhen.

14.3.4 Beeinflussung von Transkription und Translation

Nach Virus-, Bakterien- und Pilzinfektionen ist häufig eine vermehrte Bildung von DNA, mRNA und Proteinen vor allem in der Anfangsphase der Pathogenese nachweisbar. Dies ist ein deutlicher Hinweis auf Veränderungen bei der Translation und Transkription. Zudem wird beobachtet, dass der Zellkern befallener Pflanzen deutlich vergrößert ist.

Einen Anstieg von DNA und mRNA fand man vor allem in Pflanzen, bei denen infolge einer Infektion Gallen und Tumoren gebildet werden, wie z. B. beim Maisbeulenbrand (*Ustilago maydis*), der Kohlhernie (*Plasmodiophora brassicae*) und dem Wurzelkropf (*Agrobacterium tumefaciens*). In diesem Zusammenhang ist der Wurzelkropf (*crown gall*) von besonderem Interesse, da auch das vom Pathogen befreite Gewebe weiter Tumoren produziert. Es wurde nachgewiesen, dass der Teil des Bakteriengenoms, auf dem das tumorinduzierende Prinzip (TIP) lokalisiert ist, in die Wirts-DNA eingeschleust wird und es auf diese Weise zu einer Transformation der Wirtspflanzenzellen kommt.

Veränderungen bei der Translation und Transkription führen bei infizierten Pflanzen in der Regel zu einem erhöhten Proteinspiegel. Hierbei handelt es sich zumindest teilweise um eine Synthese neuer Proteine.

Eine Sonderstellung nehmen in diesem Zusammenhang die Viren und die tumorerzeugenden Organismen ein. Durch eine Virusinfektion wird der Gesamtproteingehalt nur wenig verändert. Es kommt zu einer Verminderung der pflanzeneigenen Proteine und zu einer vermehrten Bildung von Virusprotein. Bei einer Infektion mit dem tumorerzeugenden *Agrobacterium tumefaciens* ist der Proteingehalt der Wirtspflanzen zwar erhöht, die N-Verbindungen sind jedoch auf die Tumoren konzentriert, während die Pflanze selbst Stickstoffmangelsymptome zeigen kann.

Proteine sind, abgesehen von den Strukturproteinen, überwiegend Enzyme und Rezeptoren. Ihre Synthese wird gesteuert durch die Kern-DNA sowie mRNA. Abweichungen im DNA- oder RNA-Muster müssen sich daher auch auf die Bildung von Enzymen auswirken, die dann ihrerseits zu Veränderungen im Stoffwechsel der Wirtspflanzen führen können.

Beispiele für Enzyme, die in infizierten Pflanzen eine Aktivitätszunahme zeigen sind:

- **Phenylalaninammonium-Lyase (PAL)**. PAL besitzt eine Schlüsselstellung im Phenolstoffwechsel (Abb. 14.2). Die Zunahme der PAL-Aktivität führt zur vermehrten Bildung von phenolischen Verbindungen, denen u. a. im Zusammenhang mit Resistenzen eine Bedeutung zukommt (Kap. 15)
- **Peroxidasen, Phenoloxidasen**. Peroxidasen oxidieren Substrate mit H_2O_2 als Oxidationsmittel. Bei dieser Reaktion wird H_2O_2 reduziert und ein Wasserstoffdonator AH_2 dehydriert:

$$AH_2 + H_2O_2 - \text{Peroxidase} \rightarrow 2\,H_2O + A$$

- AH_2 kann für eine Reihe von Verbindungen stehen, wie Phenole, Ascorbinsäure und andere; Phenoloxidasen oxidieren ausschließlich phenolische Substanzen zu chinoiden Verbindungen (Laccase: p-Hydrochinon → p-Chinon. Phenolase: Monophenole → Diphenole → Chinone); vielfach wurde in resistenten Pflanzen ein stärkerer Anstieg der Phenoloxidasen- und Peroxidasenaktivität als in anfälligen Pflanzen beobachtet
- **Hydrolasen**. Hierbei handelt es sich um Enzyme, die in der Lage sind, komplexe, z. T. hochmolekulare Substanzen (Polysaccharide, Proteine, Nucleinsäuren) durch hydrolytische Spaltung in einfachere Verbindungen zu zerlegen. Wir kennen zahlreiche Beispiele dafür, dass die Aktivi-

tät der Hydrolasen im infizierten Gewebe zunimmt. Dies trifft zu für die Invertase und Amylase (→ Bildung einfacher Zucker), die Proteasen (→ Bildung von Aminosäuren) und vor allem für RNasen (→ Bildung von Nucleotiden); eine verstärkte RNase-Aktivität ist bereits wenige Stunden nach einer Infektion feststellbar. Die durch hydrolytische Spaltung entstehenden einfachen Verbindungen können den pathogenen Organismen als Bausteine zum Aufbau ihrer eigenen, spezifischen Körpersubstanzen dienen.

Auch die pathogenen Organismen sind in der Lage, nach ihrem Eindringen in die Wirtspflanze extrazellulare Enzyme auszuscheiden (z. B. pektolytische Enzyme, RNasen u. a.). Aussagen darüber, ob der erhöhte Proteingehalt nach einer Infektion nur auf pflanzeneigene Enzyme zurückzuführen ist oder auch von Pilzen und Bakterien Enzyme beigesteuert werden, lassen sich nur für die fakultativen Parasiten mit einiger Sicherheit treffen, nicht aber für obligate Parasiten, da hier, von einigen Ausnahmen abgesehen (z. B. Rostpilze), eine getrennte Untersuchung von Pathogen, gesunder und infizierter Pflanze nicht möglich ist.

Die nach einer Infektion häufig auftretenden PR-Proteine (*pathogenesis related protein*) sind Proteine mit einem niedrigen Molekulargewicht und einer hohen Widerstandsfähigkeit gegen Proteinasen. Einzelne PR-Proteine konnten als β-1,3-Glucanase und Chitinase identifiziert werden; sie spielen im Zusammenhang mit Resistenzen eine wichtige Rolle (Kap. 15).

14.3.5   *Phenylpropanmetabolismus*

Zahlreiche Beispiele sprechen dafür, dass nach einer Infektion phenolische Verbindungen vermehrt gebildet werden. Die Ursachen hierfür sind in einer bereits im Zusammenhang mit der erhöhten Atmung erwähnten Aktivierung des Pentosephosphatzyklus oder einer Aktivierung von Enzymen im Biosynthesesystem für aromatische Verbindungen zu suchen.

Die Biosynthese der Phenylpropane erfolgt in höheren Pflanzen und Mikroorganismen über den Shikimisäure-Weg und Acetat-Malonat-Weg, von denen dem ersteren die größere Bedeutung zukommt. Ausgangspunkt für den Shikimisäure-Weg ist die bei der Glycolyse anfallende 3-C-Verbindung Phosphoenolpyruvat und die aus dem Pentosephosphatzyklus stammende 4-C-Verbindung Erythrose-4-phosphat. Über eine 7-C-Zwischenstufe entsteht durch Ringschluss die Dihydrochinasäure, die mit Chinasäure in einem Gleichgewicht steht. Weitere wichtige Zwischenstufen sind die Shikimisäure, die 5-Phosphoshikimisäure, an die ein weiteres Molekül Phosphoenolpyruvat angelagert wird und die Chorisminsäure. Von der zuletzt genannten Verbindung aus führt ein Syntheseweg über die Anthranilsäure zum Tryptophan und weiter zur Indol-3-essigsäure, der andere Weg über die Prephensäure zum Phenylalanin und Tyrosin (Abb. 14.2).

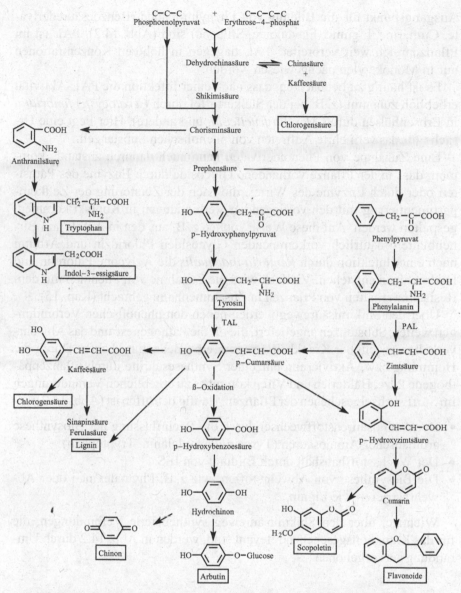

Abb. 14.2 Biosynthese phenolischer Verbindungen, aromatischer Aminosäuren und Wuchsstoffe über den Shikimisäureweg
TAL = Tyrosinammonium-Lyase, PAL = Phenylalaninammonium-Lyase

Eine Schlüsselstellung für die Synthese von Phenylpropanen haben Phenylalanin und Tyrosin. Durch eine oxidative Desaminierung mit Hilfe der Phenylalaninammonium-Lyase (PAL) und Tyrosinammonium-Lyase (TAL) entstehen trans-Zimtsäure bzw. p-Cumarsäure, die wiederum der

Ausgangspunkt für die Bildung von Phenylpropanen (Benzoesäurederivate, Cumarine, Lignine, Flavonoide, Stilbene) sind (Abb. 14.2). PAL ist im Pflanzenreich weit verbreitet, TAL dagegen in höheren Konzentrationen nur in Monokotylen nachgewiesen worden.

Es ist häufig zu beobachten, dass nach einer Infektion die PAL-Aktivität erheblich zunimmt (z. B. bei der Süßkartoffel durch *Ceratocystis fimbriata*, in Erbsenhülsen durch *Monilia fructicola*, und andere). Hier liegt eine Ursache für das vermehrte Auftreten von phenolischen Substanzen.

Eine Zunahme von Phenolderivaten kann auch dadurch zustande kommen, dass in der Pflanze vorhandene Glycoside durch Enzyme des Parasiten oder durch Enzyme des Wirtes, die nach der Zerstörung der Zellkompartimentierung mit den vorliegenden Verbindungen in Kontakt kommen, gespalten werden. Auf diese Weise können z. B. aus den in Apfel- und Birnenblättern natürlich vorkommenden Glycosiden Phloridzin und Arbutin nach einer Infektion durch *Venturia inaequalis* die Aglycone Phloretin und Hydrochinon entstehen. Vielfach wird die Zunahme von Phenolen mit dem Resistenzverhalten von Pflanzen in Zusammenhang gebracht (Kap. 15).

Über den Shikimisäureweg werden neben den phenolischen Verbindungen weitere Substanzen angeliefert, die für die Pathogenese und das Abwehrverhalten gegenüber Krankheitserregern eine Bedeutung haben. Durch die Hemmung bzw. Aktivierung einzelner Syntheseschritte durch pflanzenpathogene Pilze, Bakterien und Viren kommt es zu erheblichen Veränderungen im Stoffwechselgeschehen der Pflanzen. Häufig betroffen ist (Abb. 14.2):

- Der Aminosäurenstoffwechsel durch die Beeinflussung der Biosynthese aromatischer Aminosäuren (Tyrosin, Phenylalanin, Tryptophan)
- Der Wuchsstoffhaushalt durch Bildung von IES
- Die Biosynthese von Abwehrstoffen, wie z. B. Phytoalexinen oder Abwehrbarrieren wie Lignin.

Wichtige, über den Shikimisäureweg synthetisierte Verbindungen, die für das Krankheitsgeschehen relevant sind, werden in Abb. 14.2 durch Umrandung hervorgehoben.

14.3.6   Wachstumsregulatoren

Das Wachstum der höheren Pflanzen wird durch Phytohormone gesteuert, von denen bisher Indol-3-essigsäure, Gibberelline, Cytokinine, Ethylen und Abscisinsäure (Abb. 14.3) am ausführlichsten untersucht sind. Ihr Wirkungsmechanismus ist noch nicht vollständig aufgeklärt. Die bisherigen

Abb. 14.3 Wachstumsregulatoren

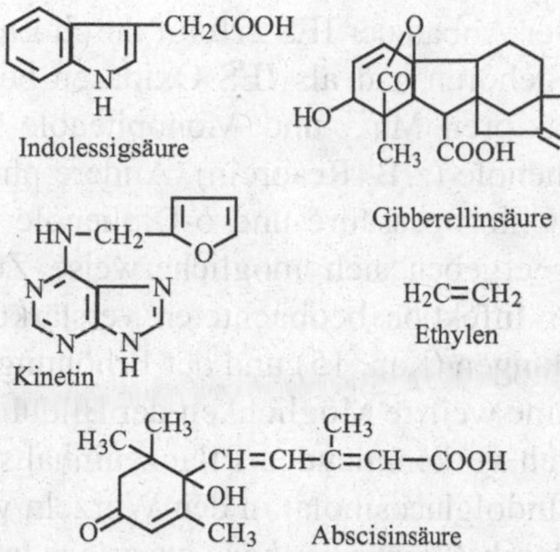

Indolessigsäure

Gibberellinsäure

Kinetin

H₂C=CH₂
Ethylen

Abscisinsäure

Erkenntnisse deuten darauf hin, dass es sich um unspezifische Auslöser von Entwicklungsprozessen handelt. Primärer Angriffspunkt der Phytohormone ist eine Aktivierung von Genmaterial durch die Indol-3-essigsäure, Gibberelline und Cytokinine sowie eine Reprimierung durch Abscisinsäure. Die im Gefolge einer Infektion häufig zu beobachtenden Wachstumsanomalien bei Pflanzen sind vielfach mit Veränderungen im Wuchsstoffhaushalt zu erklären, wobei vor allem quantitative Verschiebungen im Verhältnis der einzelnen Wuchsstoffe zueinander eine wichtige Rolle spielen.

Indolessigsäure

Die Biosynthese der Indolessigsäure (IES) erfolgt über den Shikimisäure-Weg (Abb. 14.2). Die Hauptbildungsorte für diese Verbindung in der gesunden Pflanze sind das meristematische Gewebe und junge Pflanzenteile. Wichtige Funktionen der IES sind die Regulation des Streckungswachstums und der Zellteilungen, die Beeinflussung von Enzymaktivitäten, die Hemmung der Entwicklung von Seitenknospen (apikale Dominanz) sowie der Blatt- und Fruchtfall. Als Folge einer Pilz- oder Bakterieninfektion wurde mehrfach eine Erhöhung des IES-Spiegels festgestellt. Soweit hierbei obligate Parasiten beteiligt sind, ist eine Aussage darüber, ob die verstärkte Bildung von IES eine unmittelbare Reaktion des Wirts auf die Infektion ist oder der Wuchsstoff von den pathogenen Organismen beigesteuert wird, nicht möglich. Neben einer vermehrten Synthese kann auch eine Hemmung der auxinabbauenden Enzymsysteme zu einer Erhöhung der Wuchsstoffkonzentration führen.

Der Abbau der IES erfolgt durch Enzyme, die zur Gruppe der Peroxidasen gehören und als IES-Oxidasen bezeichnet werden. Sie benötigen als Kofaktoren Mn^{++} und Monophenole (z. B. p-Hydroxybenzoesäure) oder Diphenole (z. B. Resorcin). Andere phenolische Substanzen, wie Scopoletin, Chlorogensäure und o-Diphenole hemmen dagegen die IES-Oxidase. Hier ergeben sich möglicherweise Zusammenhänge zwischen der nach einer Infektion beobachteten verstärkten Bildung von phenolischen Verbindungen (Kap. 15) und der Erhöhung der Wuchsstoffkonzentration.

Eine weitere Möglichkeit der Bildung von IES ist die Freisetzung aus natürlich vorkommenden Pflanzeninhaltsstoffen. Auf diese Weise kann z. B. aus Indolglucosinolat in den Wurzeln von Kohlpflanzen nach einer Infektion durch *Plasmodiophora brassicae* Indolessigsäure entstehen (Abb. 14.4). Die wirksamen Enzyme liegen bereits in den intakten Wirtszellen vor. Nach dem Eindringen des Pilzes in die Wurzel wird die Zellkompartimentierung zerstört, so dass Enzym und Substrat reagieren können.

Sichere Ergebnisse über Veränderungen im Wuchsstoffhaushalt nach einer Infektion liegen auch für *Agrobacterium tumefaciens* vor. Die Ent-

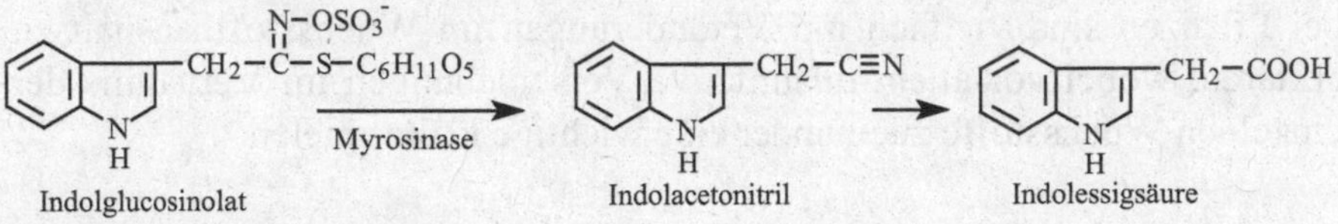

Abb. 14.4 Enzymatische Freisetzung von Indolessigsäure aus Indolglucosinolaten

Tabelle 14.1 Beispiele für Zusammenhänge zwischen Symptomausbildung und vermehrter IES-Bildung

Symptome	Pflanze	Krankheitserreger
Wucherungen (*crown gall*)	Wurzel und Stängel zahlreicher Pflanzen	*Agrobacterium tumefaciens*
Beulenbrand	Mais	*Ustilago maydis*
Gallen (Krebs)	Kartoffel	*Synchytrium endobioticum*
Krebs	Apfelbaum	*Nectria galligena*
Sprossverlängerung	Zypressenwolfsmilch (Zwischenwirt des Erbsenrostes)	*Uromyces pisi*
Schwarzrost	Weizen	*Puccinia graminis* f. sp. *tritici*
Weißer Rost	Hirtentäschel	*Albugo candida*
Hexenbesen	verschiedene Obstarten	*Taphrina*-Arten
Wurzelverdickungen	Kohl, Raps	*Plasmodiophora brassicae*

stehung von Tumoren konnte hier unmittelbar mit der verstärkten Synthese von Wuchsstoffen in Zusammenhang gebracht werden. In diesem Fall wird das Biosynthesegen des Bakteriums in das Genom der Wirtspflanze eingebracht und veranlasst die Bildung der Wachstumsregulatoren.

Weitere Beispiele für eine vermehrte IES-Bildung in befallenen Pflanzen sind in Tabelle 14.1 zusammengefasst.

Cytokinine

Bei den bisher bekannten Cytokininen handelt es sich um Derivate des 6-Aminopurins (= Adenin). Als erstes natürliches Cytokinin wurde Zeatin aus unreifen Maiskörnern isoliert. Bekannter, da häufiger in Versuchen verwendet, ist das Kinetin (6-Furfurylaminopurin (Abb. 14.3)), das durch Autoklavieren von DNS-Präparaten gewonnen wird. Die Cytokinine fördern die Zellteilung; ferner sind sie in der Lage, die Keimruhe der Samen zu brechen, die Alterung (Seneszenz) der Blätter zu verzögern und die Synthese von Enzymen zu induzieren.

Die Rolle der Cytokinine bei der Pathogenese ist noch nicht vollständig aufgeklärt. Verschiedene Untersuchungen lassen jedoch den Schluss zu, dass diese Verbindungen für die Wirt-Parasit-Beziehungen eine Rolle spielen. So ist zu beobachten, dass sich um die Kolonien von Echten Mehltaupilzen auf den Blättern „grüne Zonen" bilden, die man auch durch Wasserextrakte von *Blumeria* (*Erysiphe*) *graminis*-Konidien hervorrufen kann (Verzögerung der Seneszenz: Richmond-Lang-Effekt). Rostinfizierte Bohnenblätter zeigen ebenfalls eine erhöhte Cytokinin-Aktivität.

Der starke Einfluss der Cytokinine auf die Zellteilungsvorgänge lässt vermuten, dass diese Wirkstoffe auch überall dort aktiv sind, wo es zur Bildung von Gallen und Tumoren kommt. Zum Beispiel ist eine erhöhte Cytokininaktivität in den durch *Agrobacterium tumefaciens* hervorgerufenen Tumoren sowie in den Gallen von Cruciferenwurzeln und Pfirsichblättern nach einer Infektion durch *Plasmodiophora brassicae* bzw. *Taphrina deformans* festzustellen.

Gibberelline

Charakteristisch für den chemischen Aufbau der Gibberelline ist das Gibbanskelett (Abb. 14.3). Man kennt mehr als 20 verschiedene Verbindungen mit gleicher Grundstruktur, die sowohl in höheren Pflanzen als auch in Mikroorganismen gefunden wurden, darunter in einer Anzahl pflanzenpathogener Formen, wie *Agrobacterium tumefaciens*, *Verticillium albo-atrum*, *Gibberella fujikuroi* und andere. Am bekanntesten ist die Gibbe-rellinsäure (GA$_3$), die auch in den experimentellen Untersuchungen am häufigsten Verwendung findet. Die Gibberelline bewirken u. a. eine Förde-rung des Längenwachstums, der Zellteilung im Kambium, der Brechung der Samenruhe und eine Aktivierung von Genmaterial.

Ausgangspunkt für die Entdeckung der Gibberelline war die Beobach-tung, dass Reispflanzen nach einer Infektion durch den Pilz *Gibberella fujikuroi* (= *Fusarium moniliforme*) ein verstärktes Längenwachstum zeig-ten. Im Kulturfiltrat des Pilzes konnte die wirksame Verbindung als Gibbe-rellinsäure identifiziert werden. Reispflanzen, die mit dieser Substanz be-handelt wurden, zeigten die gleichen Symptome wie nach einer Infektion mit *Gibberella*. Weitere Beispiele für eine Beteiligung dieser Wirkstoffe bei der Pathogenese sind bekannt von *Euphorbia cyparissias* (Zypressen-wolfsmilch, als Zwischenwirt für den Erbsenrost) und *Cirsium arvense* (Kratzdistel) nach einer Infektion durch die Rostpilze *Uromyces pisi* bzw. *Puccinia punctiformis*. Der Nachweis der Gibberellinsäure erfolgt wie bei den Cytokininen mit Hilfe von Biotests. Als Testobjekte verwendet man Zwergmutanten von Mais und Bohnen, die auf eine Gibberellinbehandlung mit einem verstärkten Längenwachstum reagieren.

Ethylen

Das gasförmige Ethylen (Abb. 14.3) ist ein Stoffwechselprodukt von höhe-ren Pflanzen und Mikroorganismen mit wuchsstoffähnlichen Eigenschaf-ten. Höhere Pflanzen reagieren auf eine Ethylenbehandlung mit einer Wachstumshemmung, Gelbfärbung der Blätter, früheren Reife der Früchte, Epinastie der Blätter und Aufhebung der Keimruhe. Nach einer Virus-, Bakterien- oder Pilzinfektion kommt es häufig zu einer erhöhten Ethylen-ausscheidung, insbesondere bei Früchten (z. B. Zitrus, Bananen, Apfel). Auch in Weizenblättern wird nach Infektion mit dem Getreideschwarzrost und in Gerstenblättern mit dem Erreger des Echten Mehltaus eine verstärk-te Ethylenausscheidung beobachtet.

Die Frage, ob die pathogenen Organismen, die Pflanze oder beide für die vermehrte Bildung von Ethylen verantwortlich sind, lässt sich nicht eindeutig beantworten. Es gibt jedoch einige Anhaltspunkte dafür, dass die erhöhte Ethylenproduktion nach einer Infektion in erster Linie von der Wirtspflanze ausgeht.

Über die Wirkungsweise von Ethylen und seine Bedeutung für die Patho-genese liegen zahlreiche Untersuchungen vor. Gesichert ist, dass durch

Ethylen die Atmung, die Aktivität der Peroxidasen, der Polyphenoloxidasen und der Phenylalaninammonium-Lyase gesteigert und außerdem die Bildung von Phytoalexinen (z. B. Pisatin) induziert wird.

Abscisinsäure

Die Abscisinsäure (ABS) gehört zur Gruppe der Terpenoide (Abb. 14.3). Im Gegensatz zu den anderen bisher besprochenen Phytohormonen besitzt die ABS einen überwiegend hemmenden Einfluss auf die Entwicklungsprozesse der Pflanzen.

Bisher konnte nur in wenigen Beispielen ein unmittelbarer Zusammenhang zwischen ABS und der Krankheitsentstehung nachgewiesen werden, z. B. bei Tabakpflanzen, die nach einer Infektion mit *Pseudomonas solanacearum* eine Verkürzung der Internodien zeigen. Hier wurde ABS als die verursachende Hemmsubstanz identifiziert und gleichzeitig der Nachweis erbracht, dass diese Verbindung im Wirtsgewebe nach der Infektion vermehrt gebildet wird. Eine Zunahme von ABS war vor allem auch in den Pflanzen feststellbar, bei denen *Verticillium albo-atrum* als Schaderreger auftritt, wie z. B. bei Tomaten- und Baumwollpflanzen.

14.3.7 Wasserhaushalt

Der Wasserhaushalt der Pflanzen wird nach einer Infektion bzw. einem Befall in verschiedener Hinsicht beeinflusst:

- Durch Beschädigung oder morphologische Veränderung der Wurzeln wird die Wasseraufnahme gestört. Ursachen sind z. B. Schäden durch Larven der Kohlfliege, Schnellkäfer (Drahtwurm), des neu eingeschleppten Westlichen Maiswurzelbohrers, Nematoden (Rüben- und Kartoffelzystennematoden, freilebende Wurzelnematoden), verschiedene Wurzeln besiedelnde Pilze, wie die Erreger der Schwarzbeinigkeit an Getreide, der Kohlhernie an Cruciferen oder bei den Bakterien der Erreger der Schwarzbeinigkeit und Knollennassfäule an Kartoffel
- Durch die Ansammlung von Bakterien und Pilzen im Xylem (Tracheobakteriosen, Tracheomykosen) z. B. durch *Xanthomonas campestris* (Kohl), *Corynebacterium michiganense* (Tomate), *Verticillium alboatrum* (Luzerne)
- Durch Störung der Transpiration infolge einer Hemmung der Stomatabewegungen im Licht vor allem in der Anfangsphase der Pathogenese;

außerdem werden nach Ausbildung von Sporenlagern (Roste, Echte Mehltaupilze) oder nach Befall der Blätter durch Schädlinge mit stechend-saugenden Mundwerkzeugen (Spinnmilben, Blattläuse, Wanzen) Epidermis und Cuticula beschädigt und dadurch die cuticuläre Transpiration erhöht

• Durch Veränderung der selektiven Permeabilität der Plasmamembran. Sie kann gestört werden z. B. durch die vom Pathogen ausgeschiedenen Toxine und pektolytischen Enzyme, was einen verstärkten Austritt von Wasser, Elektrolyten und lebenswichtigen Inhaltsstoffen aus den Zellen zur Folge hat; dies führt zu physiologischen Störungen (Beeinflussung des Stoffwechsels, Veränderung des Plasmolyseverhaltens) und zum Zelltod.

Literatur

Agrios GN (2005) Plant pathology. Elsevier, Amsterdam Boston Heidelberg

Goodman RN, Kiraly Z, Wood KR (1986) The biochemistry and physiology of plant disease. Univ of Missouri Press, Columbia

Heitefuß R, Williams PH (eds.) (1976) Physiological Plant Pathology. Encyclopedia of plant physiology, New Series, Vol 4, Springer, Berlin

Hess D (1999) Pflanzenphysiologie. UTB 15, Ulmer, Stuttgart

Richter G (1998) Stoffwechselphysiologie der Pflanzen. Thieme, Stuttgart

Schmiedeknecht M (1974) Anatomie und Histologie der kranken Pflanze. In: Klinkowski M, Mühle E, Reinmuth E, Bochow H (Hrsg) Phytopathologie und Pflanzenschutz, Bd I, S 371–398. Akademie-Verlag, Berlin

15 Abwehrmechanismen der Pflanzen gegen Krankheitserreger und Schadtiere

15.1 Formen der Resistenz

Das natürliche Verhalten der Pflanzen gegenüber ihren Krankheitserregern (Disposition) kann in zwei einander entgegengesetzten Richtungen ihren Ausdruck finden:

- Wirt-Parasit-Beziehungen können sich nicht entwickeln. Die Pflanze ist für den jeweiligen Krankheitserreger oder Schädling kein geeigneter Wirt (Nichtwirtspflanzen)
- Wechselbeziehungen zwischen Wirt und Parasit sind gegeben (Affinität).

Liegt Affinität vor, so ist der Wirt entweder anfällig für den Parasiten oder er besitzt die Fähigkeit, das weitere Vordringen und Wachstum des Parasiten zu hemmen und ihn unter Umständen ganz auszuschalten. Im ersten Fall dringt der Krankheitserreger in die Pflanze ein und vermehrt sich dort. Es kommt zur Ausbildung von Krankheitssymptomen (= kompatible Wirt-Parasit-Beziehungen). Im zweiten Fall hat sich das normale Wirt-Parasit-Gleichgewicht zu Gunsten des Wirts verschoben (= inkompatible Wirt-Parasit-Beziehungen, Resistenzerscheinungen).

Abwehrreaktionen können in jeder Phase der Pathogenese entstehen. Man unterscheidet zwei Formen der Resistenz:

- Die **vertikale Resistenz** (auch differenzierte, differentielle, **qualitative** oder spezifische Resistenz). Hierbei handelt es sich um die **Resistenz bestimmter Sorten** gegenüber einem oder einigen Pathotypen. Die Vererbung dieser Resistenz erfolgt überwiegend **monogen** oder oligogen. Sie äußert sich phänotypisch in einer Überempfindlichkeitsreaktion der Wirtspflanze

H. Börner, *Pflanzenkrankheiten und Pflanzenschutz*,
© Springer 2009

- Die **horizontale Resistenz** (auch uniforme, generelle, **quantitative** oder unspezifische Resistenz). In diesem Fall handelt es sich um eine unterschiedlich stark ausgeprägte **Resistenz bestimmter Sorten** gegenüber allen vorkommenden Pathotypen des Erregers. Sie wird polygen vererbt und äußert sich phänotypisch u. a. dadurch, dass im Vergleich zu einer anfälligen Sorte die Sporenproduktion und damit die Infektionsrate reduziert und die Infektions- sowie Latenzzeiten verlängert sind. Auf diese Weise wird eine mögliche Ausbreitung des Schaderregers im Bestand erheblich gemindert.

Die vertikale Resistenz wird häufig schon nach kurzer Zeit durch die Selektion neuer (virulenter) Rassen durchbrochen. Diese Gefahr besteht bei einer horizontalen Resistenz nicht, d. h. die Dauer der Schutzwirkung ist unbegrenzt, es sei denn, in der Pflanze selbst kommt es, meist durch Umwelteinflüsse bedingt, zu physiologischen Veränderungen, die auch einen Zusammenbruch der horizontalen Resistenz bewirken können.

Sowohl die Empfindlichkeit (= Anfälligkeit) als auch die Unempfindlichkeit (= Resistenz) der Kulturpflanzen gegenüber einem definierten Krankheitserreger oder Schädling wird durch ein oder mehrere Gene bestimmt. Ebenso hat der Schaderreger im Hinblick auf seine Eignung zur Infektion bzw. zum Befall „korrespondierende" Gene für Virulenz und Avirulenz. Diese genetischen Wechselbeziehungen zwischen einem Wirt und seinem Schaderreger beschrieb erstmals H. Flor (1956) nach seinen Untersuchungen über das Resistenzverhalten von Lein gegenüber Leinrost (*Melampsora lini*).

Diese Gen-für-Gen-Hypothese besagt, dass jedem Resistenzgen im Wirt ein korrespondierendes Gen im Erreger gegenübersteht, das durch Mutation in ein Gen für Virulenz umgewandelt werden kann, wodurch die Resistenz der Pflanze durchbrochen wird (= Bildung neuer Pathotypen oder Rassen). Die Resistenz einer Pflanze bleibt danach nur so lange erhalten, wie im Erreger ein Gen für Avirulenz vorhanden ist. Gen-für-Gen-Beziehungen sind bisher bei zahlreichen obligaten Wirt-Parasit-Kombinationen, sowohl bei Krankheitserregern als auch bei Schädlingen, gefunden worden (Kartoffel – *Phytophthora infestans, Synchytrium endobioticum, Globodera rostochiensis*; Weizen – *Puccinia graminis, P.striiformis, Tilletia caries*; Apfel – *Venturia inaequalis* und andere).

Bei den Abwehrreaktionen der Pflanzen gegenüber Krankheitserregern unterscheiden wir Resistenzen, deren Ursachen entweder auf morphologischen oder anatomischen Besonderheiten der Wirte (Scheinresistenz) bzw. auf physiologischen Ursachen (echte Resistenz) beruhen.

15.2 Abwehrmechanismen gegen Krankheitserreger

Abwehrmechanismen gegen Krankheitserreger können auf anatomisch-morphologischen Besonderheiten oder chemischen Stoffen beruhen, die bereits in der gesunden Pflanze vorhanden sind (präinfektionelle Resistenzmechanismen). Man bezeichnet sie als Ungastlichkeit oder Axenie. Sie können aber auch durch Reaktionen zustande kommen, die erst nach einer Infektion ausgelöst werden (postinfektionelle Resistenzmechanismen; als Gegenwirkung oder Apergie bezeichnet).

15.2.1 Anatomisch-morphologische Ursachen

Anatomisch-morphologische Merkmale des Wirts spielen für Resistenzerscheinungen vor allem in der Anfangsphase der Krankheitsentstehung, d. h. beim Eindringen des Parasiten in die Pflanze, eine Rolle:

- Kartoffelsorten mit kompaktem Blattbestand sind wegen der höheren, die Sporenkeimung fördernden Feuchtigkeit anfälliger gegenüber *Phytophthora infestans*. Das Gleiche gilt für Stangenbohnen im Vergleich zu Buschbohnen bei Befall mit *Colletotrichum lindemuthianum*
- Wegen der besonderen Blütenstruktur bzw. des Abblühvorgangs sind kleistogam (= geschlossen) abblühende Getreidearten resistent gegenüber den Flugbranden, da die Brandsporen während der Blüte nicht an den Wirkungsort gelangen können
- Die Benetzung von Blättern, die mit einer Wachs- oder Haarschicht bedeckt sind, ist erschwert, so dass Sporen enthaltende Wassertropfen abrollen, was die Infektionshäufigkeit reduziert
- Beim Eindringen des Keimschlauches in den Wirt ist die Stärke der Cuticula und die Zahl der natürlichen Eintrittspforten (Stomata, Lentizellen und andere) für das Ausmaß des Befalls von Bedeutung.

15.2.2 Präinfektionelle Abwehrmechanismen

Bei der präinfektionellen Resistenz sind vor allem natürlich vorkommende Pflanzeninhaltsstoffe oder ein dem Parasiten nicht zusagendes Entwicklungsmilieu für die Abwehr eines Schaderregers verantwortlich. Die hierbei wirksamen Verbindungen beeinflussen das Resistenzverhalten des Wirts auf verschiedene Weise:

- Quantitative und qualitative Unterschiede in der Zusammensetzung der für das Wachstum und die Entwicklung des Parasiten notwendigen Substanzen

  Ein hoher Zuckergehalt zum Beispiel erhöht die Anfälligkeit der Weinbeeren gegenüber *Botrytis cinerea* und *Plasmopara viticola*, geringer Proteingehalt der Kartoffelpflanzen den Befall mit *Phytophthora infestans*. Die Zunahme an Rostpilzen im Getreide infolge starker N-Düngung hängt u. a. mit der vermehrten Bildung von Aminosäuren und Proteinen zusammen. Auch der Gehalt an den für den Parasiten wichtigen Wirkstoffen (z. B. Thiamin, Biotin und andere) im Wirt und der pH-Wert des Zellsaftes, der wiederum weitgehend abhängig vom Gehalt an organischen Säuren ist, beeinflusst die Anfälligkeit

- Durch Ausscheidung organischer Verbindungen aus den Blättern, Samen und Wurzeln können die Erreger am Eindringen in den Wirt sowohl durch Unterdrückung der Sporenkeimung und des Myzelwachstums, als auch durch Beeinflussung der antagonistischen Mikroflora (Rhizosphäreneffekt) gehindert werden
- Die Fähigkeit des Wirts, Toxine und extrazelluläre Enzyme des Erregers zu inaktivieren oder eindringende Pilzhyphen durch Chitinasen abzubauen (z. B. *Verticillium albo-atrum* in Tomatenpflanzen)
- Direkte Einwirkung von pflanzeneigenen Stoffen auf den Parasiten während und nach dem Infektionsvorgang. Die präformierten Verbindungen besitzen in der Regel eine unspezifische Wirkung.

Dem letzten Punkt kommt die größte Bedeutung zu. In diesem Fall sind vor allem sekundäre Pflanzenstoffe (phenolische Substanzen, Cumarin- und Flavonderivate, Terpene und andere) für die „Ungastlichkeit" bestimmter Pflanzen gegenüber pathogenen Organismen verantwortlich.

Phenolische Verbindungen

Von den präformierten Verbindungen mit einer direkten Wirkung auf Krankheitserreger spielen phenolische Substanzen eine wichtige Rolle. Häufig handelt es sich dabei um einfache chemische Verbindungen (Abb. 15.1).

Phenole sind nicht nur giftig für Pathogene sondern auch für Pflanzenzellen. Sie werden deshalb in der Regel als Glycoside in der Vakuole gespeichert. Dadurch wird ihre Toxizität deutlich reduziert. Die Freisetzung der antimikrobiell wirksamen Aglycone erfolgt nach dem Eindringen des Pathogens in die Pflanzenzelle entweder durch Enzyme des Erregers oder nach Aufhebung der Zellkompartimentierung infolge einer Infektion durch zelleigene β-Glycosidasen.

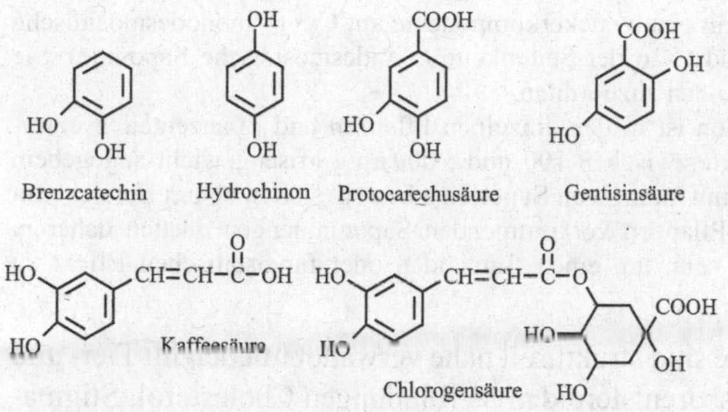

Abb. 15.1 Phenolische Verbindungen mit Bedeutung für die präformierte Resistenz von Pflanzen

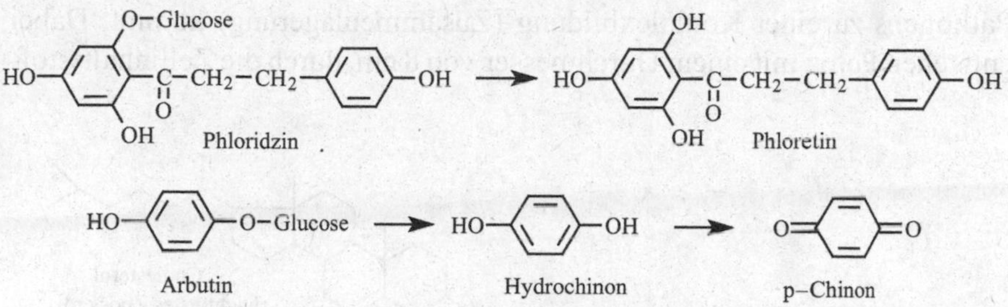

Abb. 15.2 Präformierte pflanzliche Glycoside und daraus hervorgehende antimikrobiell wirksame Aglycone

Als Beispiel sei die in Apfel- und Birnenblättern nach einer Infektion mit *Venturia inaequalis* (Apfelschorf) bzw. *V. pyrina* (Birnenschorf) festgestellte Zunahme der Aglycone Phloretin und Hydrochinon als Spaltprodukte der Glucoside Phloridzin und Arbutin genannt (Abb. 15.2). Auch beim Vorhandensein von Senfölglycosiden und cyanogenen Glycosiden entstehen erst nach einer Infektion die mikrobiell wirksamen Isothiocyanate bzw. Blausäure (Abb. 15.10). Beide Stoffgruppen spielen im Übrigen auch bei der Abwehr von Schädlingen eine wichtige Rolle (Kap. 15.3).

Saponine

Neben den Phenolen und Phenolderivaten sind die verbreitet in Pflanzen vorkommenden Saponine eine weitere bedeutende Verbindungsklasse mit fungiziden Eigenschaften.

Saponine sind Glycoside mit einer Zuckerkomponente am C-3 (= monodesmosidische Saponine) oder am C-3 und C-26 der Seitenkette (= bidesmosidische Saponine). Sie sind überwiegend den Steroiden zuzuordnen.

Die Saponinkonzentration ist in den einzelnen Pflanzen und Pflanzenteilen unterschiedlich. Es werden Werte zwischen 100 und 5000 µg/g Frischgewicht angegeben. Die LD_{100} für Pilze nach Einwirkung von Saponinen bewegt sich in einem Bereich von 15 bis 200 µg/ml. Die in Pflanzen vorkommenden Saponinmengen dürften daher in vielen Fällen ausreichend sein, um einen fungiziden oder fungistatischen Effekt zu erzielen.

Die Steroid-Saponine sind strukturell nahe verwandt mit den im Tier- und Pflanzenreich nachweisbaren steroiden Verbindungen Cholesterol, Stigmasterol, Sitosterol und Ergosterol. Abweichend von diesen ist für die Saponine eine cyclische Seitenkette charakteristisch (s. Abb. 15.3).

Die fungizide Wirkung kommt dadurch zustande, dass es beim Zusammentreffen dieser Saponine mit den Pilz-Steroiden in der Zellmembran des Pathogens zu einer Komplexbildung (Zusammenlagerung) kommt. Dabei entstehen Poren mit einem Durchmesser von 8 nm, durch die Zellinhaltsstof-

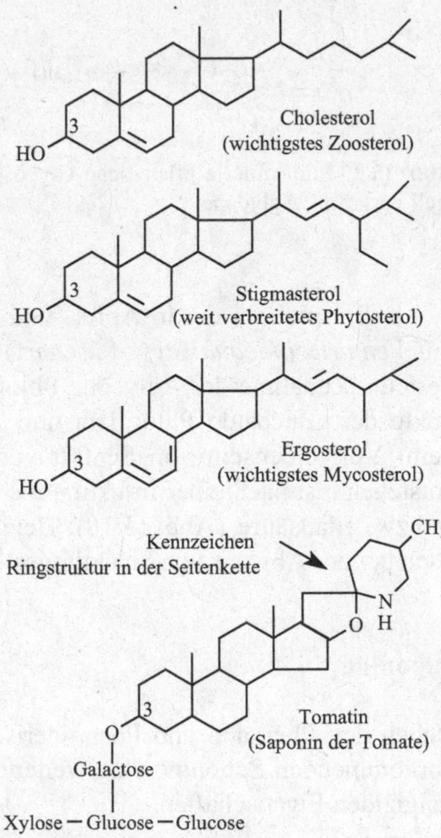

HO — 3

Cholesterol
(wichtigstes Zoosterol)

HO — 3

Stigmasterol
(weit verbreitetes Phytosterol)

HO — 3

Ergosterol
(wichtigstes Mycosterol)

Kennzeichen
Ringstruktur in der Seitenkette

CH_3

N
O   H

3

Tomatin
(Saponin der Tomate)

Galactose

Xylose — Glucose — Glucose

Abb. 15.3 Biologisch wichtige Sterole

fe der Pilze unkontrolliert auswandern und dadurch die Zellen der Pathogene irreversibel schädigen (Veränderung der Permeabilität).

Einige Pilze sind in der Lage, die in den Pflanzen vorkommenden Saponine durch Abspaltung des Zuckerrestes mit Hilfe von β-Glycosidasen zu verändern und dadurch die präformierte chemische Barriere zu überwinden. Gut untersuchte Beispiele sind der Abbau des in Tomaten vorkommenden Saponins Tomatin (Abb. 15.3) durch die hier auftretenden Krankheitserreger *Botrytis cinerea*, *Septoria lycopersici* und *Fusarium oxyspo-rum* f. sp. *lycopersici* oder die Deglycosidierung des in Haferwurzeln vorkommenden Saponins Avenacin durch den Erreger der Schwarzbeinigkeit an Getreide *Gaeumannomyces graminis*. Interessanterweise sind hierzu nur Isolate von Hafer in der Lage. Von Weizen isolierte Pilze besitzen kein entsprechendes Enzym und können daher Hafer nicht infizieren.

Außer den dominierenden Phenolderivaten und Saponinen gibt es eine Vielzahl weiterer präformierter chemischer Substanzen aus ganz unterschiedlichen Stoffklassen, die den Pflanzen einen Schutz gegen Pilze und Bakterien verleihen. Dazu gehören die weit verbreiteten Tannine, Melanine, Anthocyanidine und Phenylpropane. Dies macht deutlich, dass den präformierten Faktoren eine wichtige Rolle bei der Abwehr von Krankheitserregern zukommt.

15.2.3 Postinfektionelle Abwehrmechanismen (induzierte Resistenz)

Postinfektionelle Abwehrreaktionen kommen erst nach einem Angriff auf die Pflanze zustande. Hier unterscheiden wir:

- Resistenzen, die sich lokal manifestieren. Sie treten nur an den Stellen der Pflanze auf, an denen Penetrationsversuche (Infektionsversuche) stattgefunden haben (*local acquired resistance*, LAR)
- Resistenzen, die auch entfernt von der Penetrationsstelle sichtbar werden und sich systemisch über die ganze Pflanze erstrecken können (*systemic acquired resistance*, SAR).

Erkennungsreaktionen, Elicitoren

Um notwendige Abwehrreaktionen zu entwickeln, muss die Pflanze den Angriff der Krankheitserreger frühzeitig wahrnehmen. Dies erfolgt durch spezifische Rezeptoren, die sich auf der Außenseite der Plasmamembran

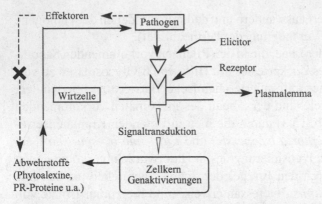

Abb. 15.4 Erkennen der Wirtzellen durch Pathogene

von Pflanzenzellen befinden. Die Rezeptoren sind in der Lage, von pathogenen Mikroorganismen ausgehende Moleküle zu erkennen. Diese Moleküle werden als Elicitoren, in der Literatur häufig auch als PAMPs (*pathogen-associated molecular patterns*) bezeichnet. Sie lösen über eine Aktivierung von Genen im Zellkern der Pflanzenzelle die Bildung von Abwehrstrukturen oder Abwehrstoffen aus (Abb. 15.4).

In Zusammenhang mit der Erkennung von Schaderregern und Entstehung von Abwehrreaktionen häufig verwendete Begriffe:

- Elicitoren/Induktoren: biotische und abiotische Faktoren, die Abwehrreaktionen in Pflanzen auslösen
- Rezeptoren: binden alle Arten von Elicitoren; sie befinden sich an der Außenseite der Plasmamembran von Pflanzenzellen
- Effektoren: zellulär wirksame Substanzen, die an der Regulation der Genaktivität beteiligt sind
- Signaltransduktion: Signalleitung vom Rezeptor zum Kern der Pflanzenzelle.

Die chemische Struktur und die Zusammensetzung der zahlreichen von pflanzenpathogenen Bakterien und Pilzen stammenden **Elicitoren** konnte inzwischen aufgeklärt und die jeweilig induzierten Abwehrmechanismen identifiziert werden. Man unterscheidet:

- **Exogene Elicitoren**. Sie werden von außen, d. h. von Schaderregern an die Pflanzen herangebracht, dort von den Rezeptoren erkannt und die Informationen an den Zellkern weitergegeben (Signaltransduktion)
- **Endogene Elicitoren**. Sie entstehen in der Pflanzenzelle und kommen dort auch zur Wirkung.

Tabelle 15.1 Beispiele für biotische Elicitoren, Herkunft und verursachte Abwehrmechanismen

Elicitor	Pathogen	Induzierte Abwehrmechanismen
Polysaccharid: Glucan	*Uromyces phaseoli*	Phytoalexin: Phaseollin
Polysaccharid: Chitosan	*Fusarium solani* f. sp. *pisi* *F. solani* f. sp. *phaseoli*	Phytoalexin: Pisatin
Glycoprotein	*Cladosporium fulvum*	Phytoalexin: Rishitin
Enzym: Xylanase	Pilze und *Pythium*-Arten	Hypersensitivitätsreaktion, Ethylenproduktion
Lipid-Transferproteine	*Phytophthora* u. *Pythium*-Arten (Oomyceten)	Hypersensitivitätsreaktion
Lipopolysaccharide	Gram-negative Bakterien (*Xanthomonas*- u. *Pseudomonas*-Arten	PR-Proteine, Oxidativer Burst

Bei den Elicitoren handelt es **sich häufig um Zellwandfragmente** aus pilzlichen oder pflanzlichen Zellwänden sowie um Proteine und Enzyme. Einige Beispiele sind in Tabelle 15.1 zusammengefasst.

Die **Rezeptoren** sind bisher weniger gut charakterisiert als die entsprechenden Elicitoren. Nach den bisherigen Erkenntnissen handelt es sich überwiegend um Transmembranproteine mit Leucin-reichen Molekülteilen, an denen die Bindung und Erkennung der Elicitoren über Protein – Protein Interaktionen erfolgt.

Die Signalleitung in der Wirtszelle von den Rezeptoren zum Zellkern ist noch nicht in allen Teilen geklärt. Erschwerend kommt hinzu, dass die Signalübertragung in den verschiedenen Pflanzen nicht einheitlich verläuft, so dass allgemeingültige Aussagen noch nicht möglich sind. Substanzen, die bei der **Signaltransduktion** im Zusammenhang mit der Pathogenabwehr eine maßgebende Rolle spielen, sind MAP-Kinasen (*mitogen activated proteins*; zu den Transferasen zählende Enzyme), Salicylsäure, Jasmonsäure und Ethylen.

Einige Bakterien und Pilze haben die Fähigkeit, die durch ihre Elicitoren induzierten Abwehrreaktionen der befallenen Pflanzen dadurch zu unterdrücken, dass sie **Effektoren** in die Wirtszellen einschleusen, die in der Lage sind, die Signaltransduktionswege der Wirtspflanzen zu beeinflussen. Vielfach handelt es sich dabei um Proteasen, die die Proteine der Pflanzen abbauen, die für die Entwicklung von Abwehrreaktionen notwendig sind.

Überempfindlichkeitsreaktion (Hypersensitivität)

Die Überempfindlichkeitsreaktion ist eine verbreitete Reaktionsform der Pflanzen auf eine Infektion durch Pilze, Bakterien und Viren und tritt lokal an der Infektionsstelle auf. Hierbei werden infizierte Zellen und die Zelllagen um den Infektionsherd schnell zum Absterben gebracht und dadurch den Parasiten die Ernährungsgrundlage entzogen. Es kommt zur Bildung zahlreicher kleiner Nekrosen oder zum Aufbau einer Trennschicht (nekrotische Demarkation), die ein weiteres Vordringen des Erregers verhindert. Beispiele hierfür sind die Blattfleckenkrankheit der Beta-Rübe (*Cercospora beticola*) und die Schrotschusskrankheit der *Prunus*-Arten (*Clasterosporium carpophilum*). Durch pflanzenpathogene Viren induzierte Überempfindlichkeitsreaktionen führen häufig zu ähnlich aussehenden sogen. Lokalläsionen (z. B. bei *Nicotiana glutinosa* nach Inokulation von TMV).

Auch nach Bakterieninfektionen werden Überempfindlichkeitsreaktionen beobachtet. Die Inaktivierung der Bakterien erfolgt in den Interzellularen der Wirtspflanzen durch Ausscheidungen der Zellwand, die eine Immobilisierung der Krankheitserreger bewirken.

Im Infektionsbereich sind zahlreiche physiologische Veränderungen feststellbar. Dazu gehören eine verstärkte Oxidation von Phenolen zu chinoiden Verbindungen mit fungistatischen Eigenschaften, eine Erhöhung der Atmung, die Bildung von Phytoalexinen und ROS (reaktive Sauerstoffspezies), die Abgabe von Salicylsäure und Ethylen sowie die Einlagerung von Lignin und Callose. Außerdem kommt es zu einer Aktivierung von Genen, die im Zusammenhang mit den Resistenzvorgängen von Bedeutung sind.

Bildung von Phytoalexinen

Phytoalexine sind **niedermolekulare, antimikrobiell wirksame Verbindungen**, die von den Zellen der Wirtspflanzen als Reaktion auf eine Infektion, insbesondere durch Pilze, neu synthetisiert werden. Bei den Phytoalexinen handelt es sich überwiegend um Phenolderivate, Isoflavonoide, Phenylpropane oder Terpenoide (Abb. 15.5). Ihr Nachweis gelang bisher in zahlreichen Pflanzen, insbesondere aus den Familien der Leguminosen (Erbse, Gartenbohne, Soja u. a.), Solanaceen (Kartoffel, Tomate), Malvaceen (Baumwolle), Convolvulaceen (Süßkartoffel), Umbelliferen (Möhre) und Rosaceen (Apfel, Birne).

Die meisten Untersuchungen über die Biosynthese der Phytoalexine sind an Solanaceen und Leguminosen durchgeführt worden. Allein bei den Ver-

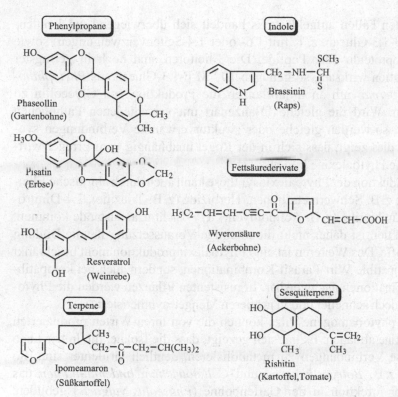

Abb. 15.5 Beispiele für Phytoalexine aus unterschiedlichen chemischen Gruppen

tretern der zuletzt genannten Pflanzenfamilie wurden mehr als 130 unterschiedliche Verbindungen nachgewiesen.

Die Phytoalexinproduktion beschränkt sich auf die lebenden Zellen unmittelbar um den Infektionsherd, während die Akkumulation dieser Stoffe in den benachbarten, abgestorbenen und nekrotisierten Bereichen erfolgt. Sie sind dort bereits wenige Stunden nach dem Eindringen des Erregers in die Pflanzen nachweisbar. Nach dem Erreichen eines Maximums innerhalb weniger Tage geht die Phytoalexinkonzentration wieder zurück.

Die Biosynthese der Phytoalexine in der Pflanze erfolgt bevorzugt über den Shikimisäure- (Phenolderivate, Isoflavonoide) sowie den Acetat-Mevalonat-Weg (Terpenoide). Die physiologische Wirkung dieser Verbindungen auf die Pathogene ist unterschiedlich. Häufig wird eine Zerstörung der Zellmembran, verbunden mit einem Austritt von Elektrolyten und Metaboliten sowie eine Hemmung der Pektinasen und Cellulasen beobachtet.

Die **Induktion der Phytoalexinbildung** erfolgt durch Elicitoren, die bei Pilzen in der Myzeloberfläche lokalisiert sind. Ihre chemische Natur wurde in einzelnen Fällen aufgeklärt. Es handelt sich überwiegend um Kohlenhydrate (β-1,3-Glucan, z. T. mit 1,6- oder 1,4-Seitenverzweigungen) sowie um Glycoproteide oder Peptide. Die Elicitoren sind noch in geringster Konzentration wirksam; so genügen 10^{-9} M β-1,3-Glucan aus *Phytophthora megasperma*, um an Sojapflanzen die Produktion von Glyceollin zu induzieren. Wird die gleiche Pflanzenart mit verschiedenen Pathogenen inokuliert, so werden gleiche oder strukturverwandte Verbindungen synthetisiert; dies zeigt, dass sich in der Regel unabhängig vom Erreger wirtspezifische Phytoalexine bilden.

Eine Induktion der Phytoalexinsynthese kann auch durch abiotische Elicitoren, wie z. B. Schwermetallionen, Herbizide (z. B. Triazine), 2,4-Dinitrophenol, Antibiotika (z. B. Actinomycin), UV-Licht u. a. zustande kommen. Eine Infektion ist daher nicht die alleinige Voraussetzung für die Bildung dieser Stoffe. Des Weiteren ist eine Phytoalexinproduktion nicht beschränkt auf inkompatible Wirt-Parasit-Kombinationen, sondern auch bei kompatiblen Kombinationen nachweisbar. In resistenten Pflanzen werden die Phytoalexine jedoch schneller und in größeren Mengen synthetisiert.

Einige phytopathogene Pilze können die von ihren Wirten produzierten Phytoalexine abbauen. Es hat sich gezeigt, dass die Isolate, die in der Lage sind, diese Verbindungen zu metabolisieren, deutlich virulenter sind. So entgiften z. B. *Botrytis cinerea* und *Colletotrichum lindemuthianum* das nach einer Infektion in der Gartenbohne (*Phaseolus vulgaris*) gebildete Phaseollin durch Umwandlung zu 6-Hydroxyphaseollin (Abb. 15.6).

Neben der Metabolisierung zu unwirksamen Verbindungen können einige nekrotrophe Pilze, wie z. B. *Mycosphaerella graminicola* (Anamorph: *Septoria tritici*) sich mit Hilfe von Effluxtransportern, die sich in der Plasmamembran der Pathogene befinden, vor Phytoalexinen schützen. Sobald die Krankheitserreger mit den von den Pflanzen gebildeten Toxinen zusammentreffen, können diese durch die Transporter wieder aus der Zelle entfernt werden.

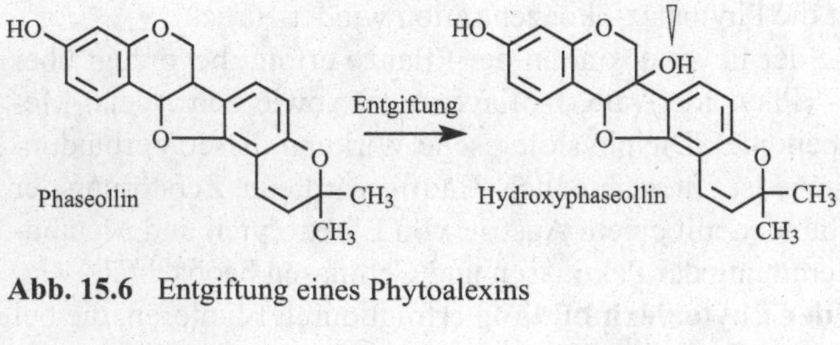

Abb. 15.6 Entgiftung eines Phytoalexins

Bildung von PR-Proteinen

In den Interzellularen von Blättern vieler Pflanzenarten werden nach einer Infektion mit Viren, Bakterien, Oomyceten und Pilzen antimikrobiell wirkende Proteine entweder vermehrt oder neu gebildet. Diese Proteine hydrolysieren Zellwände eindringender Pathogene oder wirken als Kontaktgifte. Man bezeichnet sie, da sie mit der Pathogenese in Zusammenhang stehen, als PR-Proteine (*pathogenesis-related proteins*).

Die PR-Proteine sind in 17 Familien mit sehr unterschiedlichen Funktionen eingruppiert. Sie wirken u. a. als β-1,3-Glucanasen, Chitinasen, Peroxidasen, Proteaseinhibitoren. Hinzu kommen Stoffe mit ausgeprägten antimikrobiellen Eigenschaften, wie z. B. Defensine (Peptide mit 29 bis 35 Aminosäurebausteinen).

Die Synthese der PR-Proteine wird durch die Signalstoffe Salicylsäure, Jasmonsäure oder Ethylen induziert.

Zellwandmodifikationen

Nach einer Infektion kommt es häufig zu Veränderungen der pflanzlichen Zellwand, die dazu dienen, die Infektionsstellen abzugrenzen und die weitere Ausbreitung der Krankheitserreger zu verhindern.

Die auch als histogene Abwehrreaktion bezeichneten Zellwandmodifikationen entstehen durch die Ausscheidung von Wundgummi (z. B. nach Infektionen durch *Sclerotinia laxa*, *Pseudomonas morsprunorum* an Steinobst), Bildung von Korkgewebe (Kap. 14) und verstärkten Cellulose- und Ligninablagerungen.

Eine weitere Abwehrreaktion sind Cytoplasmaaggregationen unter den Penetrationsstellen, die zur Bildung von Papillen führen und neben Callose als Hauptbestandteil noch andere Substanzen enthalten, wie Suberin, Lignin, Pektin und Cellulose.

Gelangen Bakterien und Pilze in die Wasserleitsysteme (Xylem), kann das weitere Vordringen der Pathogene durch in die Gefäße einwachsende Holzparenchymzellen (Thyllen) blockiert werden.

Reaktive Sauerstoffspezies, Stickoxid

Eine der ersten aktivierten Abwehrmechanismen der Pflanzen nach einem Befall ist die Freisetzung reaktiver Sauerstoffspezies (**ROS**). Dabei handelt es sich um Stoffe, die eine hohe Reaktivität und chemische Aggressivität besitzen: das Superoxidanion O_2^-, Wasserstoffperoxid H_2O_2 und das Hydroxylradikal OH^-.

Nach dem Angriff von Pathogenen sind ROS in hoher Konzentration nachweisbar, was als *„oxidative burst"* bezeichnet wird. ROS werden in befallenen Pflanzen vor allem durch pflanzliche Oxidasen wie NADPH-Oxidase, Peroxidasen, Aminoxidasen und andere gebildet und spielen im Zusammenhang mit der Abwehr biotropher Pathogene eine wichtige Rolle:

- Sie besitzen eine toxische Wirkung gegenüber biotrophen Krankheitserregern
- Lösen Überempfindlichkeitsreaktionen aus
- Tragen zur Verstärkung der pflanzlichen Zellwand durch beschleunigten Einbau von Zellwandbestandteilen (Proteine, Lignin) bei und erschweren dadurch das Eindringen der Pathogene
- Sind an der Signaltransduktion und damit Auslösung von Resistenzmechanismen beteiligt.

Nicht abgewehrt werden können mit ROS nekrotrophe Krankheitserreger. Sie bilden vielmehr selbst reaktive Sauerstoffspezies, um die Wirtszelle abzutöten.

Neben den reaktiven Sauerstoffspezies ist auch Stickoxid (NO) an der postinfektionellen Pathogenabwehr beteiligt. So wird die NO-Synthase in resistenten, nicht aber in empfindlich reagierenden mit TMV (Tabakmosaikvirus) inokulierten Tabakblättern aktiviert. Gleichzeitig konnten in TMV-resistenten Blättern große Mengen Stickoxid nachgewiesen werden. Diese Verbindung kann mit ROS, wie z. B. Sauerstoffperoxid reagieren. Dabei entstehen extrem giftige NO-Substanzen, welche die Entwicklung der Pathogene hemmen. Darüber hinaus ist NO offensichtlich auch bei der Signaltransduktion maßgeblich beteiligt.

Systemisch induzierte Resistenz (*systemic acquired resistance*, SAR)

Kennzeichnend für eine systemisch induzierte Resistenz ist, dass nach Behandlung einzelner Blätter mit bestimmten, Nekrosen verursachenden Chemikalien oder Pathogenen ein Signal produziert wird, das sich systemisch in der ganzen Pflanze verteilt und dort Abwehrmechanismen aktiviert, welche die gesamte Pflanze resistent machen (Abb. 15.7).

Wichtige Merkmale einer systemisch induzierten Resistenz sind:

- Die Auslösung der Resistenzen kann sowohl durch biotische als auch abiotische Faktoren erfolgen
- Die Induktoren besitzen keinen unmittelbaren toxischen Einfluss auf die pflanzenpathogenen Organismen, noch werden sie in antimikrobiell wirksame Stoffe umgewandelt

Abb. 15.7 Wirkungsweise der systemisch induzierten Resistenz (SAR)

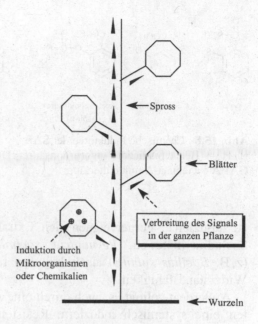

Spross

Blätter

Verbreitung des Signals in der ganzen Pflanze

Induktion durch Mikroorganismen oder Chemikalien

Wurzeln

- Von der Applikation der Induktoren bis zum Auftreten der Abwehrreaktionen vergehen mehrere Tage bis Wochen (keine unmittelbare Wirkung)
- Es bestehen keine Dosis/Wirkungsbeziehungen.

Erste Hinweise auf das SAR-Phänomen kamen bereits Anfang der 1960er Jahre. Sie besagten, dass die Resistenz von Tabak gegenüber dem Tabakmosaik-Virus (TMV) gesteigert werden kann durch eine Vorinokulation eines einzelnen Blattes mit diesem Virus. Dass von Viren infizierte Pflanzen gegenüber einer Zweitinfektion durch das gleiche oder durch verwandte Viren unempfindlich reagieren (*cross protection*), wurde seitdem mehrfach bestätigt (Prämunität).

Ähnliche Abwehrreaktionen wurden auch nach einer Vorinokulation mit schwachen oder avirulenten Pilzen und Bakterien nachgewiesen. So waren Tabakpflanzen gegenüber Blauschimmel (*Peronospora tabacina*) weitgehend resistent, wenn in den Stängel eine Konidiensuspension dieses Pilzes injiziert wurde. Auch nach einer Lokalinfektion von Gurkenpflanzen mit *Pseudomonas lachrymans*, *Colletotrichum lindemuthianum* oder dem Tabaknekrose-Virus (TNV) kommt es innerhalb von wenigen Tagen zu einer systemisch induzierten Resistenz gegenüber 13 verschiedenen Krankheitserregern. Weitere Beispiele sind von Vertretern aus den Pflanzenfamilien der Leguminosae, Solanaceae und Curcubitaceae bekannt.

Bei monokotylen Arten ist man zu entsprechenden Ergebnissen gekommen. So war es u. a. bei Gerste und Weizen möglich, durch Vorinokulation mit avirulenten und virulenten Pathogenen Resistenzerscheinungen

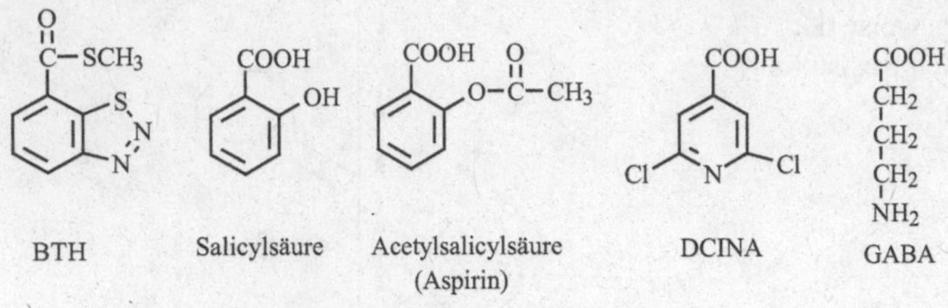

Abb. 15.8 Chemische Induktoren der SAR
BTH = Benzothiadiazol-7-thiocarbonsäure; DCINA = 2,6-Dichlor-Isonicotinsäure;
GABA = Gamma-Aminobuttersäure

zu induzieren. Ferner eignen sich Extrakte aus Pflanzen (z. B. aus dem Sachalin-Knöterich, *Reynoutria sachalinensis*) und Mikroorganismen (z. B. *Bacillus subtilis*) als Induktoren für die Auslösung einer erhöhten Widerstandsfähigkeit.

Außerdem gelingt es, auch durch eine Applikation von Syntheseprodukten eine systemisch induzierte Resistenz zu aktivieren. Dazu gehören (Abb. 15.8):

- Benzothiadiazol-7-thiocarbonsäure-S-methylester (BTH)
- Salicylsäure (SA) und Acetylsalicylsäure (Aspirin)
- 2,6-Dichlorisonicotinsäure (DCINA)
- Gamma-Aminobuttersäure (GABA).

Die bisherigen Vorstellungen über die zur SAR führenden Reaktionsschritte gehen davon aus, dass in den Pflanzen ruhende Resistenzgene vorhanden sind, die erst dann exprimieren, wenn sie durch geeignete Induktoren „eingeschaltet" werden. Eine zentrale Rolle kommt dabei der Salicylsäure als Signalmolekül zu. Die eingesetzten Induktoren bewirken zunächst die Biosynthese und Anreicherung von Salicylsäure (SA) in den lokal behandelten Pflanzenteilen. Anschließend verteilt sich die SA in der Pflanze und aktiviert die SAR-Gene, die dann u. a. für antimikrobiell wirksame, niedermolekulare PR-Proteine (*pathogenesis-related proteins*, MG 14 500–65 000) codieren. Zu diesen zählen Chitinase und β-1,3-Glucanase, zwei Enzyme, die in der Lage sind, die Zellwände eingedrungener Pilze zu hydrolysieren.

Eine spezielle Form der induzierten Resistenz, bei der die Pflanzen eine **gesteigerte Fähigkeit zur Abwehr** biotischer und abiotischer Stressfaktoren entwickeln, bezeichnet man als *Priming*. Das wird erreicht durch:

- Nekrosen verursachende Pathogene
- Besiedlung der Wurzeln mit nützlichen Mikroorganismen
- Behandlung der Pflanzen mit bestimmten Chemikalien.

Die wesentlichen Unterschiede zu der zuvor beschriebenen induzierten Resistenz bestehen darin, dass zunächst keine Abwehrreaktionen hervorgerufen werden. Diese zeigen sich erst dann, wenn nachfolgende Infektionen stattfinden. Ein weiteres Kennzeichen ist, dass diese Abwehrreaktionen dann stärker ausgeprägt und bereits nach wenigen Stunden nachweisbar sind.

Die molekularen Mechanismen, die dem *Priming* zugrunde liegen, sind noch nicht genau bekannt. Der „geprimte" Status könnte u. a. auf der Akkumulation oder Modifikation von Signalproteinen basieren, die nach Expression oder Modifikation zunächst inaktiv bleiben und erst durch ein zweites Signal mobilisiert werden.

Die induzierte Resistenz eröffnet neue Wege bei der Bekämpfung von Pflanzenkrankheiten, insbesondere auch gegen Erreger, die mit chemischen Maßnahmen nicht oder nur unvollständig ausgeschaltet werden können, wie z. B. Virus- und Bakterienkrankheiten. Wenn es gelingt, geeignete Induktoren zu synthetisieren, wird diese Seite des Pflanzenschutzes in Zukunft eine erhöhte Bedeutung bekommen.

Virusbedingte Genstummschaltung (RNA-*Silencing*)

Eine von den bisher besprochenen Resistenzmechanismen abweichende Form ist die durch Genstummschaltung (RNA-*Silencing*) ausgelöste Unempfindlichkeit gegenüber Viruserkrankungen. Für die Entstehung einer derartigen Abwehrreaktion bedarf es folgender Voraussetzungen:

- Es muss doppelsträngige Virus-RNA [(+)dsRNA] vorliegen
- In der Wirtspflanze müssen „Dicer" vorhanden sein.

Fast alle in Kap. 3 erwähnten Viren bestehen aus einzelsträngiger RNA (ssRNA). Bei ihrer Replikation bilden sich jedoch für kurze Zeit auch doppelsträngige RNA (Kap. 3; Abb. 3.4), so dass die erste Grundvoraussetzung bei den meisten pflanzenpathogenen Viren erfüllt ist.

Dicer sind pflanzeneigene RNA abbauende Enzyme, die in der Lage sind, (+)dsVirus-RNA in kurze 21–24 Basenpaare lange Teilstücke zu schneiden. Die dabei entstehenden Fragmente werden siRNAs (*small interfering* RNAs) genannt.

Weitere Reaktionsschritte sind:

- Die bei der Fragmentierung entstehenden doppelsträngigen siRNAs werden, wahrscheinlich mit Hilfe von Helicasen, entwunden
- Ein Einzelstrang lagert sich mit Proteinen zusammen. Es entsteht ein Molekülkomplex, den man als RISC (RNA *induced silencing complex*) bezeichnet

- Der RNA-Proteinkomplex bindet an komplementäre, in den Pflanzen-zellen vorliegende Virus-RNA und schneidet sie erneut in einzelsträngige siRNA. Auf diese Weise kommt es zu einer schrittweisen Zerstörung der Virus-RNA
- Die siRNAs, die im Verlaufe des Genstilllegungsprozesses entstehen, scheinen auch die Funktion eines systemischen Signals zu besitzen. Nach Ausbreitung des Signals „siRNA" über Plasmodesmen und Phloem in der ganzen Pflanze ist diese gegen weitere Virusangriffe geschützt.

15.3   Abwehrmechanismen gegen Schadtiere

Pflanzen sind seit Jahrmillionen einem starken Selektionsdruck durch phytophage Tiere ausgesetzt. Im Verlauf der Koevolution mit diesen Tieren haben sich in den Pflanzen physikalische und chemische Barrieren entwickelt. Diese können:

- Den Angriff der Schädlinge verhindern oder zumindest erschweren
- Den Angreifer mehr oder weniger stark schädigen
- Der Pflanze helfen, den Angriff ohne allzu großen Schaden zu überstehen.

Bei den Abwehrmechanismen, die dabei wirksam werden ist – wie bei den Krankheitserregern – zwischen präformierten biophysikalischen und chemischen Faktoren zu unterscheiden sowie solchen, die erst nach einem Befall aktiviert werden.

15.3.1   Präformierte biophysikalische Abwehrmechanismen

Insgesamt spielen biophysikalische Faktoren als Abwehrmechanismen gegenüber Schädlingen nur eine untergeordnete Rolle. Eine begrenzte Bedeutung haben:

- Intensität und Form der Behaarung. Kulturpflanzen und Kulturpflanzensorten mit einer starken Behaarung werden durch kleine Schädlinge, wie z. B. Blattläuse, weniger intensiv besiedelt. Auch die Bildung von Drüsenhaaren mit klebrigen Sekreten (z. B. Tabak) wirkt sich befallsmindernd aus
- Dicke und Festigkeit der Gewebeepidermis (mechanische Barrieren). Die Einlagerung von Lignin, Calcium oder Silicium in die äußeren Zellschichten führt zu einem verstärkten Abschlussgewebe. Hierdurch wird der Fraß der Schädlinge an den Pflanzen oder ihr Eindringen in das In-

nere erschwert. Das bedeutet, dass z. B. Blattläuse und Wanzen mit ihren stechend-saugenden Mundwerkzeugen nicht mehr in der Lage sind,
das veränderte Gewebe zu durchdringen. Auch die Larven der Mittelmeerfruchtfliege haben bei dickschaligen Früchten Schwierigkeiten, in
das Innere einzudringen. Ebenso werden Reispflanzen, die verstärkt
Festigungsgewebe (Sklerenchym) ausbilden und SiO_2 einlagern, durch
den Reisstängelbohrer (*Chilo suppressalis*) weniger stark geschädigt.

Neben diesen Faktoren spielt die Farbe der Pflanzen bei der Wirtsfin-
dung vieler Phytophagen eine wichtige Rolle (Kap. 13). Rotblättrige Kohl-
sorten sind z. B. weniger attraktiv für den Großen und Kleinen Kohlweißling und die Mehlige Kohlblattlaus als grünblättrige Sorten. Ähnliches gilt
für die Zwiebelfliege, die bevorzugt ihre Eier an die gelben Schlotten der
Zwiebel ablegt und die grauen und blauen Schlotten möglichst meidet.
Entsprechend ändern sich die jeweiligen Befallsituationen bzw. die fest-
stellbaren Schäden.

Außerdem haben die Wuchsformen der Pflanzen eine Fernwirkung auf
Insekten und beeinflussen ihre Orientierung. Ein Beispiel sind Maissorten
mit einem gedrungenen Habitus, die durch den Maiszünsler weniger geschädigt werden als großwüchsige Sorten. Ferner spielt die Stellung der
Blätter eine Rolle. Es zeigte sich, dass die Maisinzuchtlinie „B 85" mit
einer sehr ausgeprägten steilen Blattstellung von der ersten Generation des
Maiszünslers nicht befallen wird.

15.3.2 Präformierte chemische Abwehrmechanismen

Als präformierte chemische Abwehrmechanismen sind vor allem sekundäre Pflanzenstoffe von Bedeutung. Die Zahl der bisher identifizierten Verbindungen übersteigt 100 000 und neue chemische Strukturen werden
ständig entdeckt. Es ist daher schwierig, eine allgemein gültige Klassifizierung nach Wirkstoffgruppen geordnet aufzustellen, die für die Abwehr
fressender und saugender Schädlinge relevant sind. In der wissenschaftlichen Literatur werden häufig Verbindungen aus den Stoffklassen der Alkaloide, Terpenoide und Phenole genannt.

Alkaloide

Hierbei handelt es sich um zyklische, Stickstoff enthaltende Stoffe, die sich
in der Regel von Aminosäuren, wie z. B. Lysin, Tyrosin, Tryptophan, Histi-
din und Ornithin, ableiten lassen (z. B. das insektizid-wirksame Nicotin in

Abb. 15.9 a–d Sekundäre Pflanzenstoffe mit toxischer Wirkung auf Pflanzenschädlinge
a Alkaloid,
b aromatisches Triterpen,
c Steroidalkaloid,
d Isoflavon

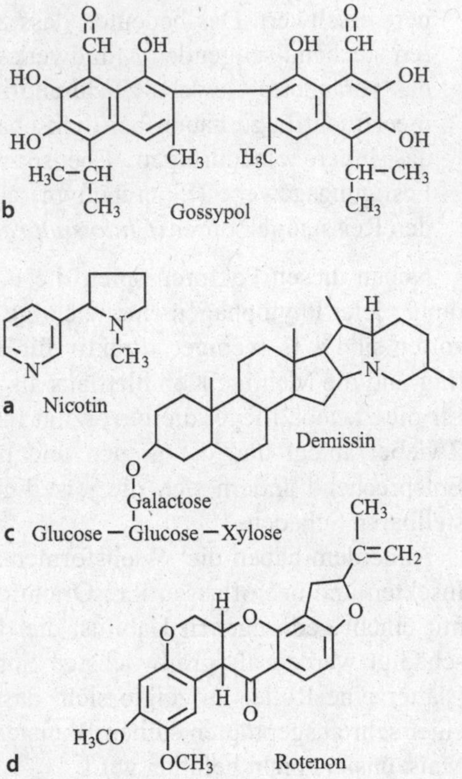

Tabakpflanzen aus Ornithin, Abb. 15.9 a), ferner Steroidalkaloide, wie das zur Gruppe der Solanumalkaloide zählende in Wildkartoffel (*Solanum demissum*) vorkommende Demissin (Abb. 15.9 c), das für die Resistenz der Wildkartoffel gegenüber dem Kartoffelkäfer verantwortlich ist.

Die Kulturkartoffel enthält mit dem Solanin eine chemisch dem Demissin ähnliche Verbindung, die jedoch für den Kartoffelkäfer nicht toxisch ist. Diese Beobachtung ist auch insofern von praktischem Wert, als es durch Kreuzungsexperimente mit *Solanum demissum* und *S. tuberosum* gelang, Kartoffeln zu züchten, die aufgrund ihres hohen Demissingehaltes gegenüber dem Kartoffelkäfer resistent sind.

Etwa 20% der Angiospermen produzieren Alkaloide, von denen die meisten auf Schädlinge fraßabweisend (*feeding deterrents*) und/oder toxisch wirken.

Terpenoide

Mit ca. 30 000 bisher bekannten Verbindungen sind sie die größte Gruppe unter den sekundären Pflanzenstoffen. Die meisten Terpenoide werden aus

Isoprenresten aufgebaut. Ihre Vielfalt beruht darauf, dass durch Ringschlüsse und zusätzliche funktionale Gruppen nahezu unbegrenzte Variationsmöglichkeiten gegeben sind.

Ein bekanntes Beispiel für einen Vertreter aus dieser Gruppe ist Gossypol (Abb. 15.9 b). Baumwollpflanzen, die in ihren Drüsenzellen einen hohen Gehalt an Gossypol enthalten, werden vom Baumwollkapselwurm (*Helicoverpa armigera*) weniger stark befallen.

Phenolderivate

Phenolische Verbindungen sind weit verbreitet im Pflanzenreich. Sie besitzen einen aromatischen Ring mit mehr oder weniger zahlreichen Hydroxylgruppen und zusätzlichen Substituenten. Das Spektrum reicht von einfachen Zimtsäurederivaten (z. B. Cumarine) bis zu kompliziert aufgebauten Flavonoiden (z. B. Quercetin) und Tanninen (Polyphenole mit einem Molekulargewicht von 500 bis 20 000 Da).

Zahlreiche Verbindungen aus dieser Gruppe spielen eine Rolle als fraßvergällende Stoffe oder als natürliche Insektizide, wie z. B. Rotenon (Abb. 15.9).

15.3.3 Glycoside als Vorstufen von Abwehrstoffen

Mehrere pflanzliche Abwehrstoffe besitzen eine hohe Phytotoxizität. Pflanzen lösen dieses Problem dadurch, dass sie die schädlichen Verbindungen in Form von inaktiven Glycosiden in der Vakuole speichern. Werden die Zellen durch die Fraß- oder Saugtätigkeit der Schädlinge zerstört und damit die Kompartimentierung aufgehoben, kommt es zur Vermischung mit den gleichzeitig vorhandenen glycosidspaltenden Enzymen und damit zur Freisetzung der wirksamen Aglycone. Ein Beispiel hierfür ist das in Mais vorkommende DIMBOA-Glucosid sowie die Senfölglucoside (Glucosinolate) und cyanogenen Glycoside:

- Bestimmte Maissorten werden von Larven der 1. Generation des Maiszünslers nicht befallen. Als Ursache wurde ein Inhaltsstoff, das Hydroxaminsäure-Derivat 2,4-Dihydroxy-7-methoxy-1,4-benzoxazin-3-on (DIMBOA) identifiziert. Diese Verbindung liegt in der Pflanze als Glucosid vor, aus dem nach Fraßschäden das insektizid-wirksame Aglucon DIMBOA entsteht (Abb. 15.10). Resistente Maissorten enthalten im Vergleich zu anfälligen deutlich höhere Konzentrationen des Glucosids.

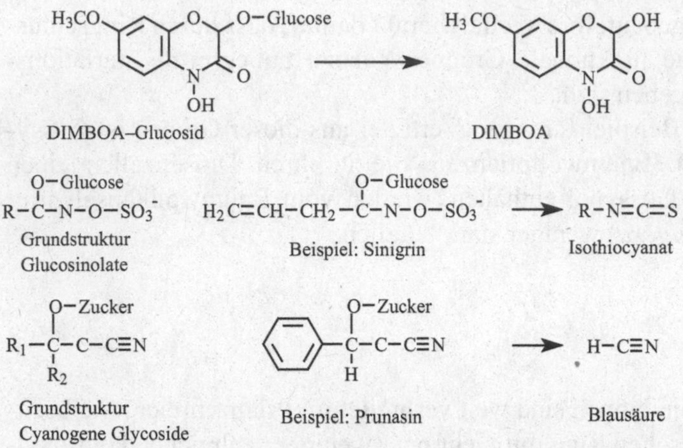

Abb. 15.10 Glycoside als Vorstufen von Abwehrstoffen gegen Schädlinge

Die Konzentration des Inhaltsstoffes nimmt jedoch mit zunehmendem Alter der Kulturpflanze ab, so dass ein natürlicher Schutz nur im Jugendstadium besteht

- Glucosinolate sind verbreitet in kreuzblütigen Pflanzen nachweisbar. Sie werden als Glucoside in den Vakuolen gespeichert. Bei Befall durch Insekten wird während des Fraß- oder Saugaktes das Glucosid durch das Enzym Myrosinase gespalten und die für viele Schädlinge giftigen Senföle (Isothiocyanate) freigesetzt (Abb. 15.10)

  Zu berücksichtigen ist jedoch, dass Glucosinolate auch als fraßauslösende Stoffe (*feeding attractants*) wirksam werden können, wie dies z. B. beim Kohlweißling und der Mehligen Kohlblattlaus, zwei wichtigen Kohlschädlingen, der Fall ist (Kap. 13)

- Cyanogene Glycoside sind in etwa 11% aller Pflanzen in zum Teil erheblichen Konzentrationen nachweisbar. So speichert *Eucalyptus cladocalyx* in den Blättern 15% seines Stickstoffs in Form des Glycosids Prunasin. Vielfach dienen die Vakuolen, wie z. B. bei vielen Rosaceae als Vorratseinrichtung für diese Substanz. Kommt es zu Verletzungen bei der Nahrungsaufnahme der Schädlinge, werden die Glycoside durch die gleichzeitig anwesenden Glycosidasen enzymatisch gespalten. Dabei entsteht die sehr giftige Blausäure (Abb. 15.10), die für Schädlinge toxisch ist und/oder fraßabweisend wirkt (*feeding deterrent*). Diese Tatsache unterstützt die in der Literatur immer wieder geäußerte Vorstellung, dass cyanogene Glycoside neben ihrer Speicher- auch eine Abwehrfunktion gegen Pflanzenschädlinge haben.

Die Mehrzahl präformierter Abwehrstoffe wurde in Arten nachgewiesen, die in unseren Bereichen nicht angebaut werden, wie z. B. der Neembaum (*Azadirachta indica*) oder die Composite *Tanacetum cinerariaefolium* mit ihren seit langem im Pflanzenschutz verwendeten „natürlichen" Insektiziden Azadirachtin bzw. Pyrethrum (Kap. 19 und 23).

15.3.4 Indirekte Abwehrmechanismen

Die zuvor beschriebenen Abwehrmechanismen basieren auf physikalischen Barrieren oder chemischen Stoffen, die bereits in gesunden Pflanzen vorhanden sind. Eine weitere indirekte Abwehrstrategie besteht darin, dass von dem bei der Nahrungsaufnahme geschädigten Wirtsgewebe Substanzen abgegeben werden, die Nützlinge – Prädatoren und Parasitoide – anlocken, die dann aktiv Herbivoren dezimieren.

Ausgelöst wird die Abgabe der Lockstoffe durch Elicitoren, die sich im Speichel von Insekten befinden. Im Speichel von Larven der Zuckerrübeneule (*Spodoptera exigua*) konnte beispielsweise Volicitin, ein Fettsäure-Aminosäure-Konjugat (FAK, Abb. 15.11) identifiziert werden, das die Bildung und Freisetzung der Lockstoffe elicitiert. Auch im Speichel anderer

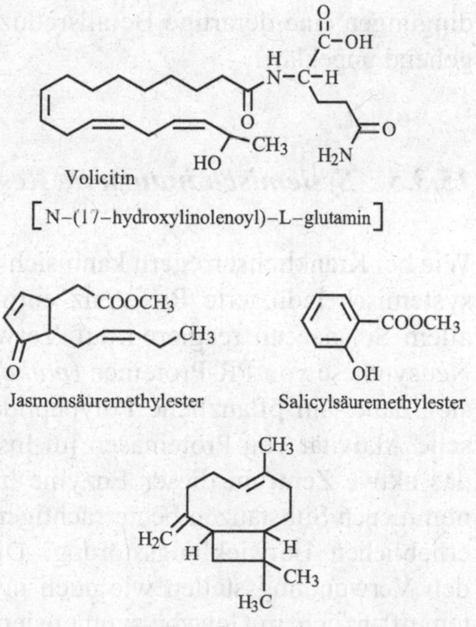

Volicitin

[N–(17–hydroxylinolenoyl)–L–glutamin]

Jasmonsäuremethylester

Salicylsäuremethylester

(E)–beta–Caryophyllen

Abb. 15.11 Elicitor *(oben)*, Insektenlockstoff *(Mitte)*, Nematodenlockstoff *(unten)*

Lepidopterenlarven wurden weitere FAKs sowie β-Glucosidase und Glucoseoxidase als Elicitoren nachgewiesen.

In der Regel handelt es sich bei den Lockstoffen um Terpenoide (Mono- und Sesquiterpene), die auch als *„green leafy volatiles"* bezeichnet werden sowie um flüchtige Phytohormone, wie z. B. die Methylester der Jasmonsäure und Salicylsäure (Abb. 15.11).

Indirekte Abwehrmechanismen beschränken sich keineswegs nur auf Insekten. Entsprechende Vorgänge sind auch bei Nematoden- und Spinnmilbenbefall nachgewiesen worden. So sondern von Larven des **Westlichen Maiswurzelbohrers** (*Diabrotica virgifera virgifera*) befallene Maiswurzeln einen Geruchstoff ab, der entomopathogene Nematoden der Art *Heterorhabditis megidis* anlockt und auf diese Weise die Pflanzen schützt. Als Nematodenlockstoff wurde das flüchtige bizyklische Sesquiterpen (E)-β-Caryophyllen (Abb. 15.11) isoliert.

Der Lockstoff konnte nur aus Maispflanzen europäischer Züchtungen gewonnen werden. Auch der Vorfahre des Maises, das Teosinte-Gras *Zea mays* ssp. *parviglumis,* kann (E)-β-Caryophyllen produzieren. Nordamerikanische Maissorten sind dagegen nicht in der Lage, diesen Duftstoff über ihre Wurzeln freizusetzen. Wahrscheinlich ist die Fähigkeit der Pflanzen, Caryophyllen als indirekten Schutz gegen Insektenlarven zu bilden, im Verlauf der Maiszüchtung in Nordamerika verloren gegangen.

Die meisten Erkenntnisse bezüglich der indirekten Abwehrmechanismen gegen herbivore Schädlinge stammen aus Laborversuchen. Ob auch im Freiland unter dem Einfluss veränderbarer Klima- und Witterungsbedingungen eine derartige Befallsreduzierung möglich wäre, ist noch weitgehend ungeklärt.

15.3.5 Systemisch induzierte Resistenz

Wie bei Krankheitserregern kann sich auch bei Befall mit Schädlingen eine systemisch induzierte Resistenz entwickeln. Verschiedene Pflanzen, vor allem Solanaceen reagieren auf Verwundung durch Insektenfraß mit der Neusynthese von PR-Proteinen (*pathogenesis-related proteins*). Es handelt sich dabei um pflanzliche Polypeptide und Proteine, welche die katalytische Aktivität von Proteinasen im Insektendarm blockieren, indem sie an das aktive Zentrum dieser Enzyme binden. Die von den Insekten aufgenommenen Substanzen beeinträchtigen die Verdauung und führen zu einer erheblichen Entwicklungsstörung. Die Proteinaseinhibitoren werden an den Verwundungsstellen wie auch in weiter entferntem, nicht geschädigtem pflanzlichem Gewebe synthetisiert.

Abb. 15.12 Systemisch induzierte Abwehrmechanismen nach Schädlingsbefall (vgl. Text)

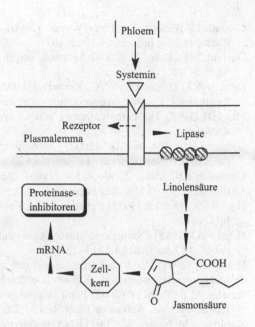

Das Signal für die systemisch induzierte Resistenz ist **Systemin**, ein Peptid mit 18 Aminosäuren, das nach Verwundung oder Fraßtätigkeit durch Insekten lokal entsteht. Es bindet an einen spezifischen Rezeptor am Plasmalemma einer intakten Zelle. Dadurch wird Lipase aktiviert, die aus den Membranlipiden Linolensäure freisetzt, aus der wiederum über mehrere Zwischenstufen **Jasmonsäure** entsteht. Diese Verbindung besitzt ebenfalls Signaleigenschaften und bewirkt ihrerseits die Aktivierung von Genen für Proteinaseinhibitoren (Abb. 15.12).

Auch andere Elicitoren, wie Chitosan und Oligogalacturonide, können über die gleiche Signalkette zu Jasmonsäure führen. Eine systemische Induktion von Proteinaseinhibitoren erfolgt jedoch nur über Systemin, das über das Phloem in entfernter gelegene Blätter transportiert wird und dort die Synthese der Inhibitoren veranlasst.

Literatur

Alborn HT, Jones TH, Stenhagen GS, Tumlinson JH (2000) Identification and synthesis of volicitin and related components from beet armyworm. J Chem Ecol 26:203–220

Apel K, Hirt H (2004) Reactive oxygen species: metabolism, oxidative stress, and signal transduction. Annu Rev Plant Biol 55:373–399

Beckers JM, Conrath U (2007) Priming for stress resistance: from the lab to the field. Curr Opin Plant Biol 10:425–431

Conrath U, Beckers JM, Flors V et al. (2006) Priming: getting ready for battle. Mol Plant-Microbe Interact 19:1062–1071

Durrant WE, Dong X (2004) Systemic acquired resistance. Annu Rev Phytopathol 42:185–209

Dyakov YT, Dzhavakhiya VG, Korpela T (2007) Comprehensive and Molecular Phytopathology. Elsevier, Amsterdam

Flor HH (1956) The complementary genetic systems in flax and flax rost. Adv Genet 8:29–54

Gleadow RM, Woodrow IE (2002) Constraints on effectiveneß of cyanogenic glycosides in herbivore defence. J Chem Ecol 28:1301–1313

Goodman RN, Kiraly Z, Wood KR (1986) The biochemistry and physiology of plant disease. Univ of Missouri Press, Columbia

Hock B, Elstner EF (1995) Schadwirkungen auf Pflanzen. Spektrum, Heidelberg Berlin Oxford

Hruska AJ (1988) Cyanogenic glucosides as defence compounds: a review of the evidence. J Chem Ecol 14:2213–2217

Huang JS (2001) Plant pathogenesis and resistance. Biochemistry and physiology of plant-microbe interactions. Kluwer, Dordrecht

Kessler A, Baldwin IT (2002) Plant responses to insect herbivory: The emerging molecular analysis. Annu Rev Plant Biol 53:299–328

Kuhlmann M, Nellen W (2004) RNAinterferenz. BiUZ 34:142–150

Robertson D (2004) VIGS, Vectors for gene silencing: targets, many tools. Annu Rev Plant Biol 55:495–519

Schoonhoven LM, Van Loon JJA, Dicke M (2005) Insect – Plant Biology. Oxford Univ Press, Oxford

Turlings CJ, Wäcker F (2004) Recruitment of predators and parasitoids by herbivore-injured plants. Adv Insect Chem Ecology. Cambridge Univ Press, Cambridge

Vanderplank JE (1978) Genetic and molecular basis of plant pathogenesis. Springer, Berlin

Teil III
Erhalt der Pflanzengesundheit

16 Grundlagen des Pflanzenschutzes

Der **Anbau** von **Kulturpflanzen** im Ackerbau, Obst-, Gemüse- und Weinbau muss sowohl bei konventioneller als auch ökologischer Bewirtschaftung **rentabel** sein. Insbesondere bei der Erzeugung von Brot- und Futtergetreide sowie Raps, aber auch bei Obst- und Gemüsekulturen (Apfel, Tomate, Möhre, Salat) sowie im Zierpflanzenbau werden am Markt große Mengen möglichst einheitlicher Partien benötigt. Im Gegensatz zum Weinbau wird das Grundprodukt gehandelt und es erfolgt in den Produktionsbetrieben keine Veredlung zu höherwertigen Erzeugnissen. Aus diesem Grund steht die Sicherung ausreichend hoher **Erträge höchster Qualität** bei möglichst **niedrigen Kosten** im Vordergrund. Diese Rahmenbedingungen zwingen produzierende Betriebe zum **Anbau weniger Pflanzenarten** und solcher Sorten, die am Markt tatsächlich nachgefragt werden.

Die Erwartungen der Verbraucher haben sich in den letzten zwei Jahrzehnten erheblich gewandelt. Sie bringen häufig wenig Verständnis für die heutige Produktionstechnik und den Einsatz chemischer Wirkstoffe auf und fordern **unbelastete Nahrung**, die möglichst **ohne Chemie** erzeugt wurde. Vor diesem Hintergrund entwickelt sich der Pflanzenschutz zu einer sehr anspruchsvollen Aufgabe und stellt die Praxis vor immer höhere Anforderungen.

16.1 Gesetzlicher Rahmen

Seit einigen Jahren sind in Deutschland Bemühungen erkennbar, den gesundheitlichen **Verbraucherschutz** zu verbessern. Für Pflanzenschutzmittel gelten jedoch schon seit vier Jahrzehnten strenge gesetzliche Vorgaben. 1937 führte das erste deutsche Pflanzenschutzgesetz die freiwillige Prüfung von Pflanzenschutzmitteln auf ihre Wirksamkeit ein. Seit 1966 gilt die **Rückstands-Höchstmengenverordnung**, die Grenzwerte für Pflanzenschutzwirkstoffe auf oder in pflanzlichen Erzeugnissen verbindlich festlegt.

Pflanzenschutzgesetz ab 1968

Bis 1968 wurden chemische Pflanzenschutzmittel in Deutschland im Rahmen eines freiwilligen Verfahrens auf ihre Wirksamkeit geprüft und registriert. Die rasante Entwicklung im Pflanzenschutz und die Intensivierung der landwirtschaftlichen und gartenbaulichen Produktion machten rechtliche Anpassungen erforderlich. Deshalb trat **1968** das zweite **Pflanzenschutzgesetz** (Gesetz zum Schutz der Kulturpflanzen) in Kraft. Das bundesdeutsche Pflanzenschutzrecht ist seit Beginn seiner Gültigkeit auf den vorbeugenden Verbraucherschutz ausgerichtet. Es bildet eine international beispielhafte Grundlage für ein staatlich koordiniertes und kontrolliertes **Verfahren der amtlichen Prüfung** von Pflanzenschutzmitteln. Diese dürfen erst dann in den Verkehr gebracht oder eingeführt werden, wenn die **toxikologische Unbedenklichkeit** für den Menschen sowie eine ausreichende **biologische Wirksamkeit** gegen Schadorganismen als gesichert gelten. Als zentrale Zulassungsbehörde wurde die Biologische Bundesanstalt für Land- und Forstwirtschaft (BBA) mit dieser Aufgabe betraut.

Gesetzesnovellierung 1986

Wissenschaftliche Untersuchungen hatten gezeigt, dass Pflanzenschutzmittel nicht nur gegen Schadorganismen (*target organisms*), sondern auch gegen andere Lebewesen (*non-target organisms*) wirken und unter ungünstigen Bedingungen in das oberflächennahe Grundwasser ausgewaschen werden können.

Eine logische Folge der Gesetzesnovellierung von 1986 war deshalb die Einbindung des Umweltbundesamtes (UBA) in das Zulassungsverfahren. Damit wurden der **Schutz des Grundwassers** und des **Naturhaushaltes** als Gesetzesziele aufgenommen. Man wollte erreichen, dass von Pflanzenschutzmitteln **keine unnötige Belastung** auf Boden, Wasser und Luft ausgeht.

Darüber hinaus wurden Kriterien der **Guten fachlichen Praxis im Pflanzenschutz (GFP)** definiert und das Leitbild des **Integrierten Pflanzenschutzes (IPS)** eingeführt. Von allen Personen, die Pflanzenschutzmittel in Land- und Forstwirtschaft, Garten-, Wein- und Obstbau anwenden oder diese verkaufen, ist die gesetzlich definierte **Sachkunde im Pflanzenschutz** nachzuweisen. Damit soll sowohl der fachgerechte Umgang als auch eine entsprechende Beratung sichergestellt werden.

EU-Richtlinie von 1991

1991 wurde mit der **Richtlinie für das Inverkehrbringen von Pflanzenschutzmitteln (91/414/EWG)** die gleiche Verfügbarkeit dieser Präparate in allen Staaten der EU möglich. Die wesentliche Neuerung liegt darin, dass die Grundvoraussetzung für die Zulassung eines Pflanzenschutzmittelwirkstoffes in einem EU-Land die Aufnahme in die **Positivliste** (Anhang 1 der Richtlinie) ist. Auf Antrag kann ein Wirkstoff aus dieser Liste **auf der Basis der nationalen** Gesetzgebung in jedem Mitgliedsstaat zugelassen werden.

Die Überprüfung von Wirkstoffen zur Aufnahme in die Positivliste erfolgt auf Initiative ihres Herstellers. Dabei sind strenge Grundanforderungen zu erfüllen. Das Pflanzenschutzmittel muss unter anderem wirksam gegen den Schadorganismus und nicht phytotoxisch für die Kulturpflanzen sein sowie bei vorschriftsgemäßer Anwendung keine schädlichen Auswirkungen auf die Gesundheit von Mensch, Tier und den Naturhaushalt (Boden, Wasser, Luft) haben.

Die Pflanzenschutz-Richtlinie führte insgesamt zu einer erheblichen Verschärfung der Mittelprüfung in den EU-Staaten. Viele **Altwirkstoffe**, die schon lange auf dem Markt sind, entsprechen den neuen Kriterien nicht mehr. Damit hat sich einerseits eine deutliche Verringerung der verfügbaren Wirkstoffe ergeben (Tabelle 16.1), andererseits konnten zahlreiche problematische Substanzen endgültig aus der Anwendung verbannt werden. Ein Beispiel ist **Parathion**, ein altes Phosphorsäureester-Insektizid, das aufgrund seiner hohen Warmblütertoxizität bereits seit 2002 in Deutschland nicht mehr zugelassen und sogar mit einem **Anwendungsverbot** belegt ist.

Pflanzenschutzgesetz ab 1998

Erst 1998 wurden die Vorgaben der EU-Pflanzenschutzrichtlinie im deutschen Pflanzenschutzgesetz verankert. Eine wesentliche Neuerung ergab sich aus der **Indikationszulassung**. Diese umfasst für ein Pflanzenschutzmittel:

- **Anwendungsgebiet** (Schadorganismus + Pflanzenart/Gruppe)
- **Anwendungsbestimmungen** (Anwendungstermin, Aufwandmenge, Auflagen zum Schutz des Naturhaushaltes).

Tabelle 16.1 Die Anzahl der in Deutschland zugelassenen Wirkstoffe und Präparate geht seit über 20 Jahren laufend zurück (BVL 2006)

Jahr	zugelassene Pflanzenschutzmittel	Wirkstoffe
1984	1 823	302
1986	1 706	308
1990	1 011	200
1995	978	249
1996	988	257
1997	1 011	261
1998	1 115	275
1999	1 140	271
2000	1 130	276
2001	975	273
2002	928	269
2003	785	248
2004	688	248
2005	664	245

Box 16.1 An der Pflanzenschutzmittel-Zulassung beteiligte Behörden

BVL   **Bundesinstitut für Verbraucherschutz und Lebensmittelsicherheit**
Trifft nach der Tagung des Sachverständigenausschusses die Entscheidung über die Zulassung oder Nichtzulassung eines PSM
Rechtliche Stellung: Zulassungsbehörde

JKI   **Julius-Kühn-Institut**
Prüft Wirksamkeit, Phytotoxizität, praktische Anwendbarkeit, Nutzen von PSM
Rechtliche Stellung: Benehmensbehörde*

BfR   **Bundesinstitut für Risikobewertung**
Bewertet das gesundheitliche Risiko von PSM
Rechtliche Stellung: Benehmensbehörde*

UBA   **Umweltbundesamt**
Prüft Verhalten von PSM und Auswirkungen auf die Umwelt (Boden, Wasser, Luft)
Rechtliche Stellung: Einvernehmensbehörde**

* Benehmensbehörden haben das Recht auf fachliche Anhörung
** Die Einvernehmensbehörde hat das Vetorecht

Eine Anwendung zugelassener Präparate außerhalb dieser Indikation ist nicht zulässig und stellt eine Ordnungswidrigkeit dar, die mit einem Bußgeld geahndet werden kann.

Abb. 16.1 Die amtliche Zulassung eines Pflanzenschutzmittels wird durch das Kennzeichen mit der einfügten Zulassungsnummer dokumentiert und auf der Produktverpackung abgedruckt

Die Aufgabe der **Pflanzenschutzmittelzulassung** wurde im Jahre 2002 auf das Bundesamt für Verbraucherschutz und Lebensmittelsicherheit **(BVL)** übertragen. Dabei erfolgen detaillierte Prüfungen durch die Fachbehörden BBA (seit 2008 JKI, Julius-Kühn-Institut), BfR und UBA (Box 16.1).

Gegen Ende des Verfahrens hört das BVL den **Sachverständigenausschuss** an und entscheidet auf der Basis der Richtlinie 91/414/EWG. Hierbei muss Einvernehmen mit dem Umweltbundesamt hergestellt werden, denn dieses hat ein Vetorecht. Die **Zulassung** für Pflanzenschutzmittel wird zeitlich **befristet** ausgesprochen (maximal 10 Jahre) und durch die Vergabe des Zulassungszeichens dokumentiert (Abb. 16.1). Eine Verlängerung kann auf Antrag erteilt werden, wenn der Wirkstoff den aktuellen Anforderungen genügt.

Im Jahr 2004 wurde das **Reduktionsprogramm Chemischer Pflanzenschutz eingeführt**. Mit einem differenzierten Maßnahmenkatalog soll der Einsatz chemischer Pflanzenschutzmittel verringert und die Umsetzung des Integrierten Pflanzenschutzes gefördert werden.

16.2 Grundsätze der guten fachlichen Praxis

16.2.1 Allgemeine Rahmenbedingungen

Sowohl die EU-Pflanzenschutzrichtlinie als auch das deutsche Pflanzenschutzgesetz schreiben die **gute fachliche Praxis im Pflanzenschutz (GFP)** verbindlich vor (Box 16.2). Bei der Formulierung der Leitlinien der GFP wurden Verfahren zugrunde gelegt, die

- als wissenschaftlich gesichert gelten,
- aufgrund praktischer Erfahrungen als geeignet, angemessen und notwendig anerkannt sind, von der amtlichen Beratung empfohlen werden und
- den sachkundigen Anwendern bekannt sind.

Box 16.2 Auszug aus dem Pflanzenschutzgesetz von 1998

§ 2a Durchführung des Pflanzenschutzes
(1) Pflanzenschutz darf nur **nach guter fachlicher Praxis (GFP)** durchgeführt werden. Die gute fachliche Praxis dient insbesondere
1. der Gesunderhaltung und Qualitätssicherung von Pflanzen und Pflanzener-
   zeugnissen durch
   a. vorbeugende Maßnahmen,
   b. Verhütung der Einschleppung oder Verschleppung von Schadorganismen,
   c. Abwehr oder Bekämpfung von Schadorganismen und
2. der Abwehr von Gefahren, die durch die Anwendung, das Lagern und den
   sonstigen Umgang mit Pflanzenschutzmitteln oder durch andere Maßnahmen
   des Pflanzenschutzes, insbesondere für die Gesundheit von Mensch und Tier
   und für den Naturhaushalt, entstehen können.
Zur guten fachlichen Praxis gehört, dass die **Grundsätze des integrierten Pflanzenschutzes** und der **Schutz des Grundwassers** berücksichtigt werden.

§ 6 Anwendung von Pflanzenschutzmitteln
(1) Bei der Anwendung von Pflanzenschutzmitteln ist nach „guter fachlicher Praxis" zu verfahren.

Diese **Handlungsanweisungen** sollen in Verbindung mit den anspruchsvollen rechtlichen Regelungen eine **Pflanzenproduktion in hoher
Qualität** und hinreichender Quantität gewährleisten und dabei Risiken für
Mensch, Tier und den Naturhaushalt so weit wie möglich vermeiden. Aufgrund der ständigen Weiterentwicklung der Verfahren sowie neuer wissenschaftlicher Erkenntnisse sind diese Regelungen nicht als starre Vorgabe,
sondern als dynamischer Rahmen zu verstehen.

Bezüglich der Rechtsverbindlichkeit ist zu beachten, dass diese Grundsätze auf dem Pflanzenschutzgesetz basieren und eine Handlungsnorm
darstellen. Damit unterscheiden sich diese Vorgaben von Rechtsverord-
nungen im Pflanzenschutz, bei denen Verstöße als Ordnungswidrigkeiten
verfolgt werden können. Die Einhaltung dieser Richtlinien wird von der
EU im Rahmen der Vorschriften zur Cross-compliance (Überkreuzver-
pflichtung) erwartet und Verstöße können zu einer Kürzung der gewährten
Direktzahlungen führen.

Auf der Basis dieser Grundsätze wurde ein umfangreiches Regelwerk
als Entscheidungshilfe und Leitlinie für den praktischen Pflanzenschutz
erstellt. Demnach gehören zu den Grundsätzen der guten fachlichen Praxis
im Pflanzenschutz:

- Alle Pflanzenschutzmaßnahmen standort-, kultur- und situationsbezo-
  gen durchführen und die Anwendung von Pflanzenschutzmitteln auf das
  notwendige Maß beschränken

- Bewährte kulturtechnische und andere nichtchemische Maßnahmen zur Schadensminderung vorrangig nutzen, sofern sie praktikabel sind
- Den Befall durch Schadorganismen durch geeignete Maßnahmen so reduzieren, dass kein wirtschaftlicher Schaden entsteht. Dabei ist in der Regel keine vollständige Vernichtung der Schadorganismen anzustreben. In Einzelfällen kann aus anderen Gründen eine regionale oder punktuelle Eliminierung angezeigt sein
- Die vielfältigen Angebote der amtlichen und sonstigen Beratung sowie weitere Entscheidungshilfen nutzen. Durch Weiterbildung sichern, dass die durchgeführten Pflanzenschutzmaßnahmen dem allgemeinen Stand des Wissens entsprechen.

16.2.2 Wahl der Kulturarten, Anbausysteme und Fruchtfolgen

Wünschenswert ist der Anbau von Nutzpflanzenarten, die sich für den vorgesehenen Standort optimal eignen und von den in der Region vorhandenen Schadorganismen möglichst wenig befallen werden. Das Gleiche gilt für die Gestaltung von Anbausystemen. Hier hat die **Fruchtfolge** eine besondere Bedeutung, insbesondere **hinsichtlich standorttreuer, bodenbürtiger Schadorganismen**. Dennoch lassen sich (v. a. im Acker- und Feldgemüseanbau) längst nicht alle Krankheits- und Schädlingsprobleme damit verhindern.

Die Einhaltung von **Anbaupausen** innerhalb der Produktionssysteme ist immer dann erforderlich, wenn sich Schadorganismen im Boden stark anreichern. So kann man bei Kartoffeln, Zuckerrüben und Gemüse durch eine weite Stellung innerhalb der Fruchtfolge den Befallsdruck mit Zystennematoden verringern oder im Winterraps den Befallsdruck durch Kohlhernie mindern. Da viele Schadorganismen langlebige Dauerformen bilden, ist eine weitere Vermehrung beim Anbau entsprechender Wirtspflanzen nicht auszuschließen. Das gilt beispielsweise für die Rapswelke (*Verticillium longisporum*), da der Erreger in extrem hoher Anzahl Mikrosklerotien im Boden hinterlässt.

Brot- und Futterweizen sollte nicht unmittelbar nach befallenen Kulturarten wie Weizen oder Mais stehen, da Schadpilze der Gattung *Fusarium* auf nicht hinreichend zersetzten Stoppeln oder im Boden überdauern und somit den Befallsdruck drastisch erhöhen können. Bei begünstigender Witterung kommen die Fusarien dann zur Infektion, die von der Bildung verschiedener Mykotoxine (z. B. DON = Deoxynivalenol; ZEA = Zearalenon) im befallenen Gewebe begleitet wird und eine Belastung des Erntegutes zur Folge hat (s. Kap. 12.2.6).

16.2.3 Bodenbearbeitung

Im Ackerbau nimmt die pfluglose Bodenbearbeitung zu, weil die Schlagkraft deutlich erhöht und die Kosten gesenkt werden. Die Vor- und Nachteile gegenüber dem klassischen Einsatz des Pfluges können allerdings nicht pauschal bewertet werden, denn Standortverhältnisse (Bodenart und Bodentyp, Niederschläge, Temperaturen, Hauptkulturarten, Verbleib, Einarbeitung und Rotte von Pflanzenresten usw.) spielen eine einflussreiche Rolle. So kann es unter bestimmten Umständen auf einem Standort durch Pflugverzicht zu einer deutlichen Verminderung, auf einem anderen aber auch zur Förderung bestimmter Schadorganismen kommen. Dauerhaften Erfolg hat die pfluglose Bestellung im Ackerbau nur dann, wenn verbleibende Pflanzenreste (Stroh, Stoppeln) nach der Ernte umgehend flach eingearbeitet werden, damit der **Rotteprozess unverzüglich** einsetzt. Bei extrem trockenen Standorten verzögert Wassermangel die Zersetzung, so dass nur eine unzureichende Unterdrückung fakultativer Schadpilze eintritt. Unter derart ungünstigen Bedingungen kann der Befallsdruck eher mit einer Pflugfurche gemindert werden. Schadorganismen, die zur Bildung von Dauerorganen befähigt sind, werden allerdings auf diese Weise nicht vernichtet, sondern **nur in tiefere Bodenschichten** eingemischt.

16.2.4 Nutzung der Sortenresistenz

In Anbausystemen sind Sorten mit geringer Anfälligkeit gegen häufig auftretende Schaderreger bevorzugt einzusetzen. Das ist natürlich nur wirtschaftlich, wenn diese Sorten auch Ernteprodukte liefern, die den Bedürfnissen des Marktes entsprechen. Einige Beispiele zeigt Tabelle 16.2.

Resistenzen der Wirtspflanzen gegen Schadorganismen haben sehr unterschiedliche genetische Hintergründe (Kap. 15). Daraus ergibt sich, dass bestimmte Resistenzen über viele Jahre stabil bleiben, andere jedoch durch Selektion virulenter (zur Infektion befähigter) Pathotypen überwunden werden. Insbesondere bei großflächigem Anbau einer Kulturart erfolgt eine Selektion der Schadorganismen häufig innerhalb weniger Jahre, die Resistenz kann somit nicht immer als stabile Größe eingeplant werden.

16.2.5 Hygienemaßnahmen

Viele Schadorganismen werden über infiziertes Saat- und Pflanzgut verbreitet, andere finden ihren Weg über verseuchte Erden und Substrate, Kulturgefäße oder Geräte an die Kulturpflanze. Um gesunde Bestände

Tabelle 16.2 Kulturpflanzenarten, von denen Sorten mit geringer Anfälligkeit gegenüber weit verbreiteten Schadorganismen verfügbar sind

Kulturart	Resistenz oder geringe Anfälligkeit gegen:
Kartoffel	Kartoffelzystennematoden (*Globodera rostochiensis*)
	Kartoffelkrebs (*Synchytrium endobioticum*)
Ölrettich, Senf	Rübenzystennematoden (*Heterodera schachtii*)
Zuckerrübe	Rübenzystennematoden, Rizomania
Apfel	Apfelschorf (*Venturia inaequalis*)
	Echter Mehltau (*Podosphaera leucotricha*)
Tomate	Braunfäule (*Phytophthora infestans*)
	Samtflecken (*Cladosporium fulvum*)
Salat	Falscher Mehltau (*Bremia lactucae*)
Weinrebe	Falscher Mehltau (*Plasmopara viticola*)
Himbeere	Wurzelfäule-Erreger (*Phytophthora*-Arten)
Winterweizen	Echter Mehltau (*Blumeria graminis* f. sp. *tritici*)
	Fusarium spp.
Weinrebe	Reblaus (*Viteus vitifoliae*)

aufzubauen und zu erhalten und Erntegut befallsfrei zu lagern, kennen wir eine Reihe von Möglichkeiten:

- **Ackerbau**: Verwendung von gesundem Saat- und Pflanzgut aus kontrollierter Vermehrung (zertifiziertes Saat- und Pflanzgut) (Kap. 16.2.9)
- **Obst-, Wein- und Gartenbau**: Nutzung virusfreier Jungpflanzen aus kontrollierter Vermehrung
- **Überbetrieblicher Maschineneinsatz**: Verschleppung bodenbürtiger Schadorganismen vermeiden, indem die Maschinen gereinigt und die Räder von anhaftender Erde befreit werden
- **Rotteförderung**: Flache Einarbeitung pflanzlicher Reste fördert den mikrobiellen Abbau und kann bei vielen Schaderregern deren Überleben verhindern
- **Gartenbau**: Verwendung neuer oder gedämpfter Pflanzsubstrate zur Unterdrückung bodenbürtiger Krankheitserreger und Schädlinge; Nutzung von Hydrokultursystemen
- **Lagerung pflanzlicher Erntegüter**: Bei der Einlagerung ist sorgfältig darauf zu achten, dass sich keine Vorratsschädlinge in Schlupfwinkeln verbergen, die einen Befall des Ernteguts auslösen könnten
- **Forstwirtschaft**: Verminderung des Befallsdrucks auf gesunde Bäume durch rechtzeitige Abfuhr befallener Partien (z. B. bei Borkenkäfern).

16.2.6 Saat- und Pflanzzeiten

Die optimalen Pflanz- und Saatzeiten von einjährigen Ackerbau- und Feld-
gemüsekulturen werden vorrangig nach den Ansprüchen der jeweiligen
Pflanzenart festgelegt. Im Getreideanbau haben sich **frühe Aussaatzeiten**
eingebürgert, die zwar die Entwicklung vor dem Winter und somit das
Ertragspotential positiv beeinflussen, aber auch **nachteilige Effekte** auf
die Pflanzengesundheit haben. So kommt es im Winterweizen in Nordwestdeutschland schon im Herbst zu ausgedehnten Infektionen mit der
Weizenblattdürre (*Septoria tritici*) und Halm-Basiserkrankungen durch
Rhizoctonia- und *Fusarium*-Arten, wodurch der Epidemieverlauf im Frühjahr beschleunigt wird. Der Befall mit Blattläusen in frühen Getreideaus-
saaten führt häufig zur Infektion mit Viruskrankheiten (Gelbverzwer-
gungsvirus), ferner nimmt das Auflaufen von Ungräsern bei früher Saat
erheblich zu.

16.2.7 Kultur- und Pflegemaßnahmen

Die Anfälligkeit (Disposition) von Kulturpflanzen gegenüber Schadorganismen ist unter optimalen Bedingungen geringer als unter Stressbedingungen, wie zum Beispiel eine unharmonische Versorgung mit Nährelementen. Während Temperatur und Licht im Freiland nicht beeinflussbar
sind, lassen sich fehlende Niederschläge bei Vorhandensein von Bewässe-
rungs- oder Beregnungseinrichtungen ausgleichen.

In **Gewächshäusern** ist dagegen mit Hilfe moderner Regelungstechni-
ken inzwischen eine artspezifische Kulturführung möglich, so dass die
angebauten Pflanzen unter Optimalbedingungen wachsen. Weil durch den
Einsatz der Tropfbewässerung und Hydrokultur Blattnässe weitgehend
vermieden wird, ist die Infektionsgefahr durch pilzliche Krankheitserreger
an oberirdischen Pflanzenteilen erheblich gemindert, was einen großen
Vorteil gegenüber dem Freilandanbau bedeutet. In Kombination mit toleranten oder resistenten Sorten ist krankheitsfreies Wachstum im Gewächshaus heute die Regel. Diese Bedingungen begünstigen aber die
Ausbreitung tierischer Problemschädlinge, wie Spinnmilben oder Mottenschildläuse. Zu deren Bekämpfung hat sich in den vergangenen Jahren
der Einsatz von räuberischen und parasitischen Insekten oder Milben bewährt (Kap. 19).

16.2.8 Nährstoffversorgung

Bei der Nährstoffversorgung sind die Vorgaben für die gute fachliche Praxis nach der Düngeverordnung zu berücksichtigen, um eine **harmonische Ernährung** der Pflanzen sicherzustellen. Anders als im Gewächshaus ist die bedarfsgerechte Steuerung des Mineralstoffangebots im Freiland ungleich schwieriger zu realisieren. Auch unter Einhaltung der Verordnung kommt es in manchen Entwicklungsphasen zu Ungleichgewichten in der Nährstoffversorgung. Im Bereich der Makronährelemente sind uns seit Jahrzehnten Zusammenhänge zwischen Versorgung der Pflanzen und Befall bekannt. Einige Beispiele mögen das verdeutlichen.

- **Stickstoff**: Ein vorübergehend oder durchgehend zu hohes Angebot an Bodenstickstoff (Nitrat/Ammonium) hat höhere Konzentrationen an freien Stickstoffverbindungen in der gesamten Pflanze zur Folge. Daraus resultiert eine veränderte physiologische Situation. Die Differenzierung der Zellen in den Pflanzenorganen schreitet langsamer voran, die Ausbildung der sekundären Zellwand verzögert sich, ebenso der Vorgang der Verholzung. Dadurch **erhöht sich unter anderem auch die Anfälligkeit für Rostpilze, Echten Mehltau und Virosen im Getreide**. **Blattläuse** als Phloemsauger profitieren von der erhöhten Konzentration freier Aminosäuren im Phloemsaft, was den schnellen Aufbau großer Populationen begünstigt
- **Kalium**: Ein hohes Angebot an Kalium senkt die Anfälligkeit vieler Pflanzen gegen Schadpilze; insbesondere der **Befall mit Echtem Mehltau** wird deutlich reduziert
- **pH-Wert**: Bei bodenbürtigen Schaderregern spielt der pH-Wert des Substrats eine entscheidende Rolle. Dabei gilt folgender Zusammenhang: **Neutral bis schwach alkalisch fördert bakterielle Schaderreger, schwach sauer fördert pilzliche Schaderreger**. In Feldkulturen liegt der pH-Wert in der Regel unter dem Optimum. Bei zu niedrigen pH-Werten tritt häufig ein erhöhter Infektionsdruck durch bodenbürtige Schadpilze (z. B. *Pythium*-Arten) auf. Als Folge kann selbst bei gebeiztem Saatgut unter ungünstigen Witterungs- und Wachstumsbedingungen eine Zerstörung der Wurzelbasis einsetzen, was entweder den Ausfall der Jungpflanze zur Folge hat oder den Befall mit anderen Krankheitserregern begünstigt
- **Mikronährelemente**: Hohe Erntemengen sind gleichzeitig mit massiven Nährstoffentzügen aus den Böden verbunden. Zunehmende Schwierigkeiten ergeben sich aus der suboptimalen Versorgung der Pflanzen auf Hochertragsstandorten mit Mikronährelementen. Vor allem auf An-

bauflächen ohne regelmäßige organische Düngung nimmt dieses Problem zu. Da aus Kostengründen der Einsatz von Düngern mit nennenswerten Gehalten an Mikronährelementen (z. B. Thomasphosphat) immer weiter reduziert wird, verschlechtert sich die Versorgung entsprechend, wodurch die Krankheitsanfälligkeit der Pflanzen gefördert wird.

16.2.9   Verwendung und Produktion eines gesunden Saat- und Pflanzguts

Das Saat- und Pflanzgut ist eines der wichtigsten Produktionsmittel und seine Qualität mit entscheidend für den Anbauerfolg. Neben der Sortenechtheit, Sortenreinheit und Keimfähigkeit sind der Gesundheitszustand und die Unkrautfreiheit maßgebende Kriterien für leistungsfähiges Saat- und Pflanzgut. Da viele Krankheitserreger und Schädlinge mit dem Saat- und Pflanzgut übertragen werden, zählen alle Verfahren und Verordnungen, von Schaderregern freies und gegen pathogene Organismen widerstandsfähiges Pflanz- und Saatgut zu erzeugen, zu den vorbeugenden Maßnahmen. Zu ihnen gehören sowohl die Sortenzulassung, die Saatgut- und Pflanzgutanerkennung als auch die Prüfung und Kontrolle von Pflanz- und Saatgut.

Zur Produktion eines gesunden Saatgutes können als vorbeugende Maßnahme auch chemische Präparate eingesetzt werden. Hierbei spielen insbesondere die Saatgutbehandlungsmittel eine zentrale Rolle (Kap. 28).

Sortenzulassung

Neue Sorten unterliegen einem Zulassungszwang und dürfen nur dann in den Verkehr gebracht werden, wenn sie mit keiner schon bekannten Züchtung identisch sind und in ihrer Leistung einen Fortschritt darstellen. Dieser Fortschritt kann u. a. auch darin bestehen, dass eine höhere Widerstandskraft gegenüber Krankheitserregern und Schädlingen vorliegt.

Saatgut- und Pflanzgutanerkennung

Saat- und Pflanzgut ist dann zum Vertrieb zugelassen, wenn es als Basissaatgut bzw. Basispflanzgut oder zertifiziertes Saat- oder Pflanzgut anerkannt ist. Im Zuge des Anerkennungsverfahrens werden die Feldbestände der Vermehrungsflächen auf Fremdbesatz und den Gesundheitszustand untersucht.

Jede zur Anerkennung angemeldete Vermehrungsfläche wird einmal (Getreide) bzw. zweimal (Kartoffel) vor der Ernte des Saat- bzw. Pflanzgutes besichtigt und dabei die vorgeschriebenen Mindestanforderungen an den Feldbestand für den Besatz mit Krankheitserregern und Schädlingen geprüft (Tabellen 16.3, 16.4 und 16.5) (s. Rutz 2004).

Außerdem wird das gesamte in den Verkehr gebrachte Pflanz- und Saatgut vor der Verwendung einer Kontrolle auf seine Reinheit, Keimfähigkeit, Herkunft, den Besatz mit Unkrautsamen und seine Gesundheit unterzogen.

Die Anforderungen an ein qualitativ hochwertiges Saat- oder Pflanzgut im Sinne der Pflanzenhygiene beziehen sich auf folgende Faktoren:

- Befriedigende Keimschnelligkeit, um das anfällige Keimlings- und Jugendstadium schnell zu durchlaufen (z. B. Infektionen mit *Pythium debaryanum* und anderen die Pflanzen vom Boden aus infizierende Organismen)
- Besatz mit Krankheitserregern und Schädlingen. Zur Feststellung des Befalls sind zum Teil spezielle Verfahren der Pflanz- und Saatgutprüfung (Färbemethoden, serologische Teste und andere) notwendig, vor allem dann, wenn sich die Erreger in oder an den Samen sowie Knollen und Stecklingen befinden (z. B. Kartoffelviren)
- Beeinträchtigung des Feldbestandes durch Nachbarbestände. Ein Feldbestand ist auch dann zur Anerkennung nicht geeignet, wenn z. B. ein Nachbarbestand mit Viruskrankheiten (Kartoffel) oder mit Flugbranden (Getreide) befallen ist und von dort aus die Möglichkeit einer Infektion besteht.

Hinsichtlich des **Besatzes von Saat- und Pflanzgut mit Krankheitserregern und Schädlingen** bestehen z. B. für Getreide, Leguminosen und Kartoffeln die nachfolgend aufgeführten Anforderungen (Einzelheiten s. Rutz 2004).

Getreide: Das Saatgut darf nicht von lebenden Schadinsekten (z. B. Kornkäfer, *Sitophilus granarius*) oder lebenden Milben befallen sein.

Erlaubt sind in 500 g **Saatgut Sklerotien** einschließlich Bruchstücke von Mutterkorn (*Claviceps purpurea*):

- in Basissaatgut von Roggen 1 Sklerotium
- in zertifiziertem Saatgut von Roggen (Hybridsorten) 4 Sklerotien
- in anderen Arten 3 Sklerotien.

An Brandkrankheiten sind Brandbutten (*Tilletia caries*) oder größere Mengen von Brandsporen nur dann erlaubt, wenn geeignete Bekämpfungsmaßnahmen sichergestellt sind (Kap. 28). Parasitische Pilze (außer Mutterkorn) und parasitische Bakterien sind in größerem Ausmaß nicht zugelassen.

Tabelle 16.3　Mindestanforderungen an den Feldbestand bei Getreide und Mais; zugelassener Anteil der Pflanzen mit Krankheitserregern je 150 m^2 Fläche (Rutz 2004)

Krankheiten	Basissaatgut	Zertifiziertes Saatgut
Mutterkorn[1] (*Claviceps purpurea*)	10	20
Weizensteinbrand (*Tilletia caries*)	3	5
Roggenstängelbrand (*Urocystis occulta*)	3	5
Haferflugbrand (*Ustilago avenae*)	3	5
Gerstenhartbrand (*Ustilago hordei*)	3	5
Gerstenflugbrand (*Ustilago nuda*)	3	5
Weizenflugbrand (*Ustilago tritici*)	3	5
Zwergsteinbrand (*Tilletia contraversa*)	1	1
Maisbeulenbrand (*Ustilago maydis*)	kein Befall in größerem Ausmaß an den Kolben	

[1] gilt nicht für Hybridsorten von Roggen

Tabelle 16.4　Mindestanforderungen an den Feldbestand für Kartoffeln (Rutz 2004)

Krankheiten	Im Durchschnitt von mindestens 5 Auszählungen dürfen je 100 Pflanzen vorhanden sein:							
	Vor-stufen-pflanzgut	Basispflanzgut Klasse						Zertifiziertes Pflanzgut
		EWG 1	EWG 2	EWG 3	S	SE	E	
Schwarz-beinigkeit (*Erwinia carotovora*)	0/0,2[1]	0	0,5	1	0,2	0,4	0,6	1,2
Wipfelrollen (*Rhizoctonia solani*)	4	4	6	8	4	6	8	16
Viruskrankheiten (X-, Y-, A-, Blattrollvirus u. a.)	0,1[2]	0,2[2,3]	0,4[2,4]	0,4[2,4]	0,2[3]	0,4[4]	0,4[4]	0,6[5]

[1] In Beständen, deren zu erntendes Pflanzgut für die Erzeugung von Basispflanzgut der Klasse EWG 1 bestimmt ist, darf keine schwarzbeinige Pflanze vorhanden sein
[2] Im Zweifelsfall ist eine Laboruntersuchung des Laubes durchzuführen
[3] Davon höchstens 0,1 schwer viruskranke Pflanzen
[4] Davon höchstens 0,2 schwer viruskranke Pflanzen
[5] Schwer viruskranke Pflanzen; an die Stelle je einer schwer viruskranken Pflanze können fünf leicht viruskranke Pflanzen treten

Tabelle 16.5 Mindestanforderungen an den Feldbestand für Gemüsearten; zugelassener maximaler Anteil befallener Pflanzen je 150 m^2 (Rutz 2004)

Gemüsearten/Krankheiten	im Durchschnitt der Auszählungen sind erlaubt:
Bohnen	
Brennfleckenkrankheit (*Colletotrichum lindemuthianum*)	25
Fettfleckenkrankheit (*Pseudomonas phaseolicola*)	10
Viruskrankheiten (gewöhnliches Bohnenmosaik-Virus, Gelbmosaik-Virus	kein Befall in größerem Ausmaß
Erbse	
Brennfleckenkrankheit (*Ascochyta pisi*; *Didymella pinodes*, Nebenfruchtform *Ascochyta pinodes*; *Phoma medicagines*, Nebenfruchtform *Ascochyta pinodella*)	25
Sellerie	
Blattfleckenkrankheit (*Septoria apiicola*)	1 v.H.
Tomate	
Bakterienwelke (*Corynebacterium michiganense*)	0
Stängelfäule (*Didymella lycopersici*)	0
Kohl-Arten	
Umfallkrankheit	
(*Leptosphaeria maculans*, Nebenfruchtform *Phoma lingam*)	0
Adernschwärze (*Xanthomonas campestris*)	1 v.H
Gurke	
Gurkenkrätze (*Cladosporium cucumerinum*)	5 v.H.
Sclerotinia-Stängelfäule (*Sclerotinia sclerotiorum*)	5 v.H.
Bakterienwelke (*Erwinia tracheiphila*)	0
Fusariumwelke (*Fusarium oxysporum*)	0
Blattfleckenkrankheit (*Pseudomonas lachrymans*)	0
Salat	
Salatmosaik-Virus	kein Befall in größerem Ausmaß

Leguminosen (Bohnen, Erbsen): Saatgut mit lebenden Schadinsekten (z. B. Samenkäfer, *Bruchidae*) und lebenden Milben wird nicht anerkannt. Von Stängelälchen (*Ditylenchus dipsaci*), parasitischen Pilzen oder Bakterien darf Saatgut nicht in größerem Ausmaß befallen sein.

Kartoffel: Das Pflanzgut wird nicht anerkannt, wenn die Knollen Kartoffelkrebs (*Synchytrium endobioticum*), Bakterienringfäule (*Corynebacterium sepedonicum*), Schleimkrankheit (*Pseudomonas solanacearum*) oder Kartoffelnematoden (*Ditylenchus dipsaci*, *D. destructor*) aufweisen.

Knollen mit nachstehenden Krankheiten dürfen zu insgesamt 6% des Gewichtes vorhanden sein, davon höchstens 0,5% Kartoffel-Nassfäule

(*Erwinia carotovora*) und Trockenfäule (*Fusarium* spp.) sowie Kartoffelschorf (*Streptomyces scabies*) 5%.

Der Anteil der Knollen, die einen Befall mit schweren Viruskrankheiten
zeigen, darf bei Vorstufenpflanzgut, Basispflanzgut und Basispflanzgut
EWG höchsten 2%, bei Zertifiziertem Pflanzgut höchstens 8% der Probe
(100 Knollen) betragen.

Die Untersuchung von Kartoffelpflanzgut auf Virosen ist deshalb besonders wichtig, weil durch Feldbesichtigungen allein keine sichere Beurteilung möglich ist.

Auch bei zahlreichen anderen Kulturpflanzen können durch Prüfung des
Pflanz- und Saatguts Schaderreger erkannt und dadurch minderwertige
Qualitäten ausgeschlossen werden. Das gilt insbesondere für den Obstbau,
wo der Nachweis von Viren im Vermehrungsmaterial mit Hilfe spezieller
Testmethoden eine zentrale Rolle spielt.

16.2.10 Quarantänemaßnahmen

Unter Absperr- oder Quarantänemaßnahmen fassen wir alle Möglichkeiten
zur Verhinderung der Einschleppung, Verschleppung und Einbürgerung
von Krankheitserregern, Schädlingen und Unkräutern zusammen. Die Bedeutung dieser Maßnahmen wird sichtbar, wenn man bedenkt, dass gerade
die wirtschaftlich wichtigsten Schaderreger eingeschleppt worden sind
(z. B. im Weinbau: Reblaus, Echter und Falscher Mehltau; im Kartoffelbau:
Kartoffelkäfer, Kraut- und Knollenfäule; im Obstbau: San-José-Schildlaus,
Amerikanischer Stachelbeermehltau, Scharka-Virus; im Hopfenbau: Falscher Mehltau; im Tabakbau: Blauschimmel; außerdem zahlreiche Vorratsschädlinge).

Äußere Quarantäne

Hauptaufgabe der äußeren Quarantäne ist es, die Einfuhr von Krankheitserregern und Schädlingen zu unterbinden. Dies wird erreicht durch Ein-
fuhrverbote oder an bestimmte Bedingungen gebundene Einfuhr und
Durchfuhr für Pflanzenmaterial und Ernteprodukte.

Einfuhrverbot

Einfachste und wirksamste Maßnahme. Sie wurde erstmals vom Deutschen
Reich zur Abwehr der Reblaus (1873) und des Kartoffelkäfers (1875)

praktiziert. Besonders wirksam, wenn natürliche Schranken (Ozean, hohe Gebirgsketten) oder große Entfernungen für den Schaderreger zu überwinden sind.´

Wegen der Mobilität der Schädlinge und der Windverbreitung von Pilzsporen ist die Wirksamkeit eines Einfuhrverbots als vorbeugende Maßnahme umstritten. Wie aber die Abwehr des Kartoffelkäfers an der Westgrenze Deutschlands bis nach dem 2. Weltkrieg gezeigt hat, sind bei sorgfältiger Durchführung der Maßnahmen Erfolge zu erzielen.

Folgende Krankheiten und Schädlinge fallen unter die Quarantänebestimmungen (Auswahl):

- Viren und Phytoplasmen. Scharkakrankheit (Steinobst), Apfeltriebsucht, Birnenverfall
- Pilzähnliche Organismen und echte Pilze. Blauschimmel (Tabak), Kartoffelkrebs
- Bakterien. Feuerbrand (Kernobst), Bakterienringfäule, Schleimkrankheit und Bakterielle Braunfäule (Kartoffel)
- Schädlinge. Reblaus (Kernobst), Westlicher Maiswurzelbohrer, zahlreiche Vorratsschädlinge.

Bedingte Einfuhr und Durchfuhr

Die Einfuhr wird grundsätzlich gestattet, aber von bestimmten Bedingungen abhängig gemacht. Hierzu gehören eine Bescheinigung über den Gesundheitszustand des einzuführenden Pflanzenmaterials, die Kontrolle des Pflanzenmaterials beim Grenzübertritt und Maßnahmen zur Verhinderung eines Befalls in den Erzeugerländern.

Eine wirksame Kontrolle der Einfuhrgüter beim Grenzübertritt ist nur dann möglich, wenn die Waren an ganz bestimmten Orten die Grenze passieren. Wird dort eine Verseuchung der Waren festgestellt, so müssen diese entweder vernichtet, zurückgeschickt oder aber durch ein wirksames und wirtschaftliches Entseuchungsverfahren von Krankheitserregern und Schädlingen befreit werden, bevor die Einfuhr gestattet wird.

Befinden sich die Einlassstellen für importierte Erzeugnisse und importiertes Pflanzenmaterial im Innern des Landes (Flughäfen, Schiffshäfen) oder werden die Waren durch bestimmte Zonen oder Länder transportiert, muss durch entsprechende Maßnahmen (z. B. besondere Verpackungen, Zollverschluss) sichergestellt sein, dass eine Verseuchung nicht stattfinden kann.

Innere Quarantäne

Hauptaufgabe der inneren Quarantäne ist es, eingeschleppte Schädlinge und Krankheitserreger auf ihre Ausgangsherde zu beschränken und Maßnahmen zu ergreifen, die zu ihrer Vernichtung und damit zur Auslöschung des Befallsherdes führen. Um das zu erreichen, ist Folgendes notwendig:

- Feststellung des Befallsherdes und Anzeigepflicht bei Auftreten bestimmter Schädlinge und Krankheitserreger. Meldepflichtig sind z. B. Kartoffelkrebs, Blauschimmelkrankheit des Tabaks, Scharkakrankheit, Feuerbrand
- Durch Vorschriften, Verordnungen und Versandbeschränkungen ist eine weitere Ausbreitung der Schaderreger zu verhindern
- Tilgung des Befallsherdes durch entsprechende Pflanzenschutzmaßnahmen
- Wenn eine Tilgung des Befallsherdes nicht mehr möglich ist, muss versucht werden, durch Anbauverbote, Anbaubeschränkungen und Vorschreiben einer bestimmten Fruchtfolge die Verseuchung auf ein Minimum zu reduzieren.

Die Bekämpfung folgender wichtiger Quarantäneschaderreger wird durch besondere Verordnungen geregelt: Kartoffelzystennematoden, Bakterielle Ringfäule der Kartoffel, Kartoffelkrebs, Scharkakrankheit, Feuerbrand, Tabakblauschimmel, Reblaus, San-José-Schildlaus.

Die wirksame Durchführung der einzelnen Maßnahmen wird durch den modernen Massentourismus, den immer mehr zunehmenden internationalen Handel und die vielfältigen wirtschaftlichen Verflechtungen erschwert. Hinzu kommt, dass im Zuge der Erleichterung des Warenaustausches innerhalb der Europäischen Union die Quarantänemaßnahmen abgebaut werden und die Bemühungen sich darauf konzentrieren, die Einschleppung von Schadorganismen aus dritten Ländern zu verhindern.

Das neu gegründete Julius Kühn-Institut – Bundesforschungsinstitut für Kulturpflanzen (JKI) – veröffentlicht regelmäßig die für die Durchführung der Pflanzenquarantäne erlassenen Gesetze (bisher veröffentlicht durch die BBA – Amtliche Pflanzenschutzbestimmungen). Die Rechtsgrundlage für Quarantänemaßnahmen innerhalb der EU ist die Richtlinie 2000/29/EG.

16.2.11 Einschätzung und Bewertung des Schadens

Bei der Durchführung von Pflanzenschutzmaßnahmen spielt die Anbauform eine wichtige Rolle:

- In der **Saat- und Pflanzgutproduktion**, bei der Pflanzenquarantäne und zur Vermeidung von Virusübertragungen wird eine weitgehende Vernichtung der Schadorganismen angestrebt. Dabei spielen ökonomische Aspekte keine Rolle, es geht nur um die Sicherung einer Befallsfreiheit und nachhaltige Vermeidung der Befallsausbreitung
- Das Auftreten von Schadorganismen im **Acker-, Obst-, Gemüse- und Weinbau** hat jedoch nur dann einen negativen Effekt, wenn eine nachhaltige Schädigung der Pflanzen einsetzt. Ein **Grundprinzip der guten fachlichen Praxis** besteht darin, **Schaderreger erst dann zu bekämpfen, wenn tatsächlich wirtschaftliche Einbußen zu erwarten sind**. Eine vollständige Vernichtung der Schadorganismen wird dabei nicht angestrebt und eine geringe Population, die keinen wirtschaftlichen Schaden verursacht, muss toleriert werden. Um nach diesen Kriterien vorzugehen, benötigt man Schwellenwerte, welche die Notwendigkeit einer Pflanzenschutzmaßnahme festlegen.

Grundlagen

Alle Organismen vermehren sich in Ökosystemen nach ähnlichen Grundprinzipien. So weisen auch Krankheitserreger und Schädlinge weitgehend übereinstimmende Wachstumskurven auf (Abb. 16.2): Nach einer längeren Phase des allmählichen Populationsaufbaus kommt es über einen bestimmten Zeitraum zur exponentiellen Vermehrung. Aufgrund natürlicher Begrenzungsfaktoren (z. B. Nahrungs- und Platzangebot, Alterung der Kulturpflanzen, Aufbau von Antagonistenpopulationen) flacht die Kurve ab und die Population stagniert über eine gewisse Zeit an der Kapazitätsgrenze. Damit zeigt sie insgesamt den typischen S-förmigen Verlauf (logistisches Populationswachstum).

Um den Aufbau einer Schadorganismen-Population nachhaltig zu unterbinden, ist es erforderlich, die Schaderreger zum **optimalen Zeitpunkt** z. B. mit einem chemischen Wirkstoff zu eliminieren. Zu diesem Zweck begann schon vor über zwei Jahrzehnten die Forschung zur Ermittlung von Schwellenwerten. Zur Definition der Schadenshöhe gibt es unterschiedliche Ansätze, man unterscheidet:

- Wirtschaftliche Schadenschwelle (WSS)
- **Bekämpfungsschwelle (BKS)**.

Wirtschaftliche Schadenschwelle

Definition: Ein Krankheitserreger oder Schädling hat eine **Populations-dichte** erreicht, die bei Unterlassen einer Pflanzenschutzmaßnahme einen **Schaden** verursachen würde, der den **Kosten der Behandlung** (Ausbringung + Kosten für das Pflanzenschutzmittel) **entspricht**. Die wirtschaftliche Schadenschwelle wurde vor über 20 Jahren bei der Entwicklung zeitgemäßer Verfahren der Unkraut- und Ungrasregulation erstmals zur Praxisreife entwickelt. Es stellte sich jedoch heraus, dass diese Erkenntnisse nicht ohne weiteres auf Krankheitserreger und Schädlinge übertragen werden können, da sich deren Populationen – im Gegensatz zu Unkraut und Ungras – innerhalb kürzester Zeit epidemisch entwickeln und es dann nicht mehr gelingt, bei Erreichen der wirtschaftlichen Schadenschwelle den Populationsaufbau abrupt zu beenden. Aus diesem Grund wurde mit der **Bekämpfungsschwelle** ein weiterer Wert definiert, der unterhalb der Schadenschwelle, den Befallsverlauf berücksichtigend, eine wirksame Unterbrechung der Populationsentwicklung möglich macht.

Bekämpfungsschwelle

Dieser Wert besagt folgendes: Bei einer **definierten Populationsstärke** sorgt eine gezielte Pflanzenschutzmaßnahme dafür, die **Entwicklung** der Schadorganismen zu **stoppen** und sie die **wirtschaftliche Schadenschwelle nicht mehr erreichen zu lassen**.

Aus Abb. 16.2 wird ersichtlich, dass sich dieser Wert deutlich unter der wirtschaftlichen Schadenschwelle befindet. Der Einsatz eines geeigneten Pflanzenschutzmittels bewirkt zu diesem Zeitpunkt eine sichere Befallstilgung und eine erhebliche Verzögerung im Aufbau einer neuen Schaderregerpopulation.

Da Wachstum eines Pflanzenbestandes und Populationsaufbau der Schadorganismen dynamisch verlaufen, werden Bekämpfungsschwellen in Abhängigkeit vom Entwicklungsstadium, dem vorhandenen Inokulum und den Witterungsbedingungen festgelegt. Zur Ermittlung der BKS werden zwei Kriterien herangezogen:

- **Befallsstärke**. Dieser Wert gibt an, in welchem Ausmaß der beobachtete Schadorganismus auftritt (z. B. Prozent geschädigte Blattfläche). Die Ermittlung der Befallsstärke ist mit hohem Aufwand verbunden und wird deshalb überwiegend in Exaktversuchen durchgeführt. Eine derartige Methode eignet sich nicht zur Anwendung in der Praxis, für die Alternativen entwickelt wurden. An unterschiedlichen Schadorganismen

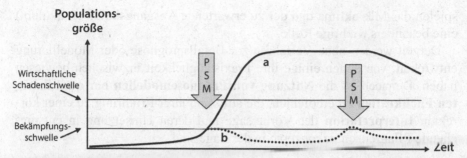

Abb. 16.2 a,b Bekämpfungs- und Schadenschwelle im Vergleich (modelliert). Nur wenn die Schaderregerpopulation zu Beginn des exponentiellen Wachstums durch ein Pflanzenschutzmittel (PSM) eliminiert wird, kommt es zu einer nachhaltigen Hemmung der weiteren Vermehrung. Diese Voraussetzung ist beim Erreichen der **Bekämpfungsschwelle gegeben**. Damit liegt diese deutlich unter der **Wirtschaftlichen Schadenschwelle**
a Verlauf der Populationskurve ohne Einsatz eines Pflanzenschutzmittels (PSM)
b Verlauf der Populationskurve nach Einsatz eines PSM mit mindestens 95%iger Wirkung bei Erreichen der Bekämpfungsschwelle

konnte gezeigt werden, dass es teilweise enge Wechselbeziehungen zwischen der absoluten Befallsstärke und der prozentualen Befallshäufigkeit gibt. Aus diesem Grund wird heute nach Möglichkeit die Bekämpfungsschwelle eines Schadorganismus als Befallshäufigkeit angegeben

- **Befallshäufigkeit**. Hierbei wird die prozentuale Häufigkeit befallener Pflanzen im Bestand erfasst, ohne den genauen Schadensumfang auf den einzelnen Pflanzenorganen zu bestimmen. In der Praxis ist die Befallshäufigkeit einfacher und schneller zu ermitteln als die exakte Befallsstärke.

16.2.12 Experten- und Prognosesysteme

Vor der Durchführung einer Pflanzenschutzmaßnahme sollte deren Notwendigkeit unter Nutzung aller verfügbaren Entscheidungshilfen geprüft werden. Immer größere Bedeutung erlangen dabei EDV-basierte Systeme, die unter Einbindung regionaler Witterungsdaten gute Hinweise zu den Befalls- und Infektionswahrscheinlichkeiten geben und in Kombination mit Bekämpfungsschwellen einen gezielten Pflanzenschutz ermöglichen.

Die endgültige Entscheidung für oder gegen eine Maßnahme liegt in der Verantwortung der Betriebsleitung. Zur Festlegung der Pflanzenschutzstrategie sind dabei nicht nur Ergebnisse aus Prognoseverfahren, sondern auch eigene Erfahrungen und Beobachtungen aus der Region einzubringen. Hier spielen das Mikroklima und der zu erwartende Ausgangsbefall (Inokulum) eine besonders wichtige Rolle.

Derzeit werden neue Verfahren zur Befallsprognose oder Modellierung entwickelt, von denen einige ihre Praxistauglichkeit inzwischen bewiesen haben. Dennoch ist die **Nutzung von Prognosemodellen** nur **qualifizierten Fachkräften** zu empfehlen, die aufgrund ihrer Erfahrung zu einer korrekten **Interpretation** der Vorhersage und deren Umsetzung in entsprechende Pflanzenschutzkonzepte in der Lage sind.

Beispiele für Expertensysteme

- **IPS-Modelle** (Inst. f. Phytopathologie, Uni Kiel): Innovative Pflanzenschutzmodelle für verschiedene landwirtschaftliche Kulturen (Weizen, Gerste, Zuckerrübe) machen es möglich, eine an die Epidemie sowie das Befalls- und Schadensmuster des Feldbestandes angepasste Optimierung des Pflanzenschutzeinsatzes zu realisieren. Damit sollen einzelne Erreger oder Erregerkomplexe unter Ausnutzung der natürlichen Begrenzungsfaktoren in Abhängigkeit von Bekämpfungsschwellen und Prognosen durch geeignete Wirkstoffe und Dosierungen genau dann bekämpft werden, wenn durch geringsten Input der optimale biologische Effekt erreicht wird
- **Pro_Plant Expert** (Pro_Plant GmbH, Münster): Die Software gibt für verschiedene Ackerbaukulturen eine Hilfestellung bei der Terminierung von Pflanzenschutzmaßnahmen. Dabei werden die regionalen Wetterdaten, schlagspezifische Parameter und z. T. auch der vorhandene Befall berücksichtigt. Über ein Datenbankmodul sind zahlreiche zusätzliche Informationen abrufbar, beispielsweise über Sorten und Pflanzenschutzmittel. Besonders interessant ist die Möglichkeit, für viele wichtige Schaderreger die Befallswahrscheinlichkeit und die zu erwartende Wirkung einer Fungizidbehandlung in einer Region kalendarisch darzustellen
- **ISIP (Informationssysteme Integrierte Pflanzenproduktion e.V.):** In Kooperation der Landwirtschaftskammern und Pflanzenschutzämter der Bundesländer wird ein Zugriff auf hilfreiche Prognose- und Monitoring-Systeme bereitgestellt. Sie zeigen einen Überblick über den aktuellen Befallsdruck und bieten eine Entscheidungshilfe für anstehende Pflanzenschutzmaßnahmen, aus der Landwirte unter Verwendung von Betriebsdaten spezifische Empfehlungen für ihren Betrieb erhalten.

Beispiele für Prognosemodelle

Prognosemodelle haben die Intention, anhand von Witterungsparametern den potentiellen **Befallsverlauf** von Schadorganismen zu **simulieren**. Damit soll die Beratung noch besser in die Lage versetzt werden, gezielte Pflanzenschutzempfehlungen zu geben, um präventive Maßnahmen zu vermeiden. Es gibt bereits zahlreiche Modelle, die teilweise miteinander konkurrieren. Zur Koordinierung wurde in Deutschland die Zentralstelle der Länder für EDV-gestützte Entscheidungshilfen und Programme im Pflanzenschutz (**ZEPP**) gegründet. Sowohl für den Gartenbau (Tabelle 16.6) als auch die Landwirtschaft (Tabelle 16.7) gibt es inzwischen interessante Anwendungsmöglichkeiten.

Tabelle 16.6 Prognosemodelle für den Gartenbau (Auswahl)

Kulturart	Zielorganismus
Apfel	Apfelsägewespe (*Hoplocampa testudinea*)
	Apfelwickler (*Cydia pomonella*)
Kernobst	Feuerbrand (*Erwinia amylovora*)
Kirsche	Triebspitzendürre (*Monilia laxa*)
Kohlgemüse	Kleine Kohlfliege (*Delia radicum*)
Möhre	Möhrenfliege (*Psila rosae*)
Pfirsich	Kräuselkrankheit (*Taphrina deformans*)
Zwiebel	Zwiebelfliege (*Delia antiqua*)

Tabelle 16.7 Prognosemodelle für die Landwirtschaft (Auswahl)

Kulturart	Zielorganismus
Getreide	Getreideblattläuse (*Sitobion avenae, Rhopalosiphum padi, R. maidis*) als Virusvektoren im Herbst und Winter
Kartoffel	Kartoffelkäfer (*Leptinotarsa decemlineata*)
Raps	Rapskrebs/Weißstängeligkeit (*Sclerotinia sclerotiorum*)
Weizen	Blattseptoria (*Septoria tritici*) und Blatt- und Spelzenbräune (*Septoria nodorum*)
Weizen/Roggen	Braunrost (*Puccinia recondita*)
Zuckerrübe	*Cercospora*-Blattflecken (*Cercospora beticola*)

16.2.13   Integrierter Pflanzenschutz (IPS)

Für den **Integrierten Pflanzenschutz (IPS)** hat sich international der Begriff **IPM = *Integrated Pest Management*** eingebürgert. Dazu gibt es zahlreiche Definitionen. Besonders verständlich wurde das allgemeine Konzept des IPS **1992 in der Agenda 21 der UNO-Konferenz** für Umwelt und Entwicklung als empfehlenswertes Leitbild des praktischen Pflanzenschutzes herausgestellt. Darin heißt es:

Der Integrierte Pflanzenschutz, der die biologische Bekämpfung, die Wirtspflanzenresistenz und angepasste Kulturmaßnahmen miteinander verknüpft und die Anwendung von chemischen Mitteln auf ein Minimum reduziert, ist die optimale Lösung für die Zukunft, da er Erträge sichert, Kosten senkt, umweltverträglich ist und zur Nachhaltigkeit in der Landwirtschaft beiträgt.

Grundsätze des Integrierten Pflanzenschutzes sind:

- IPS erfordert ein komplexes Vorgehen
- IPS schließt die ökologischen Belange gleichgewichtig mit ökonomischen Aspekten in seine Konzepte ein
- Im Konzept des IPS haben vorbeugende Maßnahmen Vorrang vor Bekämpfungsmaßnahmen
- IPS erfordert sorgfältige Abwägungsprozesse über alle Entscheidungen im Pflanzenschutz
- IPS setzt als wissensbasiertes Konzept auf die Nutzung neuer wissenschaftlicher Erkenntnisse und des verantwortbaren technischen Fortschritts und stellt hohe Anforderungen an die Bereitstellung und Umsetzung standortbezogener Informationen.

Während die gute fachliche Praxis (**GFP**) derzeit als **Grundvoraussetzung** für sachgerechtes Handeln im Pflanzenschutz angesehen wird, zielt der **IPS** darauf, in Zukunft noch höheren Ansprüchen gerecht zu werden. Die Durchführbarkeit des IPS hängt sehr stark von der Kulturart ab. So lassen sich integrierte Verfahren weitaus besser in den Dauerkulturen des Obst- und Weinbaus praktizieren als bei jährlich wechselndem Anbau, wie es im Ackerbau oder Feldgemüseanbau üblich ist. Da integrierte Verfahren unter anderem eine große Abhängigkeit von der Witterung aufweisen, können sie sich in der gleichen Kultur in verschiedenen Regionen stark voneinander unterscheiden.

Tabelle 16.8 Vergleich: Gute fachliche Praxis – Integrierter Pflanzenschutz (nach BVL 2006)

	Gute fachliche Praxis	Integrierter Pflanzenschutz
Ziel	**Schadensabwehr** in Abhängigkeit vom Befall	**Gesunderhaltung des Pflanzenbestandes** durch ein System von ökologisch und ökonomisch ausgerichteten Maßnahmen
Charakteristik	**Anwendung von PSM** auf der Grundlage von Befallseinschätzungen	**Steuerung der Schaderregerpopulation** auf der Grundlage von Schwellenwerten und unter Einbeziehung von Mechanismen der biologischen Selbstregulation
Vorteile	**Verminderung** der ausgebrachten Wirkstoffmengen	**Verringerte ökologische Belastung,** weitere Reduzierung der Pflanzenschutzmittelanwendung

Die Zukunft des Pflanzenschutzes wird international durch die Grundausrichtung des IPS bestimmt sein. Eine Gegenüberstellung (Tabelle 16.8) macht die Unterschiede zwischen der Guten fachlichen Praxis als **Nahziel** und dem Integrierten Pflanzenschutz als **Fernziel** deutlich.

Literatur

Backhaus GF, Freier B (2006) Gute fachliche Praxis im Pflanzenschutz. Getreidemagazin 11:124–129

Bundesgesetze und Verordnungen sind in der aktuellen Form abrufbar unter http://bundesrecht.juris.de

Burth U, Freier B, Hurle K, Reschke M, et al. (2001) Handlungsempfehlungen für den integrierten Pflanzenschutz im Ackerbau. Nachrichtenbl Dt Pflanzenschutzd 53:324–329

BVL (2007) Pflanzenschutzrechtliche Vorschriften und Bestimmungen. Im Internet unter: http://www.bvl.bund.de

Leitlinien der Guten Fachlichen Praxis im Pflanzenschutz. Bundesanzeiger Nr. 58a vom 24. März 2005; 9. Februar 2005

Neufassung der Rückstands-Höchstmengenverordnung vom 21.10.1999. BGBl. I, Nr. 49:2082–2141

Pflanzenschutzgesetz i. d. Fassung vom 14. Mai 1998. BGBl. I 1998 S 971, berichtigt am 18. Juni 1998, BGBl. I 1998, S 1527 und am 27. November 1998, BGBl. I 1998, S 3512

Pflanzenschutz-Sachkundeverordnung vom 28. Juli 1987. BGBl. I, S 1752, zuletzt geändert durch Artikel 1 der Verordnung vom 7. Mai 2001, BGBl. I, S 885

Richtlinie des Rates vom 15. Juli 1991 über das Inverkehrbringen von Pflanzenschutz-
mitteln (91/414/EWG). Erschienen im Amtsblatt der EU unter der Nr. 31991L0414
ABl L 230 vom 19.08.1991, S 1–32; zuletzt geändert durch RiLi 2003/84/EG der
Kommission vom 25. September 2003

Rutz HW (2004) Sorten- und Saatgutrecht, 10 Aufl. AgriMedia, Bergen/Dumme

UNO (1992) Agenda 21 der Konferenz der Vereinten Nationen für Umwelt und Entwicklung, Rio de Janeiro, Juni 1992. Im Internet: http://www.un.org/Depts/german/
conf/agenda21

Zentralstelle der Länder für EDV-gestützte Entscheidungshilfen und Programme im
Pflanzenschutz (ZEPP). Im Internet unter http://www.zepp.info

17 Physikalische Verfahren

Nach den Kriterien der guten fachlichen Praxis sollten **vorrangig nicht-chemische Verfahren** gegen Schadorganismen eingesetzt werden, wenn diese **praktikabel** sind. Alternativen zum chemischen Pflanzenschutz kommen aus dem Bereich physikalischer und biologisch/biotechnischer Methoden. Sie werden überwiegend bei Gewächshauskulturen und bestimmten Dauerkulturen des Obst- und Weinbaus angewendet. Für den Ackerbau stehen derartige Methoden nur eingeschränkt zur Verfügung.

In der Anfangszeit des Pflanzenschutzes waren physikalische Verfahren besonders wichtig, stellten sie doch die einzige Möglichkeit einer Schaderregerregulierung dar. Die zunehmende Verfügbarkeit spezifischer chemischer Wirkstoffe zur Unterdrückung von Schadorganismen hat jedoch viele der alten Methoden lange Zeit in Vergessenheit geraten lassen. Mit der Zunahme von Schadorganismen, die Resistenzen gegen chemische Wirkstoffe entwickelt haben und der wachsenden Zahl ökologisch produzierender Betriebe gewinnt der physikalische Pflanzenschutz zunehmend an Bedeutung.

17.1 Fernhaltung von Schädlingen

Es gibt eine Vielzahl von Möglichkeiten, vor allem tierische Schädlinge von Kulturpflanzenbeständen fernzuhalten, z. B.:

- Anbringen von Hecken, Elektrozäunen, Netzen, Schutzgittern zur **Abhaltung** von Wild und Vögeln
- **Abschreckung** durch optische Hilfsmittel (Spiegelflächen, Vogelscheuchen) oder durch Ausbringen von Vergrämungsmitteln (*Repellents*) zum Schutz der Pflanzen vor Wildverbiss und Vogelfraß

H. Börner, *Pflanzenkrankheiten und Pflanzenschutz,*
© Springer 2009

- **Abschreckung** durch akustische Hilfsmittel, wie Schreckschussapparate oder elektronischer Geräte, welche die Laute von Greifvögeln imitieren
- **Abdecken** von Kulturen mit Schutznetzen, die den Zuflug von Schädlingen verhindern oder den aus Puppen im Boden schlüpfenden Tieren (Kleine Kohlfliege, Möhrenfliege) den Kopulationsflug unmöglich machen. Diese Methode ist zwar sehr wirksam, für den großflächigen Anbau aber nicht brauchbar. Aus diesem Grund wird sie meist für besonders hochwertige Gemüsearten genutzt, die einerseits eine absolute Befallsfreiheit verlangen, andererseits hohe Erlöse sichern
- **Einfangen** von Schädlingen, z. B. durch Anlegen von Leimringen um Obstbaumstämme, was die flugunfähigen Weibchen des Kleinen Frostspanners daran hindert, in die Kronen zu wandern und sich dort zu vermehren.

17.2   Fang- und Selektionsmaßnahmen

Durch Einfangen tierischer Schädlinge und Selektion befallener Pflanzen lässt sich der Befallsdruck mindern. Folgende Verfahren können angewendet werden:

- Nutzung von **Farbtafeln** zum Anlocken von Schadinsekten im Rahmen der gezielten Bekämpfung im Gewächshaus und bei der Befallsprognose im Freiland. Einsatz gelber Schalen oder Tafeln: z. B. Raps (Glanzkäfer, Rüsselkäfer), Kartoffel (Pfirsichblattlaus), Unterglaskulturen (Mottenschildläuse); weiße·Leimtafeln: z. B. Apfel (Apfelsägewespe); Stableimfallen im Spargelanbau (Spargelfliege)
- **Einsammeln** schädlicher Entwicklungsstadien, wie z. B. Kartoffelkäfer und dessen Larven mit Hilfe großer Sauggeräte (Anbaugeräte am Ackerschlepper)
- **Selektion** und Vernichtung kranker Pflanzen (z. B. Kartoffelstauden, die von Viren oder Bakterien befallen sind)
- **Fang** von Wühlmäusen oder anderen Nagern in Fallen
- Einsatz von **Pheromonfallen** bei Schadschmetterlingen
- Einsatz von **Lichtfallen** gegen Insekten (problematisch, da alle nachtaktiven Insekten angelockt werden und nicht nur die Schadorganismen).

17.3   Wärmebehandlung

- Durch Erwärmung von Pflanzsubstraten und Pflanzenteilen lassen sich Schädlinge und Krankheitserreger vernichten:
- **Bodendämpfung** auf ca. 60°C tötet Schadorganismen und Unkraut- sowie Ungrassamen ab und schafft die Grundlage für gesundes Wachstum, vor allem bei der Jungpflanzenanzucht im Gartenbau. Die zunehmende Nutzung organischer Substrate auf der Basis von Torf und Torfersatzstoffen hat die Bodendämpfung jedoch in den Hintergrund gerückt, so dass nur noch selten von ihr Gebrauch gemacht wird. In den Niederlanden allerdings sind mobile Bodendämpfanlagen auf Lastwagen im Einsatz, mit denen große Bodenflächen in Gewächshäusern oder im Freiland effektiv gedämpft werden können
- In südlichen Ländern mit hoher Sonnenintensität wird das *solar heating* praktiziert. Dabei erfolgt die Abdeckung feuchten Bodens mit lichtdurchlässigen Folien aus Kunststoff, mit der man eine Aufheizung der oberen Bodenschicht erzeugt. Auf diese Weise lassen sich Schadpilze, Unkrautsamen und Nematoden vernichten. Mit zunehmender Bodentiefe nimmt die Wirkung ab und ein gewisses Verseuchungspotential verbleibt. Deshalb folgt nur eine flache Bearbeitung, um keine Schadorganismen in den Saat- und Pflanzhorizont zu verlagern
- Neben der Anwendung fungizider Beizmittel gibt es die Möglichkeit, **Saatgut mit Wärme zu behandeln**, um vorhandene Pathogene abzutöten. Da diese Schadorganismen aber an unterschiedlichen Geweben des Saatguts vorkommen, werden nicht alle wirksam erfasst. Um die gewünschte Wirkung zu erzielen, muss die Temperatur so hoch sein, dass eine Inaktivierung der Schadpilze erreicht, der Embryo im Saatgut aber nicht geschädigt wird. Zum physikalischen Wärmetransport eignet sich vor allem Wasser aufgrund seiner Wärmekapazität und Wärmeleitfähigkeit.
Die Saatgutbehandlung mit heißem Wasser wurde erstmals um das Jahr 1765 dokumentiert und bis in die 1960er Jahre gegen Flugbranderreger im Getreide eingesetzt. Dazu wird gereinigtes Saatgut in einem temperierten Wasserbad bei definierten Temperaturen behandelt. Bei der **Warmwasserbeize** erfolgt eine 2–3-stündige Behandlung bei ca. 44–46°C, woran sich ein Abschrecken und eine Rücktrocknung anschließen. Bei der **Heißwasserbeizung** wird Saatgut in der Regel 3–4 Stunden bei 25–30°C vorgequollen und dann 10–15 min bei 52°C behandelt. Anschließend folgen auch hierbei Abschrecken und Rücktrocknen. Die größten technischen Probleme lagen in der Vergangenheit in der Kapazität der Trocknung und bei der exakten Regulierung der Temperatur. Als

Alternative bietet sich die **Erwärmung mit feuchter Heißluft** an, ein Verfahren, das vor wenigen Jahren in Schweden zur Praxisreife entwickelt wurde

- Die **Wärmebehandlung von Veredlungsmaterial** spielte früher eine große Rolle bei der Ausschaltung von Viruskrankheiten. Heute werden andere Wege beschritten, um virusfreies Material zu erhalten (z. B. Meristemkulturen)

- Der Einsatz trockener **Heißluft** erfolgt bei Schädlingsbefall (Holzbockkäfer, Nagekäfer) an verbautem Holz (Dachstühle, Möbel), um eine sichere Abtötung der Larven zu gewährleisten. Im befallenen Holz sind Kerntemperaturen von mindestens 55°C nötig. Dazu wird Heißluft von ca. 85°C in die zu sanierenden Bauteile so lange eingeleitet, bis die Mindesttemperatur erreicht ist. Dieser Vorgang kann mit Hilfe von Thermosonden präzise überwacht werden.

17.4   Elektromagnetische Verfahren

Die Nutzung elektromagnetischer Wellen für den Pflanzenschutz befindet sich schon lange in der Erprobung und hat inzwischen auch zu brauchbaren Ergebnissen geführt. **Ionisierende Strahlung** kommt nur in Betracht, wenn das Saatgut nicht durchstrahlt wird und sich die Wirkung nur an der Oberfläche bzw. in geringer Gewebetiefe abspielt. Diese Voraussetzung wird durch **niederenergetische Elektronenstrahlung** erfüllt, die sowohl Teilchen- als auch Wellencharakter aufweist und somit gezielt in die gewünschte Richtung gesteuert werden kann.

Nach langjähriger Forschungsarbeit wurde 2000 die e-ventus® Technologie erfolgreich in die Getreidesaatgutbeizung eingeführt. Dabei fällt gereinigtes Saatgut aus dem Vorratsbehälter fein aufgefächert zwischen zwei Elektronengeneratoren hindurch. Hier treten Elektronen mit definierter Energie heraus und treffen gleichmäßig von allen Seiten auf das Saatgut. So lässt sich die Eindringtiefe an die vorhandenen Pathogene weitgehend anpassen, ohne den Embryo zu schädigen. Ein besonders hoher Wirkungsgrad (um 100%) wird bei außen auf der Schale anhaftenden Pilzsporen erzielt (z. B. Weizensteinbrand), bei tiefer in der Karyopse sich befindenden Pathogenen (z. B. Blatt- und Spelzenbräune, Streifenkrankheit der Gerste) nimmt der Wirkungsgrad naturgemäß ab. Bei *Fusarium*-Arten und Schneeschimmel ist das Ergebnis stark schwankend, weil die Saatgutkontamination sehr unterschiedlich ist. Bestrahltes Saatgut zeigte in den entsprechenden Untersuchungen aber in allen Fällen einen höheren Feldaufgang. Die mobilen Beizanlagen kommen überregional zum Einsatz. Mit einer Stundenleistung bis zu 30 t haben sie den gleichen Durchsatz wie Anlagen zur chemischen Saatgutbeizung. Seit dem Jahr 2000 wurden jährlich bis zu 5 000 t Getreidesaatgut auf diese Weise behandelt.

17.5 Kältelagerung

Die Lagerung empfindlicher Erntegüter, wie Obst, Gemüse und Kartoffeln erfolgt üblicherweise bei niedrigen Temperaturen, teilweise knapp oberhalb des Gefrierpunktes. Hierdurch verlangsamt man die physiologische Aktivität im Erntegut und kann durch hohe Luftfeuchtigkeit den Wasserverlust reduzieren. Auf diese Weise werden die Qualität des Ernteguts erhalten sowie die Entwicklung von Schadorganismen und die damit einhergehenden Verluste minimiert. Die Lagerung unter **CA-Bedingungen** (*controlled atmosphere*) hat sich vor allem bei Kernobst bewährt. Sie erfolgt grundsätzlich in gasdichten Lagern. Dabei kommt es bei Temperaturen bis max. 5°C durch Veratmung zu einer starken Absenkung des O_2-Gehalts (2–3%) bei Anstieg des CO_2-Gehalts (2–5%) und hoher relativer Luftfeuchte (92–95%). Der stark reduzierte Stoffwechsel bewahrt den Frischezustand über lange Zeit und hemmt gleichzeitig die Infektion durch Lagerpilze (z. B. *Gloeosporium* spp., *Nectria* spp.). Da diese sich vor allem dann beschleunigt entwickeln, wenn nach der Ernte Fruchtsäuren abgebaut werden, die Kühllagerung diesen Prozess aber verlangsamt, bleibt der Pilzbefall weitgehend aus.

18 Biotechnische Verfahren

Mit biotechnischen Bekämpfungsverfahren stehen uns eine Reihe von Alternativen zum chemisch orientierten Pflanzenschutz zur Verfügung. Sie können dazu beitragen, die Anwendung synthetischer Wirkstoffe und die damit verbundenen Nachteile für die Umwelt zu verringern. Hierzu gehören die Beeinflussung des Flug-, Fraß- und Sexualverhaltens der Schädlinge durch *Repellents* (Abwehrstoffe) und *Attractants* (Lockstoffe) sowie die Erhöhung der Widerstandskraft der Kulturpflanzen gegenüber Krankheitserregern und Schädlingen durch **züchterische und gentechnische Maßnahmen**. Eine exakte Abgrenzung einzelner Verfahren zu den konventionellen chemischen Maßnahmen ist nicht immer möglich.

18.1 Repellents (Abwehrstoffe)

In der human- und veterinärmedizinischen Praxis werden Repellents bei der Abwehr krankheitsübertragender Insekten eingesetzt. Im Pflanzenschutz sind derartige Stoffe als Wildverbissmittel üblich. Auch Saatgutbehandlung mit Vergällungsmitteln zur Abwehr von Schadvögeln (Krähen, Fasanen) oder die Vergrämung von Schermaus und Maulwurf mit Calciumcarbid sind hier einzuordnen.

Als Repellents kommen neben Syntheseprodukten auch Naturstoffe, vor allem ätherische Öle, zur Anwendung. Über die oben genannten Indikationen hinaus wäre unter der Voraussetzung, dass sich gegenüber den herkömmlichen chemischen Bekämpfungsmethoden Vorteile ergeben (geringere Rückstandsgefahr, günstigere Toxikologie), auch ein breiterer Einsatz derartiger Stoffe zur Abwehr von Schädlingen denkbar.

18.2   Attractants (Lockstoffe)

Bei den Lockstoffen unterscheidet man hinsichtlich ihrer physiologischen
Wirkungsweise zwischen Nahrungslockstoffen und Pheromonen.

Nahrungslockstoffe sind vergleichbar mit Köderstoffen, die Insekten
auf bestimmte Futterstellen hin orientieren und ihre Fraßlust anregen. Als
für diesen Zweck wirksam haben sich Eiweißhydrolysate erwiesen. Mischt
man derartige Köder mit Insektiziden, werden die Schädlinge an den Fraßstellen abgetötet. Mit dieser Methode waren bisher gute Erfolge u. a. gegen
die Mittelmeerfruchtfliege (*Ceratitis capitata*) zu erzielen. Die Fliege
reagiert auch auf den synthetischen Lockstoff Trimedlure. Einfache chemische Verbindungen, wie z. B. Methyleugenol (Abb. 18.1), haben sich gegenüber der Orientalischen Fruchtfliege (*Dacus dorsalis*) und der Tropischen Melonenfliege (*Dacus cucurbitae*) als wirksam erwiesen.

Der Vorteil gegenüber einer Insektizidbehandlung liegt darin, dass nicht
der ganze Pflanzenbestand mit dem Präparat gleichmäßig belegt werden
muss, man kommt vielmehr mit Teilbehandlungen aus und erreicht damit
eine Verminderung und Lokalisierung der Insektizidmengen.

Pheromone sind Stoffe, die der chemischen (Bio-)Kommunikation zwischen Lebewesen dienen. Diese auch als Botenstoffe bezeichneten Substanzen veranlassen Artgenossen zu bestimmten Reaktionen. Man unterscheidet u. a.:

- **Sexualpheromone** (Sexuallockstoffe zur Anlockung und zum Auffinden des Geschlechtspartners)
- **Aggregationspheromone** (Versammlungsdüfte)
- **Alarmpheromone;** sie werden z. B. von Blattläusen bei Bedrohung
  durch räuberische Insekten abgegeben und veranlassen die Artgenossen
  zur Flucht
- **Markierungspheromone** (z. B. bei der Kirschfruchtfliege); sie zeigen
  an, welche Früchte schon zur Eiablage benutzt wurden
- **Sozialpheromone** (z. B. bei staatenbildenden Arten).

Pheromone finden wir bei Vertretern vieler Tiergattungen. Am genaues-
ten sind unsere Kenntnisse über diese Stoffe jedoch bei den Insekten. Für

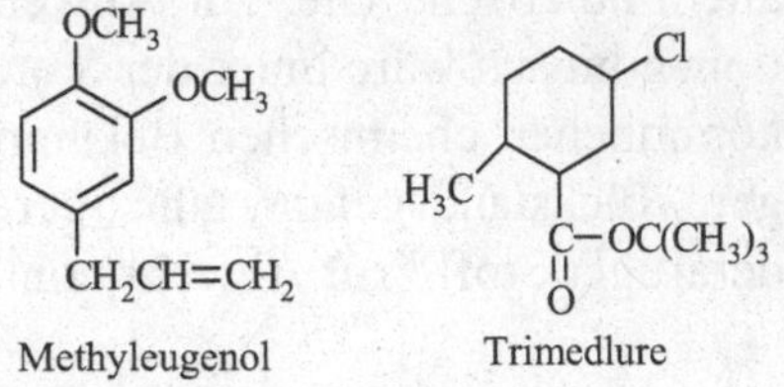

Abb. 18.1 Synthetische Lockstoffe   Methyleugenol   Trimedlure

Abb. 18.2 Chemische Struktur
der Sexuallockstoffe einiger wichtiger Schädlinge

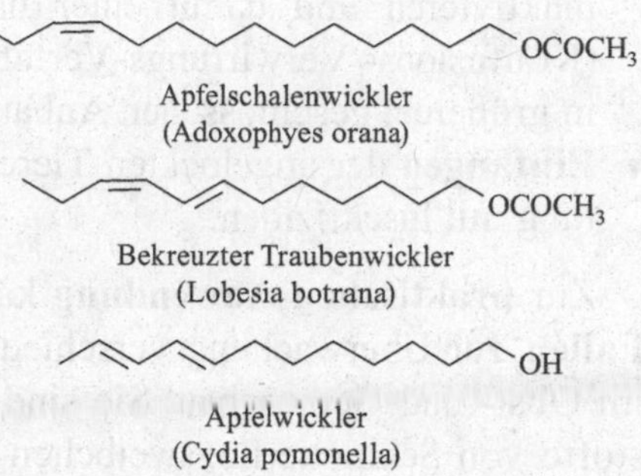

Apfelschalenwickler
(Adoxophyes orana)

Bekreuzter Traubenwickler
(Lobesia botrana)

Apfelwickler
(Cydia pomonella)

Abb. 18.3 Umwandlung des
pflanzeneigenen Myrcens in das
Aggregationspheromon Ipsenol
durch *Ips curvidens*

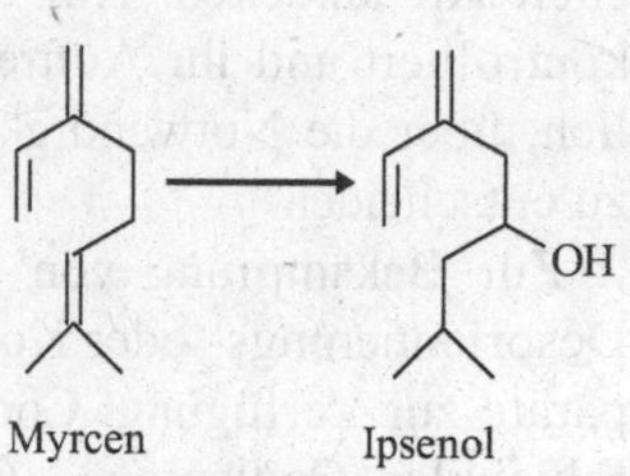

Myrcen   Ipsenol

einen Einsatz im Pflanzenschutz haben vor allem die Sexual- und Aggregationspheromone eine Bedeutung.

Sexualpheromone sind weitgehend artspezifisch und noch in geringer
Konzentration (etwa 10^{-12} µg/L Luft) wirksam. So waren frisch geschlüpfte
Seidenspinnerweibchen (*Bombyx mori*) in der Lage, 40% aller Männchen
aus einer Entfernung von 4,1 km und 26% aus einer Entfernung von 11 km
anzulocken.

Bei den Sexuallockstoffen der Insekten handelt es sich um langkettige
ein- oder mehrfach ungesättigte Alkohole, Acetate und Aldehyde
(Abb. 18.2). Die Pheromone der meisten Lepidopteren-Arten konnten isoliert, identifiziert und zum Teil auch synthetisiert werden.

Aggregationspheromone finden wir bei Borkenkäfern (Scolytidae). Hier
sind es überwiegend Monoterpene, die von den Käfern der Wirtspflanze
entnommen, im Darm zu den eigentlichen Wirkstoffen transformiert und mit
dem Kot abgesetzt werden. Auf diese Weise wandelt der in Wäldern häufig
auftretende **Buchdrucker** (*Ips typographus*) den Pflanzeninhaltsstoff
α-Pinen in das Aggregationshormon *cis*-Verbenol oder der Krummzähnige
Tannenborkenkäfer (*Ips curvidens*) Myrcen in Ipsenol um (Abb. 18.3).

Ziele des Pheromoneinsatzes im Pflanzenschutz sind:

- **Bestimmung der Flugzeit** und damit verbunden die Festlegung eines
geeigneten Bekämpfungstermins (Warndienst, Prognose)
- **Überschwemmung** des Biotops durch höhere, unphysiologische Phe-
romonmengen mit der Absicht, die Insekten zu desorientieren oder zu

inaktivieren und damit einer natürlichen Paarung entgegenzuwirken (Konfusions-/Verwirrungs-Verfahren). Besonders wirksam bei Einsatz in größeren, geschlossenen Anbaugebieten

- **Einfangen** der angelockten Tiere in Fallen und anschließende Vernichtung mit Insektiziden.

Zur **praktischen Anwendung** kamen Pheromone bisher als **Lockstoff-Fallen** zur Überwachung verschiedener Wickler-Arten (Tortricidae) z. B. im Obst- und Gemüsebau. Sie sind mit Ködern bestückt, die Sexuallockstoffe von Schmetterlingsweibchen enthalten und die Männchen der gleichen Art anlocken. Auf diese Weise kann der Flug der Schmetterlinge kontrolliert und ihr Auftreten exakt bestimmt werden. Dabei ist es möglich, über die Notwendigkeit bzw. den Einsatzzeitpunkt von Insektiziden zu entscheiden.

Zur Bekämpfung von Schädlingen im **Verwirrungsverfahren** (auch Desorientierungs- oder Konfusionsverfahren genannt) stehen mehrere Präparate zur Verfügung: Codlemone (E8,E10-Dodecadienol) gegen den Apfelwickler, Codlemone + (Z)-11-Tetradecen-1-yl-acetat gegen den Apfel- und Apfelschalenwickler, (Z)-9-Dodecenylacetat gegen den Einbindigen Traubenwickler (Heu- und Sauerwurm), (Z)-9-Dodecenylacetat + (E)7-(Z)9-Dodecadienylacetat gegen den Einbindigen und Bekreuzten Traubenwickler (Heu- und Sauerwurm).

Durch die im Bestand verteilten Pheromone werden die Männchen verwirrt, sie sind nicht mehr in der Lage, die ausgebrachten und die von den kopulationsbereiten Weibchen abgesonderten Sexuallockstoffe zu unterscheiden. Sie verlieren die Ortungsfähigkeit, so dass es nicht mehr zu einer Paarung kommen kann.

In **Forstkulturen** wird das spezielle Verhalten der Borkenkäfer für die Durchführung von Bekämpfungsmaßnahmen mit artspezifischen Aggregationspheromonen genutzt, indem man den **Buchdrucker** mit einem Präparat aus S-Ipsdienol und S-*cis*-Verbenol anlockt. Dieses Verfahren kann zum Fangen des Schädlings in Fallen oder zur Überwachung der Käferpopulation (Monitoring) dienen.

Die Schwierigkeiten bei der Anwendung von Sexualpheromonen liegen, da die Insekten nur auf ganz bestimmte Wirkstoffkonzentrationen reagieren, in der optimalen Dosierung und Verteilung sowie einer die Haltbarkeit der aktiven Verbindungen erhöhenden Formulierung.

Die **Vorteile eines Pheromoneinsatzes** im Vergleich zu konventionellen chemischen Verfahren sind:

- Wegen der außerordentlich hohen physiologischen Effektivität der Pheromone bedarf es lediglich geringer Wirkstoffmengen

- Die Anwendung von Pflanzenschutzmitteln kann häufig punktuell erfolgen, wodurch das Rückstandsproblem reduziert wird
- Es findet eine selektive Bekämpfung der Schädlinge statt, durch die man einen weitgehenden Schutz der übrigen Biozönose erreicht
- Eine nachlassende Wirksamkeit der Lockwirkung (Resistenzproblem) ist nicht zu erwarten bzw. bisher nicht beobachtet worden.

18.3 Verbesserung der Widerstandskraft von Kulturpflanzen

Resistenzzüchtung

Eine durch Züchtungsmaßnahmen erreichte Unempfindlichkeit (Resistenz) der Kulturpflanzen gegenüber Krankheitserregern und Schädlingen ist eine wichtige vorbeugende Maßnahme und besitzt besondere Bedeutung überall da, wo es nicht möglich oder nicht erlaubt ist, chemische Mittel einzusetzen, wie z. B. bei Viruserkrankungen, Bakteriosen oder im ökologischen Landbau.

Die Resistenzzüchtung hat bis heute große Erfolge aufzuweisen, zum Beispiel die völlige Ausschaltung von Reblaus und Kartoffelkrebs. Nachteilig wirkt sich aus, dass bei zahlreichen Erregern durch die Bildung neuer, virulenter Rassen die Resistenz früher oder später durchbrochen und der Erfolg dieser Maßnahme immer wieder in Frage gestellt wird (z. B. Getreideroste, Getreidemehltau). Der Wettlauf zwischen der Neuzüchtung resistenter Sorten und der Neubildung von Erregerrassen wird noch dadurch erschwert, dass die Spezialisierung nicht auf die Spezies (*formae speciales*) beschränkt ist, sondern die Differenzierung bis zur Sorte reicht (Pathotypen oder Rassen). Diese Schwierigkeiten haben dazu geführt, dass man sich bei der Züchtungsarbeit vielfach bereits mit teilresistenten Sorten zufrieden gibt.

Die **Züchtungsziele** sind bei den einzelnen Kulturen unterschiedlich und wechseln im Laufe der Zeit. Im Vordergrund standen dabei bisher vor allem Ertrags- und Qualitätsmerkmale. In neuerer Zeit verlagern sich die Schwerpunkte zunehmend auf die Resistenzeigenschaften. Dies wird besonders deutlich bei **Getreide**. Hier wurden erhebliche Fortschritte bei den wichtigsten Blattkrankheiten wie Mehltau, Roste, Septoria und Fusarien erzielt. Weniger erfolgreich war man hinsichtlich der Fußkrankheiten.

Die traditionelle, auf den Mendelschen Vererbungsgesetzen basierende Pflanzenzüchtung (Kreuzung, Selektion) ist außerordentlich zeitaufwändig (z. B. bei Winterweizen in der Regel 10–12 Jahre von den Kreuzungen bis zur Sortenreife). Die moderne Pflanzenzüchtung dagegen bedient sich in

zunehmendem Maße auch biochemischer Verfahren, wie z. B. der Protoplastenfusion und molekulargenetischer Methoden. Fortschritte sind weitgehend abhängig von der Verfügbarkeit neuer Resistenzquellen sowie der
Entwicklung geeigneter Selektionsbedingungen.

Das Ausmaß der Krankheitsresistenz ist bei den zur Verfügung stehenden Sorten sehr unterschiedlich und sollte bei der Anbauentscheidung
berücksichtigt werden, weil ein hoher Resistenzgrad die normalerweise
anfallenden Kosten für den Pflanzenschutz und die Umweltbelastung vermindert.

Induzierte Resistenz

Die Widerstandskraft von Kulturpflanzen gegenüber Krankheitserregern
und Schädlingen kann auch ohne genetische Veränderungen durch biotische und abiotische Faktoren erhöht werden. In diesem Fall spricht man
von einer induzierten oder erworbenen Resistenz. Soweit es sich um synthetische Produkte handelt, wird darauf in Kap. 15 eingegangen.

Als biotische Resistenzinduktoren können Viren, Pilze und Bakterien
eingesetzt werden. So ist bekannt, dass durch eine künstliche Inokulation
von Pflanzen mit Viren eine Resistenz gegen eine Zweitinfektion mit
pflanzenpathogenen Viren erreicht wurde (**Prämunisierung**). Auch durch
Primärinfektionen mit Pilzen und Bakterien kann eine induzierte Resistenz
ausgelöst werden. Gleiches gilt für Extrakte aus Pflanzen, Pilzen und Bakterien. Bei den wirksamen Bestandteilen dürfte es sich im Wesentlichen
um Stoffwechselprodukte dieser Organismen handeln.

Viele Präparate – nach den Vorgaben des Pflanzenschutzgesetzes als
Pflanzenstärkungsmittel bezeichnet – sind im Handel erhältlich und dienen
dazu, die Widerstandsfähigkeit von Kulturpflanzen vor allem gegen Pilzkrankheiten zu erhöhen. Zwei Beispiele seien genannt: Extrakte aus *Reynoutria* (*Polygonum*) *sachalinensis* (Sachalin-Staudenknöterich) zur Bekämpfung von Grauschimmel (*Botrytis cinerea*) und Echten Mehltaupilzen
(Erysiphaceae) oder Pflanzenextrakte + natürliche Fettsäuren zur vorbeugenden Anwendung gegen Echte Mehltaupilze, Schorf, Grauschimmel u. a.
im Obst- und Gemüsebau. Angaben zu zahlreichen weiteren Produkten
(*plant-derived fungicides*) können dem ***Manual of Biocontrol Agents*** entnommen werden.

Die bei einer Resistenzinduktion ablaufenden biochemischen Prozesse
sind noch weitgehend ungeklärt. Sie könnten sowohl auf Veränderungen
im Stoffwechsel als auch auf der Aktivierung vorhandener Resistenzgene
beruhen. Als Abwehrreaktionen wurden häufig verstärkte Lignifizierung

der von Pilzen attackierten Zellwände sowie Aktivierung bestimmter in Folge von Abwehrreaktionen auftretender Enzyme, wie z. B. Chitinasen, beobachtet.

Die Steigerung der Widerstandskraft von Kulturpflanzen durch Auslösung von Resistenzmechanismen ist ein intensiv bearbeitetes Forschungsgebiet. Es liegen zahlreiche positive Einzelergebnisse vor. Die praktischen Einsatzmöglichkeiten sind bisher jedoch noch begrenzt.

18.4 Gentechnologie

Neben den zuvor beschriebenen Verfahren eröffnet die Gentechnologie neue Wege auch für den Pflanzenschutz:

- Durch den „Einbau" von Resistenzgenen in Kulturpflanzen erhält man gegenüber Schaderregern **resistente Sorten wesentlich schneller**, als das mit den traditionellen züchterischen Methoden der Fall wäre
- Es besteht die Möglichkeit, durch einen **gezielten Gentransfer** Mikroorganismen zur Bildung von fungizid- und insektizidwirksamen Stoffen zu veranlassen, die entstandenen Fähigkeiten nach Übertragung zur Bioproduktion von Wirkstoffen in Pflanzenzellen auszunutzen oder aber die mit neuen Eigenschaften ausgerüsteten Organismen unmittelbar zur biologischen Bekämpfung einzusetzen
- Durch genetische Veränderungen der Kulturpflanzen ist eine **Unempfindlichkeit gegenüber Pflanzenschutzmitteln** zu erreichen (Beeinflussung der Selektivität).

Die bisherigen Möglichkeiten zielen darauf ab, DNA-Abschnitte als Träger bestimmter Eigenschaften mit Hilfe geeigneter Techniken in das Genom der Pflanzenzelle einzuschleusen. Man unterscheidet zwei Verfahren des Gentransfers: die direkte Methode, bei der Fremd-DNA unmittelbar übertragen wird und die indirekte mit Hilfe eines Vektors.

Als Vektor wird u. a. *Agrobacterium tumefaciens*, ein im Boden vorkommendes und bei zahlreichen Pflanzen Tumore hervorrufendes Bakterium eingesetzt. Die in der Bakterienzelle vorliegende ringförmige Plasmid-DNA (Ti-Plasmid) enthält einen Abschnitt, der die Bildung von Wucherungen im Pflanzengewebe induziert. Dieser als T-DNA bezeichnete Teil der Bakterien-DNA wird in die Wirtspflanzen-DNA eingebaut und codiert die Synthese von Pflanzenwuchsstoffen, die zu verstärkten Zellteilungen und damit zur Tumorbildung führen (s. Kap. 12.3). Dieser natürlich vorkommende Gentransfer dient als Vektorsystem. Voraussetzung ist allerdings, dass zuvor die tumorinduzierenden Gene der T-DNA entfernt, d. h. „entschärfte Plasmide" hergestellt werden.

Tabelle 18.1 Anbau gentechnisch veränderter Pflanzen

Weltweit 2005 → 90 Mio. ha
EU 2005 → 60 000 ha
Deutschland 2004 → 300 ha

Länder/Kulturen	Anbau in Millionen Hektar im Jahr		
	2000	2005	2007
USA	30,3	49,8	57,7
Argentinien	10,0	17,1	19,1
Brasilien	1,4	9,4	15,0
Kanada	3,0	5,8	7,0
China	0,5	3,3	3,8
Sonstige	4,7	4,6	11,4
Sojabohne	25,6	54,4	58,6
Mais	10,3	21,2	35,2
Baumwolle	5,3	9,8	15,0
Raps	4,7	4,6	5,5

In das veränderte Plasmid wird ein DNA-Teil mit den gewünschten Eigenschaften eingefügt und das modifizierte Bakterium vermehrt (Klonierung). Nach Infektion der Pflanzen durch das gentechnisch veränderte *Agrobacterium* wird das Ti-Plasmid mit dem DNA-Abschnitt, der die gewünschten Eigenschaften codiert, in das Genom der Kulturpflanze eingebaut.

Die Vektormethode ist universell verwendbar. Es eignen sich hierfür sowohl dikotyle als auch monokotyle Pflanzen.

Gentechnisch veränderte Kulturpflanzen, vor allem Sojabohne, Baumwolle, Mais und Raps, werden zunehmend in vielen Ländern, vor allem aber in den USA angebaut. In der Europäischen Union (EU), insbesondere in Deutschland, wird die Umsetzung und Anwendung der Gentechnik bisher jedoch äußerst restriktiv gehandhabt (Tabelle 18.1).

Schwerpunkte pflanzlicher Gentechnik sind bislang herbizidunempfindliche Kulturpflanzen und Resistenz gegenüber Schadinsekten, z. B.:

- **Herbizidtoleranz** gegen **Glyphosat** durch Übertragung eines Gens, das eine Überproduktion des Enzyms EPSP-Synthase bewirkt, wodurch die Blockierung des Shikimisäureweges aufgehoben wird sowie eines zweiten Gens für eine Glyphosat-Oxidoreduktase, die den Abbau des Herbizids katalysiert
- **Herbizidtoleranz** gegen **Glufosinat** durch Übertragung eines Gens aus den Bakterien *Streptomyces hygroscopicus* und *S. viridochromogenes*, das die Synthese von Acetyl-Transferase codiert, ein Enzym, das den Wirkstoff acetyliert und dadurch inaktiviert

- **Resistenz gegenüber Schadinsekten** durch Übertragung eines Gens für die Synthese von Endotoxinen aus *Bacillus thuringiensis* (B.t.) auf Kulturpflanzen. Dadurch können schädliche Lepidopteren-Larven abgetötet werden. Bekanntes Beispiel ist die Resistenz von Mais (B.t.-Mais) gegen den Maiszünsler.

Trotz breiter Ablehnung in den Ländern der EU sind zahlreiche Fortschritte in der Entwicklung resistenter Sorten mit Hilfe der Gentechnik erzielt worden, insbesondere gegen Schaderreger, die mit chemischen Maßnahmen nicht oder nur unzulänglich bekämpft werden können. Dazu gehören die viröse Wurzelbärtigkeit (*Rizomania*) bei Beta-Rüben und neuerdings der Westliche Maiswurzelbohrer. Weitere Bemühungen konzentrieren sich auf die gentechnische Übertragung von Resistenzen gegen die Kraut- und Knollenfäule sowie das Blattrollvirus und Y-Virus bei der Kartoffel.

In der EU sind Freisetzungen und das Inverkehrbringen von gentechnisch veränderten Organismen (GVO) durch die am 17. April 2001 in Kraft getretene Richtlinie 2001/18/EG geregelt, die durch Vorschriften der einzelnen EU-Mitgliedsländer in nationales Recht umgesetzt werden muss. In Deutschland ist dies durch das Gentechnikgesetz (GenTG) erfolgt, das zuletzt durch Art. 1 des Gentechnik-Neuordnungsgesetzes vom 21.12.2004 geändert wurde. Es gilt für jeglichen Umgang mit GVO, außer der Anwendung am Menschen.

Im **GenTG unterscheidet man drei Arten des Umgangs mit GVO:**

- Gentechnische Arbeiten
- Freisetzung von GVO
- Inverkehrbringen von GVO oder Produkten, die GVO enthalten.

Um eine gentechnisch veränderte Kulturpflanze in Deutschland freizusetzen, bedarf es einer Zulassung des Bundesamtes für Verbraucherschutz und Lebensmittelsicherheit (BVL). Das Amt ist seit dem 1. April 2004 als Bundesoberbehörde für solche Genehmigungen verantwortlich.

Entscheidungen trifft das BVL nach Beratung mit folgenden Organisationen bzw. nach deren Stellungnahme:

- Bundesamt für Naturschutz (BfN)
- Bundesinstitut für Risikobewertung (BfR)
- Robert Koch-Institut (RKI)
- Biologische Bundesanstalt für Land- und Forstwirtschaft (BBA); jetzt: Julius-Kühn-Institut (JKI)
- Zentrale Kommission für die Biologische Sicherheit (ZKBS)
- zuständige Behörde des betroffenen Bundeslandes
- Paul-Ehrlich-Institut (PEI)
- Friedrich-Loeffler-Institut (FLI).

Die Überwachung von Freisetzungen ist Aufgabe der Länder.

Bei der **Beurteilung der Vor- und Nachteile einer Anwendung der Gentechnik in der Landwirtschaft** gehen die Meinungen weit auseinander. Es würde zu weit führen, auf alle Argumente einzugehen. Sie konzentrieren sich im Wesentlichen auf folgende Punkte:

- **Vorteile** sind (a) die erweiterten Möglichkeiten bei der Resistenzzüchtung; (b) durch den verstärkten Anbau gegenüber Krankheitserregern und Schädlingen resistenter Kulturen können Ausgaben für Pflanzenschutzmittel eingespart und Einträge dieser Chemikalien in die Umwelt verringert werden
- Ein **Nachteil** ist, dass eine Übertragung von transgenen Pollen auf nicht gentechnisch veränderte Pflanzen stattfinden kann, sofern diese Fremdbefruchter sind
- **Gefahren für den Menschen** beim Konsum von gentechnisch veränderten Pflanzen oder Produkten **bestehen nach den bisherigen Erkenntnissen nicht**. Allergien sind nicht auszuschließen. Dies trifft aber ebenso für alle konventionellen Produkte zu
- Zur **Sicherheit der Verbraucher** werden vor Einführung von GVO umfangreiche, gesetzlich vorgeschriebene Sicherheitskontrollen durchgeführt, an denen in Deutschland die zuvor aufgeführten Institutionen beteiligt sind. Ferner besteht eine Kennzeichnungspflicht für Lebensmittel, die Bestandteile von GVO enthalten.

Literatur

Copping LG (ed) (2004) The manual of biocontrol agents. BCPC (British Crop Protection Council), Alton

Howse P, Stevens I, Jones O (1998) Insect pheromones and their use in pest management. Chapman & Hall, London

Kempken F, Kempken R (2006) Gentechnik bei Pflanzen, 3. Aufl. Springer, Berlin Heidelberg New York

Krieg A, Franz M (1989) Lehrbuch der biologischen Schädlingsbekämpfung. Parey, Berlin Hamburg

Schmutterer H, Huber J (Hrsg) (2005) Natürliche Schädlingsbekämpfungsmittel. Ulmer, Stuttgart

19 Biologische Verfahren

Von einer **biologischen Bekämpfung** sprechen wir dann, wenn mit Hilfe der natürlichen Feinde eine Übervermehrung von Schaderregern verhindert und dadurch das natürliche biologische Gleichgewicht erhalten bzw. wiederhergestellt wird. Dieser sich normalerweise selbst regulierende Vorgang wird durch den Menschen in vielfältiger Hinsicht gestört. Eine der Ursachen ist der großflächige Anbau einheitlicher Kulturen, der den Schaderregern optimale Bedingungen für eine Übervermehrung bietet und die Anwendung chemischer Mittel mit einem breiten Wirkungsspektrum nötig macht, wodurch nicht nur die Schaderreger, sondern vielfach auch die natürlichen Begrenzungsfaktoren ausgeschaltet werden.

Da man in der Landwirtschaft, im Obst-, Gemüse- und Weinbau nicht ohne den Reinanbau von Pflanzen auskommt, werden die auf einzelne Kulturen spezialisierten Schädlinge den Nützlingen gegenüber immer einen Vorsprung haben, der zu Pflanzenschutzmaßnahmen zwingt. Die Intention biologischer Verfahren ist, durch Unterstützung (Wiederansiedlung, künstliche Massenzucht, Schonung und Förderung) der einheimischen (endemischen) oder durch Einführung fremder Nutzorganismen die Schädlingspopulation auf einem möglichst niedrigen Stand zu halten oder Nützlinge gezielt gegen Schaderreger einzusetzen.

Vorteile biologischer Bekämpfungsverfahren sind ein Verzicht auf chemische Maßnahmen, falls es gelingt, Nützlinge einzusetzen, eine weitgehende Schonung der Biozönose sowie der Fortfall von Rückstandsproblemen und Wirkstoffresistenzen.

Nachteilig wirkt sich aus, dass die Abtötung der Schädlinge nicht schlagartig erfolgt; Schädigungen an Kulturpflanzen sind daher nicht auszuschließen. Weil die Entwicklung der Nützlinge von zahlreichen, nicht beeinflussbaren Faktoren abhängig ist, bedeutet das für den Erfolg der Maßnahme ein

H. Börner, *Pflanzenkrankheiten und Pflanzenschutz*,
© Springer 2009

gewisses Risiko. Außerdem sind die Kosten, soweit eine künstliche Massenzucht und Aussetzung der Nützlinge erforderlich ist, beträchtlich.

19.1 Erhaltung und Förderung einheimischer Nutzorganismen

Schonung und Förderung der natürlich vorkommenden Gegenspieler (Antagonisten, Nützlinge) sind präventive Maßnahmen, die dazu beitragen können, einer Massenvermehrung entgegenzuwirken und damit sowohl das Ausmaß von Ernteverlusten als auch die Intensität chemischer Pflanzenschutzmaßnahmen zu verringern.

Notwendige **Voraussetzungen** hierfür sind:

- **Vermeidung eines prophylaktischen Einsatzes** von Insektiziden und Akariziden; Anwendung nur dann, wenn die Bekämpfungsschwelle erreicht ist
- **Auswahl nützlingsschonender Pflanzenschutzmittel**
- **Reduzierung der chemischen Maßnahmen** auf den Randbereich, wenn es sich um Bekämpfung von Schädlingen handelt, die massiv von außen in die Kulturen einwandern und in der äußeren Zone die größte Dichte aufweisen
- **Anlage von Randstreifen**, die nicht mit chemischen Mitteln behandelt werden; in diese Bereiche können sich die Nützlinge zurückziehen und regenerieren. Häufig auftretende Gegenspieler von Pflanzenschädlingen, wie Marienkäfer, Larven der Schwebfliegen, parasitische Schlupfwespen, räuberische Milben profitieren von solchen Maßnahmen.

Ebenso können Vögel dazu beitragen, einer Übervermehrung von schädlichen Insekten entgegenzuwirken. Es ist empfehlenswert, ihre Ansiedlung durch Aufhängen von Nistkästen an Standorten mit regelmäßig hohem Schädlingsaufkommen (wie z. B. in Obstanlagen) zu forcieren.

Die im Rahmen des Zulassungsverfahrens für Pflanzenschutzmittel durchgeführte Prüfung hinsichtlich Nebenwirkungen auf repräsentative Antagonisten geben brauchbare Hinweise auf nützlingsschonende Eigenschaften der Wirkstoffe, die bei Pflanzenschutzeinsätzen berücksichtigt werden sollten.

19.2 Einbürgerung fremder Nutzorganismen

Was Mitteleuropa und Deutschland betrifft, sind nur wenige Beispiele für eine gelungene, dauerhafte Einbürgerung fremder Nutzorganismen bekannt.

In diesem Zusammenhang wird häufig der Einsatz von Pockenviren gegen Kaninchen zitiert. Insekten übertragen die als **Myxomatose** bezeichnete Krankheit, die Schwellungen der Schleimhäute an Kopf, After und Genitalien hervorruft und nach etwa 8 bis 10 Tagen zum Tod führt. Der erste Einsatz infizierter Tiere erfolgte in Australien. Von dort aus wurde das *Myxoma*-Virus nach Europa eingeschleppt und ist hier inzwischen heimisch.

Kaninchen waren in Australien lange Zeit das Hauptschädlingsproblem, dem man nach der Einfuhr und starken Vermehrung (Schätzungen belaufen sich auf 1 bis 3 Mrd. Tiere) mit unterschiedlichen Methoden vergeblich beizukommen versuchte. Erst das Aussetzen künstlich mit dem 1911 in Südamerika isolierten *Myxoma*-Virus infizierter Tiere brachte eine fühlbare Verminderung der Population, wobei die Mücken *Anopheles* und *Culex* als Überträger der Viren fungierten.

Beispiele für erfolgreiche Einbürgerungen faunenfremder Entomophagen in Deutschland sind die aus Amerika stammenden **Zehrwespen** *Aphelinus mali* und *Prospaltella perniciosi* zur biologischen Bekämpfung der eingeschleppten Blutlaus an Apfel bzw. San-José-Schildlaus an Kern-, Stein- und Beerenobst.

Aphelinus mali gelangte um 1920 zunächst nach Frankreich und wurde einige Jahre später in verschiedenen Obstbaugebieten Deutschlands angesiedelt. Die Zehrwespe ist besonders aktiv in wärmeren Lagen. In kühleren Gebieten kann der Nützling häufig nicht überwintern und muss dann z. B. mit Zweigen, auf denen sich parasitierte Blutläuse befinden, erneut in die Anlagen gebracht werden. Auch der weiträumige Einsatz von nicht selektiv wirkenden Insektiziden kann zur Auslöschung einer *Aphelinus*-Population führen.

Prospaltella perniciosi wurde 1951 nach Westeuropa eingeführt, in großen Mengen gezüchtet und in Befallsgebieten ausgesetzt. Die Zehrwespe hat sich inzwischen in Süddeutschland eingebürgert und besiedelt heute nahezu alle San-José-Schadgebiete in diesem Raum.

Gründe für die **insgesamt niedrige Erfolgsquote** bei der Einbürgerung fremder Nutzorganismen sind meist fehlende Voraussetzungen für eine dauerhafte Ansiedlung. Häufig scheitern die Einbürgerungsversuche daran, dass die für eine Erstanwendung notwendige Massenzucht nicht realisierbar ist, die im neuen Lebensraum herrschenden Bedingungen den Ansprüchen der Nützlinge nicht entsprechen oder Sekundärparasiten ihre Entwicklung beeinträchtigen.

19.3 Masseneinsatz von Nutzorganismen

Wesentlich erfolgreicher als die Einbürgerung faunenfremder Nützlinge ist der **wiederholte, gezielte Masseneinsatz von Antagonisten** zur Bekämpfung von pflanzenschädigenden Insekten und Milben. Verwendet werden hierbei:

- Insektenpathogene Organismen (Viren, Bakterien, Pilze, Nematoden)
- Raubmilben
- Räuberische, parasitierende und sterilisierte Insekten
- Höhere Pflanzen (Feindpflanzen).

Zur biologischen Bekämpfung von Pflanzenkrankheiten bedient man sich bevorzugt aus Böden isolierter Bakterien und Pilze. Zielobjekte sind pilzliche Dauerformen (Sklerotien) sowie im Boden lebende und ektoparasitische Schaderreger. Weltweit stehen zahlreiche Nutzorganismen für einen Masseneinsatz zur Verfügung, auf die hier nicht im Einzelnen eingegangen werden kann. Die nachstehenden Ausführungen beschränken sich auf eine repräsentative Auswahl von erprobten Verfahren.

19.4   Verfahren zur biologischen Bekämpfung von Schädlingen

19.4.1   Einsatz von Viren gegen Insekten

Etwa 60% der bekannten insektenpathogenen Viren gehören zur Familie der Baculoviridae, aus der auch in erster Linie die zur biologischen Bekämpfung geeigneten Vertreter stammen.

Bei den **Baculoviren** sind zwei Gruppen zu unterscheiden, die Kernpolyederviren und die Granuloseviren; sie sind verhältnismäßig groß, stäbchenförmig, mit einer ringförmigen doppelsträngigen DNA von 80–180 KB und einer vor äußeren Einflüssen schützenden Hülle von Proteinkristallen (Einschlusskörper) umgeben. Beide Gruppen lassen sich morphologisch anhand der Einschlusskörper unterscheiden: Bei den Kernpolyederviren sind sie einige Mikrometer groß, polyederförmig und enthalten jeweils mehrere Virionen (Viruspartikel); die Granuloseviren sind kleiner und enthalten nur ein Virion; beide vermehren sich im Zellkern der Wirtszellen. Die Viren selbst sind nur elektronenmikroskopisch nachweisbar, während die Einschlusskörper nach Anfärbung auch im Lichtmikroskop sichtbar sind.

Um insektenpathogene Viren gegen Schädlinge einsetzen zu können, ist es notwendig, diese künstlich zu züchten, zu vermehren und zu verbreiten. Da sie sich als obligate Parasiten nur in lebenden Zellen vermehren lassen, müssen Wirtstiere infiziert und daraus die entsprechenden Viruspräparate gewonnen werden. Die Ausbringung erfolgt in wässrigen Suspensionen mit den üblichen Spritzgeräten. Zur besseren Haftung und Verteilung der Mittel gibt man Netz- oder Haftmittel zu. Wegen der geringen UV-Stabilität ist die Wirkungsdauer im Freiland relativ gering. Es ist daher häufig eine **mehrmalige Anwendung** pro Saison erforderlich. Die Präparate mit den Viren enthaltenden Einschlusskörpern müssen während der Fraßtätigkeit der Schadtiere aufgenommen werden. Die Vermehrung der Viren erfolgt im Wirt. Nach Absterben und Zytolysis der Zellen werden wieder Viruseinschlusskörper freigesetzt.

Von der Ausbringung der Viruspräparate bis zum Absterben der Schädlinge vergehen bis zu zwei Wochen. Während dieser Zeit kann es noch zu beträchtlichen Fraßschäden kommen. Die **verzögerte Wirkung** ist – im Vergleich zu den meist schlagartig wirkenden chemischen Insektiziden – ein wesentlicher Nachteil der Viruspräparate.

Sämtliche geprüften **Baculoviren sind ungefährlich** für Mikroorganismen, Pflanzen und Wirbellose. Nur die Zielorganismen werden geschädigt. Resistenzen, wie sie nach wiederholter Anwendung von synthetischen Insektiziden häufig beobachtet werden, traten bisher nicht auf. **Baculoviren infizieren** von wenigen Ausnahmen abgesehen nur **Blattwespen- und Lepidopterenlarven**. Im Handel zu beziehende Mittel richten sich daher ausschließlich gegen Schädlinge aus diesen Insektengruppen. Bevorzugte Einsatzgebiete sind **Forst-, Obst- und Gemüsekulturen**.

Pflanzenschutzmittel mit insektenpathogenen Viren für eine Anwendung im Gemüse- und Obstbau stehen in verschiedenen EU-Ländern zur Verfügung. Es sind Kernpolyederviren zur Bekämpfung der Kohleule und Gemüseeule sowie Granuloseviren zur Beseitigung des Apfelwicklers und Apfelschalenwicklers.

In Deutschland bestehen zwei Zulassungen für die Anwendung im Kernobstbau. Beide Mittel können auch im ökologischen Landbau (Kap. 20) eingesetzt werden.

- **Apfelwickler-Granulosevirus** (*Cydia pomonella* Granulosevirus, mexikanischer Stamm)
- **Fruchtschalenwickler-Ganulosevirus** (*Adoxophyes orana* Granulosevirus Stamm BV-0001).

19.4.2 Einsatz von Bakterien gegen Insekten

Es sind zahlreiche Bakterien bekannt, die in der Lage sind, Krankheiten bei Insekten zu verursachen, so dass diese auch gezielt zur Bekämpfung von Schadinsekten eingesetzt werden können. Größere praktische Bedeutung bei der biologischen Bekämpfung von Schädlingen in Acker-, Obst- und Gemüsekulturen hat vor allem *Bacillus thuringienis*.

Die Verwendung insektenpathogener Bakterien ist im Vergleich zu anderen biologischen Verfahren dadurch wesentlich vereinfacht, als diese

Organismen auf künstlichen Nährböden wachsen und deshalb die Erzeugung größerer Erregermengen keine Schwierigkeiten bereitet.

Bacillus thuringiensis (B.t.) ist ein stäbchenförmiges, etwa 2–5 μm langes und 1 μm breites, meist begeißeltes und sporenbildendes Bakterium. Gleichzeitig mit den Sporen werden Endotoxinkristalle gebildet, die für die entomopathogene Wirkung verantwortlich sind. Die auch im Lichtmikroskop sichtbaren Kristalle bestehen aus Proteinen (Protoxinen), die bei der Fraßtätigkeit aufgenommen und erst im Darm empfindlicher Insekten zu den toxisch wirkenden Proteinuntereinheiten gespalten werden. Hierbei unterscheidet man zwei Gruppen, die Cry- und die Cyt-Toxine, die sich sowohl im chemischen Aufbau als auch in ihrer Wirkung unterscheiden. Die Produktion von B.t. erfolgt meist als Submerskultur in Fermentern.

Es gibt **zahlreiche B.t.-Stämme**, deren Unterscheidung aufgrund serologischer Unterschiede möglich ist (serologische Varietäten, Serovare = sv.). Die meisten sind dem Pathotyp A zuzuordnen, der sich durch seine spezifische Wirkung gegen Lepidopterenlarven auszeichnet. Von besonderem Interesse sind dabei die Varietäten *kurstaki* und *aizawai*. Für den Pathotyp B ist charakteristisch, dass er Larven einiger Nematoceren (Mücken, wie zum Beispiel Stech- und Kriebelmücken) abzutöten vermag; Verwendung findet die Varietät *israelensis*. Pathotyp C mit der Varietät *tenebrionis* ist wirksam gegen Blattkäferlarven (Chrysomelidae).

B.t.-Mittel besitzen eine Reihe **positiver Eigenschaften**:

- Geringe Warmblütertoxizität (LD$_{50}$, Ratte oral >5 000 mg/kg)
- Absolute Pflanzenverträglichkeit
- Spezifische Wirkung.

Gravierende negative Nebenwirkungen auf Nützlinge und andere Organismen sind bisher nicht festgestellt worden und wahrscheinlich auch in Zukunft nicht zu erwarten. Lediglich B.t. *var. tenebrionis* ist schwach schädigend für den Siebenpunktmarienkäfer.

Nachteilig wirkt sich aus, dass B.t. empfindlich ist gegenüber UV-Strahlung, was die Wirkungsdauer im Freiland einschränkt. Eine Zweitbehandlung nach 10 bis 14 Tagen ist deshalb häufig erforderlich. Wie bei den synthetischen Insektiziden ist nach längerer und alleiniger Anwendung von B.t.-Mitteln mit der Entstehung B.t.-resistenter Schädlinge zu rechnen. Diese konnten zwar in Deutschland bisher nicht nachgewiesen werden, auf wirksame vorbeugende Maßnahmen (Resistenzmanagement) sollte man trotzdem nicht verzichten. Dies trifft insbesondere für den ökologischen Landbau zu, weil hier alternative Bekämpfungsmöglichkeiten in wesentlich geringerem Ausmaß zur Verfügung stehen.

Eine Zulassung besteht für B.t.-Präparate mit den Varietäten *kurstaki* und *aizawai* zur Kontrolle von Lepidopterenlarven im Acker-, Obst-, Wein- und Gemüsebau und *tenebrionis* im Kartoffelbau zur Reduzierung der Kartoffelkäferlarven.

Anwendungsbereiche und Zweckbestimmungen für B.t.-Präparate:
Mais: Maiszünsler. **Kartoffel**: Kartoffelkäfer. **Kern- und Steinobst**: Freifressende Schmetterlingsraupen (insbes. Kleiner Frostspanner). **Gemüsekulturen**: Freifressende Schmetterlingsraupen (z.B. an Kohl, Großer Kohlweißling, Kohleule). **Weinrebe**: Einbindiger bzw. Bekreuzter Traubenwickler. Außerdem Schmetterlingsraupen in **Forstkulturen und im Zierpflanzenbau**.

19.4.3 Einsatz von Pilzen gegen Insekten

Es sind weltweit mehrere hundert Pilzarten beschrieben, die eine Vielzahl verschiedener Insekten infizieren können. Erste Versuche, Pilze zur Bekämpfung von Schadinsekten einzusetzen, begannen schon im 19. Jahrhundert mit meist nur geringem Erfolg. Ein gesteigertes Umweltbewusstsein und die Zunahme der ökologisch wirtschaftenden Betriebe (Ökologischer Landbau) verstärkten die Bemühungen, Pflanzenschutzmittel mit insektenpathogenen Pilzen zu entwickeln.

Insektenpathogene Pilze wachsen, wie die entsprechenden Bakterien, **auf künstlichen Nährsubstraten**. Eine relativ kostengünstige Massenproduktion in Fermentern und die Herstellung eines marktfähigen Produkts mit Formulierungsstoffen (Netzmittel, Haftmittel, Schutzstoffe) ist ohne große Schwierigkeiten möglich. Die Pilze können bei tiefen Temperaturen oder in gefriergetrocknetem Zustand aufbewahrt werden; die formulierten Mittel sind bei etwa 20°C in der Regel über **mehrere Monate haltbar**, ihre Lagerfähigkeit kann durch Zusatz von Schutzstoffen noch verbessert werden.

Die entomophagen Pilze dringen nach Keimung der Sporen und Bildung von Appressorien auf mechanischem Wege und mit Hilfe zellwandauflösender Enzyme über die Cuticula in ihre Wirte ein und töten sie durch Ausscheidung von Toxinen und weiteren Stoffen (Proteasen u.a.). Etwa ein bis zwei Wochen nach der Infektion sterben die infizierten Insekten ab.

Der **Bekämpfungserfolg** wird erheblich **von äußeren Faktoren beeinflusst**. Dazu gehören vor allem eine für die Keimung der Pilzsporen erforderliche Temperatur (20–25°C) und relative Luftfeuchtigkeit (zwischen 90 und 100%). Die häufig beanstandete Abhängigkeit der insektiziden Wirkung von den klimatischen Bedingungen kann durch eine geeignete Formulierung, wie z.B. Ölzusatz, verringert werden.

In Deutschland sind derzeit (Stand Anfang 2008) keine Pflanzenschutzmittel mehr auf der Basis entomophager Pilze zugelassen. Ein erstes Präparat mit *Metarhizium anisopliae* fand keinen Eingang in die Praxis. In einigen europäischen Ländern, u.a. auch in Österreich und der Schweiz, stehen dagegen mehrere Produkte für die nachfolgenden Anwendungsbereiche zur Verfügung:

Mais: Maiszünsler mit *Beauveria bassiana*. **Acker-, Obst- und Gemüsebau**: Larven (Engerlinge) des Feld- und Waldmaikäfers mit *Beauveria brongniartii*. **Rasen und Garten**: Larven (Engerlinge) des Junikäfers mit *Metarhizium anisopliae*. **Tomate, Gurke** (unter Glas): Weiße Fliege mit *Paecilomyces fumosoroseus*. **Tomate, Gurke, Bohne, Salat** und andere (unter Glas): Weiße Fliege mit *Verticillium lecanii*.

19.4.4   Einsatz von Nematoden gegen Insekten

Die derzeit im Pflanzenschutz verwendbaren Nematoden gehören zur Gruppe der Rhabditoideae mit Vertretern aus den Familien Steinernematidae und Heterorhabditidae. Sie leben in Symbiose mit Bakterien aus der Familie Enterobacteriaceae: *Steinernema*-Arten mit *Xenorhabdus nematophilus*, *Heterorhabditis*-Arten mit *Photorhabdus luminescens*. Diese mit den entomophagen Nematoden in die Schädlinge eingeschleusten Bakterien verursachen durch Toxinausscheidung die eigentliche insektizide Wirkung.

Die Entwicklung der rhabditiden Nematoden verläuft über die Larvenstadien L1 bis L4 zum adulten Tier. Eine besondere Rolle spielt die Larve L3 (Dauerlarve), sie lebt frei im Boden, sucht aktiv ihre Wirtstiere auf, dringt dann über natürliche Körperöffnungen (Mund, Anus, Tracheen) in die Leibeshöhle (Haemocoel) der Insekten ein und beginnt dort mit der Nahrungsaufnahme. Hierbei entlässt sie die mitgeführten Bakterien (Symbionten), die sich stark vermehren und Toxine ausscheiden. Die befallenen Insekten sterben innerhalb weniger Tage ab. Gleichzeitig dienen die Bakterien den Nematoden als Nahrung. Es entwickeln sich im Insekt über das Larvenstadium 4 (L4) die adulten Tiere. Nach Kopulation und Eiablage schlüpft die Larve L1. Im toten Wirt können unter günstigen Bedingungen über L2 und L3 mehrere Nematodengenerationen entstehen. Ist der Insektenkadaver als Nahrungsquelle verbraucht, häutet sich Larve L2 zur Dauerlarve L3, wandert in den Boden und kann von dort aus weitere Wirtstiere befallen. Die Dauerlarve L3 ist von einer doppelten Haut umgeben und daher besonders geschützt. Sie kann im Boden über einen begrenzten Zeitraum auch ohne Nahrungsaufnahme und unter widrigen Bedingungen (niedrige Temperatur, Trockenheit) überdauern (Abb. 19.1).

Im Pflanzenschutz verwendete Nematoden werden überwiegend in Flüssigkeitsfermentern unter kontrollierten Bedingungen produziert, die Dauerlarven in einem Gel immobilisiert, auf feuchten Schaumstoff aufgebracht oder feste Formulierungen entwickelt und in dieser Form vermarktet. Vor der Anwendung werden sie mit Wasser herausgelöst bzw. herausgewaschen. Durch Schütteln stellt man eine Suspension her, die im Gieß- oder Spritzverfahren auf den Boden ausgebracht wird. Die Flüssigkeitsmenge ist so zu dosieren, dass etwa 500 000 Nematoden/m^2 auf und in den Boden gelangen. Für eine optimale Wirkung sind Bodentemperaturen oberhalb 12°C und eine ausreichende Bodenfeuchtigkeit erforderlich. Die Dauerlarven können bei 4°C bis 12°C über mehrere Monate gelagert werden; bei Temperaturen unter 0°C und >25°C verlieren sie schnell ihre Aktivität und sterben ab.

Entomophage Nematoden haben keinen negativen Einfluss auf Wirbeltiere, ihre Wirkung auf Nutzinsekten ist gering. Sie besitzen keine phytotoxischen oder pflanzen-

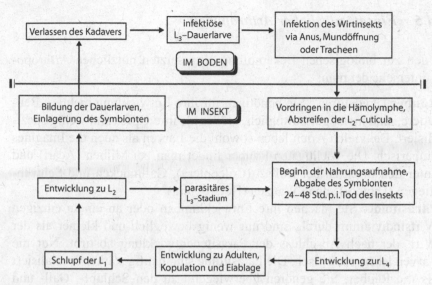

Abb. 19.1 Lebenszyklus insektenschädigender Nematoden (*Steinernema, Heterorhabditis*)

pathogenen Eigenschaften. Eine nachlassende Wirksamkeit (Resistenz) konnte bisher nicht beobachtet werden.

Mehrere Firmen in Deutschland, der Schweiz, Österreich und verschiedenen anderen europäischen Ländern stellen Präparate mit entomopathogenen Nematoden her. **Zielobjekte** sind **im Boden lebende** und an den Wurzeln fressende **Schädlinge**, wie Larven von Rüsselkäfern, Trauermücken, Erdraupen und Maulwurfsgrille. Im Vordergrund steht die Bekämpfung des Gefurchten Dickmaulrüsslers (*Otiorhynchus sulcatus*).

Der Gefurchte Dickmaulrüssler ist vor allem für Baumschulen ein ernstes Problem. Besonders auffallend ist der Fraßschaden an Blättern und Nadeln durch die nur nachts aktiven Käfer. Den größeren Schaden verursachen aber die im Boden versteckt lebenden Larven durch Fraß an Wurzeln, Wurzelhaaren und Rinde an der Stammbasis. Während Insektizidbehandlungen in der Lage sind, den Käfer wirksam zu bekämpfen, gelingt eine Ausschaltung der Larven mit chemischen Maßnahmen nur unvollkommen. Die Anwendung entomophager Nematoden erreicht bei optimalen Bedingungen (Feuchtigkeit, Temperatur) einen Wirkungsgrad von 80–100%.

Anwendungsbereiche und Zweckbestimmungen von Präparaten mit entomophagen Nematoden:
Baumschulpflanzen, Gartenpflanzen: Gefurchter Dickmaulrüssler, Gartenlaubkäfer mit *Heterorhabditis bacteriophora* und *H. megidis*. **Baumschulpflanzen, Rebschulpflanzen, Erdbeere**: Gefurchter Dickmaulrüssler, Erdraupen (*Agrotis* sp.) mit *Steinernema carpocapsa*. **Gartenpflanzen**: Trauermücken mit *Steinernema feltiae*.

19.4.5   Einsatz nützlicher Arthropoden

Bei den zur biologischen Bekämpfung eingesetzten nützlichen Arthropoden unterscheidet man:

- **Räuber** (Prädatoren): Sie benötigen für ihre Entwicklung mehrere Beutetiere, sind meist gut beweglich, größer als ihre Opfer und wenig spezialisiert. Bei vielen Arten leben sowohl die Larven als auch die Imagines räuberisch. Die wichtigsten Räuber findet man bei Milben (Acari) und unter den Insekten bei Käfern (Coleoptera), Gallmücken und Schwebfliegen (Diptera) sowie Wanzen (Heteroptera)
- **Parasitoide**: Sie machen ihre Entwicklung in oder an einem einzigen Wirtsindividuum durch, sind nur wenig beweglich und kleiner als der Wirt, der nach Abschluss der Parasitenentwicklung abstirbt. Nur die Larven leben parasitisch. Die Parasitoide sind häufig stärker spezialisiert als die Räuber. Sie gehören überwiegend zu den Schlupf-, Gall- und Erzwespen (Hymenoptera) und Raupenfliegen (Diptera). Die Gruppe der Parasitoide läßt sich unterteilen in **Ekto- und Endoparasiten**. Außerdem unterscheidet man **Ei-, Larven, Puppen- und Imaginalparasiten**.

Raubmilben

Zur biologischen Bekämpfung phytophager Milben und Thripse eignen sich aus der Familie Phytoseiidae die räuberischen Milben (Prädatoren) *Phytoseiulus persimilis*, *Amblyseius cucumeris*, *Amblyseius barkeri*, *Typhlodromus pyri* und weitere Arten.

Die ersten drei genannten Arten werden mit einem hohen Wirkungsgrad vor allem in Unterglaskulturen eingesetzt. *Typhlodromus pyri* ist ein natürlich vorkommender Gegenspieler von Spinnmilben in Rebanlagen. Eine künstliche Ansiedlung, zum Beispiel durch Einbringen von Pflanzenteilen, die mit *Typhlodromus* besetzt sind, ist nur dann erforderlich, wenn der Nützling durch die einseitige Anwendung breitwirksamer Insektizide ausgerottet wurde.

Für die Produktion von kommerziell verwertbaren Raubmilben-Präparaten müssen die Nützlinge vermehrt und in geeigneter Form an die Einsatzorte transportiert werden. Die Massenzucht erfolgt auf Buschbohnenblättern (*Phytoseiulus*), Kleie (*Amblyseius*) oder anderen strukturierten Granulaten, die den Milben eine optimale Überlebensmöglichkeit während des Transports bieten. Die Präparate müssen einfach in den Pflanzenbeständen auszubringen und gut haftbar sein. Die stark mit Nützlingen besetzten Bohnenblätter werden dabei auf die mit Spinn- und Weichhautmilben oder Thripse befallenen Kulturpflanzen aufgelegt bzw. als Kleieformulierung ausgestreut.

Mit Raubmilben bekämpfbare Schädlinge und ihre Haupteinsatzgebiete:
Gurke (unter Glas): Gemeine Spinnmilbe mit *Phytoseiulus persimilis*, Kalifornischer
Blütenthrips mit *Amblyseius cucumeris* und *A.barkeri*. **Tomate** (unter Glas): Spinn-
milben mit *Phytoseiulus persimilis*. **Bohne** (unter Glas): Gemeine Spinnmilbe u. a.
Spinnmilben mit *Phytoseiulus persimilis*. **Zierpflanzen** (unter Glas): Kalifornischer
Blütenthrips, Weichhautmilbe, Cyclamenmilbe mit *Amblyseius cucumeris* und *A. bar-
keri*. Gemeine Spinnmilbe mit *Phytoseiulus persimilis*.

Räuberische und parasitierende Insekten

Räuberisch lebende Insekten (**Prädatoren**) findet man bei Wanzen (Ordnung: Heteroptera), Netzflüglern (Ordnung: Planipennia), Käfern (Ordnung: Coleoptera) und Zweiflüglern (Ordnung: Diptera).

- **Räuberische Wanzen** ernähren sich überwiegend von Blattläusen, aber
  auch von Spinnmilben, Blattflöhen, Zikaden und Larven holometaboler
  Insekten. Sie stechen mit ihren Mundwerkzeugen die Wirtstiere an und
  saugen sie aus. Einige Arten spielen eine wichtige Rolle bei der Begrenzung von Blattlaus- und Spinnmilbenpopulationen. *Deraeocoris ruber*
  (Familie Miridae, Weichwanzen) kann zum Beispiel während ihrer Larvenentwicklung bis zu 200 Blattläuse vertilgen.
- Unter den **Netzflüglern** sind es vor allem die Florfliegen (Familie Chry-
  sopidae), die sich räuberisch ernähren. Die am häufigsten vorkommende
  Art ist *Chrysoperla carnea* (Goldauge, Blattlauslöwe). Die Larven dieses Nützlings sind potente Blattlausvertilger. Eine Larve kann bis zur
  Verpuppung mehrere hundert Blattläuse verzehren. *C. carnea* ist im
  Handel zur biologischen Bekämpfung von Blattläusen in Unterglaskulturen erhältlich.
- Die artenreiche Ordnung der **Käfer** enthält neben phytophagen auch
  zahlreiche nützliche Arten. So sind Imagines und Larven vieler Laufkä-
  fer (Carabidae) und Marienkäfer (Coccinellidae) polyphage Räuber und
  ernähren sich von pflanzenschädigenden Insekten. Besonders aktiv sind
  Marienkäfer und ihre Larven; sie vertilgen in erster Linie Blattläuse,
  einige Arten sind auf Schild-, Woll- und Schmierläuse spezialisiert.
  Kennzeichnend für Marienkäfer sind die auffallend gefärbten und ge-
  punkteten Flügeldecken. In Mitteleuropa häufig vorkommend ist der
  Siebenpunktmarienkäfer (*Coccinella septempunctata*). Zur biologischen
  Bekämpfung von Woll- und Schmierläusen an Zierpflanzen im Gewächshaus wird der in Australien beheimatete *Cryptolaemus*-Marien-
  käfer mit Erfolg eingesetzt. Im Verlauf seiner Entwicklung kann ein Käfer ca. 250 Schädlinge verzehren.

- Unter den **Zweiflüglern** leben die zur Unterordnung Brachycera (Fliegen) zählenden Larven der **Schwebfliegen** (Familie Syrphidae) ausschließlich räuberisch; sie ernähren sich überwiegend von Blattläusen. Die Larven sind fußlos; die Beutetiere werden am Vorderende mit Speichel festgehalten, in die Höhe gestemmt und nach Einschlagen der Mundhaken ausgesaugt. Die Larven mehrerer **Gallmückenarten** (Familie Cecidomyiidae) aus der Unterordnung Nematocera (Mücken) leben räuberisch überwiegend von Blattläusen und Spinnmilben. Zur biologischen Bekämpfung von Blattläusen in Unterglaskulturen eignet sich *Aphidoletes aphidmyza*. Die Weibchen legen ihre Eier gezielt in der Nähe von Blattlauskolonien ab. Die aus den Eiern schlüpfenden Larven stechen mit ihren Mundwerkzeugen die Wirte an und saugen sie aus. Eine Larve kann im Verlauf ihres Lebens auf diese Weise ca. 50 Läuse abtöten.

Schädlinge, die mit räuberisch lebenden entomophagen Nützlingen bekämpft werden können, und ihre Haupteinsatzgebiete:
- **Kirsche**: Schwarze Kirschenlaus mit *Chrysoperla carnea* (Florfliege)
- **Gurke** (unter Glas): Blattlausarten mit *Aphidoletes aphidimyza* (Gallmücke) und *Chrysoperla carnea* (Florfliege)
- **Zierpflanzen** (unter Glas): Citruswollllaus (*Planococcus citri*) mit *Cryptolaemus montrouzieri* (Australischer Marienkäfer).

Unter den **parasitierenden Insekten (Parasitoide)** spielen neben einigen Dipteren vor allem Vertreter aus der **Ordnung Hymenoptera** (Hautflügler) eine wichtige Rolle. Viele Arten aus der Unterordnung Apocrita (mit Wespentaille) leben endo- oder ektoparasitisch. Charakteristisch für diese Gruppe ist ein Legeapparat, mit dem die Weibchen ihre Eier in oder an die Wirte ablegen. Häufig wird der Wirt beim Anstich paralysiert.

Die parasitischen Hymenopteren lassen sich in mehrere Familien gliedern, von denen den Ichneumonidae (Schlupfwespen) und Aphelinidae (Zehrwespen) die Hauptbedeutung zukommt.

Für eine biologische Bekämpfung wichtige Arten sind:

- *Apanteles glomeratus*; häufig auftretender Endoparasit an Kohlweißlingsraupen
- *Dacnusa sibirica* und *Diglyphus isaea* (geeignet zur Bekämpfung von Minierfliegen im Gewächshaus)
- *Aphidius matricariae* (geeignet zur Bekämpfung der Grünen Pfirsichblattlaus unter Glas)
- *Aphelinus mali* (Blutlauszehrwespe)
- *Prospaltella perniciosi*; inzwischen eingebürgerter Parasitoid der San-José-Schildlaus

- *Encarsia formosa*
- *Trichogramma*-Arten als Eiparasiten von Lepidopteren-Larven, u. a. des Maiszünslers.

In der **Ordnung Diptera** (Zweiflügler) findet man aus der Familie der Tachinidae (Raupenfliegen, Unterordnung Brachycera) zahlreiche parasitische Arten. Sie legen ihre Eier direkt an oder mit Hilfe ihres Legestachels in den Wirt ab; die Entwicklung der aus den Eiern schlüpfenden Larven erfolgt im Wirt. Raupenfliegen parasitieren vor allem Schmetterlingsraupen, Blattwespenlarven, Käfer (Larven und Imagines) und Wanzen (Imagines).

Parasitoide können gegen eine Reihe wichtiger Schädlinge im Freiland, insbesondere aber in Gewächshauskulturen gezielt eingesetzt werden.

Beispiele für den Einsatz im Freiland (F) und Gewächshaus (G):
- **Mais**; Maiszünsler; **Getreide**: Getreidewickler und Ährenwickler; **Kohl**: Kohleule und andere schädliche Lepidopteren-Larven **mit** *Trichogramma evanescens* (F)
- **Erbsen**: Erbsenwickler **mit** *Trichogramma dendrolimi* und *T. cacoeciae* (F)
- **Apfel**: Apfelwickler **mit** *Trichogramma dendrolimi* (F)
- **Zwetschen, Pflaumen**: Pflaumenwickler; **Weinrebe**: Einbindiger und Bekreuzter Traubenwickler **mit** *Trichogramma embryophagnum* und *T. cacoeciae* (F)
- **Gemüsekulturen** (Gurken, Tomaten u. a.) sowie **Zierpflanzen**: Weiße Fliege **mit** *Encarsia formosa* (G); Blattlaus-Arten **mit** *Aphidius matricariae* (G); Minierfliegen **mit** *Dacnusa sibirica* und *Diglyphus isaea* (G).

19.4.6 Einsatz sterilisierter Insekten (Selbstvernichtungsverfahren)

Eine besondere Form der biologischen Schädlingsbekämpfung ist der Masseneinsatz künstlich sterilisierter oder genetisch geschädigter Insekten, die mit ihren Artgenossen keine fertilen Nachkommen erzeugen können. Auf diese Weise wird die Schädlingspopulation durch die eigene Art zunächst reduziert und schließlich ganz ausgelöscht (Selbstvernichtungsverfahren, Autozidverfahren, *sterile male* Technik).

Zur Insektensterilisation verwendet man Röntgenstrahlen oder radioaktives Kobalt-60. Die durch die Strahlenquellen ausgesandten Gamma-Strahlen verändern bei geeigneter Versuchsanordnung und Dosierung die Gene und Chromosomen der Samenzellen. Bei der Paarung der bestrahlten Männchen mit fertilen Weibchen werden zwar die Eier noch befruchtet, eine Weiterentwicklung findet jedoch nicht mehr statt.

Eine Sterilisation der Insekten durch Verfüttern chemischer Substanzen ist ebenfalls möglich. Die Chemosterilantien gehören unterschiedlichen Stoffgruppen an. Als besonders wirksam erwiesen sich Verbindungen mit einer Aziridin-Konfiguration. Aber auch einfach aufgebaute Substanzen, wie m-Xylohydrochinon und Triphenylzinnabkömmlinge sind geeignet.

Tabelle 19.1 Theoretischer Abfall einer Insektenpopulation nach Einsatz steriler Männchen. Natürliches Verhältnis fertile Männchen zu fertilen Weibchen von 1:1

Generation	natürliche Population Weibchen	zugegebene sterile Männchen	Verhältnis der fertilen zu den sterilen Männchen	fertile Nachkommen
Eltern	1 000	2 000	1:2	333
F1	333	2 000	1:6	48
F2	48	2 000	1:42	1
F3	1	2 000	1:200	0

Voraussetzungen für diese Bekämpfungsmethode sind:

- Künstliche Massenzucht und Sterilisation der Schädlinge ohne Beeinträchtigung ihrer übrigen Lebensabläufe
- Ausreichende Verteilung der Insekten nach der Freilassung
- Möglichst großes Übergewicht der sterilisierten Männchen gegenüber den fertilen Weibchen
- Genaue Kenntnis der Biologie des entsprechenden Schädlings.

Sind die notwendigen Bedingungen erfüllt, ist mit diesem Verfahren ein außerordentlich hoher Wirkungsgrad zu erreichen (Tabelle 19.1). Der große Vorteil liegt in der absoluten Spezifität, da nur der Schädling ausgeschaltet, die übrige Biozönose aber nicht beeinflusst wird.

Bisher wurden mit dem Selbstvernichtungsverfahren beachtliche Erfolge gegen den Schraubenfliegenwurm, einen gefürchteten Viehschädling in den USA, eine Reihe von Fruchtfliegen (z. B. Mittelmeerfruchtfliege, Orientalische Fruchtfliege, Tropische Melonenfliege), Apfelwickler, Gemüsefliegen (z. B. Zwiebelfliege), Stechmücken, Tsetse-Fliege u. a. erzielt. Ob diese Technik zumindest für Teilbereiche eine brauchbare Alternative zum konventionellen Pflanzenschutz ist, kann aufgrund der bisher gewonnenen Erkenntnisse noch nicht abschließend beurteilt werden.

19.4.7 Anbau von Feindpflanzen

Bei der Gestaltung der Fruchtfolge können wir über den Anbau geeigneter Pflanzen Schaderregerpopulationen beeinflussen. Bereits der Anbau von Nichtwirtspflanzen führt zu einer Verringerung vorhandener Erregerpotentiale. Wirkungsvoller ist die Verwendung von **Feindpflanzen**, welche die Fähigkeit besitzen, Pathogene und Schädlinge aktiv auszuschalten.

So ist es möglich, durch den Anbau von *Tagetes patula* und *T. erecta* **freilebende Nematoden** zu **bekämpfen**. Die Wirkung kommt durch die Freisetzung schwefelhaltiger nematizider Stoffe aus den Wurzeln und eingearbeiteten oberirdischen Pflanzenteilen zustande. Es werden Vertreter der Gattungen *Pratylenchus, Tylenchorhynchus, Paratylenchus* und *Rotylenchus*, die neben anderen Ursachen an der Bodenmüdigkeit im Obstbau und in Baumschulen maßgeblich beteiligt sind, erfasst.

Vor allem auf mehrjährig mit Rosaceen genutzten Baumschulflächen tritt das Phänomen der Bodenmüdigkeit, d. h. ein zunehmend vermindertes Wachstum bei wiederholtem Anbau, häufig auf. Hauptursache für die Nachbauschwierigkeiten sind die oben erwähnten, im Boden lebenden Wandernden Wurzelnematoden. Jahrzehntelang versuchte man, durch eine Bodenentseuchung mit chemischen Mitteln die Nematoden und damit die Bodenmüdigkeit zu beseitigen. Nachdem diese Verfahren nicht mehr zulässig sind, hat sich die Einbeziehung des Tagetes-Anbaus im Rahmen eines integrierten Konzepts zur Verminderung der Nematoden-Populationen in Baumschulen als eine wirksame und umweltverträgliche Alternative erwiesen.

Die Beherrschung der Nachbauprobleme ist für die Produktion von Rosen, Rosenunterlagen und Obstgehölzen von zentraler wirtschaftlicher Bedeutung. Dies trifft in besonderem Maße für die Baumschulbetriebe im weltweit größten geschlossenen Baumschulgebiet in Schleswig-Holstein (Kreis Pinneberg) zu. Von den in Deutschland 1990 produzierten 40,85 Mio. Rosenunterlagen und 23,70 Mio. Rosenpflanzen werden 95% bzw. 45% allein in diesem Gebiet angebaut.

19.5 Verfahren zur biologischen Bekämpfung von Pflanzenkrankheiten

Bei der biologischen Bekämpfung von Krankheitserregern verwendet man bevorzugt Pilze und Bakterien, die aus Böden isoliert wurden. Ihre antagonistischen Eigenschaften beruhen auf der Abgabe antibiotisch wirkender Stoffe, (Hyper-)Parasitierung der Schaderreger und Konkurrenz um Besiedlungsräume und Nährstoffe. Die Mehrzahl der Antagonisten beeinflusst die präinfektionellen Vorgänge, postinfektionelle Effekte sind dagegen selten.

Vorrangige Ziele bei der biologischen Bekämpfung der Erreger von Pflanzenkrankheiten sind:

- Dauerorgane, z. B. Sklerotien
- Im Boden vorkommende (bodenbürtige) Krankheitserreger
- Auf der Pflanzenoberfläche lebende Ektoparasiten, wie z. B. Echte Mehltaupilze.

Am häufigsten angewendete **Bekämpfungsmethoden** sind Saatgut- und Tauchbehandlung von Sämlingen und Überschwemmungsverfahren, d. h. die Ausbringung von Präparationen mit einer möglichst hohen Konzentration nützlicher Organismen.

In einer unübersehbaren Zahl von Veröffentlichungen wird über die Wirkung von Antagonisten auf Schaderreger berichtet, aber nur wenige der meist in Laborversuchen gewonnenen Erkenntnisse konnten sich in der Praxis bewähren.

Mikrobiologische Pflanzenschutzmittel benötigen in Deutschland eine **Zulassung**, die sich weitgehend an den Richtlinien für die amtliche Zulassung von chemischen Pflanzenschutzmitteln orientiert (Wirksamkeit, Informationen über die Wirkungsweise, Phytotoxizität, Resistenzentwicklung und Nebenwirkungen, gesundheitliche Bewertung).

Als „Biologische Fungizide" haben in Deutschland eine Anwendungszulassung (Stand Anfang 2008):

- *Coniothyrium minitans,* Pilz zur Bekämpfung von *Sclerotinia*-Arten
- *Pseudomonas chlororaphis* Stamm MA 342, Bakterium zur Bekämpfung samenübertragbarer Getreidekrankheiten (Saatgutbehandlung)
- *Bacillus subtilis* Stamm QST 713, Bakterium zur Bekämpfung von Schorf (*Venturia* spp.) und Feuerbrand (*Erwinia amylovora*) an Kernobst.

Weitere mikrobielle Wirkstoffe sind in den Anhang I der Richtlinie 91/414/EWG aufgenommen worden, so dass damit zu rechnen ist, dass zusätzliche amtlich geprüfte Präparate bald zur Verfügung stehen werden.

19.5.1 Bekämpfung von Ruhestadien

Um ungünstige Bedingungen zu überstehen, bilden die meisten Pilze Dauerformen aus, die mit chemischen Mitteln nicht auszuschalten sind. Hierzu gehören Sklerotien (Hyphenaggregationen) unterschiedlicher Größe, dickwandige Dauersporen (z. B. Oosporen beim Falschen Mehltau) und Fruchtkörper (z. B. Kleistothecien beim Echten Mehltau).

Von besonderem Interesse sind die **Sklerotien**. Sie gelangen meist während der Ernte in den Boden und bleiben dort über Jahre lebensfähig. Aus ihnen entwickeln sich infektionstüchtiges Myzel oder Fruchtkörper mit Sporen, die mit Hilfe von Vehikeln auf Wirtspflanzen getragen werden und dort auskeimen. Während ihrer Lagerung im Boden werden die Sklerotien von mehreren Pilzen besiedelt, von denen *Coniothyrium minitans* für eine biologische Bekämpfung verwendbar ist.

Ein aus Sporen dieses (Hyper-)Parasiten bestehendes Pflanzenschutzmittel kann zur Bekämpfung der an zahlreichen Kulturpflanzen vorkommenden Sclerotinia-Fäule eingesetzt werden. *C. minitans* ist ein spezifisch wirkender Parasit der im Boden befindlichen Sklerotien von *Sclerotinia sclerotiorum*, *S. minor* und *S. trifoliorum*. Er vermag mit Hilfe zellwandauflösender Enzyme (Chitinasen, β-1,3-Glucanasen) in die Sklerotien einzudringen und sie abzutöten. Dadurch werden der Entwicklungszyklus der Krankheitserreger unterbrochen und Neuinfektionen der Kulturen verhindert.

Das Präparat wird als wasserlösliches Granulat mit herkömmlichen Pflanzenschutzspritzen auf den Boden oder befallene Ernterückstände ausgebracht und 5 bis max. 20 cm tief eingearbeitet. Der Hyperparasit benötigt zwei bis drei Monate, um die Sklerotien abzutöten.

Anwendungsbereiche für *Coniothyrium-minitans*-Präparate zur Bekämpfung von *Sclerotinia*-Arten:
Winterraps (Weißstängeligkeit), **Kopfsalat, Kartoffel, Ackerbohne, Tabak, Sonnenblume. Gemüse- und Zierpflanzen** im Freiland und unter Glas.

19.5.2 Bekämpfung boden- und samenbürtiger Krankheitserreger

Eine biologische Bekämpfung von Krankheitserregern mit Antagonisten konzentriert sich auf den Schutz der **Rhizosphäre** (Wurzelraum) und **Rhizoplane** (Wurzeloberfläche) der Kulturpflanzen. Hier herrschen weitaus stabilere Klimabedingungen als im Blattbereich (Phylloplane), so dass die Chancen für die Entwicklung der Antagonisten günstiger sind.

Die in diesem Bereich **wirksamen Mikroorganismen** besitzen ein unterschiedliches Instrumentarium, um auf Pflanzenpathogene einzuwirken. So entziehen die in der Rhizoplane häufig vorkommenden **fluoreszierenden Pseudomonaden** durch Ausscheidung von Siderophoren (= eisenhaltige Oligopeptide, Abb. 19.2) anderen Mikroorganismen lebenswichtiges Eisen und verdrängen auf diese Weise Nahrungskonkurrenten, darunter auch pflanzenpathogene Pilze. Der Einfluss von *Agrobacterium radiobacter* auf den nahe verwandten Erreger des Wurzelkropfes *Agrobacterium tumefaciens* beruht auf einem anderen Wirkungsmechanismus. Dieser Antagonist drängt den Krankheitserreger durch die Abgabe von Agrocin 84 zurück und kann sich dann auf der Wurzeloberfläche etablieren. Die Verbindung gehört zur Gruppe der Bacteriocine, das sind von Bakterien gebildete antibiotisch wirkende Proteine. Bei Agrocin handelt es sich um ein Adeninnucleotid-Analogon (Abb. 19.2).

Um einen ausreichenden Schutz zu erzielen, müssen die **Antagonisten in möglichst großer Dichte in den Wurzelbereich** eingebracht werden. Dies ist zu erreichen durch Saatgutbehandlung, Tauchbehandlung und

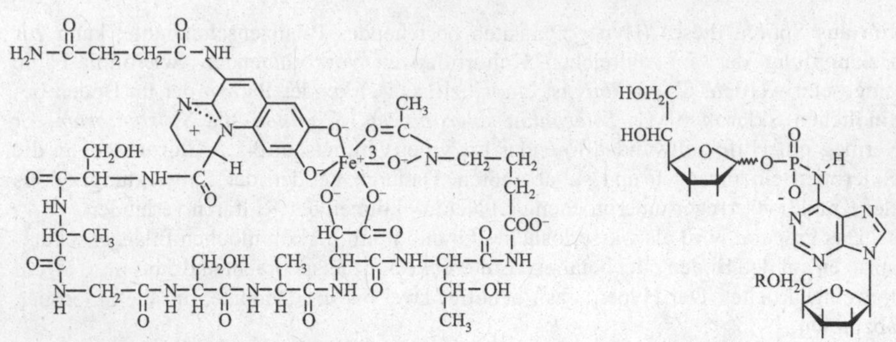

Pseudobactin A 214

Agrocin 84

Abb. 19.2 Siderophoren und Bacteriocine

Einmischen oder Angießen von Erde mit Suspensionen geeigneter Bakterien oder Pilze.

Das **Tauchverfahren** wird angewandt bei der Bekämpfung von *Agrobacterium tumefaciens*. Unmittelbar vor dem Auspflanzen werden die Wurzeln und Stecklinge von Obstgehölzen in eine wässrige Suspension von *Agrobacterium radiobacter* eingetaucht, eine Maßnahme, die Pflanzen für mindestens zwei Jahre gegen Infektionen schützt. Während dieses Zeitraums beträgt der Wirkungsgrad > 90%. Die unbefriedigenden Bekämpfungserfolge in Mittel- und Südeuropa werden darauf zurückgeführt, dass hier überwiegend Agrocin-84-resistente Biotypen von *A.tumefaciens* vorkommen.

Durch **Mischen** oder **Angießen des Nährsubstrats** mit dem Pilz *Gliocladium catenulatum* können im Boden lebende Pathogene, insbesondere die zahlreiche Kulturpflanzen befallenden *Pythium*- und *Rhizoctonia*-Arten wirksam bekämpft werden. Diese Methode ist für Kulturen geeignet, denen nur ein begrenztes Bodenvolumen zur Verfügung steht (Kulturen unter Glas).

Die **Saatgutbehandlung** von Getreide mit *Pseudomonas chlororaphis*-Präparaten zur Bekämpfung von samenbürtigen Pilzen hat einen beachtlichen Wirkungsgrad.

Zugelassene Anwendungsbereiche und Zweckbestimmungen (Saatgutbehandlung) für *Pseudomonas chlororaphis*:
Gerste: *Fusarium*-Arten, Streifenkrankheit (*Pyrenophora graminea*), Netzfleckenkrankheit (*Pyrenophora teres*). **Weizen**: *Fusarium*-Arten, Blatt- und Spelzenbräune (*Phaeosphaeria nodorum*, Konidienform *Septoria nodorum*), Steinbrand (*Tilletia caries*). **Roggen, Triticale**: *Fusarium*-Arten.

Über die hier genannten aktuellen Beispiele hinaus werden zahlreiche weitere Mikroorganismen mit zum Teil wechselndem Erfolg als Antagonisten angewendet. Neben fluoreszierenden Pseudomonaden sind dies vor allem sporenbildende *Bacillus*-Arten und Actinomyceten.

19.5.3 Bekämpfung ektoparasitischer Krankheitserreger

Eine erfolgreiche mikrobiologische Bekämpfung von Erregerstadien an oberirdischen Pflanzenteilen ist wegen der ständig wechselnden klimatischen Bedingungen schwierig. Vor allem der Faktor Feuchtigkeit spielt eine besondere Rolle. Mikroorganismen benötigen für ihre Entwicklung in der Regel eine relative Luftfeuchtigkeit von 95% bis hin zu tropfbar flüssigem Wasser. Diese Verhältnisse sind nicht durchgängig vorhanden, so dass eine **zuverlässige** Befallsminderung durch Antagonisten **nur schwer realisierbar** ist.

Eine Ausnahme machen die ektoparasitischen Echten Mehltaupilze (Erysiphaceae). Außer den Haustorien befinden sich alle anderen Entwicklungsstadien (Myzel, Konidien, Fruchtkörper) auf der Pflanzenoberfläche und sind so ständig für Hyperparasiten zugänglich.

Im Freiland treten regelmäßig Hyperparasiten an Echten Mehltaupilzen auf, von denen sich vor allem *Ampelomyces quisqualis* für eine biologische Bekämpfung eignet.

Der Pilz wurde 1852 als Hyperparasit beschrieben und schon 1932 über die Möglichkeit einer Verwendung zur biologischen Bekämpfung berichtet. In den 1970er und 1980er Jahren befassten sich mehrere Arbeitsgruppen mit dieser Thematik. Das Hauptaugenmerk richtete sich dabei vor allem auf die biologische Bekämpfung des Echten Gurkenmehltaus (*Sphaerotheca fuliginea*) im Gewächshaus. Hier werden mit beginnender Mehltauentwicklung in wöchentlichen Abständen *Ampelomyces*-Konidiensuspensionen auf die Gurkenblätter ausgebracht. Der Hyperparasit dringt nach der Sporenkeimung in den Mehltaupilz ein, durchwächst Myzel, Appressorien und Konidienträger und bildet nach 4 bis 5 Tagen seine Fruchtkörper (Pyknidien). Die Folge ist eine rasche Hemmung der Konidienbildung und späteres Absterben der Mehltaupustel. *A.quisqualis* wurde in Anhang I der RL 91/414/EWG aufgenommen.

19.6 Bedeutung und Grenzen biologischer Bekämpfungsverfahren

Vielerorts steht man der biologischen Bekämpfungsmethode kritisch und zurückhaltend gegenüber, da gerade mit diesem Verfahren bei der praktischen Umsetzung viele Fehlschläge zu verzeichnen sind. Wenn allerdings die chemische Industrie die Resultate ihrer Bemühungen bei der Suche nach neuen Wirkstoffen publizierte, so würde sicher erkennbar, dass deren Erfolgsquote noch geringer ausfiele.

In jedem Fall muss man sich darüber im Klaren sein, dass die **Möglichkeiten einer biologischen Bekämpfung begrenzt** sind, da für viele Schaderreger keine natürlichen Feinde vorhanden oder aber die nützlichen Formen nicht in ausreichender Zahl anzusiedeln sind. Hinzu kommt, dass ihre **Wirkungssicherheit** im **Freiland nicht immer ausreichend** ist. Dies hängt mit dem starken Einfluss der Umweltfaktoren auf die Nützlinge zusammen, die den Erfolg einer biologischen Bekämpfung stärker von äußeren Bedingungen abhängig machen, als das bei chemischen Maßnahmen der Fall ist. Weitere Nachteile sind der oftmals **begrenzte Anwendungszeitraum**, bedingt durch die biologischen Gegebenheiten und die meist **höheren Kosten** für die Herstellung und Ausbringung entsprechender Präparate. Nicht zu unterschätzen sind ferner die umfangreichen Sachkenntnisse, die für eine erfolgreiche Durchführung dieser Art von Pflanzenschutzmaßnahmen erforderlich sind.

Günstigere Voraussetzungen sind dagegen im **Gewächshaus** gegeben. Die klimatischen Bedingungen können beeinflusst werden, der Zuflug bzw. die Einwanderung von Schädlingen und die Abwanderung von Nützlingen ist kontrollierbar. Vorteile in Unterglaskulturen ergeben sich auch dadurch, dass Resistenzbildungen nicht zu erwarten sind und die Zahl der notwendigen Applikationen häufig geringer ist, weil die Nützlinge über einen längeren Zeitraum aktiv bleiben. Bereits heute stehen zahlreiche Verfahren zur biologischen Bekämpfung von Schädlingen im Gewächshaus zur Verfügung und werden mit Erfolg eingesetzt.

Vorteile im Vergleich zu den chemischen Verfahren sind:

- Eine **hohe Spezifität**; nur die jeweiligen Schaderreger werden abgetötet oder zurückgedrängt, die übrige Biozönose bleibt unbeeinflusst
- Die Gefahr einer **Resistenzentwicklung** ist wesentlich **geringer**
- Biologische Präparate sind **für Menschen und Säugetiere weitgehend unschädlich**
- Es entstehen **keine Rückstandsprobleme**
- Die **Umwelt** wird **weitgehend geschont**, d. h. in der Regel tritt keine oder nur eine geringe Belastung von Boden, Luft und Wasser ein
- Häufig erfolgt nur eine **räumlich begrenzte Anwendung** (beim Einsatz von Pheromonen, Abwehrstoffen und anderen).

Der Anteil biologischer Verfahren am gesamten Pflanzenschutz ist nach wie vor gering und konzentriert sich meist auf Spezialkulturen unter Glas oder Obst und Gemüse im Freiland. Genaue Angaben über die in Deutschland mit biologischen Präparaten behandelten Flächen liegen nicht vor.

Tabelle 19.2 Einsatz mikrobiologischer Pflanzenschutzmittel in Deutschland in den Jahren 2001/2002

Produkt/Art	Fläche in ha	Anteil Prozent
Mikrobiologische Produkte, gesamt	**36 236**	**100**
Coniothyrium minitans	**17 430**	48
Bacillus thuringiensis-Produkte (B.t.) davon:	**9 481**	**26**
B.t.*aizawai* u. B.t.*kurstaki* gegen Lepidopteren	8 721	
B.t.*tenebrionis* gegen Kartoffelkäfer	743	
B.t.*israelensis* gegen Trauermücken (u.Glas)	17	
Insektenpathogene Viren davon:	**8 463**	**23**
Apfelwickler-Granulosevirus	7 738	
Restliche Produkte (Pflanzenstärkungsmittel) davon	**862**	**2**
Bacillus subtilis	ca. 575	
Pseudomonas spp.	ca. 250	
Trichoderma spp.	ca. 26	

Eine vom Bundesministerium für Verbraucherschutz, Ernährung und Landwirtschaft (BMVEL) in Auftrag gegebene Umfrage zum Stand des biologischen Pflanzenschutzes 2001/2002 ergab die in Tabelle 19.2 dargestellten Ergebnisse. Danach werden auf etwas mehr als 36 000 ha mikrobiologische Produkte (Viren, Bakterien, Pilze) ausgebracht. Das entspricht lediglich etwa 0,2 bis 0,3% der landwirtschaftlich genutzten Fläche.

Auch die Kommerzialisierung biologischer Pflanzenschutzmittel stößt auf Schwierigkeiten. Hierbei spielen die hohen Produktionskosten (Kultur der Nützlinge, Formulierung, Verpackung, Transport) und die zusätzlichen Ausgaben für die Zulassung eine Rolle. Letztere orientiert sich weitgehend an der langwierigen und kostspieligen Prozedur für chemische Pflanzenschutzmittel und ist insbesondere für kleinere Unternehmen ein gravierendes Hemmnis bei der Entwicklung neuer Verfahren.

Literatur

Butt T, Jackson C, Magan N (2001) Fungi as biocontrol agents, progress, problems and potential. CABI Publ, Wallingford

Copping LG (ed) (2004) The manual of biocontrol agents. BCPC (British Crop Protection Council), Alton

Glare TR, O'Callaghan M (2000) *Bacillus thuringiensis*, biology, ecology and safety. Wiley, Chichester New York Weinheim

Grewal PS, Ehlers RU, Shapiro-Ilan DI (2005) Nematodes as biocontrol agents. CABI Publ, Wallingford

Hassan SA, Albert R, Rost WM (1993) Pflanzenschutz mit Nützlingen im Freiland und unter Glas. Ulmer, Stuttgart

Hunter-Fujita FR, Entwistle PF, Evans HF, Crook NE (eds) (1998) Insect viruses and pest management. Wiley, Chichester

Krieg A, Franz M (1989) Lehrbuch der biologischen Schädlingsbekämpfung. Parey, Berlin Hamburg

Kühne S, Burth U, Marx P (2006) Biologischer Pflanzenschutz im Freiland. Ulmer, Stuttgart

Leong J (1986) Siderophores, their biochemistry and possible role in the biocontrol of plant pathogens. Annu Rev Phytopathol 24:187–209

Miller LK (ed) (1997) The baculoviruses. Plenum, New York

Neilands JB, Leong SA (1986) Siderophores in relation to plant growth and disease. Annu Rev Plant Physiol 37:187–208

Philipp WD (1988) Biologische Bekämpfung von Pflanzenkrankheiten. Ulmer, Stuttgart

Schmutterer H, Huber J (Hrsg) (2005) Natürliche Schädlingsbekämpfungsmittel. Ulmer, Stuttgart

20 Pflanzenschutz in ökologischen Landnutzungssystemen

Im ökologischen Landbau (öL) wird versucht, die Gesundheit der Kulturpflanzen durch ein vielseitiges System umweltverträglicher Maßnahmen zu erreichen. Ziel ist, Natur und Landschaft so weit wie möglich zu schonen, die Ökosysteme in ihrer Funktion zu erhalten und nicht mehr als unbedingt notwendig zu belasten.

Die ökologisch wirtschaftenden landwirtschaftlichen Betriebe unterscheiden sich von den konventionell wirtschaftenden durch:

- **Vielseitige Fruchtfolgen** und verstärkten Anbau von Zwischenfrüchten
- **Geringeren Viehbesatz** pro Flächeneinheit, Schwerpunkt Rindviehhaltung (Produktion von Festmist)
- **Höheren Arbeitskräfteeinsatz** (arbeitsaufwändigere Produktionsverfahren, Mehrarbeit im Feldbau 10–35%)
- **Niedrigere Hektarerträge** (15–35%), größeres Ernterisiko im Ackerbau, geringere Milchleistung (durch extensive Bewirtschaftung)
- Erheblich **höhere Erzeugerpreise** für pflanzliche Produkte. Nur bei Milch ist die Differenz relativ gering
- Fast völligen **Verzicht auf Pflanzenschutzmittel** sowie geringere Ausgaben für Mineraldünger und Futtermittel
- **Größere Aufwendungen für Löhne**, abweichende und arbeitsintensive Verfahren in Tierhaltung, Düngerwirtschaft und Unkrautbekämpfung sowie Form der Vermarktung (Direktverkauf).

Die Interessen und übergeordneten Aufgaben für den öL (Erstellung von Rahmenrichtlinien, Anerkennung von Betriebsmitteln, Kontrollfunktionen) werden von nationalen und internationalen Verbänden wahrgenommen. In Deutschland ist das die Arbeitsgemeinschaft Ökologischer Landbau (AGÖL), in Österreich die Arbeitsgemeinschaft zur Förderung des Ökologischen Landbaus (ARGE Biolandbau) und in der Schweiz die Vereinigung schweizerischer biologischer Landbauorganisationen (VSBLO), im internationalen Bereich der Weltverband IFOAM (*International Federation of Organic Agriculture Movements*).

Beim Pflanzenschutz stehen vorbeugende Maßnahmen im Vordergrund, wie sie bereits in Kap. 16 für den konventionellen Landbau beschrieben wurden. Im öL haben sie einen besonderen Stellenwert, weil einmal gemachte Fehler nicht durch den Einsatz von synthetisch hergestellten chemischen Mitteln korrigiert werden können.

20.1 Vorbeugende Maßnahmen

Eine besondere Bedeutung kommt hierbei der **Fruchtfolgegestaltung** zu. Grundlage sind vielgliedrige Folgen mit einem obligatorischen Anbau von Futterpflanzen, vor allem Leguminosen zur Stickstoffbindung sowie Hackfrüchte (Kartoffel, Feldgemüse). Der Getreideanteil ist im Vergleich zum konventionellen Landbau reduziert.

Durch eine möglichst weitgestellte Fruchtfolge kann starker Befall mit Krankheitserregern und Schädlingen verhindert oder zumindest gemindert werden, weil sich in den Anbaupausen das Potential vieler Schaderreger wegen fehlender Überdauerungsmöglichkeiten (geeignete Wirte, Ernterückstände) von Jahr zu Jahr verringert. Als typische Beispiele gelten die Erreger von Fußkrankheiten bei Getreide, Schwarzbeinigkeit und Halmbruchkrankheit.

Im Zusammenhang mit einer verstärkten **Zufuhr organischer Masse** in den Boden durch Zwischenfrüchte, Untersaaten, Kompost und wirtschaftseigenem Dünger werden die im Boden lebenden Organismen gefördert. Dies trägt dazu bei, das **antiphytopathogene Potential** zu verstärken. Es entstehen vermehrt antibiotische Stoffe, die bodenbürtige Krankheitserreger zu unterdrücken imstande sind. Außerdem werden Pflanzenrückstände, auf denen Pathogene überdauern können, schneller abgebaut.

Durch die nahezu ganzjährige Vegetation ergibt sich allerdings ein Problem, das im öL zu erheblichen Schwierigkeiten führt: die Population der polyphagen, frei lebenden Wurzelnematoden und teilweise auch die gallenbildenden Formen haben stark zugenommen. Dies betrifft insbesondere Betriebe mit einem hohen Anteil an Untersaaten.

Neben dem **Anbau widerstandsfähiger Sorten** kann bei vorhersehbarem, immer wiederkehrendem stärkeren Befall durch **Verschiebung der Saatzeit** die Schadenswahrscheinlichkeit herabgesetzt werden. Grundprinzip hierbei ist, dass die Kulturpflanzen zum Zeitpunkt des stärksten Befallsdrucks das empfindliche Entwicklungsstadium noch nicht erreicht oder bereits überschritten haben (Beispiel: frühe Saat zur Verhinderung eines Möhrenfliegenbefalls).

Weiterhin spielen eine sorgfältige **Saatgutkontrolle und Saatgutbehandlung** im öL eine bedeutende Rolle, weil samenbürtige Pilze weder durch eine Beizung noch später während der Vegetationszeit mit synthetisch hergestellten chemischen Mitteln bekämpft werden dürfen.

Bei Getreide ist durch eine Heißwasserbeize die Abtötung samenbürtiger Pilze, vor allem der Flugbrande zu erreichen (Kap. 17). Das Verfahren ist jedoch sehr aufwändig, erfordert die genaue Einhaltung von Temperatur und Beizdauer sowie eine Rücktrocknung, wenn das Saatgut nicht unmittelbar nach der Behandlung ausgesät wird. Die für derartige Verfahren notwendigen technischen Voraussetzungen sind im Einzelbetrieb meist nicht vorhanden. In der Regel übernehmen Spezialeinrichtungen diese Aufgabe.

Eine Beizung mit verschiedenen aus Pflanzenmaterial gewonnenen wässrigen Extrakten, zum Beispiel aus Meerrettichwurzeln, Schachtelhalm, Senfsamen u. a. erzielt zwar eine beachtliche Wirkung, die jedoch nicht an die Ergebnisse der im konventionellen Landbau verwendeten synthctischen Produkte (99,5%) heranreicht.

Eine um so größere Bedeutung kommt der Saatgutkontrolle zu. Für ein im öL verwendetes Saatgut wird gefordert, dass über die im Saatgutverkehrsgesetz geregelten Bewertungen hinaus zusätzliche Kriterien berücksichtigt werden, um ungeeignetes Material auszuschließen und damit die Schadenswahrscheinlichkeit zu verringern. Hierzu gehören beim Getreide zum Beispiel eine Sortierung auf große Körner (Vorteil: Förderung des Feldaufgangs, bessere Einzelpflanzenentwicklung, größere Bestandsdichte) und eine verstärkte Prüfung auf das Vorkommen von Krankheitscrregern, wie *Tilletia caries*, *Fusarium*-Arten und andere.

Wichtige ergänzende Maßnahmen sind ferner die **Förderung von Nützlingen** durch Schaffung von Rückzugs- und Überwinterungsmöglichkeiten, wie zum Beispiel Hecken, **Ackerrandstreifen** (Ackerkrautstreifen) und **Nisthilfen für Vögel**, um das Potential der natürlichen Gegenspieler von Pflanzenschädlingen zu erhöhen.

20.2 Anwendung von Pflanzenschutzmitteln

Der **Einsatz synthetisch hergestellter** chemischer **Pflanzenschutzmittel** ist **nicht erlaubt**. Es kommen vor allem **Wirkstoffe aus der Natur** zur Bekämpfung von Krankheitserregern und Schädlingen zum Einsatz (Tabelle 20.1). Zugelassen sind:

- **Insektizide**. Azadirachtin (aus Samenkernen des tropischen Neem-baums, *Azadirachta indica*), Pyrethrine, Extrakte v. a. aus *Tanacetum*-Blüten, Rapsöl, Kaliseife, Mineralöle
- **Akarizide**. Pyrethrine, Rapsöl, Schwefel
- **Fungizide**. Kupferhydroxid, Kupferoxychlorid, Schwefel, Lecithin
- **Bakterizide**. Kupferhydroxid
- **Molluskizide**. Eisen-III-Phosphat
- **Pheromone** (Lockstoffe). (E)7-(Z)9-Dodecadienylacetat, (Z)-9-Dode-cenylacetat, (Z)11-Tetradecen-1-yl-acetat, (Z,Z)-3,13 Octadecadien-1-yl-acetat, Codlemone
- **Biologische Verfahren**. Apfelwickler- und Fruchtschalenwickler– Gra-nulosevirus, *Coniothyrium minitans, Bacillus thuringiensis, Pseudomonas chlororaphis, Bacillus subtilis* (Kap. 19)
- **Vorratsschutz**. Pyrethrine.

Die Grundlage für die Auswahl der Mittel ist die Verordnung (EWG) Nr.2092/91 zum ökologischen Anbau und die Kennzeichnung der landwirtschaftlichen Erzeugnisse und Lebensmittel. Eine entsprechende Liste wird vom Bundesamt für Verbraucherschutz und Lebensmittelsicherheit (BVL) herausgegeben. Nur dort aufgeführte Pflanzen-schutzmittel dürfen in Deutschland eingesetzt werden (Tabelle 20.1).

Der Gesetzgeber hat darüber hinaus mit der Novellierung des Pflanzenschutzgeset-zes vom 14.05.1998 (§ 6a, besondere Anwendungsvorschriften) eine Möglichkeit geschaffen, im öL Pflanzenschutzmittel für die Anwendung im eigenen Betrieb selbst herzustellen. Voraussetzung ist, dass Stoffe und Zubereitungen in einer Liste des BVL aufgeführt sind und den Vorschriften der Europäischen Gemeinschaft für die Erzeu-gung von Produkten aus ökologischem Anbau entsprechen. Damit ist es möglich, auch selbstproduzierte Mittel, wie ätherische pflanzliche Öle (Minzöl, Kümmelöl, Leinöl), Gelatine, Bienenwachs, Paraffinöl, Schwefelkalk und andere zu verwenden.

Unabhängig von den gesetzlichen Zulassungsbestimmungen können zahlreiche altbewährte Mittel eingesetzt werden. Hierzu gehören Auszüge aus Ackerschachtelhalm, Brennnessel und viele andere gegen pilzliche Schaderreger oder Steinmehl gegen fressende Schädlinge.

Biotechnische und biologische Verfahren werden bevorzugt im **Wein-, Obst- und Gemüsebau** zur Kontrolle von schädlichen Lepidopteren-Lar-ven (Raupen) angewendet. Ein gezielter **Einsatz von Nützlingen**, wie zum Beispiel Schlupfwespen oder Raubmilben, erfolgt vor allem in **Unterglas-kulturen**.

Tabelle 20.1 Zugelassene Pflanzenschutzmittel für den ökologischen Landbau zur Anwendung in Acker-, Gemüse- und Obstkulturen sowie im Vorratsschutz nach der Verordnung Nr. 2092/91/EWG. Stand Januar 2008

Wirkstoffe	Seite	Kultur	Schadorganismen (Auswahl)
Insektizide			
Azadirachtin (Neem)	580	Kartoffel	Kartoffelkäfer
		Blatt-, Stiel- u. Hülsengemüse, Spargel	beißende u. saugende Insekten
		Kern-, Stein- u. Beerenobst (ausg. Erdbeere)	beißende u. saugende Insekten (Kleiner Frostspanner, Blattläuse u. a.)
		Weinrebe	Feldmaikäfer, Reblaus
Pyrethrine+Rapsöl	561/ 584	Kartoffel	Kartoffelkäfer
		Gemüsekulturen	beißende u. saugende Insekten
		Apfel	Apfelblütenstecher
		Kernobst, Steinobst, Beerenobst	beißende Insekten, Blattläuse (ausg. Mehlige Apfellaus)
Kaliseife	584	Gemüsekulturen	saugende Insekten (Blattläuse, Weiße Fliege und andere)
		Kern-, Stein- u. Beerenobst	saugende Insekten (ausgen. Blutlaus)
Rapsöl	584	Gemüsekulturen	Blattläuse, Weiße Fliege
		Kern- u. Steinobst	Blattläuse
		Pflaume	Schildlaus-Arten
Mineralöle	584	Kern- u. Steinobst	Schildlaus-Arten
Akarizide			
Pyrethrine+Rapsöl	561/ 584	Hülsengemüse	Spinnmilben
Rapsöl	584	Gemüsekulturen	Spinnmilben
		Kern-, Stein- u. Beerenobst (ausg. Erdbeere)	Spinnmilben, Gallmilben
		Weinrebe	Spinn- u. Kräuselmilben
Schwefel	540	Kern-, Stein- u. Beerenobst	Gallmilben
		Weinrebe	Pocken-, Kräusel- u. Spinnmilben

Tabelle 20.1 (Fortsetzung)

Wirkstoffe	Seite	Kultur	Schadorganismen (Auswahl)
Fungizide			
Kupferhydroxid	539	Kartoffel	Kraut- u. Knollenfäule
		Gurke	Falscher Mehltau, Blattfleckenerreger
		Kernobst	Obstbaumkrebs, Kragenfäule
		Weinrebe	Falscher Mehltau
Kupferoxychlorid	539	Kernobst	Kragenfäule
Schwefel	540	Weizen, Roggen, Gerste	Echter Mehltau
		Hopfen	Echter Mehltau
		Gurke, Erbse, Wurzel- u. Knollengemüse, Fruchtgemüse	Echte Mehltaupilze
		Hopfen	Echter Mehltau
		Kernobst	Echte Mehltaupilze, Schorf
		Steinobst	Sprühfleckenkrankheit, Pflaumenrost, Amerikanischer Mehltau
		Stachelbeere	Echter Mehltau
		Weinrebe	Echter Mehltau
Lecithin		Gurke, Blatt-, Wurzel- u. Knollengemüse	Echte Mehltaupilze
		Apfel, Stachelbeere	Echter Mehltau
Bakterizide			
Kupferhydroxid	539	Kartoffel	Schwarzbeinigkeit
Molluskizide			
Eisen-III-phosphat	594	Getreide, Kartoffel, Raps, Beta-Rübe, Gemüsekulturen	Nacktschnecken
Pheromone (Lockstoffe)			
(E)7-(Z)9-Do-decadienylacetat + (Z)-9-Dodecenyl-acetat	419	Weinrebe	Bekreuzter Traubenwickler (Heu- u. Sauerwurm)
(Z)-9-Dodecenyl-acetat	419	Weinrebe	Einbindiger Traubenwickler (Heu- u. Sauerwurm)
(Z)11-Tetradecen-1-yl-acetat + Cod-lemone	419	Apfel	Apfelwickler, Fruchtschalenwickler
(Z,Z)-3,13-Octa-decadien-1-yl-acetat	419	Kernobst	Apfelwickler
Codlemone	419	Apfel	Apfelwickler

Tabelle 20.1 (Fortsetzung)

Wirkstoffe	Seite	Kultur	Schadorganismen (Auswahl)
Biologische Bekämpfung			
Bacillus thuringiensis	431	Mais	Maiszünsler
		Kartoffel	Kartoffelkäfer
		Gemüsekulturen	freifressende Schmetterlingsraupen, Kohlweißling, Kohleule, Lauchmotte, (ausg. Eulenarten)
		Kern- u. Steinobst	freifressende Schmetterlingsraupen
		Weinrebe	Einbindiger- u. Bekreuzter Traubenwickler
Apfelwickler-Granulosevirus	431	Kernobst	Apfelwickler
Apfelschalenwickler-Granulosevirus	431	Kernobst	Fruchtschalenwickler
Coniothyrium minitans	442	Ackerbaukulturen	*Sclerotinia sclerotiorum*
		Raps	Weißstängeligkeit
		Tabak, Kartoffel, Ackerbohne, Gemüsekulturen	*Sclerotinia*-Arten
Pseudomonas chlororaphis	444	Getreide	*Fusarium*-Arten, Streifenkrankheit, Netzfleckenkrankheit, Steinbrand, Blatt- u. Spelzenbräune
Bacillus subtilis	442	Kernobst	Schorf, Feuerbrand
Vorratsschutz			
Pyrethrine	561	Räume	Insekten (Motten, Käfer)

Literatur

Bundesamt für Verbraucherschutz und Lebensmittelsicherheit (2008) Zugelassene Pflanzenschutzmittel. Auswahl für den ökologischen Landbau nach Verordnung (EWG) Nr. 2092/91. Im Internet abrufbar unter: www.bvl.de/infopsm

Herrmann G, Plakolm G (1993) Ökologischer Landbau. Österreichischer Agrarverlag, Wien

Keller ER (1997) Ökologischer Landbau, Wirtschaftliche Gesichtspunkte. Handb d Pflanzenbaues, Bd I, S 675–684. Ulmer, Stuttgart

Köpke U (1997) Ökologischer Landbau, Pflanzenschutz. Handb d Pflanzenbaues, Bd. I, S 656–666. Ulmer, Stuttgart

21 Chemischer Pflanzenschutz

Tierische Schädlinge und pilzliche Krankheitserreger haben in nahezu allen Klimazonen die Möglichkeit, sich binnen kürzester Zeit massenhaft zu vermehren. Um diese Entwicklung gezielt zu beeinflussen, sind chemische Wirkstoffe nach wie vor unverzichtbar. In Deutschland wird ein hohes Maß an Risikovorsorge getroffen und chemische Pflanzenschutzmittel werden vor der Zulassung auf den Markt auf gesetzlicher Grundlage einer umfangreichen Prüfung unterzogen.

Für die Entwicklung eines neuen Wirkstoffes bedarf es leistungsfähiger technischer Einrichtungen verbunden mit hoher Fachkompetenz in unterschiedlichen Disziplinen, die in der Regel nur noch von vielseitigen Entwicklungsteams internationaler Unternehmen gewährleistet werden kann.

21.1 Entwicklung von Pflanzenschutzmitteln

Der Weg zu einem neuen Wirkstoff ist lang und mit hohen Kosten verbunden. Pflanzenschutzunternehmen gehen heute davon aus, dass von 140 000 geprüften chemischen Verbindungen nur eine den Weg zu einem Pflanzenschutzmittel erfolgreich absolviert (Abb. 21.1). Das aufwändige Prüfverfahren umfasst vier Schwerpunkte:

- **Chemie**: Wirkstoffsynthese und Formulierung
- **Biologie**: Wirkungsprüfung und Optimierung
- **Toxikologie/Ökotoxikologie**: Wirkung auf Mensch und Tier
- **Abbau/Rückstände**: Verhalten in Boden, Wasser, Luft und Pflanzen.

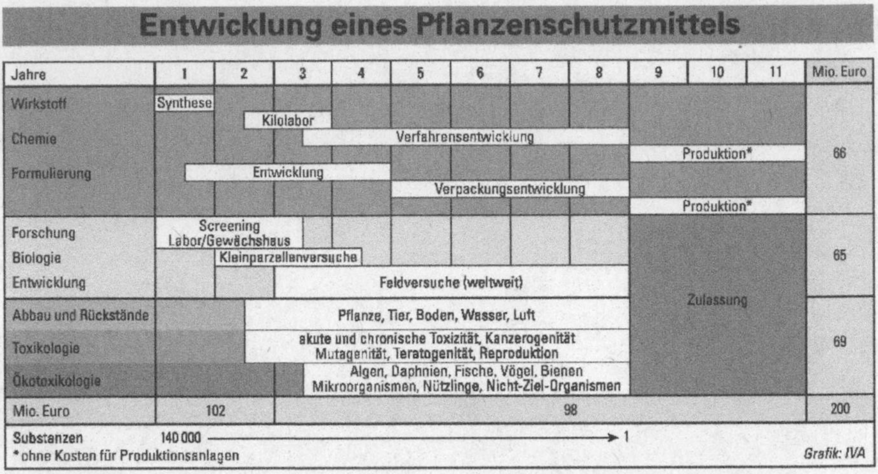

Entwicklung eines Pflanzenschutzmittels

Jahre	1	2	3	4	5	6	7	8	9	10	11	Mio. Euro
Wirkstoff	Synthese											
Chemie		Kilolabor		Verfahrensentwicklung						Produktion*		66
Formulierung		Entwicklung			Verpackungsentwicklung					Produktion*		
Forschung	Screening Labor/Gewächshaus											
Biologie		Kleinparzellenversuche										65
Entwicklung				Feldversuche (weltweit)					Zulassung			
Abbau und Rückstände		Pflanze, Tier, Boden, Wasser, Luft										
Toxikologie		akute und chronische Toxizität, Kanzerogenität Mutagenität, Teratogenität, Reproduktion										69
Ökotoxikologie		Algen, Daphnien, Fische, Vögel, Bienen Mikroorganismen, Nützlinge, Nicht-Ziel-Organismen										
Mio. Euro	102						98					200
Substanzen	140 000 ————————————————————→ 1											

* ohne Kosten für Produktionsanlagen   Grafik: IVA

Abb. 21.1 Voraussetzung für den Antrag auf amtliche Zulassung eines Pflanzenschutzwirkstoffs ist die Überprüfung zahlreicher Eigenschaften (IVA 2002)

Die Untersuchungen laufen zeitlich weitgehend parallel zueinander ab. Die biologische Prüfung hat aber eine besondere Relevanz, weil sich dabei erstmalig entscheidet, ob aus einem Syntheseprodukt ein weltweit erfolgreiches Pflanzenschutzmittel werden kann oder nicht.

Eine wichtige Stellung in dem Verfahren hat die Prüfung auf kommerzielle Verwertbarkeit eines neuen Wirkstoffs. Bevor ein Produkt konzipiert wird, müssen seine Vor- und Nachteile im Vergleich zu bereits vorhandenen Präparaten, die Kosten der Produktion und der sich daraus ergebende Preis, die patentrechtliche Absicherung und verschiedene andere Gesichtspunkte berücksichtigt werden.

21.1.1 Biologische Prüfung

Das **Grundprinzip der biologischen Wirkung von Pflanzenschutzmitteln** entspricht dem der pharmakologischen Substanzen, die in der Tier- und Humanmedizin gegen bakterielle oder pilzliche Krankheitserreger zur Anwendung kommen. Es handelt sich fast ausschließlich um synthetische, organische Verbindungen, die an spezifischen Wirkorten (*targets*) agieren, ohne beim zu schützenden Organismus eine Schädigung zu verursachen. Targets sind überwiegend Enzym- oder Membranproteine.

Screening-Verfahren

Ausgangsbasis für neue Wirkstoffe sind die chemischen **Syntheselaboratorien,** in denen neue Verbindungen für alle nur denkbaren Anwendungsbereiche entwickelt werden. Dabei erfolgt unter anderem auch die Eignungsprüfung als Pflanzenschutzwirkstoff, die allgemein als *Screening* bezeichnet wird.

- **Prüfung am Schadorganismus auf der Wirtspflanze:** Dieses ist die älteste Methode zur Ermittlung der Wirksamkeit einer chemischen Substanz. Man benötigt hierfür entsprechende **Wirtspflanzen** und weltweit relevante **Schadorganismen**. Diese werden in **Dauerkulturen** (viele Pilze, Bakterien, fakultative Schadpilze), **Zuchten** (Insekten, Milben) und **an lebenden Pflanzen** (Viren, Nematoden, obligate Schadpilze, wie Echter Mehltau, Roste, Brande) vorgehalten. Im Biotest unter Gewächshausbedingungen wird die zu prüfende Verbindung auf die vom Schadorganismus befallene Pflanze aufgebracht und später der Wirkungsgrad ermittelt. Pro Jahr ist die Untersuchung von ca. 10 000 Substanzen in einer Prüfstation möglich. Heute kommt diese Methode fast ausschließlich erst im fortgeschrittenen Stadium der Wirkstoffentwicklung zum Einsatz. Man nutzt sie zur Optimierung der biologischen Wirkung einer Verbindung, die mit Verfahren des *Mikroscreening* gefunden wurden
- *In vivo* **Mikroscreening**: Zur Beschleunigung und Kostensenkung kann man Schadorganismen z. B. auf ausgestanzten **Blattscheiben** mit Hilfe von Nährböden in kleinen Testgefäßen (Mikrotiterplatten) kultivieren und die zu prüfenden Verbindungen in geringsten Aufwandmengen applizieren. Manche Schaderreger lassen sich sogar in Zellkulturen einem ersten Wirkungstest unterziehen. Dabei steigt die Trefferquote erheblich, denn mit diesen Verfahren ist ein jährlicher Durchsatz von über 100 000 Tests in einer Prüfeinrichtung möglich (*high throughput screening* (HTS) und *ultra high throughput screening* (UHTS))
- *In vitro* **Targetscreening**: Eine Steigerung der Erfolgsquote ergibt sich durch einen völlig anderen Ansatz. Mit Hilfe molekularbiologischer und gentechnologischer Verfahren werden neue Targets identifiziert. Anschließend findet ein *ultra high throughput screening* (UHTS) statt, in dem potentielle Wirksubstanzen an den molekularen Targets getestet werden. Dabei greift man nicht nur auf neue Verbindungen zurück, sondern berücksichtigt alle relevanten Moleküle, die dem forschenden Unternehmen patentrechtlich zur Verfügung stehen („Wirkstoffbibliothek"). Substanzen, die eine Wirkung zeigen – „Hits" – durchlaufen dann das Mikroscreening zur weiteren Testung ihrer Eigenschaften. Sind die Ergebnisse erfolgversprechend, dann müssen diese Wirkstoffe in einem weiteren Schritt ihr Leistungsvermögen an intakten Pflanzen in **Klimakammer- oder Gewächshausprüfungen** unter Beweis stellen
- **Freilandprüfung:** Neue Wirkstoffe, die im Screening eine gute biologische Wirkung zeigten, werden anschließend einer **Erprobung im Freiland** unterzogen, da sich chemische Verbindungen unter dem Einfluss von Außenbedingungen oft völlig anders verhalten als unter Glas. Wenn zu diesem Zeitpunkt die Gesamtbeurteilung eines Wirkstoffes aus biologischer und toxikologischer Sicht positiv verlaufen ist, dann schließt sich die Prüfung unter Praxisbedingungen in Feldversuchen verschiedener Klimazonen an.

Wirkung auf Kulturpflanzen

Eine entscheidende Voraussetzung für den Einsatz chemischer Pflanzenschutzmittel ist eine möglichst **gute Wirkung** gegen Schaderreger bei
gleichzeitiger Kulturpflanzenverträglichkeit (**geringe Phytotoxizität**). Diese Eigenschaft wird schon im frühen Stadium der Produktentwicklung ermittelt. Wenn eine Substanz mit guter biologischer Wirkung phytotoxisch
reagiert und sich dieser Effekt auch nicht durch die Formulierung beseitigen
lässt, wird sie nicht weiter bearbeitet. Die Selektivität eines Präparates gegenüber Pflanzen ist auf folgende Ursachen zurückzuführen:

- **Unterschiedliches Eindringungsvermögen**. Wirkstoffe dringen in den
  Schaderreger, nicht aber in die Kulturpflanze ein. Diese Form der Selektivität ist bestimmend für **protektive** Pflanzenschutzmittel
- **Unterschiedliche Wirkungsweise**. Wirkstoffe gelangen über Wurzeln
  oder Blätter in die Pflanzen (**systemische Verteilung**) und töten die dort
  befindlichen Schaderreger ab. Voraussetzung ist, dass Kulturpflanze und
  Schaderreger eine unterschiedliche Empfindlichkeit gegenüber den jeweiligen Verbindungen besitzen. Diese selektive Wirkung ist leicht zu
  erreichen, wenn Verbindungen in Reaktionen eingreifen, die bei Pflanzen
  nicht vorhanden sind. So wird ein Insektizid, das Grundfunktionen der
  tierischen Nervenzellen blockiert, in der Wirtspflanze kein entsprechendes Target finden. Handelt es sich um Bakterien und Pilze, deren Stoffwechsel – von der Photosynthese abgesehen – den höheren Pflanzen ähnlich ist, sind Stoffe mit einer selektiven Wirkung schwieriger zu finden.

Neben den oben genannten Hauptursachen sind noch weitere Faktoren
für die Selektivität von Pflanzenschutzmitteln verantwortlich, wie z. B. der
Entwicklungszustand der Pflanzen sowie Unterschiede zwischen Pflanzen
und Schaderreger beim Transport und Metabolismus der Wirkstoffe.

Anwendungstermin

Für den praktischen Pflanzenschutz ist es besonders wichtig, das zeitliche
Auftreten der Schadorganismen zu beobachten, denn nicht jeder Wirkstoff
ist gegen jedes Entwicklungsstadium einer Pilzkrankheit oder eines Schad-
insekts gleichermaßen aktiv. Auch wenn eine strenge Abgrenzung nicht
immer möglich ist, unterscheidet man folgende **Wirkungsprinzipien**:

- **Eradikative Verfahren**. Sie dienen dazu, Schadorganismen unmittelbar
  auf der Pflanze (oder im Boden) durch Anwendung von Pflanzenschutzmitteln abzutöten oder sie von den Pflanzen fernzuhalten. Dazu

gehört auch die Saatgutbeizung, mit der Krankheitserreger am oder im Samen abgetötet werden sollen, **bevor** sie den Keimling infizieren

- **Protektive Verfahren**. Sie basieren auf unterschiedlichen Mechanismen

  - Man behandelt Pflanzen mit einem Kontaktwirkstoff und erzeugt einen möglichst lückenlosen Belag, um sie vor dem Angriff der Schaderreger zu schützen. Sobald diese auf den behandelten Pflanzenteilen zur Entwicklung kommen, nehmen sie den Wirkstoff auf und sterben ab. Nachteilig ist die zeitlich begrenzte Wirkung, weil die Präparate häufig durch Tau oder Regen abgewaschen oder photochemische Prozesse abgebaut werden.
  - Man verwendet einen systemischen Wirkstoff, der in das Pflanzengewebe eindringt und sich dort verteilt. Eindringende Schadorganismen nehmen den Wirkstoff aus der Pflanze auf und werden selektiv abgetötet.

- **Kurative Verfahren**. Sie kommen vor allem dann zur Anwendung, wenn eine Infektion durch Krankheitserreger bereits stattgefunden hat oder Schädlinge in ihre Wirte eingedrungen sind. Ein heilender (**kurativer**) Effekt ist nur dann zu erzielen, wenn Wirkstoffe von Pflanzen aufgenommen und im Gewebe verteilt werden (Präparate mit systemischen oder lokalsystemischen Eigenschaften). Wenn Schadorganismen (v. a. Echte Pilze) durch ihr Wachstum im Gewebe bereits zu Chlorosen oder gar Nekrosen geführt haben, nimmt die Wirksamkeit dieses Verfahrens drastisch ab, weil kein ausreichender Transport im Pflanzengewebe mehr erfolgen kann.

Klassifizierung von Pflanzenschutzmitteln

Aufgrund ihrer biologischen Eigenschaften kann eine Klassifizierung der Pflanzenschutzwirkstoffe vorgenommen werden. Auch wenn es sich heute vor allem in den Medien eingebürgert hat, Pflanzenschutzmittel als „Pestizide" zu bezeichnen, so wird diese Namensgebung dem Anspruch in keiner Weise gerecht. Im Englischen versteht man unter *pesticide* ein Präparat zur Abtötung tierischer Schädlinge. Grundsätzlich sind Pflanzenschutzmittel als **Biozide** anzusehen, die sich aufgrund ihrer selektiven Wirkung schwerpunktmäßig **gegen ganz bestimmte Schadorganismengruppen** richten. Ein Insektizid wirkt gegen Insekten, ein Fungizid dagegen auf die Entwicklung von Pilzen und ein Akarizid entwickelt seine besondere Wirkung gegen Milben. Box 21.1 gibt einen Gesamtüberblick der wichtigsten Fachbegriffe.

Box 21.1 Fachbegriffe zur Wirkungsweise von Pflanzenschutzmitteln

Bezeichnung	**abtötende Wirkung auf:**
Akarizid	Milben
Aphizid	Blattläuse
Bakterizid	Bakterien
Fungizid	Pilze
Graminizid	Gräser (monokotyle Pflanzen)
Herbizid	Kräuter (dikotyle Pflanzen)
Larvizid	Larven
Molluskizid	Schnecken
Nematizid	Nematoden
Ovizid	Eier
Rodentizid	Nagetiere

Art der Wirkung von PSM

akute Wirksamkeit	sofortige Wirkung
Atemgift	Mittel, die über die Atemorgane wirken
Dauerwirkung	Eigenschaft chemischer Mittel, über einen längeren Zeitraum wirksam zu sein
Fraßgifte	Mittel, die nach dem Fraß im Magen oder Darm des Schädlings wirksam werden
Initialwirkung	Anfangswirkung
Kontaktgifte	Berührungsgifte
kumulative Wirkung	Wirkung erst nach Anhäufung des Gifts durch mehrmalige Aufnahme
kurative Wirkung	heilende Wirkung
prophylaktische Wirkung	vorbeugende Wirkung
Residualwirkung	Wirkung des Rückstandes
selektive Wirkung	auslesende Wirkung; wirksam nur gegen bestimmte Krankheitserreger und Schädlinge
stimulierende Wirkung	anregende Wirkung
synergistische Wirkung	Steigerung der Wirkung eines Stoffes durch eine zweite Substanz (Synergismus)
systemische Wirkung	Wirkung des Mittels nach Aufnahme und Weiterleitung in den Gefäßen der Pflanzen; innertherapeutische Wirkung
Tiefenwirkung	bei Behandlung der Blattoberseite dringt der Wirkstoff in tiefer gelegene Zellschichten des Gewebes ein und erfasst dort vorhandene Schadorganismen

21.1.2 Toxikologische und ökotoxikologische Prüfung

Pflanzenschutzmittel und die aus ihnen hervorgehenden Umwandlungs- und Abbauprodukte (**Metaboliten**) sollen nur eine Wirkung gegen Schadorganismen entfalten und andere Lebewesen nicht angreifen. Wegen dieses Anspruchs und der erforderlichen Sicherheit für Verbraucher und Anwender unterliegen Pflanzenschutzwirkstoffe einer umfangreichen toxikologischen Prüfung. Eine zentrale Bedeutung haben dabei die akute und die chronische Toxizität.

Um das Gefährdungspotential für den Menschen beurteilen zu können, bedarf es langwieriger Untersuchungen an Warmblütern (Labortiere). Im Rahmen weiterer Prüfungen muss ermittelt werden, welchen Effekt ein Wirkstoff auf Bienen, Nutzarthropoden, Regenwürmer und Wasserlebewesen ausübt, weil eine Schädigung von Organismen durch Pflanzenschutzmittel in allen Bereichen der Umwelt möglichst vollständig ausgeschlossen werden soll.

Akute Toxizität

Die **akute Toxizität** charakterisiert den unmittelbaren Effekt einer Substanz auf einen Organismus. Hierbei unterscheidet man die Aufnahme des Stoffes durch die Haut (**dermal**), die Atmung (**Inhalation**) oder durch Verschlucken (**oral**). Eine wichtige Messgröße für die akute Giftigkeit ist dabei die LD_{50} (letale Dosis, Box 21.2) Dieser Wert gibt an, bei welcher Konzentration des zu prüfenden Stoffes 50% der Versuchstiere sterben. Die Angabe erfolgt in mg Wirkstoff pro kg Körpergewicht (mg/kg KG) des Versuchstieres. **Je kleiner** der Zahlenwert, **umso höher** ist die **Toxizität**.

Ein wesentliches Ziel bei der Entwicklung von Pflanzenschutzmitteln ist, nach Möglichkeit Substanzen mit geringer akuter Toxizität auf den Markt zu bringen, um einen hohen Schutz von Mensch und Tier zu gewährleisten. Beim Umgang mit chemischen Stoffen sind die jeweiligen Gefahrensymbole (Abb. 21.2) zu beachten.

In der Vergangenheit fand man Wirkstoffe mit hoher akuter Toxizität vorwiegend bei den Insektiziden, was in erster Linie in der Ähnlichkeit der Targets von Insekten und Warmblütern begründet war. Für Präparate mit hoher akuter Giftigkeit ist es heute jedoch nicht mehr möglich, ein Zulassungsverfahren erfolgreich zu durchlaufen.

Box 21.2 Fachbegriffe zur Toxikologie

ADI	*acceptable daily intake* = akzeptable tägliche Dosis
ALARA-Prinzip	*as low as reasonably achievable*
ARfD	*acute reference dose* = akute Referenzdosis
Initialtoxizität	Sofortwirkung
kutan	Aufnahme durch die Haut
LD$_{50}$	Abkürzung: Letale (tödliche) Dosis zur Erzielung einer Sterblichkeit von 50% der Versuchstiere
Lipoidlöslichkeit	Fettlöslichkeit
NOAEL	*no observable adverse effect level* = Dosis ohne erkennbare schädliche Wirkung
oral bzw. peroral	Aufnahme bzw. Verabreichung durch den Mund
Persistenz (persistent)	Beständigkeit eines Mittels in oder an der Pflanze (beständig)
Phytotoxizität (phytotoxisch)	schädigende Wirkung auf lebende Pflanzen (pflanzenschädlich)
ppm	Abkürzung für „*parts per million*" (Teile pro Million, z. B. mg/kg oder g/t)
Resistenz (resistent)	Widerstandsfähigkeit (widerstandsfähig)
subletale Dosis	nicht tödliche Menge des Giftes
Toxizität (toxisch)	Giftigkeit (giftig)
Toxizität, akute	Giftigkeit bei einmaliger Applikation (Verabreichung)
Toxizität, chronische	Giftigkeit bei Verabreichung über eine längere Zeit
Wartezeit (Karenzzeit)	Zeitraum zwischen Behandlung und Ernte bzw. Verwendung

Chronische Toxizität

Zur Ermittlung der chronischen Toxizität von Pflanzenschutzmittel-wirkstoffen auf Warmblüter werden unter anderem Langzeitfütterungs-versuche an Labortieren (Mäuse, Ratten) durchgeführt. Aus denen ergibt sich, welche **Dosis bei täglicher Aufnahme** über die Nahrung **keine schädliche Wirkung** auf die Organe und den Stoffwechsel der Tiere hervorruft. Diese Konzentration (**NOAEL** = *No Observable Adverse Effect Level*; Dosis ohne erkennbare schädliche Wirkung) wird durch Multiplikation mit einem Sicherheitsfaktor (im Normalfall 1/100) herabgesetzt. Da-

Abb. 21.2 Gefahrensymbole zur Kennzeichnung chemischer Stoffe

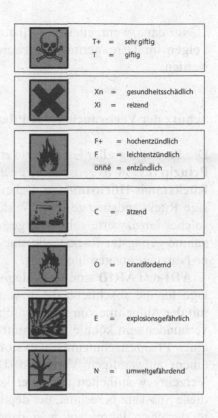

T+ = sehr giftig
T = giftig

Xn = gesundheitsschädlich
Xi = reizend

F+ = hochentzündlich
F = leichtentzündlich
ohne = entzündlich

C = ätzend

O = brandfördernd

E = explosionsgefährlich

N = umweltgefährdend

mit sollen Unsicherheiten aus der Übertragung der tierexperimentellen Daten auf den Menschen vermieden werden. Durch diese Berechnung ergeben sich dann die zentralen toxikologischen Grenzwerte:

- **ADI** (*Acceptable Daily Intake*/Akzeptable tägliche Dosis). Menge einer Substanz (mg/kg KG), die ohne Risiko täglich lebenslang vom Menschen aufgenommen werden kann
- **ARfD** (*Acute Reference Dose*/Akute Referenzdosis). Menge eines Stoffes, die über die Nahrung innerhalb eines Tages oder mit einer Mahlzeit ohne erkennbares Gesundheitsrisiko aufgenommen werden kann (nach FAO).

Die histologische und biochemische Untersuchung der Tiere nach Abschluss von Langzeitfütterungsversuchen liefern darüber hinaus Daten, die die Bewertung weiterer Eigenschaften eines Wirkstoffs ermöglichen:

- **Kanzerogenität** (Krebs auslösende Wirkung)
- **Mutagenität** (Erbgut schädigende Wirkung)
- **Teratogenität** (Keim schädigende Wirkung).

Nur dann, wenn ein neuer Pflanzenschutzwirkstoff keine unerwünschten Folgen im Tierexperiment aufweist, kann mit einer Zulassung gerechnet werden.

Schutz der Verbraucher vor Pflanzenschutzmittelrückständen

Die Festlegung aller Grenzwerte erfolgt grundsätzlich nach dem **ALARA-Prinzip** (*as low as reasonably achievable*). Das zentrale Element bildet die **Rückstands-Höchstmenge**. Dabei handelt es sich um die maximal zulässige Rückstandsmenge eines Wirkstoffs im Erntegut. Mit der Festlegung solcher Grenzwerte soll sichergestellt werden, dass auch bei Langzeitaufnahme geringster Rückstände eine Gefährdung für den Menschen und seine Nutztiere ausgeschlossen ist.

ADI und **ARfD** sind **toxikologische Grenzwerte**; sie bilden die Grundlage für die abschließende Bewertung des gesundheitlichen Risikos, das mit der Aufnahme von Pflanzenschutzmittelrückständen mit Lebensmitteln verbunden sein könnte. Die Ermittlung der **Rückstands-Höchstmenge** für einen Pflanzenschutzmittelwirkstoff in einer bestimmten Kultur erfolgt mit einem aufwändigen Verfahren. Dazu wird unter Berücksichtigung der Verzehrgewohnheiten mit einer komplexen Methode der Höchstwert für diese Substanz berechnet, der deutlich unter dem ADI-Wert liegt. Seit Mitte der 90er Jahre legt man dabei die Verzehrdaten von Kleinkindern zugrunde und schätzt ab, welche Rückstandsmengen ein Kind über belastete Produkte verzehren würde. Diese Ergebnisse werden mit dem ADI verglichen und unter Berücksichtigung der ARfD bewertet.

Darüber hinaus wird die tatsächlich zu erwartende Rückstandsbelastung nach der Anwendung eines Pflanzenschutzmittels durch **Abbaureihen** ermittelt. Hier wird unter anderem festgestellt, nach welcher Zeit die nach sachgemäßer Anwendung zu erwartenden Rückstände sicher unter den toxikologisch berechneten Grenzwerten liegen. Auf dieser Basis wird dann die **Wartezeit** festgelegt (Zeitraum zwischen der letzten Anwendung und frühestmöglicher Beerntung). Liegt die Konzentration der unvermeidbaren Rückstände bei guter landwirtschaftlicher Praxis über den toxikologisch zulässigen Grenzwerten, wird das Präparat für die geprüfte Indikation nicht zugelassen (Abb. 21.3).

Die Zahlenwerte mit den dazugehörigen Indikationen sind in der jeweils aktuellen Fassung der **Rückstands-Höchstmengenverordnung** festgelegt. Für Wirkstoffe, die in Deutschland entweder noch keine Zulassung oder aufgrund fehlender Notwendigkeit keine besitzen (z. B. Zitrusarten, tropische Früchte), gilt die allgemeine Höchstmenge von 0,01 mg/kg. Die Ver-

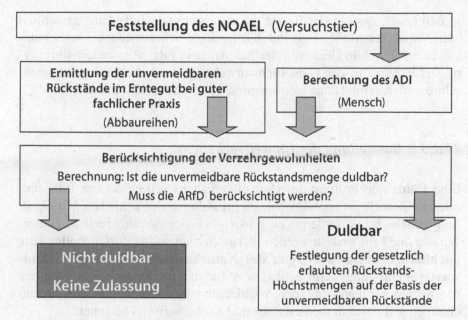

Abb. 21.3 Ermittlung der Rückstands-Höchstmengen für Wirkstoffe von Pflanzenschutzmitteln

ordnung besagt, dass Erntegut bei Überschreiten der Rückstands-Höchstmenge nicht verkehrsfähig ist und somit nicht in den Handel gelangen darf.

In Deutschland wird die **Überschreitung der Rückstands-Höchstmengen** – anders als pflanzenschutzrechtliche Übertretungen – als **Straftat** geahndet, weil damit ein Verstoß gegen das Lebensmittelrecht vorliegt. Eine **Harmonisierung** der Höchstmengen ist in der EU angestrebt.

Anwenderschutz

Neben dem Schutz des Menschen vor einer überhöhten Aufnahme von Wirkstoffrückständen über die Nahrung erlangt der **Anwenderschutz** eine zunehmende Bedeutung bei der toxikologischen Einstufung von Pflanzenschutzmitteln. Dabei geht es vor allem darum, die Gefahr durch Hautkontakt oder Inhalation bei der Zubereitung von Spritzbrühen und dem **Ausbringen von Präparaten** zu vermeiden. Hier wird anhand der im Tierexperiment ermittelten toxikologischen Daten diejenige Substanzmenge abgeschätzt, die ohne Gefährdung aufgenommen werden kann (**AOEL** = *acceptable operator exposure level*; akzeptabler Wert für die Anwenderexposition).

Zeigt sich, dass in der Praxis die zu erwartende Belastung tatsächlich höher ist als der AOEL, kann durch festgelegte Schutzmaßnahmen (Schutzhandschuhe, Schutzkleidung oder Schutzmaske) das Anwenderrisiko verringert werden. In der **Gebrauchsanweisung** des betreffenden Pflanzenschutzmittels erfolgt dann eine entsprechende Anwenderinformation.

21.1.3 Beurteilung des Umweltverhaltens

Eine frühzeitige Prüfung des Umweltverhaltens neu entdeckter Pflanzenschutzwirkstoffe ist unabdingbar, da im Rahmen der amtlichen Mittelprüfung erhebliche Anforderungen hinsichtlich der Abbaubarkeit in Boden, Wasser und Luft gestellt werden. Pflanzenschutzmittel dürfen **weder eine nachhaltige Beeinträchtigung des Naturhaushalts noch eine Grundwassergefährdung** verursachen, was für die forschenden Unternehmen bereits in der frühen Phase der Produktentwicklung umfangreiche Untersuchungen und einen immensen Zeit- und Kostenaufwand bedeutet.

Verbleib der Wirkstoffe nach der Ausbringung

Bei der Ausbringung von Pflanzenschutzmitteln gelangen diese auf **Zielflächen** (Pflanzen, Boden) oder aber auch durch **Abdrift** (windbedingte Verlagerung) auf **Nichtzielflächen** (z. B. Feldsäume, Hecken, Wasserläufe und ihre Begleitvegetation). Ein geringer Teil der ausgebrachten Spritzbrühe geht auf dem Weg von der Düse zur Zielfläche durch **Verdunstung** verloren, verteilt sich in der Luft und unterliegt der Thermik sowie dem Wind. Das weitere Verhalten eines Präparates hängt unter anderem vom Einsatzbereich ab:

- **Fungizide und Insektizide** werden überwiegend in wüchsigen Pflanzenbeständen mit großem Blattflächenindex eingesetzt, so dass die potentielle Bodenbelastung gering ist
- Wirkstoffe, die in den **Boden** gelangen (v. a. Herbizide), werden durch **Bodenmikroorganismen metabolisiert**, durch chemische und fotochemische Reaktionen zersetzt und dem Stoffkreislauf zugeführt oder sie verdunsten. Gewisse Mengen werden an den **Austauschern** (Ton, Humus) des Bodens gebunden und erst nach einem bestimmten Zeitraum wieder freigesetzt und weiter abgebaut.

Verhalten in der Pflanze

Pflanzenschutzmittel sind so formuliert, dass sie entweder möglichst gut auf der pflanzlichen Cuticula haften oder schnell durch die Cuticula in das Mesophyll transportiert und teilweise auch durch die Gefäße weitergeleitet werden. Nach der Applikation unterscheidet sich somit auch der Abbauprozess der eingesetzten Stoffe.

- **Protektive Wirkstoffe**, die sich den Pflanzen anlagern, werden bis zu einem bestimmten Grad abgewaschen oder verdunsten. Auf diese Weise gelangen sie in die Atmosphäre, werden photochemisch zersetzt oder im Boden weiter abgebaut
- **Systemische Wirkstoffe** dringen nach der Applikation in Pflanzen ein und führen somit zu keiner direkten Belastung von Boden, Wasser und Luft. Ein gewisser Anteil kann in bestimmten Bereichen der Zellen (Zellwände, Vakuole) eingelagert und gebunden werden, so dass der Abbau erst im Zuge der Verrottung der organischen Substanz stattfindet.

Persistenz von Pflanzenschutzwirkstoffen

Eine wichtige physikalisch-chemische Messgröße zur Charakterisierung der Stabilität eines Wirkstoffes ergibt sich über die **DT-Werte** *(DT = dissipation* oder *disappearence time)*. Man unterscheidet dabei DT_{50} und DT_{90}. Diese Werte geben an, wie lang der Zeitraum für einen 50%igen bzw. 90%igen Abbau (in Tagen) ist. Sie werden für das **Verhalten von Wirkstoffen** im **Boden**, **Wasser** sowie in der **Luft** ermittelt. Aus den Zulassungskriterien ergibt sich, welche Anforderungen an eine Substanz gestellt sind. Erreichen die Abbauwerte die Mindestanforderungen nicht, kann eine Zulassung verweigert werden. Als wenig persistent im Boden gelten z. B. Wirkstoffe, deren DT_{50} unter 30 Tagen liegt. Bis zu 90 Tagen gelten sie als mäßig, darüber hinaus als sehr persistent.

Anreicherung in der Nahrungskette

Plankton kann persistente Stoffe aus dem Wasser aufnehmen und wird von Fischen als Nahrung genutzt, die wiederum von anderen Fischen erbeutet werden. So kommt es zur Anreicherung belastender Stoffe im nächsten Glied der Nahrungskette. Durch den Verzehr der Fische gelangen die Verbindungen schließlich in Wasservögel oder in den Körper des Menschen **(Bioakkumulation)**.

Bereits vor Jahrzehnten stellte man bei der Insektizidgruppe der Chlorkohlenwasserstoffe (u. a. DDT) fest, dass sich diese aufgrund ihrer hohen Fettlöslichkeit (**lipophiles Verhalten**) in Fischen angereichert hatten. Als Folge gelangten überhöhte DDT-Konzentrationen in den Körper des amerikanischen Weißkopf-Seeadlers, was den Kalkstoffwechsel der Weibchen derart beeinträchtigte, dass eine verringerte Eischalendicke beim Brüten zum Zerbrechen der Eier führte und dadurch die Population des amerikanischen Wappentiers vorübergehend gefährdet war.

Um derartige Probleme zu vermeiden, werden die lipophilen Eigenschaften und die Neigung eines potentiellen Wirkstoffs zur Anreicherung in Nahrungsketten bereits im Frühstadium der Produktentwicklung geprüft. Sollten diese nicht den Anforderungen entsprechen, ist eine Zulassung in der Regel ausgeschlossen.

Ökologische Bewertung

Aus den Daten der ökochemischen Untersuchungen über das Verhalten von Pflanzenschutzmitteln im Boden, im Wasser und in der Luft kann man eine mögliche Belastung der Lebensräume abschätzen. Hier berücksichtigt man vor allem die Gefährdung von Nicht-Zielflächen durch Abdrift. Aber auch die Verlagerung von Wirkstoffen durch Erosion (Bodenverlagerung durch Wind und Wasser) sowie die Verfrachtung in Oberflächengewässer sind dabei wichtige Kenngrößen. Für jeden Wirkstoff werden unter Berücksichtigung der vorgesehenen, vorschriftsgemäßen Anwendung Toxizitäts-Expositions-Verhältnisse (TER) ermittelt. Dabei erfolgt ein Vergleich der Wirkstoffkonzentrationen, die in den Prüfungen noch keine Effekte verursachten mit den in der Praxis tatsächlich zu erwartenden Konzentrationen.

Der **Schutz des Grundwassers** ist ein wichtiges und vom Pflanzenschutzgesetz ausdrücklich vorgegebenes Ziel. Der Grenzwert für die maximale Konzentration eines Wirkstoffes im Grundwasser wurde bereits 1983 in der europäischen Trinkwasser-Richtlinie festgelegt: $0,1\ \mu g/l$ (= 0,1 Millionstel g/l) bei Einzelwirkstoffen und $0,5\ \mu g/l$ bei mehreren Wirkstoffen.

Maßnahmen zur weiteren Risikoverminderung

Bei der **Zulassung** von Pflanzenschutzmitteln können **Auflagen** und **Anwendungsbestimmungen** festgelegt werden. Damit sollen Risiken für Umwelt, Mensch und Tier im Vorwege so weit wie möglich ausgeschlossen werden. Diese Regelungen gelten für unterschiedliche **Schutzbereiche**:

- **Wasser**-NG-Auflagen zum Grundwasserschutz; NW-Auflagen zum Schutz der Wasserorganismen.
- **Bodenorganismen- und Bienen**-NO-Auflagen zum Schutz von Bodenorganismen; NB-Auflagen zum Schutz der Bienen. Inzwischen gibt es 11 unterschiedliche Einstufungen der Bienengefährlichkeit. Dabei wird die Wirkung eines Präparats bei alleiniger Ausbringung, aber auch die Wirkung in Kombination mit anderen Pflanzenschutzmitteln beurteilt.

  - **NB661 (auch: B1)**: Das Mittel ist bienengefährlich
  - **NB662 (auch: B2)**: Bienengefährlich, ausgenommen bei Anwendung nach dem täglichen Bienenflug
  - **NB663 (auch: B3)**: Aufgrund der durch die Zulassung festgelegten Anwendung des Mittels werden Bienen nicht gefährdet
  - **NB664 (auch: B4)**: Das Mittel wird bis zur höchsten durch die Zulassung festgelegten Aufwandmenge bzw. Anwendungskonzentration als nicht bienengefährlich eingestuft

- **Nicht-Zielorganismen**-NT-Auflagen: Schutz des Naturhaushalts und Schonung nicht schädlicher Organismen (*non-target organisms*). Dazu gehören u. a. Insekten und Spinnentiere, die eine Lebensgemeinschaft in Saumbiotopen (z. B. Hecken) entlang von Ackerflächen bilden. Hier spielt die Einhaltung von Mindestabständen bei der Ausbringung von Pflanzenschutzmitteln eine zentrale Rolle, um Schäden durch unerwünschten Eintrag (Abdrift) von Behandlungsflüssigkeit (Spritzbrühe) zu verhindern. Bei Einsatz moderner, Abdrift mindernder Verfahren (z. B. spezielle Düsentechnik) sind die geringsten Abstände möglich, andernfalls sind größere Distanzen einzuhalten.

21.2 Formulierung der Wirkstoffe

Nach Wirkstoffsynthese und erfolgreicher biologischer, toxikologischer und ökologischer Prüfung einer neuen Verbindung beginnen umfangreiche Arbeiten zur Entwicklung eines praxistauglichen Präparats.

Die in den Handel kommenden Pflanzenschutzmittel bestehen aus verschiedenen Komponenten: **Wirkstoffe** als Aktivsubstanz (*active ingredient* = a.i.) *und* **Beistoffe**. Sie haben eine genau definierte Zusammensetzung, die als **Formulierung** bezeichnet wird.

Die Beistoffe dienen unter anderem dazu, dem Mittel eine gute Haft- und Netzfähigkeit auf der pflanzlichen Cuticula zu geben. Vielfach fungieren sie auch als Suspensionsmittel, Emulgatoren, Antioxidantien, als Warnstoffe oder Schutzkolloide. Ferner ist es die wichtige Aufgabe einer

Formulierung, die Wirkung eines Pflanzenschutzmittels im Zielorganismus zu optimieren und eine gleichmäßige Verteilung der Aktivsubstanz sicherzustellen.

Entsprechend der EU-Richtlinie 91/414/EWG unterscheidet man folgende **Beistoffe**: Anorganika, Organika, Farbstoffe, Gase, Lösungsmittel, Tenside und andere (Tabelle 21.1). Zu den an sie gestellten **Anforderungen** gehören unter anderem eine gute Verträglichkeit für die Kulturpflanze, geringe Toxizität gegenüber dem Anwender, Umweltverträglichkeit und eine ausreichende Stabilität.

Entsprechend ihrer Formulierung sind **Pflanzenschutzpräparate** als Spritz-, Stäube-, Streu-, Streich-, Tauch-, Gieß-, Begasungs-, Impf- und Ködermittel erhältlich.

Nur wenige Produkte werden als **Streumittel** eingesetzt. Hierbei handelt es sich im Wesentlichen um Granulate, die durch Aufbringen von

Tabelle 21.1 Beistoffe zur Formulierung von Pflanzenschutzmitteln (BVL 2007)

BVL-Kodierung	International	Deutsche Bezeichnung
A	antioxidant	Antioxidant
B	emetic	Brechmittel (Emetikum)
C	fertilizer	Dünger, Nährstoff
D	dispersing agent	Dispergiermittel
E	emulsifier	Emulgator
F	dye	Farbstoff
G	antifreeze	Frostschutzmittel
H	adhesive (sticker)	Haftmittel
I	thickener	Verdickungsmittel
J	anticlumping agent	Antiverbackungsmittel
K	preservative	Konservierungsmittel
L	solvent	Lösungsmittel
M	free-flowing agent	Fließmittel
O	synergist	Synergist
P	perfume, deodorant	Parfum, Deodorant
Q	propellant	Treibgas
R	repellent	Riechstoff (Repellent)
S	stabilizer	Stabilisator
T	carrier	Trägerstoff
U	lubricant	Schmiermittel
V	antifoaming agent	Schaumverminderer
X	miscellaneous	Sonstiges
Y	buffer	Puffer
Z	binder	Bindemittel

pulverisierten, gelösten oder flüssigen Wirkstoffen auf ein körniges Trägermaterial (0,5–3 mm Durchmesser) hergestellt werden. Als Träger verwendet man überwiegend adsorbierende Stoffe (z. B. Tonmineralien, Bentonit), aber auch Kalk- oder Bimsstein (zum Teil mit Haftmittelzusatz). Granulate werden ohne Wasser mit Spezialgeräten ausgebracht, gelangen in den Boden, wo sie ihr Wirkstoffe freisetzen. Ein typisches Beispiel sind insektizid wirksame **Granulate** gegen Gemüsefliegen, deren Larven die Wurzel der Wirtspflanzen zerstören.

Am häufigsten werden heute **Spritzmittel** angewendet, da sie mit modernen Geräten für Flächen- und Raumkulturen präzise, schnell und mit hoher Verteilgenauigkeit auszubringen sind. Dazu werden flüssige, pulverförmige oder granulierte Präparate mit Wasser vermischt (sogen. **Spritzbrühe**). Formulierungshilfsstoffe sorgen dafür, dass sich die meist wasserunlöslichen organischen Wirkstoffmoleküle in Form von Emulsionen oder Suspensionen im Wasser gleichmäßig verteilen und eine Entmischung ausbleibt.

Die Formulierung von Pflanzenschutzmitteln zur Ausbringung als Spritzmittel ist aufwändig, denn bei den Wirkstoffen handelt es sich überwiegend um organische Verbindungen, die unter Normalbedingungen entweder in flüssiger oder mikrokristalliner Form vorliegen und aufgrund ihres chemischen Aufbaus fast immer unpolar sind. **Wassermoleküle** besitzen jedoch einen ausgeprägten Dipolcharakter, so dass eine Mischung mit ölartigen oder festen Wirkstoffen nicht zustande kommt; außerdem werden sie von der wachsartigen **Cuticula** der Pflanzen abgestoßen. Um diese für die Wirkung eines Pflanzenschutzmittels nachteiligen Eigenschaften des Wassers zu verringern, setzt man **emulgierende, dispergierende oder oberflächenaktive** Substanzen zu, die als besondere Eigenschaft eine Affinität zum Wasser und gleichzeitig zum Wirkstoff besitzen. Auf diese Weise entstehen Emulsionen oder Suspensionen, bei denen Wasser als Trägerstoff für die Zubereitung einer Spritzbrühe benutzt werden kann (Abb. 21.4).

Formulierungen von PSM zur Herstellung von Spritzbrühen (Tabelle 21.2):

- **Emulgierbare Konzentrate (EC):** Lösungen von festen oder flüssigen Wirkstoffen in organischen Lösungsmitteln. Durch die Zugabe geeigneter Emulgatoren werden diese Lösungen mit Wasser mischbar. Es kommt zu milchigen Emulsionen mit einem Tröpfchendurchmesser von etwa 1 µm. Vorteile sind die einfache Herstellung und Anwendung. Nachteilig wirkt sich aus, dass einige Lösungsmittel leicht brennbar und eine Belastung für die Umwelt sind
- **Emulsionen (EW, Öl in Wasser):** Im Gegensatz zu den EC-Formulierungen sind bei den Emulsionen die organischen Lösungsmittel ganz oder teilweise durch Wasser ersetzt, wodurch sich sowohl die Produkteigenschaften als auch das Umweltverhalten deutlich verbessern

Abb. 21.4 Verbreitete Formulierungen von Pflanzenschutzmitteln

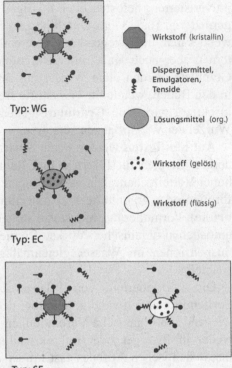

Typ: WG

Typ: EC

Typ: SE

- **Wasserlösliche Konzentrate (SL)**: Konzentrierte Lösungen von Wirkstoffen oder ihren Salzen in Wasser oder wassermischbaren Lösungsmitteln. Voraussetzung ist eine ausreichende Wasserlöslichkeit, was jedoch nur für wenige Wirkstoffe zutrifft
- **Suspensionskonzentrate (SC)**: Stabile Suspensionen fester Wirkstoffe in Wasser. Der Teilchendurchmesser liegt bei 1–2 µm. Suspensionskonzentrate sind in der Herstellung teurer als andere Formulierungen. Nachteilig ist die Gefahr einer Entmischung während der Lagerung. Vorteilhaft ist die einfache Handhabung sowie das Fehlen organischer Lösungsmittel
- **Mikroverkapselung, Kapselsuspensionen (CS)**: Sie zeichnen sich durch langsames und kontrolliertes Freisetzen des Wirkstoffs aus. Günstig im Vergleich zu anderen Formulierungen sind der verbesserte Anwenderschutz, die verlängerte Wirkungsdauer und eine Reduzierung von Wirkstoffverlusten durch Verdampfen. Die Herstellung ist aufwändig und teuer, der Marktanteil gegenwärtig noch gering
- **Spritzpulver (WP)**: Der feste Wirkstoff wird zusammen mit Trägermaterial, Dispergier- und Netzmittel fein gemahlen und mit einem Anteil bis zu 80% Aktivsubstanz in den Handel gebracht. Vor der Anwendung wird das Präparat in Wasser angerührt. Dabei entstehen stabile Suspensionen mit einer Teilchengröße von etwa 5 µm. Um die Anwendung zu vereinfachen und den Schutz des Anwenders zu erhöhen, gibt man die Präparate in wasserlöslichen Beuteln verpackt vollständig in den Vorratsbehälter des Spritzgerätes

Tabelle 21.2 Wichtige Formulierungstypen von Pflanzenschutzmitteln (nach BVL 2007)

Formulierungstyp	International	Deutsch
CS	capsule suspension	Kapselsuspension
DC	dispersible concentrate	dispergierbares Konzentrat
DS	powder or dry seed treatment	Saatgutpuder oder Trockenbeize
EC	emulsifiable concentrate	emulgierbares Konzentrat
EW	emulsion, oil in water	Emulsion, Öl in Wasser
FG	fine granule	Feingranulat (300–2 500 µm)
FS	flowable concentrate for seed treatment	Suspensionskonzentrat zur Saatgutbehandlung
LS	solution for seed treatment	Feuchtbeize
ME	micro-emulsion	Mikroemulsion
MG	microgranule	Mikrogranulat (100–600 µm)
OD	oil dispersion	Öldispersion
PR	plant rodlet	Pflanzenstäbchen
SC	suspension concentrate (= flowable concentrate)	Suspensionskonzentrat
SE	suspo-emulsion	Suspoemulsion
SG	water soluble granule	wasserlösliches Granulat
SL	soluble concentrate	wasserlösliches Konzentrat
SP	water soluble powder	wasserlösliches Pulver
SX	soluble paste extruder	stranggepresste Granulierung
VP	vapour releasing product	verdampfende Wirkstoffe enthaltendes Produkt
WG	water dispersible granules	wasserdispergierbares Granulat
WP	wettable powder	wasserdispergierbares Pulver
WS	water dispersible powder for slurry seed treatment	Schlämmpulver oder Schlämmbeize

- **Wasserdispergierbare Granulate (WG)**: Feste Stoffe, die zu Granulaten verarbeitet werden. Diese sind fließfähig und haben ein konstantes Schütt- oder Rüttelvolumen. Im Gegensatz zu den Spritzpulverformulierungen besitzen sie einen erhöhten Anteil an Dispergiermitteln, um beim Einrühren in Wasser eine feine Verteilung zu gewährleisten. Die Herstellung von Granulaten ist aufwändig und teuer. Ihr Vorteil liegt in der geringen Gefährdung des Anwenders, der einfachen Kartonverpackung und leichten Handhabung
- **Neue Entwicklungen** sind die Typen OD (Öldispersion) und SX (stranggepresste Granulierung). Trotz ihrer Gegensätzlichkeit (flüssig – Granulat) verfolgen beide das Ziel einer besseren Bioverfügbarkeit und somit der Wirkungssteigerung. Bislang werden sie vor allem bei Sulfonylharnstoff-Herbiziden genutzt
- **Beizmittelformulierungen** müssen den speziellen Bedürfnissen der Saatgutbehandlung entsprechen. In Kap. 28 sind die besonderen Eigenschaften dargestellt.

Neben der biologischen Wirkung stehen heute bei der Formulierung der Pflanzenschutzmittel der verbesserte **Schutz der Anwender** und **Schutz des Naturhaushaltes** im Vordergrund. Neue Formulierungstypen lösen zunehmend die verbreiteten EC- und WP-Formulierungen ab, um die Exposition des Anwenders bei der Zubereitung der Pflanzenschutzbrühe weiter zu senken.

21.3 Verlust der Wirksamkeit chemischer Pflanzenschutzmittel (Resistenzbildung)

Der Einsatz chemischer Pflanzenschutzmittel kann dazu führen, dass Schadorganismen nach einer gewissen Zeit mit einer abnehmenden Empfindlichkeit reagieren und die bislang gewohnten Bekämpfungserfolge ausbleiben. Unter bestimmten Voraussetzungen kommt es sogar zur völligen Wirkungslosigkeit.

Für diese Entwicklung gibt es verschiedene Ursachen: Zu geringe Dosierung, falscher Anwendungstermin, Applikationsfehler, ungünstige Witterungsbedingungen oder Resistenz der Schaderreger gegenüber dem eingesetzten Wirkstoff. Von besonderer Bedeutung ist dabei der Verlust der Wirksamkeit als Folge einer Resistenzbildung. Dieser Prozess verläuft über mehr als eine Vegetationsperiode hinweg und wird durch nachlassende Bekämpfungserfolge sichtbar.

21.3.1 Grundlagen

Organismen einer Schaderregerpopulation weisen **unterschiedliche Sensitivitäten** gegenüber bioziden Wirkstoffen auf. Diese Eigenschaft folgt den Prinzipien der Gaußschen Normalverteilung. Das hat zur Folge, dass man auch bei optimaler Applikation nie eine 100%ige Wirkung gegen alle vorhandenen Schadorganismen erreichen kann. **Die Resistenzentwicklung wird durch folgende Faktoren beschleunigt**:

- Ununterbrochene Anwendung der gleichen Wirkstoffe bzw. Präparate
- Schnelle Generationsfolge und hohe Vermehrungsrate der Schaderreger
- Große Anzahl der insensitiven (resistenten) Individuen in der Ausgangspopulation
- Wirkungsmechanismus. Eine Resistenz gegen Wirkstoffe mit nur einem Target (*one-site inhibitors*) entwickelt sich viel schneller als gegen Wirkstoffe mit zwei oder mehreren Targets (*multi-site inhibitors*). Diese Wir-

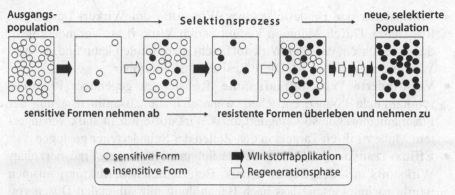

Abb. 21.5 Entstehung einer qualitativ resistenten Population von Schaderregern durch Selektion

kungslosigkeit wird i.d.R. durch die Mutation eines einzigen Gens beim Schaderreger erreicht. An der simultanen Entstehung von Resistenzen gegen Wirkstoffe mit mehreren Wirkorten (*multi-drug resistance*) sind meist mehrere Gene beteiligt (s. unten)

- Wirkstoffkonzentration. Eine Absenkung der ausgebrachten Wirkstoff- bzw. Präparatemenge unter die bewährte, vom Hersteller empfohlene, fördert die Geschwindigkeit der Resistenzentwicklung.

Die **Entstehung von Resistenzen gegenüber Pflanzenschutzmitteln** basiert auf einem **Selektionsvorgang**, bei dem das selektierende Agens das wiederholt eingesetzte Präparat ist. In jeder Schaderregerpopulation sind zunächst wenige unempfindliche (insensitive) Individuen vorhanden, die eine Bekämpfungsmaßnahme überleben. Die Applikation des entsprechenden Mittels führt nur zur Vernichtung sensitiver, nicht aber zur Vernichtung der insensitiven Formen. Kommt danach ein Wirkstoff mit demselben Target zum Einsatz, dann setzt erneut eine nahezu vollständige Vernichtung der sensitiven, nicht aber der resistenten Schaderreger ein. Auf diese Weise werden resistente Individuen selektiert und vermehren sich weiter. Schließlich entstehen vollständig resistente Populationen (Abb. 21.5), was den Wirkungsverlust eines Pflanzenschutzmittels zur Folge hat.

Ursachen der Resistenz

Die Resistenz von Schaderregern gegenüber Pflanzenschutzmitteln hat unterschiedliche Ursachen:

- **Mutationen** der Bindestelle eines Wirkstoffs am Wirkort (*target-site* Resistenz). Durch Mutation kommt es am Wirkort zu Veränderungen, die dazu führen, dass der Wirkstoff nicht mehr binden kann und so seine Wirkung aufgehoben ist. Diese Resistenz ist vererbbar
- **Verminderte Wirkstoffaufnahme.** Resistenzen gegenüber Pflanzenschutzmitteln können entstehen, wenn sich die Zusammensetzung der Plasmamembranen so verändert, dass Wirkstoffe nur in stark verringertem Maße zu ihren Targets in den Zellen der Schaderreger gelangen
- **Efflux-Transport.** Dabei handelt es sich um den aktiven Transport eines Wirkstoffs aus den Zellen heraus. Bei zahlreichen Mikroorganismen wurde nachgewiesen, dass nach Behandlung mit subletalen Dosen von Pflanzenschutzmitteln spezielle Efflux-Transporter gebildet werden, die aufgenommene Wirkstoffe wieder aus den Zellen entfernen und deren Konzentration auf diese Weise unterhalb der kritischen Schwelle halten
- **Metabolisierung** eines Wirkstoffs. Besonders in Insekten kommt es zum enzymatischen Abbau eines toxischen Wirkstoffs zu weniger toxischen Verbindungen
- **Überexpression der Gene für Target-Proteine.** Durch vermehrte Synthese des Target-Proteins kann eine vollständige Hemmung des Vorgangs bzw. der Reaktion vermieden werden
- **Nutzung alternativer Stoffwechselwege.** Wenn ein Wirkstoff selektiv durch Hemmung eines Enzyms einen Stoffwechselweg blockiert, kann diese Blockade unter Nutzung anderer Stoffwechselwege umgangen werden.

Analyse des Resistenzstatus

Die Analyse des Resistenzstatus von Schädlingen und Krankheitserregern ist eine wichtige Voraussetzung für ein gezieltes Resistenzmanagement. Sie dient dazu, vor dem Einsatz eines neuen Pflanzenschutzmittels festzustellen, in welchem Umfang in einer Ausgangspopulation insensitive Erreger vorliegen. Darüber hinaus ist eine solche Erfassung zur laufenden Beobachtung im Feldbestand bzw. einer Region hilfreich, um die Wirkung eingesetzter Pflanzenschutzmittel bei wichtigen Schadorganismen zu ermitteln. Die Analyse gibt ferner Aufschluss darüber, mit welchen Aufwandmengen noch ein ausreichender Wirkungsgrad zu erzielen bzw. wie weit eine Resistenzentwicklung im Bestand bereits fortgeschritten ist. Eine Standardisierung der Testmethoden ist Grundvoraussetzung für vergleichbare Daten.

Die Erfassung eines Sensitivitätsverlustes gegenüber einem Fungizid kann auf verschiedene Weise erfolgen:

- **Bestimmung der ED$_{50}$- bzw. der ED$_{90}$-Werte**
  Die Konzentration eines Wirkstoffs, bei der 50% bzw. 90% der möglichen Maximalwirkung einsetzt, wird als ED$_{50}$- bzw. ED$_{90}$-Wert (effektive Dosis), zuweilen auch als EC$_{50}$- bzw. EC$_{90}$-Wert bezeichnet. Je höher der Wert ist, umso höher liegt die zur Abtötung des Schaderregers notwendige Wirkstoffkonzentration
- **Ermittlung eines Resistenzfaktors (RF)**

$$\text{Resistenzfaktor} = \frac{\text{Sensitivität der selektierten Feldpopulation}}{\text{Sensitivität der Ausgangspopulation}}$$

Beispiel:
ED$_{50}$ der selektierten Feldpopulation = 17,5 mg Wirkstoff/L Spritzbrühe; ED$_{50}$ der Ausgangspopulation = 0,1 mg Wirkstoff/L Spritzbrühe
RF = 175.

Formen der Resistenz

Je nach Resistenzmechanismus kann man zwischen **qualitativer** und **quantitativer Wirkstoffresistenz** unterscheiden. Die qualitative Resistenz ist fast immer auf eine Mutation am Target des Wirkstoffs zurückzuführen. Alle Individuen, die diese Mutation tragen, sind vollständig (qualitativ) oder wenigstens weitgehend resistent, so dass auch der Einsatz erhöhter Konzentrationen keine Abtötung des Schaderregers mehr bewirkt (Abb. 21.5). Das Resistenzniveau der Individuen wird durch weitere Applikationen nicht beeinflusst. Ein Beispiel für eine qualitative Resistenz ist die Benomyl- und Strobilurin-Unempfindlichkeit bei Pilzen.

Wenn die Resistenz nicht mutationsbasiert, sondern auf einen anderen oder eine Kombination anderer Mechanismen zurückzuführen ist, so kann ihr Niveau variieren. Enzyme, die einen Wirkstoff abbauen oder Efflux-Transporter, die an der Ausschleusung eines Stoffes beteiligt sind, können in geringer oder hoher Aktivität vorliegen und damit dem Schaderreger mäßige oder weitgehende Resistenz vermitteln. Wichtig ist, dass diese Mechanismen meist adaptiv sind, d. h. dass ein Schaderreger durch zunehmenden Kontakt mit toxischen Mitteln Systeme aufbaut, die Resistenz verursachen. Auf dem Niveau der Individuen gibt es also nicht wie bei der qualitativen Resistenz nur resistente oder sensitive, sondern auch solche, die ein mittleres Resistenzniveau erreichen (Abb. 21.6). Mit Hilfe erhöhter Wirkstoffkonzentrationen könnten also mäßig resistente Individuen zunächst bekämpft werden, nach mehrfacher Applikation des gleichen Mittels jedoch eine schrittweise Erhöhung des Resistenzniveaus aufweisen. Dieses Phänomen bezeichnet man als *„Shifting"*. Die Bekämpfung dieser

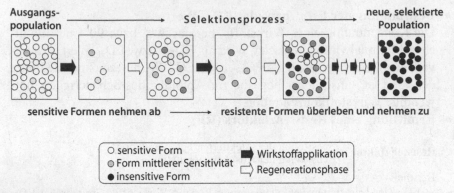

Abb. 21.6 Entstehung einer quantitativ resistenten Population von Schaderregern durch Selektion

Populationen erfordert am Ende immer höhere Konzentrationen und wird schließlich wirkungslos.

Für die Einschätzung der Resistenz und die Wahl geeigneter Maßnahmen zur Kontrolle resistenter Schaderreger-Populationen ist folgende Unterscheidung wichtig:

- **Bei der qualitativen Resistenz (Target-site-Resistenz)** sind alle Mittel mit identischem Wirkungsmechanismus und gleichen Bindestellen am Wirkort unwirksam. Man spricht in diesem Fall von **Kreuzresistenz**
- **Bei der quantitativen Resistenz (Multiresistenz)** reagieren Schaderreger gegenüber Verbindungen aus verschiedenen Substanzklassen insensitiv, auch wenn unterschiedliche Wirkungsmechanismen vorliegen (z. B. bei Insektiziden gegenüber Organophosphaten, Carbamaten und Pyrethroiden oder bei Pilzen gegenüber Azolen und Strobilurinen).

Geschwindigkeit der Resistenzbildung

Die unterschiedliche Geschwindigkeit der Resistenzbildung wird oft mit den Begriffen „**abrupte Selektion**" und „*Shifting*" zum Ausdruck gebracht. Bei der abrupten Selektion führen die molekularen Mechanismen innerhalb kurzer Zeit zur Ausbildung hoher Resistenzfaktoren. Es besteht dann keine Möglichkeit mehr, mit einer vertretbaren Konzentration (Felddosis) eine Wirkung gegen den Schadpilz zu erreichen (Abb. 21.7).

Im Gegensatz dazu führt die **kontinuierliche Selektion** (*shifting*) nur zu einer allmählichen Zunahme des Resistenzfaktors, was sich in einer kaum spürbaren Abnahme des Wirkungsgrades bemerkbar macht. Bei manchen Wirkstoffgruppen (z. B. Triazol-Derivate) ist die Wirkung gegen Schad-

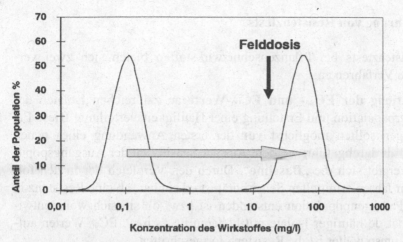

Abb. 21.7 Als Folge der abrupten Selektion überleben Schadorganismen eine hohe Wirkstoffkonzentration und werden von der praxisüblichen Felddosis nicht mehr abgetötet. Aufgrund unverminderter Fitness bleibt ihr Vermehrungspotential erhalten. Deshalb sind Resistenzfaktoren teilweise von 500–1 000 keine Seltenheit und bei Strobilurin- sowie MBC-Fungiziden auch nachgewiesen worden

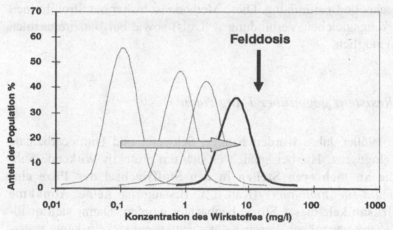

Abb. 21.8 Bei der kontinuierlichen Selektion (*shifting*) überleben Schadorganismen erhöhte Wirkstoffkonzentrationen, verlieren dabei aber an Fitness. Dadurch verlangsamt sich die Vermehrung der resistenten Individuen erheblich. Selbst nach langjährigem Einsatz (z. B. Triazol-Derivate) können immer noch ausreichende Wirkungsgrade mit der üblichen Felddosis erzielt werden, auch wenn Resistenzfaktoren zwischen 10 und 100 nachweisbar sind

pilze nach fast 30-jähriger Anwendung noch zufriedenstellend, weil der maßgebliche Anteil der Population eine Fungizid-Sensitivität aufweist, die immer noch unter der tatsächlichen Felddosis liegt (Abb. 21.8).

Durchführung von Resistenztests

Für Resistenztests bei Pflanzenschutzwirkstoffen bieten sich zwei verschiedene Verfahren an:

- **Ermittlung der EC_{50}- und EC_{90}-Werte** an zahlreichen Isolaten der Erregerpopulation und Erstellung einer Häufigkeitsverteilung. Diese Erhebungen sollten möglichst **vor** der ersten Anwendung eines neuen Fungizids durchgeführt werden. Aus der Sensitivität der Ausgangspopulation ergibt sich die „**Baseline**". Durch den Vergleich der in den folgenden Jahren ermittelten Sensitivität ist erkennbar, ob eine Resistenz in einer Pathogenpopulation entstanden ist bzw. ob sie sich weiterentwickelt hat. Je häufiger Isolate mit höheren EC_{50}- bzw. EC_{90}-Werten auftreten, umso weiter ist die Resistenz fortgeschritten
- **Mutierte Resistenzgene** werden in Isolaten des Pathogens gesucht. Wenn die DNA-Sequenzen der Resistenzgene bekannt sind, kann das verantwortliche Gen mit Hilfe der PCR (*polymerase chain reaction*) rasch amplifiziert und anschließend sequenziert werden. Die Untersuchungen sind in großer Zahl durchführbar und gestatten eine zuverlässige und schnelle Bestimmung. Diese Methode ist bisher bei Strobilurinen und wirkungsgleichen Verbindungen (QoIs) sowie bei Benzimidazolen (MCBs) möglich.

21.3.2   Resistenz gegenüber Fungiziden

Bis in die 1960er Jahre wurden Kupfer, Schwefel und Dithiocarbamate verbreitet eingesetzt. Hierbei handelt es sich um protektiv wirkende Substanzen, die **an mehreren Stellen in den Stoffwechsel der Pilze eingreifen** (*multi-site inhibitors*) (Kap. 22). Bislang ist **keine Abnahme in der Wirksamkeit** dieser Stoffe beobachtet worden. Damit sich qualitative Resistenz gegenüber diesen Komponenten entwickeln kann, müssten Schaderreger **zeitgleich an allen Genorten mutieren**, die für die Targets der Fungizidwirkung codieren. Die Wahrscheinlichkeit für eine solche Simultanmutation ist sehr gering. Zu den auch heute noch bedeutenden Wirkstoffen mit einem Multi-Site-Mechanismus gehören Thiocarbamate (z. B. Mancozeb), Schwefel, Kupfer und Chlorthalonil. Morpholine besitzen zwei Targets und es ist daher gut nachvollziehbar, dass es 34 Jahre dauerte, bis sich Morpholin-resistente Populationen zeigten (Tabelle 21.3).

Tabelle 21.3 Wirkstoffresistenzen bei pilzlichen Schaderregern in Kulturpflanzen (Auswahl)

erste beobach- tete Resisten- zen im Feld (Jahr)	Wirkstoffgruppe oder Wirkstoff	Jahre bis zum Auf- treten erster Resistenzen	Krankheiten, Kulturen und Krankheitserreger
1964	Organoquecksilber- verbindungen	40	Streifenkrankheit am Hafer (*Pyrenophora avenae*)
1970	Benzimidazole (z. B. Carbendazim)	2	Apfelschorf (*Venturia inaequalis*) und Grauschim- mel (*Botrytis cinerea*)
1983			Halmbruchkrankheit (*Tapesia yallundae*)
1980	Phenylamide (z. B. Metalaxyl)	2	Kraut- und Knollenfäule der Kartoffel (*Phytophthora infestans*) sowie Falscher Mehltau der Rebe (*Plasmopara viticola*)
1982	Ergosterol-Biosyn- these-Inhibitoren (DMIs, z. B. Triazole)	7	Echter Mehltau am Getreide (*Blumeria graminis*)
1994	Morpholine	34	Echter Mehltau am Getreide (*B. graminis*)
1998	Strobilurine	2	Echter Mehltau am Getreide *B. graminis*), Gurke (*Sphaerotheca fuliginea*) und Wein (*Uncinula necator*)
2002	Strobilurine	6	Blattdürre am Weizen (*Septoria tritici*)

Als die ersten **Fungizide mit einem spezifischen Wirkungsmechanismus** (*single-site inhibitors; one-site inhibitors*) auf den Markt kamen (zunächst die Benzimidazole und später die Triazole), machte man die Erfahrung der **Resistenzbildung** bei Schadpilzen. Mit der Einführung weiterer Präparate traten auch bei diesen bereits wenige Jahre nach ihrem ersten Einsatz Wirkungsverluste auf (Tabelle 21.3). Grundsätzlich gilt, dass die Entstehung einer Wirkstoffresistenz gegen einen *Single-Site inhibitor* viel wahrscheinlicher ist als bei einem *Multi-site inhibitor*. Für die Entstehung qualitativ resistenter Pathogene braucht eine Mutation nur an dem Genort zu erfolgen, der das Fungizidtarget codiert, so dass die Fungizid-Bindestelle modifiziert wird. *Single-Target-Site* Fungizide sind z. B. DMIs (Demethylations-Inhibitoren, wie z. B. Triazole), QoIs (*Quinon-outsite* Inhibitoren, Strobilurine

und andere) sowie MBCs (Methyl-Benzimidazol-Carbamate, Benzimidazole) (s. Kap. 22).

Bedeutung der Erbgänge

Im Hinblick auf die zeitliche Entwicklung einer Resistenz ist die Verer-
bungsweise von großer Bedeutung, denn sie beeinflusst in erheblichem
Umfang Ausmaß und Verteilung der Resistenz in einer Population. So
wird bei den genannten QoIs (z. B. Strobilurine) und Benzimidazolen
(MBC) die Resistenz **monogenisch vererbt**, d. h. nur ein Gen des Pilzes
bewirkt Resistenz. Bei DMIs liegt dagegen eine **polygenische Vererbung**
vor, d. h. mehrere Gene sind für eine verringerte Empfindlichkeit gegenüber Fungiziden verantwortlich. Es ist also nicht erstaunlich, dass z. B. der
Echte Mehltau des Weizens (Tabelle 21.3) bei monogenischer Resistenz
gegenüber Strobilurinen bereits zwei Jahre nach Markteinführung in einigen Anbaugebieten eine vollständige Resistenz entwickelte.

Beurteilung des Resistenzrisikos

Die **Einschätzung des Resistenzrisikos**, d. h. die Wahrscheinlichkeit einer
nachlassenden Sensitivität eines Pathogens gegenüber Fungiziden, ist ein
wichtiger Faktor bei der Entwicklung eines neuen Wirkstoffes. Gleiches
gilt für die praktische Anwendung von Pflanzenschutzmitteln, wie z. B. bei
der Festlegung einer Spritzfolge.

Die Gefahr einer Resistenzentwicklung ist nicht für alle Pathogene und
Wirkstoffe gleich und abhängig von der Kombination der Fungizid-, Pa-
thogen- und ackerbaulichen Risikofaktoren. **Generell gilt, dass Krankheitserreger, die mehrere Entwicklungszyklen während einer Vegetationsperiode durchlaufen und dabei zahlreiche Sporen verbreiten,
besonders gefährdet** sind. Ferner hat die Einlagerung von Pigmenten in
die Zellwände der Sporen insofern eine Bedeutung, als sie einen Schutz
vor mutagenen UV-Strahlen bietet und damit die Mutationsraten herab-
setzt. Auf diesen Umstand mag es zurückzuführen sein, dass qualitative
Fungizidresistenzen zuerst im Echten Mehltau auftraten, der hyaline, unpigmentierte Konidien bildet. Eine entscheidende Rolle spielt auch der
Wirkungsmechanismus der verwendeten Fungizide.

Die bisherigen praktischen Erfahrungen haben gezeigt, dass neben den
genannten Faktoren (Pathogen/Wirkstoff) alle Vorgänge wichtig sind, die
den Krankheitsverlauf und die Krankheitsintensität beeinflussen. Sie wer-

den unter der Bezeichnung „ackerbauliche Risiken" (*agronomic risk*) zusammengefasst. Dazu gehören:

- **Wetterbedingungen** (Feuchtigkeit, Temperatur), die sich günstig auf den Krankheitsverlauf auswirken
- **Düngungsintensität**, künstliche Beregnung, die die Entwicklung der Krankheitserreger beeinflussen
- **Kulturpraktiken**, wie z. B. Bestelltechnik, Monokultur oder Fruchtwechsel, die einen Einfluss auf das Primärinokulum haben
- **Verwendung resistenter oder teilresistenter** Sorten, Fruchtwechsel und zahlreiche Hygienemaßnahmen, die eine Pilzpopulation auf einem möglichst niedrigen Niveau halten.

Die bisher beobachteten regionalen Unterschiede beim Auftreten von Wirkstoffresistenz sind überwiegend auf die genannten Faktoren zurückzuführen.

Resistenz gegen Benzimidazole (MBC)

Auch für **Benzimidazole** ist der Resistenzmechanismus bekannt. Diese Fungizide binden an β-Tubulin-Proteine und hemmen sowohl die intrazellulären Transportprozesse als auch die Teilung (Mitose) der Pilzzelle. Durch Substitution von Aminosäuren wird der Wirkort verändert und dadurch ein Andocken der Verbindungen verhindert. Es kommt zum Austausch entweder von Glutaminsäure durch Alanin oder Lysin an der Position 198, E198A, E198G, E198 K oder von Phenylalanin durch Tyrosin an der Position 200, F200Y im β-Tubulin-Gen. Eine fungizide Wirkung ist somit nicht mehr möglich.

Resistenz gegen Strobilurine

Die 1996 in Deutschland erstmalig mit großem Erfolg eingeführte Wirkstoffgruppe der Strobilurine führte völlig unerwartet innerhalb nur weniger Jahre bei verschiedenen wirtschaftlich wichtigen Schadpilzen zu einer völligen Wirkungslosigkeit. Diese wurde durch eine Genmutation ausgelöst, deren Mechanismus in Box 21.3 dargestellt ist.

Inzwischen wurden zahlreiche Schadpilze in Acker-, Obst- und Gemüsekulturen resistent. Wichtige Beispiele sind Blattdürre des Weizens (*Mycosphaerella graminicola/Septoria tritici*), Echter Mehltau an Weizen und Gerste (*Blumeria graminis* f. sp. *tritici, B. graminis* f. sp. *hordei*) und DTR-Blattflecken am Weizen (*Pyrenophora tritici-repentis/Drechslera tritici-repentis*).

Box 21.3   Strobilurin-Resistenz

Der **Wirkort der Strobilurine** ist der Cytochrom-b-Komplex im Mitochondrium. **Codon 143** der Cytochrom-b-DNA mit der Basensequenz GGT führt nach der Translation zum Cytochrom-b-Protein mit der Aminosäure 143 Glycin, der Bindestelle für Strobilurine.

Mutiert nun Codon 143 durch Basenaustausch von GGT zu GCT, so führt dies zu einer Veränderung der Aminosäuresequenz: An Position 143 wird bei der Translation **statt Glycin** nun **Alanin** eingebaut. Strobilurin-Wirkstoffe können am veränderten Cytochrom-b-Enzym nicht mehr binden und die mitochondriale Elektronentransportkette nicht mehr blockieren.

Folge der Mutation: Der Stoffwechsel des Pilzes bleibt unbeeinträchtigt; er ist Strobilurin-resistent geworden. Neben Strobilurinen binden alle anderen QoIs in ähnlicher Weise am Membranprotein. Deshalb besteht **Kreuzresistenz** zwischen allen Qo-Inhibitoren.

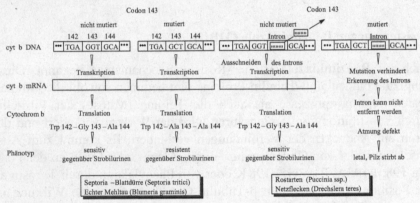

Abb.: Struktur des Cytochrom – b – Genstücks, Wirkort der Strobilurine und Quelle der Strobilurin – Resistenz (GISI 2005/2006)

Linker Teil der Abbildung:
Dargestellt ist die Struktur des **Cytochrom-b-Codons und des Cytochrom-b-Proteins** bei sensitiven (empfindlichen) und resistenten Schadpilzen. Bei *Septoria*-Arten und Getreidemehltau (*Blumeria* spp.) kommt es durch Mutation am Codon 143 zu einer vollständigen Wirkungslosigkeit.

Rechter Teil der Abbildung:
Bei Rosten (*Puccinia* spp.) und Netzflecken (*Drechslera* spp.) liegt Codon 143 im Bereich eines Introns, das bei der Aufbereitung der mRNA herausgeschnitten wird und nicht zur Translation gelangt. Aus diesem Grund hat sich bei diesen Schadpilzen bislang keine Strobilurin-Resistenz etabliert.

Inzwischen ist bekannt, dass es noch einen weiteren Resistenzmechanismus bei den Strobilurinen gibt. Die Substitution von Phenylalanin durch Leucin an der Position 129 des Cytochrom bc1-Enzymkomplexes (F129L-Subst.) hat ebenfalls einen ausgeprägten Wirkungsverlust zur Folge.

Ausnahmen der Resistenzbildung

Nicht alle mit Strobilurinen bekämpfbaren Pilze reagieren in gleicher Weise. So zeigen sich bei Getreiderosten (*Puccinia* spp.) und dem Erreger der *Rhynchosporium*-Blattflecken an Gerste (*Rhynchosporium secalis*) trotz mehrjähriger Anwendung bisher keine Resistenzerscheinungen.

Diese Tatsache ist in einer abweichenden Genstruktur begründet (Box 21.3). Es treten zwar gelegentlich Mutanten auf, die jedoch nicht lebensfähig sind (Letal-Mutation). Die Besonderheit liegt darin, dass Codon 143 in einem **Intron** liegt. Introns sind DNA-Bereiche, die nach der Transkription aus der mRNA enzymatisch entfernt werden und nicht zur Translation gelangen. Tritt eine G143A-Mutation auf, wird das Intron nicht mehr erkannt und kann daher nicht entfernt werden, so dass die Bildung des lebenswichtigen Cytochrom-b nicht möglich ist und der mutierte Pilz abstirbt.

21.3.3 Resistenz gegenüber Insektiziden und Akariziden

Bereits kurze Zeit nach Einführung der ersten Insektizide aus der Gruppe der chlorierten Kohlenwasserstoffe (1945), wie z. B. DDT und HCH, wurde bei mehrmaliger Anwendung eine nachlassende Wirkung beobachtet, die auf der enzymatischen Entgiftung des DDT in den betroffenen Insekten durch das Enzym Dehydrochlorinase beruht. Die Dehydrochlorinase wird nach Anwendung von DDT verstärkt in den betroffenen Tieren synthetisiert und überführt das DDT in das weit weniger toxische DDE (Abb. 21.9).

Dieses Enzym ist in der Lage, nicht nur DDT, sondern auch andere chlorierte Kohlenwasserstoffe (HCH) zu entgiften. Eine nachlassende Wirksamkeit insektizider Verbindungen wird – wenn auch in unterschiedlichem Ausmaß – für Substanzen aus anderen Wirkstoffgruppen (Organophosphate, Carbamate und andere) beobachtet. Gegenwärtig sind welt-

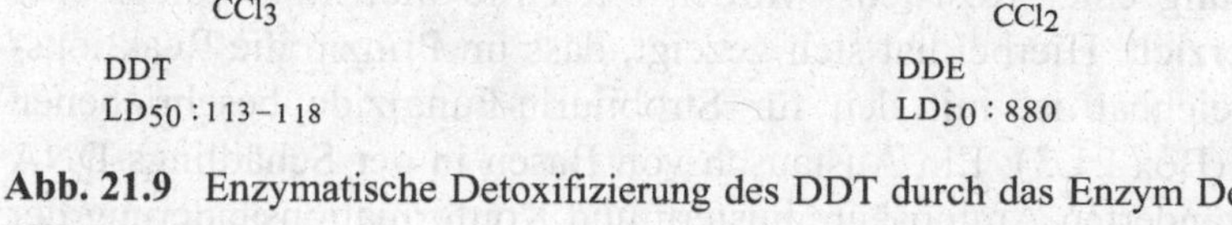

DDT
LD$_{50}$: 113–118

DDE
LD$_{50}$: 880

Abb. 21.9 Enzymatische Detoxifizierung des DDT durch das Enzym Dehydrochlorinase

weit etwa 300 Schädlinge bekannt, die zumindest gegen eine Klasse von Insektiziden resistent sind; nicht selten liegt Multiresistenz vor.

Eine Insektizidresistenz beruht wie die Fungizidresistenz auf einem Selektionsvorgang, Die in einer Population natürlich vorhandenen insensitiv reagierenden Schädlinge sind von den Wirkstoffen weniger stark beeinträchtigt und in der Lage, sich im Bestand weiter zu vermehren.

Die Resistenz gegenüber Insektiziden kann durch **Veränderungen am Wirkort** (*target*), und, wie im Falle der Resistenz gegenüber dem DDT, durch **verstärkte Synthese Wirkstoff-inaktivierender Enzyme** (metabolische Resistenz) ausgelöst werden. Gelegentlich sind es bestimmte Strukturen, die das Eindringen des Mittels einschränken (morphologisch bedingte Resistenz) oder den Kontakt mit dem Wirkstoff durch eine spezielle Verhaltensweise reduzieren (Verhaltensresistenz).

Bei den neurotoxisch wirkenden Organophosphaten (OPs), Carbamaten, Pyrethroiden und neuerdings auch bei den Neonicotinoiden ist aufgrund der verbreiteten Anwendung die Gefahr groß, dass sie Resistenzen verursachen, was sie weltweit zum Gegenstand intensiver Forschungsbemühungen macht.

Eine **nachlassende Sensitivität gegenüber Organophosphaten und Carbamaten** entsteht durch Entgiftungsreaktionen im Zielorganismus aufgrund einer verstärkten Synthese wirkstoffabbauender Enzyme (P450-Monooxigenase, Esterasen, Glutathion-S-Transferase) oder strukturelle Veränderungen am Target-Enzym (Acetylcholinesterase, ACE).

Auch die Resistenzentstehung nach der Anwendung von Pyrethroiden beruht auf einer verstärkten Inaktivierung durch Esterasen und Oxidasen bzw. Wirkortmodifikationen. Angesichts der Tatsache, dass weltweit die Pyrethroid-Insektizide eine dominierende Rolle spielen, ist auch die Entstehung entsprechender Resistenzen (z. B. Rapsglanzkäfer in Nordwestdeutschland seit ca. 2005) nicht erstaunlich. Daran wird deutlich, dass dringend neue Wirkstoffe mit völlig andersartigen Wirkmechanismen benötigt werden, um eine Zunahme der Pyrethroid-Resistenzen zu verhindern und diese Wirkstoffgruppe für breite Anwendungsbereiche zu erhalten.

Resistenzmechanismen für Insektizide, die nicht das Nervensystem der Insekten und Milben schädigen, wie z. B. Wachstumsregulatoren oder *Bacillus thuringiensis*-Endotoxine sind bisher noch nicht bekannt.

Die größten Fortschritte bei der Entschlüsselung der Reaktionswege für die Entstehung einer Resistenz wurden mit Hilfe molekularbiologischer Methoden erzielt. Hierbei hat sich gezeigt, dass im Prinzip die Reaktionsfolge vergleichbar ist mit den für Strobilurin-Fungizide beschriebenen Vorgängen (Box 21.3): Ein Austausch von Basen in der Schädlings-DNA führt zu veränderten Aminosäuremustern und Konformationsänderung der

Proteine. Dadurch können potentielle Bindestellen für Wirkstoffe nicht mehr in Anspruch genommen werden. Die Hemmung von Enzymen (z. B. Acetylcholinesterase) und damit die Blockierung der Reizleitung im Nervensystem kommt nicht zustande. Der Schädling ist resistent, d. h. er reagiert unempfindlich auf die Anwesenheit eines Insektizids.

21.3.4 Resistenzmanagement

Unter dem Begriff **Resistenzmanagement (RM)** werden alle Maßnahmen zur Vorbeugung und Verlangsamung einer Resistenzentwicklung sowie Zurückdrängung bereits vorhandener insensitiver Erregerpopulationen zusammengefasst. Ihr Ziel ist, die volle Wirksamkeit eines Präparats möglichst lange zu erhalten. Um dem Verlust der Wirksamkeit chemischer Pflanzenschutzmittel entgegenzuwirken, sind alle Maßnahmen geeignet, die darauf abzielen, ihre einseitige Anwendung und damit den **Selektionsdruck** zu **verringern**.

Bei der Planung einer **Fungizidstrategie** ist zu beachten, dass Präparate mit dem gleichen Wirkungsmechanismus in gleicher Weise mit dem Schadorganismus reagieren (Kreuzresistenz) und deshalb nicht innerhalb einer Behandlungsfolge eingesetzt werden dürfen. Wichtig in diesem Zusammenhang ist auch, dass keine Präparate ohne Mischungspartner mit anderen Wirkmechanismen verwendet werden sollten. Insbesondere bei Single-Target-Fungiziden ist der Einsatz von Solo-Präparaten ausgesprochen riskant!

Strategien zur Verhinderung oder Verlangsamung eines Wirkungsverlustes für **Insektizide und Akarizide** entsprechen weitgehend denen für Fungizide. Entscheidend ist, die einseitige Anwendung eines Präparates und den daraus entstehenden Selektionsdruck mit Auslese und Anreicherung resistenter Formen zu reduzieren.

Es gibt keine allgemeingültigen Strategien für ein wirkungsvolles RM. Nicht nur die Wirkungsweise und der Resistenzmodus spielen hierbei eine Rolle, sondern auch die Epidemiologie bzw. Populationsentwicklung der Zielorganismen sowie die jeweiligen Bedingungen, unter denen die Kulturen angebaut und die Pflanzenschutzmittel eingesetzt werden. Auf jeden Fall sind möglichst viele verschiedene Bekämpfungsmöglichkeiten zu berücksichtigen. Der Anwendung von chemischen Pflanzenschutzmitteln kommt dabei zwar eine Schlüsselstellung zu, sie sollte jedoch nicht die einzige Maßnahme bleiben. Ein wirksames RM setzt auch voraus, nicht-chemische Verfahren im Sinne der Guten fachlichen Praxis und des Integrierten Pflanzenschutzes zu nutzen (Box 21.4).

Box 21.4 Pflanzenschutzstrategien zur Vermeidung der Resistenzbildung

- **Resistenzmanagement** vorbeugend planen und durchführen
- **Soloanwendungen von Wirkstoffen vermeiden**. Als vorteilhaft hat sich die Mischung mit einem oder mehreren nicht kreuzresistenten Mitteln aus einer anderen Wirkstoffgruppe erwiesen. Ziel ist, der Entstehung von Resistenzen, die auf der Veränderung eines Targets durch eine einzige Mutation beruhen, vorzubeugen und mutierte Individuen durch Mischungspartner mit anderen Wirkmechanismen zu inaktivieren
- **Zahl der Applikationen** während einer Vegetationsperiode auf das unbedingt notwendige Maß reduzieren
- **Wirkstoffe wechseln**: In einer Spritzfolge sind nacheinander Mittel mit verschiedenen Wirkungsmechanismen/Wirkorten zu verwenden
- **Dosierung einhalten**: Die vom Hersteller empfohlene Dosis führt zu hohen Wirkungsgraden und geringem Resistenzrisiko. Dies ist besonders dann wichtig, wenn eine polygenische Resistenz vorliegt (z.B. DMI-Fungizide). Ziel ist, auch Teilpopulationen mit verminderter Sensitivität sicher zu erfassen
- **Splittinganwendung und Reduzierung der Aufwandmenge vermeiden**, denn sie führen bei wiederholtem Einsatz zu einem permanenten Selektionsdruck und beschleunigen die Entwicklung resistenter Schaderreger erheblich
- **Anbau resistenter Sorten** verlangsamt die Entwicklung und Verbreitung von Schadorganismen, hält die Populationen klein und verringert die Selektion resistenter Formen
- **Optimierung von Fruchtfolgen** und Anbautechnik zur Verringerung der Schadenswahrscheinlichkeit (s. Kap. 16)
- **Anwendung von Pflanzenschutzmitteln**: infektions- und befallsbezogen, nicht zu spät durchführen, um den Selektionsdruck zu mindern
- **Resistenzmonitoring nutzen**: Viele Hersteller stellen Daten über die lokale und regionale Ausbreitung wirkstoffresistenter Formen bereit

Große Schwierigkeiten bei der Durchführung eines RMs entstehen dann, wenn durch wiederholte und mehrjährige Anwendung des gleichen Pflanzenschutzmittels **Multiresistenz** auftritt. Dadurch werden die Variationsmöglichkeiten bei der Auswahl von Fungiziden, Insektiziden und Akariziden erheblich eingeschränkt. Bei Problemschädlingen im Gewächshaus haben sich gerade aus diesem Grund biologische Verfahren der Schädlingsbekämpfung bewährt.

Literatur

Anonym (2004) Proposed insecticide and acaricide susceptibility tests. IRAC, Insect Resistance Action Committee
Anonym (2005) Pathogen risk list. FRAG. Fungicide Resistance Action Committee

Anonym (2006) General principles of insecticide resistance management. IRAC, Insecticide Resistance Committee 2006 (www.irac-online.org)

Brent KJ (1995) Fungicide resistance in crop pathogens: how can it be managed. FRAC Monograph No.1, Brüssel

Brent KJ, Hollomon DW (1998) Fungicide resistance: the assessment of risk. FRAC Monograph No.2, Brüssel

BVL, Bundesamt für Verbraucherschutz und Lebensmittelsicherheit (2007) Liste zugelassener Pflanzenschutzmittel in Deutschland. Braunschweig; elektronisch abrufbar unter: www.bvl.bund.de/infopsm

Dehne H-W, Gisi U, Kuck KH, Russell PF, Lyr H (2005) Modern fungicides and antifungal compounds IV. BCPC, Alton, Hampshire

Del Sorbo G, Schoonbeck HJ, De Waard MA (2000) Fungal transporters involved in efflux of natural toxic compounds and fungicides. Fungal Genet Biol 30:1–15

Gisi U (2005/2006) Wirkstoffresistenz pilzlicher Krankheitserreger. Syngenta Agro GmbH, Stein

IVA, Industrieverband Agrar (2002) Pflanzenschutzmittel geprüft und zugelassen. Frankfurt/M

Kuck KH (2005) Fungicide resistance management in a new regulatory environment. In: Modern Fungicides and Antifungal Compounds IV, 14th International Reinhardsbrunn Symposium, p 35. BCPC. Alton, Hampshire

OEPP/EPPO (2002) Efficacy evaluation of plant protection products: Resistance risk analysis. EEPP/EPPO Bulletin 29, 325 (Revision 2002)

22 Fungizide

Fungizide sind Substanzen, die zur Abtötung von Pilzen angewendet werden. Bei den im Pflanzenschutz eingesetzten Mitteln handelt es sich, abgesehen vom Schwefel und einigen kupferhaltigen Präparaten, um synthetisch hergestellte organische Verbindungen mit unterschiedlicher chemischer Struktur und Wirkungsweise. Sie dienen dazu, Ertragsverluste zu verhindern, die je nach Kultur und Region bis zu 40% betragen. Unter für das Pilzwachstum günstigen Bedingungen können ganze Ernten vernichtet werden und dadurch wirtschaftliche Schwierigkeiten, Hungersnöte und Krankheiten in den betroffenen Ländern auftreten. Zahlreiche Beispiele belegen dies (Kap. 1).

22.1 Klassifizierung

Eine Klassifizierung der Fungizide kann unter verschiedenen Gesichtspunkten erfolgen:

- Nach ihrem **Verhalten auf und in der Pflanze**. Danach unterscheidet man:

  - **Protektive Fungizide**; diese müssen möglichst gleichmäßig auf die oberirdischen Pflanzenteile ausgebracht werden und geben, da sie nicht eindringen, lediglich einen äußerlichen Schutz vor dem Angriff der Pilze; sie sind daher nur vorbeugend wirksam; nach erfolgter Infektion ist eine Bekämpfung der Schaderreger nicht mehr möglich; neu zuwachsende Pflanzenteile werden nicht geschützt
  - **Systemische Fungizide**; sie dringen im Gegensatz zu den protektiven Fungiziden in das Pflanzengewebe ein.

Die systemischen Fungizide haben im Vergleich zu den protektiven eine Reihe von Vorteilen. Hierzu gehören: größere Unabhängigkeit von atmosphärischen Einflüssen (Wind, Regen, Licht) durch eine schnelle Aufnahme der Wirkstoffe über die Blätter oder Wurzeln. Schutz der durch Streckungswachstum vergrößerten Pflanzenteile, die bei der Applikation nicht vollständig erfasst werden. Abtötung der Pilze, auch nachdem sie in die Pflanzen eingedrungen sind (= kurative Wirkung).

– Zu unterscheiden sind weiterhin Wirkstoffe, die
  o über die Blätter und Wurzeln eindringen und über das Gefäßsystem (Xylem) verteilt werden (vollsystemisch)
  o nur in das von Spritzbrühe getroffene Gewebe eindringen (lokalsystemisch, translaminar)
  o auf und in der Cuticula verbleiben und über die Gasphase durch Diffusion in die Pflanze gelangen (quasisystemisch)

• Aufgrund ihrer **chemischen Struktur**. Danach werden alle Verbindungen mit gleicher Grundstruktur zusammengefasst. Dieses Kriterium erwies sich über Jahrzehnte als geeignetes Klassifizierungsmerkmal, weil die zu einer chemischen Familie gehörenden Verbindungen meist auch gleiche oder ähnliche biologische Eigenschaften besitzen. Mit der stärker steigenden Anzahl von Pflanzenschutzmitteln wurde diese Regel jedoch immer häufiger durchbrochen

• Nach **Zielorganismen**. Es werden alle Fungizide mit identischem Wirkungsspektrum zusammengefasst, und zwar unabhängig von ihrer Wirkungsweise und chemischen Struktur, z. B. alle Mittel, die Krankheitserreger aus der Klasse der Oomyceten (überwiegend Falscher Mehltau) kontrollieren können (= Oomyceten-Fungizide). Gleiches gilt auch für andere, meist wirtschaftlich besonders interessante Erreger oder Erregergruppen, wie *Botrytis cinerea* (= Botrytis-Fungizide) oder Echte Mehltaupilze (= Mehltau-Fungizide)

• Zusammenfassung der Verbindungen mit **identischem Wirkungsmechanismus**. Hier ist das übergeordnete Kriterium für die Klassifizierung der Fungizide nicht wie bisher üblich die chemische Struktur, sondern der Wirkort bzw. Wirkungsmechanismus (*mode of action*).

Ausgangspunkt für dieses Klassifizierungskonzept war die immer häufiger zu beobachtende Unempfindlichkeit (Resistenz) von phytopathogenen Pilzen gegenüber zunächst wirksamen Fungiziden und die Tatsache, dass ein Pilz, der gegen eine bestimmte Verbindung resistent ist, auch auf alle anderen Mittel mit gleichem Wirkungsmechanismus/Wirkort unempfindlich reagiert (Kreuzresistenz), und zwar unabhängig von seiner chemischen Struktur. Das bedeutet, dass diese Fungizide für eine erfolgreiche

Bekämpfung unbrauchbar geworden sind und durch ein Präparat mit einem anderen Wirkort ersetzt werden müssen.

Von Fachleuten aus der forschenden Pflanzenschutzindustrie wurde 1981 das *Fungicide Resistance Action Committee* (FRAC) gegründet, dessen Aufgabe es ist, eine Klassifizierung der Wirkstoffe zu erarbeiten, die diese Gesichtspunkte berücksichtigt.

In der folgenden Darstellung wurden die **Empfehlungen des FRAC** übernommen. Die Klassifizierungskriterien enthält Tabelle 22.1. In Spalte 1 sind die durch die Fungizide beeinflussten Stoffwechselvorgänge (*mode of action*) aufgeführt. Diesen Einheiten sind jeweils die Wirkstoffgruppen (Spalte 2) mit den entsprechenden Wirkstoffen (Spalte 3) zugeordnet. Von wenigen Ausnahmen abgesehen, wurden bei der Auswahl der Fungizide nur Mittel berücksichtigt, die in Deutschland zugelassen sind (Januar 2008).

Tabelle 22.1 Klassifizierung der Fungizide nach FRAC Liste 2

Wirkungsbereich im Stoffwechsel der Pilze	Wirkstoffgruppe	Wirkstoff (*common name*)	Markteinführung[2]	FRAC Code Liste (1)/Resistenzrisiko[1]
Nucleinsäurensynthese	Phenylamide	Metalaxyl-M	1979	4/+++
	Aminopyrimidine	Bupirimat	1975	8/++
	Isoxazole	Hymexazol	1969	32/–
Mitose und Zellteilung	Benzimidazole	Carbendazim	1974	1/+++
		Fuberidazol	1968	
		Thiabendazol	1969	
	Thiophanate	Thiophanatmethyl	1971	1/+++
	Benzamide	Zoxamide	2001	22/+ → ++
	Phenylharnstoffe	Pencycuron	1984	20/–
	Acylpicolide	Fluopicolide	2008	43/–
Atmung	Carboxamide	Carboxin	1969	7/++
		Boscalid	2004	
	QoI-Fungizide			11/+++
	Methoxyacrylate	Azoxystrobin	1996	
		Picoxystrobin	2001	
	Methoxycarbamate	Pyraclostrobin	2000	
	Oximinoacetate	Kresoxim-methyl	1996	
		Trifloxystrobin	1999	
	Oxazolidin-dione	Famoxadone	1998	
	Dihydrodioxazine	Fluoxastrobin	2002	
	Imidazolinone	Fenamidone	2001	
	Oximinoacetamide	Dimoxystrobin	2006	

Tabelle 22.1 (Fortsetzung)

Wirkungsbereich im Stoffwechsel der Pilze	Wirkstoffgruppe	Wirkstoff (*common name*)	Markteinführung[2]	FRAC Code Liste (1)/Resistenzrisiko[1]
	QiI-Fungizide			
	Cyanoimidazole	Cyazofamid	2001	21/++ → +++
	2,6-Dinitroaniline	Fluazinam	1990	29/+
	Thiophen-carboxamide	Silthiofam	1999	38/+
Aminosäuren-synthese	Anilinopyrimidine	Cyprodinil	1994	
		Pyrimethanil	1992	9/++
		Mepanipyrim	1995	
Signal-transduktion	Chinoline	Quinoxyfen	1996	13/++
	Phenylpyrrole	Fludioxonil	1993	12/+ → ++
Lipid- und Membran-synthese	Dicarboximide	Iprodion	1974	2/++ → +++
	Thiophosphorsäure-ester	Tolclofos-methyl	1984	14/+ → ++
	Carbamate	Propamocarb	1978	28/+ → ++
	Zimtsäuren	Dimethomorph	1993	15/+ → ++
	Aminosäureamid-carbamate	Iprovalicarb	1993	40/+ → ++
		Benthiavalicarb	2006	40/+ → ++
	Mandelsäureamide	Mandipropamid	2008	40/+ → ++
Sterolbiosynthese in Membranen	**SBI: Klasse I** (DMI-Fungizide)			3/++
	Pyrimidine	Fenarimol	1977	
	Imidazole	Imazalil	1977	
		Prochloraz	1977	
	Triazole	Cyproconazol	1989	
		Difenoconazol	1989	
		Epoxiconazol	1993	
		Fluquinconazol	1992	
		Flusilazol	1985	
		Flutriafol	1983	
		Metconazol	1994	
		Myclobutanil	1989	
		Penconazol	1983	
		Propiconazol	1980	
		Prothioconazol	2002	
		Tebuconazol	1988	
		Triadimenol	1978	
		Triticonazol	1993	
	SBI: Klasse II			5/+ → ++
	Morpholine	Fenpropimorph	1983	
	Piperidine	Fenpropidin	1986	
	Spiroketalamine	Spiroxamine	1997	

Tabelle 22.1 (Fortsetzung)

Wirkungsbereich im Stoffwechsel der Pilze	Wirkstoffgruppe	Wirkstoff (*common name*)	Markt-einfüh-rung[2]	FRAC Code Liste (1)/Re-sistenzrisiko[1]
	SBI: Klasse III			
	Hydroxyanilide	Fenhexamid	1998	17/+ → ++
Melaninbiosyn-	Triazolbenzothiazole	Tricyclazole	1976	16.1/–
these in der	Cyclopropancarbox-amide	Carpropamid	1996	16.2/++
Zellwand				
Unbekannter Wirkungs-mechanismus	Cyanoacetamidoxime	Cymoxanil	1976	27/+ → ++
	Ethylphosphonate	Fosetyl	1977	33/+
	Benzophenone	Metrafenone	2005	U8/–
	Amidoxime	Cyflufenamid	2006	U6/–
	Quinazolinone	Proquinazid	2006	U7/++
	Benzotriazine	Triazoxid	1990	35/–
Fungizide mit	Kupferverbindungen	Kupferhydroxid	1968	M1/+
mehreren Wirk-		Kupferoxy-chlorid	>1900s	
orten im Stoff-		Kupferoktanoat	1977	
wechsel der Pilze	Schwefel-verbindungen	Schwefel in anorganischer Form	<1900	M2/+
	Thiocarbamate	Mancozeb	1961	M3/+
		Maneb	1957	
		Metiram	1958	
		Thiram	1942	
	Phthalimide	Captan	1952	M4/+
		Folpet	1952	
	Sulfamide	Tolylfluanid	1971	M6/+
	Chlornitrile	Chlorthalonil	1964	M5/+
	Chinone	Dithianon	1963	M9/+
	Guanidine	Guazatin	1974	M7/+
		Dodin	1957	
Resistenz-induktoren	Benzothiadiazole (BTH)	Acibenzolar-S-methyl	1996	P/–
	Isonicotinsäuren	Dichloriso-nicotinsäure	–	–/–

[1] Resistenzrisiko: +++ = hoch; ++ = mittel; + = niedrig; – = nicht bekannt.
[2] Markteinführung bzw. erstmals als Fungizid erwähnt: aus Pesticide Manual 13th edition

22.2   Wirkstoffgruppen und Wirkstoffe

22.2.1   Inhibitoren der Nucleinsäurensynthese

Gemeinsames Merkmal der in diesem Kapitel zusammengefassten Fungizide ist ihr Einfluss auf die Nucleinsäurensynthese der Schadpilze. Sie haben jedoch unterschiedliche Wirkorte: Phenylamide hemmen die RNA-Polymerase I, Hydroxypyrimidine die Adenosindeaminase; entsprechend präzise Angaben für Isoxazole liegen dagegen nicht vor.

Phenylamide

Von den bekannten fungizidwirksamen Phenylamiden hat lediglich noch Metalaxyl eine größere wirtschaftliche Bedeutung. Das Syntheseprodukt besteht aus zwei Stereoisomeren, von denen fast ausschließlich die wirksamere R-Form als **Metalaxyl-M** (Abb. 22.1) zur Anwendung kommt.

Der Wirkstoff wird schnell über die Blätter, Triebe und nach Bodenapplikation von den Wurzeln aufgenommen und im Gefäßsystem (Xylem) in der ganzen Pflanze verteilt; auf diese Weise wird neu zuwachsendes Gewebe gegen eindringende Pilzhyphen geschützt. Ein bereits bestehender Befall kann nicht mehr behoben werden. Die Anwendung sollte daher vorbeugend, wenn eine Infektionsgefahr erkennbar ist, erfolgen.

Metalaxyl-M hemmt die im Zellkern lokalisierte RNA-Polymerase I der Schadpilze und damit die Synthese der rRNA. Die Folge ist die Blockierung der Proteinsynthese und ein sistierendes Myzelwachstum. Dadurch wird die weitere Ausbreitung des Pilzes in der Wirtspflanze verhindert und die Konidienbildung unterdrückt; die Keimung der Sporen/Konidien bleibt unbeeinflusst. Alle fungiziden Phenylamide schädigen ausschließlich pflanzenpathogene Oomyceten, insbesondere Falsche Mehltauarten.

Metalaxyl kam erstmals 1979 zur Anwendung. Bereits wenige Jahre später wurde eine abnehmende Empfindlichkeit der Schadpilze gegenüber

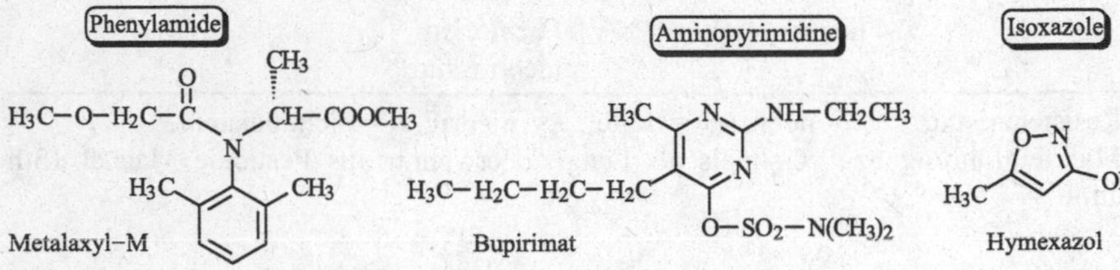

Abb. 22.1   Inhibitoren der Nucleinsäurensynthese

diesem Wirkstoff beobachtet, die sich rasch weltweit verbreitete. Ursache für die Wirkstoffresistenz sind durch Mutation bedingte Veränderungen am Wirkort (*target-site resistance*). Begünstigt wurde die Resistenzentwicklung vor allem dadurch, dass Metalaxyl nur einen Wirkort, die RNA-Polymerase I, hat (*one-site activity*). Wegen des hohen Resistenzrisikos wird Metalaxyl-M in der Regel im Freiland nur noch zusammen mit einem *multi-site activity*-Fungizid eingesetzt (Mittel mit mehreren Wirkorten, wie z. B. Mancozeb und Folpet).

Anwendungsbereiche und Zweckbestimmungen
Hopfen (Primärinfektionen): Falscher Mehltau. **Zierpflanzen** (unter Glas): Bodenpilze, Erreger von Umfallkrankheiten bei Keimlingen (*Pythium*- und *Phytophthora*-Arten) [Metalaxyl].

Aminopyrimidine

Die Aminopyrimidin-Derivate Ethirimol, Dimethirimol und Bupirimat fanden ab Anfang der 1970er Jahre breite Anwendung zur Bekämpfung der Echten Mehltaupilze. Gegenwärtig wird nur noch **Bupirimat** (Abb. 22.1) in größerem Umfang eingesetzt.

Bupirimat ist ein systemisches Fungizid mit protektiver und kurativer Wirkung. Seine Aufnahme erfolgt über die Blätter mit anschließender Translokation im Xylem (translaminare Verteilung). In der Pflanze wird die Verbindung abgebaut; durch Abspaltung des Dimethylsulfamat-Restes entsteht als Hauptmetabolit Ethirimol, das ebenfalls fungizide Eigenschaften besitzt (s. oben). Möglicherweise handelt es sich hierbei um die eigentliche pilzabtötende Komponente.

Bupirimat inhibiert die Adenosin-Deaminase (ADAase) von Echten Mehltaupilzen (Erysiphaceae). Das Enzym katalysiert die Umwandlung von Adenosin zu Inosin. Seine Hemmung begrenzt die Versorgung der Pilze mit Inosin- und Guanosinnucleotiden und dadurch die Synthese von Nucleinsäuren. Nur die ADAase von Echten Mehltaupilzen wird von Aminopyrimidinen beeinflusst. Durch die Störung des Nucleinsäure-Metabolismus ist die Zellteilung sowie die Konidienbildung und damit die Ausbreitung der Pilze unterbunden.

Eine nachlassende Empfindlichkeit von Mehltaupilzen gegenüber Aminopyrimidinen, insbesondere Dimethirimol, wurde mehrfach beobachtet. Das allgemeine Resistenzrisiko ist nach Einschätzung des FRAC jedoch nur mittelhoch.

Bedingt durch seine spezifische Wirkung gegen Erysiphaceen ist der Einsatz von Bupirimat beschränkt auf eine Bekämpfung von Echten Mehltaupilzen, wie z. B. Apfelmehltau, Amerikanischer Stachelbeermehltau und Rosenmehltau.

In Deutschland wird im Gegensatz zu anderen europäischen Ländern (z. B. Österreich, Schweiz) Bupirimat nicht mehr angewendet.

Isoxazole

Einziger zugelassener Wirkstoff mit Isoxazol-Struktur ist **Hymexazol** (Abb. 22.1). Diese Verbindung wird nach Bodenapplikation oder Saatgutbehandlung rasch über die Wurzeln aufgenommen und weitergeleitet (systemisches Fungizid). In den Pflanzen erfolgt jedoch ein schneller Abbau, so dass ein Ferntransport nur begrenzt möglich ist.

Die fungizide Wirkung kommt durch Beeinflussung der DNA/RNA-Synthese sowie Zerstörung der Permeabilität von Zellmembranen zustande. Der genaue Wirkort/Wirkungsmechanismus ist nicht bekannt.

Hymexazol eignet sich zur Bekämpfung bodenbürtiger Krankheitserreger, insbesondere der zu den Oomyceten zählenden *Pythium-* und *Aphanomyces*-Arten. Hauptanwendungsform ist die **Saatgutbehandlung**. Wirkstoffresistenz ist daher mit großer Wahrscheinlichkeit nicht zu erwarten.

Anwendungsbereich und Zweckbestimmungen
Futter- und Zuckerrübe (Saatgutbehandlung): bodenbürtige Wurzelbranderreger (*Pythium-* und *Aphanomyces*-Arten) [Hymexazol].

22.2.2 Inhibitoren der Mitose und Zellteilung

Zu den Inhibitoren der Mitose und Zellteilung zählen Verbindungen aus vier Wirkstoffgruppen: den Benzimidazolen, Thiophanaten, Benzamiden und Phenylharnstoffen. Die Fungizide aus den drei zuerst genannten chemischen Klassen beeinflussen das Mikrotubuli (MT)-System. Ob dies auch für das Phenylharnstoff-Derivat Pencycuron zutrifft, ist noch nicht eindeutig geklärt. Vieles spricht dafür, dass auch hier der MT-Bereich betroffen ist.

Die MT gehören zu den essentiellen Bestandteilen des für die Kern- und Zellteilung wichtigen Spindelapparates. Sie bestehen aus Tubulin-Polypeptideinheiten, die in 13 Reihen (Protofilamente) röhrenförmig angeordnet sind. Jede Tubulineinheit besteht aus zwei weitgehend gleichen Untereinheiten, dem α-Tubulin und β-Tubulin (Molekulargewicht jeweils ca. 50 000 und 450 Aminosäuren).

Für den Aufbau der MT ist die polare Struktur charakteristisch; sie besitzen ein Assoziationsende (Wachstumsende) und ein Dissoziationsende (Abbauende). Am Wachstumsende (+) erfolgt eine Anlagerung der Tubulin-Dimere an die Protofilamente, am Abbauende (–) ein Zerfall der Filamente in die entsprechenden Tubulineinheiten, so dass ein ständiger Auf- und Abbau der MT stattfindet (Abb. 22.2).

Die Fungizide binden an β-Tubulin und verhindern dadurch die Aggregation der Tubulin-Dimere und den Aufbau der Protofilamente. Da am Dissoziationsende der Zerfall ständig weiter fortschreitet, führt dies zu einer Destabilisierung und Rückbildung der MT und des Spindelapparates. Kernteilung (Mitose) und Zellteilung werden unterbrochen und die Pilzzelle stirbt ab.

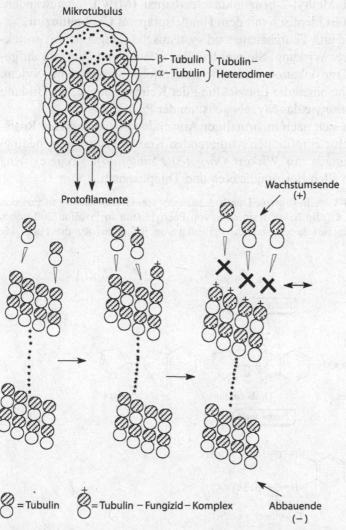

Abb. 22.2 Wirkungsmechanismus der Mitose- und Zellteilungsinhibitoren

Benzimidazole und Thiophanate

Mit dem Benzimidazol-Derivat **Benomyl** fand ab 1968 erstmals ein breit wirksames systemisches Fungizid weltweit Eingang in den chemischen Pflanzenschutz. Weitere Verbindungen mit gleicher Grundstruktur folgten in kurzen Zeitabständen. Mit einbezogen in diese Gruppe wird Thiophanatmethyl, weil der Wirkort identisch ist mit dem der Benzimidazole (Abb. 22.3).

Fuberidazol und **Thiabendazol** sind unmittelbar fungizid wirksam. Benomyl und **Thiophanatmethyl** werden erst in der Pflanze zum eigentlichen Wirkstoff Methyl-2-benzimidazolcarbamat (MBC), umgewandelt. Dieser Metabolit ist identisch mit dem Handelspräparat **Carbendazim**.

Benzimidazole und Thiophanate sind systemische Fungizide mit protektiver und kurativer Wirkung. Sie werden über Blätter und Wurzeln aufgenommen. Eine Translokation in der Pflanze erfolgt akropetal im Xylem. Alle Wirkstoffe hemmen die Entwicklung der Keimschläuche, die Bildung der Appressorien sowie das Myzelwachstum der Pilze.

Häufig zeigen sich nach mehrmaliger Anwendung der Fungizide Resistenzen bei zunächst empfindlich reagierenden Krankheitserregern, bedingt durch Veränderungen am Wirkort (*target-site mutation*). Kreuzresistenz besteht zwischen allen Benzimidazolen und Thiophanaten.

Betroffen ist das β-Tubulin-Protein. Durch Austausch von Glutaminsäure in Position 198 gegen Alanin, Glycin bzw. Lysin oder von Phenylalanin in Position 200 gegen Tyrosin (Punktmutation) ändert sich die Affinität von β-Tubulin für die Fungizide (Kap. 21.3).

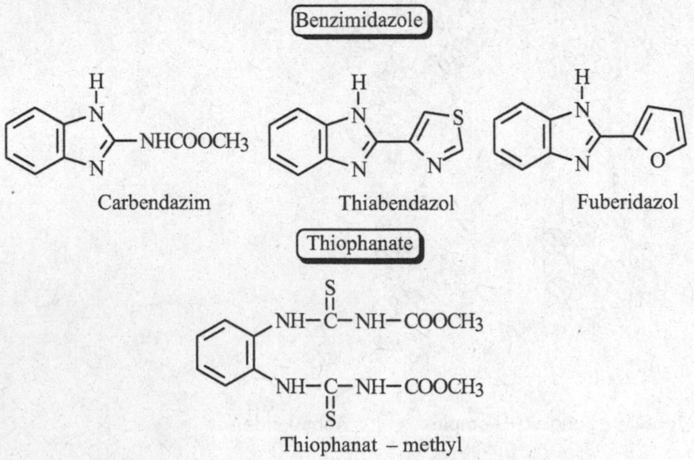

Abb. 22.3 Inhibitoren der Mitose und Zellteilung

Die Geschwindigkeit, mit der Resistenzen auftraten, war bei den einzelnen Pathogenen unterschiedlich: bei *Botrytis cinerea* bereits nach kurzer Zeit, bei *Tapesia yallundae* nach etwa 10 Jahren, bei *Rhynchosporium secalis* erst nach 15 Jahren.

Das **allgemein hohe Resistenzrisiko** hat dazu geführt, dass die Anwendung der Benzimidazol- und Thiophanat-Fungizide stark eingeschränkt wurde.

Anwendungsbereiche und Zweckbestimmungen

Winterraps: Weißstängeligkeit (Rapskrebs) [Thiophanatmethyl]. **Getreide** (Saatgutbehandlung, Kap. 28) [Carbendazim, nur in Kombination mit Imazalil, Flusilazol]. **Wintergerste** (Saatgutbehandlung, Kap. 28) [Fuberidazol, nur in Kombination mit anderen Fungiziden]. **Kernobst**: Lagerfäule, Bitterfäule [Thiophanat-methyl, vor der Ernte]. **Obst- und Ziergehölze** (Wundverschlussmittel): Zum Abhalten von Fäulnis an Wunden, die durch Schnitt, Windbruch, Frost usw. entstehen [Thiabendazol].

Benzamide

Zu den Inhibitoren der Mitose und Zellteilung zählt neben den Benzimidazolen und Thiophanaten aus der Gruppe der Benzamide **Zoxamide** (Abb. 22.4), über dessen fungizide Eigenschaften erstmals 1998 berichtet wurde.

Zoxamide ist ein protektives Fungizid mit **Kontaktwirkung**. Der Wirkstoff verbleibt nahezu ausschließlich im Bereich der behandelten Pflanzenteile. Die Anwendung erfolgt vorbeugend bzw. bei Infektionsbeginn. Ein bereits vorhandener Befall kann nicht mehr beseitigt, die weitere Ausbreitung jedoch gestoppt werden.

Der Wirkstoff bindet an β-Tubulin und verhindert dadurch den Aufbau der Mikrotubuli. Die genaue Bindestelle ist zwar noch nicht bekannt; sicher dagegen ist, dass sie nicht identisch mit der Bindestelle der Benzimidazole und Thiophanate ist.

Die Besonderheit dieses Fungizids ist seine spezifische Wirkung gegen Vertreter aus der Gruppe der Oomyceten (Falscher Mehltau). Die Sporangien- und Zoosporenbildung sowie die Ausbildung vitaler Infektionshyphen werden verhindert, außerdem Keimschläuche und Sporen abgetötet.

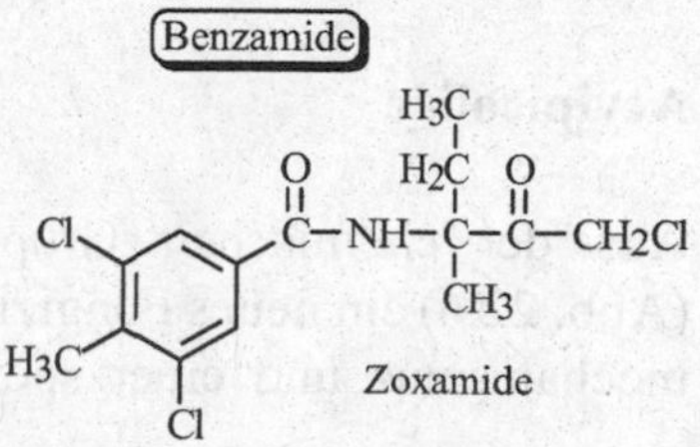

Abb. 22.4 Inhibitor der Mitose und Zellteilung

Da der Wirkstoff erst kurze Zeit auf dem Markt ist, kann das allgemeine Resistenzrisiko noch nicht abschließend beurteilt werden (vom FRAC bisher mit gering bis mittel eingestuft). Um einer Resistenzentwicklung frühzeitig entgegenzuwirken, kommt der Wirkstoff nur mit einem *multisite activity*-Fungizid zum Einsatz.

Anwendungsbereiche und Zweckbestimmungen
Kartoffel: Kraut- und Knollenfäule. **Weinrebe**: Falscher Mehltau. Anwendung nur in Kombination mit Mancozeb [Zoxamide].

Phenylharnstoffe

Bei dem zur Gruppe der pilzabtötenden Phenylharnstoff-Derivate gehörenden **Pencycuron** (Abb. 22.5) handelt es sich um ein nicht-systemisches Fungizid mit ausschließlich **protektiver Wirkung** und einem sehr engen Wirkungsbereich (*Rhizoctonia* an Kartoffel, *Pellicularia* an Reis). Der Wirkstoff hemmt das Myzelwachstum; der genaue Wirkort ist nicht bekannt.

Abb. 22.5 Inhibitor der Mitose und Zellteilung

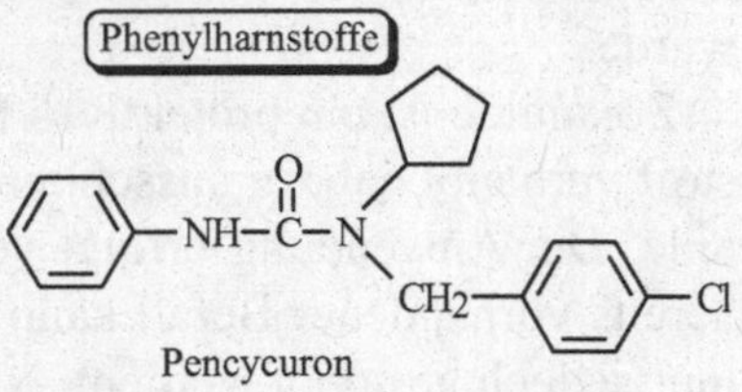

Pencycuron

Zytologische Veränderungen bei empfindlich reagierenden Pilzen, wie sie auch unter Einwirkung von Benzimidazolen zu beobachten sind, waren Veranlassung, Pencycuron den *Antimikrotubuli*-Fungiziden zuzuordnen. Resistente Formen wurden bisher nicht festgestellt.

Anwendungsbereich und Zweckbestimmung
Kartoffel (Pflanzgutbehandlung, Kap. 28): Wurzeltöterkrankheit (Weißhosigkeit, Stängelfäule) [Pencycuron].

Acylpicolide

Aus der chemischen Gruppe der Acylpicolide ist mit **Fluopicolide** (Abb. 22.6) ein neues Fungizid mit einem bisher nicht bekannten Wirkungsmechanismus und einer spezifischen Wirkung gegen pflanzenpathogene

Abb. 22.6 Inhibitor der Mitose und Zellteilung

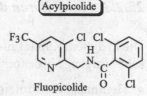

Organismen aus der Klasse der Oomycetes entwickelt worden. Die fungiziden Eigenschaften wurden Ende der 1990er Jahre entdeckt; die Markteinführung in Deutschland erfolgte 2008.

Die Wirkung des Präparats ist in verschiedenen Entwicklungsstadien der Krankheitserreger sichtbar. Die Zoosporen werden nach einer Behandlung immobil, schwellen an und platzen auf; die Keimung der Sporangien wird unterbunden; im Pflanzengewebe wird das Myzelwachstum inhibiert; neue Sporangien können nicht mehr gebildet werden. Die Freisetzung lebensfähiger mobiler Zoosporen aus den Sporangien wird verhindert und damit die weitere Ausbreitung der Krankheit eingeschränkt.

Mit Fluopicolide können auch Krankheitserreger bekämpft werden, die gegen Phenylamide, Strobilurine und Dimethomorph resistent geworden sind. Dies deutet darauf hin, dass die Verbindung einen neuen, bisher nicht bekannten Wirkungsmechanismus besitzt.

Immunolokalisationsstudien zeigten, dass ein mit dem Cytoskelett assoziiertes Protein, das „*spectrin-like protein*", nach Behandlung mit Fluopicolide eine stark veränderte Verteilung sowohl in Zoosporen als auch in Hyphen von *Phytophthora infestans* erfuhr.

Spectrine gehören zu den actinbindenden Proteinen, die für die Membranstabilität bei Säugern von Bedeutung sind. Actine sind kontraktile Proteine und stellen eine essentielle Komponente der Muskelproteine dar. Spectrine sind bisher bei Pilzen kaum untersucht worden.

Es ist jedoch noch nicht sicher, ob die beobachteten Veränderungen bei der Verteilung des spectrinähnlichen Proteins die primäre Ursache für die fungizide Wirkung sind oder nur das Resultat eines Effektes auf ein anderes, verwandtes Zielprotein.

Um der möglichen Entwicklung wirkstoffresistenter Pilze entgegenzuwirken, wird Fluopicolide nicht als Soloprodukt sondern nur in Mischung mit Fungiziden, die einen anderen Wirkungsmechanismus haben, angeboten. Außerdem wird die Begrenzung der Anzahl von Behandlungen pro Anbauperiode vorgeschlagen (Resistenzmanagement).

Anwendungsbereich und Zweckbestimmung
Kartoffel: Kraut- und Knollenfäule [Fluopicolide].

22.2.3 Inhibitoren der Atmung

Die in diesem Kapitel zusammengefassten Fungizide beeinflussen biochemische Vorgänge in der mitochondrialen Atmung durch:

- Hemmung der Proteinkomplexe II und III
- Hemmung von ATP-Synthese im Komplex V
- Hemmung der ATP-Translokation.

In der Atmungskette findet die letzte Stufe der biologischen Oxidation statt (Endoxidation). In ihr werden Wasserstoff bzw. Elektronen von Redoxsystemen höheren zu Redoxsystemen niedrigeren Elektronendrucks geleitet; am Ende steht die Oxidation des Wasserstoffs zu Wasser. Die frei werdende Energie wird in ATP konserviert (Abb. 22.7).

Mitochondrien bestehen aus einer äußeren glatten und einer stark gefalteten inneren Membran. Beide sind durch einen Intermembranraum getrennt. Die innere Membran umschließt die Matrix.

Die für die fungizide Wirkung wichtige e^--Transportkette ist in der inneren Membran der Mitochondrien lokalisiert. Sie besteht aus fünf hintereinander geschalteten Proteinkomplexen mit gebundenen Redoxkomponenten (NAD^+, Flavoproteine, Cytochrom b). Den Kontakt zwischen den einzelnen Komplexen stellen bewegliche Einheiten, Ubichinon und Cytochrom c, her.

Im **Komplex I** (NADH-Dehydrogenase-Komplex) wird das in der Matrix gebildete NADH in NAD^+ umgewandelt. Den Transport der frei gewordenen Elektronen übernimmt Ubichinon (Q). Durch Aufnahme von Elektronen (e^-) und Protonen (H^+) ent-

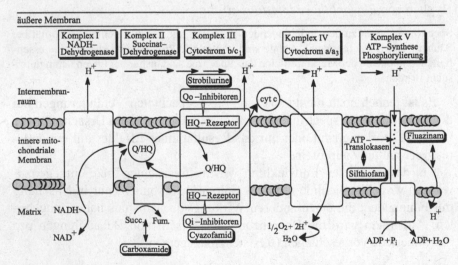

Abb. 22.7 Elektronentransportkette mit den Einwirkungsorten der in diesem Bereich wirksamen Fungizide

steht Ubihydrochinon als Transportform (QH). Bei der Weitergabe des Elektrons an das folgende Redoxsystem werden die Protonen freigesetzt und wandern in den Intermembranraum aus.

Komplex II (Succinat-Dehydrogenase-Komplex) stellt eine Verbindung der Atmungskette zum Zitronensäurezyklus her; er ist an der Matrixseite der inneren Membran lokalisiert. Hier wird Succinat zu Fumarat dehydriert, die dabei frei werdenden Elektronen und Protonen ebenfalls von Q aufgenommen und als QH in die Elektronentransportkette eingeleitet.

Das Enzym Succinat-Dehydrogenase wird durch synthetische **Carboxamide** gehemmt. Der Komplex II ist daher der Wirkort (*target*) für diese Gruppe von Fungiziden.

Im **Komplex III** (Cytochrom-b/c_1-Komplex) wird Ubihydrochinon wieder zum Ubichinon reduziert (QH $\rightarrow$ Q + H$^+$ + e$^-$) und die anfallenden Elektronen auf Cytochrom b, dann weiter auf Cytochrom c_1 und schließlich auf das bewegliche Cytochrom c (cyt c) weitergegeben.

Der Komplex III ist der Wirkort (*target*) für die synthetischen **Strobilurine** sowie **Fenamidone, Famoxadone** und **Cyazofamid**. Er weist zwei QH-Rezeptoren auf, einen Rezeptor auf der äußeren, einen zweiten auf der inneren Seite der Membran. Beide müssen bei der Elektronenübertragung funktionstüchtig sein.

Strobilurine sowie Fenamidone und Famoxadone blockieren die Rezeptoren, d. h. die Andockstellen auf der äußeren Seite der Membran. Sie werden daher Qoutside-Inhibitoren (QoI) genannt. Der Rezeptor auf der Innenseite der Membran wird von Cyazofamid blockiert und daher als Qinnerside-Inhibitor (QiI) bezeichnet. Im Komplex III der mitochondrialen Elektronentransportkette sind demnach zwei Bindungsstellen für Fungizide vorhanden. Beide Wirkorte sind voneinander unabhängig, eine Kreuzresistenz zwischen Qo- und Qi-Inhibitoren ist daher nicht möglich.

Das bewegliche Cytochrom c überträgt die Elektronen zum **Komplex IV** (Cytochrom-a/a_3-Komplex). Hier wird Sauerstoff mit Hilfe der herangeführten Elektronen reduziert, d. h. Elektronen auf elementaren Sauerstoff übertragen. Das durch die Aufnahme von zwei Elektronen entstehende Sauerstoffion tritt dann mit zwei Protonen zu Wasser zusammen ($^1/_2$ O$_2^{--}$ + 2H$^+$ $\rightarrow$ H$_2$O).

Aus den Komplexen I, III und IV werden Protonen (H$^+$) in den Intermembranraum abgegeben. Dies führt zu einem pH-Gradienten, d. h. einem elektrochemischen Potential. Ein Ausgleich erfolgt im Komplex V über einen Protonenkanal, in dem ATPase lokalisiert ist. Hier wird die anfallende Redoxenergie in chemische Energie durch Phosphorylierung von ADP zu ATP umgewandelt (ADP + 2H$^+$ + PO$_4^-$ $\rightarrow$ ATP + H$_2$O).

Damit ATP die für diese Verbindung nicht durchlässige innere Mitochondrienmembran verlassen kann, sind ATP-Transportmoleküle erforderlich. Hier liegt ein weiterer Wirkort (*target*) für Fungizide. So verhindert der Wirkstoff **Silthiofam** durch eine Inhibierung der Translokasen den Transport von ATP aus dem **Komplex V** in die Mitochondrien-Matrix und beeinflusst damit alle energieabhängigen Stoffwechselvorgänge empfindlich reagierender Pilze außerhalb der Mitochondrien.

Eine zusätzliche Einwirkungsmöglichkeit für Fungizide im Bereich der mitochondrialen Atmungskette ist die Entkopplung der oxidativen Phosphorylierung. Dieser Vorgang tritt ein, wenn bei normaler Übertragung von Wasserstoff bzw. Elektronen zum Sauerstoff keine Bildung von ATP erfolgt.

Entkoppelnde Fungizide, wie das zur Wirkstoffgruppe der 2,6-Dinitroaniline gehörende **Fluazinam,** sind meist lipophile Substanzen, welche die innere Mitochondrienmembran passieren können und sie dadurch für Protonen (H$^+$) durchlässig machen.

Diese nehmen dann nicht mehr den Weg über die Protonenkanäle im Komplex V, sondern gelangen auf direktem Weg in die Mitochondrien-Matrix. Das führt dazu, dass die frei werdende Energie nicht in ATP konserviert, sondern als Wärme abgegeben wird. Die Folgen für die extramitochondrialen Stoffwechselvorgänge sind vergleichbar mit der Verhinderung des ATP-Austritts aus Komplex V durch die Inhibierung der Translokasen. In beiden Fällen unterbleibt durch die Einwirkung von Fungiziden die Bereitstellung von energiereichem ATP.

Carboxamide

Das zur Gruppe der Carboxamide zählende Carboxin war das erste vermarktete Fungizid mit systemischen Eigenschaften. Der zweite gegenwärtig noch eingesetzte Wirkstoff **Boscalid** ist eine Neuentwicklung (Abb. 22.8).

Die Carboxamide hemmen die Ausbildung der Keimschläuche und das Myzelwachstum sowie die Sporulation der Schadpilze. Die fungizide Wirkung kommt durch Inhibierung der in den Mitochondrien der Pilze lokalisierten Succinat-Coenzym-Q-Reduktase zustande.

Carboxin wird ausschließlich als Saatgutbehandlungsmittel (Kap. 28) zur Bekämpfung samenübertragbarer Pilze an Getreide, insbesondere der Hart- und Flugbrande, eingesetzt. Hauptanwendungsbereiche von Boscalid sind Getreidekulturen, Winterraps und Weinrebe.

Boscalid besitzt protektive und kurative Eigenschaften. Der Wirkstoff wird über das Blatt aufgenommen und in der Pflanze systemisch akropetal transportiert. Daneben zeigt er eine translaminare Aktivität.

Carboxin-resistente Pilzstämme konnten zwar experimentell erzeugt werden, unter Freilandbedingungen sind sie ohne größere Bedeutung. Erfahrungen mit Boscalid liegen noch nicht vor. Vom FRAC wird ein mittleres Resistenzrisiko angegeben. Soweit bisher Resistenzen aufgetreten sind, beruhen diese auf Veränderungen am Wirkort (*target-site mutation*, Kap. 21.3).

Anwendungsbereiche und Zweckbestimmungen
Winterraps: Weißstängeligkeit (Rapskrebs), Rapsschwärze, Wurzelhals- und Stängelfäule [Boscalid]. **Weinrebe**: Grauschimmel [Boscalid]. Buschbohne (Freiland und

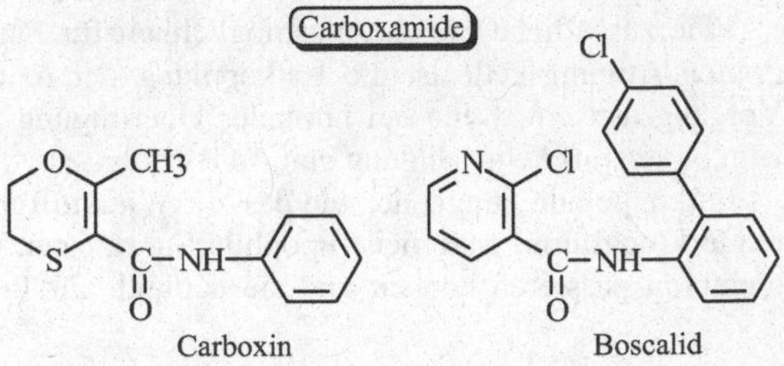

Abb. 22.8 Inhibitoren der Atmung

Carboxamide

Carboxin   Boscalid

unter Glas), **Stangenbohne** (unter Glas), **Dicke Bohne**: Botrytis-Arten, Weißstängeligkeit [Boscalid]. **Erbse**: Botrytis-Arten, Weißstängeligkeit, Brennfleckenkrankheit [Boscalid].

Strobilurine und wirkungsgleiche Verbindungen aus verschiedenen Wirkstoffgruppen (Qo-Inhibitoren)

Die 1977 beschriebenen antibiotischen Eigenschaften des aus Kulturen des Kiefernzapfenrüblings (*Strobilurus tenacellus*) gewonnenen Strobilurin A (Abb. 22.9) waren der Ausgangspunkt für die Entwicklung einer neuen Wirkstoffklasse, der Strobilurine. Die Wirkungsweise dieser Fungizide beruht auf einer Inhibierung der Elektronenübertragung am Cytochromb/c$_1$-Komplex in der mitochondrialen Atmungskette der Pilze (Abb. 22.7). Dies führt zu einer Hemmung der ATP-Synthese und der nachstehenden metabolischen Aktivitäten. Das Naturprodukt Strobilurin A ist äußerst photolabil und kann daher im Pflanzenschutz als Blattfungizid keine Verwendung finden. Erst durch die Beseitigung konjugierter Doppelbindungen

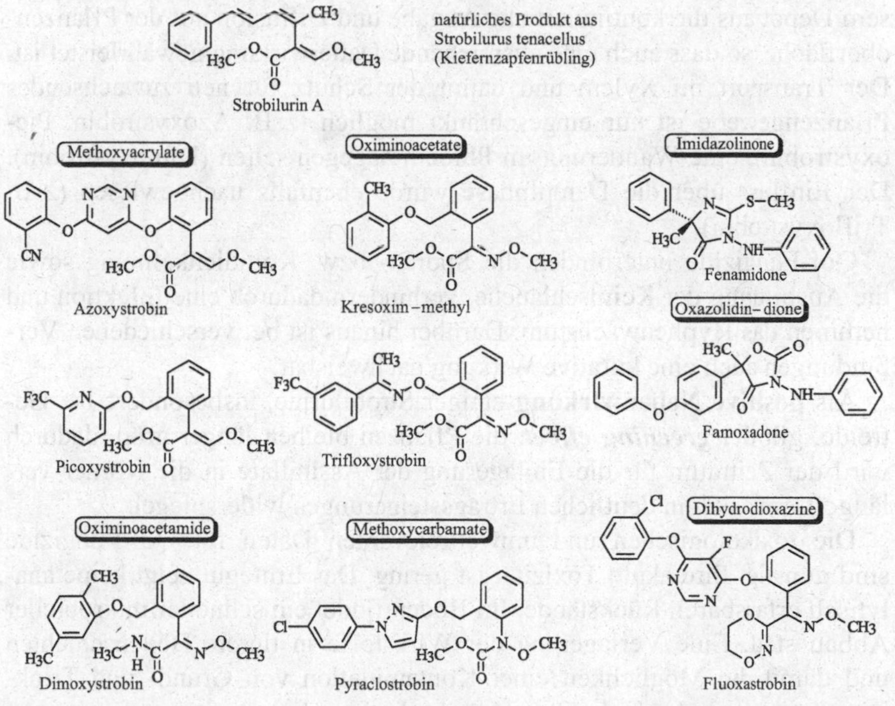

Abb. 22.9 Inhibitoren der Atmung. Strobilurine und wirkungsgleiche Verbindungen (QoI-Fungizide)

und Optimierungen am Grundmolekül gelang es, stabile Produkte zu entwickeln. Die Markteinführung der synthetischen Strobilurine begann 1996.

Die erste Generation der synthetischen Strobilurine enthielt als Toxophor entweder die auch im Naturprodukt vorkommende Methyl-β-methoxyacrylat-Konfiguration (Azoxystrobin, Picoxystrobin) oder die Enolether-Gruppe der Methoxyacrylate wurde durch eine Oximether-Einheit ersetzt (Kresoxim-methyl, Trifloxystrobin). Bei den folgenden Strobilurinen weicht die chemische Struktur immer mehr von der ursprünglichen Form ab bis hin zu Fenamidone und Famoxadone, die aufgrund ihres völlig anderen Aufbaus nicht mehr zur chemischen Klasse der Strobilurine gehören, aber an gleicher Stelle wie die zuvor genannten Verbindungen in den Stoffwechsel der Pilze eingreifen.

Alle hier zusammengefassten Fungizide (Abb. 22.9) werden unabhängig von ihrer chemischen Konstitution aufgrund ihrer übereinstimmenden Wirkungsweise als Qo-Inhibitoren (**QoI** = *Quinone outside Inhibitors*) bezeichnet.

Sowohl die **Strobilurine** als auch die wirkungsgleichen Verbindungen **sind in erster Linie protektive Fungizide** und müssen daher vor oder zum Infektionsbeginn angewendet werden. Sie besitzen unterschiedlich stark ausgeprägte lokalsystemische und translaminare Eigenschaften. Häufig findet eine Bindung in der Wachsschicht der Blätter statt und von diesem Depot aus die kontinuierliche Abgabe und Diffusion auf der Pflanzenoberfläche, so dass auch eine ausreichende Dauerwirkung gewährleistet ist. Der Transport im Xylem und damit der Schutz für neu zuwachsendes Pflanzengewebe ist nur eingeschränkt möglich (z. B. Azoxystrobin, Picoxystrobin), eine Wanderung im Phloem dagegen selten (Dimoxystrobin). Der Einfluss über die Dampfphase wurde ebenfalls nachgewiesen (z. B. Trifloxystrobin).

QoI-Fungizide unterbinden die Sporen- bzw. Konidienkeimung sowie die Ausbildung der Keimschläuche, verhindern dadurch eine Infektion und hemmen das Hyphenwachstum. Darüber hinaus ist bei verschiedenen Verbindungen auch eine kurative Wirkung nachweisbar.

Als **positive Nebenwirkung** einiger Strobilurine, insbesondere bei Getreide, gilt der *greening effect*; die Pflanzen bleiben länger grün, dadurch wird der Zeitraum für die Einlagerung der Assimilate in die Körner verlängert, was sich in deutlichen Ertragssteigerungen widerspiegelt.

Die toxikologischen und umweltrelevanten Daten für QoI-Fungizide sind günstig. Ihre akute Toxizität ist gering. Das Erntegut zeigt keine analytisch erfassbaren Rückstände. Im Boden findet ein schneller mikrobieller Abbau statt. Eine Verlagerung der Wirkstoffe in tiefere Bodenschichten und damit die Möglichkeit einer Kontamination von Grund- und Trinkwasser trat nach den bisherigen Untersuchungen nicht auf.

Strobilurine werden weltweit in zahlreichen Kulturen eingesetzt und sind wirksam gegen ein außerordentlich breites Spektrum von Erregern aus allen Pflanzenpathogene enthaltenden Pilzklassen und Protisten (Ascomyceten, Basidiomyceten und Oomyceten). Trotzdem kommen ständig neue QoI-Fungizide auf den Markt. Ziel jeder Neuentwicklung ist, in einem Produkt sämtliche Eigenschaften für eine optimale fungizide Wirkung zu vereinen (Verteilung in der Pflanze, ausreichend lange Wirkungsdauer, Transport im Xylem und Phloem, protektive und kurative Eigenschaften) und die Möglichkeit, alle in einer Kultur vorkommenden wichtigen Krankheitserreger zu erfassen. Das zuletzt genannte Kriterium ist vor allem beim Einsatz in Getreidekulturen von Interesse, die durch eine große Anzahl ertragsrelevanter Erreger gefährdet sind.

Zunehmend treten nach Anwendung von QoI-Fungiziden wirkstoffresistente Pilzstämme auf. Ursache ist eine Punktmutation im Gen von Cytochrom b der Pilze, die eine Aminosäureänderung (Glycin → Alanin) an Position 143 des Proteins bewirkt (G143A-Mutation). Um der Entstehung von Resistenzen entgegenzuwirken, werden die QoI-Fungizide häufig zusammen mit Mitteln, die einen anderen Wirkungsmechanismus besitzen angewendet (Kap. 21.3).

Kreuzresistenz zwischen allen Vertretern der QoI-Gruppe ist möglich! Deshalb ist, insbesondere für *Blumeria graminis*, *Septoria nodorum* und *S.tritici* ein wirksames Resistenzmanagement erforderlich (s. Kap. 21.3). In Nordwesteuropa ist bereits jetzt keine ausreichende Wirksamkeit gegen die genannten Krankheitserreger mehr vorhanden. Gleiches gilt für *Venturia inaequalis* (Apfelschorf) und verschiedene andere.

Bevorzugte Einsatzgebiete sind Getreidekulturen. Das **Wirkungsspektrum** umfasst hier alle wichtigen Krankheiten/Krankheitserreger. Eine Ausnahme machen die beiden nicht zur chemischen Gruppe der Strobilurine zählenden, aber wirkungsgleichen Fungizide Fenamidone und Famoxadone. Sie zeichnen sich durch eine spezifische Wirkung gegenüber Schaderregern aus der Klasse Oomycetes (hauptsächlich Erreger des Falschen Mehltaus) aus. Von den außerordentlich zahlreichen Anwendungsbereichen und bekämpfbaren Schadpilzen werden nachstehend nur die wichtigsten genannt.

Anwendungsbereiche und Zweckbestimmungen
Getreide: Echter Mehltau, Gelbrost, Braunrost, Zwergrost, Kronenrost, Septoria-Blattdürre, Blatt- und Spelzenbräune, DTR-Blattdürre, Netzfleckenkrankheit, Rhynchosporium-Blattfleckenkrankheit, Fusarium-Arten, Halmbruchkrankheit [mit unterschiedlichen Wirkungsbereichen – Azoxystrobin, Picoxystrobin, Pyraclostrobin, Trifloxystrobin, Fluoxastrobin, Dimoxystrobin]. **Kartoffel**: Kraut- und Knollenfäule [Famoxadone]. **Zuckerrübe**: Cercospora-Blattfleckenkrankheit [Azoxystrobin]. **Winterraps**: Weißstängeligkeit, Rapsschwärze, Wurzelhals- und Stängelfäule [Dimoxystrobin]. **Tabak**: Echter Mehltau [Kresoxim-methyl].

Kernobst: Apfel- und Birnenschorf, Echter Mehltau [Kresoxim-methyl, Trifloxy-strobin]. **Weinrebe**: Echter Mehltau [Trifloxystrobin, Kresoxim-methyl, Pyraclostro-bin]. Falscher Mehltau [Pyraclostrobin, Fenamidone, Famoxadone]. Roter Brenner, Schwarzfleckenkrankheit [Trifloxystrobin]. **Pflaume**: Monilia-Fäule, Schrotschuss-krankheit [Trifloxystrobin]. **Pfirsich**: Monilia-Fäule [Trifloxystrobin]. **Erdbeere**: Echter Mehltau [Trifloxystrobin, Kresoxim-methyl], Rot- und Weißfleckenkrankheit [Trifloxystrobin]. **Himbeere**: Rutensterben [Trifloxystrobin].
Tomate: Kraut- und Braunfäule [Famoxadone]. **Gurke**: Falscher Mehltau [Famoxa-done]. Echter Mehltau [Trifloxystrobin]. **Stangenbohne**: Brennfleckenkrankheit, Bohnenrost [Trifloxystrobin]. **Spargel**: Spargelrost [Kresoxim-methyl]

Cyanoimidazole (Qi-Inhibitoren)

Bisher einzige Verbindung mit fungiziden Eigenschaften aus der Gruppe der Cyanoimidazole ist **Cyazofamid** (Abb. 22.10). Der Wirkort (*target*) dieser Verbindung ist wie bei den Strobilurinen der Komplex III (Cytochrom b/c_1) der mitochondrialen Atmungskette. Im Gegensatz zu den Qo-Inhibitoren blockiert Cyazofamid die innere Andockstelle für Ubichinon, daher die Be-zeichnung Qi-Inhibitor. Wegen der unterschiedlichen Bindungsstellen ist zwischen QiI- und QoI-Fungiziden keine Kreuzresistenz möglich.

Cyazofamid besitzt vor allem protektive Eigenschaften; Aufnahme in die Pflanze, translaminarer Transport und kurative Wirkung sind gering. Zielorganismen sind Oomyceten (Falscher Mehltau). Es werden alle Ent-wicklungsstadien gehemmt. Die Anwendung muss vorbeugend, d. h. spä-testens bei Infektionsbeginn erfolgen. Ein bereits vorhandener Befall kann nicht mehr beseitigt, die weitere Ausbreitung der Schadpilze im Bestand aber gestoppt werden.

Cyazofamid erfasst die gleichen Schaderreger wie die zuvor beschriebe-nen Fungizide Fenamidone und Famoxadone aus der Strobilurin-Gruppe. Kreuzresistenz ist aus den oben genannten Gründen aber nicht zu erwarten; dies trifft auch für alle anderen Oomyceten-Fungizide zu.

Anwendungsbereiche und Zweckbestimmungen
Kartoffel: Kraut- und Knollenfäule. **Weinrebe**: Falscher Mehltau [Cyazofamid].

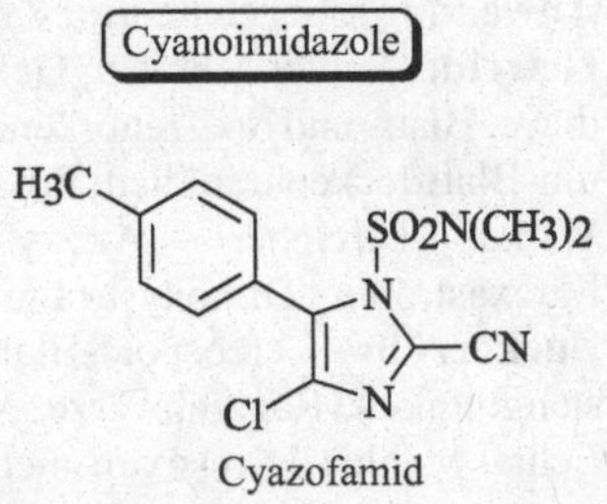

Abb. 22.10 Inhibitor der Atmung (QiI-Fungizid)

Abb. 22.11 Inhibitor der Atmung. Entkoppler der oxidativen Phosphorylierung

Fluazinam

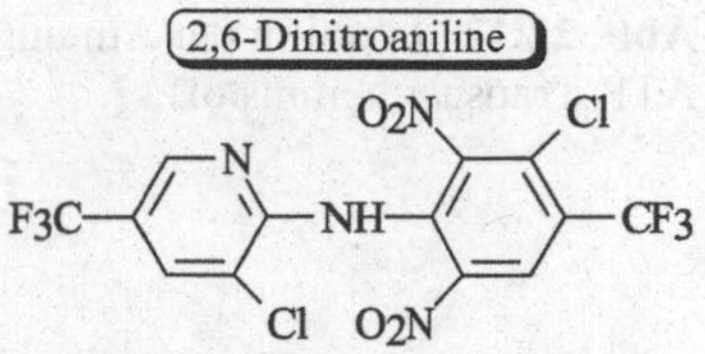

2,6-Dinitroaniline (Phenylpyridylamine)

Der Wirkstoff **Fluazinam** (Abb. 22.11) gehört zur chemischen Klasse der 2,6-Dinitrophenole (auch als Phenylpyridylamine bezeichnet). Seine fungiziden Eigenschaften beruhen auf einer Entkopplung (Unterbrechung) der mitochondrialen oxidativen Phosphorylierung. Die Bildung von ATP aus ADP unterbleibt, dadurch werden alle energieabhängigen Stoffwechselvorgänge der Pilze beeinträchtigt. Die Folge ist eine Verhinderung der Sporenentwicklung und -keimung sowie des Wachstums und der Penetration der Hyphen.

Über die Wirkungsweise von Fluazinam liegen unterschiedliche Angaben vor. In einer neueren FRAC-Veröffentlichung wird die Verbindung als *multi-site*-Inhibitor beschrieben und könnte demnach auch den Fungiziden mit mehreren Wirkorten im Stoffwechsel der Pilze zugeordnet werden.

Fluazinam besitzt keine systemischen Eigenschaften. Der Wirkstoff bildet vielmehr einen schützenden Belag auf der behandelten Blattfläche (protektives Fungizid). Die Anwendung muss vorbeugend mit beginnender Infektionsgefahr erfolgen. Durch die antisporulierende Wirkung wird bei Bekämpfung von *Phytophthora infestans* auch eine Ausbreitung des Pilzes verhindert und dadurch die Infektionsgefahr für die Knollen verringert. Nach Einschätzung des FRAC besteht nur ein geringes Resistenzrisiko.

Anwendungsbereich und Zweckbestimmung
Kartoffel: Kraut- und Knollenfäule [Fluazinam].

Thiophencarboxamide

Mit der Silicium enthaltenden Verbindung **Silthiofam** aus der chemischen Gruppe der Thiophencarboxamide (Abb. 22.12) gelang es Anfang der 1990er Jahre, ein Fungizid mit einem völlig neuen Wirkungsmechanismus zu entwickeln. Die Verbindung hemmt den ATP-Transport von der mitochondrialen Matrix zum Cytosol durch Bindung an Carrier-Proteine. Dadurch werden alle extramitochondrialen energieabhängigen Prozesse unterbrochen, was zum Zelltod führt.

Abb. 22.12 Inhibitor der Atmung.
ATP-Transporthemmstoff

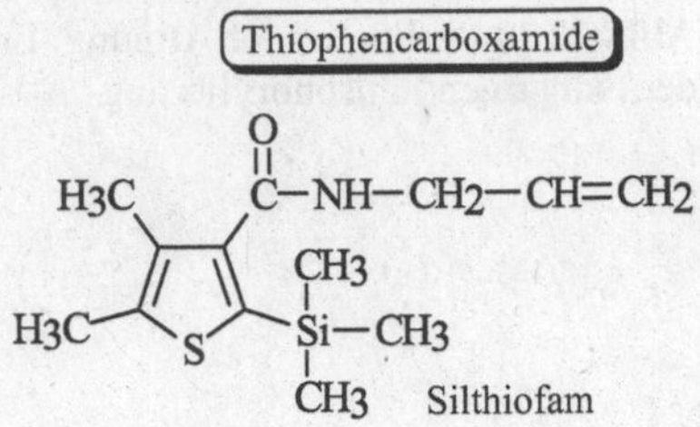

Thiophencarboxamide

Silthiofam

Silthiofam besitzt protektive Eigenschaften und eine spezifische Wirkung gegen *Gaeumannomyces graminis*, den Erreger der Schwarzbeinigkeit, eine gefürchtete, oftmals übersehene bodenbürtige Getreidekrankheit, die erhebliche Ertragsausfälle verursachen kann (geschätzter wirtschaftlicher Schaden allein in Deutschland bis zu 50 Mio. Euro). Weizen, Triticale und Gerste sind am anfälligsten. Die Bekämpfung erfolgt durch Saatgutbehandlung. Nach Angaben des FRAC besteht kein Resistenzrisiko.

Anwendungsbereiche und Zweckbestimmung
Weizen, Triticale: Saatgutbehandlung (Kap.28) zur Minderung des Befalls und von Ertragsverlusten durch Schwarzbeinigkeit [Silthiofam].

22.2.4 Inhibitoren der Aminosäurensynthese

Nach der vom FRAC vorgenommenen Klassifizierung der Fungizide werden in Gruppe 4 (Tabelle 22.1) Wirkstoffe zusammengefasst, die in Teilbereiche der Aminosäuren- und Proteinbiosynthese der Pilze eingreifen. Von praktischem Interesse sind derzeit nur Mittel, deren Aktivität auf einer Hemmung der Biosynthese der Aminosäure Methionin beruht (Abb. 22.13).

Anders als bei den höheren Pflanzen wird, wie Untersuchungen mit *Neurospora crassa*, *Aspergillus nidulans* und anderen gezeigt haben, Homocystein als Vorstufe von Methionin über den Cystathionin-Weg angeliefert (O-Acetyl-L-Serin → Cystein → Cystathionin → Homocystein → Methionin).

Nach Anwendung von Fungiziden aus der Wirkstoffklasse der Anilinopyrimidine (AP) nimmt im Myzel von *Botrytis cinerea* die Methioninkonzentration ab, die von Cystathionin zu, was vermuten lässt, dass die Cystathion-β-Lyase (CBL), die den Syntheseschritt vom Cystathion zum Homocystein katalysiert, der Wirkort (*target*) dieser Fungizide ist.

Neuere Ergebnisse stellen diese Annahme aber wieder in Frage. Ob mit Sicherheit CBL der primäre Wirkort für die Anilinopyrimidine ist, kann daher zum gegenwärtigen Zeitpunkt noch nicht abschließend beurteilt werden.

Eine weitere Eigenschaft der AP-Fungizide ist, bei empfindlich reagierenden Pilzen die Sekretion von hydrolytischen Enzymen (Cellulasen,

Abb. 22.13 Biosyntheseweg der Aminosäure Methionin bei Pilzen und wahrscheinlicher Einwirkungsort für fungizid wirksame Anilinopyrimidine

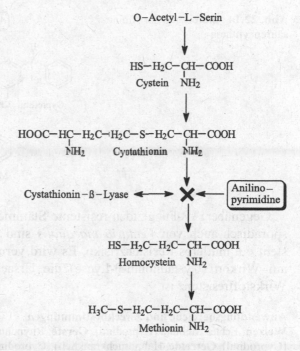

Cutinasen, Lipasen, Proteasen) zu unterbinden, die bei den Infektionsprozessen eine Rolle spielen.

Anilinopyrimidine

Die zur chemischen Familie der Anilinopyrimidine (AP-Fungizide) zählenden Wirkstoffe **Cyprodinil**, **Pyrimethanil** und **Mepanipyrim** (Abb. 22.14) haben ähnliche biologische Eigenschaften.

Cyprodinil dringt schnell über die Blätter und Stängel ein und wird in der Pflanze systemisch und translaminar verteilt. Es wirkt vorbeugend (protektiv) und stoppt bereits vorhandene Infektionen. Ein schon eingetretener Schaden kann nicht behoben werden.

Eine kurative Wirkung von Pyrimethanil besteht nur für einen kurzen Zeitraum (bis zu 3 Tage nach der Infektion). Dieses Fungizid wirkt überwiegend protektiv; seine Verteilung in der Pflanze erfolgt nur translaminar.

Mepanipyrim ist ein protektives nichtsystemisches Mittel mit guten Kontakt- und translaminaren Eigenschaften. Der auf die Pflanze ausgebrachte Wirkstoff wird durch die Pilzzellen aufgenommen und verhindert das Eindringen der Keimschläuche in das Wirtsgewebe.

Die AP-Fungizide beeinflussen die Biosynthese der Aminosäure Methionin im Stoffwechsel der Krankheitserreger wahrscheinlich durch Hemmung des Enzyms Cystathion-β-Lyase (Abb. 22.13).

Abb. 22.14 Inhibitoren der Amino-
säurensynthese

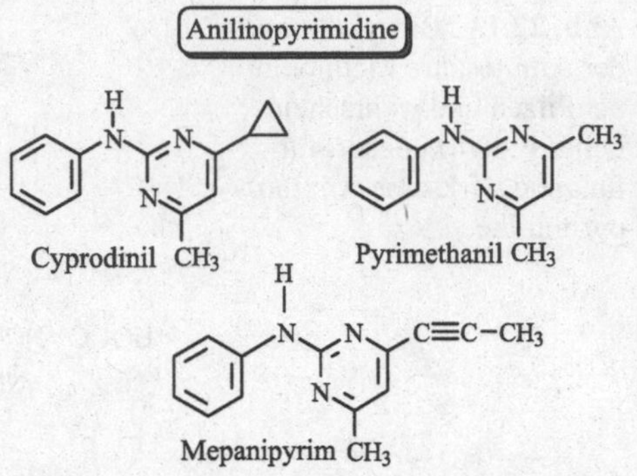

Cyprodinil   Pyrimethanil   Mepanipyrim

Gegenüber AP-Fungiziden resistente Stämme von *Botrytis cinerea* und sporadisch auch von *Venturia inaequalis* sind bekannt. Nach FRAC besteht ein mittleres Resistenzrisiko. Es wird vermutet, dass Veränderungen am Wirkort (Cystathionin-β-Lyase) die Ursache für das Auftreten der Wirkstoffresistenz ist.

Anwendungsbereiche und Zweckbestimmungen
Weizen: Echter Mehltau [Cyprodinil]. **Gerste**: Rhynchosporium-Blattfleckenkrankheit [Cyprodinil]. **Getreide**: Halmbruchkrankheit) [Cyprodinil].
Kernobst: Apfel- und Birnenschorf [Pyrimethanil]. **Weinrebe**: Grauschimmel [Pyrimethanil]. **Erdbeere**: Grauschimmel [Pyrimethanil, Mepanipyrim].
Getreide (Saatgutbehandlung, Kap.28): In Kombination mit anderen Fungiziden auch gegen samenbürtige Krankheitserreger wirksam [Pyrimethanil].

22.2.5   *Beeinflussung der Signaltransduktion*

Bei zwei Wirkstoffen, **Quinoxyfen** und **Fludioxonil** (Abb. 22.15) aus den chemischen Gruppen der Chinoline bzw. Phenylpyrrole basieren die fungiziden Eigenschaften auf einer Beeinflussung der Signaltransduktion in pflanzenpathogenen Pilzen. Die Folge ist, dass die Konidiosporen von empfindlich reagierenden Pilzen auf der Pflanzenoberfläche zwar noch auskeimen, die nachfolgende Entstehung der Infektionsstrukturen, insbesondere der Appressorien, jedoch unterbleibt, weil geeignete, diese Vorgänge auslösende Signale nicht weitergeleitet werden. Der Erreger kann nicht in das Pflanzengewebe eindringen, die Hyphen wachsen weiter, bis der Nährstoffvorrat der Konidiosporen erschöpft ist.

Die genauen Angriffspunkte der Fungizide in der Signaltransduktionskette sind noch nicht bekannt. Bei Quinoxyfen sind vermutlich G-Proteine (= Guanylnucleotid bindende Proteine) und Proteinkinasen (Phosphatreste übertragende Enzyme) involviert.

Abb. 22.15 Die Signaltransduktion bei Schadpilzen beeinflussende Fungizide

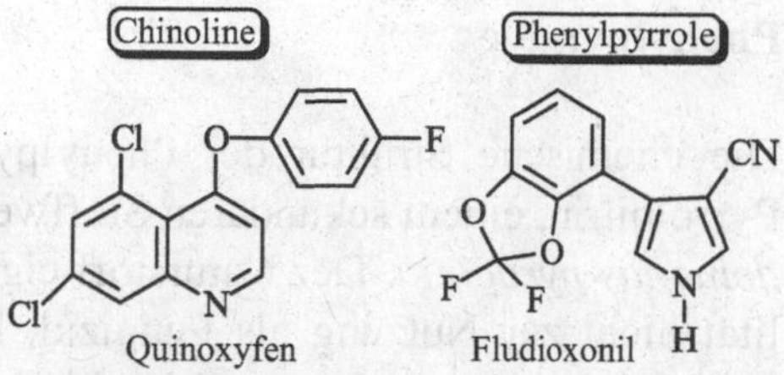

Bei Fludioxonil tritt der seltene Fall ein, dass die fungizide Wirkung nicht auf einer Hemmreaktion beruht, sondern auf einer (Über-)Aktivierung des Signaltransduktionsweges durch Beeinflussung der MAP-Kinasen-Kaskaden (MAP = *mitogen activated protein*). Dadurch wird die Osmoregulation gestört und sowohl die Entstehung von Appressorien als auch die Penetration der Infektionshyphen verhindert.

Chinoline

Das zur chemischen Gruppe der Chinoline zählende **Quinoxyfen** (Abb. 22.15) wurde 1996 in die Praxis eingeführt. Es handelt sich um ein protektiv wirkendes Mittel, dessen Einsatz vor Sichtbarwerden einer Infektion erfolgen muss. Der Wirkstoff reduziert die Anzahl gekeimter Konidien und beeinflusst die Entwicklung der Infektionsstrukturen der Schadpilze.

Nach Applikation wird Quinoxyfen an die Wachsschicht der Pflanzen (Blätter, Früchte) angelagert und von dort aus weiter verteilt. Dies geschieht primär in der Dampfphase durch eine langsame Freisetzung der Verbindung und Readsorption durch umgebendes Pflanzengewebe. Über das Gefäßsystem wird nur eine geringe Menge transportiert.

Quinoxyfen ist ein Fungizid, das sich durch eine spezifische Wirkung gegen Echte Mehltaupilze (Erysiphales) auszeichnet. Bei alleiniger und wiederholter Anwendung wurde eine nachlassende Aktivität beobachtet. Der Mechanismus, der diesem Phänomen zugrunde liegt, ist noch nicht bekannt. Um möglichen Resistenzen vorzubeugen, sollte Quinoxyfen in Kombination mit Mitteln aus anderen Wirkstoffgruppen angewendet und die Zahl der Applikationen begrenzt werden (z. B. im Weinbau nicht mehr als dreimal je Saison). Nach Einschätzung des FRAC besteht ein mittleres Resistenzrisiko.

Anwendungsbereiche und Zweckbestimmungen
Weizen, Gerste, Roggen: Echter Mehltau. **Futter- und Zuckerrübe**: Echter Mehltau. **Hopfen**: Echter Mehltau. **Erdbeere**: Echter Mehltau. **Weinrebe**: Echter Mehltau [Quinoxyfen].

Phenylpyrrole

Die chemische Struktur der Phenylpyrrole-Fungizide leitet sich ab von Pyrrolnitrin, einem sekundären Stoffwechselprodukt des Bakteriums *Pseudomonas pyrocinia*. Der Naturstoff eignet sich wegen seiner Photoinstabilität nicht zur Nutzung als Fungizid. Durch geringfügige Veränderungen am Molekül entstanden zwei Verbindungen, Fenpiclonil und **Fludioxonil** (Abb. 22.15), von denen letztere als Saatgutbehandlungsmittel zur Abtötung samenbürtiger Krankheitserreger sowie zur Bekämpfung des Grauschimmels *Botrytis cinerea* sich mit Erfolg in der Praxis bewährt hat.

Eine Aufnahme des Wirkstoffs in das Pflanzengewebe und kurative Effekte sind nur in begrenztem Umfang nachweisbar. Fludioxonil besitzt hauptsächlich protektive Eigenschaften. Die Verbindung hemmt vor allem die Konidienkeimung, beeinflusst aber auch das Wachstum der Keimschläuche und des Myzels sowie die Appressorienentwicklung.

Sporadisch trat Resistenz gegenüber Fludioxonil auf; die Ursachen sind noch nicht bekannt (wahrscheinlich handelt es sich um Veränderungen am Wirkort). Nach Einschätzung des FRAC besteht ein geringes bis mittleres Resistenzrisiko.

Anwendungsbereiche und Zweckbestimmungen
Weinrebe, Erdbeere, Gemüsekulturen: Grauschimmel (in Kombination mit Cyprodinil) [Fludioxonil].
Getreide (Saatgutbehandlung). **Raps, Mais, Getreide** (in Kombination mit anderen Fungiziden zur Saatgutbehandlung; s. Kap. 28) [Fludioxonil].

22.2.6   *Inhibitoren der Lipid- und Membransynthese*

Den in diesem Kapitel zusammengefassten Fungiziden ist gemeinsam, dass sie den Lipidstoffwechsel bzw. die Membraneigenschaften bei empfindlich reagierenden Pilzen beeinflussen, über entsprechende Wirkungsmechanismen aber nur lückenhafte Erkenntnisse vorliegen. Dies trifft insbesondere für Propamocarb zu. Auch die Angaben zu Tolclofos-methyl divergieren erheblich.

Dicarboximide beeinflussen die Peroxidation von Lipiden. Sie interagieren mit dem Enzym Cytochrom-c-Reduktase und blockieren dadurch den Elektronenfluss.

Auch die Angriffspunkte der anderen in diesem Kapitel beschriebenen Fungizide im Stoffwechsel der Schaderreger sind noch nicht ausreichend untersucht. Sicher belegt ist, dass die hier zu berücksichtigenden Zimtsäuren und Aminosäureamidcarbamate sowie die Mandelsäureamide an verschiedenen Stellen in die Synthese beim Aufbau der pilzlichen Zellwand eingreifen. Die Verbindungen aus diesen Substanzklassen sind daher zueinander nicht kreuzresistent, d. h. bei nachlassendem Bekämpfungserfolg austauschbar bzw. kombinierbar.

Dicarboximide

Über die ersten Dicarboximid-Fungizide wurde zu Beginn der 1970er Jahre berichtet. Noch im gleichen Jahrzehnt standen der Praxis drei Präparate aus dieser Wirkstoffgruppe zur Verfügung: Iprodion, Vinclozolin und Procymidone. Das Interesse an weiteren Neuentwicklungen ging nach massivem Auftreten von Wirkstoffresistenz bei *Botrytis cinerea* jedoch drastisch zurück. In Deutschland besteht gegenwärtig nur noch eine Zulassung für **Iprodion** (Abb. 22.16).

Iprodion ist ein Kontaktfungizid, das die Keimung der Sporen hemmt sowie das Myzelwachstum unterbindet und eine spezifische Wirkung gegen *Botrytis cinerea, Sclerotinia-* und *Alternaria*-Arten hat.

Bei Dicarboximid-Fungiziden konnte bisher mit Ausnahme von *Botrytis cinerea* an Weinrebe (Stiel- und Beerenfäule) keine Wirkstoffresistenz von nennenswerter praktischer Bedeutung beobachtet werden.

Resistente Isolate von *Botrytis* wurden bereits 1978 an der Mosel, ein Jahr später in allen anderen Weinbaugebieten Deutschlands und 1980 auch in der Schweiz und Frankreich nachgewiesen. Ein völliger Aktivitätsverlust trat bisher nicht ein, so dass trotz des großen Resistenzrisikos Iprodion immer noch gegen *Botrytis cinerea* im Weinbau einsetzbar ist, wenn die Empfehlungen des FRAC eingehalten werden:

- Maximal zwei bis drei Applikationen pro Kultur und Anbauperiode
- Aussetzen bzw. Reduzieren der Anwendungen bei hohem Infektionsdruck
- Tritt Resistenz auf, Einsatz nur zusammen mit Fungiziden aus anderen Wirkstoffgruppen und mit anderem Target bzw. Wirkungsmechanismus.

Kreuzresistenz tritt auf zwischen allen Dicarboximiden sowie überraschenderweise auch zwischen Dicarboximid- und AH-Fungiziden (*Aromatic Hydrocarbons*, s. nächster Abschnitt).

Anwendungsbereiche und Zweckbestimmungen
Salat-Arten (im Freiland und unter Glas): Grauschimmel, *Sclerotinia*-Arten. **China- und Kopfkohl**: Alternaria-Blattfleckenkrankheit. **Zierpflanzen**: Grauschimmel [Iprodion].

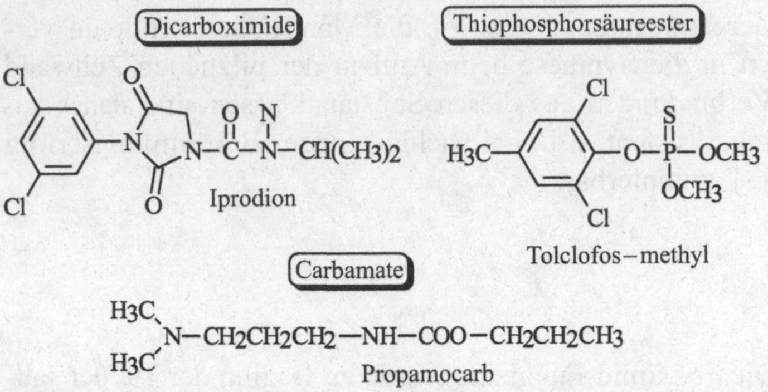

Abb. 22.16 Inhibitoren der Lipid- und Membransynthese

Thiophosphorsäureester

Einziger Vertreter aus dieser Wirkstoffgruppe ist **Tolclofos-methyl** (Abb. 22.16). Es handelt sich um ein Derivat der Thiophosphorsäure aus der heterogenen Gruppe der AH-Fungizide (*Aromatic Hydrocarbons*, aromatische Kohlenwasserstoffe), die heute nur noch von geringer wirtschaftlicher Bedeutung sind.

Tolclofos-methyl wird erfolgreich gegen *Rhizoctonia solani* eingesetzt. Es bewirkt die Bildung freier Radikale, die eine Peroxidation und damit Zerstörung von Phospholipiden (Membranbausteinen) verursachen.

Das Risiko für die Entwicklung wirkstoffresistenter Pilzstämme ist gering. Für einige AH-Fungizide besteht eine Kreuzresistenz zu Dicarboximiden.

Anwendungsbereich und Zweckbestimmung
Kartoffel (Pflanzgutbehandlung): Pockenkrankheit (Stängelfäule, Weißhosigkeit, Wurzeltöterkrankheit) [Tolclofos-methyl].

Carbamate

Der Wirkstoff **Propamocarb** (Abb. 22.16) aus der chemischen Klasse der Carbamate wurde Ende der 1970er Jahre in die Praxis eingeführt. Das wasserlösliche Präparat wird über die Blätter, in einem feuchten Substrat auch über die Wurzeln aufgenommen und in den Spross weitertransportiert (systemische Wirkung); auf diesem Weg werden Wurzeln, Stängel und Blätter geschützt. Die Verbindung zeigt eine gute präventive und kurative Wirkung. Sie hemmt das Myzelwachstum in der Pflanze und besonders intensiv die Sporulation und damit die weitere Ausbreitung der Schadpilze.

Propamocarb wird in der Pflanze schnell abgebaut, so dass ein postinfektioneller Schutz nur kurze Zeit besteht. Bei starkem Infektionsdruck sind daher mehrere Anwendungen erforderlich.

Der biochemische Wirkort ist die Zellmembran. Über eine Störung der Fettsäuresynthese wird die Membranpermeabilität verändert und dadurch eine Weiterentwicklung des Pilzmyzels gehemmt. Die Wahrscheinlichkeit einer Entstehung von Pilzpopulationen, die gegenüber Propamocarb resistent sind, ist gering.

Das Wirkungsspektrum von Propamocarb ist beschränkt auf Schaderreger aus der Klasse Oomycetes. Es werden Pathogene an Wurzeln, Stängeln (Gattungen *Aphanomyces*, *Pythium*, *Phytophthora*) und Blättern (Gattungen *Bremia*, *Peronospora*, *Pseudoperonospora*) erfasst.

Anwendungsbereiche und Zweckbestimmungen
Salate, Endivie, Gurke: Falscher Mehltau. **Spross-, Kohl-, Wurzel-, Knollengemüse** sowie **Blattgemüse** (ausgenommen Feldsalat) und **Zierpflanzen**: *Phytophthora*- und *Pythium*-Arten. [Propamocarb].

Zimtsäuren

Für die Zuordnung von **Dimethomorph** (Abb. 22.17) ist die Zimtsäure als Leitstruktur maßgebend. Die Verbindung enthält ebenfalls eine Morpholin-Konfiguration und könnte daher auch in diese Wirkstoffgruppe eingereiht

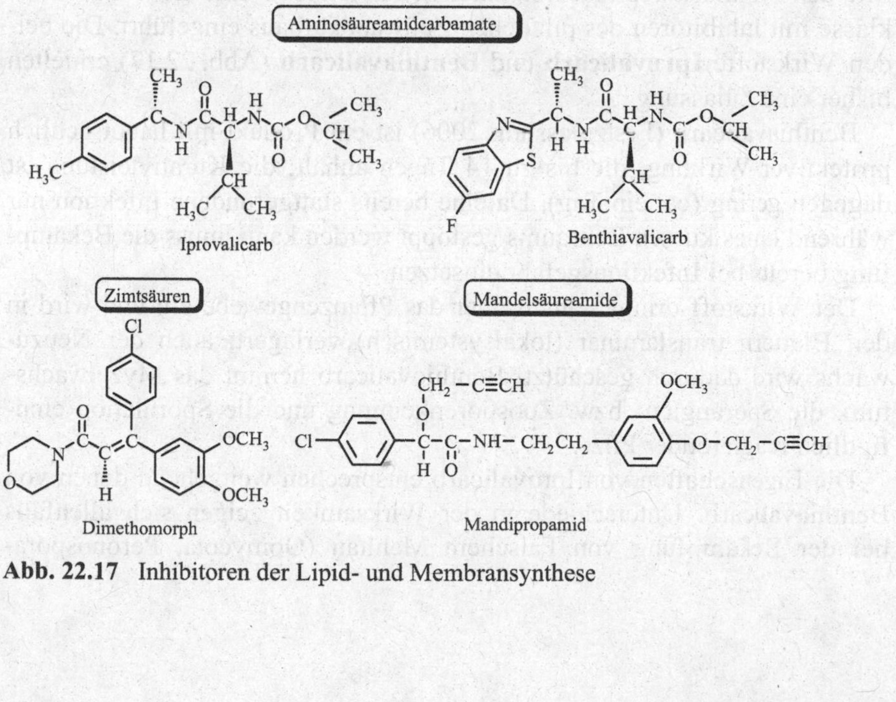

Abb. 22.17 Inhibitoren der Lipid- und Membransynthese

werden (Abb. 22.21). Die eigentlichen Morpholine unterscheiden sich jedoch in mehrfacher Hinsicht von Dimethomorph: sie besitzen einheitlich eine Dimethylmorpholin-Struktur, einen anderen Wirkungsmechanismus sowie ein völlig abweichendes Wirkungsspektrum (Echte Mehltaupilze, Rostpilze).

Dimethomorph hat eine langanhaltende Kontaktwirkung, dringt in die behandelten Pflanzenteile ein und verteilt sich dort lokalsystemisch, so dass der Pilz auch noch nach erfolgter Infektion in frühen Entwicklungsstadien erfasst werden kann.

Der Wirkstoff verhindert die Keimung der Konidien/Zoosporen, hemmt das Myzelwachstum und die folgende Entwicklung von Konidienträgern und Konidien. Dadurch wird der Vermehrungszyklus des Falschen Mehltaus unterbrochen und die weitere Ausbreitung der Krankheit im Pflanzenbestand verhindert. Nach Einschätzung des FRAC besteht ein geringes bis mittleres Resistenzrisiko.

Anwendungsbereiche und Zweckbestimmungen
Kartoffel: Kraut- und Knollenfäule. **Weinrebe**: Falscher Mehltau. **Raps**: Falscher Mehltau. **Hopfen**: Falscher Mehltau, Sekundärinfektionen. **Tabak**: Blauschimmel. **Gurke** (Freiland u. unter Glas): Falscher Mehltau. **Zwiebelgemüse, Spinat, Kohlrabi, Blumenkohl, Brokkoli**: Falscher Mehltau [Dimethomorph].

Aminosäureamidcarbamate

Mit den Aminosäureamidcarbamaten (AAC) wurde eine neue Substanzklasse mit Inhibitoren des pilzlichen Zellwandaufbaus eingeführt. Die beiden Wirkstoffe **Iprovalicarb** und **Benthiavalicarb** (Abb. 22.17) erhielten bisher eine Zulassung.

Benthiavalicarb (Erstzulassung 2006) ist ein Produkt mit hauptsächlich protektiver Wirkung, die bis zu 14 Tagen anhält; die Kurativleistung ist dagegen gering (ca. ein Tag). Da eine bereits stattgefundene Infektion nur während eines kurzen Zeitraums gestoppt werden kann, muss die Bekämpfung bereits bei Infektionsgefahr einsetzen.

Der Wirkstoff dringt schnell über das Pflanzengewebe ein und wird in den Blättern translaminar (lokalsystemisch) verlagert; auch der Neuzuwachs wird dadurch geschützt. Benthiovalicarb hemmt das Myzelwachstum, die Sporangien- bzw. Zoosporenkeimung und die Sporulation empfindlich reagierender Pilze.

Die Eigenschaften von Iprovalicarb entsprechen weitgehend denen von Benthiavalicarb. Unterschiede in der Wirksamkeit zeigen sich allenfalls bei der Bekämpfung von Falschem Mehltau (Oomycota, Peronosporaceae). Besonders empfindlich reagiert *Plasmopara viticola* auf eine Iprovalicarb-Behandlung; das Gleiche trifft für *Phytophthora infestans* bei der Anwendung von Benthiavalicarb zu.

Eine Selektion resistenter Pilzstämme nach Einsatz von AAC-Derivaten konnte bisher nicht beobachtet werden. Kreuzresistenz zu Oomyceten-Fungiziden aus anderen Wirkstoffklassen ist nach den derzeitigen Erkenntnissen ebenfalls nicht zu erwarten.

Zur Erweiterung des Wirkungsspektrums und Verringerung des Resistenzrisikos werden beide Präparate nur in Kombination mit Kontaktfungiziden (z. B. Folpet, Mancozeb, Tolylfluanid) angewendet. Mit den AAC-Wirkstoffen steht eine neue zusätzliche Alternative für die Bekämpfung des Falschen Mehltaus zur Verfügung.

Anwendungsbereiche und Zweckbestimmungen
Weinrebe: Falscher Mehltau. **Gurke**: Falscher Mehltau. **Tomate**: Kraut- und Braunfäule [Iprovalicarb]. **Kartoffel**: Kraut- und Knollenfäule [Benthiavalicarb].

Mandelsäureamide

Erster Vertreter der neuen Wirkstoffklasse der Mandelsäureamide ist **Mandipropamid** (Abb. 22.17). Er gehört wie die zuvor beschriebenen Fungizide Dimethomorph, Benthiavalicarb und Iprovalicarb zur Gruppe der Carbonsäureamide (CAA-Fungizide). Der Wirkstoff wurde 1999 entdeckt. Die Markteinführung in Deutschland erfolgte 2008.

Nach Ausbringung wird die Substanz an der Wachsschicht der Blätter angelagert und kann nach Antrocknen vom Regen nicht mehr abgewaschen werden. Ein Teil dringt in das Blattgewebe ein und wird translaminar verlagert. Erste Untersuchungen zeigen, dass Mandipropamid in die Phospholipidbiosynthese von Oomyceten (Falscher Mehltau) eingreift.

Die Keimung der Zoosporen und Sporangien der Krankheitserreger wird gehemmt, das Myzelwachstum sowie die Haustorienbildung unterbunden und die Sporulation reduziert. Die Anwendung des Fungizids sollte bei beginnender Infektionsgefahr erfolgen (protektive Wirkung).

Um eine mögliche Resistenzentwicklung zu verringern bzw. zu verhindern wird empfohlen, das Präparat im Wechsel mit anderen Wirkstoffen einzusetzen und die Zahl der Anwendungen auf vier (im Abstand von 7 bis 12 Tagen) zu beschränken.

Anwendungsbereich und Zweckbestimmung
Kartoffel: Kraut- und Knollenfäule [Mandipropamid].

22.2.7   Inhibitoren der Sterolbiosynthese in Membranen

Alle Fungizide, welche die Biosynthese von Ergosterol, einem wichtigen
Baustein der Zellmembranen von Pilzen hemmen, werden als Sterol-Biosyntheseinhibitoren (SBI) zusammengefasst.

Im deutschen Sprachgebrauch ist der Ausdruck Steroidbiosynthese üblich. Da es sich
um Steroide handelt, die am C3 eine Hydroxygruppe tragen und demzufolge formal zu
den Alkoholen gehören, wird hier, wie auch im Englischen, die logischere Bezeichnung Sterole verwendet.

Die Inhibitoren unterbrechen den Syntheseweg von Ergosterol an unterschiedlichen Stellen (Abb. 22.18). Sie verhindern:

- Die Demethylierung an Position C14 von Lanasterol (1) oder 24-Methyl-
  endihydrolanasterol (2) durch die Hemmung des Enzyms C14-Demethyl-
  ase (**SBI Klasse I**). Die hier wirksamen Verbindungen werden daher
  auch als **DMI-Fungizide** bezeichnet (*De-Methylation-Inhibitors*); dazu
  gehören folgende Wirkstoffgruppen: **Pyrimidine**, **Imidazole** und die
  wirtschaftlich wichtigen **Triazole**
- Die Reduktion der Doppelbindung an Position C14 von Verbindung (3)
  sowie die Isomerisierung der Doppelbindung von Position 8 nach 7 (Ver-
  bindung 6) durch Hemmung der Δ^{14}-Reduktase und $\Delta^{8} \rightarrow \Delta^{7}$-Isomerase
  (**SBI Klasse II**). Die an diesen Stellen einwirkenden Fungizide sind fol-
  genden Wirkstoffgruppen zuzuordnen: **Morpholine**, **Piperidine** und
  Spiroketalamine
- Die Demethylierung an Position C4 (Verbindung 5) durch Hemmung
  der 3-Ketoreduktase (**SBI Klasse III**). Einziger hier einzuordnender
  Wirkstoff ist Fenhexamid (**Hydroxyanilide**).

Die Sterol-Biosyntheseinhibitoren sind zahlenmäßig mit Abstand die
größte Gruppe unter den zugelassenen Fungiziden. Im Hinblick auf die
Entwicklung nicht mehr ausreichend bekämpfbarer Krankheitserreger nach
Anwendung von SBIs ist die Einschätzung des Resistenzrisikos von besonderer Bedeutung für die Praxis. Nach Angaben des FRAC besteht für
Verbindungen aus der Gruppe 1 ein mittleres, aus den Gruppen 2 und 3 ein
geringes bis mittleres Risiko. Kreuzresistenz tritt zwischen allen Fungiziden einer Gruppe auf, und zwar unabhängig von der chemischen Struktur.
Dies bedeutet, dass z. B. die zahlreich verfügbaren Triazol-Fungizide nach
Auftreten von Resistenzerscheinungen nicht durch andere Verbindungen
aus der Gruppe 1 ersetzt werden dürfen. Dagegen besteht wegen des unterschiedlichen Wirkorts zwischen den einzelnen Gruppen keine Kreuzresistenz; sind die Zielorganismen identisch, können Fungizide aus Gruppe 1

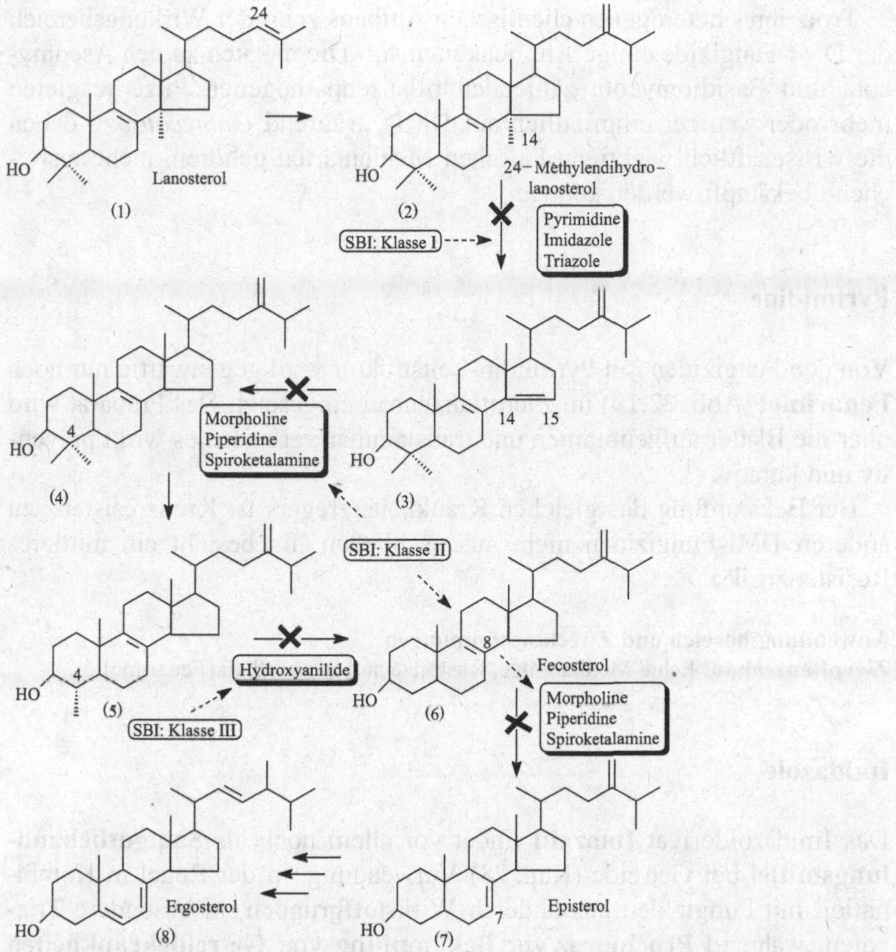

Abb. 22.18 Wirkorte der fungizid wirksamen Sterolbiosyntheseinhibitoren in Membranen (SBI)

daher problemlos durch Mittel aus Gruppe 2 oder 3 ersetzt bzw. mit ihnen kombiniert werden.

SBI Klasse I (DMI-Fungizide): Inhibitoren der C14-Demethylase

Die DMI-Fungizide besitzen neben den QoI-Fungiziden (Strobilurine und andere) eine dominierende Stellung, sowohl was das Spektrum der zur Verfügung stehenden Wirkstoffe betrifft als auch im Hinblick auf die Anzahl der empfindlich reagierenden Pilzarten.

Trotz ihres heterogenen chemischen Aufbaus zeigt der Wirkungsbereich der DMI-Fungizide einige Ähnlichkeiten auf. Die meisten zu den Ascomycota und Basidiomycota zählenden pflanzenpathogenen Pilze reagieren mehr oder weniger empfindlich auf DMIs, während *Oomycota*, zu denen die wirtschaftlich wichtigen Falschen Mehltauarten gehören, nicht ausreichend bekämpft werden können.

Pyrimidine

Von den Fungiziden mit Pyrimidin-Leitstruktur wird gegenwärtig nur noch **Fenarimol** (Abb. 22.19) im Zierpflanzenbau eingesetzt. Das Präparat wird über die Blätter aufgenommen und translaminar verlagert; es wirkt präventiv und kurativ.

Bei Bekämpfung des gleichen Krankheitserregers ist Kreuzresistenz zu anderen DMI-Fungiziden nicht auszuschließen. Es besteht ein mittleres Resistenzrisiko.

Anwendungsbereich und Zweckbestimmungen
Zierpflanzenbau: Echte Mehltaupilze, Rostpilze und Sternrußtau [Fenarimol].

Imidazole

Das Imidazolderivat **Imazalil** findet vor allem noch als **Saatgutbehandlungsmittel** bei Getreide (Kap. 28) Verwendung, in der Regel in Kombination mit Fungiziden aus anderen Wirkstoffgruppen, insbesondere Triazolen, während **Prochloraz** zur **Bekämpfung** von **Getreidekrankheiten** eingesetzt wird (Abb. 22.19).

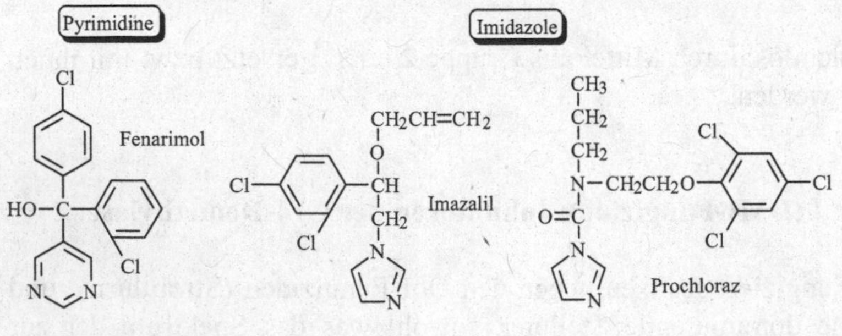

Abb. 22.19 Inhibitoren der Sterolbiosynthese in Membranen. SBI Klasse I

Imazalil besitzt protektive und kurative Eigenschaften. Eine Verlagerung des Wirkstoffs nach erfolgter Saatgutbehandlung in den Spross ist zwar nachweisbar, insgesamt jedoch gering. Prochloraz wirkt lokalsystemisch sowohl vorbeugend als auch befallstoppend.

Bei der Bekämpfung gleicher Krankheitserreger besteht für beide Wirkstoffe die Gefahr einer Kreuzresistenz zu anderen DMI-Fungiziden.

Anwendungsbereiche und Zweckbestimmungen
Gerste (bei Saatgutbehandlung): Streifenkrankheit [Imazalil] **Getreide**: Echter Mehltau, Blatt- und Spelzenbräune, Septoria-Blattdürre, Halmbruchkrankheit, Netzfleckenkrankheit, Rhynchosporium-Blattfleckenkrankheit [Prochloraz]. **Raps**: Weißstängeligkeit (Rapskrebs) [Prochloraz].

Triazole

Die fungizid wirksamen Triazole wurden von **K.H. Büchel** entdeckt. Die Markteinführung von Triadimefon, des ersten Produkts aus dieser Reihe, erfolgte 1976. Damit begann eine neue Ära in der Bekämpfung pflanzenpathogener Pilze.

Leitstruktur dieser Fungizidklasse ist 1,2,4-Triazol mit einem Substituenten an Position 1. Im Laufe der Jahre wurden zahlreiche weitere Wirkstoffe entwickelt, die sich lediglich in der chemischen Struktur der Substituenten unterscheiden; einige Beispiele sind in Abb. 22.20 dargestellt.

Eine Abweichung von der Grundstruktur weist lediglich Prothioconazol mit einer Modifikation am Triazolring in Form eines Schwefelatoms in Position 2 auf.

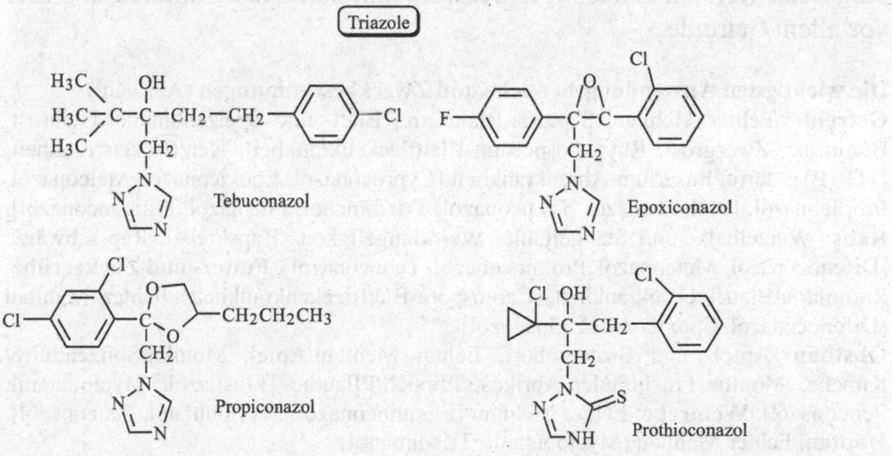

Abb. 22.20 Inhibitoren der Sterolbiosynthese in Membranen. SBI Klasse I

Die letzten 30 Jahre der Triazol-Fungizidforschung waren gekennzeichnet durch das Bemühen, die Eigenschaften neuer Produkte ständig zu verbessern. Dies bezog sich sowohl auf den Kreis der bekämpfbaren Pathogene in den verschiedenen Kulturen als auch auf ökotoxikologische und andere umweltrelevante Kriterien.

Alle Triazol-Fungizide dringen schnell in die Blätter und Stängel ein und werden im Gewebe verteilt (systemische bzw. teilsystemische Eigenschaften). Die Translokation erfolgt vorwiegend akropetal im Apoplasten und Xylem. Die meisten Triazole wirken vorbeugend (protektiv) und befallstoppend (kurativ).

Für Triazole gilt, wie für alle DMI-Fungizide, ein mittleres Resistenzrisiko. Die Gefahr einer Kreuzresistenz besteht für alle Wirkstoffe dieser Gruppe, jedoch nicht zu anderen SBI-Klassen.

Die Entwicklung resistenter Pilzstämme geschieht nicht abrupt, sondern langsam. So betrug bei Anwendung von DMI die Zeitspanne zwischen erster Anwendung und dem Auftreten von Schadpilzen mit verringerter Sensitivität ungefähr 7 Jahre. Dies ist darauf zurückzuführen, dass die Resistenz gegen DMIs polygenisch vererbt wird, d. h. mehrere Gene vermitteln die Resistenz. Eine Pilzpopulation wird also nicht in einem Schritt unempfindlich, sondern die Sensitivität verschiebt sich bei vorhandenem Selektionsdruck langsam. Man bezeichnet diesen Vorgang als Shifting (*multistep resistance*). Für die Praxis bedeutet das ein ständig abnehmender Bekämpfungserfolg bei wiederholter Anwendung von Triazol-Fungiziden. Frühzeitig einsetzendes Resistenzmanagement ist daher erforderlich, um der schleichend voranschreitenden Wirkungsminderung zu begegnen (Kap. 21.3).

Die Triazole haben ein breites Wirkungsspektrum. Sie können im Acker-, Obst- und Weinbau sowie in geringerem Umfang im Gemüsebau eingesetzt werden. Eindeutiger Schwerpunkt sind Ackerkulturen und hier vor allem Getreide.

Die wichtigsten Anwendungsbereiche und Zweckbestimmungen (Auswahl)
Getreide: Echter Mehltau, Septoria-Blattdürre, Blatt- und Spelzenbräune, Gelbrost, Braunrost, Zwergrost, Rhynchosporium-Blattfleckenkrankheit, Netzfleckenkrankheit, DTR-Blattdürre, Fusarium-Ährenkrankheit [Cyproconazol, Epoxiconazol, Metconazol, Propiconazol, Prothioconazol, Tebuconazol, Triadimenol, Flusilazol, Fluquinconazol].
Raps: Wurzelhals- und Stängelfäule, Weißstängeligkeit (Rapskrebs), Rapsschwärze [Difenoconazol, Metconazol, Prothioconazol, Tebuconazol]. **Futter- und Zuckerrübe**: Ramularia-Blattfleckenkrankheit, Cercospora-Blattfleckenkrankheit, Echter Mehltau [Difenoconazol, Epoxiconazol, Flusilazol].
Obstbau: Apfel- und Birnenschorf, Echter Mehltau/Apfel, Monilia-Spitzendürre/Kirsche, Monilia-Fruchtfäulen/Aprikose/Pfirsich/Pflaume [Flusilazol, Myclobutanil, Penconazol]. **Weinrebe**: Echter Mehltau [Fluquinconazol, Myclobutanil, Penconazol].
Hopfen: Echter Mehltau [Myclobutanil, Triadimenol].
Gemüsebau: Spargelrost [Difenoconazol, Tebuconazol, Epoxiconazol]. Echter Mehltau/Feldsalat [Myclobutanil]. Echter Mehltau, Wurzelhals- und Stängelfäule, Kohlschwärze/Kohlarten [Difenoconazol, Tebuconazol].

Getreide (in Kombination mit anderen Wirkstoffen als Saatgutbehandlungsmittel, Kap. 28) [Cyproconazol, Difenoconazol, Fluquinconazol, Flutriafol, Tebuconazol, Triadimenol, Triticonazol].

SBI Klasse II: Inhibitoren der Δ14-Reduktase und Δ8 → Δ7-Isomerase

Die in diesem Kapitel zusammengefassten Fungizide hemmen im Sterolbiosyntheseweg die Δ^{14}-Reduktase und $\Delta^8 \rightarrow \Delta^7$-Isomerase, d. h. den Syntheseschritt von Verbindung (3) nach (4) bzw. (6) nach (7) (Abb. 22.18). Sie besitzen demnach zwei Targets (*two-site inhibitors*). Drei Wirkstoffgruppen sind zu unterscheiden: **Morpholine**, **Piperidine** und **Spiroketalamine**. Eine nachlassende Empfindlichkeit gegenüber Fungiziden aus diesen Gruppen ist für Echte Mehltaupilze beobachtet worden. Nach Angaben des FRAC besteht insgesamt ein geringes bis mittleres Resistenzrisiko. Kreuzresistenzen zu SBI-Fungiziden aus Klasse II sind möglich, aber nicht zu den Wirkstoffen aus den Klassen I und III.

Morpholine

Produkte aus dieser Verbindungsklasse sind Dodemorph, Tridemorph und Fenpropimorph. Wirkungsschwerpunkte der Morpholine sind die Echten Mehltau- und Rostpilze in Getreidekulturen. Von den genannten Fungiziden wird gegenwärtig nur noch **Fenpropimorph** (Abb. 22.21), meist in Kombination mit anderen Wirkstoffen, eingesetzt.

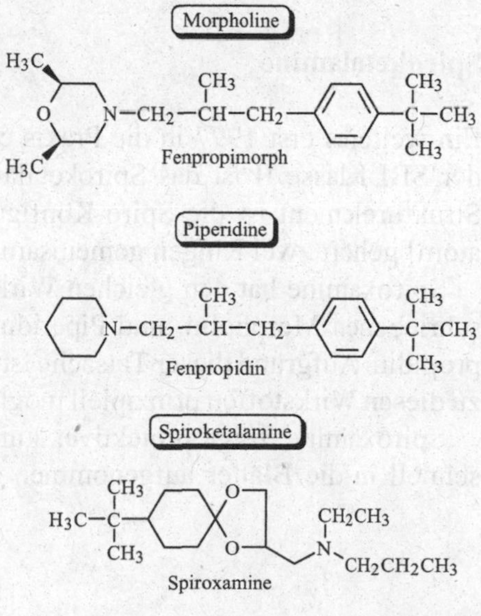

Abb. 22.21 Inhibitoren der Sterolbiosynthese in Membranen. SBI Klasse II

Fenpropimorph ist ein systemisches Fungizid. Nach Aufnahme über die Blätter erfolgt ein schneller akropetaler Transport im Xylem der behandelten Pflanzen; eine basipetale Verlagerung findet nicht statt. Die Verbindung besitzt kurative und protektive Eigenschaften. Bei empfindlich reagierenden Pilzen verursacht der Wirkstoff eine unvollständige Haustorienentwicklung und irreversible Hemmung der Sporulation.

Anwendungsbereich und Zweckbestimmungen
Getreide: Echter Mehltau, Gelbrost, Zwergrost, Braunrost, Rhynchosporium-Blattfleckenkrankheit [Fenpropimorph].

Piperidine

Die chemische Struktur des zur Gruppe der Piperidine zählenden Wirkstoffs **Fenpropidin** ist der der Morpholine ähnlich (Abb. 22.21). Auch die Eigenschaften sind weitgehend vergleichbar: Hemmung der Sterolbiosynthese am gleichen Wirkort, schnelle Aufnahme in die Pflanzen, nachfolgend akropetale und translaminare Verteilung (systemisches Fungizid) sowie eine kurative und protektive Wirkung. Haupteinsatzgebiete sind Getreidekulturen; Fenpropidin wird in Kombination mit dem Triazol-Fungizid Difenoconazol auch in Zucker- und Futterrüben zur Bekämpfung von Blattkrankheiten angewendet.

Anwendungsbereich und Zweckbestimmung
Getreide (Weizen, Gerste, Hafer): Echter Mehltau [Fenpropidin].

Spiroketalamine

Ein weiteres erst 1997 in die Praxis eingeführtes Fungizid aus der Gruppe der SBI Klasse II ist das Spiroketalamin **Spiroxamine**. Kennzeichnendes Strukturelement ist die Spiro-Konfiguration (ein Kohlenstoffatom [Spiroatom] gehört zwei Ringen gemeinsam an) (Abb. 22.21).

Spiroxamine hat den gleichen Wirkungsmechanismus wie die zuvor beschriebenen Morpholin- und Piperidin-Derivate Fenpropimorph bzw. Fenpropidin. Aufgrund dieser Tatsache ist eine Kreuzresistenz von Spiroxamine zu diesen Wirkstoffen prinzipiell möglich, nicht aber zu den anderen SBI.

Spiroxamine zeigt protektive, kurative und eradikative Effekte, wird schnell in die Blätter aufgenommen und akropetal bis in die Blattspitzen weitertransportiert (systemisches Fungizid). Das Wirkungsspektrum entspricht weitgehend dem der Morpholine und Piperazine.

Anwendungsbereiche und Zweckbestimmungen
Getreide: Echter Mehltau, Gelbrost, Braunrost, Zwergrost, Rhynchosporium-Blattfleckenkrankheit **Weinrebe**: Echter Mehltau. **Rosen**: Echter Mehltau [Spiroxamine].

SBI Klasse III: Inhibitor der 3-Keto-Reduktase

Ein neuer Wirkort für Fungizide im Bereich der Sterolbiosynthese ist die 3-Keto-Reduktase, die eine Schlüsselstellung bei den C4-Demethylierungsvorgängen einnimmt. Bisher einziges in diesem Bereich wirksames Fungizid ist das Hydroxyanilid-Derivat **Fenhexamid**.

Hydroxyanilide

Fenhexamid (Abb. 22.22) fand 1998 Eingang in die Praxis. Es blockiert die Demethylierung am C4, d. h. den Übergang von Verbindung (5) nach (6) (Abb. 22.18). Das Präparat eignet sich vor allem zur Bekämpfung von *Botrytis cinerea* und *Monilia*-Arten.

Fenhexamid hat protektive Eigenschaften, hemmt das Keimschlauchwachstum und verhindert dadurch das Eindringen der Pilze in die Wirtspflanzen.

Nach Angaben des FRAC besteht ein geringes bis mittleres Resistenzrisiko, aber keine Kreuzresistenz zu anderen gegen *Botrytis cinerea* eingesetzten Fungiziden.

Der Pilz ist jedoch ein Hochrisikopathogen, das gegen Botrytizide aus anderen Wirkstoffklassen (Benzimidazole, Dicarboximide, Anilinopyrimidine) bereits erste Anzeichen einer Resistenz zeigt. Es konnten mehrere Fenhexamid-resistente Stämme von *Botrytis cinerea* mit unterschiedlichen Resistenzmechanismen nachgewiesen werden.

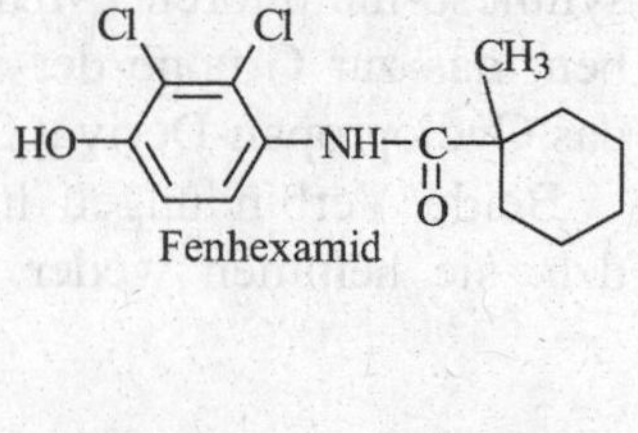

Hydroxyanilide

Fenhexamid

Abb. 22.22 Inhibitor der Sterolbiosynthese in Membranen. SBI Klasse III

Sie beruhen auf einem verstärkten Abbau sowie der verringerten Sensitivität des Target-Enzyms durch mutationsbedingte Veränderung in der Aminosäurenzusammensetzung. Frühzeitige Gegenmaßnahmen sind daher erforderlich, zu denen im Wein- und Obstbau die Reduzierung der Anwendungen von drei auf zwei und anschließend die Verwendung von Mitteln aus anderen Wirkstoffklassen gehört.

Anwendungsbereiche und Zweckbestimmungen
Weinrebe: Grauschimmel. **Sauer- und Süßkirsche**: Grauschimmel, Monilia-Fruchtfäule, Monilia-Spitzendürre. **Pflaume, Aprikose, Pfirsich**: Monilia-Fruchtfäule, Monilia-Spitzendürre. **Beerenobst, Erdbeere**: Graufäule. **Tomate, Salate, Endivien, Gemüsepaprika**: Graufäule [Fenhexamid].

22.2.8   Inhibitoren der Melaninbiosynthese in der Zellwand

Die Funktion der Melanine bei Pilzen besteht in einem Schutz vor Schadeinwirkungen durch äußere Faktoren (UV-Strahlung, Austrocknen, extreme Temperaturschwankungen, mikrobielle Angriffe). Bei einigen phytopathogenen Pilzen ist Melanin darüber hinaus wichtig für die Funktion der Appressorien. Wird die Melaninbiosynthese blockiert, kommt es zum vollständigen Verlust der Penetrationsfähigkeit. Untersuchungen mit *Pyricularia oryzae* haben gezeigt, dass nur melanisierte Appressorien in der Lage sind, funktionstüchtige Infektionshyphen auszubilden. Die spezielle Bedeutung von Melanin für die Pathogenität pflanzenparasitärer Pilze macht den Biosyntheseweg zu einem attraktiven Wirkort (*target*) für die Entwicklung neuer Fungizide.

Die meisten phytopathogenen Pilze synthetisieren Melanin über den Pentaketid-Weg.

Aus fünf Acetat-Einheiten entsteht Pentaketid, das durch Ringbildung in 1,3,6,8-Tetrahydroxynaphthalin (1,3,6,8-THN) und weitere Zwischenstufen zum 1,8-Dihydroxynaphthalin (1,8-DHN) führt und zu Melanin polymerisiert (Abb. 22.23).

Dieser Syntheseweg ist unter den Ascomyceten verbreitet. Angriffspunkte für Fungizide sind die bei den einzelnen Syntheseschritten wirksamen Reduktasen und Dehydratasen.

Von den bisher bekannt gewordenen fungizid wirksamen Melaninbiosynthese-Inhibitoren (MBI) sind zwei Substanzen besonders hervorzuheben: das zur Gruppe der Triazolbenzothiazole zählende Tricyclazole und das Cyclopropan-Derivat Carpropamid.

Beide Verbindungen haben keine direkten fungiziden Eigenschaften, d. h. sie hemmen weder die Sporenkeimung noch das Myzelwachstum

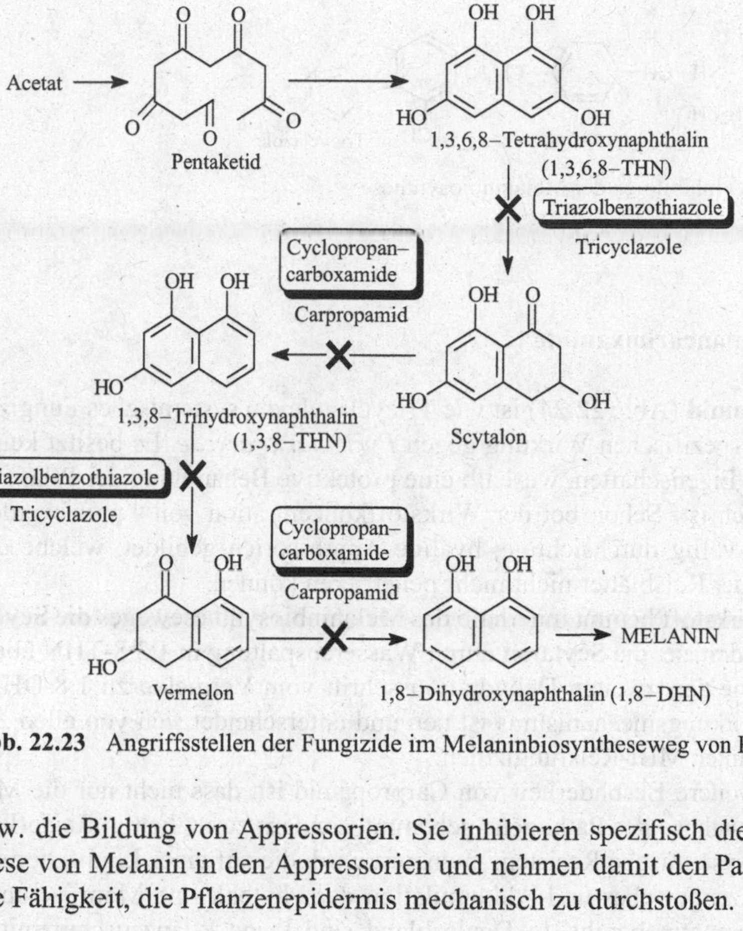

Abb. 22.23 Angriffsstellen der Fungizide im Melaninbiosyntheseweg von Pilzen

bzw. die Bildung von Appressorien. Sie inhibieren spezifisch die Biosynthese von Melanin in den Appressorien und nehmen damit den Pathogenen die Fähigkeit, die Pflanzenepidermis mechanisch zu durchstoßen.

Triazolbenzothiazole

Tricyclazole (Abb. 22.24) ist ein systemisches Fungizid, das schnell von den Wurzeln aufgenommen und in der Pflanze verteilt wird. Der Wirkstoff hemmt die Polyhydroxynaphthalin-Reduktasen, die 1,3,6,8-THN zu Scytalon und 1,3,8-THN zu Vermelon reduzieren (Abb. 22.23).

Tricyclazole wird zur Bekämpfung der wichtigsten durch *Pyricularia oryzae* verursachten Reiskrankheit (Reisbräune) eingesetzt. Eine Entstehung wirkstoffresistenter Pilzstämme wurde bisher nicht beobachtet.

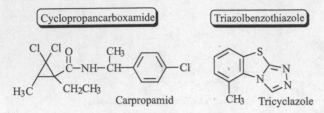

Abb. 22.24 Inhibitoren der Melaninbiosynthese

Cyclopropancarboxamide

Carpropamid (Abb. 22.24) ist wie Tricyclazole ein systemisches Fungizid mit einer spezifischen Wirkung gegen *Pyricularia oryzae*. Es besitzt keine kurativen Eigenschaften, weshalb eine protektive Behandlung der Pflanzen erforderlich ist. Schon bei der Wirkstoffkonzentration von 1 ppm werden nur noch völlig durchsichtige, hyaline Appressorien gebildet, welche die Cuticula der Reisblätter nicht mehr penetrieren können.

Der Wirkstoff hemmt innerhalb des Melaninbiosyntheseweges die Scytalon-Dehydratase, die Scytalon durch Wasserabspaltung in 1,3,8-THN überführt sowie den zweiten Dehydrationsschritt vom Vermelon zu 1,8-DHN. Dieser Wirkungsmechanismus ist neu und unterscheidet sich von allen zuvor bekannten MBI-Reisfungiziden.

Eine weitere Besonderheit von Carpropamid ist, dass nicht nur die Melaninbiosynthese des Pathogens gehemmt, sondern zusätzlich in Reispflanzen eine systemische Resistenz induziert wird, die auf einer Lignifizierung des Pflanzengewebes und Akkumulation der Phytoalexine Momilacton A und Sakuranetin beruht. In Deutschland sind keine Pflanzenschutzmittel auf der Basis der genannten Wirkstoffe zugelassen.

22.2.9 Fungizide mit unbekanntem Wirkungsmechanismus

Die Fungizide, deren Wirkort noch unbekannt ist, lassen sich in zwei Gruppen einteilen:

- **Cymoxanil** und **Fosetyl**; sie gehören zu einer schon älteren Generation (Einführung ab 1975)
- **Metrafenone**, **Proquinazid** und **Cyflufenamid**; hierbei handelt es sich um Neuentwicklungen, die erst seit 2005/2006 auf dem Markt sind.

Abb. 22.25 Fungizide mit unbekanntem Wirkungsmechanismus

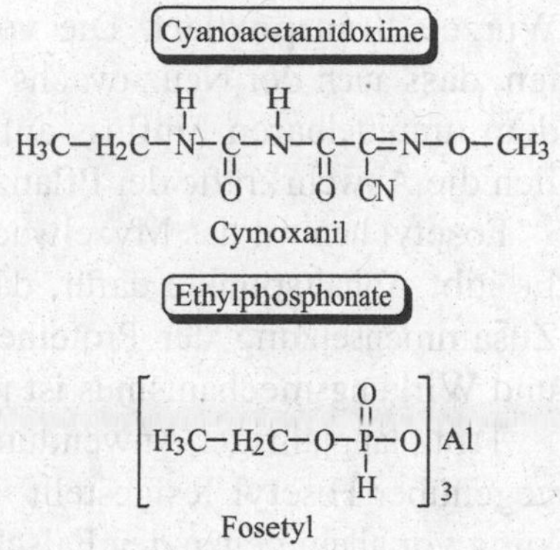

Cyanoacetamidoxime

$$H_3C-H_2C-N-C-N-C-C=N-O-CH_3$$

Cymoxanil

Ethylphosphonate

$$\left[H_3C-H_2C-O-\overset{O}{\underset{H}{P}}-O \right]_3 Al$$

Fosetyl

Cyanoacetamidoxime

Die chemische Zuordnung der einzigen an dieser Stelle zu besprechenden Verbindung **Cymoxanil** (Abb. 22.25) ist nicht eindeutig; je nach Betrachtungsweise handelt es sich um ein Harnstoff- oder Cyanoacetamidoxim-Derivat.

Cymoxanil wird zügig über die Wurzeln und Blätter aufgenommen. In der Pflanze erfolgt eine schnelle Metabolisierung, so dass kein länger anhaltender systemischer Effekt zustande kommen kann. Die fungizide Wirkung ist im Wesentlichen auf den Epidermis- und Rindenbereich begrenzt (lokalsystemische Wirkung). Ein kurativer Effekt besteht nur bis wenige Tage nach der Infektion. Durch Hemmung des Myzelwachstums und der Sporulation wird die weitere Entwicklung der Schadpilze verhindert.

Cymoxanil hat eine spezifische Wirkung gegen den Falschen Mehltau (Peronosporales). Bevorzugte Einsatzgebiete sind der Wein- und Kartoffelbau; die Anwendung erfolgt in der Regel nur in Kombination mit einem protektiven Oomyceten-Fungizid, wie z. B. Famoxadone. Die Gefahr einer Resistenz ist nach Angaben des FRAC gering.

Anwendungsbereiche und Zweckbestimmungen
Weinrebe: Falscher Mehltau. **Kartoffel**: Kraut- und Knollenfäule. **Gurke** (unter Glas): Falscher Mehltau [Cymoxanil].

Ethylphosphonate

Das Phosphonate-Derivat **Fosetyl** (Abb. 22.25) kommt als Aluminiumsalz zur Anwendung. Der Wirkstoff wird schnell von den benetzten Pflanzenteilen aufgenommen und **sowohl akropetal als auch basipetal** bis in die

Wurzeln **transportiert**. Die vollsystemischen Eigenschaften gewährleisten, dass auch der Neuzuwachs und die Wurzeln geschützt werden. Neben dem unmittelbaren Einfluss auf die Pilze stimuliert der Wirkstoff zusätzlich die Abwehrkräfte der Pflanzen.

Fosetyl hemmt das Myzelwachstum und die Sporulation der Schadpilze. Es gibt Anhaltspunkte dafür, dass der Aminosäurenmetabolismus und die Zusammensetzung der Proteine beeinflusst werden. Der genaue Wirkort und Wirkungsmechanismus ist jedoch noch unbekannt.

Trotz langjähriger Anwendung ist bisher keine Resistenz der Schadpilze gegenüber Fosetyl festgestellt worden. Die Verbindung besitzt eine Wirkung vor allem gegen den Falschen Mehltau (Peronosporales).

Anwendungsbereiche und Zweckbestimmungen
Hopfen: Falscher Mehltau, Hopfenperonospora (Primärinfektionen). **Erdbeere**: Rhizomfäule (Teilbehandlung vor dem Pflanzen), Rote Wurzelfäule. **Endivien, Salate**: Falscher Mehltau. **Gurke**: Falscher Mehltau. **Zierpflanzen** (Gießverfahren): *Phytophthora*-Arten [Fosetyl].

Benzophenone

Das zur Gruppe der Benzophenone zählende **Metrafenone** (Abb. 22.26) ist eine Neuentwicklung (Einführung in die Praxis 2005). Es handelt sich um ein Fungizid mit protektiver und kurativer Wirkung. Die Verbindung wird nach Aufnahme in der Pflanze moderat systemisch, episystemisch (über die Gasphase) sowie translaminar verteilt und hemmt die Ausbildung von Infektionsstrukturen, Myzelwachstum sowie die Sporulation der Schadpilze, während die Sporenkeimung kaum beeinflusst wird.

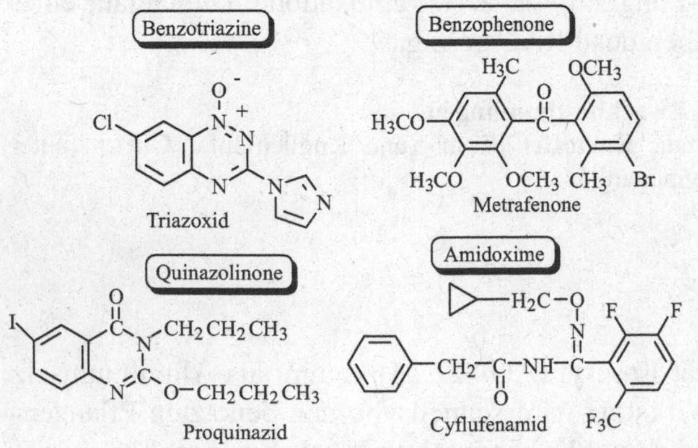

Abb. 22.26 Neuere Fungizide mit noch unbekanntem Wirkungsmechanismus

Der molekulare Wirkort ist noch unbekannt, unterscheidet sich jedoch offenbar von allen anderen sich auf dem Markt befindenden Fungiziden. Alles deutet darauf hin, dass ein völlig neuer Angriffspunkt im Stoffwechsel empfindlicher Pilze für die fungizide Wirkung verantwortlich ist. Möglicherweise kann Metrafenone in komplexe Schalt- und Regelprozesse der Pilze eingreifen und diese umsteuern.

Folgende Wirkungsmechanismen können ausgeschlossen werden: Eine Hemmung der (a) Proteinsynthese, (b) Elektronentransportkette (Qo- und Qi-Stelle) am Cytochrom b, (c) Succinat Dehydrogenase, (d) β-Tubulin Polymerisation, (e) Ergosterol- und Methioninbiosynthese, (f) Proteinkinase III, (g) Chitin- und rRNA-Biosynthese.

Metrafenone besitzt eine spezifische Wirkung gegen Echte Mehltaupilze (Erysiphaceae). Durch den neuartigen Wirkungsmechanismus bestehen **keine Kreuzresistenzen** zu anderen Fungiziden.

Anwendungsbereiche und Zweckbestimmungen
Weizen: Echter Mehltau. **Weinrebe**: Echter Mehltau [Metrafenone].

Amidoxime

Ein weiteres neues Präparat (Zulassung 2006) mit einer spezifischen Wirkung gegen Echte Mehltaupilze ist das Amidoxim-Derivat **Cyflufenamid** (Abb. 22.26). Die Substanz wird über die Blätter aufgenommen und translaminar sowie lokalsystemisch verteilt. Über die Dampfphase werden auch angrenzende Pflanzenteile erreicht. Das Mittel besitzt ausgeprägte protektive und begrenzte kurative Eigenschaften. Es greift an verschiedenen Stellen in den Entwicklungszyklus des Echten Mehltaus ein. Cyflufenamid hemmt die Freisetzung der Konidiosporen, die Ausbildung der Papille zur Entstehung der Haustorien, das Wachstum der Sekundärhyphen und die Bildung der Konidiosporenträger.

Der genaue Angriffspunkt des Fungizids im Stoffwechsel der Pilze ist jedoch noch nicht bekannt. Die Tatsache, dass auch Stämme erfasst werden, die gegen andere Mehltaumittel zunehmend insensitiv reagieren (Triazole, Strobilurine, Morpholine und andere), spricht für einen neuartigen Wirkungsmechanismus. Die bisherigen Versuche haben gezeigt, dass keine Beeinflussung der Membraneigenschaften, Biosynthese von Lipiden, Chitinsynthese oder der Mitochondrienfunktionen stattfindet.

Nach dreijährigen, jeweils zweimaligen Freilandanwendungen konnte keine Minderung der Wirksamkeit von Cyflufenamid beobachtet werden. Kreuzresistenz zu anderen Fungiziden besteht nach den bisherigen Erkenntnissen ebenfalls nicht. Eine abschließende Beurteilung der Resistenzsituation ist zum gegenwärtigen Zeitpunkt aber noch nicht möglich.

Anwendungsbereiche und Zweckbestimmungen
Getreide (Weizen, Gerste, Roggen, Triticale): Echter Mehltau. **Weinrebe**: Echter Mehltau [Cyflufenamid].

Quinazolinone

Ein Fungizid aus der chemischen Gruppe der Quinazolinone ist **Proquinazid** (Zulassung ebenfalls 2006) (Abb. 22.26). Der Wirkstoff besitzt kurative und protektive Eigenschaften, er wird nach Aufnahme lokalsystemisch und translaminar in der Pflanze verteilt und bietet auch dem Neuzuwachs einen ausreichenden Schutz.

Die Verbindung hemmt die Keimung der Pilzsporen, beim Vorhandensein von Keimschläuchen auch die Bildung der Appressorien und damit das Eindringen des Pilzes in die Wirtspflanze. Zusätzlich werden die pflanzeneigenen Abwehrkräfte aktiviert (induzierte Resistenz).

Proquinazid hat eine sichere Wirkung gegen Getreidemehltau und erfasst Pilzstämme, die zunehmend unempfindlich gegenüber anderen Mehltaumitteln reagieren. Dies deutet darauf hin, dass die fungiziden Eigenschaften auf einem neuen, bisher nicht bekannten Wirkungsmechanismus (Wirkort) beruhen. Bedingt durch den erst kurzen Anwendungszeitraum liegen Erfahrungen zur Resistenzsituation noch nicht vor. Um einer Resistenzentstehung vorzubeugen, sollten die Empfehlungen des FRAC in jedem Fall eingehalten werden.

Anwendungsbereich und Zweckbestimmung
Getreide (Weizen, Gerste, Roggen, Triticale): Echter Mehltau [Proquinazid].

Benzotriazine

Das zur chemischen Gruppe der Benzotriazine zählende **Triazoxid** (Abb. 22.26) kam erstmals 1990 auf den Markt. Der Wirkstoff besitzt keine systemischen Eigenschaften und wird in Kombination mit anderen Fungiziden zur Saatgutbehandlung von Getreide eingesetzt.

Triazoxid erfasst vor allem die den Samen anhaftenden Erreger der Streifenkrankheit und Netzfleckenkrankheit der Gerste (*Pyrenophora graminea* bzw. *Pyrenophora teres*). Sein Wirkungsmechanismus ist nicht bekannt. Angaben über eine nachlassende Wirksamkeit (Resistenz) liegen bisher nicht vor.

Anwendungsbereich und Zweckbestimmung
Getreide (Saatgutbehandlung): Mit dem Saatgut übertragbare Krankheiten. In erster Linie wirksam gegen die Streifenkrankheit und Netzfleckenkrankheit der Gerste. Anwendung nur in Kombination mit anderen Fungiziden (Kap. 28) [Triazoxid].

22.2.10 Fungizide mit mehreren Wirkorten im Stoffwechsel der Pilze

Die in diesem Kapitel zusammengefassten Fungizide weisen eine Reihe von Besonderheiten auf. Es handelt sich um:

- Wirkstoffe der 1. und 2. Generation; beginnend mit der Einführung der anorganischen Schwefel- und Kupferverbindungen ab Mitte des 19. Jahrhunderts und Entwicklung der ersten synthetisch hergestellten organischen Verbindungen bis etwa 1970/75 (Tabelle 22.1)
- Kontaktfungizide, d. h. ihre Anwendung muss vorbeugend erfolgen. Eine bereits vorhandene Infektion kann durch diese Mittel nicht gestoppt werden (keine kurative Wirkung)
- Fungizide, die an mehreren Stellen in den Stoffwechsel der Pilze eingreifen (*multi-site activity*).

Der zuletzt genannte Faktor ist der Grund dafür, dass trotz zum Teil jahrzehntelanger Anwendung **keine Resistenzerscheinungen** auftraten, d. h. eine nachlassende Empfindlichkeit der Schadpilze gegenüber einzelnen Fungiziden war bisher nicht nachweisbar. Einige dieser Mittel haben im Zusammenhang mit einem wirksamen Resistenzmanagement (Kap. 21.3) wieder eine größere Bedeutung in der Praxis erlangt.

Kupferverbindungen

Drei kupferhaltige Präparate werden auch heute noch eingesetzt: **Kupferoxychlorid, Kupferhydroxid** und **Kupferoktanoat** (Abb. 22.27). Die Wirkstoffe verbleiben auf der behandelten Blattfläche und bilden einen äußeren Schutz (protektive Fungizide). Nach Kontakt mit dem Mittel werden die Pilze abgetötet (Kontaktfungizide). Eine Anwendung muss vorbeugend, d. h. vor oder zum Infektionsbeginn erfolgen. Voraussetzung für einen guten Bekämpfungserfolg ist ein möglichst lückenloser Fungizidbelag auf den Pflanzen.

Abb. 22.27 Fungizide mit mehreren Wirkorten im Stoffwechsel von Pilzen (*multi-site activity*)

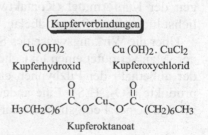

Kupferverbindungen

$Cu(OH)_2$ $Cu(OH)_2 \cdot CuCl_2$

Kupferhydroxid   Kupferoxychlorid

$$H_3C(H_2C)_6 - \overset{\overset{O}{\|}}{C} - O - Cu - O - \overset{\overset{O}{\|}}{C} - (CH_2)_6CH_3$$

Kupferoktanoat

Nach der Applikation entstehen auf der Blattoberfläche Kupferionen (Cu++), die von den Pilzsporen passiv aufgenommen werden. Bei einer ausreichenden Konzentration kommt es zur unspezifischen Denaturierung von Proteinen und Blockierung von Enzymsystemen. Dadurch wird der Stoffwechsel an mehreren Stellen gleichzeitig beeinträchtigt (*multi-site activity*).

Kupferverbindungen erfassen ein breites Spektrum von Schadorganismen. Im Vordergrund stehen der Falsche Mehltau (Peronosporales) und Blattfleckenkrankheiten. Unter ungünstigen klimatischen Bedingungen (Feuchtigkeit, Kälte, starke Sonneneinstrahlung) sind phytotoxische Schäden (Blattflecken, Berostungen, Wachstumshemmungen) insbesondere an Obstkulturen möglich. Nachteilig bei häufiger Anwendung ist ferner eine Anreicherung von Kupfer im Boden, die nicht durch Metabolisierung bzw. Abbau auf natürlichem Wege beseitigt wird, wie das bei synthetisch-organischen Fungiziden der Fall ist.

Vorteile der anorganischen Kupfermittel sind erstens die geringen Kosten, zweitens wurde bisher keine nachlassende Wirkung (Resistenz) beobachtet. Die erwähnten Nachteile (Phytotoxizität, Anreicherung im Boden) haben jedoch zu einem ständigen Rückgang des Einsatzes von Kupferfungiziden geführt. Dies gilt vor allem für Kupferoxychlorid.

Im Ökologischen Landbau (Kap. 20) ist die Anwendung von Kupferpräparaten zur Bekämpfung der Kraut- und Knollenfäule an Kartoffel erlaubt.

Anwendungsbereiche und Zweckbestimmungen
Kartoffel: Kraut- und Knollenfäule [Kupferhydroxid, Kupferoktanoat], Schwarzbeinigkeit [Kupferhydroxid]. **Weinrebe**: Falscher Mehltau [Kupferhydroxid, Kupferoktanoat]. **Tomate**: Kraut- und Braunfäule [Kupferhydroxid, Kupferoktanoat]. Dürrfleckenkrankheit **Kernobst**: Kragenfäule [Kupferoxychlorid]. **Weinrebe**: Falscher Mehltau [Kupferhydroxid, Kupferoktanoat], Echter Mehltau [Kupferoktanoat].

Anorganischer Schwefel

Schwefel wird als **Netzschwefel** (feinst gemahlener, elementarer Schwefel) eingesetzt. Die anwendungsbezogenen Eigenschaften entsprechen denjenigen der Kupfermittel (Kontaktwirkung, vorbeugende Anwendung, möglichst lückenloser Fungizidbelag, keine kurative Wirkung).

Über die Wirkungsweise des Schwefels gehen die Meinungen auseinander. Man vermutet einen toxischen Effekt des elementaren Schwefels bzw. der außerhalb der Pilzhyphen entstehenden Oxidations- und Reduktionsprodukte (SO_2, H_2S). Eine andere Vorstellung besagt, dass der Schwefel infolge seiner Fettlöslichkeit durch die Plasmamembran in das Zellinnere eindringt und erst dort zum giftigen Schwefelwasserstoff reduziert wird. Sicher ist, dass Schwefel bzw. seine Umwandlungsprodukte an mehreren Stellen störend in den Stoffwechsel der Pilze eingreifen (*multi-site activity*) oder allgemein als Zellgift (H_2S) wirken (unspezifischer Wirkungsmechanismus). Eine nachlassende fungizide Wirkung ist trotz jahrzehntelanger Anwendung bisher nicht beobachtet worden (kein Resistenzproblem).

Schwefel eignet sich zur Bekämpfung von Echten Mehltaupilzen (Erysiphaceae) in zahlreichen Kulturen, u. a. auch im ökologischen Landbau. Zu berücksichtigen ist allerdings, dass es im Obstbau zu Schaden kommen kann. Einige Apfelsorten (z. B. Berlepsch, Ontario, Cox Orange) und vor allem Birnensorten sind schwefelempfindlich. Besonders bei starker Sonneneinstrahlung können Berostungen auftreten. Ein wichtiger Nebeneffekt des Schwefels ist die befallsmindernde Wirkung gegen Spinn- und Gallmilben.

Schwefelmittel sind preiswert, nachteilig ist ihre Phytotoxizität bei empfindlichen Pflanzen. Ihre Anwendung ist daher zugunsten organischer Präparate stark zurückgegangen.

Anwendungsbereiche und Zweckbestimmungen
Getreide (Weizen, Gerste, Roggen): Echter Mehltau. **Hopfen**: Echter Mehltau. **Kernobst**: Echter Mehltau, Apfel- und Birnenschorf. **Weinrebe**: Echter Mehltau. **Stachelbeere**: Amerikanischer Stachelbeermehltau. **Erbse, Gurke**: Echter Mehltau. **Wurzel- und Knollengemüse**: Echte Mehltaupilze. **Zierpflanzenbau**: Echte Mehltaupilze. **Nebenwirkung** gegen Gallmilben (Eriophyidae): Rebenpockenmilbe, Rebenkräuselmilbe, Johannisbeergallmilbe, Birnenpockenmilbe [Schwefel].

Thiocarbamate

Die Thiocarbamate zeichnen sich neben ihrer guten fungiziden Wirksamkeit besonders durch ihre geringe Phytotoxizität aus. Sie bewirken nicht selten eine bessere Blatt- und Fruchtausfärbung und haben vielfach einen günstigen Einfluss auf die Gesamtentwicklung der behandelten Pflanzen.

Das erste Produkt aus dieser Reihe war Thiram; es wurde 1937 in Deutschland patentiert und war damit eines der ältesten synthetisch hergestellten organischen Fungizide, mit dem es möglich wurde, die weniger pflanzenverträglichen anorganischen Fungizide zu ersetzen. Die Ethylen-bis-thiocarbamate kamen Ende der 1950er Jahre auf den Markt.

Trotz Entwicklung neuer synthetischer Pilzbekämpfungsmittel aus zahlreichen anderen Wirkstoffgruppen, insbesondere der systemischen Fungizide, haben die Thiocarbamate immer noch eine erhebliche wirtschaftliche Bedeutung. Aus dem Bericht des BVL über den Absatz von Pflanzenschutzmitteln in Deutschland aus dem Jahre 2004 geht hervor, dass fast ein Viertel der gesamten Inlandsabgabe von Fungiziden auf die Thiocarbamate (Dithiocarbamate und Thiuramdisulfide) entfällt.

Bei den heute noch in größerem Umfang eingesetzten Präparaten handelt es sich um Metallsalze der Ethylen-bis-dithiocarbamidsäure (**Metiram, Maneb, Mancozeb**) oder Disulfide der Dithiocarbamidsäure (**Thiram**) (Abb. 22.28). Sie haben in der angewendeten Form keine unmittelbare pilzabtötende Wirkung. Es handelt sich um instabile Verbindungen, die chemisch und photochemisch auf der Pflanzenoberfläche oder nach Aufnahme in die Pilzsporen durch Enzyme in toxische Stoffe umgewandelt werden.

Voraussetzung für die Wirkung der Dimethyldithiocarbamate ist die Entstehung des Dialkyldithiocarbamatanions durch eine Spaltung des Moleküls. Das Anion bildet entweder mit metallhaltigen Enzymsystemen Komplexverbindungen oder reagiert mit SH-Gruppen von Enzymen und greift auf diese Weise störend in den Stoffwechsel der Pilze ein (Abb. 22.29). Gleiches gilt für die Ethylen-bis-dithiocarbamate. Hinzu kommt jedoch, dass bei der Metabolisierung mehrere Verbindungen entstehen, wie z. B. Isothiocyanate und Thioharnstoff-Derivate, die ebenfalls mit Enzymen oder Proteinen reagieren können. Die Frage nach dem (den) eigentlichen Wirkstoff(en) ist daher nicht eindeutig zu beantworten. Es handelt sich offensichtlich nicht um einen spezifischen Wirkort, sondern wahrscheinlich um Eingriffe in verschiedene biochemische Vorgänge.

Trotz jahrzehntelanger Anwendung sind bis heute keine Resistenzen bei empfindlich reagierenden Pflanzenpathogenen festgestellt worden, was vermuten lässt, dass es sich bei den Thiocarbamaten um Fungizide mit einer „*multi-site activity*" handelt.

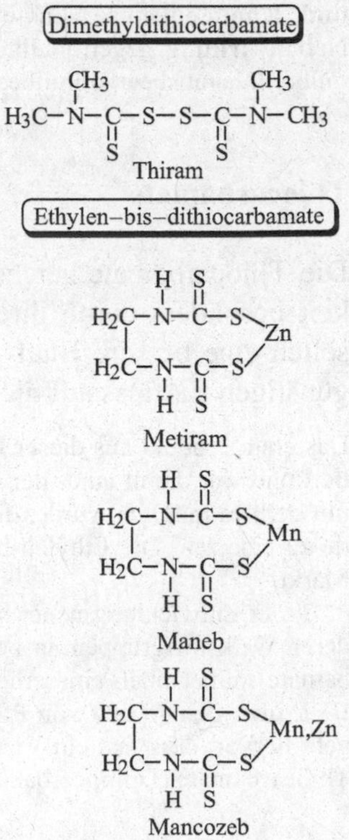

Abb. 22.28 Fungizide mit mehreren Wirkorten im Stoffwechsel der Pilze (*multi-site activity*)

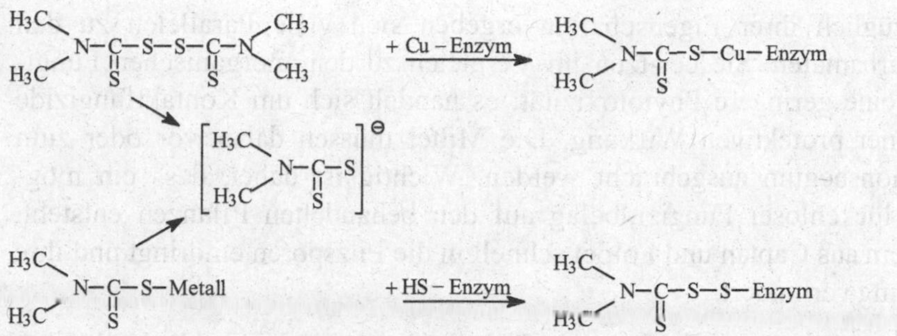

Abb. 22.29 Hauptangriffspunkte der Thiocarbamate im Stoffwechsel der Pilze

Thiocarbamate sind protektive Fungizide, zur vorbeugenden Anwendung bestimmt und ohne kurative Wirkung. Mit ihrem Einsatz wird die Keimung der Pilzsporen verhindert und damit eine Infektion bzw. die Ausbreitung der Krankheitserreger. Sie wirken gegen ein breites Spektrum von Pflanzenkrankheiten. Ein besonderer **Schwerpunkt ist die Bekämpfung des Falschen Mehltaus** (Peronosporaceae).

Häufig werden Thiocarbamate zusammen mit anderen Fungiziden angeboten. Dadurch wird neben einer Erweiterung des Wirkungsspektrums durch die *„multi-site activity"* auch eine mögliche Resistenzentwicklung verhindert oder verzögert, dies trifft insbesondere für Mancozeb zu (Resistenzmanagement, Kap. 21.3).

Anwendungsbereiche und Zweckbestimmungen
Kartoffel: Kraut- und Knollenfäule [Metiram, Maneb, Mancozeb], Dürrfleckenkrankheit [Metiram]. **Weinrebe**: Falscher Mehltau, Schwarzfleckenkrankheit, Roter Brenner [Metiram, Mancozeb]. **Kernobst**: Apfel- und Birnenschorf [Mancozeb]. **Johannisbeere**: Säulenrost [Metiram, Mancozeb]. **Pflaume**: Pflaumenrost [Mancozeb]. **Zwetsche**: Narren- oder Taschenkrankheit [Mancozeb]. **Erdbeere**: Weißfleckigkeit, Rotfleckenkrankheit [Mancozeb]. **Spargel**: Spargelrost [Metiram]. **Zwiebel**: Falscher Mehltau [Mancozeb]. **Zierpflanzen**: Falscher Mehltau und Rostpilze [Metiram, Mancozeb].

Im Acker-, Gemüse- und Zierpflanzenbau kann Thiram zur Verhinderung von Auflaufkrankheiten (z. B. bei Raps, Mais) als Trockenbeizmittel eingesetzt werden (Kap. 28).

Phthalimide

Die aus der Gruppe der Phthalimide stammenden Mittel zählen zu den ältesten synthetisch hergestellten organischen Fungiziden. Die noch zugelassenen Verbindungen **Captan** und **Folpet** (Abb. 22.30) sind bereits seit 1952 im Handel.

Bezüglich ihrer Eigenschaften ergeben sich viele Parallelen zu den Thiocarbamaten: Sie besitzen im Vergleich zu den anorganischen Fungiziden eine geringere Phytotoxizität; es handelt sich um Kontaktfungizide mit einer protektiven Wirkung. Die Mittel müssen daher vor oder zum Infektionsbeginn ausgebracht werden. Wichtig ist dabei, dass ein möglichst lückenloser Fungizidbelag auf den behandelten Pflanzen entsteht, von dem aus Captan und Folpet schnell in die Pilzsporen eindringt und ihre Keimung verhindert.

Der genaue Wirkungsmechanismus der Phthalimide ist nicht bekannt. Wahrscheinlich sind die verwendeten intakten Verbindungen nicht verantwortlich für den unmittelbaren fungiziden Effekt. Dagegen könnten die bei der Metabolisierung entstehenden Disulfide und das sehr reaktionsfähige Thiophosgen zahlreiche Enzymreaktionen blockieren bzw. Aminosäuren in Thioharnstoff-Derivate umwandeln (Abb. 22.31), um dadurch in vielen Bereichen den Stoffwechsel der Pilze zu beeinflussen (*multi-site activity*). Das wäre auch eine Erklärung dafür, weshalb eine abnehmende Empfindlich-

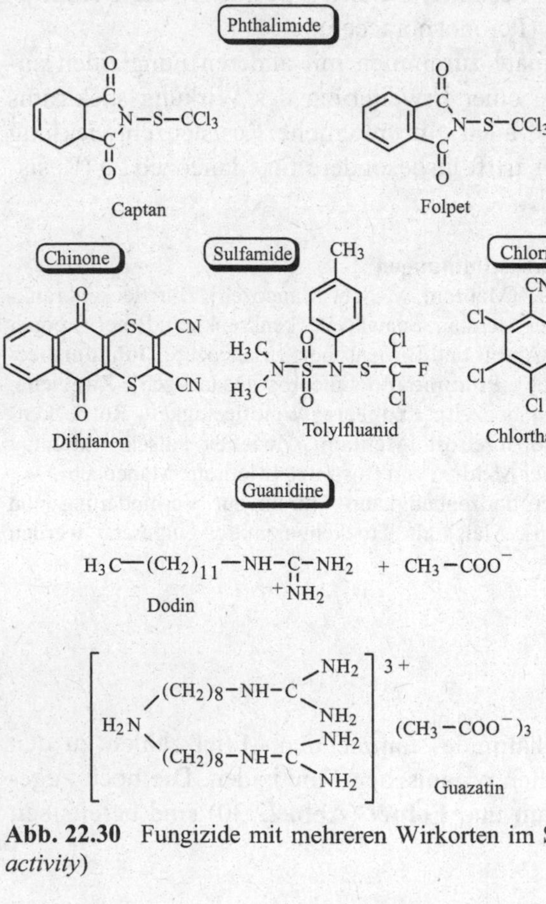

Abb. 22.30 Fungizide mit mehreren Wirkorten im Stoffwechsel der Pilze (*multi-site activity*)

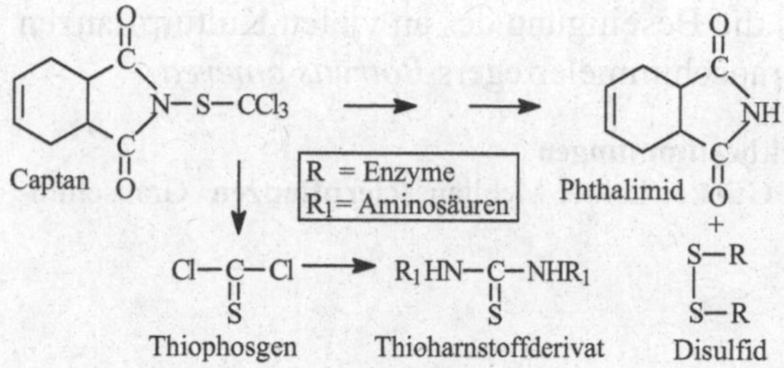

Abb. 22.31 Mögliche Angriffspunkte der Phthalimide im Stoffwechsel der Pilze

keit der Pilze gegenüber Phthalimid-Fungiziden (Resistenz) bisher nicht in größerem Ausmaß festgestellt wurde.

Wichtige **Anwendungsbereiche** für die Phthalimid-Fungizide sind der **Obst- und Weinbau**, Wirkungsschwerpunkte die Schorf- und Echten Mehltaupilze an Kernobst bzw. Weinrebe.

Folpet dient häufig als Kombinationspartner für Fungizide aus anderen Wirkstoffklassen. Die Ausbringung der Mischpräparate verfolgt das Ziel, das Wirkungsspektrum zu erweitern bzw. das Resistenzrisiko zu reduzieren.

Anwendungsbereiche und Zweckbestimmungen
Kernobst: Apfel- und Birnenschorf, Obstbaumkrebs, Bitterfäule (Lagerfäulen). **Himbeere**: Rutensterben [Captan]. **Weinrebe**: Falscher Mehltau, Schwarzfleckenkrankheit, Roter Brenner. **Hopfen**: Falscher Mehltau (Sekundärinfektionen) [Folpet].

Sulphamide

Aus der Gruppe der Sulphamide erlangten zwei Fungizide, Dichlorfluanid und **Tolylfluanid** (Abb. 22.30) wirtschaftliche Bedeutung. Derzeit wird nur noch letzteres angeboten.

Die fungizid wirksamen Sulphamide sind N-substituierte Diamide der Schwefelsäure. Ein wichtiger Substituent bei Tolylfluanid ist die Dichlorfluormethylthio-Gruppe ($-S-CCl_2F$). Eine ähnliche Konfiguration finden wir bei den zuvor beschriebenen Phthalimiden. Die strukturellen Ähnlichkeiten bei beiden Fungizidgruppen spiegeln sich auch in den biologischen Eigenschaften wider: es handelt sich um protektive Fungizide mit Kontaktwirkung, die an mehreren Stellen in den Stoffwechsel der Pilze eingreifen (*multi-site contact activity*). Resistenz und Kreuzresistenz bei pflanzenpathogenen Pilzen gegenüber Sulphamiden wurden bisher nicht beobachtet.

Auch der Wirkungsmechanismus dürfte dem der Phthalimide entsprechen. Gleichwohl gibt es Unterschiede im Hinblick auf das bekämpfbare Pilzspektrum. Einsatzschwerpunkt ist neben der Bekämpfung von Schorfpilzen und Falschem Mehltau die Beseitigung des an vielen Kulturpflanzen (Früchten) vorkommenden Grauschimmelerregers *Botrytis cinerea*.

Anwendungsbereiche und Zweckbestimmungen
Tomate: Kraut- und Braunfäule. **Gurke**: Echter Mehltau. **Zierpflanzen**: Grauschimmel [Tolylfluanid].

Chlornitrile

Aus der Gruppe der Chlornitrile erlangte lediglich das bereits 1963/1964 eingeführte protektive Fungizid **Chlorthalonil** (Abb. 22.30) eine größere wirtschaftliche Bedeutung. Seine fungizide Wirksamkeit beruht auf einer Reaktion mit den SH-Gruppen von Glutathion, Coenzym A und Enzymen. Dadurch werden zahlreiche Vorgänge im pilzlichen Stoffwechsel blockiert und Enzyme irreversibel inaktiviert. Die Folge ist eine Hemmung der Sporenkeimung und die Verhinderung einer weiteren Ausbreitung der Krankheit. Selbst nach über 40-jähriger Anwendung sind keine resistenten Pilzstämme aufgetreten.

Chlorthalonil ist ein Kontaktfungizid mit breitem Wirkungsbereich und zum Schutz zahlreicher Kulturen geeignet. In Deutschland ist der Einsatz auf die Bekämpfung von *Septoria*-Arten und *Phytophthora infestans* beschränkt.

Im Zusammenhang mit einem immer wichtiger werdenden Resistenzmanagement (Kap. 21.3) ist Chlorthalonil wieder ins Blickfeld gerückt. Durch eine Kombination von Strobilurinen und Azolen mit Chlorthalonil, das eine hohe protektive Wirkung gegen *S.tritici* hat, werden auch die strobilurinresistenten Pilzstämme erfasst. Auf diese Weise ist es möglich, das breite Wirkungsspektrum der Strobilurine gegen andere Getreidepathogene, vor allem Roste, und die zusätzlichen günstigen Nebenwirkungen (*greening effect*) weiter zu nutzen (Resistenzmanagement).

Anwendungsbereiche und Zweckbestimmungen
Weizen: Septoria-Blattdürre, Blatt- und Spelzenbräune. **Kartoffel**: Kraut- und Knollenfäule [Chlorthalonil].

Chinone

Ein Fungizid mit Chinonstruktur sowie Kontaktwirkung ist **Dithianon** (Abb. 22.30). Die Verbindung besitzt protektive Eigenschaften und ist daher vorbeugend auszubringen.

Durch Reaktion mit SH-Gruppen von Enzymen können zahlreiche Stoffwechselvorgänge des Pilzes blockiert und dadurch die Keimung der Sporen verhindert werden. Wirkstoffresistenz wurde, bedingt durch die vielseitigen Einflussmöglichkeiten, bisher nicht beobachtet. Dithianon wird hauptsächlich im Obst- und Weinbau eingesetzt.

Anwendungsbereiche und Zweckbestimmungen
Kernobst: Apfel- und Birnenschorf. **Süß- und Sauerkirsche**: Schrotschusskrankheit. **Pfirsich, Aprikose**: Kräuselkrankheit. **Hopfen**: Falscher Mehltau. **Weinrebe**: Falscher Mehltau, Roter Brenner, Schwarzfleckenkrankheit[Dithianon].

Guanidine

Die beiden noch im Pflanzenschutz eingesetzten Guanidin-Derivate **Dodin** und **Guazatin** (Abb. 22.30) gehören zur älteren Generation von Wirkstoffen. Über ihre fungiziden Eigenschaften wurde bereits 1957 bzw. 1968 berichtet. Dodin war über einen längeren Zeitraum nicht verfügbar. Eine Neuzulassung erfolgte 2008.

Die Guanidine sind protektive Fungizide, die an mehreren verschiedenen Stellen in den Stoffwechsel empfindlich reagierender Pilze eingreifen (*multi-site activity*). Es ergaben sich Anhaltspunkte für Veränderungen der Permeabilität von Zellmembranen und Interaktionen mit mitochondrialen Membranen. Der genaue Wirkungsmechanismus ist jedoch nicht bekannt.

Das Wirkungsspektrum beider Verbindungen ist sehr unterschiedlich. Guazatin wird als **Saatgutbehandlungsmittel** (Beizung) (Kap. 28) zur Bekämpfung von samenbürtigen, dem Saatgut außen anhaftenden Pilzen, Dodin im Obstbau eingesetzt.

Eine Wirkstoffresistenz gegen Guazatin war bisher nicht nachweisbar. Anders verhält es sich mit Dodin. Hier ist über eine nachlassende Wirkung bei *Venturia inaequalis* berichtet worden, was vermuten lässt, dass dieses Fungizid möglicherweise doch kein „*multi-site inhibitor*" ist.

Anwendungsbereiche und Zweckbestimmungen
Getreide (Saatgutbehandlung): Mit dem Saatgut übertragbare Krankheitserreger (Kap. 28) [Guazatin]. **Kernobst**: Apfel- und Birnenschorf [Dodin].

22.2.11 Resistenzinduktoren

Eine neue Möglichkeit, Kulturpflanzen vor dem Angriff pflanzenpathogener Pilze zu schützen, besteht in der Aktivierung ihrer natürlichen Abwehrkräfte (systemisch induzierte Resistenz, *systemic activated resistance*, SAR, Kap. 15) durch synthetisch hergestellte Substanzen. Weder diese Verbindungen noch ihre Metaboliten haben eine unmittelbare Wirkung auf die Pathogene. Sie sind daher keine Fungizide im eigentlichen Sinne und werden nach dem deutschen Pflanzenschutzgesetz nicht als Pflanzenschutzmittel, sondern als Pflanzenstärkungsmittel eingestuft.

Ein Vorteil gegenüber vielen klassischen Fungiziden könnte die geringe Gefahr einer Mittelresistenz sein, weil keine unmittelbaren Wechselwirkungen zwischen Resistenzinduktor und Pathogen stattfinden. Vorteilhaft ist ferner das erweiterte Bekämpfungsspektrum, da neben Pilzen die behandelten Pflanzen auch gegen Bakterien und Viren widerstandsfähig werden. Nachteilig ist allerdings, dass sie **vor** einer möglichen **Infektion immunisiert** sein müssen (prophylaktische Anwendung).

Als Resistenzinduktoren wurden u. a. Salicylsäure-Derivate (3,5-Dichlorsalicylsäure, 5-Chlorsalicylsäure), vor allem aber Isonicotinsäuren und das zur Gruppe der Benzothiadiazole gehörende **Acibenzolar-S-methyl** (ABM) beschrieben (Abb. 22.32).

Isonicotinsäure-Präparate verursachen Abwehrreaktionen gegen pathogene Pilze (z. T. auch gegen Bakterien und Viren) u. a. an Gurken-, Tabak- und Reispflanzen sowohl unter Gewächshaus- als auch unter Freilandbedingungen.

ABM hat eine ähnliche biologische Funktion und Wirkungsweise wie die nach einer lokalen Infektion in den Zellen gebildete und angereicherte Salicylsäure, die vermutlich als Signalsubstanz die Voraussetzung für eine systemisch induzierte Resistenz ist. Ein langandauernder Schutz durch ABM (bis zu 9 Wochen) ist vor allem bei Monokotylen zu beobachten. Dikotyle Pflanzen müssen mehrfach behandelt werden. Eine gute Wirkung wird bei Weizen gegen *Blumeria graminis* (Echter Mehltau) und eine Teilwirkung gegen *Puccinia*-Arten (Roste) und *Septoria*-Blattkrankheiten erreicht. Bekämpfungserfolge wurden auch bei Tabak gegen *Peronospora tabacina* (Blauschimmel) erzielt.

Resistenzinduktoren haben sich in der Praxis bisher nicht durchsetzen können. Haupthinderungsgrund ist die im Vergleich zu den synthetischen Fungiziden vielfach **nicht ausreichende Wirkungssicherheit** sowie die lange Zeitspanne bis zum Eintreten der Wirkung.

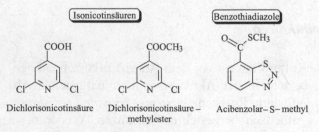

Abb. 22.32 Resistenzinduktoren

Literatur

Anonym (1987) Die Pflanzen schützen, dem Menschen nützen. Eine Geschichte des Pflanzenschutzes. Industrieverband Pflanzenschutz (IPS), Frankfurt

Anonym (2005) FRAC Links, Fungicides List (1) and (2). http://www.frac.info

Barlett DW, Clough JM et al. (2001) Understanding the strobilurin fungicides. Pestic Outlook 12:143–147

Bell AA, Wheeler MH (1986) Biosynthesis and functions of fungal melanins. Annu Rev Phytopathol 24:411–451

Brent KJ (1999) Fungicide resistance in crop pathogens. How can it be managed. FRAC Monograph No. 1, Published by GCPF, Brüssel

Büchel KH (1977) Pflanzenschutz und Schädlingsbekämpfung. Thieme, Stuttgart

Dehne HW, Gisi U, Kuck KH, Russell PE, Lyr H (eds) (2005) Modern fungicides and antifungal compounds IV. BCPC, Alton, Hampshire

Hassall KA (1990) The biochemistry and uses of pesticides. VCH, Weinheim New York Basel Cambridge

Heitefuss R (2000) Pflanzenschutz, Grundlagen der praktischen Phytomedizin, 3. Aufl. Thieme, Stuttgart New York

Henningsen M (2003) Moderne Fungizide, Pilzbekämpfung in der Landwirtschaft. Chem uns Zeit 37:98–111

Hewitt G (2000) New modes of action of fungicides. Pestic Outlook 11, 28–32

Krämer W, Schirmer U (eds) (2007) Modern crop protection compounds, Vol 2 fungicides. Wiley-VCH, Weinheim

Lyr H (ed) (1995) Modern selective fungicides. Fischer, Jena Stuttgart New York

Tomlin CDS (ed) (2003) The pesticide manual. BCPC, Alton, Hampshire

23 Insektizide

Insektizide sind Substanzen, die zur Abtötung von Insekten angewendet werden. Bei den gegenwärtig im Pflanzenschutz eingesetzten Mitteln handelt es sich von wenigen Ausnahmen abgesehen um synthetisch hergestellte, organische Präparate mit sehr unterschiedlicher Struktur. Sie sollen Schäden und Ertragsausfälle verhindern, die je nach Kultur und Region weltweit etwa 10 bis 20% betragen. Unter für Schädlinge günstigen Entwicklungsbedingungen können ganze Ernten vernichtet werden und dadurch wirtschaftliche Schwierigkeiten und Hungersnöte in den betroffenen Ländern auftreten.

Die gezielte chemische Bekämpfung von Insekten begann etwa Mitte des 19. Jahrhunderts mit der Anwendung von Arsen, Bleiarsenat, Quecksilber, Thallium und anderen anorganischen Verbindungen. Hierbei handelte es sich überwiegend um starke Gifte mit unzureichender Wirkung und einer ausgeprägten Persistenz.

Günstigere Eigenschaften besaßen Wirkstoffe, die aus Pflanzen gewonnen wurden. Ihr Nachteil war, dass sie nur in begrenzter Menge zur Verfügung standen, ihre Herstellung zu teuer war und es sich meist um photolabile Stoffe handelte. Die größte praktische Bedeutung erlangten Pyrethrum und Nicotin.

Der entscheidende Durchbruch bei der Bekämpfung pflanzenschädlicher Insekten brachte die Einführung von DDT (**D**ichlor**d**iphenyl**t**richlorethan, Abb. 23.1).

Abb. 23.1 Das erste vollsynthetisch hergestellte Insektizid war DDT

Dichlordiphenyltrichlorethan
DDT

DDT wurde schon 1873 von **Zeidler** beschrieben, seine insektiziden Eigenschaften aber erst 1939 durch **Paul Müller** entdeckt. Damit war erstmals eine verhältnismäßig billige und einfache vollsynthetische Herstellung eines wenig humantoxischen und breit wirksamen Insektizids gelungen, mit dessen Hilfe es möglich wurde, die zum Teil stark giftigen anorganischen Mittel im Pflanzenschutz zu ersetzen.

Die ausgeprägte Persistenz dieser Verbindung und die damit verbundene Gefahr einer Akkumulation im Boden, in Gewässern und über die Nahrungsketten in Organismen haben dazu geführt, dass DDT im Pflanzenschutz weltweit seit vielen Jahren kaum noch eingesetzt wird (Anwendungs- und Herstellungsverbot in Deutschland seit 1972).

Es sollte allerdings nicht vergessen werden, dass DDT auch in der Humanmedizin für bahnbrechende Erfolge sorgte. So war es erstmals möglich, durch die Ausschaltung von Krankheitsüberträgern Geißeln der Menschheit, wie Malaria und Typhus, zu stoppen oder regional völlig auszuschalten. Paul Müller erhielt für seine Entdeckung 1948 den Nobelpreis für Medizin.

DDT war der Ausgangspunkt für die Suche nach weiteren insektizidwirksamen chlorierten Kohlenwasserstoffverbindungen (CKW). Hexachlorcyclohexan (HCH) und seine γ-Isomere Lindan folgten bereits 1942 und wenige Jahre später die Cyclodien-Derivate Toxaphen (1947), Aldrin und Dieldrin (1949). Die Entwicklung der CKW fand mit der Einführung von Endosulfan (1956) ihren vorläufigen Abschluss.

Seit Ende des zweiten Weltkriegs 1945 wurden über einen Zeitraum von etwa 40 Jahren mehr als 4 Mio. t hoch chlorierte (50–73% Cl-Anteil) Insektizide ausgebracht, ab 1970 jedoch der Einsatz dieser Produkte weltweit aus toxikologischen Gründen und wegen zunehmender Belastung der Umwelt stark eingeschränkt. Lediglich Endosulfan und Lindan haben noch eine gewisse praktische Bedeutung, aber auch DDT wird in einigen Teilen der Welt noch angewendet. In Deutschland sind die CKW für den Pflanzenschutz nicht mehr zugelassen.

Im Jahre 1937 entdeckte **Schrader** die insektizide Wirkung von Organophosphorverbindungen (OP). Etwa 10 Jahre später kam als erste Verbindung aus dieser Wirkstoffgruppe Parathion (E 605) und 10 Jahre danach (etwa 1957) Carbaryl aus der Stoffklasse der Methylcarbamate (MC) als weitere Neuentwicklung auf den Markt. Mit der Einführung der Organophosphate und Carbamate begann eine neue Ära bei der Bekämpfung pflanzenschädlicher Insekten. Sie hatten gegenüber den Chlorkohlenwasserstoffen eine Reihe von Vorteilen: Sie waren weniger persistent, daher umweltfreundlicher und sie besaßen systemische oder teilsystemische Eigenschaften, so dass auch saugende bzw. in den Pflanzen lebende Insekten abgetötet werden konnten.

Es dauerte weitere 15 Jahre, bis mit Permethrin (1973) und Deltamethrin (1974) die ersten Präparate aus der Wirkstoffgruppe der synthetischen Pyrethroide im Pflanzenschutz eingeführt wurden. Hierbei handelte es sich um Kontaktgifte mit einer bemerkenswerten Wirkungsstärke, die es möglich machte, die Aufwandmengen drastisch zu reduzieren.

Intensive Bemühungen, neue Wirkungsmechanismen und Wirkorte für Insektizide zu finden, führten Anfang der 1990er-Jahre zur Entdeckung der Neonicotinoide. Erstes marktfähiges Produkt aus dieser Wirkstoffklasse war Imidacloprid (Einführung 1991). Charakteristisch für die Neonicotinoide war eine sehr geringe Säugetiertoxizität, hervorragende systemische Eigenschaften, eine schnelle Initialwirkung und ausreichende Dauerwirkung.

Alle Insektizide aus den bisher genannten Wirkstoffklassen haben eines gemeinsam. Sie schädigen das Nervensystem der Insekten, wenn auch in unterschiedlichen Bereichen (*targets*), was wichtig im Hinblick auf ein tragbares Resistenzmanagement ist. Neuroaktive organische Verbindungen sind seit über 50 Jahren die dominierenden Insektizide.

Bis 1995 betrug der Anteil der neurotoxisch wirkenden Präparate (CKW, Organophosphate, Methylcarbamate und Pyrethroide) am Weltmarkt über 80%. Diese Tendenz hat sich nach Einführung der Neonicotinoide weiter verstärkt (Tabelle 23.1).

Neben dem Nervensystem ist die für Insekten wichtige Larvenentwicklung ein Wirkort für Insektizide. Mit der Entdeckung der als Chitinbiosyntheseinhibitoren fungierenden Benzoylharnstoffe ergab sich erstmals eine Alternative zu den klassischen neurotoxisch wirkenden Mitteln. Erstes Produkt aus dieser Reihe war Diflubenzuron, das 1972 auf den Markt

Tabelle 23.1 Wirtschaftliche Bedeutung der wichtigsten Insektizidgruppen bis 1995 (Casida u. Quistad 1998)

Wirkstoffgruppen	Anteil am Weltmarkt 1995		Hauptprodukte		
	Mill. US-$	Prozent	Anzahl	Einführungsjahr (im Mittel)	durchsch. Aufwandmenge kg/ha[2]
Chlorkohlenwasserstoffe	400	5	5	1947	3,0
Organophosphate	3 100	34	12	1965	1,8
Methylcarbamate	1 800	20	9	1969	1,6
Pyrethroide	2 100	23	11	1979	0,07
Benzoylharnstoffe	400	5	4	1983	0,11
Andere Wirkstoffe[1]	700	8	14	1982	1,0
Biologische Präparate	500	6	13	1986	–

[1] einschl. der neuen, stark expandierenden Neonicotinoide; Imidacloprid erzielte im Jahr 2001 einen Umsatz von ca. 530 Mio. US-$ allein im Pflanzenschutz!
[2] im Mittel aller Produkte

kam. Die Benzoylharnstoffe erreichten 1995 einen Weltmarktanteil von immerhin 5%.

Intensive Forschungsarbeiten während der letzten 20 Jahre führten zu Substanzen, welche die Larvalentwicklung steuernden Hormone (Ecdysone, Juvenilhormone) zu ersetzen bzw. deren Wirkung nachzuahmen in der Lage waren (Mimetika) und auf diesem Wege die Häutungsvorgänge beeinflussten.

Von praktischem Interesse sind die zur Klasse der Diacylhydrazine zählenden Verbindungen Tebufenozid und Methoxyfenozid sowie das den Carbamaten zuzuordnende Fenoxycarb. Wegen ihrer begrenzten Einsatzmöglichkeiten spielen die synthetischen Entwicklungsregulatoren im Vergleich zu den überwiegend angewendeten neurotoxischen Insektiziden nur eine untergeordnete Rolle.

Sowohl Benzoylharnstoffe als auch Diacylhydrazine wirken vornehmlich gegen Lepidopteren und erfassen somit nur ein eingeschränktes Schädlingsspektrum. Ihr Vorteil ist, dass sie für Menschen und Tiere nicht giftig sind, weil sie nur insektenspezifische Wirkorte beeinflussen.

23.1 Klassifizierung

Eine Klassifizierung der Insektizide kann nach unterschiedlichen Gesichtspunkten erfolgen:

- Nach der **Art ihrer Einwirkung auf die Insekten**. Es gibt Fraß, Atem- und Berührungsgifte. Während die Fraßgifte aktiv mit der Nahrung aufgenommen werden, gelangen die Atemgifte in Dampfform über die Stigmen, die Berührungsgifte nach dem Kontakt der Schädlinge mit den Wirkstoffen über die Intersegmentalhäute, Antennen, Tarsen und Rüssel in den Insektenkörper
- Nach ihrem **Verhalten auf der behandelten Pflanze**. Danach unterscheiden wir protektiv und systemisch wirkende Verbindungen. Beim Einsatz der protektiven Insektizide müssen die Schädlinge direkt getroffen werden oder durch einen Ortswechsel mit den Wirkstoffen in Berührung kommen, die auf der Oberfläche der Pflanzen verbleiben (Residualinsektizide). Im Gegensatz dazu dringen die systemischen Insektizide in die Pflanzen ein, werden weitertransportiert und töten die hier lebenden Schädlinge ab oder vergiften die saugenden Insekten bei der Aufnahme des Pflanzensaftes

- Aufgrund ihres **chemischen Aufbaus**. Alle Wirkstoffe mit einer identischen chemischen Grundstruktur werden in Wirkstoffgruppen zusammengefasst
- Auf der Basis **übereinstimmender Wirkungsmechanismen** bzw. Wirkorte (*target-sites*). Dieses Einteilungsprinzip spielt zunehmend eine Rolle im Zusammenhang mit der Entwicklung insektizidresistenter Schädlinge (Kap. 21.3).

Die nachstehende Klassifizierung der Insektizide basiert auf den Empfehlungen des IRAC (*Insecticide Resistance Action Committee*). Maßgebend sind Wirkorte/Wirkungsmechanismen (*primary target-site of action*), denen die jeweiligen Wirkstoffgruppen zugeordnet werden.

Tabelle 23.2 enthält die Klassifizierungskriterien. In Spalte 1 sind die durch die Insektizide beeinflussten physiologischen Vorgänge (*mode of action*) aufgeführt. Diesen Einheiten sind jeweils die Wirkstoffgruppen (Spalte 2) mit den entsprechenden Wirkstoffen (Spalte 3) zugeordnet. Es sind nur Mittel aufgeführt, die in Deutschland eine Zulassung haben.(Stand Anfang 2008).

Ausgangspunkt für dieses Klassifizierungskonzept war die immer häufiger zu beobachtende Unempfindlichkeit (Resistenz) von Insekten gegenüber zunächst wirksamen Insektiziden und die Tatsache, dass ein Schädling, der gegenüber einer bestimmten Verbindung resistent ist, auch gegenüber allen anderen Mitteln mit gleichem Wirkungsmechanismus/Wirkort unempfindlich reagiert (Kreuzresistenz), und zwar unabhängig von der chemischen Struktur der Wirkstoffe. Das bedeutet, dass diese Insektizide für eine erfolgreiche Bekämpfung nicht mehr brauchbar waren und durch Präparate mit einem anderen Wirkungsmechanismus/Wirkort ersetzt werden mussten.

Insektizide beeinflussen in den Zielorganismen an unterschiedlichen Orten physiologische Abläufe, wie die Unterbrechung der Reizleitung und Reizübertragung im Nervensystem (= neurotoxische Wirkung), sie greifen in die Entwicklungsprozesse ein, z. B. durch Hemmung der Chitinbiosynthese oder fungieren als Hormonmimetika (Ecdyson- und Juvenilhormonnachahmer).

Wirkorte (*target-sites*) im Insekt **sind in der Regel Proteine oder Enzyme mit spezifischen Rezeptoren**, an die Insektizide binden (andocken) und dort unterschiedliche Reaktionen auslösen. Ihrer physiologischen Wirkung entsprechend werden sie als Inhibitoren, Aktivatoren, Modulatoren, Antagonisten, Agonisten oder Mimetika bezeichnet.

Tabelle 23.2   Klassifizierung der Insektizide nach den Empfehlungen des IRAC

Wirkungsbereich	Wirkstoffgruppe	Wirkstoffe (*common name*)	Markteinführung[1]	IRAC Code[2]
Acetylcholin-esterase	Carbamate	Methiocarb	1962	1A
		Pirimicarb	1970	
	Organophosphate	Chlorpyrifos	1965	1B
		Methamidophos	1970	
		Dimethoat	1955	
		Pirimiphos-methyl	1986	
Natriumkanal	Pyrethrine	Pyrethrum	→1900	3
	Synthetische	Cyfluthrin	1983	
	Pyrethroide	beta-Cyfluthrin	1993	
		lambda-Cyhalothrin	1985	
		alpha-Cypermethrin	1983	
		zeta-Cypermethrin	?	
		Deltamethrin	1974	
		Esfenvalerat	1987	
		Tefluthrin	1986	
		Bifenthrin	1984	
	Oxadiazine	Indoxacarb	2000	22 A
	Semicarbazone	Metaflumizone	2008	22 B
Acetylcholin-rezeptoren	Neonicotinoide	Acetamiprid	1995	4A
		Clothianidin	2002	
		Imidacloprid	1991	
		Thiacloprid	2000	
		Thiamethoxam	1997	
	Spinosyne	Spinosad	1997	5
Chloridkanal	Abamectine	Abamectin	1985	6
	Milbemectine	Milbemectin	1990	
Chitinbiosynthese	Benzoylharnstoffe	Diflubenzuron	1975	15
	Thiadiazine	Buprofezin	1984	16
Ecdyson-Agonisten/ Inhibitoren	Diacylhydrazine	Methoxyfenozid	1998	18A
		Tebufenozid	1992	
	Azadirachtine	Azadirachtin	1985	18B
Juvenilhormon-Mimetika	Carbamate	Fenoxycarb	1985	7B
unbekannter Wirkungsmechanismus	Triazinone	Pymetrozin	1993	9B
	Pyridincarboxamide	Flonicamid	2008	9C

[1] Markteinführung bzw. erstmals als Insektizid erwähnt; aus Pesticide Manual, 13th edition.
[2] IRAC: Mode of Action Classification, Version 5.1 (September 2005)

23.2 Wirkstoffgruppen und Wirkstoffe

23.2.1 Wirkorte der Insektizide

Bei **neurotoxischen Insektiziden** sind für die Perzeption und die Weiterleitung von Signalen Nervenzellen (Neurone) verantwortlich. Sie bestehen aus drei Teilen: dem eigentlichen Zellkörper, den Dendriten und Axonen. Die Dendriten dienen zum Empfang von Signalen anderer Zellen, während die Axone ankommende Reize zu entfernteren Zielen weiterleiten (Abb. 23.2).

Zu unterscheiden ist (a) die Reizleitung entlang der Axone (intrazelluläre Reizleitung) und (b) die Übertragung von Signalen von einer Zelle zur anderen an speziellen Kontaktstellen, den Synapsen.

Die intrazelluläre Reizleitung kommt durch Veränderungen des elektrischen Potenzials an der Plasmamembran zustande. Die Spannungsunterschiede werden durch Wanderung anorganischer Ionen (vor allem Na^+, K^+, Cl^-) verursacht, welche die Lipiddoppelschicht der Nervenzellmembran durch spezielle Proteinkanäle passieren. Die Insektizide binden an spezifi-

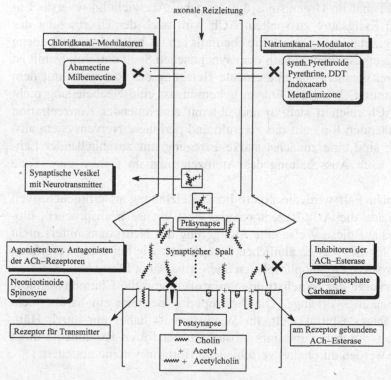

Abb. 23.2 Wirkorte der neurotoxischen Insektizide

schen Rezeptoren der Kanalproteine, beeinflussen dadurch ihr Öffnen und Schließen und damit die Wanderung der Ionen.

Als Wirkorte für Insektizide sind die spannungsabhängigen Natriumkanäle und die durch die Neurotransmitter γ-Aminobuttersäure (GABA) bzw. Glutaminsäure aktivierten Chloridkanäle wichtig.

Die **Übertragung von Impulsen von einer Nervenfaser zur anderen an den Synapsen** geschieht auf chemischem Wege durch Neurotransmitter (Botenstoffe), die in sekretorischen Vehikeln am Axonende gespeichert sind und über die präsynaptische Membran in den synaptischen Spalt gelangen. **Die Synapse hat die Funktion eines Wandlers, der ein chemisches Signal (Neurotransmitter) in ein elektrisches Signal umwandelt.**

Unter den Transmittern spielt Acetylcholin (ACh) eine besondere Rolle. Es bindet reversibel an spezifischen Rezeptoren der Postsynapse. Hier werden die Insektizide

a) durch eine **Hemmung der Acetylcholinesterase** (AChE) (Carbamate, Organophosphate) und

b) durch **Blockierung des Acetylcholinrezeptors** (Neonicotinoide, Spinosine) wirksam.

Die AChE hat im Organismus die Aufgabe, Acetylcholin reversibel in Cholin und Essigsäure zu spalten. ACh wird nach der Übertragung des Reizes freigesetzt, sofort durch die ebenfalls am ACh-Rezeptor gebundene ACh-Esterase gespalten und aus dem synaptischen Spalt entfernt. Damit ist der Weg frei gemacht für eine erneute Belegung des Rezeptors mit dem Neurotransmitter. Wird das Enzym gehemmt, ist eine Neubelegung nicht möglich, ACh reichert sich an und übt mit zunehmender Konzentration einen anhaltenden Reiz auf das zentrale und periphere Nervensystem aus. Die Folgen sind eine zunächst starke Erregung mit anschließender Lähmung, die nach Ausschaltung des Atemzentrums im Gehirn zum Tode führt.

Im zweiten Fall wird die kontrollierte Reizleitung unterbrochen, weil die Insektizide die ACh-Rezeptoren der Postsynapse beanspruchen, blockieren und auf diese Weise eine Anlagerung des Neurotransmitters nicht mehr möglich ist, was zu ähnlichen Symptomen wie bei einer Vergiftung mit Pyrethroiden, Organophosphaten und Carbamaten führt (Abb. 23.2).

Die **Wirkorte der Wachstumsregulatoren** sind die Chitinbiosynthese und die Häutungsvorgänge. Die Arthropoden besitzen ein hartes, nicht dehnungsfähiges Chitinskelett. Ihr Wachstum ist daher nur durch **Häutungen**, d. h. durch mehrmaliges Abstreifen der festen Exocuticula möglich. Diese werden durch drei verschiedene Hormonsysteme gesteuert:

- Gehirnhormone; sie werden in den neurosekretorischen Zellen des Gehirns gebildet; hierbei handelt es sich wahrscheinlich um Polypeptide
- Häutungshormone; sie bestehen aus den steroiden Verbindungen α-Ecdyson sowie β-Ecdyson und werden in den im Prothorax gelegenen Prothoraxdrüsen produziert
- Juvenilhormone; dies sind Terpenverbindungen, die in den Corpora allata (Anhangdrüse des Gehirns) synthetisiert werden. Es sind drei Juvenilhormone bekannt (JH I, JH II und JH III).

Wie aus Abb. 23.3 ersichtlich ist, gelangen die Gehirnhormone in die Corpora cardiaca, von dort mit dem Hämolymphstrom zu den Prothorax-

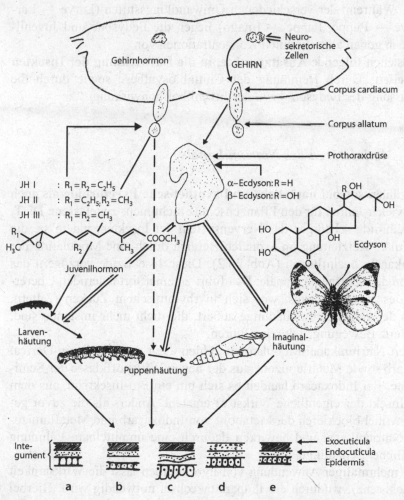

Abb. 23.3 Hormonale Steuerung der Häutungsvorgänge bei Insekten (s. Text)

drüsen. Hier verursachen sie die Abgabe der Häutungshormone, die zusammen mit den von den Corpora allata sezernierten Juvenilhormonen die Häutungsprozesse steuern. Die Häutungshormone veranlassen am Integument (Insektenepidermis) die Ausbildung der Puppen- und Imaginalcuticula und bewirken die Metamorphose. Ist neben den Häutungshormonen eine bestimmte Menge Juvenilhormon vorhanden, so kommt es nur zu Larvalhäutungen.

Die Häutung beginnt mit der Ablösung der Cuticula von der Epidermis (b); die Endocuticula wird enzymatisch abgebaut, die Exocuticula abgestoßen (c). Gleichzeitig erfolgt die Bildung einer neuen Cuticula, die zunächst weich und elastisch ist und damit den jeweiligen Insektenstadien ein zeitlich begrenztes Wachstum ermöglicht (d), bevor sie wieder sklerotisiert (e) wird. Während der verschiedenen Umwandlungsstufen (Larve → Larve; Larve → Puppe; Puppe → Imago) liegen die Ecdysone und Juvenilhormone in genau abgestimmten Konzentrationen vor.

Es bestehen folgende **Ansatzpunkte, in die Entwicklung der Insekten einzugreifen**: Durch Hemmung der Chitinbiosynthese sowie durch die Beeinflussung der Ecdyson- bzw. der Juvenilhormonwirkung.

23.2.2 Modulatoren des Natriumkanals

Hierzu zählen sowohl **natürliche und synthetische Pyrethroide** als auch das seit vielen Jahren für den Pflanzenschutz nicht mehr zugelassene DDT. Die Pyrethroide schädigen das Nervensystem der Insekten, indem sie die intrazelluläre Reizleitung im axonalen Bereich durch eine Modulation der Natriumkanäle beeinflussen (Abb. 23.2). Diese Insektizide verzögern das Schließen der geöffneten Kanäle. Das führt zu einer fortdauernden Übererregung des Nervensystems, was sich in rhythmischem Zucken (Zittern, Tremor) der vergifteten Schädlinge äußert, die nicht mehr imstande sind, koordinierte Bewegungen durchzuführen.

Zu den Natriumkanal-Modulatoren zählen auch das Oxadiazin-Derivat Indoxacarb sowie Metaflumizone aus der neuen Wirkstoffklasse der Semicarbazone. Bei Indoxacarb handelt es sich um ein Pro-Insektizid, aus dem erst im Insekt der eigentliche Wirkstoff entsteht. Anders als die zuvor genannten Mittel blockieren der Metabolit von Indoxacarb und Metaflumizone den Natriumkanal und bewirken dadurch eine unmittelbare Lähmung empfindlicher Schädlinge.

Nach mehrmaliger Anwendung von Pyrethroiden lässt die Wirksamkeit nach (Resistenz), wodurch ein Präparatewechsel notwendig wird. Hierbei ist zu berücksichtigen, dass Kreuzresistenz zu anderen Substanzen dieser

Gruppe möglich ist. Nicht davon betroffen sind Indoxacarb und Metaflumizone, weil hier eine von den Pyrethroiden verschiedene Modulation des Natriumkanals im axonalen Bereich erfolgt.

Pyrethrine und synthetische Pyrethroide

Synthetisch hergestellte Pyrethroide waren nach den chlorierten Kohlenwasserstoffen, Organophosphorverbindungen und Carbamaten die vierte Gruppe von Insektiziden, die in großem Umfang im Pflanzenschutz eingesetzt wurden. Erste Präparate kamen zu Beginn der 1970er Jahre auf den Markt.

Dieser Entwicklung ging jedoch eine Anwendung des aus Pflanzenmaterial gewonnenen und bereits seit Beginn des 19. Jahrhunderts bekannten Pyrethrums voraus, das später auch die Ausgangsverbindung zur Herstellung der chemisch verwandten synthetischen Produkte war. Vorteile der Pyrethroide sind ihre geringe Warmblütertoxizität sowie eine hohe Wirksamkeit, die eine starke Reduzierung der Aufwandmengen erlaubt.

Pyrethrum (Pyrethrine) wird aus den getrockneten Blüten von *Chrysanthemum*-Arten gewonnen, deren Hauptanbaugebiete Australien, Kenia, Tansania und Ekuador sind. Es handelt sich um ein Gemisch aus sechs verschiedenen Estern. Der insektizid wirksame **Hauptbestandteil** ist das **Pyrethrin I** (Abb. 23.4). Sein Marktanteil ging nach Einführung der synthetischen Insektizide drastisch zurück. Die Ursachen hierfür waren vor allem die geringe Lichtstabilität und hohen Produktionskosten.

Pyrethrin ist ein breit wirksames Kontaktgift, das über Sinnesorgane, Stigmen und Gelenkpolster in die Insekten eindringt. Die schnell auftretenden Vergiftungssymptome sind vergleichbar mit denen der synthetischen Verbindungen. Im Insekt erfolgt eine schnelle enzymatische Entgiftung. Die meisten Präparate auf Pyrethrumbasis werden zusammen mit Piperonylbutoxid ausgebracht, das den Abbau des Pyrethrums hemmt und dadurch eine Wirkungssteigerung hervorruft (synergistische Wirkung).

Aufgrund der geringen akuten Giftigkeit für Warmblüter ist das Präparat auch in Gebäuden zur Bekämpfung von Fliegen, Mücken, Schaben, Ameisen u. a. Schadinsekten sowie an Zierpflanzen in Garten und Innenräumen gegen saugende Insekten (Blattläuse, Thripse, Zikaden und andere) geeignet. Wegen seiner photolabilen Eigenschaften ist jedoch der Einsatz in Freilandkulturen nur eingeschränkt möglich. Einsatzgebiete sind der Obstbau und Zierpflanzenbau, insbesondere zur Abtötung von Blattläusen. Die Ausbringung der Mittel sollte, um die durch UV-Strahlen verursachte Inaktivierung des Wirkstoffs zu minimieren, möglichst abends erfolgen. Im

Abb. 23.4 Natürliche und synthetische Pyrethroide

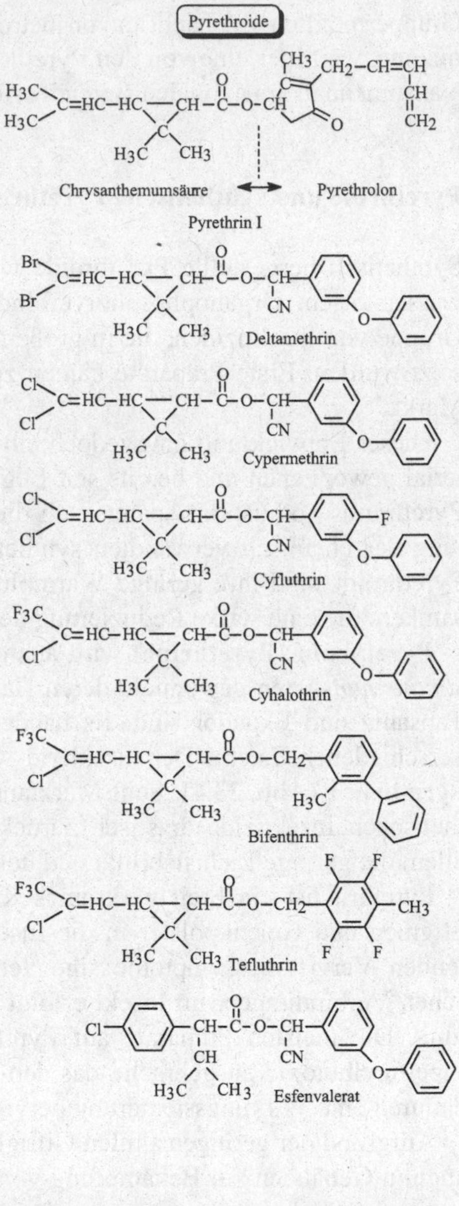

Chrysanthemumsäure ⟷ Pyrethrolon

Pyrethrin I

Deltamethrin

Cypermethrin

Cyfluthrin

Cyhalothrin

Bifenthrin

Tefluthrin

Esfenvalerat

Vorratsschutz ist Pyrethrum auch zur Bekämpfung von Schädlingen (z. B.
Kornkäfer, Motten) in Räumen mit lagernden Gütern zugelassen (Kap. 29).

Anwendungsbereiche und Zweckbestimmungen
Kohlrabi: Blattläuse. **Kernobst**: Blattläuse (ausgenommen Mehlige Apfelblattlaus).
Zierpflanzen: Saugende Insekten, Mottenschildläuse, Woll- und Schmierläuse,
Schildläuse. **Vorratsschutz**: Käfer und Motten [Pyrethrine].

Synthetische Pyrethroide. Um die genannten Nachteile auszuschalten, wurde das natürlich vorkommende Pyrethrum chemisch modifiziert. Hierbei gelang es, eine Reihe von synthetischen Analoga herzustellen, die neben einer erhöhten Lichtstabilität eine erhebliche Wirkungssteigerung aufweisen.

Die durch eine chemische Abwandlung hergestellten Verbindungen besitzen wie die natürlichen Produkte als charakteristischen Molekülteil die 2,2-Dimethyl-cyclopropancarbonsäure-Gruppierung, aber eine abweichende Esterkomponente, in der Regel Phenoxybenzylalkohol oder Benzylalkohol (Abb. 23.4).

Die komplexe Stereochemie der Pyrethroide führt dazu, dass bei der Synthese ein Gemisch von Isomeren entsteht, die sich jeweils in ihren biologischen Eigenschaften und der Humantoxizität unterscheiden. So besitzt z. B. Cypermethrin drei chirale Zentren (= asymmetrische Atome) und besteht demzufolge aus acht Isomeren. Die daraus resultierende unterschiedliche Zusammensetzung der einzelnen Mittel wird durch ein Präfix kenntlich gemacht, wie z. B. beim Cypermethrin durch die Bezeichnung alpha-, beta- oder zeta-Cypermethrin. Entsprechendes gilt auch für andere Wirkstoffe (z. B. lambda-Cyhalothrin).

Die synthetischen Pyrethroide gehören mit zu den wirksamsten Insektiziden. Die LD_{50} für Hausfliegen z. B. bei Verwendung von Deltamethrin ist 400-mal geringer im Vergleich zum natürlichen Pyrethrum oder DDT und fast 40-mal geringer im Vergleich zu Parathion. Das bedeutet, dass die Aufwandmengen stark reduziert und damit die Gefahr erhöhter Rückstände auf Ernteprodukten sowie andere Umweltbelastungen gemindert werden können. Es handelt es sich um Kontakt- und Fraßgifte. Eine Atemgiftwirkung besteht wegen des geringen Dampfdrucks nicht. Die Stoffe dringen nicht in die Pflanzen ein, sondern verbleiben auf ihrer Oberfläche. Durch entsprechende Applikationsverfahren muss sichergestellt sein, dass die Schädlinge unmittelbar mit ihnen in Berührung kommen können. Ihre biologische Wirkung beruht, wie beim Pyrethrum, auf einer Schädigung des Nervensystems. Die akute Toxizität für Warmblüter ist jedoch wegen der eingeschränkten Resorbierbarkeit gering; eine Akkumulation im Fettgewebe findet nicht statt.

Folgende Produkte sind in Deutschland zugelassen (Stand 2008): **Cyfluthrin, beta-Cyfluthrin, lambda-Cyhalothrin, alpha-Cypermethrin, zeta-Cypermethrin, Deltamethrin, Tefluthrin, Bifenthrin und Esfenvalerat** (Abb. 23.4).

Die synthetisch hergestellten Mittel sind gegen ein breites Spektrum beißender und saugender Insekten wirksam und können in zahlreichen Kulturen im Acker-, Gemüse-, Obst- und Zierpflanzenbau sowie im Forst und in Kombination mit anderen Wirkstoffen zur Saatgutbehandlung eingesetzt werden. Mit den zur Verfügung stehenden Präparaten ist es möglich, die meisten wirtschaftlich wichtigen Schädlinge zu bekämpfen.

Anwendungsbereiche und Zweckbestimmungen (Auswahl)
Getreide: Blattläuse (auch als Virusvektoren), Thripse, Getreidehähnchen [Bifenthrin, Deltamethrin, zeta-Cypermethrin]; Fliegen, Mücken, Brachfliege [Deltamethrin, lambda-Cyhalothrin, alpha-Cypermethrin, beta-Cyfluthrin]. **Mais**: Fritfliege, Erdraupen [lambda-Cyhalothrin]. **Futter- und Zuckerrübe**: Moosknopfkäfer [Deltamethrin, Tefluthrin, alpha-Cypermethrin]; Rübenfliege, beißende und saugende Insekten, Erdraupen [lambda-Cyhalothrin, beta-Cyfluthrin]. **Kartoffel**: Blattläuse als Virusvektoren [Bifenthrin, lambda-Cyhalothrin]; Kartoffelkäfer, beißende Insekten [Deltamethrin, alpha-Cypermethrin, beta-Cyfluthrin]. **Raps**: Erdflöhe, Stängelrüssler, Glanzkäfer, Kohlschotenmücke, beißende Insekten (ausgenommen Kohlrübenblattwespe [Bifenthrin, Deltamethrin, zeta-Cypermethrin, alpha-Cypermethrin, lambda-Cyhalothrin]. **Hopfen**: Erdflöhe, Erdraupen [lambda-Cyhalothrin]. **Erbse**: Blattläuse, Blattrandkäfer, Erbsenwickler [Bifenthrin, lambda-Cyhalothrin]. **Spargel**: Saugende und beißende Insekten [Bifenthrin, alpha-Cypermethrin, lambda-Cyhalothrin]. **Kohl-Arten**: Weiße Fliege, Blattläuse, beißende Insekten [alpha-Cypermethrin, lambda-Cyhalothrin, beta-Cyfluthrin]. **Forst- und Zierpflanzen**: beißende Insekten, Borkenkäfer, Erdraupen, Zikaden [lambda-Cyhalothrin].

Oxadiazine

Das Oxadiazin-Derivat **Indoxacarb** gehört zu einer neuen Generation von Insektiziden. Die Verbindung besitzt selbst keine oder nur geringe insektizide Eigenschaften und wird erst im Zielorganismus nach Abspaltung der am Stickstoff inserierten Methoxycarbonyl-Gruppe zum eigentlichen Wirkstoff umgewandelt (Abb. 23.5).

Indoxacarb ist ein Kontakt- und Fraßgift. Sein Metabolit hat eine spezifische Wirkung gegen alle Larvenstadien (Raupen) von Lepidopteren (Schmetterlinge). Adulte Tiere werden nicht geschädigt. Außerdem werden Zikaden erfasst. Die Aufnahme des (Pro-)Insektizids erfolgt durch unmittelbaren Kontakt mit der Spritzlösung oder dem angetrockneten Spritzbelag bzw. durch Fraß an behandelten Pflanzenteilen (Kontakt- und Fraßgiftwirkung). Mit Ausnahme der Schlupfwespen bleiben Nützlinge, bedingt durch den begrenzten Wirkungsbereich (Raupen), unbeeinflusst. Anwendungsgebiete sind der Obst-, Wein- und Gemüsebau sowie Mais.

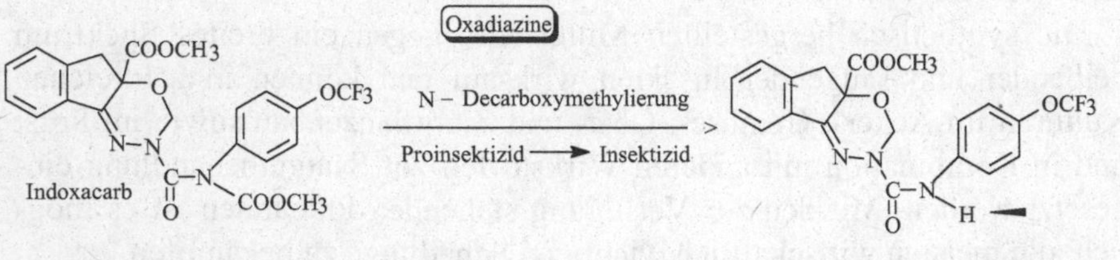

Abb. 23.5 Umwandlung von Indoxacarb zum insektizid wirksamen Metaboliten

Nach Ausbringung verbleibt Indoxacarb auf der Pflanzenoberfläche und wird dort kaum metabolisiert. Im Boden findet nur eine geringe Verlagerung und ein schneller Abbau statt.

Um die volle Wirksamkeit des neuen Insektizids möglichst lange zu erhalten, ist ein vorbeugendes Resistenzmanagement erforderlich. Das Produkt sollte nicht häufiger als viermal pro Saison in der gleichen Kultur und im Wechsel mit Insektiziden aus anderen Insektizidgruppen angewendet werden. Durch die spezifische Wirkungsweise ist das Risiko von Kreuzresistenzen gering.

Anwendungsbereiche und Zweckbestimmungen
Mais: Maiszünsler. **Kernobst**: Apfelwickler, Fruchtschalenwickler, Wickler-Arten und freifressende Schmetterlingsraupen, Kleiner Frostspanner. **Pfirsich, Aprikose, Kirsche, Pflaume Zwetsche**: Kleiner Frostspanner. **Weinrebe**: Bekreuzter bzw. Einbindiger Traubenwickler, Springwurm, Rhombenspanner, Grüne Rebzikade und andere. **Kohl-Arten, Gurke, Tomate, Salate**: Freifressende Schmetterlingsraupen. **Zierpflanzen**: Schmetterlingsraupen [Indoxacarb].

Semicarbazone

Ein Kontakt- und Fraßinsektizid aus der neuen Wirkstoffklasse der Semicarbazone ist **Metaflumizone** (Abb. 23.6). Unmittelbar nach Aufnahme der Substanz stellen die Schädlinge den Fraß ein (*anti-feeding effect*). Es kommt zu einer Blockierung der Reizleitung und zu irreversiblen Lähmungserscheinungen. Auf der Pflanze dringt der Wirkstoff aufgrund seiner lipophilen Eigenschaften schnell in die Wachsschicht der Blätter ein und wird dort fest gebunden.

Metaflumizone hemmt den Durchfluss von Ionen durch den spannungsregulierenden Natriumkanal im Nervensystem der Insekten. Anders als beim Indoxacarb wirkt die Verbindung direkt am Schlüsselenzym, ohne dass zuvor eine Metabolisierung erfolgt.

Es besteht keine Kreuzresistenz zu Carbamaten, Organophosphaten, Neonicotinoiden und Pyrethroiden.

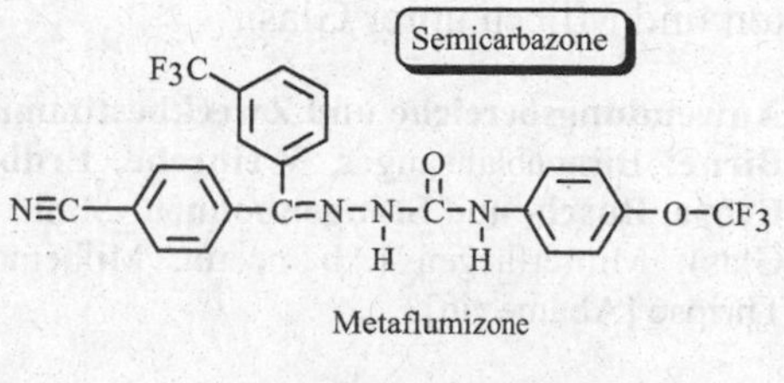

Abb. 23.6 Modulator des Natriumkanals

Anwendungsbereiche und Zweckbestimmungen
Kartoffel: Kartoffelkäfer. **Tomate und Gemüsepaprika** (unter Glas): Eulenarten [Metaflumizone].

23.2.3   Modulatoren des Chloridkanals

Bei den Modulatoren des Chloridkanals sind zwei Gruppen von Wirkstoffen zu unterscheiden: (a) die in Deutschland nicht zugelassenen Cyclodiene (Chlorierte Kohlenwasserstoffe), das Phenylpyrazol-Derivat Fipronil sowie (b) Abamectine und Milbemectine. Vertreter der ersten Gruppe blockieren die durch den Neurotransmitter γ-Aminobuttersäure (GABA) gesteuerten Chloridkanäle, während Abamectine und Milbemectine in die Reaktionsabläufe der Glutamat-gesteuerten Chloridkanäle eingreifen.

Abamectine und Milbemectine

Abamectine und Milbemectine sind Stoffe mit einer komplizierten, aus mehreren Ringsystemen bestehenden chemischen Struktur (makrozyclische Verbindungen). Abamectin wurde 1975 und wenige Jahre später Milbemectin als **insektizid und akarizid wirkende Stoffwechselprodukte der bodenbewohnenden Actinomyceten** *Streptomyces avermitilis* bzw. *Streptomyces hygroscopicus* ssp. *aureolacrimosus* entdeckt. Es handelt sich jeweils um Stoffgemische, bestehend aus mehreren aktiven Komponenten, von denen zwei, Avermectin B_{1a} und B_{1b} bzw. Milbemycin A_3 und A_4 als Pflanzenschutzmittel mit der Wirkstoffbezeichnung **Abamectin** und **Milbemectin** auf dem Markt sind (Abb. 23.7). Die Produktion der Wirkstoffe erfolgt in Bioreaktoren.

Schädlinge werden unmittelbar nach Kontakt mit den Wirkstoffen oder Fraß gelähmt und sterben ab. Die Substanzen dringen schnell in das Pflanzengewebe ein und bilden dort ein nachhaltig wirkendes Depot. Im Blatt erfolgt der Transport translaminar. Die Aufwandmengen sind gering, sie liegen im Bereich von 5,6 bis 28 g/ha. Auf der Pflanzenoberfläche findet unter Sonneneinstrahlung eine schnelle Inaktivierung statt. Abamectin und Milbemectin eignen sich daher vor allem zur Bekämpfung von Insekten und Milben unter Glas.

Anwendungsbereiche und Zweckbestimmungen
Birne: Birnenblattsauger. **Weinrebe, Erdbeere**: Thripse. **Tomate, Salate, Gurke, Erbse, Busch- und Stangenbohnen**: Minierfliegen [Abamectin]. **Zierpflanzen** (unter Glas): Minierfliegen [Abamectin, Milbemectin], Weichhautmilben, Weiße Fliege, Thripse [Abamectin].

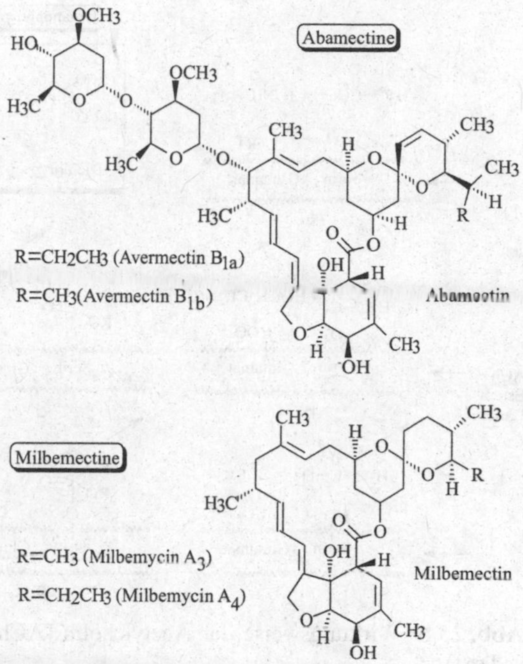

Abb. 23.7 Aus Streptomyceten gewonnene Insektizide und Akarizide

Abamectine

OCH3

HO,,

H3C

OCH3

H3C   O

H3C

CH3   H   O   CH3

O   CH3

H3C   H   R

H

R=CH2CH3 (Avermectin B$_{1a}$)

R=CH3(Avermectin B$_{1b}$)

OH   H

Abamectin

O   H   CH3

OH

Milbemectine

CH3   H   O   CH3

O   R

H3C   H

O

R=CH3 (Milbemycin A$_3$)

R=CH2CH3 (Milbemycin A$_4$)

OH   H

Milbemectin

O   H   CH3

OH

23.2.4 Inhibitoren der Acetylcholinesterase

Die in diesem Bereich wirksamen Insektizide gehören zur Gruppe der Carbamate und Organophosphate. Die Wirkstoffe **unterbinden die Spaltung des Acetylcholins** (ACh) und somit die Neubelegung der ACh-Rezeptoren an der Postsynapse.

Der gesamte Prozess läuft unter natürlichen Bedingungen in mehreren Stufen ab. Zunächst belegt ACh das Enzymprotein und bindet dort an OH-Gruppen von Serin bzw. COOH-Gruppen der Glutaminsäure (a). In einem zweiten Schritt erfolgt die Hydrolyse von ACh; das Spaltprodukt Cholin verlässt den Reaktionsraum, zurück bleibt ein acyliertes Enzym (b). In der dritten Phase wird die Acetyl-Serin-Bindung gelöst und Acetat freigesetzt (c) (Abb. 23.8).

In gleicher Weise wie ACh binden Organophosphate und Carbamate an Acetylcholinesterase (AChE). Nach hydrolytischer Spaltung der Insektizide bleibt ein Phosphatrest (Organophosphor-Insektizide) oder Carbamylrest (Carbamat-Insektizide) mit dem Serin-Hydroxyl des Enzyms verbunden (d). Das jeweilige Restmolekül verlässt den Reaktionsraum. Der Organophosphat- bzw. Carbamoylrest kann vom Enzym nicht abgelöst werden. Eine neue Belegung der Bindestelle mit ACh ist nicht möglich (e).

Bei der Betrachtung des dritten Reaktionsschrittes werden die Unterschiede zwischen dem natürlichen Substrat und den Inhibitoren deutlich. Während die Entfernung des Acetylrestes innerhalb von Sekundenbruchteilen erfolgt, benötigt die Abspaltung des Carbamoylrestes Tage, die des Phosphatrestes sogar Wochen. Die Geschwindig-

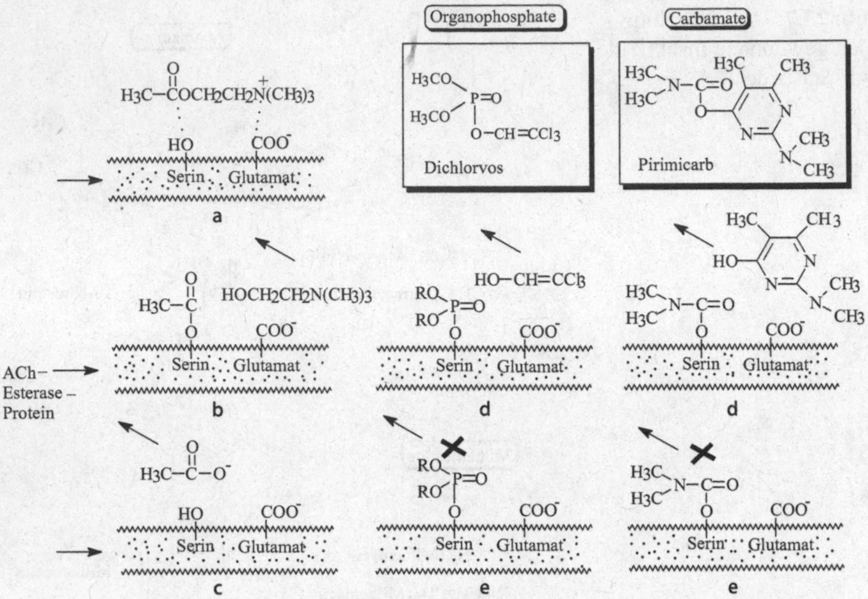

Organophosphate

Carbamate

$H_3C-COCH_2CH_2N(CH_3)_3^+$

HO   COO⁻

Serin   Glutamat

a

Dichlorvos

H_3CO
H_3CO P=O
O−CH=CCl₃

Pirimicarb

ACh →
Esterase –
Protein

H_3C-C
HOCH₂CH₂N(CH₃)₃
COO⁻

Serin   Glutamat

b

HO−CH=CCl₃

RO
RO P=O
O   COO⁻

Serin   Glutamat

d

Serin   Glutamat

d

H_3C-C-O^-

HO   COO⁻

Serin   Glutamat

c

RO
RO P=O
O   COO⁻

Serin   Glutamat

e

Serin   Glutamat

e

Abb. 23.8 Wirkungsweise der Acetylcholin (ACh)-Esteraseinhibitoren (Einzelheiten s. Text)

keit, in der AChE reaktiviert werden kann, ist abhängig von der Art der Insektizide, insbesondere des Teils, der am Serin- OH bindet. Im Vergleich zum Phosphatrest vollzieht sich die Ablösung eines Carbamatrestes wesentlich schneller. In beiden Fällen ist die Geschwindigkeit jedoch so gering, dass das Enzym in kurzer Zeit komplett mit den Inhibitoren belegt ist und kein ACh mehr andocken kann. Die Blockierung der AChE führt zu einer fortwährenden Stimulation des Nervensystems, die sich bei den vergifteten Insekten in einer starken Muskelerregung (Tremor), unkoordinierten Bewegungen und Lähmung äußert.

Carbamate

Die ersten Präparate mit einer Carbamatstruktur kamen ab 1957 zum Einsatz. Sie spielten, zusammen mit den Organophosphorverbindungen (OP) über mehrere Jahrzehnte eine wichtige Rolle bei der Schädlingsbekämpfung in zahlreichen Kulturen. Heute ist ihr Marktanteil stark rückläufig. Die Gründe hierfür sind die hohe akute Toxizität (Gefahrensymbol T, giftig) und die Entwicklung zahlreicher neuer Wirkstoffe mit andersartigen Wirkmechanismen und günstigeren umweltrelevanten Eigenschaften. Bei den noch zur Verfügung stehenden Wirkstoffen handelt es sich um **Methiocarb** und **Pirimicarb** (Abb. 23.9).

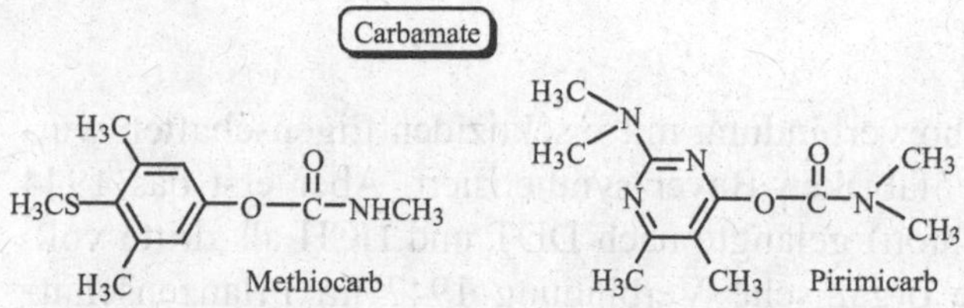

Abb. 23.9 Inhibitoren der Acetylcholinesterase

Die Wirkung der Carbamate beruht wie bei den Organophosphaten auf einer **Hemmung der Acetylcholinesterase** (Abb. 23.2), die auch bei Menschen und Säugetieren für die durch diese Verbindungen verursachten Vergiftungserscheinungen verantwortlich ist. Im Gegensatz zu den Organophosphaten wird das durch Carbamate inaktivierte Enzym jedoch relativ schnell wieder reaktiviert. Die Therapie bei Vergiftungen erfolgt daher ausschließlich mit Atropin, um dem schädlichen Überschuss an Acetylcholin entgegenzuwirken.

Die ebenfalls zu den Carbamaten gehörenden Verbindungen Fenoxycarb und Indoxacarb besitzen aufgrund ihrer abweichenden Grundstruktur einen andersartigen Wirkmechanismus. Fenoxycarb ist ein insektenspezifischer Wachstumsregulator (Abb. 23.15), Indoxacarb blockiert die Natriumkanäle im Axonbereich (Abb. 23.5).

Die Carbamate haben vor allem eine Kontakt- und Pirimicarb darüber hinaus eine Dampfwirkung. Durch die Gasphase werden auch versteckt sitzende Schädlinge an schwer erreichbaren Stellen wie der Blattunterseite erfasst.

Mcthiocarb dient als Saatgutbehandlungsmittel (Kap. 28). Es hat neben insektiziden auch molluskizide Eigenschaften und bei Saatgutbehandlung eine Repellentwirkung gegen Schadvögel (Fasane). Pirimicarb ist ein spezifisches Mittel zur Bekämpfung von Blattläusen bei ausgeprägter Schonung der Nützlinge. Nur wenige Arten werden nicht ausreichend erfasst (z. B. Kreuzdornlaus, *Aphis nasturtii*). Häufiges Bekämpfungsziel ist die Ausschaltung der Blattläuse als Virusüberträger.

Anwendungsbereiche und Zweckbestimmungen
Getreide: Getreideblattläuse. **Kartoffel**: Grüne Pfirsichblattlaus und andere Blattläuse, auch als Virusvektoren. **Zucker- und Futterrübe**: Schwarze Bohnenlaus und andere Blattläuse, auch als Virusvektoren. **Kernobst**: Grüne Apfelblattlaus und andere Blattläuse. **Kohl-Arten**: Mehlige Kohlblattlaus und andere Blattläuse. **Salate, Möhre, Stangenbohne, Tomate, Gurke**: Blattläuse. **Kirsche, Kernobst, Aprikose, Pfirsich, Pflaume, Johannisbeere**: Blattläuse. **Zierpflanzen**: Blattläuse. [Pirimicarb].
Mais (Saatgutbehandlung): Fritfliege, Vogelfraß (Fasan, Tauben, Krähen) [Methiocarb].

Organophosphate

Die erste Organophosphorverbindung mit insektiziden Eigenschaften wurde 1937 bei den Farbenfabriken Bayer synthetisiert. Aber erst das 1944 entdeckte E 605 (Parathion) gelangte nach DDT und HCH als dritte vollsynthetisch hergestellte organische Verbindung 1947 im Pflanzenschutz zum Einsatz.

Die Organophosphate bedeuteten für die damalige Situation im Pflanzenschutz eine Erweiterung der Möglichkeiten:

- Sie haben eine größere Wirkungsbreite, da sie neben den fressenden auch die saugenden Insekten und z. T. die Spinnmilben erfassen
- Sie dringen in der Regel schnell in die Pflanzen ein. Dadurch kommt bevorzugt eine Wirkung gegen saugende Insekten zustande, die auch noch nach einem späteren Zuflug erfasst werden; die vergrößerte Auswahl der Mittel reduziert die Gefahr einer Giftresistenz
- Der im Allgemeinen schnelle Abbau der Verbindungen in Pflanzen und Böden (geringe Persistenz) bedeutet eine Verringerung des Rückstandsproblems und eine Verkürzung der Wartezeiten.

Über Jahrzehnte dominierten diese Insektizide bei der Schädlingsbekämpfung. Ihr Marktanteil ist in den letzten Jahren allerdings stark gesunken, wozu toxikologische Gründe und die Tatsache beitrugen, dass zahlreiche neue Insektizide mit anderen Wirkungsmechanismen entwickelt wurden, wie z. B. Pyrethroide, Neonicotinoide oder Wachstumsregulatoren. Die Wirkstoffgruppe hat trotzdem weltweit gesehen immer noch eine herausragende Bedeutung.

In Deutschland haben von über 60 bekannten Verbindungen nur noch vier (Stand 2008) eine Anwendungszulassung, das sind **Chlorpyrifos, Dimethoat, Methamidophos** und **Pirimiphos-methyl** (Abb. 23.10).

Ihr Einfluss auf die Schädlinge beruht primär auf einer **Hemmung der Acetylcholinesterase**. Das Gleiche gilt auch für Warmblüter.

Die außerordentlich starke biologische Wirksamkeit der Organophosphorverbindungen ist darauf zurückzuführen, dass die Cholinesterase meistens irreversibel gehemmt wird, nur in geringen Mengen vorhanden ist (geringe potentielle Leistungsreserven) und das Enzym im Organismus sehr langsam neu gebildet wird.

Die einzelnen Verbindungen sind für Menschen und Säugetiere unterschiedlich giftig. Wir kennen hoch giftige (z. B. Methamidophos, T^+) bis fast ungiftige Verbindungen. Der Grad der Toxizität ist u. a. abhängig von der Reaktivierung der Cholinesterase und der Geschwindigkeit des enzymatischen Abbaus der Insektizide, bevor es zu einer Cholinesterasehemmung kommt.

Abb. 23.10 Inhibitoren der Acetylcholinesterase

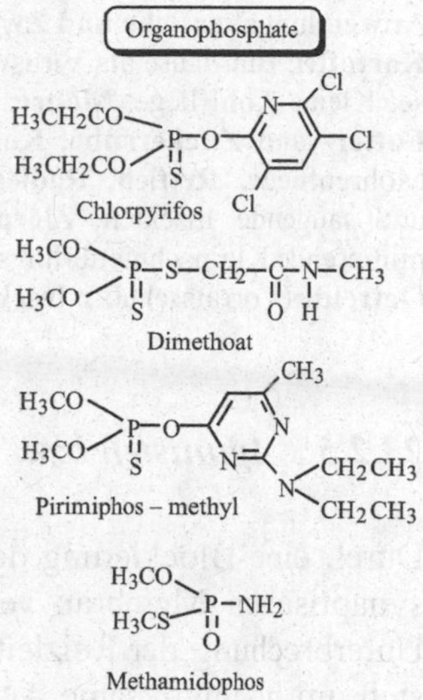

Organophosphate

H_3CH_2CO — P(=S) — O — (Pyridin-Ring mit Cl, Cl, Cl)
H_3CH_2CO

Chlorpyrifos

H_3CO — P(=S) — S — CH_2 — C(=O) — N(H) — CH_3
H_3CO

Dimethoat

H_3CO — P(=S) — O — (Pyrimidin-Ring mit CH_3, N — CH_2CH_3 / CH_2CH_3)
H_3CO

Pirimiphos – methyl

H_3CO — P(=O) — NH_2
H_3CS

Methamidophos

Die Therapie bei Vergiftungen mit Organophosphaten zielt darauf ab, durch Injektion hoher Dosen Atropin dem schädlichen Überschuss von Acetylcholin entgegenzuwirken und durch Verabreichen von Oximen (Toxogonin) die Aufhebung der Enzymhemmung therapeutisch zu beschleunigen.

Die Organophosphorverbindungen sind in erster Linie **Fraß- und Kontaktgifte**. Stoffe mit hohem Dampfdruck haben außerdem eine Atemgiftwirkung. Einige dieser Verbindungen besitzen die Fähigkeit, schnell in die Pflanzen einzudringen und sich mit dem Saftstrom zu verteilen (systemische Mittel).

Vorteile systemisch wirkender Präparate sind:

- Die selektive Wirkung. Nach dem Eindringen der Insektizide in die Pflanze werden nur noch die saugenden und fressenden Schädlinge abgetötet. Dies führt zu einer weitgehenden Schonung der Nützlinge einschließlich der Bienen
- Erhöhte Erfolgssicherheit bei der Bekämpfung der saugenden Insekten durch eine gleichmäßige Verteilung der Insektizide in der Pflanze.

Organophosphorverbindungen eignen sich für den Einsatz in zahlreichen Kulturen. Mit den Insektiziden dieser Wirkstoffgruppe ist es möglich, saugende Insekten, insbesondere Blattläuse (Virusvektoren) und teilweise Spinnmilben (Kap. 24) auszuschalten. Wegen des schnellen Eindringungsvermögens und der zum Teil systemischen Wirkung vieler Verbindungen (z. B. Dimethoat) werden auch Insekten innerhalb der Pflanzen, insbesondere in Blättern, erreicht (z. B. Fliegenlarven). Für den Vorratsschutz ist Pirimiphos-methyl zugelassen (Kap. 29).

Anwendungsbereiche und Zweckbestimmungen
Kartoffel: Blattläuse als Virusvektoren, Kartoffelkäfer [Methamidophos]. **Kohlgemü-se**: Kleine Kohlfliege. **Möhre**: Möhrenfliege. **Zwiebel**: Zwiebelfliege [Chlorpyrifos]. **Futter- und Zuckerrübe, Kohlrübe**: Rübenfliege. **Spargel**: Spargelfliege. **Möhre**: Möhrenfliege. **Rettich, Radieschen**: Kleine Kohlfliege. **Zwiebelgemüse**: beißende und saugende Insekten. **Zierpflanzen**: saugende Insekten, Blattläuse, Schildläuse, minierende Kleinschmetterlingsraupen. **Forst**: Maikäfer [Dimethoat].
Getreide (Vorratsschutz): Insekten (s. Kap. 29) [Pirimiphos-methyl].

23.2.5   Agonisten bzw. Modulatoren der Acetylcholinrezeptoren

Durch eine Blockierung der Acetylcholinrezeptoren (AChR) an der post-synaptischen Membran verursachen Neonicotinoide und Spinosyne eine Unterbrechung der Reizleitung im Nervensystem der Insekten. Es handelt sich um hochwirksame Agonisten des nikotinergen AChR. Sie binden am Rezeptor und verhindern dadurch eine Neubelegung mit dem Neurotrans-mitter ACh (Abb. 23.2). Die Wirksamkeit der Verbindungen an den Neu-ronen der Insekten ist nicht einheitlich, was die selektive Ausschaltung einzelner Schädlingsarten erklärt.

Die Bezeichnung Neonicotinoide beruht darauf, dass eines der ältesten bekannten Insektizide, dessen Wirkung durch eine Bindung an ACh-Re-zeptoren zustande kommt, das hochgiftige Nicotin ist (Einführung etwa 1890). Alle Wirkstoffe, die den gleichen Rezeptor in Anspruch nehmen, werden daher unter der Gruppenbezeichnung Neonicotinoide zusammen-gefasst.

Neonicotinoide

Im Jahre 1991 wurde mit Imidacloprid der erste Vertreter einer neuen In-sektizidgeneration, der Neonicotinoide, eingeführt.

Neonicotinoide sind in ihrem chemischen Aufbau sehr unterschiedlich, haben andererseits aber auch eine Reihe von übereinstimmenden Strukturmerkmalen. Sie setzen sich aus zwei Teilen zusammen, die über eine CH_2-Brücke miteinander verbunden sind. Ein Teil besteht entweder aus einem Chlorpyridyl-(Imidacloprid, Thiacloprid, Aceta-miprid) oder Chlorthiazolrest (Thiamethoxam, Clothianidin), der andere weist die in Abb. 23.11 dargestellten Ringsysteme oder eine offene Struktur auf.

Derzeit sind folgende Wirkstoffe in Deutschland zugelassen: **Imida-cloprid, Thiacloprid, Acetamiprid, Thiamethoxam** und **Clothianidin** (Abb. 23.11).

Alle Verbindungen werden **über die Wurzeln und Blätter aufgenommen** und akropetal im Gefäßsystem oder translaminar in der behandelten Pflanze verbreitet. Es handelt sich um **Fraß- und Kontaktgifte**.

Aufgrund ihrer Wirkungsweise ist eine Kreuzresistenz zu den häufig eingesetzten Organophosphaten, Carbamaten oder Pyrethroiden nicht zu erwarten. Sie eignen sich daher auch zur Bekämpfung von Schädlingen, die mit Insektiziden aus diesen Wirkstoffgruppen nicht mehr erfasst werden können (Resistenzmanagement).

Die akute Toxizität der Neonicotinoide für Vertebraten ist gering. Ihre im Vergleich hierzu weitaus stärkere Giftigkeit für Insekten beruht auf einer höheren Affinität der Insekten-ACh-Rezeptoren gegenüber diesen Stoffen.

Die benötigten Aufwandmengen liegen bei Blattapplikation im Bereich von 50 g/ha. Ein Anwendungsschwerpunkt ist die Saatgut- und Pflanzgutbehandlung (Kap. 28). Darüber hinaus werden sie weltweit in einer Vielzahl von Kulturen, vor allem gegen saugende Insekten (z. B. Blattläuse, und andere), aber auch gegen fressende Schädlinge (z. B. Miniermotten) im Obst-, Gemüse- und Zierpflanzenbau angewendet.

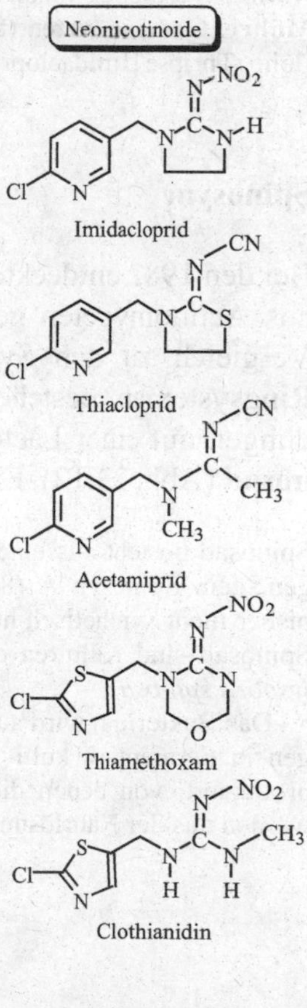

Abb. 23.11 Agonisten bzw. Modulatoren der Acetylcholinrezeptoren

Anwendungsbereiche und Zweckbestimmungen
Apfel: Blattläuse, Miniermotte. **Weinrebe**: Reblaus, Thripse. **Hopfen, Tabak, Salate**:
saugende Insekten, Blattläuse. **Zierpflanzen**: saugende Insekten, Minierfliegen, Schildlaus-Arten [Imidacloprid]. **Kernobst**: Blattläuse. **Gurke, Tomate, Salate**: Blattläuse,
Weiße Fliege. **Zierpflanzen**: Blattläuse, Weiße Fliege, Schildläuse, Schmierläuse, beißende und saugende Insekten [Acetamiprid]. **Kartoffel**: Kartoffelkäfer, Blattläuse (auch
als Virusvektoren). **Zierpflanzen**: saugende Insekten, Blattläuse, Schildlaus-Arten,
Trauermücken, Weiße Fliege [Thiamethoxam]. **Getreide**: Blattläuse, Getreidehähnchen.
Raps: beißende Insekten (ausgenommen Erdflöhe), Kohlschotenmücke. **Kartoffel**:
Kartoffelkäfer, Blattläuse. **Kernobst**: Apfelwickler, Apfelsägewespe, Blattläuse, Mi-
niermotte. **Pflaume**: Sägewespen, Blattläuse. **Kirsche, Pfirsich, Aprikose, Himbeere**:
Blattläuse. **Spargel, Möhre, Gurke, Salate** und andere: Blattläuse. **Zierpflanzen**: Weiße
Fliege, Thripse, Schildlaus-Arten, beißende und saugende Insekten, Dickmaulrüssler
[Thiacloprid].
Eine ausreichende Stabilität im Boden und die systemischen Eigenschaften der Präpa-
rate ermöglichen mit Hilfe einer Saatgutbehandlung die Bekämpfung von Schädlingen,
die vom Boden aus die Kulturpflanzen befallen. Ferner wird durch Translokation der
Wirkstoffe in die aufwachsenden Pflanzen ein Frühbefall verhindert bzw. reduziert.
Zucker- und Futterrübe (Saatgutbehandlung): Moosknopfkäfer, Rübenfliege, Blattläuse als Virusüberträger, Schnellkäfer (Drahtwurm), Erdflöhe [Imidacloprid, Thiamethoxam, Clothianidin]. **Mais** (Saatgutbehandlung): Fritfliege, Schnellkäfer (Drahtwurm), Westlicher Maiswurzelbohrer [Thiamethoxam, Clothianidin].
Möhre, Gemüse-Arten (Saatgutbehandlung): Möhrenfliege; Fliegen, Blattläuse, Erdflöhe, Thripse [Imidacloprid, Clothianidin].

Spinosyne

Bei den 1982 entdeckten Spinosynen handelt es sich um Verbindungen, die
aus Actinomyceten gewonnen werden (Bio-Insektizide); sie besitzen im
Vergleich zu den Syntheseprodukten eine komplizierte, aus mehreren
Ringsystemen bestehende chemische Struktur (makrozyklische Verbindungen mit einer Lacton-Gruppierung). Bisher hat ein Wirkstoff, das **Spinosad** (Abb. 23.12), Eingang in die Praxis gefunden.

Spinosad besteht aus einer Mischung von zwei natürlich vorkommenden Verbindungen, dem Spinosyn A (85%) und Spinosyn B (15%). Beide Verbindungen können
bisher nicht synthetisch hergestellt werden. Ausgangsmaterial für die Gewinnung von
Spinosad sind Kulturen des im Boden vorkommenden Actinomyceten *Saccharopo-
lyspora spinosa*.
Das Bakterium wird auf einer speziellen Nährlösung unter kontrollierten Bedingungen in Fermentern kultiviert. Hierbei werden bis zu 30 Metaboliten, die Spinosyne,
produziert, von denen die beiden obengenannten die biologisch aktivsten sind. Sie
werden aus der Nährlösung isoliert und als Suspensionskonzentrat formuliert.

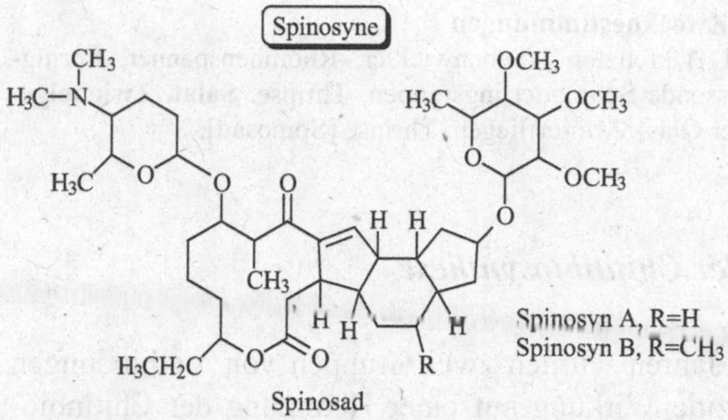

Abb. 23.12 Agonist bzw. Modulator der Acetylcholinrezeptoren

Der Wirkstoff beeinflusst die postsynaptischen nicotinischen Acetylcholin (nACh)-Rezeptoren, wobei die Bindestellen von den ebenfalls am nACh-Rezeptor ansetzenden Neonicotinoiden verschieden sind.

Die Insekten nehmen Spinosad beim Fraß und Kontakt mit dem Spritzbelag auf. Bereits nach wenigen Minuten tritt eine irreversible Unterbrechung der Reizübertragung im Nervensystem ein, die nach kurzer Zeit zum Tod führt. Symptome einer Vergiftung sind unkontrollierbare Muskelkontraktionen und Bewegungen der Mundwerkzeuge.

Das Mittel verbleibt nach Ausbringung überwiegend auf der Blattoberfläche. Nur ein geringer Teil wird translaminar verlagert; dieser Effekt kann durch Zugabe von Netzmitteln und Ölen verstärkt werden.

Die akute Toxizität für Warmblüter ist gering, das Umweltprofil günstig. Im Boden werden die Verbindungen mikrobiell zügig abgebaut; auch unter direkter Sonneneinstrahlung tritt ein schneller Zerfall ein. Die Halbwertszeit im Freiland beträgt etwa einen Tag. Aufgrund reduzierter UV-Strahlung steigt dieser Wert unter Gewächshausbedingungen auf ca. 10–16 Tage.

Um die Wirkung langfristig zu sichern und einer Resistenz vorzubeugen, sollten maximal sechs Anwendungen pro Jahr und nicht mehr als drei Anwendungen in Folge durchgeführt werden. Es besteht keine Kreuzresistenz mit bekannten Insektiziden.

Spinosad eignet sich in erster Linie zur **Bekämpfung von Thripsen**, insbesondere *Frankliniella occidentalis* (Kalifornischer Blütenthrips) sowie von freifressenden Schmetterlingsraupen und Minierfliegen im Zierpflanzenbau unter Glas. Die zur biologischen Bekämpfung in Gewächshäusern verwendeten Raubmilben und räuberischen Insekten (Kap. 19) können noch am Tag der Mittelanwendung nach Abtrocknen des Spritzbelags ausgesetzt werden. Bei Schlupfwespen ist eine Wartezeit von mindestens einer Woche einzuhalten.

Anwendungsbereiche und Zweckbestimmungen
Weinbau: Einbindiger und Bekreuzter Traubenwickler, Rhombenspanner, Springwurm. **Kohl-Arten**: Freifressende Schmetterlingsraupen, Thripse. **Salat, Zwiebelgemüse, Tomate, Gurke** (unter Glas): Minierfliegen, Thripse [Spinosad].

23.2.6 Inhibitoren der Chitinbiosynthese

In den vergangenen 30 Jahren wurden zwei Gruppen von Verbindungen gefunden, deren insektizide Wirkung auf einer Hemmung der Chitinbiosynthese beruht: die acylierten Harnstoffe (Benzoylharnstoffe) und aus der Gruppe der Thiadiazine Buprofezin. Obwohl diese Wirkstoffe eine unterschiedliche chemische Konstitution besitzen, ist der Wirkungsmechanismus weitgehend identisch. Sie beeinträchtigen die Ausbildung der Endocuticula durch Blockierung der Chitinsynthese (Abb. 23.3), was eine Störung der Häutungsvorgänge und damit der Weiterentwicklung der Insektenlarven zur Folge hat. Imagines werden hingegen nicht geschädigt.

Der Absatz von Chitinbiosynthese-Inhibitoren in Deutschland ist gering; er betrug 2004 pro Mittel weniger als eine Tonne. Im Vergleich dazu liegt der Absatz für die Organophosphorverbindung Dimethoat im Bereich von 250 bis 1 000 t oder von Imidacloprid bei 25 bis 100 t (Ergebnisse der Meldungen gemäß § 19 Pflanzenschutzgesetz).

Benzoylharnstoffe

Mit der Entdeckung der insektiziden Eigenschaften der Benzoylharnstoffe Anfang der 1970er Jahre fanden erstmals Substanzen in der Schädlingsbekämpfung Eingang, die keine neurotoxischen Wirkungen besitzen, sondern die Entwicklungsvorgänge der Insekten beeinflussen. Derzeit ist in Deutschland lediglich **Diflubenzuron** (Abb. 23.13) zur Anwendung im Forst und Zierpflanzenbau zugelassen.

Benzoylharnstoffe dringen nicht in die Pflanzen ein, sondern verbleiben auf deren Oberfläche. Die Aufnahme der Wirkstoffe erfolgt *per os* (Fraßgifte) durch die Larven. Diese verhalten sich zunächst normal. Erst bei der folgenden Häutung platzt die neugebildete Cuticula auf, in die kein Chitin eingelagert war und die dadurch ihre Stabilität verloren hat. Es bilden sich Flüssigkeitströpfchen auf der Körperoberfläche, die Larven verfärben sich schwarz und sterben schließlich ab. Das erste Larvenstadium reagiert besonders empfindlich.

Abb. 23.13 Inhibitoren der Chitinbiosynthese

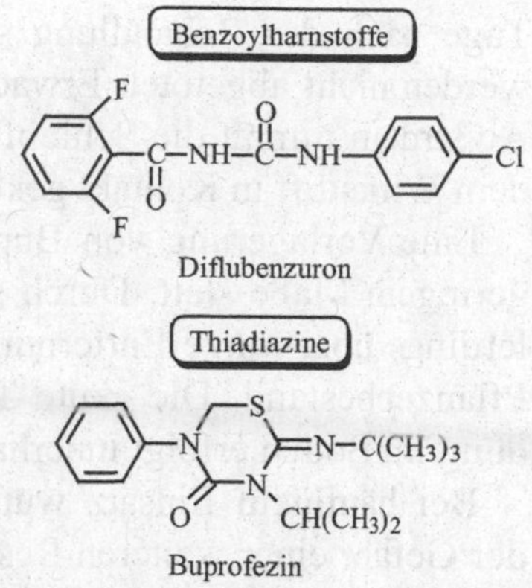

Benzoylharnstoffe

Diflubenzuron

Thiadiazine

Buprofezin

Für eine erfolgreiche Bekämpfung mit Benzoylharnstoffen ist es wichtig, dass die Larven bis zur nächsten Häutung den Wirkstoff kontinuierlich aufnehmen, damit er sich im Insektenkörper bis zur folgenden Häutung anreichern kann. Aufgrund der langsamen Anfangswirkung sollte die Behandlung zu Beginn des Schlüpfens der ersten Larven stattfinden, um auf diese Weise die Fraßschäden auf ein Minimum zu beschränken.

Für Menschen und Säugetiere ist aufgrund ihres verschiedenartigen Stoffwechsels die akute Toxizität im Gegensatz zu den neurotoxisch wirkenden Mitteln gering (keine Kennzeichnung durch ein Gefahrensymbol).

Die Aufwandmengen sind niedrig, sie liegen unter 100 g Wirkstoff pro ha. Auf der Pflanzenoberfläche sind die Benzoylharnstoffderivate weitgehend UV-stabil und werden nur langsam metabolisiert.

Anwendungsbereiche und Zweckbestimmungen
Zierpflanzen: freifressende Schmetterlingsraupen. **Champignon**: Trauermücken. **Nadel- und Laubholz**: Blattwespen, Schmetterlingsraupen [Diflubenzuron].

Thiadiazine

Bisher einziges Insektizid aus der chemischen Klasse der Thiadiazine ist **Buprofezin** (Abb. 23.13). Über die insektiziden Eigenschaften der Verbindung wurde erstmals 1981 berichtet.

Der Wirkungsmechanismus ist vergleichbar mit dem der Benzoylharnstoffe. Durch Störung der Chitinsynthese sterben die Larven, insbesondere der saugenden Insekten, nach Wirkstoffaufnahme bei der Häutung zum nächsten Larvenstadium ab. Frühe Stadien sind leichter zu bekämpfen als spätere. Der nach der Applikation auf den Blättern entstehende Belag bleibt lange erhalten, so dass auch noch Larven erfasst werden, die einige

Tage nach der Behandlung schlüpfen. Adulte Tiere, Puparien und Eier werden nicht abgetötet. Erwachsene Tiere reduzieren jedoch die Eiablage. Außerdem nimmt die Schlupfrate aus den Eiern ab, wenn die Adulten mit dem Wirkstoff in Kontakt gekommen sind.

Eine Verlagerung von Buprofezin innerhalb der Pflanze findet nur in geringem Maße statt. Durch seine Dampfphase gelangt der Wirkstoff allerdings über kurze Entfernungen auch an schwer zugängliche Stellen im Pflanzenbestand. Die akute Toxizität ist gering. Der Abbau der Verbindung im Boden erfolgt innerhalb weniger Wochen.

Bei häufigem Einsatz wurden Wirkungsminderungen beobachtet. Um der Gefahr einer weiteren Resistenzbildung vorzubeugen, sollte das Präparat nur im Wechsel mit Mitteln aus anderen Wirkstoffgruppen angewendet werden (Resistenzmanagement).

Anwendungsbereiche und Zweckbestimmungen
Gurke, Tomate, Zierpflanzen (unter Glas): Weiße Fliege, Zikaden [Buprofezin].

23.2.7 Ecdyson-Agonisten/Inhibitoren

Neben der Inhibierung der Chitinbiosynthese besteht die Möglichkeit, über eine **Beeinflussung des Ecdysonhaushalts** in die Häutungsprozesse von Schädlingen einzugreifen.

Nur kurze Zeit nach der Isolierung und Strukturaufklärung der ersten aus Seidenspinnerpuppen gewonnenen Häutungshormone wurden auch in zahlreichen Pflanzen ähnliche Verbindungen in viel höherer Konzentration gefunden. Trotzdem gelang es zunächst nicht, praxisreife Präparate zu entwickeln. Der Grund war u. a. der komplizierte chemische Aufbau der aus Pflanzen gewonnenen Substanzen, deren synthetische Herstellung äußerst schwierig war.

Nach Einführung von 1,2-diacyl-1-substituierten Hydrazinen (Diacylhydrazine) wurde es erstmals möglich, mit einem synthetischen Produkt in die Häutungsvorgänge bei Insekten einzugreifen. Diese Verbindungen induzieren eine vorzeitige Larvalhäutung bei empfindlichen Arten. Ähnlich wie die Ecdysone binden die Diacylhydrazine am Ecdysonrezeptor.

Unter natürlichen Bedingungen werden die Ecdysone nach ihrer Wirkung wieder aus dem Reaktionsbereich entfernt, so dass die nachfolgenden Reaktionen ablaufen können. Durch die starke Bindung der Diacylhydrazine am Rezeptorprotein wird dies jedoch verhindert, wodurch es zu einer Aktivierung der Häutungsvorgänge kommt. Die Folge ist eine unvollständige, vorzeitige Häutung und das Absterben der Larven.

Im Gegensatz zu den Diacylhydrazinen, die als Ecdyson-Agonisten (Aktivatoren) wirksam sind, verursacht Azadirachtin eine Unterbrechung der Ecdyson- bzw. Juvenilhormonzufuhr (*moulting disrupter*).

Diacylhydrazine

Tebufenozid und das chemisch nahe verwandte **Methoxyfenozid** (Abb. 23.14) werden bei der Schädlingsbekämpfung bevorzugt als Fraß- und z. T. auch als Kontaktgift eingesetzt. Die beste Wirkung wird gegen frühe Larvenstadien erzielt. Auf der Blattoberfläche sind die Insektizide weitgehend stabil, so dass bei Rückstandsuntersuchungen überwiegend die Ausgangsprodukte nachweisbar sind.

Die akute Toxizität für Warmblüter ist minimal (kein Gefahrensymbol) und das Umweltprofil günstig. Nützlinge werden nicht oder nur geringfügig beeinflusst.

Die Diacylhydrazine haben eine spezifische Wirkung gegen die Larven von Lepidopteren. Sie kommen in Obst- und Weinkulturen zur Anwendung, wo Schmetterlingsraupen zu den Hauptschädlingen zählen.

Bedingt durch den besonderen Wirkungsmechanismus ist die Gefahr einer Kreuzresistenz zu anderen Insektizidklassen unwahrscheinlich.

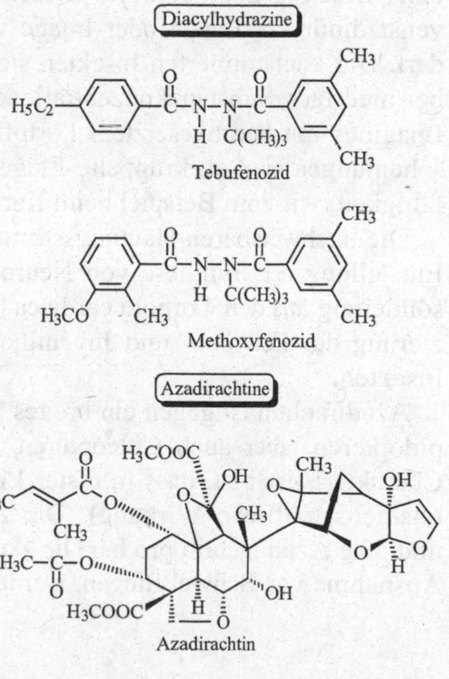

Abb. 23.14 Ecdyson-Agonisten

Anwendungsbereiche und Zweckbestimmungen
Kernobst: Apfelwickler, Apfelschalenwickler, freifressende Schmetterlingsraupen [Tebufenozid, Methoxyfenozid]. **Erdbeere, Pflaume, Süß- und Sauerkirsche**: Freifressende Schmetterlingsraupen [Tebufenozid]. **Weinrebe**: Einbindiger und Bekreuzter Traubenwickler, Springwurm, Rhombenspanner [Tebufenozid, Methoxyfenozid]. **Rosskastanien**: Kastanienminiermotte [Methoxyfenozid].

Azadirachtine

Die insektizid wirksamen Azadirachtine werden aus den Samenkernen des tropischen Neembaums *Azadirachta indica* gewonnen (**Bioinsektizid**). **Azadirachtin** (Abb. 23.14) besteht aus einem Gemisch der Tetranortriterpenoide Azadirachtin A (erstmals isoliert 1968, endgültige Strukturaufklärung 1985) und des chemisch nahe verwandten Azadirachtin B in einem Mengenverhältnis von etwa 3:1. Die beiden Azadirachtine sind mit etwa 70 bis 90% an der Gesamtwirkung der Neemsameninhaltsstoffe beteiligt. Weitere Substanzen mit fraßmindernden Eigenschaften sind Salannin und Nimbin.

Der Wirkstoff dringt in die Blätter ein, wird innerhalb der Pflanzen teilsystemisch transportiert und von den Schädlingen durch Fraß- und Saugtätigkeit aufgenommen.

Die physiologische Wirkung nach Azadirachtinaufnahme zeigt sich in einer **Störung der Metamorphose**. Die Entwicklung zum nächsten Larvenstadium, zur Puppe oder Imago wird beeinträchtigt oder ganz verhindert. Die kontaminierten Insekten sterben ab oder es entstehen, vor allem bei niedrigen Substanzkonzentrationen, geschädigte Larven, Puppen oder Imagines mit herabgesetztem Fortpflanzungsvermögen. Häufige Folgeerscheinungen sind verkrüppelte Flügel und eine dadurch bedingte Flugunfähigkeit, wie zum Beispiel beim Kartoffelkäfer.

Die nachweisbaren Häutungsstörungen beruhen auf einer Verringerung/ Einstellung der Synthese von Neurohormonen im Gehirn und deren Absonderung aus den Corpora cardiaca (Abb. 23.3). Dies führt zu einer Reduzierung der Ecdyson- und Juvenilhormonmenge in der Hämolymphe der Insekten.

Azadirachtin ist gegen ein breites Spektrum von Insekten, vor allem Lepidopteren, aber auch Coleopteren, Homopteren und Dipteren wirksam. Charakteristisch ist, dass in erster Linie Larvenstadien geschädigt werden (stadienspezifische Wirkung). Die Aufwandmengen liegen zwischen 20 und 50 g Azadirachtin pro ha. Die akute Toxizität ist gering; Nützlinge, mit Ausnahme von Schwebfliegen, werden nicht geschädigt.

Da es sich bei den Neempräparaten um ein Gemisch mehrerer Stoffe mit zum Teil verschiedener Wirkungsweise handelt, kann man davon ausgehen, dass eine Resistenzentwicklung zwar nicht auszuschließen, jedoch erheblich erschwert ist.

Anwendungsbereiche und Zweckbestimmungen
Kartoffel: Kartoffelkäfer. **Apfel**: Mehlige Apfellaus. **Kern-, Stein- und Beerenobst** (ausgenommen Erdbeere): Kleiner Frostspanner L1 bis L2. **Apfel**: Mehlige Apfellaus, Kleiner Frostspanner, Miniermotten. **Steinobst**. Miniermotten, **Pflaume**: Blattläuse. **Weinrebe**: Reblaus, Feldmaikäfer. **Spargel**: beißende Insekten. **Blatt- und Stielgemüse, Hülsengemüse, Stangenbohne**: saugende und beißende Insekten. **Zierpflanzen** (auch unter Glas): saugende Insekten, Weiße Fliege, Minierfliegen, Kleiner Frostspanner, Gespinstmotten [Azadirachtin (Neem)].
Azadirachtin ist für die Anwendung im ökologischen Landbau zugelassen (Kap. 20).

23.2.8 Juvenilhormon-Mimetika

Das Konzept, Juvenilhormon-Analoga (JHA) zur Bekämpfung von Insekten einzusetzen, war bisher wenig erfolgreich. Die zuerst synthetisierten JH-Analoga waren zwar wirksam, wie Farnesol-Derivate, Juvabion, Methoprene und andere, zeigten aber unter Feldbedingungen keine ausreichende Stabilität. Von den neueren Produkten mit einem Potential zur Schädlingsbekämpfung ist vor allem Fenoxycarb zu nennen.

Die JHA wirken als Antagonisten oder Agonisten. Ihre unmittelbaren **Wirkorte sind Binde-, z. T. auch Carrierproteine**, welche die JHA in die einzelnen Zellkompartimente transportieren. Sie beeinflussen außerdem die Embryonalentwicklung. Werden Weibchen kurz vor der Eiablage den Insektiziden ausgesetzt, sind die später schlüpfenden Larven nicht lebensfähig. Kommen die Eier direkt mit JHA in Berührung, wirken die Substanzen ovizid.

Carbamate

Über das zur chemischen Gruppe der Carbamate zählende insektizidwirksame Juvenilhormon-Mimetikum **Fenoxycarb** (Abb. 23.15) wurde erstmals 1981 berichtet; 1985 erfolgte die Markteinführung.

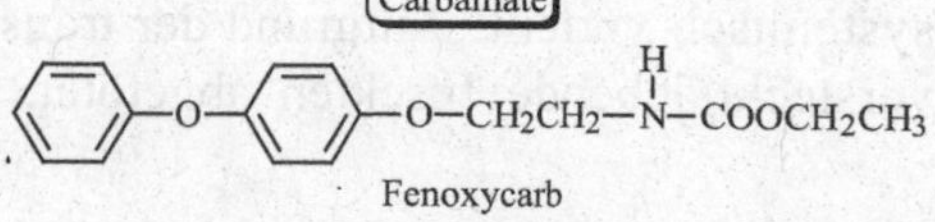

Abb. 23.15 Juvenilhormon-Mimetikum

Fenoxycarb ist ein Fraß- und Kontaktgift mit Eigenschaften, die den natürlich vorkommenden Juvenilhormonen (JH) bei Insekten entsprechen. Die Verbindung bindet an JH-Rezeptoren und kann durch JH-Esterase in Insektenlarven nicht abgebaut werden, so dass durch seine ständige Anwesenheit nur Larvalhäutungen zustande kommen und eine Umwandlung der Larve zum adulten Tier nicht stattfinden kann. Es ist außerdem ovizid wirksam, weshalb auch ein Formenwechsel vom Ei zur Larve unterbleibt.

Die akute Toxizität für Warmblüter ist gering. Seine Wirkung auf die nützlichen Florfliegen und Marienkäfer wird als schädigend, die auf räuberische Wanzen, Brackwespen und Raubmilben als schwach schädigend eingestuft.

Fenoxycarb zählt zur Gruppe der Wachstumsregulatoren. Kreuzresistenz zu neurotoxisch wirkenden Insektiziden (Organophosphaten, Pyrethroiden und anderen) ist daher nicht zu erwarten.

Anwendungsbereiche und Zweckbestimmungen
Apfel: Apfelwickler, Apfelschalenwickler. **Birne**: Birnenblattsauger. **Pflaume**: Pflaumenwickler [Fenoxycarb].

23.2.9   Insektizide mit unbekanntem Wirkungsmechanismus

Über die insektiziden Eigenschaften der beiden Verbindungen mit noch unbekanntem Wirkungsmechanismus, Pymetrozin und Flonicamid wurde erstmals 1992 bzw. 2007 berichtet; die Markteinführung erfolgte jeweils ein Jahr später.

Die Wirkorte von beiden Insektiziden unterscheiden sich offensichtlich von denen aller bisher beschriebenen Insektizide, so dass auch Schädlinge, die gegen Mittel aus anderen Wirkstoffgruppen resistent sind, bekämpft werden können (keine Kreuzresistenz, Resistenzmanagement).

Triazinone

Das zur chemischen Gruppe der Triazinone gehörende **Pymetrozin** (Abb. 23.16) ist sowohl ein Fraß- als auch ein Kontaktgift mit einer **spezifischen Wirkung gegen saugende Insekten** (Blattläuse und Mottenschildläuse). Die Verbindung dringt in das Pflanzengewebe ein und wird dort systemisch verteilt. Aufgrund der translaminaren Aktivitäten werden auch versteckt lebende Insekten abgetötet. Die Schädlinge stellen nach Auf-

nahme des Mittels ihre Saugtätigkeit (*feeding blocker*), die Honigtaupro-
duktion sowie die Vermehrung und Weiterverbreitung schnell ein.

Anwendungsbereiche und Zweckbestimmungen
Kartoffel: Blattläuse (auch als Virusvektoren). **Hopfen, Salate, Kohl-Arten**: Blattläuse. **Erdbeere** (Freiland und unter Glas): Blattläuse. **Gurke, Kopfsalat, Stangenbohne, Tomate** (unter Glas): Weiße Fliege. **Zierpflanzen** (Freiland und unter Glas): Weiße Fliege [Pymetrozin].

Pyridincarboxamide

Das Pyridincarboxamid-Derivat **Flonicamid** (Abb. 23.16) hat – wie Pymetrozin – eine spezifische Wirkung gegen ein breites Spektrum von Blattläusen. Andere Schädlinge können mit diesem Mittel nicht bekämpft werden. Die Verteilung des Wirkstoffs in der behandelten Pflanze erfolgt
akropetal und translaminar. Dadurch können auch Schädlinge auf der Unterseite der Blätter sicher erfasst werden.

Die Aufnahme von Flonicamid in die Insekten findet sowohl durch
Kontakt als auch Saugtätigkeit statt. Geschädigt werden Larven und adulte
Stadien. Die Saugtätigkeit und Honigtauausscheidung wird innerhalb einer
halben Stunde eingestellt (*anti-feeding effect*), Absterbeerscheinungen sind
nach 2–5 Tagen zu beobachten.

Anwendungsbereiche und Zweckbestimmungen
Winterweizen, Kartoffel, Kernobst: Blattläuse [Flonicamid].

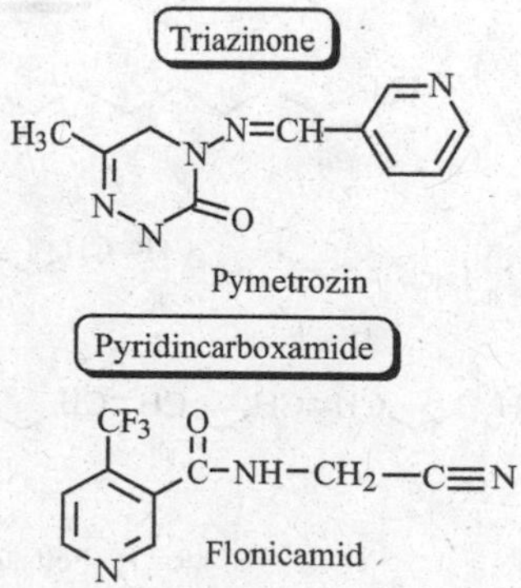

Abb. 23.16 Insektizide mit unbekanntem
Wirkungsmechanismus

23.2.10   Mineralöle, Rapsöl und Kaliseife

Neben den synthetischen Insektiziden eigenen sich **Mineralöle, Rapsöl**
und **Kaliseifen** (Abb. 23.17) zur Bekämpfung vor allem saugender Insekten. Darüber hinaus besitzen diese Präparate eine akarizide Wirkung.

Die im Pflanzenschutz verwendbaren **Mineralöle** werden bei der Raffination (Verede-
lung) von Rohöl gewonnen. Sie bestehen vor allem aus gesättigten, z. T. auch ungesättig-
ten Kohlenwasserstoffen.

Rapsöl wird mit Hilfe organischer Lösungsmittel oder durch Kalt-
pressung aus den Samen von Rapspflanzen hergestellt. Die Hauptwirkstof-
fe sind langkettige (C18) ungesättigte Fettsäuren, insbesondere Öl-, Linol-
und Linolensäure, **Kaliseifen** sind Mischungen aus Kaliumsalzen der
obengenannten Fettsäuren.

Die insektizide Wirkung der Mineralöle kommt durch einen Ölfilm zustande, der die Schädlinge umgibt und den lebensnotwendigen Sauerstoff-
und Feuchtigkeitsaustausch verhindert, so dass die Tiere ersticken. Die Fettsäuren (Kaliseife, Rapsöl) beeinflussen die Zellpermeabilität weichhäutiger
Insekten. Dies führt zu einem unkontrollierten Austritt von Inhaltsstoffen;
ebenso wird durch die oberflächenaktiven Seifen, die in die Tracheen gelangen, die Atmung bzw. die Beweglichkeit der Schädlinge durch Festkleben
auf den Blättern beeinträchtigt.

Eine Resistenz gegenüber diesen Präparaten wurde bisher in der Praxis
nicht beobachtet und ist, bedingt durch die besondere Wirkungsweise,
auch wenig wahrscheinlich.

Zielorganismen und Einsatzgebiete sind überwinternde Schädlinge einschließlich ihrer Eier (ovizide Wirkung) sowie saugende Insekten im Obst-,
Gemüse- und Zierpflanzenbau. Die Präparate können im ökologischen

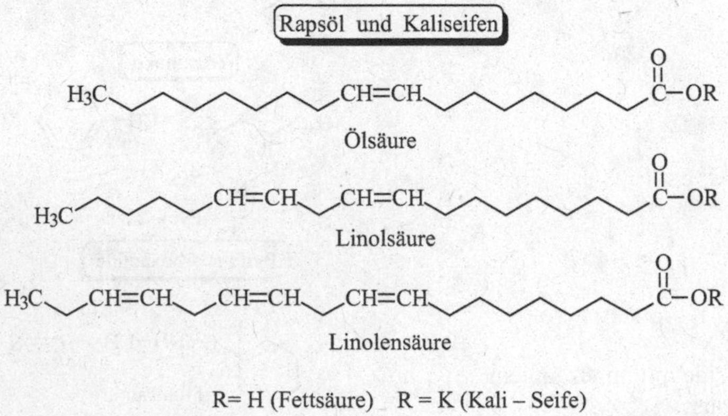

R= H (Fettsäure)   R = K (Kali – Seife)

Abb. 23.17 Fettsäuren und Seifen

Landbau eingesetzt werden. Neben Insekten werden auch Milben, insbesondere Spinnmilben mit erfasst (Kap. 24).

Mineralöle, Rapsöl und Kaliseifen sind weitgehend ungiftig (keine Kennzeichnung nach Gefahrenstoffverordnung); ihr Verhalten in der Umwelt ist insgesamt günstig zu beurteilen. Versuche ergaben allerdings Unterschiede beim Abbau im Boden. So wird Rapsöl zum Beispiel innerhalb von drei Wochen zu 95%, die untersuchten Mineralöle dagegen im gleichen Zeitraum nur zu 10% abgebaut.

Anwendungsbereiche und Zweckbestimmungen
Kohlgemüse: Mehlige Kohlblattlaus, Weiße Fliegen. **Blattgemüse, Hülsengemüse Zwiebelgemüse und andere**: Weiße Fliegen. **Zierpflanzen**: Saugende Insekten, Schildlaus-Arten, Weiße Fliegen [Rapsöl].
Kernobst, Steinobst, Beerenobst: saugende Insekten. **Blattgemüse, Kohlgemüse und andere Gemüsearten**: saugende Insekten, Weiße Fliegen. **Zierpflanzen**: Blattläuse, Weiße Fliegen [Kaliseife].
Zierpflanzen: Woll- und Schmierläuse, Schildlaus-Arten [Mineralöle].

Literatur

Anonym (2005) IRAC, Insecticide Mode of Action Classification, Version 5.1. IRAC website http://www.plantprotection.org/irac

Beckmann M, Haak KJ (2003) Insektizide für die Landwirtschaft. Chem uns Zeit 37:88–97

Campbell WC (ed) (1989) Ivermectin and Abamectin. Springer, Berlin Heidelberg New York

Casida JE, Quistad GB (1998) Golden age of insecticide research, past, present, or future? Annu Rev Entomol 43:1–16

Dhadialla TS, Carlson GR, Le DP (1998) New insecticides with ecdysteroidal and juvenile hormone activity. Annu Rev Entomol 43:545–569

Hassall KA (1990) The biochemistry and uses of pesticides. VCH, Weinheim New York Basel Cambridge

Heitefuss R (2000) Pflanzenschutz, Grundlagen der praktischen Phytomedizin, 3. Aufl. Thieme, Stuttgart New York

Ishaaya I (ed) (2001) Biochemical sites of insecticide action and resistance. Springer, Berlin Heidelberg New York

Krämer W, Schirmer U (eds) (2007) Modern crop protection compounds, Vol 3 insecticides. Wiley-VCH, Weinheim

24 Akarizide

Spinnmilben und Gallmilben gehören seit Jahren zu den bedeutendsten Schädlingen an Obst- und Gemüsekulturen, Weinrebe und Hopfen.

Für die Zunahme vor allem der Spinnmilben ist eine Reihe von Faktoren verantwortlich. Die wichtigsten sind:

- Veränderte, der Vermehrung der Milben dienliche Anbaumethoden, wie z. B. das starke Auslichten der Bäume
- Zunächst alleinige und intensive Anwendung von chlorierten Kohlenwasserstoffen, die neben Schädlingen auch die natürlichen Feinde der Milben vernichteten, ohne die Milbenpopulation ausreichend zu reduzieren (Eingriff in das biologische Gleichgewicht)
- Schnelle Generationsfolge der Milben, die eine Resistenz begünstigt
- Starke Reduzierung des Einsatzes von Schwefel als Fungizid im Obstbau zugunsten organischer Wirkstoffe. Schwefel besitzt eine beachtliche Nebenwirkung auf Spinnmilben
- Aufgabe der Winterspritzung im Obstbau, durch die zumindest ein Teil der überwinternden Spinnmilbeneier abgetötet wurde.

Die Resistenzzunahme und die immer häufiger zu beobachtende starke Übervermehrung vor allem der Spinnmilben hat zur Entwicklung einer Reihe von spezifisch wirkenden Akariziden geführt (Tabelle 24.1). Auch unter den Insektiziden finden sich einige Mittel, die zur Bekämpfung von phytophagen Milben geeignet sind. Hierzu gehören **Dimethoat** (Organophosphat), **Mineralöl**, **Rapsöl** und **Kaliseife**. Weiterhin haben die aus Streptomyceten gewonnenen Insektizide **Abamectin** und **Milbemectin** sowie Azadirachtin (Neem) auch akarizide Eigenschaften.

24.1   Klassifizierung

Die spezifisch wirkenden Akarizide haben keinen einheitlichen chemischen Aufbau, sondern sind verschiedenen chemischen Gruppen zuzuordnen (Tabelle 24.1). Legt man, wie bei den Insektiziden, für eine Klassifizierung den Wirkungsmechanismus zugrunde, so lassen sich fünf Einheiten zusammenfassen:

- **Tebufenpyrad**, **Fenpyroximat** und **Fenazaquin** blockieren den Elektronentransport im Komplex I
- **Acequinocyl** im Komplex III der mitochondrialen Atmungskette
- **Spirodiclofen** inhibiert die Lipidbiosynthese
- **Clofentezin** und **Hexythiazox**, deren Wirkungsmechanismus nicht bekannt ist
- die bereits bei den Insektiziden behandelten Verbindungen **Milbemectin** und **Abamectin**, die den Chloridkanal im Nervensystem beeinflussen.

Die akarizide Eigenschaft von Mineral- und Rapsöl besteht darin, dass diese mit Hilfe einer Spezialformulierung die Spinnmilbeneier mit einem gleichmäßigen Ölfilm überziehen und dadurch den Eintritt von Feuchtigkeit und Sauerstoff weitgehend verhindern. Auch Kaliseife sowie Schwefel besitzen neben ihren insektiziden bzw. fungiziden Eigenschaften eine beachtliche akarizide Wirkung.

Tabelle 24.1   Klassifizierung der Akarizide nach den Empfehlungen des IRAC

Wirkungsbereich	Wirkstoffgruppe	Wirkstoffe (*common name*)	Markt-einfüh-rung[1]	IRAC Code[2]
mitochondrialer Elektronentransport im Komplex I (METI)	Chinazoline	Fenazaquin	1992	21
	Pyrazoloximether	Fenpyroximat	1991	
	Carboxamide	Tebufenpyrad	1993	
mitochondrialer Elektronentransport im Komplex III	1,4-Naphthalendione	Acequinocyl	2008	20B
Lipidbiosynthese	Tetronsäuren	Spirodiclofen	2000	23
unbekannter Wirkungsmechanismus	Tetrazine	Clofentezin	1981	10A
	Thiazolidine	Hexythiazox	1985	

[1] Markteinführung bzw. erstmals als Akarizid erwähnt; aus Pesticide Manual, 13th edition
[2] IRAC Mode of Action Classification, Version 5.1 (September 2005)

24.2 Wirkstoffgruppen und Wirkstoffe

24.2.1 Inhibitoren des mitochondrialen Elektronentransports im Komplex I (METI)

Die in diesem Kapitel zusammengefassten Akarizide **Fenazaquin**, **Fenpyroximat** und **Tebufenpyrad** (Abb. 24.1) sind Kontaktgifte, letzteres besitzt zusätzlich translaminare Eigenschaften und kann daher auch bei Saugvorgängen aufgenommen werden. Ihr Einsatz richtet sich vor allem gegen Spinnmilben. Es werden alle beweglichen Stadien, d. h. sowohl die Larven als auch die Adulten, von Tebufenpyrad auch die Sommereier, abgetötet. Die Verbindungen hemmen den Elektronentransport im Komplex I der mitochondrialen Atmungskette (METI) (Abb. 22.7) und gehören unterschiedlichen Wirkstoffgruppen an.

Bei wiederholter Anwendung der einzelnen Mittel ist mit Wirkungsminderungen zu rechnen. Kreuzresistenz zu den anderen Substanzen der METI-Gruppe ist möglich. Um Resistenzentwicklungen vorzubeugen, sollte **nur eine Anwendung** pro Saison erfolgen.

Die akute Toxizität für Warmblüter ist gering; von den Nützlingen werden vor allem Raubmilben geschädigt.

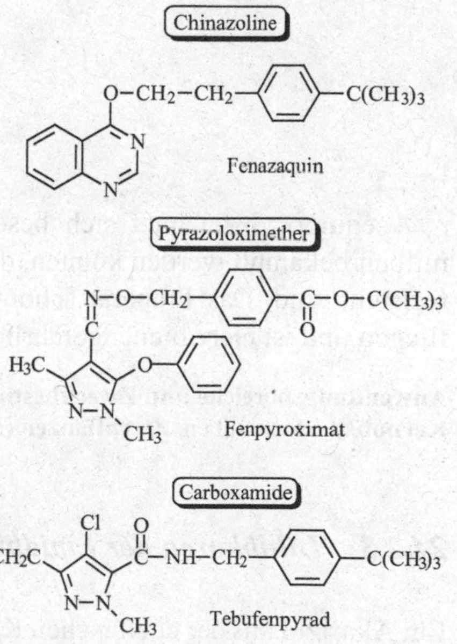

Abb. 24.1 Inhibitoren des mitochondrialen Elektronentransports im Komplex I (METI)

Anwendungsbereiche und Zweckbestimmungen
Apfel: Spinnmilben [Fenpyroximat, Tebufenpyrad], Apfelrostmilbe [Fenpyroximat].
Birne: Spinnmilben, Gallmilben [Fenpyroximat]. **Pflaume**: Spinnmilben, Gallmilben
[Fenpyroximat]. **Gurke**: Spinnmilben [Fenpyroximat]. **Erdbeere**: Spinnmilben [Fen-
pyroximat, Tebufenpyrad], Erdbeermilbe [Fenpyroximat]. **Himbeere, Johannisbeere**:
Spinnmilben, Gallmilben [Fenpyroximat, Tebufenpyrad]. **Weinrebe**: Spinnmilben
[Fenpyroximat, Tebufenpyrad]. **Zierpflanzen**: Spinnmilben [Fenazaquin, Fenpyroxi-
mat, Tebufenpyrad], Weichhautmilben [Fenpyroximat, Tebufenpyrad], Gallmilben
[Tebufenpyrad].

24.2.2   Inhibitoren des mitochondrialen Elektronentransports im Komplex III

Mit **Acequinocyl** (Abb. 24.2) wurde 2008 ein Akarizid mit einem neuen
Wirkungsmechanismus in Deutschland erstmals zugelassen. Die Verbindung hemmt den mitochondrialen Elektronentransport im Komplex III
(s. Abb. 22.7). Es handelt sich um ein Kontaktakarizid; eine geringe orale
Aufnahme findet ebenfalls statt.

Abb. 24.2 Inhibitor des mitochondrialen Elektronentransports im Komplex III

Acequinocyl

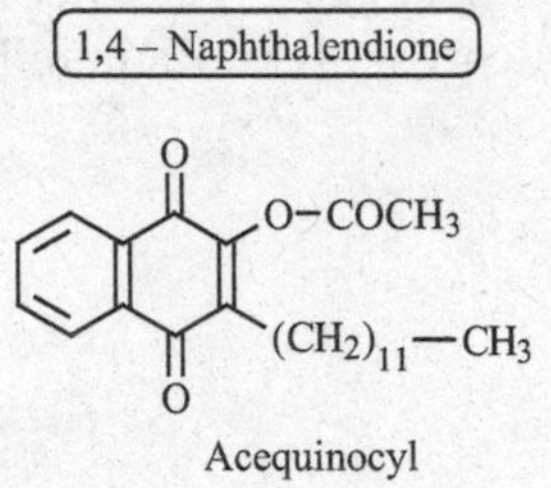

Acequinocyl zeichnet sich besonders dadurch aus, dass auch Spinnmilben bekämpft werden können, die gegenüber den bisherigen Akariziden
resistent sind. Das Präparat schont Nützlinge wie Raubmilben und Florfliegen und ist nicht bienengefährlich.

Anwendungsbereiche und Zweckbestimmungen
Kernobst: Spinnmilben. **Zierpflanzen** (unter Glas): Spinnmilben [Acequinocyl].

24.2.3   Inhibitoren der Lipidbiosynthese

Ein Akarizid aus der chemischen Klasse der Tetronsäuren ist **Spirodiclofen**
(Abb. 24.3). Sein Wirkungsspektrum umfasst die pflanzenschädigenden
Spinnmilben, wie *Panonychus ulmi, Tetranychus urticae* und *Bryobia*

Abb. 24.3 Inhibitor der Lipidbiosynthese

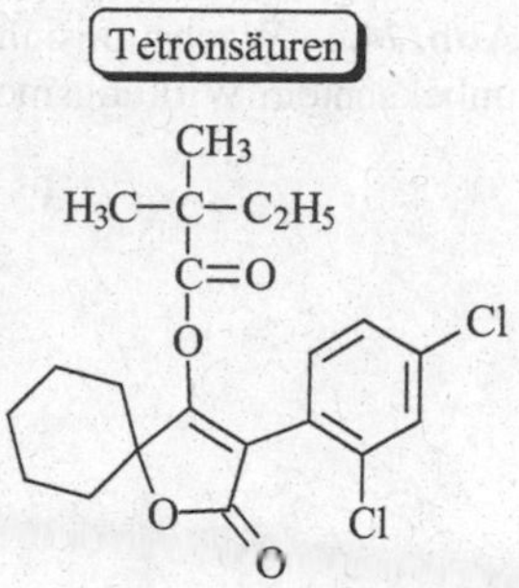

Spirodiclofen

rubrioculus sowie wichtige Gallmilben. Es wirkt auf alle Entwicklungs-stadien einschließlich der Eier und besitzt eine gute Kontakt- und Dauer-wirkung. Haupteinsatzgebiet ist der Obstbau.

Die bisherigen Untersuchungen zum Wirkungsmechanismus zeigen, dass die Substanz nicht neurotoxisch ist, sondern die Lipidbiosynthese der Milben beeinflusst; der genaue Wirkort ist noch nicht bekannt.

Die akute Toxizität von Spirodiclofen für Warmblüter ist gering; der Wirkstoff wird als schwach schädigend für im Freiland natürlich vorkom-mende Raubmilben (z.B *Typhlodromus pyri*) eingestuft.

Um die Entwicklung wirkstoffresistenter Spinnmilben zu verhindern bzw. zu verzögern, sollten die speziell für diese Schädlinge ausgesprochenen Empfehlungen der IRAC eingehalten werden. Kreuzresistenz zu anderen etablierten Akariziden besteht nach den bisherigen Erfahrungen nicht und ist, bedingt durch den besonderen Wirkungsmechanismus, auch nicht zu erwar-ten. Spirodiclofen kann daher zur Bekämpfung von Spinnmilbenpopulatio-nen eingesetzt werden, die gegenüber anderen Wirkstoffen resistent sind.

Anwendungsbereiche und Zweckbestimmungen
Kernobst: Spinnmilben, Apfelrostmilbe. **Weinrebe, Erdbeere, Johannisbeere, Zier-pflanzen**: Spinnmilben. **Pflaume**: Spinnmilben, Gallmilben. **Aprikose, Pfirsich**: Spinnmilben, Gallmilben. **Hopfen**: Spinnmilben. **Tomate, Gemüsepaprika** (unter Glas): Spinnmilben [Spirodiclofen].

24.2.4 Wachstumsinhibitoren mit unbekanntem Wirkungsmechanismus

Bei dem Tetrazin-Derivat **Clofentezin** (Abb. 24.4) handelt es sich um ein Kontaktakarizid mit guter Dauerwirkung. Mit diesem Wirkstoff werden besonders sicher Sommereier, aber auch Wintereier und junge Larven von

Abb. 24.4 Wachstumsinhibitoren mit
unbekanntem Wirkungsmechanismus

Tetrazine

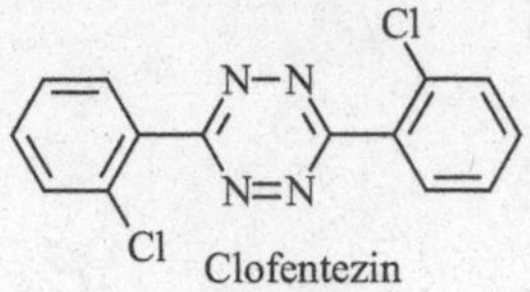

Clofentezin

Thiazolidine

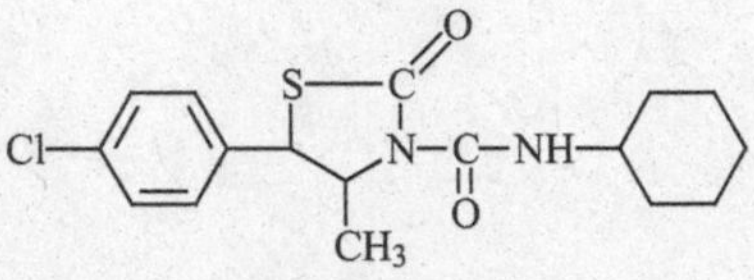

Hexythiazox

Spinnmilben abgetötet. Aus kontaminierten Eiern schlüpfen zwar noch Larven, die aber nicht lebensfähig sind. Haupteinsatzgebiet ist der Obst-, Wein- und Zierpflanzenbau.

Die toxikologischen und umweltrelevanten Daten entsprechen weitgehend denjenigen von Hexythiazox. Nützlinge einschließlich der Raubmilbe *Typhlodromus pyri* werden nicht geschädigt.

Die Entwicklung von Clofentezin-resistenten Spinnmilbenstämmen ist möglich. Erste Hinweise liegen bereits seit 1992 vor. Kreuzresistenz zu Hexythiazox ist bekannt. Mittel mit diesem Wirkstoff dürfen daher nicht als Ersatz für Clofentezin eingesetzt werden.

Das Thiazolidin-Derivat **Hexythiazox** (Abb. 24.4) ist ebenfalls kontaktwirksam und hat translaminare Eigenschaften. Der Wirkstoff eignet sich zur Bekämpfung der Larven- und Nymphenstadien sowie der Sommereier. Adulte Tiere werden nicht erfasst. Die von kontaminierten Weibchen abgelegten Eier sind nicht lebensfähig. Ein besonderes Merkmal von Hexythiazox ist seine lange Wirkungsdauer. Haupteinsatzgebiete sind der Obst-, Wein-, Hopfen- und Zierpflanzenbau. Bei einseitiger Anwendung ist mit der Entwicklung resistenter Spinnmilbenpopulationen zu rechnen. Kreuzresistenz zu anderen Wirkstoffen aus der Gruppe der Wachstumsinhibitoren ist möglich.

Anwendungsbereiche und Zweckbestimmungen
Kernobst, Weinrebe, Pflaume, Erdbeere, Zierpflanzen: Spinnmilben [Clofentezin, Hexythiazox]. **Gurke, Tomate, Hopfen**: Spinnmilben [Hexythiazox].

25 Molluskizide

Molluskizide sind Stoffe zur Bekämpfung von Schnecken. Vor allem Nacktschnecken verursachen in regenreichen Jahren an zahlreichen Kulturen erhebliche Schäden.

Die Gefährdung durch Mollusken hat zugenommen. Eine der Ursachen ist die Begünstigung der Lebensbedingungen durch Direktsaatsysteme. Es hat sich gezeigt, dass Schnecken unter Mulchschichten mit chemischen Mitteln schwerer zu erreichen sind und durch die Reduzierung der Bodenbearbeitungsgänge die Zahl der mechanisch getöteten Tiere und freigelegten Eigelege verringert ist. Auch Fruchtfolgen mit einem hohen Anteil an Winterungen oder durchgegrünte Stoppelfelder bieten nahezu ganzjährig ein üppiges Nahrungsangebot und fördern dadurch die Ausbreitung und Entwicklung von Schneckenpopulationen. Ferner können Sortenunterschiede eine wichtige Rolle spielen. So wurde beobachtet, dass nach Einführung von 00-Sorten beim Raps, bedingt durch den verringerten Glucosinolatgehalt, eine deutlich stärkere Schädigung erfolgte (Nahrungspräferenz).

Auf den Ackerflächen sind verschiedene Arten vertreten, und zwar die Große Rote Wegschnecke (*Arion rufus*), Spanische Wegschnecke (*Arion lusitanicus*), Genetzte Ackerschnecke (*Deroceras reticulatum*) und Graue Ackerschnecke (*D.agreste*). Der Lebensraum der Wegschnecken ist in der Regel der Feldrand und Heckenbereich, von wo aus sie in die äußeren Zonen der Kulturbestände einwandern und dort Fraßschäden verursachen. Selten sind sie im Feldinneren zu finden. Sie gelten allgemein nicht als typische Ackerbewohner. Im Gegensatz zu den Wegschnecken kommen die Genetzte und Graue Ackerschnecke auch im Inneren der Felder vor, wo sie häufig nesterweise auftreten. Sie verursachen weltweit den Hauptschaden an den Kulturpflanzen.

H. Börner, *Pflanzenkrankheiten und Pflanzenschutz,*
© Springer 2009

Abb. 25.1 Molluskizide

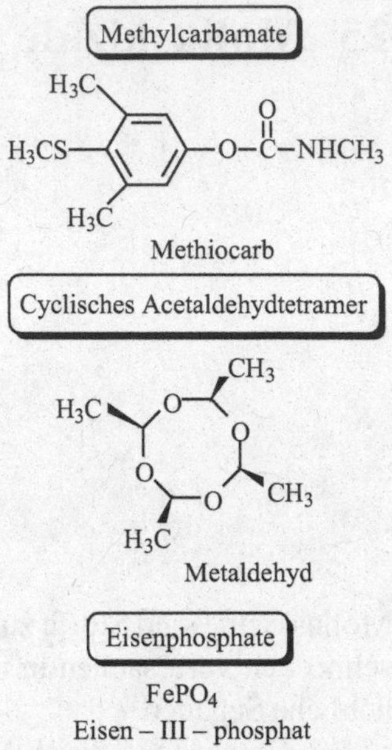

Da für Schnecken eine feuchte Umgebung lebensnotwendig ist, bekämpfte man sie früher mit wasserentziehenden Mitteln, z. B. ätzenden Düngemitteln (Kainit, Kalkstickstoff) oder Branntkalk. Die Erfolgssicherheit dieser Methoden war jedoch stark abhängig von der Witterung und dem Alter der Tiere. Schnecken sind häufig in der Lage, durch Schleimabsonderung die für sie schädlichen Stoffe wieder zu eliminieren, so dass eine Wiederholung der Maßnahmen notwendig ist.

Gegenwärtig sind drei Wirkstoffe zur chemischen Bekämpfung von Nacktschnecken zugelassen: **Methiocarb**, **Metaldehyd** und **Eisen-III-phosphat** (Abb. 25.1).

Methiocarb gehört zur Gruppe der Carbamate und besitzt neben einer molluskiziden auch eine insektizide Wirkung, Metaldehyd ist ein polymerisierter Acetaldehyd, Eisen-III-phosphat eine anorganische Verbindung. Alle Präparate sind Fraß-, z. T. auch Kontaktgifte und werden als Ködermittel (Schneckenkorn) ausgebracht.

Methiocarb wirkt nach Aufnahme neurotoxisch durch Hemmung der Acetylcholinesterase (Kap. 23.2.4). Die Schnecken sind zunächst hyperaktiv, verlieren dann den Muskeltonus, erschlaffen und sterben ab. Der Wirkstoff verursacht keine Schleimabsonderung.

Metaldehyd greift die Zellmembranen der Schleimzellen an und schädigt irreversibel Mitochondrien und Zellkerne. Die geschädigten Tiere stoßen den Schleim ab und verlieren damit ihren Schutz vor Austrocknung und die Möglichkeit der gleitenden Fortbewegung.

Eisen-III-phosphat wird von den Schnecken gefressen und bewirkt Zellveränderungen im Kropf und der Mitteldarmdrüse. Kurz nach der Wirkstoffaufnahme stellen sie ihre Nahrungsaufnahme ein und ziehen sich in ihre Verstecke zurück, wo sie nach einigen Tagen verenden. Anders als bei den metaldehydhaltigen Ködern scheiden die Schnecken nach Giftaufnahme keinen Schleim aus, sie reagieren kaum noch auf Berührung und haben oft eine lederartig trockene Haut. Es werden sowohl Nacktschnecken als auch schädliche Gehäuseschnecken abgetötet. Eisen-III-phosphat darf im ökologischen Landbau verwendet werden.

Der Einsatz der Molluskizide richtet sich vor allem gegen die häufig auftretende Ackerschnecke *Deroceras reticulatum* und *D. agreste*.

Anwendungsbereiche und Zweckbestimmungen
Getreide (Weizen, Gerste, Roggen, Triticale, Hafer), **Raps**: Nacktschnecken [Methiocarb, Metaldehyd, Eisen-III-phosphat]. **Kartoffel**: Nacktschnecken [Eisen-III-phosphat]. **Zucker- und Futterrüben, Tabak**: Nacktschnecken [Methiocarb, Eisen-III-phosphat].
Gemüsekulturen: Nacktschnecken [Eisen-III-phosphat]. **Salat-Arten, Kohlgemüse**: Nacktschnecken [Metaldehyd, Methiocarb].
Obstkulturen: Nacktschnecken [Eisen-III-phosphat]. **Erdbeere, Weinrebe**: Nacktschnecken [Metaldehyd, Methiocarb].
Zierpflanzen: Nacktschnecken [Methiocarb, Metaldehyd, Eisen-III-phosphat].

26 Nematizide

Zahlreiche Ursachen haben zu einem verstärkten Vorkommen pflanzenparasitärer Nematoden geführt. Eine Bekämpfung der im Boden lebenden Schaderreger ist schwierig, weil diese im Gegensatz zu Krankheitserregern und Schädlingen, die sich an oberirdischen Teilen der Pflanzen befinden, in der Regel nicht direkt vom Pflanzenschutzmittel getroffen werden.

Nematizide müssen hinreichend flüchtig oder wasserlöslich sein, um nach Einarbeitung in den Boden eine möglichst gleichmäßige Verteilung der Stoffe bis in eine Tiefe von 10 bis 20 cm zu gewährleisten. Ferner sind hohe Wirkstoffmengen für eine ausreichende Abtötungsrate erforderlich, was wiederum die Gefahr einer Grundwasserbelastung erhöht.

Die Schwierigkeiten beim Einsatz von Nematiziden liegen vor allem in der Bekämpfung der zystenbildenden Nematoden (*Heterodera*- und *Globodera*-Arten). Da die Wirkstoffe durch die Zystenhaut mit ihren Gerüsteiweißstoffen schwer diffundieren, werden nicht alle Larven abgetötet. Des Weiteren stellt das starke Vermehrungspotential der Nematoden außerordentlich hohe Anforderungen an die Wirkungssicherheit eines Präparates. Selbst bei einer 90%igen Vernichtung ist bereits nach einem erneuten Anbau der Wirtspflanze die ursprüngliche Verseuchung wiederhergestellt.

Einige Nematizide besitzen eine zusätzliche Wirkung auf Bodenpilze und Unkräuter sowie im Boden lebende Schädlinge. Sie wurden deshalb auch zur Bodenentseuchung benutzt.

Die möglichen Umweltbelastungen haben dazu geführt, dass die Zahl der eingesetzten Nematizide ständig zurückging. Die noch vor wenigen Jahren verwendeten Wirkstoffe Metam-Natrium, Dazomet und Ethroprophos haben keine Zulassung mehr. Neu eingeführt wurde **Fosthiazate** (Abb. 26.1).

Abb. 26.1 Einziges in Deutschland zugelassenes
Nematizid

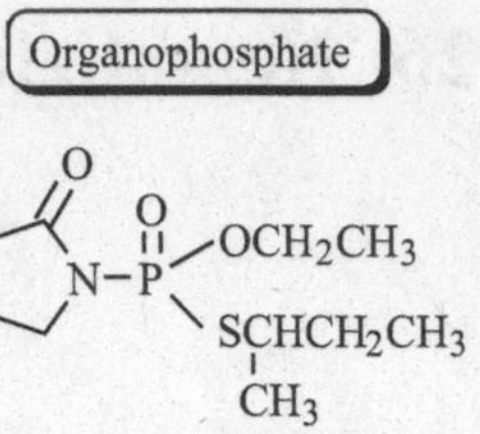

Organophosphate

Fosthiazate

Fosthiazate ist ein Kontaktnematizid zur Bekämpfung von Kartoffelnematoden. Es wirkt in erster Linie gegen die zystenbildenden Arten *Globodera rostochiensis* und *G.pallida* (Weißer bzw. Gelber Kartoffelnematode). Eine gute Wirkung wird ebenfalls gegen freilebende *Pratylenchus-*, *Trichodorus-* und gallenbildende *Meloidogyne*-Arten erzielt. Da Fosthiazate auch insektizide Eigenschaften besitzt, kommt als Nebeneffekt eine Reduzierung des Kartoffelknollenbefalls durch Drahtwürmer (*Agriotes* spp.) zustande.

Der Wirkstoff gehört zur Gruppe der Organophosphate; er hemmt die Acetylcholinesterase (Kap. 23.2.4), was zu einer Lähmung der Schädlinge führt. Dadurch wird das Schlüpfen der Fadenwürmer verzögert oder ganz unterdrückt.

Die Aufwandmenge beträgt 3 kg/ha. Das Präparat wird unmittelbar vor dem Auslegen der Kartoffelknollen breitflächig ausgestreut und sofort 10 bis 15 cm eingearbeitet. Für einen sicheren Bekämpfungserfolg ist die gleichmäßige Verteilung bis zur genannten Bodentiefe entscheidend. Das Mittel ist giftig für Vögel, es muss daher darauf geachtet werden, dass das ausgebrachte Granulat nicht auf der Bodenoberfläche verbleibt. Ein Einsatz von Fosthiazate auf der gleichen Fläche darf aus ökologischen Gründen innerhalb von 4 Jahren nur einmal erfolgen.

Anwendungsbereich und Zweckbestimmung
Kartoffel (Anwendung nur bei Spätkartoffeln): Kartoffelnematoden [Fosthiazate].

27 Rodentizide

Rodentizide sind chemische Mittel zur Bekämpfung von Nagetieren; sie werden im Pflanzenschutz zur Beseitigung der Feldmaus, Erdmaus, Rötelmaus und Schermaus (Große Wühlmaus) eingesetzt. Weiterhin spielen sie im Vorratsschutz zur Ausschaltung der Wanderratte und Hausmaus eine wichtige Rolle.

Untersuchungen zwischen 1997 und 2003 in den Bereichen Landwirtschaft, Obstbau, Grünland und Forst haben gezeigt, dass ausgedehnte Flächen von pflanzenschädlichen Mäusearten besiedelt sind (Tabelle 27.1). Probleme bereitet insbesondere die Schermaus im Obstbau.

Die im Pflanzen- und Vorratsschutz verwendeten Rodentizide gehören zur chemischen Klasse der Cumarine (**Bromadiolon, Difenacoum, Brodifacoum, Warfarin**), Indandione (**Chlorphacinon**), Phosphide (**Aluminiumphosphid, Calciumphosphid, Zinkphosphid**) und Carbide (**Calciumcarbid**) (Abb. 27.1).

Die Wirkung der Cumarin- und Indandionderivate beruht auf einem Eingriff in die Blutgerinnungsvorgänge. Hierbei wird die Bildung des für die Gerinnung notwendigen Prothrombins in der Leber der Schädlinge

Tabelle 27.1 Durch Mäuse befallene Flächen (ha) in Deutschland (Schröder u. Barten 2005)

| Schädliche Nager | Kulturen | | | |
	Ackerbau	Obstbau	Grünland	Forst
Feldmaus (*Microtus arvalis*)	600 000	6 500	185 000	8 500
Schermaus (*Arvicola terrestris*)	130 000	12 000	165 000	10 500
Erdmaus (*Microtus agrestis*)	–	–	–	13 500
Rötelmaus (*Clethrionomys glareolus*)	–	–	–	12 000

H. Börner, *Pflanzenkrankheiten und Pflanzenschutz*,
© Springer 2009

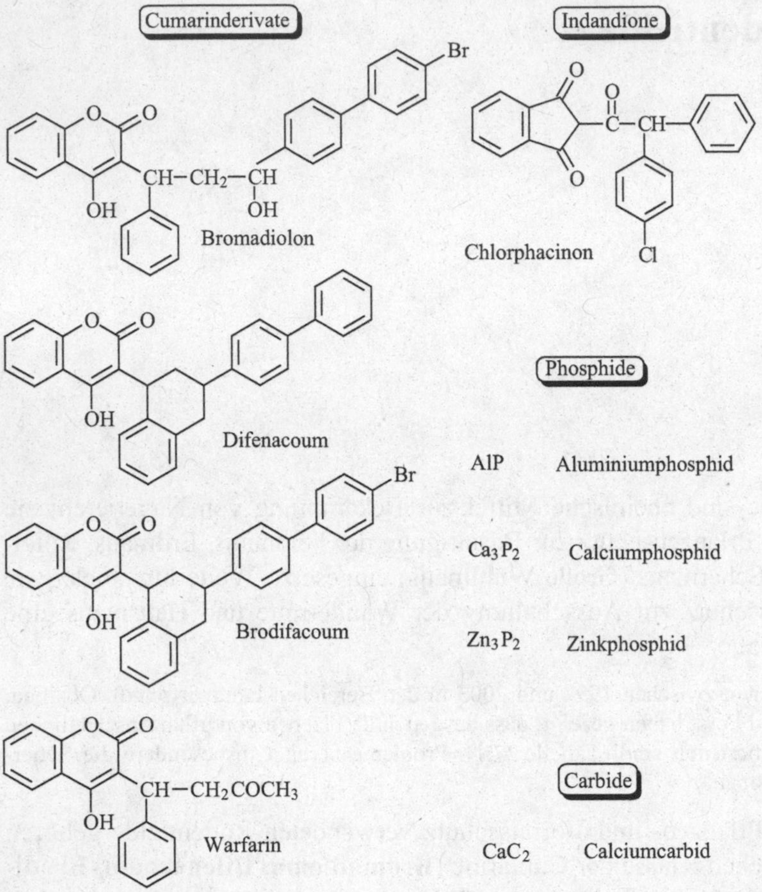

Abb. 27.1 Im Pflanzenschutz und Vorratsschutz verwendete Rodentizide

verhindert (Antikoagulantien). Gleichzeitig werden auch die Wände der Blutbahnen durchlässig, so dass Blutflüssigkeit in die Körperhöhlen und inneren Organe eintritt. Die geschilderte Wirkung kommt jedoch nur dann zustande, wenn die Tiere an mehreren aufeinanderfolgenden Tagen kleine Mengen der Wirkstoffe mit der Nahrung aufnehmen.

Um die Wirkungssicherheit zu erhöhen, werden die im Vorratsschutz angewendeten Antikoagulantien in Kombination mit Sulfachinoxalin (Abb. 27.2) ausgebracht. Diese Verbindung verstärkt die blutgerinnungshemmende Wirkung von Cumarinderivaten durch Depression der körpereigenen Vitamin-K-Synthese.

Die Cumarin- und Indandionderivate verursachen den Tieren keine Schmerzen; ihr Verenden gleicht vielmehr einem Schwäche- oder Alterstod. Durch die Notwendigkeit einer mehrmaligen Aufnahme der Substanzen ist die Gefahr einer Vergiftung für Men-

Abb. 27.2 Verstärker der blutgerinnungshemmenden Eigenschaften von Cumarinderivaten

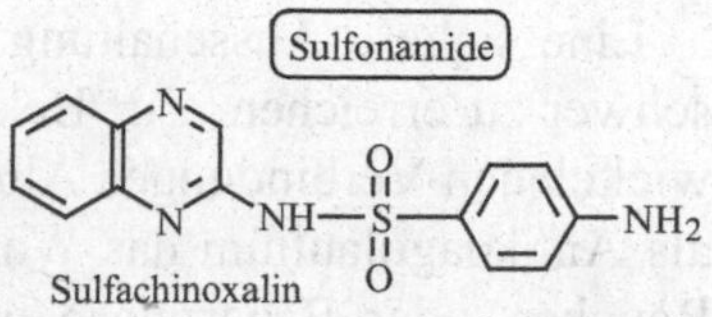

Sulfonamide

Sulfachinoxalin

schen und Haustiere gering. Kommt es trotz aller Vorsichtsmaßnahmen zu Vergiftungen, muss je nach Schwere des Falles Vitamin K_1 oral verabreicht oder intramuskulär
bzw. intravenös injiziert werden.

Die verschiedenen Warmblüterarten reagieren unterschiedlich auf eine
Inkorporation von Antikoagulantien. In der Reihenfolge Wanderratte, Hund,
Schwein, Geflügel ist eine abnehmende Empfindlichkeit festzustellen. Für
den Menschen wird als *dosis minima* 5 bis 8 g Wirkstoff angegeben.

Beim Zusammentreffen mit Feuchtigkeit entsteht aus Phosphiden Phosphorwasserstoff (PH_3), der für alle Warmblüter giftig ist. Er blockiert lebenswichtige Enzyme, so dass der Tod in wenigen Minuten eintreten kann.

Calciumcarbid besitzt eine Repellentwirkung. Das nach Kontakt mit
Wasser entstehende Acetylen verursacht einen für Wühlmäuse (und auch
Maulwürfe) unerträglichen Geruch, so dass sie den Standort verlassen. Es
erfolgt keine Abtötung der Tiere.

Zur Bekämpfung der Feldmaus streut man Chlorphacinon enthaltende
Köder bei Befall breitflächig aus und bringt Zinkphosphid als Giftgetreide
oder Ködergift mit Legeflinten direkt in die Erdgänge. Es ist nicht erlaubt,
Zinkphospid-haltige Präparate offen auszulegen. Eine Behandlung ist dann
lohnend, wenn mit 100 Fallen auf 1 000 m^2 mehr als 30 Mäuse gefangen
werden.

Zur Bekämpfung der Ratte und Hausmaus werden Cumarin-Derivate
und Chlorphacinon vor allem als fertige Köder ausgebracht, denen außer
den Wirkstoffen von den Nagern gern angenommene Bestandteile (Wei-
zenschrot, Haferflocken, Zucker) zugesetzt sind. Um eine Gefährdung von
Hunden und Katzen auszuschließen, sind die Präparate in besonderen, nur
für die Nager zugänglichen Futterkisten oder Köderstationen (Mäuse) auszulegen. Die sicherste Art der Rattenbekämpfung ist das Einbringen der
Antikoagulantien in die Rattenlöcher oder das Ausstreuen auf die Rattenwechsel. Durch das regelmäßige Belaufen der Löcher und Wechsel be-
schmutzt die Ratte ihr Fell mit den Wirkstoffen, die sie dann durch ständi-
ges Putzen laufend aufnimmt. Dadurch wird die zum Tode führende
Kumulation des Gifts erreicht. Die Bekämpfung der Hausratte gestaltet
sich mit dieser Methode als schwieriger, weil sie hochbeiniger als die
Wanderratte ist.

Eine sichere Ausschaltung der Schermaus (Große Wühlmaus) ist nur schwer zu erreichen. Zur Bekämpfung sind die Phosphorwasserstoff entwickelnden Verbindungen Aluminium-, Calcium- und Zinkphosphid sowie als Antikoagulantium das Warfarin zugelassen. Die Präparate müssen als Räucher- oder Begasungspatronen bzw. Ködergifte direkt in die Gänge eingebracht werden.

Wiederholt ist eine nachlassende Wirkung beobachtet worden, insbesondere bei mehrmaliger Anwendung von Antikoagulantien. Daher gelten bei der chemischen Bekämpfung der Nager die gleichen Regeln zur Verhinderung bzw. Verzögerung einer Mittelresistenz wie bei den Fungiziden und Insektiziden.

Neben den genannten Schädlingen kann auch der Maulwurf (kein Nagetier, sondern den Insectivoren zuzuordnen) mit Calciumcarbid vergrämt werden.

Anwendungsbereiche und Zweckbestimmungen
Ackerbaukulturen, Wiesen und Weiden: Schermaus, Maulwurf [Calciumcarbid, Calciumphosphid, Aluminiumphosphid]; Schermaus [Zinkphosphid]. **Gemüsekulturen, Obstkulturen, Zierpflanzen**: Schermaus, Maulwurf [Calciumcarbid, Calciumphosphid, Aluminiumphosphid]; Schermaus [Zinkphosphid Warfarin]. **Forstkulturen** (Nadelholz, Laubholz): Schermaus [Aluminiumphosphid]; Feldmaus, Erdmaus, Rötelmaus [Chlorphacinon].
Getreide (Gerste, Hafer, Roggen, Triticale, Weizen), **Mais, Raps, Zucker- und Futterrübe, Kartoffel, Spargel, Kernobst, Steinobst, Beerenobst, Gemüsekulturen, Erdbeere, Weinrebe, Klee-Arten, Wiesen und Weiden** [Chlorphacinon].
Vorratsgüter: Wanderratte, Hausmaus [Brodifacoum, Bromadiolon, Difenacoum].

Literatur

Fritzsche R, Keilbach R (1994) Die Pflanzen-, Vorrats- und Materialschädlinge Mitteleuropas. Fischer, Jena
Reichmuth C (1997) Vorratsschädlinge im Getreide, Aussehen, Biologie, Schadbild, Bekämpfung. Mann, Gelsenkirchen
Schröder WO, Barten R (2005) Kleinsäuger im Feld, Wald und Garten sowie Haus und Hof. frunol delitia GmbH, Unna
Tomlin CDS (ed) (2003) The Pesticide Manual, 13th ed. BCPC (British Crop Protection Council), Alton, Hampshire

28 Saatgut- und Pflanzgutbehandlung

28.1 Entwicklung und wirtschaftliche Bedeutung

Eine wichtige Voraussetzung für den Aufwuchs gesunder Pflanzen und zur Erzielung hoher Erträge ist die Verwendung eines von Krankheitserregern und Schädlingen freien Saat- und Pflanzguts. Um dies zu erreichen, werden die in oder an Samen und Pflanzgut vorhandenen Schaderreger durch chemische oder physikalische Maßnahmen abgetötet. Man spricht von **Beizung** bei der Behandlung von Pflanz- und Saatgut zur Beseitigung von anhaftenden oder eingedrungenen Krankheitserregern, von **Entseuchung**, wenn Schädlinge beseitigt werden. Beide Begriffe sind heute unter der Bezeichnung Saatgut- und Pflanzgutbehandlung zusammengefasst.

Erste Versuche, mit Hilfe chemischer Mittel samenübertragbare Getreidekrankheiten zu bekämpfen, wurden bereits von **Glauber** (1604–1670) mit Natriumsulfat und Alkohol durchgeführt. Im 18. und zu Beginn des 19. Jahrhunderts folgten Beizversuche mit arsen- und quecksilberhaltigen (!) Präparaten sowie verschiedenen Salzlösungen (Kupfersulfat, Kochsalz, Alaun und anderen) zur Bekämpfung von Brandkrankheiten, zumeist ohne durchschlagenden Erfolg.

Die Entwicklung der ersten protektiv wirkenden Organoquecksilberverbindungen im Jahre 1913 brachte einen entscheidenden Durchbruch bei der Ausschaltung des Weizensteinbrandes und Schneeschimmels. Aber erst 1966 gelang es, mit dem systemisch wirkenden Carboxin das Spektrum der Pilze, die mit dem Samen übertragen werden, um die Flugbrande zu erweitern und die bis dahin übliche aufwändige Heißwasserbeizung abzulösen. Darüber hinaus spielt die Saatgutbehandlung bei Raps (Saatgutinkrustierung), Zuckerrübe (Saatgutpillierung) und Gemüse (Inkrustierung/ Pillierung) zur Ausschaltung von Pilzen und Schädlingen eine wichtige Rolle.

Um 1980 wurde ein weiterer Fortschritt durch die Einführung sowohl protektiv als auch systemisch wirkender Fungizide erzielt, die den Wirkungsbereich wesentlich erweiterten, so dass auf die hochgiftigen Hg-Verbindungen ganz verzichtet werden konnte (Anwendungsverbot 1982). Durch eine Kombination verschiedener Wirkstoffe ist es heute möglich, alle wichtigen mit dem Saatgut übertragbaren Krankheitserreger auszuschalten und einen Frühbefall der aufwachsenden Pflanzen zu verhindern. Mit systemisch wirkenden Insektiziden aus der Gruppe der Neonicotinoide (Imidacloprid, Thiamethoxam) kann auch eine Reihe von Schädlingen erfasst werden.

Vorrangige **Ziele einer Saatgut- und Pflanzgutbehandlung** sind:

- Abtöten der an und in den Samen vorhandenen Pilze und Schädlinge
- Abtöten von Schaderregern, die vom Boden aus die aufwachsenden Pflanzen infizieren bzw. befallen
- Repellentwirkung, die mögliche Fraßschäden durch Schadvögel reduziert
- Die aufwachsende Keimpflanze gegen einen Frühbefall durch pflanzenpathogene Pilze (z. B. Echten Mehltau) und Viren (durch Ausschaltung der Überträger) zu schützen.

Beizen ist ein höchst wirtschaftliches Verfahren, weil die hierfür aufzubringenden Kosten in keinem Verhältnis zu den potenziellen Ertragsverlusten stehen, die möglicherweise eine Unterlassung mit sich bringt. Außerdem handelt es sich um eine **umweltschonende Maßnahme**, bei der im Vergleich zur Ganzflächenbehandlung geringere Aufwandmengen notwendig und die mit den Wirkstoffen kontaminierten Flächen wesentlich kleiner sind (z. B. bei Getreide etwa 50:1). In einigen Fällen ist eine Saatgutbehandlung die einzige Möglichkeit, um Krankheiten zu verhindern, wie z. B. die beim Getreide vorkommenden Brandkrankheiten.

28.2 Beiz- und Entseuchungsverfahren

Um einen bestmöglichen Schutz zu erreichen, ist ein gut haftender und gleichmäßig über die Oberfläche des Saatguts verteilter Wirkstoffbelag erforderlich. Mehrere Verfahren stehen hierfür zur Verfügung:

- **Konventionelle Beizung**; sie erfolgt in herkömmlichen Geräten, wie z. B. in Trommeln oder kontinuierlich arbeitenden Maschinen, in denen das Saatgut intensiv mit dem Beizmittel vermischt wird. Derartige Geräte werden zur Behandlung von Getreide- und Maissaatgut eingesetzt
- **Aufwändigere Spezialverfahren**, wie Inkrustierung, Coating und Pillierung, die in der Regel für höherwertiges Saatgut (z. B. Gemüse, Rüben und Raps) infrage kommen.

Beizmittel werden in folgenden Formulierungen angewendet:

- **Wasserbeizen** (FS: *Flowable Concentrate for Seed Treatment*). Die Wirkstoffe sind entweder direkt einsetzbar oder werden in feinverteilter, meist kristalliner Form in Wasser angeschwemmt und vor der Anwendung weiter mit Wasser verdünnt. Erforderlich sind 400 bis 600 ml Beizbrühe pro 100 kg Saatgut. Vorteile liegen in der guten Haftfähigkeit der Mittel und der Tatsache, dass die Anwender nicht durch Staub oder Lösungsmittel belästigt werden. Die Geräte können mit Wasser gereinigt werden

- **Schlämm- bzw. Slurrybeizen** (WS: *Wettable Powder for Seed Treatment*). Die Präparate sind pulverförmig und werden kurz vor der Verwendung mit Wasser gemischt. Um die Staubbelastung beim Ansetzen der Beizbrühe zu verringern, werden sie in wasserlösliche Folien verpackt. Vorteile gegenüber der Trockenbeizung sind die bessere Haftfähigkeit, die problemlose Lagerung und Transportmöglichkeit
- **Feucht- oder Lösungsmittelbeizen** (LS: *Liquid for Seed Treatment*). Die Wirkstoffe und Zusatzstoffe werden in organischen Lösungsmitteln gelöst und unverdünnt ausgebracht. Die Aufwandmengen liegen bei 100 bis 300 ml pro 100 kg Saatgut. Vorteile sind eine gute Haftfähigkeit sowie Staubfreiheit bei der Anwendung
- **Trockenbeizen** (DS: *Dry Powder for Seed Treatment*). Das Saat- und Pflanzgut wird mit pulverförmigen Präparaten vermischt oder eingepudert. Bei kleinsamigen Gemüsearten benutzt man das Siebverfahren (= Überschussbeize), d. h. nach dem Durchmischen des Saatguts mit dem Trockenbeizmittel wird der überschüssige Anteil wieder abgesiebt. Bei der Trockenbehandlung sind zum Schutz des Anwenders besondere Sicherheitsvorkehrungen zu treffen. Vorteile sind die problemlose Lagerung und die gute Saatgutverträglichkeit. Nachteile: Entmischung, schlechte Haftung
- **Saatgutinkrustierung**. Man benetzt das Saatgut zunächst mit Leinöl, Butter- oder Magermilch und anderen Flüssigkeiten und mischt anschließend den Wirkstoff zu. Dieses Verfahren ist üblich bei Raps- und Gemüsesaatgut zur Bekämpfung von Schädlingen (z. B. Erdflöhen, Kohlgallenrüssler und anderen). Eine Variante der Saatgutinkrustierung ist die Saatgutpillierung. Hier wird mit Hilfe einer Pillierungsmasse, die aus Gesteinsmehl und anderen Materialien besteht und der Insektizide und Fungizide beigefügt sind, eine gleichmäßige Korngröße hergestellt, mit der man einen größtmöglichen Schutz der auflaufenden Saat gegenüber Schaderregern erreicht. Das Pillierungsverfahren ist besonders geeignet bei kleinsamigem Gemüsesaatgut zur Minderung von Auflaufkrankheiten. Bei Beta-Rüben dient es zur Bekämpfung bodenbürtiger Schädlinge und zur Reduzierung eines Frühbefalls mit Blattläusen und Rübenfliegen
- **Pflanzgutbehandlung**. Durch Feucht- oder Trockenbehandlung der Kartoffelknollen mit Fungiziden können Auflaufkrankheiten (*Rhizoctonia solani* und andere) verhindert werden. Gleiches gilt für Baumschulmaterial, das vor dem Auspflanzen durch Trockenbehandlung oder Eintauchen in eine Lösung/Suspension (Tauchverfahren) mit chemischen Mitteln gegen Schadorganismen geschützt wird.

Auch die Begasung von Baumschulmaterial zum Abtöten von anhaftenden Schädlingen kann, obwohl allgemein als Quarantänemaßnahme bezeichnet, in die Reihe der Entseuchungsverfahren für Pflanzgut eingeordnet werden.

28.3 Saat- und Pflanzgutbehandlungsmittel

Nachstehend sind die wichtigsten Fungizide und Insektizide, geordnet nach Wirkstoffklassen, einschließlich der Anwendungsgebiete aufgeführt. Die Mehrzahl der Präparate besteht aus einer Kombination von Substanzen mit unterschiedlichen Eigenschaften.

Befindet sich der Schaderreger außen am Saat- und Pflanzgut, ist eine Bekämpfung mit protektiv wirkenden Mitteln möglich. Zur Ausschaltung von Pathogenen und Schädlingen im Inneren des Pflanzenmaterials eignen sich nur Pflanzenschutzmittel mit einer systemischen Wirkung.

Die wichtigsten chemischen **Saatgut- und Pflanzgutbehandlungsmittel** sowie ihre **Haupteinsatzgebiete**, geordnet nach Wirkstoffgruppen:

- **Systemische Fungizide**
  Triazole: Cyproconazol, Difenoconazol, Fluquinconazol, Flutriafol, Tebuconazol, Triadimenol Triticonazol, Prothioconazol [Getreide]
  Imidazole: Imazalil, Prochloraz [Getreide], Imazalil [Kartoffel]
  Strobilurine: Fluoxastrobin [Getreide]
  Benzimidazole: Carbendazim, Fuberidazol [Getreide]
  Pyrrole: Fludioxonil [Getreide, Mais, Raps]
  Anilinopyrimidine: Cyprodinil, Pyrimethanil [Getreide]
  Phenylamide: Metalaxyl-M [Mais, Raps].

- **Protektive Fungizide**
  Guanidine: Guazatin [Getreide]
  Thiophosphorsäureester: Tolclofos-methyl [Kartoffel]
  Thiocarbamate und Thiurame: Mancozeb [Rüben, Kartoffel]
  Harnstoffe: Pencycuron [Kartoffel]
  Isoxazole: Hymexazol [Rüben]
  Sulfamide: Tolylfluanid [Kartoffel]
  Thiophencarboxamide: Silthiofam [Weizen, Triticale]
  Benzotriazine: Triazoxid [Getreide].

- **Insektizide**
  Neonicotinoide: Imidacloprid [Getreide, Mais, Rüben, Raps, Kartoffel, Zwiebel, Porree], Clothianidin [Rüben, Kartoffel, Raps], Thiamethoxam [Mais, Rüben, Raps], **Carbamate**: Methiocarb [Mais]
  Synthetische Pyrethroide: Tefluthrin [Rüben], Beta-Cyfluthrin [Getreide, Raps].
  Wirkstoffe zur Abwehr von Schadvögeln

- **Carbamate**: Methiocarb [Mais].

28.4   Bekämpfbare Schaderreger

28.4.1   Getreide

Durch eine Saatgutbehandlung von Getreide mit Fungiziden ist es möglich, eine Reihe von Krankheiten zu eliminieren, die nur durch Samen (Karyopsen) übertragen werden und mit Pflanzenschutzmaßnahmen im aufwachsenden Bestand nicht zu bekämpfen sind, wie z.B. der Weizensteinbrand, die Getreideflugbrande und die Streifenkrankheit der Gerste.

Intensive Bestrebungen gehen dahin, zusätzlich Schaderreger zu erfassen, die außer über das Saatgut (**samenbürtig**) vom Boden aus (**bodenbürtig**) die keimenden Pflanzen infizieren. Das wird mit Mitteln erreicht, deren Wirkstoff nur zum Teil in den Keimling eindringt, ein wesentlicher Anteil aber einen Wirkhof (**Beizhof**) um ihn ausbildet, der Infektionen für einen begrenzten Zeitraum verhindert. Dadurch werden auch einige ausschließlich bodenbürtige Krankheitserreger erfasst, wie z. B. *Gaeumannomyces graminis* (Erreger der Schwarzbeinigkeit).

Systemische Fungizide haben den Vorteil, dass eine Translokation in Keimlinge und Jungpflanzen stattfinden kann. Sie unterbinden auf diese Weise Frühinfektionen durch Mehltau- und Rostpilze. Gleiches gilt für den Einsatz systemischer Insektizide im Hinblick auf den Frühbefall von Getreideblattläusen und damit die Übertragung von Getreideviren. Darüber hinaus bewirkt eine Saatgutbehandlung mit Repellents eine deutliche Reduzierung des Vogelfraßes, insbesondere durch Saat- und Rabenkrähen.

Die Entwicklung der Beizverfahren für Getreide seit ihrer Einführung ist gekennzeichnet durch:

- Verbot der lange Zeit eingesetzten, hochwirksamen, aber äußerst giftigen quecksilberhaltigen Trockenbeizmittel
- Ersatz der aufwändigen Heißwasserbeizung zur Bekämpfung der Flugbrande durch systemisch wirkende Fungizide
- Die Tendenz, Feucht- oder Wasserbeizen zu verwenden und deren Feuchtegehalt so zu bemessen, dass die Fließgeschwindigkeit des Getreides erhalten bleibt und eine Rücktrocknung des Beizguts nicht erforderlich ist.

Für einen möglichst optimalen Schutz des Saatguts ist bei jedem der drei Verfahren ein gleichmäßig über die Saatgutoberfläche verteilter Wirkstoffbelag (z. B. bei Verwendung von Feuchtbeizen ein Flüssigkeitsfilm von 0,002 mm) nötig.

Getreidesaatgutbehandlungsmittel werden heute überwiegend als Suspensionskonzentrate (FS, Wasserbeizen), seltener als Feuchtbeizen (LS) bzw. Saatgutpuder (DS, mit Haftmittelzusatz) angeboten.

Gebeiztes Getreide kann unter ungünstigen Bedingungen, wie z. B. bei Aussaat auf schweren kalten Böden, bei kalter und sehr feuchter Witterung unmittelbar nach der Saat, bei später Aussaat sowie unsachgemäßer Beizung verzögert auflaufen. Treffen mehrere ungünstige Faktoren zusammen, sind phytotoxische Schäden nicht auszuschließen. Außerdem sind resistente Stämme von Krankheitserregern (z. B. *Blumeria graminis*) für Wirkungsminderungen verantwortlich.

Zur Anwendung kommen vor allem systemische Fungizide, bevorzugt aus der Gruppe der Triazole, einige protektive Fungizide und als insektizid wirksame Stoffe die Neonicotinoide. Die meisten Getreidebeizmittel sind

Kombinationspräparate mit bis zu vier verschiedenen Wirkstoffen (Universalbeizmittel).

Nachstehend sind die **wichtigsten Schaderreger** aufgeführt, **die durch eine Saatgutbehandlung erfasst werden**.

- **Weizen**: Steinbrand, Zwergsteinbrand, Flugbrand, Schneeschimmel (samenbürtiger Befall), *Fusarium culmorum*, Blatt- und Spelzenbräune, Schwarzbeinigkeit, Große Getreideblattlaus, Hafer- oder Traubenkirschenblattlaus als Virusüberträger, Echter Mehltau (Frühinfektionen)
- **Gerste**: Gerstenflugbrand, Schneeschimmel (samenbürtiger Befall), Streifenkrankheit, Braunfleckigkeit, Netzfleckenkrankheit (Frühinfektionen), Rhynchosporium-Blattfleckenkrankheit (Frühinfektion), Echter Mehltau (Frühinfektion), Getreideblattläuse als Virusüberträger (s. Weizen)
- **Roggen**: Schneeschimmel (samenbürtiger Befall), *Fusarium culmorum*, Stängelbrand, Blattläuse als Virusüberträger (s. Weizen)
- **Triticale**: Steinbrand, Schneeschimmel (samenbürtiger Befall), *Fusarium culmorum*, Blatt- und Spelzenbräune, Stängelbrand, Schwarzbeinigkeit, Getreideblattläuse als Virusüberträger (s. Weizen)
- **Hafer**: Haferflugbrand, *Fusarium*-Arten (samenbürtiger Befall), Streifenkrankheit, Blatt- und Spelzenbräune, Getreideblattläuse als Virusüberträger (s. Weizen).

28.4.2 Mais

Im Gegensatz zum Getreide, bei dem eine Eliminierung von Krankheitserregern im Vordergrund steht, richtet sich die Saatgutbehandlung beim Mais hauptsächlich gegen Schädlinge, die vom Boden aus die Wurzeln zerstören oder gegen beißende und saugende Insekten, die den Halmgrund bzw. die Blätter befallen. Eine Infektion der am Komplex der Auflaufkrankheiten beteiligten boden- und samenbürtigen Pilze kann ebenfalls weitgehend verhindert werden. Großen Schaden verursachen Fasane, indem sie Maiskörner aus dem Boden picken oder reihenweise Keimpflanzen zerstören, was zu erheblichen Lücken im Bestand führt. Durch eine Behandlung mit Repellents (Abwehrstoffe) können Ausfälle verringert werden.

Eine Inkrustierung des Saatguts verlängert die Wirkungsdauer der Mittel, so dass zusätzliche Behandlungen z. B. gegen Fritfliege und Blattläuse nicht erforderlich sind. Gleichzeitig wird damit auch die Übertragung von Viruserkrankungen im frühen Entwicklungsstadium von Mais verhindert.

Die wichtigsten durch eine Saatgutbehandlung bekämpfbaren **Schaderreger** an Mais sind: Fritfliege, Schnellkäfer (Drahtwurm), Maisblattlaus und andere Blattläuse, Westlicher Maiswurzelbohrer (zur Befallsminderung), Fasan (nur Abwehr), Erreger von samen- und bodenbürtigen Auflaufkrankheiten (*Pythium* spp., *Fusarium* spp., *Botrytis* spp., *Rhizoctonia* spp., *Alternaria* spp.).

28.4.3 Zucker- und Futterrübe

Von besonderer Bedeutung ist die Saatgutbehandlung für das Auflaufen und die Jugendentwicklung der Futter- und Zuckerrübe. Wegen der Verwendung von Monogermsaatgut und der Ablage auf Endabstand muss, um Fehlstellen im Bestand zu vermeiden, ein möglichst ungestörtes Wachstum eines jeden Keimlings gewährleistet sein.

Zu den mit einer Saatgutbehandlung bekämpfbaren Krankheiten zählt der von bodenbürtigen und samenbürtigen Pilzen verursachte Wurzelbrand. Eine Reihe wichtiger Schädlinge kann durch den Zusatz von Insektiziden zur Pillierungsmasse abgetötet werden. Diese Mittel erfassen sowohl an Wurzeln fressende als auch Hypokotyl und Blätter schädigende Arten. Zur Anwendung kommen bevorzugt systemische Insektizide aus der Gruppe der Neonicotinoide, die auch die als Überträger der Rübenviren fungierenden Blattläuse, insbesondere die Grüne Pfirsichblattlaus, ausschalten und damit Frühinfektionen verhindern. Die Pillierung des Saatguts gewährleistet außerdem eine verlängerte Wirkungsdauer. Die Nutzung der Neonicotinoide seit 1991/92 hat im mitteleuropäischen Zuckerrübenanbau dazu geführt, dass die viröse Vergilbung praktisch keine Bedeutung mehr hat.

Die wichtigsten durch eine Behandlung von Zucker- und Futterrübensaatgut bekämpfbaren **Krankheitserreger** und **Schädlinge** sind: Erreger von Auflaufkrankheiten (Wurzelbrand), Moosknopfkäfer, Drahtwurm, (Schnellkäfer), Erdfloh, Rübenfliege, Blattläuse (Schwarze Bohnenlaus, Grüne Pfirsichblattlaus und andere, vor allem als Virusüberträger).

28.4.4 Raps

Die Saatgutbehandlung von Raps richtet sich gegen samen- und bodenbürtige Erreger, die vom Boden oder Saatgut aus Keimlings- und Auflaufkrankheiten verursachen sowie gegen den samenübertragbaren Anteil des Falschen Mehltaus.

Wirksam bekämpft werden kann ebenfalls der Rapserdfloh, dessen Larven vom Boden her die Keim- bzw. Jungpflanzen durch Bohr- und Minierfraß schädigen. In der Regel wird inkrustiertes Saatgut verwendet, das die erforderlichen Wirkstoffe enthält.

Folgende **Schaderreger** werden durch eine Behandlung von Rapssaatgut erfasst: Falscher Mehltau, Auflaufkrankheiten, hervorgerufen durch *Alternaria-, Fusarium-, Pythium*-Arten sowie *Phoma lingam*, Rapserdfloh und Kohlfliege.

28.4.5 Kartoffel

Ziele einer Pflanzgutbehandlung von Kartoffeln sind vor allem der Pilz *Rhizoctonia solani* und Blattläuse als Virusüberträger (Ausschaltung von Frühinfektionen). Eine Behandlung des Pflanzguts mit Fungiziden sollte erfolgen, wenn auf den Knollen oberflächlich aufsitzende, braunschwarze Pocken (Sklerotien) des Pilzes sichtbar sind. Der Krankheitserreger verursacht nekrotische Flecken an den Keimen und abgestorbene Gewebepartien an der Stängelbasis (Auflaufschäden). Die entsprechenden Präparate werden als Trocken-, Sprüh- oder Tauchbeize in der Regel vor oder beim Legen der Kartoffel gleichmäßig auf das Pflanzgut ausgebracht.

Folgende **Schaderreger** können durch eine Pflanzgutbehandlung bekämpft werden: Wurzeltöter (auch als Pockenkrankheit, Weißhosigkeit oder Stängelfäule bezeichnet), Grüne Pfirsichblattlaus, Kreuzdornlaus und andere Blattläuse als Virusüberträger (Verhinderung von Virusfrühinfektionen), Schwarzbeinigkeit.

28.4.6 Gemüsekulturen

Die Saatgutbehandlung bei Gemüsekulturen richtet sich vorrangig gegen Keimlings- und Auflaufkrankheiten, die durch boden- und samenbürtige Pilze hervorgerufen werden. Außerdem kann einem Frühbefall durch Schädlinge mit systemisch wirkenden Insektiziden, wie z. B. Neonicotinoiden begegnet werden. In der Regel wird inkrustiertes oder pilliertes Saatgut mit eingearbeiteten Wirkstoffen verwendet. Bei kleinsamigem Saatgut ist auch eine Trockenbeizung (z. T. als Überschussbeizung) üblich.

Erfassbares **Schaderregerspektrum** an Gemüsearten: Auflaufkrankheiten, hervorgerufen durch *Ascochyta-, Pythium-* und *Phoma*-Arten, *Rhizoctonia solani*, Zwiebelfliege, Zwiebelthrips, Kohlblattlaus, Kohlerdflöhe, Schwarze Bohnenlaus und andere Blattläuse.

29 Schutz lagernder Erntegüter

29.1 Wirtschaftliche Bedeutung

Der Schutz lagernder Erntegüter ist von **großer wirtschaftlicher Bedeutung**, weil Jahr für Jahr erhebliche Mengen an Getreide, Kartoffeln, Gemüse und Obst bei der Lagerung durch Krankheitserreger und Schädlinge vernichtet oder in ihrem Wert gemindert werden. Insbesondere in Ländern mit tropischem und subtropischem Klima kann die explosionsartige Vermehrung der Schaderreger auf dem Lager erhebliche Verluste verursachen. Das tatsächliche Ausmaß der **Ausfälle** ist schwer abzuschätzen, die Angaben schwanken **weltweit zwischen 5% und 30%**.

In Deutschland wird etwa ein Drittel der Vorräte zum Schutz vor Schädlingen und Mikroorganismen behandelt. Hauptlagergut ist Getreide (etwa 6 Mio. Tonnen). Hier sind die Verluste im Vergleich zum Weltmaßstab aufgrund intensiver Schutzmaßnahmen wesentlich geringer. Die Angaben schwanken zwischen unterhalb 1% bis etwa 2%.

Ein besonderes Augenmerk muss auf die mögliche Bildung von Mykotoxinen nach unsachgemäßer Lagerung von pilzinfiziertem Getreide gerichtet sein. Hierbei handelt es sich z. T. um starke Zellgifte, wie z. B. Deoxynivalenol (DON), das nach einem Befall mit *Fusarium*-Arten bei Weizenkörnern nachweisbar ist (Kap. 12).

29.2   Formen und Voraussetzungen einer Lagerung von Erntegütern

Die Lagerhaltung der produzierten Erntegüter kann erfolgen in **Silos** (Getreide), Mieten (Kartoffel, Gemüse), Kellern und **speziellen Lagerhäusern** (Kartoffel, Gemüse), **Kühlhäusern** (Obst) und auf dem Speicher (Getreide, Hülsenfrüchte). Wichtige Voraussetzungen für eine gefahrlose Lagerung ist die Einhaltung optimaler Temperatur- und Feuchtigkeitsverhältnisse.

Bei Getreide ist eine Reduzierung des Feuchtigkeitsgehalts auf mindestens 14% erforderlich. Höherer Wassergehalt begünstigt die Entwicklung von Pilzen und Milben.

Für Kartoffeln beträgt die optimale Lagertemperatur 4–6°C bei einer Luftfeuchtigkeit von 95%. Diese Bedingungen verhindern einen erhöhten Substanzverlust, reduzieren die Keimung und Ausbreitung von Fäulniserregern sowie eine übermäßige Wasserabgabe. Auch bei der Lagerung von Gemüse in Mieten sollte die Temperatur 8°C nicht überschreiten.

In Lagerhäusern ist ebenfalls auf die Einhaltung der notwendigen Luftfeuchtigkeit zu achten (z. B. Kohl 85–90%). Die Lagerung von Obst in Kühlhäusern erfordert 80–90% Luftfeuchtigkeit bei einer Temperatur von 2–5°C.

Da die eingelagerten Erntegüter früher oder später auf den Markt kommen, ist der Einsatz chemischer Präparate äußerst sorgfältig zu handhaben. Das bedeutet, dass nur hygienisch unbedenkliche und den gesetzlichen Vorschriften entsprechende Wirkstoffe angewendet werden dürfen.

Bei der Behandlung von lagernden Erntegütern mit chemischen Mitteln bestehen folgende Probleme:

- Es ist jederzeit damit zu rechnen, dass sie dem Verbraucher zugeführt werden. Dies ist ein grundsätzlicher Unterschied zum allgemeinen Pflanzenschutz. Bei der Behandlung stehender Kulturen liegt zwischen Ausbringung und Ernte ein genügend langer Zeitraum, der gesetzlich festgelegt und ausreichend ist, die Pflanzenschutzmittelrückstände auf ein unbedenkliches Maß zu reduzieren

- Die gesetzlichen Vorschriften fordern bestimmte, nicht zu überschreitende Höchstmengen beim Einsatz von Pflanzenschutzmitteln, die aber im Vorratsschutz wegen der möglichen kurzen Wartezeit zwischen letzter Anwendung und Verzehr der Erntegüter nicht immer einzuhalten sind. Das führt dazu, dass viele wirksame chemische Mittel aus hygienischen Gründen nicht oder nur in geringer Konzentration eingesetzt werden können. Dies wiederum vermindert den Bekämpfungserfolg, zwingt oftmals zur Wiederholung der Maßnahme und verursacht folglich höhere Kosten. Daher sollte das **Hauptgewicht der Bekämpfung** von Krankheitserregern und Schädlingen bei der Vorratshaltung auf **vorbeugenden Maßnahmen** liegen.

29.3 Vorbeugende Maßnahmen zur Verhütung von Verlusten bei der Lagerhaltung

Eine wesentliche Voraussetzung für vorbeugende Maßnahmen ist die Kenntnis der Umstände, unter denen Erntegüter Schaden nehmen; das sind in der Regel **verseuchte Lagerräume** und ein **Befall** mit Schaderregern **auf dem Feld** bzw. beim **Transport**.

Um Schäden an lagerndem Erntegut entgegenzuwirken, müssen Speicher, Silos usw. nach jeder Entleerung gründlich gesäubert und entseucht werden. Findet ein Befall bzw. eine Infektion bereits außerhalb des Lagers statt (Tabelle 29.1), sind entsprechende Maßnahmen im Freiland durchzuführen. Dies gilt insbesondere für die Fäulniserreger bei Kartoffel, Kernobst und Gemüse und für die Leguminosen. Auf diese Weise ist es z. B. möglich, durch mehrmalige vorbeugende Behandlungen mit Fungiziden während der Vegetationsperiode die Lagerfäulen (Bitterfäulen) an Kernobst erfolgreich zu bekämpfen.

Kartoffeln müssen vor der Einlagerung konditioniert werden: Abkühlung verringert die Stoffwechselaktivität, Belüftung entfernt überschüssiges Kondenswasser, so dass vor allem Fäulnisbakterien ungünstige Infektionsbedingungen vorfinden.

29.4 Bekämpfungsverfahren und Bekämpfungsmittel

Physikalische und biologische Bekämpfungsverfahren spielten bisher für den Schutz lagernder Erntegüter nur eine untergeordnete Rolle. Eine größere Bedeutung haben alle Maßnahmen, die darauf abzielen, durch Beeinflussung der klimatischen Faktoren (Temperatur, Luftfeuchtigkeit) die Ausbreitung von Krankheitserregern und Schädlingen so weit als möglich zu unterdrücken oder zu verzögern.

Eine chemische Bekämpfung der Schaderreger im Lager ist aus den eingangs genannten hygienischen Gründen stark eingeschränkt. Sie kommt für Kartoffel, Gemüse und Kernobst, bei denen pilzliche und bakterielle Krankheitserreger den Hauptschaden verursachen, nur in geringem Umfang in Frage. Der Einsatz chemischer Mittel richtet sich daher in erster Linie gegen Lagerschädlinge (Insekten, Nager) des Getreides.

Tabelle 29.1 Die wichtigsten Schädlinge und Krankheitserreger an lagernden Erntegütern

Lagergut	Schaderreger	Befall/Infektion
Getreide	Kornkäfer (*Sitophilus granarius*)	Lager
	Kornmotte (*Nemapogon granellus*)	Lager
	Roggenmotte (*N.personellus*)	Lager
	Mehlmilbe (*Acarus siro*)	Lager
Kartoffel	Kraut- und Knollenfäule (Braunfäule) (*Phytophthora infestans*)	Freiland
	Nassfäule, Schwarzbeinigkeit (*Erwinia carotovora*)	Freiland
	Weiß- oder Fusarium-Trockenfäule (*Fusarium coeruleum, F.avenaceum* und andere *Fusarium*-Arten)	Freiland
	Hartfäule, Dürrfleckenkrankheit (*Alternaria solani*)	Freiland
	Silberschorf (*Spondylocladium atrovirens*)	Freiland
Gemüse (Kohl, Möhre, Zwiebel)	Möhrenfäule (*Sclerotinia sclerotiorum, Botrytis cinerea, Fusarium avenaceum*)	Freiland/Lager
	Grauschimmel an Kohl und Zwiebel (*Botrytis cinerea*)	Freiland/Lager
Leguminosen	Erbsenkäfer (*Bruchus pisorum*)	Freiland
	Pferdebohnenkäfer (*B.rufimanus*)	Freiland
	Speisebohnenkäfer (*Acanthoscelides obtectus*)	Freiland/Lager
Kernobst	Moniliafäule, Braunfäule (*Monilia fructigena*)	Freiland/Lager
	Bitterfäule (*Gloeosporium fructigenum, G.album, G.perennans*)	Freiland
	Graufäule (*Botrytis cinerea*)	Freiland/Lager
	Lagerschorf (*Venturia inaequalis*)	Freiland/Lager
Verschiedene Lagergüter	Wanderratte (*Rattus norvegicus*)	Lager
	Hausratte (*R. rattus*)	Lager
	Hausmaus (*Mus musculus*)	Lager

29.5   Schutz lagernder Getreidevorräte

Ein Großteil des sowohl einheimischen als auch importierten Getreides wird nicht unmittelbar nach der Ernte verbraucht oder weiterverarbeitet, sondern mehr oder weniger lange und meist in größeren Partien in Lagerräumen mit einer Schüttdichte von mehreren Metern oder in Silozellen zwischengelagert. Hier ist ein Befall durch viele verschiedene Schädlinge möglich. Die in Mitteleuropa an/im Getreide vorkommenden Arten gehen nicht auf dem Feld auf das Erntegut über, sondern erst bei der Einlagerung in bereits verseuchte Räume oder beim Transport bzw. Import.

Allerdings befinden sich an den Getreidekörnern zahlreiche Mikroorganismen, die sich während der Vegetationszeit dort angesiedelt haben. Dazu kommt eine Kontamination mit boden- und luftbürtigen Bakterien und Pilzen während der Erntearbeiten, bevorzugt Arten aus den Gattungen *Fusarium, Alternaria, Aspergillus, Penicillium* und andere.

Zu den **wichtigsten Schädlingen an eingelagertem Getreide** gehören Vertreter aus der Gruppe der Milben, Insekten und Nagetiere.

- **Milben** (Acari)
  Vor allem in feuchten und schimmeligen Partien und bei hoher Luftfeuchtigkeit in den Lagerräumen vermehren sich zahlreiche Milbenarten. Unmittelbar schädlich sind: Mehlmilbe (*Acarus siro)*, Modermilbe (*Tyrophagus putrescentiae*) und Käsemilbe (*Tyrophagus casei*). Am häufigsten ist die **Mehlmilbe** anzutreffen
- **Insekten** (Insecta)
  Die in/an Getreidevorräten schädlichen Insekten gehören zur Ordnung Coleoptera (Käfer) und Lepidoptera (Schmetterlinge). Aus der großen Zahl der vorkommenden Schädlinge verdienen die folgenden Arten besondere Beachtung:
  Käfer (Coleoptera): Kornkäfer (*Sitophilus granarius*), Reiskäfer (*S.oryzae*) und Maiskäfer (*S.zeamais*), Getreideplattkäfer (*Oryzaephilus surinamensis*), Rotbrauner Leistenkopfplattkäfer (*Cryptolestes ferrugineus*), Rotbrauner Reismehlkäfer (*Tribolium castaneum*), Amerikanischer Reismehlkäfer (*Tribolium confusum*), Getreidekapuziner (*Rhizopertha dominica*).
  Schmetterlinge (Lepidoptera): Kornmotte (*Nemapogon granellus*), Roggenmotte (*Nemapogon personellus*), Getreidemotte (*Sitotroga cerealella*)
- **Nagetiere** (Rodentia)
  Hausmaus (*Mus musculus*), Hausratte (*Rattus rattus*), Wanderratte (*Rattus norvegicus*)
- **Pilze** (Eumycota)
  Bei den an lagerndem Getreide schädlichen Pilzen sind die Arten zu unterscheiden, die bereits auf dem Feld an die Körner gelangt sind (Feldpilze) und die im Lager vorkommenden. Zur ersten Gruppe gehören u. a. Pilze der Gattung *Fusarium*, die vor allem wegen ihrer Mykotoxinbildung (Kap. 12) von Interesse sind, zur zweiten Gruppe u. a. *Aspergillus-* und *Penicillium*-Arten.

Voraussetzung für gezielte Bekämpfungsmaßnahmen ist der sichere **Nachweis der Schaderreger**. Hierfür steht eine Reihe von zum Teil einfach durchzuführenden Methoden zur Verfügung (Temperaturüberwachung, Aussieben von Getreideproben, Pheromonfallen, Wasserproben und andere). Mit den Kontrollen auf Schädlingsbefall muss sofort nach der Einlagerung begonnen werden.

Bewährt haben sich in der Praxis vor allem: (a) Temperaturmessungen. Sie sollten bei einer Lagertemperatur >25°C täglich, bei 18–25°C zweimal wöchentlich und bei <18°C einmal wöchentlich erfolgen. Temperaturerhöhungen zeigen Schädlingsbefall an. (b) Akustischer Nachweis. Die hierfür verwendeten Geräte bestehen aus einem verlängerten Mikrofon, das einige Minuten in die Vorräte geschoben wird, einem Verstärker und einem Kopfhörer. Die Bewegungen und die Fraßaktivität der Schädlinge verursachen hörbare Vibrationen. Mit dieser Methode werden auch in den Körnern befindliche Larven nachgewiesen (Larven-Detektor).

Zur **Abwehr von Vorratsschädlingen** stehen zunächst vorbeugende Maßnahmen im Vordergrund. Kommt es trotzdem zu einem Befall, muss auf chemische Mittel zurückgegriffen werden, um stärkere Verluste zu vermeiden. Die hierfür in Deutschland zugelassenen Akarizide, Insektizide und Rodentizide sind über die Online-Datenbank der Zulassungsbehörde BVL abrufbar (www.bvl.bund.de). Eine Bekämpfung mit Hilfe physikalischer und biologischer Verfahren ist zwar möglich, sie hat bislang jedoch nur eine geringe praktische Bedeutung.

Ziel eines **vorbeugenden Vorratsschutzes** ist es, den Befall des eingelagerten Ernteguts mit Schaderregern zu verhindern, so dass chemische Maßnahmen nicht erforderlich sind oder diese auf ein Mindestmaß reduziert werden können.

Die wichtigsten **Grundregeln** sind:

- Für eine Dauerlagerung ist Getreide nur dann geeignet, wenn der Feuchtigkeitsgehalt bei etwa 14% liegt. Allgemein gilt, dass mit zunehmender Lagertemperatur der Feuchtigkeitsgehalt reduziert werden sollte (Tabelle 29.2). Die maximalen Werte für eine sichere Lagerung unterscheiden sich bei den einzelnen Getreidearten nur geringfügig
- Anzustreben ist eine Lagertemperatur von < 18°C. Wärmere Partien sind möglichst rasch zu kühlen, dabei ist jedoch darauf zu achten, dass sich kein Kondenswasser bildet, in dem es häufig zu einer raschen Vermehrung von Milben und Mikroorganismen kommt, die auch durch Folgemaßnahmen meist nur unzureichend korrigiert werden kann
- Tiefere Lagertemperaturen im Bereich von +10°C, wie wir sie von der Kühlkonservierung kennen, haben den Vorteil, dass neben einer wesentlichen Verringerung von Trockensubstanzverlusten die Entwicklung, Ausbreitung und Fraßtätigkeit bereits vorhandener Insekten gestoppt und dadurch auf eine chemische Bekämpfung in der Regel ganz verzichtet werden kann. Unter diesen Bedingungen wird auch die Entwicklung der Mikroorganismen eingeschränkt und damit eine mögliche Mykotoxinproduktion weitgehend verhindert
- Nach jeder Entleerung muss eine gründliche Reinigung der Lagerstätten und anschließende Leerraumbehandlung mit Insektiziden als Vorsichtsmaßnahme durchgeführt werden
- Soweit es sich nicht um geschlossene Vorratsbehälter handelt, ist dafür Sorge zu tragen, dass alle Zuwanderungswege für Mäuse, Ratten und Vögel abgedichtet sind, andererseits aber durch diese Maßnahmen das Kühlen und Lüften des Lagerguts nicht beeinträchtigt wird
- Importgetreide bedarf vor der Einlagerung einer sorgfältigen Kontrolle auf Schädlingsbesatz. Befallene Partien müssen entseucht werden

- Nach der Einlagerung sind regelmäßige Kontrollen erforderlich, um potentielle Befallsherde frühzeitig zu erkennen und durch entsprechende Bekämpfungsmaßnahmen die Schäden möglichst gering zu halten.

Zu den **physikalischen Bekämpfungsverfahren** (s. auch Kap. 17) zählt die Bestrahlung von Erntegütern, die jedoch in Deutschland nicht zugelassen ist. Zunehmende Bedeutung hat die Anwendung von Heißluft. Bei einer Temperatur von 40–45°C werden die Schädlinge schon nach kurzer Zeit abgetötet. Ferner kann eine Entseuchung im „Wirbelschichtverfahren" erreicht werden. Hierbei wird das Getreide für etwa 3 Minuten auf 60°C erhitzt.

Eine weitere Möglichkeit ist der Einsatz von Kälte. Bei dieser Methode durchläuft das Vorratsgut eine luftdicht verkapselte, mit flüssigem Stickstoff gekühlte Förderschnecke.

Die thermischen Verfahren erfordern einen hohen Energieaufwand, z. T. auch besondere bauliche Voraussetzungen. Sie sind daher im Vergleich zu chemischen Methoden teuer und fanden aus diesem Grunde bisher noch keinen allgemeinen Eingang in die Praxis.

Aus der Literatur kennen wir zahlreiche Hinweise auf natürliche Gegenspieler von Vorratsschädlingen, die theoretisch für eine **Biologische Bekämpfung** in Frage kämen. Zu ihnen gehören Granulose-Viren, bei den Bakterien vor allem *Bacillus thuringiensis* und bei den nützlichen Insekten mehrere Hymenopteren und Wanzen. Einige (z. B. *Trichogramma evanescens*) sind in der Lage, 50 bis 60 cm in Schüttgetreide einzudringen, um auch in tieferen Schichten die Schädlinge zu erreichen.

Viele Untersuchungen mit z. T. positiven Ergebnissen beschränken sich derzeit erst auf Laborversuche. Ob die Verfahren für eine biologische Bekämpfung von Vorratsschädlingen auch unter praktischen Bedingungen geeignet sind, ist bei dem jetzigen Stand der Forschung noch nicht vorabzusehen.

Bei einer kritischen Bewertung der biologischen Bekämpfung im Vorratsschutz kommt man zu dem Ergebnis, dass ihre Bedeutung recht gering ist, soweit es sich um den Einsatz von Räubern und Parasitoiden handelt. Die Gründe hierfür sind u. a., dass

Tabelle 29.2 Maximale Getreidefeuchtigkeitsgehalte für eine sichere Lagerung (Bolling 1997)

Lagerungstemperatur (°C)	Getreidefeuchtigkeitsgehalt			
	Weizen	Gerste Roggen	Hafer	Mais
0	14,2%	14,8%	14,0%	14,7%
10	14,0%	14,6%	13,6%	14,4%
20	13,7%	14,3%	13,2%	14,0%
30	13,2%	13,5%	12,7%	13,1%

die Wirkung der Feinde nicht vollständig ist, überlebende Schädlinge sich daher ständig weiter vermehren und Schäden anrichten können. Hinzu kommen hygienische Bedenken. Erfolgt eine Massenfreilassung von Nützlingen, werden den Vorratsgütern neue Fremdorganismen hinzugefügt, die zwar nicht die Erntegüter schädigen, aber durch ihre Häutungsreste, Ausscheidungen und Leichen eine zusätzliche Verunreinigung bedeuten. Zu tolerieren wäre dies nur bei Saatgut.

Zur **chemischen Bekämpfung** der Vorratsschädlinge und Entseuchung der zur Einlagerung von Getreide vorgesehenen Räume und Behälter steht eine Reihe von Mitteln zur Verfügung, die durch Stäuben, Begasen, Nebeln, Verdunsten, durch Spritzen oder als Köder zum Einsatz kommen.

Zu unterscheiden sind drei Anwendungsgebiete:

* Entseuchung leerer Räume vor der Einlagerung von Getreide
* Anwendung der Mittel in Räumen **mit** lagernden Vorratsgütern
* Anwendung in Getreidevorräten.

Zur Bekämpfung von Vorratsschädlingen dominieren bei den Insektiziden die **Phosphorwasserstoff entwickelnden Präparationen** (Phosphide), **Sulfurylfluorid** sowie Mittel aus den Wirkstoffgruppen der **Organophosphate** und **Pyrethroide**. Die Ausschaltung der Nagetiere erfolgt mit Hilfe der **Cumarinderivate** (Tabelle 29.3).

Phosphorwasserstoff und Sulfurylfluorid sind starke Gifte, die nur unter Beachtung strenger Vorsichtsmaßregeln und von Sachkundigen mit einer speziellen Erlaubnis angewendet werden dürfen. Phosphorwasserstoff (PH_3) kommt entweder direkt als Gas in den Handel oder in fester Form als Phosphid, aus dem erst unter dem Einfluss von Feuchtigkeit PH_3 entsteht.

Eine Begasung ist auch mit **inerten Gasen** (N_2 oder CO_2) möglich. Sie sind nicht direkt toxisch, sondern führen zu einem Erstickungstod. Die relativ lange Einwirkungszeit, je nach Temperatur handelt es sich um 10 Tage bis mehrere Wochen, ist ein Nachteil dieser Bekämpfungsform. Grundsätzlich kann eine Begasung nur in ausreichend dichten Lagerräumen oder unter Folien durchgeführt werden.

Inerte Gase haben in den letzten Jahren erheblich an Bedeutung gewonnen. Die im Geltungsbereich des deutschen Pflanzenschutzgesetzes abgegebenen Wirkstoffmengen betrugen 2004 nach Angaben des Bundesamtes für Verbraucherschutz und Lebensmittelsicherheit 6 246 t, das sind 85,2% aller in Deutschland abgegebenen Insektizide, Akarizide und Synergisten.

Kontaktwirksame Organophosphorverbindungen und synthetische Pyrethroide haben im Gegensatz zu den Begasungsmitteln hauptsächlich eine Oberflächenwirkung; ihre Tiefenwirkung ist meist nicht ausreichend, es sei denn, sie werden bei der Um- oder Einlagerung unmittelbar mit dem Getreide in Berührung gebracht (Pirimiphos-methyl, Kieselgur).

Tabelle 29.3 Bei der Lagerhaltung von Getreide verwendete Wirkstoffe

Wirkungsbereiche	Wirkstoffgruppen	Wirkstoffe	wirksam gegen:
Rodentizide (Kap. 27)	Cumarinderivate	Brodifacoum	Wanderratte, Hausmaus
		Bromadiolon	Wanderratte, Hausmaus
		Difenacoum	Wanderratte, Hausmaus
		Warfarin	Wanderratte
	Phosphide	Zinkphosphid	Mäuse
Insektizide (Kap. 23)	Pyrethroide	Pyrethrine	Insekten (Käfer, Motten)
	Organophosphate	Pirimiphos-methyl	Insekten (Käfer, Motten)
	Phosphide	Aluminiumphosphid	Insekten
		Magnesiumphosphid	Insekten
	Fluoride	Sulfurylfluorid	Insekten
	–	Phosphorwasserstoff	Insekten
	–	Kieselgur	Insekten
Insektizide/ Akarizide	–	Kohlendioxid	Insekten, Milben

Cumarinderivate greifen in die Blutgerinnungsvorgänge der Nagetiere ein. Phosphorwasserstoff blockiert lebenswichtige Enzyme der Schädlinge. Aus dem gasförmigen Wirkstoff Sulfurylfluorid (SO_2F_2) entsteht nach Aufnahme durch die Insekten das giftige Fluoridanion, das die Glycolyse- und Fettsäurezyklen der Insekten unterbricht.

Eine Sonderstellung hat Kieselgur (fein gemahlene Sedimente von Kieselalgen). Das Präparat wird dem Getreide bei der Ein- und Umlagerung zugemischt. Seine Wirkung auf Insekten kommt durch schnelle Abnutzung der Kauwerkzeuge und die Belegung der Atemwege, Nervenenden und Sehorgane zustande. Kieselgur ist auch für den Ökologischen Landbau zugelassen.

Für die im Vorratsschutz verwendeten Mittel gelten im Hinblick auf die Entwicklung wirkstoffresistenter Schädlinge die gleichen Regeln wie im Pflanzenschutz (s. Resistenzmanagement, Kap. 21.3). Eine nachlassende Empfindlichkeit ist beim Einsatz von Cumarinderivaten und PH_3 entwickelnden Präparaten bereits nachgewiesen. Die Alternative, zur Begasung statt Phosphorwasserstoff Sulfurylfluorid zu verwenden, bietet sich wegen der völlig anderen Wirkungsweise an.

Literatur

Agrios GN (2004) Plant pathology, 5th ed. Academic Press, London New York

Bolling H (1997) Lagerung stärkereicher Körnerfrüchte. Handb des Pflanzenbaues, Bd I, S 450–459. Ulmer, Stuttgart

BVL (2004) Absatz von Pflanzenschutzmitteln in der Bundesrepublik Deutschland. Bundesamt für Verbraucherschutz und Lebensmittelsicherheit 2004 (abrufbar unter www.bvl.bund.de)

Fritsche R, Keilbach R (1994) Die Pflanzen-, Vorrats- und Materialschädlinge Mitteleuropas. Fischer, Jena Stuttgart

Narayanasamy P (2006) Postharvest pathogens and disease management. Wiley-VCH, Weinheim

Reichmuth C (1997) Vorratsschädlinge im Getreide. Mann, Gelsenkirchen

Stein W (1986) Vorratsschädlinge und Hausungeziefer. Ulmer, Stuttgart

Weidner H (1993) Bestimmungstabellen der Vorratsschädlinge und des Hausungeziefers Mitteleuropas. Fischer, Stuttgart New York

30 Die wichtigsten Krankheiten und Schädlinge an Acker-, Gemüse- und Obstkulturen mit Angabe der Hauptsymptome

Die nachfolgende Darstellung berücksichtigt wirtschaftlich wichtige Schaderreger an Acker-, Gemüse- und Obstkulturen. Ergänzende Angaben finden sich in den Kapn. 3 bis 11 (s. Seitenangabe). Ausführliche Daten zur Biologie und Symptomatologie sind der am Schluss angefügten Literatur zu entnehmen.

30.1 Ackerbau

30.1.1 Getreide

Auflaufende Pflanze

Hauptsymptome	Schaderreger	Seite
Keimpflanzen korkenzieherartig gekrümmt; im Frühjahr Fehlstellen (Roggen, Weizen)	**Schneeschimmel**: *Monographella nivalis* (Konidienform: *Microdochium nivale*)	102
Keimpflanzen durch die Larven verschiedener Insekten (z. B. Drahtwurm, Tipula, Engerling) an- oder abgefressen	**Schnellkäfer**: *Agriotes lineatus, A. obscurus*	253
	Gartenhaarmücke: *Bibio hortulanus*	284
	Maikäfer: *Melolontha melolontha, M. hippocastani*	253
	Wiesenschnake: *Tipula paludosa*	284

H. Börner, *Pflanzenkrankheiten und Pflanzenschutz*,
© Springer 2009

Hauptsymptome	Schaderreger	Seite
Keimpflanzen aus dem Boden gehackt	**Saatkrähe**: *Corvus frugilegus,* **Rabenkrähe**: *C. corone,* **Nebelkrähe**: *C. cornix,*	295
	Fasan: *Phasianus colchicus*	296
Fraß an den Blättern; silbrig glänzende Schleimspuren	**Graue und Genetzte Acker- schnecke**: *Deroceras agreste, D. reticulatum*	170
	Wegschnecken: *Arion lusitanicus, A. rufus*	171

Wurzel

Hauptsymptome	Schaderreger	Seite
Wurzelzellen mit Dauersporen, keine äußerlich sichtbaren Symptome; Schaden entsteht durch Übertragung von Viren an Getreide	**Polymyxa-Wurzelbefall**: *Polymyxa graminis*	78
Wurzel geschwärzt oder vermorscht; Taubährigkeit (Weizen, Gerste, Roggen)	**Schwarzbeinigkeit**: *Gaeuman- nomyces graminis* (Konidien- form: *Philophora radicicola*)	104
Wurzel struppig nekrotisiert, teilweise abgestorben	**Wandernde Wurzel- nematoden**: *Pratylenchus penetrans* u. a.	162
Wurzel mit weißen Zysten; nesterweise Fehlstellen, schlechte Bestockung (Hafer)	**Haferzystennematode**: *Heterodera avenae*	161
Wurzel (seltener Blätter) durch die Larven verschiedener Insekten (z. B. Drahtwurm, Tipula, Engerlinge) an- oder abgefressen; oberirdisch Welke-, Vergilbungs- und Absterbeerscheinungen	**Schnellkäfer**: *Agriotes lineatus, Agriotes obscurus*	253
	Wiesenschnake: *Tipula paludosa*	284
	Gartenhaarmücke: *Bibio hortulanus*	284
	Maikäfer: *Melolontha melolontha, M. hippocastani*	253

Halm

Hauptsymptome	Schaderreger	Seite
Am Halm dunkelbrauner augen- oder medallionartiger Fleck; Pflanzen oft geknickt, unregelmäßige Lagerung (Weizen, Roggen)	**Halmbruchkrankheit**: *Tapesia yallundae* (Konidienform: *Pseudocercosporella herpotrichoides*)	105
Vermorschung der Halmbasis; scharf abgegrenzte Befallsstellen, später mit weißlichem Myzelschorf, kleine Sklerotien	**Spitzer/Scharfer Augenfleck**: *Ceratobasidium cereale* (*Rhizoctonia cerealis*)	131
An der Halmbasis braune, z. T. halmumfassende Nekrosen	**Fusarium-Fuß- und Ährenkrankheiten**: Verschiedene *Fusarium*-Arten	103
Trieb an der Basis verdickt, übermäßig bestockt; Längenwachstum gehemmt, Blätter gekräuselt (Roggen, Hafer, Mais)	**Stängel- oder Stockälchen**: *Ditylenchus dipsaci*	161
Unterhalb der Ähren bis zum obersten Halmknoten Fraßgang der Larven; Ausschieben der Ähren gehemmt (Weizen, Gerste)	**Gelbe Weizenhalmfliege**: *Chlorops pumilionis*	285
Halm von oben nach unten durchfressen; Halme können nahe der Bodenoberfläche umbrechen; Larven im unteren Ende des Fraßganges sichtbar; Weißährigkeit (Weizen, Roggen); Ähre bleibt in der Blattscheide stecken	**Getreidehalmwespe**: *Cephus pygmaeus*	260
Sattelförmige Deformationen, Gewebevergallung durch Mückenlarven	**Sattelmücke**: *Haplodiplosis marginata*	285

Blatt

Hauptsymptome	Schaderreger	Seite
Streifige Aufhellungen entlang der Blattadern, später Vergilben der Blattspitzen und -ränder (Gerste, Weizen) oder Rotfärbung (Hafer); befallene Pflanzen verzwergt; Verkümmern und Vertrocknen von Ährchen	**Gelbverzwergung der Gerste**: Gelbverzwergungs-Virus, *barley yellow dwarf virus*	34
An Wintergerste im Frühjahr Vergilbung; hellgrüne Striche auf den Blättern parallel zu den Adern; wolkige Marmorierung	**Gelbmosaik**: Gerstenmosaik-Viren, *barley yellow mosaic virus* und *barley mild mosaic virus*	35

Hauptsymptome	Schaderreger	Seite
Blätter vergilbt oder abgestorben; vielfach von weißlichem oder rötlichem Myzel überzogen, vor allem nach der Schneeschmelze (Roggen, Weizen)	**Schneeschimmel:** *Monographella nivalis* (Konidienform: *Microdochium nivale*)	102
Äußere Blätter vergilbt oder abgestorben; an Blattscheiden (und Wurzeln) gelbe bis braune Sklerotien (Gerste, selten Weizen)	**Typhula-Fäule:** *Typhula incarnata*	128
Auf Blättern und Blattscheiden weißliches Myzel	**Echter Mehltau:** *Blumeria graminis*	102
Auf Blättern gelbe bis braune, oft aufgerissene Längsstreifen (Gerste)	**Streifenkrankheit:** *Pyrenophora graminea* (Konidienform: *Drechslera graminea* bzw. *Helminthosporium gramineum)*	104
Auf Blättern länglich-braune Flecken mit netzartigen Strukturen, die durch die Adern begrenzt sind (Gerste)	**Netzfleckenkrankheit:** *Pyrenophora teres* (Konidienform: *Drechslera teres*)	104
Auf Blättern kleine, ovale gelblich-braune Flecken mit dunklem Mittelpunkt; später unregelmäßig begrenzte Verbräunungen mit gelbem Hof und dunklem Zentrum (Weizen)	**Blattfleckenkrankheit (DTR-Blattdürre):** *Pyrenophora tritici-repentis* (Konidienform:*Drechslera tritici-repentis*, DTR)	104
Im Herbst und Frühjahr auf den untersten Blättern ovale Flecken, später ausgedehnte Nekrosen; Befall bis einschl. Fahnenblatt	**Septoria-Blattdürre:** *Mycosphaerella graminicola* (Konidienform: *Septoria tritici*)	105
Gelbe bis bräunliche, gegen Ende der Vegetation dunkler werdende Pusteln auf Blättern, am Halm/Blattscheiden (Roggen, selten Weizen)	**Schwarzrost:** *Puccinia graminis* (Weizen, Gerste)	128
	Gelbrost: *P. striiformis* (Weizen, Gerste)	129
	Braunrost: *Puccinia recondita* f. sp. *recondita* (Roggen)	129
	Braunrost: *Puccinia triticina* (Weizen)	129
	Zwergrost: *P. hordei* (Gerste)	129
	Kronenrost: *P. coronifera* (Hafer)	129
Weißlich-graue, längliche Blattflecken, bei Gerste von einem oft gezackten braunen Rand umgeben, diffus bei Roggen	**Rhynchosporium-Blattflecken-krankheit:** *Rhynchosporium secalis*	106
Schabefraß an den Blättern; silbrig glänzende Schleimspuren	**Graue und Genetzte Ackerschnecke:** *Deroceras agreste, D. reticulatum*	170
Blätter mit Saugschäden (Weizen, Gerste, Hafer); Honigtau mit Schwärzepilzen („Rußtau")	**Getreideblattläuse:** *Rhopalosiphum padi, Metopolophium dirhodum, Sitobion avenae*	230

Hauptsymptome	Schaderreger	Seite
An den Blättern streifiger Fensterfraß, hervorgerufen durch Larven und Käfer	**Getreidehähnchen**: *Oulema lichenis, Oulema melanopus*	249
Herzblatt vergilbt, an der Basis abgefressen; an den Fraßstellen Fliegenlarven und Puppen	**Fritfliege**: *Oscinella frit* **Brachfliege**: *Delia coarctata*	285 285
Blätter zerkaut mit zurückbleibenden Blattadern („Kaufraß")	**Getreidelaufkäfer**: *Zabrus tenebrioides*	249

Ähre, Körner

Hauptsymptome	Schaderreger	Seite
Partielle bis totale Weißährigkeit (Getreide)	**Schwarzbeinigkeit**: *Gaeumannomyces graminis* (Konidienform: *Phialophora radicicola*)	104
	Getreidehalmwespe: *Cephus pygmaeus*	260
Partielle Weiß- oder Taubährigkeit; Kümmerkorn	**Fusarium-Fuß- und Ährenkrankheiten**: *Fusarium*-Arten	103
Anstelle der Körner dunkle Brandbutten (Weizen)	**Weizensteinbrand**: *Tilletia caries*	130
Anstelle der Körner Anhäufung von braunen Sporenmassen (Gerste, Weizen, Dinkel, Hafer)	**Gerstenflugbrand**: *Ustilago nuda,* **Weizenflugbrand**: *Ustilago tritici,* **Haferflugbrand**: *Ustilago avenae*	130 130 130
Anstelle der Körner dunkle Brandbutten, zusätzlich Halm verkürzt (Weizen, Dinkel)	**Zwergsteinbrand**: *Tilletia contraversa*	130
Anstelle der Körner hornartige, dunkel gefärbte Sklerotien (Roggen, Weizen)	**Mutterkorn**: *Claviceps purpurea*	103
Braune Flecken auf den Spelzen; Körner oft geschrumpft (Weizen, Triticale)	**Spelzenbräune**: *Phaeosphaeria nodorum* (Konidienform: *Stagonospora* [= *Septoria*] *nodorum*)	105
Bräunliche Verfärbung der Spelzen, Myzelreste	**Echter Mehltau**: *Blumeria graminis*	102
Anstelle der Körner kleine, dunkle, innen weiße Gallen, darin mikroskopisch kleine Nematoden (Weizen)	**Weizenälchen, Radekrankheit**: *Anguina tritici*	161

Hauptsymptome	Schaderreger	Seite
Saugschäden an den Ähren; Abnahme der Kornzahl (Weizen, Gerste, Hafer)	**Getreideblattläuse**: *Rhopalosiphum padi, Metopolophium dirhodum, Sitobion avenae*	230
Ähren z. T. taub mit Schmachtkörnern; Saugschäden durch Mückenlarven (Weizen, Gerste)	**Gelbe Weizengallmücke**: *Contarinia tritici*	284
	Orangerote Weizengallmücke: *Sitodiplosis mosellana*	284
Körner mit Fraßschäden; Ähren z. T. abgeknickt	**Getreidelaufkäfer**: *Zabrus tenebrioides*	249
Körnerfraß an den Ähren, Halme z. T. umgeknickt	**Haussperling**: *Passer domesticus*	296
	Feldsperling: *Passer montanus*	296

Lagerndes Erntegut

Hauptsymptome	Schaderreger	Seite
Körner ausgehöhlt, mit runden Bohrlöchern, hervorgerufen durch Rüsselkäfer und Larven	**Kornkäfer**: *Sitophilus granarius*	249
Körner mit Fraßschäden, Gespinste mit krümeligem Kot (insbes. Roggen)	**Kornmotte**: *Nemapogon granellus*	269
Fraßschäden (Nagefraß) an Vorräten	**Wanderratte**: *R. norwegicus*	296
	Hausratte: *Rattus rattus*	
	Hausmaus: *Mus musculus*	297

30.1.2 Mais

Auflaufende Pflanze

Hauptsymptome	Schaderreger	Seite
Keimpflanzen aus dem Boden gehackt	**Saatkrähe**: *Corvus frugilegus*, **Rabenkrähe**: *C. corone*, **Nebelkrähe**: *C. cornix*	295
	Fasan: *Phaslunus colchicus*	296
Keimpflanzen durch die Larven verschiedener Insekten (z. B. Drahtwurm, Tipula, Engerling) an- oder abgefressen	**Schnellkäfer**: *Agriotes lineatus*, *A. obscurus*	253
	Maikäfer: *Melolontha melolontha, M. hippocastani*	253
	Wiesenschnake: *Tipula paludosa*	284

Wurzel

Hauptsymptome	Schaderreger	Seite
Fraß an den Wurzeln durch die Larven	**Westlicher Maiswurzelbohrer**: *Diabrotica virgifera virgifera*	250
Wurzel (seltener Blätter) durch die Larven verschiedener Insekten (z. B. Drahtwurm, Tipula, Engerlinge) an- oder abgefressen; oberirdisch Welke-, Vergilbungs- und Absterbeerscheinungen	**Schnellkäfer**: *Agriotes lineatus, Agriotes obscurus*	253
	Wiesenschnake: *Tipula paludosa*	284
	Gartenhaarmücke: *Bibio hortulanus*	284
	Maikäfer: *Melolontha melolontha, M. hippocastani*	253

Stängel

Hauptsymptome	Schaderreger	Seite
An Stängel (Blättern) oder Fahne große weiß-graue Beulen mit dunklen Sporen	**Maisbeulenbrand**: *Ustilago maydis*	131
Am Stängel Bohrlöcher; Fahnen umgeknickt; Schmetterlingslarven im Stängel	**Maiszünsler**: *Ostrinia nubilalis*	270

Blatt

Hauptsymptome	Schaderreger	Seite
Herzblatt vergilbt, an der Basis abgefressen, an den Fraßstellen Fliegenlarven und Puppen	**Fritfliege**: *Oscinella frit*	285

Kolben

Hauptsymptome	Schaderreger	Seite
Anstelle der Körner große Brandbeulen mit braunen Sporenmassen	**Maisbeulenbrand**: *Ustilago maydis*	131
Kolben mit Fraßschäden, verursacht durch Larven	**Maiszünsler**: *Ostrinia nubilalis*	270

30.1.3 Kartoffel

Auflaufende Pflanze

Hauptsymptome	Schaderreger	Seite
Bei ungleichmäßig auflaufenden Pflanzen weißes, stängelumfassendes Myzel, Trieb gekrümmt	**Wurzeltöter**: *Thanatephorus cucumeris* (sterile Myzelform: *Rhizoctonia solani*)	131
Fraßschäden an Knollen durch Larven verschiedener Insekten (Drahtwurm, Tipula, Engerlinge, Erdraupen)	**Schnellkäfer**: *Agriotes lineatus, A. obscurus*	253
	Wiesenschnake: *Tipula paludosa*	284
	Maikäfer: *Melolontha melolontha, M. hippocastani*	253
	Wintersaateule: *Agrotis segetum*	270
Knollen ausgehöhlt, mit zurückbleibender Schale	**Große Wühlmaus, Schermaus**: *Arvicola terrestris*	296

Knolle, Stolone, Wurzel

Hauptsymptome	Schaderreger	Seite
Braune Knollenverfärbung mit schleimigen Bakterienexsudaten	**Schleimkrankheit**: *Ralstonia solanacearum*	57
Auf der Knollenschale eingesunkene Flecken; Knollengewebe mit bogenförmigen Nekrosen und Deformationen, Pfropfenbildung	**Pfropfenbildung oder Stängelbunt**: Rattle-Virus, *tobacco rattle virus*	36
Knollen äußerlich gesund; Gefäßbündelring gelblich verfärbt und breiig	**Bakterienringfäule**: *Clavibacter michiganensis* subsp. *sepedonicus*	57
Knollen vollständig verfault, Faulbrei von der Schale umgeben	**Schwarzbeinigkeit, Knollennassfäule**: *Erwinia carotovora* subsp. *carotovora*	56
Auf der Knollenoberfläche korkige Unebenheiten und Risse	**Kartoffelschorf**: *Streptomyces scabies*	57
An Knollen und Stolonen blumenkohlartige Wucherungen	**Kartoffelkrebs**: *Synchytrium endobioticum*	85
Auf den Knollen Schorfpusteln mit braunen Sporenballen	**Pulverschorf**: *Spongospora subterranea*	77
Knollen bleigrau, leicht eingesunken; Knollengewebe braun verfärbt	**Kraut- und Knollenfäule**: *Phytophthora infestans*	78
Auf den Knollen eingesunkene, vertrocknete und verhärtete Faulstellen (Trockenfäule, Hartfäule)	**Dürrfleckenkrankheit**: *Alternaria solani*	108
Auf den Knollen kleine schwarze Pusteln (Sklerotien)	**Wurzeltöter**: *Thanatephorus cucumeris* (sterile Myzelform: *Rhizoctonia solani*)	131
An den Faserwurzeln gelbe oder weiße, später braune Zysten; Wachstumshemmungen	**Kartoffelzystennematoden**: *Globodera rostochiensis, G. pallida*	160

Blatt, Trieb

Hauptsymptome	Schaderreger	Seite
Blätter mit leichter mosaikartiger Hell- Dunkelfärbung	**Kartoffel-X-Virus-Mosaik**: Kartoffel-X-Virus, *potato virus X*	36
Blätter mosaikfleckig, gekräuselt und gerollt	**Kartoffel-A-Virus-Mosaik**: Kartoffel-A-Virus, *potato virus A*	36

Hauptsymptome	Schaderreger	Seite
Auf den Nerven und Stielen der Blattunterseite schwarze Striche; Blätter vergilbt und vertrocknet	**Kartoffel-Y-Virus-Mosaik, Strichelkrankheit**: Kartoffelvirus Y, *potato virus Y*	36
Blätter kahnförmig nach oben eingerollt, steif und spröde	**Kartoffelblattkrankheit**: Kartoffelblattroll-Virus, *potato leaf roll virus*	35
Auf den Blättern einzelner Triebe ringförmige Flecken; Triebe gestaucht	**Pfropfenbildung oder Stängelbunt**: Rattle-Virus, *tobacco rattle virus*	36
Blätter vergilbt, Stängelbasis schwarz verfärbt; Trieb leicht aus dem Boden herauszuziehen	**Schwarzbeinigkeit**: *Erwinia carotovora*	56
Fiederblätter welk, vergilbt, teilweise gekräuselt und gerollt; Kümmerwuchs, Gefäßbündelring breiig weich	**Bakterienringfäule**: *Clavibacter michiganensis* subsp. *sepedonicus*	57
An den Blattspitzen und -rändern braune Flecken; bei feuchtem Wetter auf der Blattunterseite von einem weißen Flaum umrandet	**Kraut- und Knollenfäule**: *Phytophthora infestans*	78
Auf den Blättern scharf begrenzte braune Flecken mit konzentrischen Ringen	**Dürrfleckenkrankheit**: *Alternaria solani*	108
Stängelbasis mit weiß-grauem Myzel („Weißhosigkeit"), vermorscht; Wipfelblätter eingerollt, häufig rot-violett verfärbt	**Wurzeltöter**: *Thanatephorus cucumeris* (sterile Myzelform: *Rhizoctonia solani*)	131
Blätter eingerollt, Saugschäden	**Schwarze Bohnenlaus**: *Aphis fabae*	230
	Grüne Pfirsichblattlaus: *Myzus persicae*	230
An den Blättern Loch-, Rand- oder Kahlfraß durch Käfer und Larve	**Kartoffelkäfer**: *Leptinotarsa decemlineata*	252

Lagerndes Erntegut

Hauptsymptome	Schaderreger	Seite
Knolleninneres weich und faul, nur durch die Schale zusammengehalten	**Knollennassfäule**: *Erwinia carotovora* subsp. *carotovora*	56
Knollenschale bleigrau, leicht eingesunken, Knollengewebe braun verfärbt	**Kraut- und Knollenfäule**: *Phytophthora infestans*	78

30.1.4 Zucker- und Futterrübe

Auflaufende Pflanze

Hauptsymptome	Schaderreger	Seite
Wurzelhals der Keimlinge geschwärzt, schlechter Auflauf, junge Pflanzen umgeknickt	**Wurzelbrand**: *Pythium debaryanum, Aphanomyces laevis* *Phoma betae*	79 109
An den Stängeln der Keimpflanzen bis 1 mm große Löcher, z. T. auch Schabefraß an den Keimblättern	**Collembolen**: *Onychiurus fimatus, O. campatus*	200
Keimlinge und Hypokotyl mit dunkel verfärbten, runden Fraßstellen	**Moosknopfkäfer**: *Atomaria linearis*	252

Wurzel und Rübenkörper

Hauptsymptome	Schaderreger	Seite
Hauptwurzel abgestorben, Bildung von Seitenwurzeln („Bärtigkeit"); Gefäßbündelteil gelb, später dunkel gefärbt	**Rübenwurzelbärtigkeit, Rizomania**: Nekrotisches Adernvergilbungs-Virus, *beet necrotic yellow vein virus*	37
Wurzelzellen mit Dauersporen; Verzögerung der Jugendentwicklung; keine nachhaltigen äußerlich sichtbaren Symptome; Schaden entsteht durch die Übertragung des nekrotischen Adernvergilbungs-Virus (Rübenwurzelbärtigkeit, Rizomania)	**Polymyxa-Wurzelbefall**: *Polymyxa betae*	78
Wurzel und Wurzelhals mit schwarzen Einschnürungen, junge Pflanzen knicken um, bei älteren Pflanzen Kümmerwuchs	**Wurzelbrand**: *Pythium debaryanum, Aphanomyces laevis, Phoma betae*	79 109
Am Rübenkörper kropfartige Wucherungen	**Wurzelkropf**: *Agrobacterium tumefaciens*	59
Wurzelhals zunächst blasig aufgetrieben, später braune Faulstellen am Rübenkopf	**Rübenkopfälchen**: *Ditylenchus dipsaci*	161
An den Wurzeln weißliche, später braune Nematodenzysten, Faserwurzelbildung, Kümmerwuchs, Welkeerscheinungen	**Rübenzystennematode**: *Heterodera schachtii*	161

Hauptsymptome	Schaderreger	Seite
Fraßschäden am Rübenkörper durch Larven verschiedener Insekten (z. B. Drahtwurm, Engerlinge, Erdraupen)	**Schnellkäfer:** *Agriotes lineatus, A. obscurus*	253
	Maikäfer: *Melolontha melolontha, M. hippocastani*	253
	Wintersaateule: *Agrotis segetum*	270
	Gartenhaarmücke: *Bibio hortulanus*	284
	Wiesenschnake: *Tipula paludosa*	284

Blatt

Hauptsymptome	Schaderreger	Seite
Blätter mit Mosaikscheckung, Vergilbung, spätere Nekrosen	**Viröse Vergilbung:** *beet mild yellowing virus*, *beet yellows virus* und beet western yellows virus	37
Blätter stark gekräuselt; gestauchter Wuchs (Salatkopfbildung); Saugstellen durch Wanzen	**Rübenkräuselkrankheit:** Rübenblattkräusel-Virus, *beet leaf curl virus*	38
Auf den Blättern 2 bis 3 mm große, zuerst braune, später braun-violette Flecken mit rötlichem Hof	**Cercospora-Blattfleckenkrankheit:** *Cercospora beticola*	109
Blätter eingerollt, Triebspitzen verkümmert	**Schwarze Bohnenlaus:** *Aphis fabae*	230
	Grüne Pfirsichblattlaus: *Myzus persicae*	230
Weißliche Saugstellen auf den Blättern	**Rübenblattwanze:** *Piesma quadratum*	231
Weißliche, später braune, blasige Miniergänge	**Rübenfliege:** *Pegomya betae*	286
Lochfraß an den Blättern	**Rübenaaskäfer:** *Aclypea opaca, A. undata*	253
	Wintersaateule: *Agrotis segetum*	270
	Gammaeule: *Autographa gamma*	270

30.1.5 Raps und Rübsen

Auflaufende Pflanze

Hauptsymptome	Schaderreger	Seite
An den Keimblättern und ersten echten Blättern Fenster- und Lochfraß; ungleichmäßiger Auflauf	**Kohlerdflöhe**: *Phyllotreta nemorum, P. undulata, P.nigripes, P. atra*	250
	Rapserdfloh: *Psylliodes chrysocephalus*	251

Wurzel

Hauptsymptome	Schaderreger	Seite
Wucherungen (Gallen) an den Wurzeln; Kümmerwuchs	**Kohlhernie**: *Plasmodiophora brassicae*	80
Am Wurzelhals nekrotische Flecken, Einschnürungen mit braunen, z. T. rissigen Gewebepartien	**Wurzelhals- oder Stängelfäule**: *Leptosphaeria maculans* (Konidienform: *Phoma lingam*)	107
Am Wurzelhals Gallbildung; in den Gallen Rüsselkäferlarven	**Kohlgallenrüssler**: *Ceutorhynchus pleurostigma*	252
Wurzel dunkelgrau bis schwärzlich verfärbt	**Rapswelke, Rapsstängelfäule**: *Verticillium longisporum*	107
Weißliche Nematodenzysten an den Wurzeln; Wachstumsdepressionen	**Rübenzystennematode**: *Heterodera schachtii*	161
Fraßgänge in der Wurzel junger Pflanzen, Verkümmern und Absterben	**Kleine Kohlfliege**: *Delia radicum*	287

Stängel, Blatt

Hauptsymptome	Schaderreger	Seite
Im Stängelinnern weißes Pilzmyzel und schwarze Sklerotien; Stängelpartien weißlich verfärbt	**Weißstängeligkeit, Rapskrebs**: *Sclerotinia sclerotiorum*	106
Stängelbasis braun, z. T. verkorkt; Umbrechen am Wurzelhals; Pyknidienbildung; im Herbst auf den Blättern nekrotische Flecken	**Wurzelhals- und Stängelfäule**: *Leptosphaeria maculans* (Konidienform: *Phoma lingam*)	107

Hauptsymptome	Schaderreger	Seite
Stängelbasis dunkelgrau bis schwärzlich verfärbt; vorzugsweise unter der Stängelepidermis zahlreiche Mikrosklerotien	**Rapswelke, Rapsstängelfäule:** *Verticillium longisporum*	107
An den Blättern Schabefraß, silbrig glänzende Schleimspuren	**Nacktschnecken:** *Deroceras agreste, D. reticulatum*	170
	Wegschnecken: *Arion lusitanicus, A. rufus*	171
Einrollen und Verkrümmungen der Blätter, Deformation der Triebe; grauweiße Wachsausscheidungen	**Mehlige Kohlblattlaus:** *Brevicoryne brassicae*	231
An der Oberseite der Rosettenblattstiele Bohrlöcher und Narben; in den Blattstielen Fraßgänge, verursacht durch Larven, auch im Stängel	**Rapserdfloh:** *Psylliodes chrysocephalus*	251
Stängel im Frühjahr verdickt und gekrümmt, häufig mit Risswunden; im Stängelinnern Fraßschäden, hervorgerufen durch weißliche, beinlose Rüsselkäferlarven	**Großer Kohltriebrüssler (= Großer Rapsstängelrüssler):** *Ceutorhynchus napi*	251
	Kleiner (Gefleckter) Kohltriebrüssler: *C. quadridens*	251
An den Blättern starker Skelettier- und Lochfraß	**Rübsenblattwespe:** *Athalia rosae*	261

Knospe, Blüte, Schote

Hauptsymptome	Schaderreger	Seite
Schoten kurz vor der Reife mit schwarzen Flecken; Schoten platzen vorzeitig auf	**Rapsschwärze:** *Alternaria brassicae*	107
Schoten mit Einbohrloch, vorzeitig vergilbend, im Innern beinlose Rüsselkäferlarve; Samen zerstört	**Kohlschotenrüssler:** *Ceutorhynchus assimilis*	251
Schoten aufgetrieben, spröde, im Innern zahlreiche Mückenlarven; Samen durch die Saugtätigkeit der Larven geschrumpft	**Kohlschotenmücke:** *Dasineura brassicae*	286
Fraßschäden durch Käfer an Knospen, die später vertrocknen und abfallen	**Rapsglanzkäfer:** *Meligethes aeneus*	250

30.1.6 Klee

Wurzel

Hauptsymptome	Schaderreger	Seite
Am Wurzelhals zunächst weißliche, später dunkle Sklerotien; Absterben der Pflanzen im Frühjahr	**Kleekrebs, Sclerotinia-Fäule**: *Sclerotinia trifoliorum*	108

Stängel, Blatt

Hauptsymptome	Schaderreger	Seite
Auf den Blättern braune Faulstellen mit weißlichem Pilzrasen	**Kleekrebs, Sclerotinia-Fäule**: *Sclerotinia trifoliorum*	108
Vor allem an Stängeln, z. T. auch auf Blättern, längliche, braune Flecken mit dunklem Rand; Trieb oberhalb der Befallsstelle abgestorben	**Kleestängelbrand**: *Kabatiella caulivora*	108
Triebbasis zwiebelartig verdickt; Wachstum gehemmt	**Stängel- und Stockälchen**: *Ditylenchus dipsaci*	161
Der gesamte Klee von einem dichten Geflecht einer chlorophylllosen parasitischen Pflanze umgeben; Wirtspflanze geschwächt, stirbt später ab	**Kleeseide**: *Cuscuta epithymum*	135
Klee steht zusammen mit bräunlichen, beschuppten und gelblich bis violett blühenden Pflanzen; Klee mit Hilfe von Saugwurzeln parasitiert; Kümmerwuchs	**Kleeteufel**: *Orobanche minor*	135

30.1.7 Luzerne

Stängel, Blatt

Hauptsymptome	Schaderreger	Seite
Welkeerscheinungen; Gefäßbündelring braun	**Verticillium-Welke**: *Verticillium albo-atrum*	108
Auf den Blättern bräunliche bis schwarze Flecken, Blattfall	**Klappenschorf**: *Pseudopeziza medicaginis*	108

Hauptsymptome	Schaderreger	Seite
Kelch- und Kronblätter verwachsen, Blütenknospen in grün-weißliche, zwiebelförmige Gallen umgewandelt, in den Gallen Mückenlarven	**Luzerneblütengallmücke**: *Contarinia medicaginis*	287

30.1.8   Grünland

Wurzel

Hauptsymptome	Schaderreger	Seite
Wurzeln von Larven verschiedener Insekten (Tipula, Engerlinge) sowie Nagern an- oder abgefressen; Grasnarbe gelb, gelichtet oder abgestorben	**Gartenhaarmücke**: *Bibio hortulanus*	284
	Wiesenschnake: *Tipula paludosa*	284
	Maikäfer: *Melolontha melolontha, M. hippocastani*	253
	Feldmaus: *Microtus arvalis*	297

30.1.9   Tabak

Auflaufende Pflanze

Hauptsymptome	Schaderreger	Seite
Keimpflanzen fallen nesterweise um; Wurzel und Wurzelhals häufig braun	**Keimlingskrankheiten**: *Pythium debaryanum*	179
	Botryotinia fuckeliana	114
	(Konidienform: *Botrytis cinerea*)	

Wurzel

Hauptsymptome	Schaderreger	Seite
Fraßschäden an Wurzeln durch Larven verschiedener Insekten (Drahtwurm, Tipula, Erdraupen); Pflanzen verkümmert und abgestorben	**Schnellkäfer**: *Agriotes lineatus, A. obscurus*	253
	Wiesenschnake: *Tipula paludosa*	284
	Wintersaateule: *Agrotis segetum*	270

Stängel

Hauptsymptome	Schaderreger	Seite
Gewebe am Stängelgrund vermorscht mit blasenförmigen, hellgelben Gallen; Vergilbungs- und Welkeerscheinungen	**Stängel- oder Stockälchen, Umfällerkrankheit**: *Ditylenchus dipsaci*	161
Tabak steht zusammen mit bräunlichen, beschuppten und gelblich bis violett blühenden Pflanzen, Tabak mit Hilfe von Saugwurzeln parasitiert; Kümmerwuchs	**Tabakwürger**: *Orobanche ramosa*	135

Blatt

Hauptsymptome	Schaderreger	Seite
Auf den Blättern mosaikartige Hell-Dunkel-Fleckung; Blätter z. T. aufgewölbt	**Tabakmosaik**: Tabakmosaik-Virus, *tobacco mosaic virus*	37
Auf den Blättern Nekrosen und Deformationen	**Stängelbunt oder Pfropfenbildung**: Rattle-Virus, *tobacco rattle virus*	36
Auf den Blättern runde, von einem gelben Hof umgebene Flecken	**Wildfeuer**: *Pseudomonas tabaci*	58
Auf den Blättern gelbliche, später braune Flecken; auf der Blattunterseite graubläulicher Pilzrasen	**Blauschimmel**: *Peronospora tabacina*	79

30.1.10   Hopfen

Blatt, Dolde

Hauptsymptome	Schaderreger	Seite
Auf den Blättern braune Flecken; Blätter nach unten eingerollt; Dolden rotbraun gestreift	**Falscher Mehltau**: *Pseudoperonospora humuli*	79
Blätter und Dolden rotbraun verfärbt („Kupferbrand"); auf der Blattunterseite feine Milbengespinste	**Gemeine Spinnmilbe**: *Tetranychus urticae*	188
Blätter vergilben, werden brüchig und rollen sich nach unten ein; Zapfen werden braun und verkümmern	**Hopfenlaus**: *Phorodon humuli* und andere Blattlausarten	231

30.2   Gemüsebau

30.2.1   Erbse

Wurzel

Hauptsymptome	Schaderreger	Seite
Wurzel- und Stängelgrund gebräunt; bei Welkekrankheit Stängelinneres meist rötlich gefärbt	**Fuß- und Brennfleckenkrankheit**: *Mycosphaerella pinodes* (Konidienform: *Ascochyta pinodes*)	109

Blatt

Hauptsymptome	Schaderreger	Seite
Blätter mosaikartig gescheckt; buschiges Aussehen	**Erbsenenationenmosaik, Scharfes Adernmosaik**: Erbsenenationen-Virus, *pea enation mosaic virus*	38
Auf den Blättern braune, später schwarzbraune Sporenlager	**Erbsenrost**: *Uromyces pisi*	132
Blätter vergilben und vertrocknen; Blattflecken	**Fuß- und Brennfleckenkrankheit**: *Mycosphaerella pinodes* (Konidienform: *Ascochyta pinodes*)	109
An Blatträndern halbkreisförmige Fraßschäden	**Gestreifter Blattrandkäfer**: *Sitona lineatus*	254

Hülse, Samen

Hauptsymptome	Schaderreger	Seite
Auf den Hülsen und Samen braune, teilweise schwarze Flecken	**Brennfleckenkrankheit**: *Ascochyta pisi, A. pinodella*	110
Hülsen verkrüppelt mit braunen, oft silbrig glänzenden Flecken	**Erbsenthrips**: *Kakothrips pisivorus*	208

Hauptsymptome	Schaderreger	Seite
Im Hülseninnern mehrere weiße Gallmückenlarven; Hülsen platzen auf und kümmern, Hülsen blasig aufgetrieben	**Erbsengallmücke**: *Contarinia pisi*	287
Im Hülseninnern Schmetterlingsraupen sowie Kotkrümel; Samen angenagt	**Erbsenwickler**: *Cydia nigricana*	272
An den Samen runde Löcher, z. T. durch die Samenschale verschlossen („Fenster")	**Erbsenkäfer**: *Bruchus pisorum*	254

30.2.2 Bohne (Gartenbohne)

Stängel, Blatt

Hauptsymptome	Schaderreger	Seite
Blätter mosaikartig gescheckt, häufig gewölbt	**Gewöhnliches Bohnenmosaik**: Gewöhnliches Bohnenmosaik-Virus, *bean common mosaic virus*	38
Blätter leuchtend gelb gescheckt	**Gelbmosaik der Gartenbohne**: Bohnengelbmosaik-Virus, *bean yellow mosaic virus*	39
Blätter mit länglichen, wässrigen Flecken und breitem gelben Hof („fettfleckenartig")	**Fettfleckenkrankheit**: *Pseudomonas syringae* pv. *phaseolicola*	58
Auf der Blattunterseite gelbe bis dunkle Sporenlager	**Bohnenrost**: *Uromyces phaseoli*	132
Stängel mit länglichen braunen Streifen; an den Blättern braune, den Rippen folgende Flecken; Blätter vertrocknen	**Brennfleckenkrankheit**: *Colletotrichum lindemuthianum*	110
Auf den Blättern kleine, hellgelbe, später braune Flecken	**Gemeine Spinnmilbe, Bohnenspinnmilbe**: *Tetranychus urticae*	188
Einrollen der Blätter und Verkümmern der Triebspitzen	**Schwarze Bohnenlaus**: *Aphis fabae*	230
Minierfraß an Keimblättern, teilweise durchlöchert	**Bohnenfliege, Wurzelfliege**: *Delia platura*	288

Hülse, Samen

Hauptsymptome	Schaderreger	Seite
Fettig-dunkelgrüne, wässrige Flecken auf den Hülsen	**Fettfleckenkrankheit**: *Pseudomonas syringae* pv. *phaseolicola*	58
Schwarze Brandsporenlager auf den Hülsen	**Bohnenrost**: *Uromyces phaseoli*	132
Auf den Hülsen und Samen braune, rundliche und eingesunkene Flecken	**Brennfleckenkrankheit**: *Colletotrichum lindemuthianum*	110

30.2.3   Gurke

Wurzel

Hauptsymptome	Schaderreger	Seite
Kleine Gallen an den Wurzeln; Wachstumsdepressionen (bei Gurken unter Glas)	**Nördliches Wurzelgallenälchen**: *Meloidogyne hapla*	162

Stängel, Blatt

Hauptsymptome	Schaderreger	Seite
Blätter hell-dunkelgrün marmoriert, oftmals gekräuselt	**Gurkenmosaik**: Gurkenmosaik-Virus, *cucumber mosaic virus*	39
	Grünscheckungsmosaik der Gurke: Grünscheckungsmosaik-Virus, *cucumber green mottle mosaic virus*	39
Auf den Blättern eckige, durchscheinende Flecken; später verfault oder vertrocknet; Bakterienexsudat	**Bakterienblattfleckenkrankheit**: *Pseudomonas syringae* pv. *lachrymans*	58
Stängel verfault; schwarze Sklerotien sichtbar; nachfolgende Fäule	**Stängelfäule**: *Sclerotinia sclerotiorum*	106
An den Blättern Saugschäden; Zerstörung des Chlorophylls, Interkostalchlorose und -nekrose	**Gemeine Spinnmilbe**: *Tetranychus urticae*	188
	Schwarze Bohnenlaus: *Aphis fabae*	230
	Grüne Pfirsichblattlaus: *Myzus persicae*	230

Frucht

Hauptsymptome	Schaderreger	Seite
Früchte klein, weißlich mit grünen warzigen Erhebungen	**Gurkenmosaik**: Gurkenmosaik-Virus, *cucumber mosaic virus*	39
	Grünscheckungsmosaik: Grünscheckungsmosaik-Virus, *cucumber green mottle mosaic virus*	39
Früchte verfault, von mausgrauem Myzel überzogen	**Grauschimmel**: *Botryotinia fuckeliana* (Konidienform: *Botrytis cinerea*)	114
Früchte mit eingesunkenen, dunklen Flecken und samtartigen Konidienrasen	**Gurkenkrätze**: *Cladosporium cucumerinum*	110

30.2.4   Tomate

Auflaufende Pflanze

Hauptsymptome	Schaderreger	Seite
Keimpflanzen umgeknickt, Wurzelhals geschwärzt	**Wurzelbrand**: *Pythium debaryanum,*	79
	Wurzelbrand oder Umfallkrankheit: *Olpidium brassicae*	85

Wurzel

Hauptsymptome	Schaderreger	Seite
An den Wurzeln weiße, später braune, stecknadelgroße Nematodenzysten	**Kartoffelzystennematoden**: *Globodera rostochiensis, G.pallida*	160
An den Wurzeln erbsengroße Gallen (bei Tomaten unter Glas)	**Nördliches Wurzelgallenälchen**: *Meloidogyne hapla*	162

Stängel, Blatt

Hauptsymptome	Schaderreger	Seite
An den oberen Stängelpartien braune, eingesunkene Längsstreifen; Welkeerscheinungen; Gefäßbündelring verfärbt	**Bakterienwelke**: *Clavibacter michiganensis* subsp. *michiganensis*	58
Blätter graugrün gefleckt, Blattunterseite mit weißem Myzel	**Kraut- und Knollenfäule**: *Phytophthora infestans*	78
Stängel verfault; im Stängelinnern Sklerotien	**Stängelfäule**: *Sclerotinia sclerotiorum*	106
Am Stängel in Bodennähe schwarzbraune, eingesunkene Flecken; Welkeerscheinungen	**Stängel- und Fruchtfäule**: *Didymella lycopersici*	109
Blätter mit braunen, ringförmig gezonten Flecken	**Dürrfleckenkrankheit**: *Alternaria solani*	108
Aufhellungen und Vergilbung, später Vertrocknen der Blätter; auf der Unterseite verschiedene Entwicklungsstadien des Schadinsekts; mit Honigtau verschmutzte Blätter	**Mottenschildläuse**: *Trialeurodes vaporariorum* und *Bemisia tabaci*	225

Frucht

Hauptsymptome	Schaderreger	Seite
An unreifen Früchten braune harte Flecken	**Braun- und Fruchtfäule**: *Phytophthora infestans*	78
Eingesunkene, schwarzbraune, konzentrisch gezonte Faulstellen um den Fruchtstielansatz; Fruchtmumien	**Stängel- und Fruchtfäule**: *Didymella lycopersici*	109
Faulstellen am Stielende der Früchte, von grauem Myzel überzogen	**Grauschimmel**: *Botryotinia fuckeliana* (Konidienform: *Botrytis cinerea*)	114
Vom Blütenansatz breiten sich dunkle, eingesunkene Gewebezonen aus (grüne und reife Früchte betroffen)	**Blütenfäule**: abiotisch Calcium-Mangel während des Wachstums	19

30.2.5   Kohl und Kohlrübe

Auflaufende Pflanze

Hauptsymptome	Schaderreger	Seite
Wurzelhals eingeschnürt und geschwärzt, Pflanzen fallen um	**Wurzelbrand oder Umfallkrankheit**: *Olpidium brassicae, Pythium debaryanum*	85
	Wurzelhals- und Stängelfäule: *Leptosphaeria maculans* (Konidienform: *Phoma lingam*)	107
Keimpflanzen bleiben im Wachstum zurück; Blätter hängen schlaff herunter	**Kleine Kohlfliege**: *Delia radicum*	287

Wurzel

Hauptsymptome	Schaderreger	Seite
Wurzel angeschwollen, knollenartig oder knotig verdickt; im Innern kein Hohlraum	**Kohlhernie**: *Plasmodiophora brassicae*	80
Am Wurzelhals Gallbildung; im Innern Rüsselkäferlarven	**Kohlgallenrüssler**: *Ceutorhynchus pleurostigma*	252
Fraßschäden an der Hauptwurzel durch Larven (Engerlinge, Drahtwurm, Erdraupen) und Imagines verschiedener Insektenarten	**Maikäfer**: *Melolontha melolontha, M. hippocastani*	253
	Schnellkäfer: *Agriotes lineatus, A. obscurus*	253
	Wintersaateule: *Agrotis segetum*	270
	Gammaeule: *Autographa gamma*	270
	Maulwurfsgrille: *Gryllotalpa gryllotalpa*	205
Wurzel verkürzt, verdickt, von der Spitze her faulend; Fraßschäden, Totalausfall	**Kleine Kohlfliege**: *Delia radicum*	287
	Große Kohlfliege: *Delia floralis*	287

Stängel

Hauptsymptome	Schaderreger	Seite
Gefäßbündelring des Stängels dunkel verfärbt	**Schwarzadrigkeit**: *Xanthomonas campestris* pv. *campestris*	59
Stängelgrund morsch, dunkel verfärbt; Pflanzen fallen um	**Umfallkrankheit, Schwarzbeinigkeit**: *Leptosphaeria maculans* (Konidienform: *Phoma lingam*)	107
Pflanzen lassen sich leicht aus dem Boden ziehen; an unterirdischen Stängelteilen Fraßschäden durch Fliegenlarven	**Kleine Kohlfliege**: *Delia radicum*	287
	Große Kohlfliege: *Delia floralis*	287
Stängel S-förmig gekrümmt, im Innern mit Fraßgängen, hervorgerufen durch Rüsselkäferlarven	**Großer Kohltriebrüssler**: *Ceuthorynchus napi*	251
	Gefleckter Kohltriebrüssler: *C. quadridens*	251

Blatt

Hauptsymptome	Schaderreger	Seite
Blätter mit schwarzen, ringförmigen Flecken	**Kohlschwarzringfleckigkeit, Wasserrübenmosaik**: Wasserrübenmosaik-Virus, *turnip mosaic virus*	40
Blätter vergilbt, Adern braun-schwarz verfärbt, auch im Lager auftretend	**Schwarzadrigkeit**: *Xanthomonas campestris* pv. *campestris*	59
Auf den Blättern samtartiger schwärzlicher Pilzrasen; schwach gefleckt	**Kohlschwärze, Rapsschwärze**: *Alternaria brassicae*	107
Blätter mit mausgrauem Pilzmyzel überzogen; weißliche Flecke	**Grauschimmel**: *Botryotinia fuckeliana* (Konidienform: *Botrytis cinerea*)	114
Auf der Blattunterseite Kolonien grauer Läuse; Blattoberseite weiß gefleckt; Blätter eingerollt; starker Befall des „Herzens"; Wachstumsstockung	**Mehlige Kohlblattlaus**: *Brevicoryne brassicae*	231
Blätter mit Fenster- oder Lochfraß	**Kohlerdflöhe**: *Phyllotreta atra, P. nigripes, P. undulata, P. nemorum*	250
Blätter nach innen gedreht; keine Kopfbildung	**Kohldrehherzmücke**: *Contarinia nasturtii* evtl. auch abiotisch, Molybdänmangel	287

Hauptsymptome	Schaderreger	Seite
Blätter mit starkem Lochfraß, später skelettiert	**Großer Kohlweißling**: *Pieris brassicae*	271
An den Blättern und im Innern der Köpfe starke Fraßschäden durch Schmetterlings-larven	**Kohleule**: *Mamestra brassicae* **Gammaeule**: *Autographa gamma*	271 270
An den Blättern Fensterfraß	**Kohlschabe/Kohlmotte**: *Plutella xylostella*	271

Schote

Hauptsymptome	Schaderreger	Seite
Schoten an Kohlsamenträgern mit Ein-bohrloch, vorzeitig vergilbend, im Innern beinlose Rüsselkäferlarven; Samen zerstört	**Kohlschotenrüssler**: *Ceutorhynchus assimilis*	251

30.2.6 Rettich und Radieschen

Wurzel

Hauptsymptome	Schaderreger	Seite
Im Boden befindlicher Teil des Wurzel-körpers grau bis schwarz verfärbt und ringförmig eingeschnürt	**Rettichschwärze**: *Aphanomyces raphani*	80
Wurzelkörper von Fraßgängen durch-zogen, verursacht durch Fliegenlarven	**Kleine Kohlfliege**: *Delia radicum* **Große Kohlfliege**: *Delia floralis*	287 287

Blatt

Hauptsymptome	Schaderreger	Seite
Blätter mit Fenster- oder Lochfraß	**Kohlerdflöhe**: *Phyllotreta atra, P. nigripes, P. undulata, P. nemorum*	250

30.2.7 Möhre

Wurzel

Hauptsymptome	Schaderreger	Seite
An den Wurzeln erbsengroße Gallen	**Nördliches Wurzelgallenälchen**: *Meloidogyne hapla*	162
Fraßschäden, hervorgerufen durch die Larven verschiedener Insektenarten (Engerlinge, Drahtwurm) sowie Tausend- füßer	**Maikäfer**: *Melolontha melo- lontha, M. hippocastani*	253
	Schnellkäfer: *Agriotes lineatus, A. obscurus*	253
	Tausendfüßer: *Blaniulus guttu- latus, Cylindroiulus teutonicus*	176
Wurzelkörper von rostbraunen Fraßgängen durchzogen, hervorgerufen durch Fliegen- larven	**Möhrenfliege**: *Psila rosae*	288

Lagerndes Erntegut

Hauptsymptome	Schaderreger	Seite
Rübenkörper mit weißem, watteartigen Pilzmyzel überzogen, z. T. mit Sklerotien	**Sclerotinia-Weichfäule**: *Sclerotinia sclerotiorum*	106

30.2.8 Salate und Endivie

Wurzel

Hauptsymptome	Schaderreger	Seite
Wurzelrinde braun; Pflanzen fallen um	**Wurzelbrand oder Umfall- krankheit**: *Olpidium brassicae*	85
	Pythium debaryanum	79
Fraßschäden an den Hauptwurzeln durch Larven (Engerlinge, Drahtwurm) und Imagines verschiedener Insektenarten sowie Nager	**Maikäfer**: *Melolontha melo- lontha, M. hippocastani*	253
	Schnellkäfer: *Agriotes lineatus, A. obscurus*	253
	Maulwurfsgrille: *Gryllotalpa gryllotalpa*	205
	Große Wühlmaus, Schermaus: *Arvicola terrestris*	296

Blatt

Hauptsymptome	Schaderreger	Seite
Blätter mosaikartig gefleckt; Köpfe mangelhaft ausgebildet	**Salatmosaik**: Salatmosaik-Virus, *lettuce mosaic virus*	40
Blätter braun gefleckt, später verfaulend	**Grauschimmel**: *Botryotinia fuckeliana* (Konidienform: *Botrytis cinerea*)	114
Blattoberseite gelblich, später braun gefleckt; auf der Blattunterseite weißer Belag	**Falscher Mehltau**: *Bremia lactucae*	80
An Blättern Fraßschäden; Schleimspuren	**Graue Ackerschnecke**: *Deroceras agreste*	170
	Genetzte Ackerschnecke: *D. reticulatum*	170
Interkostal- und Blattrandnekrosen	**Abiotischer Schaden**: Calcium-Mangel	19

30.2.9 Zwiebel und Lauch (Porree)

Zwiebel

Hauptsymptome	Schaderreger	Seite
Zwiebel verfault, mit weißlichen Fliegenlarven	**Zwiebelfliege**: *Delia antiqua*	289

Blatt (Blattröhre)

Hauptsymptome	Schaderreger	Seite
Blätter vergilbt mit gelben Streifen	**Gelbstreifigkeit**: Porreegelb-streifen-Virus, *leek yellow stripe virus*	40
Blätter grau-grün, später braun gefleckt, mit mehlartigem Pilzrasen überzogen	**Falscher Mehltau**: *Peronospora destructor*	80
Blätter verwelkt, Herzblätter am Grund abgefressen, leicht herausziehbar; am Blattgrund weißliche Fliegenlarven	**Zwiebelfliege**: *Delia antiqua*	289
An Blättern Minier- und Fraßgänge mit kleinen Schmetterlingslarven (insbes. Lauch)	**Lauchmotte (Zwiebelmotte)**: *Acrolepiopsis assectella*	271

30.2.10   Spargel

Spross

Hauptsymptome	Schaderreger	Seite
Fraßschäden an Blättern (Nadeln), hervorgerufen durch Käferlarven und Imagines	**Spargelhähnchen**: *Crioceris asparagi*	254
Trieb nach einer Seite gekrümmt, von Fraßgängen durchsetzt, die Fliegenlarven enthalten	**Spargelfliege**: *Plioreocepta poeciloptera*	288
Braune Fraßgänge an den erntereifen Stangen	**Bohnenfliege**: *Delia platura*	288

30.3   Obstbau (einschließlich Weinrebe)

30.3.1   Apfel

Wurzel

Hauptsymptome	Schaderreger	Seite
Wurzel mit knollenartigen Wucherungen	**Wurzelkropf**: *Agrobacterium tumefaciens*	59
An den Wurzeln nekrotische Läsionen; nesterweise auftretende Wachstumshemmungen (Baumschulen)	**Wandernde Wurzelnematoden**: *Pratylenchus penetrans* und andere Arten	162
An den Wurzeln Fraßschäden durch Insektenlarven (Engerlinge) oder Nager	**Maikäfer**: *Melolontha melolontha, M. hippocastani*	253
	Große Wühlmaus, Schermaus: *Arvicola terrestris*	296

Stamm, Zweige, Blatt

Hauptsymptome	Schaderreger	Seite
Ältere Äste abgeplattet und gerillt („Gravensteiner"); mangelhafte Laubbildung, Nachlassen der Fruchtbarkeit	**Flachästigkeit, Stammfurchung, Gravensteiner-Krankheit**: Stammfurchungs-Virus, *apple stem grooving virus*	40

Hauptsymptome	Schaderreger	Seite
Haupt- und Nebentriebe besenartig ver-zweigt	**Besenwuchs, (Triebsucht)**: *apple proliferation phytoplasma*	46
Zweige stark biegsam, herabhängend	**Gummiholzkrankheit**: *apple rubbery wood phytoplasma*	46
Basale Blatteile vergilbt und/oder Adern aufgehellt	**Apfelmosaik**: Apfelmosaik-Virus, *apple mosaic virus*	41
Stamm oberhalb der Veredlungsstelle mit dunklen, schwammartigen Flecken (an 8- bis 10-jährigen Bäumen)	**Kragenfäule**: *Phytophthora cactorum*	81
An Zweigen und Stämmen knollige, kugelige, geschlossene oder krebsartige Wucherungen, im Winter mit roten Sporenlagern	**Obstbaumkrebs**: *Nectria galligena* (Konidienform: *Cylindrocarpon heteronema*)	112
Blätter mit grauweißem, mehligem Über-zug, vom Rand her vertrocknet	**Echter Mehltau**: *Podosphaera leucotricha*	111
Blätter mit zunächst olivgrünen, samt-artigen, später braunen Flecken; vorzeiti-ger Blattfall	**Apfelschorf**: *Venturia inaequalis* (Konidienform: *Spilocaea pomi*)	112
Blätter milchig-weiß verfärbt	**Milchglanz, Bleiglanz**: *Stereum purpureum*	132
Blattoberseite mit kleinen weißlichen Flecken, später bräunlich verfärbt; auf der Unterseite rötliche oder grüne Spinn-milben	**Obstbaumspinnmilbe**: *Panonychus ulmi*	188
	Braune Spinnmilbe: *Bryobia rubrioculus*	188
	Gemeine Spinnmilbe: *Tetranychus urticae*	188
Stängel und Äste mit knotigen oder krebs-artigen Verdickungen und offenen Wun-den, mit watteartigen Ausscheidungen von Blutläusen	**Blutlaus**: *Eriosoma lanigerum*	232
Auf der Rinde etwa 1 mm große runde, graue Schilde; unter der befallenen Rinde Rotfärbung	**San-José-Schildlaus**: *Quadraspidiotus perniciosus*	232
Blätter vertrocknet, durch Honigtau ver-klebt, mit Ansiedlung von Rußtaupilzen	**Apfelblattsauger**: *Cacopsylla mali*	231
Blätter gekräuselt, Triebe gestaucht, auf der Blattunterseite grünliche Läuse; Honigtau	**Grüne Apfellaus**: *Aphis pomi*	232
Blätter skelettiert; in weißen Gespinsten zahlreiche kleine Schmetterlingslarven	**Apfelbaumgespinstmotte**: *Yponomeuta malinellus*	272

Hauptsymptome	Schaderreger	Seite
In den Blättern gewundene Miniergänge	**Obstbaumminiermotte**: *Lyonetia clercella*	272
An den Blättern Fraßschäden durch Larven verschiedener Schmetterlingsarten	**Kleiner Frostspanner**: *Operophthera brumata*	273
	Goldafter: *Euproctis chrysorrhoea*	274
	Ringelspinner: *Malacosoma neustria*	274

Knospe, Blüte

Hauptsymptome	Schaderreger	Seite
Blüten verwelkt und vertrocknet; Blütenblätter verbleiben am Baum	**Monilia Fäule**: *Monilinia fructigena* (Konidienform: *Monilia fructigena*)	113
Blütenknospen geschlossen und vertrocknet; Blüten durch Honigtau verklebt; Ansiedlung von Rußtaupilzen	**Apfelblattsauger**: *Cacopsylla mali*	231
Blütenknospen braun und vertrocknet mit Rüsselkäferlarven	**Apfelblütenstecher**: *Anthonomus pomorum*	255
Fraßschäden an Knospen durch Schmetterlingslarven	**Kleiner Frostspanner**: *Operophthera brumata*	273

Frucht

Hauptsymptome	Schaderreger	Seite
Früchte braun mit ringförmig angeordneten grauen bis gelblichen Pilzpolstern; auf dem Lager schwarze Flecken mit braunem Fruchtgewebe	**Monilia-Fäule**: *Monilinia fructigena* (Konidienform: *Monilia fructigena*)	113
Früchte verkrüppelt, mit korkartigen Flecken und Rissen	**Apfelschorf**: *Venturia inaequalis* (Konidienform: *Spilocaea pomi*)	112
Auf Früchten kreisrunde, braune, etwas eingesunkene Faulstellen; Früchte schmecken bitter; vor allem im Lager vorkommend	**Bitterfäule**: *Gloeosporium perennans, G. album, G. fructigenum*	114

Hauptsymptome	Schaderreger	Seite
Auf den Früchten rote Flecken mit kleinen grauen Schilden	**San-José- Schildlaus**: *Quadraspidiotus perniciosus*	232
Früchte von einem Korkband umgeben oder mit einem Bohrloch; im Innern der Frucht Fraßschäden durch Sägewespenlarven	**Apfelsägewespe**: *Hoplocampa testudinea*	261
Früchte mit Bohrloch; im Innern Fraßschäden durch Schmetterlingslarve	**Apfelwickler**: *Cydia pomonella*	273
An den Früchten oberflächlicher Schalenfraß unter angesponnenem Blatt	**Fruchtschalenwickler**: *Adoxophyes orana*	272

30.3.2 Birne

Wurzel

Hauptsymptome	Schaderreger	Seite
Wurzel mit knollenartigen Wucherungen	**Wurzelkropf**: *Agrobacterium tumefaciens*	59
An den Wurzeln Fraßschäden durch Insektenlarven (Engerlinge) oder Nager	**Maikäfer**: *Melolontha melolontha, M. hippocastani*	253
	Große Wühlmaus, Schermaus: *Arvicola terrestris*	296

Stamm, Zweig, Blatt

Hauptsymptome	Schaderreger	Seite
Vermindertes Triebwachstum; Blätter welken, sind vertrocknet oder verfärbt	**Birnenverfall**: *pear decline phytoplasma*	46
Blätter dunkelbraun bis schwarz verfärbt, hakenartiges Abkrümmen der erkrankten Triebe, Schleimtropfen	**Feuerbrand**: *Erwinia amylovora*	59
Stamm oberhalb der Veredlungsstelle mit dunklen, schwammartigen Flecken (an 8- bis 10-jährigen Bäumen)	**Kragenfäule**: *Phytophthora cactorum*	81
Zweige und Stämme mit knollenartigen, kugeligen, geschlossenen oder offenen krebsartigen Wucherungen, im Winter mit roten Sporenlagern	**Obstbaumkrebs**: *Nectria galligena* (Konidienform: *Cylindrocarpon heteronema*)	112

Hauptsymptome	Schaderreger	Seite
Auf den Blättern samtartige olivgrüne, später braune Flecken; Triebspitzen abgestorben; vorzeitiger Blattfall	**Birnenschorf**: *Venturia pyrina* (Konidienform: *Fusicladium pyrorum*)	113
Blätter milchig-weiß verfärbt	**Milchglanz, Bleiglanz**: *Stereum purpureum*	132
Auf der Blattoberseite orange-gelbe Flecken, auf der Unterseite knorpelige Pusteln	**Birnengitterrost**: *Gymnosporangium sabinae*	132
Auf der Blattoberseite kleine weißliche Flecken, später bräunlich verfärbt; auf der Unterseite rötliche oder grünliche Spinnmilben	**Obstbaumspinnmilbe**: *Panonychus ulmi*	188
	Braune Spinnmilbe: *Bryobia rubrioculus*	188
	Gemeine Spinnmilbe: *Tetranychus urticae*	188
Hellgrüne bis rötliche, später schwarz werdende Blattpocken mit einer Öffnung auf der Blattunterseite	**Birnenpockenmilbe**: *Phytoptus piri*	189
Einrollen der Blätter, Stauchung der Triebe; Honigtau	**Großer Birnenblattsauger**: *Psylla pirisuga*	232
Auf der Rinde etwa 1 mm große runde, graue Schilde; unter der befallenen Rinde Rotfärbung sichtbar	**San-José-Schildlaus**: *Quadraspidiotus perniciosus*	232
An den Blättern Fraßschäden durch Larven verschiedener Schmetterlingsarten	**Kleiner Frostspanner**: *Operophthera brumata*	273
	Goldafter: *Euproctis chrysorrhoea*	274
	Ringelspinner: *Malacosoma neustria*	274

Knospe, Blüte

Hauptsymptome	Schaderreger	Seite
Braunfärbung der Blütenblätter; vertrocknete Blüten, Schleimtropfen	**Feuerbrand**: *Erwinia amylovora*	59
Blüten verwelkt und vertrocknet; Blütenblätter verbleiben am Baum	**Monilia-Fäule**: *Monilinia fructigena* (Konidienform: *Monilia fructigena*)	113
Fraßschäden an Knospen durch grüne Schmetterlingslarven	**Kleiner Frostspanner**: *Operophthera brumata*	273

Frucht

Hauptsymptome	Schaderreger	Seite
Früchte schwarz verfärbt und mumienhaft geschrumpft, Schleimtropfen	**Feuerbrand**: *Erwinia amylovora*	59
Früchte mit korkartigen Flecken und Rissen; auf dem Lager mit schwarzen Flecken	**Birnenschorf**: *Venturia pyrina* (Konidienform: *Fusicladium pyrorum*)	113
Früchte mit braunen Faulstellen, darauf in konzentrischen Ringen graue bis gelbliche Pilzpolster; auf dem Lager mit schwarzen Flecken, braunes Fruchtfleisch	**Monilia-Fäule**: *Monilinia fructigena* (Konidienform: *Monilia fructigena*)	113
Auf den Früchten rote Flecken mit kleinen grauen 1 mm großen Schilden	**San-José-Schildlaus**: *Quadraspidiotus perniciosus*	232

30.3.3 Kirsche

Wurzel

Hauptsymptome	Schaderreger	Seite
An den Wurzeln Fraßschäden durch Insektenlarven (Engerlinge) oder Nager	**Maikäfer**: *Melolontha melolontha, M. hippocastani*	253
	Große Wühlmaus, Schermaus: *Arvicola terrestris*	296

Stamm, Zweig, Blatt

Hauptsymptome	Schaderreger	Seite
Triebwachstum stark reduziert; Blattrand scharf-gezähnt, Blätter mit Ölflecken, auf der Unterseite Wucherungen (Enationen)	**Pfeffinger-Krankheit**: Himbeerringflecken-Virus, *raspberry ringspot virus*	41
Nachlassendes Triebwachstum; Verkahlung, Blätter mit gelb-grünen bis rotbraunen Flecken, deren Gewebe später herausbricht („Schrotschusseffekt")	**Stecklenberger-Krankheit**: Nekrotisches Ringflecken-Virus, *prunus necrotic ringspot virus*	41

Hauptsymptome	Schaderreger	Seite
Auf den Blättern runde, rötlich-braune Flecken mit hellem Rand; an Stämmen und Zweigen abgestorbenes und eingesunkenes Gewebe; Gummibildung	**Rindenbrand des Steinobstes**: *Pseudomonas syringae* pv. *morsprunorum*	60
Triebspitzen vertrocknet (vorwiegend an Sauerkirschen)	**Monilia-Fäule**: *Monilinia laxa* (Konidienform: *Monilia laxa*)	113
Auf den Zweigen rotbraune, eingesunkene Flecken, Gummifluss; auf den Blättern rundliche Flecken mit rötlichem Rand, Gewebe abgestorben und herausgebrochen („Schrotschusseffekt")	**Schrotschusskrankheit**: *Clasterosporium carpophilum*	114
Blätter milchig-weiß verfärbt	**Milchglanz, Bleiglanz**: *Stereum purpureum*	132
An den Blättern Fraßschäden durch Larven verschiedener Schmetterlingsarten	**Kleiner Frostspanner**: *Operophthera brumata*	273
	Goldafter: *Euproctis chrysorrhoea*	274
	Ringelspinner: *Malacosoma neustria*	274

Knospe, Blüte

Hauptsymptome	Schaderreger	Seite
Blütenblätter verwelkt, längere Zeit am Baum verbleibend	**Monilia-Fäule**: *Monilinia laxa* (Konidienform: *Monilia laxa*)	113
Kelch- und Blütenblätter schwärzlich verfärbt	**Rindenbrand des Steinobstes**: *Pseudomonas syringae* pv. *morsprunorum*	60

Frucht

Hauptsymptome	Schaderreger	Seite
Noch grüne Früchte dunkel gefleckt	**Rindenbrand des Steinobstes**: *Pseudomonas syringae* pv. *morsprunorum*	60
An jungen Früchten eingesunkene, rötlich umrandete Flecken	**Schrotschusskrankheit**: *Clasterosporium carpophilum*	114
Früchte faulend, hellbraun verfärbt, mumifiziert, gelblich-graue Sporenpolster	**Monilia-Fäule**: *Monilinia laxa* (Konidienform: *Monilia laxa*)	113

Hauptsymptome	Schaderreger	Seite
An reifenden Früchten nahe dem Stielansatz Faulflecken, im Inneren Fliegenlarve	**Kirschfruchtfliege**: *Rhagoletis cerasi*	289
An den jungen noch grünen Früchten Fraßschäden	**Kleiner Frostspanner**: *Operophthera brumata*	273
Fraßschäden an reifenden Früchten	**Star**: *Sturnus vulgaris*	296

30.3.4 Pflaume und Zwetsche

Stamm, Zweig, Blatt

Hauptsymptome	Schaderreger	Seite
Blätter hellgrün oder violett gefleckt, absterbend	**Scharka-Krankheit**: Scharka-Virus, *plum pox virus*	41
Auf der Rinde der Zweige eingesunkenes braunes Gewebe; Blätter mit durchscheinenden Flecken	**Rindenbrand des Steinobstes**: *Pseudomonas syringae* pv. *morsprunorum*	60
Blätter milchig-weiß verfärbt	**Milchglanz, Bleiglanz**: *Stereum pupureum*	132
Auf den Blättern runde Flecken mit rötlichem Rand, Gewebe abgestorben und herausgefallen („Schrotschusseffekt")	**Schrotschusskrankheit**: *Clasterosporium carpophilum*	114
Blätter weißlich gesprenkelt, später braun bis rötlich verfärbt und vertrocknend, Nekrosen, Blattfall; auf der Blattunterseite Spinnmilben	**Obstbaumspinnmilbe**: *Panonychus ulmi* **Gemeine Spinnmilbe**: *Tetranychus urticae*	188 188
An den Blättern Fraßschäden und Gespinste mit kleinen Schmetterlingslarven	**Pflaumengespinstmotte**: *Yponomeuta padellus*	272
Auf der Rinde etwa 1 mm große, runde graue Schilde; unter der Rinde Rotfärbung	**San-José-Schildlaus**: *Quadraspidiotus perniciosus*	232

Frucht

Hauptsymptome	Schaderreger	Seite
An den Früchten pockenartige Einsenkungen, Fruchtfleisch gummiartig, vorzeitiger Fruchtfall	**Scharka-Krankheit**: Scharka-Virus, *plum pox virus*	41

Hauptsymptome	Schaderreger	Seite
Früchte kernlos, verlängert und gekrümmt, mit mehligem Überzug	**Narren- oder Taschenkrankheit**: *Taphrina pruni*	110
Früchte verfault mit ringförmig angeordneten, gelblich-grauen Sporenpolstern	**Monilia-Fäule**: *Monilinia laxa* (Konidienform: *Monilia laxa*)	113
An den Früchten Bohrstellen, im Innern Sägewespenlarve, Fruchtfleisch und Kern zerstört, vorzeitiger Fruchtfall	**Schwarze Pflaumensägewespe**: *Hoplocampa minuta*	261
	Gelbe Pflaumensägewespe: *Hoplocampa flava*	261
An den Früchten Bohrlöcher mit Gummitropfen; Fruchtfleisch nahe dem Kerngehäuse zerstört, im Innern Schmetterlingslarve	**Pflaumenwickler**: *Cydia funebrata*	273

30.3.5 Pfirsich

Stamm, Zweig, Blatt

Hauptsymptome	Schaderreger	Seite
An den Blättern Vergilbung der Adern oder Bänderung	**Scharka-Krankheit**: Scharka-Virus, *plum pox virus*	41
Blätter verdickt, gekräuselt, teilweise rot verfärbt	**Kräuselkrankheit**: *Taphrina deformans*	111
Triebspitzen vertrocknet	**Monilia-Fäule**: *Monilinia laxa* (Konidienform: *Monilia laxa*)	113
Auf den Blättern runde Flecken mit rotem Rand, abgestorbenes Gewebe herausgefallen („Schrotschusseffekt")	**Schrotschusskrankheit**: *Clasterosporium carpophilum*	114
Blätter gekräuselt, auf der Unterseite grüne Blattläuse	**Grüne Pfirsichblattlaus**: *Myzus persicae*	230
Auf der Rinde etwa 1 mm große, runde, graue Schilde, unter der Rinde Rotfärbung	**San-José-Schildlaus**: *Quadraspidiotus perniciosus*	232

Frucht

Hauptsymptome	Schaderreger	Seite
Früchte deformiert mit grauen, eingesunkenen Flecken	**Scharka-Krankheit**: Scharka-Virus, *plum pox virus*	41

Hauptsymptome	Schaderreger	Seite
Auf den Früchten eingesunkene, rot geränderte Flecken	**Schrotschusskrankheit**: *Clasterosporium carpophilum*	114
Früchte braun, verfault, mit ringförmig angeordneten Sporenpolstern, mumifiziert	**Monilia-Fäule**: *Monilinia laxa* (Konidienform: *Monilia laxa*)	113

30.3.6   Erdbeere

Wurzel bzw. Rhizome

Hauptsymptome	Schaderreger	Seite
Bräunung der Wurzel, rotbraune Verfärbung des Zentralzylinders	**Rote Wurzelfäule**: *Phytophthora fragariae* (s. *Phytophthora cactorum*)	81
Pflanzen beginnen zu welken; Bräunung des gesamten Wurzelwerkes	**Rhizomfäule (Wurzelfäule)**: *Phytophthora cactorum*	81

Blatt

Hauptsymptome	Schaderreger	Seite
Blätter missgebildet, Gesamtwuchs blumenkohlartig („Blumenkohlkrankheit")	**Erdbeerälchen**: *Aphelenchoides fragariae*	162
Blätter weiß gesprenkelt, auf der Unterseite Spinnmilben, Nekrose	**Gemeine Spinnmilbe**: *Tetranychus urticae*	188
Herzblätter verkleinert, gekräuselt und verkrüppelt	**Erdbeermilbe**: *Phytonemus pallidus*	189

Blüte

Hauptsymptome	Schaderreger	Seite
Blütenblätter vergrünt, Blütenstiele verdickt	**Erdbeerälchen**: *Aphelenchoides fragariae*	162
Blütenstiele angenagt und abgeknickt	**Erdbeerblütenstecher**: *Anthonomus rubi*	255

Frucht

Hauptsymptome	Schaderreger	Seite
Früchte braun, weich, mit grauem Pilzmyzel überzogen	**Grauschimmel**: *Botryotinia fuckeliana* (Konidienform: *Botrytis cinerea*)	114
Junge Früchte braun, lederartig fest; reife Früchte weißlich bzw. bläulich-rot und weich	**Lederbeerenfäule**: *Phytophthora cactorum*	81
An den Früchten Fraßschäden; Schleimspuren	**Graue und Genetzte Ackerschnecke**: *Deroceras agreste, D. reticulatum*	170
Fraßschäden unterschiedlicher Art	**Tausendfüßer**: *Blaniulus guttulatus, Cylindroiulus teutonicus*	176

30.3.7 Johannisbeere

Blatt

Hauptsymptome	Schaderreger	Seite
Auf der Blattunterseite hellgelbe Pusteln (Uredosporen), später braune, säulenartige Teleutosporen	**Säulenrost**: *Cronartium ribicola*	133

Knospe

Hauptsymptome	Schaderreger	Seite
Knospen kugelig angeschwollen, vertrocknet, nicht ausgetrieben	**Johannisbeergallmilbe**: *Cecidophyropsis ribis*	189

Beere

Hauptsymptome	Schaderreger	Seite
Beeren mit mehlartigem, weißem Überzug	**Amerikanischer Stachelbeermehltau**: *Sphaerotheca morsuvae*	111

Hauptsymptome	Schaderreger	Seite
Auf den Beeren 1 mm große, graue Schilde	**San-José-Schildlaus**: *Quadraspidiotus perniciosus*	232

30.3.8 Stachelbeere

Zweig, Trieb, Blatt

Hauptsymptome	Schaderreger	Seite
Triebspitzen mit schmutzig weißem, später braunem Pilzmyzel überzogen, Triebe gestaucht; Blätter mit weißem, mehlartigem Überzug	**Amerikanischer Stachelbeermehltau**: *Sphaerotheca morsuvae*	111
An den Trieben 1 mm große, graue Schilde, Wachstumsstörungen	**San-José-Schildlaus**: *Quadraspidiotus perniciosus*	232
An den Blättern Loch- und Kahlfraß durch Schmetterlingslarven	**Gelbe Stachelbeerblattwespe**: *Nematus ribesii*	261

Beere

Hauptsymptome	Schaderreger	Seite
Beeren mit weißem, später braunem Pilzmyzel überzogen	**Amerikanischer Stachelbeermehltau**: *Sphaerotheca morsuvae*	111

30.3.9 Himbeere

Wurzel

Hauptsymptome	Schaderreger	Seite
Wurzel knollig angeschwollen, Wucherungen	**Wurzelkropf**: *Agrobacterium tumefaciens*	59

Rute, Trieb, Blatt

Hauptsymptome	Schaderreger	Seite
Ruten mit blau-violetten Flecken, abge-storben, Rinde aufgeplatzt	**Rutensterben**: *Didymella applanata*	113
Blätter vergilben punktförmig und nekroti-sieren	**Gemeine Spinnmilbe**: *Tetranychus urticae*	188

Knospe, Blüte

Hauptsymptome	Schaderreger	Seite
Blütenknospen vertrocknet und herunter-hängend, Blütenstiele angenagt	**Erdbeerblütenstecher**: *Anthonomus rubi*	255

Frucht

Hauptsymptome	Schaderreger	Seite
Faulende Früchte mit mausgrauem Pilz-myzel überzogen	**Grauschimmel**: *Botryotinia fuckeliana* (Konidienform: *Botrytis cinerea*)	114
In reifen Früchten gelbliche Käferlarven, Fraßschäden	**Himbeerkäfer**: *Byturus tomentosus*	254

30.3.10　Weinrebe

Wurzel

Hauptsymptome	Schaderreger	Seite
Seitenwurzeln geschädigt, Kümmerwuchs (bes. in Rebschulen)	**Wandernde Wurzelnemato-den**: *Pratylenchus penetrans* und andere	162
An jungen Wurzeln bohnenförmige An-schwellungen (Nodositäten), an älteren Wurzeln Wucherungen; Kümmerwuchs	**Reblaus**: *Viteus vitifolii*	226
An Wurzel Fraßschäden durch Käferlarven	**Gefurchter Dickmaulrüssler**: *Otiorhynchus sulcatus*	255

Stock, Trieb, Blatt

Hauptsymptome	Schaderreger	Seite
Schärfere Blattzähnung; verkürzte Internodien; Blattgallen; verkürzte Lebensdauer der Rebstöcke	**Reisigkrankheit**: Virus der Reisigkrankheit, *grapevine fanleaf virus*	42
Am Trieb Wucherungen, Rinde häufig aufgerissen	**Wurzelkropf, Mauke, Grind**: *Agrobacterium tumefaciens*	59
Auf der Blattunterseite mehliger Überzug, auf der Oberseite durchscheinende Flecken	**Falscher Mehltau**: *Plasmopara viticola*	81
Auf beiden Blattseiten weißliches Pilzmyzel	**Echter Mehltau**: *Uncinula necator* (Konidienform: *Oidium tuckeri*)	112
Auf den Blättern bräunliche (Weißweinsorten) oder purpurrote (Rotweinsorten) Flecken	**Roter Brenner**: *Pseudopezicula tracheiphila*	112
Trieb verkürzt, besenartiger Wuchs, Blätter gekrümmt und gekräuselt	**Rebenkräuselmilbe**: *Calepitrimerus vitis*	190
Auf der Blattoberseite pockenartige Erhebungen, auf der Unterseite weiße bis rötliche Vertiefungen mit Haarfilz	**Rebenpockenmilbe**: *Eriophyes vitis*	190
Blätter hell gefleckt, später bronzefarbig, auf der Blattunterseite Spinnmilben	**Obstbaumspinnmilbe**: *Panonychus ulmi*	188
Auf der Blattunterseite Gallen	**Reblaus**: *Viteus vitifolii*	226
An Knospen und den unteren Blättern Fraßschäden; Wachstumsstockungen	**Gefurchter Dickmaulrüssler**: *Otiorhynchus sulcatus*	255
Blätter kurz nach dem Austrieb zerfressen und zusammengesponnen; Triebe werden geschädigt und knicken ein	**Springwurm**: *Sparganothis pilleriana*	275

Gescheine, Beeren

Hauptsymptome	Schaderreger	Seite
Gescheine und Beeren mit mehligem Überzug, ältere Beeren geschrumpft (Lederbeeren)	**Falscher Mehltau**: *Plasmopara viticola*	81
Beeren von weißlichem Pilzmyzel überzogen, hart, aufgeplatzt, Samen sichtbar („Samenbruch")	**Echter Mehltau**: *Uncinula necator* (Konidienform: *Oidium tuckeri*)	112

Hauptsymptome	Schaderreger	Seite
Beeren verfault, von grauem Pilzmyzel überzogen	**Grauschimmel**: *Botryotinia fuckeliana* (Konidienform: *Botrytis cinerea*)	114
Beeren versponnen, verfault, im Innern Schmetterlingslarve	**Einbindiger Traubenwickler**: *Eupoecilia ambiguella*	274
	Bekreuzter Traubenwickler: *Lobesia botrana*	274
An reifenden Beeren Fraßschäden	**Star**: *Sturnus vulgaris*	296

Literatur

Agrios GN (2005) Plant pathology, 5th ed. Elsevier Academic Press, Amsterdam Boston Heidelberg

Hoffmann GM, Schmutterer H (1999) Parasitäre Krankheiten und Schädlinge an landwirtschaftlichen Nutzpflanzen. Ulmer, Stuttgart

Horst RK (2008) Westcott's plant disease handbook, 7th ed. Springer, Berlin Heidelberg New York

Hurle K, Lechner M, König K (1996) Mais. Unkräuter, Schädlinge, Krankheiten. Mann, Gelsenkirchen

Klinkowski M, Mühle E, Reinmuth E (Hrsg) (1966) Phytopathologie und Pflanzenschutz, Bd II. Krankheiten und Schädlinge landwirtschaftlicher Kulturpflanzen. Akademie-Verlag, Berlin

Klinkowski M, Mühle E, Reinmuth E (Hrsg) (1968) Phytopathologie und Pflanzenschutz, Bd III. Krankheiten und Schädlinge gärtnerischer Kulturpflanzen. Akademie-Verlag, Berlin

Kotte W (1958) Krankheiten und Schädlinge im Obstbau. Parey, Berlin Hamburg

Kotte W (1960) Krankheiten und Schädlinge im Gemüsebau. Parey, Berlin Hamburg

Obst A, Gehring K (2002) Getreide. Krankheiten, Schädlinge, Unkräuter. Mann, Gelsenkirchen

Paul VH (2003) Raps. Krankheiten, Schädlinge, Schadpflanzen. Mann, Gelsenkirchen

Radtke W, Rieckmann W, Brendler F (2000) Kartoffel. Krankheiten, Schädlinge, Unkräuter. Mann, Gelsenkirchen

Reichmuth C (1997) Vorratsschädlinge im Getreide. Mann, Gelsenkirchen

Index